FOREST VEGETATION IN
CHINA

中国森林植被

陈永富　臧润国　岳天祥　张煜星
王希华　李意德　李凤日　陈　巧　等 ◆ 著

中国林业出版社
China Forestry Publishing House

图书在版编目(CIP)数据

中国森林植被／陈永富等著. --北京：中国林业出版社，2020.6
ISBN 978-7-5219-0527-4

Ⅰ.①中…　Ⅱ.①陈…　Ⅲ.①森林植被-研究报告-中国
Ⅳ.①S718.54

中国版本图书馆 CIP 数据核字(2020)第 061281 号
审图号：GS(2020)5332 号

中国林业出版社·自然保护分社(国家公园分社)
策划编辑：刘家玲
责任编辑：刘家玲　宋博洋

出版	中国林业出版社(100009　北京市西城区德内大街刘海胡同 7 号)
	http://www.forestry.gov.cn/lycb.html　电话：(010)83143519　83143625
印刷	河北京平诚乾印刷有限公司
版次	2020 年 11 月第 1 版
印次	2020 年 11 月第 1 次
开本	787mm×1092mm　1/16
印张	42
彩插	146P
字数	1150 千字
定价	350.00 元

Forest Vegetation in
China
《中国森林植被》
编委会

◆ **顾 问** 蒋有绪 唐守正 宋永昌
◆ **著者人员名单** (按姓氏拼音排序)

陈 巧	陈德祥	陈红峰	陈新云	陈永富
成克武	程瑞梅	党永峰	丁 易	董利虎
董灵波	范泽孟	丰庆荣	国 红	虢建宏
黄国胜	黄继红	黄建文	黄永涛	黄志霖
姜 勇	雷 霄	雷渊才	李凤日	李胜功
李先琨	李意德	刘 华	刘何铭	刘兆刚
龙文兴	陆元昌	路兴慧	骆土寿	彭道黎
蒲 莹	史文娇	谭炳香	唐青青	王 蒙
王洪峰	王六如	王希华	王晓慧	王轶夫
夏朝忠	邢福武	胥 辉	许 涵	阎恩荣
杨海波	杨颂宇	岳天祥	臧润国	曾立雄
张煜星	赵 峰	赵明伟	赵青青	赵颖慧

◆◆ 中国森林植被调查项目领导小组成员

姓 名	职 称	所在单位	职 责
张守攻	院士	中国林业科学研究院	组长
储富祥	研究员	中国林业科学研究院	副组长
田亚玲	高工	国家林业和草原局科技司计划处	副组长
鞠洪波	研究员	中国林业科学研究院资源信息研究所	成员
肖文发	研究员	中国林业科学研究院森林生态环境与保护研究所	成员
葛全胜	研究员	中国科学院地理科学与资源研究所	成员
张煜星	教授级高工	国家林业和草原局调查规划设计院	成员
傅 峰	研究员	中国林业科学研究院科技处	成员
陈永富	研究员	中国林业科学研究院资源信息研究所	成员

◆◆ 中国森林植被调查项目专家组成员

姓 名	职 称	所在单位	专 业	职 责
孙九林	院士	中国科学院地理科学与资源研究所	资源学	组长
唐守正	院士	中国林业科学研究院资源信息研究所	森林经理学	副组长
蒋有绪	院士	中国林业科学研究院森林生态环境与保护研究所	生态学	成员
李俊清	教授	北京林业大学	生态学	成员
田国良	研究员	中国科学院遥感应用研究所	摄影测量与遥感	成员
郭 柯	研究员	中国科学院植物研究所	植物学	成员
张金屯	教授	北京师范大学	生态学	成员
马克明	研究员	中国科学院生态环境研究中心	生态学	成员
陈永富	研究员	中国林业科学研究院资源信息研究所	森林经理学	成员

立项部门 ◆━━━━━━━━━━━━━━━━━━━━━━━━━━━━━━━━

中华人民共和国科学技术部

主持单位 ◆━━━━━━━━━━━━━━━━━━━━━━━━━━━━━━━━

中国林业科学研究院

参加单位 ◆━━━━━━━━━━━━━━━━━━━━━━━━━━━━━━━━

中国科学院地理科学与资源研究所

国家林业和草原局调查规划设计院

华东师范大学

东北林业大学

参与单位（次序不分先后）◆━━━━━━━━━━━━━━━━━━━━━━━━

北京林业大学	西南林业大学	中南林业科技大学
黑龙江省林业勘测规划院	山西省林业调查规划院	运城市林业调查规划院
陕西省林业调查规划院	宁夏林业调查规划院	青海省农林科学院
河北农业大学	国家林业局盐碱地研究中心	新疆林业科学院
新疆阿勒泰市林业局北屯林场	新疆伊犁州林业局林科所	新疆林业规划设计院
新疆农业大学	西藏林业调查规划研究院	西藏林芝县林业局
西藏山南市林业局	西藏朗县林业局	西藏米林县林业局
西藏波密县林业局	西藏察隅县林业局	西藏墨脱县林业局
西藏山南市乃东区林业局	西藏贡嘎县林业局	西藏扎囊县林业局
西藏浪卡子县林业局	西藏洛扎县林业局	西藏加查县林业局
西藏曲松县林业局	西藏琼结县林业局	西藏隆子县林业局
西藏措美县林业局	西藏措那县林业局	重庆市林业规划设计院
重庆根深叶茂林业咨询有限公司	安徽农业大学	湖北民族学院
湖北省恩施州林业科学研究所	吉首大学	九江学院
三峡大学	江西省林业调查规划研究院	江永县林业局
沅陵借母溪国家自然保护区	海南大学	广西植物研究所
福建农林科技大学	甘肃林业职业技术学院	河南科技大学林学院
山东齐鲁师范学院	贵州省林业学校	海南霸王岭林业局
贵阳中雄林业生态工程勘察设计有限公司		

阿 琼　阿旺多吉　艾训儒　安常福　巴哈尔　巴桑罗杰　白 宗　白志强　班文科

边 巴　边巴多吉　卜文圣　蔡 东　蔡菊萍　蔡鑫垚　曹文革　查 康　陈 健

陈 俊　陈 林　陈 鹏　陈 茜　陈 茜　陈 巧　陈 晔　陈昌友　陈长海　陈德祥

陈红峰　陈继权　陈礼波　陈立波　陈世品　陈新云　陈绪明　陈应帆　陈永富　成克武

程瑞梅　程志楚　程志楚　池文泽　次旦罗布洛杰　次仁拉姆　次仁尼玛　崔洪海　崔继法

崔莹莹　达哇扎西　单笑笑　党永峰　邓 娜　邓丹丽　邓华锋　邓志义　邸 冰

刁永强　丁 槟　丁 易　丁世友　董 宁　董 舒　董 宵　董建儿　董静州　董永强

窦建德　窦建德　杜正平　多 吉　樊代勇　樊景丹　樊有赋　范克欣　范龙惠　范泽孟

方 岳　费希旸　丰庆荣　封锦宏　冯 广　冯 晖　冯 思　冯贵祥　付 英　付虎艳

付凯旋　甘 霖　高 洪　高慧淋　高元科　葛风伟　耿婉璐　耿晓东　龚 青　龚双姣

郭 媛　郭惠珍　郭文军　郭晓伟　郭仲军　国 红　虢建宏　韩 梅　韩 瑞　韩景浩

韩梦鑫　郝 泷　郝广婧　郝元朔　何 姗　何铁定　何兴兵　何正盛　贺春玲　贺嘉伟

侯 伟　呼海涛　胡 斌　胡 博　胡 茶　黄 升　黄贝贝　黄成林　黄国胜　黄继红

黄建文　黄庆丰　黄瑞荣　黄盛怡　黄永涛　黄志霖　姬栋杰　纪 平　季德成　贾炜玮

贾学礼　江能远　江志海　姜 俊　姜 怡　姜 勇　姜生伟　姜文涛　蒋 丹　蒋 蕾

蒋伟平　蒋有绪　焦厚娥　晋 喜　景耀春　孔德军　拉 巴　拉巴次仁　雷 霄

雷渊才　李 飞　李 缓　李 楠　李 倩　李 响　李 雄　李 勇　李 涌　李春江

李凤日　李家湘　李靖宇　李明丹　李沛均　李鹏权　李庆波　李胜功　李圣娇　李双智

李思琪　李涛涛　李婷婷　李伟涛　李玮娜　李先琨　李潇晗　李小康　李晓冬　李新苗

李亚娟　李言敏　李意德　李玉堂　连玉红　梁田硕　梁晰雯　林 川　林 灯　林 枫

林 雪　林 勇　林巧玲　林庆凯　林文俊　林永慧　凌成星　刘 昂　刘 奥　刘 飞

刘 刚　刘 华　刘 明　刘 强　刘 扬　刘 洋　刘城萤　刘道聪　刘炅昊　刘国慧

刘浩栋　刘何铭　刘慧萍　刘加俊　刘敬峰　刘峻城　刘赛侠　刘赛侠　刘新龙　刘一唯

刘义波　刘谊锋　刘兆刚　龙世全　龙文兴　芦 珊　陆元昌　鹿 明　路兴慧　路银山

路银山　吕泓辰　吕江鱼　吕思彤　吕永磊　罗 红　罗 萧　罗邦详　罗布西路　罗金龙

洛桑卓玛　洛松多吉　骆秋熔　骆土寿　马 成　马 磊　马 旭　马春晖　马利燕

马淑君　马晓俊　马振东　毛学刚　孟令军　米显齐　尼 玛　欧光龙　裴学军　彭道黎

蒲 鑫　蒲 莹　普 巴　普 罗　普布顿珠　普布多吉　普布旺旦　普布卓玛　钱喜友

强巴朗杰　乔 婷　乔进伟　乔小宁　芩举人　秦玖国　秦绪黎　邱志鹏　冉 成

饶应林　任 冲　任 佳　任 佳　任 媛　任志文　佘春燕　沈作奎　施佩荣　史 云

史文娇　舒清态　宋天阳　宋希强　宋永昌　苏 拉　孙 瑞　孙 霞　孙守强　孙小伟

孙小颖　孙雪莲　孙元发　索朗扎西　覃阳平　谭炳香　谭国凡　谭晓琴　汤 青

唐 黎　唐 毅　唐洪文　唐青青　唐守正　唐学海　唐玉兰　田 昕　田胜尼　田耀武

涂荣慧　汪 玺　汪慧芳　王 盎　王 奥　王 冲　王 迪　王 冠　王 华　王 江

王 嫚　王 蒙　王 宁　王 朋　王 偏　王 恬　王 威　王 霞　王 旭　王晨亮

王崇阳　王寒茹　王洪峰　王计平　王家鸣　王俊峰　王立平　王六如　王茜茜　王珊珊

王思思　王希华　王晓慧　王新红　王秀伟　王秀霞　王秀霞　王轶夫　王永刚　王永建

王玉兵　王兆成　王志刚　韦存彦　魏巍　魏新　魏清华　温健飞　温兆捷　吴坤

吴磊　吴京民　吴坤璟　吴三鼎　吴思敏　吴裕鹏　吴云华　吴云勇　伍仕林　西洛桑珠

夏朝宗　向运蓉　谢福明　刑明亮　邢福武　邢九州　熊飞扬　熊梦辉　胥辉　徐磊

徐静静　徐明杰　徐少君　徐婷婷　徐扬洋　徐永福　徐云栋　许涵　许焕　许立

许莹　许玥　许等平　鄢徐欣　杨健　杨静　杨俊　杨坤　杨谦　杨威

杨成君　杨传桃　杨东梅　杨海波　杨凯博　杨丽敏　杨庆松　杨胜涛　杨世彬　杨颂宇

杨小波　杨彦臣　姚博　姚兰　姚良锦　叶明珠　易咏梅　尹五元　永珠次仁

尤勇刚　游建荣　于颖　于兴军　余超　余海燕　余娇娥　余若云　俞立民　俞立民

虞杭　袁承志　袁廷宇　袁应菊　岳龙　岳天祥　臧丽鹏　臧润国　曾觉民　曾立雄

曾钦朦　曾文静　翟亚溪　詹寿发　张斌　张博　张超　张宠　张帆　张欢

张龙　张强　张焱　张勇　张羽　张佰富　张佰军　张大力　张贵志　张国民

张加龙　张居鹏　张俊艳　张树梓　张思前　张晓羽　张晔程　张义升　张煜星　赵峰

赵君　赵娜　赵丽娟　赵明伟　赵青青　赵仁鹏　赵树楷　赵颖慧　赵元振　赵元振

赵子麒　甄贞　甄知娅　郑杨　郑小贤　钟懋　钟泽兵　周辉　周鑫　周红波

周小林　周晓芳　周秀玲　朱江　朱成琦　朱欣然　朱雪林　祝元春　庄婧怡　宗毅

前言
◆ PREFACE

中国森林植被
Forest Vegetation in China

　　本书是国家科技基础性工作专项"中国森林植被调查"（2013FY111600）的主要研究成果之一，是中国森林植被现状的系统总结。

　　森林是陆地生态系统的主体，中国森林植被是中国植被的重要组成部分。准确掌握森林植被的现状及其特征等本底信息，对促进国家可持续发展、林业与生态建设、应对全球气候变化、森林可持续经营、生物多样性保护、林业及相关行业科技进步等具有重要意义。

　　我国森林植被具有类型多、分布广、差异大、变化快等特点。中华人民共和国成立以来，为了摸清我国森林植被家底，实施了多项覆盖全国或区域性的森林植被相关调查工作，包括《中国植被》《中国森林群落分类及其群落学特征》《中国森林》和《中国山地森林》等编纂调查，国家森林资源连续清查（一类调查），西南高山、三北防护林等区域性森林植被调查。先后出版了相应的调查报告、专著和专题图。所有这些调查成果，为国家可持续发展决策、林业和生态建设、森林经营、生物多样性保护、林业及相关行业科学发展等提供了强有力的信息支持，为提高经济、生态和社会效益做出了重要贡献。

　　随着时间的推移，森林植被自身的不断变化，自然与人为干扰加剧了森林植被变化进程和变化方向。为了满足经济社会发展、科学研究、森林植被的保护恢复和发展，以及生态建设与应对气候变化对森林植被信息的实际需求，2013 年，国家科技部批准科技基础性工作专项"中国森林植被调查"（2013FY111600），执行期为 2013 年 6 月至 2018 年 5 月。在科技部、国家林业和草原局、中国林业科学研究院的直接领导下，在项目领导小组的组织、协调下，在项目专家组的指导下，在项目组各任务承担单位及其项目成员的共同努力下，在各省（自治区、直辖市）相关单位的支持和帮助下，圆满完成了中国森林植被调查项目的野外调查和相关资料收集工作，在全国除香港特别行政区、澳门特别行政区外的32个省(自治区、直辖市)完成全部468个森林植被类型的典型调查样地6000余个，参考已有相关样地30000余个及500余个县(林业局、林场)的森林资源规划设计调查成果。《中国森林植被》一书是在中国森林植被全面调查成果基础上，结合已有相关调查研究成果归纳、总结、编纂而成的。该书系统阐述了我国森林植被调查的目的意义、历史现状、技术规范、工作过程及调查成果；不同层次的森林植被类型的斑块数、面积、蓄积量、生物量、碳储量，平均斑块面积、斑块破碎度，群落树种多样性指数、优势度指数、均匀度指数等；中国森林植被类型图、中国森林植被信息查询系统功能。全书由五篇14章构成。第一篇：中国森林植被调查。包括项目背景、技术规范、工作概况3章。第二篇：针叶林。包括常绿针叶林、落叶针叶林、常绿落叶针叶混交林3章。第三篇：阔叶林。包括常绿阔叶林、落叶阔叶林、常绿落叶阔叶混交林3章。第四篇：针阔混交林。包括常绿针阔混交林、落叶针阔混交林、常绿落叶针阔混交林3章。第五篇：中国森林植被图及信息系统。包括中国森林植被图、中国森林植被信息系统2章。

《中国森林植被》采用大区域编纂和全国汇总相结合的形式编纂而成。具体完成情况如下。

中国森林植被汇编：负责完成单位为中国林业科学研究院资源信息研究所，负责人为陈永富研究员。

东北区(黑龙江、辽宁、吉林)森林植被调查编纂：负责完成单位为东北林业大学，负责人为李凤日教授。

西北区(青海、甘肃、宁夏、山西、陕西)森林植被调查编纂：负责完成单位为国家林业和草原局调查规划设计院，负责人为张煜星教授级高级工程师。

华北区(北京、天津、河北、内蒙古)森林植被调查编纂：负责完成单位为中国科学院地理科学与资源研究所，负责人为岳天祥研究员。

华中区(湖北、湖南、江西、安徽、河南)及新疆森林植被调查编纂：负责完成单位为中国林业科学研究院森林生态环境与保护研究所，负责人为臧润国研究员。

华东区(山东、江苏、浙江、上海、福建、台湾)森林植被调查编纂：负责完成单位为华东师范大学，负责人为王希华教授。

华南区(广东、广西、海南、香港、澳门)森林植被调查编纂：负责完成单位为中国林业科学研究院热带林业研究所，负责人为李意德研究员。

西南区(云南、贵州、四川、西藏、重庆)森林植被调查编纂：负责完成单位为中国林业科学研究院资源信息研究所，负责人为陈永富研究员。

为本书提供相关资料和参与外业调查的单位除项目任务承担单位外，还有北京林业大学、西南林业大学、中南林业科技大学等60余个单位，直接参与外业调查、资料收集、内业处理分析、专著编写、专题图制作的人员500余人。

由于我国幅员辽阔，地理环境复杂，森林植被类型多样，外业调查的时间短，本书编纂时间仓促，书中难免存在各种不足或错误，希望广大读者予以批评指正。

本书是组织全国大协作调查编纂的成果，在整个过程中，得到了科技部、国家林业和草原局、中国林业科学研究院等部门、单位领导的大力支持，以及孙九林院士、蒋有绪院士、唐守正院士等专家的宝贵指导。在此，对所有参与、支持、帮助本书调查编纂的单位和同志们表示最诚挚的感谢。

著者

2019 年 8 月 22 日

目录

CONTENTS ■

前　言

————◆◆ 第一篇　中国森林植被调查 ◆◆————

————◆◆ 第二篇　针叶林 ◆◆————

◆◆ 第五篇　中国森林植被图及信息系统 ◆◆

第一篇
中国森林植被调查

　　森林植被调查是指对森林群落中的乔木、灌木、草本以及依托其生存的动物、植物及其环境条件为对象的基础调查。目的在于及时掌握森林植被资源的数量、质量、分布，为国家战略决策制订，森林植被资源保护、恢复、发展、利用等规划及计划的编制和实施提供基础信息支撑，促进国家自然资源安全、食物安全、生态安全及经济社会可持续发展。

　　本篇在深刻诠释森林植被调查的内涵和目的意义基础上，充分调查、分析、总结、归纳国内外关于森林植被调查成果，结合我国森林植被调查的现状、问题，系统阐明了开展中国森林植被调查的背景、中国森林植被调查技术规范和中国森林调查工作概况。

中国 森林植被
Forest Vegetation in China

第一章
项目背景

森林植被资源是国家重要的自然资源和战略资源。要有效保护森林植被资源，合理利用森林植被资源，摸清森林植被资源家底是基础和关键。森林植被在我国经济社会发展、生态环境保护、应对全球气候变化等方面具有重要而不可替代的作用。时至今日，曾有关于中国森林植被的相关调查工作和成果，但面向全国的规范、系统的森林植被调查工作尚未开展。本章介绍了中国森林植被调查的项目背景、国内外现状与发展趋势和立项情况。

第一节　目的意义

一、重要性

森林植被是以乔木为主体，包含灌木、草本植物及苔藓地衣的植被类型，是组成森林的主要生命要素，其种类、类型、组成、结构、分布、数量、质量决定了森林的功能和效益。森林植被既是一种自然资源，也是一种重要的战略资源，具有不可替代性。没有森林植被就没有森林，没有丰富而组成、结构、分布合理的森林植被资源，森林就难以充分发挥其生态、经济和社会效益。准确掌握森林植被的现状及其特征等本底信息，对促进国家可持续发展、林业与生态建设、应对全球气候变化、森林可持续经营、生物多样保护、林业及相关行业科技进步等具有重要意义。其重要性具体体现在以下几方面。

1. 促进经济社会的可持续发展

可持续发展已成为世界各国公认的奋斗目标，林业是国民经济的重要组成部分，国家的可持续发展离不开林业的可持续发展；长期以来，党中央、国务院十分重视我国林业建设，2003 年中共中央、国务院颁布的《关于加快林业发展的决定》中指出：在可持续发展战略中，要赋予林业以重要地位；森林是林业的物质基础，森林植被则是组成森林的基本生物要素，要实现林业的可持续发展，必须以森林植被的持续发展为基础。因此，通过全面、系统、准确的森林植被调查，为国家可持续发展、全面建成小康社会、西部大开发、振兴东北老工业基地、一带一路建设、京津冀一体化长江经济带等战略决策、长远规划、实施计划的制订和目标的实现提供强有力的基础信息支持，促进经济社会的可持续发展。

2. 促进生态建设和提高应对气候变化的能力

森林作为陆地生态系统的主体,为生态安全提供缓解气候变暖、保持水土、涵养水源、防风固沙和净化空气等生态服务。2009 年 6 月,温家宝总理在中央林业工作会议上明确指出,在生态建设中,要赋予林业以首要地位;在应对气候变化中,要赋予林业特殊地位。加强生态建设、维护生态安全,是 21 世纪人类面临的共同主题。当今,全球气候变化给人类的生存、发展带来了严重后果,引起了世界各国的高度关注。通过增加森林碳汇是减少温室气体排放的主要途径之一。中国作为世界人口和温室气休排放大国,作为《气候公约》的缔约国之一,应对气候变化态度积极,已制定了应对气候变化行动方案,在 2009 年底的哥本哈根召开的《联合国气候变化框架公约》缔约方第 15 次会议上做出了到 2020 年我国森林面积比 2005 年增加 4000 万 hm^2,森林蓄积量比 2005 年增加 13 亿 m^3 等举世瞩目的增汇举措。但一些国家总想寻求各种理由,让中国承担更多不应该承担的减排义务。如果中国在林业应对气候变化中说不清森林植被资源的碳储量及其变化,为自己制定了过多的碳排量指标和采取了不应该实施的森林经营行动,无疑会使中国的经济发展、社会和谐稳定、生态安全受到严重影响。在国际气候谈判、碳贸易等方面失去话语权和竞争力。因此,通过全面、系统、准确、及时地查清我国森林植被的本底状况,为提高我国生态建设和应对气候变化的能力和水平提供基础信息支撑。

3. 促进森林可持续经营和生物多样性保护

我国幅员辽阔,地形十分复杂,自然条件多样,森林植被种类多,几乎涵盖了世界上大多数森林植被类型,中国森林植被是中国植被极为重要的组成部分。以森林植被为主的中国植被,其生物多样性非常高,其物种多样性仅次于马来西亚和巴西,居世界第三位。据统计,我国有维管束植物 2.7 万种以上。森林植被具有可再生性,可一个物种一旦灭绝将从地球上永远消失,给人类社会造成不可挽回的损失。自改革开放 40 多年来,中国植被,特别是森林植被在气候变化、林业生态工程建设、经济社会的高速发展和城市化进程的影响下发生了巨大变化。气温升高,降水量增加,我国大多数植被类型向北偏移,从而对生物多样性的分布和格局产生重大影响。据有关专家调查统计分析,1973—1998 年的森林生物多样性变化表明:在现有条件下压力指数仍将继续增加,森林生物多样性指数将产生波动变化。在很长一段时间以来,由于缺乏对森林植被生理、生态特征的深入了解以及人类主观意识影响,制定和实施了不尽科学合理的森林经营技术措施,导致我国森林的质量不高,抵抗各种灾害的能力不强。我国乔木林每公顷蓄积量为 $94.83m^3$,远低于世界平均水平。天然林逐渐减少,人工林不断增加,人工林面积世界第一,但树种组成单一,森林火灾、病虫害严重。因此,全面、系统、准确的森林植被本底信息将为森林可持续经营和生物多样性保护规划、计划的科学制定和实施提供基础支撑。

4. 促进林业及相关行业科技进步

科技的发展需要在充分的数据基础之上的研究方法、技术、手段、工具的不断创新,创造出效率更高、精度更准、实用性更强的科技成果。森林植被数据内容多、分布广,这些数据充分反映了林业生产、科研的现状和水平，森林植被资源与环境的状态和发展趋势。中华人民共和国成立以来，我国林业及相关行业以森林植被为对象开展了大量卓有成效的科学试验研究，取得了一系列研究成果，包括模型、机理、参数等。但是，随着森林植被的不断变化，已有的相关研究成果可能已发生变化，不适应新的需求，比如，在中华人民共和国成立初期研制的中国主要树种的材积模型，当时几乎都来自原始森林，至今大部分森林已是次生林，沿用当初的模型估计的林木材积就与实际情况有较大的误差；又如我国的森林生态定位站的设置，早期的森林生态定位站主要是在一些典型的原始森林群落，其观测结果主要反映了原始森林植被的演替变化规律，而在以次生林为主要森林植被类型的情况下，就应该建立更多能反映次生林演替变化规律的定位站等。因此，林业及相关行业科学研究也应在全面、系统、准确掌握森林植被现状及其变化的基础上，重新进行科学研究总体布局或调整，制定合理的科学研究发展规划，提升科研试验的合理性和研究成果水平，增强科技竞争力和创新的实力，提高对经济社会发展的服务水平和能力。

5. 促进林业科学数据共享发展

自 21 世纪以来，国家对科学数据共享高度重视，国家科技部专门成立了科技基础条件平台机构，负责全国科学数据的共享平台和机制建设。林业和草原科学数据中心是国家基础条件平台的重要组成部分之一。经过近 10 年的努力，我国林业和草原科学数据中心已建成，采集、整合了我国各级各地林业部门、单位积累的大量林业和草原科技数据，主要包括科学考察、专业普查、野外观测、野外调查、科学实验的原始数据和资料，构建了林业和草原科学数据共享平台，形成了林业和草原科学数据共享机制，为林业及相关行业科学研究提供了卓有成效的服务。森林植被信息是林业和草原科学数据共享平台重要的数据资源之一，通过本项目的实施，将丰富林业和草原科学数据共享资源，提高林业和草原科学数据共享平台服务能力和水平，促进林业和草原科学数据共享平台的发展。

二、紧迫性

我国植物种类、植被类型和森林类型丰富，分布面积广阔。中华人民共和国成立以来，为了摸清我国植被资源家底，实施了多项覆盖全国或区域性的森林植被相关调查工作，一是《中国植物志》编纂调查；二是《中国植被》编纂调查；三是《中国森林》编纂调查；四是国家森林资源连续清查（一类调查）；五是《中国山地森林》编纂调查；六是自然保护区区划调查；七是全国野生动物保护名录调查；八是《中国森林土壤》编撰调查；还有西南高山、三北防护林等区域性森林植被调查。《中国植物志》记载了我国 301 科 3408 属 31142 种植物，其中木本植物 8000 多种，乔木树种达 2000 多种，不乏大量的森林建群种，从南到北构成了我国丰富多彩的森林植被类型。在 1980 年出版了《中国植被》一书，将中国植被分为 10 个植被型组、29 个植被型和 560 多个群系，群丛则不计其数。《中国森林》一书将我国森林分为 500 多个森林类型。我国森林面积从第一次清查的 8000 多万 hm^2（森林覆盖率 8.6%）增加到第九次森林清查的 2.2 亿 hm^2（森林覆盖率 22.96%）。所有这些调查成果，为国家可持续发展决策、林业和生态建设、森林经营、生物多样性保护、林业及相关行业科学发展等提供了强有力的信息支持，为提高经济、生态和社会效益做出了重要贡献。

随着时间的推移，森林植被自身的不断变化，自然与人为干扰加剧了森林植被变化进程和变化方向。一是全球气候变化，可能对植被分布的影响，如果气温升高 2~3℃、年降水量增加 5%，那么我国大多数植被类型可能会向北偏移 2~3 个纬度，在海拔高度上也可能会向上升高 100~400m（贺庆棠等，1994），从而对生物多样性的分布和格局将产生重大影响（张颖，2002）。二是我国近 30 年来由于经济社会的高速发展和城市化进程的加快而导致的（朴世龙等，2001），如天然林减少、破碎化加快等。目前亚热带常绿阔叶林分布面积已不足 5%（陈伟烈等，1994），分布范围和森林质量下降明显，群落结构简单、功能衰退、易受外来种侵入、大量物种濒临灭绝甚至消失；生态环境恶化，调节气候、涵养水源、贮藏养分能力弱，土壤退化和肥力下降、病虫害频繁等一系列问题（冯宗炜，1993；李昌华，1993；温远光，1998；冯宗炜等，1999；张鼎华等，1999；包维楷等，2000，2002）。

经济社会发展、科学研究、生态建设与应对气候变化、森林植被的保护与利用等对森林植被信息需求发生明显的变化，主要表现在以下几方面。

（1）从单一信息需求向综合信息需求转变。不仅需要森林植被物种特性或森林植被类型特征等单一或侧面的信息，而且还需要森林植被的数量、质量、分布等多方面信息需求。

（2）从森林植被的组成、结构特征信息需求向森林植被的状态信息需求转变。不仅需要森林植被的外貌、形态、组成、结构以及分布的自然规律特征等信息，而且还需要当前森林植被资源的数量有多少、组成成分的具体构成、分布在什么具体地理空间位置以及健康状况等信息。

（3）从定性信息需求向定量信息需求转变。不仅需要有哪些森林植被类型，分布在什么自然地理条件下，具有什么样的外部形态、内部组成等特征；而且还需要具体有多少种类，每种类型各成分组成的比例，每种类型的实际分布面积以及蓄积量、生物量、碳储量等量化信息。

（4）从状态信息需求向动态变化信息需求转变。不仅需要当前或过去某个时期或某几个时期的森林植被信息，而且还需要不同时期之间森林植被数量及分布的变化信息。

（5）从中长期采集信息需求向短期采集信息需求转变。不仅需要通过 5 年、10 年、20 年或更长时间段内获取的森林植被信息，而且需要年度或更短时期获取的森林植被信息。

（6）从基于自然地理分布规律示意性的分布数据向基于地理空间范围的信息需求转变。不仅需要森林植被分布在一定的自然环境条件范围，还需要落实到具体的山头地块的信息。

（7）从变化信息需求向信息变化驱动机制需求转变。不仅需要森林植被类型数量、质量、分布发生了多大变化，而且还需要为什么发生了变化，驱动力是什么等信息。

为了满足经济社会发展、科学研究、森林植被的保护恢复和发展、生态建设与应对气候变化对森林植被信息的实际需求和反映森林植被的实际变化，森林植被调查内容至少应包括：有什么森林植被类型或有多少种森林植被类型；各种森林植被类型有什么组成、结构特征；各种森林植被类型分布在什么样的自然条件下；各种森林植被有多少量（面积、株数、蓄积量、盖度、生物量、碳储量等）；各种森林植被类型的边界或空间位置在哪里；各种森林植被类型的变化及其干扰（驱动）因素等。

已有工作很好地解决了森林植被类型有哪些、有多少种类，森林植被类型的生理生态特征以及自然分布规律等问题，而森林植被的存量（面积、蓄积量、生物量、碳储量）、森林植被的空间位置或落界、森林植被的变化及其干扰因素等问题有待进一步解决或完善提高。

因此，不论从满足经济社会可持续发展、科技发展、生态建设与应对气候变化对森林植被信息的需求，还是快速、准确反映森林植被变化及其驱动机制，都迫切需要开展我国森林植被调查。

第二节　国内外现状与发展趋势

一、国内外现状

（一）国外森林植被调查研究现状

国外植被研究已超过 200 年的历史了，早在 1805 年，Von Humboldt 和 Bonpland 出版了首部研究专著《植物地理学基础》，其后 Von Humboldt（1905）、Schouw（1823）、Meyen（1846）和 De Candolle（1855）等作了进一步研究。

植被分类（包括森林植被分类）在欧洲开展得最早，分类体系最成熟，其中最著名的三大学派是英美学派（动态学派）、苏联学派（生态学派）、法瑞学派（区系学派）。基于 Braun-Blanquet 学派的方法，许多国家在 20 世纪 70~80 年代完成了植被分类和基本调查，森林植被分类系统已相当成熟。美国很早也开展了基本的植被调查，但早期在植被分类方面重视不够，没有建立统一的分类方法和标准；经过长期酝酿，1997 年，美国生态学会的植被分类小组联合美国联邦地理数据委员会（Federal Geographic Data Committee，FGDC）等建立了美国国家植被分类（U. S. Naitonal Vegetation Classification，NVC），从野外样地记录、分析、描述以及同行评审、编目存档等都进行了规范，2008 年美国联邦地理数据委员会正式批准了《国家植被分类标准》（National Vegetation Classification Standard）（第二版）（Jennings et al.，2009）。在宫胁昭的推动下，日本在 20 世纪采用法瑞学派的方法完成了全境的植被调查，出版了系列植被志；21 世纪初，日本文部省组织了东亚常绿阔叶林群落编目及植被图构建的研究，但因地缘关系，其构建的群落分类体系和系统无法适用于中国常绿阔叶林。

植被调查数据不仅反映森林群落现状，而且也能够表征森林植被的未来发展方向，因而越来越多的国家开始利用固定样地的定期监测来提高森林植被调查的实用性和准确性。目前在森林植被定位调查方面影响最大的工作是美国 Smithsonian 研究所热带森林科学研究中心（Center of Tropical Forest Science，CTFS）的森林动态样地（Forest dynamics plot，FDP）。该系列样地分布在世界各主要热带、亚热带和温带森林分布区，其样地面积均为 16hm² 以上。除了上述的 FDP 样地外，热带地区的 RAINFOR、AfriTRON、TEAM 也在森林植被研究方面发挥了重要作用。

随着信息技术，特别是遥感技术的发展和在森林植被相关调查中的应用，森林植被调查进一步深入。国外遥感在林业中的应用已有近 100 年的历史，主要集中在森林资源与环境遥感监测方面，早期主要是航空遥感在森林资源调查中的应用研究，20 世纪 60 年代美国摄影测量学会（A.S.P）提出在航空像片上抽样直接估计各地类面积的方法，70 年代开始研究航空与航天遥感结合的森林资源两阶抽样方法；美国林务局（1984）、联邦德国（1982）分别采用航片进行森林质量的监测。到了 80 年代，航天遥感广泛应用于森林区划、面积计算、蓄积量估算、郁闭度测定、森林制图等方面。20 世纪 90 年代末以来，新型遥感——高空间分辨率、高光谱航天遥感的产生和发展，给遥感在森林资源调查中广泛应用增添了新的契机，国外专家学者纷纷开展利用其研究森林的冠层、冠幅、单木树高、林下地形、林分平均高、郁闭度、森林制图等提取技术。例如最近美国科学家通过新的遥感技术发现，原来一直认为处于原始状态下的亚马孙热带雨林实际上已经受到采伐，因而新的森林采伐面积比原估计数据多 60%~123%。

（二）中国植被调查研究现状

1. 植被分类研究与应用

我国森林分类最早于 1954 年采用了苏卡乔夫分类原则（生物地理群落学林型分类原则）对大兴安岭、小兴安岭、长白山、川西、天山、云南西北、阿尔泰山、秦岭、江西、湖南、海南等大规模天然林进行了林型分类。早在 20 世纪 50~60 年代，以郑万钧、吴中伦、蒋有绪等老一辈林学 A、生态学、植物学家就在借鉴国外森林植被分类系统的基础上，结合我国森林植被类型的特点，开展我国森林植被的分类体系研究并应用到实际森林分类工作之中。1958—1959 年中国林业科学研究院组织的西南森林综合考察对西南地区进行了分类，分类系统为植被带、林型环、林型组、林型。森林植被类型的划分多种多样，并在森林资源调查中得到应用，1958 年我国《国有林森林调查设计规程（草案）》中规定，小斑的划分因子要有林型。

改革开放后，我国森林植被研究进入一个高潮，其中典型代表是由中国林业科学研究院吴中伦院士主持，蒋有绪院士、李文华院士、阳含熙院士、刘于鹤副部长等 200 多位专家、1000 多位学者历经 20 多年调查研究和撰写的于 1997 年正式出版的《中国森林》一书，该书共分四卷出版，共计 363 万多字，并附有照片、图表等。第一卷包括绪论及自然地理、森林变迁、森林地理分布、森林资源、森林动物、森林昆虫、森林病害、森林植物区系、森林分区、森林分类各章；第二卷为针叶林；第三卷为阔叶林；第四卷为竹林、灌木林（灌丛）、经济林和动植物及病菌名录等。全书共记载有近 500 个森林类型（林系或林系组），涵盖了中国北起大兴安岭寒温带、南至曾母暗沙赤道热带的纬度地带性森林植被，以及西起青藏高原海拔 4500m 左右的高山峡谷，东至沿海海拔仅数米的垂直地带性森林植被，充分反映了中国森林分布的特点和复杂性。《中国森林》准确记述了覆盖在中国国境内原生的森林植被类型，包括覆盖度大和分布面积广而又相对稳定的灌丛，以及处于不同演替阶段的天然次生林、人工营造的各种纯林和混交林，还有引种驯化成功的外来树种形成的森林群落。

中国林业科学研究院的蒋有绪院士，在国家自然科学基金重大项目的支持下，于 1996 年出版了《中国森林群落分类及其群落学特征》。该书全面系统地分析整理了我国主要森林群落的分类、分布、生态系列/生活型及物种多样性等群落学特征，并提出了一个我国林型学分类系统和森林群落的分类系统。这些工作有力地促进了我国植物群落学、林型学的发展，而且对于认识天然森林植被特征，加强其自然保护和经营管理也有很好的参考价值。

《中国植被》一书将中国植被分为 11 个植被型组、53 个植被型、960 个群系。在中国植被分区中，将中国的植被分为 8 个区，即寒温带针叶林区域、温带针阔混交林区域、暖温带落叶阔叶林区域、亚热带常绿阔叶林区域、热带季雨林和雨林区域、温带草原区域、温带荒漠区域、青藏高原高寒植被区域，前 5 类分区主要是森林植被。

20 世纪 90 年代中期开始，北京大学陆地生态系统研究小组在北京大学"中国山地植物物种多样性调查计划"的框架下，开展了我国山地植物多样性的系统调查，并根据这些调查数据初步归纳出我国山地植物物种多样性分布的基本特点。

2. 植被动态研究

植被动态是指随着时间的推移，植物群落在外因和内因的双重作用下发生各种变化的过程，就森林植被而言，植被动态是指一个地区的森林植被、动物区系、土壤和小气候等随着时间的推移而发生的各种变化过程，这种变化在许多森林内呈现为一种循环的变化模式。植被动态主要包括演替（succession）、波动（fluctuation）、更新（regeneration）和群落的边缘效应（edge effect of community）等内容。中国林业科学研究院的臧润国研究员及其研究团队，多年来一直从事森林植被生态学基础和应用基础理论研究，主要研究方向包括森林生物多样性保育、森林动态理论、恢复生态学、森林可持续经营和植物种群学。在东北阔叶红松林、西南亚高山暗针叶林、新疆温带针叶林、华南亚热带常绿阔叶林和海南岛热带雨林等不同森林植被类型中开展林隙动态、物种多样性形成和维持机制、退化过程和生态恢复、物种生态适应性和生态功能、功能群组成和动态、景观格局和过程等方面的基础研究工作。

3. 植被与气候和全球气候变化关系的研究

地带性顶极植被是长期自然历史发展和现代自然条件的综合产物，其形成和分布受大气候的控制，因此，提到植被分类和植被生态学，往往与气候分布特点紧密关联，使得气候–植被关系成为植物学、生态学、地理学及气候学研究的永恒问题。中国林业科学研究院刘世荣研究员在国家自然科学基金重大项目"我国主要陆地生态系统对全球变化的响应与适应性研究"支持下，分析了中国森林植被的动态变化及其与全球气候变化的关系。

4. 植被与生物多样性

生物多样性包含三个层次，即遗传多样性、物种多样性和生态系统多样性，森林是陆地生态系统中最典型、最多样和最重要的生态系统，陆地生物多样性主要孕育在森林中，仅占全球 7% 的热带森林就拥有地球上一半以上的物种。中国林业科学研究院刘世荣研究员等在《中国暖温带森林生物多样性研究》一书中对中国森林生物多样性受威胁现状，暖温带森林群落物种多样性特征、群落数量分类与排序等进行了研究，臧润国研究员等对林隙动态与森林生物多样性进行了深入研究。

5. 森林植被与碳汇功能

森林植被的生物量巨大，是草地、灌木林地等植被类型无法比拟的，因此研究森林植被的碳汇功能成为当前的热点之一。由国家"973"计划项目支持的中国科学院地理科学与资源研究所刘纪远研究员主持，由中国林业科学研究院、中国农业科学院等参加完成的"中国陆地生态系统碳循环及其驱动机制研究"项目，深刻分析了森林生态系统等碳源/汇动态变化特征及其自然、人为驱动机制。

由中国林业科学研究院唐守正院士主持，利用第七次、八次、九次中国森林资源连续清查的样地数据，对中国森林植被的生物量和碳储量进行了全面估计，我国森林植被碳储量分别为 78.11 亿吨、84.27 亿吨、91.86 亿吨，国家林业局（现国家林业和草原局）于 2008 年首次向全球发布了这一信息。唐守正院士主持的重点项目"中国主要树种生物量模型建立研究"，建立了东北的落叶松、红松、黄波罗、胡桃楸、水曲柳、杨树和南方的杉木、马尾松、阔叶树等 9 个树种（组）的生物量估计模型，为我国森林植被生物量估计奠定了理论基础。

6. 森林植被遥感调查

我国在 20 世纪 50 年代中期开始进行森林航空测量、森林航空调查和地面综合调查工作，从而建立了以航空像片为手段、目测调查为基础的森林调查技术体系。航天遥感在我国林业中的应用，始于 20 世纪 70 年代森林资源清查体系建立之初，随后得到迅速发展。80 年代，徐冠华等（1984）在分类的基础上，与样地资料建立某种关系，估算森林蓄积量。90 年代以后，游先祥等（1995）利用 TM 与 SPOT 复合，进行森林类型的划分。近年来，李增元等（2008）国内许多专家纷纷开展利用遥感研究森林的冠层、冠幅、单木树高、林下地形、林分平均高、郁闭度、生物量、碳储量、森林制图等技术。

7. 森林植被调查成果共享条件日臻成熟

自 2002 年以来，在科技部科技基础条件平台中心的领导下，在中国林业科学研究院建立林业和草原科学数据中心（原为林业科学数据共享中心），有关林业科技单位参与的林业和草原科学数据中心建设网络体系基本形成。以林业部门主要领导负责，相关领域专家承担，科研、生产、教学、管理等人员共同参与的林业和草原科学数据中心建设、运行局面已形成。为森林植被调查数据的共享提供了平台基础。

二、国内外发展趋势

总之，植被特别是森林植被的调查研究，涉及的面很广，组成结构复杂，变化多样，关联的学科很多，为全面、系统、准确地获取森林植被信息，国内外进行了大量的探索。随着信息技术，特别是遥感技术的飞速发展，遥感影像的分辨率大幅度提高，波谱范围不断扩大，使遥感在森林植被相关调查中的应用出现了从地面到空中、宏观到微观、从群体到个体、从局部到整体、从估计到直接测定、从辅助地位到主导地位的方向发展趋势。地理信息系统和全球定位系统可以将空间特征和属性特征紧密地联系起来，进行交互方式的处理，结合各种地理分析模型进行区域分析和评价。因此森林植被调查的发展趋势表现为：在充分利用高新技术的基础上，向多尺度、定量化、综合监测方向发展，除传统的森林植被调查指标（名称、形态、生理生态特性等）外，还新增加了森林植被的健康状况、活力、生态环境因子。在调查技术和方法上，从单一侧面调查向综合调查、定性调查向定量调查、单尺度调查向多尺度调查、从属性数据调查到空间数据的调查方向发展。在世界范围内，数量分类与排序、遥感方法和地面植被调查的结合、高分辨率植被图的绘制、可持续经营理念的推行等已经成为主流趋势。

第三节 立项

2013 年 5 月，中国森林植被调查项目获科技部正式批准立项，项目明确了主要工作目标、内容、工作方案、成果、运行机制和共享方案。2013 年 5 月 27 日由科技部主持在中国林业科学研究院召开项目启动会。

一、工作目标

本项目旨在依托现有国家森林资源监测体系、森林生态网络体系和自然保护区等相关基础条件，结合已有研究成果、森林植被分布特点和经济社会发展对森林植被的信息需求，研制内容全面、方法先进、技术可行、工作高效的森林植被调查技术规范（标准）和符合森林植被自然分布规律、适合森林植被经营管理、反映森林植被动态变化特征的森林植被类型分类体系；全面、系统、准确、及时地查清我国森林植被的类型、种类、数量、质量、用途、组成、结构、分布、多样性，以及珍稀、濒危和受威胁的程度，人为和自然干扰等本底状况。为经济社会可持续发展，全面建成小康社会，山区脱贫致富，生态建设，环境改良，深入科学研究，森林植被的保护、恢复和发展提供强有力的信息支撑。

二、主要工作内容

样地、样线、样带和遥感调查相结合，充分利用国家森林资源清查的样地数据、小班调查数据，全国林地一张图数据，森林生态定位站数据、《中国森林》和《中国森林土壤》数据、自然保护区区划调查数据、《中国植被》数据等，在传统调查方法、技术、手段的基础上，积极采用现代信息技术。精心准备调查分析仪器设备，周密安排工作计划，认真组织专业调查队伍，完成全国森林植被调查工作。

1. 森林植被调查技术规定制定

在系统总结和整理现有资料的基础上，充分考虑森林植被分布特征与森林经营管理和科学研究相结合，构建理论与实践相结合、结构合理的森林植被分类体系，制定内容全面、方法先进、技术可行、工作高效的森林植被调查技术规范（标准）。

2. 森林植被类型划分与落界

根据森林植被类型划分标准，结合已有的中国植被（包括各省份植被）、中国森林（包括各省份森林）、森林分布图、森林土壤图、全国林地一张图、林相图、地形图、气候图等资料，在遥感分类图上进行森林植被类型图斑落界，将森林植被类型落实到山头地块。

3. 森林植被群落特征调查

在森林类型划分落界的基础上，根据已有相关研究成果，建立森林植被类型特征电子表，对确定的森林植被类型，与电子表特征进行比较核查，记载新出现或消失的物种；对未确定的森林植被类型进行详细的补充调查，包括森林植被群落优势种、建群种及乔、灌、草、苔藓、地衣等物种组成和结构以及珍稀、濒危与受威胁程度等特征。

4. 森林植被资源存量与分布及其变化

利用全国森林资源清查样地调查数据、小班区划调查数据、自然保护区区划调查数据、森林生态网络定位站数据，以及《中国植被》《中国森林》《中国森林土壤》等资料和 20 世纪 80 年代以来的多期遥感数据相结合，提取中国森林植被的现状和近 30 年在种类、面积、蓄积量、生物量、碳储量、空间分布等的变化特征。

5. 森林植被的自然和人为干扰调查

在森林植被类型区划落界的基础上，对发生变化的森林植被类型，调查记载其受火灾、病虫害、有害生物入侵等自然干扰和造林、采伐、抚育、放牧、采矿、游憩、采摘等人为干扰对森林植被的影响信息。

6. 森林植被数据库建立

对森林植被野外调查数据进行分类、整理，建立规范化的森林植被数据库结构，数据输入、检查、保存和复制。

7. 中国森林植被调查报告撰写

在森林植被调查数据库的基础上，统计和分析我国森林植被的现状和动态变化，撰写中国森林植被调查报告，内容包括中国森林植被的类型、群落特征、存量、分布、动态变化、自然和人为干扰以及我国森林植被保护、恢复和发展建议等。

8. 森林植被分布图绘制

在森林植被分类划分落界和野外调查的基础上，结合"3S"技术手段生成中国森林植被分布基本图，根据不同尺度对森林植被信息的需求绘制不同比例尺的中国森林植被分布图。

9. 森林植被信息系统开发

开发基于 Web 条件下的森林植被信息系统，功能包括信息输入、输出、存储、维护、更新、统计、浏览、下载和可视化三维逐级查询等，满足管理决策、生产实践、科学研究和社会公众对森林植被信息的需求。

10. 森林植被数据共享应用示范

按照林业和草原科学数据共享平台的标准规范，将森林植被调查成果整合满足林业和草原科学数据共享平台要求的数据库，进行森林植被信息共享应用示范。

三、工作方案

（一）任务设置

中国森林植被分布广，调查工作经费少、时间短，只有科学合理地组织调查工作，才有可能完成任务。调查任务的合理设置是个关键问题。为此，本项目调查任务设置的总体思路是充分发挥各任务承担单位的学科优势、区位优势、前期工作基础优势、工作队伍优势，森林植被自然地理分布空间与行政区划空间相结合，工作效率和经费使用最优化，工作量与经费分配相匹配，任务既独立又关联，各任务均有自己独立的森林植被调查区域，调查工作相对独立，在统一方法、标准和分类体系下开展调查工作，各任务承担单位对总项目负责单位均有提交全部调查成果的义务和责任，并协助项目组进行调查数据的集成。采用集中分布式管理策略，项目负责人主持的任务具有双重性，一方面完成特定区域的森林植被调查工作；另一方面制定项目森林植被调查的技术规范，并集成所有任务的森林植被调查成果，形成中国森林植被数据库、《中国森林植被》和《中国森林植被图》、中国森林植被信息系统和信息共享。共设置 7 个任务，各任务名称、工作范围、负责单位、负责人及主要参加人员情况如下。

任务一：西南森林植被调查与中国森林植被调查技术规范建立与信息集成共享

工作范围：四川、云南、贵州、重庆、西藏 5 省（自治区、直辖市）。

负责单位：中国林业科学研究院资源信息研究所。参加单位：北京林业大学、西南林业大学。

负责人：陈永富。

顾问：唐守正。

主要参加人员：鞠洪波、陆元昌、陈巧、赵峰、刘华、黄建文、王晓慧、国红、雷渊才、谭炳香、彭道黎、胥辉、舒清态等。

任务二：华中及新疆森林植被调查

工作范围：新疆、河南、湖北、湖南、江西、安徽6个省（自治区）。

负责单位：中国林业科学研究院森林生态环境与保护研究所。

负责人：臧润国。

顾问：蒋有绪。

主要参加人员：丁易、黄继红、黄志霖等。

任务三：华南森林植被调查

工作范围：广东、广西、海南3省（自治区）。

负责单位：中国林业科学研究院热带林业研究所。

负责人：李意德。

主要参加人员：许涵、陈德祥、骆土寿、林明献等。

任务四：华北森林植被调查

工作范围：河北、内蒙古、北京、天津4省（自治区、直辖市）。

负责单位：中国科学院地理科学与资源研究所。

负责人：岳天祥。

主要参加人员：王轶夫、范泽孟等。

任务五：华东森林植被调查

工作范围：山东、江苏、浙江、福建、上海、台湾6省（直辖市）。

负责单位：华东师范大学。

负责人：王希华。

顾问：宋永昌。

主要参加人员：杨海波、阎恩荣等。

任务六：西北森林植被调查及中国森林资源清查数据整合

工作范围：山西、陕西、宁夏、甘肃、青海5个省（自治区）。

负责单位：国家林业和草原局调查规划设计院。

负责人：张煜星。

主要参加人员：黄国胜、夏朝忠、陈新云、许等平等。

任务七：东北森林植被调查

工作范围：黑龙江、吉林、辽宁3省。

负责单位：东北林业大学。

负责人：李风日。

主要参加人员：刘兆刚、赵晓慧、王洪峰等。

（二）任务设置思路

合理的任务设置，将有助于项目整体工作实施和保证目标的实现。具体见图1-1。

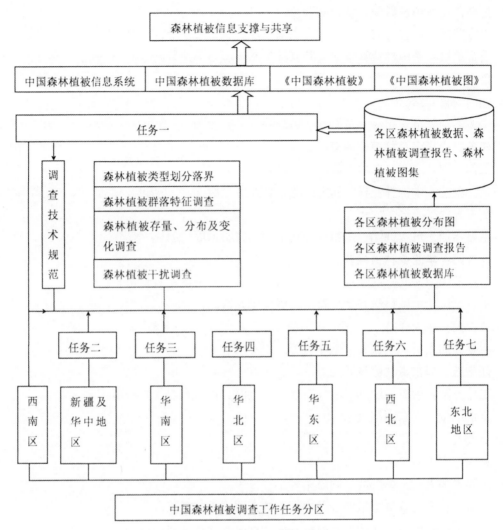

图 1-1　任务设置思路总体图

（三）工作技术路线

第一是明确工作需求。包括经济社会可持续发展战略决策需求、森林植被可持续经营需求、科学发展需求、生态建设与应对气候变化需求。

第二是制定调查技术规范。在对已有文献资料（包括《中国植被》《中国森林》《中国植被及其空间格局》《中国森林群落分类及其群落学特征》《中国气候》《中国地貌》以及相关分布图等）收集、整理、分析的基础上，结合中国森林资源连续清查技术规范、中国森林资源规划设计调查技术规范以及遥感、地理信息系统、全球定位系统等现代信息技术，制定中国森林植被调查技术规范。包括中国森林植被分类、调查及制图等技术规范。

第三是资料准备。收集遥感数据、森林资源分布数据、土壤分布数据、气候分布数据、植被分布数据。利用遥感技术提取森林植被图斑和大尺度森林植被类型。再结合森林分布图、植被图及环境特征,确定各图斑的森林植被类型。对内业工作不能完成森林植被类型识别的图斑,进行野外现场调查甄别。

第四是在森林植被类型落界的基础上,计算各森林植被类型调查样地数量,并进行样地布设。

第五是根据调查样地资料,汇总分析各森林植被类型的特征,包括空间分布、群落结构、实物存量等。本项目的技术路线见图1-2。

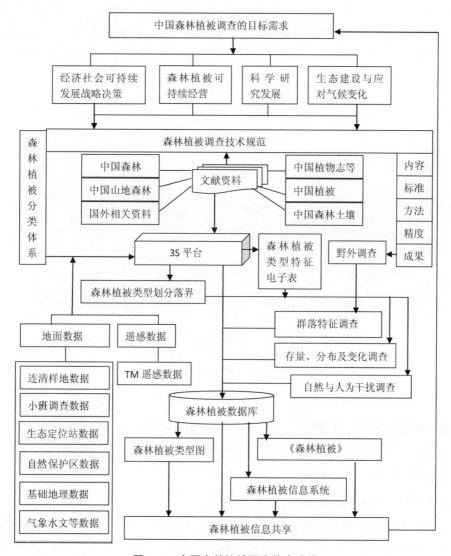

图1-2 中国森林植被调查技术路线

四、工作运行机制

本项目牵头单位中国林业科学研究院在科技部、国家林业和草原局的领导下,联合中国科学院地理科学与资源研究所、华东师范大学、国家林业和草原局调查规划设计院、东北林业大学等国内具有学科优势、区域特点的林业科研院所、林业调查规划设计部门、林业高等院校，建立结构合理的中国森林植被调查项目工作团队，制定先进、科学、实用、可操作的中国森林植被调查技术规范，建立年龄和学科结构合理、精干高效的野外调查队伍，成立以相关中国科学院院士和中国工程院院士以及知名专家组成的项目咨询专家组，保质保量按计划开展各类调查工作。组织结构见图1-3。

在森林植被调查工作期间，将努力尝试形成一套较完善的项目运行机制和共享方案。这套机制和方案必须是切实可行的、高效的；要能够规范数据调查与共享行为，保障各方利益；要有可持续性，能够在项目完成后保证森林植被调查技术规范和工作经验对今后林区森林植被调查的借鉴意义和参考价值，以及调查成果数据共享服务的持续运行。

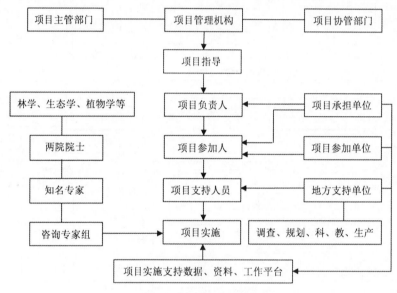

图1-3　工作组织结构图

五、成果及共享方案

（一）预期成果

通过本项目的实施，将取得以下预期成果。

（1）中国森林植被调查技术规范（标准），包括森林植被分类体系，森林植被调查方法、手段、技术等规范（标准）。

（2）中国森林植被调查数据库，包括森林植被地面样地、样线、样带等调查数据，遥感调查数据，《中国森林植被》专著数据、《中国森林植被分布图》基本图数据以及《中国森林》《中国森林土壤》、自然保护区区划调查、全国林地一张图、森林分布图、林相图等相关专题数据。

（3）《中国森林植被》，包括中国森林植被类型，森林植被类型多样性、群落优势种、建群种及乔、灌、草、苔藓、地衣等物种组成和结构以及珍稀、濒危与受威胁程度等群落特征，森林植被类型、面积、蓄积量、生物量、碳储量与分布及动态变化；森林植被自然和人为干扰状况以及我国森林植被保护、恢复和发展的建议。

（4）《中国森林植被分布图》图集，包括国家级森林植被分布图和省级森林植被分布图。

（5）森林植被信息系统，包括基于 Web 平台的数据库及数据输入、输出、存储、维护、更新、统计、下载、三维可视化缩放查询等功能。

（6）中国森林植被信息共享服务，包括一批共享服务单位、项目及个人。

（二）共享方案

通过成果共享，可以提高项目成果的利用率，减少森林植被本底数据采集的重复投入，节约人力、物力和财力。项目成果有野外调查纸质卡片、野外记录电子文档等原始调查数据，以及经过编辑处理公开发行的书籍、图集等表现形式。项目成果共享针对不同的成果表现形式和不同的信息需求采取不同的共享策略，按照一定的共享方案实施，以保证项目成果充分利用和安全。

1. 共享渠道及共享职能

共享渠道包括专门的共享平台（如林业和草原科学数据中心）、图书馆、新华书店等。其中共享平台是专门为森林植被数据（包括纸质数据、数字化数据）实施共享服务的平台，包括森林植被调查原始数据、派生数据以及根据用户需求的数据加工等共享服务，通过网络、光盘、纸质等介质实现共享；图书馆（包括数字图书馆）主要是对森林植被调查的公开发行的成果（如书籍、图集、标准等）提供下载、复制、借阅等共享；新华书店主要是对公开发行的森林植被调查成果（书籍、图集、标准等）进行销售。

2. 共享分类

共享服务是指通过各种共享渠道向用户提供森林植被调查成果的各种活动。森林植被调查成果共享服务分为非营利共享服务和营利性共享服务两类。

以非营利为目的的共享服务包括：① 为政府管理、规划和决策或为完成国家下达的任务提供的服务；② 为高校和科研院所等事业机构的教学科研提供的服务；③ 为非营利性公益事业提供的服务；④ 为防灾救灾等威胁社会安全的应急事件提供的服务；⑤ 其他经过与共享平台协商获得批准后提供的服务。非营利服务原则上要收取数据复制、数据产品制作等所产生的直接成本费。

以营利为目的的共享服务包括：① 共享平台各种增值服务，如提供分析、数据再加工等；② 其他营利性服务。

3. 共享服务价格机制

森林植被调查数据共享服务的收费内容包括成本费和服务费。非营利性共享服务一般为无偿共享服务，根据情况适当收取成本费；营利性共享服务为有偿共享服务，可以收取成本费和服务费。

森林植被调查成果的各种元数据信息实行无偿共享，不收任何费用。森林植被调查数据库中的实体数据，根据服务分类进行收费。公开出版的调查报告、图册等书籍，根据定价进行收费。

成本费由共享成员单位提出，与共享管理委员会商量决定；服务费收取标准由市场机制确定。对于国家、行业已经有明确规定的数据价格和服务价格，要遵照规定执行。

4. 安全保密

根据国家保密法律、法规的规定，提供共享的森林植被调查数据必须是国家规定密级范围以外的数据。

虽不属于国家密级范围，但根据有关部门规定限于内部使用的数据称为内部数据。共享成员可以对通过共享平台提供共享的内部数据设定一定的使用范围和权限。

5. 共享服务的法律契约

用户通过共享平台获得共享数据时或获得共享数据以后使用目的发生变化时，应当与共享平台签订或重新签订共享数据使用许可协议。

使用许可协议一般应包括以下条款：许可使用方式、期限、范围、费用；数据衍生物的产权归属；违约责任；双方认为需要约定的其他内容。

第二章
技术规范

技术规范是对标准化的对象提出技术要求，也就是用于规定标准化对象的能力。技术规范是标准文件的一种形式，是规定产品、过程或服务应满足技术要求的文件。技术标准以科学、技术和实践经验的综合成果为基础，科技研发的成果通过一定的途径转化为技术标准，通过技术标准的实施和运用，促进科技研发成果转化为生产力。标准化指为在一定的范围内获得最佳秩序，对实际的或潜在的问题制定共同的和重复使用的规则的活动。通过标准化以及相关技术规范的实施，可以整合和引导社会资源、激活科技要素、推动自主创新与开放创新，以及加速技术积累、科技进步、成果推广、创新扩散、产业升级以及经济、社会、环境的全面、协调、可持续发展。森林植被调查与其他产业发展一样，需要标准化和技术规范支撑，本章介绍了中国森林植被调查技术规范的术语与定义、森林植被分类与编码、森林植被调查、森林植被图制作和成果等内容。

第一节　术语和定义

（1）森林群落 forest community

在一定地段上，以乔木植物为主的所有植物通过互惠、竞争等相互作用而形成的有机组合。

（2）森林植被 forest vegetation

生活在一定区域内的森林群落的总称。

（3）森林植被类型 forest vegetation type

森林植被按照森林群落组成、外貌、结构、生态地理等特征不同划分的类型。

（4）优势树种 dominant tree species

在森林群落中数量最多（蓄积量最大或株数最多）的树种。

（5）树种生活型 life form

树种在漫长的系统发育过程中对生态因素的综合形态适应的结果，表现在树种高度、分枝及叶形、冬季落叶程度等方面。

（6）针叶林 coniferous forest

以针叶乔木树种为主构成的森林，针叶树蓄积量（株数）占65%以上。

（7）阔叶林 broadleaved forest

以阔叶乔木树种为主构成的森林，阔叶树蓄积量（株数）占65%以上。

（8）纯林 pure forest

单一树种构成的森林，或由一个优势树种蓄积量（株数）超过65%的多个树种构成的森林。

（9）混交林 mixed forest

两个及以上树种组成的森林，任何一个树种的蓄积量（株数）不超过65%。

（10）落叶林 deciduous forest

由冬季落叶乔木树种为主构成的森林，落叶树蓄积量（株数）占65%以上。

（11）常绿林 evergreen forest

由终年保持常绿的乔木树种为主构成的森林，常绿树蓄积量（株数）占65%以上。

（12）森林植被分布图 forest vegetation distribution map

反映森林植被类型及空间状况的图件资料。

（13）天然林 natural forests

自然形成、人工促进天然更新（含封山育林）或萌生所形成的森林。

（14）人工林 plantation

通过人工播种（含飞机播种）、栽植或扦插等方法和技术措施营造培育而成的森林。

（15）森林植被生物量 forest vegetation biomass

某一时间森林植被所有组成生物个体干重的总和。

（16）森林植被碳储量 forest vegetation carbon stock

某一时间碳元素在森林植被中的储备量。

第二节　森林植被分类与编码

一、森林植被分类

（一）森林植被分类的目的

森林植被分类的目的是为了森林植被资源的合理利用和有效管理。

（二）森林植被分类原则

森林植被分类原则：

a）按照森林群落树种组成特征一致性归类；

b）按照森林群落分布区水热特征一致性归类；

c）按照森林群落优势树种（组）生活型特征一致性归类。

（三）森林植被分类依据

森林植被分类应以明显的森林群落与地理环境特征为依据，具体如下：

a）在森林群落的组成特征方面，以树种组成、优势树种、优势树种组及亲属关系为分类依据；

b）在森林群落的生活型特征方面，以优势树种（组）的高矮、分枝、叶形及冬季落叶程度为分类依据；

c）在森林群落的生态地理特征方面，以气候、地貌为分类依据。

d）在森林群落的起源特征方面，以天然、人工为分类依据。

（四）森林植被分类系统

森林植被分类系统构建应层次清楚、结构合理、合乎逻辑。

a）林纲组：对环境温度适应性一致的森林群落。比如寒温带林、热带林等。

b）林纲亚组：在林纲组中，分布地貌相同或相似的森林群落。比如寒温带山地林、温带平原林等。

c）林纲：在林纲亚组中起源不同的森林群落。比如山地天然林、丘陵人工林。

d）林目组：在林纲中高矮分枝相同的森林群落。比如乔木林、灌木林。

e）林目亚组：在林目组中，优势树种（组）叶形特征相近的森林群落。比如乔木针叶林、乔木阔叶林等。

f）林目：在林目亚组中，优势树种（组）的冬季叶片脱落特征相似的森林群落。比如落叶针叶林、常绿阔叶林等。

g）林系组：在林目中，树种组成成数相近的森林群落。比如针叶纯林、针阔混交林等。

h）林系亚组：在林系组中，优势树种亲缘关系相近的森林群落。比如栎类林、红树类林等。

i）林系：在林系亚组中，具有相同优势树种（组）的森林群落。比如长白落叶松林、辽东栎林等。

（五）森林植被分类体系

根据森林植被分类的原则、依据及其相互关系，构建森林植被分类体系如表2-1。

表2-1　森林植被分类体系结构表

分　类　依　据								
生　态　地　理		起　源	生　活　型			组　成		
气候	地貌		高矮与分枝	叶形	冬季落叶程度	树种组成	亲缘关系	优势树种（组）
高原亚寒带林	平原与台地林	天然林	乔木林	针叶林	常绿林	纯林	松类林	红松林
温带林	平原林	人工林	灌木林	阔叶林	落叶林	混交林	杉类林	黑松林
寒温带林	低海拔平原林			针阔叶林	常绿落叶林		柏类林	樟子松林

（续）

| 分 类 依 据 |||||||||
| 生 态 地 理 || 起源 | 生 活 型 ||| 组 成 |||
气候	地貌		高矮与分枝	叶形	冬季落叶程度	树种组成	亲缘关系	优势树种（组）
中温带林	中海拔平原林						樟类林	赤松林
暖温带林	高海拔平原林						楠类林	油松林
亚热带林	台地林						木荷类林	华山松林
北亚热带林	低海拔台地林						栎类林	马尾松林
中亚热带林	中海拔台地林						青冈类林	巴山松林
南亚热带林	高海拔台地林						栲类林	火炬松林
热带林	丘陵与山地林						栗类林	黄山松林
边缘热带林	丘陵林						木兰类林	湿地松林
中热带林	低海拔丘陵林						杨柳类林	白皮松林
赤道热带林	中海拔丘陵林						槐树类林	南亚松林
	高海拔丘陵林						榆树类林	华南五针松林
	山地林						棕榈类林	加勒比松林
	低海拔山地林						竹类林	云南松林
	中海拔山地林						红树类林	思茅松林
	高海拔山地林						龙脑香类林	高山松林
...	...			...	...	...	...	...
林纲组	林纲亚组	林纲	林目组	林目亚组	林目	林系组	林系亚组	林系

二、森林植被类型编码方法

用十位层次码表示森林植被类型，自左至右分别表示林纲组、林纲亚组、林纲、林目组、林目亚组、林目、林系组、林系亚组、林系，其结构如图2-1。

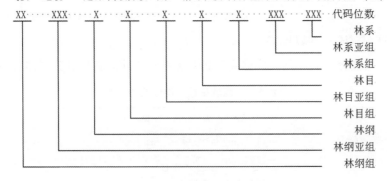

图 2-1　森林植被类型编码结构图

第三节　森林植被调查

一、调查目的

通过森林植被类型的空间分布图斑提取、类型识别和抽样调查，为森林植被的保护、恢复、利用和可持续发展提供信息支持。

二、调查内容

调查内容包括：

a）区划核对各森林植被类型图斑界线；

b）调查各森林植被类型、数量与面积；

c）调查各森林植被类型的生态环境因素；

d）调查各森林植被类型的物种组成、结构、多样性、更新与演替；

e）调查各森林植被类型的蓄积量、生物量、碳储量；

f）调查各森林植被类型的健康状况，包括火灾、病虫害及自然与人为干扰状况。

主要调查因子及调查记载说明详见附件一。

三、主要调查指标

1. 气候带

气候带指根据气候要素的纬向分布特性而划分的带状气候区。在同一气候带内，气候的基本特征相似。各气候带划分依据及代码见表2-2。

表2-2　气候带类型及代码

代码	类型名称	说明
10	亚寒带	指日平均气温稳定≥10℃的日数在50天以下，积温在500℃以下，年平均气温在0℃以下，最冷月平均气温-17~-10℃，最热月平均气温5~10℃的地区
20	温带	指冬冷夏热，四季分明，年平均气温为8℃，最低月均温在0°C以下的地区
21	寒温带	指年平均气温低于0℃，最热月平均气温高于10℃，≥10℃积温在100~1600℃的地区
22	中温带	指年平均气温高于0℃，最热月平均气温在10~20℃之间，最冷月平均气温在0℃以下，≥10℃积温在1600~3400℃的地区
23	暖温带	指年平均气温低于20℃，最热月平均气温在20℃以上，≥10℃积温在3400~4500℃的地区
30	亚热带	指最冷月平均气温在0℃以上，≥10℃积温为4500~8000℃的地区
31	北亚热带	指日平均气温稳定≥10℃的日数在220~240天之间，积温为4500~5100℃。年平均温度为14~17℃，最冷月平均气温在0℃以上的地区
32	中亚热带	指日平均气温稳定≥10℃的日数在240~285天之间，积温为5000~6500℃，无霜期大于260天；年平均气温为12~19℃，最冷月平均气温在4~10℃之间，最热月平均气在28℃以上的地区

（续）

代码	类型名称	说明
33	南亚热带	指日平均气温稳定≥10℃的日数为285~365天之间，积温在6000~8000℃之间，无霜期在350天以上，年平均气温为18~23℃，最热月平均气温在28~29℃之间，最冷月平均气温在13~15℃之间的地区
40	热带	指日平均≥10℃积温在8000℃以上的地区
41	边缘热带	指气温稳定≥10℃日数接近365天，积温为7800℃，年平均气温为21~24℃，最冷月平均气温为15~18℃，最热月平均气温为24~29℃的地区
42	中热带	指日平均气温≥10℃，积温达9000~10000℃之间，年平均气温在24℃以上，最冷月平均气温20℃以上，最热月平均气温28~30℃以上，年降水量多在1500~2000mm之间的地区
43	赤道热带	指日平均气温均大于10℃，积温10000℃以上，最冷月平均气温在24℃以上，最热月平均气温28℃以上，年降水量为1500~2000mm的地区

2. 地貌

地貌是地球表面各种形态的总称，具体指地表以上分布的固定性物体共同呈现出的高低起伏的各种状态。各地貌类型划分依据及代码见表2-3。

3. 植被盖度

指植物地上部分垂直投影的面积占地面的比率。

密：盖度70%及以上。

中：盖度30%~69%。

疏：盖度30%以下。

表2-3 地貌类型及代码

代码	类型名称	说明
100	平原与台地	指地势低平，起伏和缓，内部海拔相对高度不超过50m，坡度在5°以下的地区
110	平原	指内部海拔高差50m以下，山体宽广低平的地区
111	低海拔平原	指区域内海拔高度低于1000m，内部海拔高差50m以下，山体宽广低平的地区
112	中海拔平原	指区域内海拔高度在1000~3000m之间，内部海拔高差50m以下，山体宽广低平的地区
113	高海拔平原	指区域内海拔高度在3000m以上，内部海拔高差50m以下，山体宽广低平的地区
120	台地	指内部海拔高差50m以下，四周有陡崖、顶面基本平坦似台状，或河谷、海岸隆起的阶梯状地区
121	低海拔台地	指区域内海拔高度低于1000m，内部海拔高差50m以下，四周有陡崖、顶面基本平坦似台状，或河谷、海岸隆起的阶梯状地区
122	中海拔台地	指区域内海拔高度在1000~3000m之间，内部海拔高差50m以下，四周有陡崖、顶面基本平坦似台状，或河谷、海岸隆起的阶梯状地区
123	高海拔台地	指区域内海拔高度在3000m以上，内部海拔高差50m以下，四周有陡崖、顶面基本平坦似台状，或河谷、海岸隆起的阶梯状地区
200	丘陵与山地	指区域内相对高度较大，大于50m，坡度较陡，大于5°，脉络分明的地区

（续）

代码	类型名称	说明
210	丘陵	指区域内部海拔相对高差 50~200m 之间的地区
211	低海拔丘陵	指区域内海拔高度低于 1000m，海拔相对高差在 50~200m 之间的地区
212	中海拔丘陵	指区域内海拔高度在 1000~3000m 之间，海拔相对高差在 50~200m 之间的地区
213	高海拔丘陵	指区域内海拔高度在 3000m 以上，海拔相对高差在 50~200m 之间的地区
220	山地	指区域内部海拔相对高差大于 200m 的地区
221	低海拔山地	指区域内海拔高度低于 1000m，海拔相对高差大于 200m 的地区
222	中海拔山地	指区域内海拔高度在 1000~3000m 之间，海拔相对高差大于 200m 的地区
223	高海拔山地	指区域内海拔高度在 3000m 以上，海拔相对高差大于 200m 的地区

4. 人为干扰

人类在森林群落中开展的各种活动，森林采伐类型、采伐强度、更新类型、更新等级依据为森林采伐作业规程（LY/T 1646—2005）、抚育类型依据森林抚育规程（GB/T 15781—2015）。

5. 森林群落演替阶段

在森林群落发展变化的过程中，一个优势群落代替另一个优势群落的演变现象，称为森林群落演替。森林群落的演替过程可划分为三个阶段。各演替阶段划分依据及代码见表2-4。

表 2-4 森林演替阶段及代码

代码	演替阶段	说明
1	先锋群落阶段	一些物种侵入无林地定居成功并改良了环境，为以后入侵的同种或异种物种创造有利条件
2	发展强化阶段	通过种内或种间竞争，优势物种定居并繁殖后代，劣势物种被排斥，相互竞争过程中共存下来的物种，在利用资源上达到相对平衡
3	成熟稳定阶段	物种通过竞争，平衡地进入协调进化，资源利用更为充分有效，群落结构更加完善，有比较固定的物种组成和数量比例，群落结构复杂、层次多

6. 其他指标

自然度、起源、林层、郁闭度、群落结构类型、健康等级、灾害等级、灾害类型、生物多样性按 GB/T 30363—2013 的规定执行；坡向、坡度、龄组按 GB/T 26424—2010 的规定执行；土壤名称按 GB/T 17296—2009 的规定执行。组成、优势种按 GB/T 14721—2010 的规定执行。

四、调查方法

森林植被调查采用遥感影像数据和资料进行图斑区划，结合地面现地抽样样地、样方实测各种森林植被类型的组成、结构、多样性、更新、演替、蓄积量、生物量、碳储量及健康状况。

1. 调查前准备

包括调查表格、地形图、遥感影像等图面材料的准备，各种调查工具和仪器的准备，各种调查和规划成果及其他有关资料（如野生保护植物名录）的收集等。

2. 森林植被类型图斑提取

按照不同森林植被调查尺度，选择满足相应尺度森林植被调查要求的最新遥感影像数据，将其进行校正和配准，利用其不同森林植被类型及其季节的遥感影像光谱特征差异，通过遥感影像分类，形成各种森林植被类型的空间分布图斑，对不足最小面积的图斑进行合并处理。

3. 图斑森林植被类型识别

根据森林植被分类系统，利用已有相关的森林植被调查研究最新成果，判别各图斑的森林植被类型。对森林植被类型不确定的遥感分类图斑进行野外核查。

4. 样地调查

样地数量、大小、形状与布设按 GB/T 30363—2013 的规定执行。

5. 样方调查

（1）样方类型与大小

根据调查对象不同，样方分为小样方和微样方，小样方面积为 $4m^2$（2m×2m），调查对象为下木（幼树、灌木）和藤本；微样方面积为 $1m^2$（1m×1m），调查对象为草本、苔藓、地衣。

（2）样方数量与布设

每个样地布设 4 个小样方和 4 个微样方。小样方布设在样地的四个角内侧。微样方布设在小样方与样地重叠角的内侧，见图 2-2。

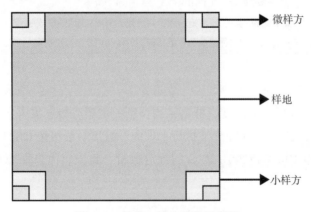

图 2-2　样地、样方布设示意图

6. 摄影调查

拍摄森林植被类型的林相、林内、林下照片，照片分辨率 300dpi 以上，JPG 格式，照片清晰，记载照片号。

第四节　森林植被图制作

一、基本图编制

基本图编制，其图式应符合《国家基本比例尺地图图式》（GB/T 20257.1—2017）和《林业地图图式》（LY/T 1821—2009）等的规定。

（1）基本图底图采用最新的满足相应调查尺度精度要求的地形图，比例尺一般为 1：5 万~1：10 万。

（2）将遥感影像（包括航片、卫片）上的图斑界转绘或叠加到基本图底图上，转绘误差不超过 0.5mm。

（3）基本图的编图要素包括各种境界线（行政区域界、森林植被图斑界）、道路、居民点、独立地物、地貌（山脊、山峰、陡崖等）、水系、森林植被类型、图斑注记。

二、森林植被类型分布图编制

1. 最小图斑

在基本图的基础上，根据成图精度要求，对基本图上的图斑进行适当整合。凡是有森林植被分布且面积大于 4mm² 的图斑，根据其森林植被类型着色区分。

2. 图幅

按行政区划分幅、按标准地图分幅。

3. 比例尺

国家级森林植被类型图以基本图缩小绘制，按标准地图分幅时，比例尺一般为 1：100 万；按行政区划分幅时，比例尺依据图幅大小而定。省级森林植被类型图以基本图缩小绘制，按标准地图分幅时，比例尺一般为 1：25 万；按行政区划分幅时，比例尺依据图幅大小而定。县级森林植被类型图以基本图为基础，按标准地图分幅时，比例尺一般为 1：10 万；按行政区划分幅时，比例尺依据图幅大小而定。

4. 图例

图例的具体内容根据制图比例尺，按森林植被分类体系层次确定。

全国森林植被类型图。普通地图要素选取省级及以上界线、省级及以上居民点、高速、国道、一级河流湖泊，森林植被类型为林纲类型。

分省森林植被类型地图。普通地图要素选取县级及以上界线、县级及以上居民点、高速、国道、省道、二级及以上河流湖泊等，森林植被类型为林系组类型。

1:100 万比例尺标准分幅森林植被类型图。普通地图要素选取县级及以上界线、县级及以上居民点、高速、国道、省道、三级及以上河流湖泊等，森林植被类型为林系组类型。

1:25 万比例尺标准分幅森林植被类型图。普通地图要素选取县级及以上界线、县级及以上居民点、高速、国道、省道、四级及以上河流湖泊等，森林植被类型为林系亚组类型。

1:10 万比例尺及县级森林植被类型图。普通地图要素选取县级及以上界线、县级及以上居民点、高速、国道、省道、五级及以上河流湖泊等，森林植被类型为林系类型。

5. 图式

根据森林植被类型分布图的特点，补充图式如下。

a）森林植被类型分布图图斑注记

图斑标注森林植被类型编号。

b）森林植被类型颜色式样、色值，见附件一。

第五节　成果

一、表格材料

1. 调查薄

森林植被调查薄包括以下 7 种调查记录表，格式见附件一。

a）样地因子调查记录表

b）每木检尺及平均木树高调查记录表

c）幼树调查记录表

d）灌木调查记录表

e）藤本调查记录表

f）草本调查记录表

g）苔藓地衣调查记录表

2. 统计报表

提交以下 8 种统计报表，格式见附件一。

a）森林植被面积、蓄积量、生物量、碳储量统计表

b）森林植被生物多样性统计表

c）森林植被自然与人为干扰状况统计表

d）森林植被健康状况统计表

e）森林植被灾害统计表

f）森林植被自然度统计表

g）森林植被更新统计表

h）森林植被演替阶段统计表

二、图面材料

提交以下 3 种图面材料。

a）基本图

b）森林植被类型分布图

c）森林植被摄影调查照片

三、文字材料

森林植被调查报告。

四、电子文档

与上述表格材料、图面材料和文字材料对应的电子文档。

第三章
调查工作概况

森林植被调查是一项艰苦而繁杂的基础性工作，要根据调查技术规范，准备各种相关的文献资料、仪器设备、交通工具、记录材料、劳保用品，制定操作细则，组建专业技术过硬、政治思想素质优良、身体健康的调查与监督检查队伍，与地方相关部门、单位建立良好合作机制，按技术要求、时间进度、空间格局稳步推进，保质保量完成外业调查工作。仔细进行内业资料整理，形成相关成果。

第一节　调查准备

一、文献资料收集

为了全面了解和掌握中国森林植被调查的相关信息，总项目组及各任务承担单位，全面收集各类相关文献资料，包括覆盖全国的《中国植被》《中国植物志》《中国森林》《中国森林群落分类及其群落学特征》《中国植被及其地理格局》《中国气候》《中国地貌》以及各省（自治区、直辖市）的森林、植被、植物志等相关文献资料，这些文献资料是中国森林植被分类体系建立及类型判别的重要依据。

二、遥感数据收集与处理

遥感是大区域森林植被空间信息获取的重要手段，各任务承担单位收集了覆盖全国的分省（自治区、直辖市）的 TM 遥感影像数据，对遥感数据进行预处理，包括校正和配准。利用其不同森林植被类型遥感影像光谱特征的差异，通过遥感影像分类，形成了各种森林植被类型的空间分布图斑。为了更加准确地提取森林植被类型图斑，有的任务单位还收集和处理了精度更高的遥感影像数据，包括新疆典型林区（伊犁新源野苹果林、伊犁霍城果子沟林区、阿勒泰哈纳斯林区、阿勒泰北屯小东沟林区和天池风景区）高分遥感影像数据。图 3-1 至图 3-4 为山西、陕西、甘肃、青海的遥感影像处理结果图。

图 3-1　山西 TM 遥感影像

图 3-2　陕西 TM 遥感影像

图 3-3　甘肃省 TM 遥感影像

图 3-4　青海 TM 遥感影像

三、专题数据收集与处理

专题数据是中国森林植被调查的重要辅助信息，对森林植被类型属性和空间分布边界的确定具有十分重要的作用，包括专题图数据和属性数据两类。

（一）专题图数据

项目组收集了不同尺度的专题图数据，国家级尺度有《中国华人民共和国植被图1∶100 万》《中国气候图 1∶400 万》《中国地貌图 1∶400 万》《中国森林分布图 1∶450 万》；省级尺度有除上海、台湾、香港、澳门外的 30 个省（自治区、直辖市）的森林分布图，内蒙古、北京、河北、天津等的行政区划图，山西、陕西、宁夏、甘肃、青海、云南等 DEM 模型，吉林、辽宁、山东、福建、江苏、浙江、广东、广西、四川、西藏等的林地一张图，重庆全市地形图；经营单位级有黑龙江、吉林、四川、重庆、新疆、云南等所属有关县、区、林业局（场）的林相图（222 个）。图 3-5 至图 3-16 为部分专题图。

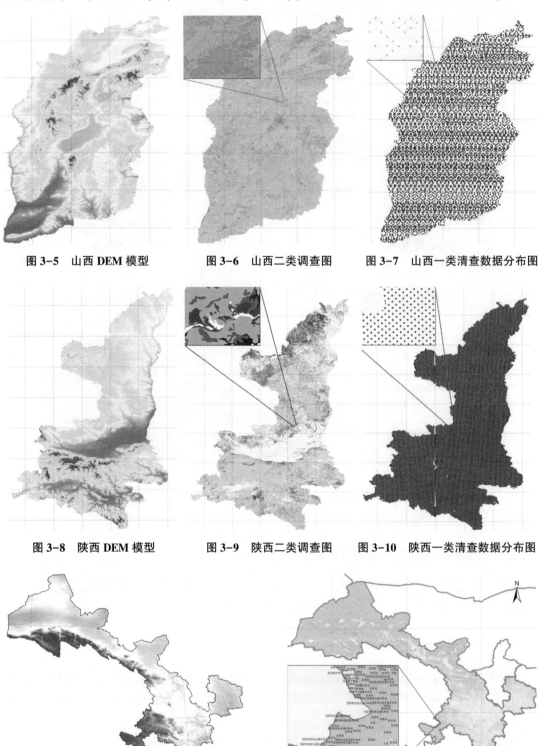

图 3-5　山西 DEM 模型　　　　图 3-6　山西二类调查图　　　图 3-7　山西一类清查数据分布图

图 3-8　陕西 DEM 模型　　　　图 3-9　陕西二类调查图　　　图 3-10　陕西一类清查数据分布图

图 3-11　甘肃 DEM 模型　　　　　　　　图 3-12　甘肃二类调查图

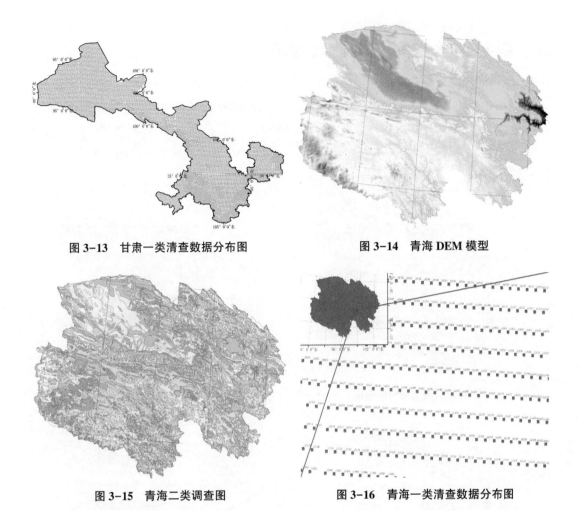

图 3-13　甘肃一类清查数据分布图　　　　图 3-14　青海 DEM 模型

图 3-15　青海二类调查图　　　　　图 3-16　青海一类清查数据分布图

（二）专题属性数据

1. 森林资源规划设计调查数据

包括新疆的布尔津林场、阜康林场、巩留林场、新源林场、霍城林场，西藏的林芝市、山南市，湖北的秭归县、巴东县、兴山县和夷陵区，安徽的黄山、怀宁、金寨、岳西，以及云南、重庆、黑龙江、吉林、辽宁、山西、陕西、宁夏、甘肃、青海等地近 1000 个县（林业局、林场）。

2. 森林资源清查数据

包括新疆布尔津县、阜康市、巩留县、新源县、霍城县，云南省、贵州省、山东省、江苏省、浙江省、福建省、安徽省、江西省、广东省、广西壮族自治区等典型森林植被类型区清查样地近 30000 个。

四、森林植被空间分布信息提取

利用不同森林植被类型遥感影像光谱特征的差异，通过遥感影像分类，形成了各种森林植被类型的空间分布图斑。通过图斑空间对应的森林分布图、林相图、植被图、各类调查样地等的属性，初步确定森林植被类型的空间分布特征。图 3-17 为海南的遥感影像图，图 3-18 为海南森林植被类型遥感分类落界图。图 3-19 为广西遥感影像图，图 3-20 为广西森林植被类型遥感分类落界图。

图 3-17　海南遥感影像图

图 3-18　海南森林植被类型遥感分类落界图

图 3-19　广西遥感影像图

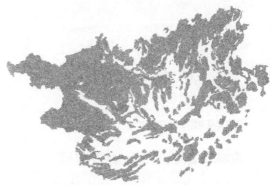

图 3-20　广西森林植被类型遥感分类落界图

五、样地类型、数量及分布

各任务承担单位根据中国森林植被调查技术规范要求，首先确定该区域应调查的森林植被类型，再根据各森林植被类型现有资料情况，测算需要补充调查的样地类型和数量。全国共确定调查森林植被类型 468 个，设置调查样地 6000 余个。图 3-21 为辽宁调查样地分布图，图 3-22 为内蒙古调查样地类型图，图 3-23 为宁夏调查样地分布图。

图 3-21　辽宁调查样地分布图

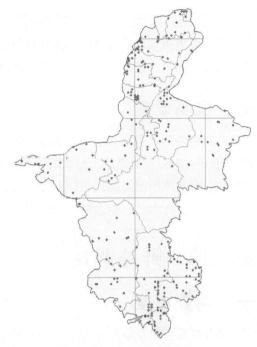

图 3-23　内蒙古调查样地分布图　　　　　图 3-22　宁夏调查样地分布图

六、调查队伍组建及培训

（一）调查队伍

　　调查队人员的数量、知识结构、年龄结构、实践经验以及工作作风等因素决定中国森林植被调查工作进度和成果质量。本项目各任务承担单位对调查队伍的组建高度重视，形成由多学科（林学、生态学、土壤学、植物学、测量学等）、多学历、多单位、多年龄、多经历的人员构成的调查队伍。参与人员 500 余人，其中具有高级职称的 121 人，中级及以下 141 人，博士研究生 28 人，硕士研究生 102 人，本科及以下 100 余人；参与单位 60 余个，其中研院所 10 个，大专院校 18 个，调查规划设计院 10 个，市县等地方单位 20 余个。

（二）调查培训

1. 项目组对各任务成员的培训

　　2013 年下半年，总项目组专家对各任务承担单位的项目人员进行培训，包括理论培训和实践培训。各任务承担单位项目成员集中到项目承担单位，由项目负责人进行调查技术规范讲解，然后到野外进行实际操作实践。通过培训，各任务承担单位项目成员完全理解和掌握调查技术方法。培训现场图见附件三。

2. 各任务成员对调查人员的培训

各任务承担单位项目成员在通过培训后，在各自承担调查任务的地方对调查队的全体调查员进行培训，包括理论培训和实践培训。培训现场图见附件三。

七、仪器设备

针对野外调查需求，总项目组及各任务单位认真准备各种仪器设备，包括笔记本电脑、PDA（GPS）、记录架、标本架、照相机、胸径围尺、罗盘仪、皮尺、测高器（激光测树仪、布鲁莱斯测高器）、移动硬盘、砍刀、花杆、包装绳、文件夹、计算器、文件袋、铁锹、数显游标卡尺、望远镜、记录板、记录表格、铅笔、记号笔、橡皮等。

第二节　野外调查

一、调查进度

各任务承担单位根据任务书规定的进度，在完成各自野外调查工作准备后，自2014年开始，全面开展野外调查工作，经过2014年、2015年、2016年、2017年四年时间调查，完成了所有调查任务。除台湾、香港、澳门外，其他31个省（自治区、直辖市）全都进行了实地样地调查。香港、澳门因森林植被类型图斑面积小，不能满足本次森林植被调查规定的最小图斑面积要求而未设置样地实地调查。台湾森林植被调查采用台湾最新一次森林资源调查成果，结合遥感判别完成。

二、野外作业

野外作业是中国森林植被调查工作的重要内容，各任务承担单位积极准备，克服各种困难（包括山高坡陡、高寒缺氧、蚊虫叮咬等），风餐露宿、翻山越岭、跋山涉水。为完成本项工作，各任务承担单位周密安排、保证安全，付出了辛勤劳动和汗水。部分野外调查现场图见附件三。

三、精度验证

调查成果的精度验证是保证调查成果质量的重要环节，项目组对各任务承担单位完成的森林植被类型调查结果，即森林植被类型图斑类型进行抽查，共抽查森林植被类型图斑35315个，占森林植被类型总图斑2346323个的1.51%，正确的图斑34308个，错误的图斑1007个，调查精度97.15%。

第三节 内业处理

在外业调查工作全部结束以后，各任务承担单位的项目成员及时开展内业处理工作，包括森林植被类型特征统计与描述，森林植被类型分布图制作，森林植被类型照片整理，森林植被数据库建立等。项目组对各任务承担单位的内业处理结果进行汇总。

一、森林植被类型特征统计

森林植被类型统计特征包括类型数、斑块数、面积、蓄积量、生物量、碳储量。各森林植被类型的单位面积的蓄积、生物量、碳储量，平均斑块面积、斑块破碎度，树种多样性指数、优势度指数、均匀度指数。森林植被类型按林目亚组、林目的特征统计结果见表3-1。

表3-1 森林植被类型按林目亚组、林目特征统计表

类型	斑块数	面积 hm^2	蓄积量 m^3	生物量 t	碳储量 t
全部森林植被类型	2346063	209536125.5679	16235812830.0726	15292527645.8406	7618087728.6730
针叶林	1056114	99294198.0646	9121511680.3254	6655474367.1162	3324530955.2927
针叶林/全部森林植被类型	0.4502	0.4739	0.5618	0.4352	0.4364
常绿针叶林	923547	82869006.2419	7605793972.8850	5368789388.5344	2681399584.1730
常绿针叶林/针叶林	0.8745	0.8346	0.8338	0.8067	0.8065
常绿针叶纯林	915684	82462955.0605	7554398717.9209	5332447347.5901	2663212259.6848
常绿针叶纯林/常绿针叶林	0.9915	0.9951	0.9932	0.9932	0.9932
常绿针叶混交林	7863	406051.1814	51395254.9641	36342040.9443	18187324.4882
常绿针叶混交林/常绿针叶林	0.0085	0.0049	0.0068	0.0068	0.0068
落叶针叶林	121746	15640465.5700	1418275077.7782	1219488163.0908	609532963.3709
落叶针叶林/针叶林	0.1153	0.1575	0.1555	0.1832	0.1833
落叶针叶杉林	7550	739598.3927	71049203.5137	83031045.9210	41309228.0831
落叶针叶杉林/落叶针叶林	0.0620	0.0473	0.0501	0.0681	0.0678
落叶针叶松林	114196	14900867.1773	1347225874.2645	1136457117.1698	568223735.2878
落叶针叶松林/落叶针叶林	0.9380	0.9527	0.9499	0.9319	0.9322
常绿落叶针叶林	10821	784726.2527	97442629.6622	67196815.4910	33598407.7488
常绿落叶混交林/针叶林	0.0102	0.0079	0.0107	0.0101	0.0101
常绿落叶松松林	5185	431546.1565	50200023.3827	35949959.9244	17974979.9656
常绿落叶松松林/常绿落叶针叶林	0.4792	0.5499	0.5152	0.5350	0.5350
常绿落叶松杉林	5636	353180.0962	47242606.2795	31246855.5666	15623427.7832
常绿落叶松杉林/常绿落叶针叶林	0.5208	0.4501	0.4848	0.4650	0.4650
阔叶林	1214932	102738944.3964	6081403867.4200	7717651780.3476	3835761048.9063

（续）

类型	斑块数	面积 hm²	蓄积量 m³	生物量 t	碳储量 t
阔叶林/全部森林植被类型	0.5179	0.4903	0.3746	0.5047	0.5035
常绿阔叶林	319272	43242895.8328	2215061072.4868	3208865944.0660	1588025916.7627
常绿阔叶林/阔叶林	0.2628	0.4209	0.3642	0.4158	0.4140
常绿阔叶纯林	199097	26468317.6792	1058392057.4180	1717434792.9524	854844007.5661
常绿阔叶纯林/常绿阔叶林	0.6236	0.6121	0.4778	0.5352	0.5383
常绿阔叶混交林	120175	16774578.1536	1156669015.0688	1491431151.1136	733181909.1966
常绿阔叶混交林/常绿阔叶林	0.3764	0.3879	0.5222	0.4648	0.4617
落叶阔叶林	890991	57595343.5563	3573367426.7027	4149595642.5172	2068141925.2258
落叶阔叶林/阔叶林	0.7334	0.5606	0.5876	0.5377	0.5392
落叶阔叶纯林	674493	41671880.8198	2293865819.1356	2664444955.0150	1323985875.4361
落叶阔叶纯林/落叶阔叶林	0.7570	0.7235	0.6419	0.6421	0.6402
落叶阔叶混交林	216498	15923462.7365	1279501607.5671	1485150687.5022	744156049.7897
落叶阔叶混交林/落叶阔叶林	0.2430	0.2765	0.3581	0.3579	0.3598
常绿落叶阔叶混交林	4669	1900705.0073	292975368.2305	359190193.7643	179593206.9178
常绿落叶阔叶混交林/阔叶林	0.0038	0.0185	0.0482	0.0465	0.0468
青冈常绿落叶混交林	3905	623910.8861	21844811.6070	29037106.9511	14517848.9116
青冈常绿落叶混交林/常绿落叶阔叶林	0.8364	0.3283	0.0746	0.0808	0.0808
其他常绿落叶混交林	764	1276794.1212	271130556.6235	330153086.8132	165075358.0062
其他常绿落叶混交林/常绿落叶阔叶林	0.1636	0.6717	0.9254	0.9192	0.9192
针阔混交林	75017	7502983.1069	1032897282.3272	919401498.3769	457795724.4740
针阔混/全部森林植被类型	0.0320	0.0358	0.0636	0.0601	0.0601
常绿针阔混交林	781	811374.7523	223406978.5286	228239739.4143	112261680.7112
常绿针阔混交林/针阔混交林	0.0104	0.1081	0.2163	0.2482	0.2452
常绿杉针阔混交林	580	617062.1213	210903437.5666	209592098.2785	102937860.1432
常绿杉针阔混交林/常绿针阔混交林	0.7426	0.7605	0.9440	0.9183	0.9169
常绿松针阔混交林	201	194312.6310	12503540.9620	18647641.1358	9323820.5680
常绿松针阔混交林/常绿针阔混交林	0.2574	0.2395	0.0560	0.0817	0.0831
落叶针阔混交林	22707	3996078.0668	479361283.5203	402966048.7999	201483024.3992
落叶针阔混交林/针阔混交林	0.3027	0.5326	0.4641	0.4383	0.4401
落叶松桦木针阔混交林	13946	3398658.5561	397592309.9555	328955880.3742	164477940.1858
落叶松桦木针阔混交林/落叶针阔混交林	0.6142	0.8505	0.8294	0.8163	0.8163
落叶松色椴针阔混交林	593	44634.5222	7689819.3698	6439211.8765	3219605.9379

（续）

类型	斑块数	面积 hm²	蓄积量 m³	生物量 t	碳储量 t
落叶松色椴针阔混交林/落叶针阔混交林	0.0261	0.0112	0.0160	0.0160	0.0160
落叶松水胡黄针阔混交林	1552	111660.9678	18062979.4855	16615171.7497	8307585.8752
落叶松水胡黄针阔混交林/落叶针阔混交林	0.0683	0.0279	0.0377	0.0412	0.0412
落叶松杨榆槐针阔混交林	2135	115526.0219	22913583.5358	17428545.2721	8714272.6365
落叶松杨榆槐针阔混交林/落叶针阔混交林	0.0940	0.0289	0.0478	0.0433	0.0433
落叶松蒙古栎针阔混交林	4481	325597.9988	33102591.1737	33527239.5274	16763619.7638
落叶松蒙古栎针阔混交林/落叶针阔混交林	0.1973	0.0815	0.0691	0.0832	0.0832
常绿针叶落叶阔叶针阔混交林	51529	2695530.2878	330129020.2783	288195710.1627	144051019.3636
常绿针叶落叶阔叶针阔混交林/针阔混交林	0.6869	0.3593	0.3196	0.3135	0.3147
常绿松落叶阔叶针阔混交林	30722	1406932.7467	139996381.0718	138298836.9618	69125117.0152
常绿松落叶阔叶针阔混交林/常绿针叶落叶阔叶针阔混交林	0.5962	0.5220	0.4241	0.4799	0.4799
常绿衫落叶阔叶针阔混交林	20807	1288597.5411	190132639.2065	149896873.2009	74925902.3484
常绿衫落叶阔叶针阔混交林/常绿针叶落叶阔叶针阔混交林	0.4038	0.4780	0.5759	0.5201	0.5201

二、森林植被类型特征描述

森林植被类型特征描述包括分布的行政区域、地理环境、各种统计特征、森林群落组成（乔木、灌木、草本、苔藓、地衣）的名称、高度、粗度、覆盖度，森林群落的健康状况（病害、虫害、火灾以及人为干扰和自然干扰类型）等。具体内容见本书第二、三、四篇。

三、森林植被类型分布图制作

以 1∶10 万的地形图为基础地理底图，将基于 TM 遥感影像提取的森林植被类型分类落界图叠加到基础地理底图之上，形成森林植被类型基本图。在此基础上，缩编成 1∶25 万、1∶100 万及各省（自治区、直辖市）及全国的森林植被类型分布图。具体内容见本书第五篇第十三章。

四、森林植被类型照片整理

在各森林植被类型进行野外调查时均进行了照相，包括林冠、林内、林下等位置的照片。各任务承担单位共采集各类森林植被类型照片近 2000 张，因部分类型的照片质量差或少量类型（如台湾、西藏藏南地区的类型）不能到现场未照相外，本次共采集到有效照片的类型近 400 种。具体内容见附件四。

五、森林植被数据库建立

本项目共建矢量数据库、栅格数据库、调查样地数据库和文本数据库四大类，共 128GB。各类数据库描述见表 3-2 至表 3-5。

表3-2　中国森林植被矢量数据库

序号	数据集名称	图层名称	图层属性说明	图层类型	数据格式	地理位置或空间覆盖范围	空间参数基准	比例尺	数据集时间	数据来源	数据量
1	2013—2017 年中国森林植被类型分布图	中国森林植被类型分布图	属性包括省市，区县，林纲组，林纲亚组，林纲，林目组，林目亚组，林目，林系组，林系亚组，林系	面图层	shp	全国	WGS84 1：25 万	2013—2017	基于部分历史植被分布图、历史森林分布图、2012 年 TM、90 年代 TM 数据、25 万 DEM 数据、野外样地调查数据等	5.07GB
2	2013—2017 年中国森林植被类型分布图 1:100 万林植被类型分布图	中国森林植被类型分布图	属性包括省市，区县，林纲组，林纲亚组，林纲，林目组，林目亚组，林目，林系组，林系亚组，林系	面图层	shp	全国	WGS84 1:100 万	2013—2017	基于部分历史植被分布图、历史森林分布图、2012 年 TM、90 年代 TM 数据、25 万 DEM 数据、野外样地调查数据等	2.69GB
3	2013—2017 年中国森林植被类型遥感图像分类落界图	中国森林植被类型遥感图像分类落界图	属性包括省市，区县	面图层	shp	全国	WGS84 1:10 万	2013—2017	基于部分历史植被分布图，2012 森林分布图，90 年代 TM 数据，野外样地调查数据	50.8GB
4	2013—2017 年中国森林分布图 1:100 万森林分布图	中国森林分布图	属性包括省市，区县，林目亚组	面图层	shp	全国	WGS84 1:100 万	2013—2017	基于部分历史植被分布图，2012 森林分布图，90 年代 TM 数据，野外样地调查数据	2.00GB

表 3-3　中国森林植被栅格数据库

序号	数据集名称	数据项	数据格式	地理位置或空间覆盖范围	数据集时间	数据来源	数据量
1	2013—2017 年《中国 1∶25 万森林植被分布图》图集	《中国森林植被分布图》1∶25 万图集，属性为林系	jpg	全国	2013—2017	基于部分历史植被分布图、森林分布图，2012 年 TM、90 年代 TM 数据，25 万 DEM 数据，野外样地调查数据等	1.95GB
2	2013—2017 年《中国 1∶100 万森林植被分布图》图集		jpg	全国	2013—2017	基于部分历史植被分布图、森林分布图，2012 年 TM、90 年代 TM 数据，25 万 DEM 数据，野外样地调查数据等	449MB
3	2013—2017 年中国森林植被冠层、林内、林下彩色图片		jpg	全国	2013—2017	野外采集	49.8GB

表 3-4　中国森林植被调查样地数据库

序号	数据集名称	数据项	数据格式	地理位置或空间覆盖范围	数据集时间	数据来源	数据量
1	2013—2017 年中国森林植被野外样地调查	样地因子记录：样地类型，植被类型，地理位置，行政位置，地形地貌，群落乔木特征，健康状况，灾害状况，人为干扰，自然干扰，照片名称与编号，调查日期，调查人。每木检尺记录：森林植被类型，样地位置，样地号，序号，树种名，胸径。样地树高记录：森林植被类型，样地位置，样地号，序号，树种名，平均树高。下木调查记录：森林植被类型，样地位置，样地号，样方号，下木名称，下木胸径，下木高度。草本记录：森林植被类型，样地位置，样方号，藤本，藤本名称，藤本优势种名称，草本名称，草本平均长度，草本平均高，草本盖度。地被物调查记录：森林植被类型，样地位置，样地号，苔藓名称，苔藓平均高，苔藓盖度，苔藓优势种名称，地衣名称，地衣平均高，地衣优势种名称，地被平均高，地衣盖度	EXCEL	全国	2013—2017	野外采集	样地记录 6201 个，每木检尺记录 275468 个，树高记录 48763 个，下木记录 33393 个，草本记录 10603，地被物记录 763 个

表3-5 中国森林植被文本数据库

序号	数据集名称	数据项	数据格式	地理位置或空间覆盖范围	数据集时间	数据来源	数据量
1	《森林植被分类、调查与制图规范》	包括前言，范围，规范性引用文件，术语与定义，森林植被分类，森林植被调查，森林植被图制作，成果，附录ABCD	文本格式	全国	2019	数据加工	1.85MB
2	《中国森林植被》	包括全国490多个森林植被类型的植被特征，分为针叶林、阔叶林和针阔混交林三部分	文本格式	全国	2019	数据加工	555MB
3	中国森林植被信息系统软件及使用说明手册	中国森林植被信息系统软件、系统软件使用说明手册	软件格式，文本格式	全国	2019	数据加工	16.3GB

第二篇

针叶林

　　针叶林是以针叶树为建群种（优势树种）所组成的各类森林的总称。主要由松科、杉科和柏科的一些树种组成。在我国，针叶林类型比较丰富，从分布的气候区域看，有亚寒带针叶林、温带针叶林、亚热带针叶林和热带针叶林；从分布的地貌特征看，有平原针叶林、台地针叶林、丘陵针叶林和山地针叶林；从适应物候特征看，有常绿针叶林、落叶针叶林和常绿落叶针叶林；从森林群落组成特征看，有针叶纯林和针叶混交林；从受自然和人为干扰情况看，有天然针叶林和人工针叶林。本次调查结果中，针叶林类型共 84 种，占全部森林植被类型 468 种的 17.95%；针叶林类型斑块数 1056114 个，占全部森林植被类型斑块数 2346063 个的 45.01%；面积 99294198.0646hm^2，占森林植被类型总面积 209536125.5679hm^2 的 47.38%；蓄积量 9121511680.3254m^3，占森林植被类型总蓄积量 16235812830.0726m^3 的 56.18%；生物量 6655474367.1162t，占森林植被类型总生物量 15292527645.8406t 的 43.52%；碳储量 3324530955.2927t，占森林植被类型总碳储量 7618087728.6730t 的 43.63%；每公顷蓄积量 91.8635m^3，每公顷生物量 67.0278t，每公顷碳储量 33.4816t，分别是森林植被类型每公顷蓄积量、生物量、碳储量的 118.55%、91.84%、92.09%；针叶林类型多样性指数 0.4219，优势度指数 0.5781，均匀度指数 0.3828；平均斑块面积 94.0184hm^2，占总平均斑块面积的 105.26%；斑块破碎度 0.0106，占总破碎度的 94.99%。

中国 森林植被
Forest Vegetation in China

第四章
常绿针叶林

常绿针叶林指针叶林优势树种的树冠一年四季成绿色，虽然每年或一定时期总有一些针叶变黄、枯萎、脱落，但树冠上总有一定数量的绿色针叶附着，使针叶林林相呈现绿色。常绿针叶林是针叶林的重要组成部分，多数针叶树种都是常绿针叶林的优势树种，比如云杉、冷杉、红松、油松、圆柏、侧柏等。根据常绿针叶林优势针叶树的多少，分为常绿针叶纯林和常绿针叶混交林。本次调查结果中，常绿针叶林类型 68 种，斑块数 923547 个，面积 82869006.2419hm²，蓄积量 7605793972.8850m³，生物量 5368789388.5344t，碳储量 2681399584.1730t，分别占针叶林类型、斑块数、面积、蓄积量、生物量、碳储量的 80.95%、87.45%、83.46%、83.38%、80.67%、80.65%；每公顷蓄积量 91.7809m³，每公顷生物量 64.7864t，每公顷碳储量 32.3570t，分别是森林植被类型每公顷蓄积量、生物量、碳储量的 0.99 倍、0.96 倍、0.96 倍；常绿针叶林多样性指数 0.4492，优势度指数 0.5508，均匀度指数 0.4283，是针叶林多样性指数、优势度指数、均匀度指数的 1.06 倍、0.94 倍、1.11 倍；平均斑块面积 89.7290hm²，是针叶林平均斑块面积的 0.95 倍；斑块破碎度 0.0111，是针叶林破碎度的 1.04 倍。

第一节 常绿针叶纯林

常绿针叶纯林是指常绿针叶林优势针叶树种只有一种，该针叶树的蓄积量或立木株数占单位面积蓄积量或立木株数的 65% 以上。本次调查结果中，常绿针叶纯林类型 59 种，斑块数 915684 个，面积 82462955.0605hm²，蓄积量 7554398717.9209m³，生物量 5332447347.5901t，碳储量 2663212259.6848t，分别占常绿针叶林类型、斑块数、面积、蓄积量、生物量、碳储量的 86.76%、99.15%、99.51%、99.33%、99.32%、99.32%；每公顷蓄积量 91.6096m³，每公顷生物量 64.6648t，每公顷碳储量 32.2959t，分别是森林植被类型每公顷蓄积量、生物量、碳储量的 0.99 倍、0.99 倍、0.99 倍；常绿针叶纯林多样性指数 0.4487，优势度指数 0.5513，均匀度指数 0.4290，分别是常绿针叶林多样性指数、优势度指数、均匀度指数的 0.99 倍、1 倍、1 倍；平均斑块面积 90.0561hm²，与常绿针叶林平均斑块面积相当；斑块破碎度 0.0111，与常绿针叶林的斑块破碎度相同。

1. 红松林（*Pinus koraiensis* forest）

红松林是以红松为优势树种的森林群落，以天然林为主，在我国主要分布于黑龙江、吉林、辽宁三个省，面积 665115.643hm^2，蓄积量 73527250.4457m^3，生物量 44346661.0694t，碳储量 20983466.1186t。每公顷蓄积量 110.5481m^3，每公顷生物量 66.6751t，每公顷碳储量 31.5486t。多样性指数 0.5584，优势度指数 0.4414，均匀度指数 0.2120。斑块数 7732个，平均斑块面积 86.0211hm^2，斑块破碎度 0.0116。

（1）在黑龙江，红松林分布于黑龙江省小兴安岭、完达山、张广才岭及老爷岭等山区。

乔木伴生树种主要有山槐、紫椴、蒙古栎、鱼鳞云杉、色木槭、水曲柳。灌木主要有兴安杜鹃、胡枝子、瘤枝卫矛、乌苏里绣线菊。草本主要有光萼溲疏、小花溲疏、马氏茶藨子、小檗、刺五加、早花忍冬、乌苏里苔草、羊胡子苔草、单花鸢尾、关苍术、宽叶山蒿、铁杆蒿、土三七、紫花野菊花、大叶柴胡、乌苏里黄芩。

乔木层平均树高 9.03m，灌木层平均高 0.83m，草本层平均高约 0.22m，乔木平均胸径 18.8cm，乔木郁闭度 0.61，灌木盖度 0.12，草本盖度 0.24，植被盖度 0.82。

面积 97453.8030hm^2，蓄积量 10348700.5553m^3，生物量 9066419.6573t，碳储量 4533209.8290t。每公顷蓄积量 106.1908m^3，每公顷生物量 93.0330t，每公顷碳储量 46.5165t。

多样性指数 0.7911，优势度指数 0.2088，均匀度指数 0.4187。斑块数 1631 个，平均斑块面积 59.7509hm^2，斑块破碎度 0.0167。

生态系统健康状况良好。无自然干扰。

（2）在吉林，红松林分布于东部长白山地区。

乔木伴生树种主要有椴树、色木槭、冷杉、胡桃楸、柞树、枫桦、杨树、水曲柳、榆树、白桦、黄波罗、落叶松、云杉、樟子松。灌木主要有榛子、忍冬、花楷槭、刺五加。草本主要有蒿、蕨、木贼、莎草、羊胡子草、苔草。

乔木层平均树高 16.1m，灌木层平均高 1.18m，草本层平均高 0.32m，乔木平均胸径 22.06cm，乔木郁闭度 0.65，灌木盖度 0.24，草本盖度 0.42。

面积 510492.8079hm^2，蓄积量 59120453.6497m^3，生物量 32693610.8683t，碳储量 15231953.3035t。每公顷蓄积量 115.8106m^3，每公顷生物量 64.0432t，每公顷碳储量 29.8377t。

多样性指数 0.5366，优势度指数 0.4633，均匀度指数 0.1783。斑块数 3706 个，平均斑块面积 137.7476hm^2，斑块破碎度 0.0073。

森林生态系统健康状况良好。无自然干扰。

（3）在辽宁，天然红松林已演变成次生林，主要分布在宽甸县境内。

乔木主要伴生树种有椴树、色木槭、臭松、胡桃楸、柞树、枫桦、杨树、水曲柳、榆树、白桦、黄波罗、落叶松、云杉、樟子松。灌木主要有榛子、忍冬、刺五加。草本主要有蒿、蕨、木贼、莎草、羊胡子草、苔草。

乔木层平均树高 13.6m，灌木层平均高 1.4m，草本层平均高 0.2m，乔木平均胸径 15.8cm，乔木郁闭度 0.6，灌木盖度 0.37，草本盖度 0.29，植被盖度 0.86。

面积 57169.0323hm²，蓄积量 4058096.2047m³，生物量 2586630.5438t，碳储量 1218302.9861t。每公顷蓄积量 70.9842m³，每公顷生物量 45.2453t，每公顷碳储量 21.3105t。

多样性指数 0.3572，优势度指数 0.6427，均匀度指数 0.1611。斑块数 2395 个，平均斑块面积 23.8701hm²，斑块破碎度 0.0419。

森林生态系统健康状况良好。无自然干扰。

2. 黑松林（*Pinus thunbergii* forest）

黑松林是以黑松为优势树种的森林群落。主要在我国的辽宁、山东、浙江、河南和福建五个省有成规模的分布。面积 411042.0902hm²，蓄积量 14507272.6963m³，生物量 8255513.6427t，碳储量 4109100.2772t。每公顷蓄积量 35.2939m³，每公顷生物量 20.0844t，每公顷碳储量 9.9968t。多样性指数 0.0383，优势度指数 0.9616，均匀度指数 0.0113。斑块数 1122 个，平均斑块面积 366.3476hm²，斑块破碎度 0.0027。

（1）在辽宁，主要分布于辽东半岛，以引种栽培为主。

乔木主要伴生树种有枫香、白栎、麻栎、黄檀。灌木主要有紫穗槐、单叶蔓荆、胡枝子、野蔷薇。草本主要有羊胡子苔草、马齿苋、肾叶打碗花、毛鸭嘴草、茵陈蒿、鸭跖草、龙葵。

乔木层平均树高 8.15m，灌木层平均高 1.0m，草本层平均高 0.3m，乔木平均胸径 9.9cm，乔木郁闭度 0.7，灌木盖度 0.43，草本盖度 0.33，植被盖度 0.84。

面积 20960.7075hm²，蓄积量 2208863.8111m³，生物量 1258168.8268t，碳储量 629084t。每公顷蓄积量 105.3812m³，每公顷生物量 60.0251t，每公顷碳储量 30.0126t。

多样性指数 0.5589，优势度指数 0.4410，均匀度指数 0.1542。斑块数 387 个，平均斑块面积 54.1620hm²，斑块破碎度 0.0185。

森林生态系统健康状况良好。无自然干扰。

（2）在山东，黑松林主要是人工林，分布于山东半岛低山丘陵和沿海沙滩以及鲁中南的低山丘陵上。具体包括烟台、牟平、蓬莱、乳山、海阳、日照、平邑、费县、蒙阴、五莲、青岛、文登、威海、荣成等市（县）。

乔木除黑松外，没有其他伴生树种。灌木层有胡枝子、花木蓝、郁李、山槐、青花椒、大花溲疏、锦带花、扁担杆、白檀、多花胡枝子、荚蒾、荆条、酸枣、百里香、兴安胡枝子、唐松草、北柴胡、蕨、宽叶隐子草、委陵菜、白羊草、地榆、阿尔泰狗娃花、一年蓬等。

乔木层平均树高 15m，灌木层平均高 3~5m，草本层平均高在 1.5m 以下，乔木平均胸径约 15cm，乔木郁闭度约 0.9，灌木盖度约 0.5，草本盖度约 0.5。

面积 375770.0000hm²，蓄积量 11164203.3878m³，生物量 6359130.2497t，碳储量

3179565.1248t。每公顷蓄积量 29.7102m³，每公顷生物量 16.9229t，每公顷碳储量 8.4615t。

多样性指数 0，优势度指数 1，均匀度指数 0。斑块数 404 个，平均斑块面积 930.1240hm²，斑块破碎度 0.0011。

人为干扰主要是经营活动。自然干扰主要是病虫害。

（3）在浙江，黑松林以人工林为主，北自嵊泗县的花鸟岛，南至苍南县的南关岛，西至绍兴市、文成县一线以东的广大地区范围内均有栽植。垂直分布在海拔 400m 以下的海岛以及海拔 500m 以下的近海内陆山地，生长正常，林分稳定。

乔木无伴生树种。灌木有杜鹃、白栎、胡枝子、算盘子、化香树、枫香等。草本有白茅、芒、狗牙根、结缕草等。

乔木层平均树高 4.5~7.5m。灌木层平均高 0.5~1.5m，草本层平均高 0.5m 以下，乔木平均胸径 9~11cm，乔木郁闭度约 0.7，灌木盖度 0.2，草本盖度 0.5。

面积 8066.8500hm²，蓄积量 900270.8178m³，生物量 417635.6324t，碳储量 208817.8162t。

多样性指数 0，优势度指数 1，均匀度指数 0。斑块数 9 个，平均斑块面积 896.3170hm²，斑块破碎度 0.0011。

森林病虫害属于轻度。人为干扰主要是经营活动。

（4）在河南，各山区均有分布。

乔木伴生树种主要有油松、侧柏、圆柏、槲栎、栓皮栎、短柄枹栎、核桃、黄连木、千金榆、君迁子、山桃、小叶白蜡等。灌木主要有盐肤木、连翘、木半夏、金银木、苦糖果、陕西荚蒾、多花胡枝子、黄栌、卫矛、茅莓、野蔷薇、荆条、苦参、枝南蛇藤、三叶木通等。草本主要有铁杆蒿、野菊花、苍术、白头翁、大火草（野棉花）、柴胡、防风、桔梗、沙参、穿山龙、黄花败酱、车前、蝇子草、黄精、野古草、白羊草、黄背草、荩草、白茅、苔草、羊胡子草等。

乔木层平均树高 11.4m，灌木层平均高 0.7m，草本层平均高 0.4m，乔木平均胸径 13.5cm，乔木郁闭度 0.61，灌木盖度 0.11，草本盖度 0.23，植被盖度 0.56。

面积 6152.8959hm²，蓄积量 228889.1682m³，生物量 217705.0105t，碳储量 90195.9612t。每公顷蓄积量 37.2002m³，每公顷生物量 35.382t，每公顷碳储量 14.6591t。

多样性指数 0.6584，优势度指数 0.3416，均匀度指数 0.2322。斑块数 321 个，平均斑块面积 19.1679hm²，斑块破碎度 0.0522。

森林健康。无病虫害及自然干扰。

（5）在福建，主要在沿海各县、市及岛屿有引种。尤以平潭、湄洲岛、南日岛、东山、漳浦等地引种较多。均为人工栽培。分布区多在海拔 200m 以下的丘陵、台地，土壤为花岗岩发育的酸性砖红壤。黑松林矮小，抗风力强，耐旱耐瘠薄，是沿海防护林的重要栽培树种。

乔木单一，树高 3~3.5m，胸径 3~10cm；灌木平均高 0.6~0.8m，灌木盖度 0.15，以车桑子、桔梗、算盘子为主；草本平均高 0.2~0.45cm，草本盖度 0.3 左右，以印度黄芩、茅莓等为主。

面积 91.6368hm²，蓄积量 5045.5114m³，生物量 2873.9233t，碳储量 1436.9616t。每公顷蓄积量 55.05990m³，每公顷生物量 31.3621t，每公顷碳储量 15.6811t。

多样性指数 0，优势度指数 1，均匀度指数 0。斑块数 1 个，平均斑块面积 91.6368hm²，斑块破碎度 0.0109。

森林健康中等。自然干扰主要是虫害。人为干扰主要是采伐更新。

3. 樟子松林（*Pinus sylvestris* var. *mongolica* forest）

樟子松林是以樟子松为优势树种的森林群落，在我国主要分布于黑龙江、吉林、辽宁、内蒙古、甘肃、山西、陕西七个省（区），既有天然林，也有人工林。总面积 754808.0993hm²，蓄积量 82876854.4634m³，生物量 51352513.9145t，碳储量 26062974.3475t。每公顷蓄积量 109.7986m³，每公顷生物量 68.0339t，每公顷碳储量 34.5293t。多样性指数 0.3787，优势度指数 0.6211，均匀度指数 0.1595。斑块数 14156 个，平均斑块面积 53.3207hm²，斑块破碎度 0.0188。

（1）在黑龙江，樟子松林分布于大兴安岭山区（海拔 450~900m 之间）和小兴安岭北部的瑷珲、嘉荫、汤旺河等地，以天然林为主。

乔木伴生树种主要有兴安落叶松。灌木主要有兴安杜鹃、狭叶杜香、绢毛绣线菊、刺玫蔷薇、胡枝子。草本植物发育良好，有耐旱大叶章、林木贼、地榆、东方草莓、柳兰、铃兰、拂子茅、耧斗菜、兴安柴胡、山野豌豆、矮香豌豆、兴安白头翁、舞鹤草、红花鹿蹄草等。

乔木层平均树高 10.6m，灌木层平均高 0.4m，草本层平均高约 0.2m，乔木平均胸径 18.9cm，乔木郁闭度 0.57，灌木盖度 0.85，草本盖度 0.38，植被盖度 0.79。

面积 234874.9058hm²，蓄积量 31847862.8567m³，生物量 16297852.2784t，碳储量 8148926.1390t。每公顷蓄积量 135.5950m³，每公顷生物量 69.3895t，每公顷碳储量 34.6948t。

多样性指数 0.4857，优势度指数 0.5141，均匀度指数 0.1110。斑块数 4979 个，平均斑块面积 47.1731hm²，斑块破碎度 0.0212。

森林健康状况良好。有轻微虫害。

（2）在吉林，各地均有樟子松分布，以天然林为主。

乔木伴生树种主要有椴树、冷杉、胡桃楸、柞树、枫桦、杨树、水曲柳、榆树、白桦、落叶松、云杉。灌木主要有刺五加、杜鹃、胡枝子、花楷槭、蔷薇、忍冬、榛子。草本主要有蒿、木贼、莎草、羊胡子草、苔草、山茄子等。

乔木层平均树高 9.1m，灌木层平均高 0.9m，草本层平均高 0.2m，乔木平均胸径 12.8cm，乔木郁闭度 0.74，灌木盖度 0.14，草本盖度 0.34。

面积 338694.1258hm²，蓄积量 34431462.6453m³，生物量 21549313.9544t，碳储量 10774656.9800t。每公顷蓄积量 101.6595m³，每公顷生物量 63.6247t，每公顷碳储

量 31.8124t。

多样性指数 0.3416，优势度指数 0.6583，均匀度指数 0.1418。斑块数 5788 个，平均斑块面积 58.5166hm²，斑块破碎度 0.0171。

森林健康。无自然干扰。

（3）在辽宁，樟子松林主要分布在沈阳、丹东一线，主要是天然林。

乔木伴生树种主要有椴树、臭松、胡桃楸、柞树、枫桦、杨树、水曲柳、榆树、白桦、落叶松、云杉。灌木主要有刺五加、杜鹃、胡枝子、花楷槭、蔷薇、忍冬、榛子。草本主要有蒿、木贼、莎草、羊胡子草、苔草、山茄子等。

乔木层平均树高 8.9m，灌木层平均高 1.7m，草本层平均高 0.28m，乔木平均胸径 13.9cm，乔木郁闭度 0.56，灌木盖度 0.16，草本盖度 0.4，植被盖度 0.81。

面积 31393.9530hm²，蓄积量 2742635.3861m³，生物量 2108312.2267t，碳储量 1054156.1130t。每公顷蓄积量 87.3619m³，每公顷生物量 67.1566t，每公顷碳储量 33.5783t。

多样性指数 0.1627，优势度指数 0.8372，均匀度指数 0.0459。斑块数 1071 个，平均斑块面积 29.3127hm²，斑块破碎度 0.0341。

森林健康。无自然干扰。

（4）在内蒙古，樟子松有天然林和人工林。

樟子松天然林在内蒙古主要分布于较陡峻的阳坡或半阳坡上部山脊上，坡度达 10°~35°，土壤一般是贫瘠的薄层山地棕色针叶林土。其垂直分布的范围在海拔高度 300~900m 之间。在呼伦贝尔草原的沙地上，樟子松林主要以疏林存在。

乔木伴生树种少，主要是蒙古栎、黑桦、白桦。灌木有兴安杜鹃花、狭叶杜香、越桔、绢毛绣线菊、欧亚绣线菊、刺玫蔷薇、山刺玫、胡枝子等。草本常见的有地榆、东方草莓、柳兰、林木贼、铃兰、拂子茅、大叶章、耧斗菜、兴安柴胡、蹄叶橐吾、山野豌豆、矮山黧豆、兴安白头翁等。

乔木层平均树高 10.9m，灌木层平均高约 1m，草本层平均高在 0.5m 以下，乔木平均胸径 14.4cm，乔木郁闭度 0.7，灌木盖度 0.30，草本盖度 0.20。

面积 94380.0027hm²，蓄积量 11475541.8375m³，生物量 9439780.7156t，碳储量 4719890.3578t。每公顷蓄积量 121.5887m³，每公顷生物量 100.0189t，每公顷碳储量 50.0094t。

多样性指数 0.3721，优势度指数 0.6280，均匀度指数 0.1038。斑块数 1378 个，平均斑块面积 68.5964hm²，斑块破碎度 0.0146。

森林健康。无自然干扰。

樟子松人工林在内蒙古主要分布于大兴安岭林区。

乔木单一。灌木几乎不发育。草本几乎不发育。

乔木层平均树高 8.5m，几无灌木草本，乔木平均胸径 13.7cm，乔木郁闭度 0.7，灌木盖度在 0.05 以下，草本盖度在 0.05 以下。

面积 2530.5118hm²，蓄积量 313276.8570m³，生物量 257701.5425t，碳储量 128850.7713t。每公顷蓄积量 123.7998m³，每公顷生物量 101.8377t，每公顷碳储量 50.9189t。

多样性指数 0.2115，优势度指数 0.7885，均匀度指数 0.1470。斑块数 41 个，平均斑块面积 61.7198hm²，斑块破碎度 0.0162。

森林健康。无自然干扰。

（5）在甘肃，樟子松主要是人工林。广泛分布在武威市市辖区，酒泉市的玉门市、敦煌市，张掖市的高台县、民乐县、临泽县。

乔木伴生树种少量，如白桦。灌木有水枸子、杜鹃等。草本中主要有乔本科草、冰草、蒿、小车前、唐松草。

乔木层平均树高 14.8m，灌木层平均高 16.2cm，草本层平均高 2.78cm，乔木平均胸径 24cm，乔木郁闭度 0.56，灌木盖度 0.33，草本盖度 0.44，植被盖度 0.61。

面积 38.7153hm²，蓄积量 651.9196m³，生物量 791.1115t，碳储量 413.1975t。每公顷蓄积量 16.8388m³，每公顷生物量 13.8516t，每公顷碳储量 10.6727t。

多样性指数 0.4500，优势度指数 0.5500，均匀度指数 0.2800。斑块数 2 个，平均斑块面积 19.3576hm²，斑块破碎度 0.0517。

有轻微病害，面积 17.994hm²。未见火灾。有轻度自然干扰，面积 1hm²。有轻度人为干扰，面积 6hm²。

（6）在山西，樟子松林分布较少，以人工林为主，集中分布在右玉县、左云县和阳高县等。

乔木单一树种。灌木偶见龙须、柠条。草本有艾蒿、铁杆蒿等。

乔木层平均树高 12.3m，灌木层平均高 7.5cm，草本层平均高 5cm，乔木平均胸径 14.5cm，乔木郁闭度 0.2，灌木盖度 0.34，草本盖度 0.62。

面积 23575.4758hm²，蓄积量 1178773.7900m³，生物量 969659.3197t，碳储量 698531.9178t。每公顷蓄积量 50.0000m³，每公顷生物量 41.1300t，每公顷碳储量 29.6296t。

多样性指数 0.1400，优势度指数 0.8600，均匀度指数 1。斑块数 698 个，平均斑块面积 33.7757hm²，斑块破碎度 0.0296。

轻度、中度、重度自然干扰面积分别为 62hm²、15hm²、60hm²。没有火灾及人为干扰。

（7）在陕西，樟子松主要是人工林，分布于榆林市、神木县、横山县等。

乔木伴生树种有白桦、柳树。灌木常见的植物有水蜡、丁香、盐肤木、山楂等。草本常见的有莎草、拟金茅、五味子等。

乔木层平均树高 7.3m，灌木层平均高 8.5cm，草本层平均高 2.3cm，乔木平均胸径 11cm，乔木郁闭度 0.5，灌木盖度 0.25，草本盖度 0.21，植被盖度 0.47。

面积 29320.4091hm²，蓄积量 886649.1712m³，生物量 729357.6082t，碳储量

537548.8711t。每公顷蓄积量 30.2400m³，每公顷生物量 24.8754t，每公顷碳储量 18.3336t。

多样性指数 0.4100，优势度指数 0.5900，均匀度指数 0.3800。形状指数 1.84，斑块数 199 个，平均斑块面积 147.3387hm²，斑块破碎度 0.0068。

森林健康。没有自然和人为干扰。

4. 赤松林 (*Pinus densiflora* forest)

赤松林是以赤松为优势种的森林群落。在我国分布于黑龙江、辽宁、山东等省区。既有天然林，也有人工林，面积 349570.1790hm²，蓄积量 7093110.6601m³，生物量 5678601.3102t，碳储量 2839300.6551t。每公顷蓄积量 20.2909m³，每公顷生物量 16.2445t，每公顷碳储量 8.1223t。多样性指数 0.0152，优势度指数 0.9847，均匀度指数 0.0044。斑块数 567 个，平均斑块面积 616.5258hm²，斑块破碎度 0.0016。

（1）在黑龙江，赤松林以天然林为主。分布于黑龙江省宁安（镜泊湖）至东宁一带。

乔木伴生树种主要有蒙古栎、胡桃楸、大叶朴。灌木主要有荆条、酸枣、山兰、胡枝子、连翘、榛、东北绣线梅、毛叶锦带花、崖椒。草本主要有黄背草、白羊草、马唐、野香茅、白茅。

乔木层平均树高 11.3m，灌木层平均高 1.1m，草本层平均高 0.23m，乔木平均胸径 18.6cm，乔木郁闭度 0.65，灌木盖度 0.1，草本盖度 0.38，植被盖度 0.74。

面积 8956.6288hm²，蓄积量 913715.4606m³，生物量 725124.5895t，碳储量 362562.2948t。每公顷蓄积量 102.0156m³，每公顷生物量 80.9595t，每公顷碳储量 40.4798t。

多样性指数 0.5199，优势度指数 0.4785，均匀度指数 0.1383。斑块数 231 个，平均斑块面积 38.7731hm²，斑块破碎度 0.0258。

森林健康。无干扰。

（2）在辽宁，赤松林以天然林为主，主要分布于辽宁东部至辽东半岛，自沿海地带至海拔 920m 的山区。

乔木伴生树种主要有赤松、蒙古栎、胡桃楸、大叶朴。灌木主要有荆条、酸枣、山兰、胡枝子、连翘、榛、东北绣线梅、毛叶锦带花、崖椒。草本主要有黄背草、白羊草、马唐、野香茅、白茅。

乔木层平均树高 13.4m，灌木层平均高 1.0m，草本层平均高 0.3m，乔木平均胸径 11.20cm，乔木郁闭度 0.58，灌木盖度 0.31，草本盖度 0.48，植被盖度 0.9。

面积 2891.5502hm²，蓄积量 256309.5792m³，生物量 252915.9724t，碳储量 126457.9862t。每公顷蓄积量 88.6409m³，每公顷生物量 87.4673t，每公顷碳储量 43.7336t。

多样性指数 0.2273，优势度指数 0.7726，均匀度指数 0.1135。斑块数 122 个，平均斑块面积 23.7012hm²，斑块破碎度 0.0422。

森林健康。无自然干扰。

（3）在山东，赤松林以人工林为主，分布于莱州、平度、招远、龙口、蓬莱、栖霞、烟台、牟平、文登、荣成、乳山、海阳、莱阳、莱西、即墨、青岛、胶南、五莲、莒县、日照、诸城、莒南、费县、沂南、莱芜、沂源、蒙阴等县市。

乔木单一。灌木有胡枝子、山槐、花木蓝、荆条、算盘子、酸枣、白檀、华空木、三裂绣线菊、盐肤木、三桠乌药、青花椒、茅莓、照山白、卫矛、扁担杆、兴安胡枝子等。草本有黄背草、羊胡子草、长蕊石头花、结缕草、百里香、瓦松、大油芒、地榆、野古草、铃兰、桔梗、绵枣儿、中华卷柏、石竹等。

乔木层平均树高 5~12m，灌木层平均高约 1.2m，草本层平均高在 1m 以下，乔木平均胸径约 10~18cm，乔木郁闭度约 0.7，灌木盖度约 0.5，草本盖度约 0.5。

面积 337722.0000hm²，蓄积量 5923085.6203m³，生物量 4700560.7483t，碳储量 2350280.3741t。每公顷蓄积量 17.5383m³，每公顷生物量 13.9184t，每公顷碳储量 6.9592t。

多样性指数 0，优势度指数 1，均匀度指数 0。斑块数 214 个，平均斑块面积 1578.1400hm²，斑块破碎度 0.0006。

森林受人为经营活动干扰和病虫害干扰。虫害中等。火灾轻度。

5. 油松林（*Pinus tabulaeformis* forest）

油松林是以油松为优势树种的森林群落。在我国的辽宁、甘肃、宁夏、青海、山西、陕西、河南、重庆、北京、河北、内蒙古、天津、山东等 13 个省（自治区、直辖市）有大面积的天然林、人工林分布。面积 6288801.762hm²，蓄积量 211185562.9938m³，生物量 197630684.9736t，碳储量 99012939.7980t。每公顷蓄积量 33.5812m³，每公顷生物量 31.4258t，每公顷碳储量 15.7443t。多样性指数 0.1575，优势度指数 0.8415，均匀度指数 0.3055。斑块数 113782 个，平均斑块面积 55.2706hm²，斑块破碎度 0.0181。

（1）在辽宁，油松主要分布在西部山地，以天然林为主。

乔木伴生树种主要有云杉、红松、椴树、枫桦、白桦、杨树、榆树。灌木主要有蔷薇、绣线菊、胡枝子、忍冬、卫矛、紫穗槐。草本主要有蕨、木贼、莎草、苔草。

乔木层平均树高 6.3m，灌木层平均高 1.0m，草本层平均高 0.26m，乔木平均胸径 10.4cm，乔木郁闭度 0.55，灌木盖度 0.37，草本盖度 0.43，植被盖度 0.87。

面积 846310.1353hm²，蓄积量 46488803.0967m³，生物量 42591784.5420t，碳储量 21295892.2700t。每公顷蓄积量 54.9312m³，每公顷生物量 50.3264t，每公顷碳储量 25.1632。

多样性指数 0.0024，优势度指数 0.9975，均匀度指数 0.0015。斑块数 15657 个，平均斑块面积 54.0531hm²，斑块破碎度 0.0185。

森林健康。无自然干扰。

（2）在甘肃，天然油松林和人工油松林都有广泛分布。

天然油松林分布在甘肃省迭部县、永登县、天祝藏族自治县、靖远县、天水市市辖区、舟曲县和两当县及徽县。

乔木有云杉、栎类、冷杉。灌木有胡枝子等。草本中主要有铁杆蒿、冰草、骆驼蓬、马尾蒿。

乔木层平均树高在4.86m左右，灌木层平均高10.83cm，草本层平均高3.08cm，乔木平均胸径7cm，乔木郁闭度0.34，灌木盖度0.24，草本盖度0.41，植被盖度0.51。

面积37310.5096hm²，蓄积量3666768.2960m³，生物量2959891.7342t，碳储量1541215.6260t。每公顷蓄积量98.2771m³，每公顷生物量79.3313t，每公顷碳储量41.3078t。

多样性指数0.3900，优势度指数0.6100，均匀度指数0.3200。斑块数953个，平均斑块面积39.1505hm²，斑块破碎度0.0255。

有重度病害，面积1196.52hm²。有重度虫害，面积5139.065hm²。未见火灾。有轻度自然干扰，面积1662hm²。有轻度人为干扰，面积385hm²。

人工油松林分布于甘肃省合水县、天水市、徽县、华池县、西和县和礼县及宁县。

乔木与栎类、其他硬阔类、其他软阔类、华山松和杨树混交。灌木常见的有黄刺玫、黄冠梨、箭竹、茭蒿。草本中主要有刺蓬、达乌里胡枝子、大火草和大麦。

乔木层平均树高在5.2m左右，灌木层平均高11.49cm，草本层平均高3.91cm，乔木平均胸径6cm，乔木郁闭度0.34，灌木盖度0.24，草本盖度0.41，植被盖度0.52。

面积97641.7019hm²，蓄积量6163194.0207m³，生物量5152946.4226t，碳储量2683139.2022t。每公顷蓄积量63.1205m³，每公顷生物量52.7740t，每公顷碳储量27.4794t。

多样性指数0.6900，优势度指数0.3100，均匀度指数0.1500。斑块数3599个，平均斑块面积27.1302hm²，斑块破碎度0.0369。

有重度病害，面积3950.26hm²。有重度虫害，面积1932.474hm²。未见火灾。有轻度自然干扰，面积1586hm²。有轻度人为干扰，面积716hm²。

（3）在宁夏，油松林以天然林为主。分布于贺兰山与六盘山以及罗山林区，包括石嘴山市的罗平县、吴忠市的同心县以及固原市的固原县。

乔木伴生树种主要有白桦、山杨、杜松、青海云杉等。灌木有枸子、忍冬、茶藨子、绣线菊等。草本主要有苔草、玉竹、北柴胡以及狼针茅等。

乔木层平均树高在13.8m左右，灌木层平均高12cm，草本层平均高2cm，乔木平均胸径18.6cm，乔木郁闭度0.48，灌木盖度0.22，草本盖度0.17。

面积5711.9800hm²，蓄积量384966.6350m³，生物量319893.7724t，碳储量159946.8862t。每公顷蓄积量67.3963m³，每公顷生物量56.0040t，每公顷碳储量28.0020t。

多样性指数0.5320，优势度指数0.4680，均匀度指数0.5120。斑块数271个，平均斑块面积21.0774hm²，斑块破碎度0.0474。

未见病害。虫害等级为1级和2级，1级虫害面积32.82hm²，2级虫害面积261.69hm²。自然干扰严重。人为干扰严重。未见火灾。

（4）在青海，油松天然林和人工林均有分布。

油松天然林在青海省主要分布在互助县和门源县。

乔木主要与波氏杨、青海云杉、柏木、山杨等混交。灌木常见有金露梅、落叶松、小檗、银露梅等。草本主要有蒿、莎草、冰草、东方草莓等。

乔木层平均树高 12.5m，灌木层平均高 0.6m，草本层平均高 0.3m，乔木平均胸径 15.4cm，乔木郁闭度 0.75，灌草盖度 0.2。

面积 312.9300hm²，蓄积量 8984.0325m³，生物量 6791.6310t，碳储量 3536.4230t。每公顷蓄积量 28.7094m³，每公顷生物量 21.7034t，每公顷碳储量 11.3009t。

多样性指数 0.4700，优势度指数 0.5300，均匀度指数 0.6400。斑块数 5 个，平均斑块面积 62.5860hm²，斑块破碎度 0.0160。

中度虫害，面积 16.74hm²。未见病害。未见火灾。未见自然干扰和人为干扰。

油松人工林在青海省主要分布于湟源县、湟中县。

乔木主要与柏木、青海云杉、山杨等混交。灌木植物主要有小檗、忍冬、锦鸡儿、金露梅等。草本主要有蒿、车前、高乌头和狼毒等。

乔木层平均树高 12.5m，灌木层平均高 0.6m，草本层平均高 0.3m，乔木平均胸径 15.4cm，乔木郁闭度 0.52，灌木盖度 0.1，草本盖度 0.1。

面积 19.6900hm²，蓄积量 583.1390m³，生物量 445.5960t，碳储量 232.0219t。每公顷蓄积量 29.6160m³，每公顷生物量 22.6306t，每公顷碳储量 11.7837t。

多样性指数 0.3400，优势度指数 0.6600，均匀度指数 0.8000。斑块数 1 个，平均斑块面积 19.6900hm²，斑块破碎度 0.0508。

有轻度虫害，面积 17.26hm²。未见病害。未见火灾。未见自然和人为干扰。

（5）在山西，油松天然林和人工都有分布。

油松天然林主要分布于山西省沁水县、和顺县和左权县。

乔木伴生树种主要有栎类、鹅耳枥、白桦、柏木、杨树。灌木常见有绣线菊、锦鸡儿、荆条、连翘、辽东栎、毛榛子、千金榆的小灌木等。草本主要有蒿、羊胡子草等。

乔木层平均树高 8.7m，灌木层平均高 15.5cm，草本层平均高 3.4cm，乔木平均胸径 17cm，乔木郁闭度 0.5，灌木盖度 0.45，草本盖度 0.33。

面积 778309.8913hm²，蓄积量 12675623.9335m³，生物量 12181274.6001t，碳储量 6090637.3000t。每公顷蓄积量 16.2861m³，每公顷生物量 15.6509t，每公顷碳储量 7.8255t。

多样性指数 0.3300，优势度指数 0.6700，均匀度指数 0.7000。斑块数 21063 个，平均斑块面积 36.9515hm²，斑块破碎度 0.0279。

有轻、中、重度病害，面积分别为 878hm²、216hm²、28hm²。有轻度、中度和重度虫害，面积分别为 21732hm²、1264hm²、234hm²。有轻度、中度以及重度火灾，面积分别为 106hm²、297hm²、152hm²。有轻度、中度、重度自然干扰，面积分别为 44009hm²、30771hm²、13272hm²。有轻度、中度人为干扰，面积分别为 9410hm²、4559hm²。

油松人工林在山西省主要分布于五台县和盂县，昔阳县以及平顺县等次之。

乔木主要与鹅耳枥、落叶松、栎类以及其他硬阔和软阔林混交。灌木主要有绣线菊、黄刺玫、沙棘、连翘、荆条、胡枝子等。草本主要有羊胡子草、蒿、蚂蚱腿子、白草等。

乔木层平均树高 5.7m，灌木层平均高 11.9cm，草本层平均高 2.7cm，乔木平均胸径 10.1cm，乔木郁闭度 0.55，灌木盖度 0.31，草本盖度 0.36。

面积 663501.6710hm²，蓄积量 19568592.9085m³，生物量 18161196.3931t，碳储量 9456534.9619t。每公顷蓄积量 29.4929m³，每公顷生物量 27.3717t，每公顷碳储量 14.2525t。

多样性指数 0.1200，优势度指数 0.8800，均匀度指数 0.8800。斑块数 9940 个，平均斑块面积 66.7506hm²，斑块破碎度 0.0317。

有轻度病害，面积 3199hm²。有轻度虫害，面积 4220hm²。有轻度火灾，面积 203hm²。有轻度、中度、重度自然干扰，面积分别为 16271hm²、3912hm²、275hm²。有轻度、中度人为干扰，面积分别为 8382hm²、331hm²。

（6）在陕西，油松天然林和人工林均有分布。

油松天然林在陕西主要分布于洛南县、柞水县、商州县、蓝田县等。

乔木伴生树种主要有白桦、柏木、华山松、榆树等。灌木常见的有绣线菊、小檗、连翘、辽东栎等。草本常见黄蒿、狗尾草、羊胡子草。

乔木层平均树高在 13.8m 左右，灌木层平均高 12cm，草本层平均高 2cm，乔木平均胸径 16cm。乔木郁闭度 0.55，灌木盖度 0.35，草本盖度 0.35。

面积 71613.9120hm²，蓄积量 5242138.3554m³，生物量 4324626.6445t，碳储量 2251833.0938t。每公顷蓄积量 73.2000m³，每公顷生物量 60.3881t，每公顷碳储量 31.4441t。

多样性指数 0.2100，优势度指数 0.7900，均匀度指数 0.7700。斑块数 13353 个，平均斑块面积 5.3631hm²，斑块破碎度 0.1863。

有轻度病害，面积 21hm²。有轻度、重度虫害，面积分别为 61hm²、73867hm²。有轻度火灾，面积 2hm²。未见自然干扰。有轻度人为干扰，面积 2855hm²。

油松人工林在陕西主要分布在山阳县、镇安县、洛南县、丹凤县、紫阳县等地区。

乔木常与一些硬软阔类林以及栎类、马尾松、漆树等混交。灌木常见的有胡枝子、花椒、蔷薇等。草本常见的有苔藓、蒿、羊胡子草等。

乔木层平均树高在 11m 左右，灌木层平均高 60cm，草本层平均高 2cm，乔木平均胸径 10cm，乔木郁闭度 0.5，灌木盖度 0.3，草本盖度 0.3。

面积 115856.4544hm²，蓄积量 51695154.9948m³，生物量 4495085.3780t，碳储量 2340590.9563t。每公顷蓄积量 44.6200m³，每公顷生物量 38.7987t，每公顷碳储量 20.2025t。

多样性指数 0.1000，优势度指数 0.9000，均匀度指数 0.8500。斑块数 21706 个，平均斑块面积 5.3375hm²，斑块破碎度 0.1874。

有轻度病害，面积 238hm²。有轻度、重度虫害，面积分别为 11hm²、35006hm²。有中度火灾，面积 6hm²。未见自然干扰。有轻度人为干扰，面积 6637hm²。

（7）在山东，油松林以人工林为主，主要分布在鲁中南的泰山、徂徕山、蒙山和沂山等处，垂直分布可达海拔 1500m。具体包括长清、泰安、莱芜、博山、沂源、临朐、新泰、蒙阴、沂水、费县、安丘等市县。

乔木单一。灌木有胡枝子、美丽胡枝子、兴安胡枝子、多花胡枝子、阴山胡枝子、三裂绣线菊、黄栌、照山白、锦带花、牛奶子、茅莓、杜鹃、小米空木、卫矛、连翘、大果榆、扁担杆、小叶鼠李、白檀等。草本有黄背草、白羊草、野古草、结缕草、羊胡子草、地榆、翻白草、车前、香薷以及早熟禾数种、蒿数种、桔梗、石竹、山丹、长蕊石头花、中华卷柏、卷柏、铃兰、阿尔泰狗娃花、鸡眼草等。

乔木层平均树高 15m，灌木层平均高 3~5m，草本层平均高在 1.5m 以下，乔木平均胸径 15cm，乔木郁闭度 0.9，灌木盖度约 0.5，草本盖度约 0.5。

面积 134594.0000hm²，蓄积量 3886401.7500m³，生物量 3734832.0818t，碳储量 1867416.0409t。每公顷蓄积量 28.8750m³，每公顷生物量 27.7489t，每公顷碳储量 13.8744t。

多样性指数 0，优势度指数 1，均匀度指数 0。斑块数 43 个，平均斑块面积 3130.1hm²，破碎度 0.0003。

病害无。虫害中等。火灾轻。人为干扰为森林经营活动。自然干扰为病虫害。

（8）在河南，油松林主要分布在大别山、桐柏山、伏牛山、太行山山区与东部浅山区，以天然林为主。

乔木伴生树种主要有白皮松、华山松、栓皮栎、麻栎、椴树、色木槭、山杨、白桦、漆树、茅栗、槲栎、槲树、刺楸、千金榆等。灌木主要有黄栌、美丽胡枝子、杭子梢、短梗胡枝子、橿子栎、连翘、灰栒子、溲疏、鬼见愁、珍珠梅、欧亚绣线菊、乌药、杜鹃花、杜梨、酸枣、荆条、扁担杆、华北绣线菊、山楂、君迁子等。草本主要有羊胡子台草、野古草、黄背草、艾蒿、白茅、大油芒、芒、黄花蒿、铁杆蒿、野菊花、棉花、大叶针苔草、达仑木、柴胡、白头翁、淫羊藿、兔儿伞、车前、茜草、羽裂垂头菊、龙牙草、委陵菜等。

乔木层平均树高 12.33m，灌木层平均高 0.43m，草本层平均高 0.52m，乔木平均胸径 12.8cm，乔木郁闭度 0.51，灌木盖度 0.13，草本盖度 0.21，植被盖度 0.88。

面积 138830.4758hm²，蓄积量 5716538.2985m³，生物量 5474787.3384t，碳储量 2208400.6168t。每公顷蓄积量 41.1764m³，每公顷生物量 39.4351t，每公顷碳储量 15.9072t。

多样性指数 0.5560，优势度指数 0.4440，均匀度指数 0.1665。斑块数 6228 个，平均斑块面积 22.2913hm²，斑块破碎度 0.0449。

森林健康。无自然干扰。

（9）在北京，油松林以人工林为主，广泛分布于密云、怀柔、延庆、门头沟山地。

乔木树种组成较为简单，大多形成纯林，少有侧柏、蒙古栎、刺槐等阔叶树种。灌木树种以荆条为主，常混有胡枝子、美丽胡枝子、麻叶绣线菊、水栒子。草本种类不多，数量也少，常见的有黄背草、白羊草、苔草、小红菊、蒿。

乔木层平均树高9.2m，灌木层平均高约1m，草本层平均高在0.5m以下，乔木平均胸径11.9cm，乔木郁闭度0.7，灌木盖度约0.2，草本盖度0.15。

面积58200.4415hm^2，蓄积量2258300.0000m^3，生物量2170226.3000t，碳储量1085113.1500t。每公顷蓄积量38.8021m^3，每公顷生物量37.2888t，每公顷碳储量18.6444t。

多样性指数0.1670，优势度指数0.8330，均匀度指数0.0725。斑块数1743个，平均斑块面积33.3909hm^2，斑块破碎度0.0299。

森林健康。无自然干扰。

（10）在重庆，油松林以人工林为主，分布于巫山县、巫溪县、城口县、彭水县、云阳县。在九龙坡区、开县、丰都县、石柱县、黔江区、彭水县等有少量分布。

乔木树种组成较为简单，大多形成纯林，或与杉木、桦木等混交，少数林分内混有栎类、刺槐等其他阔叶树种。灌木为莢蒾、火棘、小檗、杜鹃花等。草本主要有珍珠菜、芒草、莎草、金星蕨等。

乔木层平均树高7.2m，灌木层平均高约1.8m，草本层平均高在0.4m以下，乔木平均胸径10.5cm，乔木郁闭度约0.6，灌木盖度约0.2，草本盖度0.8。

面积8074.5873hm^2，蓄积量375136.4444m^3，生物量360506.1230t，碳储量180253.0615t。每公顷蓄积量46.4589m^3，每公顷生物量44.6470t，每公顷碳储量22.3235t。

多样性指数0.7125，优势度指数0.2875，均匀度指数0.4929。斑块数367个，平均斑块面积22.0016hm^2，斑块破碎度0.0455。

有少量病害。未见虫害。无人为和自然干扰。

（11）在内蒙古，油松林以人工林为主，分布于内蒙古中部阴山及南部燕山等山地。

乔木单一。灌木几乎不发育。草本亦几乎不发育，偶见蒿、益母草、委陵菜、唐松草等。

乔木层平均树高7.45m，乔木平均胸径13.68cm，几乎无灌木草本。乔木郁闭度0.7，灌木盖度在0.05以下，草本盖度在0.05以下。

面积2680677.6855hm^2，蓄积量68481490.9834m^3，生物量65810712.8350t，碳储量32905356.4175t。每公顷蓄积量25.5463m^3，每公顷生物量24.5500t，每公顷碳储量12.2750t。

多样性指数0.001，优势度指数0.999，均匀度指数0.0004。斑块数12672个，平均斑块面积211.5433hm^2，斑块破碎度0.0047。

森林健康。无自然干扰。

（12）在河北，油松林以人工林为主，广泛分布于各县山地。

乔木树种组成较为简单，大多形成纯林，或与侧柏混交，少数林分内混有蒙古栎、刺槐等阔叶树种。灌木树种以荆条为主，常混有胡枝子、美丽胡枝子、麻叶绣线菊、水栒子。草本种类不多，数量也少，常见的有黄背草、白羊草、苔草、小红菊等。

乔木层平均树高 10.6m，灌木层平均高 1.0m，草本层平均高 0.2m，乔木平均胸径 13.1cm，乔木郁闭度 0.7，灌木盖度 0.18，草本盖度 0.07。

面积 645669.4557hm²，蓄积量 30804339.9865m³，生物量 29602970.7270t，碳储量 14801485.3635t。每公顷蓄积量 47.7091m³，每公顷生物量 45.8485t，每公顷碳储量 22.9242t。

多样性指数 0.6801，优势度指数 0.3109，均匀度指数 0.6800。斑块数 5958 个，平均斑块面积 108.3701hm²，斑块破碎度 0.0092。

森林健康。无自然干扰。

（13）在天津，油松林以人工林为主，主要分布在蓟县。

油松林乔木树种组成较为简单，大多形成纯林，或与侧柏混交，少数林分内混有蒙古栎、刺槐等阔叶树种。灌木树种以荆条为主，常混有胡枝子、美丽胡枝子、麻叶绣线菊、水栒子。草本种类不多，数量也少，常见的有黄背草、白羊草、苔草、小红菊等。

乔木层平均树高 8.3m，灌木层平均高 0.8m，草本层平均高 0.6m，乔木平均胸径 12.5cm，乔木郁闭度 0.77，灌木盖度 0.13，草本盖度 0.08。

面积 6166.2411hm²，蓄积量 294186.1128m³，生物量 282712.8544t，碳储量 141356.4272t。每公顷蓄积量 47.7091m³，每公顷生物量 45.8485t，每公顷碳储量 22.9242t。

多样性指数 0.9543，优势度指数 0.0457，均匀度指数 0.3076。斑块数 223 个，平均斑块面积 27.6513hm²，斑块破碎度 0.0362。

森林健康。无自然干扰。

6. 台湾二叶松林（*Pinustaiwanensis taiwanensis* var. *damingshan* forest）

台湾二叶松以台湾大甲溪上游分布最广，其支流伊卡丸溪、七家湾溪、南湖溪及合欢溪沿岸常有大面积分布，在东部之塔次里基溪也有分布。分布海拔在 700～3200m 之间，组成简单，常与台湾果松、光叶高山栎混生。灌木主要有红毛杜鹃、高山杜鹃、高山白珠树、刺柏、马桑、褐毛柳、马醉木、玉山红果树、玉山绣线菊、玉山野蔷薇等。草本主要有芒、台湾藜芦、高山通泉草、一枝黄花、台湾泽兰、玉山金丝桃、三叶沙参、兰花参、鞭打绣球等。

乔木郁闭度在 0.5 以下。

面积 57621.3120hm²，蓄积量 12699737.1648m³，生物量 8295468.3160t，碳储量 3999245.2751t。每公顷蓄积量 220.4000m³，每公顷生物量 143.9653t，每公顷碳储量 69.4057t。

斑块数 106 个，平均斑块面积 1440.5328hm²，斑块破碎度 0.0007。

7. 华山松林（*Pinus armandii* forest）

华山松林是以华山松为优势种的森林群落。在我国的甘肃、青海、山西、陕西、河南、湖北、云南、四川、贵州、西藏、重庆等 12 个省（自治区、直辖市）有广泛分布。包括天然林和人工林。总面积 2041075.7949hm^2，蓄积量 165994697.6957m^3，生物量 135808451.1531t，碳储量 68308528.8767t。每公顷蓄积量 81.3271m^3，每公顷生物量 66.5377t，每公顷碳储量 33.4669t。多样性指数 0.4642，优势度指数 0.5364，均匀度指数 0.4246。斑块数 113782 个，平均斑块面积 55.2706hm^2，斑块破碎度 0.0197。

（1）在甘肃省，华山松有天然林和人工林。

华山松天然林主要分布于甘肃省的武都县、康县、成县、文县、礼县、西和县、舟曲县、宕昌县。

乔木混交树种有栎类、其他硬阔类、其他软阔类、杨树和冷杉等。灌木常见的有紫菀木、锦鸡儿。草本中主要有芨芨菜和花花柴、骆驼蓬。

乔木层平均树高在 10.8m 左右，灌木层平均高 18.2cm，草本层平均高 3.7cm，乔木平均胸径 16cm，乔木郁闭度 0.48，灌木盖度 0.43，草本盖度 0.34，植被盖度 0.6。

面积 131203.0557hm^2，蓄积量 7527470.3759m^3，生物量 6867291.1265t，碳储量 3588159.6136t。每公顷蓄积量 57.3727m^3，每公顷生物量 52.3409t，每公顷碳储量 27.3481t。

多样性指数 0.3500，优势度指数 0.6500，均匀度指数 0.3800。斑块数 3489 个，平均斑块面积 37.6047hm^2，斑块破碎度 0.0266。

有重度病害，面积 1677.31hm^2。有重度虫害，面积 5752.724hm^2。未见火灾。有轻度自然干扰，面积 196hm^2。有轻度人为干扰，面积 899hm^2。

华山松人工林主要分布于甘肃省的康县、西和县、武都县、徽县、天水市、礼县、清水县等。

乔木混交树种有其他硬阔类、油松、杨树、柏木、其他软阔类等。灌木常见的有红桦。草本中主要有短花针茅、二裂委陵菜和甘草。

乔木层平均树高在 8.45m 左右，灌木层平均高 16.5cm，草本层平均高 3.38cm，乔木平均胸径 11cm，乔木郁闭度 0.52，灌木盖度 0.25，草本盖度 0.41，植被盖度 0.69。

面积 29921.9026hm^2，蓄积量 1417897.8907m^3，生物量 1125243.7661t，碳储量 562621.8830t。每公顷蓄积量 47.3866m^3，每公顷生物量 37.6060t，每公顷碳储量 18.8030t。

多样性指数 0.3500，优势度指数 0.6500，均匀度指数 0.2300。斑块数 1291 个，平均斑块面积 23.1773hm^2，斑块破碎度 0.0431。

有轻度病害，面积 183.55hm^2。有重度虫害，面积 731.518hm^2。未见火灾。有轻度自然干扰，面积 1092hm^2。有轻度人为干扰，面积 46hm^2。

（2）在青海，华山松林主要是天然林，分布数量很少，主要集中在循化县。

乔木与柏木、青海云杉、波氏杨等混交。灌木内偶见金露梅、沙棘等。草本内有少量的莎草、冰草等。

乔木层平均树高 10.2m，灌木层平均高 0.6m，草本层平均高 0.5m，乔木郁闭度 0.58，乔木平均胸径 13.8cm。

面积 88.3100hm^2，蓄积量 2710.6578m^3，生物量 1606.1047t，碳储量 839.1897t。每公顷蓄积量 30.6948m^3，每公顷生物量 18.1871，每公顷碳储量 9.5028t。

多样性指数 0.6500，均匀度指数 0.1600，优势度指数 0.3500。斑块数 8 个，平均斑块面积 11.0387hm^2，斑块破碎度 0.0906。

未见虫害。未见病害。未见火灾。未见自然干扰。未见人为干扰。

（3）在陕西，华山松天然林和人工林均有分布。

华山松天然林在陕西分布较广，主要集中分布在凤县、南镇县、宝鸡市辖区以及长安县、周至县、略阳县。

乔木伴生树种有白桦、椴树、柳树、漆树。灌木常见有盐肤木、绣线菊等植物。草本植物不多，主要有野麻、羊胡子草、莎草、蕨、蒿等。

乔木层平均树高在 10.5m 左右，灌木层平均高 15.6cm，草本平均高 4.5cm，乔木平均胸径 17cm，乔木郁闭度 0.62，灌木盖度 0.38，草本盖度 0.35，植被盖度 0.87。

面积 49237.1059hm^2，蓄积量 4153642.2499m^3，生物量 3355248.5951t，碳储量 1753117.3909t。每公顷蓄积量 84.3600m^3，每公顷生物量 68.1447t，每公顷碳储量 35.6056t。

多样性指数 0.3300，优势度指数 0.6700，均匀度指数 0.5200。斑块数 3460 个，平均斑块面积 14.2303hm^2，斑块破碎度 0.0703。

未见病害。有轻度、中度虫害，面积分别是 3709hm^2、146hm^2。未见火灾。未见自然干扰。有轻度人为干扰，面积 4hm^2。

华山松人工林在陕西省主要分布在留坝县、南镇县、宁强县、镇安县等。

乔木常与栎类、柳树、漆树以及一些硬软阔类林混交。灌木偶见山丁子、蔷薇、忍冬等植物。草本零星分布有竹叶草、野草莓、苔藓等植物，数量很少。

乔木层平均树高在 10.2m 左右，灌木层平均高 18.5cm，草本层平均高 4.8cm，乔木平均胸径 15cm，乔木郁闭度 0.65，灌木盖度 0.28，草本盖度 0.26，植被盖度 0.82。

面积 2591.6981hm^2，蓄积量 168667.7101m^3，生物量 133854.6947t，碳储量 66927.3474t。每公顷蓄积量 66927.3474m^3，每公顷生物量 0.0703t，每公顷碳储量 25.8237t。

多样性指数 0.2200，优势度指数 0.7800，均匀度指数 0.6100。斑块数 1121 个，平均斑块面积 8.34hm^2，斑块破碎度 0.4325。

未见病害。有轻度、中度虫害，面积 566hm^2、31hm^2。未见火灾。未见自然干扰。有轻度人为干扰，面积 10hm^2。

（4）在河南，华山松林以天然林为主，主要分布于伏牛山及太行山山区。

乔木伴生树种主要有山杨、红桦、白桦、椴树、千金榆、槲栎等。灌木主要有杜鹃、胡枝子、卫矛、六道木、华北绣线菊、珍珠梅、灰栒子、蔷薇、刺梅、橿子栎、楤木、五味子、悬钩子和箭竹等。草本主要有羊胡子草、野燕麦、笔管草、芒、藜芦、苔草、毛莨、鬼灯檠、双叶细辛、野棉花、香青、高山唐松草、鹿蹄草、酢浆草、紫菀、升麻、野芝麻、窃衣叶前胡、山芹、鼠麹草、糙苏、黄精、野百合、野胡萝卜等。

乔木层平均树高 8.9m，灌木层平均高 0.55m，草本层平均高 0.22m，乔木平均胸径 13.2cm，乔木郁闭度 0.51，灌木盖度 0.12，草本盖度 0.2，植被盖度 0.8。

面积 128.4489hm²，蓄积量 4908.6984m³，生物量 3895.5430t，碳储量 1947.7715t。每公顷蓄积量 38.2152m³，每公顷生物量 30.3276t，每公顷碳储量 15.1638t。

多样性指数 0.6240，优势度指数 0.3760，均匀度指数 0.1460。斑块数 7 个，平均斑块面积 18.3498hm²，斑块破碎度 0.0545。

森林健康。无自然和人为干扰。

（5）在贵州，华山松林以天然林为主。主要分布于黔西北的乌蒙山、黔北的大娄山地区，其中以黔西的威宁、赫章两县的高原山地为主要分布区。垂直分布幅度较大，在黔北一带在海拔 1500m 左右的山地出现，在黔西高原上限可达 2200～2500m。

乔木多为单优势种群落，群落组成种类不复杂，外貌比较单一，结构也较简单，层次明显。灌木种类较复杂，以落叶灌木为主。草本多由耐阴的种类组成，常见种类有白草莓、四叶葎、求米草等。

乔木层平均树高 20m，灌木层平均高 1m，草本层平均高 0.2m，乔木平均胸径 28cm，乔木郁闭度 0.5，灌木盖度 0.35，草本盖度 0.3。

面积 139369.2505hm²，蓄积量 8133932.0868m³，生物量 7585434.9989t，碳储量 3962733.6410t。每公顷蓄积量 58.3625m³，每公顷生物量 54.4269t，每公顷碳储量 28.4333t。

多样性指数 0.1110，优势度指数 0.8890，均匀度指数 0.3220。斑块数 6546 个，平均斑块面积 21.2907hm²，斑块破碎度 0.0469。

未受人类和自然干扰。

（6）在云南，华山松林以天然林为主，分布广泛，主要分布在滇西北、滇中和滇东北，但它不成带。分布海拔多在 2200～3000m 之间，在滇西北最高可达 3400m。其分布的上限可与云杉混交，下限与亚热带常绿阔叶林和云南松林衔接。

乔木伴生树种有高山松、冲天柏、长穗高山栎、云南铁杉、云南松、云南油杉、滇青冈、滇石栎、旱冬瓜等。灌木主要有掌叶梁王茶、铁仔、爆杖花、老鸦泡、水红木、西南栒子、胡枝子、心叶荚蒾等。草本植物较繁茂，主要有长穗兔儿风、千里光、毛宿苞豆、露珠草、驴蹄草、象牙参、麦冬、高山苔草、剪股颖、西域鳞毛蕨等。

乔木层平均树高 16.7m，灌木层平均高约 1m，草本层平均高在 0.4m 以下，乔木平均胸径 25.7cm，乔木郁闭度约 0.8，草本盖度 0.4。

面积 1360542.3919hm²，蓄积量 102876440.8036m³，生物量 81642743.4217t，碳储量 40821371.7108t。每公顷蓄积量 75.6143m³，每公顷生物量 60.0075t，每公顷碳储

量 30.0037t。

多样性指数 0.8217，优势度指数 0.1783，均匀度指数 0.4645。斑块数 34803 个，平均斑块面积 39.0926hm²，斑块破碎度 0.0256。

森林健康中等。受人为干扰，其中抚育面积 343032.7176hm²，采伐面积 2286.884784hm²，更新面积 10290.98153hm²，征占面积 217.1hm²。

（7）在四川，华山松林以天然林为主，主要分布在四川盆周山地大巴山、米仓山和巫山的奉节、巫溪、开县、宣汉、城口、万源、南江、旺苍等县。此外，在南坪、松潘、汶川、理县、丹巴、康定、泸定、九龙、稻城以及凉山州黄茅梗以西各县与川南的合江、古蔺和峨眉等县亦有零星分布。在大巴山地区为海拔 1200~2000m，少数分布于海拔 2000 以上或 1200m 以下，在西部地区可分布到 2200~3200m。

乔木中，混生有铁杉、樱桃、槭树、水青冈、青冈、桦木、栎类、鹅耳枥、四照花、灯台树、麦吊云杉、短柄枹栎。灌木以大箭竹、冷箭竹为优势，其他多为落叶灌木，有青夹叶、圆叶菝葜、陕甘花楸、木姜子、峨眉蔷薇、陇塞忍冬、细枝茶藨子、康定樱桃、绣线菊、卫矛、枸子、忍冬、蔷薇、悬钩子、小檗、铁线莲等。草本植物较多，有川滇苔草、掌叶报春花、唐松草、糙野青茅、茜草、纤根鳞毛蕨、维氏假瘤蕨等。

乔木层平均树高 16.7m，灌木层平均高约 1m，草本层平均高在 0.4m 以下，乔木平均胸径 25.7cm，乔木郁闭度约 0.8，灌木盖度 0.1，草本盖度 0.4。

面积 7785.1504hm²，蓄积量 340264.0858m³，生物量 270033.5785t，碳储量 135016.7893t。每公顷蓄积量 43.7068m³，每公顷生物量 34.6857t，每公顷碳储量 17.3429t。

多样性指数 0.8220，优势度指数 0.1780，均匀度指数 0.4651。斑块数 224 个，平均斑块面积 34.7551hm²，斑块破碎度 0.0288。

无灾害、轻度灾害、中度灾害等级的面积分别为 2592.19hm²、414.75hm²、103.69hm²。受到明显的人为干扰，主要为采伐、更新、抚育等，其中采伐面积 21.44hm²，更新面积 49.56hm²，抚育面积 59.84hm²。受自然干扰类型为病虫鼠害，受灾面积 1.11hm²。

（8）在西藏，华山松多为伴生树种，但也有小片优势群落，如在波密的古乡、东久至腊月的途中。分布海拔在 2200~3400m。

乔木伴生树种有川西云杉、川滇高山栎、高山松、山杨等，第二层乔木有康藏花楸、喜马拉雅茶藨子、灯台树、山鸡椒、红叶甘姜、暗红枸子、川康野樱、唐古特忍冬、大叶杜鹃。灌木常见种有华西忍冬、箭竹、高丛珍珠梅、峨眉蔷薇、鲜黄小檗、突脉金丝桃、悬钩子、腺点小舌紫薇、伞房花溲疏、香薷、狭果茶藨子、乌饭、箭竹等。草本种类复杂，主要有沿阶草、珠芽蓼、白花草莓、华纤维鳞毛蕨、西康堇菜、小喙唐松草、宝兴冷蕨、蟹甲草、大叶凤仙花、吉祥草、鬼灯檠、高山露珠草、柳兰、鹿药、荨麻等。藤本植物有常春藤、素馨、西藏铁线莲等，不发达。

乔木层平均树高 20.1m，平均胸径 38.5cm，乔木郁闭度 0.75，灌木层平均高 0.8m，

灌木盖度 0.4 左右，草本层平均高 0.15m，草本盖度 0.2~0.3，

面积 32636.1000hm^2，蓄积量 12063389.3421m^3，生物量 9530077.5803t，碳储量 4765038.7901t。每公顷蓄积量 369.6333m^3，每公顷生物量 292.0103t，每公顷碳储量 146.0052t。

多样性指数 0.5077，优势度指数 0.4922，均匀度指数 0.6404。斑块数 34 个，平均斑块面积 931.102hm^2，斑块破碎度 0.0010。

华山松林健康。无自然和人为干扰。

（9）在重庆，华山松林以人工林为主，广泛分布于大巴山区、武陵山区、大娄山区、巫山县以及七曜山区等。在其他各个区县均有少量分布。

乔木树种组成较为简单，少量形成纯林，伴生树种有油松、马尾松、栎树、柏木等。灌木和草本不发达。

乔木层平均树高 7.8m，灌木层平均高约 1.5m，草本层平均高在 0.4m 以下，乔木平均胸径 12.1cm，乔木郁闭度约 0.6，灌木盖度约 0.2，草本盖度 0.8。

面积 61670.3625hm^2，蓄积量 7253606.3689m^3，生物量 5756462.0143t，碳储量 2878231.0072t。每公顷蓄积量 117.6190m^3，每公顷生物量 93.3424t，每公顷碳储量 46.6712t。

多样性指数 0.1021，优势度指数 0.9078，均匀度指数 0.1486。斑块数 1217 个，平均斑块面积 50.6740hm^2，斑块破碎度 0.0197。

无自然和人为干扰。

（10）在湖北，华山松林以人工林为主。在鄂西自治州及宜昌、郧阳、襄樊等地（市）的华山松人工林则多为纯林，垂直分布在海拔 1200~1800m 之间。

在华山松人工林中，树种单一，灌木、草本不发达。

乔木郁闭度 0.3~0.5，最高 0.7；平均每公顷 1845 株，树高 9.5~11.3m，胸径 17.5~24.2cm。

面积 218811.0605hm^2，蓄积量 21713111.4927m^3，生物量 19241527.7439t，碳储量 9620763.8719t。每公顷蓄积量 99.2322m^3，每公顷生物量 87.9367t，每公顷碳储量 43.9684t。

多样性指数 0.7710，优势度指数 0.2290，均匀度指数 0.4790。斑块数 611 个，平均斑块面积 358.1196hm^2，斑块破碎度 0.0028。

灰枝型和细皮型可见小蠹虫危害，未经间伐林分内赤枯病也有发生。无自然干扰。

（11）在山西，华山松分布数量很少，并且以人工林为主，集中在阳城县和翼城县，绛县和方山县次之。

乔木与油松、鹅耳枥、柳树混交。灌木有水枸子等。草本偶见唐松草。

乔木层平均树高 9.5m，灌木层平均高 10.8cm，草本层平均高 2cm。乔木平均胸径 14.9cm，乔木郁闭度 0.82，灌木盖度 0.06，草本盖度 0.15。

面积 7090.9579hm^2，蓄积量 338655.9330m^3，生物量 295031.9854t，碳储量

151759.8703t。每公顷蓄积量 47.7588m³，每公顷生物量 41.6068t，每公顷碳储量 21.4019t。

多样性指数 0.4200，优势度指数 0.5800，均匀度指数 0.6900。斑块数 167 个，平均斑块面积 42.4608hm²，斑块破碎度 0.0236。

未见病虫害。未见火灾。有轻度和中度自然干扰，面积分别为 27hm²、24hm²。未见人为干扰。

8. 马尾松林（*Pinus massoniana* forest）

马尾松林是我国分布十分广泛的森林植被类型。在陕西、四川、重庆、湖北、湖南、江西、安徽、广东、广西、贵州、福建、浙江、云南、河南等 14 个省（自治区、直辖市）都有大量的天然林、人工林分布。总面积 22195958.3425hm²，蓄积量 1125941245.3276m³，生物量 980625903.2132t，碳储量 485690186.8327t。每公顷蓄积量 50.7273m³，每公顷生物量 44.1804t，每公顷碳储量 21.8819t。多样性指数 0.5760，优势度指数 0.3883，均匀度指数 0.6681。斑块数 235813 个，平均斑块面积 94.10496hm²，斑块破碎度 0.0106。

（1）在陕西，分布有马尾松天然林和人工林。

马尾松天然林在陕西主要分布在镇巴县、平利县、汉阴县，在城固县、石泉县等也有大量分布。

乔木常与柏木、桦木、栎类、杨树等混交。灌木中零星分布有胡枝子、黄栌。草本中常见的植物有羊胡子草、铁杆蒿等植物。

乔木层平均树高在 10.5m 左右，灌木层平均高 15.3cm，草本层平均高 3.7cm，乔木平均胸径 15cm，乔木郁闭度 0.62，灌木盖度 0.37，草本盖度 0.22，植被盖度 0.81。

面积 116009.0180hm²，蓄积量 8053346.0296m³，生物量 4229247.9620t，碳储量 1943765.8993t。每公顷蓄积量 69.4200m³，每公顷生物量 36.4562t，每公顷碳储量 16.7553t。

多样性指数 0.2500，优势度指数 0.7400，均匀度指数 0.6200。斑块数 5766 个，平均斑块面积 20.1194hm²，斑块破碎度 0.0497。

有轻度病害，面积 40hm²。未见虫害。未见火灾。未见自然干扰。有轻度人为干扰，面积 12168hm²。

马尾松人工林在陕西集中分布在南镇县、安康市，另外勉县、城固县等地区也有分布。

乔木一般与硬软阔类林以及油松混交，也有少量的与杉木、柏木等混交。灌木中零星分布有胡枝子、黄栌。草本零星分布有禾本科草、苔藓等植物。

乔木层平均树高在 9.7m 左右，灌木层平均高 14.1cm，草本层平均高 3.6cm，乔木平均胸径 14cm，乔木郁闭度 0.62，灌木盖度 0.38，草本盖度 0.25，植被盖度 0.87。

面积 71272.4558hm²，蓄积量 4706120.2565m³，生物量 2475078.5726t，碳储量 1137544.0308t。每公顷蓄积量 66.0300m³，每公顷生物量 34.7270t，每公顷碳储

量 15.9605t。

多样性指数 0.2600，优势度指数 0.7400，均匀度指数 0.6400。斑块数 3890 个，平均斑块面积 18.3219hm²，斑块破碎度 0.0456。

未见病害。未见虫害。未见火灾。未见自然干扰。有轻度人为干扰，面积 11873hm²。

（2）在福建，通常海拔 200～800m 为最适分布高度，闽西北、闽中中山地貌垂直分布可达海拔 1200m，上限与黄山松相接。

乔木与青冈、柯、苦槠、栲树、甜槠、木荷、红楠、中华杜英、南酸枣、杨梅、赤杨叶、白花泡桐、台湾相思、细柄蕈树、枫香树、蓝果树、杉木、毛竹、刚竹等针阔叶树混生成林。灌木种类较多，闽西北常见种有檵木、江南越桔、杨桐、荚蒾、乌药、细齿叶柃、杜鹃、栀子、算盘子、白檀、石斑木、赤楠、盐肤木、苦竹、刚竹；闽东南还有桃金娘、岗松、毛相思子等。草本植物主要有芒萁、野古草、毛鸭嘴草、鹧鸪草、芒等，山麓山洼地有乌毛蕨、中华里白、石松、狗脊、乌蕨。

乔木层平均树高 15～20m，灌木层平均高 2～4m，草本层平均高在 0.5m 以下，乔木平均胸径 20～35cm，乔木郁闭度 0.5～0.8，灌木盖度约 0.5，草本盖度约 0.2。

面积 2101720.0000hm²，蓄积量 158049344.0000m³，生物量 136696709.4880t，碳储量 6834354.7440t。每公顷蓄积量 75.2000m³，每公顷生物量 65.0404t，每公顷碳储量 32.5202t。

多样性指数 0.4800，优势度指数 0.5200，均匀度指数 0.2100。斑块数 431 个，平均斑块面积 4876.3805hm²，斑块破碎度 0.0002。

无病害。虫害中等。火灾轻。人为干扰为森林经营活动。自然干扰为病虫害。

（3）在广西，马尾松林主要分布于北部和中部海拔 1300m 以下的地区，全区除最西端的隆林县、西林县和田林县属于我国西部（半湿润）亚区域没有分布外，其他地区都有连片分布。

乔木一般为马尾松纯林，有时混生有少量金缕梅科枫香属、安息香科赤杨叶属、樟科檫木属的阳性落叶阔叶树。灌木最常见有桃金娘属、岗松、银柴、黑面神、余甘子、黄牛木、木姜子、杜鹃花、越桔、檵木、盐肤木、野漆、黄杞、木蓝、水锦树和壳斗科栎属的植物。草本常见种有芒萁、五节芒、芒草、金茅、野古草、石芒草、细毛鸭嘴草、蜈蚣草、四脉金茅、雀稗、竹节草、白茅、淡竹叶、狗尾草、笔菅草、知风草、裂稃草、黑莎草、刺子莞、毛果珍珠茅、十字苔草、海金沙、乌毛蕨、团叶鳞始蕨、扇叶铁线蕨、狗脊、石松、地菍、伞房花耳草等。

乔木层平均树高 15m，灌木层平均高 1m 左右，草本层平均高 0.4m，乔木平均胸径 15cm，植被盖度 0.8，乔木郁闭度 0.6～0.7，灌木盖度 0.5 左右，草本盖度 0.2～0.3。

面积 1705771.7811hm²，蓄积量 94670333.8522m³，生物量 81880286.4601t，碳储量 40940057.9415t。每公顷蓄积量 55.5000m³，每公顷生物量 48.0019t，每公顷碳储量 24.0009t。

多样性指数 0，优势度指数 1，均匀度指数 0。斑块数 2931 个，平均斑块面积

581.9770hm²，斑块破碎度 0.0017。

整体健康等级 2，林木生长发育较好，树叶偶见发黄、褪色，结实和繁殖受到一定程度的影响，有轻度受灾现象，主要受自然因素影响，所受自然灾害主要为松毛虫害。所受病害等级 1，受病害的植株总数占该林中植株总数的 10% 以下。一些年份会发生较大规模的虫害，所以其虫害等级 2 级。没有发现大面积火灾现象，但常见小范围的森林火灾。人为干扰主要是砍除林下灌丛和草本植物。所受自然干扰类型为虫害。

（4）在安徽，从淮河流域以南到皖南的低山丘陵一带，均有以马尾松为优势种的森林群落类型，其垂直分布由北向南逐渐升高，皖西大别山区在海拔 600m 以下，皖南黄山在海拔 700m 以下。其上限与黄山松林相接。山区以天然林为主，丘陵地区多为人工纯林。

乔木伴生树种有板栗、楤木、枫香、油桐、山胡椒、黄连木、朴树、合欢、榆树、鼠李。灌木有黄檀、短柄枹栎、山橿、青冈栎、盐肤木、合欢、油桐、悬钩子、楤木、胡枝子、地锦、细梗胡枝子、紫藤、猕猴桃、杭子梢、勾儿茶、香叶树、白檀、蔷薇、乌头叶蛇葡萄、朴树、小檗、山楂、菝葜、蒙桑、山胡椒、冻绿、白杜、榆树、绣线菊、卫矛、鼠李。草本有荩草、麦冬、奇蒿、泽兰、三叶委陵菜、苔草、鲫鱼草、轮叶排草、三脉紫菀、凤尾蕨、阴地蕨、金丝桃、芒、香青、蛇莓、婆婆针、堇菜、梓木草。

乔木层平均树高 6.8m，灌木层平均高 0.7m，草本层平均高 0.2m，乔木平均胸径 7.9cm，乔木郁闭度 0.80，灌木与草本盖度 0.45~0.5，植被盖度 0.85~0.88。

面积 69641.4317hm²，蓄积量 2561771.9546m³，生物量 2099689.1649t，碳储量 1049883.7711t。每公顷蓄积量 36.7852m³，每公顷生物量 30.1500t，每公顷碳储量 15.0756t。

多样性指数 0.2575，优势度指数 0.7431，均匀度指数 0.2867。斑块数 387 个，平均斑块面积 179.9520hm²，斑块破碎度 0.0056。

森林健康。无自然和人为干扰。

（5）在河南，马尾松主要分布于大别山、桐柏山南部、伏牛山南部地区。

乔木主要有栓皮栎、麻栎、化香、枫香、茅栗等。灌木主要有黄荆、胡枝子、山胡椒、盐肤木、芫花、华瓜木、小构树、野桐、灰木、枸骨等。草本主要有笔管草、野苎麻、悬钩子、莎草等。

乔木层平均树高 13.4m，灌木层平均高 0.58m，草本层平均高 0.33m，乔木平均胸径 12.76cm，乔木郁闭度 0.65，灌木盖度 0.13，草本盖度 0.21，植被盖度 0.8。

面积 224084.8895hm²，蓄积量 7288191.1805m³，生物量 5292786.6220t，碳储量 2646393.3110t。每公顷蓄积量 32.5242m³，每公顷生物量 23.6196t，每公顷碳储量 11.8098t。

多样性指数 0.5050，优势度指数 0.4950，均匀度指数 0.1210。斑块数 10661 个，平均斑块面积 21.0191hm²，斑块破碎度 0.0476。

森林健康。无人为和自然干扰。

（6）在湖北，有大量的马尾松天然林和人工林分布，以天然林为主。

马尾松在湖北省主要分布在咸丰、五峰、长阳、远安、当阳、宜昌。其垂直分布：鄂东北的大别山和鄂东南的幕阜山多分布于海拔800m以下的低山丘陵；鄂西北武当山分布在海拔900m以下；神农架林区则分布在海拔1200m以下；而鄂西南的武陵山脉，马尾松的分布上限为海拔1300~1400m。

乔木中常混生有杉木、红豆杉、枫香、茅栗、锥栗、漆树、青钱柳、灯台树、水青树、栓皮栎、响叶杨、亮叶桦、大穗鹅耳枥、多种槭树、连香树、蓝果树、厚朴、檫木、利川楠、银鹊树、野核桃、棕榈、毛竹等。有些地段常组成水杉与落叶阔叶树混交林。灌木和小乔木主要种类有山胡椒、油茶、野桐、盐肤木、湖北算盘子、卫矛、异叶榕、宜昌荚蒾、光叶绣线菊、小叶石楠、中华石楠、中国旌节花等。草本主要有狗脊、紫萁、苔草、金星蕨、野棉花等。

乔木层平均树高9m左右，乔木平均胸径10~12cm，乔木郁闭度0.8~0.9。灌木层平均高1~1.5m，灌木盖度0.5~0.6。草本发达，种类繁多，草本层平均高1.3~2.0m，草本盖度0.5~0.6。

面积2334658.6855hm^2，蓄积量97204118.0242m^3，生物量84071841.6792t，碳储量42035920.8396t。每公顷蓄积量41.6353m^3，每公顷生物量36.0103t，每公顷碳储量18.0052t。

多样性指数0.1700，优势度指数0.8200，均匀度指数0.6400。斑块数22418个，平均斑块面积104.1421hm^2，斑块破碎度0.0096。

森林健康。无人为和自然干扰。

（7）在湖南，马尾松有大面积的天然林和人工林。以天然林为主。

马尾松天然林在湖南的浏阳、平江、沅陵、通道、靖县、安化、桂阳、绥宁、长沙、宜章、城步、保靖、汝城、新宁、新化、泸溪、岳阳、临湘、汨罗、邵阳等有分布。

乔木伴生树种有白檀、白栎、短柄枹栎、苦槠和黄檀，少有青冈、四川山矾、中华石楠和南酸枣。灌木主要有枸骨冬青、白檀、荛花、灰叶野桐、金樱子、算盘子、大青、长叶冻绿、白马骨。草本主要有桔草、黄背草、兰香草、石香薷。立地条件较好，林地湿润处有苔藓、地衣出现。

乔木层平均树高10~12m，灌木层平均高1~3m，草本层平均高0.1~0.2m，乔木平均胸径10~20cm，乔木郁闭度0.7~0.8，灌木盖度0.1~0.2，草本盖度0.3~0.4。

面积3666204.3974hm^2，蓄积量119670302.0125m^3，生物量103502844.2108t，碳储量51751422.1054t。每公顷蓄积量32.6415m^3，每公顷生物量28.2316t，每公顷碳储量14.1158t。

多样性指数0.8779，优势度指数0.081，均匀度指数0.7195。斑块数48245个，平均斑块面积75.9914hm^2，斑块破碎度0.0132。

森林健康。无自然和人为干扰。

（8）在江西，马尾松广泛分布于广大丘陵、低山和中山地区，南部可分布到海拔1500m，北部则分布在800m以下。

乔木主要有青冈、苦槠、白栎、红楠、樟树、木荷、薯豆、山合欢、山槐、乌桕、山乌桕、油柿、豆梨、杨梅、冬青、枫香、拟赤杨、杉木、刺柏等。灌木主要有檵木、杜鹃花、乌药、柃木、山胡椒、白檀、毛冬青、大青、野山楂、臭黄荆、长叶冻绿、盐肤木、野茉莉、野桐、栀子、小叶石楠、杨桐、赤楠、乌饭树、米饭花等。在南部的马尾松林下还常有桃金娘、岗松、石斑木及了哥王等。草本主要有细毛鸭嘴草、苔草、刺芒野古草、野古草、桔草、芒、珍珠菜等。在未郁闭的林冠下则多为蕨类植物的芒萁占优势，尤以南部为最常见，次为乌毛蕨、里白、石松，在南部还常有石子藤石松分布。

乔木层平均树高一般在10~15m，最高可达40m，胸径达1.5m，乔木郁闭度在0.5左右。

面积4518733.5355hm²，蓄积量244184677.4612m³，生物量212294158.5848t，碳储量106147079.2924t。每公顷蓄积量54.0383m³，每公顷生物量46.9809t，每公顷碳储量23.4904t。

多样性指数0.8410，优势度指数0.0210，均匀度指数0.1450。斑块数2668个，平均斑块面积1693.6782hm²，斑块破碎度0.0006。

森林健康。无自然和人为干扰。

（9）在贵州，马尾松分布于其东部、中部广大地区。西部的兴义市、盘县特区、普安县、兴仁县、晴隆县、毕节市、纳雍县、六枝特区等也有分布。垂直高度上，一般不超过海拔1200m。

乔木组成比较单纯，一般为纯林，有时掺杂有少量的白栎、枫香、杉木等树种。灌木种类以白栎、茅栗、油茶、川榛等为主。部分典型酸性土区，草本以铁芒萁、光里白等为主。在向阳的干燥山坡，草本以禾本科为主，常见的有白茅、野古草、野青茅以及双子叶植物山蚂蟥、委陵菜、堇菜等。

乔木层平均树高10m，灌木层平均高1.1m，草本层平均高0.2m左右，乔木平均胸径13.8cm，乔木郁闭度0.7，灌木盖度0.2，草本盖度0.2。

面积1990576.6304hm²，蓄积量111597981.3622m³，生物量107689780.0344t，碳储量49493131.7167t。每公顷蓄积量56.0631m³，每公顷生物量54.0998t，每公顷碳储量24.8637t。

多样性指数0.1360，优势度指数0.8640，均匀度指数0.4590。斑块数95476个，平均斑块面积20.8489hm²，斑块破碎度0.0479。

森林健康。很少受到极端自然灾害和人为活动的影响。

（10）在云南，马尾松林主要分布在海拔700m~1200m以下，年均温13~22℃，年降水量800~1800mm，绝对最低温度不到-10℃。根系发达，主根明显，有根菌。对土壤要求不严格，喜微酸性土壤，但怕水涝，不耐盐碱，在石砾土、沙质土、黏土、山脊和阳坡的冲刷薄地上，以及陡峭的石山岩缝里都有生长。

乔木伴生树种有火力楠、苦槠、格氏栲等。灌木草本藤本植物主要有蒙桑、乌泡子、中国旌节花、卵心叶虎耳草等。

乔木层平均树高 25m，灌木层平均高 2.5m，草本层平均高在 0.6m 以下，乔木平均胸径 25cm，乔木郁闭度约 0.6，灌草盖度 0.3。

面积 8948.5581hm²，蓄积量 1020135.6231m³，生物量 882315.3004t，碳储量 441157.6502t。每公顷蓄积量 114.0000m³，每公顷生物量 98.5986t，每公顷碳储量 49.2993t。

多样性指数 0.5872，优势度指数 0.4123，均匀度指数 0.5572。斑块数 39 个，平均斑块面积 229.45hm²，斑块破碎度 0.01746。

森林健康中等。抚育面积 358.6674hm²。

（11）在四川，马尾松林分布于盆地及其边缘山地，北起大巴山、米仓山和龙门山南坡，西至盆地西缘二郎山、大相岭东坡，东越川、鄂省界，南入贵州、湖南境内。大致以摩天岭、九顶山、夹金山、二郎山、大凉山等山体的岭脊线以东为其分布区。垂直分布常见于海拔 1200m 以下的平原、丘陵和山地，少数地区达海拔 1500m。

乔木单一。灌木主要有黄荆、盐肤木、南烛、杜鹃花、山胡椒、油茶、算盘子、蜡莲绣球、水红木、细齿叶柃、杜茎山、栀子花、展野毛牡丹。草本植物主要有芒萁、芭茅、淡竹叶、密叶苔草、乌蕨、沿阶草、里白、狗脊、欧洲蕨、紫萁等。

乔木层平均树高 13.2m，灌木层平均高约 0.8m，草本层平均高在 0.2m 以下，乔木平均胸径 28.6cm，乔木郁闭度约 0.6，灌草盖度 0.4。

面积 17427.5691hm²，蓄积量 1326818.3452m³，生物量 1147565.1868t，碳储量 573782.5934t。每公顷蓄积量 76.1333m³，每公顷生物量 65.8477t，每公顷碳储量 32.9238t。

多样性指数 0.5877，优势度指数 0.4023，均匀度指数 0.5682。斑块数 543 个，平均斑块面积 32.0950hm²，斑块破碎度 0.0312。

灾害等级为 0 的面积 2597882.1hm²，灾害等级为 1 和 3 的面积分别为 231494.44hm² 和 25721.60hm²。受到明显的人为干扰，主要为采伐、抚育、征占等，其中采伐面积 19677.41hm²，抚育面积 54922.12hm²，征占面积 9263.71hm²。

（12）在重庆，马尾松林大多为人工林，广泛分布于重庆市各个区县。

乔木树种组成较为简单，大多形成纯林，或与杉木、桦木、柏木、栎类等混交。灌木主要有木姜子、高粱泡、香叶树等，草本主要有金星蕨、狗脊、野青茅等。

乔木层平均树高 14.5m，灌木层平均高约 1.7m，草本层平均高在 0.6m 以下，乔木平均胸径 20.4cm，乔木郁闭度约 0.6，灌木盖度约 0.2，草本盖度 0.5。

面积 1278427.8022hm²，蓄积量 111290591.9392m³，生物量 96255232.9682t，碳储量 48127616.4841t。每公顷蓄积量 87.0527m³，每公顷生物量 75.2919t，每公顷碳储量 37.6459t。

多样性指数 0.4858，优势度指数 0.5142，均匀度指数 0.2903。斑块数 40147 个，平

均斑块面积37.7461hm²，斑块破碎度0.0066。

森林健康。人为和自然灾害轻微。

（13）在广东，马尾松林以天然林为主，分布于粤西、粤中和粤东的南亚热带丘陵和低山上，其中在省内大陆的中部、北部地区有马尾松单一种群。

乔木的盖度0.4~0.5，一般高度6~8m，一般胸径15~20cm。以马尾松占绝对优势，有少量木荷、枫香等混生其中。灌木盖度0.45~0.65，一般高度120~140cm，主要组成种类有桃金娘、黑面神、山芝麻、车轮梅、黄牛木等。草本盖度0.5~0.8，一般高度40~60cm，常见种类有纤毛鸭嘴草、鹧鸪草、蜈蚣草、黑莎草、苔草等。

面积2140730.0000hm²，蓄积量96927116.6480m³，生物量83832057.1650t，碳储量41915921.5460t。每公顷蓄积量45.2776m³，每公顷生物量39.1605t，每公顷碳储量19.5802t。

多样性指数0.9100，优势度指数0.0937，均匀度指数0.7000。斑块数513个，平均斑块面积4172.9600hm²，斑块破碎度0.0002。

健康等级1，林木生长发育良好，枝干发达，树叶大小和色泽正常，能正常结实和繁殖，未受任何灾害。病害等级0，该林中受害立木株数10%以下或受害面积为零。没有发现灾害。有明显人为干扰，主要是择伐，森林多处于成熟稳定阶段，物种种类和数量相对稳定。

（14）在浙江，马尾松分布于全省各地。主要是以马尾松为主要树种的天然林，根据其伴生树种的差异，可分为三种类型，即马尾松栎类林、马尾松甜槠林和马尾松木荷林。

马尾松落叶栎类针阔混交林。该类型分布于浙江省西北部，大致在北纬29°~31°，海拔800m以下的低山丘陵。乔木主要由马尾松和短柄枹栎、白栎等落叶栎类组成。乔木层平均树高约15m，灌木层平均高3~5m，草本层平均高在1.5m以下。乔木平均胸径约15cm，灌木平均基径约4cm，草本植物平均基径在0.5cm以下。乔木郁闭度约0.9，灌木盖度约0.5，草本盖度约0.5。

马尾松甜槠石栎针阔混交林。该类型分布于浙江省南部和东部的广大地区，大致在北纬27°~30°，海拔1000m以下的低山丘陵。乔木主要由马尾松和甜槠、柯、木荷等常绿树种组成。乔木层平均树高15m，灌木层平均高3~4m，草本层平均高在0.8m以下。乔木平均胸径约15cm。乔木郁闭度约0.9，灌木盖度约0.6，草本盖度0.4。

马尾松木荷针阔混交林。该类型主要分布在海拔600~800m以下的低山丘陵地带，在浙江省低山丘陵地区普遍存在。乔木主要由马尾松、木荷、青冈、苦槠、柯等树种组成。乔木层平均树高12m，灌木层平均高2~4m，草本层平均高在1m以下。乔木平均胸径约15cm。乔木郁闭度约0.95，灌木盖度0.6，草本盖度0.5。

面积1951751.5882hm²，蓄积量67390396.6404m³，生物量58276309.8155t，碳储量29138154.9079t。每公顷蓄积量34.5282m³，每公顷生物量29.8585t，每公顷碳储量14.9292t。

多样性指数0.6800，优势度指数0.3200，均匀度指数0.3400。斑块数3387个，平均

斑块面积 574.2140hm²，斑块破碎度 0.017。

病害无。虫害中等。火灾轻。人为干扰主要是森林经营活动。自然干扰为虫害。

9. 巴山松林 (*Pinus henryi* forest)

巴山松在重庆、陕西有分布，面积 110446.4304hm²，蓄积量 5121258.3015m³，生物量 6301618.7676t，碳储量 2900793.3498t。每公顷蓄积量 46.3687m³，每公顷生物量 57.0559t，每公顷碳储量 26.2643t。多样性指数 0.3248，优势度指数 0.6751，均匀度指数 0.2264。斑块数 186 个，平均斑块面积 593.7980hm²，斑块破碎度 0.0017。

（1）在陕西，有巴山松天然林。仅在南镇县和镇巴县有少量的分布。

几乎都为纯林。灌木中零星分布有柠条、连翘、丁香等植物。林中除了零星分布的地衣，几乎没有草本植物。

乔木层平均树高在 8.9m 左右，灌木层平均高 14.0cm，草本层平均高 2.0cm，乔木平均胸径 15cm，乔木郁闭度 0.65，灌木盖度 0.65，草本盖度 0.35，植被盖度 0.82。

面积 107914.4069hm²，蓄积量 5034207.0808m³，生物量 6188515.6922t，碳储量 2844241.8121t。每公顷蓄积量 46.6500m³，每公顷生物量 57.3465t，每公顷碳储量 26.3565t。

多样性指数 0，优势度指数 1，均匀度指数 0。斑块形状指数 1.72，斑块数 105 个，平均斑块面积 24.83hm²，斑块破碎度 0.04。

未见病害。未见虫害。未见火灾。未见自然干扰。未见人为干扰。

（2）在重庆，除马尾松林、华山松林、落叶松林、油松林、云南松林分布外，还有巴山松林等分布。分布于大巴山区渝鄂山地，常有马尾松混交。灌木主要有枸子、卫矛、三颗针等。草本主要有蕨、苔草等。

乔木平均胸径 15.5cm，树高 13.5m，乔木郁闭度 0.5。灌木盖度 0.3，高度 0.7m。草本盖度 0.4，高度 0.3m。

面积 2532.023hm²，蓄积量 87051.2207m³，生物量 113103.0754t，碳储量 56551.5377t。每公顷蓄积量 34.3801m³，每公顷生物量 44.6690t，每公顷碳储量 22.3345t。

多样性指数 0.6497，优势度指数 0.3503，均匀度指数 0.4529。斑块数 148 个，平均斑块面积 17.1083hm²，斑块破碎度 0.0585。

松树林生长健康。无自然和人为干扰。

10. 火炬松林 (*Pinus taeda* forest)

火炬松原产北美，在我国江苏、浙江、河南、海南、广西和福建等省（自治区）有引种栽培。

面积 30955.7329hm²，蓄积量 1656358.5640m³，生物量 1016663.9430t，碳储量 508331.9714t。每公顷蓄积量 53.5073m³，每公顷生物量 32.8425t，每公顷碳储量 16.4213t。多样性指数 0.1666，优势度指数 0.8333，均匀度指数 0.0313。斑块数 485 个，平均斑块面积 63.8263hm²，斑块破碎度 0.0157。

（1）在江苏，火炬松主要集中在宜溧山区以及宁镇丘陵和江淮丘陵，在太湖丘陵和徐州、云台山丘陵山区也有少量幼林。

乔木单一，灌木、草本不发达。

乔木层平均树高 8~14m，乔木平均胸径 10~30cm。

面积 5397.4100hm²，蓄积量 161854.3628m³，生物量 92192.2451t，碳储量46096.1225t。每公顷蓄积量 29.9874m³，每公顷生物量 17.0808t，每公顷碳储量 8.5404t。

多样性指数 0，优势度指数 1，均匀度指数 0。斑块数 41 个，平均斑块面积131.6440hm²，斑块破碎度 0.0076。

病害等级无。虫害等级无。火灾等级轻。人为干扰类型为森林经营活动。无明显自然干扰。

（2）在浙江，火炬松主要分布在余杭、临安、淳安、东阳、开化、临海、文成等县市。

乔木单一，灌木草本不发达。乔木层平均树高 5m，乔木平均胸径 8cm。

面积 2718.2300hm²，蓄积量 141201.9532m³，生物量 80428.6325t，碳储量40214.3163t。每公顷蓄积量 51.9463m³，每公顷生物量 29.5886t，每公顷碳储量 14.7943t。

多样性指数 0，优势度指数 1，均匀度指数 0。斑块数 3 个，平均斑块面积906.0770hm²，斑块破碎度 0.0011。

病害等级无。虫害等级无。火灾等级轻。人为干扰类型为森林经营活动。没有明显自然干扰。

（3）在河南，火炬松主要分布在大别山、桐柏山、伏牛山地区。

乔木主要有栎类等。灌木主要有柽柳、荆条、酸枣等。草本主要有铁杆蒿、黄花蒿、艾、苦菜、蒲公英、小蓟、下田菊、野菊花、大丁草、狗牙根、白茅、狗尾草、黄花败酱、砧草、翻白草、荠菜等。

乔木层平均树高 9.9m，灌木层平均高 0.9m，草本层平均高 0.19m，乔木平均胸径14.2cm，乔木郁闭度 0.51，灌木盖度 0.12，草本盖度 0.21，植被盖度 0.69。

面积 8024.6888hm²，蓄积量 299494.9292m³，生物量 243794.4165t，碳储量121897.2083t。每公顷蓄积量 37.3217m³，每公顷生物量 30.3805t，每公顷碳储量 15.1903t。

多样性指数 0.6430，优势度指数 0.3570，均匀度指数 0.1211。斑块数 419 个，平均斑块面积 19.1520hm²，斑块破碎度 0.0522。

森林健康。无自然和人为干扰。

（4）在海南，火炬松引种栽培主要在定安县和澄迈县境内。火炬松人工林树种单一，林下灌木草本不发达，主要灌木是九节、野牡丹、谷木、野漆、银柴等，主要草本是玉叶金花、白茅等。

乔木平均胸径 13.5cm，乔木层平均树高 10.5m，乔木郁闭度 0.6。灌木层平均高

0.5m，灌木盖度 0.3。草本盖度 0.5，草本层平均高 0.2m。

面积 1244.7600hm²，蓄积量 69719.0076m³，生物量 39711.9467t，碳储量 19855.3967t。每公顷蓄积量 56.0100m³，每公顷生物量 31.9033t，每公顷碳储量 15.1903t。

多样性指数 0，优势度指数 1，均匀度指数 0。斑块数 2 个，平均斑块面积 622.3800hm²，斑块破碎度 0.0016。

病害等级无。虫害等级无。火灾等级轻。人为干扰类型为森林经营活动。没有明显自然干扰。

（5）在广西，火炬松引种栽培的地区主要有河池、宜州、柳州等地。人工林为火炬松单一树种纯林，林下灌木、草本不发达。灌木主要有黄荆、臭牡丹等。草本主要是蕨。

15 年生火炬松的胸径、树高分别为 14.1cm、10.1m，乔木郁闭度 0.6。灌木盖度 0.2，高度 0.4m。草本盖度 0.4，高度 0.2m。

面积 3590.6941hm²，蓄积量 264821.3986m³，生物量 150842.2687t，碳储量 75421.1343t。每公顷蓄积量 73.7521m³，每公顷生物量 42.0092t，每公顷碳储量 21.0046t。

多样性指数 0，优势度指数 1，均匀度指数 0。斑块数 132 个，平均斑块面积 490.1220hm²，斑块破碎度 0.0370。

病害等级无。虫害等级无。火灾等级轻。人为干扰类型为森林经营活动。没有明显自然干扰。

（6）在福建，很多地方都有火炬松的引种栽培，例如福建闽侯南屿国有林场、永安国有林场、水西国有林场、五一国有林场、仙游县等。

林分结构单一，林下灌木草本不发达。灌木主要有檵木、野麻等，草本主要有土茯苓、悬钩子、五节芒、野牡丹等。

乔木平均胸径 16.2cm，乔木层平均树高 12.8m，乔木郁闭度 0.5。灌木盖度 0.1，高度 0.3m。草本盖度 0.5，高度 0.1m。

面积 9979.9500hm²，蓄积量 719266.9126m³，生物量 409694.4334t，碳储量 204847.2167t。每公顷蓄积量 72.0712m³，每公顷生物量 41.0518t，每公顷碳储量 20.5259t。

多样性指数 0，优势度指数 1，均匀度指数 0。斑块数 12 个，平均斑块面积 831.6620hm²，斑块破碎度 0.0012。

病害等级无。虫害等级无。火灾等级轻。人为干扰类型为森林经营活动。没有明显自然干扰。

11. 黄山松林（*Pinus taiwanensis* forest）

在我国江西、湖北、湖南、安徽、浙江、福建、河南等 7 个省有大面积分布。面积 807656.1199hm²，蓄积量 46564732.3892m³，生物量 27327219.3689t，碳储量 13693012.0272t。每公顷蓄积量 57.6542m³，每公顷生物量 33.8352t，每公顷碳储量 16.9540t。

多样性指数 0.7453，优势度指数 0.2488，均匀度指数 0.5737。斑块数 2308 个，平均斑块面积 352.1073hm²，斑块破碎度 0.0028。

（1）在江西，黄山松林主要分布于武夷山、怀玉山、庐山、九岭山、武功山至井冈山一带海拔 800m 以上的中山地。

在海拔 1200m 以上的开阔山脊以及土壤较瘠薄的阳坡，常形成纯林，林相整齐，树干挺直。在海拔 1000m 左右土层深厚的山坡或谷地，常与栓皮栎、麻栎、槲栎、短柄枹栎、黄山栎、茅栗等形成松栎混交林，其他伴生树种有化香树、光皮桦、水青冈、鹅耳栎、石灰花楸、冬青以及玉兰等。灌木常见的有马银花、满山红、蜡瓣花、三桠乌药、华山矾、水马桑、伞形绣球、野山楂、美丽胡枝子、川榛、尾叶山茶、小果珍珠花等。草本较稀疏，常见的有山马兰、一枝黄花、白花败酱、野菊花、前胡、求米草、鹿蹄草、大油芒、五节芒、黄背草、野古草、桔梗以及蕨等。藤本植物常见的有菝葜、葛藤等。

乔木层树高一般 11～15m，最高可达 20m；胸径一般为 15～25cm，最大胸径可达 45cm；乔木郁闭度一般为 0.5～0.9。灌木盖度 0.5～0.7。草本盖度 0.4～0.5。

面积 48861.8472hm²，蓄积量 2640411.1482m³，生物量 2295573.4523t，碳储量 1147786.7261t。每公顷蓄积量 54.0383m³，每公顷生物量 46.9809t，每公顷碳储量 23.4904t。

多样性指数 0.8000，优势度指数 0.1040，均匀度指数 0.3220。斑块数 188 个，平均斑块面积 259.9034hm²，斑块破碎度 0.0038。

主要病害为松瘿瘤病，多危害侧枝。虫害有松梢螟和松梢小卷蛾。

（2）在浙江，黄山松林既有天然林，也有人工林。天然林主要分布于浙南洞宫山、枫岭，如龙泉县凤阳山，庆元县百山祖、荷地区，遂昌县九龙山，景宁县东坑区；浙东括苍山区的缙云县大洋山；浙西开化县古田山、天子坟；浙北龙塘山、天目山、龙王山等处。人工栽植始于 20 世纪 50 年代，目前人工林面积较大、较集中连片的有景宁县林业总场、临安县昌化林场、天台县林场、庆元县万里林场等处。黄山松林的垂直分布在浙江省南北有较大差异，如浙北龙塘山、天目山、龙王山自海拔 600m 起就有分布，而浙南山区往往分布于海拔 800～900m 以上。

乔木伴生的有木荷、甜槠、小叶青冈、青冈、柯、短尾柯、豹皮樟、秤星树、厚皮香等常绿种类和枫香树、化香树、短柄枹栎、尾叶樱桃、木蜡树、山槐等落叶树。灌木有杜鹃、满山红、鹿角杜鹃、马银花、云锦杜鹃、扁枝越桔、江南越桔、南烛、桤木、微毛柃、细齿叶柃、山矾、山鸡椒、红果山胡椒、乌药、小叶石楠、长叶悬钩子等。草本有芒萁、芒、野古草、兔儿伞、类头状花序薹草、光里白、蕙兰、薹草、鳞毛蕨、蕨、攀倒甑、珍珠菜、双蝴蝶、茅膏菜、三叶委陵菜、一枝黄花、宝铎草等。

乔木层平均树高 11～18m，灌木层平均高 0.5～3m，草本层一般高 10～120cm，乔木平均胸径约 12cm，乔木郁闭度 0.5～0.7，灌木盖度 0.5～0.7，草本盖度 0.3～0.5。

面积 174219.7197hm²，蓄积量 8920049.6486m³，生物量 5080860.2799t，碳储量

2540430.1400t。每公顷蓄积量 51.2000m³，每公顷生物量 29.1635t，每公顷碳储量 14.5818t。

多样性指数 0.8200，优势度指数 0.1800，均匀度指数 0.2200。斑块数 337 个，平均斑块面积 5050.0460hm²，斑块破碎度 0.0019。

病害等级轻。虫害等级轻。火灾等级轻。人为干扰类型为森林经营活动。自然干扰类型为病虫害。

（3）在福建，黄山松林分布于闽北、闽中。一般生长在海拔 1100m 以上山地。戴云山可分布在海拔 1800m，武夷山分布在海拔 700~2150m。

乔木黄山松纯林或黄山松与杉木、木荷、甜槠、枫香树、亮叶桦、短尾柯等针阔叶树混生成林。灌木有毛果杜鹃、秤星树、栲木、短尾越桔、杨桐、胡枝子、满山红、细齿叶柃、老鼠刺、鹿角杜鹃、杜鹃、马银花、贵定桤叶树、南烛、山柳、山槐、山鸡椒、圆锥绣球、楤木等。草本有蕨、广防风、白茅、芒萁、一枝黄花、玉竹、野海棠、狗脊、淡竹叶、五节芒等。

乔木层平均树高 10~30m，灌木层平均高约 2m，草本层平均高在 1m 以下，乔木最大胸径可达 50cm，乔木郁闭度约 0.7，灌木盖度约 0.2，草本盖度约 0.2。

面积 5007.6200hm²，蓄积量 436744.5859m³，生物量 346600.5034t，碳储量 173300.2517t。每公顷蓄积量 87.2160m³，每公顷生物量 69.2146t，每公顷碳储量 34.6073t。

多样性指数 0.4900，优势度指数 0.5100，均匀度指数 0.1700。斑块数 4 个，平均斑块面积 1251.9000hm²，斑块破碎度 0.0008。

病害无。虫害轻。火灾轻。人为干扰类型为森林经营活动。自然干扰类型为病虫害。

（4）在安徽省，黄山松林垂直分布由北向南逐渐升高，皖南大别山区，海拔 600 以上，皖南山区，海拔 700m 以上，有大面积分布。

乔木伴生树种有大果山胡椒、灯台树、短柄枹栎、茅栗、化香、君迁子、南京椴、漆树、千金榆、山合欢、山樱桃、栓皮栎、色木槭、盐肤木、野茉莉、中华石楠、鹅耳枥、山胡椒、野鸦椿、山矾、椴树、香椿、刺楸、连翘。灌木有黄檀、青榨槭、野桐、棣棠、山橿、白檀、杜鹃花、山莓、红果钓樟、菝葜、省沽油、肉花卫矛、野蔷薇、黄山溲疏、香花崖豆藤、老鸦糊、山梅花、木莓、棣棠、四照花、大果山胡椒、楤木、荚蒾、胡枝子、六月雪、紫珠、垂枝泡花树、槲栎、五味子（藤本）、海州常山（臭梧桐）、胡颓子、野山楂、三桠乌药、野珠兰。草本有荩草、麦冬、奇蒿、泽兰、三叶委陵菜、苔草、蚕茧草、阔叶箬竹、鸭跖草、堇菜、斑叶兰、金星蕨、大戟、楼梯草、阴地蕨、水蓼、中国繁缕、金线草、牛膝、短萼黄连、日本薯蓣、鼠尾、黄精、滴水珠、露珠草、报春花、黄独、过路黄、乌头、悬铃叶苎麻、野蔷薇、伞形绣球、木莓、珠光香青、野艾蒿、珍珠菜、异叶茴芹、一枝黄花、野青茅、三脉紫菀、求米草、芒、林荫千里光、败酱。

乔木层平均树高 6.9m，灌木层平均高 0.75m，草本层平均高 0.20cm，乔木平均胸径 8.9cm，乔木郁闭度 0.80，灌木与草本盖度 0.3~0.35，植被盖度 0.8~0.85。

面积 565487.9850hm², 蓄积量 34647787.7051m³, 生物量 19735379.8768t, 碳储量 9867689.9384t。每公顷蓄积量 61.2706m³, 每公顷生物量 34.8997t, 每公顷碳储量 17.4499t。

多样性指数 0.7216, 优势度指数 0.2784, 均匀度指数 0.7100。斑块数 1272 个, 平均斑块面积 444.5660hm², 斑块破碎度 0.0022。

森林健康。无明显自然干扰和人为干扰。

（5）在河南, 黄山松林分布于桐柏山、伏牛山、太行山山区。

乔木主要有麻栎、栓皮栎、杉木、化香、山合欢、槲栎、锐齿槲栎、槲树、青冈、小叶青冈、青檀等。灌木主要有胡枝子、野山楂、湖北山楂、檵木、三桠乌药、山胡椒、六道木、喜阴悬钩子、豹皮樟、胡颓子、菝葜、绿叶胡枝子、美丽胡枝子、杜鹃等。草本主要有羊胡子草、野古草、黄背草、艾蒿、白茅、大油芒、芒、黄花蒿、铁杆蒿、野菊花、棉花、大叶针苔草、达仑木、柴胡、白头翁、淫羊藿、兔儿伞、车前、茜草、紫菀、龙牙草、委陵菜等。

乔木层平均树高 12.79m, 灌木层平均高 1.3m, 草本层平均高约 0.4m, 乔木平均胸径 13.4cm, 乔木郁闭度 0.56, 灌木盖度 0.12, 草本盖度 0.24, 植被盖度 0.72。

面积 1252.8023hm², 蓄积量 40031.8092m³, 生物量 32409.4812t, 碳储量 14316.0307t。每公顷蓄积量 31.9538m³, 每公顷生物量 25.8696t, 每公顷碳储量 11.4272t。

多样性指数 0.7740, 优势度指数 0.3280, 均匀度指数 0.1060。斑块数 51 个, 平均斑块面积 24.5648hm², 斑块破碎度 0.0407。

森林健康。无明显自然和人为干扰。

（6）在湖北, 黄山松林主要分布于鄂东南幕阜山、鄂东北大别山及鄂北桐柏山等地。其垂直分布在海拔 700~1800m 的山坡及山顶。

乔木以黄山松为优势种, 在海拔 1000m 以上的阳坡和山脊上常形成纯林。在土层深厚的山坡或谷地, 常分别与栓皮栎、短柄枹栎、绵柯、多脉青冈、青杆等组成松栎混交林。林内其他伴生树种有化香树、雷公鹅耳枥、黄连木、野漆、四照花、山合欢、亮叶桦、石灰花楸等。灌木种类较多, 常见的有荚蒾、球核荚蒾、蜡瓣花、满山红、杜鹃花、美丽胡枝子、伞形绣球、川榛、水马桑、绿叶胡枝子、马银花、尖叶山茶、三桠乌药、毛瑞香、小果南烛等。林下草本较稀疏, 常见的有山马兰、白花败酱、窄叶败酱、野菊花、前胡、求米草、鹿蹄草、日本金星蕨、五节芒、大油芒、黄背草、野古草以及多种苔草等。

乔木层平均树高 14~16m, 平均胸径 25~35cm, 树干通直, 乔木郁闭度 0.7 以上。灌木层平均高 1.5m, 分布均匀。

面积 3880.9149hm², 蓄积量 156466.1518m³, 生物量 89123.1201t, 碳储量 44561.5600t。每公顷蓄积量 40.3168m³, 每公顷生物量 22.9645t, 每公顷碳储量 11.4822t。

多样性指数 0.7709, 优势度指数 0.2291, 均匀度指数 0.4786。斑块数 58 个, 平均斑块面积 66.9123hm²，斑块破碎度 0.0149。

森林健康。无明显自然干扰和人为干扰。

（7）在湖南，黄山松林主要分布于湘东幕阜、连云、罗霄山地，海拔 800~1800m。

乔木有时混生锥栗、甜槠、银木荷、光皮桦、蓝果树、水青冈、雷公鹅耳枥、包石栎、化香、虎皮楠等。灌木主要有腺萼马银花、满山红、蜡瓣花、川榛、圆锥绣球、伞形绣球、美丽胡枝子、红脉钓樟、山姜、篌竹、金缕梅、野珠兰。草本主要有芒、野古草、苔草、白花败酱、山马兰等。

乔木层平均树高 5~12m，灌木层平均高 0.1~2m，草本层平均高 50~100cm，乔木平均胸径 5~20cm，乔木郁闭度多在 0.7 左右，灌木盖度 0.1，草本盖度多在 0.1~0.2。

面积 13952.8507hm²，蓄积量 159985.9254m³，生物量 93873.1578t，碳储量 78227.6315t。每公顷蓄积量 11.4662m³，每公顷生物量 6.7279t，每公顷碳储量 5.6066t。

多样性指数 0.6640，优势度指数 0.3200，均匀度指数 0.5660。斑块数 398 个，平均斑块面积 35.0574hm²，斑块破碎度 0.0285hm²。

森林健康。无明显自然干扰和人为干扰。

12. 湿地松林（*Pinus elliottii* forest）

湿地松在我国主要分布于浙江、湖南、云南、广东、广西、上海、福建等 7 个省（自治区、直辖市）。面积 832298.3022hm²，蓄积量 57026736.4312m³，生物量 32482428.4025t，碳储量 16241214.2013t。每公顷蓄积量 68.5172m³，每公顷生物量 39.0274t，每公顷碳储量 19.5137t。多样性指数 0.4022，优势度指数 0.5968，均匀度指数 0.4487。斑块数 759 个，平均斑块面积 1096.5722hm²，斑块破碎度 0.0009。

（1）在浙江，湿地松林主要分布于浙江安吉、长兴、建德、常山、江山、龙游、金华、兰溪、仙居、磐安、天台、临海、三门、龙泉、云和、文成、泰顺等地区。

组成比较单一。

乔木层平均树高 8~15m，乔木平均胸径 9~13cm。

面积 15977.3000hm²，蓄积量 475690.8215m³，生物量 270953.4919t，碳储量 135476.7460t。每公顷蓄积量 29.7729m³，每公顷生物量 16.9587t，每公顷碳储量 8.4793t。

多样性指数 0，优势度指数 1，均匀度指数 0。斑块数 38 个，平均斑块面积 420.4560hm²，斑块破碎度 0.0023。

病害无。虫害轻。火灾轻。人为干扰类型为森林经营活动。自然干扰类型为病虫害。

（2）在湖南，湿地松栽培于长沙及低山丘陵地区。

乔木主要有南酸枣、山矾。灌木主要有檵木、杜鹃、柃木、赛山梅、栀子、柯、山鸡椒、大叶胡枝子、山莓、大青、四川山矾、油茶、岳麓连蕊茶等。草本主要有鳞毛蕨、竹叶草、淡竹叶、芒萁。

乔木层平均树高 10~15m，灌木层平均高 1~2m，草本层平均高 0.2m，乔木平均胸径 25cm，乔木郁闭度 0.5~0.6，灌木与草本盖度 0.2~0.4。

面积 9838.4642hm², 蓄积量 399018.594m³, 生物量 227280.9911t, 碳储量 113640.4956t。每公顷蓄积量 40.5570m³, 每公顷生物量 23.1013t, 每公顷碳储量 11.5506t。

多样性指数 0.5890, 优势度指数 0.3380, 均匀度指数 0.5810。斑块数 243 个, 平均斑块面积 40.4875hm², 斑块破碎度 0.0247。

3.3% 的湿地松林受灾, 处于亚健康状态。

（3）在云南, 湿地松主要栽培于云南南部海拔 150~500m 的潮湿土壤中。红河、普洱等部分区县有种植。

湿地松林多为单层纯林。因人为活动频繁, 林下灌木、草本种类不稳定。

乔木层平均树高 16.0m, 灌木层平均高约 0.8m, 草本层平均高在 0.2m 以下, 乔木平均胸径 26.5cm, 乔木郁闭度约 0.6, 草本盖度 0.3。

面积 1126.2242hm², 蓄积量 128389.5592m³, 生物量 73130.6929t, 碳储量 36565.3465t。每公顷蓄积量 114.0000m³, 每公顷生物量 64.9344t, 每公顷碳储量 32.4672t。

多样性指数 0, 优势度指数 1, 均匀度指数 0。斑块数 28 个, 平均斑块面积 40.22hm², 斑块破碎度 0.0248。

中等健康。抚育面积 211.2672hm²。

（4）在广东, 湿地松主要分布于省内大陆的中部、北部地区。

湿地松人工林组成树种单一, 为湿地松纯林。20 年的湿地松林, 平均胸径 10cm 左右, 平均树高 5m 左右。乔木郁闭度 0.5 左右。林下灌木有梅叶冬青、野牡丹、岗松、九节等, 高度 1~1.2m。草本主要是芒萁, 盖度在 0.9 以上。

面积 483868.0000hm², 蓄积量 30918932.4595m³, 生物量 17611423.9289t, 碳储量 8805711.9645t。每公顷蓄积量 63.8995m³, 每公顷生物量 36.3972t, 每公顷碳储量 18.1986t。

多样性指数 0.6800, 优势度指数 0.3200, 均匀度指数 0.7600。斑块数 111 个, 平均斑块面积 4359.370hm², 斑块破碎度 0.0002。

森林群落健康中等。主要受人为活动干扰。

（5）在广西, 湿地松在白海、钦州等地有大面积引种栽培。

湿地松林组成单一, 多为湿地松纯林。平均胸径 12cm 左右, 平均树高 10m 左右。林下灌木、草本稀少。

面积 139135.8288hm², 蓄积量 9506897.3949m³, 生物量 5415128.7561t, 碳储量 2707564.3781。每公顷蓄积量 68.3282m³, 每公顷生物量 38.9197t, 每公顷碳储量 19.4599t。

多样性指数 0, 优势度指数 1, 均匀度指数 0。斑块数 248 个, 平均斑块面积 561.0316hm², 斑块破碎度 0.0018。

森林植被健康中等。主要受人为采伐和割脂等干扰。

（6）在上海，湿地松被引种栽培于上海世纪森林等景区。与柏木、雪松等组成混交林类型。灌木、草本不发达。

面积 186.4850hm^2，蓄积量 6506.5735m^3，生物量 3705.4756t，碳储量 1852.7378t。每公顷蓄积量 34.8906m^3，每公顷生物量 19.8701t，每公顷碳储量 9.9351t。

多样性指数 0，优势度指数 1，均匀度指数 0。斑块数 2 个，平均斑块面积 93.2424hm^2，斑块破碎度 0.0107。

（7）在福建，湿地松被引种到沿海地区，其中仙游县是重要的湿地松栽培地区。

湿地松林组成单一，以纯林为主。林下灌木、草本不发达。

面积 182166.0000hm^2，蓄积量 15591301.0286m^3，生物量 8880805.0659t，碳储量 4440402.5329t。每公顷蓄积量 85.5884m^3，每公顷生物量 48.7512t，每公顷碳储量 24.3756t。

多样性指数 0，优势度指数 1，均匀度指数 0。斑块数 27 个，平均斑块面积 6746.87hm^2，斑块破碎度 0.0002。

13. 南亚松林（*Pinus latteri* forest）

主要分布在昌江县霸王岭，南亚松林是我国目前最大的天然热带针叶林。南亚松林分布在北纬 19°3′15″，东经 109°11′19″，海拔 650~800m 范围的山地。

乔木伴生树种有青梅、海南蒲桃、麻栎、黄杞、旱毛栲、余甘子和烟斗柯等。灌木有桃金娘、银柴、野漆、毛茶、乌柿、黄牛木、倒吊笔等。草本主要有棕叶芦、铁芒萁、珍珠茅、剑叶凤尾蕨、扇叶铁线蕨等。

乔木层平均树高 8.4m，灌木层平均高约 3.1m，草本层平均高 0.6m，乔木平均胸径 11cm，乔木郁闭度约 0.5，植被盖度约 0.9，灌木和草本的盖度分别约为 0.76、0.85。南亚松林为原始林，处于演替后期阶段，自然度 1。

面积 24912.2000hm^2，蓄积量 2136221.1500m^3，生物量 1609661.9435t，碳储量 804830.9717t。每公顷蓄积量 85.7500m^3，每公顷生物量 64.6134t，每公顷碳储量 32.3067t。

多样性指数 0.1200，优势度指数 0.8800，均匀度指数 0.2500。斑块数 10 个，平均斑块面积 2491.2hm^2，斑块破碎度 0.0004。

所受病害等级 1，该林中受病害的植株总数占该林中植株总数的 10% 以下，受害分布面积 3985hm^2。偶见虫害。未见明显火灾。南亚松林系既受人为干扰，又经受自然干扰。人为干扰类型主要是割树脂，自然干扰主要为病害。

14. 加勒比松林（*Pinus caribaea* forest）

加勒比松林分布于海南乐东县。一般分布在海拔 400~800m 间的山地。

乔木除了加勒比松外，还有中平树、变叶榕和第伦桃等。灌木有破布叶、叶被木等。草本以禾本科草占优势。

乔木层平均树高 8.0m，灌木层平均高约 2.2m，草本层平均高 0.45m，乔木平均胸径 20.4cm，群落总盖度 0.7，乔木郁闭度约 0.50，灌木盖度约 0.45，草本盖度约 0.6。

面积 25804.8000hm², 蓄积量 1445326.8480m³, 生物量 1270370.3040t, 碳储量 694149.1200t。每公顷蓄积量 56.0100m³, 每公顷生物量 49.2300t, 每公顷碳储量 26.9000t。

多样性指数 0.1900, 优势度指数 0.8100, 均匀度指数 0.0900。斑块数 30 个, 平均斑块面积 860.160hm², 斑块破碎度 0.0011。

整体健康等级 2, 林中树木整体生长发育较好, 偶尔会碰到一些树存在树叶变黄、褪色现象, 结实和繁殖受到一定程度的影响。有轻度受灾现象, 主要受自然因素影响, 所受自然灾害中虫害、病害兼有, 所受病害等级 1, 所受虫害等级 2。林子中遭受病害的立木株数占 10%~29%。未见明显火灾影响。材用经济林所受干扰类型是自然因素, 主要为病害、虫害, 未受到森林火灾影响, 气候灾害亦未对其造成影响。人为干扰类型主要是牛羊采食践踏。自然干扰主要是台风和病虫害。

15. 云南松林（*Pinus yunnanensis* forest）

云南松林在广西、云南、贵州、西藏、重庆等 5 个省（自治区、直辖市）有分布。面积 7395516.1767hm², 蓄积量 608742698.5653m³, 生物量 341835354.1625t, 碳储量 170917677.0812t。每公顷蓄积量 82.3124m³, 每公顷生物量 46.2220t, 每公顷碳储量 23.1110t。多样性指数 0.3814, 优势度指数 0.6188, 均匀度指数 0.7495。斑块数 76942 个, 平均斑块面积 96.1180hm², 斑块破碎度 0.0104。

（1）在广西, 细叶云南松林主要分布于云贵高原东南边缘, 即桂西北山原, 北部为南盘江复向斜, 南部为右江复向斜, 中间为金钟山——岑王岭高峻的背斜中山。

乔木伴生树种有栓皮栎、云南波罗栎、白栎、西南桦栎、桦栎、麻栎、乌墨、木棉、楹树等。灌木常有茸毛木蓝、毛叶黄杞、余甘子、灰毛浆果楝、滇黔水锦树、假木豆、木棉、山槐、苘麻叶扁担杆、栓皮栎、毛叶青冈、珠仔树等。草本主要有拟金茅、黄茅、白茅、野香茅、四脉金茅、褐毛金茅、类芦、光高粱、肾蕨、地果等。

乔木层平均树高一般为 20~25m, 灌木层平均高 1~2m, 草本层平均高一般在 1.5m 以下。乔木平均胸径可达到 20~30cm, 乔木郁闭度较大, 一般 0.5~0.8, 灌木盖度一般不大, 为 0.1~0.3, 草本盖度较大, 一般为 0.5~0.7, 高者达 0.9。

面积 8815.8441hm², 蓄积量 1280657.8774m³, 生物量 719345.5297t, 碳储量 359672.7649t。每公顷蓄积量 145.2678m³, 每公顷生物量 81.5969t, 每公顷碳储量 40.7984t。

多样性指数 0, 优势度指数 1, 均匀度指数 0。斑块数 5 个, 平均斑块面积 197.7560hm², 斑块破碎度 0.0005。

整体健康等级 2, 林木生长发育较好, 树叶偶见发黄、褪色, 结实和繁殖受到一定程度的影响, 有轻度受灾现象, 主要受自然因素影响, 所受自然灾害主要为松毛虫害。所受病害等级 1, 该林中受病害的植株总数占林中植株总数的 10% 以下。一些年份会发生较大规模的虫害, 所以其虫害等级 2 级。没有发现大面积火灾现象, 但常见小范围的森林火灾。人为干扰为砍除林下灌丛和草本植物。所受自然干扰类型为虫害。

（2）在重庆，云南松林主要分布于奉节县海拔1700~3100m的山地。

乔木主要由云南松组成，常混生有少量山杨、高山栎、华山松、冷杉、云杉、油杉等。灌木主要有多种杜鹃、蔷薇、南烛、老鸦泡、米饭花、车桑子、铁仔、窄叶火棘、马桑、余甘子、海桐、滇金丝桃、地瓜、匍匐枸子等。草本植物比较发达，常见种类有扭黄茅、云香草、旱茅、美花兔尾草、野青茅、先叶兔儿风、火绒草等。

乔木平均胸径15.5cm，乔木层平均树高12.9m，乔木郁闭度0.6。灌木盖度0.3，灌木层平均高0.7m。草本盖度0.5，草本层平均高0.2m。

面积138.9619hm²，蓄积量8953.1492m³，生物量5028.9839t，碳储量2514.4919t。每公顷蓄积量64.4288m³，每公顷生物量36.1897t，每公顷碳储量18.0948t。

多样性指数0.4094，优势度指数0.5906，均匀度指数0.2249。斑块数14个，平均斑块面积9.9259hm²，斑块破碎度0.1007。

森林健康。无自然灾害和人为干扰。

（3）在贵州，云南松分布的东部界限在赫章、水城、关岭、贞丰等县的东部，即可达北盘江流域，以西部的威宁、水城、盘县、兴义、普安、兴仁等县分布最为集中。垂直分布幅度不很大，集中在1400~2400m之间的高原山地。

乔木中，少有其他树种混生，偶见华山松、刺柏等少数种类。云南松纯林郁闭度可达0.6~0.7。灌木发育较差，特别在纯林下极不发达。草本发育较好，但在人为活动较频繁的地段，组成种类较简单，常为旱中生禾本科草，主要种类有黑穗画眉草、四脉金茅、旱茅等，此外尚有菊科、唇形科、蔷薇科等杂类草。

乔木层平均树高9.4m，灌木层平均高0.5m，草本层平均高0.1m，乔木平均胸径20cm，乔木郁闭度0.7，灌木盖度0.15，草本盖度0.45。

面积208813.6040hm²，蓄积量9760012.4890m³，生物量5482199.0151t，碳储量2741099.5075t。每公顷蓄积量46.7403m³，每公顷生物量26.2540t，每公顷碳储量13.1270t。

多样性指数0.1770，优势度指数0.8330，均匀度指数0.3220。斑块数9941个，平均斑块面积21.0052hm²，斑块破碎度0.0476。

云南松林为亚健康状况，林木生长发育较好，树叶偶见发黄、褪色或非正常脱落，结实和繁殖受到一定程度的影响，未受灾或轻度受灾。云南松林受到森林病害灾害影响。

（4）在云省，云南松林以其高原面为中心分布区，东起富宁，沿文山、蒙自、元江、景东、镇康等县一线以北，西迄龙陵、腾冲、泸水以东的广大地区。垂直分布明显，分布海拔一般在1200~2800m之间，在滇东南可低到600m，在滇西北可高达3200m的阳坡。

以纯林为主。主要伴生树种有云南油杉、华山松、黄背栎、旱冬瓜、黄毛青冈、滇石栎、麻栎、栓皮栎、锥连栎、槲栎、西南木荷、银木荷等。灌木主要有大白花杜鹃、爆杖花、珍珠花、乌鸦果、铁仔、火把果、云南杨梅、云南含笑、野拔子、马桑、华西小石积等。草本植物以禾本科草为主，主要有旱茅、金茅、刺芒野古草、野青茅、黄茅、白茅、剪股颖等，还有云南兔儿风、香茶菜、香青、火绒草、槲蕨等。

乔木层平均树高 13.2m，灌木层平均高约 0.8m，草本层平均高在 0.2m 以下，乔木平均胸径 28.6cm，乔木郁闭度约 0.6，草本盖度 0.4，灌木盖度 0.2。

面积 6801546.7667hm²，蓄积量 541563885.8497m³，生物量 304196434.6818t，碳储量 152098217.3409t。每公顷蓄积量 79.6236m³，每公顷生物量 44.724t，每公顷碳储量 22.3623t。

多样性指数 0.4059，优势度指数 0.5941，均匀度指数 0.7371。斑块数 9433 个，平均斑块面积 721.04hm²，斑块破碎度 0.0013。

森林总体健康。有人为干扰，其中抚育面积 382694.03hm²，采伐面积 2551.2935hm²，更新面积 11480.8209hm²，征占面积 5525.9hm²。

（5）在西藏，云南松林只分布于察隅河谷 900～2700m 地段，局部可达 2900m，群落发育较好的地段在 1600～2600m 之间。

乔木单一。灌木有椭圆悬钩子、米饭花、狭萼风吹箫、硬叶木蓝、乌鸦果、川滇蔷薇、黄杨叶枸子、毛叶高丛珍珠莓、尖叶桂樱、窄叶火棘、波叶山蚂蝗以及马桑、西藏猫乳、薄皮木、忍冬、毛杭子梢、截叶铁扫帚、环带青冈、杨树。草本有蕨菜高达 1m 左右，盖度 0.4～0.6。还有酢浆草、西伯利亚远志、金荞麦、多茎景天、天南星、香青、和尚菜、沙参、双参、柳叶菜、委陵菜、堇菜、败酱、蒿、柄花天胡荽、尖叶龙胆、豹子花、栲苞黄鹌菜、穗花兔儿风、白芷、土栾儿、建兰、川滇槲蕨、大瓦苇。藤本植物有八月瓜。附生植物有大果假密网蕨。

乔木平均胸径 16.5cm，乔木层平均树高 10.2m，乔木郁闭度 0.48。灌木层平均高 0.9m，灌木盖度 0.29。草本层平均高 0.26m，草本盖度 0.22。

面积 376201.0000hm²，蓄积量 56129189.2000m³，生物量 31432345.9520t，碳储量 15716172.9760t。每公顷蓄积量 149.2000m³，每公顷生物量 83.5520t，每公顷碳储量 41.7760t。

多样性指数 0.0621，优势度指数 0.9378，均匀度指数 0.1191。斑块数 535 个，平均斑块面积 703.179hm²，斑块破碎度 0.0014。

云南松森林群落健康。无自然和人为干扰。

16. 思茅松林（*Pinus kesiya* var. *langbianensis* forest）

思茅松在我国云南、海南有分布。面积 1931541.4291hm²，蓄积量 220117236.7874m³，生物量 166759843.9730t，碳储量 83379921.9865t。每公顷蓄积量 113.9594m³，每公顷生物量 86.3351t，每公顷碳储量 43.1676t。

多样性指数 0.8833，优势度指数 0.1166，均匀度指数 0.8121。斑块数 21892 个，平均斑块面积 88.2304hm²，斑块破碎度 0.0113。

（1）在云南，思茅松林集中分布于哀牢山以南的景东、墨江、宁洱、思茅、景谷、镇沅等地。在集中分布区外围的临沧、梁河、路西、景洪、勐海等处的山地也有小块状分布。分布海拔一般 700～1800m，个别下降到 600m 左右，最高可达 2000m 的山地。

思茅松以纯林为主。主要伴生树种有西南木荷、旱冬瓜、高山栲、截果石栎、黄毛青冈、麻栎、槲栎、刺楸、甜槠、西南桦等。灌木种类主要有思茅水锦树、云南越桔、珍珠花、五月茶、金叶子、密花树、大叶千斤拔、地桃花、黑面神、艾胶算盘子等。草本植物有石芒草、姜花、紫茎泽兰、宿苞豆、狭翅兔儿风、野姜、山菅、金发草、细柄草、地胆草、蔓茎葫芦茶等。

乔木层平均树高 12.8m，灌木层平均高约 0.75m，草本层平均高在 0.2m 以下，乔木平均胸径 26.8cm，乔木郁闭度约 0.6，灌木盖度 0.2，草本盖度 0.4。

面积 1928763.1591hm²，蓄积量 219879000.1349m³，生物量 166580330.5022t，碳储量 83290165.2511t。每公顷蓄积量 114.0000m³，每公顷生物量 86.3664t，每公顷碳储量 43.1832t。

多样性指数 0.8833，优势度指数 0.1167，均匀度指数 0.8125。斑块数 6355 个，平均斑块面积 303.50hm²，斑块多度 0.0032，斑块破碎度 0.0031。

森林中等健康。有人为干扰，其中抚育面积 130428.9477hm²，采伐面积 869.5263182hm²，更新面积 3912.868432hm²，征占面积 1494hm²。

（2）在海南，思茅松主要分布在昌江县霸王岭，北纬 19°5′13″，东经 109°12′41″。

乔木伴生树种有蚊母树、五列木、双瓣木犀、陆均松、黄杞、鹅掌柴和白花含笑等。灌木有紫毛野牡丹、树参、药用狗牙花、狗骨柴、变叶榕、丛花山矾等。草本不发达。

乔木层平均树高 3.8m，灌木层平均高约 2.6m。乔木平均胸径 4.7cm，植被盖度 0.8～0.9，乔木郁闭度 0.6～0.8，灌木的覆盖率 0.2～0.3。思茅松林处于演替后期阶段，自然度 2。

面积 2778.2700hm²，蓄积量 238236.6525m³，生物量 179513.4708t，碳储量 89756.7354t。每公顷蓄积量 85.7500m³，每公顷生物量 64.6134t，每公顷碳储量 32.3067t。

多样性指数 0.9100，优势度指数 0.0900，均匀度指数 0.5400。斑块数 5 个，平均斑块面积 555.6540hm²，斑块破碎度 0.0018。

所受病害等级 1，该林中受病害的植株总数占林中植株总数的 10% 以下，偶见虫害。无人为干扰。自然干扰主要为病害，未受到森林火灾影响，气候灾害亦未对其造成影响，整体受害轻。

17. 高山松林（*Pinus densata* forest）

高山松林主要分布在云南、西藏和四川三省（自治区）。面积 3720243.0607hm²，蓄积量 474289629.3945m³，生物量 324840967.1723t，碳储量 162420483.5862t。每公顷蓄积量 127.4889m³，每公顷生物量 87.3171t，每公顷碳储量 43.6586t。多样性指数 0.6880，优势度指数 0.3119，均匀度指数 0.4834。斑块数 40456 个，平均斑块面积 91.9577hm²，斑块破碎度 0.0108。

（1）云南，高山松林主要分布于滇西北的宁蒗、永胜、丽江、香格里拉、德钦等地。其垂直分布范围一般在海拔 2700～3600m，其中以海拔 3000～3400m 最集中。其上限多与亚高山针叶林交错分布，下限又常与云南松犬牙相接。

高山松常以单一树种组成纯林，但在个别地段亦有黄背栎、白桦、丽江云杉、华山松、大果红杉等与其伴生。灌木主要有大白花杜鹃、粉背杜鹃、马桑、胡枝子、毛果珍珠花、矮高山栎、忍冬、铺地蜈蚣、丽江绣线菊等。草本植物稀疏，常见的有香青、银莲花、野青茅、红虎耳草、紫菀等。

乔木层平均树高 12.5m，灌木层平均高约 1.8m，草本层平均高在 0.3m 以下，乔木平均胸径 25.9cm，乔木郁闭度约 0.6，灌木盖度 0.2，草本盖度 0.4。

面积 359339.8790hm^2，蓄积量 42491940.6892m^3，生物量 29102730.1780t，碳储量 14551365.0890t。每公顷蓄积量 118.2500m^3，每公顷生物量 80.9894t，每公顷碳储量 40.4947t。

多样性指数 0.7343，优势度指数 0.2657，均匀度指数 0.7324。斑块数 101 个，平均斑块面积 3557.82hm^2，斑块多度 0.0002，斑块破碎度 0.0011。

森林健康中等。有人为干扰，其中抚育面积 2081.9636hm^2，征占面积 352.4hm^2。

（2）在西藏，高山松林在竹卡、帕隆藏布沿岸、易贡、林芝县尼洋河谷地及米林县派区到朗县的雅鲁藏布江的山坡上有分布。其分布地区的年均温 2~10℃，年降水量 600~800mm，相对湿度 50%~60%，土壤为山地棕壤，基岩为花岗岩、片麻岩或砂岩，排水良好，土壤表面有松针及球果。

乔木伴生树种有川滇高山栎、山杨、西藏红杉。灌木主要有枸子、薄皮木、腺叶绢毛蔷薇、白毛金露梅、柳树、悬钩子、风吹箫、马桑、胡颓子、荚蒾、红麸杨、胡枝子、木姜子、锦鸡儿、溲疏等。草本主要有野青茅、须芒草、云南野古草、白草、槲蕨、毛香火绒草、西藏姜味草、多蕊金丝桃、藏东苔草、皱叶纤枝香青、老鹳草、假水生龙胆、尼泊尔鸢尾、尼泊尔大丁草、艾、卷叶黄精、羊齿天门冬、小颖鹅观草、刺参、草玉梅、甘松、粗糙独活、岩黄耆、苦荬菜、獐牙菜、锦葵、拉拉藤、早熟禾、胡枝子、草莓、凤仙花、野豌豆、黄芪、剪股颖、蓼、柴胡、花锚、大戟、堇菜等属的一些种。

乔木平均胸径 17.6cm，乔木层平均树高 11.4m，乔木郁闭度 0.7。灌木层平均高 1.5m，灌木盖度 0.58。草本层平均高 0.14m，草本盖度 0.41。

面积 516360.0000hm^2，蓄积量 130738634.2080m^3，生物量 89542890.5691t，碳储量 44771445.2845t。每公顷蓄积量 253.1928m^3，每公顷生物量 173.4117t，每公顷碳储量 86.7059t。

多样性指数 0.5166，优势度指数 0.4833，均匀度指数 0.7024。斑块数 738 个，平均斑块面积 699.6750hm^2，斑块破碎度 0.0014。

森林植被健康良好。无自然和人为干扰。

（3）在四川，高山松以四川省西南部为其分布中心，遍及 31 个县，自然分布广泛。高山松林由于地理位置不同垂直分布幅度差别很大，乡城、稻城可达海拔 4300m，盐源、木里为海拔 3100~3600m，九龙、雅江为海拔 2600~3600m，大小金川为海拔 2400~3300m。分布规律南部高于北部，西部高于东部。

高山松林外貌整齐，稀疏明亮，表现出喜光树种特性。林木组成较简单，多能在阳向山坡形成大面积森林或与其他树种混交，且地区与生境不同，种类也有差异。林下灌木组成以喜温暖中生喜光种类为主，代表种类如毛叶南烛、毛杭子梢、总状花序山蚂蟥等。

乔木层平均树高21.0m，灌木层平均高约2.5m，草本层平均高在0.8m以下，乔木平均胸径28.0cm，灌木平均地径约1.5cm，乔木郁闭度约0.6，草本盖度0.5。

面积2844543.1818hm^2，蓄积量301059054.4973m^3，生物量206195346.4252t，碳储量103097673.2127t。每公顷蓄积量105.8374m^3，每公顷生物量72.4880t，每公顷碳储量36.2440t。

多样性指数0.7133，优势度指数0.2867，均匀度指数0.4122。斑块数37773个，平均斑块面积75.3063hm^2，斑块破碎度0.0133。

高山松林健康状况较好，基本都无灾害。高山松林所受自然干扰类型为其他自然因素，受影响面积178.35hm^2。

18. 乔松林（*Pinus griffithii* forest）

乔松林主要分布在云南省和西藏自治区。面积91487.5000hm^2，蓄积量38134122.3065m^3，生物量21355477.3044t，碳储量10677738.6522t。每公顷蓄积量416.8233m^3，每公顷生物量233.4251t，每公顷碳储量116.7125t。多样性指数0.4637，优势度指数0.5324，均匀度指数0.5341。斑块数50个，平均斑块面积1829.7500hm^2，斑块破碎度0.0005。

（1）在云南，乔松林主要分布于西北部海拔1600~2600m地带。

乔木伴生树种有云南松、旱冬瓜、黄毛青冈、滇青冈、滇石栎、高山栲、锐齿槲栎、麻栎等。灌木主要有云南含笑、水红木、臭荚蒾、珍珠花、华山矾、铁仔、乌鸦果、云南杨梅、马桑等。草本植物以禾本科草为主，常见的有刺芒野古草、野青茅、细柄草、四脉金茅等，还有云南兔儿风、大丁草、腺花香茶菜、浆果苔草、天南星等。

乔木层平均树高35.7m，灌木层平均高约1.0m，草本层平均高在0.2m以下，乔木平均胸径43.6cm，乔木郁闭度约0.7，灌木盖度0.1，草本盖度0.4。

面积337.0000hm^2，蓄积量38418m^3，生物量21882.8928t，碳储量10941.4464t。每公顷蓄积量114.0000m^3，每公顷生物量64.9344t，每公顷碳储量32.4672t。

多样性指数0.1573，优势度指数0.8427，均匀度指数0.5546。斑块数1个，平均斑块面积337.00hm^2，斑块破碎度0。

森林健康中等。无自然和人为干扰。

（2）在西藏，乔松林主要分布在亚东、吉隆和墨脱，通麦、东久、易贡、林芝等地也可见有散生。垂直分布的幅度在海拔1000~3300m，最高在拉萨罗布林卡3680m处人工种植有乔松。适宜分布范围在1500~3000m之间，土壤为花岗岩、砂岩发育的山地棕壤或黄棕壤，pH5.6~6.8，年平均气温8~15℃，年降水量800~1000mm，相对湿度70%左右。

伴生乔木有长叶云杉、喜马拉雅冷杉、垂枝柏、高山栎、糙皮桦、槭树、花楸等。灌木发达，主要有杜鹃、米饭花、尾叶白珠、毛叶吊钟花、美丽马醉木、绣线菊、刺芒小檗、枸子木、短探春、黄花木、木姜子、红叶甘姜、木本香薷、接骨木、五味参、火把花、山蚂蝗及木蓝、荚蒾、忍冬等属的一些种。草本种类多,主要有沿阶草、滇须芒草、穗序野古草、蕨菜、光里白、唐松草、草玉梅、高山大戟、老鹳草、蒿、香青、小丽茅、绢毛苣、光叶兔耳风、鞭打绣球、扭瓦韦、小斑叶兰、西藏草莓、鸢尾、水晶兰、堇菜、小花火烧兰、酢浆草、齿荚胡芦巴、百脉根、高原犁头尖、毛叶槲蕨、金粉蕨等。藤本数量较多,有常春藤、大花五味子、勾儿茶、大花绣球藤、野葡萄、牛皮消、毛枝南蛇藤、防己叶菝葜。苔藓有羽枝青藓以及地衣、松萝等。有的林下有箭竹。

乔木平均胸径 15.1cm,平均树高 10.9m,乔木郁闭度 0.8。灌木层平均高 0.2m,灌木盖度 0.1。草本层平均高 0.1m,草本盖度 0.3。

面积 91150.5000hm^2,蓄积量 38095704.3065m^3,生物量 21333594.4116t,碳储量 10666797.2058t。每公顷蓄积量 417.9429m^3,每公顷生物量 234.0480t,每公顷碳储量 117.0240t。

多样性指数 0.4655,优势度指数 0.5344,均匀度指数 0.5361。斑块数 43 个,平均斑块面积 2119.78hm^2,斑块破碎度 0.0004。

森林植被健康。无自然和人为干扰。

19. 长叶松林 (*Pinus palustris* forest)

长叶松林分布于西藏吉隆附近的内切河谷海拔 1800~2300m 的山坡。长叶松是一种耐干热环境的树种。

乔木单一。灌木主要有饿蚂蝗、截叶铁扫帚、木蓝、锡金小檗、短萼齿溲疏、绒毛漆、黄栌叶荚蒾、树形杜鹃、头状四照花、米饭花、稠李等。草本主要种类有小箭竹、蕨菜、水蔗草、石芒草、蒿、矛叶荩草、窄竹叶柴胡、灰叶香青、大火草、羊耳菊、地地藕、西伯利亚远志、象牙参、唐松草、天南星等。藤本植物较少,主要有猪殃殃、茜草。

乔木平均胸径 18.6cm,乔木层平均树高 11.2m,乔木郁闭度 0.7。灌木层平均高 1.0m,灌木盖度 0.2。草本层平均高 0.2m,草本盖度 0.4。

面积 86323.4000hm^2,蓄积量 12905348.3000m^3,生物量 7226995.0480t,碳储量 3613497.5240t。每公顷蓄积量 149.5000m^3,每公顷生物量 83.7200m^3,每公顷碳储量 41.8600t。

多样性指数 0.4913,优势度指数 0.5086,均匀度指数 0.7357。斑块数 110 个,平均斑块面积 784.7580hm^2,斑块破碎度 0.0012。

森林植被健康。无人为和自然干扰。

20. 华南五针松林 (*Pinus kwangtungensis* forest)

在广东,其他松林是以华南五针松林、南亚松林等为主的森林植被类型,主要分布于粤西的西南部,以单优群落为主。

乔木以华南五针松、南亚松为主,混生的阔叶树常见的有枫香、黄杞、大沙叶、黄牛木、谷木、厚皮树、海南蒲桃、光叶山矾、海南杨桐和山杜英等。

常见灌木有桃金娘、余甘子、野牡丹、朱砂根、山芝麻、毛稔、老人皮和岗松等。

常见草本有毛俭草、纤毛鸭嘴草和大叶水竹草等。

乔木平均胸径 14.1cm，树高 11.8m，乔木郁闭度 0.5；灌木盖度 0.3，高度 0.8m；草本盖度 0.4，高度 0.3m。

面积 48488.0000hm^2，蓄积量 2609672.6480m^3，生物量 1438779.5752t，碳储量 719389.7876t。每公顷蓄积量 53.8210m^3，每公顷生物量 29.6729t，每公顷碳储量 14.8365t。

多样性指数 0，优势度指数 1，均匀度指数 0。斑块数 14 个，平均斑块面积 3463.43hm^2，斑块破碎度 0.0003。

松树林生长健康。无自然干扰。

21. 巴山冷杉林（*Abies fargesii* forest）

巴山冷杉在我国湖北、重庆等省（直辖市）有分布。面积 2831.9930hm^2，蓄积量 339571.1999m^2，生物量 198554.8241t，碳储量 99277.4151t。每公顷蓄积量 119.9053m^2。每公顷生物量 70.1113t，每公顷碳储量 35.0556t。多样性指数 0.222，优势度指数 0.7780，均匀度指数 0.5695。斑块数 103 个，平均斑块面积 27.4950hm^2，斑块破碎度 0.0363。

（1）在湖北，巴山冷杉林主要分布在湖北省神农架林区，巴山冷杉为中国特有种，以秦巴山巴山冷杉林主要分布在湖北省神农架林区，巴山冷杉为中国特有种，以秦巴山地为其分布中心，西起岷山山地，沿米仓山、大巴山，东达神农架。

乔木常伴生有红桦、华山松、扇叶槭、五尖槭等。林下灌木种类较少，主要有箭竹、粉红杜鹃花、小叶黄杨、湖北花楸、川鄂小檗、陇塞忍冬以及多种茶科植物。林下草本植物因灌木种类及盖度不同而异，主要种类有山酢浆草、杉蔓石松、毛蕨、柳兰、毛叶黎芦、延龄草、鬼灯檠、多种唐松草、细辛、多种苔草、多种重楼、多种橐吾等。苔藓层主要种类有塔藓、提灯藓、赤茎藓、曲尾藓、石蕊等。

乔木树高，在土层深厚的地段，100 年生以上的林木树高可达 38m，在土层瘠薄的山脊上，树高仅 10~13m。平均胸径可达 1m 左右，土层瘠薄的山脊上，胸径仅 25~30cm。植被盖度 0.6~0.9。

面积 1707.2036hm^2，蓄积量 75435.5601m^3，生物量 44114.71554t，碳储量 22057.3578t。每公顷蓄积量 44.1866m^3，每公顷生物量 25.8403t，每公顷碳储量 12.9202t。

多样性指数 0.1000，优势度指数 0.9000，均匀度指数 0.6600。斑块数 74 个，平均斑块面积 23.0703hm^2，斑块破碎度 0.0433。

森林健康。无自然干扰和人为干扰。

（2）在重庆，巴山冷杉林分布于重庆地区城口、巫山、巫溪、开县等区县。

冷杉纯林或者与其他针叶树种混交成林。在不同地区能分别与云杉、红杉等混生，又能与桦木、水青冈等阔叶树种混交成林。灌木主要以杜鹃类为主。草本主要有凤仙花、金星蕨等物种。

乔木平均胸径 28.6cm，乔木层平均树高 15.8m，乔木郁闭度 0.7。灌木盖度 0.2，灌木层平均高 0.6m。草本盖度 0.1，草本层平均高 0.1m。

面 积 1124.7894hm², 蓄 积 量 264135.6398m³, 生 物 量 154440.1086t, 碳储量 77220.0543t。每公顷蓄积量 234.8312m³, 每公顷生物量 137.3058t, 每公顷碳储量 68.6529t。

多样性指数 0.3440, 优势度指数 0.6560, 均匀度指数 0.4790。斑块数 29 个, 平均斑块面积 38.7858hm², 斑块破碎度 0.0258。

森林健康。无自然和人为干扰。

22. 长苞冷杉林 (*Abies georgei* forest)

长苞冷杉分布在云南西北部金沙江、澜沧江、怒江流域的高山海拔 3300~4000m 之间, 而以 3500~3800m 最为集中。其分布上限高至高山灌丛草甸, 下限至丽江云杉林或高山松林。

乔木有少数伴生树种, 如川滇冷杉、苍山冷杉、丽江云杉、大果红杉、高山栎等。灌木的种类主要有箭竹、银叶杜鹃、红棕杜鹃、湖北花楸、心叶荚蒾、峨眉蔷薇、穆坪茶藨子、唐古特忍冬等。草本植物一般不发达, 主要有高山苔草、蟹甲草、鞭打绣球、锡金报春、野百合、驴蹄草、中华鳞毛蕨等。

乔木层平均树高 9.4m, 灌木层平均高约 1.2m, 草本层平均高在 0.2m 以下, 乔木平均胸径 20.1cm, 乔木郁闭度约 0.7, 灌木盖度 0.15, 草本盖度 0.35。

面积 649459.3756hm², 蓄积量 149375656.3965m³, 生物量 87339946.2950t, 碳储量 43669973.1475t。每公顷蓄积量 230.0000m³, 每公顷生物量 134.4810t, 每公顷碳储量 67.2405t。

多样性指数 0.6337, 优势度指数 0.3663, 均匀度指数 0.6917。斑块数 32 个, 平均斑块面积 20295.61hm², 斑块破碎度 0.00019。

森林健康中等。人为干扰为抚育和征占, 面积分别为 587.812691hm²、647.5hm²。

23. 苍山冷杉林 (*Abies delavayi* forest)

苍山冷杉林主要分布在滇西北金沙江、澜沧江、怒江流域山地, 大致包括宁蒗、永胜、大理、云龙、腾冲、维西、兰坪、丽江、香格里拉、德钦、贡山等地。其垂直分布范围为海拔 3000~4000m 之间。其分布下限常与高山松林相接, 有时与高山松形成混交林。

乔木伴生树种有长苞冷杉、川滇冷杉、丽江云杉、大果红杉、云南铁杉、红桦、白桦、青榨槭、华椴等。灌木发育中等, 主要种类有箭竹、冰川茶藨子、锈叶杜鹃、短柱杜鹃、珍珠花、峨眉蔷薇、锦鸡儿等。草本主要有东方草莓、白花酢浆草、滇钩吻、云南兔儿风、花锚、豹子花、蟹甲草等。

乔木层平均树高 18.5m, 灌木层平均高约 2.1m, 草本层平均高在 0.4m 以下, 乔木平均胸径 34.2cm, 乔木郁闭度约 0.7, 灌木盖度 0.2, 草本盖度 0.45。

面 积 11044.5200hm², 蓄 积 量 3697153.0700m³, 生 物 量 2161725.4000t, 碳储量 1080862.7000t。每公顷蓄积量 334.7500m³, 每公顷生物量 195.7283t, 每公顷碳储量 97.8642t。

多样性指数 0.6873, 优势度指数 0.3127, 均匀度指数 0.8032。斑块数 2 个, 平均斑块面积 5522.2600hm^2，斑块多度 0.0001，斑块破碎度 0.0031。

森林健康中等。人为干扰主要是抚育和征占，面积分别为 10.356hm^2、11.01hm^2。

24. 鳞皮冷杉林 (*Abies squamata* forest)

在西藏，只分布于芒康县及左贡县南部。鳞皮冷杉分布海拔 2800~4100m，主要集中分布在 3600~4100m 之间。横断山脉气候属于半湿润类型，南部虽然比北部更湿润些，但依然比较干燥，鳞皮冷杉林是西藏分布的冷杉属中比较耐旱的群落。尽管这样，它也只分布在该地区比较潮湿的山体上部，组成 狭窄林带，土壤为漂灰土、腐殖质较厚，比较肥沃。分布最上限与杜鹃灌丛相连。

乔木伴生树种有大果红杉、川西云杉。灌木常见种有亮叶杜鹃、白毛杜鹃、山育杜鹃、毛嘴杜鹃、越桔忍冬、四川忍冬、西南花楸、伏毛金露梅、金果小檗、直立悬钩子、高山绣线菊、腹毛柳、细梗蔷薇、细枝栒子、柱腺茶藨子、二色锦鸡儿等，盖度 0.5 左右。草本主要有苔草、疏花早熟禾、白花草莓、甘松、双花堇菜及伞形科、报春花科的一些种。苔藓发育随不同的鳞皮冷杉而有明显的不同，有的发育良好，有的发育不良。藤本不发育。

乔木平均胸径 31.7cm，乔木层平均树高 16.6m，乔木郁闭度 0.7。灌木层平均高 2.7m，灌木盖度 0.5。草本层平均高 0.15m，草本盖度 0.7。

面积 12140.3000hm^2，蓄积量 5469069.1786m^3，生物量 3172060.1236t，碳储量 1586030.0618t。每公顷蓄积量 450.4888m^3，每公顷生物量 261.2835t，每公顷碳储量 130.6418t。

多样性指数 0.6241，优势度指数 0.3758，均匀度指数 0.7083。斑块数 18 个，平均斑块面积 674.4600hm^2，斑块破碎度 0.0014。

森林植被健康。无自然和人为干扰。

25. 墨脱冷杉林 (*Abies delavayi* var. *motuoensis* forest)

墨脱冷杉林分布于东喜马拉雅山脉多雄拉南坡及察隅地区，垂直分布范围 2800~4000m，其上部是怒江红杉、糙皮桦。墨脱冷杉林是西藏最为潮湿的冷杉林。常年云雾缭绕、细雨连绵，10 月到来年 5 月为冰雪覆盖，土壤为漂灰土。

乔木伴生树种有苍山冷杉、尼泊尔花楸、吴茱萸叶五加及怒江红杉、糙皮桦等。灌木以杜鹃为优势种，有凸尖杜鹃、管花杜鹃、藏布杜鹃、大叶杜鹃、黄杯杜鹃、圆叶杜鹃，高 2~4m，粗 7~8cm。还有柳叶忍冬、心叶荚蒾、川康野樱、长尾槭、毛叶吊钟花、银背柳、卫矛、察隅小檗、锡金悬钩子、云南凹脉柃、新木姜子、五加等。草本有冷水花、钝叶楼梯草、鹿药、短柄重楼、疙瘩七及蔓龙胆与伞形科的一些种。苔藓层有西藏锦叶藓、星塔藓、喜马拉雅星塔藓、合叶苔、鞭苔、片叶苔、睫毛苔、指叶苔、护蒴苔、大萼苔、卷叶苔、曲尾藓、同叶藓、狗尾藓、燕尾藓、细湿藓、多毛藓、叶苔以及地衣长松萝。

乔木平均胸径 31.9cm，乔木层平均树高 16.7m，乔木郁闭度 0.7。灌木层平均高 1.8m，灌木盖度 0.2。草本层平均高 0.13，草本盖度 0.4。

面积 368114.0000hm^2，蓄积量 165831234.1232m^3，生物量 96182115.7915t，碳储量

48091057. 8957t。每公顷蓄积量 450. 4888m³，每公顷生物量 261. 2835t，每公顷碳储量 130. 6418t。

多样性指数 0. 5004，优势度指数 0. 4995，均匀度指数 0. 5833。斑块数 531 个，平均斑块面积 693. 2470hm²，斑块破碎度 0. 0014。

森林植被健康。无自然和人为干扰。

26. 黄果冷杉（*Abies ernestii* forest）

在青海，黄果冷杉以天然林为主，仅在甘肃班玛县有少量分布。

乔木常与云杉、白桦、柏木混交。灌木主要有丁香、锦鸡儿、蔷薇、忍冬。草本中主要有蒿、莎草、珠芽蓼。

乔木层平均树高 13. 2m，乔木平均胸径 15. 2cm，灌木层平均高 0. 6m，草本层平均高 0. 2m。乔木郁闭度 0. 61，灌木盖度 0. 1，草本盖度 0. 1。

面积 341. 1000hm²，蓄积量 14550. 6438m³，生物量 6801. 9079t，碳储量 3400. 2737t。每公顷蓄积量 42. 6580m³，每公顷生物量 24. 9421t，每公顷碳储量 12. 4711t。

多样性指数 0. 3500，优势度指数 0. 6500，均匀度指数 0. 6700。斑块数 3 个，平均斑块面积 113. 7000hm²，斑块破碎度 0. 0088。

未见虫害。未见病害。未见火灾。未见自然干扰。未见人为干扰。

27. 臭冷杉林（*Abies nephrolepis* forest）

臭冷杉林分布广泛，在我国的黑龙江、吉林、辽宁、等 3 个省有分布。面积 36165. 8739hm²，蓄积量 3908929. 3194m³，生物量 2762713. 4754t，碳储量 1419578. 1742t。每公顷蓄积量 108. 0833m³，每公顷生物量 76. 3900t，每公顷碳储量 39. 2518t。多样性指数 0. 6382，优势度指数 0. 3609，均匀度指数 0. 1979。斑块数 509 个，平均斑块面积 71. 0528hm²，斑块破碎度 0. 0140。

（1）在黑龙江，臭冷杉林分布于小兴安岭、完达山、张广才岭、老爷岭等山区。

乔木主要有红皮云杉、枫桦、落叶松、白桦。灌木主要有花楸、蓝靛果、珍珠梅、毛赤杨、红瑞木。草本主要有拟垂枝藓、塔藓、小白齿藓、毛梳藓、单侧花、肾叶鹿蹄草、七瓣莲、宽叶舞鹤草、唢呐草、酢浆草、光露珠草、小斑叶兰。

乔木层平均树高 14. 32m，灌木层平均高 1. 08m，草本层平均高约 0. 3m，乔木平均胸径 19. 3cm，乔木郁闭度 0. 66，灌木盖度 0. 12，草本盖度 0. 22，植被盖度 0. 73。

面积 31421. 6393hm²，蓄积量 3373112. 9809m³，生物量 2532678. 3940t，碳储量 1266339. 1970t。每公顷蓄积量 107. 3500m³，每公顷生物量 80. 6030t，每公顷碳储量 40. 3015t。

多样性指数 0. 6781，优势度指数 0. 3213，均匀度指数 0. 2052。斑块数 366 个，平均斑块面积 85. 8514hm²，斑块破碎度 0. 0116。

森林健康。无自然灾害。

（2）在吉林，臭冷杉林分布于东部及南部山区各县。

乔木伴生树种主要有云杉、红松、椴树、枫桦、白桦、杨树、榆树。灌木主要有榛子、忍冬、花楷槭、刺五加。草本主要有蕨、木贼、莎草、苔草。

乔木层平均树高 12m，灌木层平均高 1.4m，草本层平均高 0.27m，乔木平均胸径 10.5cm，乔木郁闭度 0.66，灌木盖度 0.27，草本盖度 0.4。

面积 2880.6777hm²，蓄积量 490880.5445m³，生物量 277096.9845t，碳储量 138548.4923t。每公顷蓄积量 170.4045m³，每公顷生物量 96.1916t，每公顷碳储量 48.0958t。

多样性指数 0.6192，优势度指数 0.3807，均匀度指数 0.1943。斑块数 32 个，平均斑块面积 90.0211hm²，斑块破碎度 0.0111。

森林健康。无自然和人为干扰。

（3）在辽宁，臭冷杉林分布于东部海拔 500~1200m 的地区。

乔木伴生树种有红皮云杉、枫桦、落叶松、白桦、色木槭、山杨。灌木主要有柳叶绣线菊、胡枝子、忍冬、刺五加等。草本主要有唐松草、小叶芹、酢浆草、舞鹤草等。

乔木层平均树高 4.0m，灌木层平均高 1.5m，草本层平均高 0.6m，乔木平均胸径 9.19cm，乔木郁闭度 0.4，灌木盖度 0.3，草本盖度 0.3，植被盖度 0.9。

面积 1863.5569hm²，蓄积量 44935.7940m³，生物量 2938.0969t，碳储量 14690.4849t。每公顷蓄积量 24.1129m³，每公顷生物量 15.7661t，每公顷碳储量 7.8830t。

多样性指数 0.6192，优势度指数 0.3807，均匀度指数 0.1943。斑块数 111 个，平均斑块面积 16.7888hm²，斑块破碎度 0.0596。

森林健康。无自然和人为干扰。

28. 秦岭冷杉林（*Abies chensiensis* forest）

秦岭冷杉在我国的甘肃、陕西 2 个省有分布。面积 238507.4222hm²，蓄积量 45426768.7417m²，生物量 32413972.6445t，碳储量 16204312.3559t。每公顷蓄积量 190.4627m³，每公顷生物量 135.9034t，每公顷碳储量 67.9404t。多样性指数 0.3200，优势度指数 0.6800，均匀度指数 0.5625。斑块数 509 个，平均斑块面积 77.0870hm²，斑块破碎度 0.0129。

（1）在甘肃，秦岭冷杉天然林和人工林均有分布。

秦岭冷杉天然林广泛分布于甘肃的迭部县、卓尼县、舟曲县、宕昌县、文县、碌曲县、临潭县，合作市也有少量分布。

乔木常见与云杉、白桦、桦木、栎树、其他软阔类混交。灌木主要有盐爪爪、合头藜和金露梅，还有少量杜鹃和紫菀木等。草本中主要有针茅、蒿、禾本科草、珠芽蓼、野草莓、火绒草。

乔木层平均树高在 17.30m 左右，灌木层平均高 18.3cm，草本层平均高 2.6cm，乔木平均胸径 28cm，乔木郁闭度 0.51，灌木盖度 0.35，草本盖度 0.39，植被盖度 0.54。

面积 193305.5399hm²，蓄积量 36466010.8050m³，生物量 26109342.0534t，碳储量 13052060.0925t。每公顷蓄积量 188.6444m³，每公顷生物量 135.0677t，每公顷碳储量 67.5204t。

多样性指数 0.3700，优势度指数 0.6300，均匀度指数 0.4500。斑块数 2462 个，平均斑块面积 78.5156hm²，斑块破碎度 0.0127。

有重度病害，面积 22746.83hm²。有轻度病害，面积 27.577hm²。未见火灾。有轻度自然干扰，面积 226hm²。有轻度人为干扰，面积 1106hm²。

秦岭冷杉人工林只分布在甘肃舟曲县。

乔木常见与云杉、其他硬阔类混交。灌木有金露梅、绣线菊、白刺、红砂和高山柳。草本主要有禾本科草、莎草、苔草、珠芽蓼。

乔木层平均树高在 7.10m 左右，灌木层平均高 17.00cm，草本层平均高 3.00cm，乔木平均胸径 13cm，乔木郁闭度 0.65，灌木盖度 0.47，草本盖度 0.4，植被盖度 0.77。

面积 48.2105hm²，蓄积量 2427.3980m³，生物量 1419.2996t，碳储量 709.6498t。每公顷蓄积量 50.3500m³，每公顷生物量 29.4396t，每公顷碳储量 14.7198t。

多样性指数 0.2500，优势度指数 0.7500，均匀度指数 0.7000。斑块数 2 个，平均斑块面积 24.11hm²，斑块破碎度 0.0415。

有轻度病害，面积 17.81hm²。未见虫害。未见火灾。未见自然干扰。未见人为干扰。

（2）在陕西，秦岭冷杉林有天然林和人工林分布。

秦岭冷杉天然林在陕西主要分布在周至、留坝、太白、蓝田等县，凤县、宁陕县等也有分布。

乔木常与桦木、柏木、柳树以及一些硬阔叶林混交。灌木中常伴生有金背杜鹃、蔷薇、忍冬、悬钩子等。草本中常有地衣、蕨以及大量的莎草和苔藓。

乔木层平均树高在 15.4m 左右，灌木层平均高 17.4cm，草本层平均高 2.8cm，乔木平均胸径 24cm，乔木郁闭度 0.55，灌木盖度 0.3，草本盖度 0.48，植被盖度 0.82。

面积 44803.3388hm²，蓄积量 8925273.1173m³，生物量 6271225.5695t，碳储量 3135550.0725t。每公顷蓄积量 199.2100m³，每公顷生物量 139.9723t，每公顷碳储量 69.9847t。

多样性指数 0.5000，优势度指数 0.5000，均匀度指数 0.3200。斑块数 619 个，平均斑块面积 72.3801hm²，斑块破碎度 0.0138。

未见病害。未见虫害。未见火灾。未见自然干扰。有轻度人为干扰，面积 172hm²。

冷杉人工林在陕西比较少，分布在平利县、蓝田县、周至县有少量的分布。

乔木林单一。灌木常有杯腺柳、海棠等，但是数量都不多。草本偶见柴胡、蒿。

乔木层平均树高在 7.2m 左右，灌木层平均高 12cm，草本层平均高 1.0cm，乔木平均胸径 13cm，乔木郁闭度 0.8，灌木盖度 0.05，草本盖度 0.29，植被盖度 0.90。

面积 350.3330hm²，蓄积量 33057.4214m³，生物量 31985.7220t，碳储量 15992.5411t。每公顷蓄积量 94.3600m³，每公顷生物量 91.3009t，每公顷碳储量 45.6495t。

多样性指数 0.1600，优势度指数 0.8400，均匀度指数 0.7800。斑块数 11 个，平均斑块面积 31.8484hm²，斑块破碎度 0.0314。

未见病害。未见虫害。未见火灾。未见自然干扰。未见人为干扰。

29. 川滇冷杉林（*Abies forrestii* forest）

在云南，川滇冷杉天然林主要分布于云南丽江、昆明等地，海拔分布范围一般在2800~3900m。

乔木单一。灌木有锈叶杜鹃、峨眉蔷薇、金露梅、忍冬、细枝绣线菊等。草本有东方草莓、露珠草、蕨等。

乔木层平均树高15m，灌木层平均高约1m，草木层平均高在0.6m以下，乔木平均胸径21cm，乔木郁闭度约0.5，灌木盖度0.4，草本盖度0.05。

面积59645.2154hm²，蓄积量9477624.7263m³，生物量5541567.1775t，碳储量2770783.5887t。每公顷蓄积量158.9000m³，每公顷生物量92.9088t，每公顷碳储量46.4544t。

多样性指数0.2357，优势度指数0.7643，均匀度指数0.3352。斑块数592个，平均斑块面积100.7520hm²，斑块破碎度0.0099。

森林健康中等。无自然干扰。人为干扰包括抚育面积586.5646hm²、更新面积17.5969hm²、征占面积57.69hm²。

30. 峨眉冷杉林（*Abies fabri* forest）

在四川，峨眉冷杉林以天然林为主。

峨眉冷杉林为四川省盆地西缘山地特有的暗针叶林类型。其分布在巴郎山、二郎山、大小相岭、黄茅埂等山脉，形成南北向的狭长分布区，北自理县、汶川、绵竹，向南经灌县、宝兴、大邑、芦山、天全、洪雅、峨边、马边、南达雷波、金阳，向西可至康定、泸定、石棉、越西，西部的贡嘎山东坡和东部的峨眉山也有分布。峨眉冷杉的单株垂直分布幅度较宽，最低下限可达海拔1900m，上限达3800m，但在盆地西缘山地通常于海拔2600~3600m地带形成森林。峨眉冷杉林面积约23万hm²，森林蓄积量约8000万m³，主要集中于峨边、马边等地，其次为雅安地区。

乔木伴生树种有三尖杉、粗榧、红豆杉、华西枫杨、吴茱萸、包石栎等。灌木在海拔较高处以杜鹃为优势树种，常见的有大白花杜鹃、秀雅杜鹃、芒刺杜鹃等；海拔相对较低处，箭竹为优势种，还有少量大王杜鹃、四川溲疏、长柄绣球、灯笼花等。草本植物和苔藓植物均发育较好，在排水良好和林木乔木郁闭度较小的林分，前者常居优势，反之后者常较繁茂。草本植物常见有苔草、三叶悬钩子、山酢浆草、鳞毛蕨、东方草莓等，常见的苔藓植物有塔藓、灰藓、小蔓藓、细湿藓、赤茎藓、锦丝藓等。

在峨眉冷杉分布的广大区域，沿岷江流域还有岷江冷杉分布。岷江冷杉林在四川主要分布于岷江流域中上游及大渡河上游地区，行政区域属阿坝自治州。以马尔康、南坪、小金和金川等县资源较多，其次为黑水、松潘、若尔盖、理县、红原和汶川等县，盆地西北缘亦有分布。它是四川开打最早的原始林区。

乔木多与紫果云杉组成混交林，在海拔3500m以下，常见混生有麦吊云杉、青杆、黄果冷杉和紫果冷杉，而粗枝云杉多见于林缘。在阴湿沟谷下部，常出现铁杉和几种槭树，显示垂直地带的变换而过渡为针阔混交林。在海拔3500m以上，冷杉林缘常有红杉、密枝圆柏、方枝圆柏或塔枝圆柏混生。灌木中因优势种的不同分为箭竹、灌木和杜鹃3种主要类型。箭竹层片种类主要有拐棍竹和华西箭竹，灌木片有忍冬属、茶藨子属、蔷薇属等，杜鹃层片常见有亮叶杜鹃、陇蜀杜鹃、毛喉杜鹃等。草本组成种类多属于毛茛科、菊科、报春花科、虎耳草科、百合科和莎草科。蕨类常有出现，多属于蹄盖蕨科和鳞毛蕨科的几个常见种。苔藓层其组成种以锦丝藓、毛梳藓、塔藓为优势种。

乔木层平均树高9.4~18.5m，灌木层平均高1.2~2.1m，草本层平均高0.2~0.4m，乔木平均胸径20.1~34.2cm，乔木郁闭度约0.7，灌木草本盖度0.35~0.45。

面积1634690.2333hm²，蓄积量510116310.5763m³，生物量298265006.7940t，碳储量149132503.3970t。每公顷蓄积量312.0569m³，每公顷生物量182.4596t，每公顷碳储量91.2298t。

多样性指数0.6085，优势度指数0.3915，均匀度指数0.6855。斑块数20985个，平均斑块面积77.8980hm²，斑块破碎度0.0128。

冷杉林灾害等级0的面积达1595254.71hm²，等级从1到3即灾害从轻到重的面积依次为69158.44、18442.25、9221.13hm²。

冷杉林受到明显的人为干扰，主要为抚育、征占等，其中抚育面积32549.64hm²，征占面积5490.15hm²，病虫鼠害受影响面积605.81hm²。

31. 急尖长苞冷杉林（*Abies smithii forest*）

急尖长苞冷杉林分布于藏东南地区，在西藏察隅、波密、易贡和色齐拉东西坡都有分布。最低海拔2300m，最高海拔4300m。林分集中分布于3600~4300m之间。这是西藏东南部分布面积较广的一个类型。但它常常与川滇冷杉相伴。

急尖长苞冷杉林是森林分布的最上部的森林类型，冷与潮湿的环境，使这一类型得以良好发育，土壤为漂灰土，腐殖质厚，地表覆盖大量苔藓。

林相整齐，树冠尖圆锥形，墨绿色，乔木层平均树高30~35m，乔木平均胸径40~60cm，乔木郁闭度0.6~0.8。灌木有黄杯杜鹃、陇塞忍冬、柱腺茶藨子、花楸、长尾槭、大叶蔷薇、藏南绣线菊等，灌木盖度0.4~0.5。草本有五裂蟹甲草、紫花鹿药、华纤维鳞毛蕨、山酢浆草、藏东苔草、粗叶珠蕨、红景天、唐松草、乌头、紫堇、堇菜、黄精、桃儿七等属及伞形科的一些植物。草本盖度0.2左右。

苔藓厚度5~10cm，苔藓盖度0.8~0.9，主要有梳藓、灰藓、扁枝列藓等。

亚东冷杉林分布于西藏亚东和错那地区，其垂直分布海拔3200~4000m，土壤为棕壤，土厚不一。

乔木层平均树高15~25m，乔木平均胸径40~60cm，乔木郁闭度0.4~0.6，伴生树种有滇藏方枝柏、糙皮桦，还有槭树、楤木。灌木盖度0.4~0.7，主要有杜鹃、绢毛蔷薇、小檗、山樱桃、箭竹以及茶藨子、越桔、忍冬、枸子、花楸等属的一些种，灌木还有美容杜鹃、树形杜鹃、无乳突杜鹃、绣球、荚蒾、吴茱萸叶五加。草本盖度0.4~0.6，有橐吾、桃儿七、冷水花、华纤维鳞毛蕨、蹄盖蕨、斑叶兰、碎米荠、苔草、凤仙花等。草本还有介蕨、短叶瘤足蕨、薄叶水龙骨、石松、参三七、蓼、鹿药、万寿竹、腋花扭柄花、大百合及兰科的一些种。苔藓植物相当发达，有硬叶拟白发藓、山曲背藓、疣叶草藓、锦丝藓、黄尖大金发藓、桧叶大金发藓、红帽金发藓等。

在西藏急尖长包冷杉林分布的相关区域、还有黄果冷杉林、亚东冷杉林和喜马拉雅冷杉林分布。

黄果冷杉林是分布于川西和藏东南的冷杉类型，其分布广而零星。成片林分很少。在西藏，黄果冷杉仅见于芒康地区的海通、竹卡、荣喜至觉巴拉之间及盐井、达水一带。随着沟谷基准面的不同，分布于 3400~3800m。

黄果冷杉林中有伴生树种川西云杉、槭树。第一林层树高 30m，胸径 50~60cm，乔木郁闭度 0.5 左右。灌木有越桔忍冬、伏毛金露梅、细枝绣线菊、柱腺茶藨子、峨眉蔷薇、丁香等，灌木盖度 0.3 左右。草本主要有长盖铁线藏、藏东苔草、槲蕨、陕西假瘤蕨、翅柄蓼、多叶碎米荠等，草本盖度 0.2 左右。苔藓不发达。

此外，黄果冷杉的变种——云南黄果冷杉也可形成片段林分，在察隅分布海拔 2100m 的沟谷，在西藏冷杉植物中它分布最低。伴生树种有樟科润楠属、楝科香椿属、桦木科鹅耳枥属等一些种类。灌木有茶叶山矾、绣球等，灌木盖度 0.4 左右。草本有鳞毛蕨属、天南星属、黄精属、狗尾草属、鱼腥草属及兰科、菊科的植物，苔藓不发达，藤本有常春藤、清风藤等。

喜马拉雅冷杉林分布于喜马拉雅山的内切河谷，如吉隆的吉普村、樟木的立新，最低海拔 2800m；在吉隆的汝嘎、樟木曲乡和定日的卡达，最高海拔达 4000m。分布区气候冷湿，终年云雾缭绕、冬季多雪，相对湿度高，土壤为灰化棕壤，腐殖质较厚，苔藓层也发达。

乔木层平均树高 30~35m，最高达 45m，乔木平均胸径 60~80cm，最大 120cm。第一层伴生树种有喜马拉雅红杉。第二层树高 6~10m，有深灰槭、糙皮桦、树形杜鹃、花楸、伞序五叶参、吴茱萸叶五加、野樱桃、柳树、垂枝柏、滇藏方枝柏、高山栎等，乔木郁闭度 0.5~0.6，树干有苔藓、地衣和兰花附生。灌木有箭竹、杜鹃、紫斑杜鹃、乳突杜鹃、钟花杜鹃、柳叶忍冬、藏东瑞香、冰川茶藨子、淡红荚蒾、蔷薇、光果黄花木、小檗、尖叶栒子、粉枝莓等，灌木盖度 0.4~0.5。草本比较复杂，主要有冷水花、三角叶假冷蕨、西藏草莓、光叶兔儿风、金荞麦、明亮苔草、纤维鳞毛蕨、钝叶楼梯草、银莲花、五裂蟹甲草、毛茛、鹿药、凤仙花、堇菜、宽叶繁缕、轮叶黄精、蔓茎点地梅、唐松草、腋花扭柄花、纤柄脆蒴报春、黑鳞假瘤蕨、藏南绿南星、网眼瓦苇、尼泊尔鼠尾草、三七、钩状蒿草、翻白委陵菜、碎米荠、圆齿鸦跖花、高山七筋姑、酢浆草、匙叶龙胆等，草本盖度 0.5~0.6。苔藓层发达，苔藓盖度可达 0.9，一般 0.7 左右，主要类型有锦丝藓、青毛藓、塔藓、提灯藓、羽藓、绢藓、曲尾藓、地衣、松萝。藤本植物不发达。附生植物还有毛唇独蒜兰、尾头假瘤蕨、龙骨书带蕨等。

面积 394276.0000hm^2，蓄积量 177616922.1088m^3，生物量 103017814.8231t，碳储量 51508907.4116t。每公顷蓄积量 450.4888m^3，每公顷生物量 261.2835t，每公顷碳储

量 130. 6418t。

多样性指数 0. 9099，优势度指数 0. 0100，均匀度指数 0. 2839。斑块数 1034 个，平均斑块面积 381. 3110hm²，斑块破碎度 0. 0026。

森林植被健康。无自然和人为干扰。

32. 台湾冷杉林（*Abries kawakamii* forest）

在台湾，台湾冷杉林分布在中央山脉、玉山山脉海拔 3000m 以上的山地，气候条件为年均气温在 4. 6~8. 8℃，土壤为森林灰化土，土壤母质为灰色砂岩，pH5. 0~5. 8 的酸性土壤为宜。

以单优群系为主，树高 20m 左右，胸径 40~60cm，乔木郁闭度 0. 6~0. 8。林下灌木稀少，高 1m 左右，主要有玉山蔷薇、峦大花楸、玉山桧、篦齿悬钩子、玉山忍冬等。草本主要有高山露珠草、菱叶独丽花、玉山鹿蹄草以及毛卷耳、铁线莲、玉山草莓、高山柳叶菜、报春花等。

面积 246873. 1500hm²，蓄积量 105390147. 7350m³，生物量 68840844. 5005t，碳储量 33188171. 1337t。每公顷蓄积量 426. 9000m³，每公顷生物量 278. 8511t，每公顷碳储量 134. 4341t。

斑块数 67 个，平均斑块面积 3962. 01hm²，斑块破碎度 0. 0003。

33. 青海云杉林（*Picea crassifolia* forest）

青海云杉分布于宁夏、内蒙古和青海等个 3 省（自治区）。面积 182886. 8262hm²，蓄积量 29432297. 6045m³，生物量 17135955. 9998t，碳储量 8573840. 7857t。每公顷蓄积量 160. 9318m³，每公顷生物量 93. 6970t，每公顷碳储量 46. 8806t。多样性指数 0. 4514，优势度指数 0. 5485，均匀度指数 0. 6100。斑块数 3578 个，平均斑块面积 51. 1142hm²，斑块破碎度 0. 0196。

（1）在宁夏，青海云杉林主要分布于贺兰山山区，罗山林区也有少量分布。

乔木以纯林为主，多为复层异龄林，组成该类型的乔木优势树种仅青海云杉一种。灌木中以忍冬、鬼箭锦鸡儿、黄花柳、细梗栒子等占优势，其次有金露梅、峨眉蔷薇、绣线菊、狭叶锦鸡儿等零星分布。草本以披针叶苔草、紫菀、蒿、唐松草、淫羊藿占优。

乔木层平均树高在 15. 1m 左右，灌木层平均高 90cm，草本层平均高 1cm，乔木平均胸径 21. 8cm，乔木郁闭度 0. 46，灌木盖度 0. 09，草本盖度 0. 36。

面积 11121. 1900hm²，蓄积量 1026548. 1157m³，生物量 600222. 6832t，碳储量 300111. 3416t。每公顷蓄积量 92. 3056m³，每公顷生物量 53. 9711t，每公顷碳储量 26. 9855t。

多样性指数 0. 4800，优势度指数 0. 5200，均匀度指数 0. 5450。斑块数 304 个，平均斑块面积 36. 58hm²，斑块破碎度 0. 0273。

未见病害。虫害等级为 2 级，其分布面积 97. 06hm²。未见火灾。自然干扰严重。人为干扰严重。

（2）在内蒙古，有青海云杉天然林，分布于武川县及周边地区。

乔木伴生树种有祁连山圆柏、山杨、红桦等。灌木一般不发育，但在青海云杉林分布的上限，由于气候比较寒冷，乔木稀疏，灌木得到发育，主要优势种有鬼箭锦鸡儿、天栌，其他常见种有刚毛忍冬、茶藨、金露梅、窄叶鲜卑花、毛枝山居柳等。草本主要优势种有珠芽蓼、金翼黄耆、披针叶黄华等。苔藓层发育极好，苔藓盖度 0.4~0.9，主要优势种有假丝灰藓、山羽藓等。

乔木层平均树高 13.03m，灌木层平均高约 1m，草本层平均高在 0.5m 以下，乔木平均胸径 14.98cm，乔木郁闭度 0.8，灌木盖度 0.1，草本盖度 0.1。

面积 722.5062hm²，蓄积量 66651.1979m³，生物量 38970.9554t，碳储量 19485.4777t。每公顷蓄积量 92.2500m³，每公顷生物量 53.9386t，每公顷碳储量 26.9693t。

多样性指数 0.0592，优势度指数 0.9408，均匀度指数 0.0304。斑块数 23 个，平均斑块面积 31.4133hm²，斑块破碎度 0.0318。

森林健康。无自然干扰。

（3）在青海，青海云杉有大面积的天然林和人工林分布。

青海云杉天然林主要分布在班玛县、祁连县、襄谦县、互助县。

乔木伴生树种常见白桦、波氏杨等。灌木主要有绣线菊、金露梅、锦鸡儿、小檗等。草本主要有蒿和莎草、针茅。

乔木层平均树高 10.7m，乔木平均胸径 19.8cm，灌木层平均高 1.1m，草本层平均高 0.3m，乔木郁闭度 0.41，灌木盖度 0.2，草本盖度 0.16。

面积 17219.3600hm²，蓄积量 607102.9755m³，生物量 281864.7002t，碳储量 146795.1359t。每公顷蓄积量 35.2570m³，每公顷生物量 16.3691t，每公顷碳储量 8.5250t。

多样性指数 0.8200，优势度指数 0.1800，均匀度指数 0.3200。斑块数 501 个，平均斑块面积 34.3699hm²，斑块破碎度 0.0291。

虫害严重，其中，轻度虫害面积 6551.60hm²，中度虫害面积 9225.32hm²，重度虫害面积 54.32hm²。未见病害。未见火灾。未见自然干扰。轻度人为干扰，面积 54.32hm²。

青海云杉人工林分布于大通县、互助县、门源县。

人工林乔木常见青海云杉，常与白桦、青杆、柏木、糙皮桦等混交。人工林中分布有大量灌木，主要有高山柳、金露梅、锦鸡儿等，还有少量小檗和绣线菊等。人工林中草本蒿、莎草、珠芽蓼分布较多，也有少量草莓、冰草和秦艽等。

乔木层平均树高 15.7m，灌木层平均高 1.1m，草本层平均高 0.3m，乔木平均胸径 33cm，乔木郁闭度 0.51，灌木盖度 0.2，草本盖度 0.16。

面积 153823.7700hm²，蓄积量 27731995.3154m³，生物量 16214897.6609t，碳储量 8107448.8305t。每公顷蓄积量 180.2842m³，每公顷生物量 105.4122t，每公顷碳储量 52.7061t。

多样性指数 0.4100，优势度指数 0.5900，均匀度指数 0.6500。斑块数 2750 个，平均

斑块面积 55.9359hm²，斑块破碎度 0.0179。

人工林发现虫害，轻度虫害面积 669.20hm²，中度虫害面积 36.41hm²。

未见病害。未见火灾。人工林有轻度自然干扰，面积 87.255hm²。人工林有轻度人为干扰，面积 1828.24hm²。

34. 丽江云杉林（*Picea likiangensis* forest）

丽江云杉主要分布于云南西北部金沙江及其以西以南地区，如丽江、宁蒗、永胜、香格里拉、德钦、维西、贡山及兰坪等地。多集中分布于海拔 2700～3400m 的半阳、半阴坡地段，最低可分布于海拔 2300m 的阴坡，最高可达海拔 4000m 的阳坡。在垂直带谱上，分布的下限常为云南铁杉林、华山松林和高山松林，上限则与冷杉、大果红杉林相交错。

乔木树种组成较为简单，混生有较多的云南铁杉、大果红杉、长苞冷杉、华山松、高山松。灌木箭竹占优势，其他多为高山耐寒种类，主要有银叶杜鹃、锈叶杜鹃、西南花楸、丽江绣线菊、茶藨、钝叶蔷薇等。草本主要有蟹甲草、沿阶草、丽江鹿药、鬼灯檠、高山苔草、西南鸢尾等。苔藓较丰富，常见种类有高山金发藓、棉丝藓、尖叶提灯藓、毛梳藓、绒苔、叉钱苔等。

乔木层平均树高 16.2m，灌木层平均高约 1.8m，草本层平均高在 0.7m 以下，乔木平均胸径 25.2cm，乔木郁闭度约 0.7，灌木盖度 0.2，草本盖度 0.4。

面积 175637.0278hm²，蓄积量 27908723.7141m³，生物量 16318230.7556t，碳储量 8159115.3778t。每公顷蓄积量 158.9000m³，每公顷生物量 92.9088t，每公顷碳储量 46.4544t。

多样性指数 0.4286，优势度指数 0.5714，均匀度指数 0.6916。斑块数 1909 个，平均斑块面积 92.0047hm²，斑块破碎度 0.0109。

森林健康。无自然干扰。人为干扰主要是抚育，面积 9761.1083hm²。

35. 油麦吊云杉林（*Tectona grandis* forest）

油麦吊云杉生长在云南西北部的横断山脉，海拔 2000～3800m 的地带，香格里拉、德钦、维西、丽江等地都有分布。

乔木伴生树种有长苞冷杉、云南铁杉、高山松等。灌木有锈叶杜鹃、箭竹、西南花楸、珍珠花、针齿铁仔、乌饭树、卫矛、山胡椒、乔木茵芋、柃木等。草本主要有蟹甲草、丽江鹿药、鬼灯檠、西南鸢尾等。苔藓较丰富，常见种类有高山金发藓、棉丝藓、尖叶提灯藓、毛梳藓、绒苔、叉钱苔等。

乔木层平均树高 20.9m，灌木层平均高约 1.5m，草本层平均高在 0.2m 以下，乔木平均胸径 32.6cm，乔木郁闭度约 0.7，灌木盖度 0.2，草本盖度 0.4。

面积 613.3218hm²，蓄积量 34778.1562m³，生物量 20397.2892t，碳储量 10219.0419t。每公顷蓄积量 56.7046m³，每公顷生物量 33.2571t，每公顷碳储量 16.6618t。

多样性指数 0.6185，优势度指数 0.3815，均匀度指数 0.3754。斑块数 22 个，平均斑块面积 27.8782hm²，斑块破碎度 0.0359。

森林健康中等。干扰主要是人为抚育活动，抚育面积 54.9365hm²。

36. 川西云杉林（*Picea likiangensis* var. *balfouriana* forest）

川西云杉主要分布在四川和西藏。面积 1292741.6397hm²，蓄积量 199540235.4303m³，生物量 107216531.2832t，碳储量 53608265.6416t。每公顷蓄积量 154.3543m³，每公顷生物量 82.9373t，每公顷碳储量 41.4687t。多样性指数 0.4140，优势度指数 0.5859，均匀度指数 0.3117。斑块数 17407 个，平均斑块面积 74.2656hm²，斑块破碎度 0.0135。

（1）在四川，川西云杉林主要分布于四川西部。在四川省西部地区 18 个县均有分布，其中以白玉、炉霍两地最为丰富，其次为新龙、康定、雅江、道孚等地。

乔木常形成纯林或与鳞皮冷杉形成混交林，多为异龄复层林。灌木一般均匀分布或零星分布，主要物种有四川忍冬、绣线菊、金露梅、峨眉蔷薇、茶藨子等。草本成块状或均匀分布，常见种类有灯芯草、小丽茅、野青茅、苔草、火绒草、莎草等。

乔木层平均树高 16.2m，灌木层平均高约 1.8m，草本层平均高在 0.7m 以下，乔木平均胸径 25.2cm，乔木郁闭度约 0.7，灌木盖度 0.1，草本盖度 0.4。

面积 1291141.8197hm²，蓄积量 198990777.2513m³，生物量 106897845.5394t，碳储量 53448922.7697t。每公顷蓄积量 154.1200m³，每公顷生物量 82.7933t，每公顷碳储量 41.3966t。

多样性指数 0.4138，优势度指数 0.5862，均匀度指数 0.3112。斑块数 17403 个，平均斑块面积 74.1908hm²，斑块破碎度 0.0135。

森林健康。无自然与人为干扰。

（2）在西藏，川西云杉分布于邓柯、类乌齐、纪路通、嘉黎、倾多、松宗、察隅一线以东，与川西、滇西北的该种分布区相接。垂直分布海拔高度在 3200~4300m 之间，在分布区的暗针叶林中，川西云杉林分布面积最大。适宜寒冷半湿润环境，年降水量 600~800mm，年均气温 0~8℃。它是西南部各种云杉和冷杉中最耐寒、耐旱的类型。土壤为棕壤、褐土，腐殖质较厚。

乔木伴生树种有白桦、高山柏、青海云杉、鳞皮云杉、黄果冷杉、急尖长苞冷杉、油麦吊杉、落叶松及高山松、山杨等。灌木主要有忍冬、茶藨子、金露梅、柳树、杜鹃、小檗、栒子、悬钩子、箭竹、荚蒾、毛叶绣球、细梗吴茱萸五加、少齿花楸、大叶蔷薇、红叶木姜子、卫矛、窄叶鲜卑花、绣线菊、鬼箭锦鸡儿等。草本中种类多，主要有苔草、蓼、早熟禾、草莓、蒿、野青茅、钩柱唐松草、堇菜、老鹳草等。蕨类植物有鳞毛蕨、长蹄盖蕨、冷蕨、扭瓦韦、铁线蕨。藤本植物较少，主要有合蕊五味子、铁线莲、防己叶菝葜。苔藓层主要有锦丝藓、拟锤枝藓、大灰藓及地衣植物地卷、石蕊附生植物有长松萝。

乔木平均胸径 37.5cm，乔木层平均树高 21.7m，乔木郁闭度 0.6。灌木层平均高 1.1m，灌木盖度 0.3。草本层平均高 0.1m，草本盖度 0.4。

面积 1599.8200hm²，蓄积量 549458.1790m³，生物量 318685.7438t，碳储量 159342.8719t。每公顷蓄积量 343.4500m³，每公顷生物量 199.2010t，每公顷碳储

量 99.6005t。

多样性指数 0.6122，优势度指数 0.3877，均匀度指数 0.7872。斑块数 4 个，平均斑块面积 399.9540hm²，斑块破碎度 0.0025。

森林植被健康。无自然和人为干扰。

37. 西藏云杉林 (*Picea spinulosa* forest)

西藏云杉林分布于喜马拉雅山南侧，在我国西藏分布于亚东一带，海拔 2900~3600m，较集中分布在 3200~3600m 之间。

乔木伴生树种有亚东冷杉。灌木有长尾槭、杜鹃、伏毛金露梅、心叶荚蒾、忍冬。草本有唐松草、大叶蓼、蟹甲草、酢浆草、凤仙花等。苔藓较发达，主要有提灯藓、羽藓、绢藓、曲尾藓等。

乔木平均胸径 19.3cm，乔木层平均树高 17.1m，乔木郁闭度 0.8。灌木层平均高 1.8m，灌木盖度 0.2。草本层平均高 0.1m，草本盖度 0.4。

面积 920724.0000hm²，蓄积量 143172858.2172m³，生物量 83040257.7660t，碳储量 41520128.8830。每公顷蓄积量 155.5003m³，每公顷生物量 90.1902t，每公顷碳储量 45.0951t。

多样性指数 0.7573，优势度指数 0.2426，均匀度指数 0.9345。斑块数 1363 个，平均斑块面积 675.5130hm²，斑块破碎度 0.0014。

森林植被健康。无自然和人为干扰。

38. 天山云杉林 (*Picea asperata* forest)

在新疆，天山云杉林以天然林为主，分布广泛，天山云杉分布在昭苏、特克斯、巩留、新源、伊宁、霍城、尼勒克、和静、木垒、奇台、吉木萨尔、阜康、米泉、乌鲁木齐、昌吉、呼图壁、玛纳斯、巴里坤、哈密、伊吾、阿克苏、乌苏、精河、博乐。主要包括天山西部林区、天山中部林区、天山东部林区、南疆云杉林区和准噶尔西部山地天山云杉林区，海拔 1250~3100m。在天山北坡，天山云杉分布在海拔 1250~1600m 至 2700~2800m 之间的中山-亚高山带，构成了一条森林垂直带。在干旱的南疆山地，天山云杉片段地分布于亚高山草原带的峡谷阴坡，位于海拔 2300~3200m 之间。在昆仑山的北坡则零星分布于海拔 3000~3600m 的局部湿润山地。草类-圆柏-天山云杉林广泛分布于天山北坡和准噶尔西部山地亚高山带的阳坡和半阳坡。草类-锦鸡儿-天山云杉林分布于亚高山带的阴坡和半阴坡。这一类型见准噶尔西部山地和天山南坡的局部地段，分布较狭。新疆云杉林分布于富蕴、福海、阿勒泰、哈巴河、布尔津及阿尔泰山的西南坡，东南分布范围与青河县林区一致，海拔 1300~2200m。

草类-圆柏-天山云杉林乔木：云杉树干尖削度大，常偏冠。草类-锦鸡儿-天山云杉林乔木：云杉林木更低矮稀疏。新疆云杉林乔木：新疆云杉分布的大部分地区，都与落叶松、天山桦等组成混交林。主要由新疆云杉和新疆落叶松的优势层片构成，形成两个共建种。在前山草原带的河谷中，有时形成以桦木和杨树为主的落叶阔叶树种为亚优势层片的群落。而新疆云杉为群层片的群落，则只在河谷溪旁成块状或岛状分布。

草类-圆柏-天山云杉林灌木：新疆方枝柏伏地蔓生，冠幅水平向延展，形成团块灌丛。在伊犁和准噶尔西部山地多西伯利亚刺柏，天山南坡则主要为新疆圆柏，少数柳树、刚毛忍冬和单花枸子也常出现。草类-锦鸡儿-天山云杉林灌木：灌木以鬼箭锦鸡儿和北极果为主，新疆圆柏和西伯利亚刺柏也少量分布，生长较差。新疆云杉林灌木：构成灌木的优势植物主要有阿尔泰忍冬、蔷薇、枸子、红果越桔、茶藨、大叶绣线菊等。

草类-圆柏-天山云杉林草本：草本发达，主要是亚高山草甸种，上限有高山草甸的成分。主要有羽衣草、苔草、线叶蒿草、珠芽蓼、假报春、点地梅、高山紫菀、山地糙苏、勿忘草、堇菜、高山龙胆等。草类-锦鸡儿-天山云杉林草本：草甸主要为细果苔草、蒿、老鹳草、珠芽蓼、黄蒿、高山唐松草。新疆云杉林草本：优势植物种主要有蕨状苔草、早熟禾、鹿蹄草、林奈草、香豌豆等。苔藓层主要有塔藓、白青藓、漆光镰刀藓等。

草类-圆柏-天山云杉林：乔木层平均树高 10~12m，灌木新疆方枝柏平均高 0.5~0.7m，乔木平均胸径 20~40cm，乔木郁闭度 0.2~0.3，灌木盖度 0.3~0.4。

草类-锦鸡儿-天山云杉林：乔木层平均树高 10m，草甸平均高 15~20（60）cm，乔木平均胸径 20~40m，乔木郁闭度在 0.2 以下，灌木盖度 0.3~0.4，草本盖度 0.7~0.8。

新疆云杉林：灌木盖度 0.2~0.3，草本盖度约 0.3，苔藓盖度一般在 0.8 左右。

面积 766386.7922hm²，蓄积量 171449992.1795m³，生物量 93797324.1421t，碳储量 46898662.0711t。每公顷蓄积量 223.7121m³，每公顷生物量 122.3890t，每公顷碳储量 61.1945t。

多样性指数 0，优势度指数 1，均匀度指数 0。斑块数 4264 个，平均斑块面积 179.7342hm²，斑块破碎度 0.0056。

森林健康。无自然干扰。

39. 云杉林（*Picea jezoensis* var. *microsperma* forest）

云杉林在我国的黑龙江、吉林、辽宁、甘肃、山西、陕西、西藏等 7 个省（自治区）有大量分布。面积 2627405.8947hm²，蓄积量 774567373.6927m³，生物量 458857133.1091t，碳储量 229425085.6409t。每公顷蓄积量 294.8031m³，每公顷生物量 174.6427t，每公顷碳储量 87.3200t。多样性指数 0.4477，优势度指数 0.5521，均匀度指数 0.6336。斑块数 15700 个，平均斑块面积 167.3510hm²，斑块破碎度 0.0060。

（1）在黑龙江，云杉林分布于大兴安岭、小兴安岭、完达山及张广才岭等山区。

乔木伴生树种主要有兴安落叶松、白桦、山杨、鱼鳞云杉、红松、臭冷杉。灌木主要有红瑞木、毛赤杨、珍珠梅、金露梅、偃茶藨子、山刺玫、柴桦、越桔。草木主要有大叶章、林木贼、红花鹿蹄草、舞鹤草、蚊子草、蕨菜、树藓、塔藓、密叶皱蒴藓、沼羽藓、万年藓、提灯藓、皱叶曲尾藓、粗叶泥炭藓。

乔木层平均树高 14.2m，灌木层平均高 1.5m，草本层平均高约 0.32m，乔木平均胸径 23.4cm，乔木郁闭度 0.53，灌木盖度 0.33，草本盖度 0.31，植被盖度 0.75。

面积 52612.9076hm²，蓄积量 3378099.4260m³，生物量 1975174.7344t，碳储量 987587.3672t。每公顷蓄积量 64.2067m³，每公顷生物量 37.5416t，每公顷碳储

量 18.7708t。

多样性指数 0.6401，优势度指数 0.3593，均匀度指数 0.1547。斑块数 863 个，平均斑块面积 60.9651hm²，斑块破碎度 0.0164。

森林健康。无自然干扰。

（2）在吉林，云杉林分布于东部长白山各县。

乔木主要有椴树、色木槭、冷杉、胡桃楸、柞树、枫桦、杨树、水曲柳、榆树、白桦、黄波罗、落叶松、云杉、樟子松。灌木主要有榛子、忍冬、花楷槭、刺五加、蔷薇。草本主要有蒿、蕨、木贼、莎草、羊胡子草、苔草、山茄子。

乔木层平均树高 11.2m，灌木层平均高 1.22m，草本层平均高 0.33m，乔木平均胸径 15.90cm，乔木郁闭度 0.70，灌木盖度 0.2，草本盖度 0.39。

面积 135031.8265hm²，蓄积量 22639216.13492m³，生物量 13241087.37937t，碳储量 6620543.6900t。每公顷蓄积量 167.6584m³，每公顷生物量 98.0590t，每公顷碳储量 49.0295t。

多样性指数 0.7302，优势度指数 0.2697，均匀度指数 0.2387。斑块数 1710 个，平均斑块面积 78.9659hm²，斑块破碎度 0.0127。

森林健康。无自然干扰。

（3）在辽宁，云杉林主要分布于沈阳至丹东一线。

乔木层伴生树种有椴树、色木槭、臭松、胡桃楸、柞树、枫桦、杨树、水曲柳、榆树、白桦、黄波罗、落叶松、樟子松。灌木主要有榛子、忍冬、刺五加、蔷薇。草本主要有蒿、蕨、木贼、莎草、羊胡子草、苔草、山茄子。

乔木层平均树高 3.9m，灌木层平均高 0.8m，草本层平均高 0.5m，乔木平均胸径 5.8cm，乔木郁闭度 0.35，灌木盖度 0.25，草本盖度 0.3，植被盖度 0.65。

面积 2783.0100hm²，蓄积量 9131.5197m³，生物量 8525.7345t，碳储量 4262.8673t。每公顷蓄积量 3.2812m³，每公顷生物量 3.0635t，每公顷碳储量 1.5317t。

多样性指数 0.3437，优势度指数 0.6562，均匀度指数 0.1938。斑块数 133 个，平均斑块面积 20.9248hm²，斑块破碎度 0.0478。

森林健康。无自然干扰。

（4）在甘肃，云杉林有天然林和人工林分布。

云杉天然林分布于肃南裕固族自治县、迭部县、天祝藏族自治县、卓尼县、夏河县、碌曲县、舟曲县、合作市。

乔木主要与冷杉、柏木、白桦、栎类及其他软阔类混交。灌木有珍珠梅、胡枝子、山柳等植物。草本中主要有疏叶骆驼刺。

乔木层平均树高 14.74m 左右，灌木层平均高 12.26cm，草本层平均高 1.95cm，乔木平均胸径 24cm，乔木郁闭度 0.5，灌木盖度 0.31，草本盖度 0.49，植被盖度 0.69。

面积 305473.8195hm²，蓄积量 43729943.4861m³，生物量 34809140.7181t，碳储量 17401089.4450t。每公顷蓄积量 143.1545m³，每公顷生物量 113.9513t，每公顷碳储

量 56.9643t。

多样性指数 0.2400，优势度指数 0.7600，均匀度指数 0.4000。斑块多度 0.6，斑块数 7795 个，斑块破碎度 0.0255，平均斑块面积 39.1884hm²。

有重度病害，面积 8836.33hm²。有重度虫害，面积 10388.41hm²。未见火灾。有轻度自然干扰，面积 586hm²。有中度人为干扰，面积 5310hm²。

云杉人工林分布于甘肃的迭部县、舟曲县、卓尼县、临潭县、漳县、合作市、天祝藏族自治县、武山县。

乔木主要与栎类、柏木、杨树、冷杉、其他硬阔类混交。灌木常见的有丁香、杜鹃、鹅耳枥、甘肃瑞香等。草本中主要有柴胡、刺蓬、达吾里胡枝子、大火草、大麦、大针茅。

乔木层平均树高在 7.29m 左右，灌木层平均高 14.36cm，草本层平均高 2.83cm，乔木平均胸径 11cm，乔木郁闭度 0.48，灌木盖度 0.3，草本盖度 0.55，植被盖度 0.68。

面积 67478.4031hm²，蓄积量 3724004.3569m³，生物量 2177425.3475t，碳储量 1088712.6737t。每公顷蓄积量 55.1881m³，每公顷生物量 32.2685t，每公顷碳储量 16.1342t。

多样性指数 0.2100，优势度指数 0.7900，均匀度指数 0.2300。斑块多度 0.22，斑块数 1517 个，平均斑块面积 44.4814hm²，斑块破碎度 0.0225。

有重度病害，面积 13172.78hm²。有重度虫害，面积 1960.332hm²。未见火灾。有轻度自然干扰，面积 1605hm²。有轻度人为干扰，面积 219hm²。

（5）在山西，云杉林有天然林和人工林分布。

云杉天然林主要分布于山西的宁武县，繁峙县也有少量分布。

乔木常与白桦、落叶松、柳树以及其他桦木类和软阔类混交。灌木主要有绣线菊、高山柳、忍冬、茶藨子等，且都为零星分布。草本主要有羊胡子草、紫花碎米荠、苔草、蓝花棘豆等。

乔木层平均树高 14.8m，灌木层平均高 8.4cm，草本层平均高 2.5cm，乔木平均胸径 20.4cm，乔木郁闭度 0.64，灌木盖度 0.17，草本盖度 0.67。

面积 28784.8994hm²，蓄积量 2690304.3804m³，生物量 1573020.9712t，碳储量 786510.4856t。每公顷蓄积量 93.4624m³，每公顷生物量 54.6474t，每公顷碳储量 27.3237t。

多样性指数 0.3500，均匀度指数 0.7200，优势度指数 0.6500。斑块数 407 个，平均斑块面积 70.7245hm²，斑块破碎度 0.0141。

有轻度病害，面积 3hm²。有轻度虫害，面积 7hm²。有轻度和中度火灾，面积分别 359hm²、70hm²。有轻度、中度、重度自然干扰，面积分别为 65hm²、50hm²、65hm²。未见人为干扰。

云杉人工林在山西分布于宁武县、朔州市市辖区。

乔木常与白桦、落叶松、杨树混交。灌木偶见沙棘。草本中零星分布有地椒、蒿、羊胡子草等。

乔木层平均树高 8.1m，灌木层平均高 6cm，草本层平均高 3cm，乔木平均胸径 12cm，乔木郁闭度 0.57，灌木盖度 0.16，草本盖度 0.42。

面积 5034.108hm²，蓄积量 321627.0673m³，生物量 188055.3463t，碳储量 94027.6731t。每公顷蓄积量 63.8910m³，每公顷生物量 37.3570t，每公顷碳储量 18.6785t。

多样性指数 0.2600，优势度指数 0.7400，均匀度指数 0.8200。斑块数 211 个，平均斑块面积 23.8578hm²，斑块破碎度 0.0419。

未见病害。未发现虫害。有轻度火灾，面积 469hm²。有轻度和中度自然干扰，面积分别为 18hm²、21hm²。有轻度人为干扰，面积 20hm²。

(6) 在陕西，云杉林以人工林为主。主要分布在凤县、宁陕县、镇安县，另外，勉县、太白县等也有少量的分布。

乔木常与椴树、华山松、柳树以及一些硬阔叶林混交。灌木偶见有蔷薇、杜鹃、黄栌。草本中偶见鸡窝草。

乔木层平均树高在 14.9m 左右，灌木层平均高 17.0cm，草本层平均高 2.5cm，乔木平均胸径 14cm，乔木郁闭度 0.56，灌木盖度 0.35，草本盖度 0.22，植被盖度 0.93。

面积 3217.0284hm²，蓄积量 250091.7874m³，生物量 146228.6681t，碳储量 73114.3341t。每公顷蓄积量 77.7400m³，每公顷生物量 45.4546t，每公顷碳储量 22.7273t。

多样性指数 0.2700，优势度指数 0.7300，均匀度指数 0.5600。斑块数 86 个，平均斑块面积 37.4073hm²，斑块破碎度 0.0267。

未见病害。未见虫害。未见火灾。未见自然干扰。

(7) 在西藏，云杉林以天然林为主。主要分布在中喜马拉雅山南侧。见于西藏吉隆，分布面积不大，海拔在 2300~3200m 之间，较集中的分布于 2600~3200m 之间。年均气温 6~13℃，≥10℃积温 1100~3800℃，无霜期约 4~8 个月，年降水量 700mm 以上。土壤为云母片岩、页岩、片麻岩发育的棕壤，酸性，腐殖质厚度超过 10cm。

伴生乔木主要有乔松、栎类。灌木主要有杜鹃、头状四照花、小檗、藏边枸子、米饭花、胡枝子、木蓝等。草本主要有苔草、光叶兔儿风、小喙唐松草、沿阶草、黑鳞假瘤蕨、单行节肢蕨、轮叶黄精、兜被兰、宽萼玉凤花、尼泊尔鸢尾、天南星等。藤本植物发达，有常春藤、络石、西藏菝葜、薯蓣等。苔藓盖度达 0.7~0.9，有亮叶绢藓、单毛羽藓、侧枝提灯藓等。

乔木平均胸径 41.8cm，乔木层平均树高 21.9m，乔木郁闭度 0.7。灌木层平均高 1.1m，灌木盖度 0.2。草本层平均高 0.05，草本盖度 0.4。

面积 2026990.0000hm²，蓄积量 697824955.5340m³，生物量 404738474.2097t，碳储量 202369237.1049t。每公顷蓄积量 344.2666m³，每公顷生物量 199.6746t，每公顷碳储量 99.8373t。

多样性指数 0.4655，优势度指数 0.5344，均匀度指数 0.5361。斑块数 2978 个，平均斑块面积 680.6540hm²，斑块破碎度 0.0015。

云杉林健康。无自然和人为干扰。

40. 云南铁杉林（*Tsuga dumosa* forest）

云南铁杉林主要分布在云南和西藏两省（自治区）。面积 621746.1622hm²，蓄积量 238966365.2558m³，生物量 275481153.2751t，碳储量 137740576.6376t。每公顷蓄积量 384.3471m³，每公顷生物量 443.0766t，每公顷碳储量 221.5383t。多样性指数 0.7260，优势度指数 0.2739，均匀度指数 0.6907。斑块数 1543 个，平均斑块面积 402.9460hm²，斑块破碎度 0.0025。

（1）在云南，云南铁杉林分布于滇中以西的广大地区，即无量山以西以北的云龙、兰坪、泸水、福贡、贡、维西、德钦、香格里拉、丽江、永胜、宁蒗等地。其垂直分布范围一般在海拔 2300～3200m。

乔木伴生树种有丽江云杉、丽江铁杉、长苞冷杉、黄背栎、多变石栎、青榨槭等。灌木发育中等，主要有锈叶杜鹃、箭竹、湖北花楸、珍珠花、针齿铁仔、短序越桔、卫矛、山胡椒、乔木茵芋、柃木等。草本植物不发达，常见的有瘤足蕨、西域鳞毛蕨、高山苔草等。

乔木层平均树高 14.3m，灌木层平均高约 1m，草本层平均高在 0.2m 以下，乔木平均胸径 27.9cm，乔木郁闭度约 0.8，灌木盖度 0.1，草本盖度 0.3。

面积 167052.1622hm²，蓄积量 94342708.5944m³，生物量 109163948.1145t，碳储量 54581974.0573t。每公顷蓄积量 564.7500m³，每公顷生物量 653.4722t，每公顷碳储量 326.7361t。

多样性指数 0.7826，优势度指数 0.2174，均匀度指数 0.2823。斑块数 983 个，平均斑块面积 169.9412hm²，斑块破碎度 0.0059。

森林健康中等。无自然干扰。人为干扰主要是抚育和征占，抚育面积 57.6486hm²，征占面积 155.4hm²。

（2）在西藏，云南铁杉林在墨脱地区发育最典型。其分布的海拔高度为 2200～3200m，年降水量 800mm 以上，年平均气温 10～15℃，相对湿度 70% 左右。土壤为棕壤，酸性，层次结构良好。

乔木伴生树种还有喜马拉雅冷杉、糙皮桦、重齿泡花、鹅耳枥、米饭花、美丽马醉木、杜鹃等。灌木主要是乔木茵芋、尾叶白珠、云南凹脉柃、箭竹、藏东瑞香、丽江柃、山矾、冬青属的一些种等。草本主要是瘤足蕨、冷水花、雪里见、楼梯草、宽叶兔儿风、纤维鳞毛蕨、间型沿阶草、阴地冷水花、藏南绿南星、距药姜、高山条蕨、秋海棠、苔草、堇菜、黄精、凤仙花科的一些种等，草本盖度 0.1 左右。藤本植物有红花五味子、常春藤、八月瓜、茜草等。苔藓主要有粗枝蔓藓、羽苔等。

乔木平均胸径 45.9cm，乔木层平均树高 24.7m，乔木郁闭度 0.7。灌木层平均高 1.0m，灌木盖度 0.1。草本层平均高 0.05，草本盖度 0.3。

面积 454694.0000hm²，蓄积量 144623656.6614m³，生物量 166317205.1606t，碳储量 83158602.5803。每公顷蓄积量 318.0681m³，每公顷生物量 365.7783，每公顷碳储量 182.8892t。

多样性指数 0.7052，优势度指数 0.2947，均匀度指数 0.8408。斑块数 560 个，平均斑块面积 811.9540hm²，斑块破碎度 0.0012。

森林植被健康。无自然和人为干扰。

41. 铁杉林（*Tsuga longibracteata* forest）

在我国，铁杉林分布于甘肃、陕西、贵州、台湾和广西 5 个省（自治区）。面积 109362.8958hm²，蓄积量 61235791.2570m³，生物量 70853276.5472t，碳储量 35426769.2340t。每公顷蓄积量 559.9321m³，每公顷生物量 647.8731t，每公顷碳储量 323.9377t。多样性指数 0.6215，优势度指数 0.3785，均匀度指数 0.1580。斑块数 268 个，平均斑块面积 408.0710hm²，斑块破碎度 0.0025。

（1）在甘肃，铁杉林以天然林为主，集中分布在舟曲县。

乔木主要与其他软阔类混交。灌木中常见的有红柳、红砂、胡枝子、虎榛子、花椒。草本中主要有刺蓬、达吾里胡枝子、大火草、大麦。

乔木层平均树高在 16.8m 左右，灌木层平均高 14cm，草本层平均高 2cm，乔木平均胸径 29cm，乔木郁闭度 0.5，灌木盖度 0.4，草本盖度 0.25，植被盖度 0.56。

面积 389.7580hm²，蓄积量 56914.4066m³，生物量 65855.6599t，碳储量 32927.8299t。每公顷蓄积量 146.0250m³，每公顷生物量 168.9655t，每公顷碳储量 84.4828t。

多样性指数 0，优势度指数 1，均匀度指数 0.7700。斑块数 9 个，平均斑块面积 43.31hm²，斑块破碎度 0.0231。

有轻度病害，面积 289.48hm²。未见虫害。未见火灾。未见自然干扰。未见人为干扰。

（2）在陕西，铁杉林以天然林为主，分布在镇巴县、镇安县、宁陕县等，在汉阴县、留坝县等地区也有分布。

乔木与白桦、华山松、栎类、冷杉以及一些硬软阔类林混交。灌木中有头花杜鹃、山楂、木姜子等植物。但是数量都不多。草本中偶见的有猫儿草、菊科草。

乔木层平均树高在 15.2m 左右，灌木层平均高 21.7cm，草本层平均高 3.0cm，乔木平均胸径 25cm，乔木郁闭度 0.63，灌木盖度 0.4，草本盖度 0.46，植被盖度 0.88。

面积 8502.9154hm²，蓄积量 1928461.2165m³，生物量 2231422.4737t，碳储量 1115711.2368t。每公顷蓄积量 226.8000m³，每公顷生物量 262.4303t，每公顷碳储量 131.2151t。

多样性指数 0.6500，优势度指数 0.3500，均匀度指数 0.1300。斑块数 195 个，平均斑块面积 43.6046hm²，斑块破碎度 0.0229。

未见病害。未见虫害。未见火灾。未见自然干扰。有轻度人为干扰，面积 142hm²。

（3）在贵州，铁杉林分布于梵净山山王殿至剪刀峡之北海拔 1900m 以上地带。

铁杉林乔木以铁杉为优势种，混生有梵净山冷杉，乔木亚层有扇叶槭、中华槭、野樱等。灌木有大箭竹、木姜子、刺叶冬青等。草本种类不多，有牛毛毡、狗舌紫菀等。地被层发达，有多种苔藓植物。

乔木层平均树高 17m 左右，乔木平均胸径 25cm 左右，乔木郁闭度达 0.3~0.5，灌木层平均高 1.5~2m，草本层平均高 0.2~0.3m，灌木盖度 0.2，草本盖度 0.3，苔藓盖度在 0.9 以上。

面积 440.3187hm²，蓄积量 53950.6259m³，生物量 59768.7530t，碳储量 30015.3369t。每公顷蓄积量 122.5263m³，每公顷生物量 135.7398t，每公顷碳储量 68.1673t。

多样性指数 0.3812，优势度指数 0.6188，均匀度指数 0.4709。斑块数 23 个，平均斑块面积 19.1442hm²，斑块破碎度 0.0522。

铁杉群落健康。无自然和人为干扰。

（4）在广西，铁杉（南方铁杉）在苗儿山海拔 1700~2100m 范围山地常有零星小片的分布。

第一层乔木树高 8~10m，平均胸径 27.8m，混生其中的阔叶树以黔桐为多，其他还见有树参和包果石栎等；第二层亚林木一般高 4~7m，黔桐和大八角最多，常见种类还有山桂花、波缘冬青、三花冬青、长柄冬青、包果石栎、光叶石栎、天目杜鹃等。灌木层植物高 2m 以下，灌木盖度 0.9 以上，以上层林木幼树为多，其他种类还有乌饭树、南山茶、凸脉冬青、刺叶野樱、白蜡树等。草本植物种类不多，数量也少，高 1m 以下，草本盖度 0.3 左右，优势种不明显，林荫沿阶草数量稍多，其他常见种类还有兔儿风、十字苔草、水龙骨等。

面积 718.9237hm²，蓄积量 76638.6140m³，生物量 88678.5402t，碳储量 44339.2701t。每公顷蓄积量 106.6019m³，每公顷生物量 123.3490t，每公顷碳储量 61.6745t。

多样性指数 0.3347，优势度指数 0.6653，均匀度指数 0.4452。斑块数 1 个，平均斑块面积 718.9237hm²，斑块破碎度 0.0014。

森林植被健康。无自然和人为干扰。

（5）在台湾，铁杉分布在台湾中央山脉地区海拔 2000~3000m 地带，向南或可分布更高一些，根据东能高山气象资料，年平均气温 10.7℃，最高月温度 13.8℃，最冷月均温 -7.7℃，年降水量 4679mm，岩石以片岩为主，土壤以灰壤居多。

伴生树种有红桧、台湾扁柏、台湾果松、台湾五针松、赤皮青冈、米槠栲、无柄米槠栲、石栎、玉山黄肉兰、尖三脉新木姜子、尖叶桢楠等。林下灌木主要有刺柏、川上小檗、短萼小檗、高山忍冬、玉山悬钩子、珍珠梅、马醉木、小叶荚蒾等。草本为多果鸡爪草、柏氏露珠草、玉山鹿蹄草、狭叶千里光、延龄草、具腺囊苞草、刺果拉拉藤、构秆草等。

面积 99310.9800hm²，蓄积量 59119826.3940m³，生物量 68407551.1205t，碳储量 34203775.5602t。每公顷蓄积量 595.3000m³，每公顷生物量 688.8216t，每公顷碳储量 344.4108t。

斑块数 40 个，平均斑块面积 2482.7745hm²，斑块破碎度 0.0004。

42. 云南红豆杉林（*Taxus yunnanensis* forest）

云南红豆杉主要分布在云南的滇东、滇西南，多为林中散生木。生于海拔 2000 ~ 3500m 高山地带。

乔木主要伴生树种为滇油杉等。灌木有大白花杜鹃、铁仔、马桑、余甘子、火棘等。草本有野拔子、裂稃草等。

乔木层平均树高 25.6m，灌木层平均高约 1.5m，草本层平均高在 0.4m 以下，乔木平均胸径 32.2cm，乔木郁闭度约 0.6，灌木盖度 0.2，草本盖度 0.4。

面积 106.3423hm²，蓄积量 6030.0931m³，生物量 6977.4207t，碳储量 3488.7104t。每公顷蓄积量 56.7046m³，每公顷生物量 65.6129t，每公顷碳储量 32.8064t。

多样性指数 0.2132，优势度指数 0.7868，均匀度指数 0.8310。斑块数 7 个，平均斑块面积 15.1917hm²，斑块破碎度 0.0658。

森林健康中等。无自然干扰。人为干扰为抚育活动，抚育面积 16.3596hm²。

43. 红豆杉林（*Taxus chinensis* forest）

红豆杉在我国云南、广西和重庆有分布。面积 10580.8597hm²，蓄积量 603055.2198m³，生物量 697795.1949t，碳储量 348897.5974t。每公顷蓄积量 56.9949m³，每公顷生物量 65.9488t，每公顷碳储量 32.9744t。多样性指数 0.5244，优势度指数 0.4755，均匀度指数 0.6264。斑块数 244 个，平均斑块面积 43.3642hm²，斑块破碎度 0.0231。

（1）在重庆，红豆杉林主要分布于重庆市大巴山区、大娄山区和武陵山区。

红豆杉林乔木常与马尾松、槭树、青冈林等混生。

乔木层平均树高 8m，乔木平均胸径 14.1cm，乔木郁闭度 0.6，林下灌木、草本不发达。

面积 1183.7929hm²，蓄积量 4179.3807m³，生物量 4835.9614t，碳储量 2417.9807t。每公顷蓄积量 3.5305m³，每公顷生物量 4.0851t，每公顷碳储量 2.0426t。

多样性指数 0.5692，优势度指数 0.4308，均匀度指数 0.2154。斑块数 53 个，平均斑块面积 22.3357hm²，斑块破碎度 0.0448。

森林健康。无人为和自然干扰。

（2）在云南，红豆杉主要分布在滇东、滇西南，多为林中散生木。

乔木伴生树种有滇油杉、云南松等。灌木主要有大白花杜鹃、铁仔、马桑、余甘子、火棘等。草本植物主要有紫茎泽兰、野拔子、裂稃草等。

乔木层平均树高 25.6m，灌木层平均高约 1.5m，草本层平均高在 0.4m 以下，乔木平均胸径 32.2cm，乔木郁闭度约 0.6，灌木盖度 0.2，草本盖度 0.4。

面积 3882.5137hm²，蓄积量 220156.3224m³，生物量 254742.8807t，碳储量 127371.4403t。每公顷蓄积量 56.7046m³，每公顷生物量 65.6129t，每公顷碳储量 32.8064t。

多样性指数 0.5214，优势度指数 0.4786，均匀度指数 0.5905。斑块数 181 个，平均斑块面积 21.4503hm²，斑块破碎度 0.0466。

森林健康中等。无自然干扰。人为干扰主要是抚育更新，抚育面积 866.3741hm²，更新面积 25.9912hm²。

（3）在广西。红豆杉主要分布于广西灌阳县县域西北至西南和东部海拔 400~2000m 的山区，以及融水县元宝山林区海拔 1550m 以上的天然林中。

乔木主要树种有红皮木姜、大八角、包石栎、桂南木莲等。灌木主要树种有粗叶悬钩子、吊杆泡、梨叶悬钩子等。草本主要树种有沿阶草、苔草、散斑肖万寿竹、黑紫藜芦等。

乔木平均胸径 15.6cm，乔木层平均树高 11.8m，乔木郁闭度 0.6。灌木层平均高 0.8m，灌木盖度 0.3。草本层平均高 0.2m，草本盖度 0.6。

面积 5514.5531hm²，蓄积量 378719.5167m³，生物量 438216.3528t，碳储量 219108.1764t。每公顷蓄积量 68.6764m³，每公顷生物量 79.4654t，每公顷碳储量 39.7327t。

多样性指数 0.5170，优势度指数 0.4830，均匀度指数 0.7400。斑块数 10 个，平均斑块面积 551.4553hm²，斑块破碎度 0.0018。

森林植被健康。无自然和人为干扰。

44. 油杉林（*Keteleeria evelyniana* forest）

油杉在我国主要分布于云南和四川两省。面积 211099.2474hm²，蓄积量 12642351.5321m³，生物量 16929158.9897t，碳储量 8320951.7105t。每公顷蓄积量 59.8882m³，每公顷生物量 80.1953t，每公顷碳储量 39.4172t。多样性指数 0.4827，优势度指数 0.5172，均匀度指数 0.5503。斑块数 6605 个，平均斑块面积 31.9605hm²，斑块破碎度 0.0313。

（1）在云南，油杉林的分布与云南松林的分布范围大致相近，以滇中地区为普遍。分布海拔一般在 1400~2500m 之间，以海拔 1600~2200m 分布较集中。

乔木主要伴生树种有云南松、旱冬瓜、黄毛青冈、滇青冈、滇石栎、高山栲、锐齿槲栎、麻栎等。灌木种类主要有云南含笑、爆杖花、水红木、臭荚蒾、珍珠花、华山矾、铁仔、乌鸦果、云南杨梅、马桑、野拔子等。草本植物以禾本科草为主，常见的有刺芒野古草、野青茅、细柄草、四脉金茅等，尚有云南兔儿风、大丁草、腺花香茶菜、天南星、西域鳞毛蕨等。

乔木层平均树高 17.8m，灌木层平均高约 2.1m，草本层平均高在 0.4m 以下，乔木平均胸径 19.9cm，乔木郁闭度约 0.6，灌木盖度 0.3，草本盖度 0.55。

面积 193699.9780hm²，蓄积量 9612361.4103m³，生物量 13423157.4198t，碳储量

6567950.9255t。每公顷蓄积量 49.6250m³，每公顷生物量 69.2987t，每公顷碳储量 33.9079t。

多样性指数 0.4587，优势度指数 0.5413，均匀度指数 0.5459。斑块数 6096 个，平均斑块面积 282.77hm²，斑块破碎度 0.0315。

森林健康中等。无自然干扰。人为干扰有抚育、采伐、更新和征占，抚育面积 20249.9934hm²、采伐面积 134.9999hm²、更新面积 607.4998hm²、征占面积 126.2hm²。

（2）在四川，油杉多分布于南坪县及若尔盖县东部。在南坪县的绕纳沟、九寨沟、扎如沟，若尔盖的铁布、求吉等地都有大片油松纯林，在岷江流域的松潘、黑水、茂县、理县及盆地北部的江油、平武、青川、广元等县都有分布。分布区约在北纬 30° 以北地区。

乔木主要有油杉、辽东栎、红桦、白桦、山杨、槭树、华山松、麻栎、短柄枹栎、刺柏、橿子栎、川滇高山栎、刺叶栎。灌木植物种类有毛黄栌、铁扫帚、美丽胡枝子、鞘柄菝葜、照山白、蝴蝶荚蒾、峨眉蔷薇、凹野瑞香、溲疏、小檗、丁香、六道木、华西箭竹、白夹竹、矮生栒子、胡颓子、野蔷薇、盐肤木、猫儿刺、木姜子、阔叶十大功劳、虎榛子、牛奶子。草本植物有短叶金茅、野古草、苔草、糙野青茅、香青、唐松草、葱、天门冬、茜草、大戟、糙苏、金星蕨、沿阶草、矛叶荩草、川芒、川滇苔草、铁杆蒿。

乔木层平均树高 12.5m，灌木层平均高约 1.8m，草本层平均高在 0.3m 以下，乔木平均胸径 25.9cm，乔木郁闭度约 0.6，灌木盖度 0.3，草本盖度 0.4。

面积 17399.2694hm²，蓄积量 3029990.1218m³，生物量 3506001.5699t，碳储量 1753000.7850t。每公顷蓄积量 174.1447m³，每公顷生物量 201.5028t，每公顷碳储量 100.7514t。

多样性指数 0.7509，优势度指数 0.2491，均匀度指数 0.5993。斑块数 509 个，平均斑块面积 34.1832hm²，斑块破碎度 0.0293。

油杉林无灾害面积占 1903398.76hm²，轻度灾害的面积略为无灾害面积的一半。

油杉林未受到明显的人为干扰。油松林存在较严重的病虫鼠害，受影响面积 1022.20hm²。

45. 杉木林（*Cunninghamia lanceolata* forest）

杉木林是我国重要的用材林、防护林。在河南、湖南、江西、福建、广东、广西、四川、云南、贵州、重庆、安徽、湖北、陕西、海南、浙江等 15 个省（自治区、直辖市）广泛分布。面积 17807772.3785hm²，蓄积量 1104261572.6758m³，生物量 664886875.5128t，碳储量 336654673.1949t。每公顷蓄积量 62.0101m³，每公顷生物量 37.3369t，每公顷碳储量 18.9049t。多样性指数 0.3066，优势度指数 0.6933，均匀度指数 0.5107。斑块数 124455，平均斑块面积 143.0860hm²，斑块破碎度 0.0070。

（1）在陕西，杉木林有天然林和人工林。

杉木天然林在陕西分布较少，主要分布在紫阳县、镇巴县、白河县等地。

乔木伴生树种有桦木、杨树以及一些硬软阔类树种。灌木中主要有杯腺柳、金背杜鹃、杜鹃等植物。草本中偶见莎草、苔藓等植物，数量很少。

乔木层平均树高在 9.6m 左右，灌木层平均高 23.0cm，草本层平均高 4.2cm，乔木平均胸径 12cm，乔木郁闭度 0.54，灌木盖度 0.35，草本盖度 0.42，植被盖度 0.76。

面积 4144919.7654hm²，蓄积量 293004378.2159m³，生物量 210603087.2803t，碳储量 109534665.6945t。每公顷蓄积量 70.6900m³，每公顷生物量 50.8099t，每公顷碳储量 26.4262t。

多样性指数 0.2100，优势度指数 0.7900，均匀度指数 0.6500。斑块数 3265 个，平均斑块面积 1269.5010hm²，斑块破碎度 0.0035。

未见病害。未见虫害。未见火灾。未见自然干扰。有中度人为干扰，面积 141hm²。

杉木人工林在陕西主要集中分布在平利县、城固县、镇巴县、佛坪县等地，在白河县、紫阳县等也有广泛栽培，天然林分布较少，主要分布在紫阳县、镇巴县、白河县等地。

乔木常与桦木、马尾松、板栗、泡桐、杨树以及硬软阔类林混交。灌木有丁香、构树、花椒，但是数量都不多。草本中有零星分布的委陵菜。

乔木层平均树高在 10.4m 左右，灌木层平均高 13.9cm，草本层平均高 5.6cm，乔木平均胸径 13cm，乔木郁闭度 0.51，灌木盖度 0.25，草本盖度 0.33，植被盖度 0.82。

面积 33117.7903hm²，蓄积量 1611180.5001m³，生物量 1390819.1941t，碳储量 723365.0628t。每公顷蓄积量 48.6500m³，每公顷生物量 41.9961t，每公顷碳储量 21.8422t。

多样性指数 0.1500，优势度指数 0.8500，均匀度指数 0.7800。斑块数 243 个，平均斑块面积 136.2872hm²，斑块破碎度 0.0986。

未见病害。未见虫害。未见火灾。未见自然干扰。有轻度人为干扰，面积 136hm²。

（2）在浙江，杉木林主要是天然林，主要分布于南部及西部山区。杉木林面积在 20 万亩以上的有遂昌、龙泉、淳安、开化、临安、建德、庆元、松阳、云和、金华、江山、武义、衢州、桐庐等 14 个县（市），占全省杉木林面积的 80%。全省杉木林面积按高程统计，500m 以下占 42.6%，500～800m 占 37.5%，800～1200m 占 17.5%，1200m 以上占 2.4%。

乔木单一。灌木主要有杜茎山、紫金牛、朱砂根等。草本主要有草珊瑚、天南星、七叶一枝花、蕺菜、苔草。

乔木层平均树高 12m，乔木平均胸径 18cm，乔木郁闭度约 0.7。

面积 1150362.0238hm²，蓄积量 55199302.4031m³，生物量 30856410.0433t，碳储量 15428205.0217t。每公顷蓄积量 47.9843m³，每公顷生物量 26.8232t，每公顷碳储量 13.4116t。

多样性指数 0，优势度指数 1，均匀度指数 0。斑块数 1906 个，平均斑块面积 567.7380hm²，斑块破碎度 0.0016。

病害无。虫害无。火灾轻。人为干扰类型为森林经营活动。无自然干扰。

（3）在福建，杉木林以天然林为主，分布于闽北武夷山、杉岭、闽西梅花山以及泰宁峨眉峰、邵武萨魔山、南平朦瞳洋、德化戴云山、长汀楼子坝、武平大禾、帽步等山区，还保留一些天然杉木林。垂直海拔分布可达1500m。

乔木伴生树种有马尾松、甜槠、栲树、红楠、罗浮锥、毛竹等。灌木有细齿叶柃、短柱柃、刺毛杜鹃、鹿角杜鹃、绒毛石楠、深山含笑、满山红、短尾越桔、檵木、杨桐、乌药、小叶赤楠、南烛、老鼠刺、柃木、虎皮楠、阔叶十大功劳等。草本有莎草、麦冬、黄精、乌毛蕨、卷柏、山姜、狗脊、金毛狗脊、寒莓、芒萁、芒、四叶葎、里白、山姜、珍珠菜、鬼针草等。

乔木层平均树高18~25m，灌木层平均高2~5m，草本层平均高约1m，乔木平均胸径45cm，乔木郁闭度0.5~0.6，灌木盖度0.3~0.4，草本盖度0.2~0.6。

面积1688390.0000hm²，蓄积量202606800.0000m³，生物量111433740.0000t，碳储量55716870.0000t。每公顷蓄积量120.0000m³，每公顷生物量66.0000t，每公顷碳储量33.0000t。

多样性指数0，优势度指数1，均匀度指数0。斑块数465个，平均斑块面积3630.9400hm²，斑块破碎度0.0003。

病害无。虫害无。火灾轻。人为干扰类型为森林经营活动。无自然干扰。

（4）在广西，杉木林以天然林为主，在全区各地都有分布，中心分布区在桂北、桂东北南岭山地的资源、龙胜、兴安、永福、恭城、灵川、三江、融水、融安、金秀、贺县、昭平等县的高丘至低山，以及桂西北云贵高原边缘山原山地的南丹、天峨、罗城、环江等县的中低山至低山山地。

乔木一般单一。灌木比较常见的种类有箬竹、杜茎山、鼠刺、柃木、山麻杆、拟赤杨、黄毛榕、冬青等。草本主要有金毛狗脊、福建观音座莲、海芋、野芭蕉、高良姜、华山姜、草珊瑚、深绿卷柏、新月蕨等。

乔木层平均树高13~17m，灌木层平均高1.0~2.0m，草本层平均高可达到0.4m，乔木平均胸径14~18cm，乔木郁闭度一般在0.6~0.7，灌木盖度0.7~0.9，草本盖度可达0.9，植被盖度一般在0.9以上。

面积2633351.0756hm²，蓄积量137724261.2554m³，生物量76987862.0418t，碳储量38493799.3533t。每公顷蓄积量52.3000m³，每公顷生物量29.2357t，每公顷碳储量14.6178t。

多样性指数0，优势度指数1，均匀度指数0。斑块数4523个，平均斑块面积582.2134hm²，斑块破碎度0.0017。

整体健康等级2，林木生长发育较好，树叶偶见发黄、褪色，结实和繁殖受到一定程度的影响，有轻度受灾现象，主要受自然因素影响，所受自然灾害为当地发生的传统病害。所受病害等级1，该林中受病害的植株总数占该林中植株总数的10%以下。未发现明显虫害。没有发现火灾现象。人为干扰为砍除林下灌丛和草本植物。所受自然干扰类型为病害。

（5）在海南，杉木林主要分布于乐东县、昌江县、陵水、五指山等。分布海拔一般在

400~800m 间的山地。

乔木伴生树种有白楸、变叶榕等。灌木有大青、刺桑、白饭树等。草本物种有海金沙和禾本科草等。

乔木层平均树高 7.2m，灌木层平均高 2.8m，草本层平均高 0.5m，乔木平均胸径 16.4cm，总盖度约 0.85，乔木郁闭度 0.60，灌木盖度约 0.5，草本盖度约 0.35。

面积 1539.6900hm²，蓄积量 207858.1500m³，生物量 116192.7059t，碳储量 58096.3529t。每公顷蓄积量 135.0000m³，每公顷生物量 75.4650t，每公顷碳储量 37.7325t。

多样性指数 0.9100，优势度指数 0.0900，均匀度指数 0.5400。斑块数 2 个，平均斑块面积 769.8450hm²，斑块破碎度 0.0013。

整体健康等级 2，林中树木整体生长发育较好，偶尔会碰到一些树存在树叶变黄、褪色现象，结实和繁殖受到一定程度的影响。有轻度受灾现象，主要受自然因素影响，所受自然灾害中虫害、病害兼有。所受病害等级 2。未见明显虫害。未见明显火灾影响。人为干扰为林下放牛。自然干扰为台风和病虫害。

（6）在安徽，杉木林分布于岳西、庐江、休宁等县，垂直分布在 1000m 以下。

乔木有黄山松、白檀、杉木、四照花、大果山胡椒、灯台树、茅栗、化香、漆树、三桠乌药、山樱桃、野桐、青榨槭、金钱松、山胡椒。灌木有白檀、华东野核桃、豆腐柴、木莓、荚蒾、山莓、菝葜、山橿、野蔷薇、杉木、野鸦椿、川榛、楤木、红果钓樟、短柄枹栎、结香、盐肤木、野桐、绿叶甘橿、化香、灯台树、胡枝子、山胡椒。草本有苔草、蕨、堇菜、露珠草、金线草、中国繁缕、黄独、天目地黄、鸭跖草、斑叶兰、过路黄、蛇葡萄、野草莓、麦冬、珍珠菜、八角金盘、苔草。

乔木层平均树高 7.6m，灌木层平均高 0.88m，草本层平均高 0.21cm，乔木平均胸径 8.9cm，乔木郁闭度 0.80，灌木与草本盖度 0.45~0.5，植被盖度 0.8~0.85。

面积 72367.3446hm²，蓄积量 4702103.1418m³，生物量 4027242.7263t，碳储量 2013621.3632t。每公顷蓄积量 64.9755m³，每公顷生物量 55.6500t，每公顷碳储量 27.8250t。

多样性指数 0.2475，优势度指数 0.7525，均匀度指数 0.2628。斑块数 140 个，平均斑块面积 516.9096hm²，斑块破碎度 0.0019。

森林健康。无自然干扰。

（7）在河南，杉木林主要分布于河南大别山、桐柏山及伏牛山南部山区。

乔木主要有马尾松、黄山松、青冈栎、枫香、黄檀、麻栎、槲栎、栓皮栎等。灌木主要有野樱桃、野山楂、荆条、胡枝子、连翘、白鹃梅、地榆等。草本主要有蒲公英、夏枯草、笔管草、白茅等。

乔木层平均树高 15.03m，灌木层平均高 1.63m，草本层平均高约 0.32m，乔木平均胸径 15.82cm，乔木郁闭度 0.51，灌木盖度 0.13，草本盖度 0.22，植被盖度 0.78。

面积 25514.8853hm²，蓄积量 1210345.2543m³，生物量 788051.1063t，碳储量

322201.0632t。每公顷蓄积量 47.4368m³，每公顷生物量 30.8859t，每公顷碳储量 12.6280t。

多样性指数 0.674，优势度指数 0.3234，均匀度指数 0.1781。斑块数 1179 个，平均斑块面积 21.6411hm²，斑块破碎度 0.0462。

森林健康。无自然干扰。

（8）在湖北，杉木林有天然林和人工林，以天然林为主。

杉木在湖北有两类。①狗脊-油茶-杉木林：分布于通山、崇阳、来风、咸丰、利川、恩施，调查样地在恩施市白果乡粗沙溪海拔 1090m 处，坡向东南、坡度 50°的宽谷中部。②渐尖毛蕨-翅柃-杉木林：分布于通山县一盘丘林场海拔 600~1000m 的山地，与杉竹混交林及毛竹林呈镶嵌分布，样地设在一盘丘林场海拔 800m 的坡地，坡向西北，坡度 45°。

狗脊-油茶-杉木林：乔木以杉木为优势种。伴生树种有香桦、华榛、灰柯等，与杉木组成第一层林。第二层林的主要树种有灯台树、四照花、中华石楠、毛竹等，其中以毛竹侵入较多，且生长旺盛。林下未发现杉木更新幼苗。灌木较稀疏，油茶占优势，其次有异叶梁王茶、尖叶山茶等。草本狗脊占优势，次有贯众、中华短肠蕨、对马耳蕨、蝎子草、金线草、求米草等。第二层主要有苔草、鹿蹄草等，分布稀疏。

渐尖毛蕨-翅柃-杉木林：乔木以杉木为优势种，伴生树种有黄檀、山橿、白檀等。林下天然更新良好，样地内共有杉木更新苗 1300 株。灌木均为翅柃组成。草本以渐尖毛蕨占优势，其次有苔草、冷水花，毛果堇菜、对马耳蕨、大花淫羊藿以及兖州卷柏、狗脊、求米草、酢浆草等。

狗脊-油茶-杉木林：乔木层平均树高 38.5m，灌木层平均高 2~3m，草本第一层高约 60cm，乔木平均胸径 50~55cm，灌木盖度 0.4 左右，草本盖度达 0.6。

渐尖毛蕨-翅柃-杉木林：乔木层最大立木高达 25m，灌木层平均高 3~4m，乔木最大立木胸径达 34cm，灌木盖度在 0.8 以上。

面积 491563.7074hm²，蓄积量 10352191.1002m³，生物量 5786874.8250t，碳储量 2893437.4125t。每公顷蓄积量 21.0597m³，每公顷生物量 11.7724t，每公顷碳储量 5.8862t。

多样性指数 0.2700，优势度指数 0.7300，均匀度指数 0.5900。斑块数 4796 个，平均斑块面积 102.4945hm²，斑块破碎度 0.0098。

森林健康。无自然干扰。

（9）在湖南，杉木林有天然林和人工林，以天然林为主。

杉木林在湖南主要分布在湘、资、沅水上中游的雪峰山、南岭和罗霄山脉。湖南省各地气候条件大体上都适于杉木生长，但适宜程度有别。湖南省境内杉木生长最好、分布密度最大的地区的综合气候条件特点是：年平均气温 16~18.2℃，1 月平均气温 4.2~6.7℃，7 月平均气温 25.5~28.2℃；年平均相对湿度 78%以上，生长季节 4~10 月；年降水量 1200mm 以上。

乔木一般为单层林，伴生树种有马尾松、毛竹、枫香、蓝果树、灯台树、锥栗、拟赤扬、木荷、黄樟、杜英、甜槠、栲树、青冈、青桐等。灌木最常见的有鼠刺、杜茎山、崖花海桐、檵木、细枝柃、杨桐、野漆、刺茎楤木、黄栀子、异叶榕等。草本常有芒萁、狗脊、五节芒、柔枝莠竹、蝴蝶花、扇叶铁钱蕨、蕺菜、淡竹叶。层间植物常见蛇葡萄、广东蛇葡萄、藤黄檀、葡蟠、鸡屎藤。

乔木一般高 15~20m，胸径一般在 10~20cm，乔木郁闭度一般 0.7~0.8，灌丛盖度可达 0.9。草本盖度 0.1~0.3。

面积 1424540.8249hm²，蓄积量 83083768.0969m³，生物量 46443826.3662t，碳储量 23221913.1831t。每公顷蓄积量 58.3232m³，每公顷生物 32.6027t，每公顷碳储量 16.3013t。

多样性指数 0.694，优势度指数 0.3060，均匀度指数 0.5775。斑块数 18366 个，平均斑块面积 77.5640hm²，斑块破碎度 0.0129。

森林健康。无自然干扰。

（10）在江西，杉木林分布广泛，杉木天然林主要分布在赣州地区和吉安、抚州地区以南的大庾岭、九连山、井冈山和云山等地区。杉木人工林主要分布在低丘陵区。

乔木主要有枫香、山槐、枹树、化香树等在南部低海拔地区混生种类较多，常见的有木荷、拟赤杨、红楠、杜英、薯豆、多种红淡、杨桐以及多种青冈、栲树、石栎、马尾松等。灌木有乌药、檵木、香楠、常绿荚蒾、杨桐、草珊瑚、鼠刺、狗骨柴、少花柏拉木、米饭花、华鼠刺、赤楠、野牡丹、毛果柃等。草本多为蕨类和禾本科草，常见的有狗脊、芒萁、乌毛蕨、金毛狗脊、苔草、多种卷柏、多种鳞毛蕨以及五节芒、白茅、淡竹叶、缩箬等。层外植物有菝葜、三叶木通、爬山虎、鸡血藤、野木瓜、木防己、粤蛇葡萄、海金沙、流苏子等。苔藓种类稀少，仅有少量的白发藓等。

乔木层平均树高 15~22m，灌木层平均高 0.1~1.2m，草本层平均高一般 0.2~1.2m，乔木平均胸径 14~16cm，乔木郁闭度 0.8，灌木盖度 0.75~0.8，草本盖度 0.15~0.2。

面积 2200230.0472hm²，蓄积量 118896690.8970m³，生物量 66463250.2114t，碳储量 33231625.1057t。每公顷蓄积量 54.0383m³，每公顷生物量 30.2074t，每公顷碳储量 15.1037t。

多样性指数 0.9960，优势度指数 0.0040，均匀度指数 0.0620。斑块数 1336 个，平均斑块面积 1646.8788hm²，斑块破碎度 0.0006。

森林健康。无自然干扰。

（11）在重庆，杉木林广泛分布。

乔木伴生树种有马尾松、山胡椒或其他阔叶树种。灌木和草本不发达。

乔木层平均树高 9.2m，灌木层平均高约 1.7m，草本层平均高在 0.3m 以下，乔木平均胸径 12.5cm，乔木郁闭度约 0.4，灌木盖度约 0.1，草本盖度 0.5。

面积 245490.7374hm²，蓄积量 15749826.4946m³，生物量 8804153.0105t，碳储量 4402076.5053t。每公顷蓄积量 64.1565m³，每公顷生物量 35.8635t，每公顷碳储量 17.9317t。

多样性指数 0.6629, 优势度指数 0.3371, 均匀度指数 0.3785。斑块数 8918 个, 平均斑块面积 27.5275hm², 斑块破碎度 0.0363。

森林健康。无自然干扰。

（12）在贵州, 杉木林以东南部的清水江、都柳江流域为中心产区, 省内各地都有分布。杉木林的垂直分布幅度较大, 从东南部的低山丘陵（海拔 400~800m）直到西部高原山地（海拔 2000m）, 均有分布。

乔木树种单一。灌木种类较多, 优势种是大叶胡枝子, 在较阴湿的地段为杜茎山、大叶白纸扇、紫麻等, 常见的种类还有蒙桑、油茶、野桐等幼树。草本多以蕨类植物占优势, 常见的有狗脊、铁芒萁、紫萁、蕨等。

乔木层平均树高 14.9m, 灌木层平均高 1.6m, 草本层平均高 0.2m, 乔木平均胸径 16.8cm, 乔木郁闭度 0.8, 灌木盖度 0.7, 草本盖度 0.3。

面积 1217017.9590hm², 蓄积量 72806517.2726m³, 生物量 40555906.4650t, 碳储量 20277953.2325t。每公顷蓄积量 59.8237m³, 每公顷生物量 33.3240t, 每公顷碳储量 16.6620t。

多样性指数 0.1740, 优势度指数 0.8260, 均匀度指数 0.5850。斑块数 45058 个, 平均斑块面积 27.01hm², 斑块破碎度 0.0370。

森林植被健康。基本未受灾害。很少受到极端自然灾害和人为活动的影响。

（13）在云南, 杉木林以人工林为主, 分布在文山州各县和红河州的屏边、蒙自、河口、金平、元阳等县, 滇东北的昭通、威信、镇雄、彝良、大关, 滇东的罗平、师宗、富源, 以及滇西的腾冲、龙陵、德宏等地。各地造林海拔范围一般在 1000~1800m 之间。

乔木伴生树种有高山栲、云南樟、滇润楠、西南木荷、旱冬瓜等。灌木主要有梁王茶、盐肤木、野牡丹、珍珠花、厚皮香等。草本植物主要有芒萁、金毛狗脊、狗脊、卷柏、牡蒿等。

乔木层平均树高 13.4m, 灌木层平均高约 1m, 草本层平均高在 0.3m 以下, 乔木平均胸径 14.3cm, 乔木郁闭度约 0.7, 灌木盖度 0.2, 草本盖度 0.45。

面积 664943.4799hm², 蓄积量 37705342.9674m³, 生物量 22114075.9260t, 碳储量 11079152.0389t。每公顷蓄积量 56.7046m³, 每公顷生物量 33.2571t, 每公顷碳储量 16.6618t。

多样性指数 0.4572, 优势度指数 0.5428, 均匀度指数 0.7191。斑块数 19625 个, 平均斑块面积 33.8824hm², 斑块破碎度 0.0295。

森林健康中等。无自然干扰。人为干扰有抚育、采伐、更新、征占, 抚育面积 144103.044hm², 采伐面积 960.6869hm², 更新面积 4323.0913hm², 征占面积 184.6hm²。

（14）在四川, 杉木林位于全国杉木自然分布的西缘, 境内杉木的自然分布西界为北起南坪, 经宝兴折入泸定磨西沟, 南达安定河流域, 此界以东遍及盆地边缘山地和盆地丘陵区。地理位置介于东经 102°10′~109°45′, 北纬 26°15′~32°50′。垂直分布约自长江沿岸海拔 200m 左右起, 升至西南端海拔约 2600m 的山地。

乔木伴生树种有扁刺栲、大叶石栎、水青冈、锥栗以及落叶栎类等。灌木主要有水竹、方竹、细齿叶枸、杜鹃花、越桔、小果蔷薇，其次为荚蒾、牛奶子、铁仔、西南红山茶、水竹等。草本以狗脊、白华里白占优势。落叶栎类为主的杉木林里草本以芒萁占优势。

乔木层平均树高 13.4m，灌木层平均高约 1m，草本层平均高在 0.3m 以下，乔木平均胸径 14.3cm，乔木郁闭度约 0.7，灌木盖度 0.15，草本盖度 0.45。

面积 735783.0477hm²，蓄积量 39653733.6874m³，生物量 22166437.1313t，碳储量 11083218.5656t。每公顷蓄积量 53.8932m³，每公顷生物量 30.1263t，每公顷碳储量 15.0632t。

多样性指数 0.7577，优势度指数 0.2423，均匀度指数 0.2271。斑块数 14352 个，平均斑块面积 51.2669hm²，斑块破碎度 0.0195。

灾害等级 0 的面积达 684533.11hm²，等级 1 和 3 的面积都为 28923.93hm²。受到明显人为干扰，主要为采伐、更新、抚育、征占等，其中采伐面积 5116.50hm²，更新面积 11827.77hm²，抚育面积 14280.82hm²，征占面积 2408.75hm²。

（15）在广东，杉木林主要分布于省内大陆的中部、北部的山地地区。如韶关、肇庆、惠阳、梅县和湛江等。树种组成单一，伴生树种有枫香、檵木、油茶、华润楠、鸭公树、红楠、野柿树、栲树、赤杨叶、马尾松、木荷、杨桐等。草本优势种为狗脊、里白、乌毛蕨、虹鳞肋毛蕨、金毛狗脊、见血青等。藤本植物相当发达，种类多（如小果蔷薇、钩藤等）。

乔木平均胸径 7.5~22.4cm，乔木层平均树高 8~12m，乔木郁闭度 0.6 以上，灌木草本盖度 0.7 以上。

面积 1078640.0000hm²，蓄积量 29747273.2400m³，生物量 16348946.4800t，碳储量 8174473.2400t。每公顷蓄积量 27.5785m³，每公顷生物量 15.1570t，每公顷碳储量 7.5785t。

多样性指数 0，优势度指数 1，均匀度指数 0，斑块数 281 个，平均斑块面积 3838.577hm²，斑块破碎度 0.0003。

杉木林群落健康良好。无自然干扰。人为干扰主要是抚育与采伐活动。

46. 柳杉林（*Cryptomeria fortunei* forest）

柳杉在我国福建、贵州、湖南、江苏、四川、台湾、云南、浙江和重庆 9 省（市）有分布。面积 512105.8052hm²，蓄积量 112344382.7695m³，生物量 73501132.8923t，碳储量 36769150.4331t。每公顷蓄积量 219.3773m³，每公顷生物量 143.5272t，每公顷碳储量 71.7999t。多样性指数 0.3193，优势度指数 0.6806，均匀度指数 0.2931。斑块数 13602 个，平均斑块面积 37.6493hm²，斑块破碎度 0.0266。

（1）在浙江，柳杉林分布广泛。如浙东的宁海、象山、天台、黄岩、鄞县、临海等县，海拔 300~1000m；浙南的文成、庆元、龙泉、遂昌等县，海拔 700~1700m；浙西的开化、江山等县，海拔 300~1000m；浙北的临安、安吉等县，海拔 300~1200m。柳杉在以上这些地方的山地组成天然和人工群落。

乔木单树种。灌木、草本不发达。

乔木层平均树高15m，灌木基本没有，草本层平均高在0.8m以下，乔木平均胸径约20cm，乔木郁闭度约0.9，草本盖度0.4。

面积 26859.5000hm²，蓄积量 3190972.9341m³，生物量 2105403.9419t，碳储量 1052701.9710t。每公顷蓄积量 118.8024m³，每公顷生物量 78.3858t，每公顷碳储量 39.1929t。

多样性指数0.2300，优势度指数0.7700，均匀度指数0.1500。斑块数57个，平均斑块面积471.2200hm²，斑块破碎度0.0021。

病害无。虫害无。火灾轻。人为干扰类型为森林经营活动。无自然干扰。

（2）在重庆，柳杉林广泛分布于南川县、石柱县等，重庆市其余各个区县均有分布。

乔木较为简单，大多形成纯林，或与杉木、栲类等混交。灌木主要是荚蒾。草本主要是蒿、苔草等植物。

乔木层平均树高16.7m，灌木层平均高约1.5m，草本层平均高在0.3m以下，乔木平均胸径19.7cm，乔木郁闭度约0.8，灌木盖度约0.1，草本盖度0.2。

面积 35014.4075hm²，蓄积量 1902808.9569m³，生物量 1255473.3498t，碳储量 627736.6749t。每公顷蓄积量 54.3436m³，每公顷生物量 35.8559t，每公顷碳储量 17.9280t。

多样性指数0.6248，优势度指数0.3752，均匀度指数0.3671。斑块数1429个，平均斑块面积24.5027hm²，斑块破碎度0.0408。

森林健康。无自然干扰。

（3）在贵州，柳杉林主要分布在六盘水市，毕节市的织金县、纳雍县、大方县和金沙县，遵义市的桐梓县、湄潭县、道真县、绥阳县，贵阳市的清镇市、修文县、开阳县，黔南州的翁安县和福泉市也有分布。

乔木多为单优势种群落，群落组成种类不复杂，外貌比较单一，结构也较简单，层次明显。有些柳杉林下种植有柑橘。灌木有荚蒾等。草本有鳞毛蕨、菜蕨等植物。

乔木层平均树高13.3m，灌木层平均高1.6m，草本层平均高在0.5m以下，乔木平均胸径15.2cm，乔木郁闭度0.85，灌木盖度0.2，草本盖度0.45。

面积 137308.2501hm²，蓄积量 17089285.1609m³，生物量 10784271.5281t，碳储量 5645366.1610t。每公顷蓄积量 124.4593m³，每公顷生物量 78.5406t，每公顷碳储量 41.1145t。

多样性指数0.057，优势度指数0.943，均匀度指数0.807。斑块数6739个，平均斑块面积20.3751hm²，斑块破碎度0.0490。

森林植被健康，基本未受灾害。有人工干扰，主要是修枝等经营活动。

（4）在云南，柳杉林分布于海拔400~2500m的山谷边、山谷溪边潮湿林中。

乔木伴生树种有银杏、香果树、木姜子等。灌木植物种类繁多，主要是耐阴性植物，如臭常山、尖连蕊茶、大果山胡椒、珍珠花等。草本植物主要有翠云草、虎杖、鱼腥草、龙芽草、荩草等。

乔木层平均树高 12.1m，灌木层平均高约 4.8m，草本层平均高在 0.4m 以下，乔木平均胸径 12.6cm，乔木郁闭度约 0.7，草本盖度 0.65。

面积 39879.4395hm²，蓄积量 862392.8801m³，生物量 569006.8223t，碳储量 284503.4111t。每公顷蓄积量 21.6250m³，每公顷生物量 14.2682t，每公顷碳储量 7.1341t。

多样性指数 0.3115，优势度指数 0.6885，均匀度指数 0.3884。斑块数 1988 个，平均斑块面积 20.0600hm²，斑块破碎度 0.0499。

森林健康中等。无自然干扰。人为干扰主要是抚育、采伐、更新，抚育面积 11723.2618hm²，采伐面积 78.1550hm²，更新面积 351.6978hm²。

（5）在湖南，柳杉林主要是人工林，各地多系园林星散种植，仅南岳、洞口、常宁泗洲山、凤凰南华山林场等地有成片栽培。柳杉林垂直分布于湖南海拔 300~1300m，但最适分布高度为海拔 600~1000m，过高过低均非所宜。据分布区南岳气象观测资料：海拔 600~1100m，年平均气温为 13~16℃，1 月均温 1~3℃，7 月均温 20~26℃，极端低温达 −16℃，极端高温 35℃，>10℃ 的天数 167~200 天，≥10℃ 积温 3300~4300℃。年降水量 1500~2000mm，4~9 月降水量占全年的 70% 以上。年平均相对湿度 85%~90%。年雾日最高可达 200 天。喜土层深厚、湿润、排水良好、疏松肥沃、富含腐殖质、呈微酸性的山地黄壤、黄棕壤、黄红壤。在背风向阳的缓坡山胸径达 36cm，高、粗生长后者为前者的 2~4 倍。超过适生的海拔限度，虽然能成活，但不能正常生长。在同一海拔高度，因坡向不同，生长也有差异，如栽培在湘南寺海拔 950m 处的柳杉林，西南坡比西北坡的高生长大 19%，粗生长也大 8%。同海拔（900m）、同坡向的柳杉林，因栽培部位不同，生长速度也有差异，山坡上部由于风雪危害，土壤干燥瘠薄，粗、高生长均比山腰中下部少 1~2 倍。

乔木一般为纯林。灌木主要有檵木、格药柃、鼠刺、崖花海桐、赤楠、粗叶木、百两金、异叶榕、黄栀子、尖叶杨桐、杨桐等。草本主要有蝴蝶花、淡竹叶、麦冬、苔草、渐尖毛蕨、江南短肠蕨、狗脊、细辛、日本瘤足蕨、鳞毛蕨等。

乔木层平均树高 17.5m，乔木平均胸径 20.5cm，乔木郁闭度一般较大，为 0.8~0.95，林下阴暗。灌木盖度 0.5~0.6，草本盖度 0.2~0.3。

面积 1372.2713hm²，蓄积量 72315.9530m³，生物量 47713.8731t，碳储量 23856.9366t。每公顷蓄积量 52.6980m³，每公顷生物量 34.7700t，每公顷碳储量 17.3850t。

多样性指数 0.5030，优势度指数 0.4970，均匀度指数 0.4610。斑块数 60 个，平均斑块面积 22.8712hm²，斑块破碎度 0.0437。

森林健康。无自然和人为干扰。

（6）在四川，柳杉林主要是人工林，主要集中种植在四川中部的雅安、荥经、洪雅、峨眉山、夹江等地，其次沐川、马边、甘洛、冕宁、古蔺南江等地也有一定栽植。

乔木伴生树种有银杏、香果树、天目木姜子等。灌木植物种类繁多，主要是耐阴性植物，如臭常山、尖连蕊茶、大果山胡椒、小果南烛等。草本比较发达，以蕨科、禾本科、百合科、莎草科草本植物较为常见，如翠云草、虎杖、鱼腥草、龙牙草、荩草等。

乔木层平均树高12.1m，灌木层平均高4.8m，草本层平均高在0.4m以下，乔木平均胸径12.6cm，乔木郁闭度约0.7，灌木盖度0.3，草本盖度0.65。

面积202378.9240hm²，蓄积量68087944.8666m³，生物量44924426.0230t，碳储量22462213.0115t。每公顷蓄积量336.4379m³，每公顷生物量221.9817t，每公顷碳储量110.9909t。

多样性指数0.4743，优势度指数0.5257，均匀度指数0.6251。斑块数3299个，平均斑块面积61.3455hm²，斑块破碎度0.0163。

无灾害的面积246044.44hm²，轻度、中度以及重度灾害等级的林分所占面积依次为3844.44hm²、7688.89hm²、19222.22hm²。受到明显的人为干扰，主要为采伐、更新、抚育等，其中采伐面积1907.71hm²，更新面积4410.04hm²，抚育面积5324.67hm²。

（7）在福建，柳杉林主要分布于福鼎市、仙游县、周宁县，在闽清县有少量分布。

柳杉林组成简单，以柳杉人工纯林为主。灌木、草本不发达。

乔木除柳杉外，还有马尾松、桢木、长苞铁杉、栎树等。灌木主要有钝齿冬青、鸭脚茶、杜鹃等。草本主要有铁芒萁、鳞毛蕨、芒草等。

乔木平均胸径11.2cm，乔木层平均树高9.7m，乔木郁闭度0.8。灌木层平均高1m左右，灌木盖度0.2左右。草本层平均高10cm左右，草本盖度0.3左右。

面积11168.1000hm²，蓄积量1067542.9208m³，生物量704364.8192t，碳储量352182.4096t。每公顷蓄积量95.5886m³，每公顷生物量63.0694t，每公顷碳储量31.5347t。

多样性指数0，优势度指数1，均匀度指数0。斑块数4个，平均斑块面积2792.03hm²，斑块破碎度0.0004。

柳杉林健康状况良好。无自然和人为干扰。

（8）在江苏，柳杉林分布于江苏的句容市境内。

组成树种单一，主要是人工纯林，林下灌木、草本不发达，主要有杜鹃、芒萁。

乔木平均胸径10.2cm，乔木层平均树高9.8m，乔木郁闭度0.6。灌木盖度0.1，高度0.9m。草本盖度0.2，高度0.2m。

面积56.3637hm²，蓄积量2628.5267m³，生物量1734.3019t，碳储量867.1510t。每公顷蓄积量46.6351m³，每公顷生物量30.7698t，每公顷碳储量15.3849t。

多样性指数0，优势度指数1，均匀度指数0。斑块数1个，平均斑块面积56.3637hm²，斑块破碎度0.0177。

柳杉林健康状况良好。无自然和人为干扰。

（9）在台湾，柳杉林为台湾山区重要的森林类型之一，在台湾东北部有大量人工林，主要分布在新竹县、南投县溪头、嘉义县阿里山、宜南县等地，新北市、高雄市有零星分布。分布区岩石为板岩、千枚岩和砂岩发育成的酸性土壤。7月平均气温17℃左右，1月平均气温6℃左右，年均气温12℃左右，年均降水量4000mm左右。

组成树种有白花八角、厚叶枪木、狭叶球核荚蒾、野牡丹、细枝柃、椆属、变叶新木姜子等。

面积58068.5490hm²，蓄积量20068490.5344m³，生物量13108738.0171t，碳储量6319722.5980t。每公顷蓄积量345.6000m³，每公顷生物量225.7459t，每公顷碳储量108.8321t。

斑块数25个，平均斑块面积2497.5400hm²，斑块破碎度0.0004。

47. 秃杉林（*Taiwania flousiana* forest）

秃杉在云南西部的腾冲、保山、龙陵、昌宁、凤庆、盈江、陇川、梁河、潞西等县均有栽培。在海拔800~3400m都能生长。

乔木伴生树种有云南铁杉、滇青冈、西南木荷、马蹄荷、滇石栎等。灌木主要有野茉莉、针齿铁仔、紫金牛等。草本植物主要有楼梯草、沿阶草、乌毛蕨等。

乔木层平均树高33.4m，灌木层平均高约1.2m，草本层平均高在0.4m以下，乔木平均胸径44.3cm，乔木郁闭度约0.7，灌木盖度0.15，草本盖度0.4。

面积65120.3424hm²，蓄积量3692521.8833m³，生物量2165612.1847t，碳储量1085121.8045t。每公顷蓄积量56.7030m³，每公顷生物量33.2555t，每公顷碳储量16.6633t。

多样性指数0.6786，优势度指数0.3214，均匀度指数0.83249。斑块数2255个，平均斑块面积28.8782hm²，斑块破碎度0.0346。

森林健康中等。无自然干扰。人为干扰主要是抚育、采伐、更新，抚育面积17346.1027hm²，采伐面积115.6406hm²，更新面积520.3830hm²。

48. 黄杉林（*Pseudotsuga sinensis* forest）

黄杉林广泛分布于云南中部与东北部，常散生于针阔混交林中。

乔木常见混交树种有清香木、滇青冈等。灌木植物有莱江藤、火把果等。草本植物有黄茅、芸香草等。

乔木层平均树高31.6m，灌木层平均高约1.3m，草本层平均高在0.6m以下，乔木平均胸径35.4cm，乔木郁闭度约0.7，灌木盖度0.1，草本盖度0.4。

面积2359.0000hm²，蓄积量133906.1121m³，生物量78593.4426t，碳储量39225.1747t。每公顷蓄积量56.7639m³，每公顷生物量33.3164t，每公顷碳储量16.6278t。

多样性指数0.6667，优势度指数0.3333，均匀度指数0.8002。斑块数98个，平均斑块面积24.0714hm²，斑块破碎度0.0415。

森林健康中等。无自然干扰。人为干扰是征占，征占面积2.359hm²。

49. 三尖杉林（*Cephalotaxus fortune* forest）

三尖杉林主要分布于滇西北海拔2700~3000m的山林，多是针阔混交林。此外，昭通昭阳区也有一定分布。

乔木伴生树种主要有高山松、高山栎、白桦、红桦等。灌木主要有锈叶杜鹃、灰背杜鹃、峨眉蔷薇、冰川茶藨子、华西小檗、穆坪茶藨子、山梅花、矮高山栎等。草本植物较贫乏，常见的有牛膝、金莲花、银莲花、中华鳞毛蕨等。

乔木层平均树高 16.4m，灌木层平均高约 1.2m，草本层平均高在 0.3m 以下，乔木平均胸径 17.3cm，乔木郁闭度约 0.7，灌木盖度 0.15，草本盖度 0.3。

面积 4.2416hm^2，蓄积量 200.5179m^3，生物量 101.0631t，碳储量 50.6726t。每公顷蓄积量 47.2741m^3，每公顷生物量 23.8266t，每公顷碳储量 11.9465t。

多样性指数 0.8000，优势度指数 0.2000，均匀度指数 0.3000。斑块数 1 个，平均斑块面积 4.24hm^2，斑块破碎度 0.2358。

森林健康中等。无人为和自然干扰。

50. 香榧林（*Torreya grandis* forest）

在浙江，主要山区都有香榧生长，而以会稽山和天目山较为常见，以采果为主要栽培目的的则以会稽山区的诸几、绍兴、嵊县、东阳等县最为集中。

乔木组成单一，以纯林为主。灌木、草本主要有牡荆、山莓、薄荷、悬钩子等。

乔木平均胸径 25.5cm，树高 13.8m，郁闭度 0.8。灌木盖度 0.2，高度 0.8m。草本盖度 0.4，高度 0.2m。

面积 9066.5400hm^2，蓄积量 1615983.8234m^3，生物量 903390.0456t，碳储量 451695.0228t。每公顷蓄积量 178.2360m^3，每公顷生物量 99.6400t，每公顷碳储量 49.8200t。

多样性指数 0，优势度指数 1，均匀度指数 0。斑块数 26 个，平均斑块面积 348.7130hm^2，斑块破碎度 0.0028。

香榧林生长健康。无自然干扰。人为干扰主要是抚育管理。

51. 大果圆柏林（*Sabina tibetica* forest）

大果圆柏在西藏东南部具有很大的分布范围，北界大致由清海的囊谦进入西藏，经丁青、比如、嘉黎、林周、浪子卡、定日的卡达，止于聂拉木；南界沿喜马拉雅山主脊自西向东经亚东、洛扎的拉康、隆子的加玉、工布江达的芒雄拉（米拉）绕过易贡而到波密的松宗、八宿的然乌、左贡、芒康而进入四川。在西藏分布的最低海拔为 3200m（拉康、亚东），最高海拔为 4500m（浪卡子）。集中分布于 3600~3900m，形成大果圆柏林。大果圆柏耐土壤瘠薄与低温，年降水量 400~600mm，年均温度 0~5℃，土壤为棕褐土，干燥而多砾石，排水良好，腐殖质含量低，地面多无枯枝落叶。在干燥、贫瘠的阳坡形成大果圆柏林。

乔木树种单一。灌木主要有绢毛蔷薇、小檗、绣线菊、散生栒子、忍冬、柱腺茶藨子、小角柱花、伏毛金露梅等。草本有戟叶火绒草、高原唐松草、冷地早熟禾、黄芪、香青、掌叶大黄、展毛银莲花、萝卜秦艽、唐古特青兰、锥果葶苈、巴塘景天、狼毒、蒲公英、翠雀、紫菀、鹅观草、三刺草、多刺绿绒蒿、异燕麦、厚叶碎米蕨等。

乔木平均胸径 15.3cm，乔木层平均树高 7.7m，乔木郁闭度 0.7。灌木层平均高 0.8m，灌木盖度 0.2。草本层平均高 0.1，草本盖度 0.4。

面积 715200.0000hm²，蓄积量 68275995.8400m³，生物量 78517395.2160t，碳储量 39258697.6080。每公顷蓄积量 95.4642m³，每公顷生物量 109.7838t，每公顷碳储量 54.8919t。

多样性指数 0.5004，优势度指数 0.4995，均匀度指数 0.5833。斑块数 1085 个，平均斑块面积 659.1710hm²，斑块破碎度 0.0015。

大果圆柏林健康。无自然和人为干扰。

52. 圆柏林（*Juniperus chinensis* **forest**）

圆柏林在四川、甘肃、贵州、上海、青海 5 个省（市）有分布。面积 558808.0287hm²，蓄积量 38893803.3314m³，生物量 46394102.7875t，碳储量 23208278.5247t。每公顷蓄积量 69.6014m³，每公顷生物量 83.0233t，每公顷碳储量 41.5318t。多样性指数 0.5565，优势度指数 0.4434，均匀度指数 0.6596。斑块数 11105 个，平均斑块面积 50.3203hm²，斑块破碎度 0.0199。

（1）在甘肃，圆柏林有天然林和人工林。

圆柏天然林在甘肃分布范围较广，肃南裕固族自治县、天祝藏族自治县、碌曲县、卓尼县、迭部县、民乐县、合作市及山丹县有分布。

乔木多数与云杉、冷杉、其他软阔类、其他硬阔类和杨树混交。灌木中常见的有金露梅、红砂、绣线菊、其他灌木以及小檗。草本中常见有苔草、羊胡子草、大麦、蒿。

乔木层平均树高在 8.5m 左右，灌木层平均高 11.65cm，草本层平均高 2.1cm，乔木平均胸径 16cm，乔木郁闭度 0.39，灌木盖度 0.32，草本盖度 0.56，植被盖度 0.58。

面积 39969.7772hm²，蓄积量 2378345.5105m³，生物量 3302097.3279t，碳储量 1662275.7949t。每公顷蓄积量 59.5036m³，每公顷生物量 82.6149t，每公顷碳储量 41.5883t。

多样性指数 0.2500，优势度指数 0.7500，均匀度指数 0.2600。斑块多度 0.18，斑块数 1483 个，平均斑块面积 26.9519hm²，斑块破碎度 0.0371。

有轻度病害，面积 4.83hm²。有轻度虫害，面积 77.633hm²。未见火灾。未见自然干扰。有轻度人为干扰，面积 41hm²。

圆柏人工林在甘肃的榆中县、天水市、西和县、宕昌县、镇原县、西峰市、礼县和文县地区有分布。

乔木多数与云杉、桦木、油松、榆树和杨树混交。灌木不发达。草本中常见的有艾蒿、莎草、野苜蓿。

乔木层平均树高在 1.8m 左右，灌木层平均高 3.75cm，草本层平均高 2.5cm，乔木平均胸径 1cm，乔木郁闭度 0.33，灌木盖度 0.06，草本盖度 0.48，植被盖度 0.68。

面积 109.0686hm²，蓄积量 1598.3615m³，生物量 1849.4641t，碳储量 924.7320t。每公顷蓄积量 14.6546m³，每公顷生物量 16.9569t，每公顷碳储量 8.4784t。

多样性指数 0.6300，优势度指数 0.3700，均匀度指数 0.9500。斑块数 4 个，平均斑块面积 27.2671hm²，斑块破碎度 0.0367。

未见病害。未见病害。未见火灾。有轻度自然干扰，面积 28hm²。未见人为干扰。

（2）在四川，圆柏分布东界为理县、平武、康定、南达木里、乡城，在此以西以北广大高山高原地区均有分布，常见散生或组成小片纯林，但主要集中在邓柯、色达、德格、甘孜、白玉、新龙、炉霍、道孚、乾宁等地。垂直分布上，南部地区高于北部，一般海拔 3200~4200m。

乔木伴生树种主要有黄果冷杉、川西云杉。灌木主要有川西锦鸡儿、峨眉蔷薇、锥花小檗、蒿、木帚栒子、小叶栒子、木香薷、刚毛忍冬、大刺茶藨子、匍匐栒子等。草本主要有蒿、滇须芒草、短柄鹅观草、黄腺香青、钉柱委陵菜、花锚、长叶火绒草等。

乔木层平均树高 8.8m，灌木层平均高约 0.7m，草本层平均高在 0.2m 以下，乔木平均胸径 19.7cm，乔木郁闭度约 0.7，灌木盖度 0.2，草本盖度 0.5。

面积 224993.5397hm²，蓄积量 12426393.1983m³，生物量 14378579.5697t，碳储量 7189289.7849t。每公顷蓄积量 55.2300m³，每公顷生物量 63.9066t，每公顷碳储量 31.9533t。

多样性指数 0.5937，优势度指数 0.4063，均匀度指数 0.6696。斑块数 4110 个，平均斑块面积 54.7430hm²，斑块破碎度 0.0183。

各个灾害等级的林分都有，从无灾害到重度灾害的面积依次为 190404.83、24051.14、10689.39 和 2004.26hm²。受到明显的人为干扰，主要为采伐、更新、抚育、征占等，其中采伐面积 1565.52hm²，更新面积 3619.00hm²，抚育面积 4369.57hm²，征占面积 737.01hm²。

（3）在上海，圆柏林分布于上海的闵行区。

圆柏林在上海为人工林，林下灌木草本不发达。

胸径 15.5cm，树高 9.8m，乔木郁闭度 0.7。

面积 51.1810hm²，蓄积量 2121.4320m³，生物量 2528.7457t，碳储量 1264.3729t。每公顷蓄积量 41.4496m³，每公顷生物量 49.4079t，每公顷碳储量 24.7040t。

多样性指数 0，优势度指数 1，均匀度指数 0。斑块数 1 个，平均斑块面积 51.1810hm²，斑块破碎度 0.0195。

圆柏林健康。无自然干扰。人为干扰主要是抚育活动。

（4）在贵州，圆柏（祁连圆柏）林分布在三都水族自治县，在丹寨县也有分布。乔木伴生种有黄背栎等。灌木有杜鹃、栒子等物种。草本主要有绣线菊、凤仙花等。

乔木平均胸径 10.5cm，树高 7.3m，乔木郁闭度 0.6。灌木盖度 0.3，高度 1.02m。草本盖度 0.5，高度 0.2m。

面积 777.8422hm²，蓄积量 19580.4073m³，生物量 22656.4893t，碳储量 11328.2446t。每公顷蓄积量 25.1727m³，每公顷生物量 29.1274t，每公顷碳储量 14.5637t。

多样性指数 0.2998，优势度指数 0.7002，均匀度指数 0.6755。斑块数 31 个，平均斑块面积 25.0916hm²，斑块破碎度 0.0398。

圆柏林健康。无自然和人为干扰。

（5）在青海，圆柏林以天然林为主，广泛分布在襄谦县、都兰县和玉树县以及玛沁县。

乔木主要与青海云杉混交。灌木常见的有金露梅、锦鸡儿、忍冬、蔷薇、银露梅等。草本有杜鹃、蒿、针茅等。

乔木层平均树高 8.6m，灌木层平均高 0.3m，草本层平均高 0.2m，乔木郁闭度 0.42，灌木盖度 0.2，草本盖度 0.25，乔木平均胸径 7.2cm。

面积 292906.6200hm²，蓄积量 24065764.4218m³，生物量 28686391.1908t，碳储量 14343195.5954t。每公顷蓄积量 82.1619m³，每公顷生物量 97.9370t，每公顷碳储量 48.9685t。

多样性指数 0.5700，优势度指数 0.4300，均匀度指数 0.5700。斑块数 5476 个，平均斑块面积 53.4891hm²，斑块破碎度 0.0187。

有轻度、中度和重度虫害，受害面积分别为 194.94hm²、13555.22hm² 和 459.79hm²，中度虫害面积很大。无人为干扰。

53. 侧柏林（*Platycladus orientalis* forest）

侧柏在江苏、安徽、北京、河北、天津、甘肃、河南、山西、青海等九个省（市）有分布。面积 648775.7470hm²，蓄积量 42348193.0884m³，生物量 49423342.1296t，碳储量 23985792.0671t。每公顷蓄积量 65.2740m³，每公顷生物量 76.1794t，每公顷碳储量 36.9709t。多样性指数 0.4475，优势度指数 0.5525，均匀度指数 0.5275。斑块数 19502 个，平均斑块面积 33.2671hm²，斑块破碎度 0.0301。

（1）在江苏，侧柏林主要分布在暖温带徐州市地区沿陇海铁路两侧的石灰岩丘陵上；北亚热带北缘的盱眙县，在石灰岩和玄武岩丘陵上也有少量分布。

乔木树种单一。灌木有黄檀、黄连木、山槐、酸枣、牡荆等。草本有白茅、荩草、朝阳隐子草、翻白草、地榆、远志等。

乔木层平均树高约 5m，乔木平均胸径约 6cm。

面积 12120.3000hm²，蓄积量 311491.7100m³，生物量 360426.2092t，碳储量 180213.1046t。每公顷蓄积量 25.7000m³，每公顷生物量 29.7374t，每公顷碳储量 14.8687t。

多样性指数 0，优势度指数 1，均匀度指数 0。斑块数 11 个，平均斑块面积 1101.84hm²，斑块破碎度 0.0009。

病害无。虫害无。火灾无。人为干扰类型为森林经营活动。无自然干扰。

（2）在安徽，侧柏林在淮北皇藏峪、寿县八公山均有分布。

乔木伴生树种有刺槐、构树、黄栌、栓皮栎、色木槭、油松、白蜡。灌木有胡枝子、荆条、绣线菊、构树、酸枣、鼠李、地锦、山莓。草本有苔草、荩草、狗尾草、茜草、蝎子草、白羊草。

乔木层平均树高 9.0m，灌木层平均高 1.64m，草本层平均高 0.35cm，乔木平均胸径 25cm，乔木郁闭度 0.75，灌木与草本盖度 0.4~0.45，植被盖度 0.9~0.95。

面积 187115.8554hm²，蓄积量 31932436.0787m³，生物量 36949021.7866t，碳储量 18474510.8933t。每公顷蓄积量 170.6560m³，每公顷生物量 197.4660t，每公顷碳储量 98.7330t。

多样性指数 0.5468，优势度指数 0.4533，均匀度指数 0.6440。斑块数 838 个，平均斑块面积 223.2886hm²，斑块破碎度 0.0045。

森林健康。无自然干扰。

（3）在北京，侧柏林多系人工栽培，广泛栽培于山区各县区低山地带、城市公园和行道旁。侧柏林在北京北部燕山山脉最高分布可达海拔 1500m，在北京西部太行山山脉最高分布可达海拔 1500m。

乔木层组成比较简单，伴生树种主要是山毛榉科、榆科及松柏科的一些树种，偶见杨树、构树、旱柳、刺槐、臭椿、苦楝等树种。灌木层以马鞭草科的荆条为主，还有蔷薇科、豆科的植物较多，鼠李科植物也常出现。草本以菊科和禾本科植物居多，其中以禾本科植物占优。莎草科植物比例较小。

乔木层平均树高 7.1m，灌木层平均高约 1m，草本层平均高在 0.5m 以下，乔木平均胸径 8.0cm，乔木郁闭度约 0.6，灌木盖度约 0.2，草本盖度 0.15。

面积 69532.4205hm²，蓄积量 563800.0000m³，生物量 943000.0000t，碳储量 471500.0000t。每公顷蓄积量 8.1084m³，每公顷生物量 13.5620t，每公顷碳储量 6.7810t。

多样性指数 0.1507，优势度指数 0.8493，均匀度指数 0.0841。斑块数 1341 个，平均斑块面积 51.8511hm²，斑块破碎度 0.0193。

森林健康。无自然干扰。

（4）在河北，侧柏林多系人工栽培，广泛栽培于省西部太行山东麓各县区低山地带、城市公园和行道旁。

乔木种类组成比较单纯，有时偶尔混生一些平原上常见的榆树、杨树、构树、旱柳、槐树、刺槐、臭椿、苦楝等。灌木优势种以酸枣或荆条为主，伴生的有白刺花、小花溲疏、虎榛子、黄刺梅、杭子梢、卫矛、绣线菊、胡枝子、小果蔷薇、山桃、扁担杆、连翘、山杏、黄栌和乔木的萌生植株，如黄檀、黄连木、山槐、柳树、榆树和山楂等。草本以黄背草、白羊草、苔草、小红菊为主。

乔木层平均树高 8.5m，灌木层平均高 1.1m，草本层平均高 0.2m，乔木平均胸径 12.3cm，乔木郁闭度 0.7，灌木盖度 0.09，草本盖度 0.07。

面积 19782.1553hm²，蓄积量 565513.6132m³，生物量 674092.2269t，碳储量 337046.1135t。每公顷蓄积量 28.5871m³，每公顷生物量 34.0758t，每公顷碳储量 17.0379t。

多样性指数 0.6722，优势度指数 0.3278，均匀度指数 0.6082。斑块数 158 个，平均斑块面积 125.2035hm²，斑块破碎度 0.0080。

森林健康。无自然和人为干扰。

（5）在天津，侧柏林大多为人工林，主要分布在蓟县及低山地带、城市公园和行道旁。

乔木层组成简单，一般为纯林，少量伴生树种有山合欢、麻栎、栓皮栎等，灌木层以荆条、酸枣、绣线菊、小花扁担杆为主，还有尖叶黄栌、达乌里胡枝子、绒毛胡枝子、花槐蓝等植物。

草本以黄背草、白羊草、野古草及蒿为主，还有桔梗、紫菀、紫胡、委陵菜、地榆等植物。

乔木层平均树高 6.8m，灌木层平均高 0.7m，草本层平均高 0.6m，乔木平均胸径 8.9cm，乔木郁闭度 0.83，灌木盖度 0.14，草本盖度 0.11。

面积 4610.4142hm^2，蓄积量 131798.1778m^3，生物量 151309.0484t，碳储量 75654.5242t。每公顷蓄积量 28.5871m^3，每公顷生物量 32.8190t，每公顷碳储量 16.4095t。

多样性指数 0.5004，优势度指数 0.4996，均匀度指数 0.31092。斑块数 143 个，平均斑块面积 32.2406hm^2，斑块破碎度 0.0310。

森林健康。无自然和人为干扰。

（6）在山西，侧柏林以人工林为主，广泛分布在平顺县和阳城县等。

乔木与刺槐混交。灌木中偶见水榆花楸、梨树等。草本中偶见玄参。

乔木层平均树高 5.8m，灌木层平均高 6.3cm，草本层平均高 4.3cm，乔木平均胸径 6.7cm，乔木郁闭度 0.39，灌木盖度 0.1，草本盖度 0.51。

面积 133027.8096hm^2，蓄积量 1094662.7686m^3，生物量 1266634.2895t，碳储量 633317.1448t。每公顷蓄积量 8.2288m^3，每公顷生物量 9.5216t，每公顷碳储量 4.7608t。

多样性指数 0.2400，优势度指数 0.7600，均匀度指数 1.0000。斑块数 6550 个，平均斑块面积 20.3095hm^2，斑块破碎度 0.0492。

未见病害。有轻度虫害，面积 18hm^2。有轻度和中度火灾，面积分别为 656hm^2、12hm^2。有轻度和中度自然干扰，面积分别为 4827hm^2、7584hm^2。有轻度和中度人为干扰，面积分别为 91hm^2、4hm^2。

（7）在甘肃，侧柏林有天然林和人工林分布。

侧柏天然林分布于康县、徽县、成县、两当县、天水市市辖区、合水县、华池县、文县。北纬 32°45′~36°27′，东经 101°20′~108°39′。垂直分布于海拔 994~3871m 之间。

乔木常见与云杉、冷杉、其他软阔类、其他硬阔类、杨树混交。灌木中常见的有金露梅、柏类灌、红砂、绣线菊、其他灌木、小檗。草本中主要有苔草、羊胡子草、大麦、禾本科草、蒿。

乔木平均胸径 13.8cm，树高 9.5m，乔木郁闭度 0.5。灌木层平均高 0.8m，灌木盖度 0.2。草本盖度 0.4，高度 0.2m。

面积 19846.2900hm^2，蓄积量 763944.6672m^3，生物量 883960.3744t，碳储量

441980.1872t。每公顷蓄积量 38.4931m³，每公顷生物量 44.5403t，每公顷碳储量 22.2702t。

多样性指数 0.2489，优势度指数 0.7511，均匀度指数 0.2553。斑块数 997 个，平均斑块面积 19.9060hm²，斑块破碎度 0.0502。

病害轻度面积 20.03hm²。虫害轻度面积 42.29hm²，中度面积 21.16hm²。侧柏林健康状况中等，其中健康面积 3443.0096hm²，亚健康面积 14055.158hm²，中健康面积 2348.1224hm²。轻度自然干扰面积 23.0765hm²。无人为干扰。处于稳定阶段。

侧柏人工林分布于甘肃的定西县、兰州市、天水市、通渭县、陇西县、漳县、会宁县、文县。北纬 32°46′～39°46′，东经 98°30′～108°39′。垂直分布于海拔 275～2819m 之间。

乔木常见与云杉、桦木、油松、榆树、杨树混交。灌木少见。草本中主要有艾蒿、莎草、野苜蓿。

乔木平均胸径 11.9cm，树高 8.8m，乔木郁闭度 0.5。草本盖度 0.4，高度 0.2m。

面积 22810.1963hm²，蓄积量 554975.2814m³，生物量 642161.8981t，碳储量 321080.9491t。每公顷蓄积量 24.3301m³，每公顷生物量 28.1524t，每公顷碳储量 14.0762t。

多样性指数 0.6271，优势度指数 0.3729，均匀度指数 0.9542。斑块数 844 个，平均斑块面积 27.0262hm²，斑块破碎度 0.0370。

轻度病害面积 226.27hm²，中度病害面积 1.21hm²。轻度虫害面积 542.14hm²，中度虫害面积 209.9hm²。健康林面积 3455.4947hm²，亚健康林面积 18648.586hm²，中健康林面积 706.1154hm²。轻度自然干扰面积 2110.556hm²，中度自然干扰面积 8021.885hm²，重度自然干扰面积 152.0295hm²。轻度人为干扰面积 55.8134hm²，中度人为干扰面积 245.9128hm²。处于先锋发展阶段。

（8）在河南，侧柏林主要分布在大别山、桐柏山、伏牛山及太行山区。

乔木伴生树种主要有油松、刺槐、栎类等。灌木主要有山合欢、荆条、鼠李科枣属的酸枣、黄荆、胡枝子、野山楂、六道木、野海棠等。草本主要有长芒草、黄背草、桔梗、白草、阿尔泰紫菀、黄花蒿等。

乔木层平均树高 10.3m，灌木层平均高 0.76m，草本层平均高 0.4m，乔木平均胸径 14.5cm，乔木郁闭度 0.62，灌木盖度 0.12，草本盖度 0.24，植被盖度 0.8。

面积 178849.2458hm²，蓄积量 6401386.5844m³，生物量 7520124.3503t，碳储量 3034183.1774t。每公顷蓄积量 35.7921m³，每公顷生物量 42.0473t，每公顷碳储量 16.9650t。

多样性指数 0.6160，优势度指数 0.384，均匀度指数 0.1235。斑块数 8578 个，平均斑块面积 20.8498hm²，斑块破碎度 0.0480。

森林健康。无自然干扰。

（9）在青海，侧柏人工林较少，以西宁市城区、大通县、祁连县和互助县为主。

乔木与青海云杉、桦木、川西云杉等混交。灌木常见的有金露梅、锦鸡儿、忍冬、蔷薇、银露梅等。草本中常有蒿、珠芽蓼、莎草等。

乔木层平均树高 8.6m，灌木层平均高 0.3m，草本层平均高 0.2m，乔木郁闭度 0.42，灌木盖度 0.1，草本盖度 0.25，乔木平均胸径 7.2cm。

面积 1081.0600hm^2，蓄积量 28184.2072m^3，生物量 32611.9461t，碳储量 16305.9730t。每公顷蓄积量 26.0709m^3，每公顷生物量 30.1666t，每公顷碳储量 15.0833t。

多样性指数 0.5600，优势度指数 0.4400，均匀度指数 0.6200。斑块数 42 个，平均斑块面积 25.7395hm^2，斑块破碎度 0.0380。

有轻度和中度虫害，受害面积分别为 1.96hm^2 和 47.45hm^2。未见病害。未见火灾。有轻度和中度自然干扰，面积分别为 108.11hm^2 和 182.11hm^2。有轻度人为干扰，面积 229.91hm^2。

54. 干香柏林（*Cupressus duclouxiana* forest）

干香柏林产于云南中部、西北部海拔 1400~3300m 地带，散生于干热或干燥山坡之林中，或成小面积纯林（如丽江雪山等地）。

乔木伴生树种有滇青冈、云南松、华山松等。灌木主要有火把果、胡枝子、乌饭树、余甘子等。草本植物主要有野古草、云南兔儿风、紫茎泽兰等。

乔木层平均树高 20.4m，灌木层平均高约 1.3m，草本层平均高在 0.5m 以下，乔木平均胸径 25.7cm，乔木郁闭度约 0.6，灌木盖度 0.2，草本盖度 0.5。

面积 4804.7132hm^2，蓄积量 281075.7203m^3，生物量 325232.7160t，碳储量 162616.3580t。每公顷蓄积量 58.5000m^3，每公顷生物量 67.6904t，每公顷碳储量 33.8452t。

多样性指数 0.8264，优势度指数 0.1734，均匀度指数 0.3019。斑块数 226 个，平均斑块面积 21.2597hm^2，斑块破碎度 0.0470。

森林健康中等。无自然干扰。人为干扰主要是抚育、更新等活动，抚育面积 1423.6389hm^2，更新面积 42.7091hm^2。

55. 台湾扁柏林（*Chamaecyparis obtuse* forest）

原产于台湾，主要分布中央山脉北部及中部太平山、三星山、八仙山、阿里山等地海拔 1300~2800m 地区，在四川省内少量栽培。

乔木单一。灌木发育较差，少见其他灌木树种。草本盖度较高，主要草本植物有峨眉千里光、绣线菊、问荆、款冬、风轮菜、南赤爬等。

乔木层平均树高 2.2m，草本层平均高在 0.6m 以下，乔木平均胸径 6cm，乔木郁闭度约 0.6，草本盖度 0.5。

面积 188.0038hm^2，蓄积量 10003.1220m^3，生物量 11574.6124t，碳储量 5787.3062t。每公顷蓄积量 53.2070m^3，每公顷生物量 61.5658t，每公顷碳储量 30.7829t。

多样性指数 0.2317，优势度指数 0.7683，均匀度指数 0.3412。斑块数 5 个，平均斑块面积 37.6008hm²，斑块破碎度 0.0266。

森林健康。无自然和人为干扰。

56. 柏木林（*Cupressus funebris* forest）

柏木林在我国有广泛的分布，比如福建、广西、贵州、江苏、辽宁、甘肃、青海、四川、山东、山西、陕西、河南、湖北、湖南、重庆、云南等 16 个省（自治区、直辖市）都有分布。面积 3518977.5312hm²，蓄积量 161366031.6030m³，生物量 187168397.1960t，碳储量 93584198.5983t。每公顷蓄积量 45.9979m³，每公顷生物量 53.3509t，每公顷碳储量 26.6755t。多样性指数 0.2703，优势度指数 0.7296，均匀度指数 0.5191。斑块数 90918 个，平均斑块面积 38.7049hm²，斑块破碎度 0.0258。

（1）在辽宁，分布柏木天然林。

柏树林乔木伴生树种主要有麻栎、化香树。灌木主要有马桑、黄荆。草本主要有莎草、白茅、苔草、芒。

乔木层平均树高 4.67m，灌木层平均高 0.7m，草本层平均高 0.3m，乔木平均胸径 8.08cm，乔木郁闭度 0.5，灌木盖度 0.8，草本盖度 0.45，植被盖度 0.95。

面积 9219.8218hm²，蓄积量 223896.7131m³，生物量 239926.1313t，碳储量 119963.0657t。每公顷蓄积量 24.2843m³，每公顷生物量 26.0229t，每公顷碳储量 13.0114t。

多样性指数 0.5231，优势度指数 0.4768，均匀度指数 0.0787。斑块数 313 个，平均斑块面积 29.4562hm²，斑块破碎度 0.0339。

森林健康。无自然干扰。

（2）在甘肃，柏木林有天然林和人工林。

柏木天然林在甘肃南裕固族自治县、卓尼县、天祝藏族自治县、迭部县、民乐县、舟曲县、徽县、永登县都有柏木天然林分布。

乔木多数与云杉、桦木、油松、榆树、杨树混交。灌木中常见的有金露梅、红砂、绣线菊、其他灌木、小檗。草本中主要有苔草、羊胡子草、大麦、蒿。

乔木层平均树高在 8.5m 左右，灌木层平均高 11.65cm，草本层平均高 2.1cm，乔木平均胸径 16cm，乔木郁闭度 0.39，灌木盖度 0.32，草本盖度 0.56，植被盖度 0.66。

面积 1524.4106hm²，蓄积量 180319.0123m³，生物量 208647.1292t，碳储量 104323.5646t。每公顷蓄积量 118.2877m³，每公顷生物量 136.8707t，每公顷碳储量 68.4353t。

多样性指数 0.2500，优势度指数 0.7500，均匀度指数 0.2600。斑块数 440 个，平均斑块面积 3.4645hm²，斑块破碎度 0.2886。

有轻度病害，面积 40.81hm²。未见虫害。未见火灾。未见自然干扰。未见人为干扰。

柏木人工林在甘肃主要集中在天祝藏族自治县，天水市市辖区有少量分布。

乔木见与云杉、桦木、油松混交。灌木不发达。草本中常见的有艾蒿、莎草、野苜蓿。

乔木层平均树高在 10.8m 左右,灌木层平均高 3.75cm,草本层平均高 2.5cm,乔木平均胸径 10.1cm,乔木郁闭度 0.23,灌木盖度 0.06,草本盖度 0.48,植被盖度 0.68。

面积 57.7255hm^2,蓄积量 3463.5285m^3,生物量 4007.6488t,碳储量 2003.8244t。每公顷蓄积量 60.0000m^3,每公顷生物量 69.4260t,每公顷碳储量 34.7130t。

多样性指数 0.6300,优势度指数 0.3700,均匀度指数 0.9500。斑块数 12 个,平均斑块面积 4.8104hm^2,斑块破碎度 0.2079。

未见病害。未见虫害。未见火灾。未见自然干扰。未见人为干扰。

(3) 在山西,柏木林有天然林和人工林。

柏木天然林仅分布在中阳县。

乔木与鹅耳枥、栎类、油松以及其他松类混交。灌木有侧柏、黄栌。草本有白草、蒿、羊胡子草等。

乔木层平均树高 4.6m,灌木层平均高 14.7cm,草本层平均高 2.4cm,乔木平均胸径 7.8cm,乔木郁闭度 0.42,灌木盖度 0.4,草本盖度 0.3。

面积 643.6390hm^2,蓄积量 12229.1416m^3,生物量 14150.3397t,碳储量 7075.1699t。每公顷蓄积量 19.0000m^3,每公顷生物量 21.9849t,每公顷碳储量 10.9924t。

多样性指数 0.2200,优势度指数 0.7800,均匀度指数 0.8300。斑块数 40 个,平均斑块面积 16.0909hm^2,斑块破碎度 0.0621。

未见病害。有轻度虫害,面积 9hm^2。有轻度火灾,面积 3hm^2。有轻度自然灾害,面积 64hm^2。有轻度人为干扰,面积 10hm^2。

柏木人工林分布区域以中阳县和太原市市辖区为主,太谷县以及长治市市辖区等也有分布。

乔木与刺槐、柳树、油松等混交。灌木有梨树、黄栌。草本中常有羊胡子草、铁杆蒿、蒿等。

乔木层平均树高 2m,灌木层平均高 8.9cm,草本层平均高 3.1cm,乔木平均胸径 2.6cm,乔木郁闭度 0.45,灌木盖度 0.17,草本盖度 0.4。

面积 20.3377hm^2,蓄积量 457.5979m^3,生物量 529.4865t,碳储量 264.7433t。每公顷蓄积量 22.5000m^3,每公顷生物量 26.0347t,每公顷碳储量 13.0174t。

多样性指数 0.2500,优势度指数 0.7500,均匀度指数 0.8900。斑块数 2 个,平均斑块面积 10.1688hm^2,斑块破碎度 0.0983。

未见病害。有轻度虫害,面积 9hm^2。有轻度火灾,面积 3hm^2。有轻度自然灾害,面积 64hm^2。有轻度人为干扰,面积 10hm^2。

(4) 在陕西,柏木林有天然林和人工林。

柏木天然林主要分布在陕西的富县、延安市、甘泉县、汉阴县等地区。

乔木常与油松、栎类以及一些硬软阔类林混交。灌木中常见的有小叶女贞、绣线菊、荆条、黄蔷薇等植物。草本常见的有羊胡子草、苔藓、莎草等植物。

乔木层平均树高在 7.9m 左右，灌木层平均高 16.3cm，草本层平均高 3.3cm，乔木平均胸径 12cm，乔木郁闭度 0.54，灌木盖度 0.39，草本盖度 0.43，植被盖度 0.84。

面积 104050.3951hm²，蓄积量 4062127.4247m³，生物量 4700289.3079t，碳储量 2350144.6540t。每公顷蓄积量 39.0400m³，每公顷生物量 45.1732t，每公顷碳储量 22.5866t。

多样性指数 0.3600，优势度指数 0.6400，均匀度指数 0.4300。斑块数 5829 个，平均斑块面积 17.8504hm²，斑块破碎度 0.0560。

未见病害。未见虫害。未见火灾。有轻度自然干扰，面积 7hm²。有轻度人为干扰，面积 370hm²。

柏木人工林在陕西主要分布于榆林市、城固县、紫阳县等。

乔木常与马尾松、榆树以及一些硬软阔类林混交。灌木常见的有臭椿、荆条、酸枣、野刺玫等植物。草本常见的有艾草、蒿、羊胡子草等植物。

乔木层平均树高 1.9m 左右，灌木层平均高 9.3cm，草本层平均高 4.1cm，乔木平均胸径 13cm，乔木郁闭度 0.2，灌木盖度 0.22，草本盖度 0.45，植被盖度 0.68。

面积 750464.4365hm²，蓄积量 5868631.8937m³，生物量 6790593.9642t，碳储量 3395296.9821t。每公顷蓄积量 7.8200m³，每公顷生物量 9.0485t，每公顷碳储量 4.5243t。

多样性指数 0.2600，优势度指数 0.7400，均匀度指数 0.6200。斑块数 5652 个，平均斑块面积 132.7785hm²，斑块破碎度 0.0075。

未见病害。未见虫害。未见火灾。有轻度自然干扰，面积 44hm²。有轻度人为干扰，面积 964hm²。

（5）在湖北，柏木林广泛分布于鄂西南武陵山区低海拔处及鄂东南低山丘陵区。

白茅+苔草—马桑+火棘—柏木林：乔木伴生树种有栓皮栎、马尾松、刺楸、黄连木、紫弹树、黄檀、油桐、棕榈等。灌木以马桑和火棘占优势，其次有少量的南天竹、小果蔷薇、中华绣线菊、铁仔等稀疏分布。草本层以白茅和多种苔草占优势，其次有乌蕨、蜈蚣草、狗尾草、江南卷柏、野菊花等。

白茅—黄荆+荒花—柏木林：乔木伴生树种有马尾松、栓皮栎、侧柏等。灌木以黄荆和荒花占优势，其次有山豆花、小果蔷薇等。草本植物以白茅占优势，其次有黄背草、山莴苣、湖北野青茅、野燕麦、夏枯草、米口袋、豨莶等。

乔木层平均树高 7~8m，平均胸径 8~10m。灌木盖度 0.2~0.3，草本盖度 0.5 左右。

面积 1172.1779hm²，蓄积量 6675.7293m³，生物量 7724.4864t，碳储量 3862.2432t。每公顷蓄积量 5.6952m³，每公顷生物量 6.5899t，每公顷碳储量 3.2949t。

多样性指数 0.5120，优势度指数 0.4880，均匀度指数 0.6980。斑块数 44 个，平均斑块面积 26.6404hm²，斑块破碎度 0.0375。

森林健康。无自然干扰。

（6）在湖南，有柏木天然林和人工林，以天然林为主。

柏木天然林主要产地为湘西北的花垣、保靖、泸溪、古丈、桑植、龙山、凤凰、大庸、沅陵、麻阳、辰溪等 12 个县，道县、东安、桂阳、新田等县亦有分布。海拔 100～1000m，一般分布于海拔 700m 以下的石灰岩山地。

乔木伴生树种有鸡仔木、响叶杨等。灌木常见山枇杷、竹叶花椒、小槐花、云实、圆叶鼠李、老虎刺、山胡椒、华南云实、山茱萸、白木桶、周毛悬钩子、檵木、金山荚蒾、狭叶球核荚蒾、华中冬青、马桑、异叶花椒、小黄构、马棘、全缘火棘、黄荆、金樱子、铁仔等。草本常见鹿藿、单叶铁线莲、渐尖毛蕨、苔草、荩草、香薷、唐松草、秋牡丹、野菊花、江南卷柏、扭黄茅、臭根子草等。苔藓常见为大羽藓。

乔木层平均树高 10.5m，平均胸径 13.4cm，乔木郁闭度 0.4。灌木盖度 0.3，高度 1.1m。草本盖度 0.6，高度 0.3m。

面积 164523.1444hm²，蓄积量 944645.64323m³，生物量 1096014.8888t，碳储量 548007.4444t。每公顷蓄积量 5.7417m³，每公顷生物量 6.6618t，每公顷碳储量 3.3309t。

多样性指数 0.3040，优势度指数 0.6960，均匀度指数 0.8340。斑块数 2993 个，平均斑块面积 54.9693hm²，斑块破碎度 0.0182。

有 20%以内的面积受灾。处于亚健康状态。

（7）在重庆，柏木林在各个区县广泛分布。

乔木伴生树种有水青冈、马尾松等，少数林分内混有栎类、刺槐等其他阔叶树种。

乔木层平均树高 6.2m，灌木层平均高 1.5m，草本层平均高在 0.4m 以下，乔木平均胸径 7.9cm，乔木郁闭度约 0.6，灌木盖度约 0.2，草本盖度 0.2。

面积 447155.5071hm²，蓄积量 14723355.2361m³，生物量 17036394.3437t，碳储量 8518197.1719t。每公顷蓄积量 32.9267m³，每公顷生物量 38.0995t，每公顷碳储量 19.0497t。

多样性指数 0.0985，优势度指数 0.9015，均匀度指数 0.1266。斑块数 19177 个，平均斑块面积 23.3172hm²，斑块破碎度 0.0429。

森林健康。无自然和人为干扰。

（8）在贵州，柏木林主要分布于北部、东北部及中部石灰岩山地，一般多在海拔 700～1200m 处。在黔南、黔中及黔东南凯里附近，有大片人工林分布。

乔木混生的阔叶树种有光皮桦、黄连木、圆果化香等。灌木种类较多，主要有檵木、竹叶椒、多叶椒等。草本多以白茅、芒为主，常有一些好钙的蕨科植物和耐寒的禾本科草。

乔木层平均树高 10.2m，灌木层平均高 1.5m，草本层平均高 0.5m 以下，乔木平均胸径 12.8cm，乔木郁闭度 0.37，灌木盖度 0.55，草本盖度 0.13。

面积 230752.2206hm²，蓄积量 6898463.2873m³，生物量 7982211.8697t，碳储量 3991105.9349t。每公顷蓄积量 29.8955m³，每公顷生物量 34.5921t，每公顷碳储量 17.2961t。

多样性指数 0.3520，优势度指数 0.6480，均匀度指数 0.3000。斑块数 15330 个，平均斑块面积 15.0523hm²，斑块破碎度 0.0664。

森林健康。无自然干扰。人为干扰主要是抚育间伐、除灌等森林经营活动。

（9）在云南，柏木林分布在东南部及中部等地区，且在云南中部分布于海拔2000m以下，均长成大乔木。

乔木伴生树种有马尾松、杉木、枫香、白栎、棕榈、化香、乌柏、麻栎等。灌木较少，主要有铁仔、马桑、菱叶海桐、黄荆、华西小檗、烟管荚蒾、火棘、野花椒等。草本植物常见金挖耳、求米草、棒头草、打破碗花花、白茅等。

乔木层平均树高9.8m，灌木层平均高约1.3m，草本层平均高在0.2m以下，乔木平均胸径21.6cm，乔木郁闭度约0.7，灌木盖度0.1，草本盖度0.3。

面积127858.217hm^2，蓄积量12913680.0001m^3，生物量14942419.1281t，碳储量7471209.5641t。每公顷蓄积量101.0000m^3，每公顷生物量116.8671t，每公顷碳储量58.4336t。

多样性指数0.8566，优势度指数0.1434，均匀度指数0.2922。斑块数5120个，平均斑块面积24.9723hm^2，斑块破碎度0.0400。

森林健康中等。无自然干扰。人为干扰为抚育、采伐、更新、征占，抚育面积30491.4655hm^2，采伐面积203.2764hm^2，更新面积914.7439hm^2，征占面积26.22hm^2。

（10）在四川，柏木林分布于盆地内部及盆周低山海拔300~1600m的广大地区，以盆地北部最为普遍。其分布界限大致为：北抵龙门山至大巴山，向东直达巫山境内的低山丘陵，逾长江至武陵山系，南至云贵高原，西至鲁南山及大、小相岭，分布面积很广。

乔木伴生树种主要有马尾松、杉木、枫香、白栎、棕榈、化香、乌柏、油桐、麻栎等。灌木主要有铁仔、马桑、菱叶海桐、黄荆、华西小檗、小花扁担杆、烟管荚蒾、火棘、野花椒等。草本主要有金挖耳、求米草、棒头草、苔草、打破碗花花、白茅、芭茅以及一些菊科植物。。

乔木层平均树高9.8m，灌木层平均高约1.3m，草本层平均高在0.2m以下，乔木平均胸径21.6cm，乔木郁闭度约0.7，灌木盖度0.15，草本盖度0.3。

面积1298963.0065hm^2，蓄积量99838296.6828m^3，生物量115522893.0917t，碳储量57761446.5459t。每公顷蓄积量76.8600m^3，每公顷生物量88.9347t，每公顷碳储量44.4674t。

多样性指数0.3211，优势度指数0.6789，均匀度指数0.2922。斑块数35692个，平均斑块面积36.3937hm^2，斑块破碎度0.0275。

各个灾害等级的林分都有，从无灾害到重度灾害的面积依次为1143274.12hm^2、144413.57hm^2、64183.81hm^{2}和12034.46hm^2。受到明显的人为干扰，主要为采伐、更新、抚育、征占等，其中采伐面积9400.07hm^2，更新面积21730.04hm^2，抚育面积26236.79hm^2，征占面积4425.36hm^2。

（11）在福建，柏木林在福建主要是福建柏林，福建柏在福建分布较广，在永泰、闽清、仙游、德化、永春、龙岩、长汀、上杭、连城、建瓯、浦城、罗源、周宁等地都有分布。

乔木有福建青冈、火力楠、豹皮樟，山柿子、杨梅、台湾榕、广东润楠、丝栗栲、乌药。灌木有山苍子、毛杜鹃、钩毛紫珠、悬钩子、野牡丹、寒梅、白背叶、山鸡椒、微毛柃、毛冬青、小叶赤楠、乌饭、大青、杨桐、朱砂根、山矾、山乌桕、白花苦灯。草本有7种植物，分别为黑莎草、芒萁、五节芒、乌蕨、三叉苦、玉叶金花、菝葜、毛鸡屎藤。

35年生乔木平均胸径15.5~18.7cm，树高12~13.2m，乔木郁闭度0.65。灌木层平均高5m以下，灌木盖度0.3。草本层平均高1m以下，草本盖度0.2以下。

面积 312.6110hm²，蓄积量 32053.8277m³，生物量 37089.4841t，碳储量 18544.7420t。每公顷蓄积量 102.5358m³，每公顷生物量 118.6442t，每公顷碳储量 59.3221t。

多样性指数0.2310，优势度指数0.7690，均匀度指数0.4010。斑块数1个，平均斑块面积312.6110hm²，斑块破碎度0.0032。

柏木林健康。无自然和人为干扰。

（12）在广西，柏木林主要是福建柏林，分布于灌阳县千家洞国家级自然保护区等地，是我国现存福建柏面积最大、树种分布最集中的地区之一。

乔木伴生树种有水青冈、甜槠、细叶青冈、薯豆、多穗石栎、红楠以及黄山松等。灌木主要优势树种为鹿角杜鹃、箬竹、厚叶红淡、短尾越桔、贵州连蕊茶、广西越桔、光叶石楠等。草本有沿阶草、野古草，以及狗脊、两色鳞毛蕨等植物。

乔木平均胸径20cm，乔木层平均树高15m，乔木郁闭度可达0.9。灌木层平均高1~2.5m，盖度0.75。草本层平均高0.15~1.5m，盖度0.3。

面积 14694.2797hm²，蓄积量 971452.8213m³，生物量 1124068.0596t，碳储量 562034.0298t。每公顷蓄积量 66.1110m³，每公顷生物量 76.4970t，每公顷碳储量 38.2485t。

多样性指数0.8327，优势度指数0.1673，均匀度指数0.8443。斑块数22个，平均斑块面积667.922hm²，斑块破碎度0.0014。

柏木林健康。无自然和人为干扰。

（13）在江苏，柏木林分布以如东县、铜山县为主，宜兴市、江浦县也有分布。

灌木、草本主要有乌饭、狗脊、马银花、胡秃子等。

乔木平均胸径7.7cm，乔木层平均树高7.2m，乔木郁闭度0.6。灌木盖度0.1，灌木层平均高0.6m。草本盖度0.5，草本层平均高0.2m。

面积 33168.7000hm²，蓄积量 1374830.5416m³，生物量 1638798.0056t，碳储量 819399.0028t。每公顷蓄积量 41.4496m³，每公顷生物量 49.4080t，每公顷碳储量 24.7040t。

多样性指数0，优势度指数1，均匀度指数0。斑块数58个，平均斑块面积571.874hm²，斑块破碎度0.0017。

柏木林生长健康。无自然和人为干扰。

（14）在山东，柏木林主要是侧柏林和桧柏林，主要集中分布在山东省中部、南部地区，以泗水、枣庄、章丘、淄博为主，藤州、新泰也有零星分布。

乔木组成单一，伴有少量朴树、臭椿等。灌木主要有酸枣、构树等。草本主要有大丁草、醉酱草。

乔木平均胸径 7.2cm，乔木层平均树高 6.8m，乔木郁闭度 0.6。灌木盖度 0.2，灌木层平均高 1.2m。草本盖度 0.3，草本层平均高 0.3m。

面积 315278.0000hm^2，蓄积量 12033183.8982m^3，生物量 14343555.2067t，碳储量 7171777.6033t。每公顷蓄积量 38.1669m^3，每公顷生物量 45.4949t，每公顷碳储量 22.7475t。

多样性指数 0，优势度指数 1，均匀度指数 0；斑块数 162 个，平均斑块面积 1946.1605hm^2，斑块破碎度 0.0005。

（15）在浙江，柏木林分布较广，主产浙西北和浙南低山丘陵地带，以淳安、仙居、建德、临海、开化、东清、临安和黄岩等县栽植较多，常形成大面积人工纯林，也残存少量散生的天然疏林。

乔木组成除柏木外，还有枫香、青冈栎、麻栎、马尾松、杉木等。灌木以檵木、盐肤木、牡荆为主。草本有芒萁、五节芒等。

乔木平均胸径 14.5cm，乔木平均树高 10.8m，乔木郁闭度 0.6。灌木盖度 0.2，灌木层平均高 1.1m。草本盖度 0.4，草本层平均高 0.4m。

面积 19118.9000hm^2，蓄积量 1278268.6232m^3，生物量 1479084.6239t，碳储量 739542.3120t。每公顷蓄积量 66.8589m^3，每公顷生物量 77.3624t，每公顷碳储量 38.6812t。

多样性指数 0，优势度指数 1，均匀度指数 0。斑块数 32 个，平均斑块面积 597.466hm^2，斑块破碎度 0.0016。

柏木林健康。无自然和人为干扰。

57. 巨柏林（*Cupressus gigantea* forest）

在西藏，巨柏林分布于雅鲁藏布江中游东段河谷，从朗县向东沿江边一直分布至林芝附近。耐人寻味的是它除了在河谷两侧山坡分布外，还沿着江边像人工种植的行道树一般良好地生长着。在垂直分布高度上，它大约位于海拔 3000~3300m。

在巨柏分布的西段，已是森林向灌丛草原过渡的地区，森林已近于消失。只有块状的矮化了的白桦林分布于山坡的谷地，高大的杨树和矮小的柳树还可以在河谷的一些地段断断续续地见到。环境是相当干燥的，年降水量 400mm 左右，年均温度约 8℃，但蒸发量大，土壤沙性强，棕色土，腐殖质含量较低，地表很少枯枝落叶。由于放牧等原因，林地中的山坡常常被牲畜踏成小阶梯状。

浓密的塔形灰绿色树冠，使这一类型具有特殊的风格。但巨柏组成的群落是比较稀疏的，乔木郁闭度常在 0.2~0.3，完全是一种疏林景观。乔木树种单纯，只有巨柏一种，高一般为 10~14m，胸径 60~80cm，最大可达 180cm，但高度没有明显增加。

灌木主要有西藏狼牙刺、小叶香茶菜、鬼箭锦鸡儿、薄皮木、小角柱花、白背紫菀等，分布于林芝巴结的巨柏，高 30m 以上，直径最大到 5m，但生长不正常。灌木有绢毛蔷薇、小檗、鼠李、绣线菊、栒子、忍冬、胡枝子等。灌木盖度 0.1~0.3。

草本有三刺草、灰叶香青、灰苞蒿、藜、丛茎滇紫草、银粉背蕨、红嘴苔草、米林黄芪、细弱落芒草、云南野古草、槲蕨、糖芥、卷丝苣苔、垫状卷柏、小卷柏、小叶瓶尔小草、黄芪、鸢尾、银粉背蕨、苔草、红景天、黄苞南星、花苜蓿、尼泊尔大丁草、蒲公英、火绒草、鳞叶龙胆、鼠尾草、角蒿、柴胡等。草本盖度 0.2~0.35。

面积 4366.9457hm²，蓄积量 618559.2073m³，生物量 711343.0850t，碳储量 355671.5424t。每公顷蓄积量 141.6457m³，每公顷生物量 162.9278t，每公顷碳储量 81.4638t。

多样性指数 0，优势度指数 1，均匀度指数 0。斑块数 5 个，平均斑块面积 873.3891hm²，斑块破碎度 0.0011。

58. 方枝柏林（*Sabina saltuaria* forest）

方枝柏林在西藏昌都妥坝、色拉齐、然乌、白马、竹格寺等有分布，海拔 4100~4300m，外貌灰绿色，树高 8~20m，胸径 30~40m，乔木郁闭度 0.3~0.4，树上飘拂有长松萝。附生枝条上有橘红色地衣。

面积 855.5943hm²，蓄积量 121344.1472m³，生物量 139545.7727t，碳储量 69772.8864t。每公顷蓄积量 141.6750m³，每公顷生物量 163.0980t，每公顷碳储量 81.5490t。

多样性指数 0，优势度指数 1，均匀度指数 0。斑块数 2 个，平均斑块面积 427.797hm²，斑块破碎度 0.0023。

59. 西藏柏木林（*Cupressus torulosa* forest）

西藏柏木林分布在西藏小波密通麦附近以及通麦至易贡的山坡上，这种柏木是喜马拉雅的特有种类，在西藏只见于雅鲁藏布江"大拐弯"北侧的一地段，垂直分布高度海拔 2000~2500m。

乔木伴生树种有云南铁杉、乔松。

乔木平均胸径 32.8cm，乔木层平均树高 9.8m，乔木郁闭度 0.6。灌木层平均高 0.8m，灌木盖度 0.4。草本层平均高 0.1，草本盖度 0.2。

面积 166496.0000hm²，蓄积量 19199536.1888m³，生物量 22079466.6171t，碳储量 11039733.3086t。每公顷蓄积量 115.3153m³，每公顷生物量 132.6126t，每公顷碳储量 66.3063t。

多样性指数 0.0831，优势度指数 0.9168，均匀度指数 0.2580。斑块数 240 个，平均斑块面积 693.7350hm²，斑块破碎度 0.0014。

西藏柏木林健康。无自然和人为干扰。

第二节　常绿针叶混交林

常绿针叶混交林是指由两个及以上的优势树种构成的森林群落，优势针叶树的蓄积量或立木株数占单位面积蓄积量或立木株数满足混交林的要求。根据优势常绿针叶树形态的不同，分为常绿针叶松松混交林、常绿针叶松杉混交林、常绿针叶杉杉混交林、常绿针叶松柏混交林、常绿针叶杉柏混交林、常绿针叶松杉柏混交林。本次调查结果中，常绿针叶混交林类型 9 种，斑块数 7863 个，面积 406051.1814hm²，蓄积量 51395254.9641m³，生物量 36342040.9443t，碳储量 18187324.4882t，分别占常绿针叶林类型的 12.23%、0.85%、0.49%、0.67%、0.68%、0.68%。平均每公顷蓄积量 126.5733m³，每公顷生物量 89.5011t，每公顷碳储量 44.7907t，是常绿针叶林每公顷蓄积量、生物量、碳储量的 1.38 倍、1.38 倍、1.38 倍。斑块破碎度 0.0194，是常绿针叶林斑块破碎度的 1.74 倍；平均斑块面积 51.6407hm²，是常绿针叶林平均斑块面积的 0.57 倍。多样性指数 0.5429，优势度指数 0.4571，均匀度指数 0.2875，分别是常绿针叶林多样性指数、优势度指数、均匀度指数的 1.2 倍、0.84 倍、0.67 倍。

60. 油松、侧柏针叶混交林（*Pinus tabuliformis*，*Platycladus orientalis* forest）

油松、侧柏针叶混交林在我国北京、山东两省（市）有分布。面积 65382.3847hm²，蓄积量 1465583.6309m³，生物量 1910093.8287t，碳储量 955096.9143t。每公顷蓄积量 22.4156m³，每公顷生物量 29.2142t，每公顷碳储量 14.6079t。

多样性指数 0.017，优势度指数 0.9821，均匀度指数 0.4475。斑块数 1504 个，平均斑块面积 43.4723hm²，斑块破碎度 0.0230。

（1）在山东，油松、侧柏针叶混交林分布于临朐、沂源、莱芜、泰安、新泰、蒙阴、平邑、费县、沂南、沂水等地区。

乔木除油松、侧柏外，几乎没有别的树种。灌木有荆条、酸枣、胡枝子、扁担杆、小叶鼠李等。草本有黄背草、白羊草、野古草、结缕草等。

乔木层平均树高 15m，灌木层平均高 3~5m，草本层平均在 1.5m 以下，乔木平均胸径约 15cm，乔木郁闭度约 0.9，灌木盖度约 0.5，草本盖度约 0.5。

面积 352.2370hm²，蓄积量 9283.6309m³，生物量 9993.8287t，碳储量 4996.9143t。每公顷蓄积量 26.3562m³，每公顷生物量 28.3725t，每公顷碳储量 14.1862t。

多样性指数 0.3900，优势度指数 0.6100，均匀度指数 0.3900。斑块数 3 个，平均斑块面积 117.4120hm²，斑块破碎度 0.0085。

病害无。虫害轻。火灾轻。人为干扰类型为森林经营活动。自然干扰类型为病虫害。

（2）在北京地区，油松、侧柏混交林多为人工栽培，广泛分布于山区各县区低山地带。在北京北部燕山山脉最高分布可达海拔 1500m，在北京西部太行山山脉最高分布可达海拔 1500m。

乔木除油松、侧柏外，还有蒙古栎、山杨等阔叶树。灌木优势种以酸枣或荆条为主，伴生的有白刺花、小花溲疏、虎榛子、黄刺梅、杭子梢、卫矛、绣线菊、胡枝子、山桃、连翘、山杏、黄栌，有时见乔木的萌生植株，如黄檀、黄连木、山槐、柳树、榆树和山楂等。草本以黄背草、白羊草、苔草、小红菊为主。

乔木层平均树高 7.1m，灌木层平均高 1m，草本层平均高在 0.5m 以下，乔木平均胸径 8.3cm，乔木郁闭度约 0.6，灌木盖度约 0.2，草本盖度 0.15。

面积 65030.1477hm²，蓄积量 1456300.0000m³，生物量 1900100.0000t，碳储量 950100.0000t。每公顷蓄积量 22.3942m³，每公顷生物量 29.2188t，每公顷碳储量 14.6101t。

多样性指数 0.0158，优势度指数 0.9842，均匀度指数 0.4479。斑块数 1501 个，平均斑块面积 43.2668hm²，斑块破碎度 0.0231。

森林健康。无自然干扰。

61. 云杉、柏木针叶混交林（*Picea*，*Cupressus funebris* forest）

云杉、柏木针叶混交林以人工林为主，在甘肃分布于甘北的肃南裕固族自治县、天祝藏族自治县，甘南的夏河县、卓尼县、迭部县、舟曲县，甘东的宁县等地区。

乔木常见与华山松、落叶松、其他软阔类、栎类、云杉混交。灌木中常见的有盐爪爪、红砂。草本中主要有禾本科草及野蔷薇。

乔木层平均树高在 10.42m 左右，灌木层平均高在 17cm，草本层平均高 3.33cm，乔木平均胸径 15cm，乔木郁闭度 0.59，灌木盖度 0.39，草本盖度 0.35，植被盖度 0.75。

面积 24196.7460hm²，蓄积量 1547178.2769m³，生物量 1705601.3577t，碳储量 870027.2526t。每公顷蓄积量 63.9416m³，每公顷生物量 70.4889t，每公顷碳储量 35.9564t。

多样性指数 0.7200，优势度指数 0.2800，均匀度指数 0.5900。斑块数 3119 个，平均斑块面积 7.7578hm²，斑块破碎度 0.1289。

有重度病害，面积 765.41hm²。有重度虫害，面积 1725.213hm²。未见火灾。有轻度自然干扰，面积 348hm²。有轻度人为干扰，面积 362hm²。

62. 华山松、油松针叶混交林（*Pinus armandii*，*Pinus tabuliformis* forest）

华山松、油松针叶混交林以人工林为主，主要分布在陕西的城固县、佛坪县、丹凤县等地。

乔木伴生树种有构树、黄连木、辽东栎、忍冬。灌木不发达。草本中常见有谷子、水蒿、雪草。

乔木层平均树高在 12.8m 左右，灌木层平均高 14.0cm，草本层平均高 4.8cm，乔木平均胸径 18cm，乔木郁闭度 0.82，灌木盖度 0.4，草本盖度 0.4，植被盖度 0.97。

面积 2148.2665hm²，蓄积量 55435.5065m³，生物量 59784.1564t，碳储量 28899.6612t。每公顷蓄积量 25.8048m³，每公顷生物量 27.8290t，每公顷碳储量 13.4525t。

多样性指数 0，优势度指数 1，均匀度指数 0。斑块数 555 个，平均斑块面积

3.8707hm², 斑块破碎度 0.2583。

未见病害。未见虫害。未见火灾。未见自然干扰。有轻度人为干扰，面积36hm²。

63. 赤松、黑松针叶混交林（*Pinus densiflora*，*Pinus thunbergii* forest）

在山东，赤松、黑松林分布于栖霞、乳山、烟台、蓬莱、文登、荣成、海阳、莱阳、即墨、安丘、胶南、莒县、沂水、莒南、日照、临沭等地区。

乔木除赤松、黑松外，少见其他树种。灌木有胡枝子、兴安胡枝子、绒毛胡枝子、截叶铁扫帚、阴山胡枝子、三裂绣线菊、华北绣线菊、山槐、花木蓝、白檀、华空木、郁李、照山白、盐肤木、山胡椒、荆条、酸枣、锦鸡儿、柘树等。草本有黄背草、野古草、结缕草、地榆、长蕊石头花、石竹、唐松草、委陵菜、大油芒、荻、宽叶隐子草、丛生隐子草、杏叶沙参、玉竹、中华卷柏、瓦松等。

乔木层平均树高 8~12m，灌木层平均高 2m，草本层平均高在 1m 以下，乔木郁闭度约 0.7，灌木盖度约 0.2，草本盖度约 0.2。

面积 16351.3000hm²，蓄积量 485800.4600m³，生物量 276711.9420t，碳储量 138355.9710t。每公顷蓄积量 29.7102m³，每公顷生物量 16.9229t，每公顷碳储量 8.4615t。

多样性指数 0.46，优势度指数 0.54，均匀度指数 0.46。斑块数 33 个，平均斑块面积 495.4930hm²，斑块破碎度 0.0020。

病害无。虫害轻。火灾轻。人为干扰类型为森林经营活动。自然干扰类型为病虫害。

64. 红松、冷杉、云杉针叶混交林（*Pinus koraiensis*，*Abies*，*Picea* forest）

红松、冷杉、云杉针叶混交林在黑龙江和吉林两省有分布。面积 57144.8272hm²，蓄积量 7421739.8407m³，生物量 3942618.2361t，碳储量 1971309.1180t。每公顷蓄积量 129.8760m³，每公顷生物量 68.9934t，每公顷碳储量 34.4967t。多样性指数 0.7256，优势度指数 0.2741，均匀度指数 0.2097。斑块数 724 个，平均斑块面积 78.9293hm²，斑块破碎度 0.0127。

（1）在黑龙江，红松、冷杉、云杉针叶混交林分布于黑龙江省小兴安岭、完达山、张广才岭及老爷岭等山区。

乔木除红松、云杉、冷杉外，还有山槐、紫椴、蒙古栎、色木槭、水曲柳。灌木主要有兴安杜鹃、胡枝子、瘤枝卫矛、乌苏里绣线菊。草本主要有光萼溲疏、小花溲疏、马氏茶藨子、小檗、刺五加、早花忍冬、乌苏里苔草、羊胡子苔草、单花鸢尾、关苍术、宽叶山蒿、铁杆蒿、土三七、紫花野菊、大叶柴胡、乌苏里黄芩。

乔木层平均树高 13.6m，灌木层平均高 1.2m，草本层平均高 0.3m，乔木平均胸径 14.6cm，乔木郁闭度 0.7，灌木盖度 0.13，草本盖度 0.28，植被盖度 0.7。

面积 47098.1093hm²，蓄积量 5039497.6918m³，生物量 2642208.6398t，碳储量 1321104.3199t。每公顷蓄积量 107.0000m³，每公顷生物量 56.1001t，每公顷碳储量 28.0500t。

多样性指数 0.7186，优势度指数 0.2812，均匀度指数 0.2022。斑块数 501 个，平均

斑块面积 94.0082hm², 斑块破碎度 0.0106。

森林健康。无自然干扰。

（2）在吉林，红松、冷杉、云杉针叶混交林主要分布于吉林东部长白山地区。

乔木除红松、冷杉、云杉外，还有椴树、色木槭、胡桃楸、柞树、枫桦、杨树、水曲柳、榆树、白桦、黄波罗、落叶松、樟子松。灌木主要有榛子、忍冬、花楷槭、刺五加。草本主要有蒿、蕨、木贼、莎草、羊胡子草、苔草。

乔木层平均树高 16.1m，灌木层平均高 1.40m，草本层平均高 0.31m，乔木平均胸径 19.70cm，乔木郁闭度 0.69，灌木盖度 0.25，草本盖度 0.43。

面积 10046.7179hm²，蓄积量 2382242.14891m³，生物量 1300409.59628t，碳储量 650204.7981t。每公顷蓄积量 237.1165m³，每公顷生物量 129.4363t，每公顷碳储量 64.7181t。

多样性指数 0.7587，优势度指数 0.2412，均匀度指数 0.2458。斑块数 223 个，平均斑块面积 45.0525hm²，斑块破碎度 0.0222。

森林健康。无自然灾害。

65. 铁杉、油杉针叶混交林（*Tsuga chinensis*，*Keteleeria fortunei* forest）

铁杉、油杉针叶混交林主要分布在威宁县、赫章县、毕节市、盘县特区。

乔木伴生树种有朴树、光皮桦、女贞、拐枣、水杉、马尾松、刺楸、板栗、麻栎、盐肤木。灌木有檵木、油茶、白栎、小果南烛、杜鹃花、胡颓子、山合欢等。草本有狗脊、铁芒萁、白茅、鸢尾及菊科少量种类。

乔木层平均树高 20m，灌木层平均高 1.8m。乔木平均胸径 50cm，灌木平均地径 1.2cm。乔木平均郁闭度 0.7，灌木盖度 0.5，草本盖度 0.6。

面积 3464.8470hm²，蓄积量 455950.3339m³，生物量 527580.1314t，碳储量 263790.0657t。每公顷蓄积量 131.5932m³，每公顷生物量 152.2665t，每公顷碳储量 76.1333t。

多样性指数 0.5910，优势度指数 0.4090，均匀度指数 0.7440。斑块数 212 个，平均斑块面积 16.3436hm²，斑块破碎度 0.0611。

铁杉、油杉针叶混交林植被健康，基本未受灾害。铁杉、油杉针叶混交林很少受到极端自然灾害和人为活动的影响。

66. 油松、云杉、针叶混交红松林（*Pinus tabuliformis*，*Picea*，*Pinus koraiensis* forests）

油松、云杉、红松林主要分布于辽宁西部山地。

乔木主要有油松、云杉、红松、椴树、枫桦、白桦、杨树、榆树。灌木主要有蔷薇、绣线菊、胡枝子、忍冬、卫矛、紫穗槐。草本主要有蕨、木贼、莎草、苔草、蒿、山茄子、问荆。

乔木层平均树高 10.7m，灌木层平均高 1.2m，草本层平均高 0.4m，乔木平均胸径 11.91cm，乔木郁闭度 0.55，灌木盖度 0.5，草本盖度 0.3，植被盖度 0.85。

面积 5129. 3283hm²，蓄积量 540534. 60578m³，生物量 464008. 1728t，碳储量 232004. 0864t。

多样性指数 0. 4178，优势度指数 0. 5821，均匀度指数 0. 2034。斑块数 261 个，平均斑块面积 19. 6525hm²，斑块破碎度 0. 0509。

森林群落健康。无自然和人为干扰。

67. 马尾松、杉木针叶混交林 (*Pinus massoniana*, *Cunninghamia lanceolata forests*)

在安徽，马尾松、杉木混交林分布在皖南林区、大别山区海拔 500m 以下的低山地区，土层比较深厚、湿润的山坡腹地，pH 为 5~6，山地黄棕壤或山地黄壤的生境中。

乔木除马尾松、杉木外，还有白檀、檫木、枫香、山合欢、小叶栎、香樟、短柄枹栎、青冈栎、山胡椒、槲树、化香、桦木、黄檀、江浙山胡椒、辽东楤木。灌木有山莓、牡荆、铁马鞭、截叶铁扫帚、多花胡枝子、算盘子、杜鹃花、檵木、柃木、茶树、油茶、豆腐柴、菝葜。草本有大油芒、求米草、三叶委陵菜、千里光、小飞蓬、金星蕨、珍珠菜、风车草、蕙兰、淡竹叶、苔草、紫萁、蕨、堇菜。

乔木层平均树高 8. 6m，灌木层平均高 0. 6m，草本层平均高 0. 28cm，乔木平均胸径 9. 3cm，乔木郁闭度 0. 80，灌木与草本盖度 0. 45~0. 5，植被盖度 0. 85~0. 88。

面积 113. 3453hm²，蓄积量 1830. 7498m³，生物量 1303. 3108t，碳储量 651. 6554t。每公顷蓄积量 16. 1520m³，每公顷生物量 11. 4986t，每公顷碳储量 5. 7493t。

多样性指数 0. 4981，优势度指数 0. 5019，均匀度指数 0. 5126。斑块数 1 个，平均斑块面积 113. 3453hm²，斑块破碎度 0. 0088。

森林健康。无自然干扰。

68. 云杉、冷杉针叶混交林 (*Picea*, *Abies* forest)

云杉、冷杉混交林在我国分布比较广泛，比如黑龙江、吉林、山东、甘肃、四川 5 个省有大量分布。面积 232120. 1363hm²，蓄积量 39421201. 5596m³，生物量 27454339. 8084t，碳储量 13727189. 7637t。每公顷蓄积量 169. 8310m³，每公顷生物量 118. 2764t，每公顷碳储量 59. 1383t。多样性指数 0. 6402，优势度指数 0. 3593，均匀度指数 0. 2153。斑块数 1454 个，平均斑块面积 159. 6424hm²，斑块破碎度 0. 0063。

(1) 在黑龙江，冷杉、云杉林以天然林为主，分布于黑龙江省小兴安岭、完达山、张广才岭、老爷岭等山区。

乔木除云杉、冷杉外，还有枫桦、落叶松和白桦。灌木主要有花楸、蓝靛果、珍珠梅、毛赤杨、红瑞木、落叶松。草本主要有拟垂枝藓、塔藓、小白齿藓、毛梳藓、单侧花、肾叶鹿蹄草、七瓣莲、宽叶舞鹤草、唢呐草、酢浆草、光露珠草、小斑叶兰。

乔木层平均树高 14. 3m，灌木层平均高 1. 2m，草本层平均高 0. 3m，乔木平均胸径 25. 5cm，乔木郁闭度 0. 7，灌木盖度 0. 08，草本盖度 0. 18，植被盖度 0. 7。

面积 186002. 9517hm²，蓄积量 31434498. 8479m³，生物量 23043068. 6806t，碳储量 11521534. 3400t。每公顷蓄积量 169. 0000m³，每公顷生物量 123. 8855t，每公顷碳储

量 61.9427t。

多样性指数 0.6252，优势度指数 0.3745，均匀度指数 0.1953。斑块数 953 个，平均斑块面积 196.1762hm²，斑块破碎度 0.0051。

森林健康。无自然干扰。

（2）在吉林，冷杉、云杉林分布于东部及南部山区各县。

乔木除云杉、冷杉外，还有红松、椴树、枫桦、白桦、杨树、榆树。灌木主要有榛子、忍冬、花楷槭、刺五加。草本主要有蕨、木贼、莎草、苔草。

乔木层平均树高 14.7m，灌木层平均高 1.50m，草本层平均高 0.32m，乔木平均胸径 17.09cm，乔木郁闭度 0.67，灌木盖度 0.26，草本盖度 0.49。

面积 31127.9130hm²，蓄积量 5849964.7259m³，生物量 3307737.3040t，碳储量 1653868.6520t。每公顷蓄积量 187.9331m³，每公顷生物量 106.2627t，每公顷碳储量 53.1314t。

多样性指数 0.8198，优势度指数 0.1801，均匀度指数 0.2336。斑块数 227 个，平均斑块面积 137.1273hm²，斑块破碎度 0.0073。

森林健康。无自然干扰。

（3）在甘肃，冷杉、云杉林以人工林为主，分布在两当县、兰州市、甘谷县、康县和山丹县。

乔木除冷杉、云杉外，还有杨树等其他阔叶树。灌木常见的有红砂、胡枝子、虎榛子。草本中主要是蒿。

乔木层平均树高在 14.89m 左右，灌木层平均高 15.54cm，草本层平均高 4.5cm，乔木平均胸径 6cm，乔木郁闭度 0.3，灌木盖度 0.3，草本盖度 0.25，植被盖度 0.31。

面积 28.2705hm²，蓄积量 1986.6060m³，生物量 1966.3261t，碳储量 1003.0229t。每公顷蓄积量 70.2714m³，每公顷生物量 69.5541t，每公顷碳储量 35.4795t。

多样性指数 0.1300，优势度指数 0.8700，均匀度指数 0.2700。斑块数 8 个，平均斑块面积 3.5338hm²，斑块破碎度 0.2830。

有轻度病害，面积 5.06hm²。未见虫害。未见火灾。未见自然干扰。未见人为干扰。

（4）在四川，云杉、冷杉混交林主要分布于四川康定、雅江、新龙、丹巴、大金、小金、理县等地。垂直分布海拔 2100～4100m。

常见有鳞皮云杉、紫果云杉、长苞冷杉、鳞皮冷杉混交。林下灌木密集，种类较多，以多种杜鹃和大箭竹占优势。其次，还有钝叶栒子、细枝绣线菊等。草本植物发育较差，草本盖度小，多为 0.2，常见种类有粗根苔草、珠芽蓼等。

乔木层平均树高 27.0m，灌木层平均高约 2.6m，草本层平均高在 0.7m 以下，乔木平均胸径 31.0cm，乔木郁闭度约 0.6，草本盖度 0.2，灌木盖度 0.1。

面积 11799.2710hm²，蓄积量 1179926.3093m³，生物量 547768.9567t，碳储量 273884.4783t。每公顷蓄积量 99.9999m³，每公顷生物量 46.4240t，每公顷碳储量 23.2120t。

多样性指数 0.4128，优势度指数 0.5872，均匀度指数 0.3512。斑块数 254 个，平均斑块面积 46.4538hm²，斑块破碎度 0.0215。

云杉、冷杉混交林健康状况较好，基本都无灾害。无自然和人为干扰。

（5）在西藏，云杉、冷杉针叶混交林主要是以灵芝云杉和川滇冷杉、急尖长苞冷杉、墨脱冷杉等形成的混交林，主要分布于林芝、波密、米林、加玉（三安曲林附近）、拉康等地。在垂直分布幅度上，海拔 2800~3900m，一般分布于 3000~3600m，在拉萨萝布林卡也有种植，但生长不良。喜欢气候比较湿润，年降水量在 600~900mm，年均温度2~8℃，相对湿度70%左右，土壤为棕壤，地面苔藓发达的地区。

林相整齐，浅墨绿色，树冠尖圆锥形，建群树种树高 35~40m，胸径 60~80cm，乔木郁闭度 0.6 左右。第一层除林芝云杉外，还有川滇冷杉、急尖长苞冷杉、墨脱冷杉。第二层乔木有西藏冷杉、川滇高山栎、白桦、槭树、西南花楸、川西云杉等。

灌木盖度 0.5 左右，主要有箭竹、杜鹃、忍冬、冰川茶薰子、毛叶米饭花、大叶蔷薇、尖叶枸子、三花杜鹃、长尾槭、川康野樱、小檗、甘肃荚蒾、红叶甘姜、山鸡椒、卫矛、悬钩子等。

草本盖度一般 0.35 左右，主要有间型沿阶草、鳞毛蕨、光叶兔儿风、三角叶假冷蕨、高山露珠草、五裂蟹甲草、滇蕨柳叶菜、白草莓、唐松草属、黄精、酢浆草、堇菜、鹿药、百合、人参等属及伞形科、禾本科的一些种。

藤本植物很不发达，苔藓相当发达，厚 5~8cm，苔藓盖度可达 0.7~0.9。在米兰，苔藓植物有锦丝藓、多蒴曲尾藓、曲尾藓、偏蒴藓、美丽大灰藓、大灰藓、塔藓、四川大木藓、毛叉苔、扇叶提灯藓、假丛灰藓、狗尾藓、拟垂枝藓、长叶合叶苔、绒苔及长松萝等。

面积 3161.7300hm²，蓄积量 954825.0705m³，生物量 553798.5409t，碳储量 276899.2704t。每公顷蓄积量 301.9945m³，每公顷生物量 175.1568t，每公顷碳储量 87.5784t。

多样性指数 0.6241，优势度指数 0.3758，均匀度指数 0.7083。斑块数 12 个，平均斑块面积 263.4770hm²，斑块破碎度 0.0037。

云杉、冷杉林健康。无自然和人为干扰。

第五章
落叶针叶林

落叶针叶林指组成森林群落的优势针叶树的树冠在冬季针叶枯萎脱离的森林群落。比如由落叶松、水杉、金钱松、落羽杉、池杉等为优势树种（组）的森林群落。相对于常绿针叶林，其种类数量要少些。本次调查结果中，落叶针叶林类型 11 种，斑块数 121746 个，面积 15640465.5700，蓄积量 1418275077.7782m³，生物量 1219488163.0908t，碳储量 609532963.3709t，分别占针叶林类型的 13.09%、11.53%、15.75%、15.54%、18.32%、18.33%。每公顷蓄积量 90.6799m³，每公顷生物量 77.9701t，每公顷碳储量 38.9715t，分别是针叶林每公顷蓄积量、每公顷生物量、每公顷碳储量的 0.98 倍、1.16 倍、1.16 倍。斑块破碎度 0.0078，是针叶林斑块破碎度的 0.73 倍。平均斑块面积 128.4680hm²，是针叶林平均斑块面积的 1.36 倍。多样性指数 0.2691，优势度指数 0.7309，均匀度指数 0.1515，分别是针叶林多样性指数、优势度指数、均匀度指数的 0.63 倍、1.28 倍、0.39 倍。

第一节　落叶针叶杉林

落叶针叶杉林是以一种杉类树种为优势种的森林群落，比如大果红杉林、水杉林等。本次调查结果中，落叶针叶杉林类型 5 种，斑块数 7550 个，面积 739598.3927hm²，蓄积量 71049203.5137m³，生物量 83031045.9210t，碳储量 41309228.0831t，分别占落叶针叶林类型的 45.45%、6.20%、4.72%、5.01%、6.81%、6.78%。每公顷蓄积量 96.0646m³，每公顷生物量 112.2650t，每公顷碳储量 55.8536t，是落叶针叶林每公顷蓄积量、每公顷生物量、每公顷碳储量的 1.05 倍、1.43 倍、1.43 倍。斑块破碎度 0.0102，是落叶针叶林破碎度的 1.31 倍。平均斑块面积 97.9601hm²，是落叶针叶林平均斑块面积的 0.76 倍。多样性指数 0.3601，优势度指数 0.6399，均匀度指数 0.6186，分别是落叶针叶林多样性指数、优势度指数、均匀度指数的 1.33 倍、0.87 倍、4.08 倍。

69. 四川红杉林（*Larix mastersiana* forest）

四川红杉林是四川特有的森林植被类型，自然分布不广，在川西北部林区和盆地西缘山地有零星分布，但主要分布于涪江上游的平武县、岷江中上游的理县和汶川县、青衣江上游的宝兴县。垂直分布幅度在 2400~3000m。

乔木有冷杉、云杉、桦木、槭树、椴树等树种混生。灌木主要有杜鹃、水枸子、箭竹等。草本一般主要以禾本科草和蕨为主，也有部分醉鱼草、酢浆草、野青茅等。

乔木层平均树高 19.8m，灌木层平均高约 1.5m，草本层平均高在 0.2m 以下，乔木平均胸径 31.0cm，乔木郁闭度约 0.5，灌木盖度 0.1，草本盖度 0.3。

面积 240789.7406hm^2，蓄积量 28155303.5786m^3，生物量 32578611.1134t，碳储量 16289185.1618t。每公顷蓄积量 116.9290m^3，每公顷生物量 135.2990t，每公顷碳储量 67.6490t。

多样性指数 0.4712，优势度指数 0.5288，均匀度指数 0.8239。斑块数 4391 个，平均斑块面积 54.8371hm^2，斑块破碎度 0.0182。

森林健康。无自然和人为干扰。

70. 西藏红杉林（*Larix griffithii* forest）

在西藏，红杉林分布于察隅、芒康等地。在横断山脉地区的西藏部分，它的最北分布约在芒康以南的红拉山。垂直分布海拔 3600~4300m，纯林集中在 3900~4300m。土壤比较浅薄，有些地段还有草甸化的特征。

乔木的伴生树种有鳞皮冷杉、川西云杉、白桦和大果圆柏。灌木以杜鹃为主，有亮叶杜鹃、山育杜鹃、毛嘴杜鹃、北方雪层杜鹃、高山绣线菊、冰川茶藨子、湖北花楸、白毛金露梅、忍冬、蔷薇属的种。草本常有高山草甸组成成分，有蒿、珠芽蓼、圆穗蓼、香青、龙胆、蚤缀、黄精、苔草、睫毛岩须、丁座草等。

乔木平均胸径 35.5cm，乔木层平均树高 17.8m，乔木郁闭度 0.6。灌木层平均高 0.8，灌木盖度 0.3。草本层平均高 0.2，草本盖度 0.6。

面积 45161.5000，蓄积量 11814248.4000m^3，生物量 13670266.8236t，碳储量 6835133.4118t。每公顷蓄积量 261.6000m^3，每公顷生物量 302.6974t，每公顷碳储量 151.3487t。

多样性指数 0.4600，优势度指数 0.5400，均匀度指数 0.7298。斑块数 80 个，平均斑块面积 564.5190hm^2，斑块破碎度 0.0017。

西藏红杉林健康。无自然和人为干扰。

71. 水杉林（*Metasequoia glyptostroboides* forest）

水杉林在我国分布较广泛，江苏、浙江、贵州、河南、四川、陕西、重庆、云南等 8 个省（市）有分布。面积 287909.5919hm^2，蓄积量 31068303.1139m^3，生物量 35979254.4240t，碳储量 17989627.2115t。每公顷蓄积量 107.9099m^3，每公顷生物量 124.9672t，每公顷碳储量 62.4836t。多样性指数 0.2335，优势度指数 0.7664，均匀度指数 0.5375。斑块数 578 个，平均斑块面积 498.1134hm^2，斑块破碎度 0.0020。

（1）江苏是全国引种水杉最早的地区，全省范围普遍分布，尤其在苏北滨海脱盐土地区、沿江、江南被广泛用于农田林网造林。

乔木树种组成较为简单，大多形成纯林。灌木不发达。

乔木层平均树高22m，灌木基本没有，草本层平均高在0.8m以下，乔木平均胸径30cm，乔木郁闭度约0.9，草本盖度0.65。

面积41589.8000hm²，蓄积量4122022.5135m³，生物量4769592.2504t，碳储量2384796.1252t。每公顷蓄积量99.1114m³，每公顷生物量114.6818t，每公顷碳储量57.3409t。

多样性指数0，优势度指数1，均匀度指数0。斑块数64个，平均斑块面积649.8406hm²，斑块破碎度0.0015。

病害轻。虫害轻。火灾轻。人为干扰类型为森林经营活动。无自然干扰。

（2）在河南，水杉林主要分布在大别山、桐柏山及伏牛山南部山区。

乔木伴生树种主要有槲栎、毛栗、白桦、鹅耳枥、榛、榆树。灌木主要有杜鹃、胡枝子、珍珠梅、五味子、悬钩子和箭竹等。草本主要有羊胡子苔草、野燕麦、笔管草、升麻、野芝麻、窃衣、鼠麴草、糙苏、黄精、野百合、野胡萝卜及各种蕨等植物。

乔木层平均树高16.3m，灌木层平均高1.83m，草本层平均高约0.24m，乔木平均胸径15.2cm，乔木郁闭0.65，灌木盖度0.14，草本盖度0.22，植被盖度0.81。

面积445.0943hm²，蓄积量12913.2881m³，生物量14941.9656t，碳储量7470.9828t。每公顷蓄积量29.0125m³，每公顷生物量33.5703t，每公顷碳储量16.7852t。

多样性指数0.6330，优势度指数0.3670，均匀度指数0.1089。斑块数25个，平均斑块面积17.8037hm²，斑块破碎度0.0562。

森林健康。无自然和人为干扰。

（3）在云南，水杉林为人工林，一般栽培于海拔750~1500m的山谷或山麓附近地势平缓、土层深厚、湿润且阳光充足的地方。在云南中南部，东起富宁，西可至腾冲的广大地区。

乔木主要伴生树种有云南油杉、云南松、华山松、黄背栎、旱冬瓜、黄毛青冈、滇石栎、麻栎、栓皮栎、锥连栎、槲栎、西南木荷、银木荷等。灌木有大白花杜鹃、爆杖花、珍珠花、乌鸦果、铁仔、火把果、云南杨梅、云南含笑、野拔子、马桑、华西小石积等。草本以禾本科草为主，主要有旱茅、金茅、刺芒野古草、野青茅、黄茅、白茅、剪股颖等，还有云南兔儿风、香茶菜、香青、火绒草、槲蕨等。

乔木层平均树高27.8m，灌木层平均高约1.3m，草本层平均高在0.3m以下，乔木平均胸径34.6cm，乔木郁闭度约0.7，灌木盖度0.15，草本盖度0.35。

面积7.3171hm²，蓄积量567.0460m³，生物量656.1317t，碳储量328.0622t。每公顷蓄积量77.4960m³，每公顷生物量89.6710t，每公顷碳储量44.8350t。

多样性指数0.6737，优势度指数0.3263，均匀度指数0.5764。斑块数1个，平均斑块面积7.32hm²，斑块破碎度0.1367。

森林健康中等。无自然干扰。人为干扰为抚育活动，抚育面积2.1951hm²。

（4）在四川，水杉林为人工林，主要栽培在都江堰地区，渠县、平武、南江、万源、雷波等地也有少许分布。

乔木结构简单，除水杉外，鲜见朴树等。灌木主要有少量悬钩子等。草本较为发达，主要有鸭跖草、荨麻、求米草、土牛膝、铜锤玉带以及蕨。

乔木层平均树高 16.2m，灌木层平均高约 0.8m，草本层平均高在 0.2m 以下，乔木平均胸径 20.4cm，乔木郁闭度约 0.8，灌木盖度 0.2，草本盖度 0.55。

面积 4561.9326hm²，蓄积量 101434.5714m³，生物量 147491.8429t，碳储量 73743.6405。每公顷蓄积量 22.2350m³，每公顷生物量 32.3310t，每公顷碳储量 16.1650t。

多样性指数 0.5409，优势度指数 0.4591，均匀度指数 0.5811。斑块数 96 个，平均斑块面积 47.5201hm²，斑块破碎度 0.0210。

灾害等级 0 的水杉林面积 4032.69hm²，轻度灾害面积 806.54hm²。受到明显的人为干扰，主要为采伐、更新、抚育等，其中采伐面积 33.35hm²，更新面积 77.10hm²，抚育面积 93.09hm²。

（5）在陕西，水杉林为人工林，主要分布在旬阳县、南镇县、汉中市等地。

乔木树种单一，极少数与柳树以及硬软阔类林混交。灌木植物丰富，常见大量的栎类、秦岭箭竹、漆树等植物。草本少见丹参等植物。

乔木层平均树高在 10.0m 左右，灌木层平均高 5.0cm，草本层平均高 6.0cm，乔木平均胸径 10cm，乔木郁闭度 0.55，灌木盖度 0.25，草本盖度 0.85，植被盖度 0.95。

面积 235806.3454hm²，蓄积量 26419742.9430m³，生物量 30570284.5594t，碳储量 15285142.2797t。每公顷蓄积量 112.0400m³，每公顷生物量 129.6415t，每公顷碳储量 64.8207t。

多样性指数 0.2700，优势度指数 0.7300，均匀度指数 0.6400。斑块数 24 个，平均斑块面积 9825.2643hm²，斑块破碎度 0.0001。

未见病害。未见虫害。未见火灾。未见自然干扰。

（6）在重庆，水杉林大多为人工林，广泛分布于石柱县。在重庆其余各个区县都有少量分布。

乔木树种组成较为简单，多与杉木、板栗、枫香、漆树、灯台树、润楠等树种混生。灌木主要是尾叶山茶、猫儿屎、胡颓子等。草本主要有黄金凤、楼梯草、冷水花等。

乔木层平均树高 10.4m，灌木层平均高约 1.8m，草本层平均高在 0.5m 以下，乔木平均胸径 9.1cm，乔木郁闭度约 0.8，灌木盖度约 0.1，草本盖度 0.9。

面积 2219.5984hm²，蓄积量 33521.9290m³，生物量 38788.2240t，碳储量 19394.1120t。每公顷蓄积量 15.1027m³，每公顷生物量 17.4753t，每公顷碳储量 8.7377t。

多样性指数 0.3746，优势度指数 0.6254，均匀度指数 0.5184。斑块数 193 个，平均斑块面积 11.5005hm²，斑块破碎度 0.0870。

森林健康。无自然和人为干扰。

（7）在贵州，水杉林主要分布在湄潭县、务川县、瓮安县。

乔木组成单一。灌木、草本不发达。以人工林为主。

胸径 25.3cm，树高 14.5m，乔木郁闭度 0.8。

面积 1794.3141hm²，蓄积量 279618.4640m³，生物量 323546.5247t，碳储量 161773.2623t。每公顷蓄积量 155.8359m³，每公顷生物量 180.3177t，每公顷碳储量 90.1588t。

多样性指数 0，优势度指数 1，均匀度指数 0。斑块数 173 个，平均斑块面积 10.3717hm²，斑块破碎度 0.0964。

干扰为人为抚育活动。水杉林健康。无病虫火灾等灾害。

（8）在浙江，水杉林以引种栽培的人工林为主，在千岛湖畔、仙居谷坦水库库区等有大量的引种栽培，主要生长在沙性的酸性土壤上，在轻碱性土壤上也能生长。

水杉林组成简单，以水杉为单一树种。灌木不发达。草本主要有蓼科、禾本科的植物。

乔木平均胸径 12.7cm，乔木层平均树高 11.8m，乔木郁闭度 0.8。草本盖度 0.5，草本平均高 0.2m。

面积 1485.1900hm²，蓄积量 98482.2063m³，生物量 113953.7609t，碳储量 56976.8805t。每公顷蓄积量 66.3095m³，每公顷生物量 76.7267t，每公顷碳储量 38.3634t。

多样性指数 0，优势度指数 1，均匀度指数 0。斑块数 2 个，平均斑块面积 742.5960hm²，斑块破碎度 0.0013。

干扰为人为抚育活动。水杉林健康。无病虫火灾等灾害。

72. 大果红杉林（*Larix potaninii* var. *macrocarpa* forest）

大果红杉在云南、四川 2 个省有分布。面积 161700.6602hm²，蓄积量 25122201.8244m³，生物量 29858791.3755t，碳储量 14723100.8108t。每公顷蓄积量 155.3624m³，每公顷生物量 184.6547t，每公顷碳储量 91.0516t。多样性指数 0.3904，优势度指数 0.6095，均匀度指数 0.4207。斑块数 2413 个，平均斑块面积 67.0122hm²，斑块破碎度 0.0149。

（1）在云南，大果红杉林分布范围较窄。主要分布在滇西北的德钦、香格里拉、维西、丽江、宁蒗等地，海拔 3000～4200m 间的山脊、分水岭及阳坡上，而以海拔 3400～4000m 较为集中，但它在垂直带上，不自成带，而常呈小面积的块状或狭带状，镶嵌在云杉林和冷杉林间。

乔木树种组成较为简单，以大果红杉为单优势，伴生树种有丽江云杉和少量的长苞冷杉。灌木种类有银叶杜鹃、锈叶杜鹃、西南花楸、丽江绣线菊、冰川茶藨子、钝叶蔷薇等。草本主要有长柄蹄盖蕨、羽叶鬼灯檠、掌裂蟹甲草、点地梅。常见的苔藓种类有高山金发藓、棉丝藓、尖叶提灯藓等。

乔木层平均树高 7.9m，乔木平均胸径 23.3cm，乔木郁闭度约 0.7。灌木欠发达。草本层平均高在 0.3m 以下，草本盖度 0.65。

面积 53160.3900hm²，蓄积量 7495614.9900m³，生物量 9463067.7494t，碳储量

4525238.9978t。每公顷蓄积量141.0000m³，每公顷生物量178.0098t，每公顷碳储量85.1243t。

多样性指数0.4368，优势度指数0.5632，均匀度指数0.7393。斑块数952个，平均斑块面积55.8407hm²，斑块破碎度0.0179。

森林健康中等。无自然干扰。人为干扰为抚育活动，抚育面积570.117hm²。

（2）在四川，大果红杉林分布于甘孜州南部的州城、稻城、得荣、义敦、巴塘、理塘和凉山州北部及西北部的木里、冕宁、盐源等县，多出现于海拔3800~4400m、气候严寒的山脊和山顶上，常呈窄带状或小块状，仅于乡城无名山一带分布有大面积的纯林。一般处于云、冷杉的上限林缘带，上接高山栎类灌丛、高山杜鹃灌丛或高山草甸。下限在阴坡常与长苞冷杉林、川滇冷杉林、川西云杉林及丽江云杉林相接，在阳坡则与高山松林相接。

乔木伴生树种有长苞冷杉、鳞皮冷杉和高山松。林下灌木密集，种类较多，以杜鹃（和大箭竹占优势，有植株高大的云南杜鹃、雪山杜鹃、光亮杜鹃、毛喉杜鹃等。其次，还有两色杜鹃、金露梅、冰川茶藨子、滇藏槭、钝叶枸子、细枝绣线菊、越桔忍冬等。草本常见种类有粗根苔草、珠芽蓼、楔叶委陵菜、梭果黄芪、东方草莓和黄帚橐吾等。林下少有苔藓植物，常见种类有硬叶曲尾藓、毛梳藓。

乔木层平均树高7.9m，乔木平均胸径23.3cm，乔木郁闭度约0.7。灌木稀少。草本层平均高在0.3m以下，草本盖度0.55。

面积108540.2702hm²，蓄积量17626586.8344m³，生物量20395723.6260t，碳储量10197861.8130t。每公顷蓄积量162.3967m³，每公顷生物量187.9093t，每公顷碳储量93.9546t。

多样性指数0.3678，优势度指数0.6322，均匀度指数0.2647。斑块数1461个，平均斑块面积74.2918hm²，斑块破碎度0.0135。

森林健康状况较好。基本都无灾害。无自然干扰。

73. 怒江红杉林（*Larix speciosa* forest）

怒江红杉林分布范围较窄。主要分布在滇西北的迪庆、怒江、丽江、宁蒗等海拔2600~4000m的高山地带。

乔木树种组成较为简单，以怒江红杉为单优势，常混生有较多的丽江云杉和少量的长苞冷杉。灌木以杜鹃为主，种类有银叶杜鹃、锈叶杜鹃、康藏花楸、丽江绣线菊、冰川茶藨子、钝叶蔷薇等。草本有长柄蹄盖蕨、羽叶鬼灯檠、掌裂蟹甲草、硬枝点地梅、高山苔草。苔藓常见种类有高山金发藓、棉丝藓、毛梳藓、绒苔等。

乔木层平均树高19.8m，灌木层平均高约1.5m，草本层平均高在0.2m以下，乔木平均胸径31.0cm，乔木郁闭度约0.5，草本盖度0.3。

面积4036.9000hm²，蓄积量228910.7325m³，生物量264872.6085t，碳储量132436.3043t。每公顷蓄积量56.7046m³，每公顷生物量65.6129t，每公顷碳储量32.8064t。

多样性指数 0.4172，优势度指数 0.5828，均匀度指数 0.8329。斑块数 88 个，平均斑块面积 45.8738hm²，斑块破碎度 0.0218。

森林健康中等。无自然干扰。人为干扰为抚育，抚育面积 25.47hm²。

第二节　落叶针叶松林

落叶针叶松林是指由一种落叶松类树种为优势树种的森林群落。比如日本落叶松林、华北落叶松林等。本次调查结果中，落叶针叶松林类型 6 种，斑块数 114196 个，面积 14900867.1773hm²，蓄积量 1347225874.2645m³，生物量 1136457117.1698t，碳储量 568223735.2878t，分别占落叶针叶林类型、斑块数、面积、蓄积量、生物量、碳储量的 54.55%、93.79%、95.27%、94.99%、93.19%、93.22%。每公顷蓄积量 90.4126m³，每公顷生物量 76.2679t，每公顷碳储量 38.1336t，分别是落叶针叶林每公顷蓄积量、每公顷生物量、每公顷碳储量的 0.99 倍、0.97 倍、0.97 倍。斑块破碎度 0.0077，是落叶针叶林斑块破碎度的 0.98 倍。平均斑块面积 130.4850hm²，是落叶针叶林平均斑块面积的 1.01 倍。多样性指数 0.2646，优势度指数 0.7354，均匀度指数 0.1284，分别是落叶针叶林多样性指数、优势度指数、均匀度指数的 0.98 倍、1.01 倍、0.84 倍。

74. 华北落叶松林 (*Larix gmelinii* var. *principis-rupprechtii* forest)

华北落叶松主要分布在北京、河北、内蒙古、甘肃、青海、重庆、宁夏、山西、陕西 9 个省（自治区、直辖市），面积 1366824.2670hm²，蓄积量 72294994.9816m³，生物量 49667407.1096t，碳储量 24834265.9072t。每公顷蓄积量 52.8927m³，每公顷生物量 36.3378t，每公顷碳储量 18.1693t。

多样性指数 0.4912，优势度指数 0.5087，均匀度指数 06572。斑块数 16654 个，平均斑块面积 82.0718hm²，斑块破碎度 0.0122。

（1）在北京，华北落叶松林分布于燕山山脉，最高分布可达海拔 2000m，太行山山脉的华北落叶松林最高分布可达海拔 1500m，其天然林分分布上限接近山地草甸，下限与桦木林相连。

乔木树种单一，有时伴生有臭冷杉、白杆、白桦、枫桦、色木槭。灌木植物稀少，如迎红杜鹃花、荆条、刚毛忍冬、小叶忍冬、美蔷薇、花楸、六道木、小叶鼠李和绣线菊等。草本以苔草居多，如汪湖苔草和旱生苔草等，其他还有野古草、白羊草、龙牙草及少量的老鹳草、贝加尔唐松草、莓叶委陵菜等。

乔木层平均树高 15.2m，灌木层平均高约 1m，草本层平均高在 0.5m 以下，乔木平均胸径 11.5cm，乔木郁闭度约 0.5，灌木盖度约 0.2，草本盖度 0.15。

面积 9827.8180hm²，蓄积量 565900.0000m³，生物量 369200.0000t，碳储量 184600.0000t。每公顷蓄积量 57.5814m³，每公顷生物量 37.5668t，每公顷碳储量 18.7834t。

多样性指数 0.5473，优势度指数 0.4527，均匀度指数 0.2632。斑块数 307 个，平均

斑块面积 32.0124hm^2，斑块破碎度 0.0312。

森林健康。无自然干扰。

（2）在内蒙古，华北落叶松林分布于中部阴山及南部燕山等山地，为人工造林所形成。

乔木单一，林木通常规则排列。灌木、草本几乎不发育。

乔木层平均树高 8.52m，乔木平均胸径 11.64cm，几无灌木草本，乔木郁闭度 0.6，灌木盖度 0.05，草本盖度 0.05 以下。

面积 9356.9506hm^2，蓄积量 853112.2262m^3，生物量 836378.2905t，碳储量 418189.1453t。每公顷蓄积量 91.1742m^3，每公顷生物量 89.3858t，每公顷碳储量 44.6929t。

多样性指数 0，优势度指数 1，均匀度指数 0。斑块数 56 个，平均斑块面积 167.0884hm^2，斑块破碎度 0.0060。

森林健康。无自然干扰。

（3）在河北，华北落叶松林主要分布于小五台山、太行山中北部、承德林区等地，多生长在山地阴坡，但阳坡也能生长。

乔木树种单一，常排列整齐，有时伴生有臭冷杉、白杆、白桦、色木槭。灌木植物稀少，组成多为耐旱的种类，如迎红杜鹃花、荆条、刚毛忍冬、小叶忍冬、美蔷薇、花楸、六道木、小叶鼠李和绣线菊等。草本植物层常见种以苔草居多，其他还有野古草、白羊草、龙牙草及少量的老鹳草、贝加尔唐松草、莓叶委陵菜等。

乔木层平均树高 12.2m，灌木层平均高 1.1m，草本层平均高 0.2m，乔木平均胸径 15.2cm，乔木郁闭度 0.7，灌木盖度 0.1，草本盖度 0.05。

面积 440425.7564hm^2，蓄积量 24280495.7796m^3，生物量 16603003.0141t，碳储量 8301501.5071t。每公顷蓄积量 55.1296m^3，每公顷生物量 37.6976t，每公顷碳储量 18.8488t。

多样性指数 0.5004，优势度指数 0.4996，均匀度指数 0.68。斑块数 2218 个，平均斑块面积 198.5688hm^2，斑块破碎度 0.0050。

森林健康。无自然干扰。

（4）在甘肃，华北落叶松林有天然林和人工林分布。

华北落叶松天然林在甘肃分布于卓尼县、渭源县、迭部县、文县、舟曲县、武山县、康县、宕昌县等地区。

乔木主要有硬阔类树种、油松等。灌木中常见的有丁香、杜鹃。草本中主要分布的有蒿。

乔木层平均树高在 13.17m 左右，灌木层平均高 18cm，草本层平均高 1cm，乔木平均胸径 23cm，乔木郁闭度 0.43，灌木盖度 0.25，草本盖度 0.5，植被盖度 0.56。

面积 3702.4976hm^2，蓄积量 303762.1014m^3，生物量 207712.5249t，碳储量 103856.2625t。每公顷蓄积量 82.0425m^3，每公顷生物量 56.1007t，每公顷碳储

量 28.0503t。

多样性指数 0，优势度指数 1，均匀度指数 0.4700。斑块数 158 个，平均斑块面积 23.4335hm²，斑块破碎度 0.0427。

有轻度病害，面积 453.91hm²。有轻度虫害，面积 192.476。未见火灾。未见自然干扰。未见人为干扰。

华北落叶松人工林分布在甘肃西和县、天水市、天水市市辖区、徽县、宕昌县、康县、武山县、礼县等地区。

乔木与其他硬阔类、油松、日本落叶松、其他软阔类、白桦、栎树等混交。灌木中常见的有杜鹃类、鹅耳枥、甘肃瑞香等。草本中主要有黑妹草。

乔木层平均树高在 7.73m 左右，灌木层平均高 12.57cm，草本层平均高 3.94cm，乔木平均胸径 9cm，乔木郁闭度 0.45，灌木盖度 0.19，草本盖度 0.46，植被盖度 0.51。

面积 105579.4449hm²，蓄积量 6496701.1451m³，生物量 4442444.2431t，碳储量 2221222.1215t。每公顷蓄积量 61.5338m³，每公顷生物量 42.0768t，每公顷碳储量 21.0384t。

多样性指数 0.1600，优势度指数 0.8400，均匀度指数 0.3000。斑块数 3756 个，平均斑块面积 28.1095hm²，斑块破碎度 0.0356。

有重度病害，面积 2151.06hm²。有重度虫害，面积 5984.025hm²，未见火灾。有轻度自然干扰，面积 361hm²。有轻度人为干扰，面积 2885hm²。

（5）在青海，华北落叶松林有天然林和人工林。

华北落叶松天然林分布于青海班玛县、大通县、湟中县。

乔木主要与山杨混交，少量波氏杨、白桦，偶见油松。灌木常见蔷薇小灌木。草本中主要有蒿、莎草、草莓和珠芽蓼等。

乔木层平均树高 12.5m，乔木平均胸径 9.2cm，乔木郁闭度 0.68，草本盖度 0.36。

面积 316.5800hm²，蓄积量 7396.5751m³，生物量 4542.7582t，碳储量 2367.2313t。每公顷蓄积量 23.3640m³，每公顷生物量 14.3495t，每公顷碳储量 7.4775t。

多样性指数 0.6600，优势度指数 0.3400，均匀度指数 0.2000。斑块数 9 个，平均斑块面积 35.1755hm²，斑块破碎度 0.0284。

有轻度虫害，面积 25.25hm²。未见病害。未见火灾。未见自然干扰。未见人为干扰。

华北落叶松人工林广泛分布于青海大通县，乐都县和湟中县也有少量分布。

乔木常与青海云杉混交，还有少量川西云杉。灌木中常见的有忍冬、杜鹃和绣线菊等。草本主要有蒿、莎草等。

乔木层平均树高 12.8m，乔木郁闭度 0.24，草本盖度 0.36，乔木平均胸径 9.2cm。

面积 1471.1600hm²，蓄积量 36212.6034m³，生物量 22109.0090t，碳储量 11521.0046t。每公顷蓄积量 24.6150m³，每公顷生物量 15.0283t，每公顷碳储量 7.8312t。

多样性指数 0.6100，优势度指数 0.3900，均匀度指数 0.5000。斑块数 77 个，平均斑块面积 19.1059hm²，斑块破碎度 0.0523。

有轻度虫害，面积 75.29hm²。未见病害。未见火灾。未见自然干扰。未见人为干扰。

（6）在重庆，华北落叶松林分布广泛。

华北落叶松林乔木树种组成较为简单，以华北落叶松为单优势，常混生有较多的云杉和少量的冷杉。

林下灌木种类较多，以杜鹃为主。草本主要有粗根苔草、珠芽蓼、蕨等。

乔木平均胸径 12.6cm，乔木平均树高 10.8m，乔木郁闭度 0.4。灌木盖度 0.3，灌木平均高 1.3m。草本盖度 0.4，草本平均高 0.3m。

面积 9055.8980hm²，蓄积量 115380.2910m³，生物量 78897.0430t，碳储量 39448.5215t。每公顷蓄积量 12.7409m³，每公顷生物量 8.7122t，每公顷碳储量 4.3561t。

多样性指数 0.7313，均匀度指数 0.2213，优势度指数 0.2687。斑块数 350 个，平均斑块面积 25.8740hm²，斑块破碎度 0.0386。

森林健康。无自然干扰。

（7）在宁夏，华北落叶松以人工林为主。广泛分布于六盘山山区，在固原市的德隆县、泾源县以及固原县都有广泛的分布。

乔木常与栎树、桦木、杨树、柳树等混交。灌木常见胡枝子、虎榛子等。草本以蕨、唐松草等为主。

乔木层平均树高在 15.6m 左右，灌木层平均高 11cm，草本层平均高 3cm，乔木平均胸径 17.2cm，乔木郁闭度 0.43，灌木盖度 0.15，草本盖度 0.73。

面积 21854.0200hm²，蓄积量 314835.5683m³，生物量 215284.5616t，碳储量 107642.2808t。每公顷蓄积量 14.4063m³，每公顷生物量 9.8510t，每公顷碳储量 4.9255t。

多样性指数 0.3240，优势度指数 0.6760，均匀度指数 0.6490。斑块数 537 个，平均斑块面积 40.6964hm²，斑块破碎度 0.0246。

未见病害。虫害等级有 1 级，其分布面积 13130.5hm²。未见火灾。自然干扰严重。人为干扰严重。

（8）在山西，华北落叶松林主要为人工林，广泛分布于五台县和宁武县，在静乐县、浑源县以及代县都有广泛的分布。

乔木常与白桦、栎树、椴树、杨树以及其他软阔类混交。灌木中常见的有野山楂、绣线菊、忍冬、黄刺玫等灌木。草本中常伴生少量的苔草、玉竹、野草莓、羊胡子草、铁杆蒿等草本。

乔木层平均树高 8.1m，灌木层平均高 10.5cm，草本层平均高 3.1cm，乔木平均胸径 10.6cm，乔木郁闭度 0.55，灌木盖度 0.25，草本盖度 0.44。

面积 237620.2936hm²，蓄积量 6135951.8004m³，生物量 4195763.8411t，碳储量 2097881.9206t。每公顷蓄积量 25.8225m³，每公顷生物量 17.6574t，每公顷碳储量 8.8278t。

多样性指数 0.2500，优势度指数 0.7500，均匀度指数 0.8100。斑块数 6111 个，平均斑块面积 38.8840hm²，斑块破碎度 0.0107。

未见病害。有轻度虫害，面积 117hm²。有轻度火灾，面积 4942hm²。有轻度和中度自然干扰，面积分别为 9684hm²、596hm²。有轻度人为干扰，面积 26239hm²。

华北落叶松天然林在山西五台县、宁武县、静乐县、浑源县以及代县等地区有分布。

乔木常与白桦、栎树、椴树、杨树以及其他软阔类混交。灌木中常见的有野山楂、绣线菊、忍冬、黄刺玫等灌木。草本中常伴生少量的苔草、玉竹、野草莓、羊胡子草、铁杆蒿等草本。

乔木层平均树高在 12.6m 左右，灌木层平均高 21cm，草本层平均高 5cm，乔木平均胸径 15.2cm，乔木郁闭度 0.43，灌木盖度 0.25，草本盖度 0.75。

面积 128494.0580hm²，蓄积量 7505879.6213m³，生物量 5132520.4850t，碳储量 2566260.2425t。每公顷蓄积量 58.4142m³，每公顷生物量 39.9436t，每公顷碳储量 19.9718t。

多样性指数 0.3500，优势度指数 0.6500，均匀度指数 0.6500。自然度 4 级，占 47%，处于演替的中级阶段。斑块数 2532 个，平均斑块面积 50.7480hm²，斑块破碎度 0.0197。

有轻度病害，面积 52hm²。有轻度和中度虫害，面积分别为 4493hm²、339hm²。有轻度火灾，面积 2140hm²。有轻度、中度、重度自然干扰，面积分别为 26457hm²、1652hm²、3198hm²。有轻度人为干扰，面积 19973hm²。

（9）在陕西，华北落叶松林主要为人工林，集中分布在镇巴县，另外留坝县、宁强县、宝鸡县也有分布。

乔木常与云杉、日本落叶松、漆树、柳树以及部分硬软阔类林混交。灌木零星分布有杜鹃、水蜡等植物。草本常见有山丹、莎草、败酱、苦芦等植物。

乔木层平均树高在 10.0m 左右，灌木层平均高 30.0cm，草本层平均高 4.0cm，乔木平均胸径 15cm，乔木郁闭度 0.7，灌木盖度 0.3，草本盖度 0.4，植被盖度 0.7。

面积 399119.7897hm²，蓄积量 25679367.2698m³，生物量 17559551.3391t，碳储量 8779775.6695t。每公顷蓄积量 64.3400m³，每公顷生物量 43.9957t，每公顷碳储量 21.9978t。

多样性指数 0.5600，优势度指数 0.4400，均匀度指数 0.2300。斑块形状指数 1.56，斑块数 543 个，平均斑块面积 735.0272hm²，斑块破碎度 0.0014。

未见病害。未见虫害。未见火灾。未见自然干扰。有轻度人为干扰，面积 259hm²。

75. 兴安落叶松林（*Larix gmelinii* forest）

兴安落叶松林在我国主要分布在黑龙江、内蒙古 2 个省（自治区）。既有天然林，也有人工林。面积 9333907.1902hm²，蓄积量 804081222.5417m³，生物量 709224346.4359t，碳储量 354612173.2151t。每公顷蓄积量 86.1463m³，每公顷生物量 75.9837t，每公顷碳储量 0.0049t。多样性指数 0.2708，优势度指数 0.7291，均匀度指数 0.1037。斑块数 45993 个，平均斑块面积 202.9149hm²，斑块破碎度 0.0049。

天然兴安落叶松林分布在内蒙古大兴安岭山地。在大兴安岭北部山地一般在海拔 1200m 以下，在南部则 1400~1550m 以下，多生长在阳坡、半阳坡上部或分水岭上。

乔木几乎为纯林，间或有少量白桦或蒙古栎，有时还混生樟子松。灌木较发育，以兴安杜鹃花占优势，有时见欧亚绣线菊等耐旱种类，在不同的地段又有狭叶杜香、越桔、笃斯越桔等耐冷湿种类。随林冠郁闭程度，灌木组成也有变化，如林冠乔木郁闭度较大，则以兴安茶藨子和东北赤杨为主；若林冠疏开，则有刺玫蔷薇、绢毛绣线菊、蓝果忍冬等。草本植物层发育不良，种类也较贫乏，组成多为耐阴性较弱的植物，以各种苔草为主，混有矮山黧豆、齿叶风毛菊、贝加尔野豌豆、东北羊角芹、兴安老鹳草，并常混有耐阴的小草本植物，如舞鹤草等耐阴湿的植物。苔藓层较发达，主要有拟垂枝藓、塔藓等，在干旱地段则见兴安白头翁、土三七、宽叶石防风等。

乔木层平均树高 13.25m，灌木层平均高约 1m，草本层平均高在 0.5m 以下，乔木平均胸径 17.57cm，乔木郁闭度 0.7，灌木盖度 0.2，草本盖度 0.2。

面积 5766237.6914hm²，蓄积量 525731939.7759m³，生物量 515419621.8832t，碳储量 257709810.9416t。每公顷蓄积量 91.1742m³，每公顷生物量 89.3858t，每公顷碳储量 44.6929t。

多样性指数 0.0010，优势度指数 0.9990，均匀度指数 0.0004。斑块数 8823 个，平均斑块面积 653.5461hm²，斑块破碎度 0.0015。

森林健康。无自然干扰。

人工兴安落叶松林主要分布于在大兴安岭林区。

乔木单一，林木通常规则排列。灌木、草本几乎不发育，偶见苔草等。

乔木平均树高 14.13m，平均胸径 14.36cm，几无灌木、草本，乔木郁闭度 0.7，灌木盖度 0.05，草本盖度 0.05 以下。

面积 128305.1973hm²，蓄积量 11698119.9612m³，生物量 11468659.4269t，碳储量 5734329.7135t。每公顷蓄积量 91.1742m³，每公顷生物量 89.3858t，每公顷碳储量 44.6929t。

多样性指数 0.2787，优势度指数 0.7213，均匀度指数 0.2010。斑块数 2056 个，平均斑块面积 62.4052hm²，斑块破碎度 0.0160。

森林健康，无自然干扰。

（2）在黑龙江，兴安落叶松天然林分布于大兴安岭山区、小兴安岭山区、牡丹江、宁安、海林等地区。

乔木主要有白桦、樟子松、红松、红皮云杉、臭冷杉、蒙古栎、花楸。灌木主要有兴安杜鹃、胡枝子、柳叶绣线菊、北极悬钩子、狭叶杜香、越桔、笃斯越桔、兴安茶藨子、东北赤杨、刺玫蔷薇、绢毛绣线菊、柳叶蓝靛果、杜香。草本主要有裂叶蒿、兴安鹿药、红花鹿蹄草、地榆、兴安麻花头、大叶柴胡、舞鹤草、绒背老鹳草、东方草莓、七瓣莲、唢呐草、酢浆草。

乔木层平均树高 13.73m，灌木层平均高 0.68m，草本层平均高 0.26m，乔木平均胸径 17.47cm，乔木郁闭度 0.62，灌木盖度 0.24，草本盖度 0.34，植被盖度 0.76。

面积 3439364.3015hm²，蓄积量 266651162.8046m³，生物量 182336065.1258t，碳储

量 91168032. 5600t。每公顷蓄积量 77. 5292m³，每公顷生物量 53. 0145t，每公顷碳储量 26. 5072t。

多样性指数 0. 5328，优势度指数 0. 4671，均匀度指数 0. 1100。斑块数 35114 个，平均斑块面积 97. 9485hm²，斑块破碎度 0. 0102。

森林亚健康。无自然干扰。

76. 长白落叶松林（*Larix olgensis* forest）

在吉林，长白落叶松林主要分布于长白山地区。

乔木除长白落叶松外，还有白桦、红松、鱼鳞云杉、臭冷杉、花楸、山杨、花楷槭、沙松等。灌木主要有青楷槭、花楷槭、蓝靛果、修枝荚蒾、瘤枝卫矛、稠李等。草本主要以羊胡子苔草为主，还有舞鹤草、桂皮紫萁、唢呐草、鹿蹄草、白花酢浆草、七瓣花及藓类。

乔木层平均树高 14. 3m，灌木层平均高 1. 11m，草本层平均高 0. 35m，乔木平均胸径 16. 13cm，乔木郁闭度 0. 64，灌木盖度 0. 24，草本盖度 0. 49。

面积 2530746. 0850hm²，蓄积量 226508089. 1943m³，生物量 207619870. 6016t，碳储量 103809935. 3000t。每公顷蓄积量 89. 5025m³，每公顷生物量 82. 0390t，每公顷碳储量 41. 0195t。

多样性指数 0. 3490，优势度指数 0. 6509，均匀度指数 0. 1328。斑块数 29049 个，平均斑块面积 87. 1199hm²，斑块破碎度 0. 0115。

森林健康。无自然干扰。

77. 金钱松林（*Pseudolarix amabilis* forest）

在安徽，金钱松林主要集中分布于皖中东部地区，以铜陵、繁昌、青阳、南陵、泾县、宣州、芜湖等区县为主。当涂、马鞍山、含山、和县、巢湖等也有零星分布。分布区属亚热带东部温暖湿润气候，土层深厚疏松、排水良好，中性或酸性沙质壤土，土壤 pH4. 5~6。

乔木有黄山松、短柄枹栎、茅栗、化香、漆树、盐肤木、鹅耳枥、红果钓樟、山胡椒、金钱松、桤木、杉木、白栎、千金榆、李子树、山樱花、棠梨、皂柳、三桠乌药。灌木有山莓、山矾、伞形绣球、荚蒾、麻栎、红果钓樟、鹅耳枥、尖叶长柄山蚂蝗、金钱松、豹皮樟、枫香、华山矾、野珠兰、绿叶甘橿、杜鹃花、柃木、山胡椒、青冈栎、叶下珠、化香。草本有荩草、麦冬苔草、鸭跖草、蛇莓、芒、败酱、牛筋草、一年蓬、黄精、巴东过路黄、牛蒡。

乔木层平均树高 8. 2m，灌木层平均高 1. 57m，草本层平均高 0. 39cm，乔木平均胸径 20cm，乔木郁闭度 0. 85，灌木与草本盖度 0. 45~0. 5，植被盖度 0. 85~0. 9。

面积 241621. 2027hm²，蓄积量 31116930. 6177m³，生物量 23660756. 2741t，碳储量 11830378. 1370t。每公顷蓄积量 128. 7839m³，每公顷生物量 97. 9250t，每公顷碳储量 48. 9625t。

多样性指数 0. 6456，优势度指数 0. 3544，均匀度指数 0. 6466。斑块数 293 个，平均斑块面积 824.6457hm²，斑块破碎度 0.0012。

森林健康。无自然干扰。

78. 日本落叶松林（*Larix kaempferi* forest）

日本落叶松在山东、河南、湖北和重庆四省（直辖市）有分布。面积 1028009.3205hm²，蓄积量 69657643.3084m³，生物量 48113626.5107t，碳储量 24051427.6096t。每公顷蓄积量 67.7597m³，每公顷生物量 46.8027t，每公顷碳储量 23.3961t。

多样性指数 0.4251，优势度指数 0.5887，均匀度指数 0.3201。斑块数 20885 个，平均斑块面积 49.2223hm²，斑块破碎度 0.0203。

（1）在辽宁，日本落叶松林主要分布于辽宁东部地区。

乔木除日本落叶松外，还有白桦、樟子松、红松、红皮云杉、臭冷杉、蒙古栎、花楸。灌木主要有刺五加、杜鹃、胡枝子、蔷薇、忍冬、绣线菊、珍珠梅、榛子。草本主要有蒿、蕨、木贼、莎草、山茄子、苔草、小叶章、羊胡子草。

乔木层平均树高 10.48m，灌木层平均高 1.9m，草本层平均高 0.25m，乔木平均胸径 10.65cm，乔木郁闭度 0.65，灌木盖度 0.35，草本盖度 0.41，植被盖度 0.88。

面积 743593.8745hm²，蓄积量 59238638.0507m³，生物量 40507380.6990t，碳储量 20253690.3500t。每公顷蓄积量 79.6653m³，每公顷生物量 54.4751t，每公顷碳储量 27.2376t。

多样性指数 0.3865，优势度指数 0.6134，均匀度指数 0.16944。斑块数 15958 个，平均斑块面积 46.5969hm²，斑块破碎度 0.0215。

森林健康。无自然干扰。

（2）在山东，日本落叶松林在山东的崂山、昆嵛山、泰山、沂山、蒙山都有栽培。分布于海拔 700~900m 的山地上，已有 100 余年的栽培历史。

乔木树种单一。灌木有茅莓、白檀、绣线菊、郁李、胡枝子、三桠乌药、小叶鼠李、花木蓝、迎红杜鹃、忍冬、荆条等。草本有苔草属数种、黄背草、野古草、白茅、耧斗菜、地榆、玉竹、白羊草、结缕草、桔梗、蒿属数种、前胡、铁线莲属数种和唇形科数种等。

乔木层平均树高约 15m，灌木层平均高 3~5m，草本层平均高在 1.5m 以下，乔木平均胸径 15cm，乔木郁闭度约 0.9，灌木盖度约 0.5，草本盖度约 0.5。

面积 2834.4300hm²，蓄积量 299693.7320m³，生物量 204930.5739t，碳储量 102465.2870t。每公顷蓄积量 105.7333m³，每公顷生物量 72.3005t，每公顷碳储量 36.1502t。

多样性指数 0，优势度指数 1，均匀度指数 0。斑块数 1 个，平均斑块面积 2834.4300hm²，斑块破碎度 0.0004。

病害轻。虫害轻。火灾轻。人为干扰类型为森林经营活动。自然干扰类型为病虫害。

（3）在河南，日本落叶松分布于大别山、伏牛山区。

乔木其他树种稀少。灌木主要有柽柳、荆条、酸枣等。草本主要有铁杆蒿、黄花蒿、艾、苦菜、蒲公英、小蓟、下田菊、野菊花、大丁草、马兰、狗牙根、白茅、狗尾草、黄花败酱、砧草、翻白草、荠菜等。

乔木层平均树高 15.3m，灌木层平均高 0.3m，草本层平均高 0.2m，乔木平均胸径 15.9cm，乔木郁闭度 0.61，灌木盖度 0.12，草本盖度 0.24，植被盖度 0.82。

面积 2089.6411hm^2，蓄积量 139446.8272m^3，生物量 71749.3267t，碳储量 30489.0170t。每公顷蓄积量 66.7324m^3，每公顷生物量 34.3357t，每公顷碳储量 14.5906t。

多样性指数 0.3210，优势度指数 0.7620，均匀度指数 0.3426。斑块数 87 个，平均斑块面积 24.0189hm^2，斑块破碎度 0.0416。

森林健康。无自然干扰。

（4）在重庆，日本落叶松林大多为人工林，广泛分布于大巴山区、武陵山区、巫山县、七曜山区等地。

乔木树种组成较为简单，大多形成纯林，或与樱桃、马尾松、樱花等混交。灌木、草本不发达。

乔木层平均树高 12.4m，灌木层平均高 1.7m，草本层平均高在 0.5m 以下，乔木平均胸径 9.4cm，乔木郁闭度约 0.3，灌木盖度约 0.1，草本盖度 0.5。

面积 7718.9377hm^2，蓄积量 98346.2132m^3，生物量 67249.1406t，碳储量 33624.5703t。每公顷蓄积量 12.7409m^3，每公顷生物量 8.7122t，每公顷碳储量 4.3561t。

多样性指数 0.7364，优势度指数 0.2636，均匀度指数 0.5023。斑块数 261 个，平均斑块面积 29.5744hm^2，斑块破碎度 0.0338。

森林健康。无自然干扰。

（5）在湖北，日本落叶松主要栽培于鄂西南山区各国营林场和神农架林区。其适应性较强，在年平均气温 2.5~12℃、年降水量 500~1400mm 的气候条件下均能生长。日本落叶松为喜光树种，在林冠庇荫下生长不良。林分郁闭后，自然整枝强烈。对土壤的要求较高，在土层浅薄、土质黏重、排水不良的地方生长不良。

24 年生人工落叶松林的平均树高 19.6m，平均胸径 25.3m。建始长岭岗人工落叶松林的平均乔木郁闭度 0.70~0.85，平均胸径 21.6cm，平均树高 18.2m。林下灌木、草本不发达。

面积 72453.4974hm^2，蓄积量 2921094.6534m^3，生物量 1997444.5240t，碳储量 998722.2620t。每公顷蓄积量 40.3168m^3，每公顷生物量 27.5686t，每公顷碳储量 13.7843t。

多样性指数 0.7350，优势度指数 0.2650，均匀度指数 0.5140。斑块数 580 个，平均斑块面积 124.9198hm^2，斑块破碎度 0.0080。

有象鼻虫危害。各类型未见病害。各类型未见火灾。

（6）在四川，日本落叶松林主要分布在四川北部、西部及西南部地区。

乔木组成树种单一。灌木主要有水麻、茶树等。灌木、草本不发达。

乔木平均胸径 32.2cm，灌木平均地径约 0.3cm。

面积 199318.9398hm^2，蓄积量 6960423.8319m^3，生物量 5264872.2465t，碳储量 2632436.1233t。每公顷蓄积量 34.9210m^3，每公顷生物量 26.4143t，每公顷碳储量 13.2072t。

多样性指数 0.3718，优势度指数 0.6282，均匀度指数 0.3925。斑块数 3998 个，平均斑块面积 49.8547hm^2，斑块破碎度 0.0201。

日本落叶松林健康状况较好，基本都无灾害。无自然和人为干扰。

79. 西伯利亚落叶松林（*Larix sibirica* forest）

在新疆，西伯利亚落叶松林主要分布在新疆哈巴河、布尔津、阿尔泰、福海、富蕴、清河、巴里坤、哈密、伊吾地区，位于阿尔泰山西北、阿尔泰山中段、阿尔泰山中南段、天山东部的海拔 1300~2800m 范围内。

乔木除新疆落叶松、云杉外，伴生树种少见。灌木包括刚毛忍冬、阿尔泰忍冬、山柳、蔷薇、枸子、茶藨子、兔耳条、阿尔泰方枝柏等。草本常见蕨状苔草、野青茅、兰花老鹳草、繁缕、阿尔泰大黄菊、乳苣、乌头、红花鹿蹄草、香豌豆、丘陵唐松草等。苔藓层一般不发达。苔藓类发育良好，常见的有褶叶镰刀藓、塔藓、毛梳藓、赤茎藓。

乔木层平均树高 18~23m，灌木层平均高 1~3m，草本层平均高 10~30cm，乔木平均胸径 40cm 左右，乔木郁闭度多在 0.4~0.6 之间，灌木盖度一般为 0.1~0.2，但在森林草原带的下部及河谷地带，灌木盖度有时候可达 0.3~0.4。林下草本发达，草本盖度多在 0.6~0.8。

面积 399759.1119hm^2，蓄积量 143566993.6208m^3，生物量 98171110.2379t，碳储量 49085555.1189t。每公顷蓄积量 359.1338m^3，每公顷生物量 245.5757t，每公顷碳储量 122.7878t。

多样性指数 0.0590，优势度指数 0.9410，均匀度指数 0.1190。斑块数 1322 个，平均斑块面积 302.3896hm^2，斑块破碎度 0.0033。

森林健康。无自然干扰。

第六章
常绿落叶针叶混交林

由两个及以上的优势针叶树种组成的森林群落，且优势树种中同时包含常绿、落叶针叶树种。本次调查结果中，常绿落叶针叶混交林类型 5 种，斑块数 10821 个，面积 784726.2527hm²，蓄积量 97442629.6622m³，生物量 67196815.4910t，碳储量 33598407.7488t，分别占针叶林类型、斑块数、面积、蓄积量、生物量、碳储量的 5.95%、1.02%、0.79%、1.06%、1.01%、1.01%。每公顷蓄积量 124.1740hm²，每公顷生物量 85.6309t，每公顷碳储量 42.8155t，分别是针叶林每公顷蓄积量、每公顷生物量、每公顷碳储量的 1.35 倍、1.27 倍、1.28 倍。斑块破碎度 0.0138，是针叶林斑块破碎度的 1.29 倍。平均斑块面积 72.5188hm²，是针叶林平均斑块面积的 0.77 倍。多样性指数 0.5880，优势度指数 0.412，均匀度指数 0.1942，分别是针叶林多样性指数、优势度指数、均匀度指数的 1.39 倍、0.72 倍、0.51 倍。

第一节 常绿落叶松松针叶混交林

常绿落叶松松针叶混交林是指由常绿或落叶针叶松树为优势树种组成的森林群落。本次调查结果中，常绿落叶松松针叶混交林类型 2 种，斑块数 5185 个，面积 431546.1565hm²，蓄积量 50200023.3827m³、生物量 35949959.9244t，碳储量 17974979.9656t，分别占常绿落叶针叶混交林类型、斑块数、面积、蓄积量、生物量、碳储量的 40%、47.91%、54.99%、51.51%、53.49%、53.49%。每公顷蓄积量 116.3260m³，每公顷生物量 83.3050t，每公顷碳储量 41.6525t，是常绿落叶混交林每公顷蓄积量、每公顷生物量、每公顷碳储量的 0.93 倍、0.97 倍、0.97 倍。斑块破碎度 0.0120，是常绿落叶针叶混交林斑块破碎度的 0.87 倍。平均斑块面积 83.2297hm²，是常绿落叶针叶混交林平均斑块面积的 1.14 倍。多样性指数 0.5526，优势度指数 0.4474，均匀度指数 0.1824，是常绿落叶针叶混交林多样性指数、优势度指数、均匀度指数的 0.93 倍、1.08 倍、0.93 倍。

80. 樟子松、兴安落叶松针叶混交林（*Pinus sylvestris* var. *mongolica*, *Larixgmelinii* forest）

樟子松、兴安落叶松针叶混交林在黑龙江、吉林、辽宁 3 个省有分布。面积 366096.1227hm²，蓄积量 43012367.9257m³，生物量 29541412.5092t，碳储量 14770706.2580t。每公顷蓄积量 117.4893m³，每公顷生物量 80.6930t，每公顷碳储量 40.3465t。多样性指数 0.5205，优势度指数 0.4792，均匀度指数 0.1461。斑块数 4608 个，平均斑块面积 79.4479hm²，斑块破碎度 0.0126。

（1）在黑龙江，樟子松、兴安落叶松针叶混交林主要分布在黑龙江省大兴安岭山区、小兴安岭北部的瑷珲、嘉荫、汤旺河等地。

乔木除樟子松、兴安落叶松外，其他树种较少。灌木主要有兴安杜鹃、狭叶杜香、越桔、绢毛绣线菊、刺玫蔷薇、胡枝子。草本植物发育良好，主要有大叶章、林木贼、地榆、东方草莓、柳兰、铃兰、拂子茅、耧斗菜、兴安柴胡、山野豌豆、矮香豌豆、兴安白头翁、舞鹤草、红花鹿蹄草等。

乔木层平均树高 13.14m，灌木层平均高 0.58m，草本层平均高约 0.23m，乔木平均胸径 21cm，乔木郁闭度 0.66，灌木盖度 0.16，草本盖度 0.43，植被盖度 0.74。

面积 320659.8929hm²，蓄积量 37680610.4079m³，生物量 26168156.0129t，碳储量 13084078.0100t。每公顷蓄积量 117.5096m³，每公顷生物量 81.6072t，每公顷碳储量 40.8036t。

多样性指数 0.5154，优势度指数 0.4844，均匀度指数 0.1449。斑块数 3842 个，平均斑块面积 83.4617hm²，斑块多度 0.0189，斑块破碎度 0.0120。

森林健康。无自然干扰。

（2）在吉林，樟子松、兴安落叶松针叶混交林（樟子松针叶混交林）分布于东部和中部地区。

乔木主要有樟子松、椴树、冷杉、胡桃楸、柞树、枫桦、杨树、水曲柳、榆树、白桦、落叶松、云杉、黑桦、紫椴、色木槭、白桦、山杨、槲树、麻栎、辽东栎。樟子松针叶混交林灌木主要有刺五加、杜鹃、胡枝子、花楷槭、蔷薇、忍冬、榛子。樟子松针叶混交林草本主要有蒿、木贼、莎草、羊胡子草、苔草、山茄子、羊草。

乔木层平均树高 12.7m，灌木层平均高 0.86m，草本层平均高 0.33m，乔木平均胸径 14.1cm，乔木郁闭度 0.74，灌木盖度 0.24，草本盖度 0.31。

面积 44455.9253hm²，蓄积量 5246116.2584m³，生物量 3302807.9963t，碳储量 1651403.9980t。每公顷蓄积量 118.0071m³，每公顷生物量 74.2940t，每公顷碳储量 37.1470t。

多样性指数 0.5589，优势度指数 0.4410，均匀度指数 0.1542。斑块数 731 个，平均斑块面积 60.8152hm²，斑块破碎度 0.0164。

樟子松、兴安落叶松针叶混交林健康。无自然和人为干扰。

（3）在辽宁，樟子松、兴安落叶松针叶混交林（樟子松针叶混交林）分布于北部地区。

乔木主要有樟子松、椴树、臭松、胡桃楸、柞树、枫桦、杨树、水曲柳、榆树、白桦、落叶松、云杉。灌木有刺五加、杜鹃、胡枝子、花楷槭、蔷薇、忍冬、榛子。草本主要有蒿、木贼、莎草、羊胡子草、苔草、山茄子、羊草。

乔木层平均树高 9.5m，灌木层平均高 1.2m，草本层平均高 0.4m，乔木平均胸径 13.95cm，乔木郁闭度 0.55，灌木盖度 0.5，草本盖度 0.3，植被盖度 0.85。

面积 980.3045hm²，蓄积量 85641.2594m³，生物量 70448.5000t，碳储量 35224.2500t。每公顷蓄积量 87.3619m³，每公顷生物量 71.8639t，每公顷碳储量 35.9319t。

多样性指数 0.474，优势度指数 0.5251，均匀度指数 0.1715。斑块数 35 个，平均斑块面积 28.0087hm²，斑块破碎度 0.0357。

樟子松、兴安落叶松针叶混交林健康。无自然和人为干扰。

（4）在内蒙古，樟子松、兴安落叶松针叶混交林以天然林为主，分布在大兴安岭坡度较陡的阳坡。

乔木以兴安落叶松、樟子松为优势。灌木较发达，有兴安杜鹃花、狭叶杜香以及越桔、笃斯越桔、兴安茶藨子、刺玫蔷薇、绢毛绣线菊、蓝果忍冬等。草本植物层组成多为耐阴性较弱的植物，如裂叶蒿、老鹳草、东方草莓、地榆、兴安麻花头等。

乔木层平均树高 11.49m，灌木层平均高约 1m，草本层平均高在 0.5m 以下，乔木平均胸径 10.97cm，乔木郁闭度 0.6，灌木盖度 0.35，草本盖度 0.2。

面积 57624.5074hm²，蓄积量 6124332.6423m³，生物量 5681447.2746t，碳储量 2840723.6373t。每公顷蓄积量 106.2800m³，每公顷生物量 98.5943t，每公顷碳储量 49.2971t。

多样性指数 0.7310，优势度指数 0.3260，均匀度指数 0.2401。斑块数 555 个，平均斑块面积 103.8279hm²，斑块破碎度 0.0096。

森林健康。无自然干扰。

81. 西伯利亚红松、落叶松针叶混交林（*Pinus sibirica*, *Larix* forest）

在新疆，西伯利亚红松、落叶松林针叶混交林分布于阿勒泰地区。

乔木多为新疆落叶松和西伯利亚红松的针叶混交林。火烧后更新的同龄林，林相较整齐。在森林草原带的中下部及河床滩地，常出现新疆落叶松与新疆云杉（阿尔泰山）或天山云杉（天山东部哈密林区）组成混交林，新疆落叶松居上层林冠，新疆云杉（或天山云杉）除个别优势木或老龄木位于主林层外，其余处于副林层。灌木有刚毛忍冬、阿尔泰忍冬、山柳、蔷薇、枸子、茶藨子、兔耳条、阿尔泰方枝柏等。在阿尔泰山西北部森林草原的中上部，出现圆叶桦，高 0.5~1m，呈块状分布，局部地区盖度 0.7~0.8。草本常见种类包括蕨状苔草、野青茅、老鹳草、繁缕、阿尔泰大黄菊、乳苣、乌头、红花鹿蹄草、香豌豆、丘陵唐松草等。苔藓层一般不发达，但在高寒阴湿的陡坡或落叶松、云杉（包括落叶松、冷杉）混交林下，由于乔木郁闭度大，草本发育较差。

乔木层平均树高 15cm，最高可达 35m，乔木平均胸径 31.2cm，乔木郁闭度一般 0.5~0.6，甚至可达 0.8。灌丛盖度可达 0.9。草本很稀疏，草本盖度约 0.1。

面积 7825.5264hm²，蓄积量 1063322.8147m³，生物量 727100.1406t，碳储量 363550.0703t。每公顷蓄积量 135.8788m³，每公顷生物量 92.9139t，每公顷碳储量 46.4569t。

多样性指数 0.738，优势度指数 0.262，均匀度指数 0.827。斑块数 22 个，平均斑块面积 355.7057hm²，斑块破碎度 0.0028。

森林健康。无自然干扰。

第二节　常绿落叶松杉针叶混交林

常绿落叶松杉针叶混交林指优势树种同时包括常绿落叶松杉的森林群落。本次调查结果中，常绿落叶松杉针叶混交林类型 3 种，斑块数 5636 个，面积 353180.0962hm²、蓄积量 47242606.2795m³，生物量 31246855.5666t，碳储量 15623427.7832t，分别占常绿落叶针叶混交林类型、斑块数、面积、蓄积量、生物量、碳储量的 60%、52.08%、45.01%、48.48%、46.51%、46.50%。每公顷蓄积量 133.7635m³，每公顷生物量 88.4729t，每公顷碳储量 44.2364t，是常绿落叶针叶混交林每公顷蓄积量、每公顷生物量、每公顷碳储量的 1.07 倍、1.03 倍、1.03 倍。斑块破碎度 0.0160，是常绿落叶针叶混交林斑块破碎度的 1.15 倍。平均斑块面积 62.6650hm²，是常绿落叶针叶混交林平均斑块面积的 0.86 倍。多样性指数 0.6311，优势度指数 0.3689，均匀度指数 0.2085，是常绿落叶针叶混交林多样性指数、优势度指数、均匀度指数的 1.07 倍、0.89 倍、1.07 倍。

82. 长白落叶松、红皮云杉、臭冷杉针叶混交林 (*Larix olgensis*, *Picea koraiensis*, *Abies nephrolepis* forest)

长白落叶松、红皮云杉、臭冷杉针叶混交林在黑龙江、吉林、辽宁三省有分布。面积 300762.1795hm²，蓄积量 40979121.4259m³，生物量 26242079.5159t，碳储量 13121039.7583t。每公顷蓄积量 136.2509m³，每公顷生物量 87.2519t，每公顷碳储量 43.6260t。多样性指数 0.6273，优势度指数 0.3724，均匀度指数 0.2051。斑块数 4987 个，平均斑块面积 355.7057hm²，斑块破碎度 0.0028。

（1）在吉林，长白落叶松、红皮云杉、臭冷杉针叶混交林主要分布于长白山地区。

乔木除长白落叶松、红皮云杉、臭冷杉外，还有白桦、樟子松、红松、蒙古栎、花楸。灌木主要有刺五加、杜鹃、胡枝子、蔷薇、忍冬、绣线菊、珍珠梅、榛子。草本主要有蒿、蕨、木贼、莎草、山茄子、苔草、小叶章、羊胡子草。

乔木层平均树高 14.9m，灌木层平均高 1.27m，草本层平均高 0.32m，乔木平均胸径 15.36cm，乔木郁闭度 0.69，灌木盖度 0.24，草本盖度 0.45。

面积 97036.1945hm²，蓄积量 17914004.6212m³，生物量 10284771.4062t，碳储量 5142385.7030t。每公顷蓄积量 184.6116m³，每公顷生物量 105.9890t，每公顷碳储

量 52.9945t。

多样性指数 0.7413，优势度指数 0.2586，均匀度指数 0.2399。斑块数 1788 个，平均斑块面积 54.2708hm²，斑块破碎度 0.0184。

森林健康。无自然干扰。

（2）在黑龙江，长白落叶松、红皮云杉、臭冷杉针叶混交林分布于牡丹江、宁安、海林等地区。

乔木除长白落叶松、红皮云杉、臭冷杉外，还有白桦、樟子松、红松、蒙古栎、花楸。灌木主要有兴安杜鹃、胡枝子、柳叶绣线菊、北极悬钩子、狭叶杜香、笃斯越桔、兴安茶藨子、东北赤杨、刺玫蔷薇、绢毛绣线菊、柳叶蓝靛果、杜香。草本主要有裂叶蒿、兴安鹿药、红花鹿蹄草、地榆、兴安麻花头、大叶柴胡、舞鹤草、绒背老鹳草、东方草莓、七瓣莲、唢呐草、酢浆草。

乔木层平均树高 11.6m，灌木层平均高 0.53m，草本层平均高约 0.28m，乔木平均胸径 18.42cm，乔木郁闭度 0.6，灌木盖度 0.17，草本盖度 0.32，植被盖度 0.72。

面积 191155.4432hm²，蓄积量 22193067.3113m³，生物量 15290657.7130t，碳储量 7645328.8570t。每公顷蓄积量 116.0996m³，每公顷生物量 79.9907t，每公顷碳储量 39.9954t。

多样性指数 0.5832，优势度指数 0.4165，均匀度指数 0.1876。斑块数 2709 个，平均斑块面积 70.5631hm²，斑块破碎度 0.0142。

森林健康。无自然干扰。

（3）在辽宁，长白落叶松、红皮云杉、臭冷杉针叶混交林主要分布于辽宁东部地区。

乔木伴生树种主要有樟子松、红松、蒙古栎。灌木主要有刺五加、杜鹃、胡枝子、蔷薇、忍冬、绣线菊、珍珠梅、榛子。草本主要有蒿、蕨、木贼、莎草、山茄子、苔草、小叶章、羊胡子草。

乔木层平均树高 11.26m，灌木层平均高 1.6m，草本层平均高 0.28m，乔木平均胸径 11.26cm，乔木郁闭度 0.62，灌木盖度 0.44，草本盖度 0.42，植被盖度 0.9。

面积 12570.5418hm²，蓄积量 872049.4933m³，生物量 666650.3967t，碳储量 333325.1983t。每公顷蓄积量 69.3725m³，每公顷生物量 53.0327t，每公顷碳储量 26.5164t。

多样性指数 0.4178，优势度指数 0.5821，均匀度指数 0.2034。斑块数 490 个，平均斑块面积 25.6541hm²，斑块破碎度 0.0390。

森林健康。无自然干扰。

83. 兴安落叶松、云杉、臭冷杉针叶混交林（*Larix gmelinii*，*Picea jezoensis* var. *microsperma*，*Abies nephrolepis* forest）

在黑龙江，兴安落叶松、云杉、臭冷杉针叶混交林主要分布于大兴安岭、小兴安岭、完达山及张广才岭等山区。

乔木除兴安落叶松、云杉、冷杉外，还有白桦、山杨、红松、臭冷杉。灌木主要有红瑞木、毛赤杨、珍珠梅、金露梅、偃茶藨子、山刺玫、柴桦。草本主要有大叶章、林木贼、红花鹿蹄草、舞鹤草、蚊子草、蕨、树藓、塔藓、密叶皱蒴藓、沼羽藓、万年藓、提灯藓、皱叶曲尾藓、粗叶泥炭藓。

乔木层平均树高 14m，灌木层平均高 1m，草本层平均高约 0.3m，乔木平均胸径 18.0cm，乔木郁闭度 0.6，灌木盖度 0.13，草本盖度 0.22，植被盖度 0.7。

面积 50248.1835hm²，蓄积量 5879037.4805m³，生物量 4741890.9369t，碳储量 2370945.4680t。每公顷蓄积量 117.0000m³，每公顷生物量 94.3694t，每公顷碳储量 47.1847t。

多样性指数 0.6492，优势度指数 0.3503，均匀度指数 0.2043。斑块数 605 个，平均斑块面积 83.0548hm²，斑块破碎度 0.0120。

森林健康。无自然干扰。

84. 西伯利亚落叶松、云杉针叶混交林（*Larix sibirica*，*Picea asperata* forest）

在新疆，西伯利亚落叶松、云杉针叶混交林主要分布在哈巴河、布尔津、阿尔泰、福海、富蕴、清河、巴里坤、哈密、伊吾；集中在阿尔泰山西北、阿尔泰山中段、阿尔泰山中南段、天山东部。海拔 1300~2800m。

乔木除新疆落叶松、云杉外，伴生树种少见。灌木包括刚毛忍冬、阿尔泰忍冬、山柳、蔷薇、枸子、茶藨子、兔耳条、阿尔泰方枝柏等。草本常见蕨状苔草、野青茅、兰花老鹳草、繁缕、阿尔泰大黄菊、乳苣、乌头、红花鹿蹄草、香豌豆、丘陵唐松草等。苔藓类发育良好，常见的有褶叶镰刀藓、塔藓、毛梳藓、赤茎藓。

乔木层平均树高 18~23m，乔木平均胸径 30~35cm，灌木层平均高 1~3m，草本层平均高10~30cm，乔木郁闭度多在 0.4~0.6 之间，灌木盖度一般 0.1~0.2，草本盖度 0.2~0.3。

面积 2169.7331hm²，蓄积量 384447.3731m³，生物量 262885.1138t，碳储量 131442.5569t。每公顷蓄积量 177.1865m³，每公顷生物量 121.1601t，每公顷碳储量 60.5801t。

多样性指数 0.7510，优势度指数 0.2490，均匀度指数 0.7860。斑块数 44 个，平均斑块面积 49.3121hm²，斑块破碎度 0.0203。

森林健康。无自然干扰。

第三篇
阔叶林

阔叶林是指优势树种为阔叶树的森林群落。阔叶林是我国森林植被组成中最多的成分。本次调查结果中，共有阔叶林类型 303 种，面积 102738944.3964hm²，蓄积量 6081403867.4200m³，生物量 7717651780.3476t，碳储量 3835761048.9063t。分别占全国森林植被类型、面积、蓄积量、生物量、碳储量的 64.74%、49.03%、37.45%、50.46%、50.35%。每公顷蓄积量 59.1928m³，每公顷生物量 75.1190t，碳储量 37.3350t，斑块数 1214932 个，平均斑块面积 84.5635hm²，斑块破碎度 0.0118，分别占全国森林植被类型平均每公顷蓄积量、每公顷生物量、每公顷碳储量、斑块数、平均斑块面积、斑块破碎度的 76.39%、102.93%、102.69%、51.79%、94.68%、105.62%。根据阔叶林的优势树种发育节律特征，可以分为落叶阔叶林、常绿阔叶林、常绿落叶阔叶林。

中国森林植被
Forest Vegetation in China

第七章
常绿阔叶林

常绿阔叶林是指以常绿阔叶树为优势树种的森林群落。是亚热带湿润地区的地带性森林类型，也是业热带与温带之间过渡的森林植被类型。根据优势树种或优势树种组，又将常绿阔叶林分为常绿阔叶纯林和常绿阔叶混交林。本次调查结果中，共有常绿阔叶林类型 125 种，面积 43242895.8328hm^2，蓄积量 2215061072.4868m^3，生物量 3208865944.0660t，碳储量 1588025916.7627t，分别占全国阔叶林类型、面积、蓄积量、生物量、碳储量的 41.25%、42.09%、36.42%、41.58%、41.40%。平均每公顷蓄积量 51.2237hm^2，每公顷生物量 74.2056t，每公顷碳储量 36.7234t，斑块数 319272 个，平均斑块面积 135.4420hm^2，斑块破碎度 0.0074，分别占阔叶林类型平均每公顷蓄积量、每公顷生物量、每公顷碳储量、斑块数、平均斑块面积、斑块破碎度的 86.54%、98.78%、98.36%、26.28%、160.17%、62.44%。

第一节　常绿阔叶纯林

常绿阔叶纯林是指仅有一个常绿阔叶树种为优势树种的森林群落。本次调查结果中，共有常绿阔叶纯林类型 88 种，面积 26468317.6792hm^2，蓄积量 1058392057.4180m^3，生物量 1717434792.9524t，碳储量 854844007.5661t，分别占全国常绿阔叶林类型、面积、蓄积量、每公顷生物量、每公顷碳储量的 70.40%、61.21%、47.78%、53.52%、53.83%。平均每公顷蓄积量、每公顷生物量、每公顷碳储量、斑块数、平均斑块面积、斑块破碎度分别为 39.9871m^3、64.8864t、32.2969t、199097 个、132.9418hm^2、0.0075，是常绿阔叶林平均每公顷蓄积量、每公顷生物量、每公顷碳储量、斑块数、平均斑块面积、斑块破碎度的 78.06%、87.44%、87.95%、62.36%、98.15%、101.88%。

一、樟类林

樟类林是以樟科树种为优势树种的森林群落。樟类林是一个大类，包含了众多森林植被类型，是家具、建筑、医药、园林绿化等原材料的重要来源。在江西、湖南、四川、贵州等地区深受人们的喜爱。既有天然分布，又有人工栽培。本次调查结果中，樟类林主要类型有 9 种，面积 386097. 9361hm^2，蓄积量 14228364. 1002m^3，生物量 18332210. 8474t，碳储量 9416074. 8764t，平均每公顷蓄积量、生物量、碳储量为 36. 8517m^3、47. 4807t、24. 3878t。多样性指数、优势度指数、均匀度指数、斑块数、平均斑块面积、斑块破碎度分别为 0. 4807、0. 5191、0. 5157、4897 个、78. 8438hm^2、0. 0127。

1. 木姜子林（*Litsea pungens* forest）

在云南，木姜子林分布较广，在滇西北、滇南、滇北都有分布。

乔木的伴生树种有高山栲、麻栎、铁刀木、西南木荷等。灌木主要有箭竹、荚蒾、山矾、野扇花、白瑞香、针齿铁仔、柃木等。草本不发达，常见的有凤尾蕨、粉背瘤足蕨、楼梯草、云南兔儿风等。

乔木层平均树高9.0m，灌木层平均高约1.2m，草本层平均高在0.2m以下，乔木平均胸径13.2cm，乔木郁闭度约0.6，灌木盖度0.2，草本盖度0.35。

面积 1738. 4512hm^2，蓄积量 82224. 9304m^3，生物量 236931. 9452t，碳储量 101406. 8725t。每公顷蓄积量 47. 2978m^3，每公顷生物量 136. 2891t，每公顷碳储量 58. 3317t。

多样性指数0.3277，优势度指数0.6723，均匀度指数1.0386。斑块数23个，平均斑块面积75. 5848hm^2，斑块破碎度0.0132。

森林健康中等。无自然干扰。人为干扰主要是抚育、更新，抚育面积441. 4053hm^2，更新面积13. 2421hm^2。

2. 云南樟林（*Cinnamomum glanduliferum* forest）

云南樟林在云南省中东部有分布，集中在昆明、嵩明、武定、禄劝、寻甸、大姚、姚安、永仁、会泽、东川等地区。

乔木伴生树种有包石栎、滇青冈、野核桃、肉桂等。灌木种类主要有十大功劳、野山茶、米饭花、团香果、密花树、柃木、大白花杜鹃、玉山竹等。草本植物常见的有景东瘤足蕨、西域鳞毛蕨、星毛繁缕、藿香蓟、拔毒散、吉祥草、钝叶楼梯草、心叶兔儿风等。

乔木层平均树高15.6m，灌木层平均高约1.3m，草本层平均高在0.2m以下，乔木平均胸径28.6cm，乔木郁闭度约0.7，灌木盖度0.2，草本盖度0.5。

面积 5786. 6116hm^2，蓄积量 1039228. 2047m^3，生物量 1143878. 4849t，碳储量 571939. 2425t。每公顷蓄积量 179. 5918m^3，每公顷生物量 197. 6767t，每公顷碳储量 98. 8384t。

多样性指数0.5817，优势度指数0.4183，均匀度指数0.5963。斑块数384个，平均斑块面积15. 0693hm^2，斑块破碎度0.0664。

森林健康中等。无自然干扰。人为干扰主要是抚育活动，抚育面积251. 4715hm^2。

3. 樟树林（*Cinnamomum camphora* forest）

樟树（香樟）主要分布于北纬18. 5°~34°。垂直分布一般在海拔300~600m以下，在西部可达 1000m。樟树为偏喜光树种，幼树宜适当庇荫，生长到 2m 以上则喜光，适生于年平均气温 16℃以上，极端最低温可达-7℃，年降水量 1000mm 以上。气温如达-9℃时，苗木及嫩枝易受冻害，成年樟树耐高温，气温在 40℃时仍然不影响其生长。樟树喜生于酸性至中性土壤，在肥沃湿润的沙壤土、冲积土生长良好，黏性黄、红壤生长次之，在紫色页岩酸性较强的土壤中生长不良。樟树散生在低丘岗地，村落附近的孤立木树冠发达，大者覆盖面积可达 700m^2，但主干分枝低，而成片或与其他树种混交的樟树则可形成主干较高、侧枝较少的林相。

樟树林在我国分布很广，在广西、贵州、湖南、江苏、江西、上海、四川、浙江、重庆等 9 个省（自治区、直辖市）有大面积分布。面积 175231.6630hm^2，蓄积量 4669413.6182m^3，生物量 5571730.5942t，碳储量 3041056.3891t。每公顷蓄积量 26.6471m^3，每公顷生物量 31.7964t，每公顷碳储量 17.3545t。多样性指数 0.4493，优势度指数 0.5395，均匀度指数 0.5066，斑块数 2926 个，平均斑块面积 59.8877hm^2，斑块破碎度 0.0167。

（1）在广西，樟树林在全区均有分布，一般生长于平地、台地、丘陵和低山地区，中山山地少见，最高见于海拔 1000m。常生长于村边路旁、水边、河滩、灌丛和次生林中，原生性杂木林少见。一般见于酸性土山地，岩溶山地也有分布，但不如酸性土山地常见。

乔木较简单，伴生树种细齿叶柃、枫香、马尾松、鹅掌柴、红锥、黄果厚壳桂、白颜树也较常见。灌木优势种为盐肤木、牛耳枫、大青和枫香。草本常见的种类为荩草、淡竹叶、芒萁、细毛鸭嘴草、五节芒、乌毛蕨等。

乔木层平均树高一般 3~8m，灌木层平均高 2~5m，草本层平均高在 1m 以下，乔木平均胸径 40cm 左右，植被总盖度 0.6，乔木郁闭度 0.5，灌木盖度约 0.05~0.4，草本盖度 0.05~0.25。

面积 2990.2153hm^2，蓄积量 374075.9379m^3，生物量 411745.3848t，碳储量 205872.6924t。每公顷蓄积量 125.1000m^3，每公顷生物量 137.6976t，每公顷碳储量 68.8488t。

多样性指数 0.4400，优势度指数 0.5600，均匀度指数 0.9200。斑块数 5 个，平均斑块面积 598.0431hm^2，斑块破碎度 0.0017。

整体健康等级为 1，林木生长发育较好，树叶偶见发黄、褪色或非正常脱落（发生率 10%以下），结实和繁殖受到一定程度的影响。未受灾或轻度受灾。所受病害等级为 1，该林中受病害的植株总数占该林中植株总数的 10%以下。没发现明显虫害。没有发现火灾现象。樟树林常分布于路边村旁，林下被踩踏，草本稀少。所受自然干扰类型为病害。

（2）在湖南，樟树林主要分布于湘北慈利县，新化县、道县也有分布。

乔木层伴生树种主要有榉树、朴树、糙叶树、刺楸、苦槠、构树、白栎、白檀、女贞、麻栎、乌桕、冬青、苦楝、三角枫、丝棉木、楤木、木蜡树、黄连木、白背叶、椆榆、黄檀、细花泡花树、棕榈、石楠等。

灌木层主要有淡竹、水竹、红哺鸡竹、短穗竹、楤木、蓬蘽、紫金牛等，还有赛山梅、小蜡、山胡椒、算盘子、细柱五加、山莓、盐肤木、白背叶、华紫珠和栀子等。

草本层种类十分丰富，主要有苔草、柳叶牛膝、渐尖毛蕨、鳞毛蕨、金线草、微糙三脉紫菀、爬岩红、山麦冬和求米草等，还有九头狮子草、毛茛、天葵、蛇莓、白茅、糠稷、白顶早熟禾、贯众和紫萼等。

层间种类丰富，主要有扶芳藤、中华常春藤、薜荔和络石等，还有异叶蛇葡萄、忍冬、野蔷薇、小果蔷薇、木通、海金沙、野大豆、白英、绞股蓝和薯蓣等。

乔木层平均树高 19.73m，灌木层平均高 1.5m，乔木平均胸径 13cm，乔木郁闭度 0.6~0.7，灌木盖度 0.1，草本盖度 0.1~0.3。

面积 50572.6225hm²，蓄积量 729687.5510m³，生物量 765573.6849t，碳储量 637978.0707t。每公顷蓄积量 14.4285m³，每公顷生物量 15.1381t，每公顷碳储量 12.6151t。

多样性指数 0.4990，优势度指数 0.501，均匀度指数 0.708。斑块数 616 个，平均斑块面积 82.0984hm²，斑块破碎度 0.0122。

樟树林健康。无自然和人为干扰。

(3) 在江西，樟树林主要分布在赣中、赣南，赣东、赣北较少。

乔木伴生树种有苦槠、青冈、石栎、栲树、罗浮栲、鹿角栲、南岭栲、钩栗、木荷、厚皮香、红润楠、毛桂、黄樟、湘南、华润楠等。还有一些落叶阔叶树种，如南酸枣、枫香、青榨槭、山槐、蓝果树（紫树）、黄檀等。此外尚有冬青、杨梅、大叶含笑、杜英、猴欢喜，以及少数针叶树如杉木、福建柏、红豆杉、罗汉松等。灌木主要有乌饭树、油茶、柃木、山矾、心叶毛蕊茶、杨桐、狗骨柴、檵木、乌药、黄栀子等。草本大都以蕨为主，有狗脊、瘤足蕨、金毛狗脊，并有苔草、山姜、天南星、淡竹叶等。层外植物主要有菝葜、瓜馥木、钩藤、木桶、络石、海金沙等。

乔木平均胸径 23.8cm，乔木层平均树高 11.3m，乔木郁闭度 0.7~0.9。灌木层平均高 2m 以下，灌木盖度 0.2~0.3。草本盖度 0.4 以下。

面积 333.6118hm²，蓄积量 23382.6658m³，生物量 25737.3003t，碳储量 12868.6501t。每公顷蓄积量 70.0894m³，每公顷生物量 77.1475t，每公顷碳储量 38.5737t。

多样性指数 0.8550，优势度指数 0.1450，均匀度指数 0.3810。斑块数 6 个，平均斑块面积 55.6020hm²，斑块破碎度 0.0180。

未见病害。主要虫害有樟叶蜂、樟翠尺蛾、吉安樟筒天牛、樟蚕、樟丛螟、刺蛾以及袋蛾等。自然干扰主要是虫害。

(4) 在贵州，樟树林分布以玉屏县较多，在修文县、贵阳市市辖区、清镇市、赤水市等地也有分布。

乔木由樟树单一树种组成。灌木可见山茶等。草本可见狗牙根、鳞毛蕨、麦冬等。

乔木层平均树高 20.2m，灌木层平均高 0.2m，乔木平均胸径 25.3cm，乔木郁闭度 0.8。

面积 2722.6241hm²，蓄积量 92372.6453m³，生物量 138752.8188t，碳储量 69376.2732t。每公顷蓄积量 33.9278m³，每公顷生物量 50.9629t，每公顷碳储量 25.4814t。

多样性指数 0.0560，优势度指数 0.9440，均匀度指数 1。斑块数 227 个，平均斑块面积 11.9911hm²，斑块破碎度 0.0833。

森林植被健康，基本未受灾害。很少受到极端自然灾害和人为活动的影响。

（5）在四川，樟树林在全省均有分布，其中以绵阳市、自贡市分布较多。

乔木主要包括壳斗科、山茶科、樟科的苦槠、石栎、木荷、毛桂、黄樟，此外还有枫香、山槐、杉木等。灌木常见有乌饭树、油茶、柃木、山矾、乌药等。草本大都以蕨为主，有狗脊、瘤足蕨、金毛狗脊，并有苔草、山姜、天南星等。

乔木层平均树高 15.6m，灌木层平均高约 1.3m，草本层平均高在 0.2m 以下，乔木平均胸径 28.6cm，乔木郁闭度约 0.7，灌木盖度 0.2，草本盖度 0.5。

面积 75082.1858hm²，蓄积量 1753254.4854m³，生物量 2317064.7210t，碳储量 1158532.3605t。每公顷蓄积量 23.3511m³，每公顷生物量 30.8604t，每公顷碳储量 15.4302t。

多样性指数 0.5614，优势度指数 0.4386，均匀度指数 0.6275。斑块数 1173 个，平均斑块面积 64.0087hm²，斑块破碎度 0.0156。

灾害等级为 0 的面积达 50037.92hm²，灾害等级为 1 和 3 的面积都为 12509.48hm²。受到明显的人为干扰，主要为采伐、更新、抚育等，其中采伐面积 517.29hm²，更新面积 1195.82hm²，抚育面积 1443.83hm²。

（6）在江苏，樟树林分布于全省各丘陵山地。

乔木伴生树种有湿地松、杉木、朴树等。灌木不发达。草本主要有苦竹、马兰、春蓼、蕨、蛇葡萄等。

乔木层平均树高约 14m，草本层平均高 1.1m 以下，乔木平均胸径约 25cm，乔木郁闭度约 0.7，草本盖度约 0.8。

面积 25150.3000hm²，蓄积量 1089370.7579m³，生物量 1199070.3933t，碳储量 599535.1966t。每公顷蓄积量 43.3144m³，每公顷生物量 47.6762t，每公顷碳储量 23.8381t。

多样性指数 0.7600，均匀度指数 0.3300，优势度指数 0.2400。斑块数 92 个，平均斑块面积 273.373hm²，斑块破碎度 0.0036。

病害等级无。虫害等级轻。火灾等级轻。人为干扰类型为森林经营活动。自然干扰类型为病虫害。

（7）在上海，樟树林主要是人工栽培的绿化片林。

乔木林组成单一。灌木、草本不发达。

面积 2094.6600hm²，蓄积量 90728.9411m³，生物量 107497.9512t，碳储量 53748.9756t。每公顷蓄积量 43.3144m³，每公顷生物量 51.3200t，每公顷碳储

量 25.6600t。

多样性指数 0，优势度指数 1，均匀度指数 0。斑块数 126 个，平均斑块面积 16.6243hm²，斑块破碎度 0.0601。

无自然干扰。人为干扰主要是抚育管理。

（8）在浙江，樟树林分布比较广泛，目前，在浙江丽水、湖州等地还有古樟树群落存在。

乔木组成树种有朴树、白栎、榉树、糙叶树、白檀等，树高 4~22m，胸径 18~70cm，乔木郁闭度 0.35~0.5。

灌木主要有淡竹、水竹、楤木、紫金牛、赛山梅、小蜡、山胡椒、算盘子、盐肤木、白背械、栀子等，高 0.3~4m，盖度 0.35。

草本主要有苔草、渐尖毛蕨、鳞毛蕨、金线草、三脉紫菀、爬岩红、山麦冬、求米草、天葵、白茅、蛇莓、贯众等，高 0.1~2m，盖度 0.2 以下。

群落中还有藤本及攀附植物，主要有扶芳藤、常春藤、络石、忍冬、野蔷薇、木通等。

面积 8236.6800hm²，蓄积量 275139.7061m³，生物量 302846.2745t，碳储量 151423.1373t。每公顷蓄积量 33.4042m³，每公顷生物量 36.7680t，每公顷碳储量 18.3840t。

多样性指数 0.260，优势度指数 0.7400，均匀度指数 0.1000。斑块数 12 个，平均斑块面积 686.390hm²，斑块破碎度 0.0014。

自然干扰主要是病虫害。人为干扰主要是抚育管理。

（9）在重庆，樟树林广泛分布。

乔木主要包括枫香、山槐、杉木等。灌木常见有乌饭树、油茶、柃木、山矾、乌药等。草本大都以蕨类为主，如狗脊、瘤足蕨、金毛狗脊，并有苔草、山姜、天南星等。

乔木平均胸径 12.5cm，乔木层平均树高 8.5m，乔木郁闭度 0.5。灌木盖度 0.4，平均高 1.3m。草本盖度 0.5，平均高 0.3m。

面积 8048.7634hm²，蓄积量 241400.9277m³，生物量 303442.0654t，碳储量 151721.0327t。每公顷蓄积量 29.9923m³，每公顷生物量 37.7005t，每公顷碳储量 18.8502t。

多样性指数 0.6125，优势度指数 0.2875，均匀度指数 0.4930。斑块数 669，平均斑块面积 12.0310hm²，斑块多度 0.0049，斑块破碎度 0.0831。

樟树林健康。无自然和人为干扰。

4. 楠木林（*Phoebe zhennan* forest）

楠木林是以楠木为优势树种的森林群落，楠木是中国和南亚特有，是驰名中外的珍贵用材树种。楠木林是我国的重要珍贵木材资源，在广西、江西、云南、上海、浙江、重庆等 6 个省（自治区、直辖市）有分布。面积 42559.9793hm²，蓄积量 4371506.7148m³，生物量 5362042.8658t，碳储量 2675799.7933t。每公顷蓄积量 102.7140m³，每公顷生物量

125.9879t，每公顷碳储量62.8712t。多样性指数0.5278，优势度指数0.4721。斑块数849个，均匀度指数0.4305，平均斑块面积50.1295hm²，斑块破碎度0.0199。

（1）在福建，闽楠林以闽江流域中游一带为最多。较集中的产地有南平、顺昌、建瓯、浦城、政和、松溪、沙县、永安、三明、明溪、尤溪等县（直辖市）。垂直分布多在海拔120~600m的丘陵山地。

乔木伴生树种有南酸枣、木荷、糙叶树、南岭黄檀、刨花润楠、栲树、樟等。灌木有黄绒润楠、木犀、野漆、油茶、茜树、粗叶木、杜茎山、金粟兰、朱砂根、绒毛润楠、鹿角杜鹃、刺毛杜鹃、毛冬青等。草本有知风草、羊胡子草、地榆、拳参、杠板归等。

乔木层平均树高约16~26m，灌木层平均高5m以下，草本层平均高0.2~0.8m，乔木平均胸径50cm，乔木郁闭度0.85，灌木盖度0.15~0.3，草本盖度0.05~0.3。

面积 570.6710hm²，蓄积量 82290.7582m³，生物量 103690.9207t，碳储量 46623.8207t。每公顷蓄积量144.2000m³，每公顷生物量181.7000t，每公顷碳储量81.7t。

多样性指数0，优势度指数1，均匀度指数0。斑块数1个，平均斑块面积570.671hm²，斑块破碎度0.0017。

病害无。虫害无。火灾轻。人为干扰类型为森林经营活动。无自然干扰。

（2）在江西，楠木林主要分布在江西中部、西部和南部的丘陵山地和谷地周围，海拔350~800m。

乔木伴生树种有南岭栲、大叶含笑等。灌木主要有杜茎山、草珊瑚、百两金、黄鸡脚等。草本主要有狗脊、苔草和蕨。层外植物有常春藤、野木瓜、信筒子、蛇葡萄、三叶木通、菝葜、链珠藤和胡颓子等。

乔木层平均树高15m左右，乔木平均胸径31.1cm，乔木郁闭度0.6。灌木盖度0.2，灌木层平均高0.9m。草本盖度0.5，草本层平均高0.3m。

面积 1389.1630hm²，蓄积量 97365.6604m³，生物量 107170.3824t，碳储量 53585.1912t。每公顷蓄积量 70.0894m³，每公顷生物量 77.1474t，每公顷碳储量38.5737t。

多样性指数0.4600，优势度指数0.5400，均匀度指数0.7350。斑块数15，平均斑块面积92.6108hm²，斑块破碎度0.0107。

森林健康。无人为和自然干扰。

（3）在重庆，楠木林大多为人工林，广泛分布于北碚区、奉节县、巫溪县、涪陵县、武隆县等。在重庆市其他各个区县均有少量分布。

乔木较为简单，大多形成纯林，或与杉木、马尾松等混交，也与栎类、刺槐等其他阔叶树种混交。灌木主要有木姜子、高粱泡、香叶树、草珊瑚等。草本主要有金星蕨、狗脊、野青茅、苔草等。

乔木层平均树高6.2m，灌木层平均高约1.5m，草本层平均高在0.3m以下，乔木平均胸径8.6cm，乔木郁闭度约0.7，灌木盖度约0.2，草本盖度0.3。

面积 1756.6173hm²，蓄积量 105070.8350m³，生物量 130675.7340t，碳储量

65337.8670t。每公顷蓄积量 59.8143m³，每公顷生物量 74.3906t，每公顷碳储量 37.1953t。

多样性指数 0.6714，优势度指数 0.3286，均匀度指数 0.4701。斑块数 166 个，平均斑块面积 10.5820hm²，斑块破碎度 0.0945。

森林健康。无自然和人为干扰。

（4）在云南，楠木林分布于云南南部至西南部，生于海拔 900~1500m 的山地阔叶林中，比较少见。

乔木以楠树为优势，伴生树种有杯状栲、毛木荷、樟树等亚热带阔叶植物。灌木常见的有九节、朱砂根、蛇根木等。草本常见的有长叶实蕨、金果鳞盖蕨、薄唇蕨等。

乔木层平均树高 14.5m，草本层平均高在 0.2m 以下，乔木平均胸径 26.2cm，乔木郁闭度约 0.7，草本盖度 0.25。

面积 6920.3541hm²，蓄积量 1242839.1111m³，生物量 1367993.0096t，碳储量 683996.5048t。每公顷蓄积量 179.5918m³，每公顷生物量 197.6767t，每公顷碳储量 98.8384t。

多样性指数 0.6786，优势度指数 0.3214，均匀度指数 0.5341。斑块数 109 个，平均斑块面积 63.4894hm²，斑块破碎度 0.0158。

森林健康中等。无自然干扰。人为干扰主要是抚育活动，抚育面积 35.4049hm²。

（5）在广西，楠木林主要是人工林，有楠木纯林，也有楠木与杉木等混交林，主要分布在兴安县、荔浦县。

8 年楠木人工林，胸径在 4~12cm，树高 4~8m，造林密度为每公顷 2500 株，株行距 2m×2m。人工林林下灌木草本不发达。

面积 874.9310hm²，蓄积量 72497.2099m³，生物量 79797.6789t，碳储量 39898.8395t。每公顷蓄积量 82.8605m³，每公顷生物量 91.2045t，每公顷碳储量 45.6023t。

多样性指数 0，优势度指数 1，均匀度指数 0。斑块数 1 个，平均斑块面积 874.9310hm²，斑块破碎度 0.0011。

无自然干扰。人为干扰主要是抚育管理活动。

（6）在上海，楠木是重要的绿化美化树种，属人工栽培的各种楠木林，分布于森林公园、旅游景区或道路两旁。

因集约管理强度大，林下灌木、草本不发达。

面积 20.5259hm²，蓄积量 1700.7863m³，生物量 1872.0544t，碳储量 936.0272t。每公顷蓄积量 82.8605m³，每公顷生物量 91.2045t，每公顷碳储量 45.6022t。

多样性指数 0，优势度指数 1，均匀度指数 0。斑块数 1 个，平均斑块面积 20.5259hm²，斑块破碎度 0.0487。

无自然干扰。人为干扰主要是抚育管理活动。

（7）在浙江，楠木林主要有三个品种，即闽楠、浙江楠和刨花楠。主要分布在浙西南地区，范围较窄。在浙江，楠木多以散生形式生长在常绿阔叶林中。以楠木为优势树种的

177

群落比较少。

乔木伴生种有柏木、苦槠、青冈、枫香、木荷、罗浮栲、香樟等。乔木郁闭度较高，一般都在 0.9 左右，

灌木以淡竹、毛花莲蕊茶、八角枫等为主。

草本主要有苎麻、寒莓、杜茎山、假双盖蕨、淡竹、紫藤。

乔木层平均树高 11.5~18.7m，乔木平均胸径 14.3~50.6cm。

面积 997.7170hm²，蓄积量 39331.5784m³，生物量 43292.2683t，碳储量 21646.1342t。每公顷蓄积量 39.4216m³，每公顷生物量 43.3913t，每公顷碳储量 21.6957t。

多样性指数 0.7600，优势度指数 0.2400，均匀度指数 0.5600。斑块数 2 个，平均斑块面积 498.858hm²，斑块破碎度 0.002。

楠木林健康。无自然和人为干扰。

（8）在四川，桢楠林主要分布于盆地西缘山地和川南等海拔 1200m 以下地带，包括成都、灌县、雅安、荥经、天全、乐山、峨眉、洪雅、宜宾、江安、珙县和筠连等市县，分布广泛，以成都平原较为普遍；多出现于庙宇、祠堂等名胜古建筑周围。但成林少，常呈零星小片森林分布于低山丘陵阴湿山谷、山洼、山坡下部及河边台地等处。

乔木以桢楠占绝对优势，伴生树种有柏木、尖榕和喜树等。灌木种类组成多少与人的活动密切相关，人活动少的林内，灌木种类多，以耐阴树种为主，常见有方竹、水竹等，其次有长尾叶尾蕊茶、峨眉桃叶珊瑚、短柱柃、朱砂根、中华青荚叶等；人为活动严重的林分内，灌木种类少，常见冬青、山矾、光叶海桐、慈竹等。草本层种类的多少受灌木盖度大小制约，灌木丰富下，常见细裂复叶耳蕨、盾蕨、圆叶线蕨、大叶贯众等；灌木盖度小的林下，常见有华山姜、井栏凤尾蕨、西南冷水花、苔草及石生楼梯草等。

乔木层平均树高 14.5m，草本层平均高在 0.2m 以下，乔木平均胸径 26.2cm，乔木郁闭度约 0.7，草本盖度 0.25。

面积 30030.2392hm²，蓄积量 2730410.7790m³，生物量 3527550.8214t，碳储量 1763775.4107t。每公顷蓄积量 90.9220m³，每公顷生物量 117.4666t，每公顷碳储量 58.7333t。

多样性指数 0.6886，优势度指数 0.3114，均匀度指数 0.5327。斑块指数 554 个，平均斑块面积 54.2062hm²，斑块破碎度 0.0184。

森林健康。无自然干扰。

5. 紫楠林（*Phoebe sheareri* forest）

在安徽，紫楠林分布于皖南泾县、太平、歙县、休宁等地的低山地，海拔 900m 以下的沟谷地或山坡上，残存于局部交通不便而人为活动少的地方。

乔木除紫楠外，还有檫木、鹅耳枥、枫香、薄叶润楠、黄檀、木荷、青冈栎、香果树、冬青、白栎、稠李、短柄枹栎、枫杨、华山矾、化香、石栎、黄丹木姜子、江南桤木、苦槠、麻栎、茅栗、漆树、青榨槭、盐肤木、紫珠。灌木有马银花、乌饭树、箬竹、

白檀、枫香、冬青、小蜡树、野珠兰、苦糖果、大果山胡椒、暖木、野茉莉、伞形绣球、山茶、山檀、刚毛莨莲、接骨木、山莓、南天竹、棕木、杜鹃花、狭翅香槐、胡颓子、盐肤木、野蔷薇。草本有苔草、麦冬、黄山鳞毛蕨、萱草、奇蒿、野菊花、金线草、过路黄、苔草、莎草、茜草、冷水花、鱼腥草、野百合、兔儿伞。

乔木层平均树高 8.7m，灌木层平均高 1.3m，草本层平均高 0.20cm，乔木平均胸径 17.3cm，乔木郁闭度 0.75，灌木与草本盖度 0.55~0.6，植被总盖度 0.75~0.8。

面积 79625.3858hm²，蓄积量 2235626.3882m³，生物量 3272603.3554t，碳储量 1636301.6777t。每公顷蓄积量 28.0768m³，每公顷生物量 41.1000t，每公顷碳储量 20.55t。

多样性指数 0.8740，优势度指数 0.2213，均匀度指数 0.7988。斑块数 140 个，平均斑块面积 568.7528hm²，斑块破碎度 0.0018。

森林健康。无自然干扰。

6. 肉桂林（*Cinnamomum cassia* forest）

肉桂林主要分布于云南红河州的屏边、河口等海拔约 2500~2900m 的山地之间。

乔木以肉桂为优势，常见混交树种有元江栲、银木荷、亮叶桦、冬青、长毛楠、穗序鹅掌柴、云南泡花树、云南木犀榄、云南樟、大果省沽油等。灌木主要有豪猪刺、山矾、滇山茶、米饭花、大白花杜鹃、马缨花、锈叶杜鹃、直角莨莲、圆锥山蚂蝗等。草本主要有沿阶草、黄金凤、小叶冷水花、高山露珠草、吉祥草、钝叶楼梯草、云南兔儿风、滇黄精、凤尾蕨等。

乔木层平均树高 11.2m，灌木层平均高 1.2m，草本层平均高 0.2m 以下，乔木平均胸径 26.8cm，乔木郁闭度约 0.7，灌木盖度 0.2，草本盖度 0.55。

面积 3362.3470hm²，蓄积量 208801.7492m³，生物量 229828.0854t，碳储量 114914.0427t。每公顷蓄积量 62.1000m³，每公顷生物量 68.3535t，每公顷碳储量 34.1767t。

多样性指数 0.7646，优势度指数 0.2354，均匀度指数 0.8284。斑块数 28 个，平均斑块面积 120.0838hm²，斑块破碎度 0.0083。

森林植被健康中等。无自然干扰。人为干扰主要是抚育、更新，抚育面积 1008.7041hm²，更新面积 30.2611hm²。

7. 天竺桂林（*Cinnamomum japonicum* forest）

天竺桂林在安徽、重庆 2 个省（直辖市）有分布，面积 85253.4319hm²，蓄积量 2731361.9155m³，生物量 3883178.7033t，碳储量 1941589.3518t。每公顷蓄积量 32.0381m³，每公顷生物量 45.5486t，每公顷碳储量 22.7743t。多样性指数 0.5066，优势度指数 0.4933，均匀度指数 0.4477。斑块数 953 块，平均斑块面积 89.4579hm²，斑块破碎度 0.0112。

（1）在安徽，天竺桂林分布不广，面积也小，仅残存在皖南交通不便、人为活动影响少的深山区沟谷地。但天竺桂这一常绿树种在皖南普遍散生，垂直分布可达海拔 1000m

左右。

乔木伴生树种有枫香、黄檀、苦槠、茅栗、青冈栎、三角枫、山胡椒、野漆。灌木有阔叶箬竹、野山茶、山胡椒、朱砂根、崖花海桐、大青、楤木、天竺桂、青冈栎、盐肤木、连蕊茶、华紫珠等。草本有荩草、冷水花、苔草、天南星、七叶一枝花、吉祥草、猪殃殃、堇菜、楼梯草、珍珠菜、麦冬、斑叶兰、白茅、萱草、野菊花。

乔木层平均树高 7.5m，灌木层平均高 1.5m，草本层平均高 0.24cm，乔木平均胸径 15.7cm，乔木郁闭度 0.75，灌木与草本盖度 0.6~0.65，植被总盖度 0.75~0.8。

面积 77143.62394hm²，蓄积量 2720495.5838m³，生物量 3870681.3288t，碳储量 1935340.6645t。每公顷蓄积量 35.2653m³，每公顷生物量 50.1750t，每公顷碳储量 25.0875t。

多样性指数 0.6839，优势度指数 0.3161，均匀度指数 0.7389。斑块数 211 个，平均斑块面积 365.6096hm²，斑块破碎度 0.0027。

森林健康。无自然干扰。

（2）在重庆，天竺桂林分布广泛，主要是作为园林绿化和香料及建筑材料。

天竺桂林常与其他常绿阔叶树如丝栗栲、杜英、润楠等混生，同时有少量的落叶阔叶树，如水青冈、柳树等。灌木、草本不发达。

乔木平均胸径 7.5cm，乔木层平均树高 6.2m，乔木郁闭度 0.5。

面积 8109.8080hm²，蓄积量 10866.3317m³，生物量 12497.3745t，碳储量 6248.6873t。每公顷蓄积量 1.3399m³，每公顷生物量 1.5410t，每公顷碳储量 0.7705t。

多样性指数 0.3294，优势度指数 0.6706，均匀度指数 0.1566。斑块数 742 个，平均斑块面积 10.9297hm²，斑块多度 0.0054，斑块破碎度 0.0915。

天竺桂林健康。无自然和人为干扰。

8. 香桂林（*Cinnamomum subavenium* forest）

在云南，香桂林以人工林为主，栽培于云南省北部昆明、昭通等地。

乔木多为单层纯林。灌木有金丝桃、窄叶南烛、草莓等。草本有麦秆蹄盖蕨等。

乔木层平均树高 8.3m，灌木层平均高约 1.0m，草本层平均高在 0.3m 以下，乔木平均胸径 19.4cm，乔木郁闭度约 0.6，草本盖度 0.5。

面积 64.8900hm²，蓄积量 11653.7143m³，生物量 12827.2433t，碳储量 6413.6217t。每公顷蓄积量 179.5918m³，每公顷生物量 197.6767t，每公顷碳储量 98.8384t。

多样性指数 0.3721，优势度指数 0.6279，均匀度指数 0.8284。斑块数 1 个，平均斑块面积 64.89hm²，斑块破碎度 0.0154。

森林健康中等。无自然干扰。人为干扰主要是抚育活动，抚育面积 19.467hm²。

二、红树林类

红树林指生长在热带、亚热带低能海岸潮间带上部，受周期性潮水浸淹，以红树植物为主体的常绿灌木或乔木组成的潮滩湿地木本生物群落。组成的物种包括草本、藤本、红树。它生长于陆地与海洋交界带的滩涂浅滩，是陆地向海洋过度的特殊生态系。根系发达，能在海水中生长。在我国海南、广西、广东、福建、浙江和台湾等省（自治区）的沿海地区有分布，面积9745.1663hm²，生物量543942.4711t，碳储量271971.2355t。每公顷生物量55.8166t，每公顷碳储量27.9083t。多样性指数0.2639，优势度指数0.7361，均匀度指数0.4011。斑块数52个，平均斑块面积187.4070hm²，斑块破碎度0.0053。

9. 秋茄林（*Kandelia candel* forest）

广西、浙江2个省（自治区）有以秋茄为主的红树林分布，面积1076.3957hm²，生物量109348.4975t，碳储量54674.2488t。每公顷生物量101.5876t，每公顷碳储量50.7938t。多样性指数0.2110，优势度指数0.7890，均匀度指数0.3641。斑块数8个，平均斑块面积134.5494hm²，斑块破碎度0.0074。

（1）在广西，以秋茄为主的红树林主要分布在北海市的市辖区、防城港市防城区和东兴市。

灌木、草本不发达，主要有呈小乔木状的木榄。乔木树高一般在5m以下，平均树高4.0m，平均胸径4.5cm，郁闭度0.7。

面积988.7806hm²，生物量103492.3042t，碳储量51746.1521t。每公顷生物量104.6666t，每公顷碳储量52.3333t。

多样性指数0.2365，优势度指数0.7635，均匀度指数0.4160。斑块数5个，平均斑块面积197.7561hm²，斑块破碎度0.0051。

秋茄林生长健康。自然干扰主要是台风。人为干扰主要是旅游活动。

（2）在浙江，以秋茄为主的红树林主要分布在浙南沿海地区，包括苍南、平阳、瑞安、鹿城七都、乐清、永嘉瓯北等地，并以人工栽培为主。

乔木层树高一般在4m以下，平均高2.5m，平均胸径2.5cm，郁闭度0.7。

面积87.6151hm²，生物量5856.1933t，碳储量2928.0967t。每公顷生物量66.8400t，每公顷碳储量33.4200t。

多样性指数0.1855，优势度指数0.8145，均匀度指数0.3122。斑块数3个，平均斑块面积29.2050hm²，斑块破碎度0.0342。

秋茄林生长健康。自然干扰主要是台风。人为干扰主要是旅游活动。

10. 红海榄林（*Rhizophora stylosa* forest）

在广西，以红海榄为主的红树林主要分布在北海市的市辖区、防城港市防城区和东兴市，主要有呈小乔木状的木榄。乔木树高一般在5m以下，平均树高4.8m，平均胸径5.5cm，郁闭度0.9。灌木、草本不发达。

面积132.4364hm²，生物量38618.4398t，碳储量19309.2199t。每公顷生物量291.6000t，每公顷碳储量145.8000t。

多样性指数0.2565，优势度指数0.7435，均匀度指数0.4060。斑块数2个，平均斑块面积66.2182hm²，斑块破碎度0.0151。

红海榄林生长健康。自然干扰是台风雨和人为抚育管理。

11. 白骨壤林（*Avicennia marina* forest）

在广西，以白骨壤为主的红树林主要分布在北海市的市辖区、防城港市防城区和东兴市。北海市的市辖区分布面积最大，占广西红树林总面积的90%以上。

主要有呈小乔木状的木榄。乔木树高一般在5m以下，平均树高3.8m，平均胸径3.2cm，郁闭度0.7。灌木、草本不发达。

面积9195.1022hm²，生物量484581.8855t，碳储量242290.9427t。每公顷生物量52.7000t，每公顷碳储量26.3500t。

多样性指数0.2525，优势度指数0.7475，均匀度指数0.3994。斑块数47个，平均斑块面积195.6405hm²，斑块破碎度0.0051。

白骨壤林生长健康。自然干扰主要是台风。人为干扰主要是旅游活动。

12. 桐花树林（*Aegiceras corniculatum* forest）

在广西，以桐花树为主的红树林主要分布在北海市的市辖区、防城港市防城区和东兴市。

主要有呈小乔木状的木榄。乔木树高一般在5m以下，平均树高3.5m，平均胸径3.1cm，郁闭度0.7。灌木、草本不发达。

面积417.6277hm²，生物量20742.1458t，碳储量10371.0729t。每公顷生物量49.6666t，每公顷碳储量24.8333t。

多样性指数0.3356，优势度指数0.6644，均匀度指数0.4351。斑块数3个，平均斑块面积139.2092hm²，斑块破碎度0.0072。

桐花树林生长健康。自然干扰主要是台风。人为干扰主要是旅游活动。

三、青冈类林

青冈类林包括滇青冈林、青冈林，主要分布在云南、四川、广西、安徽、江西、重庆、湖北等省（自治区、直辖市）。面积491792.8955hm²，蓄积量33453969.5731m³，生物量39560145.4739t，碳储量19780072.7370t。每公顷蓄积量68.0245m³，每公顷生物量80.4407t，每公顷碳储量40.2203t。多样性指数0.5151，优势度指数0.4849，均匀度指数0.6494。斑块数9537个，平均斑块面积51.5668hm²，斑块破碎度0.0194。

13. 滇青冈林（*Cyclobalanopsis glaucoides* forest）

滇青冈林在我国云南、四川和广西3个省（自治区）有分布，面积237875.3046hm²，蓄积量3465802.7805m³，生物量4968370.4685t，碳储量2484185.2343t。每公顷蓄积量14.5698m³，每公顷生物量20.8864t，每公顷碳储量10.4432t。多样性指数0.6357，优势度指数0.3643，均匀度指数0.6219。斑块数4187个，平均斑块面积56.8128hm²，斑块破碎度0.0176。

（1）在云南，滇青冈林以滇中高原为分布中心。在昆明、富民、禄劝、石林、易门、双柏一带还有少量保存。分布海拔一般在1300~2550m之间，而滇东南文山、砚山一带约为 1300~1600m。

乔木优势种类为滇青冈，主要伴生树种有滇石栎、滇润楠、长梗润楠、云南樟、大果冬青、金江械、元江栲、窄叶石栎、香叶树、云南木犀榄、旱冬瓜、化香等。灌木主要有云南含笑、铁仔、水红木、沙针、来江藤、小叶女贞、云南杨梅、碎米花杜鹃、芒种花、野拔子、竹叶花椒、臭荚蒾、绒毛野丁香等。草本主要有西域鳞毛蕨、凤尾蕨、竹叶草、沿阶草、高山露珠草、山姜、粗毛牛膝、云南兔儿风、石海椒等。

乔木层平均树高 13.8m，灌木层平均高约 1.3m，草本层平均高在 0.4m 以下，乔木平均胸径 11.9cm，乔木郁闭度约 0.7，灌木盖度 0.1，草本盖度 0.35。

面 积 1032.2979hm²，蓄 积 量 135876.2077m³，生 物 量 149558.9418t，碳 储 量 74779.4709t。每公顷蓄积量 131.6250m³，每公顷生物量 144.8796t，每公顷碳储量 72.4398t。

多样性指数 0.6580，优势度指数 0.3420，均匀度指数 0.8078。斑块数 88 个，平均斑块面积 11.7306hm²，斑块破碎度 0.0852。

森林健康中等。无自然干扰。人为干扰为征占，征占面积 1.0322hm²。

（2）在四川，滇青冈分布较广，包括木里、盐源、西昌、德昌、会理、米易、盐边等县，在锦屏山、白林山、磨盘山、螺髻山和小相邻东坡以及大相邻西坡等山区均有分布。垂直分布于海拔 1500~2400m，但在大相邻西坡则分布于海拔 2000m 以下。

乔木伴生树种有滇石栎、化香、云南松、川桂、锐齿槲栎、光叶、野漆、滇润楠、银木荷等。灌木种类较少，在德昌小高乡海拔 1800m 以上地带，以华西箭竹为主；西昌庐山海拔较低，则以白绒球为主；甘洛小组岭东坡又以柃木为主；大相岭西坡海拔 1700m，则以杜鹃为主。除这些优势种之外，其他常见的还有饿蚂蝗、爆仗杜鹃、铁仔、毛叶木姜子等。草本植物种类较贫乏，主要种类有长穗姜花、云南秋海棠、多叶唐松草、粗根苔草、阔鳞鳞毛蕨、矛叶荩草、心叶兔儿风和莎草等。

乔木层平均树高 13.8m，灌木层平均高约 1.3m，草本层平均高在 0.4m 以下，乔木平均胸径 11.9cm，乔木郁闭度约 0.7，灌木盖度 0.1，草本盖度 0.35。

面积 226468.8597hm²，蓄 积 量 2542988.3888m³，生 物 量 3877046.4603t，碳储量 1938523.2302t。每公顷蓄积量 11.2289m³，每公顷生物量 17.1196t，每公顷碳储量 8.5598t。

多样性指数 0.6658，优势度指数 0.3342，均匀度指数 0.5538。斑块数 4081 个，平均斑块面积 55.4935hm²，斑块破碎度 0.0180。

灾害等级为 0 的面积达 208995.3hm²，等级从 1 到 3 即灾害从轻到重的面积依次为 16854.46hm²、1685.45hm²、1685.45hm²。未受到明显的人为干扰。

（3）在广西，滇青冈林仅见于隆林，而以滇青冈占优势的常绿阔叶林，见于隆林金钟山保护区。

总乔木郁闭度可达 0.85，乔木层林木平均树高 16m 左右，胸径 10~35cm，组成种类有滇青冈、圆果化香树、栓皮栎、栲树、密花树、南酸枣、假木荷、毛杨梅、南烛、罗浮槭、西施花、鳖葜锥、文山润楠、穗序鹅掌柴等。

灌木植物覆盖度20%，高0.2~1.2m，多为常见乔木的幼树和灌木，如滇青冈、白花杜鹃、白蜡树、鳖葜锥、栲树、红木荷、假木荷、毛杨梅，常见灌木种类有水锦树、杜茎山、中平树、草珊瑚、朱砂根、南烛、盐肤木、野牡丹等。

草本植物较丰富，覆盖度50%，平均高0.2~1.2m，以芒萁、五节芒为优势种，其他有肾蕨、浆果苔草、细叶石斛、羊耳菊、江南卷柏、狗脊、大叶仙茅、全缘网蕨、狭鳞鳞毛蕨、华南鳞盖蕨和荩草等。

面积10374.1470hm²，蓄积量786938.1840m³，生物量941765.0664t，碳储量470882.5332t。每公顷蓄积量75.8557m³，每公顷生物量90.7800t，每公顷碳储量45.3900t。

多样性指数0.5833，优势度指数0.4167，均匀度指数0.5041。斑块数18块，平均斑块面积576.3415hm²，斑块破碎度0.0017。

滇青冈林健康。无自然和人为干扰。

14. 青冈林（*Cyclobalanopsis glauca* forest）

在我国，青冈林分布于安徽、湖北、江西、云南和重庆5个省（直辖市），面积253917.5909hm²，蓄积量29988166.7926m³，生物量34591775.0054t，碳储量17295887.5027t。每公顷蓄积量118.1020m³，每公顷生物量136.2323t，每公顷碳储量68.1161t。多样性指数0.4563，优势度指数0.5437，均匀度指数0.6368。斑块数5350块，平均斑块面积47.4612hm²，斑块破碎度0.0211。

（1）在安徽，青冈栎林分布较广泛，在大别山南部的潜山、太湖、宿松、桐城，皖南的广德、旌德、宁国、东至、贵池、太平、歙县、休宁等地低山丘陵，海拔800~900m以下坡地、谷地，常见青冈栎为优势种的常绿阔叶林分布。

乔木伴生树种有鹅耳枥、野漆、三桠乌药、云锦杜鹃、川榛、山樱桃、短柄枹栎、白蜡树、合欢、化香、黄檀、鸡爪槭、茅栗、青皮木、青榨槭、山合欢、山胡椒、栓皮栎、野茉莉、白檀、臭椿、灯台树、槲栎、苦糖果、暖木、水榆花楸、四照花、长柄槭、枳椇、色木槭等。灌木有川榛、白檀、五味子、山橿、山莓、青冈栎、红果钓樟、伞形绣球、荚蒾、马银花、绣线菊、杜鹃花、野鸦椿、三叶木通、紫珠、胡颓子、茶树、北京忍冬、中华猕猴桃、宁波溲疏、春花胡枝子、扁担杆、米面翁、木蜡树、结香、小叶石楠、黄丹木姜子、垂枝泡花树、蝴蝶荚蒾、灯台莲。草本有箬竹、苔草、堇菜、麦冬、山马兰、斑叶兰、汉防己、荩草、沿阶草、天南星、伞形绣球、黄精。

乔木层平均树高8.1m，灌木层平均高1.34m，草本层平均高0.24cm，乔木平均胸径15.2cm，乔木郁闭度0.80，灌木与草本盖度0.4~0.5，植被总盖度0.85~0.9。

面积176192.5023hm²，蓄积量26098833.2935m³，生物量28726985.8061t，碳储量14363492.9031t。每公顷蓄积量148.1268m³，每公顷生物量163.0432t，每公顷碳储量81.5216t。

多样性指数0.6772，优势度指数0.3228，均匀度指数0.6573。斑块数630个，平均

斑块面积 279.6706hm²，斑块破碎度 0.0036。

森林健康。无自然干扰。

（2）在江西，青冈林主要分布于海拔 300~900m 之间的丘陵坡地和山脊，而以中部较为常见，多与苦槠林、鹿角栲林、杉木林及马尾松林相交错。由于分布地区居民点多，离耕作线近，受人为影响较大，且青冈的木材坚硬，素为农具、车轴良才，大树多遭到选伐，林中尚残存有直径达 50cm 的树桩，所以林相不整齐。青冈更新能力强，次生林多分布在海拔 1000m 以下，其上限逐渐为细叶青冈所取代。土壤以花岗岩、砂页岩母质发育的红壤和灰棕色黏土为主，土层疏松湿润。枯枝落叶层厚约 3~5cm，分解尚良好，有机质含量丰富。

乔木伴生树种有鹿角栲、苦槠、罗浮栲、石栎、紫楠、杜英、薯豆、虎皮楠、杨梅、木荷、杨桐、猴欢喜、黄丹木姜子、光叶石楠、交让木、厚皮香、杉木、马尾松、拟赤杨、五裂槭、枳椇、紫树、大穗鹅耳枥、青榨槭、乌饭树、杜鹃、马银花、小叶石楠等。灌木种类较多，以短柱柃、栀子、柏拉木、赤楠、树参等为主，其次为粗叶木、草珊瑚、柃木、短尾乌饭、杜茎山、乌药、毛冬青、百两金、山矾、石斑木、荚蒾等。草本种类比较单纯，仅有耐阴性较强的草本生长，常见的有狗脊、宽叶苔草、山姜等。层外植物数量不多，常见的有白木通、流苏子、野木瓜、光叶菝葜、雀梅藤等。苔藓植物多以多形灰藓、爪哇白发藓为常见。

乔木层平均树高 15.5m，乔木平均胸径 22.5cm，乔木郁闭度 0.70~0.90。灌木盖度 0.2，平均高 1.2m。草本盖度 0.5，平均高 0.3m。

面积 465.3333hm²，蓄积量 32614.9594m³，生物量 48990.9305t，碳储量 24495.4653t。每公顷蓄积量 70.0895m³，每公顷生物量 105.2814t，每公顷碳储量 52.6407t。

多样性指数 0.431，优势度指数 0.569，均匀度指数 0.755。斑块数 5 个，平均斑块面积 93.0667hm²，斑块破碎度 0.0107。

森林健康。无自然干扰。人为干扰主要是森林经营活动。

（3）在重庆，青冈林大多为人工林，广泛分布于重庆市各个区县。

乔木树种组成较为简单，或形成纯林，或与杉木、柏木、枫杨等混交。灌木主要有檵木、杜鹃、珍珠花、爆杖花、乌鸦果、马桑等。草本植物以禾本科草为主，常见的有刺芒野古草、细柄草、青茅、天南星、蕨等。

乔木层平均树高 10.5m，灌木层平均高约 1.5m，草本层平均高在 0.3m 以下，乔木平均胸径 11.4cm，乔木郁闭度约 0.7，灌木盖度约 0.3，草本盖度 0.6。

面积 59213.2825hm²，蓄积量 2975532.5779m³，生物量 4797742.5236t，碳储量 2398871.2618t。每公顷蓄积量 50.2511m³，每公顷生物量 81.0248t，每公顷碳储量 40.5124t。

多样性指数 0.2969，优势度指数 0.7031，均匀度指数 0.2243。斑块数 4223 个，平均斑块面积 14.0216hm²，斑块破碎度 0.0713。

森林健康。无自然和人为干扰。

（4）在云南，青冈林分布于武定、罗平县境内。

乔木主要伴生树种有云南松、旱冬瓜、黄毛青冈、滇青冈、滇石栎、高山栲、锐齿槲栎、麻栎等。灌木主要有云南含笑、水红木、臭荚蒾、珍珠花、爆杖花、华山矾、铁仔、乌鸦果、云南杨梅、马桑等。草本植物以禾本科草为主，常见的有刺芒野古草、细柄草、四脉金茅、天南星、西域鳞毛蕨等。

乔木层平均树高 16.2m，灌木层平均高约 2.1m，草本层平均高在 0.3m 以下，乔木胸径可达 1m，乔木郁闭度约 0.72，草本盖度 0.35。

面积 941.5875hm²，蓄积量 169101.4326m³，生物量 186129.9469t，碳储量 93064.9734t。每公顷蓄积量 179.5918m³，每公顷生物量 197.6767t，每公顷碳储量 98.8384t。

多样性指数 5675，优势度指数 0.4325，均匀度指数 0.7165。斑块数 212 个，平均斑块面积 4.4414hm²，斑块破碎度 0.2252。

森林健康中等。无自然干扰。人为干扰为抚育、更新，抚育面积 1330.2733hm²，更新面积 39.9082hm²。

（5）在湖北，青冈林主要分布在远安、当阳、宜昌、兴山、巴东、武昌、黄陂、红安、罗田、崇阳、蒲圻等地。广泛分布在海拔 500m 以下的长坡中下部及峡谷两侧的悬岩上。坡向不一。坡度在 40°以上。

乔木以青冈为主，伴生树种有栓皮栎、枹树、化香、黄连木、马尾松等。灌木较多的有黑汉条、山麻杆、毛黄栌等。其次有檵木、杜鹃、白檀、岩桑、光叶海桐、青檀、香叶树等。草本植物稀少，主要有野古草、青茅、铁线蕨及多种苔草等。

乔木层平均树高 11.5m，乔木平均胸径 14.2cm，乔木郁闭度 0.6。灌木层平均高 1～3m，灌木盖度 0.3～0.7。草本盖度 0.3～0.4，平均高 0.1～0.5m。

面积 17104.8853hm²，蓄积量 712084.5292m³，生物量 831925.7983t，碳储量 415962.8991t。每公顷蓄积量 41.6305m³，每公顷生物量 48.6367t，每公顷碳储量 24.3184t。

多样性指数 0.309，优势度指数 0.691，均匀度指数 0.831。斑块数 280 个，平均斑块面积 61.0889hm²，斑块破碎度 0.0164。

森林健康。无自然干扰。

四、栲树林

栲树林包括苦槠林、甜槠林，主要分布于湖北、湖南、江西、上海、安徽等省（直辖市），面积 2032675.2133hm²，蓄积量 120936047.7961m³，生物量 141797796.9341t，碳储量 70898898.4682t。每公顷蓄积量 59.4960m³，每公顷生物量 69.7592t，每公顷碳储量 34.8796t。多样性指数 0.5823，优势度指数 0.4177，均匀度指数 0.6622。斑块数 7779 块，平均斑块面积 261.3029hm²，斑块破碎度 0.0038。

15. 苦槠林（*Castanopsis sclerophylla* forest）

苦槠林在我国安徽、湖北、湖南、江西和上海 5 个省（直辖市）有分布，面积 168583.3312hm²，蓄 积 量 7319380.6944m³，生 物 量 10094722.3012t，碳 储 量 5047361.1516t。每公顷蓄积量 43.4170m³，每公顷生物量 59.8797t，每公顷碳储量 29.9399t。多样性指数 0.4312，优势度指数 0.5688，均匀度指数 0.6004。斑块数 2377 块，平均斑块面积 70.9227hm²，斑块破碎度 0.0141。

（1）在湖北，苦槠林主要分布于咸宁、蒲圻、崇阳、通山、武昌、罗田、宜昌、咸丰、鹤峰、巴东等地。苦槠林垂直分布一般在海拔 900m 以下，但在鄂西南的利川、咸丰一带，可以分布到海拔 1200m。常见于丘陵陡坡之中下部或中山脊部。坡向以阳坡居多，坡度较陡，一般在 35°~40°左右。

乔木以苦槠为主，含有丝栗栲、青冈、杉木等树种的混交林，马尾松、化香、黄檀、小叶栎、枫香、白栎、槲栎、枹树、紫花冬青、毛竹等在不同林分内也分别出现。灌木主要种类有檵木、乌药、柃木、杜茎山、乌饭树、紫珠等。草本植物主要种类有五节芒、苔草、芒萁、蕨等。

乔木层平均树高 6~9m，灌木层平均高 1~3m，乔木平均胸径 8~12cm，乔木郁闭度 0.6~0.8，灌木盖度 0.6~0.8，草本盖度一般小于 0.2。

面积 30397.8208hm²，蓄积量 1036078.3392m³，生物量 1434366.1508t，碳储量 717183.0765t。每公顷蓄积量 34.0840m³，每公顷生物量 47.1865t，每公顷碳储量 23.5932t。

多样性指数 0.3020，优势度指数 0.6980，均匀度指数 0.8360。斑块数 324 个，平均斑块面积 93.8204hm²，斑块破碎度 0.0107。

森林健康。无自然干扰。

（2）在湖南，苦槠林分布于各地，以东部、南部丘陵、低山为主，海拔 500m 以下，大庸县郊区山地有 100hm² 以上以苦槠为主的常绿阔叶林，其他各地均有小面积分布，约 0.5~2hm²，一般为村边禁山风水林。苦槠林湖南产区年平均气温 15~18℃，日平均温≥10℃积温 5100~5700℃，年降水量 1400~1600mm，年相对湿度 79%~85%。母岩为花岗岩、砂页岩、石灰岩、第三纪红岩、第四纪红色黏土，土层一般较深厚，厚度 50~100cm，腐殖质厚 15~20cm，有机质含量 5%~10%，枯叶层厚 4~5cm。但干燥瘠薄立地也能生长，且能逐渐通过自身生态功能与凋落物，改善立地条件与土壤。

乔木伴生树种有石栎、青冈栎、樟叶槭、枫香、翅荚香槐、马尾松、黄檀、樟树、秃瓣杜英、泡花树、牛耳枫、棱枝山矾等。灌木有檵木、乌饭树、翅柃、杜鹃、黄栀子、山胡椒、格药柃、白檀、白花龙、了哥王等。草本较稀，有狗脊、蕨状苔草、芒、稀羽鳞毛蕨、渐尖毛蕨、淡竹叶、求米草、日本金星蕨、变异鳞毛蕨等。

乔木层平均树高 12m，灌木层平均高 2m，草本层平均高 0.3m，乔木平均胸径 10.5cm，乔木郁闭度在 0.8 以上，灌木草本总盖度 0.05 左右。

面积 75928.3008hm²，蓄积量 1911248.7634m³，生物量 2127159.5860t，碳储量

1063579.7930t。每公顷蓄积量 25.1718m³，每公顷生物量 28.0154t，每公顷碳储量 14.0077t。

多样性指数 0.9428，优势度指数 0.0572，均匀度指数 0.8446。斑块数 1689 个，平均斑块面积 44.9546hm²，斑块破碎度 0.0222。

森林健康。无自然干扰。

（3）在江西，苦槠林分布也很广，以北部、东部、西部、中部、西南部较为普遍，南部大致在北纬 26°以南则逐渐让位给罗浮栲林和南岭栲林。

苦槠林在垂直分布上主要分布于海拔 50~700m 之间的红壤丘陵、低山地，而以海拔 500m 以下分布较为普遍，立地条件也较好，一般无岩石露头，坡度在 25°~30°之间，相对湿度约 80%~90%。土壤为千枚岩母质及红色黏土所形成的红壤，分布较高地段则为黄壤。枯枝落叶较多，主要成分为阔叶树的枯枝落叶和果壳，针叶树成分较少，厚度 3~5cm，盖度 80%~90%。土壤表面地衣和苔藓地被物较稀疏，盖度 10%~30%。群落外貌为深绿色，林冠浑圆整齐。在赣北、赣东立木分布均匀，生长良好，层次明显，树干耸直，在赣中次之，赣西南立木生长多不良，树冠不整齐，疏密不一致，树干多弯斜。林内光照一般居于中度。

乔木除苦槠外，还有豺皮樟、石栎、野柿、冬青、杉木、马尾松、枫香、山合欢、木荷、青冈、栲树、樟树、小叶栎等。灌木有檵木、栀子、苦竹、粗叶木、乌饭树、乌药、六月雪、细齿叶柃、尾叶山茶、饭汤子、山胡椒、杜鹃花、臭黄荆、叶下珠、赤楠、史氏米饭花、山矾、算盘子、野桐、大青、盐肤木、白檀、铁扫帚（野木兰）、白乳木、山樱花、野茉莉、满山红、长叶鼠李、枸骨、油茶、紫薇、芫花等。草本有狗脊、淡竹叶、苔草、白茅、铁苋菜、麦门冬、黍、阴行草、韩信草、珍珠菜、白花蛇舌草、细毛鸭嘴草、野荆芥、拟金茅、五棱秆飘拂草、狗尾草、酸模、芒、野古草、荩草、桔草、星宿菜、紫花地丁、春兰及蕨等。藤本植物常见的有紫藤、藤黄檀、三叶木通、金银花、鸡血藤、娃儿藤、葛藤、南蛇藤等。

乔木层平均树高 9.5m，最高可达 15m，乔木平均胸径 17.5cm，最大胸径 80cm，乔木郁闭度 0.7~0.9。灌木盖度 0.1，平均高 0.3m。草本盖度 0.1~0.2，草本层平均高 0.15m。

面积 60786.5296hm²，蓄积量 4260494.1305m³，生物量 6399688.2335t，碳储量 3199844.1167t。每公顷蓄积量 70.0894m³，每公顷生物量 105.2814t，每公顷碳储量 52.6407t。

多样性指数 0.4800，优势度指数 0.5200，均匀度指数 0.7210。斑块数 286 个，平均斑块面积 212.5540hm²，斑块破碎度 0.0047。

森林健康。无自然干扰。

（4）在上海，苦槠林以人工林为主，主要分布在森林公园、景区，伴生树种主要有冬青、枫香、山胡椒等，乔木平均胸径 20cm 左右，平均树高 10m 左右，乔木郁闭度 0.6 左右。灌木主要有盐肤木、野鸭椿、狗骨柴等，平均高在 1m 以下，盖度 0.2 以下。草本主要有苔草、芒萁、土麦冬等，平均高 0.2m 以下，盖度 0.1 以下。

面积 1470.6800hm²，蓄积量 111559.4609m³，生物量 133508.3304t，碳储量 66754.1652t。每公顷蓄积量 75.8557m³，每公顷生物量 90.7800t，每公顷碳储量 45.3900t。

多样性指数 0，优势度指数 1，均匀度指数 0。斑块数 78 个，平均斑块面积 18.8548hm²，斑块破碎度 0.0530。

无自然干扰。人为干扰主要是抚育管理活动。

16. 甜槠林 (*Castanopsis eyrei* forest)

甜槠林在江西、安徽和湖南三省有分布，面积 1864091.8821hm²，蓄积量 113616667.1016m³，生物量 131703074.6328t，碳储量 65851537.3165t。每公顷蓄积量 60.9501m³，每公顷生物量 70.6527t，每公顷碳储量 35.3263t。多样性指数 0.7097，优势度指数 0.2903，均匀度指数 0.7250。斑块数 5402 块，平均斑块面积 345.0743hm²，斑块破碎度 0.0029。

(1) 在安徽，甜槠林过去广泛分布，目前只残存于交通不方便的山区和风景林保护区。在大别山区南部太湖，皖南的宣城南部、绩溪、旌德、宁国、歙县、祁门等县低山丘陵，海拔 200~850m 的山坡和沟谷都有分布。其垂直分布在皖南黄山可达 850m。

乔木有短柄枹栎、柃木、湘楠、青冈栎、山胡椒、马尾松、木荷、甜槠、油桐、黄连木、化香、麻栎、杉木、暖木、山合欢、石栎、红楠。灌木有檵木、杜鹃花、石楠、江南桤木、微毛柃、马银花、杨梅、山橿、白檀、野山楂。草本有狗脊、苔草、淡竹叶、兔儿伞、麦冬、兰草。

乔木层平均树高 8.0m，灌木层平均高 1.1m，草本层平均高 0.24cm，乔木平均胸径 11cm，乔木郁闭度 0.70，灌木与草本盖度 0.25~0.3，植被总盖度 0.75~0.8。

面积 96399.7552hm²，蓄积量 4934733.3001m³，生物量 7962619.7805t，碳储量 3981309.8902t。每公顷蓄积量 51.1903m³，每公顷生物量 82.6000t，每公顷碳储量 41.3000t。

多样性指数 0.7516，优势度指数 0.2484，均匀度指数 0.7718。斑块数 278 个，平均斑块面积 346.7617hm²，斑块破碎度 0.0029。

森林健康。无自然干扰。

(2) 在湖南，甜槠林分布于各地低、中山地，主要分布于海拔 500~1200m。海拔 1200m 以上为其变种：尾叶甜槠或红甜槠分布。甜槠生态幅变较广，湖南产地年平均气温 12.5~16.5℃，一般生长于潮湿山地，年降水量 1500~2000mm，母岩为板岩、砂岩、页岩、花岗岩等。土壤一般为中厚层黄壤及黄棕壤，厚 30~100cm，多夹石碎块，腐殖质层厚 10~20cm，pH 值 4.5~6.0。甜槠比较耐干燥瘠薄土壤，在山脊劣地也能生长成林。

乔木伴生树种有小叶青冈、树参、水青冈、吴茱萸叶五加、南方木莲、长苞铁杉、棕脉花楸、老鼠矢、阔瓣含笑、薯豆、厚皮香、银木荷、虎皮楠、马蹄、乐东拟单性木兰、大果木莲、黄丹木姜子、红钩栲、南岭山矾、栲树、黄杞、春花、阿丁枫、五列木、金叶含笑、黄樟、华杜英、美叶柯、广东楠、细叶青冈、光叶含笑、硬壳柯、小红栲、猴欢喜、长花厚壳树、石笔木、冬桃木、木莲、山桂皮、华南石栎、粗毛石笔木、总状山矾、青冈、岭南械、华南桂、拟赤杨、木瓜红、武陵械、红楠、罗浮柿、冬青类、银鹊树等。灌木有新木姜子、满山红、广东杜鹃、鼠刺、薄叶山矾、马银花、檵木、鼠刺、苦竹、狗骨柴、格药柃、杨桐、光叶羊角、多毛茜草树、剑叶山矾、突脉冬青、罗浮冬青、谷木冬青、光叶石楠、绿樟、密花树、华南山矾、毛果柃、细枝柃、华鼠刺、凤凰楠、美丽新木姜子、石壁杜鹃、大果野茉莉、黄牛奶树、野鸦春、青茶冬青、米饭花、毛桂、毛冬青、海金子、假剑叶山矾、秃瓣杜英、鱼鳞木等。草本有淡竹叶、鳞毛蕨、苔草、狗脊、沿阶草、倒叶瘤足蕨、美丽复叶耳蕨、蜂斗草、冷水花、花点草、楼梯草、蛇根草、华东瘤足蕨、金星蕨等。

乔木层平均树高 13.6m，灌木层平均高 0.97m，草本层平均高 0.23m，乔木平均胸径 23.1cm，最大胸径 59.4cm，乔木郁闭度达 0.80，灌木与草本层盖度 0.13 左右。

面积 1434265.7470hm²，蓄积量 85312263.8462m³，生物量 88636873.6125t，碳储量 44318436.8063t。每公顷蓄积量 59.4815m³，每公顷生物量 61.7995t，每公顷碳储量 30.8997t。

多样性指数 0.8276，优势度指数 0.1724，均匀度指数 0.7322。斑块数 4721 个，平均斑块面积 303.8055hm²，斑块破碎度 0.0033。

森林健康。无自然干扰。

（3）在江西，甜槠林主要分布在海拔 800m 以上的山坡、山脊或避风的谷地上坡，一部分还可以和中山地针叶树组成为山地针阔叶树混交林，有时也能与低山、丘陵的常绿阔叶林相交错。土壤为砂岩、花岗岩母质发育的山地黄壤或黄棕壤，土层疏松湿润，厚达 30~90cm 以上。枯枝落叶层厚达 6cm，盖度 85%，一般分解良好，有机质含量丰富，pH4.6~5.0。

乔木伴生树种有木荷、华南石栎、小叶青冈、薯豆、细叶青冈、罗浮栲、光叶石楠、榕叶冬青、大叶含笑、木莲、红楠、树参、米饭花、乌饭树、冬青属、山矾属、四照花属、柃木属、山茶属、华鼠刺等种类。此外，还有杉木、长苞铁杉、南方红豆杉、香榧以及江南油杉等，还有亮叶桦、香桦、大穗鹅耳枥、五裂械、紫树等，另有台湾松、拟赤杨侵入林窗中。灌木主要以柃木占优势，次为樟科的天竺桂、新木姜子，紫金牛科的密花树、杜茎山、朱砂根、紫金牛，茜草科的粗叶木，古柯科的东方古柯等，此外，还有马银花、猴头杜鹃、吊钟花、短尾乌饭、油茶、石斑木，南部还有冷箭竹等种类。草本较稀疏，以蕨为主，有瘤足蕨、狗脊、里白等，还有宽叶苔草、小斑叶兰等，并有爪哇白发藓分布，盖度为 10%~15%。层外植物不甚显著，常见的有络石、香花崖豆藤、白木通、光叶菝葜、锈毛忍冬等。苔藓以多疣悬藓及灰藓为主。

乔木层平均树高 17m，乔木平均胸径 26.5cm，乔木郁闭度 0.85~0.90，草本盖度 0.1~0.15。

面积 333426.3799hm²，蓄积量 23369669.9546m³，生物量 35103581.2387t，碳储量

17551790. 6194t。每公顷蓄积量 70. 0894m³，每公顷生物量 105. 2814t，每公顷碳储量 52. 6407t。

多样性指数 0. 5500，优势度指数 0. 4500，均匀度指数 0. 6710。斑块数 403 个，平均斑块面积 827. 3607hm²，斑块破碎度 0. 0012。

森林健康。无自然干扰。

17. 红锥林（*Castanopsis hystrix* forest）

在江西主要分布于中部和北部，南部较少。红锥林主要分布于海拔 500～1100m 之间的中山地及低山地区，以海拔 800～1000m 的地段较为普遍，多生于坡地。立地条件好、土壤肥沃湿润的环境更适宜于红锥生长。土壤为花岗岩、砂岩、千枚岩和红色黏土风化后所形成的山地黄壤或山地黄棕壤。

乔木伴生树种主要有湖北马鞍树、黄檀、短柄枹栎、毛栗、石灰花楸、台湾松、化香树、山鸡椒、小叶白辛、中华石楠、红枝柴、大柄冬青、黄丹木姜子、小叶青冈、老鼠矢等。灌木主要有山橿、野珠兰、川榛、野鸦椿、白檀、樱花、散花绣球、蜡瓣花、大叶胡枝子、光叶绣线菊、庐山忍冬、山胡椒、微毛柃、满山红、油茶、合轴荚蒾、红脉钓樟（庐山乌药）、长叶冻绿、野漆、溲疏等。草本主要有疏花野青茅、长梗黄精、披针叶苔、泽兰、三叶委陵菜、珍珠菜、一枝黄花、百合、萱草、油点草、紫萁、蕨、紫叶黄芩、芒等。层外植物有菝葜、粉背薯蓣、牛尾菜、羊乳、穿龙薯蓣等。苔藓地衣较少。

乔木层平均树高 12～23m，最大树高 28m，乔木平均胸径 20～30cm，其中最大胸径 60cm，乔木郁闭度 0. 80～0. 90，草本盖度 0. 1～0. 2 以下。

面积 46260. 8819hm²，蓄积量 3242399. 5417m³，生物量 4870408. 3516t，碳储量 2435204. 1757t。每公顷蓄积量 70. 0894m³，每公顷生物量 105. 2814t，每公顷碳储量 52. 6407t。

多样性指数 0. 5190，优势度指数 0. 4810，均匀度指数 0. 6940。斑块数 63 个，平均斑块面积 734. 2997hm²，斑块破碎度 0. 0014。

森林健康。未受人为和自然干扰。

18. 白栲林（*Castanopsis carlesii* forest）

在重庆，白栲林广泛分布于渝北县、綦江县、城口县、涪陵县，在北碚区、南川县、石柱县、武隆县、彭水县等有少量分布。

乔木树种组成较为简单，大多形成纯林，或与杉木、马尾松、栎类等混交，少数林分内混有刺槐等其他阔叶树种。灌木主要种类有檵木、绣线菊、柃木、乌饭树、紫珠等。草本植物主要种类有芒草、苔草、蕨、珍珠菜等。

乔木层平均树高 7. 3m，灌木层平均高约 1. 5m，草本层平均高在 0. 3m 以下，乔木平均胸径 11. 5cm，乔木郁闭度约 0. 9，灌木盖度约 0. 2，草本盖度 0. 35。

面积 404. 7903hm²，蓄积量 13877. 5870m³，生物量 16197. 3845t，碳储量 8098. 6923t。每公顷蓄积量 34. 2834m³，每公顷生物量 40. 0143t，每公顷碳储量 20. 0071t。

多样性指数 0. 3477，优势度指数 0. 6523，均匀度指数 0. 3695。斑块数 20 个，平均斑块面积 20.2435hm², 斑块破碎度 0.0494。

森林健康。无自然和人为干扰。

19. 高山栲林 (*Castanopsis delavayi* forest)

高山栲在广西和云南 2 个省（自治区）有分布，面积 814890.4299hm²，蓄积量 51389549.4405m³，生物量 75869255.6136t，碳储量 37934627.8068t。每公顷蓄积量 63.0631m³，每公顷生物量 93.1036t，每公顷碳储量 46.5518t。

多样性指数 0.8470，优势度指数 0.1530，均匀度指数 0.8044。斑块数 8207 个，平均斑块面积 99.2921hm²，斑块破碎度 0.0101。

（1）在广西，高山栲林只分布在属于我国西部（半湿润）常绿阔叶林亚区域-南亚热带季风常绿阔叶林地带的隆林和西林两县，是季风常绿阔叶林垂直带谱的类型，分布在海拔 850m（西林县那劳）至海拔 1700m（西林县古障）的中山山地，即隆林和西林两县的高原上，为广西亚热带西部（半湿润）亚区域山地常绿阔叶林代表性类型。

林木高 15m 左右，少数达 20m，以高山锥占绝对优势，其他零星分布的种类有红椿、臭茉莉、白栎、朴树、香果树、圆果化香、红豆、腺叶桂樱、黄背越桔、白刺花等。灌木植物种类不少，优势种为高山锥和华南桤叶树，常见的种类有黄背越桔，量少的种类有白栎、珍珠花、算盘子、红椿、楔叶豆梨、油茶、中华艾纳香、栓皮栎、水红木、小蜡、豆腐柴、梨果榕等。草本植物种类也不少，但数量不多，以狗脊为常见，芒草次之，零星分布的种类有茅枝莠竹、仙茅、黄精、十字苔草、肾蕨、凤尾蕨、江南星蕨、庐山石韦、水龙骨、鳞毛蕨等。

乔木平均胸径 13.2cm，平均树高 10.5m，郁闭度 0.6。灌木盖度 0.4，平均高 1.4m。草本盖度 0.2，平均高 0.3m。

面积 57613.6699hm²，蓄积量 4362662.6427m³，生物量 5230168.9546t，碳储量 2615084.4773t。每公顷蓄积量 75.7227m³，每公顷生物量 90.7800t，每公顷碳储量 45.3900t。

多样性指数 0.7731，优势度指数 0.2269，均匀度指数 0.7825。斑块数 89 个，平均斑块面积 647.3446hm²，斑块破碎度 0.0015。

高山栲林健康。无自然和人为干扰。

（2）在云南，高山栲林东起曲靖，经昆明、玉溪、楚雄，西至大理、保山、丽江各地；向东南可分布到文山、邱北、广南及南盘江流域的山地。分布海拔一般在 1700～2200m 之间。

乔木伴生树种有云南油杉、华山松、云南松、旱冬瓜、黄毛青冈、滇石栎、滇青冈、麻栎、栓皮栎、银木荷、山杨、头状四照花等。灌木主要有大白花杜鹃、碎米花杜鹃、珍珠花、沙针、铁仔、野拔子、云南含笑、云南杨梅、来江藤、牛筋条、绒毛野丁香、水红木等。草本主要有四脉金茅、野青茅、沿阶草、春兰、西域鳞毛蕨、云南香青、火绒草、山姜、旱茅等。

乔木层平均树高 18.5m，灌木层平均高约 1.4m，草本层平均高在 0.2m 以下，乔木平均胸径28.9cm，乔木郁闭度约0.7，灌木盖度0.2，草本盖度0.5。

面积757276.7600hm²，蓄积量47026886.7978m³，生物量70639086.6590t，碳储量35319543.3295t。每公顷蓄积量62.1000m³，每公顷生物量93.2804t，每公顷碳储量46.6402t。

多样性指数0.9209，优势度指数0.0791，均匀度指数0.8263。斑块数8118个，平均斑块面积93.2836hm²，斑块破碎度0.0109。

森林健康中等。无自然干扰。人为干扰为征占，征占面积8.7520hm²。

20. 杯状栲林（*Castanopsis calathiformis* forest）

在云南，杯状栲林分布很广，广泛分布于滇东南、滇南至滇西南山地。其分布的海拔范围为600~2400m。

乔木优势种类为杯状栲，主要伴生树种有罗浮栲、水仙石栎、双齿山茉莉、马蹄荷、刺栲、杨桐、梭子果、云南黄杞、狭叶杜英、西南木荷、粗壮润楠、蒙自合欢等。灌木主要有水锦树、粗叶木、柳叶紫金牛、五月茶、朱砂根、三桠苦、大叶千斤拔、尾叶鹅掌柴、东方古柯、黑面神、艾胶算盘子等。草本主要有石芒草、姜花、宿苞豆、山姜、山营、浆果苔草、金发草、细柄草、地胆草、蔓茎葫芦茶等。

乔木层平均树高8.3m，灌木层平均高约0.7m，草本层平均高在0.2m以下，乔木平均胸径22.2cm，乔木郁闭度约0.8，灌木盖度0.2，草本盖度0.5。

面积19705.6319hm²，蓄积量1223719.7430m³，生物量1838149.4259t，碳储量919074.7130t。每公顷蓄积量62.1100m³，每公顷生物量93.2804t，每公顷碳储量46.6402t。

多样性指数0.9785，优势度指数0.0215，均匀度指数0.9085。斑块数422个，平均斑块面积46.6958hm²，斑块破碎度0.0214。

森林健康。无自然干扰。人为干扰主要是征占，征占面积19.7056hm²。

21. 丝栗栲林（*Castanopsis fargesii* forest）

丝栗栲林在福建、广东、广西、贵州、湖南、江西、四川和重庆8个省（自治区、直辖市）有分布，面积2310680.8230hm²，蓄积量136698808.2279m³，生物量188638988.5644t，碳储量93315846.6258t。每公顷蓄积量59.1595m³，每公顷生物量81.6378t，每公顷碳储量40.3845t。多样性指数0.6329，优势度指数0.3670，均匀度指数0.6932。斑块数18560个，平均斑块面积124.4978hm²，斑块破碎度0.0080。

（1）在四川，丝栗栲林主要分布在四川盆地西南部和中部的低山丘陵地区。

乔木伴生树种有杉木、桢楠、樟树、青冈栎。灌木主要有水麻、茶树等。草本主要由莎草、车轮菜、鸢尾以及蕨等组成。

乔木层平均树高19.3m，灌木层平均高约1.3m，草本层平均高在0.2m以下，乔木平均胸径32.2cm，乔木郁闭度约0.6，灌木盖度0.3，草本盖度0.5。

面积325942.6496hm²，蓄积量17110516.4776m³，生物量25701706.8010t，碳储量12850853.4006t。每公顷蓄积量52.4954m³，每公顷生物量78.8534t，每公顷碳储

量 39.4267t。

多样性指数 0.2697，优势度指数 0.7303，均匀度指数 0.9085。斑块数 3719 个，平均斑块面积 87.6425hm²，斑块破碎度 0.0114。

森林健康状况良好。受到明显的人为干扰，主要为更新、抚育、征占等，其中更新面积 2427.77hm²，抚育面积 2931.29hm²，征占面积 494.42hm²。

（2）在湖南，除湘北外，其余各地山地、丘陵均有丝栗栲林分布。栲林主要分布于海拔 100~900m。一般生长于山地沟冲两旁山坡，呈狭带状，小面积连片生长。栲树耐阴，喜温暖潮湿生境，湖南产地年平均气温 14~18℃，年降水量 1400~1800mm。林地母岩为板岩、千枚岩、砂岩、页岩、石灰岩等，土壤为中厚层黄壤、红黄壤，腐殖质层厚 15~20cm，有机质含量 10%~12%，枯枝落叶层厚 5~6cm。

乔木伴生树种有青冈、冬青、水冬瓜、建始槭等。灌木主要有箬竹、檵木、海金子、小蜡树、小叶石楠、大黄扼子、鼠刺等。草本主要有狗脊、五节芒、蕨状苔草、麦冬、淡竹叶、日本金星蕨等。

乔木层平均树高 10.7m，灌木层平均高 1.1m，草本层平均高 0.43m，乔木平均胸径 18.78cm，乔木郁闭度 0.76，灌木与草本盖度 0.13。

面积 24153.7181hm²，蓄积量 297472.8260m³，生物量 446833.9319t，碳储量 223416.9659t。每公顷蓄积量 12.3158m³，每公顷生物量 18.4996t，每公顷碳储量 9.2498t。

多样性指数 0.8415，优势度指数 0.1585，均匀度指数 0.7395。斑块数 600 个，平均斑块面积 40.2562hm²，斑块破碎度 0.0248。

（3）在江西，丝栗栲林分布范围广泛。在海拔 300~800m 的低山、丘陵都有分布，而以中部及南部最为普遍，且经常与其他常绿阔叶树林系相交错。土壤主要为花岗岩、砂岩、页岩发育的红壤或山地黄壤。土层厚薄不一，多疏松湿润。枯枝落叶层厚约 3~5cm，多呈半分解状态，有机质含量丰富，pH4~5。

乔木以丝栗栲为优势种，伴生树种有罗浮栲、青冈、木荷、东京白克木、红楠、薯树、薯豆、钩栲、鹿角栲、毛桂、黄樟、厚皮香、老鼠矢、野樱、山石榴、苦竹、杉木、罗汉松、青榨槭、黄檀、拟赤杨、银钟花、南酸枣等。灌木以柃木为主，次为少花柏拉木、密花树、杜茎山、草珊瑚等。常见的种类还有细枝柃、凹脉柃、短柱柃、华鼠刺、黄毛润楠、野山茶、乌药、栀子等。草本以蕨为主，如狗脊、金毛狗脊、暗绿叶卷柏、翠云草，还有淡竹叶、苔草、山姜、蕙兰、沿阶草、玉竹等分布，在溪谷边有时也有野芭蕉、海芋等出现。藤本植物有香花崖豆藤、龙须藤、小叶买麻藤、刺果藤、钩藤等。

乔木层平均树高 14.5m，最高可达 25m，乔木平均胸径 29.8cm，乔木郁闭度 0.60。灌木盖度 0.2，平均高 1.2m。草本盖度 0.3，平均高 0.3m。

面积 315829.8366hm²，蓄积量 22136337.9958m³，生物量 33250993.3034t，碳储量 16625496.6517t。每公顷蓄积量 70.0894m³，每公顷生物量 105.2814t，每公顷碳储量 52.6407t。

多样性指数 0.4100，优势度指数 0.5900，均匀度指数 0.7680。斑块数 384 个，平均斑块面积 822.4735hm²，斑块破碎度 0.0012。

森林健康。无自然干扰。

（4）在重庆，天然丝栗栲林广泛分布于渝北县、綦江县、城口县、涪陵县。在北碚区、南川县、石柱县、武隆县、彭水县等有少量分布。

乔木树种组成较为简单，大多形成纯林，或与杉木、马尾松、栎树等混交，少数林分内混有刺槐等其他阔叶树种。灌木主要有水麻、柃木、草珊瑚等。草本主要有沿阶草、车轮菜、鸢尾、珍珠菜以及蕨等。

乔木层平均树高 7.3m，灌木层平均高约 1.5m，草本层平均高在 0.3m 以下，乔木平均胸径 11.5cm，乔木郁闭度约 0.9，灌木盖度约 0.2，草本盖度 0.35。

面积 3068.4140hm²，蓄积量 104718.8342m³，生物量 138036.4952t，碳储量 69018.2476t。每公顷蓄积量 34.1280m³，每公顷生物量 44.9863t，每公顷碳储量 22.4931t。

多样性指数 0.3477，优势度指数 0.6523，均匀度指数 0.3695。斑块数 277 个，平均斑块面积 11.0773hm²，斑块破碎度 0.0903。

森林健康。无自然和人为干扰。

在重庆，丝栗人工林栲林广泛分布于大巴山区、娄山区、江津区、长寿。重庆其余各个区县均有分布。

乔木树种组成较为简单，或与杉木、天竺桂、杜英或者栎类树种混交。灌木主要有水麻、柃木等。草本主要有车轮菜、鸢尾、珍珠菜以及蕨等。

乔木层平均树高 18.3m，灌木层平均高约 2.3m，草本层平均高在 1.2m 以下，乔木平均胸径 30.1cm，乔木郁闭度约 0.8，灌木盖度约 0.2，草本盖度 0.3。

面积 8222.4697hm²，蓄积量 280616.4455m³，生物量 392512.2012t，碳储量 196256.1006t。每公顷蓄积量 34.1280m³，每公顷生物量 47.7365t，每公顷碳储量 23.8683t。

多样性指数 0.3959，优势度指数 0.6041，均匀度指数 0.2812。斑块数 407 个，平均斑块面积 20.2097hm²，斑块破碎度 0.0495。

森林健康中等。有轻微虫害。

（5）在福建，北部山地丘陵地区有广泛的丝栗栲林分布，乔木主要优势树种有闽粤栲、米槠、南岭栲、木荷等。灌木主要有乌饭树、狗骨柴、赤楠、中华杜英等。草本有笔罗子、狗脊、石菖蒲等。

乔木平均胸径 18.5cm，平均树高 14.5m，郁闭度 0.7。灌木盖度 0.2，平均高 1.2m。草本盖度 0.3，平均高 0.3m。

面积 94341.2000hm²，蓄积量 10467175.0082m³，生物量 11521211.4994t，碳储量 5760605.7497t。每公顷蓄积量 110.9502m³，每公顷生物量 122.1228t，每公顷碳储量 61.06141t。

多样性指数 0.9300，优势度指数 0.0700，均匀度指数 0.7500。斑块数 41 个，平均斑块面积 2301.0048hm^2，斑块破碎度 0.0004。

丝栗栲林一部分为无人为干扰的原生林，一部分为人为干扰后形成的次生林。无自然干扰。

（6）在广东，丝栗栲林主要分布于乳源县、连山县、阳山县、乐昌县、仁化县、南雄县等地。

乔木分两层，第一层乔木平均树高 14~19m，最高达 30m；第二层乔木平均树高 8~13m，主要种类有红锥、甜槠、罗浮锥、木荷、大果马蹄荷、杨桐、石斑木、大果山龙眼、黄樟等。

灌木层平均高一般为 1~3m，盖度 0.25~0.4，以罗伞树、柏拉木、杜鹃花、柃木、冬青、粗叶木和草珊瑚等种类为主。

草本层平均高一般为 20~30cm，盖度 0.1 左右，以狗脊、卷柏和山姜为主。

面积 931970.0000hm^2，蓄积量 56794251.8000m^3，生物量 63156345.00504t，碳储量 31256689.4517t。每公顷蓄积量 60.94002m^3，每公顷生物量 67.7665t，每公顷碳储量 33.5383t。

多样性指数 0.8400，优势度指数 0.1600，均匀度指数 0.5800。斑块数 95 个，平均斑块面积 9810.2105hm^2，斑块破碎度 0.0001。

丝栗栲林健康。无自然和人为干扰。

（7）在广西，丝栗栲林主要分布于北部一带丘陵、低山，向南可在桂中、桂南的山地上出现，西界沿弧形山脉西翼延伸至云南省的东南部。在北部地区，栲林是一种水平地带性类型，它主要占据海拔 700m 以下的范围，与木荷为主的常绿阔叶林交错分布，上界接甜槠林、银木荷林；桂中、桂南一带，栲林则是属于垂直带谱的组成部分，分布于海拔 700m 以上的地区，与厚斗柯林、红楠林、米米槠林交错分布，下界接红锥林、厚壳桂林。

乔木郁闭度 0.7~0.9，树高 15~22m，胸径 20~35cm。种类组成以栲、罗浮锥、蓝果树、虎皮楠、南山花、鸭公树、鼠刺、米槠、甜槠、木荷、马蹄荷、西藏山茉莉、双齿山茉莉、厚斗柯、白花含笑、红楠、广东润楠、木莲等较为常见。

灌木盖度 0.2~0.35，以乔木幼苗如罗浮锥和栲等较常见，灌木以草珊瑚、杜茎山、三花冬青、马银花、毛果算盘子、蜜茱萸、楔叶豆梨、海南罗伞树、锥、岭南柿、木荷等为常见。草原盖度 0.4 左右，沿阶草、鳞毛蕨、宽叶沿阶草、狗脊、草珊瑚、五节芒、芒萁、蕨、山菅、毛果珍珠茅等较为常见。

面积 129767.9272hm^2，蓄积量 8545957.6802m^3，生物量 12836876.9362t，碳储量 6418438.4681t。每公顷蓄积量 65.8557m^3，每公顷生物量 98.9218t，每公顷碳储量 49.4609t。

多样性指数 0.7900，优势度指数 0.2100，均匀度指数 0.6900。斑块数 233 个，平均斑块面积 556.9439hm^2，斑块破碎度 0.0018。

丝栗栲林健康。无自然和人为干扰。

（8）在贵州，丝栗栲林分布于东北部的梵净山、石阡佛顶山以及黔东南的天柱、黎平、三穗、锦屏、榕江、从江、雷山等县低山及低中山海拔 1200m 以下的地带。

乔木根据平均高不同，分为两个亚层：上层种类除优势种甜槠、钩栲、小红栲外，尚有短尾柯、亮叶杜英、厚皮栲、木荷等，局部地段受人为活动影响出现的落叶树种有赤杨叶和枫香；下层乔木主要种类有薯豆、红茴香、闽楠等。灌木主要种类有红茴香幼树、南烛、盐肤木、杜茎山等。草本较稀疏，以蕨类植物为多，如狗脊、里白等。

乔木层平均树高 10.8m，灌木层平均高 2.2m，乔木平均胸径 11.9cm，乔木平均郁闭度 0.8，灌木盖度 0.4。

面积 477384.6078hm^2，蓄积量 20961761.1626m^3，生物量 41194472.3944t，碳储量 19915071.6102t。每公顷蓄积量 43.9096m^3，每公顷生物量 86.2920t，每公顷碳储量 41.7170t。

多样性指数 0.2890，优势度指数 0.7110，均匀度指数 0.5250。斑块数 12801 个，平均斑块面积 37.2927hm^2，斑块破碎度 0.0268。

丝栗栲林健康。很少受到极端自然灾害和人为活动的影响。

五、常绿栎类林

栎类包括常绿的石栎、高山栎、川滇高山栎，主要分布在四川、湖北、云南、西藏 4 个省（自治区），面积 2460540.6993hm^2，蓄积量 260916476.0407m^3，生物量 391478876.0704t，碳储量 195732948.4596t。每公顷蓄积量 106.0403m^3，每公顷生物量 159.1028t，每公顷碳储量 79.5488t。多样性指数 0.5874，优势度指数 0.4025，均匀度指数 0.5322。斑块数 21203 个，平均斑块面积 116.0468hm^2，斑块破碎度 0.0086。

22. 石栎林（*Lithocarpus glaber* forest）

石栎林在四川、湖北 2 个省有分布，面积 77430.8552hm^2，蓄积量 565596.9774m^3，生物量 700906.5087t，碳储量 350453.2533t。每公顷蓄积量 7.3045m^3，每公顷生物量 9.0520t，每公顷碳储量 4.5260t。多样性指数 0.7845，优势度指数 0.3568，均匀度指数 0.5810。斑块数 1508 个，平均斑块面积 51.3467hm^2，斑块破碎度 0.0195。

（1）在湖北，石栎林尤以崇阳、蒲圻、武昌等地分布比较集中，利川、建始等县（市）则多呈零散分布。其垂直分布一般在海拔 600m 以下，坡向以阳坡为主，坡度 10°~25°。

乔木一般多为纯林，伴生树种有苦槠、白栎、野柿、紫花冬青、马尾松等。灌木主要种类有檵木、白乳木、湖北算盘果、野漆、美丽胡枝子、乌饭树、乌药、柃木、闹羊花、荚蒾、六月雪、长叶鼠李、大青叶、杜鹃花等。草本常见的有五节芒、芒草、白茅、芒萁、野菊花、地耳草等，其中五节芒在林缘生长特别茂盛。

乔木层平均树高 14.8m，乔木平均胸径 20.7cm，乔木郁闭度 0.75。灌木层平均高 0.8~1.5m，灌木盖度一般 0.5~0.8。草木盖度不及 0.2，平均高 0.2m。

面积 2104.7735hm^2，蓄积量 136109.767m^3，生物量 139580.7475t，碳储量

69790.3727t。每公顷蓄积量 64.6672m³，每公顷生物量 66.3163t，每公顷碳储量 33.1581t。

多样性指数 0.7570，优势度指数 0.2430，均匀度指数 0.4230。斑块数 8 个，平均斑块面积 263.0967hm²，斑块破碎度 0.0038。

森林健康。无自然干扰。

（2）在四川，石栎林分布于全省，主要分布于海拔约 1500m 以下坡地杂木林中，阳坡较常见。

乔木常与其他常绿阔叶树如丝栗栲、鹿角栲、小红栲、泡花树、野杜英、川桂、润楠等混交，同时有少量的落叶阔叶树，如水青冈、山柳等。灌木多发育较差，一般为耐阴种类，如尖连蕊茶、红淡、山矾、白瑞香等。草本发育不好，常见的有楼梯草、锦香草、天门冬、土麦冬等。

乔木层平均树高 8.1m，灌木层平均高约 1.3m，草本层平均高在 0.5m 以下，乔木平均胸径 17.9cm，乔木郁闭度约 0.5，草本盖度 0.4。

面积 75326.0817hm²，蓄积量 429487.2100m³，生物量 561325.7611t，碳储量 280662.8806t。每公顷蓄积量 5.7017m³，每公顷生物量 7.4519t，每公顷碳储量 3.7260t。

多样性指数 0.8120，优势度指数 0.1180，均匀度指数 0.7391。斑块数 1500 个，平均斑块面积 50.2174hm²，斑块破碎度 0.0199。

灾害等级为 0 的林分面积 349647.67hm²。灾害等级为 2 和 3 的林分所占面积一样，均为 2819.74hm²，灾害等级 1 的面积占十分之一。存在较严重的病虫鼠害，受影响面积 137.30hm²。受到明显的人为干扰，主要为采伐，采伐面积 359.12hm²。其他自然干扰面积 340.47hm²。

23. 川滇高山栎林（*Quercus aquifolioides* forest）

川滇高山栎分布于四川、云南和西藏 3 个省（自治区）。面积 2149698.8435hm²，蓄积量 184642294.0277m³，生物量 277260066.7551t，碳储量 138630033.3775t。每公顷蓄积量 85.8922m³，每公顷生物量 128.9762t，每公顷碳储量 64.4881t。多样性指数 0.6076，优势度指数 0.3923，均匀度指数 0.6782。斑块数 19234 个，平均斑块面积 111.7655hm²，斑块破碎度 0.0089。

（1）在云南，川滇高山栎林主要分布于滇西北各地，尤以香格里拉、丽江以北地区更为普遍。其垂直分布范围较广，一般在海拔 2400~3400m，下限可到 1900m，上限达 3800m。

乔木伴生树种有丽江云杉、华山松、长苞冷杉等。灌木种类主要有箭竹、紫花杜鹃、冰川茶藨子、桦叶荚蒾、双盾木、峨眉蔷薇、云南山梅花、川滇绣线菊、西南栒子等。草本不发达，常见的有四脉金茅、旱茅、刺芒野古草、东方草莓、云南兔儿风、沿阶草、蕨等。

乔木层平均树高 18.9m，灌木层平均高约 1m，草本层平均高在 0.2m 以下，乔木平均胸径 23.7cm，乔木郁闭度约 0.5，灌木盖度 0.2，草本盖度 0.35。

面积 26555.6284hm²，蓄积量 3495384.5919m³，生物量 5250417.1955t，碳储量 2625208.5978t。每公顷蓄积量 131.6250m³，每公顷生物量 197.7139t，每公顷碳储量 98.8570t。

多样性指数 0.6125，优势度指数 0.3875，均匀度指数 0.6954。斑块数 488 个，平均斑块面积 54.4172hm²，斑块破碎度 0.0184。

森林健康中等。无自然干扰。人为干扰主要是征占，征占面积 26.5556hm²。

（2）在四川，川滇高山栎分布于川西高山峡谷区和盆周山地，西至壤塘曾克寺—炉霍仁达—新龙下寨一线，形成广袤的分布区。其中尤以大渡河、雅砻江和金沙江流域分布更为普遍。垂直分布幅度较宽，在西部最低起自海拔 3000m，最高可达海拔 4600m，形成大面积森林。

乔木树种单一。灌木有箭竹、杜鹃。草本有羽藓属、提灯藓属、曲尾藓、金发藓等。

乔木层平均树高 2.0m，灌木层平均高约 1m，草本层平均高在 0.2m 以下，乔木平均胸径 3.7cm，乔木郁闭度约 0.5，灌木盖度 0.1，草本盖度 0.35。

面积 1096513.2151hm²，蓄积量 137754955.2037m³，生物量 206921718.2116t，碳储量 103460859.1058t。每公顷蓄积量 125.6300m³，每公顷生物量 188.7088t，每公顷碳储量 94.3544t。

多样性指数 0.7334，优势度指数 0.2666，均匀度指数 0.3728。斑块数 17508 个，平均斑块面积 62.6293hm²，斑块破碎度 0.0160。

无灾害的面积为 1286449.96hm²，轻度灾害的面积是中度以及重度面积的十倍，达 103745.96hm²。未受到明显的人为干扰。所受自然干扰类型为其他自然因素，受影响面积 9219.11hm²。

（3）在西藏，川滇高山栎林分布于西藏东南部的林芝尼洋河流域、然乌和扎木的帕隆藏布流域、米林的雅鲁藏布江两侧，察隅等地均有分布。在垂直分布幅度上，分布于海拔 2600～4300m。年降水量一般在 600～900mm，年均温度 2～10℃，土壤为棕褐土或棕壤，无灰化或潜育化现象，pH 值 6.0～6.5，一般林内比较干燥，枯枝落叶分解差。

乔木一般为单纯林，伴生树种有高山松、黄果冷杉、山杨。灌木主要有箭竹、长瓣瑞香、枸子、忍冬、绢毛蔷薇、细枝绣线菊、柱脉茶藨子、小檗、白毛金露梅、锦鸡儿、北方雪层杜鹃、毛嘴杜鹃。草本主要有白花草莓、鳞毛蕨、米林凤仙草、玉竹、接骨木、苔草、铁线蕨、狭序唐松草、黄精、翅柄蓼、南方糙苏、蒿、槲蕨、羊齿天门冬、狭距紫堇、工布乌头、甘松等。藤本植物有铁线莲、勾儿茶及菝葜等。苔藓主要有逆毛藓、溪边青藓、偏叶百齿藓、提灯藓、褶叶藓、大绢藓、锦丝藓、尼泊尔紫萼藓、细叶小羽藓、毛疏藓等。

乔木平均胸径 15.3cm，平均树高 7.8m，郁闭度 0.6。灌木层平均高 1.4m，灌木盖度 0.2。草本层平均高 0.05，草本盖度 0.1。

面积 1026630.0000hm²，蓄积量 43391954.2320m³，生物量 65087931.3480t，碳储量 32543965.6740t。每公顷蓄积量 42.2664m³，每公顷生物量 63.3996t，每公顷碳储

量 31.6998t。

多样性指数 0.4770，优势度指数 0.5229，均匀度指数 0.9666。斑块数 1238 个，平均斑块面积 829.2649hm²，斑块破碎度 0.0012。

川滇高山栎林健康。无自然和人为干扰。

24. 高山栎林（*Quercus semicarpifolia* forest）

高山栎林在云南和西藏 2 个省（自治区）有分布。面积 233411.0006hm²，蓄积量 75708585.0356m³，生物量 113517902.8067t，碳储量 56752461.8287t。每公顷蓄积量 324.3574m³，每公顷生物量 486.34346t，每公顷碳储量 243.1439t。多样性指数 0.3600，优势度指数 0.6399，均匀度指数 0.2644。斑块数 461 个，平均斑块面积 506.3145hm²，斑块破碎度 0.0020。

（1）在云南，高山栎主要分布在滇西北亚高山地区丽江、香格里拉，海拔为 2000m 以上。

乔木以高山栎为优势，伴生乔木有大果红杉、黄背栎、丽江云杉、高山松等。灌木有大白花杜鹃、灰背栎、米饭花、毛蕚忍冬、唐古特忍冬、葱皮忍冬等。草本有西南鸢尾、翅柄橐吾、野草莓、硬枝点地梅、银背风毛菊、青绿苔草、蒲公英等。

乔木层平均树高 12.6m，灌木层平均高约 3.5m，草本层平均高 0.7m，乔木平均胸径 14.2cm，乔木郁闭度约 0.5，灌木盖度 0.8，草本盖度 0.15 以下。

面积 8752.0006hm²，蓄积量 434318.0297m³，生物量 606502.2978t，碳储量 296761.5743t。每公顷蓄积量 49.6250m³，每公顷生物量 69.2987t，每公顷碳储量 33.9079t。

多样性指数 0.6415，优势度指数 0.3585，均匀度指数 0.3812。斑块数 134 个，平均斑块面积 65.3134hm²，斑块破碎度 0.0153。

森林健康中等。无自然干扰，人为干扰主要是抚育、采伐、更新和征占，抚育面积 2081.9636hm²，采伐面积 13.8797hm²，更新面积 62.4589hm²，征占面积 352.4hm²。

（2）在西藏，高山栎林分布于中喜马拉雅山的吉隆、聂拉木一带。海拔 2500～3900m，少量分布至 2000m。分布地区的年降水量在 900～1000mm，年均温不超过 15℃。

乔木伴生树种有云南铁杉、喜马拉雅冷杉、乔松、糙皮桦、树形杜鹃、美丽马醉木、米饭花、冬青、吴茱萸叶五加、花椒、绣球。灌木有箭竹、尖叶枸子、蔷薇、忍冬、杜鹃、小檗、锦鸡儿、溲疏、山梅花、木姜子等。草本主要有宽叶兔儿风、长鳞苔草、间型沿阶草、纤维鳞毛蕨、篦齿蹄盖蕨、亚高山冷水花、黑鳞假瘤蕨、胜红蓟、黄芩、小膜盖蕨、喜马拉雅书带蕨、茜草、开口箭、天南星、槲蕨、姜、扭瓦韦、唐松草、堇菜、蓼等属的一些种。藤本植物不多，有绣球藤、菝葜等。苔藓盖度小，主要有尼泊尔耳叶苔、赤茎藓、白齿藓等。

乔木平均胸径 33.2cm，平均树高 11.0m，郁闭度 0.8。灌木层平均高 1.3m，灌木盖度 0.1。草本层平均高 0.05，草本盖度 0.05。

面积 224659.0000hm²，蓄积量 75274267.0059m³，生物量 112911400.5089t，碳储量

56455700. 2544t。每公顷蓄积量 335.0601m³，每公顷生物量 502.5902t，每公顷碳储量 251.2951t。

多样性指数 0.0786，优势度指数 0.9213，均匀度指数 0.1477。斑块数 327 个，平均斑块面积 687.0305hm²，斑块破碎度 0.0014。

高山栎林健康。无自然和人为干扰。

25. 歪叶榕林（*Ficus cyrtophylla* forest）

歪叶榕林几乎遍布云南南部（北至建水、巍山、大理、泸水、福贡、独龙江），海拔 1200~1300m 的山地以及滇南海拔 1000m 以下的热带地区，在西双版纳最高可达 1200m。以滇西南沧源、耿马，滇西腾冲、龙陵、施甸、昌宁一线以南开阔的河谷盆地较为集中而典型。亦可向北沿河延伸，如新平的嘎洒、景东、景谷。

乔木优势种类为歪叶榕，伴生有细叶榕、大叶榕、垂叶榕、木棉、白兰等。灌木主要种类有假连翘、鹅掌柴、红背桂、灰莉等。草本主要有结缕草、狗牙根、油芒、野芋、细叶结缕草等。

乔木层平均树高 22.5m，灌木层平均高 1.1m，草本层平均高 0.2m 以下，乔木平均胸径 36.1cm，乔木郁闭度约 0.7，灌木盖度 0.3，草本盖度 0.6。

面积 591.2193hm²，蓄积量 43623.9471m³，生物量 48016.8785t，碳储量 24008.4393t。每公顷蓄积量 73.7864m³，每公顷生物量 81.2167t，每公顷碳储量 40.6083t。

多样性指数 0.6725，优势度指数 0.3275，均匀度指数 0.7454。斑块数 8 个，平均斑块面积 73.9024hm²，斑块破碎度 0.0135。

森林植被健康中等。无自然干扰。人为干扰主要是抚育，抚育面积 108.7122hm²。

26. 榕树林（*Ficus microcarpa* forest）

榕树林分布于滇南的文山、红河、临沧、西双版纳等，海拔 180~1240m 的丘陵或山地。

乔木以榕树为优势，伴生树种有翅子树、老挝天料木、楹树、木棉、柴桂等。灌木有粗糠柴、黄皮、灰毛浆果楝、老人皮、大叶紫珠、毛果扁担杆、三桠苦等。草本有柊叶、山姜、淡竹叶、金发草、铁线蕨、乌毛蕨、卷柏、金毛狗脊等。

乔木层平均树高 16.8m，灌木层平均高 0.5m，草本层平均高 0.3m 以下，乔木平均胸径 38.6cm，乔木郁闭度约 0.7，灌木盖度 0.2，草本盖度 0.3。

面积 301.5741hm²，蓄积量 22252.0661m³，生物量 24492.8491t，碳储量 12246.4246t。每公顷蓄积量 73.7864m³，每公顷生物量 81.2167t，每公顷碳储量 40.6083t。

多样性指数 0.6083，优势度指数 0.3917，均匀度指数 0.6912。斑块数 6 个，平均斑块面积 50.2623hm²，斑块破碎度 0.0199。

森林植被健康。无自然干扰。人为干扰主要是抚育，抚育面积 2.0887hm²。

六、桉树类林

桉树在我国分布较广，主要分布于贵州、云南、四川、广东、广西、福建、海南、湖南、重庆等 10 个省（自治区、直辖市）。面积 4591689.5719hm²，蓄积量 247735830.2793m³，生物量 306652808.8533t，碳储量 153209269.2028t。每公顷蓄积量 53.9531m³，每公顷生物量 66.7843t，每公顷碳储量 33.3666t。

多样性指数 0.3565，优势度指数 0.6434，均匀度指数 0.4007。斑块数 40486 个，平均斑块面积 113.414256hm²，斑块破碎度 0.0088。

27. 大叶桉林（*Eucalyptus robusta* forest）

在贵州南部的普安县、册亨县有较集中的大叶桉分布，望谟县、安龙县、兴义市、贞丰县、从江县、罗甸县等地也有分布。

乔木树种单一。灌木有斑鸠菊、山棠花等。草本有紫茎泽兰、黑麦草、野芹菜等。

乔木层平均树高 17.7m，灌木层平均高 0.7m，草本层平均高 0.2m，乔木平均胸径 16cm，乔木郁闭度 0.6，灌木盖度 0.1，草本盖度 0.2。

面积 23245.5807hm²，蓄积量 699554.8254m³，生物量 864999.5416t，碳储量 432499.7708t。每公顷蓄积量 30.0941m³，每公顷生物量 37.2114t，每公顷碳储量 18.6057t。

多样性指数 0，优势度指数 1，均匀度指数 0。斑块数 605 个，平均斑块面积 38.4224hm²，斑块破碎度 0.0260。

森林植被健康。基本未受灾害。很少受到极端自然灾害和人为活动的影响。

28. 尾叶桉林（*Eucalyptus urophylla* forest）

尾叶桉林在云南昆明、大理、丽江、保山等地分布较广，主要分布于海拔 1400～2300m 阳光充足的地段。

乔木除尾叶桉外，还有桉树、蓝桉、灯台树、麻栎、棕榈等。灌木较为发达，主要以悬钩子为主，并有少量茶、水麻等植物。草本主要有空心莲子草、火炭母、鱼腥草、土牛膝、蒿等。常见藤本植物有常春藤。

乔木层平均树高 18.2m，灌木层平均高约 2.3m，草本层平均高在 0.3m 以下，乔木平均胸径 20.1cm，乔木郁闭度约 0.6，灌木盖度 0.3，草本盖度 0.5。

面积 15870.2368hm²，蓄积量 1809206.9906m³，生物量 2372339.1409t，碳储量 1154142.9920t。每公顷蓄积量 114.0000m³，每公顷生物量 149.4835t，每公顷碳储量 72.7237t。

多样性指数 0.7064，优势度指数 0.2934，均匀度指数 0.78333。斑块数 306 个，平均斑块面积 51.8635hm²，斑块破碎度 0.0193。

森林健康中等。无自然干扰。人为干扰主要是采伐、抚育、更新，采伐面积 31.7404hm²，抚育面积 4761.0710hm²，更新面积 142.8321hm²。

29. 直杆桉林 (*Eucalyptus maideni* forest)

直杆桉在云南昆明、大理、临沧、丽江、保山等地分布较广，主要分布于海拔1400~2300m阳光充足的地段。

乔木伴生树种有灯台树、麻栎、棕榈等。灌木较为发达，盖度较高，主要以栽秧泡为主，并有少量茶树、水麻等植物。草本主要有喜旱莲子草、火炭母、鱼腥草、土牛膝、青蒿等。常见藤本植物有常春藤。

乔木层平均树高19.2m，灌木层平均高约2.3m，草木层平均高在0.3m以下，乔木平均胸径21.8cm，乔木郁闭度约0.6，灌木盖度0.3，草本盖度0.5。

面积288040.2983hm^2，蓄积量14546035.0626m^3，生物量17986172.3549t，碳储量8993086.1775t。每公顷蓄积量50.5000m^3，每公顷生物量62.4433t，每公顷碳储量31.2216t。

多样性指数0.2875，优势度指数0.7125，均匀度指数0.5176。斑块数6504个，平均斑块面积44.28663hm^2，斑块破碎度0.0226。

森林健康中等。无自然干扰。人为干扰主要是抚育、采伐、更新，抚育面积86412.0894hm^2，采伐面积576.0805hm^2，更新面积2592.3626hm^2。

30. 赤桉林 (*Eucalyptus camaldulensis* forest)

赤桉在云南主要分布于元江、墨江、玉溪等市县。

乔木伴生树种有灯台树、麻栎、棕榈等。灌木较为发达，盖度较高，主要以栽秧泡为主，并有少量茶树、水麻等植物。草本主要有喜旱莲子草、火炭母、鱼腥草、土牛膝、青蒿等。常见藤本植物有常春藤。

乔木层平均树高18.2m，灌木层平均高约2.3m，草本层平均高在0.3m以下，乔木平均胸径20.1cm，乔木郁闭度约0.6，灌木盖度0.3，草本盖度0.55。

面积12584.3048hm^2，蓄积量924946.4021m^3，生物量1143696.2262t，碳储量571848.1131t。每公顷蓄积量73.5000m^3，每公顷生物量90.8828t，每公顷碳储量45.4414t。

多样性指数0.6795，优势度指数0.3205，均匀度指数0.7841。斑块数658个，平均斑块面积19.1250hm^2，斑块破碎度0.0523。

森林健康中等。无自然干扰。人为干扰主要是抚育、采伐、更新，抚育面积3775.2914hm^2，采伐面积25.1686hm^2，更新面积113.2587hm^2。

31. 巨尾桉林 (*Eucalyptus grandis* forest)

巨尾桉主要分布于滇南的南亚热带地区玉溪、红河、普洱、文山等地，而大面积的栽培分布于普洱市的10个县（区），海拔分布范围一般在900~1950m。

乔木基本上是以巨尾桉为单一优势种树的纯林，无伴生种。灌木有酸藤子、牛筋条、火绳树、米团花、毛杨梅、黄花稔、地桃花、单果石栎等。草本有白茅、紫茎泽兰、中国蕨、四方蒿、云南兔耳草、飞机草、野茼蒿等。

乔木层平均树高 13.2m，灌木层平均高约 1.7m，草本层平均高在 1m 以下，乔木平均胸径 20.8cm，乔木郁闭度约 0.6，灌木盖度 0.5，草本盖度 0.95。

面积 275638.7711hm²，蓄积量 23911663.3888m³，生物量 29566771.7802t，碳储量 14783385.8901t。每公顷蓄积量 86.7500m³，每公顷生物量 107.2664t，每公顷碳储量 53.6332t。

多样性指数 0.6564，优势度指数 0.3446，均匀度指数 0.7836。斑块数 6636 个，平均斑块面积 41.5368hm²，斑块破碎度 0.0241。

森林健康中等。无自然干扰。人为干扰主要是抚育、采伐、更新，抚育面积 82691.6313hm²，采伐面积 551.2775hm²，更新面积 2480.7489hm²。

32. 蓝桉林（*Eucalyptus globules* forest）

蓝桉林主要分布于云南保山、富民、昆明、玉溪、普洱等地，海拔分布范围一般在 1500~2000m。

乔木为蓝桉纯林，偶见栓皮栎、锐齿槲栎。灌木、草本不发达，灌木有紫茎泽兰，草本有红花月见草、车轴草等。

乔木层平均树高 15.6m，灌木层平均高约 1m，草本层平均高在 0.6m 以下，乔木平均胸径 22cm，乔木郁闭度约 0.5，灌木盖度 0.05，草本盖度 0.1。

面积 165601.9704hm²，蓄积量 3128223.2295m³，生物量 3868045.7867t，碳储量 1848925.8860t。每公顷蓄积量 18.8900m³，每公顷生物量 23.3575t，每公顷碳储量 11.1649t。

多样性指数 0.6764，优势度指数 0.3236，均匀度指数 0.8000。斑块数 9056 个，平均斑块面积 18.2864hm²，斑块破碎度 0.0547。

森林健康中等。无自然干扰。人为干扰主要是抚育、采伐、更新，抚育面积 49680.5911hm²，采伐面积 331.2039hm²，更新面积 1490.4177hm²。

33. 桉树林（*Eucalyptus robusta* forest）

桉树在我国广泛引种栽培，是重要的人工用材树种，在福建、广东、广西、海南、四川、云南、湖南和重庆等 8 个省（自治区、直辖市）有分布。面积 3810708.4098hm²，蓄积量 202716200.3804m³，生物量 250850784.0228t，碳储量 125425380.3733t。每公顷蓄积量 53.1965m³，每公顷生物量 65.8279t，每公顷碳储量 32.9139t。多样性指数 0.2482，优势度指数 0.7517，均匀度指数 0.2426。斑块数 16721 个，平均斑块面积 227.8995hm²，斑块破碎度 0.0044。

（1）在广西，桉树林在全区均有分布，但在桂南地区分布的面积较广，主要分布在南宁市、北海市、玉林市、钦州市、崇左市等 5 市，其中田林县、扶绥县、合浦县等 3 县分布面积最大。

乔木为单优的桉树。灌木主要有茶树、白背桐、黄荆、山鸡椒、极简榕等。草本主要有芒萁、芒、毛蕨、荩草等。

乔木层平均树高 12m，灌木层平均高 1.5m，草本层平均高在 1m 以下，乔木平均胸径

11.6cm 左右，乔木郁闭度 0.7，灌木盖度约 0.2，草本盖度 0.8。

面积 1864003.2225hm²，蓄积量 101240539.0258m³，生物量 125183926.5054t，碳储量 62591963.2527t。每公顷蓄积量 54.3135m³，每公顷生物量 67.1586t，每公顷碳储量 33.5793t。

多样性指数 0，优势度指数 1，均匀度指数 0。斑块数 3173 个，平均斑块面积 587.4577hm²，斑块破碎度 0.0017。

整体健康等级为 2，林木生长发育较好，树叶偶见发黄、褪色，结实和繁殖受到一定程度的影响，所受自然灾害为当地发生的传统病害。所受病害等级为 2，林木受害面积占总数的 20% 以下。没发现明显虫害。没有发现火灾现象。所受干扰类型是人为干扰，即采伐、抚育，其次亦有部分病害干扰。

（2）在海南，桉树林分布范围广，除中部山区外，其他平原及浅山地区均有桉树分布。分布的海拔一般在 100m 以下平缓的坡地。

乔木除了桉树外，还有潺槁木姜、中平树、白楸、变叶榕和第伦桃等。灌木有大青、白饭树、银柴、破布叶等。草本有海金沙、芒、飞机草和禾本科草等。

乔木 3 年生平均高 4m，灌木层平均高 0.3m，草本层平均高约 0.15m，乔木平均胸径 4cm，乔木郁闭度 0.8，灌木盖度约 0.65，草本盖度 0.75。

面积 232775.0000hm²，蓄积量 7569843.0000m³，生物量 9360092.2475t，碳储量 4680034.4850t。每公顷蓄积量 32.5200m³，每公顷生物量 40.2109t，每公顷碳储量 20.1054t。

多样性指数 0，优势度指数 1，均匀度指数 0。斑块数 167 个，平均斑块面积 1393.8600hm²，斑块破碎度 0.0007。

整体健康等级为 2，林中树木整体生长发育较好，偶尔会碰到一些树存在树叶变黄、褪色现象，结实和繁殖受到一定程度的影响，有轻度受灾现象，主要受自然因素影响，受害面积 99185hm²。未见明显火灾影响。有人工管理干扰。

（3）在湖南，桉树林分布较广泛，主要分布在资兴市、荆州苗族自治县境内。蓝山、会同、洪江、株洲、溆浦、石门、华容等市县也有分布。

乔木桉树人工林多属纯林，结构比较简单。灌木有黄牛木、坡柳、桃金娘等。草本有鸭嘴草、蜈蚣草、鹧鸪草等。

乔木层平均树高 14.7m，灌木层平均高 1~1.5m，草本层平均高 0.5~1m，乔木平均胸径 10~15cm，乔木郁闭度 0.75，灌木与草本盖度 0.15。

面积 211702.3430hm²，蓄积量 361983.3688m³，生物量 639813.3100t，碳储量 319906.6550t。每公顷蓄积量 1.7099m³，每公顷生物量 3.0222t，每公顷碳储量 1.5111t。斑块数 3988 个，平均斑块面积 53.0848hm²，斑块破碎度 0.0188。

多样性指数 0.7300，优势度指数 0.2700，均匀度指数 0.5200。斑块数 5019 个，斑块破碎度 0.0490，平均斑块面积 20.214hm²。

16.7% 的人工桉树林处于亚健康状态。无自然干扰。人工干扰主要是造林、抚育、采伐等活动。

（4）在重庆，桉树林广泛分布于荣昌县、丰都县、璧山县、长寿县、江津县、垫江县、永川县以及云阳县等地区。

乔木树种组成较为简单，几乎都形成纯林。灌木不发达。

乔木层平均树高 13.5m，草本层平均高在 0.2m 以下，乔木平均胸径 14.5cm，乔木郁闭度约 0.6，草本盖度 0.8。

面积 34903.9390hm²，蓄积量 653551.8246m³，生物量 808116.8311t，碳储量 404058.4155t。每公顷蓄积量 18.7243m³，每公顷生物量 23.1526t，每公顷碳储量 11.5763t。

多样性指数 0.2977，优势度指数 0.7023，均匀度指数 0.1032。斑块数 3245 个，平均斑块面积 10.7562hm²，斑块破碎度 0.0930。

无自然灾害。人为干扰主要是抚育和采伐活动。

（5）在云南，桉树林主要分布于海拔 1400~2300m 阳光充足的地段，昆明、大理、丽江、保山等地分布较广。

乔木除桉树外，还有灯台树、麻栎、棕榈等。灌木较为发达，盖度较高，主要有鼠李、铁仔、檀木、川梨、白牛筋、老鸦泡、荚蒾、莎针、坡柳、树豆等植物。草本主要有紫茎泽兰、野葡萄、孩儿草、三叶鬼针草、黄芽、刺芒野古草、大翼豆等。

乔木层平均树高 18.1m，灌木层平均高约 2.2m，草本层平均高在 0.3m 以下，乔木平均胸径 20.2cm，乔木郁闭度约 0.6，灌木盖度 0.3，草本盖度 0.5。

面积 212432.3400hm²，蓄积量 9479793.1730m³，生物量 11721764.2584t，碳储量 5860882.1292t。每公顷蓄积量 44.6250m³，每公顷生物量 55.1788t，每公顷碳储量 27.5894t。

多样性指数 0.4785，优势度指数 0.5215，均匀度指数 0.6531。斑块数 3898 个，平均斑块面积 54.4977hm²，斑块破碎度 0.0183。

森林健康。无自然干扰。人为干扰主要是抚育、采伐、更新，抚育面积 63729.702hm²，采伐面积 424.86468hm²，更新面积 1911.8910hm²。

（6）在四川，桉树有少量栽培，生于阳光充足的平原、山坡和路旁，最北可到成都和汉中。

乔木通常为复层林，伴生树种有柳杉、女贞、构树、灯台树、麻栎、棕榈等。灌木较为发达，盖度较高，主要以悬钩子为主，并有少量茶树、水麻等植物。草本盖度高，主要有鸭跖草、荨麻、皱叶狗尾草、落葵薯、高粱泡、空心莲子草、火炭母、鱼腥草、土牛膝、蒿等，并常见藤本植物常春藤。

乔木层平均树高 13.5m，灌木层平均高约 1.8m，草本层平均高在 0.4m 以下，乔木平均胸径 27.3cm，乔木郁闭度约 0.7，灌木盖度 0.4，草本盖度 0.75。

面积 61999.5653hm²，蓄积量 3705875.3621m³，生物量 4582314.8853t，碳储量 2291157.4433t。每公顷蓄积量 59.7726m³，每公顷生物量 73.9088t，每公顷碳储

量 36.9544t。

多样性指数 0.4797，优势度指数 0.5202，均匀度指数 0.6649。斑块数 1943 个，平均斑块面积 31.9092hm^2，斑块破碎度 0.0313。

灾害等级为 0 的面积 60873.39hm^2，轻度灾害的面积 3381.85hm^2。受到明显的人为干扰，主要为采伐、更新、抚育等，其中采伐面积 442.85hm^2，更新面积 1023.73hm^2，抚育面积 1236.05hm^2。

（7）在福建，引种桉树已有 100 多年的历史，引种地有闽东南沿海地区，闽西北的长汀、南平、顺昌等地。

乔木组成单一，主要是桉树纯林。桉树林下灌木、草本不发达。

桉树林多为速生林，4 年生桉树胸径 5~11cm，树高 6~12m。

面积 332953.0000hm^2，蓄积量 32998343.5477m^3，生物量 40802451.7967t，碳储量 20401225.8984t。每公顷蓄积量 99.1081m^3，每公顷生物量 122.5472t，每公顷碳储量 61.2736t。

多样性指数 0，优势度指数 1，均匀度指数 0。斑块 69 个，平均斑块面积 4825.4057hm^2，斑块破碎度 0.0002。

桉树林受到病害及人为抚育采伐等干扰。

（8）在广东，沿海地区大面积栽培，栽培面积较大的有雷州半岛、电白县等地。

乔木树种单一，主要是桉树人工纯林。林下灌木、草本不发达。

在广东，桉树林一般以速生林为主，4~5 年的桉树胸径可达 8cm 以上，树高 12~15m。林下灌木、草本不发达。

面积 859939.0000hm^2，蓄积量 46706271.0783m^3，生物量 57752304.1884t，碳储量 28876152.0942t。每公顷蓄积量 54.3135m^3，每公顷生物量 67.1586t，每公顷碳储量 33.5793t。

多样性指数 0，优势度指数 1，均匀度指数 0。斑块数 238 个，平均斑块面积 3613.1890hm^2，斑块破碎度 0.0002。

桉树林受到病害及人为抚育采伐的干扰。

34. 木瓜林 (*Chaenomeles sinensis* forest)

云南栽培最多的是皱皮木瓜和毛叶木瓜，主要分布于大理、永平、洱源、剑川、南涧、云龙、漾濞、保山、腾冲、泸水、盈江、德宏、丽江、维西、临沧、思茅等地。最适宜海拔为 1300~2000m。

皱皮木瓜和毛叶木瓜主要伴生树种有杯状栲、截果石栎、云南柿、马蹄荷、红花荷、毛木荷、粗壮润楠等。灌木主要有鸡屎树、柳叶紫金牛、三桠苦、尾叶鹅掌柴、东方古柯等。草本植物中蕨类植物突出，主要有江南短肠蕨、膨大短肠蕨、里白、狗脊，以及莎草科、百合科、姜科的一些种类。

乔木层平均树高 6.9m，灌木层平均高约 1.2m，草本层平均高在 0.2m 以下，乔木平均胸径为 11.2cm，乔木郁闭度约 0.8，灌木盖度 0.3，草本盖度 0.4。

面积 369.6020hm^2。

多样性指数 0.7081，优势度指数 0.2918，均匀度指数 0.6673。斑块数 28 个，平均斑块面积 13.2000hm^2，斑块破碎度 0.0758。

木瓜林生长健康中等。人为干扰主要是抚育活动，抚育面积 110.8806hm^2。

七、相思林

35. 马占相思林（*Acacia mangium* forest）

在海南，马占相思主要分布于昌江、文昌等县市。分布海拔一般在 400~800m 间的山地。

乔木除马占相思外，还有中平树、赤才、变叶榕等。灌木有刺桑、白饭树、银柴等。草本有海金沙、斑茅和禾本科草等。

乔木层树高 10~18m，平均树高 14m，灌木层平均高 1.50m，草本层平均高 0.3m，乔木平均胸径 14cm，乔木郁闭度 0.7，灌木盖度 0.6，草本盖度 0.8。

面积 3859.7530hm^2，蓄积量 210581.5645m^3，生物量 231787.0477t，碳储量 115893.5239t。每公顷蓄积量 54.5583m^3，每公顷生物量 60.0523t，每公顷碳储量 30.0262t。

多样性指数 0，优势度指数 1，均匀度指数 0。斑块数 7 个，平均斑块面积 551.3932hm^2，斑块破碎度 0.0018。

整体健康等级为 2，林中树木整体生长发育较好，偶尔会碰到一些树存在树叶变黄、褪色现象，结实和繁殖受到一定程度的影响，有轻度受灾现象，主要受自然因素影响，所受自然灾害中虫害、病害兼有。所受病害等级为 2，林中遭受病害的立木株数占 10%~29%。未见明显虫害。未见明显火灾影响。人为干扰主要是林下人工管理。

36. 台湾相思树林（*Acacia confuse* forest）

台湾相思树林在我国台湾、福建和云南 3 个省有分布，面积 713752.4304hm^2，蓄积量 91484776.9880m^3，生物量 100697294.0336t，碳储量 50348394.3246t。每公顷蓄积量 128.1744m^3，每公顷生物量 141.0815t，每公顷碳储量 70.5404t。

多样性指数 0.5141，优势度指数 0.4859，均匀度指数 0.5758。斑块数 116 个，平均斑块面积 6153.0381hm^2，斑块破碎度 0.0002。

（1）在云南，台湾相思树林在干热河谷地区（元江、元阳、元谋、东川）等地有分布。

乔木除台湾相思外，还有四蕊朴、云南松、土蜜树、榕树等。灌木优势种主要有豺皮樟、大青、牡荆、桃金娘、黄栀子、盐肤木等。草本不发达。

乔木层平均树高 10.5m，平均胸径 19.9cm，郁闭度 0.8。灌木盖度 0.2，平均高 1.2m。

面积 134.5604hm^2，蓄积量 15304.9340m^3，生物量 16846.1438t，碳储量 8170.3797t。

每公顷蓄积量 113. 7403m³，每公顷生物量 125. 1939t，每公顷碳储量 60. 7191t。

多样性指数 0. 7166，优势度指数 0. 2834，均匀度指数 0. 79542。斑块数 10 个，平均斑块面积 13. 4560hm²，斑块破碎度 0. 0743。

森林健康中等。无自然干扰。人为干扰主要是抚育活动，抚育面积 40. 3681hm²。

（2）在台湾，台湾相思是中国台湾的原生树种，台湾相思林遍布全岛平原、丘陵低山地区。

面积 686366. 9700hm²，蓄积量 89982709. 7670m³，生物量 99043968. 6405t，碳储量 49521984. 3203t。每公顷蓄积量 131. 1000m³，每公顷生物量 144. 3018t，每公顷碳储量 72. 1509t。

斑块数 91 个，平均斑块面积 7542. 4541hm²，斑块破碎度 0. 0001。

（3）在福建，台湾相思林主要分布于福清市、长乐市、厦门市、南安市、平台县、惠安县。

乔木组成树种比较简单，以台湾相思树为主。灌木以豹皮樟为主，还有海桐、车桑子。草本以麦冬为主，还有芒草、月见草等。

乔木郁闭度 0. 6~0. 7，平均树高 10m 左右，平均胸径 15cm 左右。灌木盖度 0. 1，平均高 1. 1m。草本盖度 0. 2，平均高 0. 2m。

面积 27250. 9000hm²，蓄积量 1486762. 2870m³，生物量 1636479. 2493t，碳储量 818239. 6246t。每公顷蓄积量 54. 5583m³，每公顷生物量 60. 0523t，每公顷碳储量 30. 0262t。

多样性指数 0. 3116，优势度指数 0. 6884，均匀度指数 0. 3562。斑块数 15 个，平均斑块面积 1816. 7300hm²，斑块破碎度 0. 0005。

37. 大叶相思树林（*Acacia auriculiformis* Forest）

大叶相思林在云南和海南 2 个省有分布，面积 59805. 1400hm²，蓄积量 1979389. 7089m³，生物量 1552021. 8290t，碳储量 729647. 7726t。每公顷蓄积量 33. 0973m³，每公顷生物量 25. 9513t，每公顷碳储量 12. 2004t。多样性指数 0. 4035，优势度指数 0. 5964，均匀度指数 0. 4261。斑块数 50 个，平均斑块面积 1196. 1028hm²，斑块破碎度 0. 0008。

（1）在云南，大叶相思在云南省的热带和亚热带地区均有栽培。生于海拔 1700 ~ 2200m 的灌丛中。其水平分布，在北纬 25°~ 26°以南生长正常。

植被以大叶相思纯林和与云南松混交为主，生长良好。此外有杧果、龙眼、柠檬桉、木麻黄、苦楝以及棕榈等。

下木常见有马缨丹、云南含笑、野蔷薇、三角梅、桃金娘、野牡丹、盐肤木等。

乔木层平均树高 12. 5m，乔木平均胸径 18. 8cm，乔木郁闭度 0. 7。灌木盖度 0. 2，平均高 4~5m。草本不发达。

面积 12. 8400hm²，蓄积量 1460. 4249m³，生物量 1607. 4900t，碳储量 779. 6326t。每公顷蓄积量 113. 7403m³，每公顷生物量 125. 1939t，每公顷碳储量 60. 7190t。

多样性指数 0.8071, 优势度指数 0.1929, 均匀度指数 0.8523。斑块数 1 个, 平均斑块面积 12.84hm², 斑块破碎度 0.0779。

森林健康。无自然和人为干扰。

(2) 在海南, 大叶相思树林主要分布在文昌、陵水、万宁、白沙、儋州、昌江等市县地区。以人工林为主。

林分组成树种单一, 以相思树为主形成纯林。林下灌木稀少, 草本不发达。

乔木平均胸径 15.7cm, 平均树高 12.8m, 郁闭度 0.6。

面积 59792.3000hm², 蓄积量 1977929.2840m³, 生物量 1550414.3390t, 碳储量 728868.1400t。每公顷蓄积量 33.0800m³, 每公顷生物量 25.9300t, 每公顷碳储量 12.1900t。

多样性指数 0, 优势度指数 1, 均匀度指数 0。斑块数 49 个, 平均斑块面积 1220.592hm², 斑块破碎度 0.0008。

38. 杜英林 (*Elaeocarpus decipiens* forest)

在重庆, 杜英林较广泛分布, 以巫山县为主。组成比较简单, 以杜英为优势树种, 伴有少量樟科树种。林下灌木不发达。草本主要是禾本科草和菊科草。

乔木平均胸径 7.5cm, 平均树高 6.3m, 郁闭度 0.6。草本盖度 0.5, 平均高 0.3m。

面积 542.3839hm², 蓄积量 726.7402m³, 生物量 710.2281t, 碳储量 355.1140t。每公顷蓄积量 1.3399m³, 每公顷生物量 1.3095t, 每公顷碳储量 0.65477t。

多样性指数 0.2396, 优势度指数 0.7604, 均匀度指数 0.5074。斑块数 36 个, 平均斑块面积 15.0662hm², 斑块破碎度 0.0664。

杜英林生长健康。无自然和人为干扰。

39. 油茶林 (*Camellia oleifera* forest)

油茶林在我国福建、广东、广西、贵州、湖南、江西、陕西、云南、浙江和重庆十个省 (自治区、直辖市) 有分布, 面积 1543781.1674hm²。多样性指数 0.1869, 优势度指数 0.8130, 均匀度指数 0.2504。斑块数 3605 个, 平均斑块面积 428.2333hm², 斑块破碎度 0.0023。

(1) 在浙江, 油茶林以常山、青田、丽水及衢州市为主, 其次是开化、遂昌、文成、泰顺、宁海、仙居、天台、建德、缙云、武义、淳安等县。

乔木主要是由油茶组成的单纯林。灌木、草本不发达。

乔木层平均树高 8m, 灌木和草本基本没有, 乔木平均胸径 10cm, 乔木郁闭度约 0.8。面积 73514.9000hm²。

多样性指数 0.1100, 优势度指数 0.8900, 均匀度指数 0.1100。斑块数 139 个, 平均斑块面积 528.8840hm², 斑块破碎度 0.0018。

病害无。虫害无。火灾轻。人为干扰类型为森林经营活动。无自然干扰。

(2) 在湖南, 油茶林分布广泛, 是我国油茶分布的中心地带, 又是重点产区之一, 各地也广为种植。凡山区、丘陵岗地、平原和湖区都有生长, 以桃源、浏阳、醴陵、祁东、常宁、耒阳等地面积较大，分布集中，资源丰富，是湖南省的重点产区。油茶垂直分布于海拔 1000m 以下的山地丘陵至平原，但在局部地区如东南面的八面山在海拔 1400m 左右山地，仍有小块状油茶生长，而适生地区却以中部和东部海拔 200~500m 的低山丘陵分布最多，生长最好，经济性状表现最为优良。油茶对立地条件要求不高，一般喜生于阳光充足的南坡、东南坡，尤以丘陵、低山区土壤肥沃、湿润的缓坡地栽植最为适宜。油茶具有耐干旱瘠薄土壤的特性，但最忌碱性土，一般以 pH 值 4.5~6.5 的酸性至微酸性黄壤或红壤为适宜，特别是疏松、深厚、排水良好的沙质壤土对油茶生长发育尤为有利，且结实丰满、产量及出油率均高。

乔木伴生树种有马尾松、乌桕、樟、南酸枣、小叶栎、檫木、四川山矾。灌木主要种类有檵木、楤木、山胡椒、山矾、毛八角枫、黄檀、白栎等。草本种类主要有狗脊、乌蕨、竹叶草、天胡荽。

乔木层平均树高 7m，灌木层平均高 1.2m，草本层平均高 0.2m，乔木平均胸径 13cm，乔木郁闭度 0.75，灌木总盖度 0.08 左右。

面积 106810.8259hm^2。

多样性指数 0.4950，优势度指数 0.5050，均匀度指数 0.7100。斑块数 1850 个，平均斑块面积 57.7356hm^2，斑块破碎度 0.0173。

森林植被总体健康，仅有 6.7% 的油茶林处于亚健康状态。自然干扰主要是病虫害。人为干扰主要是经营管理。

（3）江西是我国油茶主产区之一，在全省各地均有分布。

乔木伴生树种有栓皮栎、榉树、茅栗、枫香、化香、黄连木、山胡椒、石楠、白檀、算盘子、盐肤木、冬青等。灌木有杜鹃花、马银花、乌饭树、檵木、细齿叶柃、珍珠花、山苍子、乌药、荚蒾、茶荚蒾、花香等。草本不发达。

乔木层平均树高 80~120cm，乔木郁闭度 0.8 以上。灌木盖度 0.5~0.7，平均高 20cm。

面积 666764.2915hm^2。

多样性指数 0.0420，优势度指数 0.9058，均匀度指数 0.1490。斑块数 668 个，平均斑块面积 998.1501hm^2，斑块破碎度 0.0010。

森林植被健康。无自然干扰。人为干扰主要是经营活动。

（4）在云南，油茶林分布范围广泛，除滇西北、滇东北高寒山区和南部热带地区外，广大的亚热带地区多有小面积的栽培和分布。其中以滇东南的文山州、红河州，滇西的腾冲一带较为集中。

乔木伴生树种有云南松、华山松等。灌木主要有铁仔、芒种花等。草本主要有香薷、蕨及禾本科草。

乔木层平均树高 10.4m，灌木层平均高约 1m，草本层平均高在 0.3m 以下，乔木平均胸径 13.5cm，乔木郁闭度约 0.7，灌木盖度 0.1，草本盖度 0.45。

面积 1948.9552hm^2。

多样性指数 0.9627，优势度指数 0.0373，均匀度指数 0.78542。斑块数 44 个，平均斑块面积 44.2944hm²，斑块破碎度 0.0226。

森林植被健康中等。无自然干扰。人为干扰主要是抚育、更新，抚育面积 584.6865hm²，更新面积 17.5405hm²。

（5）在福建，三明、南平、宁德、龙岩是其油茶主产区。

乔木组成单一，以纯林为主。灌木、草本不发达。

面积 338155.0000hm²。

多样性指数 0，优势度指数 1，均匀度指数 0。斑块数 30 个，平均斑块面积 11271.8000hm²，斑块破碎度 0.0001。

自然干扰主要是病害。人为干扰主要是抚育管理。

（6）在广东，主要分布于省内粤西地区。

乔木组成单一，以纯林为主。灌木、草本不发达。

面积 54550.5000hm²。

多样性指数 0，优势度指数 1，均匀度指数 0。斑块数 15 个，平均斑块面积 3636.7000hm²，斑块破碎度 0.0002。

自然干扰主要是病害。人为干扰主要是抚育管理。

（7）在广西，油茶林全区均有分布，主要分为 3 个区域。在桂北和桂东北主要分布在龙胜、融安、三江等县；凤山、巴马、凌云、田林等桂中和桂东南也有较多分布。

油茶林乔木优势种主要有小果油茶、普通油茶、大果红花油茶等。

灌木层平均高在 1~2m，盖度 0.2 左右。种类主要有盐肤木、白背桐、枫香、杉木、野漆、粗叶榕、野牡丹等散生乔灌木。

草本层平均高在 0.1~0.2m，盖度 0.1~0.2。主要种类有芒萁、蜈蚣草、华三芒草、五节芒、芒草、野古草、淡竹叶等种类。

面积 298698.2620hm²。

多样性指数 0，优势度指数 1，均匀度指数 0。斑块数 636 个，平均斑块面积 469.6514hm²，斑块破碎度 0.0021。

自然干扰主要是病害。人为干扰主要是抚育管理。

（8）在贵州，油茶林主要分布在岑巩县、天柱、玉屏县、黎平、锦屏、松桃、铜仁等地。

油茶林群落结构比较简单，种类成分较单纯。

油茶林平均树高 1.3m，平均地径 2.2cm。

面积 718.3241hm²。

多样性指数 0，优势度指数 1，均匀度指数 0。斑块数 72 个，平均斑块面积 9.9767hm²，斑块破碎度 0.1002。

自然干扰主要是病害。人为干扰主要是抚育管理。

（9）在陕西，油茶以人工林为主，主要分布在黄龙县境内，洛川县和西乡县也有少量分布。

乔木组成单一，以纯林为主。灌木和草本不发达。

面积 895.5555hm^2。

多样性指数 0.2600，优势度指数 0.7400，均匀度指数 0.7500。斑块数 17 个，平均斑块面积 52.6797hm^2，斑块破碎度 0.0190。

自然干扰主要是病害。人为干扰主要是抚育管理。

（10）在重庆，油茶林主要分布于秀山、酉阳、武隆、彭水等地，主要分布于海拔 300~800m 的丘陵低山地区。

乔木组成单一，以纯林为主。灌木、草本不发达。

面积 1724.5532hm^2。

多样性指数 0，优势度指数 1，均匀度指数 0。斑块数 134 个，平均斑块面积 12.8698hm^2，斑块破碎度 0.0777。

自然干扰主要是病害。人为干扰主要是抚育管理。

40. 茶树林（园）（*Camellia sinensis* forest）

茶树林在福建、广东、广西、贵州、海南、湖南、江苏、江西、山东、四川、西藏和浙江 12 个省（自治区、直辖市）有分布，面积 965866.6319hm^2。多样性指数 0，优势度指数 1，均匀度指数 0。斑块数 17073 个，平均斑块面积 56.5727hm^2，斑块破碎度 0.0177。

（1）在湖南，茶树林遍及全省各地，主要集中分布在涟源、益阳、岳阳、邵阳、常德、湘潭 6 个地区，尤以安化、桃江、临湘、平江、涟源、双峰等县面积较大而集中，且产量最多。其余大都为零星小片。在湖南省茶树的垂直分布，大部分在海拔 800m 以下的红壤、黄壤山地丘陵地带。分布在海拔 800m 以上的茶园不多，但海拔 1500m 左右的地带仍有茶树生长。茶树喜温暖气候，以年平均气温 15℃以上，极端最低气温不低于-12℃为宜，但灌木型茶树能耐达-18℃的低温。要求年降水量在 1000mm 以上，尤喜高温多雾或漫射光照环境，在云雾终年缭绕的山地，茶树生长特别旺盛。茶树喜酸性土壤，要求土层深厚在 70cm 以上，且排水通气性能良好，最适土壤 pH 值为 5~6 之间，在近中性或碱性土上均生长不良，甚至造成死亡，干旱瘠薄和积水地也不适宜茶树生长。

乔木是茶树纯林。无灌木、草本。

乔木层平均高 0.5m，乔木郁闭度 0.95。

面积 13396.2222hm^2。

多样性指数 0，优势度指数 1，均匀度指数 0。斑块数 421 个，平均斑块面积 31.8200hm^2，斑块破碎度 0.0314。

茶树林健康。无自然干扰。人为干扰是抚育管理。

（2）江西是我国茶树分布的重要地区之一。

乔木以茶树为单一纯林。灌木、草本不发达。

乔木层平均高 0.5m，乔木郁闭度 0.95。

面积 149443.2249hm^2。

多样性指数 0,优势度指数 1,均匀度指数 0。斑块数 498 个,平均斑块面积 300.0868hm²,斑块破碎度 0.0033。

茶树林健康。无自然干扰。人为干扰主要是抚育管理。

(3)在贵州,茶树林分布较普遍,一是大娄山以北的西部茶树区,二是乌江中游茶树区,另外还有黔东的石阡、镇远、天柱、黄平以及黔南的都匀等地。垂直分布上,茶树林在黔东及黔北分布在海拔 1000m 以下的丘陵山地,在黔中分布到 1000~1300m 的山地,在黔西高原可分布到海拔 2000m 以上的威宁一带。

乔木是茶树纯林。灌木不发达。草本可见苽草、野草莓、铁芒萁等。

乔木层平均树高 1.8m,乔木郁闭度 0.9 以上。

面积 278968.6115hm²。

多样性指数 0,优势度指数 1,均匀度指数 0。斑块数 14948 个,平均斑块面积 18.6626hm²,斑块破碎度 0.0535。

茶树林健康。基本未受灾害。人为干扰为茶树林中有除草、施肥等经营抚育活动。

(4)在四川,茶树林主要分布于平武、青川、南江、通江、宣汉、古蔺、马边、雷波等部分县。

乔木为茶树纯林。灌木、草本不发达。

乔木层平均树高 7.2m,平均胸径 11.7cm,郁闭度约 0.8。无灌木、草本。

面积 22268.9832hm²。

多样性指数 0,优势度指数 1,均匀度指数 0。斑块数 777 个,平均斑块面积 28.6002hm²,斑块破碎度 0.0349。

主要以人工经济林为主,受到经营管理人为干扰较强,自然度较低,普遍处于演替早期阶段。灾害等级为 0 的面积达 22050.33hm²,灾害等级为 1 的面积较少,仅 760.36hm²。受到明显的人为干扰,主要为采伐、更新、抚育等,其中采伐面积 157.21hm²,更新面积 363.42hm²,抚育面积 438.80hm²。

(5)在福建,全省各地都有茶树林分布。

乔木为茶树纯林。灌木、草本不发达。

乔木层平均树高 1m,郁闭度 0.6。

面积 295174.0000hm²。

多样性指数 0,优势度指数 1,均匀度指数 0。斑块数 55 个,平均斑块面积 5366.79hm²,斑块破碎度 0.0002。

茶树林健康,基本未受灾害。人为干扰为茶树林中有除草、施肥等经营抚育活动。

(6)在广东,茶树林主要分布于梅州、潮州、韶关、河源、惠州、阳江、茂名等地区。

乔木为茶树纯林,灌木、草本不发达。

乔木平均树高 0.9m,郁闭度 0.6。

面积 10502.2000hm²。

多样性指数 0，优势度指数 1，均匀度指数 0。斑块数 4 个，平均斑块面积 2625.55hm²，斑块破碎度 0.0004。

茶树林健康。基本未受灾害。人为干扰为茶树林中有除草、施肥等经营抚育活动。

（7）在广西，茶树林分布较广，主要分布于灵山、柳城、龙州、百色、横县、容县、鹿寨、北流、钦州、玉林、上林、桂林等地。

乔木为茶树纯林。灌木、草本不发达。

乔木层平均树高 0.9m，郁闭度 0.7。

面积 37726.3641hm²。

多样性指数 0，优势度指数 1，均匀度指数 0。斑块数 66 个，平均斑块面积 571.6116hm²，斑块破碎度 0.0017。

茶树林健康。基本未受灾害。人为干扰为茶树林中有除草、施肥等经营抚育活动。

（8）在海南，茶树林主要分布在五指山、白沙及澄迈等地区。

乔木为茶树纯林。灌木、草本不发达。

乔木层平均树高 0.8m，郁闭度 0.75。

面积 3688.3900hm²。

多样性指数 0，优势度指数 1，均匀度指数 0。斑块数 7 个，平均斑块面积 526.913hm²，斑块破碎度 0.0018。

茶树林健康。基本未受灾害。人为干扰为茶树林中有除草、施肥等经营抚育活动。

（9）在江苏，茶树林主要分布在丘陵山区，包括环太湖低山丘陵茶树区、宁镇扬丘陵茶树区、连云港茶树区。

乔木为茶树纯林。灌木、草本不发达。

乔木层平均树高 0.9m，郁闭度 0.5。

面积 4852.4600hm²。

多样性指数 0，优势度指数 1，均匀度指数 0。斑块数 26 个，平均斑块面积 186.6330hm²，斑块破碎度 0.0053。

茶树林健康。基本未受灾害。人为干扰为茶树林中有除草、施肥等经营抚育活动。

（10）山东是我国山茶自然分布的北界，黄海沿岸和近海诸岛均有山茶自然分布。

乔木为茶树纯林。灌木、草本不发达。

乔木层平均树高 0.85m，郁闭度 0.45。

面积 9526.6900hm²。

多样性指数 0，优势度指数 1，均匀度指数 0。斑块数 14 个，平均斑块面积 680.780hm²，斑块破碎度 0.0014。

茶树林健康。基本未受灾害。人为干扰为茶树林中有除草、施肥等经营抚育活动。

（11）在西藏，茶树林分布于林芝、易贡、错那等地区。

乔木为茶树纯林。灌木、草本不发达。

乔木层平均树高 0.8m，郁闭度 0.6。

面积 235.4860hm^2。

多样性指数 0，优势度指数 1，均匀度指数 0。斑块数 1 个，平均斑块面积 235.4860hm^2，斑块破碎度 0.0042。

茶树林健康。基本未受灾害。人为干扰为茶树林中有除草、施肥等经营抚育活动。

（12）在浙江，茶树区分为浙西北、浙东、浙南和浙中等四大茶树区：浙西北茶树区包括临安、余杭、富阳、建德、淳安、桐庐、萧山、西湖、开化、安吉、德清、长兴等县（市、区）；浙东茶树区主要分布在会稽山、四明山、天台山、括苍山及其丘陵山地；浙南茶树区包括乐清、永嘉、瑞安、文成、平阳、苍南、泰顺、青田、云和、丽水、景宁、松阳、遂昌、缙云、龙泉、庆元等县（直辖市）；浙中茶树区主要分布在金衢盆地。

乔木为茶树纯林。灌木、草本不发达。

乔木层平均树高 0.85m，郁闭度 0.6。

面积 140084.0000hm^2。

多样性指数 0，优势度指数 1，均匀度指数 0。斑块数 256 个，平均斑块面积 547.2020hm^2，斑块破碎度 0.0018。

茶树林健康。基本未受灾害。人为干扰为茶树林中有除草、施肥等经营抚育活动。

41. 八角林（*Illicium verum* forest）

八角林在广西、云南 2 个省（自治区）有分布，面积 511737.7913hm^2，蓄积量 21280045.6519m^3，生物量 24085597.2522t，碳储量 11979589.3101t。每公顷蓄积量 41.5839m^3，每公顷生物量 47.0663t，每公顷碳储量 23.4096t。多样性指数 0.2265，优势度指数 0.7734，均匀度指数 0.3675。斑块数 1951 个，平均斑块面积 262.2951hm^2，斑块破碎度 0.0038。

（1）在云南，八角林在东南部的富宁、西畴、文山、马关、麻栗坡等地有一定面积的种植。此外，在屏边、河口、墨江、玉溪、昆明也有小面积种植。栽培海拔多在 800～1200m 之间的丘陵地，在昆明可达 1900m 左右。

乔木以八角为优势，伴生有香樟、茶树以及木兰科和壳斗科的一些树种。因人为活动频繁，灌木、草本种类不稳定。

乔木层平均树高 8.2m，灌木层平均高约 1.0m，草本层平均高在 0.3m 以下，乔木平均胸径 12.3cm，乔木郁闭度约 0.7，灌木盖度 0.1，草本盖度 0.3。

面积 25300.6601hm^2，蓄积量 1829237.724m^3，生物量 2676092.966t，碳储量 1274837.167t。每公顷蓄积量 72.3000m^3，每公顷生物量 105.7717t，每公顷碳储量 50.3875t。

多样性指数 0.2681，优势度指数 0.7319，均匀度指数 0.5321。斑块数 1032 个，平均斑块面积 24.5161hm^2，斑块破碎度 0.0408。

森林植被健康。无自然干扰。人为干扰主要是抚育、采伐、更新，抚育面积 7590.1980hm^2，采伐面积 50.6013hm^2，更新面积 227.7059hm^2。

（2）在广西，八角林主要分布在广西西部和南部，百色地区的德保、那坡、田东、田林、乐业、百色等地，崇左市的龙州、宁明、大新、天等等地；河池地区的东兰、凤山、天峨等地；钦州地区的钦州、防城港等地。

乔木多为八角所组成，树高一般 10m。枫香、红荷木、鸭脚木、假苹婆、罗浮柿、千年桐等也较常见。

灌木发达，多以喜阴湿的种类为主，常见的有三叉苦、盐肤木、野牡丹、八角枫、乌毛蕨、大节竹等，覆盖度 0.3~0.7，平均高一般为 1~2m。

草本较为茂密，盖度达 0.7 以上，主要为蔓生莠竹、五节芒、芒萁和金毛蕨等。

面积 486437.1313hm^2，蓄积量 19450807.9279m，生物量 21409504.2862t，碳储量 10704752.1431t。每公顷蓄积量 39.9863m^3，每公顷生物量 44.0129t，每公顷碳储量 22.0064t。

多样性指数 0.1850，优势度指数 0.8150，均匀度指数 0.2030。斑块数 919 个，平均斑块面积 529.3114hm^2，斑块破碎度 0.0019。

森林植被健康。无自然干扰。人为干扰主要是采伐、抚育、更新。

42. 咖啡林（*Coffea Arabica* forest）

在云南，咖啡林分布在云南南部和西南部的思茅、版纳、文山、保山、德宏等地区。咖啡种植的大部分地区海拔在 1000~2000m，地形以山地、坡地为主。

乔木由咖啡组成单层纯林。受人为影响较大，灌木、草本不稳定。

乔木层平均树高 6.4m，灌木层平均高约 0.5m，草本层平均高在 0.3m 以下，乔木平均胸径 12.8cm，乔木郁闭度约 0.6，灌木盖度 0.1，草本盖度 0.4。

面积 393.62hm^2，蓄积量 17856.3861m^3，生物量 26461.7992t，碳储量 12601.1088t。每公顷蓄积量 45.3650m^3，每公顷生物量 67.2275t，每公顷碳储量 32.0137t。

多样性指数 0.3039，优势度指数 0.6961，均匀度指数 0.2783。斑块数 71 个，平均斑块面积 5.5439hm^2，斑块破碎度 0.9425。

森林植被健康中等。无自然干扰。人为干扰主要是抚育活动，抚育面积 118.0847hm^2。

43. 龙眼林（*Dimocarpus longan* forest）

在我国广西、云南有大面积龙眼分布，面积 24762.2532hm^2。多样性指数 0，优势度指数 1，均匀度指数 0。斑块数 1598 个，平均斑块面积 15.4957hm^2，斑块破碎度 0.0645。

（1）在广西，龙眼主要分布于其南部地区，主要集中分布于大新县、平南县、南宁武鸣区。

龙眼林为人工经济林，组成单一。林下灌木、草本不发达。

乔木平均胸径 20.3cm，平均树高 8.5m。

面积 18336.3367hm^2。

多样性指数 0，优势度指数 1，均匀度指数 0。斑块数 34 个，平均斑块面积 539.3040hm^2，斑块破碎度 0.0019。

龙眼林健康，无自然干扰，人为干扰主要是抚育管理。

（2）在云南，龙眼分布于西畴县、绿春县等地区。

龙眼为人工经济林，组成树种单一。林下灌木和草本不发达。

乔木平均胸径 25.5cm，平均树高 8.8m。

面积 6425.9165hm²。

多样性指数 0，优势度指数 1，均匀度指数 0。斑块数 1564 个，平均斑块面积 4.1086hm²，斑块破碎度 0.2434。

八、木荷类林

木荷在我国分布较广，主要分布于云南、福建、广西、湖南、四川、浙江、重庆等省（自治区、直辖市），面积 1088789.7876hm²，蓄积量 64398051.7066m³，生物量 70662467.3680t，碳储量 34676818.7399t。每公顷蓄积量 59.1465m³，每公顷生物量 64.9000t，每公顷碳储量 31.8490t。

多样性指数 0.5434，优势度指数 0.4565，均匀度指数 0.5077。斑块数 10311 个，平均斑块面积 105.5949hm²，斑块破碎度 0.0095。

44. 华木荷林（黄木荷）（*Schima sinensis* forest）

在云南，华木荷林主要分布在海拔 900~3000m 的地区。

乔木混交树种有云南松、滇油杉、栓皮栎、槲栎、红木荷、黄毛青冈、旱冬瓜、毛叶黄、牛肋巴等。灌木发育中等，主要有马桑、火把果、乌鸦果、芒种花、珍珠花、水红木、牛奶子、厚皮香、云南含笑、矮杨梅、水锦树、余甘子等。草本植物不太发达，常见的有蕨、白茅、穗花兔儿风、野拔子、杏叶防风、金发草、金茅、旱茅、棕叶芦等。

乔木层平均树高 16.5m，灌木层平均高约 1.3m，草本层平均高在 0.4m 以下，乔木平均胸径 15.8cm，乔木郁闭度约 0.7，灌木盖度 0.2，草本盖度 0.45。

面积 1041.9452hm²，蓄积量 75332.6374m³，生物量 79958.0613t，碳储量 39979.0307t。每公顷蓄积量 72.3000m³，每公顷生物量 76.7392t，每公顷碳储量 38.3696t。

多样性指数 0.4169，优势度指数 0.5831，均匀度指数 0.6318。斑块数 72 个，平均斑块面积 14.4714hm²，斑块破碎度 0.0691。

森林健康中等。无自然干扰。人为干扰主要是抚育活动，抚育面积 15.0467hm²。

45. 木荷林（*Schima superba* forest）

木荷林在福建、广西、湖南、四川、云南、浙江和重庆 7 个省（自治区、直辖市）有分布，面积 1036447.1276hm²，蓄积量 54733418.4554m³，生物量 58927537.3092t，碳储量 29463810.2917t。每公顷蓄积量 52.8087m³，每公顷生物量 56.8553t，每公顷碳储量 28.4277t。多样性指数 0.6171，优势度指数 0.3828，均匀度指数 0.4660。斑块数 10168 个，平均斑块面积 101.9322hm²，斑块破碎度 0.0098。

（1）在湖南，木荷林有天然林和人工林，以人工林为主。

木荷林以湘南南岭山地资源较多，生长高大而旺盛，湘中已少见，湘北几不见分布。木荷林主要分布在海拔700m以下的山地。木荷系中庸喜光树种，不耐上方遮阴，大树喜光，在混交林中居上层，性喜温暖潮湿气候，产区年平均气温16~18℃，年降水量1300~1600mm，母岩为砂砾岩，板页岩、石灰岩地区少见，宜排水良好、深厚、湿润的酸性黄、红壤。生长较快，萌芽性强。天然木荷林多属混交林，亦有相对集中的小片纯林。一般与常绿稠、栲类混交，江华县海拔500~600m处有小块的以木荷为主的森林，林分位于山坡下方，坡下有溪流，坡度较缓。

乔木伴生树种有小红栲、刺栲、疏花桂、观光木、小花山茉莉、南岭栲、红钩栲、泡叶石栎、阿丁枫、闽楠、雷公青冈、苍叶红豆、小果猴欢喜、冬青、尖萼枪、密花树、总状茜草树、光叶石楠、多花山竹子、琼楠、黄果、厚壳桂、锈叶新木姜子等。灌木有粗毛冬青、疏花柏拉木、细枝柃、变叶树参、赤楠、黄栀子、山香圆、箬竹、粗叶木、杜茎山、虎舌红等。草本有狗脊、金毛狗脊、粗裂复叶耳蕨、凤尾蕨、穗花山姜、山姜、苔草、大叶金粟兰、黑莎草、日本双盖蕨、求米草、竹叶草、变异鳞毛蕨、深绿卷柏、楼梯草、扇叶铁线蕨、广州蛇根草等。藤本植物有冷饭团、络石、短花野木瓜、藤黄檀、乌蔹莓、美丽猕猴桃等。

乔木层平均树高20~25m，个别立木高达30m。灌木层平均高1.3m，草本平均高0.23m，乔木平均胸径18.6cm，乔木郁闭度0.7~0.95，灌木与草本盖度0.1。

面积832741.2806hm²，蓄积量19947734.4578m³，生物量21172613.6075t，碳储量10586306.8037t。每公顷蓄积量23.9543m³，每公顷生物量25.4251t，每公顷碳储量12.7126t。

多样性指数0.5490，优势度指数0.4510，均匀度指数0.6710。斑块数9054个，平均斑块面积91.9750hm²，斑块破碎度0.0109。

森林健康。无明显的自然和人为干扰。

（2）在云南，木荷林主要分布在海拔900~3000m的地区。

乔木除木荷外，还有甜槠、细叶青冈、檫木、青榨槭、山樱花、山枇杷、黑壳楠等。灌木稀疏，主要树种有珍珠花、异叶梁王茶、桃叶珊瑚、朱砂根和少量的云南方竹。草本植物种类单调，分布不均，小群聚现象突出，蕨较多，如大叶贯众、江南卷柏、瘤足蕨、毛轴铁角蕨等，其他草本有董菜、麦冬、沿阶草等。

乔木层平均树高17.5m，灌木层平均高约1.3m，草本层平均高在0.4m以下，乔木平均胸径16.7cm，乔木郁闭度约0.7，草本盖度0.4。

面积55050.9574hm²，蓄积量18428307.9937m³，生物量20284038.6086t，碳储量10142019.3043t。每公顷蓄积量334.7500m³，每公顷生物量368.4593t，每公顷碳储量184.2297t。

多样性指数0.4508，优势度指数0.5492，均匀度指数0.6451。斑块数898个，平均斑块面积61.3039hm²，斑块破碎度0.0163。

森林健康中等。无自然干扰。人为干扰主要是抚育和征占，抚育面积15.0012hm²，征占面积 55.00095hm²。

（3）在四川，木荷林分布于盆地西缘和南缘山地，包括二郎山东坡海拔 1200～1600m，峨眉山、大凉山东坡海拔 1500～2000m，均有大量的木荷林分布。

乔木一般形成单优势种，林内常见的其他树种有甜槠、细叶青冈、檫木、槭树、山樱花、山枇杷、黑壳楠等。灌木稀疏，主要树种有小果南烛、异叶梁王茶、桃叶珊瑚、朱砂根和少量的方竹等。草本种类单调，分布不均，小群聚现象突出，蕨较多，如大叶贯众、江南卷柏、瘤足蕨、毛轴铁角蕨等，其他草本有堇菜、土麦冬、沿阶草、莎草等。

乔木层平均树高 7.8m，灌木层平均高约 1.6m，草本层平均高在 0.2m 以下，乔木平均胸径 9.9cm，乔木郁闭度约 0.6，草本盖度 0.35。

面积 2282.6662hm²，蓄积量 74100.0000m³，生物量 78649.7400t，碳储量 39324.8700t。每公顷蓄积量 32.4620m³，每公顷生物量 34.4552t，每公顷碳储量 17.2276t。

多样性指数 0.4514，优势度指数 0.5486，均匀度指数 0.6455。斑块数 36 个，平均斑块面积 63.4074hm²，斑块破碎度 0.0158。

无灾害等级的面积 2247.54hm²。受到明显的人为干扰，主要为采伐、更新、抚育等，其中采伐面积 15.49hm²，更新面积 35.81hm²，抚育面积 43.23hm²。

（4）在福建，全省丘陵、低山和中山都有木荷生长。武夷山主脉的黄岗山海拔 2158m，木荷分布到 1700m；中部戴云山脉和西部梅花山，山峰海拔均在 1800m 以上，木荷沿山沟上伸到 1500m。

乔木层有木荷、栲树、青冈、柯、樟、闽楠、杜英、蕈树、深山含笑、马尾松、杉木、毛竹、枫香树、山乌桕、白花泡桐、多脉青冈、赤杨叶、冬青等。灌木层有枸木、杨桐、檵木、绒毛润楠、老鼠矢、山矾、木姜子、杜鹃、杜茎山、百两金、冻绿等。草本层有狗脊、乌毛蕨、淡竹叶、卷柏、乌蕨、里白、铁线蕨、珍珠菜、山姜、百合、紫菀等。

乔木层平均树高 10～16m，灌木层平均高约 3～5m，草本层平均高在 1.5m 以下，乔木平均胸径约 24cm，乔木郁闭度 0.6，灌木盖度 0.15～0.4，草本盖度 0.1～0.2。

面积 57216.6000hm²，蓄积量 8479500.1200m³，生物量 9000141.4274t，碳储量 4500070.7137t。每公顷蓄积量 148.2000m³，每公顷生物量 157.2995t，每公顷碳储量 78.6497t。

多样性指数 0.7300，优势度指数 0.2700，均匀度指数 0.2800。斑块数 6 个，平均斑块面积 9536.1hm²，斑块破碎度 0.0001。

病害等级无。虫害等级无。火灾等级轻。人为干扰为森林经营活动。自然干扰类型不确定。

（5）在广西，木荷林主要分布在桂东中亚热带和南亚热带交界的丘陵山地，贺县滑水冲保护区海拔 300～400m 的丘陵保存较好。

第一亚层木荷优势明显，还有岭南柯、黄杞、南岭栲和个别残存的马尾松；第二亚层樱叶石楠最多，岭南柯、杨桐和南岭栲次之，还有少量大叶栎、木荷和罗浮柿等。灌木以乔木幼树居多，大叶栎和新木姜子最多，罗浮栲、岭南柯、酸味子、梅叶冬青、岭南栲、朱砂根等也常见。草本以狗脊为多，东方乌毛蕨、金毛狗脊、深绿卷柏等也常见。

乔木平均胸径 25.3cm，平均树高 14.4m，乔木郁闭度 0.7。灌木盖度 0.4，平均高 1.5m。草本盖度 0.2，平均高 0.3m。

面积 22117.1486hm²，蓄积量 2263901.4243m³，生物量 2402904.9717t，碳储量 1201452.4859t。每公顷蓄积量 102.3596m³，每公顷生物量 108.6444t，每公顷碳储量 54.3222t。

多样性指数 0.6800，优势度指数 0.3200，均匀度指数 0.5300。斑块数 32 个，平均斑块面积 691.1609hm²，斑块破碎度 0.0014。

木荷林健康。无自然和人为干扰。

（6）在浙江，木荷林广布于在海拔 600~1300m 的低山丘陵地带，在浙江省低山中山丘陵地区普遍存在。

乔木主要由木荷、青冈、栲树、苦槠、细叶青冈、锥栗、山槐、赤杨叶等树种组成。灌木主要有柃木、山矾等。草本主要有蕨、淡竹叶、菝葜等。

乔木层平均树高 18m，灌木层平均高 2~4m，草本层平均高在 1m 以下，乔木平均胸径约 15cm，乔木郁闭度约 0.9，灌木盖度 0.5，草本盖度 0.3。

面积 65782.8000hm²，蓄积量 5519176.9200m³，生物量 5964526.4760t，碳储量 2982263.2380t。每公顷蓄积量 83.9000m³，每公顷生物量 90.6700t，每公顷碳储量 45.3350t。

多样性指数 0.7200，优势度指数 0.2800，均匀度指数 0.2400。斑块数 89 个，平均斑块面积 739.133hm²，斑块破碎度 0.0013。

病害等级无。虫害等级无。火灾等级无。人为干扰类型为森林经营活动。自然干扰类型为其他类型。

（7）在重庆，木荷林主要分布于巴南区。

乔木一般形成单优势种，林内常见的其他树种有栲树、水青冈、檫木、槭树等。木荷林灌木稀疏，主要树种有小果南烛、异叶梁王茶、桃叶珊瑚、朱砂根和少量的方竹等。草本种类单调，分布不均，小群聚现象突出，蕨较多，如大叶贯众、江南卷柏、瘤足蕨、毛轴铁角蕨等，其他草本有堇菜、土麦冬、沿阶草、莎草等。

面积 1255.6748hm²，蓄积量 20697.539m³，生物量 24745.7517t，碳储量 12372.8758t。每公顷蓄积量 16.4832m³，每公顷生物量 19.7071t，每公顷碳储量 9.8536t。

多样性指数 0.7391，优势度指数 0.2609，均匀度指数 0.2504。斑块数 53，平均斑块面积 23.6920hm²，斑块破碎度 0.0422。

木荷林健康。无自然和人为干扰。

46. 银木荷林（*Schima argentea* forest）

银木荷在云南分布于海拔 900~3000m 的山谷或山麓附近地势平缓、土层深厚、湿润且阳光充足的地方。具体包括云南中南部的楚雄、普洱、景洪等地。

乔木优势种类为银木荷，主要伴生树种有厚皮香、舟柄茶、红花木莲、绒叶含笑、旱冬瓜等。灌木主要有大白花杜鹃、珍珠花、水红木、马缨花、锈叶杜鹃、吴茱萸叶五加、直角荚蒾、圆锥山蚂蝗等。草本主要有沿阶草、黄金凤、小叶冷水花、高山露珠草、四脉金茅、野青茅、沿阶草等。

乔木层平均树高 9.6m，灌木层平均高约 0.8m，草本层平均高在 0.3m 以下，乔木平均胸径 11.7cm，乔木郁闭度约 0.6，灌木盖度 0.2，草本盖度 0.3。

面积 10488.3081hm^2，蓄积量 1666592.1629m^3，生物量 1768920.9216t，碳储量 884460.4608t。每公顷蓄积量 158.9000m^3，每公顷生物量 168.6565t，每公顷碳储量 84.3282t。

多样性指数 0.2451，优势度指数 0.7549，均匀度指数 0.4958。斑块数 46 个，平均斑块面积 228.0066hm^2，斑块破碎度 0.0044。

森林健康中等。无自然干扰。人为干扰主要是征占，征占面积 10.4758hm^2。

47. 西南木荷林（*Schima wallichii* forest）

在云南，西南木荷林分布于东南部、南部至西南部。喜温暖、湿润气候，亦较耐寒。主要分布在海拔 900~1800m 的丘陵山地。

乔木优势树种为西南木荷，伴生树种有云南松、滇油杉、栓皮栎、槲栎、黄毛青冈、旱冬瓜、牛肋巴等。灌木主要有马桑、火把果、乌鸦果、芒种花、珍珠花、水红木、牛奶子、云南含笑、云南杨梅、水锦树、余甘子等。草本有蕨、白茅、云南兔儿风、野拔子、杏叶防风、金发草、金茅、旱茅、棕叶芦等。

乔木层平均树高 17.5m，灌木层平均高约 1.3m，草本层平均高在 0.4m 以下，乔木平均胸径 16.7cm，乔木郁闭度约 0.7，灌木盖度 0.2，草本盖度 0.4。

面积 40812.4067hm^2，蓄积量 7922708.4509m^3，生物量 9886051.0758t，碳储量 4288568.9567t。每公顷蓄积量 194.1250m^3，每公顷生物量 242.2315t，每公顷碳储量 105.0800t。

多样性指数 0.4522，优势度指数 0.5478，均匀度指数 0.6874。斑块数 25 个，平均斑块面积 1632.4962hm^2，斑块破碎度 0.0006。

森林健康中等。无自然干扰。人为干扰主要是抚育和征占，抚育面积 15.77604hm^2，征占面积 40.7598hm^2。

48. 柑橘林（*Citrus reticulate* forest）

柑橘林在我国的福建、广东、广西、贵州、海南、湖南、江苏、江西、陕西、四川、云南、浙江和重庆 13 个省（自治区、直辖市）有分布。面积 1232189.4578hm^2。多样性指数 0.1650，优势度指数 0.8350，均匀度指数 0.1349。斑块数 8989 个，平均斑块面积 137.0774hm^2，斑块破碎度 0.0073。

（1）在陕西，柑橘全部为人工林，集中分布在紫阳县，城固县、安康市、旬阳县等也有少量分布。

乔木层为纯林。灌木有绣线菊、胡枝子、鬼刺、卫矛等植物。

在陕西，柑橘为人工栽培林，草本常见的植物有水蒿、禾本科草等植物。

乔木层平均树高在 4.1m 左右，灌木层平均高 6.0cm，草本层平均高 3.0cm，乔木平均胸径 16cm，乔木郁闭度 0.45，灌木盖度 0.22，草本盖度 0.21，植被总盖度 0.58。

面积 5473.0443hm^2。

多样性指数 0，优势度指数 1，均匀度指数 0。自然度 1 级，占 100%，处于演替的初级阶段。斑块数 311 个，平均斑块面积 17.5982hm^2，斑块破碎度 0.0568。

未见虫害。未见火灾。无自然干扰。有轻度人为干扰，面积 964hm^2。

（2）在湖南，柑橘林分布很广，各地海拔 400m 以下的红壤和红黄壤地带均有普遍栽培，以桃源、慈利、石门、常德、沅江、新宁、洞口、邵阳、东安、道县、祁阳、黔阳、溆浦等县面积较大，分布集中，是湖南省柑橘的重点产区。柑橘类性喜温暖，抗寒力弱，冬季气温降至 0℃ 以下就有寒害危险；气温低于 −7℃ 就将导致不同程度的冻害。因此，冬季气温是柑橘类分布、生长的主要限制因子。而不同的柑橘种类对气温、热量等的要求各异，如甜橙热量的要求高于宽皮柑橘，且需要较强的日光；而温州蜜橘等宽皮柑橘受冻气温则比甜橙低 2℃ 左右。柑橘类尤喜湿润的环境，要求年降水量 1200mm 以上，相对湿度 75% 左右为宜。对土壤的适应性强，在 pH 值 4.0~8.0 范围内的红壤、紫色土、冲积土及水稻土等均能适应，但以土层深厚、疏松、肥沃、湿润而又排水良好的微酸性或中性沙壤土（pH 值 5.0~7.5 之间）生长最好，果品优良。湖南省是我国柑橘主产省区之一，现有柑橘面积达 38 万 hm^2，2018 年总产量 5285701t，面积和产量均居全国前列，根据人民生活的需要，柑橘在湖南省仍可扩大种植面积。

乔木主要是柑橘，伴生树种有杨梅。灌木不发达。草本主要有藠头、紫花地丁、无心菜、海金沙、鸭跖草、芒、鹅肠菜。

乔木层平均树高 2.9m，草本层平均高 0.45m，乔木平均胸径 7.1cm，乔木郁闭度 0.65，草本盖度 0.28 左右。

面积 3001.0485hm^2。

多样性指数 0.8390，优势度指数 0.1610，均匀度指数 0.3640。斑块数 32 个，平均斑块面积 93.7828hm^2，斑块破碎度 0.0107。

森林健康。无自然和人为干扰。

（3）在江西，柑橘林分布广泛，是江西重要的经济林。主要形成安远县、信丰县、寻乌县、瑞金市、赣县区等脐橙产区，南丰县、南城县、广昌县、渝水区、寻乌县、永修县等蜜橘产区，吉水县、青原区、吉州区、吉安县、安福县、遂川县、万安县、泰和县、永新县、广丰区、上饶县、万年县等甜柚产区。

乔木树种单一。灌木和草本不发达。

乔木层平均树高 2.9m，草本层平均高 0.45m，乔木平均胸径 7.1cm，乔木郁闭度 0.65，草本盖度 0.28 左右。

面积 704079.0956hm^2。

多样性指数 0.3190，优势度指数 0.6810，均匀度指数 0.8250。斑块数 732 个，平均

斑块面积 961.8567hm^2，斑块破碎度 0.0010。

森林健康。无自然和人为干扰。

（4）在贵州，柑橘林主要集中分布在东北部的乌江河谷、北部的赤水河谷和西南部的南、北盘江及红水河谷，在东部和中部多分布于海拔 700m 以下，在东北部乌江河谷多分布于 600m 以下地区。

乔木为柑橘。灌木、草本不发达。

乔木层平均树高 1.8m。

面积 4960.6425hm^2。

多样性指数 0，优势度指数 1，均匀度指数 0。斑块数 501 个，平均斑块面积 9.9014hm^2，斑块破碎度 0.1009。

森林植被健康。基本未受灾害。柑橘林实施了综合抚育措施。

（5）在云南，柑橘林作为经济树种在云南分布较为集中，主要分布在景洪、橄榄坝、勐仑、勐腊、瑞丽、华宁、元江、建水、宾川、新平等县（直辖市）。栽培品种主要包括柠檬、温州蜜柑、椪柑、冰糖橙、柚、脐橙和普通甜橙等。

乔木由柑橘组成单层纯林。灌木受人为影响较大，不稳定。草本受人为影响较大，不稳定。

乔木层平均树高 7.2m，灌木层平均高约 1.0m，草本层平均高在 0.3m 以下，乔木平均胸径 11.2cm，乔木郁闭度约 0.6，草本盖度 0.4。

面积 910.0753hm^2。

多样性指数 0.4513，优势度指数 0.5487，均匀度指数 0.3257。斑块数 16 个，平均斑块面积 56.8797hm^2，斑块破碎度 0.0176。

森林健康中等。无自然干扰。人为干扰为抚育，抚育面积 247.8515hm^2。

（6）在四川，柑橘林分布较为集中，主要分布在浦江、邛崃、苍溪、南充、渠县、攀枝花等地，在黑水、宣汉、南江、三台、蓬安等地也有栽培。

乔木仅有柑橘单一树种。灌木、草本不发达，不稳定。

乔木层平均树高 6.8m，乔木平均胸径 13.8cm，乔木郁闭度约 0.7。无灌木、草本。

面积 50434.6033hm^2。

多样性指数 0，优势度指数 1，均匀度指数 0。斑块数 2375 个，平均斑块面积 21.2356hm^2，斑块破碎度 0.0471。

以经济林为主，受到强烈的人为干扰，自然度较低。灾害等级为 0、1 和 2 三种的面积依次为 52877.67hm^2、1855.36hm^2、927.68hm^2。受到明显的人为干扰，主要为采伐、更新、抚育等，其中采伐面积 383.61hm^2，更新面积 886.80hm^2，抚育面积 1070.72hm^2。所受自然干扰类型为病虫鼠害，受影响面积 19.93hm^2。

（7）福建是我国柑橘主产区之一，其中顺昌县为柑橘主产县。

乔木组成单一，灌木草本不发达。

面积 131492.0000hm^2。

多样性指数 0，优势度指数 1，均匀度指数 0。斑块数 37 个，平均斑块面积 3553.84hm²，斑块破碎度 0.0002。

自然干扰主要是病虫害。人为干扰主要是抚育管理。

（8）在广东，柑橘主要分布于肇庆、清远、云浮、惠州、阳江等地区。

乔木组成单一。灌木、草本不发达。

面积 33560.6000hm²。

多样性指数 0，优势度指数 1，均匀度指数 0。斑块数 9 个，平均斑块面积 3728.9555hm²，斑块破碎度 0.0002。

自然干扰主要是病虫害。人为干扰主要是抚育管理。

（9）在广西，柑橘种植主要分布在桂林、贺州、柳州、南宁、梧州、玉林、河池、崇左等地。

乔木组成单一。灌木、草本不发达。

面积 140583.5893hm²。

多样性指数 0，优势度指数 1，均匀度指数 0。斑块数 251 个，平均斑块面积 560.0940hm²，斑块破碎度 0.0018。

自然干扰主要是病虫害。人为干扰主要是抚育管理。

（10）在海南，以琼中、澄迈为主要种植区域。

乔木组成单一。灌木、草本不发达。

面积 1373.5700hm²。

多样性指数 0，优势度指数 1，均匀度指数 0。斑块数 6 个，平均斑块面积 228.9283hm²，斑块破碎度 0.0044。

自然干扰主要是病虫害。人为干扰主要是抚育管理。

（11）在江苏，长江以南地区有种植。

乔木组成单一。灌木、草本不发达。

面积 2960.7300hm²。

多样性指数 0，优势度指数 1，均匀度指数 0。斑块数 17 个，平均斑块面积 174.161hm²，斑块破碎度 0.0057。

自然干扰主要是病虫害。人为干扰主要是抚育管理。

（12）浙江是我国柑橘主产区之一，主要分布于衢江区、柯城区、莲都区、象山县、黄岩区、临海市、常山、玉环苍南、永嘉等区县。

乔木结构单一。灌木、草本不发达。

面积 64434.1271hm²。

多样性指数 0，优势度指数 1，均匀度指数 0。斑块数 103 个，平均斑块面积 625.5740hm²，斑块破碎度 0.0015。

柑橘林健康。自然干扰主要是病虫害。人为干扰主要是抚育管理。

（13）在重庆，柑橘林主要分布区为江津，主要见于海拔 600m 以下的丘陵及河谷地区。

乔木组成单一。灌木、草本不发达。

面积 88926.3319hm²。

多样性指数 0.5357，优势度指数 0.4643，均匀度指数 0.2402。斑块数 4599 个，平均斑块面积 19.3360hm²，斑块破碎度 0.0517。

自然干扰主要是病虫害。人为干扰主要是抚育管理活动。

49. 澳洲坚果林（*Macadamia ternifolia* forest）

澳洲坚果林在云南省分布较为广泛，其中西双版纳和临沧的种植面积最大。

乔木是以澳洲坚果为主的单层林。灌木不发达，主要有野桐。草本主要有山姜、牛筋草、小飞蓬、胜红蓟等。

乔木层平均树高 5.2m，灌木层平均高约 0.5m，草本层平均高在 0.2m 以下，乔木平均胸径 12.1cm，乔木郁闭度约 0.6，草本盖度 0.2。

面积 5066.2353hm²，蓄积量 983482.9183m³，生物量 1227201.8367t，碳储量 532360.1567t。每公顷蓄积量 194.1250m³，每公顷生物量 242.2315t，每公顷碳储量 105.0800t。

多样性指数 0.3125，优势度指数 0.6875，均匀度指数 0.5416。斑块数 50 个，平均斑块面积 106.38098hm²，斑块破碎度 0.0094。

森林植被健康。无自然干扰。人为干扰主要是抚育、采伐、更新，抚育面积 1519.8705hm²，采伐面积 10.1324hm²，更新面积 45.5961hm²。

50. 枇杷林（*Eriobotrya japonica* forest）

枇杷林主要分布在四川、云南、浙江和重庆 4 个省（直辖市）。面积 19930.6543hm²。多样性指数 0.1431，优势度指数 0.8568，均匀度指数 0.0754。斑块数 946 个，平均斑块面积 21.0683hm²，斑块破碎度 0.0475。

（1）在云南，枇杷林栽培于中东部地区，以镇雄、蒙自等地最为集中。

乔木为枇杷单层纯林。因人为活动频繁，灌木种类不稳定，草本植物种类不稳定。

乔木层平均树高 3.5m，灌木层平均高约 0.5m，草本层平均高在 0.2m 以下，乔木平均胸径 8.6cm，乔木郁闭度约 0.5，草本盖度 0.4。

面积 1961.0283hm²。

多样性指数 0，优势度指数 1，均匀度指数 0。斑块数 158 个，平均斑块面积 12.4115hm²，斑块破碎度 0.0806。

森林健康中等。无自然干扰。人为干扰为抚育、更新，抚育面积 588.3084hm²，更新面积 17.6492hm²。

（2）在四川，枇杷林分布较为分散，在金堂、宣汉、温江、汶川等地均有一定栽培。

乔木为枇杷人工纯林。灌木、草本不发达。

乔木层平均树高 5.6m，乔木平均胸径 9.3cm，乔木郁闭度约 0.7。无灌木、草本。

面积 870.0190hm²。

多样性指数 0, 优势度指数 1, 均匀度指数 0。斑块数 56 个, 平均斑块面积 15.5361hm², 斑块破碎度 0.0644。

以经济林为主, 自然度低。有明显人为干扰, 主要为采伐、更新、抚育等, 其中采伐面积 6.94hm², 更新面积 16.05hm², 抚育面积 19.38hm²。所受自然干扰类型为病虫鼠害, 受影响面积 0.36hm²。

(3) 在浙江, 枇杷分布于杭州塘栖和台州黄岩等地区。

乔木组成单一, 以枇杷纯林为主。灌木和草本不发达。

面积 7025.03hm²。

多样性指数 0, 优势度指数 1, 均匀度指数 0。斑块数 10 个, 平均斑块面积 702.503hm², 斑块破碎度 0.0014。

枇杷林受自然干扰主要是病虫害。人为干扰主要是抚育管理。

(4) 在重庆, 枇杷林集中分布于铜梁县。

乔木组成较单一, 有的地方在枇杷林下套种药材和蔬菜。

面积 10074.5770hm²。

多样性指数 0.5727, 优势度指数 0.4273, 均匀度指数 0.3019。斑块数 722, 平均斑块面积 13.9537hm², 斑块破碎度 0.0717。

51. 梅子树林 (*Armeniaca mume* forest)

梅子在云南大理种植最多, 在楚雄、昆明等地区有一定范围的栽培。

乔木以梅子为优势树种的单层纯林。因人为活动频繁, 灌木、草本种类不稳定。草本主要有野古草、蕨等。

乔木层平均树高 5.6m, 灌木层平均高约 1.2m, 草本层平均高在 0.4m 以下, 乔木平均胸径 10.5cm, 乔木郁闭度约 0.7, 草本盖度 0.35。

面积 637.2002hm²。

多样性指数 0, 优势度指数 1, 均匀度指数 0。斑块数 36 个, 平均斑块面积 17.700hm², 斑块破碎度 0.0565。

森林健康中等。无自然干扰。人为干扰主要是抚育, 抚育面积 191.1600hm²。

52. 杨梅林 (*Myrica rubra* forest)

杨梅林主要分布于云南、江苏和浙江 3 个省。面积 75015.6769hm²。多样性指数 0.3029, 优势度指数 0.6790, 均匀度指数 0.2644。斑块数 310 个, 平均斑块面积 241.9860hm², 斑块破碎度 0.0041。

(1) 在云南, 杨梅林主要分布区从云南中部向东发展, 在海拔 1500~3500m 的山坡、林缘及灌木丛中。生长于海拔 125~1500m, 多在山坡或山谷林中分布, 喜酸性土壤。

乔木以杨梅为优势树种的单层纯林。灌木、草本受人为影响较大, 不稳定。

乔木层平均树高 5~15m, 胸径可达 60cm。

面积 3230.0569hm²。

多样性指数 0.9088, 优势度指数 0.0912, 均匀度指数 0.7933。斑块数 192 个, 平均斑块面积 16.8232hm^2，斑块破碎度 0.0594。

森林健康中等。无自然干扰。人为干扰主要是抚育、更新，抚育面积 969.0170hm^2，更新面积 29.0705hm^2。

（2）浙江为我国杨梅的主产区之一，全省各地均有种植及分布。

杨梅林以人工栽培为主，乔木组成单一。灌木、草本不发达。

面积 61870.9000hm^2。

多样性指数 0，优势度指数 1，均匀度指数 0。斑块数 97 个，平均斑块面积 637.8450hm^2，斑块破碎度 0.0015。

自然干扰主要是病虫害。人为干扰主要是抚育管理。

（3）在江苏，长江以南地区有栽培。

乔木组成单一。灌木、草本不发达。

面积 9914.7200hm^2。

多样性指数 0，优势度指数 1，均匀度指数 0。斑块数 21 个，平均斑块面积 472.130hm^2，斑块破碎度 0.0021。

自然干扰主要是病虫害。人为干扰主要是抚育管理。

53. 荔枝林（*Litchi chinensis* forest）

荔枝林在云南、海南、广东、广西、四川和福建 6 个省（自治区）有分布。面积 361388.1876hm^2。多样性指数 0.1675，优势度指数 0.8324，均匀度指数 0.1657。斑块数 948 个，平均斑块面积 381.2111hm^2，斑块破碎度 0.0026。

（1）在福建，荔枝为我国主要产区之一，主要分布在沿海地区，如宁德、福州、厦门、漳州的各区县。

乔木组成单一，以纯林为主。

面积 104293.0000hm^2。

多样性指数 0，优势度指数 1，均匀度指数 0。斑块数 30 个，平均斑块面积 3475.450hm^2，斑块破碎度 0.0002。

自然干扰主要是病虫害。人为干扰主要是抚育管理。

（2）在广东，荔枝林主要分布于茂名、阳江、广州等地。

乔木组成单一，以纯林为主。灌木、草本不发达。

面积 143199.0000hm^2。

多样性指数 0，优势度指数 1，均匀度指数 0。斑块数 26 个，平均斑块面积 5507.670hm^2，斑块破碎度 0.0001。

自然干扰主要是病虫害。人为干扰主要是抚育管理。

（3）在广西，荔枝林栽培于灵山县、合浦县、浦北县等地。

乔木组成单一，以纯林为主。灌木、草本不发达。

面积 64696.0796hm^2。

多样性指数 0，优势度指数 1，均匀度指数 0。斑块数 132 个，平均斑块面积

490.1218hm^2，斑块破碎度 0.0020。

自然干扰主要是病虫害。人为干扰主要是抚育管理。

（4）在海南，荔枝分布较广，尤以琼山、澄迈为多。

乔木组成单一，以纯林为主。

面积 39464.8000hm^2。

多样性指数 0.2001，优势度指数 0.7999，均匀度指数 0.1375。斑块数 62 个，平均斑块面积 636.5290hm^2，斑块破碎度 0.0015。

自然干扰主要是病虫害。人为干扰主要是抚育管理。

（5）在四川，荔枝林在东部地区分布广泛，主要分布在成都、金堂、双流、苍溪、宣汉、渠县、都江堰、攀枝花等海拔相对较低的地区。尤其川南部分布最为广泛。

多为人工纯林，偶尔有杧果和龙眼。

乔木层平均树高为 9.5m，乔木平均胸径为 9.2cm，乔木郁闭度约 0.6。无灌木、草本。

面积 3355.3569hm^2。

多样性指数 0，优势度指数 1，均匀度指数 0。斑块数 220 个，平均斑块面积 15.2516hm^2，斑块破碎度 0.0656。

荔枝林健康状况较好，基本都无灾害。受到明显的人为干扰，主要为采伐、更新、抚育、征占等，其中采伐面积为 25.37hm^2，更新面积为 318.89hm^2，抚育面积为 286.24hm^2，征占面积为 19.12hm^2。

（6）在云南，荔枝林主要分布在玉溪的元江县和新平县。

乔木为荔枝组成的单层纯林。灌木、草本受人为影响较大，不稳定。

乔木层平均树高 5.7m，灌木层平均高约 1.3m，草本层平均高在 0.3m 以下，乔木平均胸径 9.8cm，乔木郁闭度约 0.5，草本盖度 0.3。

面积 6379.9510hm^2。

多样性指数 0.8053，优势度指数 0.1947，均匀度指数 0.8572。斑块数 478 个，平均斑块面积 13.3471hm^2，斑块破碎度 0.0749。

森林健康中等。无自然干扰。人为干扰主要是抚育、更新，抚育面积 1913.9853hm^2，更新面积 57.4195hm^2。

54. 杧果林（*Mangifera indica* forest）

杧果主要分布于海南、广西和云南 3 个省（自治区），面积 196934.3148hm^2。多样性指数 0，优势度指数 1，均匀度指数 0。斑块数 1469 个，平均斑块面积 134.060hm^2，斑块破碎度 0.0075。

（1）在海南，杧果林主要分布于沿海海岸带及浅山地区，具有坡度小、热量大、光照足等特点。以昌江、乐东县、白沙、三亚、万宁、陵水等为主产区。

乔木以杧果为优势的单纯林。灌木有赤才、银柴、破布叶、狗牙花、毛柿、鹊肾树等。草本有飞机草、丰花草、假臭草和假败酱等。

乔木层平均树高 2m，平均胸径 8cm，灌木层平均高 0.80m，草本层平均高 0.4m 左右，乔木郁闭度 0.6，植被总盖度约 0.5，灌木盖度约 0.3，草本盖度 0.25。

面积 118930.0000hm²。

多样性指数 0，优势度指数 1，均匀度指数 0。斑块数 78 个，平均斑块面积 1524.54hm²，斑块破碎度 0.0006。

森林植被整体健康等级为 2，林木生长发育较好，树叶偶见发黄、褪色，结实和繁殖受到一定程度的影响，有轻度受灾现象，主要受自然因素影响，所受自然灾害为当地发生的传统病害。所受病害等级为 2，林中遭受病害的立木株数约占 10%～29%。没发现虫害。没有发现火灾现象。所受干扰类型是自然因素，主要为病害。人为干扰主要是砍除林下灌丛和草本植物。

（2）在云南，杜果林在怒江、大理、保山、临沧、西双版纳等地均有分布，生于海拔 200～1350m 的山坡、河谷或旷野的林中。

乔木由杜果组成的单层纯林。受人为影响较大，灌木、草本不稳定。

乔木层平均树高 12.3m，灌木层平均高约 1.1m，草本层平均高在 0.4m 以下，乔木平均胸径 14.8cm，乔木郁闭度约 0.6，草本盖度 0.4。

面积 31763.1955hm²。

多样性指数 0，优势度指数 1，均匀度指数 0。斑块数 1314 个，平均斑块面积 24.1729hm²，斑块破碎度 0.0414。

森林植被健康中等。无自然干扰。人为干扰主要是抚育、采伐和更新，抚育面积 9528.9586hm²，采伐面积 63.5263hm²，更新面积 285.8687hm²。

（3）在广西，杜果主要分布在百色市。

乔木由杜果组成的单层纯林。受人为影响较大，灌木、草本不稳定。

面积 46241.1193hm²。

多样性指数 0，优势度指数 1，均匀度指数 0。斑块数 77 个，平均斑块面积 600.5340hm²，斑块破碎度 0.0017。

自然干扰主要是病害。人为干扰主要是抚育管理。

55. 油橄榄林（*Olea europaea* forest）

油橄榄林主要分布在福建、甘肃、四川、云南和重庆 5 个省（直辖市），面积 28030.7022hm²。多样性指数 0.0125，优势度指数 0.9875，均匀度指数 0.1075。斑块数 621 个，平均斑块面积 44.7308hm²，斑块破碎度 0.0224。

（1）在甘肃，油橄榄林以人工林为主，分布在武都县、礼县、宕昌县。

乔木伴生树种有栎类和柳树。灌木常见的有白刺和胡枝子以及酸枣类灌木。草本中少量分布的有沙米、莎草、鼠尾草等。

乔木层平均树高在 3m 左右，灌木层平均高在 1.5cm，草本层平均高 2.5cm，乔木平均胸径 9cm，乔木郁闭度 0.66，灌木盖度 0.01，草本盖度 0.27，植被总盖度 0.82。

面积 2042.3796hm²。

多样性指数 0.0500，优势度指数 0.9500，均匀度指数 0.4300。斑块数 124 个，平均斑块面积 16.4708hm^2，斑块破碎度 0.0607。

未见病害。未见虫害。未见火灾。未见自然干扰。人为干扰主要是抚育管理。

（2）在福建，闽西北和闽中南地区有油橄榄的引种。

乔木组成单一，主要是纯林。灌木和草本不发达。

面积 12086.4000hm^2。

多样性指数 0，优势度指数 1，均匀度指数 0。斑块数 2 个，平均斑块面积 6043.19hm^2，斑块破碎度 0.0001。

自然干扰主要是病害。人为干扰主要是抚育管理。

（3）在四川，油橄榄分布极其广泛，除甘孜自治州外，达县、南充、绵阳、内江、成都、德阳、雅安、乐山、凉山、攀枝花、阿坝等县市区均有分布。其中，植株数量较多的是南充、绵阳。

人工纯林，仅有油橄榄。

乔木层平均树高 7.3m，平均胸径 10.2cm，郁闭度约 0.6。无灌木、草本。

面积 11030.7922hm^2。

多样性指数 0，优势度指数 1，均匀度指数 0。斑块数 280 个，平均斑块面积 39.3957hm^2，斑块破碎度 0.0254。

油橄榄林健康状况较好，基本都无灾害。受到明显的人为干扰，主要为采伐、更新、抚育等，其中采伐面积为 158.60hm^2，更新面积为 1236.80hm^2，抚育面积为 1148.80hm^2。所受自然干扰类型为病虫鼠害，受影响面积为 4.90hm^2。

（5）在重庆，油橄榄林有广泛分布。

乔木组成单一，主要是纯林。灌木和草本不发达。

面积 2618.3167hm^2。

多样性指数 0，优势度指数 1，均匀度指数 0。斑块数 215 个，平均斑块面积 12.1782hm^2，斑块破碎度 0.0821。

橄榄林健康。无自然和人为干扰。

九、竹林

竹林在我国分布广，是我国重要的植物资源，以长江以南地区为主要分布区，如安徽、福建、广东、广西、贵州、湖北、湖南、江苏、江西、山东、四川、云南、浙江等省（自治区、直辖市）有竹林分布，面积 6331392.1320hm^2，生物量 339476657.7732t，碳储量 167614140.7510t。每公顷生物量 53.6180t，每公顷碳储量 26.4735t。多样性指数 0.2936，优势度指数 0.6649，均匀度指数 0.2652。斑块数 34961 个，平均斑块面积 181.0987，斑块破碎度 0.0055hm^2。

56. 撑绿竹林（*Dendrocalamopsis grandis* forest）

撑绿竹在重庆的江津等地区海拔 800m 以下的低山、丘陵地区分布较为普遍。平原、坡麓、河岸两旁、村旁、宅旁也有栽培。

撑绿竹林多为人工栽培。粗放经营的情况下，竹林中常混生有阔叶树和针叶树，主要种类有八角枫、黄连木、无患子、桢楠、枫香、麻栎和杉木、柏木等。灌木主要种类有盐肤木、白栎、杜鹃花和荚蒾等。草本植物以鸢尾、倒挂铁角蕨、宽叶金粟兰、汝蕨等为主。

面积 8608. 3653hm²，生物量 189384. 0362t，碳储量 94692. 0181t。每公顷生物量 22. 0000t，每公顷碳储量 11. 0000t。

多样性指数 0. 1551，优势度指数 0. 8449，均匀度指数 0. 3640。斑块数 431，平均斑块面积 19. 97300hm²，斑块破碎度 0. 0501。

撑绿竹林生长良好。无自然干扰。人为干扰主要是抚育管理与采伐。

57. 麻竹林（*Dendrocalamus latiflorus* forest）

麻竹林在我国的重庆、福建、海南、台湾等省（直辖市）有大面积的分布。面积 64571. 3709hm²，生物量 6597188. 5218t，碳储量 3129788. 7729t。每公顷生物量 102. 1689t，每公顷碳储量 48. 4702t。多样性指数 0. 1671，优势度指数 0. 8329，均匀度指数 0. 0784。斑块数 53 个，平均斑块面积 1218. 32779hm²，斑块破碎度 0. 0008。

（1）在重庆，各区县广泛引种栽培麻竹林。

林下灌木、草本不发达。

面积 340. 9269hm²，生物量 7500. 3923t，碳储量 3750. 1962t。每公顷生物量 22. 0000t，每公顷碳储量 11. 0000t。

多样性指数 0. 5013，优势度指数 0. 4987，均匀度指数 0. 2353。斑块数 9 个，平均斑块面积 37. 8807hm²，斑块破碎度 0. 0264。

麻竹林生长健康。无自然干扰。人为干扰主要是抚育管理与采伐。

（2）在福建，除毛竹林外，麻竹林也有呈大片的分布，苦竹、绿竹分布比较零星。

竹林组成单一。灌木和草本不发达。

竹平均高 8. 8m，平均胸径 6. 5cm，郁闭度 0. 8。

面积 1371. 3600hm²，生物量 88460. 1253t，碳储量 44230. 0627t。每公顷生物量 64. 5054t，每公顷碳储量 32. 2527t。

多样性指数 0，优势度指数 1，均匀度指数 0。斑块数 3 个，平均斑块面积 457. 1210hm²，斑块破碎度 0. 0021。

竹林无自然干扰。人为干扰主要是抚育管理与采伐。

（3）在海南，分布竹林类型多样，包括青皮竹林、粉单竹林、麻竹林、车筒竹林、硬头黄竹林等，在各县几乎都有分布，但分布比较集中成片的主要是麻竹林，以白沙县分布最为集中。竹林多为人工栽培，林下灌木不发达。草本植物常见有狗脊、芒萁、淡竹叶、里白等。

竹平均高 6m，平均胸径 5cm，郁闭度 0. 5~0. 9。草本盖度 0. 3，平均高 0. 2m。

面积 9220. 5900hm²，生物量 204236. 0685t，碳储量 102071. 9300t。每公顷生物量

22.1500t，每公顷碳储量 11.0700t。

多样性指数 0，优势度指数 1，均匀度指数 0。斑块数 21 个，平均斑块面积 439.0757hm²，斑块破碎度 0.0022。

竹林生长健康。自然干扰主要是台风。人为干扰主要是抚育管理与采伐。

（4）在台湾，除毛竹林、桂竹林等散生竹林外，还有大量的丛生竹林，包括刺竹林、麻竹林、绿竹林、长枝竹林等，以麻竹分布相对集中连片。分布区域比较零散，从低海拔到高海拔，从南到中再到北部均有分布。

竹平均高 12~25m，平均胸径 5~30cm，郁闭度 0.5~0.9。竹林下灌木、草本不发达。

面积 53638.4940hm²，生物量 6296991.9357t，碳储量 2979736.5840t。每公顷生物量 117.3969t，每公顷碳储量 55.5522t。

斑块数 20 个，平均斑块面积 2681.9247hm²，斑块破碎度 0.0004。

竹林生长健康。自然干扰主要是台风。人为干扰主要是抚育管理和采伐利用。

58. 雷竹林（*Phyllostachys praecox* forest）

在浙江，雷竹林分布于临安、安吉、余杭等地区。

雷竹林组成单一，伴生少量马尾松、杉木、木荷等树种。林下灌木、草本不发达。

雷竹平均胸径 6cm，平均高 8.5m，郁闭度 0.8。

面积 44314.4000hm²，生物量 2858518.0978t，碳储量 1429259.0489t。每公顷生物量 64.5054t，每公顷碳储量 32.2527t。

多样性指数 0.2385，优势度指数 0.7615，均匀度指数 0.1887。斑块数 80 个，平均斑块面积 553.930hm²，斑块破碎度 0.0018。

雷竹林生长良好。无自然干扰。人为干扰主要是抚育管理和采伐。

浙江雷竹有出笋早、出笋期长、产量高、大小年不明显等优点，为低热量、高纤维的减肥降脂健康食品。亩产中等水平可达 500~1000kg。

59. 绿竹（*Dendrocalamopsis oldhami* forest）

在浙江，除毛竹林，绿竹林也是浙江的一重要分布竹种，主要分布在浙江南部地区。

乔木以竹子为主，组成单一，伴生少量马尾松、杉木等树种。灌木、草本不发达。

绿竹平均胸径 7.2cm，平均高 9.1m，郁闭度 0.8。

面积 5022.3500hm²，生物量 323968.6957t，碳储量 161984.3479t。每公顷生物量 64.5054t，每公顷碳储量 32.2527t。

多样性指数 0.1056，优势度指数 0.8944，均匀度指数 0.1157。斑块数 6 个，平均斑块面积 837.05833hm²，斑块破碎度 0.0012。

竹林生长健康。无自然干扰。人为干扰主要是抚育管理与采伐。

60. 毛竹林（*Phyllostachys heterocycla* forest）

在安徽、福建、广东、广西、贵州、湖北、湖南、江苏、江西、山东、四川、云南、浙江、重庆 14 个省（自治区、直辖市）有毛竹分布，面积 4933695.1696hm²，生物量

200907577.4556t，碳储量 99803452.5367t。每公顷生物量 40.7215t，每公顷碳储量 20.2289t。多样性指数 0.2415，优势度指数 0.7294，均匀度指数 0.2792。斑块数 10275 个，平均斑块面积 454.8442hm²，斑块破碎度 0.0022。

（1）在山东，毛竹林分布于海阳、崂山、日照、胶州、胶南、苍山等，山东半岛南部沿海各县如乳山、海阳、崂山、胶南及沂、沭河下游各县和日照等地都有栽培，其中崂山、日照、莒南等地的毛竹生长良好。

乔木由毛竹形成单一树种纯林。灌木见荆条、胡枝子、花木蓝、茅莓、华空木、兴安胡枝子、扁担杆等。草本见黄背草、水蓼、车前、刺儿菜、鸭跖草、广布野豌豆、画眉草、狗尾草、鬼针草、紫花地丁、羊胡子草等。

毛竹平均高 7~10m，灌木层平均高约 1.2m，草本层平均高在 0.9m 以下。毛竹平均胸径7~12cm，郁闭度 0.7~1.0。灌木盖度约 0.1，草本盖度约 0.1。

面积 8403.1600hm²，生物量 398813.9736t，碳储量 199406.9868t。每公顷生物量 47.4600t，每公顷碳储量 23.7300t。

多样性指数 0，优势度指数 1，均匀度指数 0。斑块数 1 个，平均斑块面积 8403.1600hm²，斑块破碎度 0.0001。

病害无。虫害无。火灾轻。人为干扰类型为森林经营活动。无自然干扰。

（2）在江苏，毛竹林分布于宜兴、溧阳。

乔木是毛竹单一树种。灌木不发达。草本有蛇葡萄、异叶蛇葡萄、中华常春藤、鸭跖草、海金沙、半夏、野蔷薇、鱼腥草等。

毛竹平均高约 10m，草本层平均高 0.3m 以下。毛竹平均胸径约 10cm，郁闭度约 0.85。草本盖度 0.85。

面积 32047.0000hm²，生物量 1520950.6200t，碳储量 760475.3100t。每公顷生物量 47.4600t，每公顷碳储量 23.7300t。

多样性指数 0，优势度指数 1，均匀度指数 0。斑块数 70 个，平均斑块面积 457.8150hm²，斑块破碎度 0.0021。

病害无。虫害无。火灾轻。人为干扰类型为森林经营活动。无自然干扰。

（3）在浙江，毛竹林分布几乎遍及全省，集中成片分布于各地山谷、山坡和山区的溪流两岸，平原和低丘则较稀少。

乔木主要为由毛竹组成的单一纯林。

毛竹平均高 10m，灌木基本没有，草本层平均高在 1m 以下。毛竹平均胸径约 12cm，郁闭度约 0.9。草本盖度 0.3。

面积 805717.0000hm²，生物量 24381963.2804t，碳储量 12190981.6402t。每公顷生物量 30.2612t，每公顷碳储量 15.1306t。

多样性指数 0，优势度指数 1，均匀度指数 0。斑块数 1449 个，平均斑块面积 556.0510hm²，斑块破碎度 0.0017。

病害无。虫害无。火灾轻。人为干扰类型为森林经营活动。无自然干扰。

（4）在福建，毛竹林分布很广，全省各地均有分布，主要分布于长乐、平潭、晋江、厦门等县市。

乔木伴生树种有木荷、青冈、杉木、冬青等。灌木有老鼠刺、杨桐、檵木、杜茎山、黄绒润楠、百两金、细齿叶柃、革叶荛花等。草本有芒萁、地菍、黑莎草、山姜、铁线蕨、狗脊等。

毛竹平均高 10~20m，平均胸径 5~16cm，郁闭度 0.75~0.95。

面积 949780.0000hm²，生物量 32150053.0000t，碳储量 16075026.5000t。每公顷生物量 33.8500t，每公顷碳储量 16.9250t。

多样性指数 0，优势度指数 1，均匀度指数 0。斑块数 401 个，平均斑块面积 2368.5300hm²，斑块破碎度 0.0004。

病害无。虫害无。火灾轻。人为干扰类型为森林经营活动。无自然干扰。

（5）在广西，有竹类植物 19 属，100 多种，其中，桂南北热带有 63 种，桂中南亚热带有 54 种，桂北中亚热带仅有 46 种，桂南以丛生竹为主，桂北以散生竹为主。有些丛生竹类虽然可延伸至桂北，但仅局限于海拔 600m 以下的河谷平原才能正常生长。桂北的散生竹以毛竹为主，主要分布于桂北海拔 1300m 以下的丘陵低山区。桂林和柳州、梧州、河池北部人工林较多，花坪保护区内分布有小片毛竹天然林，桂中和桂南海拔 700m 以上的丘陵低山上，有经营历史近百年的小片毛竹林。青皮竹林主要分布于桂中、桂南海拔 600m 以下的平地、低丘陵地区。往北仅限于河谷平地区，垂直分布较桂南为低，约在海拔 200m 以下。

乔木一般由毛竹形成单一林相，伴生树种有杉木、马尾松、野柿、灯台树、杨桐等。灌木常见的有广州杜鹃、广西杜鹃、虎皮楠、牛耳枫、鸡爪茶等。草本常见的有狗脊、芒萁、淡竹叶、里白等。

毛竹平均高 10~20m，灌木层平均高 5m，草本层平均高在 1m 以下。毛竹平均胸径 6~17cm，郁闭度在 0.7 左右。灌木盖度 0.2，草本盖度平均约 0.1。

面积 280461.7769hm²，生物量 5158112.4895t，碳储量 2579056.2447t。每公顷生物量 18.3915t，每公顷碳储量 9.1957t。

多样性指数 0.1800，优势度指数 0.8200，均匀度指数 0.2600。斑块数 440 个，平均斑块面积 637.4131hm²，斑块破碎度 0.0016。

所受病害等级为 2，该林中受病害的植株总数占该林中植株总数的 30%~59%。没发现明显虫害。没有发现火灾现象。人为干扰主要是经营活动，砍除林下灌丛和草本植物。所受自然干扰类型为病害。

（6）在安徽，毛竹林在全省都有分布，主要分布于皖南山区及大别山区的广德、宁国、歙县、休宁、太平、泾县及霍山、金寨、六安等地，在安徽长江以北的江淮丘陵、平原也有少量分布。垂直分布主要集中在海拔 900m 以下的低山及中山下部（大别山 800m 以下）。

乔木除毛竹外，伴生树种有厚朴、山胡椒、色木槭、槲栎、石栎、漆树、短柄枹栎、冬青。灌木有山槠、茶树、蝴蝶荚蒾、香花崖豆藤、老鸦糊、山梅花、木莓、棣棠、尖叶长柄山蚂蝗、山茶、麻栎、野蔷薇、菝葜、楤木、博落回、忍冬、山莓、杜鹃花、野鸦椿、豆腐柴、黄檀、六月雪、油桐、百两金。草本有荩草、鱼腥草、茜草、建兰、牛膝、蛇莓、堇菜、苔草、冷水花、麦冬、黄花败酱、蓼子草、稀花蓼、鸭跖草、七星莲、巴东过路黄、多花黄精、香茶菜、一枝黄花、爵床、海金沙、金星蕨。

毛竹平均高 11.4m，灌木层平均高 0.46m，草本层平均高 0.22cm。毛竹平均胸径 9.2cm，郁闭度 0.80。灌木与草本盖度 0.35~0.4，植被总盖度 0.85~0.9。

面积 416281.0434hm²，生物量 9678534.2584t，碳储量 4839267.1293t。每公顷生物量 23.2500t，每公顷碳储量 11.6250t。

多样性指数 0.0466，优势度指数 0.9534，均匀度指数 0.1032。斑块数 406 个，平均斑块面积 1025.3228hm²，斑块破碎度 0.0010。

森林健康。无自然干扰。

（7）在湖北，毛竹林有天然林和人工林，以天然林为主。

毛竹林主要分布于蒲圻、咸宁、崇阳、通山、通城、利川、恩施、咸丰。从鄂东的大别山到鄂西的齐岳山、武陵山，从鄂南的幕阜山到鄂西北的武当山、荆山，皆有分布，但集中分布于幕阜山区的部分县（市）。毛竹林垂直分布在海拔 200~900m 的范围内，但在鄂西南的利川、恩施、咸丰等县（市），其垂直分布的上限可达 1100m。而在鄂南丘岗地带，毛竹林的分布下限常与农田衔接或镶嵌其间，上限则与落叶阔叶林交错分布。分布区的坡向以阴坡、半阴坡为主，坡度一般 15°~35°。

乔木以毛竹纯林为主。灌木主要种类有檵木、乌药、钓樟、山胡椒、乌饭树、柃木、白檀、黄栀子等。草本主要有苔草、淡竹叶、芒草、山马兰及蕨类植物等。

毛竹平均胸径 10.8cm，平均高 13.9m，郁闭度一般为 0.5~0.9，长势旺盛的林分可达 1.0。灌木盖度 0.2~0.5，在人为活动较少的地方可达 0.7。草本盖度一般为 0.2~0.3。

面积 150872.5545hm²，生物量 8516780.0777t，碳储量 4258390.0389t。每公顷生物量 56.4502t，每公顷碳储量 28.2251t。

多样性指数 0.4100，优势度指数 0.5900，均匀度指数 0.4800。斑块数 1147 个，平均斑块面积 131.5367hm²，斑块破碎度 0.0076。

森林植被健康。无自然干扰。

（8）在湖南，毛竹林在全省各地有分布。毛竹林分布范围约为北纬 23°30′~32°20′，东经 104°30′~122°00′。湖南是我国毛竹林主要产区之一，主要分布在海拔 1000（1200）m 以下，以雪峰山、罗霄山、连云山、阳明山为多，其中雪峰山山脉毛竹素有"竹海"之称。产地年平均温度 15~18℃，年降水量 1400~1800mm，但以潮湿多雨，特别是春雨充沛最为适宜。母岩大多为板岩、千枚岩、砂页岩及花岗岩。土壤为酸性黄壤、黄红壤、红壤。

乔木除纯林外，还常与苦槠、石栎、青冈栎、枫香、杉木、柳杉、红锥、木荷、青冈和马尾松等树种混生。灌木常见种类有鼠刺、檵木、崖花海桐、异叶榕、细枝柃、灰毛泡、黄泡、高粱泡、杜茎山、百两金、大果蜡瓣花等。草本有求米草、麦冬、淡竹叶、沿阶草、吉祥草及狗脊、金星蕨、江南短肠蕨、华东瘤足蕨等。

毛竹平均高 11~12m，灌木层平均高 0.7m，草本层平均高 0.2m。毛竹平均胸径 16~17cm，郁闭度 0.85。灌木盖度 0.1~0.2，草本盖度 0.05~0.1。

面积 595277.3852hm²，生物量 16158367.2785t，碳储量 7432848.9481t。每公顷生物量 27.1443t，每公顷碳储量 12.4864t。

多样性指数 0.4650，优势度指数 0.5350，均匀度指数 0.7310。斑块数 1740 个，平均斑块面积 342.1134hm²，斑块破碎度 0.0029。

3.3%的毛竹林受灾面积小于 20%，处于亚健康状态。无自然和人为干扰。

（9）在江西，毛竹林分布于全省各地。从全省各地、市的毛竹资源来看，宜春地区的竹林面积和蓄积居第一位，其次为赣州地区、吉安地区、抚州地区等。毛竹林的垂直分布也很广泛，从海拔几米至 1300m 都有生长，表现为南高北低、群山高孤山低的分布趋势，尤以 300~800m 地带分布更为集中，而且生长良好。毛竹林由于分布范围广，立地条件差异悬殊，一般坡度为 15°~30°，相对湿度 80%~90%。土壤为花岗岩、片麻岩、砂页岩、片岩、千枚岩为主的母质所形成的丘陵红壤和山地黄壤。以山坳谷地生长最好，其次是山坡的中下部和山麓缓坡地带，而山顶和陡坡生长较差。在交通不便、劳力不足的边远地区和海拔较高地段，毛竹林分布比较集中，长期未遭砍伐利用，绝大部分毛竹与其他针阔叶乔、灌木混生，呈自生自灭状态。在交通方便、劳力充足、靠近居民点的地区，为集约和较集约经营毛竹林分布区。但有些毛竹林往往因砍伐强度过大，形成过伐林，产量和质量明显下降。因此，了解毛竹林的现状，对组织合理经营和利用是有重要意义的。

乔木一般为毛竹纯林。灌木不发达，种类数量较少，多数无明显下木层，而只有草本。在混交林中，伴生树种主要有马尾松、杉木、南方红豆杉、柳杉、香榧、粗榧、枫香、拟赤杨、花榈木、华瓜木、紫树、多花泡花树、交让木、石栎、锥栗、钩栲、白栎、青冈、绵槠、甜槠、包石栎、小叶青冈、青稠、杨梅、蚊母树、木荷、银木荷、光皮桦、黄樟、豺皮樟、桢楠、杜英、香果树、桂竹、黄檀、三尖杉等。灌木常见下木有柃木、栲树、盐肤木、石楠、钓樟、杨桐、鹿角杜鹃、杜鹃花、乌饭树、尾叶山茶、白马骨、紫金牛、白檀、算盘子、短叶鼠刺、阔叶十大功劳、海桐、荚蒾、栀子、胡枝子、油茶、阔叶箬竹等。草本常见种有淡竹叶、狗脊、锦香草、苔草、黄精、赤车、麦门冬、藜芦、九头狮子草、日本蛇根草、山姜、箭叶淫羊藿、汝蕨、鳞毛蕨等。常见的层外植物有菝葜、海金沙、野葡萄、中华猕猴桃、表面星蕨、木通、金银花、牛尾菜等。

毛竹平均高 10.5m，平均胸径 13.0cm，郁闭度约 0.60~0.90。灌木、草本不发达。

面积 1257204.4386hm²，生物量 82221170.2844t，碳储量 41110585.1422t。每公顷生物量 65.4000t，每公顷碳储量 32.7000t。

多样性指数 0.2010，优势度指数 0.7990，均匀度指数 0.0920。斑块数 1062 个，平均斑块面积 1183.8083hm²，斑块破碎度 0.0008。

森林健康。无明显的自然干扰。人为干扰主要是经营活动。

（10）在贵州，毛竹林主要分布在黔北赤水、习水的赤水河流域，其次分布在黔东南的黎平、天柱、锦屏、榕江、从江、雷山、剑河及铜仁地区的江口、铜仁、松桃、印江等地海拔 400~1300m 的河谷两侧和山体下部斜坡上。

乔木种类单一。灌木主要有油茶、细枝柃、新木姜子、木荷、丝栗栲和鹅掌楸等乔木的幼树。草本十分稀疏，种类也较少，主要有冷水花、鸢尾以及菊科、禾本科和莎草科的种类。蕨类植物有里白、芒萁、鳞毛蕨、狗脊等。

毛竹平均高 7.1m，平均胸径 12.1cm，郁闭度 0.8。灌木盖度 0.2，平均高 1.1m。草本盖度 0.1，平均高 0.2m。

面积 45242.7093hm²，生物量 2281788.7542t，碳储量 1140894.3771t。每公顷生物量 50.4344t，每公顷碳储量 25.2172t。

多样性指数 0.7280，优势度指数 0.2720，均匀度指数 0.7390。斑块数 1782 个，平均斑块面积 25.3887hm²，斑块破碎度 0.03938。

森林植被健康。基本未受灾害。毛竹林很少受到极端自然灾害和人为活动的影响。

（11）在云南，毛竹林分布仅限于彝良、盐津两县，其中彝良县海子坪最为集中，其分布的海拔范围在 600~1350m 之间。

乔木以毛竹占优势，伴生树种有华木荷、水青树等。灌木主要有木瓜红、木姜子、斑鸠菊等。草本主要有冷水花、酢浆草、川滇蹄盖蕨、芒萁、狗脊、楼梯草、凤仙花等。

毛竹平均高 15.6m，平均胸径 13.8cm，郁闭度约 0.8。灌木盖度 0.2，平均高 1.3m。草本盖度 0.2，平均高 0.2m。

面积 7786.4061hm²，生物量 181871.0000t，碳储量 86934.0000t。每公顷生物量 23.3575t，每公顷碳储量 11.1648t。

多样性指数 0.6230，优势度指数 0.3770，均匀度指数 0.6200。斑块数 439 个，平均斑块面积 17.7366hm²，斑块破碎度 0.0564。

森林植被健康。无自然干扰。人为干扰主要是抚育、采伐、更新，抚育面积 2333.3035hm²，采伐面积 15.5553hm²，更新面积 69.9991hm²。

（12）在广东，分布于省内大陆的中部、北部地区，栽培面积较大的有广宁、怀集、四会、大埔等地。

乔木组成单一，主要是单优群落。灌木、草本不发达。

面积 307287.0000hm²，生物量 10401664.9500t，碳储量 5200832.4750t。每公顷生物量 33.8500t，每公顷碳储量 16.9250t。

多样性指数 0，优势度指数 1，均匀度指数 0。斑块数 105 个，平均斑块面积 2926.5428hm²，斑块破碎度 0.0003。

竹林健康。无明显自然干扰。人为干扰主要是抚育管理与采伐。

（13）在四川，毛竹集中分布于盆地南部的长宁、江安、兴文、珙县、高县、宜宾、纳溪、永川、大足等县的低山丘陵地带，其次南川、筠连、叙永、古蔺、大竹、邻水、宣汉亦有零星分布。

除优势树种毛竹外，还混生有阔叶及针叶树种，常见的主要阔叶林树种有油樟、润楠、桢楠、栲树、瓦山栲、青冈栎、曼棡、白栎、黄牛奶树、大型四照花、交让木、亮叶桦、大头茶等，针叶树种有杉木、柏木、马尾松等，其他种类有慈竹、斑竹以及树蕨桫椤。灌木常见种类有紫金牛、金银花、水红木、杜鹃花、杜茎山、多种柃木、细序鹅掌柴、柔毛绣球、盐肤木、茶树、油茶、多种悬钩子、银毛野杜丹等。林下草本植物种类多，其最显著的特点是高大的蕨类植物极为丰富，常见种类有芒萁、中华里白、里白、乌毛蕨、华南紫萁、金毛狗脊、小黑桫椤、峨眉莲座蕨等。其他草本有刚莠竹、密叶苔草、蝴蝶花、楼梯草、一点血秋海棠以及其他多种蕨类植物等。

毛竹平均高 9.7m，灌木层平均高约 1.2m，草本层平均高在 0.4m 以下。毛竹平均胸径 6.5cm，郁闭度约 0.7。草本盖度 0.7。

面积 64571.5344hm²，生物量 7576717.9414t，碳储量 3788358.9707t。每公顷生物量 117.3384t，每公顷碳储量 58.6692t。

多样性指数 0.4862，优势度指数 0.5138，均匀度指数 0.6048。斑块数 1233 个，平均斑块面积 52.3695hm²，斑块破碎度 0.0191。

毛竹林健康状况较好。基本都无灾害。无自然干扰。人为干扰主要是抚育管理与采伐。

（14）在重庆，毛竹林大多为人工林，广泛分布于北碚区、丰都县、酉阳县、永川县，在重庆其余各个区县也有少量分布。

乔木组成较为简单，大多形成纯林，或与丝栗栲、枫香、木荷等其他阔叶树种形成混交林。灌木、草本不发达。

楠竹平均高 14.3m，灌木层平均高约 1.0m，草本层平均高在 0.3m 以下。楠竹平均胸径 10.7cm，郁闭度约 0.8。灌木盖度约 0.1，草本盖度 0.5。

面积 12763.1612hm²，生物量 280789.5455t，碳储量 140394.7727t。每公顷生物量 22.0000t，每公顷碳储量 11.0000t。

多样性指数 0.1455，优势度指数 0.8545，均匀度指数 0.1575。斑块数 572 个，平均斑块面积 22.3132hm²，斑块破碎度 0.0448。

森林植被健康。无自然干扰。

61. 寿竹林（*Phyllostachys bambusoides* forest）

寿竹分布在大足、永川、璧山、铜梁等县，多成小面积纯林。垂直分布幅度为海拔 1000m 以下的丘陵、低山及河谷地带。

寿竹林多为人工群落，结构单纯。靠近森林边缘，寿竹林中常混有山毛榉科、山茶科和樟科等常绿阔叶树种或杉木、马尾松等针叶树种。林下灌木种类很少，常见种类有光叶海桐、山矾、百两金以及少量的栲树、棕榈等幼树。

面积 8567.5839hm²，生物量 188486.8451t，碳储量 94243.4226t。每公顷生物量 22.0000t，每公顷碳储量 11.0000t。多样性指数 0.4925，优势度指数 0.5075，均匀度指数 0.2032。斑块数 522 个，平均斑块面积 16.4130hm²，斑块破碎度 0.0609。

寿竹林健康。无自然干扰。人为干扰主要是抚育活动和采伐。

62. 淡竹林（*Phyllostachys glauca* forest）

在安徽、河南和浙江3个省有淡竹分布，面积5153.1489hm²，生物量245277.2781t，碳储量121818.9420t。每公顷生物量47.5976t，每公顷碳储量23.6397t。

多样性指数0.1543，优势度指数0.8456，均匀度指数0.0896。斑块数84个，平均斑块面积61.3470hm²，斑块破碎度0.0163。

（1）在安徽，淡竹林在南北各地分布或栽培很普遍，多生长在山地、岗丘、平原及河漫滩上，耐寒性强又耐瘠薄，在土层深厚肥沃湿润处生长良好。

乔木为淡竹纯林。灌木有算盘子、六月雪、棠梨、胡枝子、冻绿、郁李、木蓝、五加、野珠兰、杜鹃花、小果蔷薇、北京忍冬、茅栗、小叶青冈、圆叶鼠李、小槐花、悬钩子、黄檀、山莓、毛栎、尖叶长柄山蚂蝗。草本有光叶菝葜、堇菜、苔草、冷水花、麦冬、野菊花、绵枣儿、荩草、紫花地丁、天名精、吉祥草、狗尾草、斑叶兰。

淡竹平均高9.3m，灌木层平均高1.1m，草本层平均高0.15cm。淡竹平均胸径4cm，郁闭度0.65。灌木与草本盖度0.25~0.3，植被总盖度0.7~0.75。

面积262.9348hm²，生物量2898.8565t，碳储量1449.4282t。每公顷生物量11.0250t，每公顷碳储量5.5125t。

多样性指数0，优势度指数1，均匀度指数0。斑块数5个，平均斑块面积52.5870hm²，斑块破碎度0.0190。

森林植被健康。无自然干扰。

（2）在河南，淡竹林分布于大别山、桐柏山、伏牛山、太行山山区。

乔木以淡竹纯林为主。灌木少有柽柳、荆条。草本主要有白茅、狗牙根、狗尾草、败酱、铁杆蒿、黄花蒿等。

淡竹平均高3.3m，平均胸径4.6cm，郁闭度0.8。灌木盖度0.2，平均高0.9m。草本盖度0.1，平均高0.2m。

面积1283.0041hm²，生物量9693.8977t，碳储量4027.2518t。每公顷生物量7.5556t，每公顷碳储量3.1389t。

多样性指数0.4630，优势度指数0.5370，均匀度指数0.2690。斑块数69个，平均斑块面积18.5943hm²，斑块破碎度0.0538。

森林植被健康。无自然干扰。

（3）在浙江，淡竹在杭州余杭区、湖州德清县、丽水市都有分布。

乔木以淡竹纯林为主。灌木、草本不发达。

淡竹平均胸径4.3cm，平均高5.8m，郁闭度0.8。

面积3607.2100hm²，生物量232684.5239t，碳储量116342.2620t。每公顷生物量64.5054t，每公顷碳储量32.2527t。

多样性指数0，优势度指数1，均匀度指数0。斑块数10个，平均斑块面积360.7210hm²，斑块破碎度0.0027。

淡竹林生长健康。无自然干扰。人为干扰主要是抚育管理。

63. 箭竹林（*Sinarundinaria nitida* forest）

在我国贵州、湖北、湖南、江西、四川和云南 6 个省有箭竹林分布，面积 91896.9850hm²，生物量 8288835.8072t，碳储量 4248574.7162t。每公顷生物量 90.1970t，每公顷碳储量 46.2319t。多样性指数 0.3596，优势度指数 0.6420，均匀度指数 0.3053。斑块数 1355 个，平均斑块面积 67.8206hm²，斑块破碎度 0.0147。

（1）在湖北，箭竹林主要分布于鄂西北神农架林区和房县、保康、竹溪等县海拔 1800m 以上的山地，在海拔 2000m 以上常与巴山冷杉、红桦、华山松林共生，组成明显的下木层，在海拔 3000m 以上，常呈丛状成片分布。箭竹通常生长在地形开阔宽平的半阳坡或半阴坡，坡度 20°~35°，有时可达 50°。

乔木伴生树种有巴山冷杉、华山松、红桦等。灌木不发达。草本常见有多种苔草、太白韭、黄花韭、延龄草、堇菜、毛叶藜芦、印度三毛草、老鹳草、多花地杨梅、长柄唐松草以及蕨等。

箭竹平均高 2~4m，平均胸径 2cm 左右，郁闭度 0.8。植被总盖度 0.8~1.0，草本盖度 0.2~0.3。

面积 3467.7445hm²，生物量 492330.7660t，碳储量 246165.3830t。每公顷生物量 141.9743t，每公顷碳储量 70.9872t。

多样性指数 0，优势度指数 1，均匀度指数 0。斑块数 55 个，平均斑块面积 63.0499hm²，斑块破碎度 0.0159。

森林植被健康。无自然干扰。

（2）在湖南，主要包括南岭箭竹和箭竹，分别分布于南岭山脉和武陵山脉。喜凉润气候，年平均气温 11~15℃，1 月平均温度 1~3℃，年降水量 1600~2200mm，相对湿度 85%~90%。土壤为富含腐殖质的黄棕壤，黑色，土层厚 15~25cm，竹根密集交错，鞭根系统庞大。

乔木伴生树种主要有多脉青冈、亮叶水青冈、杜鹃、八角类等。灌木主要有马银花、鹿角杜鹃、薯豆、石斑木等。草本主要有三脉紫菀、肥肉草、紫萼等。

箭竹平均高 15m 左右，灌木层平均高 1~3m。箭竹平均胸径 24cm 左右，郁闭度 0.6~0.8。灌木盖度 0.6~0.8，草本盖度仅 0.1~0.2。

面积 5777.7167hm²，生物量 156831.8744t，碳储量 78415.9372t。每公顷生物量 27.1443t，每公顷碳储量 13.5721t。

多样性指数 0.4910，优势度指数 0.5090，均匀度指数 0.7130。斑块数 167 个，平均斑块面积 34.5971hm²，斑块破碎度 0.0289。

森林植被健康。无自然干扰。

（3）在江西，箭竹林主要分布在海拔 1100~1400m 的山坡、山谷或山顶上，但赣北瑞昌县在海拔 500m 左右的山顶也有呈块状分布的箭竹林。

乔木多为纯林，伴生树种有冷杉、台湾松等。灌木、草本不发达。

箭竹平均高 1~3m，平均胸径 0.5~1cm，郁闭度 0.7。

面积 24981.7705hm²，生物量 1633807.7929t，碳储量 816903.8965t。每公顷生物量 65.4000t，每公顷碳储量 32.7000t。

多样性指数 0.0990，优势度指数 0.9010，均匀度指数 0.2160。斑块数 40 个，平均斑块面积 624.5443hm²，斑块破碎度 0.0016。

森林植被健康。无自然干扰。

（4）在云南，箭竹林广泛分布于西北部和东北部亚高山地带，也见于滇中高原一些山地和西南部中山上部。分布区海拔平均高多在 2500～3600m，其中以 2800～3600m 更为集中。

乔木以箭竹占优势，伴生树种有丽江云杉、丽江铁杉、长苞冷杉、多变石栎等。灌木稀少，主要有锈叶杜鹃、金花小檗、地檀香等。草本有云南莎草、臭节草和分布稀少的苔藓植物。

箭竹平均高 1.6m，平均胸径 0.8cm，郁闭度约 0.7。灌木盖度 0.1，平均高 0.8m。草本盖度 0.2，平均高 0.2m。

面积 5563.7418hm²，生物量 303915.9000t，碳储量 142840.5000t。每公顷生物量 54.6244t，每公顷碳储量 25.6735t。

多样性指数 0.816，优势度指数 0.18400，均匀度指数 0.30910。斑块数 63 个，平均斑块面积 88.3133hm²，斑块破碎度 0.0113。

森林植被健康。无自然干扰。人为干扰主要是征占，征占面积 5.556hm²。

（5）在四川，箭竹林有多个品种，分布于不同的山系。在盆地西北缘的岷山山系的龙门山、摩天岭分布有糙花箭竹、缺苞箭竹、青川箭竹和华西箭竹；西缘山地的邛崃山和大小相岭主要以冷箭竹、峨眉玉山竹、大箭竹、拐棍竹和丰实箭竹为主；而在川西南的大小凉山多为冷箭竹、峨眉玉山竹、少花箭竹和九龙箭竹；在川东、川北的大巴山、巫山分布有川鄂箭竹等。总之，四川的箭竹主要分布在川西山地及盆地西缘山地亚高山暗针叶林、山地暗针叶林和山地常绿阔叶林下。从垂直分布来看，从北向南随着气候趋暖，箭竹的垂直分布升高，箭竹集中分布在海拔 1700～3500m 范围内，其中在岷山地区糙花箭竹和青川箭竹分布最低，海拔为 1500m；在邛崃山地区拐棍竹分布最低为 1600m；在大小凉山地区箭竹分布最低为海拔 1800m，在上述地区箭竹多分布在阴坡、半阴坡或半阳坡，形成以箭竹占优势的大片竹林。

乔木多为箭竹纯林，灌木、草本主要有忍冬、卫矛、茶藨子、高丛珍珠梅、悬钩子等。

箭竹平均高 1.6m，平均胸径 0.8cm，郁闭度约 0.7。灌木、草本不发达。

面积 51653.0799hm²，生物量 5980755.0157t，碳储量 2952698.2785t。每公顷生物量 115.7870t，每公顷碳储量 57.1640t。

多样性指数 0.4258，优势度指数 0.5742，均匀度指数 0.3091。斑块数 1016 个，平均斑块面积 50.8396hm²，斑块破碎度 0.0197。

灾害等级从 0 到 2，各等级所占面积依次为 47938.63hm²、3473.81hm² 和 694.76hm²。

（6）在贵州，箭竹主要分布在东北部的梵净山、黔东南雷公山、西部赫章韭菜坪、威宁西凉山等地。

伴生树种有木荷、褐叶青冈、亮叶青冈等。灌木、草本发育不良，植物少。

箭竹一般平均高 1.5~2.5m，平均胸径 1~2cm，郁闭度 0.98。

面积 452.9316hm²，生物量 25109.5300t，碳储量 11550.7199t。每公顷生物量 55.4378t，每公顷碳储量 25.5021t。

多样性指数 0.3158，优势度指数 0.6842，均匀度指数 0.2849。斑块数 14 个，平均斑块面积 32.3522hm²，斑块破碎度 0.0309。

箭竹林健康。无自然干扰。人为干扰主要是抚育管理与采伐。

64. 水竹林（*Phyllostachys heteroclada* forest）

在湖北、湖南 2 个省有水竹分布，面积 10232.7953hm²，生物量 1081795.6767t，碳储量 540897.8383t。每公顷生物量 105.7185t，每公顷碳储量 52.8592t。多样性指数 0.2460，优势度指数 0.7565，均匀度指数 0.2570。斑块数 48 个，平均斑块面积 213.183235hm²，斑块破碎度 0.0047。

（1）在湖北，水竹分布较广，但多人工栽培，少天然林。适宜生长在土壤湿润、肥沃、深厚的谷地或洼地，尤以沟谷两侧缓坡上生长较佳。分布区坡度在 20°~35°之间，坡向以阴坡居多。

乔木组成简单，一般多为纯林，坡上部由于土层薄、水分不足，水竹生长欠佳，渐次稀疏，伴生树种有杉木、马尾松、枫香等。灌木稀疏，主要有火棘、马桑、美丽胡枝子等。草本主要有蕨、多种苔草、三白草、蕺菜、射干等。

水竹平均高 7~8m，灌木层平均高 1~1.5m。水竹平均胸径 2~7cm，郁闭度 0.7~0.9。灌木盖度 0.1~0.3，草本盖度 0.3~0.5。

面积 61.6406hm²，生物量 12539.62797t，碳储量 6269.8139t。每公顷生物量 203.4314t，每公顷碳储量 101.7157t。

多样性指数 0.6700，均匀度指数 0.2000，优势度指数 0.3400。斑块数 3 个，平均斑块面积 20.5469hm²，斑块破碎度 0.0487。

森林植被健康。无自然干扰。

（2）在湖南，水竹林在湖南全省均有分布，以益阳、桃江、郴县、浏阳等县分布最多。在洞庭湖区、鄡县（桥口乡）、浏阳（白沙乡）建有水竹林基地。

乔木伴生树种有枫香、枫杨、柳杉、杉木、白栎等。灌木、草本不发达。

水竹平均高 10m，平均胸径 3cm，郁闭度 0.5~0.8。

面积 4200.3847hm²，生物量 684109.1416t，碳储量 342054.5708t。每公顷生物量 162.8682t，每公顷碳储量 81.4341t。

多样性指数 0.3140，优势度指数 0.6860，均匀度指数 0.8280。斑块数 29 个，平均斑块面积 144.8409hm²斑块破碎度 0.0069。

森林植被健康。无自然干扰。

（3）在浙江，水竹林主要分布在浙南的温州地区。

竹林组成比较单一，以纯林为主。灌木和草本不发达。

竹平均高 7.1m，平均胸径 6.8cm，郁闭度 0.7。

面积 5970.7700hm²，生物量 385146.9072t，碳储量 192573.4536t。每公顷生物量 64.5054t，每公顷碳储量 32.2527t。

多样性指数 0，优势度指数 1，均匀度指数 0。斑块数 16 个，平均斑块面积 373.1730hm²，斑块破碎度 0.0026。

水竹林生长健康。自然干扰主要是极端气候。人为干扰主要是经营管理与采笋。

65. 桂竹林（*Phyllostachys bambusoides* forest）

桂竹林分布于湖南全省各地海拔 800m 以下，湘北、湘西北及湘中丘陵平地分布较多，一般呈小片种植于农村四旁。澧水流域各县产量大，是湖南省桂竹的中心产区。

乔木与阔叶树种混生，分布海拔可达 1200m，但植株低矮，胸径小，产量很低，无力与阔叶树竞争，常被排挤在林缘，群落极不稳定。

桂竹平均高一般 7~10m，平均胸径 4~8cm，郁闭度 0.6~0.7。灌木、草本不发达。

面积 6090.0953hm²，生物量 165311.1618t，碳储量 82655.5809t。每公顷生物量 27.1443t，每公顷碳储量 13.5721t。

多样性指数 0.4650，优势度指数 0.5350，均匀度指数 0.7310。斑块数 216 个，平均斑块面积 28.1949hm²，斑块破碎度 0.0355。

森林植被健康。无自然干扰。

66. 斑竹林（*Phyllostachys bambusoides* forest）

斑竹广泛分布于渝西方山丘陵区、大娄山区、巫山县、七曜山区、渝中平行岭谷区。少数分布于秀山县、垫江县。

乔木组成较为简单，大多形成纯林，或与杉木、桦木、马尾松等混交，少数林分内混有桉树、枫香等其他阔叶树种。灌木主要有木姜子、粉叶小檗。草本主要以求米草、蕨为主。

斑竹平均高 9.2m，灌木层平均高约 1.3m，草本层平均高在 0.4m 以下。斑竹平均胸径 3.2cm，郁闭度约 0.7。灌木盖度约 0.3，草本盖度 0.3。

面积 3017.8108hm²，生物量 244442.6759t，碳储量 122221.3380t。每公顷生物量 81.0000t，每公顷碳储量 40.5000t。

多样性指数 0.1853，优势度指数 0.8147，均匀度指数 0.1489。斑块数 192 个，平均斑块面积 15.7177hm²，斑块破碎度 0.0636。

森林植被健康。无自然干扰。

67. 慈竹林（*Neosinocalamus affinis* forest）

在四川、重庆 2 个省（直辖市）有慈竹林分布，面积 194236.4308hm²，生物量 27510557.4203t，碳储量 13755278.7102t。每公顷生物量 141.6344t，每公顷碳储量

70.8172t。多样性指数 0.2628，优势度指数 0.7371，均匀度指数 0.265。斑块数 9699 个，平均斑块面积 20.0264hm²，斑块破碎度 0.0499。

（1）在重庆，慈竹林广泛分布。

乔木组成较为简单，大多形成纯林，或与川楝等混交。灌木主要有木姜子、粉叶小檗。草本主要以求米草、蕨为主。

慈竹平均高 7.8m，灌木层平均高约 1.1m，草本层平均高在 0.3m 以下。慈竹平均胸径 10.5cm，郁闭度约 0.8。灌木盖度约 0.1，草本盖度 0.6。

面积 72898.0779hm²，生物量 1603757.7147t，碳储量 801878.8574t。每公顷生物量 22.0000t，每公顷碳储量 11.0000t。

多样性指数 0，优势度指数 1，均匀度指数 0。斑块数 6158 个，平均斑块面积 11.83794hm²，斑块破碎度 0.0845。

森林植被健康。无自然干扰。

（2）在四川，慈竹的人工栽培和自然分布均以盆地为中心，在四川盆地分布于海拔 200m~1000m 处，集中分布在 800m 以下地带。在盆地边缘河谷可上升到 1300m（荥经）；在受西南季风影响的云贵高原及西昌台地海拔 1600m 左右仍有生长较好的慈竹。主产长江、岷江、嘉陵江、沱江、涪江、马边河流域。四川盆地是慈竹分布的生态地理中心。

乔木单一，主要由慈竹组成，少见女贞、灯台树、朴树、油桐、银杏、八角枫、柳杉等乔木。灌木发育较差。草本主要以求米草、地果、臭牡丹、土牛膝、蕨为主，同时藤本植物常见蛇葡萄、三叶五加、常春藤等。

慈竹平均高 6.7m，灌木层平均高约 1m，草本层平均高在 0.3m 以下。慈竹平均胸径 3.5cm，郁闭度约 0.7。草本盖度 0.2。

面积 121338.3529hm²，生物量 25906799.7056t，碳储量 12953399.8528t。每公顷生物量 213.5087t，每公顷碳储量 106.7544t。

多样性指数 0.5257，优势度指数 0.4743，均匀度指数 0.5300。斑块数 3541 个，平均斑块面积 34.2667hm²，斑块破碎度 0.0292。

灾害等级为 0 的面积达 121107.98hm²，灾害等级为 1 和 2 的面积分别为 8775.94hm² 和 1755.19hm²。

受到明显的人为干扰，主要为采伐、征占等，其中采伐面积 907.26hm²，征占面积 427.12hm²。

68. 方竹林（*Chimonobambusa quadrangularis* forest）

在云南，方竹林主要分布于滇东南海拔 1600~2200m 的中山常绿阔叶林区，亦广泛分布于滇西和滇中高原边缘山区。

乔木伴生树种主要有石栎属、青冈属、杜鹃属植物。灌木稀少，主要有木姜子、粉叶小檗、地檀香等。草本植物主要有芒萁、狗脊、白茅等。

方竹平均高 2.6m，平均胸径 2.8cm，郁闭度约 0.8。

面积 161.9811hm²，生物量 24214.0000t，碳储量 11112.0000t。每公顷生物量

149.4866t，每公顷碳储量 68.6006t。

多样性指数 0.5862，优势度指数 0.4138，均匀度指数 0.5048。斑块数 10 个，平均斑块面积 16.19811hm²，斑块破碎度 0.0617。

森林植被健康中等。无自然干扰。人为干扰主要是抚育，抚育面积 1.6143hm²。

69. 金竹林（*Phyllostachys sulphurea* forest）

金竹林在云南栽培比较普遍，其中以西畴、宜良、玉溪、石屏、呈贡、昆明、寻甸、腾冲、龙陵、保山等地栽培最多，分布海拔在 1600~2100m 之间。

乔木伴生树种有滇石栎、滇青冈、西南樱桃、棕榈等。灌木主要有拔毒散、地桃花、菝葜等。草本主要有求米草、狗尾草、沿阶草、荩草等。

金竹平均高 7m，平均胸径 5.5cm，郁闭度约 0.8。灌木盖度 0.2，平均高 1m。草本盖度 0.2，平均高 0.2m。

面积 507.73hm²，生物量 42769.95t，碳储量 21556.05t。每公顷生物量 84.2376t，每公顷碳储量 42.4557t

多样性指数 0.7653，优势度指数 0.2347，均匀度指数 0.3874。斑块数 1 个，平均斑块面积 507.73hm²，斑块破碎度 0.0020。

森林植被健康中等。无自然干扰。人为干扰主要是抚育，抚育面积 80.829hm²。

70. 扫把竹林（*Fargesia fractiflexa* forest）

扫把竹林分布于云南东东北部至西北部，海拔 1380~3200m，生于荒坡、陡岩或针阔叶混交林下。

乔木以扫把竹占优势，伴生树种有长穗高山栎、云南松、丽江云杉、丽江铁杉、长苞冷杉、多变石栎、干香柏等。灌木稀少，主要有锈叶杜鹃、金花小檗、灰白荛花、管花木犀、地檀香等。草本有云南莎草、臭节草和分布稀少的苔藓植物。

扫把竹平均高 1.5m，平均胸径 0.7cm，郁闭度约 0.7。灌木盖度 0.1，平均高 0.9m。草本盖度 0.2，平均高 0.3m。

面积 1475.13hm²，生物量 181710.84t，碳储量 77383.37t。每公顷生物量 123.1829t，每公顷碳储量 52.4587t。

多样性指数 0.7160，优势度指数 0.2840，均匀度指数 0.4091。斑块数 26 个，平均斑块面积 56.7357hm²，斑块破碎度 0.0176。

森林植被健康中等。无自然干扰。人为干扰主要是抚育，面积 13.839hm²。

71. 黄竹林（*Dendrocalamus membranaceus* forest）

在云南，黄竹林主要分布于西双版纳海拔 1000m 以下的低山和山麓，红河南部和临沧地区也有少量分布。在西双版纳主要分布在澜沧江、流沙河两岸坡地，以及景洪夏洒、大勐龙、橄榄坝、小勐养等地。

乔木以黄竹占优势，伴生树种有木奶果、大叶藤黄、半枫荷、刺楸、木棉、云南紫薇等。灌木稀，主要有云南羊蹄甲、黄牛木、余甘子、水锦树等。草本主要有川滇蹄盖蕨、狗脊、楼梯草、冷水花、凤仙花等。

黄竹平均高 10.4m，平均胸径 8.2cm，郁闭度约 0.7。灌木盖度 0.1，平均高 0.9m。草本盖度 0.2，平均高 0.2m。

面积 62.69hm²，生物量 5039.04t，碳储量 2539.67t。每公顷生物量 80.3803t，每公顷碳储量 40.5116t。

多样性指数 0.6964，优势度指数 0.3036，均匀度指数 0.7300。斑块数 1 个，平均斑块面积 62.69hm²，斑块破碎度 0.0160。

森林植被健康中等。无自然干扰。人为干扰主要是征占，征占面积 0.0626hm²。

72. 绵竹林（*Bambusa intermedia* forest）

棉竹林在滇中高原南部地区栽培较广。其中以禄丰县的星宿江两岸栽培最为集中。分布区海拔为 1000~2000m 之间。

乔木是绵竹单层纯林。灌木不发达，常见的有密花树、昆明鸡血藤、木蓝等。草本主要有马唐、棕叶狗尾草、鬼针草、天名精、土牛膝等。

绵竹平均高 8.4m，平均胸径 8.2cm，郁闭度约 0.9。灌木盖度 0.1，平均高 0.8m。草本盖度 0.3，平均高 0.2m。

面积 53.0951hm²，生物量 2381.053t，碳储量 1158.382t。每公顷生物量 44.8451t，每公顷碳储量 21.8254t。

多样性指数 0.6079，优势度指数 0.3921，均匀度指数 0.6447。斑块数 8 个，平均斑块面积 6.6368hm²，斑块破碎度 0.1507。

森林植被健康中等。无自然干扰。人为干扰主要是抚育活动，抚育面积 15.9285hm²。

73. 龙竹林（*Dendrocalamus giganteus* forest）

龙竹林在云南以西双版纳栽培最多，在普洱、临沧、德宏、保山、红河、文山等地区栽培也极普遍。此外，玉溪新平的老厂也有较大面积的栽培。

乔木以龙竹为优势，伴生树种有刺栲、印度栲、云南樟、旱冬瓜、西南木荷等。灌木主要有算盘子、毛柿、九里香、灰木、粗糠柴等。草本主要有紫茎泽兰、金粟兰、羊齿天门冬、距花万寿竹、沿阶草、香茶菜、臭灵丹等。

龙竹平均高 20.5m，平均胸径 21.6cm，郁闭度约 0.7。灌木盖度 0.2，平均高 1m。草本盖度 0.3，平均高 0.3m。

面积 125835.2615hm²，生物量 17818021.3559t，碳储量 8909010.678t。每公顷生物量 141.5980t，每公顷碳储量 70.7990t。

多样性指数 0.4160，优势度指数 0.5840，均匀度指数 0.4943。斑块数 6698 个，平均斑块面积 18.7869hm²，斑块破碎度 0.0532。

森林植被健康中等。无自然干扰。人为干扰主要是抚育、采伐、更新和征占，抚育面积 27196.5784hm²，采伐面积 181.3105hm²，更新面积 815.8973hm²，征占面积 35.18hm²。

74. 刺竹林（*Bambusa blumeana* forest）

刺竹林在云南省分布广泛，最高可达海拔 1000m，但以 300m 以上为多。

乔木伴生树种有云南松、云南油杉、滇青冈等。灌木主要有沙针、芒种花等。草本主要有求米草、小叶茛草等。

刺竹平均高 14.5m，平均胸径 10.4cm，郁闭度约 0.8。灌木盖度 0.1，平均高 0.8m。草本盖度 0.2，平均高 0.1m。

面积 507.7300hm^2，生物量 42769.9500t，碳储量 21556.0500t。每公顷生物量 84.2376t，每公顷碳储量 42.4557t。

多样性指数 0.5879，优势度指数 0.4121，均匀度指数 0.6243。斑块数 33 个，平均斑块面积 15.3857hm^2，斑块破碎度 0.0650。

森林植被健康中等。无自然干扰。人为干扰主要是抚育，抚育面积 80.829hm^2。

75. 牡竹林（*Dendrocalamus strictus* forest）

牡竹林广泛分布于云南南部。

乔木为牡竹单层纯林。因人为活动频繁，灌木、草木种类不稳定。

牡竹平均高 7.8m，平均胸径 4cm，郁闭度约 0.7。

面积 17740.00hm^2，生物量 2185265.23t，碳储量 1084547.13t。每公顷生物量 123.1829t，每公顷碳储量 61.1357t。

多样性指数 0，优势度指数 1，均匀度指数 0。斑块数 353 个，平均斑块面积 50.2549hm^2，斑块破碎度 0.0199。

森林植被健康中等。无自然和人为干扰。

76. 白夹竹林（*Phyllostachys bissetii* forest）

白夹竹林分布于四川宜宾、乐山、雅安、温江、绵阳、达县等地区的部分县，遍布于海拔 1500m 以下的低山、丘陵和平原，村旁、宅旁多为人工栽培。分布区地处边缘山地，山势起伏较大，地形复杂多变，有低山、中山，以中山地貌为主，相对海拔达 1500m 以上，多由较古老的岩层构成。

乔木伴生树种主要有润楠、黑壳楠、油樟、灯台树、亮叶桦、漆树、化香、杉木、山胡椒、领春木、刺楸、冬青等乔木树种。灌木主要有树种柃木、蜡莲绣球、悬钩子、青夹叶、铁仔、荚蒾等，多呈单株散生。草本主要有蝴蝶花、求米草、里百、狗脊、蹄盖蕨、金星蕨等。

白夹竹平均高 6.3m，平均胸径 7.1cm，郁闭度约 0.4。草本层平均高在 0.2m 以下，草本盖度 0.4。

面积 6695.3372hm^2，生物量 702220.7102t，碳储量 351110.3551t。每公顷生物量 104.8821t，每公顷碳储量 52.4410t。

多样性指数 0.5970，优势度指数 0.4030，均匀度指数 0.2871。斑块数 197 个，平均斑块面积 33.9865hm^2，斑块破碎度 0.0294。

灾害等级为 0 的面积达 6403.67hm^2，灾害等级为 1 的面积较少，仅为 533.64hm^2。受到明显的人为干扰，主要为更新、抚育、征占等，其中更新面积 110.53hm^2，抚育面积 133.45hm^2，征占面积 22.51hm^2。

77. 苦竹林 (*Pleioblastus amarus* forest)

在四川，苦竹林分布于海拔 1000m 左右的温暖湿润环境，沟谷中常形成单优势群落。乔木为苦竹单一纯林，灌木草本不发达。

苦竹平均高 12.4m，平均胸径 5.1cm，郁闭度约 0.8。无灌木、草本。

面积 2129.2874hm²，生物量 211078.3599t，碳储量 105539.1799t。每公顷生物量 99.1310t，每公顷碳储量 49.5655t。

以人工种植为主，处于演替早期阶段，受到强烈人为干扰，自然度较低。但有少部分具有较高的自然度，并形成地带性顶级群落。

多样性指数 0，优势度指数 1，均匀度指数 0。斑块数 64 个，平均斑块面积 33.2701hm²，斑块破碎度 0.0301。

灾害等级为 0 的面积达 2024.75hm²，灾害等级为 1 的面积较少，仅为 168.73hm²。受到明显的人为干扰，主要为采伐、更新、抚育等，其中采伐面积 15.12hm²，更新面积 34.95hm²，抚育面积 42.19hm²。所受自然干扰类型为病虫鼠害，受影响面积 0.79hm²。

78. 刚竹林 (*Phyllostachys* forest)

在台湾、江苏、上海、重庆等省（直辖市）有除毛竹林、桂竹林、斑竹林之外的其他刚竹属竹子形成的竹林。面积 133101.8506hm²，生物量 10904549.5720t，碳储量 5220462.4455t。每公顷生物量 81.9264t，每公顷碳储量 39.2216t。多样性指数 0.2435，优势度指数 0.7547，均匀度指数 0.0783。斑块数 2245 个，平均斑块面积 59.2881hm²，斑块破碎度 0.0169。

（1）在台湾，以刚竹属的毛竹、桂竹为优势竹子的散生竹林类型，在台湾各地均有分布，主要集中分布在台湾北部地区。

竹林组成比较单一。林下灌木、草本不发达。

刚竹平均高 9~18m，平均胸径 4~15cm，郁闭度 0.6~0.9。

面积 73679.6220hm²，生物量 8649714.1975t，碳储量 4093044.7583t。每公顷生物量 117.3963t，每公顷碳储量 55.5519t。

斑块数 44 个，平均斑块面积 1674.5368hm²，斑块破碎度 0.0006。

箭竹林健康。自然干扰主要是台风。人为干扰主要是抚育管理与采伐。

（2）在江苏，除毛竹林外，还有其他刚竹类竹林，比如包括乌哺鸡竹、淡竹等，在江苏省南北各地均有成片分布，在平原、河滩、山坡，沿海轻度盐碱地上均生长良好。

竹林组成单一，以竹子纯林为主。林下灌木和草本不发达。

竹平均高 8.2m，平均胸径 7.5cm，郁闭度 0.75。

面积 22256.2000hm²，生物量 1435645.0835t，碳储量 717822.5417t。每公顷生物量 64.5054t，每公顷碳储量 32.2527t。

多样性指数 0，优势度指数 1，均匀度指数 0。斑块数 37 个，平均斑块面积 601.5190hm²，斑块破碎度 0.0016。

竹林生长健康。无自然干扰。人为干扰是抚育管理与采伐活动。

（3）在上海，气候温和湿润，适合种植的竹种比较多，根据上海园林绿化种植的竹子看，主要是刚竹类竹林，包括紫竹林、乌哺鸡竹林等有成片分布，主要分布在森林公园、旅游胜地等区域。

竹林组成比较单一。林下灌木、草本不发达。

竹平均高 7.8m，平均胸径 6.8cm，郁闭度 0.8。

面积 36.1757hm^2，生物量 2333.5280t，碳储量 1166.7640t。每公顷生物量 64.5054t，每公顷碳储量 32.2527t。

多样性指数 0，优势度指数 1，均匀度指数 0。斑块数 1 个，平均斑块面积 36.1757hm^2，斑块破碎度 0.0276。

竹林生长健康。无自然干扰。人为干扰主要是抚育管理与采伐活动。

（4）在重庆，除斑竹林、慈竹林、楠竹林外，还有苦竹林、紫竹林、翠竹林、刚竹林等，在重庆地区的各个区县均有分布，尤以除斑竹林、楠竹林外的其他刚竹类林分布相对集中连片。

以人工林为主，竹林中混生一些马尾松、杉木等树种。林下灌木、草本不发达。

竹平均高 5.5m，平均胸径 4.2cm，郁闭度 0.6。

面积 37129.8529hm^2，生物量 816856.763t，碳储量 408428.381t。每公顷生物量 22.0000t，每公顷碳储量 11.000t。

多样性指数 0.7307，优势度指数 0.2643，均匀度指数 0.2351。斑块数 2163，平均斑块面积 17.1659hm^2，斑块破碎度 0.0583。

竹林生长健康。无自然干扰。人为干扰主要是抚育管理与采伐活动。

79. 簕竹林（*Bambusa blumeana* forest）

簕竹类林在广东、广西分布普遍，面积 630321.6965hm^2，生物量 57941397.9861t，碳储量 27969483.4581t。每公顷生物量 91.9235t，每公顷碳储量 44.3733t。多样性指数 0.1658，优势度指数 0.8342，均匀度指数 0.1784。斑块数 667 个，平均斑块面积 945.0100hm^2，斑块破碎度 0.0011。

（1）在广东，除毛竹林外，还有大量的簕竹类的竹子分布，比如粉单竹林、青皮竹林、撑篙竹林等成片分布，也有箭竹林零星分布。主要分布于省内大陆的中部、北部地区，栽培面积较大的有广宁、怀集、四会、大埔等地。

乔木组成单一。灌木、草本不发达。

竹平均高 8.2m，平均胸径 6.9cm，郁闭度 0.77。

面积 279018.0000hm^2，生物量 17998167.6972t，碳储量 8999083.8486t。每公顷生物量 64.5054t，每公顷碳储量 32.2527t。

多样性指数 0，优势度指数 1，均匀度指数 0。斑块数 31 个，平均斑块面积 9000.5700hm^2，斑块破碎度 0.0001。

竹林生长健康。无自然干扰。人为干扰主要是抚育管理与采伐。

（2）在广西，除毛竹林外，还有大量的青皮竹林、撑篙竹林、粉单竹林、慈竹林等簕竹类的竹子分布，也有箭竹零星分布。根据广西 3 个气候带的竹子种类统计，桂南北热带有 63 种，桂中南亚热带有 54 种，桂北中亚热带仅有 46 种，其中丛生竹种类递减情况尤为明显，上述 3 个气候带分别为 49 种、33 种、21 种，有些丛生竹类虽然可延伸至桂北中亚热带，但仅局限于海拔 600m 以下的河谷平原才能正常生长。

青皮竹林主要分布于桂中、桂南海拔 600m 以下的平地、低丘陵地区。往北仅限于河谷平地区，垂直分布较桂南为低，约在海拔 200m 以下。

常见的伴生树种有杉木、马尾松、野柿、灯台树、杨桐等。林下灌木常见的有广州杜鹃、广西杜鹃、虎皮楠、牛耳枫、鸡爪茶等。

草本植物常见有狗脊、芒萁、淡竹叶、里白等。

竹平均高 8.5m，平均胸径 7.5cm，郁闭度 0.8。灌木盖度 0.1，平均高 0.9m。草本盖度 0.1，平均高 0.1m。

面积 351303.6965hm^2，生物量 39943230.2889t，碳储量 18970399.6095t。每公顷生物量 113.7000t，每公顷碳储量 54.0000t。

多样性指数 0.3316，优势度指数 0.6684，均匀度指数 0.3569。斑块数 636 个，平均斑块面积 552.3643hm^2，斑块破碎度 0.0018。

竹林生长健康。无自然干扰。人为干扰主要是抚育管理与采伐。

80. 巴山竹林 (*Bashania fargesii* forest)

在四川，除毛竹林、箭竹林、慈竹林、白夹竹林、苦竹林外，还有凤凰竹林、麻竹林、撑绿竹林、方竹林、硬头黄林、巴山木竹等竹林，其中巴山竹林有较大成片分布，主要分布在泸州、宜宾、乐山、雅安、眉山、成都、达州、广安、资阳、内江、自贡、绵阳、遂宁等地。

竹平均高 5.5m，平均胸径 4.2cm，郁闭度约 0.7。无灌木、草本。

面积 35709.9718hm^2，生物量 405173.4309t，碳储量 202586.7154t。每公顷生物量 11.3462t，每公顷碳储量 5.6731t。

多样性指数 0，优势度指数 1，均匀度指数 0。斑块数 918 个，平均斑块面积 39.8333hm^2，斑块破碎度 0.0251。

健康状况较好，基本都无灾害。受到明显的人为干扰，主要为采伐、征占等，其中采伐面积为 155.39hm^2，征占面积为 14.89hm^2。

81. 早园竹林 (*Phyllostachys propinqua* forest)

在山西，境内分布极少杂竹林，适宜山西生长的竹子品种较少，以引种栽培的早园竹为主，全部为人工林，分布在芮城县、平陆县和永济市。

乔木伴生树种有柏木和泡桐等。灌木极少，偶见酸刺。草本不发达，偶见白茅、蒿等植物。

竹平均高 3.8m，灌木层平均高 0.08m，草本层平均高 0.06m。竹平均胸径 3.4cm，郁闭度 0.6。灌木盖度 0.09，草本盖度 0.24。

面积 263.2847hm^2，生物量 9284.3019t，碳储量 4488.0315t。每公顷生物量 35.2634t，

每公顷碳储量 17.0463t。

多样性指数 0.3300，优势度指数 0.6700，均匀度指数 0.7000。斑块数 15 个，平均斑块面积 17.5523hm²，斑块破碎度 0.0570。

未见病害。未见虫害。未见火灾。未见自然和人为干扰。

82. 圣诞树林（*Acacia dealbata* forest）

圣诞树林分布在云南高纬度地区至低纬度的亚高山至高山地带的阴坡、半阴坡及谷地，形成纯林。金沙江流域头塘山地分布有圣诞树人工防护林。

乔木优势种类为圣诞树，伴生有云南松、云南油杉等。灌木主要有火把果、五月茶、假木荷、华山矾、铁仔、野牡丹、尖子木等。草本主要有山姜、淡竹叶、落新妇、鬼灯檠、唐松草、火绒草、尖齿蹄盖蕨等。

乔木层平均树高 13m，灌木层平均高 1.8m，草本层平均高 1m 以下，乔木平均胸径 15cm，乔木郁闭度约 0.7，草本盖度 0.3。

面积 54514.9191hm²，蓄积量 2473069.3032m³，生物量 3664899.6677t，碳储量 1745225.2218t。每公顷蓄积量 45.3650m³，每公顷生物量 67.2275t，每公顷碳储量 32.0137t。

多样性指数 0.5112，优势度指数 0.4888，均匀度指数 0.7939。斑块数 2926 个，平均斑块面积 18.6312hm²，斑块破碎度 0.0537。

森林植被健康中等。无自然干扰。人为干扰主要是抚育、采伐、更新，抚育面积 15874.5979hm²，采伐面积 105.8306hm²，更新面积 476.2379hm²。

83. 铁刀木林（*Cassia siamea* forest）

铁刀木林在云南南部、西南部热带地区有着广泛的分布，元谋等干热河谷也有栽培。

乔木以铁刀木为优势，伴生树种有布渣叶、粗糠柴、鹊肾树、多花白头树、云南石梓、重阳木等。灌木主要有雷公橘、灰毛浆果楝、黄皮、毛银柴、云南银柴等。草本主要有飞机草等。

乔木层平均树高 12.4m，灌木层平均高 1.6m，草本层平均高在 0.6m 以下，乔木平均胸径 18.3cm，乔木郁闭度约 0.8，草本盖度 0.6。

面积 2637.5717hm²，蓄积量 512018.6070m³，生物量 638902.9878t，碳储量 277156.1161t。每公顷蓄积量 194.1250m³，每公顷生物量 242.2315t，每公顷碳储量 105.0800t。

多样性指数 0.4832，优势度指数 0.5168，均匀度指数 0.5033。斑块数 236 个，平均斑块面积 11.1761hm²，斑块破碎度 0.0895。

森林植被健康中等。无自然干扰。人为干扰主要是抚育、更新，抚育面积 791.2715hm²，更新面积 23.7381hm²。

84. 大黄栀子林（*Gardenia sootepensis* forest）

大黄栀子林主要见于云南省的少数地区，如澜沧、勐海、景洪、勐腊等地，通常生于海拔 700~1600m 处的山坡、村边或溪边林中。

乔木以大黄栀子为优势，伴生树种有滇石栎、滇青冈、野樱桃、金竹、金合欢、铁刀木、西南木荷等。灌木主要有大白花杜鹃、九节、粗叶木、柳叶紫金牛、三桠苦、尾叶鹅掌柴、东方古柯等。草本常见的有云南兔儿风、大丁草、腺花香茶菜、长叶实蕨、金果鳞盖蕨、薄唇蕨、刺芒野古草、细柄草、四脉金茅等。

乔木层平均树高 7.8m，灌木层平均高 1.0m，草本层平均高在 0.3m 以下，乔木平均胸径 12.4m，乔木郁闭度约 0.7，草本盖度 0.35。

面积 4434.2447hm²，蓄积量 108151.7390m³，生物量 119042.5083t，碳储量 59324.8340t。每公顷蓄积量 24.3901m³，每公顷生物量 26.8462t，每公顷碳储量 13.3788t。

多样性指数 0.3211，优势度指数 0.6789，均匀度指数 0.3809。斑块数 128 个，平均斑块面积 34.6425hm²，斑块破碎度 0.0289。

森林植被健康中等。无自然干扰。人为干扰主要是抚育、更新，抚育面积 1330.2733hm²，更新面积 39.9082hm²。

85. 厚皮香林（*Ternstroemia gymnanthera* forest）

厚皮香林在云南分布于海拔 2000~2800m 的山地、林缘路边或近山顶。

乔木以厚皮香为优势，常见混交树种有旱冬瓜、麻栎、高山栲、华山松等。灌木稀疏，主要树种有云南杨梅、大白花杜鹃、珍珠花、白刺花、华西小石积、铁仔等。草本有大叶贯众、堇菜、麦冬、沿阶草等。

乔木层平均树高 12.7m，灌木层平均高 0.5m，草本层平均高在 0.2m 以下，乔木平均胸径 9.6cm，乔木郁闭度约 0.6，草本盖度 0.2。

面积 9104.0923hm²，蓄积量 658225.8700m³，生物量 724509.2151t，碳储量 362254.6076t。每公顷蓄积量 72.3000m³，每公顷生物量 79.5806t，每公顷碳储量 39.7903t

多样性指数 0.3319，优势度指数 0.6681，均匀度指数 0.4423。斑块数 386 个，平均斑块面积 23.5857hm²，斑块破碎度 0.0424。

森林植被健康中等。无自然干扰。人为干扰主要是征占，征占面积 9.1040hm²。

86. 木麻黄林（*Casuarina equisetifolia* forest）

在福建、广东、海南和云南 4 个省有木麻黄林分布，面积 38509.2000hm²，蓄积量 2544203.1182m³，生物量 2800404.3722t，碳储量 1400202.1861t。每公顷蓄积量 66.0674m³，每公顷生物量 72.7204t，每公顷碳储量 36.3602t。多样性指数 0，优势度指数 1，均匀度指数 0。斑块数 45 个，平均斑块面积 855.76hm²，斑块破碎度 0.0012。

（1）在云南，木麻黄林集中栽培于昭通的大关县。

乔木为木麻黄单层纯林。因人为活动频繁，灌木、草本种类不稳定。

乔木层平均树高 21.5m，灌木层平均高 1.0m，草本层平均高在 0.3m 以下，乔木平均胸径 26.7cm，乔木郁闭度约 0.6，草本盖度 0.3。

面积 47.78hm²，蓄积量 3454.4940m³，生物量 3802.3615t，碳储量 1901.1808t。每公顷蓄积量 72.3000m³，每公顷生物量 79.5806t，每公顷碳储量 39.7903t。

多样性指数 0，优势度指数 1，均匀度指数 0。斑块数 2 个，平均斑块面积 23.89hm²，斑块破碎度 0.0419。

森林植被健康中等。无自然干扰。人为干扰主要是抚育，抚育面积 6.483hm²。

（2）在福建，沿海种植有大量的木麻黄防护林。

乔木为纯林。灌木、草本不发达。

乔木平均胸径 13.5cm，平均树高 10.2m，郁闭度 0.6。

面积 2172.5500hm²，蓄积量 108040.9115m³，生物量 118920.6313t，碳储量 59460.3156t。每公顷蓄积量 49.7300m³，每公顷生物量 54.7378t，每公顷碳储量 27.3689t。

多样性指数 0，优势度指数 1，均匀度指数 0。斑块数 4 个，平均斑块面积 543.138hm²，斑块破碎度 0.0018。

木麻黄林生长健康。自然干扰主要是台风。人为干扰主要是毁林造田养鱼等。

（3）在广东，木麻黄林主要分布在沿海前缘的沙质海岸上，在湛江有较大面积。

乔木组成单一，以纯林为主。林下灌木、草本不发达。

乔木平均胸径 14.8cm，平均树高 12.5m，郁闭度 0.6。

面积 4623.1700hm²，蓄积量 309924.6817m³，生物量 341134.0971t，碳储量 170567.0486t。每公顷蓄积量 67.0373m³，每公顷生物量 73.7879t，每公顷碳储量 36.8940t。

多样性指数 0，优势度指数 1，均匀度指数 0。斑块数 1 个，平均斑块面积 4623.1700hm²，斑块破碎度 0.0002。

木麻黄林生长健康。自然干扰主要是台风。人为干扰主要是毁林造田养鱼等。

（4）在海南，是海岸带分布最广、面积最大的人工植被，以海防功能为主。主要分布在全岛各个沿海海岸线的沙滩和低丘的部分坡面。

乔木以木麻黄为单优种。在防护林内及林缘常见的植物有叶被木、酒饼叶、蔓荆子、铁苋、露兜树、细叶裸实、桃金娘、刺葵、银柴、黑面神、黄花稔、九节等。草本物种为菊科和禾本科植物。

乔木平均胸径 14cm，平均树高 12m，郁闭度 0.65。灌木盖度 0.1，平均高 1m。草本盖度 0.3，平均高 0.15m。

面积 31665.7000hm²，蓄积量 2122783.0310m³，生物量 2336547.2822t，碳储量 1168273.6411t。每公顷蓄积量 67.0373m³，每公顷生物量 73.7879t，每公顷碳储量 36.8940t。

多样性指数 0，优势度指数 1，均匀度指数 0。斑块数 38 个，平均斑块面积 833.307hm²，斑块破碎度 0.0012。

木麻黄林生长健康。自然干扰主要是台风。人为干扰主要是毁林造田养鱼等。

87. 棕榈林（*Trachycarpus fortune* forest）

在云南、上海两个省（直辖市）有棕榈林分布。面积 11486.6734hm²，蓄积量 507731.8539m³，生物量 441312.0719t，碳储量 189686.8649t。每公顷蓄积量 44.2018m³，每公顷生物量 38.4195t，每公顷碳储量 16.5136t。多样性指数 0.4756，优势度指数 0.5244，均匀度指数 0.5800。斑块数 478 个，平均斑块面积 24.0306hm²，斑块破碎度 0.0416。

（1）在云南，棕榈林广泛分布于云南省南部的西双版纳、红河、普洱等地。

乔木以棕榈为优势，伴生树种有滇石栎、滇青冈、野樱桃、金竹等。灌木主要有拔毒散、地桃花、菝葜等。草本主要有求米草、狗尾草、沿阶草、苡草等。

乔木层平均树高 10.2m，灌木层平均高 0.5m，草本层平均高在 0.2m 以下，乔木平均胸径 21.3cm，乔木郁闭度约 0.5，灌木盖度 0.1，草本盖度 0.6。

面积 10519.9754hm²，蓄积量 497571.7613m³，生物量 430127.376t，碳储量 184094.517t。每公顷蓄积量 47.2978m³，每公顷生物量 40.8867t，每公顷碳储量 17.4995t。

多样性指数 0.4479，优势度指数 0.5521，均匀度指数 0.6088。斑块数 414 个，平均斑块面积 25.4105hm²，斑块破碎度 0.0394。

森林植被健康中等。无自然干扰。人为干扰主要是抚育、采伐、更新，抚育面积 3069.0487hm²，采伐面积 20.4603hm²，更新面积 92.0714hm²。

（2）在上海，棕榈主要是景观林，在森林公园、旅游景区分布比较多。

乔木除棕榈树外，还伴生一些樟科、壳斗科的树种。灌木、草本不发达。

乔木层平均树高 6.6m，平均胸径 12.6cm，郁闭度 0.6。

面积 966.6980hm²，蓄积量 10160.0926m³，生物量 11184.6959t，碳储量 5592.3479t。每公顷蓄积量 10.5101m³，每公顷生物量 11.5700t，每公顷碳储量 5.7850t。

多样性指数 0.5033，优势度指数 0.4967，均匀度指数 0.5512。斑块数 64 个，平均斑块面积 15.1047hm²，斑块破碎度 0.0662。

棕榈林健康。无自然干扰。人为干扰主要是抚育管理。

88. 冬青林（*Ilex chinensis* forest）

在四川、重庆 2 个省（直辖市）有冬青林分布，面积 9407.5689hm²，蓄积量 207373.7844m³，生物量 227989.3904t，碳储量 113994.6952t。每公顷蓄积量 22.0433m³，每公顷生物量 24.2347t，每公顷碳储量 12.1173t。多样性指数 0.3390，优势度指数 0.6610，均匀度指数 0.8130。斑块数 67 个，平均斑块面积 140.4114hm²，斑块破碎度 0.0071。

（1）在四川，冬青林分布于汶川、灌县、雅安、芦山、天全、会东、冕宁、昭觉、峨边、马边、金阳、普格、洪雅、屏山、峨眉、荣昌、邻水、长宁、高县。常见分布于海拔 250~2500m 的丘陵、溪边、路旁。

乔木伴生树种主要有圆柏、柳杉、构树。灌木主要有水麻。草本主要有求米草、冷水花、拉拉秧、苔草等。

乔木层平均树高 8.9m，灌木层平均高 1.5m，草本层平均高 0.2m 以下，乔木平均胸径 19.8cm，乔木郁闭度约 0.6，草本盖度 0.3。

面积 166.5348hm²，蓄积量 22670.6402m³，生物量 24686.6396t，碳储量 12343.3198t。每公顷蓄积量 136.1316m³，每公顷生物量 148.2371t，每公顷碳储量 74.1186t。

多样性指数 0.2856，优势度指数 0.7144，均匀度指数 0.9477。斑块数 4 个，平均斑块面积 41.6337hm²，斑块破碎度 0.0240。

森林植被健康。受到的人为干扰主要为更新、抚育、征占等，其中更新面积 2.73hm²，抚育面积 3.29hm²，征占面积 0.56hm²。

（2）在重庆，冬青林有广泛分布。

冬青林乔木主林层以冬青为主，同时伴生少量柏木以及柳杉，次林层以构树为主。

林下灌木主要以水麻为主。冬青林林下草本较少，主要有求米草、冷水花、拉拉秧、苔草等。

乔木平均胸径 12.8cm，平均树高 10.5m，郁闭度 0.65。灌木盖度 0.1，平均高 0.8m。草本盖度 0.3，平均高 0.1m。

面积 9241.0341hm²，蓄积量 184703.1442m³，生物量 203302.7508t，碳储量 101651.3754t。每公顷蓄积量 19.9873m³，每公顷生物量 22.0000t，每公顷碳储量 11.0000t。

多样性指数 0.3924，优势度指数 0.6076，均匀度指数 0.6795。斑块数 63 个，平均斑块面积 146.6831hm²，斑块破碎度 0.0068。

冬青林健康。无自然和人为干扰。

第二节　常绿阔叶混交林

常绿阔叶混交林是指仅有两个及以上常绿阔叶树种为优势树种的森林群落。本次调查结果中，共有常绿阔叶混交林类型 37 种，面积 16774578.1536hm²，蓄积量 1156669015.0688m³，生物量 1491431151.1136t，碳储量 733181909.1966t，分别占全国常绿阔叶林类型、面积、蓄积量、生物量、碳储量的 29.6%、38.79%、52.22%、46.48%、46.17%。平均每公顷蓄积量、每公顷生物量、每公顷碳储量、斑块数、平均斑块面积、斑块破碎度分别为 68.9537m³、88.9102t、43.7079t、120175 个、139.5846hm²、0.0072，是常绿阔叶林平均每公顷蓄积量、每公顷生物量、每公顷碳储量、斑块数、平均斑块面积、斑块破碎度的 134.61%、119.82%、119.02%、37.64%、103.06%、97.03%。

89. 紫楠、檫木阔叶混交林（*Phoebe sheareri*, *Sassafras tzumu* forest）

紫楠、檫木阔叶混交林分布于江苏宜兴朗阴岕、溧阳金刚岕等地区。

乔木组成树种包括紫楠、枳椇、檫木、牛鼻栓、八角枫等。灌木树种有箬竹、白背叶、大青、革叶菝花、肉花卫矛等。草本有羽复叶耳蕨、溧阳复叶耳蕨、水龙骨、盾蕨等。

乔木层平均树高 12.8m，乔木平均胸径 16.5cm，乔木郁闭度 0.7。灌木盖度 0.2，平均高 1.2m。草本盖度 0.3，平均高 0.2m。

面积 616.8130hm²，蓄积量 50187.6787m³，生物量 55241.5780t，碳储量 27620.7890t。每公顷蓄积量 81.3661m³，每公顷生物量 89.5597t，每公顷碳储量 44.7798t。

多样性指数 0.7108，优势度指数 0.2892，均匀度指数 0.7731。斑块数 5 个，平均斑块面积 123.3630hm²，斑块破碎度 0.0081。

病害无。虫害无。火灾轻。人为干扰类型为森林经营活动。无自然干扰。

90. 光叶高山栎、灰背栎阔叶混交林（*Quercus pseudosemecarpifolia*，*Quercus senescens* forest）

光叶高山栎、灰背栎阔叶混交林主要分布在贵州省威宁县、赫章县。

乔木分别以光叶高山栎、灰背栎为主。灌木层较稀疏，主要有滇榛、小叶枸子等。草本层主要有蛇莓、矛叶荩草等。

灰背栎群系上层乔木平均树高 14m，平均胸径 24cm，郁闭度 0.5。灌木层平均高 1.0m。草本层平均高 0.3m。灌木盖度 0.1，草本盖度 0.2。

面积 733.3175hm²，蓄积量 27449.9825m³，生物量 41232.6125t，碳储量 20616.2696t。每公顷蓄积量 37.4326m³，每公顷生物量 56.2275t，每公顷碳储量 28.1137t。

多样性指数 0.4980，优势度指数 0.5020，均匀度指数 0.9970。斑块数 32 个，平均斑块面积 22.9161hm²，斑块破碎度 0.0436。

光叶高山栎、灰背栎阔叶混交林森林植被健康。基本未受灾害。光叶高山栎、灰背栎阔叶混交林很少受到极端自然灾害和人为活动的影响。

91. 厚壳桂、华栲、越南栲阔叶混交林（*Cryptocarya chinensis*，*Castanopsis chinensis*，*Castanopsis tonkinensis* forest）

厚壳桂、华栲、越南栲阔叶混交林在福建、广东、广西 3 个省（自治区）有分布，面积 606934.6339hm²，蓄积量 46167313.1138m³，生物量 55143278.2725t，碳储量 27474222.8416t。每公顷蓄积量 76.0664m³，每公顷生物量 90.8554t，每公顷碳储量 45.2672t。多样性指数 0.8572，优势度指数 0.1428，均匀度指数 0.8529。斑块数 346 个，平均斑块面积 1754.1463hm²，斑块破碎度 0.0006。

（1）在福建，厚壳桂、华栲、越南栲阔叶混交林主要分布在福清、永泰、莆田、仙游、安溪、华安、长泰、南靖、平和、漳浦、诏安、云霄等县市。

乔木包括厚壳桂、栲树、越南栲等。灌木以罗伞树、柏拉木、杜鹃花、柃木等种类为主。草本以狗脊、山姜为主。

乔木平均胸径 22.8cm，平均树高 14.4m，郁闭度 0.75。灌木盖度 0.2，平均高 1.3m。

草本盖度 0.2，平均高 0.2m。

面积 168212.0000hm²，蓄积量 18663155.0424m³，生物量 20542520.433t，碳储量 10271260.2168t。每公顷蓄积量 110.9502m³，每公顷生物量 122.1228t，每公顷碳储量 61.0614t。

多样性指数 0.8585，优势度指数 0.1415，均匀度指数 0.8832。斑块数 33 个，平均斑块面积 5097.340hm²，斑块破碎度 0.0002。

病害无。虫害无。火灾轻。人为干扰类型为建设征占用。无自然干扰。

（2）在广东，厚壳桂、华栲、越南栲阔叶混交林主要分布于乳源县、连山县、阳山县、乐昌县、仁化县、南雄县等地。

乔木分两层，第一层乔木平均树高 14~19m，最高达 30m，第二层乔木平均树高 8~13m，主要种类有厚壳桂、越南栲、甜槠、罗浮锥、木荷、杨桐、石斑木、黄樟、冬青等。

灌木层平均高一般为 1~3m，覆盖度 25%~40%，以罗伞树、柏拉木、杜鹃花、柃木、粗叶木和草珊瑚等种类为主。

草本层平均高一般为 20~30cm，盖度 0.1 左右，以狗脊、卷柏和山姜为主。

面积 282407.0000hm²，蓄积量 17209882.5800m³，生物量 19137733.9655t，碳储量 9471450.6881t。每公顷蓄积量 60.9400m³，每公顷生物量 67.7665t，每公顷碳储量 33.5383t。

多样性指数 0.8815，优势度指数 0.1185，均匀度指数 0.7932。斑块数 72 个，平均斑块面积 3922.32hm²，斑块破碎度 0.0003。

厚壳桂、华栲、越南栲阔叶混交林健康。无病虫害。人为干扰类型为建设征占用。无自然干扰。

（3）在广西，厚壳桂、华栲、越南栲阔叶混交林分布于桂中东地区，例如大明山、大瑶山及云开大山等地海拔 800m 以下的山地，为南亚热带季风常绿阔叶林的代表类型之一。桂南海拔 700m 以上的山地也有分布，成为季节性雨林垂直带谱上的类型；但该树种又可下延至海拔 700m 以下的季节性雨林或季节性雨林破坏后形成的次生林内，成为常见的成分。

乔木第一层平均高 20~25m，平均胸径 30~40cm，树冠整齐，郁闭度 0.85；乔木第二亚层平均高 10~15m，平均胸径 20~25cm，郁闭度 0.7；乔木第三亚层平均高 4~8m，郁闭度 0.7。种类组成异常复杂，上中层林木以樟科的厚壳桂、黄果厚壳桂、华润楠、琼楠、阴香为优势，其他占优势的林木还有罗浮锥、香皮树、猴欢喜、笔罗子、木竹子、山杜英、枇杷叶山龙眼等，较常见的种类有黄丹木姜子、腺叶山矾、微毛山矾、鸭公树、毛锥、丛花厚壳桂、广东山胡椒等。

灌木以多刺的白藤占明显优势，盖度可达 0.7，平均高 1.5m。也可见到以海南罗伞树和九节为优势的灌木。其他较常见的灌木植物还有草鞋木、黄果厚壳桂、围涎树、网脉山龙眼、柏拉木、鳖蕨锥、香楠、轮叶木姜子、竹叶木姜子、郎伞树、紫荆木、西南粗叶木等。

草本植物以高大的金毛狗脊为优势，其次为淡竹叶、山姜、宽叶楼梯草、乌毛蕨、广州蛇根草等，零星分布的有半边旗、卷柏、狗脊、中华里白等，盖度 0.5，平均高 0.3m。

面积 156315.6339hm²，蓄积量 10294275.4914m³，生物量 15463023.8734t，碳储量 7731511.9367t。每公顷蓄积量 65.8557m³，每公顷生物量 98.9218t，每公顷碳储量 49.4609t。

多样性指数 0.8316，优势度指数 0.1684，均匀度指数 0.8824。斑块数 241 个，平均斑块面积 648.6126hm²，斑块破碎度 0.0015。

厚壳桂、华栲、越南栲阔叶混交林健康。无自然灾害。人为干扰主要是征占。

92. 曼青冈、细叶青冈阔叶混交林（*Cyclobalanopsis oxyodon*，*Cyclobalanopsis-gracilis* forest）

曼青冈、细叶青冈阔叶混交林主要分布在贵州东北部梵净山。

曼青冈、细叶青冈阔叶混交林乔木一般分为 2 个亚层，上层常见曼青冈、细叶青冈等，下层主要种类有光叶山矾等。灌木以大箭竹等为主。草本以鳞毛蕨等为主。

曼青冈、细叶青冈林乔木上层平均树高 18m，下层平均树高 9m，灌木层平均高 2m 以下，草本层平均高 30cm 以下。乔木郁闭度 0.6，灌木盖度 0.1，草本盖度 0.2。

面积 35350.4087hm²，蓄积量 1323257.7074m³，生物量 1987665.1032t，碳储量 993830.7841t。每公顷蓄积量 37.4326m³，每公顷生物量 56.2275t，每公顷碳储量 28.1137t。

多样性指数 0.8110，优势度指数 0.1890，均匀度指数 0.8700。斑块数 571 个，平均斑块面积 61.9096hm²，斑块破碎度 0.0161。

森林植被健康。基本未受灾害。很少受到极端自然灾害和人为活动的影响。

93. 小红栲、石栎阔叶混交林（*Castanopsis carlesii*，*Lithocarpus glaber* forest）

小红栲、石栎阔叶混交林仅见于宜兴龙池山海拔 250m 左右的山坡上，所在地为曲折有屏障的袋形沟谷，气流较外界稳定，温、湿度也较高。

乔木有小红栲、柯、青冈、苦槠、冬青等。灌木有油茶、杨桐、马银花、南烛、江南越桔、豆腐柴、算盘子、满山红等。草本有金星蕨、黑足鳞毛蕨、淡竹叶、虎杖等。

乔木层平均树高 6~8m，平均胸径 8~16cm，郁闭度 0.7~0.9。灌木盖度 0.8，平均高 1.5m。草本盖度 0.3，平均高 0.3m。

面积 11633.8000hm²，蓄积量 972338.1709m³，生物量 1460549.1665t，碳储量 730274.5833t。每公顷蓄积量 83.5787m³，每公顷生物量 125.5436t，每公顷碳储量 62.7718t。

多样性指数 0.7800，优势度指数 0.2200，均匀度指数 0.8100。斑块数 27 个，平均斑块面积 430.88hm²，斑块破碎度 0.0023。

病害无。虫害无。火灾轻。人为干扰类型为森林经营活动。无自然干扰。

94. 甜槠、米槠阔叶混交林（*Castanopsis eyrie*，*Castanopsis carlesii* forest）

在贵州、浙江 2 个省有甜槠、米槠阔叶混交林分布，面积 56843.1836hm²，蓄积量

3301133.0133m³，生物量 5801402.5012t，碳储量 2863942.6237t。每公顷蓄积量 58.0744m³，每公顷生物量 102.0598t，每公顷碳储量 50.3832t。多样性指数 0.7705，优势度指数 0.2295，均匀度指数 0.5900。斑块数 1540 个，平均斑块面积 36.9111hm²，斑块破碎度 0.0271。

（1）在贵州，甜槠、米槠阔叶混交林主要分布在黔北习水县小桥坝、黔中贵阳市乌当新堡及黔南荔波县茂兰立化等地。

甜槠、米槠阔叶混交林乔木一般分为 2 个亚层，上层乔木树冠一般呈伞形，树干高大，树冠连续，主要有甜槠、米槠等，第二亚层乔木的树冠不连续，树干较低矮。灌木以山茶科、杜鹃花科植物为主。中亚常绿阔叶林灌木一般仅高 1~3m，常有乔木树种的幼树。草本植物低矮稀疏，以喜阴种类（如蕨等）为主。藤本植物较少，多为木质藤本种类。

乔木上层平均树高 16.4m，下层平均树高 6.5m，灌木层平均高 2m，草本层平均高可达 2m。乔木平均胸径 15.2cm，灌木平均胸径 1.5cm。乔木郁闭度 0.4，灌木盖度达 0.6，草本盖度约 0.7。

面积 33537.8836hm²，蓄积量 1533293.1681m³，生物量 3685747.3672t，碳储量 1806115.0567t。每公顷蓄积量 45.7182m³，每公顷生物量 109.8980t，每公顷碳储量 53.8530t。

多样性指数 0.8110，优势度指数 0.1890，均匀度指数 0.8700。斑块数 1502 个，平均斑块面积 22.3288hm²，斑块破碎度 0.0447。

森林植被健康。基本未受灾害。很少受到极端自然灾害和人为活动的影响。

（2）在浙江，以米槠、甜槠为优势种的森林也是浙江省常见的常绿阔叶林类型之一。其分布区范围，北界临安（玲珑山有小块分布），东临滨海（鄞州区天童林场有以米槠与栲为共建种的森林类型），西至开化古田山、杨林一带，与江西森林相衔接，南抵苍南与福建森林相连。其中尤以浙南庆元、龙泉、景宁、文成、泰顺等县分布较广。其垂直分布范围，庆元、景宁一带海拔可至 800 余米，开化杨林一带 600~700m，海拔 400~600m 为集中地带。

乔木有米槠、甜槠、木荷、冬青等。灌木有乌药、山矾、窄基红褐柃、毛柄连蕊茶等。草本有狗脊、芒萁、鳞毛蕨、淡竹叶等。

乔木层平均树高 15m，灌木层平均高 0.5~2.5m，草本层平均高 0.1~0.5m，乔木郁闭度 0.8，灌木盖度 0.5~0.7，草本盖度 0.1~0.2。

面积 23305.3000hm²，蓄积量 1767839.8452m³，生物量 2115655.1340t，碳储量 1057827.5670t。每公顷蓄积量 75.8557m³，每公顷生物量 90.7800t，每公顷碳储量 45.3900t。

多样性指数 0.7300，优势度指数 0.2700，均匀度指数 0.3100。斑块数 38 个，平均斑块面积 613.2970hm²，斑块破碎度 0.0016。

病害等级无。虫害等级无。火灾等级轻。人为干扰类型为森林经营活动。

95. 斑竹、麻竹、车筒竹林 (*Phyllostachys bambusoides*, *Sinocalamus latiflorus*, *Bambusa sinospinosa* forest)

在贵州，斑竹、麻竹、车筒竹林主要分布在赤水、湄潭、凤岗、思南、余庆、绥阳、道真、正安、瓮安、印江、铜仁、石阡及镇远等地。麻竹主要分布在南部河谷地带。车筒竹主要分布在黔南的罗甸、荔波，黔西南的望谟、兴义及黔北赤水河流域海拔400~700m地区。

多成小片纯林。斑竹林结构单纯，乔木以斑竹为优势，伴生树种有青果榕、黄毛榕、锥栗等。麻竹林多为纯林。

斑竹林草本植物有山姜、黄姜花等较大型的草本以及白茅，皱叶狗尾草等。

麻竹一般为纯林，林下灌木和草本稀少。

车筒竹林冠外貌参差不齐，竹竿高大笔直。

斑竹、麻竹、车筒竹林平均高6.1m，灌木层平均高0.9m，竹林郁闭度0.8。

面积68678.2919hm²，生物量3341604.1019t，碳储量1624021.4691t。每公顷生物量48.6559t，每公顷碳储量23.6468t。

多样性指数0.7380，优势度指数0.2620，均匀度指数0.7460。斑块数1875个，平均斑块面积36.6284hm²，斑块破碎度0.0273。

斑竹、麻竹、车筒竹林健康。基本未受灾害。有择伐、除草、人工辅助更新等森林经营活动。

96. 慈竹、淡竹、水竹、方竹 (*Sinocalamus affinis*, *Phyllostachys nigra* var. *henonis*, *Phyllostachys congesta*, *Chimonobambusa quadrangularis* forest)

在贵州，慈竹主要分布在瓮安、余庆、石阡、思南、遵义、湄潭、凤冈及赤水等地海拔300~1100m地区。淡竹在贵州铜仁及黔东南地区较为常见，多以块状镶嵌分布。

水竹在黔北、黔中及黔东南有分布，但面积均不大。方竹主要分布在遵义地区桐梓县柏菁林区及遵义县仙人山海拔1500~2220m的山地。

慈竹群落结构简单，多为单层，林相整齐。林下草本常见鸢尾、苔草、荩草等。

淡竹是单优势群落，灌木极不发育，草本发育也较差。常见灌木有六月雪、大叶胡枝子、刺楸等。草本有珍珠菜、堇菜、乌头、野百合等。

水竹结构比较单一，偶见有阔叶树混生，林下灌木也很少，有少数耐阴的白马骨以及盐肤木、臭椿和楸树的幼树等，草本也很稀疏，只有少量蕨、皱叶狗尾草、麦冬等。

在桐梓县柏菁林区，方竹主要与常绿树种混交，在仙人山及其他地区，有落叶树种混生。常绿树种主要是壳斗科植物，还有小叶石楠、丝栗栲、八角、山茶科植物等；落叶树种有水青冈、桦木、漆树等。

慈竹一般平均高5~12m，平均胸径4~7cm，郁闭度可达0.8~0.9。

淡竹平均高2.5m，平均胸径1~1.5cm，郁闭度达0.95以上。淡竹林的草本盖度小于0.1。

野生水竹一般平均高1~2m，人工栽培的水竹平均高5~8m，平均胸径2~4cm。

方竹平均高 3~10m，平均胸径 1~4cm。

面积 5659.1717hm²，生物量 263813.0403t，碳储量 128213.0617t。每公顷生物量 46.6169t，每公顷碳储量 22.6558t。

多样性指数 0.4400，优势度指数 0.5500，均匀度指数 0.4700。斑块数 203 个，平均斑块面积 27.8776hm²，斑块破碎度 0.0358。

慈竹、淡竹、水竹、方竹林生长良好。基本未受灾害。有择伐、除草、人工辅助更新等森林经营活动。

97. 青冈、栲常绿阔叶混交林（*Quercus glauca*，*Castanopsis fargesii* forest）

青冈、栲常绿阔叶混交林乔木分两层，第一层乔木树高 14~19m，最高达 30m，第二层乔木树高 8~13m。主要种类有青冈、红锥、甜槠、罗浮锥、木荷、大果马蹄荷、杨桐、石斑木、大果山龙眼、黄樟、冬青等。

灌木层平均高一般为 1~3m，盖度 0.25~0.4，以罗伞树、柏拉木、杜鹃花、枔木、粗叶木和草珊瑚等种类为主。

草本层平均高一般为 20~30cm，盖度 0.1 左右，以狗脊、卷柏和山姜为主。

面积 2948220.0000hm²，蓄积量 120700126.8000m³，生物量 132854458.5720t，碳储量 66426344.8200t。每公顷蓄积量 40.9400m³，每公顷生物量 45.0626t，每公顷碳储量 22.5310t。

多样性指数 0.7931，优势度指数 0.2069，均匀度指数 0.8011。斑块数 997 个，平均斑块面积 2957.09hm²，斑块破碎度 0.0003。

青冈、栲常绿阔叶混交林生长良好。无自然和人为干扰。

98. 青冈、黄连、朴树常绿落叶阔叶混交林（*Quercus glauca*，*Pistacia chinensis*，*Celtis sinensis* forests）

在上海，主要分布于松江区的佘山，较为集中地分布在北坡海拔约 40~80m 处。

乔木有苦槠、白栎、冬青、化香树、山槐、厚壳树、野柿、朴树等。灌木有胡颓子、野鸦椿、枸骨、牡荆等。草本有苔草、矛叶荩草等。

乔木层平均树高 11m，灌木层平均高 1.5m，草本层平均高 1m 以下，乔木平均胸径 19cm，乔木郁闭度 0.6~0.8，灌木盖度约 0.3，草本盖度约 0.35。

面积 390.7050hm²，蓄积量 38054.6670m³，生物量 42313.3515t，碳储量 19027.3335t。每公顷蓄积量 97.4000m³，每公顷生物量 108.3000t，每公顷碳储量 48.7000t。

多样性指数 0.8000，优势度指数 0.2000，均匀度指数 0.2400。斑块数 17 个，平均斑块面积 22.9826hm²，斑块破碎度 0.0435。

病害无。虫害无。火灾轻。人为干扰类型为森林经营活动。无自然干扰。

99. 苦槠、青冈常绿阔叶混交林（*Castanopsis sclerophylla*，*Quercus glauca* forest）

在福建、江苏、浙江 3 个省有苦槠、青冈常绿阔叶混交林分布，面积 200576.3200hm²，蓄积量 17683167.4328m³，生物量 20439920.1406t，碳储量 10219960.0703t。每公顷蓄积量 88.1618m³，每公顷生物量 101.9059t，每公顷碳储量 50.9530t。多样性指数 0.7110，优势度指数 0.2889，均匀度指数 0.4460。斑块数 206 个，平均斑块面积 973.6714hm²，斑块破碎度 0.0010。

（1）在浙江，苦槠、青冈常绿阔叶混交林广泛分布于浙江各地的浅山区和丘陵地带，而以中部、西北部和浙东丘陵地带为常见，一般深山区和浙南山区较少，在龙泉、庆元一带分布于海拔 700m 以下，在缙云县为 500m 以下，在杭州市区、富阳、桐庐、建德、淳安一带多分布于海拔 600m 以下。

乔木有苦槠、青冈等树种。灌木有连蕊茶、檵木、马银花、乌饭、格药柃、米饭花、杨桐等。草本有狗脊、蕨、铁芒萁等。

乔木层平均树高 12m，灌木层平均高 2~4m，草本层平均高 1m 以下。乔木平均胸径 12cm，乔木郁闭度约 0.85，灌木盖度 0.5，草本盖度 0.7。

面积 125502.0000hm²，蓄积量 9520042.0614m³，生物量 11393071.5600t，碳储量 5696535.7800t。每公顷蓄积量 75.8557m³，每公顷生物量 90.7800t，每公顷碳储量 45.3900t。

多样性指数 0.7000，优势度指数 0.3000，均匀度指数 0.3500。斑块数 175 个，平均斑块面积 717.1520hm²，斑块破碎度 0.0013。

病害无。虫害无。火灾轻。人为干扰类型为森林经营活动。无自然干扰。

（2）在江苏，苦槠、青冈常绿阔叶混交林在宜兴、溧阳山区南部分布较普遍。

乔木组成有青冈、苦槠、石栎等。灌木有连蕊茶、檵木、马银花、乌饭树、格药柃、米饭花、杨桐、杜鹃花、宜昌荚蒾、豆腐柴、白马骨等。草本有狗脊、铁芒萁、芒等。

乔木平均胸径 15.5cm，平均树高 13.8m，郁闭度 0.7。灌木盖度 0.3，平均高 1.5m。草本盖度 0.4，平均高 0.3m。

面积 2885.1200hm²，蓄积量 153719.1936m³，生物量 230901.3468t，碳储量 115450.6734t。每公顷蓄积量 53.2800m³，每公顷生物量 80.0318t，每公顷碳储量 40.0159t。

多样性指数 0.6931，优势度指数 0.3069，均匀度指数 0.6681。斑块数 3 个，平均斑块面积 961.7070hm²，斑块破碎度 0.0010。

病害等级无。虫害等级无。火灾等级轻。人为干扰类型为森林经营活动。

（3）在福建，苦槠、青冈常绿阔叶混交林在闽北、闽东、闽西北地区分布很普遍。垂直分布为海拔 400~1600m。

乔木有甜槠、苦槠、青冈、多穗石栎、小叶青冈、青冈、硬壳柯、短尾柯、白栎、木荷、虎皮楠、树参、黄山松、杉木、锥栗、蓝果树等。灌木有江南越橘、杨桐、细齿叶柃、杜鹃、鹿角杜鹃、弯蒴杜鹃、薄叶山矾、檵木、石斑木、乌药、鸭脚茶、毛果杜鹃、小叶石楠、老鼠刺、黄背越橘、山矾等。草本植物较少，而且稀疏，以蕨为主，如中华里白、狗脊等。

乔木层树高 8~15m，灌木层高 2~4m，草本层平均高在 0.5m 以下。乔木平均胸径约 25cm，郁闭度 0.7 以上。灌木盖度约 0.4，草本盖度 0.1 以下，植被总盖度 0.9 以上。

面积 72189.2000hm^2，蓄积量 8009406.1778m^3，生物量 8815947.2338t，碳储量 4407973.6169t。每公顷蓄积量 110.9502m^3，每公顷生物量 122.1228t，每公顷碳储量 61.0614t。

多样性指数 0.7400，优势度指数 0.2600，均匀度指数 0.3200。斑块数 28 个，平均斑块面积 2578.18hm^2，斑块破碎度 0.0004。

病害等级无。虫害等级无。火灾等级轻。人为干扰类型为森林经营活动。

100. 龙眼、杨梅、枇杷常绿阔叶混交林（*Dimocarpus longan*，*Myrica rubra*，*Eriobotrya japonica* forest）

在福建，龙眼、杨梅、枇杷常绿阔叶混交林全省各地都有分布，面积 43155.3000hm^2。乔木组成单一，以龙眼林、杨梅林、枇杷林的块状混交。灌木、草本不发达。

乔木平均胸径 20.3cm，平均树高 7.8m，郁闭度 0.7。

多样性指数 0.3988，优势度指数 0.6012，均匀度指数 0.3881。斑块数 18 个，平均斑块面积 2397.52hm^2，斑块破碎度 0.0004。

龙眼、杨梅、枇杷常绿阔叶混交林生长良好。自然干扰主要是病虫害。人为干扰主要是抚育管理与采摘。

101. 棕榈类林（*Trachycarpus* forest）

在海南，棕榈类林主要包括棕榈、椰子、槟榔、油棕等森林植被类型，广泛分布于海南全省各地，有块状混交和株间混交等模式。

槟榔林主要分布于海南岛中部（琼中、屯昌）、中南部（万宁）、西部（东方）、西南部（三亚）。在海南，槟榔林被分为砂丘槟榔、沟谷槟榔、滨海槟榔和旱生槟榔 4 种生态型。在每 100m^2 样方内乔木优势植物种为槟榔，树高 7~9m，平均冠幅 4m^2。人工槟榔林下经常套种鸟巢蕨、散尾葵、春羽等阴生植物。灌草层优势植物有柳叶密花树、弓果黍、鸡屎藤，平均高 0.1~1m，盖度 0.67。

椰子林主要分布在文昌东郊、会文、琼海长坡、陵水县及三亚市沿海地区。第一层乔木，除优势植物椰子树、槟榔树外，还有粉单竹、洋蒲桃等。在每个 100m^2 样方中，乔木平均胸径 21cm，平均树高 8~10m，平均冠幅 3m^2。

灌木层常见的植物有杨桃、短穗鱼尾葵、黄皮、黄槿、对叶榕、土坛树、龙眼、荔枝、潺稿木姜、银柴、黑面神、假柿木姜等多种。

油棕主要分布于海南岛南部、西北部，1990 年开始种植，树高达 10m 或更高。

乔木平均胸径 12.8cm，平均树高 8.5m，郁闭度 0.6。灌木盖度 0.3，平均高 1.5m。草本盖度 0.2，平均高 0.2m。

面积 147879.000hm^2，生物量 1710960.0300t，碳储量 774885.9600t。每公顷生物量 11.5700t，每公顷碳储量 5.2400t。

多样性指数 0.2895，优势度指数 0.7105，均匀度指数 0.3031。斑块数 179 个，平均

斑块面积826.1410hm², 斑块破碎度0.0012。

草本受人和牲畜踩踏, 物种较少。

102. 米槠、甜槠常绿阔叶混交林 (*Castanopsis carlesii*, *Castanopsis eyrei* forest)

在福建、广西两个省(自治区)有米槠、甜槠常绿阔叶混交林分布, 面积1726543.7926hm², 蓄积量 161881713.8417m³, 生物量 195580768.1419t, 碳储量97790384.0710t。每公顷蓄积量93.7606m³, 每公顷生物量113.2788t, 每公顷碳储量56.6394t。多样性指数0.4450, 优势度指数0.5550, 均匀度指数0.1150。斑块数1188个, 平均斑块面积1453.3196hm², 斑块破碎度0.0007。

(1) 米槠、甜槠阔叶混交林在福建各县均有分布, 但多集中于闽西北和闽中河谷山地, 是海拔1000m以下的常绿阔叶林中常见的建群种。在福建垂直分布于海拔200~900m。

乔木有米槠、甜槠、鹿角锥、毛锥、钩锥、苦槠、青冈、木荷、沉水樟、红楠、刨花润楠、华南桂、细柄蕈树、山杜英、猴欢喜、少叶黄杞、深山含笑、观光木、木荚红豆、树参、椤木石楠, 针叶树有杉木、红豆杉、三尖杉、福建柏, 落叶阔叶树有枫香树、蓝果树、钟花樱桃、南酸枣、赤杨叶及毛竹等树种。灌木有柃木、毛冬青、木姜子、杨桐、枸骨、九节、绒毛润楠、老鼠刺、杜鹃、杜茎山、百两金、山茶、苦竹、刚竹等。草本有狗脊、翠云草、乌蕨、金毛狗脊、金星蕨、淡竹叶、山姜、中华里白、草珊瑚等。

乔木层平均树高15~20m, 灌木层平均高1~2.5m, 草本层平均高1m, 乔木平均胸径25cm, 乔木郁闭度约0.6~0.7, 灌木盖度0.15~0.5, 草本盖度0.1~0.25, 植被总盖度0.85~0.9。

面积1068400.0000hm², 蓄积量118539193.6800m³, 生物量130475999.5200t, 碳储量65237999.7600t。每公顷蓄积量110.9502m³, 每公顷生物量122.1228t, 每公顷碳储量61.0614t。

多样性指数0.8900, 优势度指数0.1100, 均匀度指数0.2300。斑块数170个, 平均斑块面积6284.72hm², 斑块破碎度0.0002。

病害无。虫害无。火灾轻。人为干扰类型为森林经营活动。无自然干扰。

(2) 在广西, 米槠、甜槠阔叶混交林主要分布于桂北、桂东北一带, 向南可沿着山地分布到大明山、大容山、云开大山、六万大山, 向西伸展至最西端隆林县的金钟山。在广西北部地区, 槠林作为水平地带代表类型出现, 山地丘陵都有分布, 它较耐寒, 能一直延伸到海拔1300m; 在中部地区, 见于海拔700~1500m的山地, 间杂在其他山地常绿阔叶林类型中, 下界接黄果厚壳桂林和公孙锥林; 在南部地区, 作为季节性雨林垂直带谱山地常绿阔叶林的一个类型, 见于海拔900m以上的山地。

乔木有甜槠、米槠、黄杞、日本杜英、厚斗柯、枫香、多花杜鹃、云山青冈、山杜英、基脉润楠、青榨槭、滇琼楠、银木荷、贵州栲叶树等。灌木有单毛栲叶树、草珊瑚、杜茎山等。草本有菝葜、藤黄檀、光里白、狗脊、鳞毛蕨、十字苔草等。

乔木层平均树高15~16m, 灌木层平均高3m以下, 草本层平均高1~2m, 乔木平均胸径30cm左右, 植被总盖度约0.9, 乔木郁闭度0.6以上, 灌木盖度0.5左右, 草本盖度变化较大，约 0.2~0.6。

面积 658143.7926hm²，蓄积量 43342520.1617m³，生物量 65104768.6219t，碳储量 32552384.3110t。每公顷蓄积量 65.8557m³，每公顷生物量 98.9218t，每公顷碳储量 49.4609t。

多样性指数 0，优势度指数 1，均匀度指数 0。斑块数 1018 个，平均斑块面积 646.5067，斑块破碎度 0.0015。

整体健康等级为 2，林木生长发育较好，树叶偶见发黄、褪色或非正常脱落（发生率 10%以下），结实和繁殖受到一定程度的影响，未受灾或轻度受灾。所受病害等级为 1，该林中受病害的植株总数占该林中植株总数的 10%以下。所受虫害等级为 1，该林中受虫害的植株总数占该林中植株总数的 10%以下。没有发现火灾现象。所受人为干扰类型为砍伐。所受自然干扰类型为病虫害。

103. 丝栗栲、甜槠常绿阔叶混交林（*Castanopsis fargesii*，*Castanopsis eyrei* forest）

在湖北，丝栗栲、甜槠常绿阔叶混交林主要分布于利川、来凤、咸丰、鹤峰、五峰等地区。集中分布于鄂西南海拔 700~1100m 背风荫蔽的浅洼地或长坡中下部。坡向以阴坡、半阴坡居多，坡度一般在 20°~40°之间。

本林系组成以丝栗栲、甜槠为主，一般约占 5~7 成，其次为杉木及山杜英，各占 1~2 成，此外，尚有钩栲、楠木、青冈、川桂等树种混生其间。随着山坡向上延伸，在长坡之中上部，单一的栲林已不多见，常与杉木及其他树种呈不规则的小块状混交。在林冠稀疏的丝栗栲、甜槠林内，天然更新较好，若林冠乔木郁闭度大，则更新幼树就较少。下木层主要种类有鹅掌柴、穗序鹅掌柴、虎刺、钓樟、杜茎山、乌药、柃木、乌饭树等。其次有山胡椒、荚蒾、光叶海桐、杜鹃花等。但这些下木不在同一林分内同时出现。草本植物主要种类有狗脊、淡竹叶、鸢尾、芒、鹿蹄草等。下木层平均高 2~4m。

乔木郁闭度 0.5~0.9，下木层盖度在 0.3 以上。

面积 7214.7925hm²，蓄积量 294427.0741m³，生物量 370788.8700t，碳储量 185394.4350t。每公顷蓄积量 40.8088m³，每公顷生物量 51.3929t，每公顷碳储量 25.6964t。

多样性指数 0.5190，优势度指数 0.4810，均匀度指数 0.6940。斑块数 126 个，平均斑块面积 57.2603hm²，斑块破碎度 0.0175。

丝栗栲、甜槠常绿阔叶混交林群落健康。无自然和人为干扰。

104. 楠木、槠类常绿阔叶混交林（*Phoebe zhennan*，*Castanopsis* forest）

在台湾，楠木、槠类常绿阔叶混交林分布于台湾北部、中部和南部的中央山脉，玉山山脉的低山下部，海拔在 600~900m 的地带。

以樟科、壳斗科、桑科、五加科、杜英科、山茶科等占优势。

面积 369582.9300hm²，蓄积量 69296799.3750m³，生物量 67363418.6724t，碳储量 31600179.6992t。每公顷蓄积量 187.5000m³，每公顷生物量 182.2687t，每公顷碳储

量 85.5023t。

斑块数 61 个，平均斑块面积 6058.7365hm²，斑块破碎度 0.0002。

楠木、槠类常绿阔叶混交林生长良好。自然干扰主要是台风。无明显人为干扰。

105. 青冈、木荷常绿阔叶混交林（*Castanopsis sclerophylla*，*Schima superba* forest）

青冈、木荷常绿阔叶混交林分布于福建闽江中上游的南平、建瓯、建阳、浦城、崇安、松溪、政和、宁德、顺昌、邵武、泰宁、宁化、三明、永安、沙县、尤溪、永泰等县，闽西分布到长汀的古城、四都。垂直分布于海拔 50~700m 的红壤丘陵低山，而以海拔 500m 以下较为普遍。要求立地条件较好，土壤深厚，无岩石露头，坡度小于 30°。

乔木有苦槠、青冈、甜槠、马尾松、栲树、木荷、锥栗等。灌木有檵木、山矾、细齿叶柃、杨桐、苦竹、乌药、杜鹃、江南越桔、木蜡树、长叶冻绿、秤星树、毛冬青、栀子、绒毛润楠等。草本有狗脊、五节芒、芒萁、广防风、中华里白、紫萁、长冬草、狗尾草、鸡眼草、梵天花等。

乔木层平均树高 10~18m，灌木层平均高 1~2m，草本层平均高 1m 以下，乔木平均胸径 30cm，乔木郁闭度 0.5~0.9，灌木盖度约 0.4，草本盖度约 0.2，植被总盖度 0.6~0.95。

面积 4934.1100hm²，蓄积量 547440.49137m³，生物量 602567.3287t，碳储量 301283.6644t。每公顷蓄积量 110.9502m³，每公顷生物量 110.9502t，每公顷碳储量 61.0614t。

多样性指数 0.7300，优势度指数 0.2700，均匀度指数 0.2800。斑块数 3 个，平均斑块面积 1644.7033hm²，斑块破碎度 0.0006。

病害无。虫害轻。火灾轻。人为干扰类型为森林经营活动，无自然干扰。

106. 榕树、楠木常绿阔叶混交林（*Ficus microcarpa*，*Phoebe zhennan* forest）

在台湾，榕树、楠木常绿阔叶混交林分布于北回归线附近，玉山西南部的老浓溪、楠梓仙溪，西北部的陈有兰溪、浊水溪沿岸，海拔 130~300m 的地区。本群落组成树种有台湾榕、九丁树、台湾蒲桃、大果榕、小西榕、琼楠、大叶楠、台湾石楠、杜英、血桐、台湾山龙眼、台湾火麻等。灌木有山油柑、粗叶木、禾串树、九节、三叉苦等。草本主要有梭罗、台蕉、海芋、山姜、鸟巢蕨等。还有大量的藤本，如树蜈蚣、鹅掌藤、青菱藤等。

面积 62615.6910hm²，蓄积量 11740442.0625m³，生物量 11412883.7290t，碳储量 5353783.7573t。每公顷蓄积量 187.5000m³，每公顷生物量 182.2688t，每公顷碳储量 85.5023t。

斑块数 21 个，平均斑块面积 2981.6995hm²，斑块破碎度 0.0003。

榕树、楠木常绿阔叶混交林生长良好。自然干扰主要是台风。没有明显的人为干扰。

107. 无忧花、葱臭木、梭子果常绿阔叶混交林（*Saraca dives*，*Dysoxylum excelsum*，*Eberhardtia tonkinensis* forest）

在广西，无忧花、葱臭木、梭子果常绿阔叶混交林主要分布于防城港市的防城区、上思县、东兴市以及玉林的博白县，广布于砂页岩和花岗岩土山区海拔 700m 以下的范围，但由于破坏严重，目前只在十万大山、大青山见到保存稍好的林分。

乔木有梭子果、紫荆木、蕈树林、血胶树、湖北海棠、黄樟、光叶拎木、籽楠、东京波罗蜜、苦竹、调羹树等。灌木有九节、小叶九节、锯叶竹节树、打铁树、牛耳枫、酒饼叶、倪藤、瓜馥木、菠葵等。草本有倒挂草、露兜树、石柑子、球兰、新月蕨等。

乔木层平均树高 4~20m，灌木层平均高 3m 左右，草本层平均高 1m 以下，乔木平均胸径可达 26cm，植被总盖度约 0.9，乔木郁闭度 0.7，灌木盖度约 0.3，草本盖度 0.2。

面积 38342.0061hm²，蓄积量 3525079.6904m³，生物量 3820397.4900t，碳储量 1910198.7450t。每公顷蓄积量 91.9378m³，每公顷生物量 99.6400t，每公顷碳储量 49.8200t。

多样性指数 0，优势度指数 1，均匀度指数 0。斑块数 73 个，平均斑块面积 525.2330hm²，斑块破碎度 0.0019。

整体健康等级为 2，林木生长发育较好，树叶偶见发黄、褪色，结实和繁殖受到一定程度的影响，有轻度受灾现象，主要受自然因素影响，所受自然灾害为当地发生的传统病害。所受病害等级为 1，该林中受病害的植株总数占该林中植株总数的 10% 以下。所受虫害等级为 1，该林中受虫害的植株总数占该林中植株总数的 10% 以下。没有发现火灾现象。人为干扰类型为砍伐。自然干扰类型为病虫害。

108. 薄片青冈、拟西藏石栎常绿阔叶混交林（*Cyclobalanopsis lamellose*，*Lithocarpus xizangensis* forest）

薄片青冈、拟西藏石栎常绿阔叶混交林分布于西藏墨脱的高尤拉、格林、汗密、西工湖附近的布琼山、仁钦朋及格当等地，海拔平均高在 1800~2200m 之间。环境具有潮湿和云雾缭绕的特点。

乔木有薄片青冈、拟西藏石栎、俅江栎、大叶桂、山龙眼、大叶假卫矛、乌饭、线尾榕以及方竹、藤竹等。灌木有木状紫金牛、九节、云贵粗叶木及木质化的茜草科植物凉喉茶等。草本有楼梯草、秋海棠、无盖鳞毛蕨、斗斛草、天南星等。藤本有黄藤、野葡萄、墨脱菝葜、球穗胡椒等。附生植物有灰气藓、悬藓、尼泊尔耳叶苔、刀叶树平藓、粗枝蔓藓、粗蔓藓、羽苔、扭叶藓、剪叶苔等。

乔木平均胸径 20.1cm，平均树高 13.0m，郁闭度 0.7。灌木层平均高 1m，灌木盖度 0.4。草本层平均高 0.1，草本盖度 0.4。

面积 87602.3000hm²，蓄积量 14443490.5341m³，生物量 21665235.8012t，碳储量 10832617.9006t。每公顷蓄积量 164.8757m³，每公顷生物量 247.3136t，每公顷碳储量 123.6568t。

多样性指数 0.4896，优势度指数 0.5104，均匀度指数 0.6599。斑块数 105 个，平均斑块面积 834.3070hm²，斑块破碎度 0.0011。

薄片青冈、拟西藏石栎林健康。无自然和人为干扰。

109. 木荷、栲常绿阔叶混交林（*Schima superba*，*Castanopsis fargesii* forest）

在福建、广东和西藏3个省有木荷、栲常绿阔叶混交林分布，面积1071120.1076hm²，蓄积量102701194.2400m³，生物量108425872.3819t，碳储量54212936.1910t。每公顷蓄积量95.8821m³，每公顷生物量101.2266t，每公顷碳储量50.6133t。多样性指数0.7551，优势度指数0.2448，均匀度指数0.6718。斑块数1409个，平均斑块面积760.1987hm²，斑块破碎度0.0013。

（1）在福建，木荷、栲常绿阔叶混交林在福建全省的丘陵、低山和中山都有分布，在武夷山主脉分布到1700m，在中部戴云山脉和西部梅花山分布到1500m。

乔木有木荷、栲树、青冈、柯树、樟树、闽楠、杜英、薯树、深山含笑、马尾松、杉木、毛竹、枫香树、山乌桕、白花泡桐、多脉青冈、赤杨叶、冬青等。灌木有柃木、杨桐、檵木、绒毛润楠、老鼠矢、山矾、木姜子、杜鹃、杜茎山、百两金、冻绿等。草本有狗脊、乌毛蕨、淡竹叶、卷柏、乌蕨、里白、铁线蕨、珍珠菜、山姜、百合、紫菀等。

乔木层平均树高10~16m，灌木层平均高3~5m，草本层平均高1.5m以下，乔木平均胸径24cm，乔木郁闭度0.6，灌木盖度0.15~0.4，草本盖度0.1~0.2。

面积107313.0000hm²，蓄积量10456578.7200m³，生物量13384420.7616t，碳储量6692210.3808t。每公顷蓄积量97.4400m³，每公顷生物量124.7232t，每公顷碳储量62.3616t。

多样性指数0.7300，优势度指数0.2700，均匀度指数0.2800。斑块数141个，平均斑块面积761.087hm²，斑块破碎度0.0013。

病害无。虫害无。火灾轻。人为干扰类型为森林经营活动。无自然干扰。

（2）在广东，木荷、栲常绿阔叶混交林分布于和平、田心、翁源和英德等地，海拔分布320~850m，坡度15°~35°。

乔木有罗浮锥、毛锥、木荷、枫香、拟赤杨、广东润楠、木荷等。灌木有尖萼毛柃、毛棉杜鹃花、鼠刺、树参等。草本有淡竹叶、狗脊、傅氏凤尾蕨、岭南瘤足蕨、乌毛蕨等。

乔木层平均树高10.9m，郁闭度在0.75~0.95之间，平均胸径20.9cm。灌木盖度0.2，平均高1.1m。草本盖度0.3，平均高0.2m。

面积123675.0000hm²，蓄积量4011707.8125m³，生物量5134986.0000t，碳储量2567493.0000t。每公顷蓄积量32.4375m³，每公顷生物量41.5200t，每公顷碳储量20.7600t。

多样性指数0.9600，优势度指数0.0400，均匀度指数0.8600。斑块数26个，平均斑块面积4756.73hm²，斑块破碎度0.0002。

健康等级为1，林木生长发育良好，枝干发达，树叶大小和色泽正常，能正常结实和繁殖，未受任何灾害。病害等级为0，该林中受害立木株数占10%以下。没有发现火灾。处于基本原始状态，接近地带性顶级群落类型的森林类型。无自然与人为干扰。

（3）在西藏，木荷、栲常绿阔叶混交林主要分布于东喜马拉雅山南坡（墨脱），海拔

1100~1800m，这里常年在云雾线下，相对比较干燥。群落内的土壤多为山地黄壤。

乔木伴生树种有蒺藜栲、印度栲、西藏栲、石栎等，其他乔木还有马蹄荷、含笑、木莲、喀西木荷、润楠、黄杞、重齿泡花树、喜马木犀榄、杜英、锈毛山龙眼等。灌木主要种类有乔木状紫金牛、丽江柃、越桔、灰木、九节、云贵粗叶木、绣线梅、水红木、悬钩子、盐肤木、长尾毛蕊茶、啄果皂帽花、牛耳枫、假杜鹃、树蕨以及竹类。草本植物不发达，主要有墨脱沿阶草、楼梯草、鳞毛蕨等。藤本及附生植物有飞龙掌血、黑风藤、厚果鸡血藤、菝葜、野胡椒以及苔藓和蕨等。在一些乔木郁闭度较小的群落中，下木和草本有较大变化，有喜阳的尖子木、喜斑鸠菊、盐肤木等灌木及喜马拉雅双扇蕨、芒萁及芒等。

乔木平均胸径24.3cm，平均树高13.8m，郁闭度0.6。灌木层平均高1.2m，灌木盖度0.1。草本层平均高0.08，草本盖度0.3。

面积550647.0000hm²，蓄积量60025478.8230m³，生物量63627007.5524t，碳储量31813503.7762t。每公顷蓄积量109.0090m³，每公顷生物量115.5495t，每公顷碳储量57.7748t。

多样性指数0.4896，优势度指数0.5104，均匀度指数0.6599。斑块数671个，平均斑块面积820.636hm²，斑块破碎度0.0012。

木荷、栲常绿阔叶混交林健康。无自然和人为干扰。

（4）在浙江，木荷、栲常绿阔叶混交林主要分布在中山、低山和丘陵地区。

乔木有木荷、栲树、青冈、柯、樟、杜英、蕈树、深山含笑、马尾松、杉木、毛竹、枫香、山乌桕、白花泡桐、冬青等。灌木有柃木、杨桐、檵木、绒毛润楠、老鼠矢、山矾、木姜子、杜鹃、杜茎山等。草本有狗脊、乌毛蕨、淡竹叶、乌蕨、里白、铁线蕨、珍珠菜、山姜、百合、紫菀等。

乔木平均胸径20.3cm，平均树高15.5m，郁闭度0.7。灌木盖度0.3，平均高1.4m。草本盖度0.3，平均高0.2m。

面积289485.1076hm²，蓄积量28207428.8845m³，生物量26279458.0679t，碳储量13139729.0340t。每公顷蓄积量97.4400m³，每公顷生物量90.7800t，每公顷碳储量45.3900t。

多样性指数0.8411，优势度指数0.1589，均匀度指数0.8874。斑块数571个，平均斑块面积506.936hm²，斑块破碎度0.0019。

110. 千果榄仁、番龙眼常绿阔叶混交林（*Terminalia myriocarpa*，*Pometia tomentosa* forest）

在西藏、云南2个省（自治区）有千果榄仁、番龙眼常绿阔叶混交林分布，面积362764.9795hm²，蓄积量59861339.1458m³，生物量65847597.1879t，碳储量32923798.5940t。每公顷蓄积量165.0141m³，每公顷生物量181.5159t，每公顷碳储量90.7579t。多样性指数0.7742，优势度指数0.2257，均匀度指数0.8427。斑块数450个，平均斑块面积806.1443hm²，斑块破碎度0.0012。

（1）在云南，千果榄仁、番龙眼常绿阔叶混交林广泛分布于云南南部各地，东起文山州的天保，向西经红河州的金平、河口、屏边，西双版纳州的勐腊、景洪，直到临沧市的班洪孟定和德宏州南部的一些河谷中。常沿河谷集中分布在海拔 500~900m 的山坡下部。

乔木以千果榄仁、番龙眼占优势，主要伴生树种有翅子树、老挝天料木、红椿、蒙自合欢、榕树、大叶红光树、大叶藤黄、假海桐、棒柄花等。灌木主要有小功劳、黄皮、鹩鸪花、纤梗腺萼木、灰毛浆果楝、三桠苦等。草本常见的有柊叶、山姜、淡竹叶、乌毛蕨、金毛狗脊等。藤本植物较多，主要有滇牛栓藤、风车藤等。

乔木层平均树高 20.9m，灌木层平均高 1.3m，草本层平均高 0.4m 以下，乔木平均胸径 27.9cm，乔木郁闭度 0.6，草本盖度 0.45。

面积 770.9795hm²，蓄积量 177325.0000m³，生物量 195181.6275t，碳储量 97590.8138t。每公顷蓄积量 229.9996m³，每公顷生物量 253.1606t，每公顷碳储量 126.5803t。

多样性指数 0.7661，优势度指数 0.2339，均匀度指数 0.7774。斑块数 60 个，平均斑块面积 12.8496hm²，斑块破碎度 0.0778。

森林植被健康中等。无自然干扰。人为干扰主要是抚育，抚育面积 231.2938hm²。

（2）在西藏，千果榄仁、番龙眼常绿阔叶混交林分布在东喜马拉雅山南坡海拔 600~1100m 一带。如墨脱雅鲁藏布江边希让、地东背崩、亚壤至德兴间的藤桥及米日等地区。该类型一般分布在河谷、山坡下部、江边、阶地。在墨脱县境内，岩石以花岗岩为主，富含云母。这里全年平均气温 18~20℃，月平均最低气温在 0℃ 以上；年降水量大于 2000mm，集中在 5~9 月，几占全年降水量的 80%，10 月至翌年 4 月降水较少，但沿江浓雾迷漫。土壤多为黄色砖红壤，在阴湿林下，地面有保存相当完好的腐殖质。

乔木有千果榄仁、番龙眼、蕈树（阿丁枫）、小果紫薇、斯里兰卡天料木、葱臭木、麻楝、盖裂木、印度栲、厚叶石栎、榕树、大叶桂、马蛋果、润楠、苹婆、翅子树、山竹子、尼泊尔野桐、钝齿鱼尾葵、桄榔等。灌木主要有暹罗九节、墨脱小堇棕、燕尾山槟榔等。草本主要有姜科、荨麻科、爵床科、鸭跖草科及一些蕨类植物，常见种有藤麻、山姜、大叶仙茅、柊叶、大苞鸭跖草等。藤本及附生植物有过江龙、白藤、扁担藤、毛叶藤仲、藏瓜、凸脉毯兰、短柄垂子买麻藤等。攀岩附生植物有爬树龙、毛过山龙、石柑、西藏网藤蕨等。还有巢蕨、兔耳兰、密花石斛、树蕨、蛇菰。苔藓植物有欧洲金发藓、东亚小金发藓、地衣毛地钱、地钱、小地卷、尼泊尔地卷、曲柄藓、异叶树平藓、斑叶细鳞苔、棉毛疣鳞苔、拟棉毛疣鳞苔等。

乔木平均胸径 23.7cm，平均树高 18.6m，郁闭度 0.7。灌木层平均高 1.2m，灌木盖度 0.2。草本层平均高 0.1，草本盖度 0.3。

面积 361994.0000hm²，蓄积量 59684014.1458m³，生物量 65652415.5604t，碳储量 32826207.7802t。每公顷蓄积量 164.8757m³，每公顷生物量 181.3633t，每公顷碳储量 90.6816t。

多样性指数 0.7824，优势度指数 0.2175，均匀度指数 0.9081。斑块数 390 个，平均斑块面积 928.1890hm²，斑块破碎度 0.0011。

千果榄仁、番龙眼林生长健康。无自然和人为干扰。

111. 青梅、蝴蝶树常绿阔叶混交林 (*Vatica astrotrichm*, *Heritiera parvifolia* forest)

在海南，青梅、蝴蝶树常绿阔叶混交林在中部山区及万宁、文昌都有分布，多为海拔600m以下。

乔木有青梅、灯架、油楠、密脉蒲桃、中华石楠、岭南山竹子、红车、方枝蒲桃等。灌木有桃金娘、白背算盘子、九节、密脉蒲桃等。草本有雪下红等。

乔木层平均树高16m，灌木层平均高2.5m，草本层平均高0.3m，乔木平均胸径9.3cm，乔木郁闭度0.80，灌木盖度0.7左右，草本盖度0.75以上。由于所处海拔较低，受过不同程度破坏，森林演替处于中后期阶段，自然度等级为2。

面积133284.0000hm²，蓄积量10340172.7200m³，生物量15531971.0436t，碳储量7765978.8576t。每公顷蓄积量77.5800m³，每公顷生物量116.5329t，每公顷碳储量58.2664t。

多样性指数0.9600，优势度指数0.0400，均匀度指数0.2800。斑块数41个，平均斑块面积3250.84hm²，斑块破碎度0.0003。

健康等级为2，林中树木整体生长发育较好，有中度受灾现象，受到自然因素和人为因素的共同影响，所受自然灾害为虫害，亦受到一定程度的人为采伐的影响。偶见树叶病斑。所受虫害等级为1，整片森林受虫害立木株数占林中植株总数的10%以下。未见明显火灾现象。

112. 荔枝、青梅常绿阔叶混交林 (*Litchi chinensis*, *Vatica mangachapoi* forest)

在海南，荔枝、青梅常绿阔叶混交林分布于霸王岭、尖峰岭的广大低山地带。

乔木除荔枝、青梅外，还有白茶、线枝蒲桃、黄枝木、叶被木、黑柿、钓樟、高山榕等。灌木不发达，主要有黄藤、红背山麻杆、九节、罗伞等。草本有淡竹叶、艳山姜、莐草等。

乔木平均胸径25.8cm，平均树高14.8m，郁闭度0.8。灌木盖度0.1，平均高0.8m。草本盖度0.1，平均高0.1m。

面积80748.1000hm²，蓄积量6264437.5980m³，生物量10271965.8000t，碳储量5135982.9000t。每公顷蓄积量77.5800m³，每公顷生物量127.2100t，每公顷碳储量63.6050t。

多样性指数0.8500，优势度指数0.1500，均匀度指数0.7900。斑块数9个，平均斑块面积8972.02hm²，斑块破碎度0.0001。

荔枝、青梅阔叶混交林生长健康。自然干扰主要是台风。无明显人为干扰。

113. 田林细子龙、苹婆常绿阔叶混交林 (*Amesiodendeeron tienlinensis*, *Sterculia nobilis* forest)

主要分布在贵州的册亨县、望谟县。

田林细子龙群落中伴生有毛桐、苹婆、千张纸、瓦山栲、歪叶榕、大果榕、重阳木、香槐等树种。灌木有离蕊金花茶、虎刺、序叶苎麻、天仙果、九节、悬钩子、粗糠柴、独活等物种。草本主要是禾本科、蓼科、茜草科等植物种。

乔木层树高 12~20m，胸径可达 50cm，平均胸径 16.5cm，平均树高 12.7m，郁闭度 0.6。灌木盖度 0.4，平均高 1.3m。草本盖度 0.5，平均高 0.3m。

面积 4241.6931hm²，蓄积量 180539.8513m³，生物量 433983.7257t，碳储量 212663.6644t。每公顷蓄积量 42.5632m³，每公顷生物量 102.3138t，每公顷碳储量 50.1365t。

多样性指数 0.6032，优势度指数 0.3968，均匀度指数 0.7114。斑块数 191 个，平均斑块面积 22.2078hm²，斑块破碎度 0.0450。

田林细子龙、苹婆阔叶混交林生长健康。无自然和人为干扰。

114. 金丝李、蚬木常绿阔叶混交林（*Garcinia paucinervis*，*Excentrodendron hsienmu* forest）

在广西，蚬木、金丝李常绿阔叶混交林主要分布在桂南的岩溶区，主要分布在崇左市、南宁市、百色市等地，包括大新、靖西、龙州、隆安、那坡、平果、天等、武鸣等县均为主要分布区。

乔木有蚬木、金丝李、肥牛树、闭花木、苹婆、海南椴、广西牡荆、割舌树、山榄叶柿、广西密花树、广西澄广花、圆叶乌桕、鱼骨木等。灌木有红背山麻杆、灰毛浆果楝、堇棕、石山巴豆、岩柿、石山棕、龙州细子龙、禾串树、米扬噎、火筒树、土连翘、假桂乌口树、长叶蒙古栎、山石榴等。草本有肾蕨、假鞭叶铁线蕨、石生铁角蕨、苔草、疏毛楼梯草、麒麟尾等。藤本植物发达，以老虎刺、网脉崖爬藤和龙须藤较为常见。

乔木层平均树高 15m，灌木层平均高 3~5m，草本层平均高 0.8m 以下，乔木平均胸径 3.6~20.1，植被总盖度 0.6~0.95，乔木郁闭度 0.7 左右，灌木盖度约 0.4，草本盖度约 0.4。

面积 111924.6620hm²，蓄积量 10130625.7370m³，生物量 11152173.3193t，碳储量 5576086.6596t。每公顷蓄积量 90.5129m³，每公顷生物量 99.6400t，每公顷碳储量 49.8200t。

多样性指数 0.3500，优势度指数 0.6500，均匀度指数 0.4400。斑块数 169 个，平均斑块面积 662.2761hm²，斑块破碎度 0.0015。

整体健康等级为 1，林木生长发育良好，枝干发达，树叶大小和色泽正常，能正常结实和繁殖，调查中未发现受灾害情况。受到的人为干扰类型为砍伐和建设征占。受到的自然干扰类型为旱灾、台风等。

十、栎类常绿阔叶混交林

在广西、贵州、四川、台湾、西藏和云南 6 个省（自治区）分布大面积的栎类常绿阔叶混交林，面积 8451201.3113hm²，蓄积量 509473134.3206m³，生物量 747501459.3814t，碳储量 363927730.7021t。每公顷蓄积量 60.2841m³，每公顷生物量 88.4491t，每公顷碳储量 43.0622t。多样性指数 0.6332，优势度指数 0.3667，均匀度指数 0.7329。斑块数 107776 个，平均斑块面积 78.4145hm²，斑块破碎度 0.0128。

115. 青冈、亮叶槭、翅荚香槐常绿阔叶混交林（*Cyclobalanopsis glauca*，*Acer lucidum*，*Cladrastis platycarpa* forest）

在广西，以青冈为主的石灰岩栎类常绿落叶阔叶混交林，主要分布在桂东北一带石灰岩石山下坡土壤覆盖率较大的地方。主要分布地为河池的环江县、桂林阳朔一带。

乔木郁闭度 0.5 以上，乔木层以常绿阔叶树青冈为多，常见的有亮叶槭、翅荚香槐等，落叶阔叶树以青檀居多，常见的有朴树、黄梨木、圆叶乌桕、榔榆、皂荚、黄连木等。其他常见种类还有九里香、粗糠柴、蒙古栎、刺叶冬青、光叶海桐、竹叶花椒、樟叶荚蒾。灌木常见有青篱柴、六月雪、杜茎山等。草本植物种类不少，几种麦冬、沿阶草比较常见，其他还有鞭叶铁线蕨、蜈蚣草、石油菜等。

乔木层平均树高 15~20m，灌木层平均高一般为 2.5m 左右，乔木平均胸径一般为10~20cm，乔木郁闭度 0.5 以上，灌木盖度一般在 0.15~0.25。

面积 243948.6564hm²，蓄积量 16065409.5323m³，生物量 24131840.2002t，碳储量 12065920.1001t。每公顷蓄积量 65.8557m³，每公顷生物量 98.9218t，每公顷碳储量 49.4609t。

多样性指数 0.8300，优势度指数 0.1700，均匀度指数 0.6500。斑块数 406 个，平均斑块面积 600.8588hm²，斑块破碎度 0.0017。

栎类林整体健康等级为 2，林木生长发育较好，树叶偶见发黄、褪色，结实和繁殖受到一定程度的影响，有轻度受灾现象，主要受自然因素影响，所受自然灾害为当地发生的传统病害。栎类林所受病害等级为 1，该林中受病害的植株总数占该林中植株总数的 10% 以下。栎类林中本次调查没发现明显虫害。栎类林没有发现火灾现象。常见的人为干扰方式为砍伐和建设征占。受到的自然干扰类型常见的为旱灾，以及暴风雨引起的滑坡、泥石流等地质灾害。

116. 刺叶高山栎、污毛山栎、灰背栎常绿阔叶混交林（*Quercus spinosa*，*Quercus panonsa*，*Quercus senesens* forest）

在贵州，栎类常绿阔叶林主要分布在威宁、毕节、盘县及梵净山等地，垂直分布在 2000~2800m，在贵州中部局部地区海拔 1400m 一带，还可以见到零星分布的光叶高山栎。

乔木主要有污毛山栎、灰背栎、刺叶高山栎、川滇高山栎、光叶高山栎。灌木植物种类较多，主要有豪猪刺、金丝梅、小叶枸子、牛奶子、大叶杜鹃、滇榛、小叶枸子等。草本多为喜阳耐旱种类，如矛叶荩草、马棘、马兰、云南兔儿风、沿阶草、牛毛毡、荩草、莎草、蛇莓等。

乔木层平均树高 15.9m，平均胸径 20.7cm，郁闭度 0.8。灌木层平均高 1.4m，灌木盖度 0.4。草本盖度 0.2，平均高 0.2m。

面积 519486.8826hm²，蓄积量 61004702.0964m³，生物量 91635163.0190t，碳储量

45817581. 5095t。每公顷蓄积量 117. 4326m^3，每公顷生物量 176. 3955t，每公顷碳储量 88. 1978t。

多样性指数 0. 4980，优势度指数 0. 5020，均匀度指数 1。斑块数 21695 个，平均斑块面积 23. 9450hm^2，斑块破碎度 0. 0418。

栎类混交林健康。基本未受灾害。很少受到极端自然灾害和人为活动的影响。

117. 包石栎、多变石栎、滇青冈常绿阔叶混交林（*Lithocarpus cleistocarpus*，*Lithocarpus variolosus*，*Cyclobalanopsis glaucoides* forest）

在四川，栎类常绿阔叶林分布于川西北的岷山北坡和岷江上游，海拔 1700～2800m 地带。

乔木常与油松、白桦、红桦、川杨等树种组成混交林。灌木组成种类较多，常见的有华西箭竹、峨眉蔷薇、悬钩子等。草本以禾本科和蕨为主，主要有铁线蕨、槲蕨、辽东芨芨草等。

乔木层平均树高 19. 5m，灌木层平均高约 1. 9m，草本层平均高在 0. 5m 以下，乔木平均胸径 32. 2cm，乔木郁闭度约 0. 7，草本盖度 0. 30。

面积 828973. 6422hm^2，蓄积量 70160266. 1444m^3，生物量 93228958. 7151t，碳储量 46614479. 3576t。每公顷蓄积量 84. 6351m^3，每公顷生物量 112. 4631t，每公顷碳储量 56. 2316t。

多样性指数 0. 7674，优势度指数 0. 2326，均匀度指数 0. 4747。斑块数 15896 个，平均斑块面积 52. 1498hm^2，斑块破碎度 0. 0192。

栎类林健康状况较好。基本都无灾害。受自然干扰类型为其他自然因素，受影响面积 105. 59hm^2。

118. 赤皮青冈、岭南石栎常绿阔叶混交林（*Cyclobalanopsis gilva*，*lithocarpus brevicaudarus* forest）

在台湾，栎类常绿阔叶混交林主要是赤皮青冈、南岭石栎林，台湾狭叶青冈、阿里山石栎林。

赤皮青冈、南岭石栎林分布于台湾北部和中部的中央山地海拔 600～1000m 的地带，如三星山、太平山、塔山、关刀山等山区。

乔木主要有赤皮青冈、短尾柯、乌来栲、赤皮石栎、木荷、香樟、含笑、厚壳桂等。灌木主要有柃木、大头茶、红淡、台湾石笔木、柏拉木、台湾荚蒾、小花玉叶金花、朱砂根、杜茎山、罗伞树等。草本主要有冷水花、火炭母草、日本荨麻、阿里山蹄盖蕨、马蓝、沿阶草、可爱水龙骨等。

乔木层平均树高 20～25m，郁闭度 0. 8～0. 9。

台湾狭叶青冈、阿里山石栎林分布于台湾北部中央尖山、南湖大山、北合欢山一带海拔 1600～2000m 的中山地带。

乔木有台湾狭叶青冈、阿里山石栎、云山青冈、台湾水青冈、天竺桂、香楠、台湾石楠、杜英等。灌木主要有直角荚蒾、台湾溲疏、斑亮树参、光秃柃、刺叶冬青等。草本主要有小楼梯草、双穗冷水花、丛枝蓼、心叶露珠草、台湾沟酸浆、玉山兔儿风、沿阶草、台湾油点草、非洲鳞毛蕨、卫氏铁角蕨等。

乔木层平均树高 20~25m，灌木层平均高 1~3m，灌木盖度 0.3~0.4。

面积 347607.9600hm²，蓄积量 65176492.5000m³，生物量 97901609.3843t，碳储量 48950804.6921t。每公顷蓄积量 187.5000m³，每公顷生物量 281.6438t，每公顷碳储量 140.8219t。

斑块数 65 个，平均斑块面积 5347.8147hm²，斑块破碎度 0.0002。

栎类常绿阔叶林生长健康。自然干扰为台风。无人为干扰。

119. 环带青冈、曼青冈、俅江栎常绿阔叶混交林（*Quercus annulata*，*Cyclo-balanopsis oxyodon*，*Quercus kiukiangensis* forest）

在西藏，其他栎类常绿阔叶混交林主要包括环带青冈林、曼青冈林和俅江栎林。

环带青冈、曼青冈、俅江栎常绿阔叶混交林是一种分布范围较广的壳斗科建群森林群落，在西藏察隅、墨脱、错那、樟木、立新、陈塘有分布。分布海拔为 1300~2700m，林分集中分布于 2000~2500m，是常绿阔叶林中分布最广的类型，分布土壤为片麻岩发育而成的山地棕壤。

森林群落外貌不很整齐，乔木层平均树高在 20~25m，乔木郁闭度 0.3~0.7，胸径在 50cm 左右，最大可达 130cm。第一层乔木一般比较单纯，中下层乔木由常绿和落叶树种组成，常绿乔木占 70%~80%。常绿乔木有环带青冈、曼青冈、俅江栎、润楠、西藏钓樟、锡金黄肉楠、树形杜鹃、高冬青及落叶伴生树种大穗鹅耳枥、重齿泡花、飞蛾槭、山鸡椒、藏刺榛、八角枫等。

灌木有箭竹、乌饭、白檀、荚蒾、刺花椒、青荚叶、藏东瑞香、铁仔、风吹箫、小檗、悬钩子、榕等，盖度 0.6~0.7。

草本种类繁多，主要有大羽鳞毛蕨、瘤足蕨、西藏凤仙草、冷水花、短柄重楼、珠子参、曲序南星、轮叶黄精、鹿药、橙花开口箭、距药姜、火炭母、钝叶楼梯草、有鳞短肠蕨、唐松草、香青等。

藤本植物有常春藤、五味子、柔毛水龙骨、柔软石韦、喜马拉雅书带蕨、尖齿拟水龙骨、黑鳞假瘤蕨、剑叶铁角蕨、小叶刺果卫矛、树萝卜等。

苔藓植物有钩毛叉苔、松萝藓、方羽苔、侧枝匐灯藓、光萼苔、皱萼苔、大叶藓、加羽藓、拟扭叶藓等。

面积 371862.0000hm²，蓄积量 18555913.8000m³，生物量 27872838.1190t，碳储量 13936419.0595t。每公顷蓄积量 49.9000m³，每公顷生物量 74.9548t，每公顷碳储量 37.4774t。

多样性指数 0.4362，优势度指数 0.5637，均匀度指数 0.9059。斑块数 419 个，平均斑块面积 887.4980hm²，斑块破碎度 0.0011。

栎类常绿阔叶混交林健康。无自然和人为干扰。

120. 光叶石栎、黄毛青冈、滇青冈常绿阔叶混交林（*Lithocarpus mairei*，*Cyclobalanopsis delavayi*，*Cyclobalanopsis glaucoides* forest）

在云南，栎类常绿阔叶混交林主要分布在昆明，海拔分布范围为1700~2400m。

栎树伴生乔木有滇油杉、光叶石栎、黄毛青冈、滇青冈等。群落分层明显，以栎类为优势，丛冠稀疏处，多混生有单株云南松幼树。灌木有云南杨梅、米饭花、铁仔、厚皮香等。草本有四脉金茅、香青、云南龙胆、头花龙胆等。

乔木层平均树高为11.5m，灌木层平均高约2.2m，草木层平均高0.4m。乔木平均胸径15cm，灌木平均地径约0.15cm。乔木郁闭度约0.5，灌木盖度0.6，草本盖度0.05以下。

面积6139322.1701hm^2，蓄积量278510350.2474m^3，生物量412731049.9439t，碳储量196542525.9833t。每公顷蓄积量45.3650m^3，每公顷生物量67.2275t，每公顷碳储量32.0137t。

多样性指数0.6348，优势度指数0.3652，均匀度指数0.6341。斑块数69295个，平均斑块面积88.5968hm^2，斑块破碎度0.0113。

栎类常绿阔叶混交林健康中等。无自然干扰。人为干扰主要是抚育、采伐、更新和征占，抚育面积97271.66492hm^2，采伐面积648.4777661hm^2，更新面积2918.149948hm^2，征占面积5815.083287hm^2。

121. 石栎、青冈、竹子常绿阔叶混交林（*Lithocarpus*，*Cyclobalanopsis*，*Bambusoideae* forest）

灌竹林主要分布于滇东南海拔1600~2200m的中山常绿阔叶林区，亦广泛分布于滇西和滇中高原边缘山区。

乔木伴生树种主要有石栎属、青冈属、杜鹃属植物。灌木稀少，主要有木姜子、粉叶小檗、地檀香等。草本主要有蕨、白茅等。

乔木层平均树高2.3m，平均胸径2.2cm，郁闭度约0.7。灌木盖度0.1，平均高0.8m。草本盖度0.3，平均高0.2m。

面积1420.5803hm^2，生物量95523.2471t，碳储量46739.5248t。每公顷生物量67.2424t，每公顷碳储量32.9017t。

多样性指数0.8160，优势度指数0.18400，均匀度指数0.30910。斑块数192个，平均斑块面积7.3988hm^2，斑块破碎度0.1352。

森林植被健康。无自然干扰。

十一、红树林混交林

除白骨壤林、秋茄林、红海榄林、桐花林等一些典型红树林类型外，在福建、广东、海南、台湾还有由白骨壤林、秋茄林、红海榄林、桐花树、海桑、木榄、角果木、正红树等组成的阔叶混交林。

面积 19255.3004hm²，生物量 1400128.7594t，碳储量 697334.4653t。每公顷生物量 72.7139t，每公顷碳储量 36.2152t。多样性指数 0.6851，优势度指数 0.3146，均匀度指数 0.5063。斑块数 628 个，平均斑块面积 30.5730hm²，斑块破碎度 0.0326。

122. 红海榄、木榄、海莲常绿阔叶混交林 (*Rhizophora stylosa*, *Bruguiera gymnorrhiza*, *Bruguiera sexangula* forest)

在海南，红海榄、木榄、海莲阔叶混交林主要分布在海口市东寨港国家自然保护区，北纬 19°51′~20°1′，东经 110°32′~110°37′，海拔接近 0m 的沿海湿地。

乔木主要有红海榄、木榄、海莲等。灌木有海榄雌等。草本无。

乔木层平均树高 3.0m，灌木层平均高 2.7m，乔木平均胸径 16.0cm，乔木郁闭度 0.8。红海榄、木榄林为原始林，处于演替中后期阶段，自然度为 2。

面积 177.7110hm²，蓄积量 33207.0775m³，生物量 22704.3574t，碳储量 10996.7600t。每公顷蓄积量 186.8600m³，每公顷生物量 127.7600t，每公顷碳储量 61.8800t。

多样性指数 0.7900，优势度指数 0.2100，均匀度指数 0.6700。斑块数 4 个，平均斑块面积 44.4278hm²，斑块破碎度 0.0225。

偶见病害。偶见虫害。未见明显火灾。人为干扰主要来源于当地开发旅游。自然干扰主要是气候灾害。

123. 白骨壤、桐花树、秋茄、木榄常绿阔叶混交林 (*Avicennia marina*, *Aegiceras corniculatum*, *Kandelia candel*, *Bruguiera gymnorrhiza* forest)

在福建，白骨壤、桐花树、秋茄、木榄常绿阔叶混交林在 7 个县（直辖市）有成片的分布，从北到南依次为福鼎、宁德、莆田、泉州、厦门、龙海和云霄。

主要树种有秋茄、桐花树、白骨壤和木榄等。林下灌木、草本不发达。

乔木树高一般不超过 5m，平均树高 3.8m，平均胸径 4.1cm，郁闭度 0.7。

面积 3040.8500hm²，生物量 203250.4140t，碳储量 101625.2070t。每公顷生物量 66.8400t，每公顷碳储量 33.4200t。

多样性指数 0.6905，优势度指数 0.3095，均匀度指数 0.2816。斑块数 2 个，平斑块面积 1520.43hm²，斑块破碎度 0.0006。

红树林生长健康。自然干扰主要是台风。未见明显的人为干扰。

124. 红海榄、海莲、木榄、正红树常绿阔叶混交林 (*Rhizophora stylosa*, *Bruguiera sexangula*, *Bruguiera gymnorrhiza*, *Rhizophora apiculate* forest)

在海南，红海榄、海莲、木榄、正红树常绿阔叶混交林分布相对集中，以文昌八门湾红树林为主。

乔木主要树种有红海榄、海莲、木榄、正红树等。林下灌木、草本不发达。

乔木层平均树高 5.6m，平均胸径 5.9cm，郁闭度 0.6。

面积 4720.6000hm²，生物量 211058.0260t，碳储量 105411.0000t。每公顷生物量

44. 7100t，每公顷碳储量 22. 3300t。

多样性指数 0. 4860，优势度指数 0. 5140，均匀度指数 0. 4610。斑块数 101 个，平均斑块面积 46. 7386hm²，斑块破碎度 0. 0213。

红树林生长良好。自然干扰主要是台风。人为干扰主要是旅游及养殖业。

125. 秋茄、红海榄、木榄常绿阔叶混交林（*Kandelia candel*，*Rhizophora stylosa*，*Bruguiera gymnorrhiza* forest）

秋茄、红海榄、木榄常绿阔叶混交林在广东、台湾有分布，面积 11316. 1394hm²，生物量 963115. 9620t，碳储量 479301. 4983t。多样性指数 0. 5645，优势度指数 0. 4345，均匀度指数 0. 2856。斑块数 521 个，平均斑块面积 21. 7200hm²，斑块破碎度 0. 0460。

（1）在广东，秋茄、红海榄、木榄阔叶混交林在全省沿海的泥滩均有间断分布。

乔木多为小乔木，主要有红海榄、木榄、秋茄等。灌木主要植物有角果木、桐花树、白骨壤、海漆等。草本主要植物有盐地鼠尾粟、南方碱蓬、沟叶结缕草等。

乔木树高一般不超过 5m，平均树高 4. 5m，平均胸径 4. 2cm，郁闭度 0. 75。

面积 10854. 2000hm²，生物量 878918. 8450t，碳储量 439459. 4225t。每公顷生物量 80. 9750t，每公顷碳储量 40. 4875t。

多样性指数 0. 5645，优势度指数 0. 4345，均匀度指数 0. 2856。斑块数 514 个，平均斑块面积 21. 1172hm²，斑块破碎度 0. 0473。

红树林生长健康。自然干扰主要是台风。未见明显的人为干扰。

（2）在台湾，秋茄、红海榄、木榄阔叶混交林分布从西海岸北起基隆湾南至高雄湾，组成主要是秋茄、红海榄、木榄等红树植物，树高 1～3m，最高可达 5m，郁闭度 0. 3～0. 8。灌木不发达。草本有盐地鼠尾粟、南方碱蓬等。

面积 461. 9394hm²，生物量 84197. 1170t，碳储量 39842. 0758t。每公顷生物量 182. 2687t，每公顷碳储量 86. 2496t。

斑块数 7 个，平均斑块面积 65. 9913hm²，斑块破碎度 0. 0151。

红树林生长良好。自然干扰主要是台风。人为干扰主要是沿海开放征占。

第八章
落叶阔叶林

落叶阔叶林是指以落叶阔叶树为优势树种的森林群落。落叶阔叶林是温带地区最常见的森林植被类型。因其冬季落叶、夏季葱绿，又称夏绿林。根据优势树种或优势树种组，又将落叶阔叶林分为落叶阔叶纯林和落叶阔叶混交林。本次调查结果中，共有落叶阔叶林类型178种，面积57595343.5563hm²，蓄积量3573367426.7027m³，生物量4149595642.5172t，碳储量2068141925.2258t，分别占全国阔叶林类型、面积、蓄积量、生物量、碳储量的58.75%、53.48%、58.75%、53.76%、53.91%。平均每公顷蓄积量62.0426hm²，每公顷生物量72.0474t，每公顷碳储量35.9081t，斑块数890991个，平均斑块面积64.6418hm²，斑块破碎度0.0154，分别占阔叶林类型平均每公顷蓄积量、每公顷生物量、每公顷碳储量、斑块数、平均斑块面积、斑块破碎度的104.81%、95.91%、96.17%、73.33%、76.44%、130.81%。

第一节　落叶阔叶纯林

落叶阔叶纯林是指仅以一个落叶阔叶树种为优势树种的森林群落。本次调查结果中，共有落叶阔叶纯林类型110种，面积41671880.8198hm²，蓄积量2293865819.1356m³，生物量2664444955.0150t，碳储量1323985875.4361t，分别占全国落叶阔叶林类型、面积、蓄积、生物量、碳储量的61.80%、72.35%、64.19%、64.21%、64.02%。平均每公顷蓄积量、每公顷生物量、每公顷碳储量、斑块数、平均斑块面积、斑块破碎度分别为55.0459m³、63.9387t、31.7717t、674493个、61.7825hm²、0.0162，是落叶阔叶林平均每公顷蓄积量、每公顷生物量、每公顷碳储量、斑块数、平均斑块面积、斑块破碎度的88.72%、88.75%、88.48%、75.70%、95.58%、104.63%。

126. 核桃林（*Juglans regia* forest）

在北京、甘肃、广东、广西、河南、江苏、青海、山东、山西、陕西、四川、西藏、新疆、云南、浙江、重庆、贵州17个省（自治区、直辖市）有核桃林分布，面积1271107.3445hm²。多样性指数0.1830，优势度指数0.8169，均匀度指数0.2639。斑块数

29118 个，平均斑块面积 43.6536hm²，斑块破碎度 0.0229。

（1）在甘肃，核桃林有天然林和人工林。

在甘肃，核桃天然林数量少，集中分布在文县、徽县、康县。

乔木常见与椴树、泡桐、其他硬阔类、柏木混交。灌木主要是山柳。草本中主要有卫矛、乌头、西山委陵菜。

乔木层平均树高 10.51m 左右，灌木层平均高 26.32cm，草本层平均高 4.05cm，乔木平均胸径 7cm，乔木郁闭度 0.35，灌木盖度 0.4，草本盖度 0.3，植被总盖度 0.49。

面积 51.2573hm²。

多样性指数 0.2400，优势度指数 0.7600，均匀度指数 0.1700。斑块数 4 个，平均斑块面积 12.8143hm²，斑块破碎度 0.0780。

未见病害、虫害、火灾。未见自然干扰、人为干扰。

在甘肃，核桃人工林广布于武都县、文县、清水县、康县、华亭县、西和县、礼县、两当各县。

乔木常见与栎类、杨树混交。灌木常见白刺和栎树。草本有狼尾草。

乔木层平均树高 12.9m 左右，灌木层平均高 13.29cm，草本层平均高 3.21cm，乔木平均胸径 6cm，乔木郁闭度 0.62，灌木盖度 0.21，草本盖度 0.39，植被总盖度 0.67。

面积 9040.8676hm²。

多样性指数 0.2100，优势度指数 0.7900，均匀度指数 0.9500。斑块数 550 个，平均斑块面积 16.4379hm²，斑块破碎度 0.0608。

有轻度病害，面积 106.72hm²。有重度虫害，面积 1161.442hm²。未见火灾。有轻度自然干扰，面积 9hm²。未见人为干扰。

（2）在山东，核桃林在各地都有栽培，但是以泰沂山区的益都、临朐、历城、泰安、蒙阴、沂水及鲁南的苍山，胶东丘陵的栖霞、海阳等县较为集中。在黄河以北的惠民、德州、聊城三个地区及湖西的济宁、菏泽两地区，核桃多栽植于宅旁院内，少数地方建立了核桃园。多分布于海拔 500m 以下。

乔木以核桃纯林为主。灌木有荆条、酸枣、多花胡枝子、兴安胡枝子等。草本有马唐、牛筋草、画眉草、狗牙根、败酱、蒲公英、黄背草、鹅观草、野古草、结缕草等。

乔木层平均树高 6.5~9.2m，灌木层平均高 0.25~0.4m，草本层平均高 0.1~0.2cm。乔木平均胸径 20.4~31.5cm，郁闭度 0.4~0.7。灌木盖度 0.2，草本盖度约 0.05。

面积 91501.4000hm²。

多样性指数 0，优势度指数 1，均匀度指数 0。斑块数 55 个，平均斑块面积 1663.66hm²，斑块破碎度 0.0006。

病害无。虫害无。火灾轻。人为干扰类型为建设征占。无自然干扰。

（3）在河南，核桃林主要分布在大别山、桐柏山、伏牛山、太行山山区及平原地区。

乔木主要有漆树、杨树、柿树等。少有灌木。草本主要有车前、酸模、蓼草、大蓟、香蒲、芡实、砂蒿、狗尾草、狼尾草、加拿大蓬、蒲公英、苦荬菜、艾蒿、野菊花、白头翁、白草、木贼、罗布麻、蒺藜、鼠尾草、碱蓬、莎草、黑三棱、芦苇等。

乔木层平均树高 3.03m, 植被总盖度 0.52, 乔木平均胸径 10.8cm。

面积 17401.5781hm^2。

多样性指数 0.3620, 优势度指数 0.6390, 均匀度指数 0.4370。斑块数 830 个, 平均斑块面积 20.9658hm^2, 斑块破碎度 0.0477。

核桃林健康。无自然干扰。

(4) 在重庆, 核桃林广泛分布于全市。

乔木组成较为简单, 大多形成纯林, 或与水青冈、合欢、漆树等混交。灌木、草本不发达。

乔木层平均树高 4.7m, 灌木层平均高 1.1m, 草本层平均高 0.2m 以下, 乔木平均胸径 5.9cm, 乔木郁闭度约 0.5, 灌木盖度约 0.2, 草本盖度 0.6。

面积 19818.7868hm^2。

多样性指数 0.6094, 优势度指数 0.3906, 均匀度指数 0.5368。斑块数 686 个, 平均斑块面积 28.8903hm^2, 斑块破碎度 0.0346。

核桃林健康。无自然干扰。

(5) 在四川, 核桃林广泛分布各地, 以中部地区分布较多。

乔木简单, 主要以核桃为主, 少量伴生柳杉。灌木主要有异叶榕、南天竹等。草本不发达。

乔木层平均树高 8.4m, 灌木层平均高 1.8m, 草本层平均高 0.2m 以下, 乔木平均胸径 15.7cm, 乔木郁闭度约 0.7, 草本盖度 0.45。

面积 39581.4345hm^2。

多样性指数 0.4731, 优势度指数 0.5269, 均匀度指数 0.4307。斑块数 1421 个, 平均斑块面积 27.8546hm^2, 斑块破碎度 0.0359。

无灾害的面积 4727.96hm^2。轻度灾害的部分很少, 只有 189.12hm^2。未受到明显的人为干扰。所受自然干扰类型为其他自然因素, 受影响面积 32.13hm^2。

(6) 在新疆, 其独特的自然地理环境和水土光热条件, 非常适宜核桃的生长发育, 与国内其他产区相比, 果品含糖高、肉质细嫩、质地脆硬、色泽艳丽, 是生产优质核桃的理想区域。目前新疆核桃主产区在阿克苏地区、喀什、和田地区。

乔木以核桃为单一纯林。灌木、草本不发达。

乔木平均胸径 20~30cm, 郁闭度 0.7 左右、平均树高 6~8m。

面积 11520.0900hm^2。

多样性指数 0, 优势度指数 1, 均匀度指数 0。斑块数 145 个, 平均斑块面积 79.4489hm^2, 斑块破碎度 0.0126。

核桃林健康。无自然干扰。

(7) 在青海, 核桃人工林主要分布在循化县、化隆县、贵德县、民和县。

乔木多为纯林, 与杨树和其他硬阔类混交。灌木少见植物。草本偶见冰草等。

乔木层平均树高 6.8m，灌木层平均高 0.5m，草本层平均高 0.4m，草本盖度 0.11，乔木平均胸径 21.9cm。

面积 159.9300hm²。

多样性指数 0.3700，优势度指数 0.6300，均匀度指数 0.5000。斑块数 13 个，平均斑块面积 12.3023hm²，斑块破碎度 0.0813。

未发现虫害、病害、火灾。未见自然和人为干扰。

（8）在山西，核桃林有广泛分布，且主要为人工林，分布在中阳县、临县以及孝义市等地。

乔木多为纯林。灌木偶见梨树、枸子等。草本偶见蔓委陵菜、山菊花、五月艾等。

乔木层平均树高 3.2m，灌木层平均高 2.3cm，草本层平均高 2.2cm，乔木平均胸径 7.5cm，乔木郁闭度 0.4，灌木盖度 0.04，草本盖度 0.23。

面积 87197.0319hm²。

多样性指数 0.0200，优势度指数 0.9800，均匀度指数 0.9000。斑块数 613 个，平均斑块面积 142.2463hm²，斑块破碎度 0.0070。

未见病害、虫害、火灾。有轻度和中度自然干扰，面积分别为 688hm²、26hm²。未见人为干扰。

（9）在陕西，核桃林以人工林为主，主要分布在山阳县、旬阳县、洛南县、镇安县等地，另外，商州市、宝鸡县、留坝县等也有广泛栽培。

乔木多为纯林，少数与柳树、泡桐、漆树以及一些硬阔类林混交。灌木常见的有野蔷薇、酸枣、狼牙刺等植物。草本常见的有车前草和一些蒿。

乔木层平均树高 10.1m 左右，灌木层平均高 22.0cm，草本层平均高 4.3cm，乔木平均胸径 11cm，乔木郁闭度 0.2，灌木盖度 0.38，草本盖度 0.34，植被总盖度 0.62。

面积 40614.0479hm²。

多样性指数 0.5100，优势度指数 0.4900，均匀度指数 0.3400。斑块数 3440 个，平均斑块面积 11.8064hm²，斑块破碎度 0.0847。

未见病害、虫害。有轻度火灾，面积 2hm²。有轻度自然干扰，面积 47hm²。有轻度人为干扰，面积 770hm²。

（10）在北京，核桃林分布于北部怀柔、密云、平谷、延庆、昌平等区县。

乔木以核桃为单一优势种，几乎无其他树种混生。无灌木生长。无草本生长。

乔木平均胸径 16.7cm，平均树高 8.5m，郁闭度 0.6。

面积 9830.3939hm²。

多样性指数 0，优势度指数 1，均匀度指数 0。斑块数 432 个，平均斑块面积 22.7555hm²，斑块破碎度 0.0439。

核桃林健康。无自然干扰。

（11）在广东，核桃分布于南丹县、凤山县、都安瑶族自治县、天峨县、宜州县、融安县、河池市、东兰县、乐业县以及罗城县等。

乔木以核桃为单一优势种，几乎无其他树种混生。无灌木生长。无草本生长。

乔木平均胸径 7.2cm，平均树高 4.8m，郁闭度 0.67。

面积 288810.0000hm²。

多样性指数 0，优势度指数 1，均匀度指数 0。斑块数 62 个，平均斑块面积 4658.23hm²，斑块破碎度 0.0002。

未发现虫害、病害、火灾。未见自然干扰。人为干扰主要是抚育管理和采摘。

(12) 在广西，核桃林主要分布在桂中、桂西地区，其中河池市是广西最适宜发展核桃产业的重要地区，在东兰县、金城江、都安县、大化县、巴马县等地均有种植。

单优群落。林下灌木、草本不发达。

乔木平均胸径 16.2cm，平均树高 7.2m，郁闭度 0.65。

面积 44612.0352hm²。

多样性指数 0，优势度指数 1，均匀度指数 0。斑块数 74 个，平均斑块面积 602.8653hm²，斑块破碎度 0.0016。

未发现虫害、病害、火灾。未见自然干扰。人为干扰主要是抚育管理和采摘。

(13) 在江苏，核桃主要分布于南京、盐城、宿迁等市县的丘陵或山区。

乔木组成单一，以纯林为主。灌木、草本不发达。

乔木平均胸径 12.2cm，平均树高 6.8m，郁闭度 0.62。

面积 670.6010hm²。

多样性指数 0，优势度指数 1，均匀度指数 0。斑块数 1 个，平均斑块面积 670.6010hm²，斑块破碎度 0.0014。

未发现虫害、病害、火灾。未见自然干扰。人为干扰主要是抚育管理和采摘。

(14) 在西藏，核桃种植已有千年的历史，主要分布在西藏南部的林芝、米林、朗县、波密、察隅以及山南市的部分区域。

乔木组成单一，以纯林为主。灌木、草本不发达。

乔木平均胸径 20.5cm，平均树高 12.3m，郁闭度 0.6。

面积 34979.8000hm²。

多样性指数 0，优势度指数 1，均匀度指数 0。斑块数 55 个，平均斑块面积 635.9970hm²，斑块破碎度 0.0015。

未发现虫害、病害、火灾。未见自然干扰。人为干扰主要是抚育管理和采摘。

(15) 在云南，核桃林主要分布于滇中、滇西、滇东北、滇东南各地，其中以大理、保山、昭通、楚雄、漾濞、曲靖、临沧、丽江、景东等地分布较集中。分布海拔在 1000～3000m 之间。

野核桃林结构简单，多为单层纯林，主要伴生树种有云南松、华山松、旱冬瓜、云南樟、麻栎等。灌木主要有十大功劳、团香果、密花树、柃木、玉山竹等。草本植物常见的有景东瘤足蕨、西域鳞毛蕨、星毛繁缕、云南耳蕨、藿香蓟、头花蓼、冷水花、菝葜等。

乔木层平均树高 3.3m，灌木层平均高约 0.8m，草本层平均高在 0.3m 以下，乔木平均胸径 10.2cm，乔木郁闭度约 0.8，草本盖度 0.4。

面积 521833.6836hm²。

多样性指数 0.3181，优势度指数 0.6819，均匀度指数 0.22342。斑块数 20394 个，平均斑块面积 25.5876hm²，斑块破碎度 0.0391。

核桃林生长健康中等。人为干扰主要是抚育、采伐和更新，抚育面积 156550.1051hm²，采伐面积 1043.667367hm²，更新面积 4696.503152hm²。

（16）60 年代末浙江省大量引种核桃作生产性栽培，主要分布在建德、义乌和浦江等县；浙江临安县为山核桃重点产区，该县的昌化、昌北两区产量最高；薄荷山核桃在浙江省引种栽植较广，金华、余杭、建德、开化、平阳、临安、瑞安、温州、黄岩、天台、岱山、奉化、余姚、萧山、绍兴、嘉兴、桐庐、武义、常山和衢州等地都有栽植。

乔木组成单一，以纯林为主。灌木、草本不发达。

乔木平均胸径 15.5cm，平均树高 5.5m，郁闭度 0.65。

面积 50410.6000hm²。

多样性指数 0，优势度指数 1，均匀度指数 0。斑块数 77 个，平均斑块面积 654.6830hm²，斑块破碎度 0.0015。

未发现虫害、病害、火灾。未见自然干扰。人为干扰主要是抚育管理和采摘。

127. 薄壳山核桃林（*Carya illinoensis* forest）

在贵州，薄壳山核桃林除部分低海拔干热河谷外，几乎遍布全省。以西部地势较高的赫章、威宁、毕节等地分布最多。垂直分布幅度很大，在东北部分布较低，一般在海拔 300~650m 地方有栽培。

乔木由薄壳山核桃林单一树种组成。灌木不发达。草本可见菜蕨、繁缕、商陆等。

乔木层平均树高 3.3m，平均胸径 6.8cm，郁闭度 0.62。

面积 3073.8067hm²。

多样性指数 0，优势度指数 1，均匀度指数 0。斑块数 266 个，平均斑块面积 11.5556hm²，斑块破碎度 0.0865。

薄壳山核桃林健康。基本未受灾害。很少受到极端自然灾害和人为活动的影响。

128. 花椒林（*Zanthoxylum bungeanum* forest）

在甘肃、贵州、河北、青海、山东、山西、陕西、四川、云南、重庆 10 个省（直辖市）有花椒林分布，面积 209605.7981hm²。多样性指数 0.1253，优势度指数 0.8746，均匀度指数 0.1568。斑块数 4906 个，平均斑块面积 42.7243hm²，斑块破碎度 0.0234。

（1）在云南，花椒林除个别地区外，生长在海拔 1000~2700m 的地区。可将云南省植椒区域划分为滇东北、滇西北以及滇中三个花椒栽培区域。

乔木由花椒组成的单层纯林。受人为影响较大，灌木、草本不稳定。

乔木层平均树高 5.2m，灌木层平均高 1.0m，草本层平均高 0.5m 以下，乔木平均胸径 10.2cm，乔木郁闭度约 0.6，草本盖度 0.2。

面积 9558.2770hm²。

多样性指数 0，优势度指数 1，均匀度指数 0。斑块数 394 个，平均斑块面积 24.2595hm²，斑块破碎度 0.0412。

花椒林健康中等。无自然干扰。人为干扰主要是抚育、采伐、更新、抚育活动面积 2769.5721hm²，采伐面积 18.4638hm²，更新面积 83.0871hm²。

（2）在四川，花椒林分布较为广泛，主要的栽植地区有茂县、理县、甘洛、金阳、布拖、木里等。

乔木为人工花椒纯林。灌木、草本不发达。

处于演替早期阶段，受到强烈人为干扰，自然度较低。但有少部分具有较高的自然度，并形成地带性顶级群落。

乔木层平均树高 4.7m，平均胸径 7.8cm，郁闭度约 0.4。无灌木、草本。

面积 11985.9204hm²。

多样性指数 0，优势度指数 1，均匀度指数 0。斑块指数 442 个，平均斑块面积 27.1174hm²，斑块破碎度 0.0368。

无灾害的面积 10537.64hm²，中度灾害等级的面积 1621.18hm²。受到明显的人为干扰，主要为采伐、更新、抚育等，其中采伐面积 83.80hm²，更新面积 193.72hm²，抚育面积 233.89hm²。所受自然干扰类型为病虫鼠害，受影响面积 4.35hm²。

（3）在河北，花椒林为人工林，分布于邢台、涞源、涞水等县。

乔木单一，林木通常规则排列。或是分布于河道两侧。灌木几乎不发育。草本几乎不发育。

乔木层平均树高 2.9m，灌木层平均高小于 1.0m，几无草本。乔木平均胸径 9.2cm，郁闭度 0.2。灌木盖度小于 0.05。

面积 12080.9183hm²。

多样性指数 0，均匀度指数 1，优势度指数 1。斑块数 57 个，平均斑块面积 211.9459hm²，斑块破碎度 0.0047。

花椒林健康。无自然干扰。

（4）在重庆，花椒林广泛栽培。

乔木组成单一，以纯林为主。灌木、草本不发达。

乔木平均胸径 8.8cm，平均树高 4.2m，郁闭度 0.7。

面积 52871.7979hm²。

多样性指数 0.5076，优势度指数 0.4924，均匀度指数 0.3175。斑块数 3216，平均斑块面积 16.4402hm²，斑块破碎度 0.0608。

花椒林生长健康。无自然干扰。人为干扰主要是抚育管理与采摘。

（5）在甘肃，花椒林为人工林，仅在兰州市有少量分布。

乔木伴生树种常见的有栎类、其他软阔类、柳树和杨树以及华山松等。灌木不发达。草本中主要有麦冬、猫儿刺和零星分布的白茅。

乔木层平均树高 1.8m 左右，灌木层平均高 24.92cm，草本层平均高 2.08cm，乔木平均胸径 8cm，乔木郁闭度 0.74，灌木盖度 0.05，草本盖度 0.17，植被总盖度 0.84。

面积 8.3211hm²。

多样性指数 0.4800，优势度指数 0.5200，均匀度指数 1。斑块数 2 个，平均斑块面积 4.16hm²，斑块破碎度 0.2404。

未见虫害。有轻度病害，面积 4.131hm²。未见火灾。有轻度自然干扰，面积 4hm²。未见人为干扰。

（6）在青海，花椒林为人工林，且分布区域较小，仅在民和县和循化县有少量分布。

乔木大部分为纯林，少数与一些软阔类林混交。灌木无植物。草本有灰蒿。

乔木层平均树高 4.2m，灌木层平均高 0.3m，草本层平均高 0.5m，乔木平均胸径 5.1cm，乔木郁闭度 0.62，灌木盖度 0.2，草本盖度 0.18。

面积 26.4400hm²。

多样性指数 0.4700，优势度指数 0.5300，均匀度指数 0.6000。斑块数 2 个，平均斑块面积 13.22hm²，斑块破碎度 0.0756。

未发现虫害、病害、火灾。未见自然干扰和人为干扰。

（7）在山西，花椒林以人工林为主，且分布区域较大，平顺县数量最多，其他如阳城县、芮城县、平陆县等也有广泛分布，但数量较少。

乔木大部分为纯林，少数与一些软阔类林混交。灌木中偶见柠条、棘豆等。草本中主要有唐松草、毛茛、灰菜、青花菜、甘遂等。

乔木层平均树高 1.4m，灌木层平均高 17cm，草本层平均高 0.4cm，乔木平均胸径 0.5cm，乔木郁闭度 0.8，灌木盖度 0.19，草本盖度 0.09。

面积 36.1174hm²。

多样性指数 0.8000，优势度指数 0.2000，均匀度指数 0.3800。斑块数 658 个，平均斑块面积 24.8691hm²，斑块破碎度 0.0402。

有轻度病害，面积 33hm²。有轻度和中度虫害，面积 80.1hm²。未见火灾。有轻度自然干扰，面积 440hm²。有中度自然干扰，面积 2hm²。

（8）在陕西，花椒林为人工林，集中分布在宜君县，在宝鸡县（宝鸡市陈仓区）、黄龙县、彬县也有少量栽培。

乔木都为纯林。人工栽培林中灌木几乎没有植物。草本中偶见禾本科草以及一些蒿。

乔木层平均树高 5.5m 左右，灌木层平均高 21.3cm，草本层平均高 2.6cm，乔木平均胸径 10cm，乔木郁闭度 0.7，灌木盖度 0.05，草本盖度 0.11，植被总盖度 0.73。

面积 1342.2012hm²。

多样性指数 0.2500，优势度指数 0.7500，均匀度指数 0.8400。斑块数 21 个，平均斑块面积 63.9143hm²，斑块破碎度 0.0156。

未见病害、虫害、火灾。未见自然干扰。有轻度人为干扰，面积 6hm²。

（9）在贵州，花椒林分布于道真县、遵义县、习水县等地。

花椒林群落结构比较简单，种类成分较单纯。

乔木平均胸径 7.8cm，平均树高 3.5m，郁闭度 0.66。

面积 976.8505hm²。

多样性指数 0，优势度指数 1，均匀度指数 0。斑块数 92 个，平均斑块面积 10.6179hm²，斑块破碎度 0.0941。

未发现虫害、病害、火灾。未见自然干扰。人为干扰主要是抚育管理与采摘。

（10）在山东，花椒主产区是鲁中南山地各县，以莱芜、泰安、新泰、沂水、蒙阴、平邑、费县、沂南、临朐、博山等县，垂直分布一般在海拔 500m 以下。

山东有香椒子、青皮椒等花椒品种。灌木有荆条、多花胡枝子、细梗胡枝子、铁扫帚、草木樨状黄芪等。草本有黄背草、白羊草、画眉草、结缕草、鸡眼草、藜草、毛茛、紫花地丁、斑种草、鬼针草等。

乔木平均胸径 10.1cm，平均树高 3.8m，郁闭度 0.64。灌木盖度 0.3，平均高 1.2m。草本盖度 0.4，平均高 0.3m。

面积 102614.0000hm²。

多样性指数 0，优势度指数 1，均匀度指数 0。斑块数 18 个，平均斑块面积 5700.76hm²，斑块破碎度 0.0002。

未发现虫害、病害、火灾。未见自然干扰。人为干扰主要是抚育管理与采摘。

（11）在浙江，花椒主要分布在仙居县、临安市、绍兴县、临海市、丽水市、平阳县、永康市、三门县、淳安县境内，桐庐县、宁海县、诸暨市、文成县、常山县、上虞市等地也有分布。但多呈零星分布，集中连片分布较少。

乔木组成单一，以纯林为主。灌木、草本不发达。

乔木平均胸径 12.8cm，平均树高 5.2m，郁闭度 0.6。

面积 1777.1700hm²。

多样性指数 0，优势度指数 1，均匀度指数 0。斑块数 4 个，平均斑块面积 444.292hm²，斑块破碎度 0.0022。

该类经济林生长健康。无自然干扰。人为干扰主要是抚育管理和采摘。

129. 银杏林（*Ginkgo biloba* forest）

在甘肃、广西、贵州、江苏、山东、陕西、四川、云南、浙江、重庆 10 个省（自治区、直辖市）有银杏林分布，面积 328990.4562hm²，蓄积量 6347383.4258m³，生物量 7817939.6859t，碳储量 3835439.2790t。每公顷蓄积量 19.2935m³，每公顷生物量 23.7634t，每公顷碳储量 11.6582t。多样性指数 1555，优势度指数 0.8444，均匀度指数 0.2065。斑块数 1383 个，平均斑块面积 237.8817hm²，斑块破碎度 0.0042。

（1）在江苏，银杏分布范围比较广，各地均有种植，但形成规模具有一定生产能力的只有三个区域：一是以泰兴西北部为中心的高沙土生产区，二是以苏州吴中区东、西山为中心的太湖生产区，三是以徐州邳州市为中心的沂河两岸冲击砂土生产区。

乔木组成单一，形成银杏纯林。灌木、草本不发达。

乔木层平均树高 12~25m，平均胸径 35cm，郁闭度 0.5。

面积 64163.4000hm²，蓄积量 2097822.3630m³，生物量 2309073.0750t，碳储量 1154536.5375t。每公顷蓄积量 32.6950m³，每公顷生物量 35.9874t，每公顷碳储量 17.9937t。

多样性指数 0，优势度指数 1，均匀度指数 0。斑块数 97 个，平均斑块面积 661.479hm²，斑块破碎度 0.0015。

病害无。虫害无。火灾轻。人为干扰类型为建设征占。无自然干扰。

（2）在云南，银杏林分布于海拔 1500～2000m 的地区，常见于滇中北部，东起昆明，西至腾冲的广大区域，尤以腾冲最为集中。

乔木常与柳杉、蓝果树等针阔叶树种混生。多为单层纯林。因人为活动频繁，灌木、草本种类不稳定。

乔木层平均树高 6.7m，灌木层平均高 0.6m，草本层平均高 0.2m 以下，乔木平均胸径 17.2cm，乔木郁闭度约 0.6，草本盖度 0.4。

面积 3365.9908hm²，蓄积量 190867.1054m³，生物量 210087.4229t，碳储量 105043.7115t。每公顷蓄积量 56.7046m³，每公顷生物量 62.4147t，每公顷碳储量 31.2074t。

多样性指数 0.4053，优势度指数 0.59470，均匀度指数 0.78560。斑块数 131 个，平均斑块面积 25.6945hm²，斑块破碎度 0.0389。

银杏林健康中等。无自然干扰。人为干扰主要是抚育、更新，抚育面积 870.5672hm²，更新面积 26.1170hm²。

（3）在四川，银杏林主要分布于苍溪、通江、青川、平武、都江堰、九龙等地。

乔木为银杏纯林，灌木、草本不发达。

乔木层平均树高 9.1m，平均胸径 13.6cm，郁闭度约 0.6。无灌木、草本。

面积 2432.7644hm²，蓄积量 158320.6052m³，生物量 190362.8053t，碳储量 95181.4026t。每公顷蓄积量 65.0785m³，每公顷生物量 78.2496t，每公顷碳储量 39.1248t。

多样性指数 0，优势度指数 1，均匀度指数 0。斑块数 111 个，平均斑块面积 21.9168hm²，斑块破碎度 0.0456。

处于演替早期阶段，受到强烈人为干扰，自然度较低。但有少部分具有较高的自然度，并形成地带性顶级群落。银杏树林健康状况良好，基本都无灾害，灾害等级为 0 的面积达 2573.82hm²。受到明显的人为干扰，主要为采伐、更新、抚育等，其中采伐面积 17.74hm²，更新面积 41.01hm²，抚育面积 49.51hm²。

（4）在甘肃，银杏林以人工林为主，在武都县、徽县和康县有分布。

乔木多为纯林，少量与云杉、杨树混交。灌木有山杏、白刺、胡枝子和酸枣。草本中常见的有柴胡、刺蓬、达乌里胡枝子、大火草、大麦。

乔木层平均树高 11.18m 左右，灌木层平均高 25.63cm，草本层平均高 4.18cm，乔木平均胸径 7cm，乔木郁闭度 0.34，灌木盖度 0.57，草本盖度 0.2，植被总盖度 0.58。

面积 130.9545hm²，蓄积量 3404.8166m³，生物量 3747.6816t，碳储量 1873.8408t。每公顷蓄积量 26.0000m³，每公顷生物量 28.6182t，每公顷碳储量 14.3091t。

多样性指数 0.6300，优势度指数 0.3700，均匀度指数 0.2100。斑块数 11 个，平均斑块面积 11.9049hm²，斑块破碎度 0.0840。

未见虫害、病害、火灾。未见自然干扰和人为干扰。

（5）在陕西，银杏林为人工林，分布在略阳县、镇巴县、宁强县、留坝县。

乔木都为纯林。灌木常见的有黑桦、辽东栎等植物。草本种类较多，分布数量较多的有拟金茅、水蒿、地衣、莎草、猫儿草等。

乔木层平均树高 11.0m 左右，灌木层平均高 12.0cm，草本层平均高 5.0cm，乔木平均胸径 18cm，乔木郁闭度 0.38，灌木盖度 0.18，草本盖度 0.17，植被总盖度 0.39。

面积 233691.0071hm²，蓄积量 3288616.6971m³，生物量 4429552.0458t，碳储量 2141245.4589t。每公顷蓄积量 14.0725m³，每公顷生物量 18.9547t，每公顷碳储量 9.1627t。

多样性指数 0.2500，优势度指数 0.7500，均匀度指数 0.7400。斑块数 527 个，平均斑块面积 443.4364hm²，斑块破碎度 0.0023。

未见病害、虫害、火灾。未见自然干扰。有轻度人为干扰，面积 66hm²。

（6）在贵州，银杏林在修文县、贵阳市等地有分布。

乔木组成单一，以纯林为主。灌木、草本不发达。

乔木平均胸径 15.5cm，平均树高 11.5m，郁闭度 0.58。

面积 1965.7935hm²，蓄积量 50127.7342m³，生物量 55175.5970t，碳储量 27587.7985t。每公顷蓄积量 25.5000m³，每公顷生物量 28.0678t，每公顷碳储量 14.0339t。

多样性指数 0，优势度指数 1，均匀度指数 0。斑块数 142 个，平均斑块面积 13.8436hm²，斑块破碎度 0.0722。

未见病害、虫害、火灾。未见自然干扰。人为干扰主要是采摘。

（7）在广西，银杏在桂北山区有大面积人工营造林。

单优群落。灌木、草本不发达。

乔木平均胸径 14.6cm，平均树高 10.8m，郁闭度 0.63。

面积 5060.7972hm²，蓄积量 121982.6817m³，生物量 134266.3377t，碳储量 67133.1689t。每公顷蓄积量 24.1035m³，每公顷生物量 26.5307t，每公顷碳储量 13.2653t。

多样性指数 0，优势度指数 1，均匀度指数 0。斑块数 7 个，平均斑块面积 722.9710hm²，斑块破碎度 0.0014。

未见病害、虫害、火灾。未见自然干扰。人为干扰主要是采摘。

（8）在山东，杏树栽培遍及全省各县、市、区，基本上形成了 3 个集中栽培区，即沿黄及黄泛区栽培区、鲁中南山地栽培区和胶东丘陵地栽培区。年产量在 500t 以上的有菏泽、郓城、泰安郊区、历程、山亭、青州、苍山、沂南、崂山、龙口、胶南等县（市、区）。

乔木组成单一，以纯林为主。灌木、草本不发达。

乔木平均胸径 14.8cm，平均树高 10.6m，郁闭度 0.7。

面积 11488.8000hm²，蓄积量 363860.6359m³，生物量 400501.4020t，碳储量 200250.7010t。每公顷蓄积量 31.6709m³，每公顷生物量 34.8601t，每公顷碳储量 17.4301t。

多样性指数 0，优势度指数 1，均匀度指数 0。斑块数 10 个，平均斑块面积 1148.8800hm²，斑块破碎度 0.0008。

未见病害。未见虫害。未见火灾。未见自然干扰。人为干扰主要是采摘。

（9）在浙江，西天目山上尚有野生状态的银杏，人工栽培的则以长兴、诸暨等县为多，省内主要分布区为长兴县、安吉县、临安县、富阳县、诸暨县、萧山县、鄞县、奉化县和临海县。

乔木有银杏，或与柳杉、杉木、响叶杨、枫香、香果树、毛竹等树种混生。灌木有连蕊茶、江浙钓樟、溲疏、肉花卫矛、南天竹等。

乔木平均胸径 12.8cm，平均树高 9.9m，郁闭度 0.65。

面积 1395.3400hm²，蓄积量 33425.2302m³，生物量 36791.1508t，碳储量 18395.5754t。每公顷蓄积量 23.9549m³，每公顷生物量 26.3672t，每公顷碳储量 13.1836t。

多样性指数 0.2700，优势度指数 0.7300，均匀度指数 0.3300。斑块数 2 个，平斑块面积 697.669hm²，斑块破碎度 0.0014。

未见病害、虫害、火灾。未见自然干扰。人为干扰主要是采摘。

（10）在重庆，银杏林有广泛分布。

乔木组成单一，以纯林为主。灌木、草本不发达。

乔木平均胸径 9.8cm，平均树高 8.8m，郁闭度 0.6。

面积 5295.6087hm²，蓄积量 38955.5565m³，生物量 48382.1678t，碳储量 24191.0839t。每公顷蓄积量 7.3562m³，每公顷生物量 9.1363t，每公顷碳储量 4.5681t。

多样性指数 0，优势度指数 1，均匀度指数 0。斑块数 354，平均斑块面积 14.9593hm²，斑块破碎度 0.0668。

未见病害、虫害、火灾。未见自然干扰。人为干扰主要是采摘。

130. 桑树林（*Morus alba* forest）

在甘肃、广西、江苏、山东、山西、云南、浙江、重庆 8 个省（自治区、直辖市）有桑树林分布，面积 71102.8638hm²，蓄积量 3082547.8280m³，生物量 3454662.6028t，碳储量 1727334.3914t。每公顷蓄积量 43.3534m³，每公顷生物量 48.5868t，每公顷碳储量 24.2935t。多样性指数 0.0112，优势度指数 0.1337，均匀度指数 0.9887。斑块数 3457 个，平均斑块面积 20.5677hm²，斑块破碎度 0.0486。

（1）在甘肃，桑树林分布在舟曲县、天水市、成县、金塔县、酒泉市、徽县，以人工林为主。

乔木主要与杨树混交。灌木有枸杞，偶见有少量合头藜。草本中偶见有针茅。

乔木层平均树高 9.31m 左右，灌木层平均高 16.36cm，草本层平均高 3.84cm，乔木平均胸径9cm，乔木郁闭度 0.6，灌木盖度 0.32，草本盖度 0.32，植被总盖度 0.73。

面积 64.1959hm²，蓄积量 930.8399m³，生物量 1024.5755t，碳储量 512.2877t。每公顷蓄积量 14.5000m³，每公顷生物量 15.9602t，每公顷碳储量 7.9801t。

多样性指数 0.0500，优势度指数 0.9500，均匀度指数 0.1000。斑块数 4 个，斑块破碎度 0.0623，平均斑块面积 16.0489hm²。

未见病害、虫害、火灾。未见自然干扰和人为干扰。

（2）在云南，桑树林分布较广。

乔木由桑树组成的单层林。受人为影响较大，灌木、草本不稳定。

乔木层平均树高 11.8m，灌木层平均高 0.9m，草本层平均高 0.2m 以下，乔木平均胸径 18.6cm，乔木郁闭度约 0.7，草本盖度 0.3。

面积 1492.1642hm²，蓄积量 107883.4749m³，生物量 118747.3408t，碳储量59373.6704t。每公顷蓄积量 72.3000m³，每公顷生物量 79.5806t，每公顷碳储量 39.7903t。

多样性指数 0，优势度指数 1，均匀度指数 0。斑块数 130 个，平均斑块面积11.4781hm²，斑块破碎度 0.0871。

桑树林健康中等。无自然干扰。人为干扰主要是抚育、更新，抚育面积447.6492hm²，更新面积 13.4294hm²。

（3）在山西，桑树林主要为人工林，集中分布在晋城市市辖区和陵川县，在夏县、孝义市等也有分布，但数量较少。

乔木为纯林。灌木植物较少，少见棘豆等。草本少见唐松草、费菜等。

乔木层平均树高 4.2m，灌木层平均高 1.7cm，草本层平均高 1.2cm，乔木平均胸径9.7cm，乔木郁闭度 0.3，灌木盖度 0.17，草本盖度 0.1。

面积 300.2871hm²，蓄积量 4504.3068m³，生物量 7725.4268t，碳储量 3865.8035t。每公顷蓄积量 15.0000m³，每公顷生物量 25.7268t，每公顷碳储量 12.8737t。

多样性指数 0.0400，优势度指数 0.9600，均匀度指数 0.9700。斑块数 25 个，平均斑块面积 12.0114hm²，斑块破碎度 0.0833。

未发现病害、虫害、火灾。有轻度自然干扰，面积28hm²。未见人为干扰。

（4）在广西，桑树主要分布在凌云县境内，其他地方有零星分布。

乔木组成单一，以纯林为主。灌木、草本不发达。

乔木平均胸径 10.5cm，平均树高 4.8m，郁闭度 0.75。

面积 2504.5383hm²，蓄积量 65744.1300m³，生物量 80050.0527t，碳储量40025.0263t。每公顷蓄积量 26.2500m³，每公顷生物量 31.9620t，每公顷碳储

量 15.9810t。

多样性指数 0，优势度指数 1，均匀度指数 0。斑块数 5 个，平均斑块面积 500.9077hm²，斑块破碎度 0.0020。

未发现病害、虫害、火灾。人为干扰主要是抚育管理及采摘。

(5) 在江苏，桑树林主要分布区包括太湖平原区（地跨苏州、无锡、常州、镇江 4 个市的 11 个县、直辖市和 1 个市郊区），宁镇扬丘陵区（包括南京、镇江、扬州、淮安 4 个市的 9 个县、直辖市和 1 个市郊区），沿江平原区（包括南通、扬州、泰州、苏州、镇江 5 个市的 14 个县、直辖市和 1 个市郊区），沿海平原区（包括盐城市的 4 个县、直辖市），里下河低田区（包括扬州、台州、盐城、淮安 4 个市的 9 个县、直辖市），徐淮平原区（包括徐州、淮安、宿迁、连云港和盐城 5 个市的 12 个县、市、区）。

乔木组成单一，以纯林为主。灌木、草本不发达。

乔木平均胸径 16.8cm，平均树高 9.5m，郁闭度 0.8。

面积 10295.7000hm²，蓄积量 849674.6959m³，生物量 935236.9378t，碳储量 467618.4689t。每公顷蓄积量 82.5271m³，每公顷生物量 90.8376t，每公顷碳储量 45.4188t。

多样性指数 0，优势度指数 1，均匀度指数 0。斑块数 19 个，平均斑块面积 541.8770hm²，斑块破碎度 0.0018。

未发现病害、虫害、火灾。人为干扰主要是抚育管理及采摘。

(6) 在山东，桑树林分布较广，重点产地为郓城、金乡、曹县、单县、惠民、高青、阳信、惠民、招远等地。

乔木组成单一，以纯林为主。灌木、草本不发达。

乔木平均胸径 10.9cm，平均树高 5.8m，郁闭度 0.82。

面积 12000.6000hm²，蓄积量 438401.9110m³，生物量 533798.1668t，碳储量 266899.0834t。每公顷蓄积量 36.5317m³，每公顷生物量 44.4810t，每公顷碳储量 22.2405t。

多样性指数 0，优势度指数 1，均匀度指数 0。斑块数 7 个，平均斑块面积 1714.38hm²，斑块破碎度 0.0005。

未发现病害、虫害、火灾。人为干扰主要是抚育管理及采摘。

(7) 在浙江，桑树林分布较广泛，浙江果桑林、蚕桑林分布全省各地，以嘉兴、湖州、淳安、临安、桐庐、建德、兰溪、武义、缙云、开化等市县分布较为集中。

乔木组成单一，以纯林为主。灌木、草本不发达。

乔木平均胸径 5.8cm，平均树高 4.2m，郁闭度 0.75。

面积 8378.5400hm²，蓄积量 219936.6750m³，生物量 242084.2982t，碳储量 121042.1491t。每公顷蓄积量 26.2500m³，每公顷生物量 28.8934t，每公顷碳储量 14.4467t。

多样性指数 0，优势度指数 1，均匀度指数 0。斑块数 19 个，平均斑块面积

440.9760hm²，斑块破碎度0.0022。

未发现病害、虫害、火灾。人为干扰主要是抚育管理及采摘。

（8）在重庆，桑林广泛分布于海拔1500m以下的平原、丘陵、低山地区，主产区有彭水、酉阳等县。

乔木组成单一，以纯林为主。灌木、草本不发达。

乔木平均胸径10.3cm，平均树高5.1m，郁闭度0.7。

面积36066.8383hm²，蓄积量1395471.7945m³，生物量1535995.8042t，碳储量767997.9021t。每公顷蓄积量38.6913m³，每公顷生物量42.5875t，每公顷碳储量21.2937t。

多样性指数0，优势度指数1，均匀度指数0。斑块数3248个，平均斑块面积11.1043hm²，斑块破碎度0.0901。

未发现病害、虫害、火灾。人为干扰主要是抚育管理及采摘。

131. 西藏沙棘林（*Hippophae rhamnoides* forest）

在西藏山南地区错那县曲卓木乡一带，有沙棘乔木林186.66hm²，其中在乡政府周围有53.33hm²，沿该乡的娘姆河谷有133.33hm²，几乎都是千年古树。

乔木组成单一，以纯林为主。

平均树高超过10m，最大树高可达15m，平均胸径超过50cm，最大胸径可达1.5m，郁闭度0.7左右。灌木不发达。草本发达，以苔草等为主，盖度0.8左右，平均高0.2m。

面积186.6600hm²，蓄积量34690.4063m³，生物量38183.7303t，碳储量19091.8651t。每公顷蓄积量185.8481m³，每公顷生物量204.5630t，每公顷碳储量102.2815t。

多样性指数0，优势度指数1，均匀度指数0。斑块数5个，平均斑块面积37.332hm²，斑块破碎度0.0268。

沙棘林生长健康。无自然干扰。并实施了人为保护措施。

132. 木兰林（*Magnolia liliflora* forest）

在重庆地区，兰木林广泛分布。在重庆主城区园林绿化区域及平顶山、歌乐山等森林公园内都有木兰林分布。

乔木组成除木兰科树种外，还有樟科、山矾科、杜英科、茶科等树种分布其中。

乔木平均胸径15.5cm，平均树高11.2m，郁闭度0.7。

面积344.1226hm²，蓄积量14783.5100m³，生物量13126.8900t，碳储量6563.4400t。每公顷蓄积量42.9600m³，每公顷生物量38.1460t，每公顷碳储量19.0730t。

多样性指数0.7043，优势度指数0.2957，均匀度指数0.2924。斑块数30个，平均斑块面积11.4707hm²，斑块破碎度0.0872。

木兰林生长良好。无自然干扰。人为干扰主要是抚育管理。

十二、桦木林

桦木林在我国分布十分广泛，分布类型有白桦林、黑桦林、红桦林、西南桦林等，主要分布在黑龙江、吉林、辽宁、内蒙古、北京、河北、甘肃、宁夏、青海、山西、云南、四川、陕西、西藏、重庆、湖北、广西、江苏等省（自治区、直辖市），面积 6557256.8714hm²，蓄积量 499980671.2463m³，生物量 582559312.8370t，碳储量 287187472.2270t。每公顷蓄积量 76.2484m³，每公顷生物量 88.8419t，每公顷碳储量 43.7969t。多样性指数 0.5527，优势度指数 0.4187，均匀度指数 0.4044。斑块数 78695，平均斑块面积 83.3249hm²，斑块破碎度 0.0120。

133. 白桦林（*Betula platyphylla* forest）

在黑龙江、吉林、辽宁、内蒙古、北京、河北、甘肃、宁夏、青海、山西、云南、重庆、西藏 13 个省（自治区、直辖市）有分布，面积 5058131.8686hm²，蓄积量 352981107.9740m³，生物量 413586117.8180t，碳储量 206718587.3430t。每公顷蓄积量 69.7848m³，每公顷生物量 81.7665t，每公顷碳储量 40.8685t。多样性指数 0.5481，优势度指数 0.4454，均匀度指数 0.4283。斑块数 44312 个，平均斑块面积 114.1481hm²，斑块破碎度 0.087。

（1）在黑龙江，白桦林分布较集中在大、小兴安岭及完达山，越往南，如张广才岭、老爷岭等山区，则以其变种东北白桦为主，为黑龙江省次生林主要组成树种，常成大片纯林。

乔木除白桦外，伴生树种主要有落叶松、红松、山杨、蒙椴、蒙古栎、紫椴、色木槭。灌木主要有胡枝子、兴安柳、谷柳、兴安杜鹃、东北赤杨、刺玫蔷薇、越桔、石生悬钩子、珍珠梅。草本主要有大叶章、地榆、铃兰、舞鹤草、银莲花、轮叶沙参、马莲、贝加尔野豌豆、东方草莓、矮香豌豆、粗根老鹳草、红花鹿蹄草、曲尾藓、四花苔草、山茄子、大叶柴胡、卵叶风毛菊、鳞毛蕨属、掌叶铁线蕨、兴安鹿药、林木贼。

乔木层平均树高 12.84m，灌木层平均高 1m，草本层平均高 0.3m，乔木平均胸径 12.86cm，乔木郁闭度 0.58，灌木盖度 0.32，草本盖度 0.43，植被总盖度 0.76。

面积 1706159.5081hm²，蓄积量 104859880.9016m³，生物量 123006934.6612t，碳储量 61503467.3300t。每公顷蓄积量 61.4596m³，每公顷生物量 72.0958t，每公顷碳储量 36.0479t。

多样性指数 0.6459，优势度指数 0.3540，均匀度指数 0.1475。斑块数 17837 个，平均斑块面积 95.6528hm²，斑块破碎度 0.0105。

森林植被处于亚健康。无自然干扰。

（2）在吉林，白桦林在东部及中部半山区各市、县皆有分布。

乔木除白桦外，伴生树种有落叶松、红松、山杨、蒙椴、蒙古栎、紫椴、色木槭。灌木主要有胡枝子、花楷槭、忍冬、绣线菊、珍珠梅、榛子。草本主要有蒿、蕨、木贼、莎草、羊胡子草、苔草、山茄子、小叶章。

乔木层平均树高 13.7m，灌木层平均高 1.58m，草本层平均高 0.54m，乔木平均胸径 15.06cm，乔木郁闭度 0.65，灌木盖度 0.27，草本盖度 0.49。

面积 143987.9718hm²，蓄积量 18749113.2882m³，生物量 18929921.3800t，碳储量 9464960.6900t。每公顷蓄积量 130.2131m³，每公顷生物量 131.4688t，每公顷碳储量 65.7344t。

多样性指数 0.6535，优势度指数 0.3464，均匀度指数 0.2140。斑块数 1865 个，平均斑块面积 77.2053hm²，斑块破碎度 0.0130。

森林植被健康。无自然干扰。

（3）在辽宁，白桦林主要分布于西部地区。

乔木主要有白桦、山杨、蒙椴、蒙古栎、紫椴、色木槭。灌木主要有胡枝子、花楷槭、忍冬、绣线菊、珍珠梅、榛子。草本主要有蒿、蕨、木贼、莎草、羊胡子草、苔草、山茄子、小叶章。

乔木层平均树高 18.25m，灌木层平均高 1.6m，草本层平均高 0.3m，乔木平均胸径 13.58cm，乔木郁闭度 0.75，灌木盖度 0.35，草本盖度 0.4，植被总盖度 0.95。

面积 7744.2243hm²，蓄积量 1272713.8957m³，生物量 1379240.0489t，碳储量 689620.0244t。每公顷蓄积量 164.3436m³，每公顷生物量 178.0992t，每公顷碳储量 89.0496t。

多样性指数 0.7517，优势度指数 0.2482，均匀度指数 0.3916。斑块数 273 个，平均斑块面积 28.3671hm²，斑块破碎度 0.0353。

森林植被健康。无自然干扰。

（4）在甘肃，白桦林有天然林和人工林。

白桦天然林主要分布在夏河县、卓尼县、迭部县、礼县、康乐县、临潭县、榆中县、甘谷县等各县。

乔木常见伴生树种有云杉、杨树、其他软阔类、栎类、桦木。灌木有胡枝子、小檗、蔷薇、粗枝云杉。草本中主要有大火草、大麦、大针茅、地丁草、东方草莓等。

乔木层平均树高 10.66m 左右，灌木层平均高 17.28cm，草本层平均高 2.64cm，乔木平均胸径 16cm，乔木郁闭度 0.44，灌木盖度 0.4，草本盖度 0.46，植被总盖度 0.54。

面积 74745.0960hm²，蓄积量 4315700.9947m³，生物量 5377355.2005t，碳储量 2642432.3455t。每公顷蓄积量 57.7389m³，每公顷生物量 71.9426t，每公顷碳储量 35.3526t。

多样性指数 0.4800，优势度指数 0.5200，均匀度指数 0.2800。斑块多度 0.02，斑块数 2095 个，平均斑块面积 35.6778hm²，斑块破碎度 0.0280。

有重度病害，面积 2666.04hm²。有重度虫害，面积 13616.568hm²。未见火灾。有轻度自然干扰，面积 1613hm²。有中度人为干扰，面积 4325hm²。

白桦人工林分布在文县。

乔木多数为纯林，其少量与云杉混交。灌木主要分布有红砂和胡枝子。草本中常见的有短花针茅、二裂委陵菜和甘草。

乔木层平均树高 11.22m 左右，灌木层平均高 18.25cm，草本层平均高 3.52cm，乔木平均胸径 7cm，乔木郁闭度 0.45，灌木盖度 0.41，草本盖度 0.47，植被总盖度 0.50。

面积 14.7350hm²，蓄积量 2166.0493m³，生物量 2465.6994t，碳储量 1211.6447t。每公顷蓄积量 147.0000m³，每公顷生物量 167.3359t，每公顷碳储量 82.2289t。

多样性指数 0.7300，优势度指数 0.2700，均匀度指数 0.8000。斑块数 1 个，平均斑块面积 14.74hm²，斑块破碎度 0.0679。

未见病害、虫害、火灾。未见自然和人为干扰。

（5）在宁夏，白桦林主要为天然林，广泛分布于六盘山山区，但在贺兰山、罗山林区也有少量分布。在行政区界上来看，主要分布于固原市的泾源县，在固原市的隆德县也有较多分布。

乔木伴生树种主要有山杨、辽东栎、茶条槭、少脉椴、华椴、漆树、红桦。灌木主要有水枸子、小檗、刺蔷薇、毛榛子、鼠李、刺悬钩子、湖北花楸等。草本主要有疏穗苔草、华北苔草、淫羊藿、糙苏、大火草、贝加尔唐松草、东方草莓，其次有柳叶亚菊、蛛毛蟹甲草、舞鹤草、鹿蹄草、地榆、华北鳞毛蕨等。

乔木层平均树高 11.1m，灌木层平均高 15cm，草本层平均高 3cm，乔木平均胸径 15.7cm，乔木郁闭度 0.61，灌木盖度 0.36，草本盖度 0.46。

面积 13102.2600hm²，蓄积量 894696.9957m³，生物量 1090290.5000t，碳储量 545145.2500t。每公顷蓄积量 68.2857m³，每公顷生物量 83.2139t，每公顷碳储量 41.6070t。

多样性指数 0.5230，优势度指数 0.4770，均匀度指数 0.5600。斑块数 261 个，平均斑块面积 50.2hm²，破碎度 0.0199。

病害等级为 1 级，分布面积 5.93hm²。虫害等级为 1 级和 2 级，1 级虫害的分布面积 34.61hm²，2 级虫害的分布面积 1.49hm²。未见火灾。自然和人为干扰严重。

（6）在青海，白桦林以天然林为主，主要分布于互助县、湟中县、大通县，乐都县、门源县和尖扎县也有广泛分布，海晏县和贵德县分布最少。

乔木主要与青海云杉、糙皮桦、山杨等混交。灌木主要有高山柳、金露梅、蔷薇、绣线菊等。草本常见的有蒿、芍药、珠芽蓼、草莓等。

乔木层平均树高 11.6m，灌木层平均高 0.4m，草本层平均高 0.4m，草本盖度 0.22，乔木平均胸径 11.9cm。

面积 52070.6900hm²，蓄积量 3837063.1108m³，生物量 4172038.7203t，碳储量 2086019.3602t。每公顷蓄积量 73.6895m³，每公顷生物量 80.1226t，每公顷碳储量 40.0613t。

多样性指数 0.8300，优势度指数 0.1700，均匀度指数 0.3300。斑块数 1512 个，平均斑块面积 34.4382hm²，斑块破碎度 0.0290。

轻度虫害面积 7782.55hm²，中度虫害面积 3173.20hm²，重度虫害面积 9.99hm²。未见病害、火灾。未见自然干扰。有轻度人为干扰，面积 46.49hm²。

（7）在山西，白桦林有天然林和人工林。

白桦天然林主要分布于灵丘县，广灵县和浑源县也有广泛分布。

乔木伴生树种主要是鹅耳枥、栎树、油松以及一些软阔类树种。灌木常见的有绣线菊、胡枝子、丁香、虎榛子、忍冬等。草本常见的有糙苏、禾本科草、苔草、羊胡子草等。

乔木层平均树高 9.4m，灌木层平均高 17.4cm，草本层平均高 5.7cm，乔木平均胸径 13.7cm，乔木郁闭度 0.54，灌木盖度 0.45，草本盖度 0.43。

面积 80295.0328hm²，蓄积量 2294253.9884m³，生物量 3273849.4885t，碳储量 1608769.6386t。每公顷蓄积量 28.5728m³，每公顷生物量 40.7728t，每公顷碳储量 20.0357t。

多样性指数 0.4100，优势度指数 0.5900，均匀度指数 0.6700。斑块数 2111 个，平均斑块面积 38.0364hm²，斑块破碎度 0.0263。

未见病害。有轻度虫害，面积 1585hm²。未见火灾。有轻度、中度、重度自然干扰，面积分别为 2638hm²、39hm²、1495hm²。有轻度人为干扰，面积 389hm²。

白桦人工林主要分布在山西灵丘县、广灵县、浑源县等地。

乔木除白桦外，主要是椴树、鹅耳枥、榆树等。灌木常见榛子。几乎无草本。

乔木层平均树高 7.3m，灌木层平均高 17cm，草本层平均高 2.5cm，乔木平均胸径 9cm，乔木郁闭度 0.65，灌木盖度 0.45，草本盖度 0.09。

面积 17735.8964hm²，蓄积量 170430.8794m³，生物量 243187.8218t，碳储量 121593.9109t。每公顷蓄积量 9.6094m³，每公顷生物量 13.7116t，每公顷碳储量 6.8558t。

多样性指数 0.6500，优势度指数 0.3500，均匀度指数 0.3900。斑块数 587 个，平均斑块面积 30.2144hm²，斑块破碎度 0.0331。

有轻度病害，面积 200hm²。有轻度和中度虫害，面积 3hm²、91hm²。有轻度火灾，面积 34hm²。有轻度、中度、重度自然干扰，面积分别为 6376hm²、528hm²、4473hm²。有轻度人为干扰，面积 5546hm²。

（8）在北京，该类型多是在原始林分遭破坏后形成的次生林，在北京北部山区的海拔 1500m 以下地区广泛分布。

乔木有白桦、黑桦、蒙古栎等，常伴生有山杨、红桦、辽东栎、紫椴、色木槭、油松、青杆、白杆、华北落叶松等。灌木可见毛榛子、虎榛子、柳树、灰栒子、水栒子、甘肃山楂、华西箭竹、绣线菊、刺五加、刺蔷薇、东北山梅花等，有时生有乔木的萌生植株，如榆等。草本以各种苔草占优势，混生有红花鹿蹄草、铃兰、小叶章、藜芦、舞鹤草、东方草莓、大叶柴胡、林风毛菊以及鳞毛蕨和蹄盖蕨等。

乔木层平均树高 10.5m，灌木层平均高 1m，草本层平均高 0.5m 以下，乔木平均胸径 11.6cm，乔木郁闭度 0.7，灌木盖度 0.3，草本盖度 0.2。

面积 4924.8135hm²，蓄积量 381700.0000m³，生物量 575100.0000t，碳储量 287500.0000t。每公顷蓄积量 77.5055m³，每公顷生物量 116.7760t，每公顷碳储

量 58.3778t。

多样性指数 0.4843，优势度指数 0.5157，均匀度指数 0.2489。斑块数 48 个，平均斑块面积 102.6002hm²，斑块破碎度 0.0097。

森林植被健康。无自然干扰。

（9）在云南，白桦林主要分布于滇西北的丽江、永胜、宁蒗、德钦、香格里拉、维西、兰坪等地，海拔 2500~3500m 的山地中上部。

乔木下层有白桦及伴生树种红桦、长苞冷杉、丽江云杉、云南铁杉、高山松、山杨等。灌木主要有柳叶忍冬、四川忍冬、矮高山栎、小叶枸子、心叶荚蒾、冰川茶藨子、峨眉蔷薇、锦鸡儿等。草本常见的有早熟禾、拂子茅、羊茅、蟹甲草、鬼灯檠、野牡丹、唐松草、火绒草、尖齿蹄盖蕨等。

乔木层平均树高 12.3m，灌木层平均高 2.5m，草本层平均高 0.3m 以下，乔木平均胸径 11.3cm，乔木郁闭度 0.8，草本盖度 0.65。

面积 42200.7838hm²，蓄积量 1566853.3780m³，生物量 1697999.0057t，碳储量 848999.5029t。每公顷蓄积量 37.1285m³，每公顷生物量 40.2362t，每公顷碳储量 20.1181t。

多样性指数 0.4255，优势度指数 0.5745，均匀度指数 0.7122。斑块数 1446 个，平均斑块面积 29.1844hm²，斑块破碎度 0.0343。

森林植被健康中等。无自然干扰。人为干扰主要是抚育、征占，抚育面积 43.3623hm²，征占面积 42.0562hm²。

（10）在内蒙古，白桦林以天然林为主，该类型分布广泛，以大兴安岭地区山地为主。

乔木主要为白桦，在许多地段是单优势种群落。其他地段则因生境、原始森林等的不同，混生树种有所差异。常见的有山杨等先锋树种，还有红桦、蒙古栎、兴安落叶松、红松、紫椴、色木槭、油松、青杆、白杆、华北落叶松等。灌木可见毛榛子、虎榛子、柳树、灰栒子、水栒子、绣线菊、刺五加、东北山梅花等。草本以各种苔草占优势，混生有红花鹿蹄草、铃兰、小叶章、藜芦、舞鹤草、东方草莓、大叶柴胡、林风毛菊以及鳞毛蕨和蹄盖蕨等。

乔木层平均树高 13.87m，灌木层平均高 1m，草本层平均高 0.5m 以下，乔木平均胸径 11.15cm，乔木郁闭度 0.7，灌木盖度 0.2，草本盖度 0.1。

面积 2362933.5503hm²，蓄积量 194608624.7299m³，生物量 232167588.0035t，碳储量 116083794.0017t。每公顷蓄积量 82.3589m³，每公顷生物量 98.2540t，每公顷碳储量 49.1270t。

多样性指数 0.2519，优势度指数 0.7481，均匀度指数 0.0855。斑块数 14571 个，平均斑块面积 162.1668hm²，斑块破碎度 0.0062。

森林植被健康。无自然干扰。

（11）在河北，该类型分布广泛。

乔木木层伴生树种有硕桦、山杨、蒙椴、五角枫等。灌木层有东陵八仙花、小花溲疏、太平花、锦带花、萨氏莢蒾、红瑞木、毛榛、柔毛绣线菊、刺五加、东北鼠李、胡枝子、小叶丁香等。草本层有升麻、华北楼斗菜、唐松草、草乌头、华北风毛菊、东北风毛菊、野艾蒿、小红菊、蹄叶橐吾、铃兰、舞鹤草、七籛姑等。

乔木层平均树高 12.2m，灌木层平均高 1.4m，草本层平均高 0.2m，乔木平均胸径 11.4cm，乔木郁闭度 0.6，灌木盖度 0.18，草本盖度 0.05。

面积 432670.5969hm²，蓄积量 8139615.6042m³，生物量 8820901.4303t，碳储量 4410450.7151t。每公顷蓄积量 18.8125m³，每公顷生物量 20.3871t，每公顷碳储量 10.1936t。

多样性指数 0.4482，优势度指数 0.5518，均匀度指数 0.5500。斑块数 1033 个，平均斑块面积 418.8485hm²，斑块破碎度 0.0024。

森林植被健康。无自然干扰。

（12）在重庆，白桦林大多为人工林，广泛分布于大巴山区、石柱县、西阳县、南川县、巫山县、城口县等，重庆其他各个区县均有分布。

乔木树种组成较为复杂，大多与杉木、马尾松、杨树、青冈等混交，少数形成纯林。灌木、草本不发达。

乔木层平均树高 8.9m，灌木层平均高 1.3m，草本层平均高 0.5m 以下，乔木平均胸径 8.8cm，乔木郁闭度 0.5，灌木盖度 0.1，草本盖度 0.2。

面积 21192.2097hm²，蓄积量 2672477.5085m³，生物量 2896163.8760t，碳储量 1448081.9380t。每公顷蓄积量 126.1066m³，每公顷生物量 136.6617t，每公顷碳储量 68.3309t。

多样性指数 0.7121，优势度指数 0.2879，均匀度指数 0.5136。斑块数 529 个，平均斑块面积 40.0608hm²，斑块破碎度 0.0250。

桦木林健康。无自然和人为干扰。

（13）在西藏，白桦林广泛分布于云杉林或冷杉林破坏后的地段。白桦林的海拔分布一般在 3500~4100m，在山坡上它常常与川滇高山栎或大果圆柏林位于不同的坡向。如在工布江达，阴坡的白桦林与阳坡的川滇高山栎林界线明显，外貌完全不同。

群落在夏季季相绿色，乔木一般为单纯的白桦次生林，树高 15~20m，胸径 25~30cm。但在森林向灌丛草原或灌丛草甸过渡地区，树高一般只有 5~8m，甚至更矮。郁闭度 0.5~0.6。

灌木有楔叶绣线菊、小叶栒子、刚毛忍冬、柳树、冰川茶藨子、金露梅、毛嘴杜鹃、绢毛蔷薇、小檗、窄叶鲜卑花、铁线莲等。盖度在 0.3 左右。

草本组成复杂，盖度在 0.35 左右。主要有珠芽蓼、疏花早熟禾、草莓、白磷苔草、鳞毛蕨、德钦高山耳蕨、多花黄芪、肉果草、老鹳草、刺参、堇菜、蒿、火绒草、铁线蕨、委陵菜、天门冬、龙胆、獐牙菜、虎耳草、唐松草以及伞形科的一些种。

苔藓盖度 0.15~0.2，种类有毛尖藓、对叶藓等。

面积 98354.5000hm²，蓄积量 9215816.6500m³，生物量 9953081.9820t，碳储量

4976540.9910t。每公顷蓄积量 93.7000m³，每公顷生物量 101.1960t，每公顷碳储量 50.5980t。

多样性指数 0.4600，优势度指数 0.5400，均匀度指数 0.3800。斑块数 143 个，平均斑块面积 687.794hm²，斑块破碎度 0.0014。

桦木林健康。无自然和人为干扰。

134. 黑桦林（*Betula davurica* forest）

在河北、黑龙江、内蒙古和宁夏 4 个省（自治区）有分布，面积 270315.6148hm²，蓄积量 14398498.3963m³，生物量 16565065.1013t，碳储量 8282532.5508t。每公顷蓄积量 53.2655m³，每公顷生物量 61.2805t，每公顷碳储量 30.6402t。多样性指数 0.6647，优势度指数 0.3352，均匀度指数 0.3551。斑块数 2620 个，平均斑块面积 103.1738hm²，斑块破碎度 0.0097。

（1）在黑龙江，黑桦林集中分布于大、小兴安岭，在张广才岭及完达山地有分布，但不多，生于海拔 700~900m 以下山地原始林的外围和次生林区阳向干燥山坡或丘陵山脊处，为蒙古栎林的伴生树种，或单株散生在山坡下部或湿地。

乔木除黑桦外，还有兴安落叶松、蒙古栎、椴树、白桦、山杨。灌木主要有榛、胡枝子、绢毛绣线菊、大叶蔷薇、欧亚绣线菊、东北山梅花。草本主要有苔草、欧百里香、黄芩、窄叶蓝盆花、贝加尔野豌豆、铁杆蒿、掌叶白头翁、毛百合、兴安藜芦、勿忘草、聚花风铃草、土三七、蓬子菜、砂地委陵菜、大叶章、地榆、柳兰、单穗升麻、多裂叶荆芥、狼毒、桔梗、尾叶香茶菜、绿豆升麻、东风菜、假升麻。

乔木层平均树高 10.91m，灌木层平均高 1.41m，草本层平均高 0.33m，乔木平均胸径 14.49cm，乔木郁闭度 0.47，灌木盖度 0.44，草本盖度 0.45，植被总盖度 0.73。

面积 94279.3447hm²，蓄积量 5791697.9967m³，生物量 6128807.9357t，碳储量 3064403.9680t。每公顷蓄积量 61.4313m³，每公顷生物量 65.0069t，每公顷碳储量 32.5035t。

多样性指数 0.7639，优势度指数 0.2360，均匀度指数 0.3932。斑块数 1265 个，平均斑块面积 74.5291hm²，斑块破碎度 0.0134。

森林植被处于亚健康。无自然干扰。

（2）在内蒙古，黑桦林以天然林为主，主要分布于大兴安岭南端。

乔木常常混生白桦、蒙古栎、山杨等树种。灌木较为发达，主要有榛子、兴安胡枝子、刺蔷薇、绢毛绣线菊、乌苏里绣线菊、光萼溲疏、兴安杜鹃花、卫矛等。草本主要有羊胡子草、乌苏里羊胡子草、轮叶沙参、关苍术、单花鸢尾、小红菊、小玉竹、大叶野豌豆、铃兰、山罗花、歪头菜等。

乔木层平均树高 13.34m，灌木层平均高 1m，草本层平均高 0.5m 以下，乔木平均胸径 10.06cm，乔木郁闭度 0.8，灌木盖度 0.1，草本盖度 0.1。

面积 117596.4331hm²，蓄积量 6335820.0002m³，生物量 7974925.5201t，碳储量 3987462.7600t。每公顷蓄积量 53.8777m³，每公顷生物量 67.8160t，每公顷碳储

量 33.9080t。

多样性指数 0.4025，优势度指数 0.5975，均匀度指数 0.1832。斑块数 1230 个，平均斑块面积 95.6068hm²，斑块破碎度 0.0105。

森林植被健康。无自然干扰。

（3）在河北，黑桦林以天然林为主，主要分布于河北省西部太行山脉及北部燕山山脉。

乔木主要为黑桦，常混生的有白桦、山杨等先锋树种，还有红桦、蒙古栎等。灌木可见毛榛子、虎榛子、柳树、灰栒子、水栒子、绣线菊、刺五加、东北山梅花等。草本以各种苔草占优势，混生有红花鹿蹄草、铃兰、小叶章、藜芦、舞鹤草、东方草莓、大叶柴胡、林风毛菊以及鳞毛蕨和蹄盖蕨等。

乔木层平均树高 11.2m，灌木层平均高 1.5m，草本层平均高 0.2m，乔木平均胸径 9.7cm，乔木郁闭度 0.7，灌木盖度 0.07，草本盖度 0.05。

面积 58487.7891hm²，蓄积量 2269167.1942m³，生物量 2459096.4884t，碳储量 1229548.2442t。每公顷蓄积量 38.8484m³，每公顷生物量 42.1000t，每公顷碳储量 21.0500t。

多样性指数 0.7751，优势度指数 0.2249，均匀度指数 0.6030。斑块数 122 个，平均斑块面积 478.7769hm²，斑块破碎度 0.0021。

森林植被健康。无自然干扰。

（4）在宁夏，主要为黑桦天然林，仅在固原市的泾源县、隆德县集中分布。

乔木常与山杨、白桦、华山松、华椴、茶条槭、糙皮桦等混交。灌木有水栒子、小檗、刺蔷薇、钝叶蔷薇、刺悬钩子等。草本种类较少，以华北鳞毛蕨、蛛毛蟹甲草、贝加尔唐松草、苔草、淫羊藿、东方草莓等为主。

乔木层平均树高 10.9m 左右，灌木层平均高 20cm，草本层平均高 3cm，乔木平均胸径 13.3cm，乔木郁闭度 0.3，灌木盖度 0.06，草本盖度 0.4。

面积 29.05hm²，蓄积量 1813.2051m³，生物量 2235.1572t，碳储量 1117.5786t。每公顷蓄积量 62.4167m³，每公顷生物量 76.9417t，每公顷碳储量 38.4709t。

多样性指数 0.7120，优势度指数 0.2880，均匀度指数 0.2410。斑块数 3 个，平均斑块面积 9.68hm²，斑块破碎度 0.1033。

未见病害。虫害等级为 1 级，其面积 10.86hm²。未见火灾。森林植被健康。无自然干扰。

135. 枫桦林（*Betula costata* forest）

在黑龙江、吉林 2 个省有枫桦林分布，面积 45360.2221hm²，蓄积量 8148284.6877m³，生物量 9059052.6669t，碳储量 4529526.3334t。每公顷蓄积量 179.6350m³，每公顷生物量 199.7136t，每公顷碳储量 99.8568t。多样性指数 0.6196，优势度指数 0.3803，均匀度指数 0.1881。斑块数 538 个，平均斑块面积 84.3126hm²，斑块破碎度 0.0119。

（1）在黑龙江，枫桦林分布于东部小兴安岭、完达山和张广才岭山地，生于海拔较高的冷湿条件下。其垂直分布：小兴安岭在海拔 200~800m，完达山和张广才岭在 500~950m 地带。所以既是温带红松阔叶混交林，又是寒温带云杉、冷杉林中的阔叶混交树种之一，很少见到纯林。

乔木除枫桦外，主要有山杨、色木槭、胡桃楸、紫椴、蒙古栎、水曲柳。灌木主要有暴马丁香、东北山梅花、刺五加、毛榛、稠李。草本主要有东陵苔草、短柄草、大油芒、羊胡子草、宽叶苔草、异叶败酱、龙牙草、黄背草。

乔木层平均树高 13.7m，灌木层平均高 2.53m，草本层平均高 0.4m，乔木平均胸径 15.9cm，乔木郁闭度 0.77，灌木盖度 0.3，草本盖度 0.56，植被总盖度 0.91。

面积 35851.1552hm²，蓄积量 6439871.3136m³，生物量 6978888.5425t，碳储量 3489444.2713t。每公顷蓄积量 179.6280m³，每公顷生物量 194.6629t，每公顷碳储量 97.3314t。

多样性指数 0.6524，优势度指数 0.3475，均匀度指数 0.1647。斑块数 422 个，平均斑块面积 84.9553hm²，斑块破碎度 0.0118。

森林植被健康。无自然干扰。

（2）在吉林，枫桦林主要分布在长白山地区各县。

乔木除枫桦外，主要有山杨、色木槭、胡桃楸、紫椴、蒙古栎、水曲柳。灌木主要有刺五加、忍冬、花楷槭。草本主要有木贼、莎草、苔草。

乔木层平均树高 15.7m，灌木层平均高 1.46m，草本层平均高 1.47m，乔木平均胸径 20.35cm，乔木郁闭度 0.66，灌木盖度 0.27，草本盖度 0.44。

面积 9509.0669hm²，蓄积量 1708413.3740m³，生物量 2080164.1243t，碳储量 1040082.0622t。每公顷蓄积量 179.6615m³，每公顷生物量 218.7559t，每公顷碳储量 109.3779t。

多样性指数 0.5869，优势度指数 0.4130，均匀度指数 0.2115。斑块数 116 个，平均斑块面积 81.9747hm²，斑块破碎度 0.0122。

森林植被健康。无自然干扰。

136. 红桦林（*Betula albosinensis* forest）

在甘肃、湖北、青海、山西、陕西和云南 6 个省有红桦林分布，面积 270456.5434hm²，蓄积量 32412689.3486m³，生物量 37227990.6133t，碳储量 18299827.4421t。每公顷蓄积量 119.8443m³，每公顷生物量 137.6486t，每公顷碳储量 67.6627t。多样性指数 0.6162，优势度指数 0.3837，均匀度指数 0.3759。斑块数 6908 个，平均斑块面积 39.1512hm²，斑块破碎度 0.0255。

（1）在甘肃，红桦林有天然林和人工林。

红桦天然林分布在迭部县、舟曲县、礼县、天祝藏族自治县、华亭县、和政县、卓尼县、宕昌县等地区。

乔木常见与云杉、杨树、其他软阔类、栎树、桦木混交。灌木中常见有胡枝子、山柳、小檗、蔷薇、栎等。草本中主要有莎草、禾本科草、两栖蓼、柴胡、鹿角草。

乔木层平均树高 10.66m 左右，灌木层平均高 17.28cm，草本层平均高 2.64cm，乔木平均胸径 16cm，乔木郁闭度 0.44，灌木盖度 0.4，草本盖度 0.46，植被总盖度 0.58。

面积 58445.8988hm²，蓄积量 5237216.2618m³，生物量 6195323.6846t，碳储量 3044382.0586t。每公顷蓄积量 89.6079m³，每公顷生物量 106.0010t，每公顷碳储量 52.0889t。

多样性指数 0.4800，优势度指数 0.5200，均匀度指数 0.2800。斑块数 1432 个，平均斑块面积 40.8141hm²，斑块破碎度 0.0245。

有重度病害，面积 7250.55hm²。有轻度虫害，面积 41.841hm²。未见火灾。有轻度自然干扰，面积 91hm²。有轻度人为干扰，面积 1348hm²。

红桦人工林在礼县、华亭县、碌曲县、永靖县、迭部县、兰州市各地区有分布。

乔木伴生树种常见云杉。灌木中常见的有胡枝子和山柳及小檗。草本中主要有稻和蒿两大类。

乔木层平均树高 11.21m 左右，灌木层平均高 17.89cm，草本层平均高 2.8cm，乔木平均胸径 5cm，乔木郁闭度 0.45，灌木盖度 0.41，草本盖度 0.47，植被总盖度 0.52。

面积 291.5536hm²，蓄积量 15582.7723m³，生物量 19637.9428t，碳储量 9650.0851t。每公顷蓄积量 53.4474m³，每公顷生物量 67.3562t，每公顷碳储量 33.0988t。

多样性指数 0.6700，优势度指数 0.3300，均匀度指数 0.7900。斑块数 19 个，平均斑块面积 15.3449hm²，斑块破碎度 0.0652。

未见病害、虫害、火灾。有轻度自然干扰，面积 16hm²。未见人为干扰。

（2）在青海，红桦林为天然林，集中分布在互助县，较少分布的县有门源县、尖扎县、乐都县和民和县。

乔木主要与白桦、柏木、青海云杉、山杨等混交。灌木有杜鹃、金露梅、烈香杜鹃、忍冬、小檗等。林下零星分布有蒿、莎草、披碱草等。

乔木层平均树高 11.5m，灌木层平均高 0.4m，草本层平均高 0.3m，草本盖度 0.16，乔木平均胸径 10.9cm。

面积 2583.4700hm²，蓄积量 67026.8374m³，生物量 71641.8181t，碳储量 35204.7894t。每公顷蓄积量 25.9445m³，每公顷生物量 27.7308t，每公顷碳储量 13.6269t。

多样性指数 0.6500，优势度指数 0.3500，均匀度指数 0.1800。斑块数 57 个，平均斑块面积 45.3240hm²，斑块破碎度 0.0221。

轻度虫害面积 252.18hm²，中度虫害面积 56.61hm²。未见人为干扰。

（3）在湖北，红桦林主要分布于神农架林区及房县、巴东、兴山等县海拔 1700~2400m 范围内，以海拔 1900~2200m 内的林分生长最好。分布区的坡向多为阴坡或半阴坡，坡度通常为 25°~35°。林分常占有长坡的一部分，而以坡的中部或上部居多，或占有整个短坡面。红桦林的上部常与巴山冷杉林或华山松、山杨林相接，左右常向巴山冷杉、桦木、槭树混交林过渡，林分下部多为河谷或沟谷地带。

乔木大都为单层林，以红桦为优势种，伴生树种有糙皮桦、漆树、山杨、香桦、巴山冷杉、铁杉、青杆、华山松、槭树、秦岭白蜡、陕甘花楸、鹅耳枥、水青树、领春木、刺叶栎、鄂椴、椋木等，其中以糙皮桦、漆树、山杨较为常见。灌木主要种类有箭竹、灰栒子、荚蒾、刺榛，其次有小檗、卫矛、峨眉蔷薇、淡红忍冬、陇塞忍冬、鄂西绣线菊、多种杜鹃花、东陵绣球、长柄绣球、穆坪茶藨子、青荚叶、冰川茶藨子、山梅花、云南冬青以及三桠乌药、木姜子、黄杨、川榛等，但这些下木不在同一林分内同时出现。草本有酢浆草、日本金星蕨、贯众、鬼灯檠、八角莲、南方山荷叶、细辛、毛叶藜芦、唐松草、黄水枝、柳叶风毛菊、苔草、石松、七叶一枝花、假升麻、黄精、独活等。藓类呈小块状分布，一般生长在岩石或树干基部，主要种类有曲尾藓、赤茎藓、拟垂枝藓等。

乔木层平均树高 10.2m，平均胸径 13.5cm，郁闭度 0.6。灌木层平均高 1.2m，草本层平均高 0.3m。灌木盖度 0.5，草本盖度 0.4，藓类盖度 0.2。

面积 571.4659hm²，蓄积量 16141.0741m³，生物量 17492.0820t，碳储量 8746.0410t。每公顷蓄积量 28.2450m³，每公顷生物量 30.6091t，每公顷碳储量 15.3046t。

多样性指数 0.5030，优势度指数 0.4970，均匀度指数 0.7050。斑块数 15 个，平均斑块面积 38.0977hm²，斑块破碎度 0.0262。

森林植被健康。无自然干扰。

（4）在云南，红桦林主要分布于滇西北横断山区，包括香格里拉、德钦、维西、宁蒗、丽江一带，分布海拔多在 2700~3500m。常处于冷杉林带下缘或云杉、铁杉林带之中。

乔木有红桦林及伴生树种苍山冷杉、川滇冷杉、中甸冷杉、丽江云杉、云南铁杉、丽江槭等。灌木主要有箭竹、冰川茶藨子、峨眉蔷薇、湖北花楸、丽江绣线菊、木帚栒子等。草本常见的有东方草莓、羽叶鬼灯檠、麦冬、尖齿蹄盖蕨、密鳞鳞毛蕨等。

乔木层平均树高 13.6m，灌木层平均高 2.3m，草本层平均高 0.2m 以下，乔木平均胸径 23.7cm，乔木郁闭度 0.6，草本盖度 0.3。

面积 15382.6927hm²，蓄积量 626881.5093m³，生物量 679351.4916t，碳储量 339675.7458t。每公顷蓄积量 40.7524m³，每公顷生物量 44.1634t，每公顷碳储量 22.0817t。

多样性指数 0.6908，优势度指数 0.3092，均匀度指数 0.5337。斑块数 656 个，平均斑块面积 23.4492hm²，斑块破碎度 0.0426。

森林植被健康中等。无自然干扰。人为干扰主要是抚育、征占，抚育面积 47.0381hm²，征占面积 15.2258hm²。

（5）在陕西，红桦林主要以天然林为主，广泛分布于富县、周至县、黄陵县、黄龙县等地

乔木伴生树种有华山松、冷杉、柳树以及硬软阔类。灌木忍冬、秦岭箭竹等。草本有羊胡子、苔藓、莎草、地衣以及一些蒿。

乔木层平均树高 14.0m 左右，灌木层平均高 19.4cm，草本层平均高 3.2cm，乔木平均胸径 22cm，乔木郁闭度 0.6，灌木盖度 0.43，草本盖度 0.42，植被总盖度 0.81。

面积 192840.5502hm², 蓄积量 26442296.2407m³, 生物量 30232990.7047t, 碳储量 14856491.6323t。每公顷蓄积量 137.1200m³, 每公顷生物量 156.7771t, 每公顷碳储量 77.0403t。

自然度 2 级, 处于演替顶级阶段。多样性指数 0.6300, 优势度指数 0.3700, 均匀度指数 0.2100。斑块数 4705 个, 平均斑块面积 40.9863hm², 斑块破碎度 0.0244。

未见病害、虫害、火灾。未见自然灾害。有轻度人为干扰, 面积 5666hm²。

(6) 在山西, 红桦天然林集中分布在宁武县, 其余极少数仅分布在神池县。

主要为纯林, 少数与油松以及一些硬阔类林混交。林内偶见黑丁香、栗树、枸子等灌木。林下零星分布有北柴胡、灰菜等草本。

乔木层平均树高 7.9m, 灌木层平均高 19.2cm, 草本层平均高 2.5cm, 乔木平均胸径 11.4cm, 乔木郁闭度 0.63, 灌木盖度 0.42, 草本盖度 0.27。

面积 340.9123hm², 蓄积量 7544.6530m³, 生物量 11552.8894t, 碳储量 5677.0898t。每公顷蓄积量 22.1308m³, 每公顷生物量 33.8882t, 每公顷碳储量 16.6526t。

多样性指数 0.6200, 优势度指数 0.3800, 均匀度指数 0.4200。斑块数 24 个, 平均斑块面积 14.2046hm², 斑块破碎度 0.0704。

未见自然和人为干扰。

137. 西南桦林（*Betula alnoides* forest）

在云南、贵州、广西 3 个省（自治区）有西南桦林分布, 面积 518919.6654hm², 蓄积量 61582587.5006m³, 生物量 72505707.9334t, 碳储量 32598069.1618t。每公顷蓄积量 118.6746m³, 每公顷生物量 139.7243t, 每公顷碳储量 62.8191t。多样性指数 0.5248, 优势度指数 0.4751, 均匀度指数 0.6029。斑块数 17252 个, 平均斑块面积 30.0788hm², 斑块破碎度 0.0332。

(1) 在贵州, 西南桦林主要分布在贵州西部的毕节市、黔西南自治州、安顺市、六盘水市和贵阳市。东部在从江县、道真自治县、龙里县等地有散布。

乔木中除西南桦外, 常可见到杉木、杜仲、香椿、盐肤木、枫香、吴茱萸、麻栎等。灌木中常见金丝桃、白栎、楤木、榛子、马醉木、野柿花、木姜子等。草本有铁芒萁、菜蕨、五节芒、三脉紫菀、莎草、鱼腥草等。

乔木层平均树高 8.9m, 灌木层平均高 1.8m, 乔木平均胸径 9.6cm, 乔木郁闭度 0.7, 草本层平均高 0.4m, 灌木盖度 0.3, 草本盖度 0.3。

面积 63971.4871hm², 蓄积量 1571173.1737m³, 生物量 2609747.5620t, 碳储量 1282671.2616t。每公顷蓄积量 24.5605m³, 每公顷生物量 40.7955t, 每公顷碳储量 20.0507t。

多样性指数 0.5290, 优势度指数 0.4710, 均匀度指数 0.4000。斑块数 4416 个, 平均斑块面积 14.4863hm², 斑块破碎度 0.0690。

森林植被健康。基本未受灾害。很少受到极端自然灾害和人为活动的影响。

(2) 在云南, 西南桦林主要分布于滇中高原以南的文山、红河、普洱、西双版纳、临沧、德宏、保山等州市。分布海拔多在 800 ~ 1500m，屏边、河口最低可达 500m 左右，最高可达 1900m。

乔木以西南桦占优势，主要伴生树种有杯状栲、短刺栲、南酸枣、血桐、西南木荷、山龙眼、思茅松、麻栎、山黄麻、白头树等。灌木不发达，主要有野牡丹、尖子木、水锦树、珍珠花、五月茶等。草本不甚发达，常见的有宿苞豆、脉耳草、山姜、四棱穗莎草等。

乔木层平均树高 13.6m，灌木层平均高 2.3m，草本层平均高 0.2m 以下，乔木平均胸径 23.7cm，乔木郁闭度 0.6，草本盖度 0.3。

面积 443480.7012hm²，蓄积量 59379371.3473m³，生物量 69200270.6637t，碳储量 30967553.0464t。每公顷蓄积量 133.8939m³，每公顷生物量 156.0390t，每公顷碳储量 69.8284t。

多样性指数 0.4001，优势度指数 0.5999，均匀度指数 0.9091。斑块数 12816 个，平均斑块面积 34.6036hm²，斑块破碎度 0.0289。

森林植被健康中等。无自然干扰。人为干扰主要是抚育、采伐、更新和征占，抚育面积 64392.2854hm²，采伐面积 429.2819hm²，更新面积 1931.7685hm²，征占面积 228.8397hm²。

（3）在广西，西南桦林主要分布于崇左市的龙州、大新，百色市东南部的那坡、靖西、德保、右江区、田东、田阳、平果等县及百色市西北部的田林、凌云、隆林、西林、乐业及河池市西南部海拔 700m 以下地区。

乔木组成比较单一，以纯林为主。

乔木平均胸径 15.2cm，平均树高 12.5，郁闭度 0.73。

面积 11467.4771hm²，蓄积量 632042.9796m³，生物量 695689.7077t，碳储量 347844.8538t。每公顷蓄积量 55.1161m³，每公顷生物量 60.6663t，每公顷碳储量 30.3332t。

多样性指数 0.5852，优势度指数 0.4148，均匀度指数 0.5513。斑块数 20 个，平均斑块面积 573.3739hm²，斑块破碎度 0.0017。

未见病害、虫害、火灾。未见自然灾害。人为干扰主要是抚育管理。

138. 糙皮桦林（*Betula utilis* forest）

在四川，粗皮桦林主要分布于西部高山峡谷地区，海拔 2500 ~ 3600m，以岷江上游及其支流和大渡河上游及其支流分布最多。

乔木伴生树种有岷江冷杉、峨眉冷杉、川滇冷杉、长苞冷杉、川西云杉、云杉、丽江云杉以及红杉等针叶树种以及山杨、川滇高山栎等阔叶树种，海拔较低处还会出现铁杉、云南铁杉、华山松、油麦吊杉、疏花槭、五裂槭、椴树、灯台树、樱桃等与糙皮桦的混生林。灌木以金银木、长叶溲疏、猕猴桃藤山柳、毛樱桃为主。草本种类较多，常见有冷水花、发叶鳞毛蕨、拉拉藤等。

乔木层平均树高 13.6m，灌木层平均高 2.3m，草本层平均高 0.2m 以下，乔木平均胸径 23.7cm，乔木郁闭度 0.6，草本盖度 0.3。

面积 324938.7194hm^2，蓄积量 25630601.0482m^3，生物量 27775882.3560t，碳储量 13887941.1780t。每公顷蓄积量 78.8783m^3，每公顷生物量 85.4804t，每公顷碳储量 42.7402t。

多样性指数 0.5722，优势度指数 0.4278，均匀度指数 0.6173。斑块数 5202 个，平均斑块面积 62.4642hm^2，斑块破碎度 0.0160。

灾害等级有 0、1 和 3 三种，所占面积依次为 32053.58hm^2、610.54hm^2、305.27hm^2。受到明显的人为干扰，主要为采伐，采伐面积 227.23hm^2。所受自然干扰类型为病虫鼠害，受影响面积 11.80hm^2。

139. 光皮桦林（*Betula luminifera* forest）

在甘肃，光皮桦林以天然林为主，分布在岷县、渭源县、和政县、宕昌县、漳县、康乐县、舟曲县和临潭县。

乔木常见与云杉、其他软阔类、其他硬阔类、冷杉、柳树混交。灌木林中常见的有杜鹃、箭竹、白刺、红砂、蔷薇和杜鹃类。草本中主要有莎草、禾本科草、两栖蓼、柴胡、鹿角草。

乔木层平均树高 12.98m 左右，灌木层平均高 19.37cm，草本层平均高 3.15cm，乔木平均胸径 20cm，乔木郁闭度 0.5，灌木盖度 0.44，草本盖度 0.4，植被总盖度 0.66。

面积 66292.5176hm^2，蓄积量 4670277.7668m^3，生物量 5669762.3518t，碳储量 2786121.2197t。每公顷蓄积量 70.4495m^3，每公顷生物量 85.5264t，每公顷碳储量 42.0277t。

多样性指数 0.6600，优势度指数 0.3400，均匀度指数 0.3800。斑块数 1854 个，平均斑块面积 35.7564hm^2，斑块破碎度 0.0280。

有重度病害，面积 13199.43hm^2。有重度虫害，面积 1178.822hm^2。未见火灾。有轻度自然干扰，面积 211hm^2。有轻度人为干扰，面积 16hm^2。

十三、杨柳类林

杨柳类林是以杨柳科的杨属或柳属的树种为优势树种形成的森林群落。杨树是世界上分布最广、适应性最强的树种，是主要分布于北半球温带、寒温带森林的树种，北纬 22°~70°，从低海拔到 4800m 均有分布，在中国分布范围跨北纬 25°~53°，东经 76°~134°，遍及东北、西北、华北和西南等地。柳树适生于各种不同的生态环境，不论高山、平原、沙丘、极地都有柳树生长。主要分布于北半球温带地区。旱柳产于中国华北、东北、西北地区的平原。垂柳遍及中国各地。面积 8175483.2505hm^2，蓄积量 502583756.1371m^3，生物量 415253788.3840t，碳储量 207383699.8200t。每公顷蓄积量 61.4745m^3，每公顷生物量 50.7926t，每公顷碳储量 25.3665t。多样性指数 0.4662，优势度指数 0.6279，均匀度指数 0.3723。斑块数 148175 个，平均斑块面积 55.1745hm^2，斑块破碎度 0.0181。

140. 灰杨林（*Populus pruinosa* forest）

在新疆，灰杨林天然分布于塔里木盆地西南部的叶尔羌河、喀什河、和田河一带，向东分布到拉依河湾阿拉尔、奥干河等地，南抵若羌瓦石峡之西，北达达坂城白杨河出山口，伊犁河过去也有少量分布，其分布范围较胡杨狭。灰杨垂直分布不高，在叶尔羌词为海拔 800~1100m，最高上升到卡群约 1300~1400m，也比胡杨低。灰杨分布于河浸滩或地下潜水位较高河流沿岸地带。

灰杨是唯　的乔木建群种（偶尔也出现亚建群种胡杨）。在水分条件较好的林分，含有伴生树种尖果沙枣、小沙枣，树高约 3m。灰杨林相比较复杂，异龄林多，同龄林很少。萌芽林多实生林少，纯林多混交林少，疏林多密林少。

灰杨林内灌木较多，约达 10 余种，生态类群也较复杂，在阶地缺水条件下，以超旱生、旱生植物生态类群占优势，有塔里木白刺、多枝柽柳、昆仑沙拐枣。旱中生生态类群植物有铃铛刺。在河漫滩和低阶地上，中生生态类群占优势，有美丽水柏枝、沙棘、细叶沼柳等。在低洼或较高地上的林内，多为盐生生态类群植物，有盐穗木等。

草本层植物较多，有芦苇、拂子茅、罗布麻、胀果甘草、光果甘草、苦豆子、木贼、獐茅、偃麦草、花花柴、寥子草、小花棘豆等 20 余种。

上层林平均树高 20m 以上，中层林平均树高 10~20m，下层林平均树高 10m 左右。上层林乔木平均胸径 30~50cm，中层林乔木平均胸径 15~30cm，下层林乔木平均胸径 15cm 以下。灌木盖度 0.2~0.3，草本盖度 0.6~0.8。

面积 135174.1240hm^2，蓄积量 8027227.8493m^3，生物量 10136304.3339t，碳储量 5068152.1670t。每公顷蓄积量 59.3844m^3，每公顷生物量 74.9870t，每公顷碳储量 37.4935t。

多样性指数 0.8140，优势度指数 0.1860，均匀度指数 0.7440。斑块数 705 个，平均斑块面积 191.7363hm^2，斑块破碎度 0.0052。

灰杨林生长健康。自然干扰主要是干旱。无明显人为干扰。

141. 赤杨林（*Alnus japonica* forest）

在黑龙江、上海 2 个省（直辖市）有赤杨分布，面积 5308.2582hm^2，蓄积量 353725.4043m^3，生物量 552840.3698t，碳储量 276420.1849t。每公顷蓄积量 66.6368m^3，每公顷生物量 104.1472t，每公顷碳储量 52.0736t。

多样性指数 0.3586，优势度指数 0.6413，均匀度指数 0.0983。斑块数 77 个，平均斑块面积 68.9384hm^2，斑块破碎度 0.0145。

（1）在黑龙江，哈尔滨市森林植物园等有引植栽培。

乔木伴生树种主要有云杉、冷杉、落叶松、枫杨、胡桃楸、水曲柳。灌木主要有柳叶绣线菊、蓝靛果、刺玫蔷薇、黄花忍冬、榛子、稠李、暴马丁香、崖椒、红瑞木。草本主要有分株紫萁、大叶章、水金凤、兴安鹿药、蚊子草、狭叶荨麻、贝加尔唐松草、乌头、东北羊角芹、木贼、林木贼、舞鹤草、酢浆草、唢呐草。

乔木层平均树高 8.99m，灌木层平均高 1.39m，草本层平均高 0.4m，乔木平均胸径

12.46cm，乔木郁闭度 0.61，灌木盖度 0.3，草本盖度 0.62，植被总盖度 0.86。

面积 5296.3827hm²，蓄积量 353274.6165m³，生物量 552351.8158t，碳储量 254817.9795t。每公顷蓄积量 66.7011m³，每公顷生物量 104.2885t，每公顷碳储量 52.1442t。

多样性指数 0.7172，优势度指数 0.2826，均匀度指数 0.1967。斑块数 76 个，平均斑块面积 69.6892hm²，斑块破碎度 0.0143。

森林植被健康。无自然干扰。

（2）在上海，赤杨林主要分布在东平森林公园内。

乔木组成树种单一。林下灌木、草本不发达。

乔木平均胸径 13.8cm，平均树高 10.5m，郁闭度 0.62。

面积 11.8754hm²，蓄积量 450.7878m³，生物量 488.5540t，碳储量 244.2770t。每公顷蓄积量 37.9598m³，每公顷生物量 41.1400t，每公顷碳储量 20.5700t。

多样性指数 0，优势度指数 1，均匀度指数 0。斑块数 1 个，平均斑块面积 11.8754hm²，斑块破碎度 0.0842。

无自然干扰。人为干扰是抚育管理。

142. 大叶杨林（*Populus lasiocarpa* forest）

在云南、河北、天津 3 个省（直辖市）有大叶杨林分布，面积 652454.9644hm²，蓄积量 21350280.6949m³，生物量 17110871.6751t，碳储量 8536622.8531t。每公顷蓄积量 32.7230m³，每公顷生物量 26.2254t，每公顷碳储量 13.0838t。多样性指数 0.4021，优势度指数 0.5978，均匀度指数 0.5500。斑块数 3143 个，平均斑块面积 207.5898hm²，斑块破碎度 0.0048。

（1）在云南，大叶杨林生长于海拔 1300~3500m 的山坡或沿溪地。

乔木以大叶杨为优势，伴生树种有滇石栎、槲栎、大果红杉、白桦、云南松等。灌木主要有锈叶杜鹃、灰背杜鹃、峨眉蔷薇、冰川茶藨子、小叶枸子等。草本植物较少，常见的有木里苔草、早熟禾、唐松草等。

乔木层平均树高 16.2m，灌木层平均高 1.5m，草本层平均高 0.6m 以下，乔木平均胸径 28.2cm，乔木郁闭度 0.6，草本盖度 0.4。

面积 22542.7604hm²，蓄积量 1744809.6574m³，生物量 1695089.3714t，碳储量 828763.0955t。每公顷蓄积量 77.4000m³，每公顷生物量 75.1944t，每公顷碳储量 36.7640t。

多样性指数 0.3295，优势度指数 0.6705，均匀度指数 0.4363。斑块数 555 个，平均斑块面积 40.6175hm²，斑块破碎度 0.0246。

森林植被健康中等。无自然干扰。人为干扰主要是抚育、采伐、更新等，抚育面积 6672.5581hm²，采伐面积 44.4837hm²，更新面积 200.1767hm²。

（2）在河北，以人工白杨纯林为主，多分布于道路两侧、河边，为人工造林所形成。

乔木单一，林木通常规则排列，或是分布于河道两侧。灌木几乎不发育。草本几乎不发育。

乔木层平均树高 13.1m，灌木层平均高 1.6m，草本层平均高 0.4m，乔木平均胸径 12.5cm，乔木郁闭度 0.7，灌木盖度 0.2，草本盖度 0.05。

面积 627884.5670hm²，蓄积量 19524949.6500m³，生物量 15352468.3367t，碳储量 7676202.7741t。每公顷蓄积量 31.0964m³，每公顷生物量 24.4511t，每公顷碳储量 12.2255t。

多样性指数 0.1985，优势度指数 0.8015，均匀度指数 0.9050。斑块数 2442 个，平均斑块面积 257.1189hm²，斑块破碎度 0.0039。

自然干扰是病虫害。人为干扰是抚育采伐。

（3）在天津，以人工白杨纯林为主，广泛分布于天津市各县区，多分布于道路两侧、河边，为人工造林所形成。

乔木单一，林木通常规则排列，或是分布于河道两侧。灌木几乎不发育。草本几乎不发育。

乔木层平均树高 13.8m，灌木层平均高 0.9m，草本层平均高 0.4m，乔木平均胸径 9.3cm，乔木郁闭度 0.66，灌木盖度 0.24，草本盖度 0.13。

面积 2027.6370hm²，蓄积量 80521.3875m³，生物量 63313.9670t，碳储量 31656.9835t。每公顷蓄积量 39.7119m³，每公顷生物量 31.2255t，每公顷碳储量 15.6127t。

多样性指数 0.6784，优势度指数 0.3216，均匀度指数 0.30879。斑块数 146 个，平均斑块面积 13.8879hm²，斑块破碎度 0.0720。

白杨林健康。无自然和人为干扰。

143. 川杨林（*Populus szechuanica* forest）

川杨林在四川省内海拔 1300~2700m 的山地常见分布。

乔木伴生树种有漆树、灯台树、巴东栎、石栎等。灌木不发达。草本主要是凤尾蕨科、荨麻科、唇形科、莎草科的植物种类。

乔木层平均树高 16.2m，灌木层平均高 1.5m，草本层平均高 0.6m 以下，乔木平均胸径 28.2cm，乔木郁闭度约 0.6，草本盖度 0.4。

面积 101165.2935hm²，蓄积量 6101491.2968m³，生物量 4797602.6067t，碳储量 2398801.3033t。每公顷蓄积量 60.3121m³，每公顷生物量 47.4234t，每公顷碳储量 23.7117t。

多样性指数 0.3019，优势度指数 0.6981，均匀度指数 0.4356。斑块数 2431 个，平均斑块面积 41.6147，斑块破碎度 0.0240。

灾害等级为 0 的面积为 94585hm²，灾害等级为 1 的面积为 7467.24hm²。无自然干扰。

144. 山杨林（*Populus davidiana* forest）

在北京、甘肃、贵州、河北、湖北、内蒙古、宁夏、天津、新疆、西藏、云南 11 个省（自治区、直辖市）有分布，面积 2145797.1842hm²，蓄积量 115352300.9870m³，生物量 91026443.9867t，碳储量 45489060.2919t。每公顷蓄积量 53.7573m³，每公顷生物量 42.4172t，每公顷碳储量 21.1991t。多样性指数 0.4894，优势度指数 0.5105，均匀度指数 0.7189。斑块数 15337 个，平均斑块面积 139.9098hm²，斑块破碎度 0.0071。

（1）在甘肃，山杨林有天然林和人工林。

山杨天然林在华池县、临夏县、平凉市、康乐县、天祝藏族自治县、迭部县、临潭县、正宁县都有分布。

乔木主要与其他硬阔类、油松、白桦、桦木混交。灌木中常见的有金露梅和山柳，而人工林中常见的有盐爪爪。草本中主要有莎草、禾本科草。

乔木层平均树高 6.25m 左右，灌木层平均高 20.75cm，草本层平均高 3.5cm，乔木平均胸径 8cm，乔木郁闭度 0.28，灌木盖度 0.52，草本盖度 0.37，植被总盖度 0.58。

面积 25121.5316hm²，蓄积量 1313711.3412m³，生物量 1032971.2276t，碳储量 516485.6138t。每公顷蓄积量 52.2942m³，每公顷生物量 41.1190t，每公顷碳储量 20.5595t。

多样性指数 0.1000，优势度指数 0.9000，均匀度指数 0.9000。斑块数 1099 个，平均斑块面积 22.8585hm²，斑块破碎度 0.0437。

有轻度病害，面积 181.61hm²。有重度虫害，面积 534.37hm²。未见火灾。有轻度自然干扰，面积 167hm²。有轻度人为干扰，面积 339hm²。

山杨人工林分布于漳县、西峰市、合水县和华亭县。

乔木常见山杨和其他软阔类混交。灌木有盐爪爪。草本中主要有蒿、禾本科草。

乔木层平均树高 7.93m 左右，灌木层平均高 12cm，草本层平均高 2.33cm，乔木平均胸径 20cm，乔木郁闭度 0.35，灌木盖度 0.1，草本盖度 0.66，植被总盖度 0.79。

面积 94.5238hm²，蓄积量 1268.1949m³，生物量 997.1817t，碳储量 498.5908t。每公顷蓄积量 13.4167m³，每公顷生物量 10.5495t，每公顷碳储量 5.2748t。

多样性指数 0.3200，优势度指数 0.6800，均匀度指数 0.4800。斑块数 8 个，平均斑块面积 11.8154hm²，斑块破碎度 0.0846。

未见病害、虫害、火灾。未见自然和人为干扰。

（2）在宁夏，山杨林主要为天然林，分布于六盘山、贺兰山以及罗山，同时在西南部的黄土丘陵沟壑区也有少量分布。从行政区界上来看，则主要分布于固原市的泾源县和固原县。

除山杨纯林外，乔木混生有辽东栎、白桦、少脉椴、华椴、茶条槭、榆树、油松、云杉等。灌木有水枸子、毛榛子、小檗、荚蒾、蔷薇、绣线菊、鼠李、胡枝子、椋木、杭子梢等。草本以疏穗苔草、华北苔草、糙喙苔草占优，其次有糙苏、淫羊藿、贝加尔唐松草、蛛毛蟹甲草、鬼灯檠、歪头菜、假升麻、三脉紫菀、地榆、玉竹、华北鳞毛蕨等。

乔木层平均树高 12.8m，灌木层平均高 13cm，草本层平均高 2cm，乔木平均胸径 16.1cm，乔木郁闭度 0.34，灌木盖度 0.08，草本盖度 0.33。

面积 7191.9200hm²，蓄积量 256512.0531m³，生物量 201695.4273t，碳储量

100847.7137t。每公顷蓄积量 35.6667m³，每公顷生物量 28.0447t，每公顷碳储量 14.0224t。

多样性指数 0.4690，优势度指数 0.5310，均匀度指数 0.5240。斑块数 430 个，平均斑块面积 16.73hm²，斑块破碎度 0.0598。

病害等级为 1 级，分布面积为 5318.93hm²。虫害等级为 2 级，其分布面积为 3.12hm²。未见火灾。自然干扰和人为干扰严重。

（3）在北京，山杨林广泛地分布于北部和西部山区。

乔木多为山杨纯林，也常有与桦木等种类混交的，形成混交林。伴生树种有紫椴、白桦、黑桦、辽东栎、蒙古栎、色木槭、花楸、青杆、白杆、漆树、锐齿槲栎、蒙椴等原生植被中的种类。灌木发达，主要有毛榛、乌苏里绣线菊、胡枝子、锦带花、迎红杜鹃花、东陵绣球、黄花忍冬、杭子梢、牛奶子、阔叶箬竹等。草本发育较差，为斑点状分布，有羊胡子草、舞鹤草、蕨、东方草莓、贝加尔野豌豆、矮山黧豆、红花鹿蹄草。随着成林过程的进展，草本盖度逐渐增大，最终恢复到原始林下的草本种类。

乔木层平均树高 12.5m，灌木层平均高 1m，草本层平均高 0.5m 以下，乔木平均胸径 14.0cm，乔木郁闭度 0.6，灌木盖度约 0.3，草本盖度 0.2。

面积 7001.1434hm²，蓄积量 400500.0000m³，生物量 314913.1500t，碳储量 157456.5750t。每公顷蓄积量 57.2049m³，每公顷生物量 44.9802t，每公顷碳储量 22.4901t。

多样性指数 0.2642，优势度指数 0.7358，均匀度指数 0.1030。斑块数 206 个，平均斑块面积 33.9861hm²，斑块破碎度 0.0294。

森林植被健康。无自然干扰。

（4）在湖北，山杨林主要分布于神农架林区和房县、兴山、巴东等县。其垂直分布集中于海拔 1400～2300m 处，多呈带状或块状分布。在海拔 1700m 以上的地段，常构成天然纯林，分布区坡度一般在 10°～30° 之间，坡面起伏不大，坡向不一，以半阳坡和半阴坡居多。

乔木树种有山杨、锐齿槲栎、红桦、米心水青冈、华山松、漆树、野樱桃及槭树等。灌木种类繁多，以箭竹、西南樱桃、绣线菊、湖北山楂、楤木、荚蒾等为主，其次有青荚叶、刺榛、胡枝子、长叶冻绿、灰栒子、木帚栒子、平枝栒子、卫矛、小檗等。草本主要有苔草、鳞毛蕨、类叶升麻、蒿、腺药珍珠菜、山芹等。

乔木层平均树高 12.8m，灌木层平均高 1.8m，草本层平均高 0.3m，乔木平均胸径 15.3cm，乔木郁闭度 0.6，灌木盖度 0.5，草本盖度 0.4。

面积 218275.9689hm²，蓄积量 12228413.3304m³，生物量 9615201.4017t，碳储量 4807600.7009t。每公顷蓄积量 56.0227m³，每公顷生物量 44.0507t，每公顷碳储量 22.0253t。

多样性指数 0.3340，优势度指数 0.6660，均匀度指数 0.8160。斑块数 520 个，平均斑块面积 419.7615hm²，斑块破碎度 0.0024。

森林植被健康。无自然干扰。

（5）在新疆，有多种山杨林。其中草类-欧洲山杨林仅见于喀纳斯湖北头，生长在1~2级台地上，海拔1400~1500m。拂子茅-欧洲山杨林分布于阿尔泰山，生长在西南或东南坡中上部。河谷-山杨林分布于阿尔泰克朗河流域。草类-灌木-欧洲山杨林分布于阿尔泰山和天山，生长在中山带河谷沿岸的针叶林缘，局部地段常跟云杉或落叶松形成不同比例的针阔叶混交林。一般分布于海拔1500~1900m。

乔木：草类-欧洲山杨林纯林或跟垂枝桦和云杉混生。拂子茅-欧洲山杨林常成小片纯林。河谷-山杨林成山杨纯林。草类-灌木-欧洲山杨林常跟落叶松混生。

灌木：草类-欧洲山杨林有刺蔷薇、扁刺蔷薇、绣线菊、黑果枸子、忍冬、西伯利亚接骨木、黑果茶藨子等。拂子茅-欧洲山杨林有蔷薇、绣线菊和忍冬等灌木。河谷-山杨林有刺蔷薇等。草类-灌木-欧洲山杨林有亚谷柳、黄花柳、扁刺蔷薇、黑果枸子、茶藨子、黑果茶藨子、忍冬等。

草本：草类-欧洲山杨林主要有问荆、拂子茅、鸭茅、甲豌豆、羊角芹、二色藁本、野芍药、圆叶鹿蹄草等。拂子茅-欧洲山杨林以拂子茅为主。河谷-山杨林有野芍药、阿尔泰牡丹草、葛缕子、早熟禾等。草类-灌木-欧洲山杨林有多种蒿。

苔藓层：草类-欧洲山杨林局部地区藓类发达。草类-灌木-欧洲山杨林在阿尔泰山山地、河谷、林下的藓类层发展很弱。

乔木层平均树高15m，郁闭度0.8，平均胸径31.9cm。灌木盖度0.3，平均高1.5m。草本盖度0.2，平均高0.3m。

面积29698.1921hm^2，蓄积量5439958.5578m^3，生物量4277439.4140t，碳储量2138719.7070t。每公顷蓄积量183.1747m^3，每公顷生物量144.0303t，每公顷碳储量72.0151t。

多样性指数0.0320，优势度指数0.9680，均匀度指数0.0860。斑块数146个，平均斑块面积203.4123hm^2，斑块破碎度0.0049。

森林植被健康。无自然干扰。

（6）在贵州，山杨林在贵州铜仁市、毕节市有较多的分布，在遵义县、安顺市、平塘县、安龙县等地也有散布。

乔木中除山杨林外，可见到柏木、香椿、柳杉、楸树、香樟等。灌木中常见马桑、荚蒾、小叶女贞、悬钩子等。草本有蒿、清明草、千里光、地石榴、甜茅、车轴草等。

乔木层平均树高11.1m，灌木层平均高1.3m，草本层平均高0.2m，乔木平均胸径12.2cm，乔木郁闭度0.7，灌木盖度0.3，草本盖度0.4。

面积37962.3511hm^2，蓄积量1794451.2726m^3，生物量1410977.0356t，碳储量705488.5178t。每公顷蓄积量47.2692m^3，每公顷生物量37.1678t，每公顷碳储量18.5839t。

多样性指数0.4440，优势度指数0.5560，均匀度指数0.3220。斑块数3054个，平均斑块面积12.4303hm^2，斑块破碎度0.0804。

森林植被健康。基本未受灾害。很少受到极端自然灾害和人为活动的影响。

（7）在云南，山杨林主要分布于滇西北的香格里拉、德钦、维西、剑川、鹤庆、云龙、丽江、宁蒗、永胜等地。其垂直分布的海拔平均高为 2200～4000m，尤以 2700～3500m 较为普遍。

乔木以山杨占优势，伴生树种主要有滇石栎、槲栎、大果红杉、白桦、高山松、云南松等。灌木主要有锈叶杜鹃、灰背杜鹃、峨眉蔷薇、冰川茶藨子、小叶枸子、山梅花、矮高山栎等。草本常见的有木里苔草、早熟禾、唐松草、银莲花、野豌豆等。

乔木层平均树高 16.2m，灌木层平均高 1.5m，草本层平均高 0.6m 以下，乔木平均胸径 28.2cm，乔木郁闭度约 0.6，草本盖度 0.4。

面积 28995.6457hm²，蓄积量 2244262.9772m³，生物量 2180310.2151t，碳储量 1065997.2704t。每公顷蓄积量 77.4000m³，每公顷生物量 75.1944t，每公顷碳储量 36.7640t。

多样性指数 0.6781，优势度指数 0.32191，均匀度指数 0.86052。斑块数 1601 个，平均斑块面积 18.1109hm²，斑块破碎度 0.0552。

（8）在内蒙古，山杨林分布广泛，多见于大兴安岭、内蒙古东部山地，海拔一般在 700～1600m 范围内。

在内蒙古，山杨林乔木层山杨占优势，伴生树种有白桦、辽东栎、油松、茶条槭、山杏、杜梨、丁香、山榆等。灌木层主要有刚毛忍冬、胡颓子、灰栒子、黄波罗、多花胡枝子、山茱萸、山樱桃、悬钩子、细裂槭、拔契、卫矛、山葡萄等。草本层主要有披针苔草、白头翁、铁杆蒿、乌头叶蛇葡萄、茜草、穿龙薯蓣等。

乔木层平均树高 10.09m，灌木层平均高 1m，草本层平均高 0.5m 以下，乔木平均胸径 9.51cm，乔木郁闭度 0.7，灌木盖度 0.1，草本盖度 0.1。

面积 1615527.9152hm²，蓄积量 74866854.9711m³，生物量 58867808.0638t，碳储量 29433904.0319t。每公顷蓄积量 46.3420m³，每公顷生物量 36.4387t，每公顷碳储量 18.2194t。

多样性指数 0.2919，优势度指数 0.7081，均匀度指数 0.1053。斑块数 8084 个，平均斑块面积 199.8426hm²，斑块破碎度 0.005。

森林植被健康。无自然干扰。

（9）在河北，山杨林分布于北部山区，包括崇礼、赤城、丰宁、承德等县。山杨林乔木层山杨占优势，伴生树种有油松、白桦、硕桦、蒙古栎、色木槭。灌木层主要有毛榛、山楂叶悬钩子、曲萼绣线菊、柔毛绣线菊、锦带花、金花忍冬、东北鼠李、冰绿、胡枝子、东陵八仙花、毛丁香。草本层主要有牛尾蒿、魁蒿、南牡蒿、银被凤毛菊、华北凤毛菊、小红菊、盘果菊、大叶盘果菊、秋苦荬芽、瞿麦、女娄菜、草乌头、唐松草、大瓣铁线莲、多枝沙参、雾灵沙参、轮叶沙参、白芷、石防风、景天三七、茜草、柳兰、球果堇菜、糙苏、大叶章、铃兰、玉竹、披针叶苔草、细叶苔草等。

乔木层平均树高 10.3m，灌木层平均高 2.3m，草本层平均高 0.2m，乔木平均胸径

12.6cm，乔木郁闭度0.6，灌木盖度0.05，草本盖度0.08。

面积77285.3329hm²，蓄积量2403295.6257m³，生物量1889711.4031t，碳储量944851.8373t。每公顷蓄积量31.0964m³，每公顷生物量24.4511t，每公顷碳储量12.2255t。

多样性指数0.6784，优势度指数0.3216，均匀度指数0.6328。斑块数58个，平均斑块面积1332.5057hm²，斑块破碎度0.0008。

森林植被健康。无自然干扰。

（10）在天津，山杨主要分布于蓟县山地，为天然次生林。山杨林乔木层伴生种主要有白桦、山杏等。灌木层有毛榛、平榛、锦带花、京山梅花、东陵八仙花、大叶小檗、小花溲疏、兰锭果忍冬华北忍冬等。草本层主要有七辨莲、七筋骨、尖唇鸟巢兰、华北对叶兰等。

乔木层平均树高12.1m，灌木层平均高0.7m，草本层平均高0.3m，乔木平均胸径12.6cm，乔木郁闭度0.6，灌木盖度0.13，草本盖度0.09。

面积83.7595hm²，蓄积量3617.3731m³，生物量2844.3405t，碳储量1422.1702t。每公顷蓄积量43.1876m³，每公顷生物量33.9584t，每公顷碳储量16.9792t。

多样性指数0.5004，优势度指数0.4996，均匀度指数1。斑块数1个，平均斑块面积83.7595hm²，斑块破碎度0.0119。

森林植被健康。无自然干扰。

（11）在西藏，山杨林常为云杉林遭到严重破坏后形成的次生类型，在分布于阴坡或阳坡的高山松林破坏后的迹地上，有时也能出现。其分布海拔一般在2800~3500m，在芒康红拉山（北坡）、竹卡附近的觉巴拉、昌都日通、工布江达附近的尼洋河谷地及米林、朗县一带都有块状分布。

乔木比较单纯，山杨一般不高，仅8~10m，胸径8~12cm，乔木郁闭度0.6左右。

灌木有钝叶栒子、四川丁香、峨眉蔷薇、刚毛忍冬、金露梅、小檗等，盖度一般在0.4左右。

草本盖度一般在0.2左右，有唐松草、银莲花、老鹳草、早熟禾、苔草、蒿、蒲公英及一些蕨和伞形科的成分组成。

面积98558.9000hm²，蓄积量14399455.2900m³，生物量11231575.1262t，碳储量5615787.5631t。每公顷蓄积量146.1000m³，每公顷生物量113.9580t，每公顷碳储量56.9790t。

多样性指数0.6050，优势度指数0.3950，均匀度指数0.90800。斑块数130个，平均斑块面积758.145hm²，斑块破碎度0.0013。

杨树林健康。无自然和人为干扰。

145. 胡杨林（*Populus euphratica* forest）

在甘肃、内蒙古和新疆3个省（自治区）有胡杨林分布，面积337322.0383hm²，蓄积量38773960.0557m³，生物量30488278.2156t，碳储量15244090.1442t。每公顷蓄积量

114.9464m³，每公顷生物量90.3833t，每公顷碳储量45.1915t。多样性指数0.2970，优势度指数0.7030，均匀度指数0.1592。斑块数2555个，平均斑块面积132.0242hm²，斑块破碎度0.0076。

（1）在甘肃，胡杨林有天然林和人工林。

在甘肃，胡杨林以天然林为主，分布在敦煌市、安西县、肃南裕固族自治县、高台县、文县、玉门市。

乔木常见与柳树、其他软阔类混交。灌木主要有盐爪爪、红砂。草本主要有狗娃草、蒿。

乔木层平均树高8.55m左右，灌木层平均高12.23cm，草本层平均高2.38cm，乔木平均胸径7cm，乔木郁闭度0.35，灌木盖度0.1，草本盖度0.67，植被总盖度0.84。

面积3543.2826hm²，蓄积量115108.9273m³，生物量90510.1496t，碳储量45255.0748t。每公顷蓄积量32.4865m³，每公顷生物量25.5442t，每公顷碳储量12.7721t。

多样性指数0.4500，优势度指数0.5500，均匀度指数0.3600。斑块数37个，平均斑块面积95.7643hm²，斑块破碎度0.0104。

未见病害。未见虫害。有轻度自然干扰，面积3499hm²。有轻度人为干扰，面积339hm²。

在甘肃，胡杨人工林主要分布在敦煌市境内。

乔木常见与柳树、其他软阔类混交。灌木有西康花楸、槭树。草本中主要有麦冬、猫儿刺、白茅。

乔木层平均树高9.54m左右，灌木层平均高12.85cm，草本层平均高2.77cm，乔木平均胸径6.7cm，乔木郁闭度0.36，灌木盖度0.11，草本盖度0.67，植被总盖度0.72。

面积149.9671hm²，蓄积量13753.8763m³，生物量11128.0967t，碳储量5515.0847t。每公顷蓄积量91.7126m³，每公顷生物量74.2036t，每公顷碳储量36.7753t。

多样性指数0.7100，优势度指数0.2900，均匀度指数0.1700。斑块数6个，平均斑块面积24.9945hm²，斑块破碎度0.0400。

有轻度病害，面积6.07hm²。未见虫害。有轻度自然干扰，面积2hm²。未见人为干扰。

（2）在新疆，胡杨林的分布以塔里木盆地的塔里木河流域最为集中，形成走廊状的沿河森林。从叶尔羌河、阿克苏河与和田河会合处开始，零星分布到生产建设兵团农一师14团场断续向东至阿拉干，其下散生到低洼的罗布泊平原及台特马湖。塔克拉玛干沙漠南缘的克尼亚河、安迪尔河、喀拉米兰河、尼亚河等地有小片胡杨林。向北分布到天山南坡冲积扇下缘，孔雀河两岸、拜城盆地西南边、轮台、二八台、策达亚、野营泊成小块状分布。此外在焉耆盆地的和静、和硕、库米什及吐鲁番盆地均有零星或小块状分布。胡杨林在准噶尔盆地分布不集中成带，在奇台北塔山下、玛纳斯河、四棵树河、奎屯河、乌尔禾白杨河、伊吾县的淖毛湖成小片生长，这些地区的胡杨林，都是几经破坏之后形成的次生林。从垂直分布来看，胡杨因受水热条件限制，各地垂直分布范围差异颇大。在塔里木盆地分布于海拔 800~1100m，在准噶尔盆地分布于海拔 250~600（750）m，在伊犁河谷地的伊犁河阶地为 600~750m，在最低的吐鲁番盆地可分布到 170m 的艾丁湖洼地，在帕米尔东坡可上升到 2300~2400m，在天山南坡则为 1500~1800m。胡杨最适宜分布的界限，在塔里木盆地为海拔 800~1000m 范围内，在准噶尔盆地为海拔 500m 上下。

乔木一般为胡杨单一树种，在个别林分中含有伴生种灰杨、尖果沙枣、大沙枣，这些伴生树高约 3m，多枯枝。灌木以柽柳为主，尤以柽柳中的多枝柽柳占优势。在漠境古道疏林中，有时在流动沙丘上，生长塔克拉玛干柽柳。其他灌木如铃铛刺、盐穗木、梭梭，是土壤水分和盐分变化后侵入的个体，在个别林分还占有重要地位。草本主要有薹草、褐穗莎草、灯心草、红蓼、酸模叶蓼、假苇拂子茅、拂子茅，共计 20~25 种。河岸阶地上，以抗旱耐盐碱多年生草本植物为主，主要有光果甘草和胀果甘草、大花罗布麻、罗布麻、苦豆子、花花柴、疏叶骆驼刺等 15 种。

乔木层平均树高 15.8m，平均胸径 24.8cm，郁闭度 0.68。灌木盖度 0.1~0.5，草本盖度 0.2~0.3。

面积 283445.8571hm²，蓄积量 37433130.8028m³，生物量 29433670.7503t，碳储量 14716835.3751t。每公顷蓄积量 132.0645m³，每公顷生物量 103.8423t，每公顷碳储量 51.9212t。

多样性指数 0.0280，优势度指数 0.9720，均匀度指数 0.1070。斑块数 2493 个，平均斑块面积 113.6967hm²，斑块破碎度 0.0088。

森林植被健康。无自然干扰。

（3）在内蒙古，胡杨林分布于额济纳河等地。

乔木中，胡杨是唯一的建群种，在个别林分中伴生有灰杨、尖果沙枣等。这些伴生树种高约 3m，多枯梢，而胡杨却高达 2~20m。随立地中水分、盐分、土质情况的不同，林分乔木郁闭度变动于 0.2~0.5 之间。灌木植物稀少，稀见铃铛刺、黑果枸杞、盐穗木、白刺等。草本植物亦较少，稀见疏叶骆驼刺、芦苇、芨芨草、假苇佛子茅等。

乔木层平均树高 9.39m，灌木层平均高 1m，草本层平均高 0.5m 以下，乔木平均胸径 45.86cm，乔木郁闭度 0.6，灌木盖度 0.05，草本盖度 0.05。

面积 50182.9315hm²，蓄积量 1211966.4493m³，生物量 952969.2191t，碳储量 476484.6095t。每公顷蓄积量 24.1510m³，每公顷生物量 18.9899t，每公顷碳储量 9.4950t。

多样性指数 0，优势度指数 1，均匀度指数 0。斑块数 19 个，平均斑块面积 2641.2077hm²，斑块破碎度 0.0004。

森林植被健康。无自然干扰。

146. 毛白杨林（*Populus tomentosa* forest）

北京、河南、宁夏、山东、陕西、青海 6 个省（自治区、直辖市）有毛白杨分布，面积 1085644.4216hm²，蓄积量 77695644.0971m³，生物量 60980637.8703t，碳储量 30460775.4092t。每公顷蓄积量 71.5663m³，每公顷生物量 56.1699t，每公顷碳储量 28.0577t。

多样性指数 0.3556，优势度指数 0.6443，均匀度指数 0.1532。斑块数 34118 个，平均斑块面积 31.8202hm²，斑块破碎度 0.0314。

（1）在宁夏，毛白杨林主要为人工林，在宁夏全省均有分布，主要集中于六盘山山区以及西南部黄土丘陵沟壑区，石嘴山市、吴忠市、银川市、固原市、中卫市 5 个市均有分布，其中以固原市分布较多。

乔木以毛白杨纯林为主。灌木有白刺、金露梅、柠条、沙棘、绣线菊等。草本较少，基本以白茅为主，还有冰草、蒿、芦苇、苜蓿、羊须草等。

乔木层平均树高 14.8m 左右，灌木层平均高 90cm，草本层平均高 2cm，乔木平均胸径 17.2cm，乔木郁闭度 0.44，灌木盖度 0.05，草本盖度 0.38。

面积 20599.1400hm²，蓄积量 651962.7810m³，生物量 512638.3347t，碳储量 256319.1674t。每公顷蓄积量 31.6500m³，每公顷生物量 24.8864t，每公顷碳储量 12.4432t。

毛白杨林处于先锋阶段。多样性指数 0.4100，优势度指数 0.5900，均匀度指数 0.6870。斑块数 928 个，平均斑块面积 22.20hm²，斑块破碎度 0.0451。

病害等级为 1 级，分布面积达到 119.28hm²。虫害等级为 1 级和 2 级，1 级虫害面积 2802.84hm²，2 级虫害面积 1385.41hm²。未见火灾。未见人为和自然干扰。

（2）在北京，毛白杨林多为人工栽培，是主要绿化树种，在市内行道旁、各公园、小区、校园内、郊区主要干道旁均有栽种。天然毛白杨林分最高分布可达 1300m。

乔木人工林以毛白杨纯林为主，山地天然毛白杨林中，常混生有山杨、白桦、蒙古栎等。灌木以荆条、迎红杜鹃为主，还有毛榛、乌苏里绣线菊、胡枝子、锦带花、东陵绣球等。草本以苔草为主，还有小红菊、委陵菜、舞鹤草等。

乔木层平均树高 17.9m，平均胸径 18.0cm，郁闭度 0.7。几乎无灌木。几乎无草本。

面积 55391.3174hm²，蓄积量 3140600.0000m³，生物量 2469453.7800t，碳储量 1234726.8900t。每公顷蓄积量 56.6984m³，每公顷生物量 44.5820t，每公顷碳储量 22.2910t。

多样性指数 0，优势度指数 1，均匀度指数 0。斑块数 2689 个，平均斑块面积 20.5992hm²，斑块破碎度 0.0485。

森林植被处于亚健康状态。无自然干扰。

（3）在河南，毛白杨林在大别山、桐柏山、伏牛山、太行山山区及平原地区均有分布。

乔木除毛白杨外，主要有刺槐、旱柳、黄连木、臭椿、构树、榆树、侧柏、苦楝、山杨、柘树、棠梨等。灌木主要有杞柳、荆条、酸枣等。草本主要有艾、苦菜、蒲公英、小蓟、下田菊、野菊花、大丁草、马兰、狗牙根、白茅、狗尾草、小麦、玉米、鹅观草、芦苇、雀稗、荩草、蟋蟀草、马唐、米草、车前、地黄、小旋花、蒺藜、多茎委陵菜、马齿苋、野苋、刺苋、碱蓬、猪毛菜、藜草、莎草、节节草、萹蓄、离子草、地锦、猪殃殃、紫花地丁等。

乔木层平均树高 15.3m，灌木层平均高 1.8m，草本层平均高 0.3m，乔木平均胸径 12.8cm，乔木郁闭度 0.6，灌木盖度 0.12，草本盖度 0.21，植被总盖度 0.8。

面积 363603.0734hm^2，蓄积量 12889689.3023m^3，生物量 10135162.6984t，碳储量 5067581.3492t。每公顷蓄积量 35.4499m^3，每公顷生物量 27.8742t，每公顷碳储量 13.9371t。

多样性指数 0.4580，优势度指数 0.5420，均匀度指数 0.2420。斑块数 19382 个，平均斑块面积 18.7598hm^2，斑块破碎度 0.0533。

森林植被健康。无自然干扰。

（4）在青海，毛白杨林以人工栽培为主，大量分布在都兰县、互助县、大通县、乐都县等。

乔木多与白桦、柏木、糙皮桦、青海云杉等混交。灌木中常有枸子、小檗、银露梅等。草本中有蒿、帚菊、冰草、茶藨子、车前等。

乔木层平均树高 15.3m，灌木层平均高 1.1m，草本层平均高 0.3m。乔木郁闭度 0.47，草本盖度 0.12。乔木平均胸径 10.8cm。

面积 75517.2400hm^2，蓄积量 6756066.8076m^3，生物量 5312295.3308t，碳储量 2656147.6654t。每公顷蓄积量 89.4639m^3，每公顷生物量 70.3455t，每公顷碳储量 35.1727t。

多样性指数 0.7600，优势度指数 0.2400，均匀度指数 0.3900。斑块数 3234 个，平均斑块面积 23.3510hm^2，斑块破碎度 0.0428。

有轻度和中度虫害，面积分别为 2614.815hm^2 和 233.9775hm^2。有中度病害，面积为 190.04hm^2。未见火灾。有中度自然干扰，面积为 44.62hm^2。有轻度人为干扰，面积为 4031.93hm^2。

（5）在山东，毛白杨林主要分布于邹平、安丘、临朐、沂水、泰安、新泰、莱芜、胶南、诸城、泗水、平邑、邹城、枣庄、滕州等地区。

乔木单一。灌木、草本不发达。

乔木层平均树高 15m，灌木层平均高 3~5m，草本层平均高 1.5m 以下，乔木平均胸径 15cm，乔木郁闭度 0.7~1.0，灌木盖度约 0.5，草本盖度约 0.5。

面积 486499.0000hm^2，蓄积量 45633606.2000m^3，生物量 35881704.5551t，碳储量 17940852.2775t。每公顷蓄积量 93.8000m^3，每公顷生物量 73.75492t，每公顷碳储量 36.8775t。

多样性指数 0，优势度指数 1，均匀度指数 0。斑块数 569 个，平均斑块面积 855.0070hm^2，斑块破碎度 0.0012。

病害无。虫害轻。火灾轻。人为干扰类型为建设征占。自然干扰类型为病虫害。

（6）在陕西，毛白杨林有天然林和人工林。

毛白杨天然林主要分布在志丹县、宜川县、宜君县等地。

乔木常与油松、榆树、漆树、柳树以及硬软阔类林混交。灌木中零星分布有胡枝子、黄蔷薇、酸枣等植物。草本中零星分布有少量羊胡子草以及一些蕨。

乔木层平均树高 16.9m 左右，灌木层平均高 18.9cm，草本层平均高 3.4cm，乔木平均胸径 27cm，乔木郁闭度 0.5，灌木盖度 0.37，草本盖度 0.3，植被总盖度 0.78。

面积 83953.6508hm²，蓄积量 8623719.0062m³，生物量 6668983.1712t，碳储量 3305148.0597t。每公顷蓄积量 102.7200m³，每公顷生物量 79.4365t，每公顷碳储量 39.3687t。

多样性指数 0.6600，优势度指数 0.3400，均匀度指数 0.1300。斑块数 7316 个，平均斑块面积 11.4753hm²，斑块破碎度 0.0871。

未见病害、虫害、火灾。未见自然干扰。有轻度人为干扰，面积 222hm²。

白毛杨人工林有广泛的分布，在靖边县、定边县、神木县等地有大量分布，另外在榆林市、府谷县等也有分布。

乔木与少量的柳树和榆树混交，几乎都为纯林。灌木中偶见柠条。草本中偶见沙蒿、莎草等植物。

乔木层平均树高 11.1m 左右，灌木层平均高 5.8cm，草本层平均高 3.0cm，乔木平均胸径 16cm，乔木郁闭度 0.37，灌木盖度 0.1，草本盖度 0.35，植被总盖度 0.59。

面积 50897.1862hm²，蓄积量 2451208.4887m³，生物量 1927385.2347t，碳储量 963692.6173t。每公顷蓄积量 48.1600m³，每公顷生物量 37.8682t，每公顷碳储量 18.9341t。

多样性指数 0.0900，优势度指数 0.9100，均匀度指数 0.8800。斑块数 8732 个，平均斑块面积 5.8288hm²，斑块破碎度 0.1716。

未见病害、虫害、火灾。有中度、重度自然干扰，面积分别为 2hm²、1hm²。有轻度人为干扰，面积 491hm²。

147. 黑杨林（*Populus nigra* forest）

在河北，黑杨林多分布于河边，为人工造林。

乔木单一。灌木几乎不发育。草本几乎不发育。

乔木层平均树高 15.9m，灌木层平均高小于 1.0m，草本层平均高 0.3m，乔木平均胸径 15.8cm，乔木郁闭度 0.8，灌木盖度小于 0.05，草本盖度 0.11。

面积 1055.3125hm²，蓄积量 32816.4182m³，生物量 25803.5504t，碳储量 12901.7224t。每公顷蓄积量 31.0964m³，每公顷生物量 24.4511t，每公顷碳储量 12.2255t。

多样性指数 0.2536，优势度指数 0.7464，均匀度指数 0.8698。斑块数 12 个，平均斑块面积 87.9427hm²，斑块破碎度 0.0114。

森林植被健康。无自然干扰。

148. 新疆杨林（*Populus alba* forest）

在宁夏，新疆杨林主要为人工林，在贺兰县、灵武市、永宁县、惠农县、平罗县、石嘴山市、吴忠市、银川市分布较多，在海原县、中卫县也有少量分布。

乔木以新疆杨纯林为主。灌木不发达，常见柠条、忍冬等灌木。草本主要以冰草、沙蒿、羊须草为主。

乔木层平均树高 14.8m 左右，灌木层平均高 80cm，草本层平均高 3cm，乔木平均胸径 12.6cm，乔木郁闭度 0.44，灌木盖度 0.15，草本盖度 0.73。

面积 3740.8300hm^2，蓄积量 98404.7776m^3，生物量 77375.6767t，碳储量 38687.8383t。每公顷蓄积量 26.3056m^3，每公顷生物量 20.3056t，每公顷碳储量 10.3420t。

多样性指数 0.3490，优势度指数 0.6510，均匀度指数 0.6720。斑块数 226 个，平均斑块面积 16.55hm^2，斑块破碎度 0.0604。

病害等级为 1 级，分布面积达到 21.34hm^2。虫害等级为 1 级，分布面积 1517.67hm^2。未见火灾。自然干扰严重。人为干扰严重。

149. 青杨（*Populus cathayana* forest）

在黑龙江、吉林、辽宁、内蒙古、山西 5 个省（自治区）有青杨林分布，面积 2316571.7861hm^2，蓄积量 156700660.6804m^3，生物量 135572042.4649t，碳储量 67690081.8713t。每公顷蓄积量 67.6433m^3，每公顷生物量 58.5227t，每公顷碳储量 29.21994t。多样性指数 0.3671，优势度指数 0.6346，均匀度指数 0.4898。斑块数 59502 个，平均斑块面积 38.9326hm^2，斑块破碎度 0.0256。

（1）在黑龙江，青杨林分布于宝清县、黑河市、嘉荫县、萝北县、饶河县、汤原县和伊春市境内。

乔木除青杨外，还有有樟子松、油松、色木槭、胡桃楸、紫椴、蒙古栎、水曲柳。灌木主要有稠李、胡枝子、大果榆、槭树。草本主要有大油芒、野古草、隐子草、羊草、狗尾草、黄蒿。

乔木层平均树高 11.57m，灌木层平均高 0.05m，草本层平均高 0.27m，乔木平均胸径 17.74cm，乔木郁闭度 0.45，灌木盖度 0.01，草本盖度 0.4，植被总盖度 0.73。

面积 845666.0094hm^2，蓄积量 59824527.6676m^3，生物量 56973195.5839t，碳储量 28486597.7900t。每公顷蓄积量 70.7425m^3，每公顷生物量 67.3708t，每公顷碳储量 33.6854t。

多样性指数 0.2353，优势度指数 0.7646，均匀度指数 0.0702。斑块数 17487 个，平均斑块面积 48.3596hm^2，斑块破碎度 0.0207。

森林植被健康。有轻微虫害。

（2）在吉林，青杨林分布于淳化市、珲春市境内。

乔木除青杨外，还有樟子松、油松、色木槭、胡桃楸、紫椴、蒙古栎、水曲柳。灌木主要有桎柳、刺五加、胡枝子、花楷槭、蔷薇、忍冬、珍珠梅、榛子、紫穗槐。草本主要有大油芒、野古草、隐子草、羊草、狗尾草、黄蒿。

乔木层平均树高 14.1m，灌木层平均高 1.57m，草本层平均高 0.43m，乔木平均胸径 16.53cm，乔木郁闭度 0.75，灌木盖度 0.23，草本盖度 0.44。

面积 700574.3755hm²，蓄积量 58637982.0147m³，生物量 46107045.2582t，碳储量 23053522.6291t。每公顷蓄积量 83.6999m³，每公顷生物量 65.8132t，每公顷碳储量 32.9066t。

多样性指数 0.6410，优势度指数 0.3589，均匀度指数 0.2049。斑块数 17809 个，平均斑块面积 39.3382hm²，斑块破碎度 0.0254。

森林植被健康。无自然干扰。

（3）在辽宁，青杨林分布于西丰县、宽甸满族自治县、建平县境内，义县、新宾满族自治县、铁岭、沈阳市、清原满族自治县、桓仁满族自治县也有分布。

乔木主要有杨树、樟子松、油松、色木槭、胡桃楸、紫椴、蒙古栎、水曲柳。灌木主要有桎柳、刺五加、胡枝子、花楷槭、蔷薇、忍冬、珍珠梅、榛子、紫穗槐。草本主要有大油芒、野古草、隐子草、羊草、狗尾草、黄蒿。

乔木层平均树高 14.44m，灌木层平均高 0.5m，草本层平均高 0.33m，乔木平均胸径 16.11cm，乔木郁闭度 0.58，灌木盖度 0.35，草本盖度 0.4，植被总盖度 0.77。

面积 425168.7884hm²，蓄积量 12871942.55378m³，生物量 10121208.4301t，碳储量 5060604.2150t。每公顷蓄积量 30.2749m³，每公顷生物量 23.8052t，每公顷碳储量 11.9026t。

多样性指数 0.0928，优势度指数 0.9072，均匀度指数 0.0263。斑块数 10380 个，平均斑块面积 40.9603hm²，斑块破碎度 0.02443。

森林植被健康。无自然干扰。

（4）在山西，青杨林有天然林和人工林。

青杨天然林主要分布在襄垣县、右玉县、寿阳县等。

乔木常与白桦、栎类、油松等混交。灌木有水栒子、黄刺玫、虎榛子、红瑞木等。草本主要有苔草、羊胡子草、蒿等。

乔木层平均树高 8.4m，灌木层平均高 17cm，草本层平均高 4.2cm，乔木平均胸径 10.8cm，乔木郁闭度 0.48，灌木盖度 0.46，草本盖度 0.33。

面积 299309.6566hm²，蓄积量 22348345.0323m³，生物量 19784296.3726t，碳储量 9805097.2823t。每公顷蓄积量 74.6663m³，每公顷生物量 66.0998t，每公顷碳储量 32.7590t。

多样性指数 0.3400，优势度指数 0.6600，均匀度指数 0.7200。斑块数 1472 个，平均斑块面积 203.3353hm²，斑块破碎度 0.0049。

有轻度和中度病害，面积分别为 2404hm² 和 5110hm²。有轻度和中度虫害，面积分别为 6554hm² 和 1737hm²。有轻度和中度火灾，面积分别为 607hm² 和 82hm²。

有轻度、中度、重度自然干扰，面积分别为 49211hm²、22623hm²、9594hm²。有轻度、中度人为干扰，面积分别为 251hm²、41hm²。

青杨人工林分布极为广泛，大量分布在右玉县、朔州市市辖区、左云县和寿阳县等。

乔木多数与油松、榆树、柳树等混交。灌木中常有柠条、沙棘等。草本中有蒿、白草、地衣等。

乔木层平均树高 10.3m，平均胸径 13.2cm，郁闭度 0.36。灌木盖度 0.08，草本盖度 0.38。

面积 30314.7321hm²，蓄积量 2297790.4563m³，生物量 2020103.4551t，碳储量 1001163.2724t。每公顷蓄积量 75.7978m³，每公顷生物量 66.6377t，每公顷碳储量 33.0256t。

多样性指数 0.2300，优势度指数 0.7700，均匀度指数 0.9600。斑块数 12010 个，平均斑块面积 2.5241hm²，斑块破碎度 0.3962。

有轻度病害，面积 36hm²。有轻度和中度虫害，面积 42hm²、7hm²。有轻度火灾，面积 78hm²。有轻度、中度、重度自然干扰，面积分别为 1332hm²、2596hm²、339hm²。有轻度人为干扰，面积 1118hm²。

（5）在内蒙古，青杨林为人工林，几乎分布于整个内蒙古自治区。

乔木单一。灌木几乎不发育。草本几乎不发育。

乔木层平均树高 18.06m，平均胸径 18.02cm，郁闭度 0.6。灌木盖度 0.05 以下，草本盖度 0.05 以下。

面积 15538.2240hm²，蓄积量 720072.9557m³，生物量 566193.3650t，碳储量 283096.6825t。每公顷蓄积量 46.3420m³，每公顷生物量 36.4387t，每公顷碳储量 18.2194t。

多样性指数 0.6635，优势度指数 0.3365，均匀度指数 0.9573。斑块数 344 个，平均斑块面积 45.1692hm²，斑块破碎度 0.0221。

森林植被健康。无自然干扰。

150. 二白杨（*Populus gansuensis* forest）

在甘肃，二白杨林有天然林和人工林。

二白杨天然林分布在和政县、华池县、夏河县、漳县、宕昌县、合水县、康乐县、崇信县、西和县。

乔木常见与栎类、云杉、白桦、其他硬阔类、其他软阔类混交。灌木中常见的有杜鹃、合头藜。草本中广泛分布的有蒿属、拟金茅、蓑草和苔草。

乔木层平均树高 10.92m 左右，灌木层平均高 14.19cm，草本层平均高 3.14cm，乔木平均胸径 18cm，乔木郁闭度 0.5，灌木盖度 0.37，草本盖度 0.46，植被总盖度 0.57。

面积 20784.9532hm²，蓄积量 1022823.6361m³，生物量 804246.2250t，碳储量 402123.1125t。每公顷蓄积量 49.2098m³，每公顷生物量 38.6937t，每公顷碳储量 19.3468t。

多样性指数 0.3300，优势度指数 0.6700，均匀度指数 0.1100。斑块数 1244 个，平均斑块面积 16.7081hm²，斑块破碎度 0.0599。

有重度病害，面积 6376.38hm²。有重度虫害，面积 2664.849hm²。未见火灾。有轻度自然干扰，面积 317hm²。有轻度人为干扰，面积 98hm²。

二白杨人工林分布于临洮县、渭源县、通渭县、张掖市、武威市市辖区、临泽县、定西县、陇西县、西和县等地区。

乔木除二白杨外，常见栎类、云杉、油松、其他软阔类、其他硬阔类树种。灌木主要有盐爪爪。草本中主要有蒿、禾本科草、苔草、野蔷薇、卫矛。

乔木层平均树高 11.04m 左右，灌木层平均高 5.92cm，草本层平均高 2.71cm，乔木平均胸径 18cm，乔木郁闭度 0.37，灌木盖度 0.14，草本盖度 0.47，植被总盖度 0.66。

面积 154551.1873hm²，蓄积量 19812137.0301m³，生物量 14148265.6585t，碳储量 7011880.6445t。每公顷蓄积量 128.1914m³，每公顷生物量 91.5442t，每公顷碳储量 45.3693t。

多样性指数 0.2900，优势度指数 0.7100，均匀度指数 0.3200。斑块多度 1.48，斑块数 8040 个，平均斑块面积 19.22278hm²，斑块破碎度 0.0520。

有重度病害，面积 7779.54hm²。有重度虫害，面积 26819.376hm²。未见火灾。有中度自然干扰，面积 44566hm²。有重度人为干扰，面积 9068hm²。

151. 波氏杨林（*Populus purdomii* forest）

在青海，波氏杨天然林主要分布在乌兰县、互助县、乐都县、尖扎县等。

乔木主要为波氏杨，常与旱柳、落叶松以及其他软阔类等混交。灌木中常见有锦鸡儿、红柳等。人工林中常有枸子、小檗、银露梅等。草本主要有蒿、冰草、苦苦菜等。人工林中有蒿、帚菊、冰草、茶藨子、车前等。

乔木层平均树高 15.3m，灌木层平均高 1.1m，草本层平均高 0.3m，乔木郁闭度 0.52，乔木平均胸径 10.8cm。

面积 17036.5050hm²，蓄积量 426892.3493m³，生物量 202975.2263t，碳储量 100594.5221t。每公顷蓄积量 25.0575m³，每公顷生物量 11.9141t，每公顷碳储量 5.9046t。

多样性指数 0.3400，优势度指数 0.6600，均匀度指数 0.7200。斑块数 614 个，平均斑块面积 27.7467hm²，斑块破碎度 0.0360。

有轻度和中度虫害，面积 47.57hm²和 618.57hm²。有中度病害，面积 190.04hm²。未见火灾。未见自然干扰。有轻度人为干扰，面积 67.73hm²。

152. 欧美杨林（*Populus canadensis* forest）

在江苏、浙江、湖南 3 个省的杨树林主要是引种栽培的欧美杨林，面积 726320.0394hm²，蓄积量 37746696.0892m³，生物量 29681300.4305t，碳储量 14840650.2152t。每公顷蓄积量 51.9698m³，每公顷生物量 40.8653t，每公顷碳储量 20.4326t。多样性指数 0.2173，优势度指数 0.7826，均匀度指数 0.1966。斑块数 1824 个，平均斑块面积 398.2018hm²，斑块破碎度 0.0025。

（1）在江苏，欧美杨林主要分布在黄淮平原、江淮平原，其次是长江三角洲和东部滨海平原。

欧美杨林乔木树种组成较为简单，大多形成纯林。灌木、草本不发达。

乔木层平均树高 22m，灌木基本没有，草本层平均高 1m 以下，乔木平均胸径 26.3cm，乔木郁闭度约 0.9，草本盖度约 0.5。

面积 677414.0000hm^2，蓄积量 33846615.8679m^3，生物量 26613594.0570t，碳储量 13306797.0285t。每公顷蓄积量 49.9644m^3，每公顷生物量 39.2870t，每公顷碳储量 19.6435t。

多样性指数 0，优势度指数 1，均匀度指数 0。斑块数 911 个，平均斑块面积 743.5938hm^2，斑块破碎度 0.0013。

病害轻。虫害轻。火灾轻。受到明显的人为干扰，主要为除灌藤、除草、施肥、修枝等。

（2）在浙江，欧美杨林主要在衢州市常山县和开化县的交界地带有少量栽植。

乔木树种单一。灌木、草本不发达。

乔木层平均树高 10m，平均胸径 13cm，郁闭度 0.7。

面积 76.9660hm^2，蓄积量 7219.4108m^3，生物量 6749.9182t，碳储量 3374.9591t。每公顷蓄积量 93.8000m^3，每公顷生物量 87.7000t，每公顷碳储量 43.8500t。

多样性指数 0，优势度指数 1，均匀度指数 0。斑块数 1 个，平均斑块面积 76.9660hm^2，斑块破碎度 0.0129。

病害轻。虫害无。火灾轻。人为干扰类型为森林经营活动。自然干扰类型为病虫害。

（3）在湖南，欧美杨人工林主要分布在慈利县境内，在溆浦县和道县也有少量分布。

乔木仅有杨树。灌木有苦楝、构树、茅莓、花椒、桑树。草本有苍耳、鹅观草、空心莲子草、老鹳草、葎草等。

乔木层平均树高 16m，灌木层平均高 1.9m，草本层平均高 0.4m，乔木平均胸径 21cm，乔木郁闭度 0.8 以上，灌木与草本总盖度 0.25 左右。

面积 48829.0734hm^2，蓄积量 3892860.8105m^3，生物量 3060956.4553t，碳储量 1530478.2276t。每公顷蓄积量 79.7242m^3，每公顷生物量 62.6872t，每公顷碳储量 31.3436t。

多样性指数 0.6520，优势度指数 0.3480，均匀度指数 0.5900。斑块数 912 个，平均斑块面积 53.5407hm^2，斑块破碎度 0.0187。

6.7% 的杨树林处于亚健康状态。无自然干扰。

153. 意杨林（*Populus euramevicana* forest）

在上海，意杨林以人工林为主，主要分布在奉县、闵行、青浦境内。

意杨林组成单一，以纯林为主。灌木、草本不发达。

乔木层平均树高 13.8m，平均胸径 15.5cm，郁闭度 0.61。

面积 719.4030hm^2，蓄积量 49217.0930m^3，生物量 43823.0093t，碳储量 21911.5046t。每公顷蓄积量 68.4138m^3，每公顷生物量 60.9158t，每公顷碳储量 30.4579t。

多样性指数 0，优势度指数 1，均匀度指数 0。斑块数 30 个，平均斑块面积

23.9801hm²，斑块破碎度0.0417。

意杨林健康。无自然干扰。人为干扰主要是抚育管理。

154. 白杨林（*Populus comentosa* forest）

在重庆，白杨林广泛分布。

白杨林乔木树种组成较为简单，大多形成纯林，或与板栗、桦木、漆树、高山柳等混交。灌木、草本不发达。

乔木层平均树高6.1m，灌木层平均高约1.5m，草本层平均高在0.3m以下。乔木平均胸径6.5cm，乔木郁闭度约0.3，灌木盖度约0.1，草本盖度0.8。

面积42586.0219hm²，蓄积量1641878.5216m³，生物量1291009.0816t，碳储量645504.5408t。每公顷蓄积量38.5544m³，每公顷生物量30.3153t，每公顷碳储量15.1577t。

多样性指数0.2541，优势度指数0.7459，均匀度指数0.2583。斑块数3368，平均斑块面积12.6443hm²，斑块破碎度0.0791。

白杨林健康。无自然和人为干扰。

155. 云南枫杨林（*Pterocarya delavayi* forest）

云南枫杨林分布于云南鹤庆、丽江、维西、德钦、贡山、泸水、腾冲及漾濞等县。海拔范围1400~2550m。

乔木一般仅由云南枫杨组成。灌木稀少，有牡荆、木芙蓉、算盘子、刺梨、胡颓子等。草本主要有芒、硬秆子草、荻、早熟禾、柳叶箬、马兰、野菊花等。

乔木层平均树高9.2m，灌木层平均高1.8m，草本层平均高0.2m以下，乔木平均胸径17.8cm，乔木郁闭度0.5，草本盖度0.55。

面积138.2100hm²，蓄积量10697.4540m³，生物量10392.6182t，碳储量5081.1589t。每公顷蓄积量77.4000m³，每公顷生物量75.1944t，每公顷碳储量36.7640t。

多样性指数0.5287，优势度指数0.47132，均匀度指数0.56120。斑块数4个，平均斑块面积34.5525hm²，斑块破碎度0.0289。

森林植被健康中等。无自然干扰。人为干扰主要是征占，征占面积0.13821hm²。

156. 枫杨林（*Pterocarya stenoptera* forest）

在安徽、上海、四川、云南4个省（直辖市）有枫杨林分布，面积281855.0517hm²，蓄积量13917872.1453m³，生物量13142754.1310t，碳储量6564870.9662t。每公顷蓄积量49.3795m³，每公顷生物量46.6295t，每公顷碳储量23.2917t。多样性指数0.4099，优势度指数0.5901，均匀度指数0.4744。斑块数1595个，平均斑块面积176.71163hm²，斑块破碎度0.0057。

（1）在安徽，枫杨林是喜湿树种，以低海拔或平原地区河岸两旁为多。分布地土壤为冲积性沙壤土，土层深厚（1~1.5m）。在安徽淮河以南较为习见，散生较多，成林者少。

乔木有枫杨、桤木、黄山松、四照花、野桐子、旱柳、茅栗。灌木有老鸦糊、伞八仙、山梅花、短柄枹栎、野蔷薇、绣线菊、山胡椒、川榛、狗骨头、李叶绣线菊、木莓、四照花、白蜡树、马银花、花骨牛、青灰叶下珠、树莓、叶下株。草本有黑腺珍珠草、戟叶蓼、路边青、豨莶、苔草、灯芯草、败酱、狗娃花、问荆、聚穗苔草、野百合、堇菜、吉祥草、三叶委陵菜、猪殃殃、荩草、珍珠菜、二裂委陵菜、蓼子草、紫背天葵、鸭跖草、忍冬。

乔木层平均树高 9.2m，灌木层平均高 0.85m，草本层平均高 0.33cm，乔木平均胸径 14.7cm，乔木郁闭度 0.65，灌木与草本盖度 0.4~0.5，植被总盖度 0.85~0.9。

面积 251874.1489hm^2，蓄积量 11631843.7932m^3，生物量 10704651.3272t，碳储量 5352325.6636t。每公顷蓄积量 46.1812m^3，每公顷生物量 42.5000t，每公顷碳储量 21.2500t。

多样性指数 0.4968，优势度指数 0.5032，均匀度指数 0.6607。斑块数 872 个，平均斑块面积 288.8465hm^2，斑块破碎度 0.0035。

森林植被健康。无自然干扰。

（2）在云南，枫杨林有广泛分布，以沿溪涧河滩、阴湿山坡地的林中较多，其垂直分布一般在海拔 500m 以下，但在云南省山区，可达到 1000m 以上。

乔木一般仅有枫杨，但世代复杂。灌木稀少，有牡荆、木芙蓉、算盘子、刺梨、胡颓子等。草本主要有芒、硬秆子草、荻、早熟禾、柳叶箬、马兰、野菊花等。

乔木层平均树高 9.2m，灌木层平均高 1.8m，草本层平均高 0.2m 以下，乔木平均胸径 17.8cm，乔木郁闭度约 0.5，草本盖度 0.55。

面积 7809.00hm^2，蓄积量 604416.6000m^3，生物量 587193.0788t，碳储量 287090.4401t。每公顷蓄积量 77.4000m^3，每公顷生物量 75.1944t，每公顷碳储量 36.7640t。

多样性指数 0.5118，优势度指数 0.4882，均匀度指数 0.5761。斑块数 172 个，平均斑块面积 45.4011hm^2，斑块破碎度 0.0220。

森林植被健康中等。无自然干扰。人为干扰主要是征占，征占面积 7.809hm^2。

（3）在四川，枫杨林广泛分布，以沿溪涧河滩、阴湿山坡地的林中较多，其垂直分布一般在海拔 500m 以下，但在四川省山区，可达到 1000m 以上。

乔木一般仅由枫杨组成，但世代复杂。灌木稀少，有牡荆、木芙蓉、算盘子、刺梨、胡颓子等。草本主要以禾本科、莎草科、唇形科和菊科为主，如芒、硬杜子草、荻、早熟禾、柳叶箬、马兰、野菊花等。

乔木层平均树高 9.2m，灌木层平均高 1.8m，草本层平均高 0.2m 以下，乔木平均胸径 17.8cm，乔木郁闭度约 0.5，草本盖度 0.55。

面积 22130.3900hm^2，蓄积量 1679228.4841m^3，生物量 1848326.7924t，碳储量 924163.3962t。每公顷蓄积量 75.8788m^3，每公顷生物量 83.5198t，每公顷碳储量 41.7599t。

多样性指数 0.5122，优势度指数 0.4878，均匀度指数 0.5744。斑块数 549 个，平均

斑块面积 40.3104hm^2，斑块破碎度 0.0248。

森林植被健康。未受到明显的人为和自然干扰。

（4）在上海，枫杨林主要分布在奉贤、青浦境内。

乔木组成单一，以纯林为主。灌木、草本不发达。

乔木平均胸径 16.8cm，平均树高 12.8m，郁闭度 0.7。

面积 41.5129hm^2，蓄积量 2383.2680m^3，生物量 2582.9326t，碳储量 1291.4663t。每公顷蓄积量 57.4103m^3，每公顷生物量 62.2200t，每公顷碳储量 31.1100t。

多样性指数 0，优势度指数 1，均匀度指数 0。斑块数 2 个，平均斑块面积 20.7565hm^2，斑块破碎度 0.0481。

无自然干扰。人为干扰为抚育管理。

157. 垂柳林（*Salix babylonica* forest）

在北京，广泛分布于各区县河岸、水边等。

乔木以垂柳为单一优势种，几乎无其他树种混生。林下几无灌木生长。林下几无草本生长。

乔木层平均树高 8.5m，平均胸径 15.2cm，郁闭度 0.6。

面积 23.5662hm^2。

多样性指数 0，优势度指数 1，均匀度指数 0。斑块数 3 个，平均斑块面积 7.8554hm^2，斑块破碎度 0.1273。

森林植被健康。无自然干扰。

158. 大叶柳林（*Salix magnifica* forest）

在云南，大叶柳林分布于海拔 1900~3000m 的山谷溪流旁。

乔木以大叶柳为优势，伴生树种有旱冬瓜、云南松、麻栎、栓皮栎等。灌木常见的有马桑、木蓝、碎米花等。草本主要有蕨菜、头花蓼、东方草莓、狼毒、香青、银莲花、长柱鹿药等。

乔木层平均树高 13.4m，灌木层平均高 1.7m，草本层平均高 0.4m 以下，乔木平均胸径 16.7cm，乔木郁闭度约 0.6，草本盖度 0.4。

面积 5490.1849hm^2，蓄积量 396940.3662m^3，生物量 436912.2610t，碳储量 218456.1305t。每公顷蓄积量 72.3000m^3，每公顷生物量 79.5806t，每公顷碳储量 39.7903t。

多样性指数 7347，优势度指数 0.2653，均匀度指数 0.6271。斑块数 264 个，平均斑块面积 20.7961hm^2，斑块破碎度 0.0481。

森林植被健康中等。无自然干扰。人为干扰主要是抚育、更新，抚育面积 1349.2809hm^2，更新面积 40.4784hm^2。

159. 旱柳林（*Salix matsudana* forest）

在我国甘肃、广西、河南、黑龙江、吉林、江苏、辽宁、内蒙古、青海、山东、山西、陕西、上海、四川、天津、西藏、云南 17 个省（自治区、直辖市）有分布。面积 192093.0175hm²，蓄积量 6722371.9990m³，生物量 7594526.3647t，碳储量 3792141.9252t。每公顷蓄积量 34.9954m³，每公顷生物量 39.5357t，每公顷碳储量 19.7412t。多样性指数 0.3700，优势度指数 0.6304，均匀度指数 0.2486。斑块数 4351 个，平均斑块面积 44.1491hm²，斑块破碎度 0.0227。

（1）在山东，旱柳林分布于平邑、大汶河两岸的泰安、莱芜、宁阳、肥城、东平等地，以及黄河沿岸的长清、平阴、济阳、齐河、章丘等地。山东省各地都有生长，以大汶河、黄河两岸的河漫滩最为集中，呈片林状，黄河以北的平原撂荒地亦有小片旱柳林。在山地多沿山沟两侧散生，海拔最高可达 1500m。

乔木由旱柳组成的单一林层。灌木有紫穗槐、怪柳。草本有白茅、荻、节节草、罗布麻、鬼针草、乳浆大戟、败酱、刺儿菜、马唐、狗尾草等。

乔木层平均树高 15m，灌木层平均高 3~5m，草本层平均高 1.5m 以下，乔木平均胸径 15cm，乔木郁闭度约 0.9，灌木盖度约 0.5，草本盖度约 0.5。

面积 4928.8600hm²，蓄积量 598594.3166m³，生物量 658872.7643t，碳储量 329436.3821t。每公顷蓄积量 121.4468m³，每公顷生物量 133.6765t，每公顷碳储量 66.8383t。

多样性指数 0，优势度指数 1，均匀度指数 0。斑块数 6 个，平均斑块面积 821.4760hm²，斑块破碎度 0.0012。

病害无。虫害无。火灾轻。人为干扰类型为建设征占。无自然干扰。

（2）在青海，旱柳林有天然林和人工林。

旱柳天然林集中分布在河南县，民和县和循化县也有少量分布。

乔木旱柳常与波氏杨等混交。灌木不发达，偶见有花楸、蔷薇、忍冬等灌木，人工林中偶见有枸子等灌木。草本一般有冰草、莎草和蒿等，人工林中一般有车前、高乌头等。

乔木层平均树高 10.4m，灌木层平均高 0.5m，草本层平均高 0.5m，乔木郁闭度 0.85，草本盖度 0.2，乔木平均胸径 9.7cm。

面积 518.3600hm²，蓄积量 14197.5694m³，生物量 15627.2646t，碳储量 7813.6323t。每公顷蓄积量 27.3894m³，每公顷生物量 30.1475t，每公顷碳储量 15.0738t。

多样性指数 0.5500，优势度指数 0.4500，均匀度指数 0.2300。斑块数 24 个，平均斑块面积 21.5983hm²，斑块破碎度 0.0463。

未发现虫害、病害、火灾。未见自然和人为干扰。

旱柳人工林在循化县和贵德县大量分布，民和县、都兰县和格尔木市也有少量分布。

乔木层以旱柳纯林为主，少数与冷杉混交。灌木偶见有枸子等。草本中一般有车前、高乌头等。

乔木层平均树高 10.4m，灌木层平均高 0.5m，草本层平均高 0.5m，乔木郁闭度 0.86，草本盖度 0.2，乔木平均胸径 9.7cm。

面积 676.4625hm²，蓄积量 22783.1728m³，生物量 25077.4383t，碳储量

12538.7192t。每公顷蓄积量 33.6800m³，每公顷生物量 37.0716t，每公顷碳储量 18.5358t。

多样性指数 0.6600，优势度指数 0.3400，均匀度指数 0.5000。斑块数 18 个，平均斑块面积 37.5811hm²，斑块破碎度 0.0266。

未发现虫害、病害、火灾。未见自然干扰。有轻度人为干扰，面积 15.26hm²。

（3）在河南，旱柳林分布于各山区及平原地区。

乔木有旱柳、垂柳、大官杨、青杨、苦楝、榆树、黄连木、楸树、麻栎、栓皮栎、枫杨。灌木有紫穗槐、簸箕柳、红皮柳、杠柳、柘、桂香柳、酸枣、黄荆、连翘、柽柳、野蔷薇等。草本主要有狗尾草、狼尾草、加拿大蓬、蒲公英、苦荬菜、艾蒿、野菊花、白头翁、白茅、白草、木贼、罗布麻、蒺藜、鼠尾草、车前、酸模、蓼、大蓟、香蒲、芡实、砂蒿、碱蓬、莎草、黑三棱、芦苇等。

乔木层平均树高 11.03m，灌木层平均高 0.5m，草本层平均高 0.2m，乔木平均胸径 13.8cm，乔木郁闭度 0.4，灌木盖度 0.12，草本盖度 0.2，植被总盖度 0.77。

面积 216.5838hm²，蓄积量 7043.9786m³，生物量 8225.6679t，碳储量 4035.0932t。每公顷蓄积量 32.5231m³，每公顷生物量 37.9791t，每公顷碳储量 18.6306t。

多样性指数 0.4570，优势度指数 0.5430，均匀度指数 0.3150。斑块数 12 个，平均斑块面积 18.0478hm²，斑块破碎度 0.0554。

森林植被健康。无自然干扰。

（4）在黑龙江，旱柳林分布于大兴安岭（漠河）、小兴安岭、完达山及张广才岭等山区。

乔木伴生树种有红松、落叶松。灌木主要有胡枝子、乌苏里绣线菊、丁香。草本主要有小蓟、水花生、羊蹄甲、一年蓬。

乔木层平均树高 2.79m，灌木层平均高 1.79m，草本层平均高约 0.55m，乔木平均胸径 12.1cm，乔木郁闭度 0.09，灌木盖度 0.3，草本盖度 0.42，植被总盖度 0.68。

面积 96201.8458hm²，蓄积量 2253888.9957m³，生物量 2480855.6176t，碳储量 1240427.8088t。每公顷蓄积量 23.428m³，每公顷生物量 25.7880t，每公顷碳储量 12.8940t。

多样性指数 0.5316，优势度指数 0.4684，均匀度指数 0.1388。斑块数 1179 个，平均斑块面积 81.5961hm²，斑块破碎度 0.0123。

森林植被健康。无自然干扰。

（5）在吉林，旱柳林主要分布于淳化市、珲春市境内。

乔木伴生树种有红松、落叶松。灌木主要有胡枝子、乌苏里绣线菊、丁香。草本主要有小蓟、水花生、羊蹄甲、一年蓬。

乔木层平均树高 6.7m，灌木层平均高 1.17m，草本层平均高 0.3m，乔木平均胸径 10.59cm，乔木郁闭度 0.66，灌木盖度 0.37，草本盖度 0.47。

面积 1088.1869hm²，蓄积量 22709.9314m³，生物量 24996.8216t，碳储量

12498.4108t。每公顷蓄积量 20.86958m³，每公顷生物量 22.9711t，每公顷碳储量 11.4855t。

多样性指数 0.1481，优势度指数 0.8518，均匀度指数 0.0924。斑块数 35 个，平均斑块面积 31.0910hm²，斑块破碎度 0.0322。

森林植被健康。无自然干扰。

(6) 在辽宁，旱柳林分布在义县、新宾满族自治县、铁岭县、本溪满族自治县和北宁市。

乔木主要有旱柳、红松、落叶松、色木槭、杨树。灌木主要有胡枝子、乌苏里绣线菊、丁香。草本主要有小蓟、水花生、羊蹄甲、一年蓬。

乔木层平均树高 5.8m，灌木层平均高 0.9m，草本层平均高 0.3m，乔木平均胸径 8.43cm，乔木郁闭度 0.59，灌木盖度 0.25，草本盖度 0.3，植被总盖度 0.83。

面积 5659.5282hm²，蓄积量 251394.1243m³，生物量 276709.5126t，碳储量 138354.7563t。每公顷蓄积量 44.4196m³，每公顷生物量 48.8927t，每公顷碳储量 24.4463t。

多样性指数 0.2556，优势度指数 0.7443，均匀度指数 0.0929。斑块数 149 个，平均斑块面积 37.9834hm²，斑块破碎度 0.0263。

森林植被健康。无自然干扰。

(7) 在甘肃，旱柳林有天然林和人工林。

旱柳天然林在玛曲县、武山县、和政县、甘谷县、华池县、康县、岷县都有分布。

乔木常见与桦木、其他软阔类混交。灌木中常见的有白刺、胡枝子、酸枣。草本中主要有赖草、蓝花韭、狼毒。

乔木层平均树高 9.56m 左右，灌木层平均高 13.06cm，草本层平均高 3.43cm，乔木平均胸径 7cm，乔木郁闭度 0.36，灌木盖度 0.11，草本盖度 0.67，植被总盖度 0.82。

面积 4722.4721hm²，蓄积量 64583.1166m³，生物量 71086.6364t，碳储量 35543.3182t。每公顷蓄积量 13.6757m³，每公顷生物量 15.0528t，每公顷碳储量 7.5264t。

多样性指数 0.9700，优势度指数 0.0300，均匀度指数 0.0200。斑块数 244 个，斑块破碎度 0.0517，平均斑块面积 19.3543hm²。

有重度病害，面积 1177.97hm²。有轻度病害，面积 75.916hm²。未见火灾。有轻度自然干扰，面积 57hm²。未见人为干扰。

旱柳人工林在会宁县、静宁县、临洮县、东乡族自治县、环县、临夏县、庄浪县、广河县有分布。

乔木旱柳与桦木、其他软阔类混交。灌木中常见的有胡枝子、山柳，偶见有小檗。草本中主要有达乌里胡枝子、大火草、大麦、大针茅、地丁草、东方草莓。

乔木层平均树高 9.92m 左右，灌木层平均高 13.12cm，草本层平均高 3.54cm，乔木平均胸径 8cm，乔木郁闭度 0.37，灌木盖度 0.12，草本盖度 0.68，植被总盖度 0.70。

面积 13956.3798hm²，蓄积量 608741.3901m³，生物量 716508.3315t，碳储量

355101.5291t。每公顷蓄积量 43.6174m³，每公顷生物量 51.3391t，每公顷碳储量 25.4437t。

多样性指数 0.5200，优势度指数 0.4900，均匀度指数 0.2500。斑块数 809 个，平均斑块面积 17.2513hm²，斑块破碎度 0.580。

有重度病害，面积 1222.44hm²。有重度虫害，面积 2122.532hm²。未见火灾。有轻度自然干扰，面积 4649hm²。有轻度人为干扰，面积 385hm²。

（8）在山西，旱柳林有天然林和人工林。

旱柳天然林集中分布在代县，左权县、襄垣县等也有分布。

乔木主要与栎类、椴树、白桦等混交。灌木不发达。草本一般有羊胡子草、铁杆蒿、苔草等。

乔木层平均树高 8.1m，灌木层平均高 17.5cm，草本层平均高 2cm，乔木平均胸径 11.2cm，乔木郁闭度 0.7，灌木盖度 0.54，草本盖度 0.52。

面积 9205.7700hm²，蓄积量 237225.4478m³，生物量 394504.8398t，碳储量 195516.5986t。每公顷蓄积量 25.7692m³，每公顷生物量 42.8541t，每公顷碳储量 21.2385t。

多样性指数 0.6900，优势度指数 0.3100，均匀度指数 0.4900。斑块数 474 个，平均斑块面积 19.4214hm²，斑块破碎度 0.0515。

有轻度病害，面积 12hm²。有轻度虫害，面积 1205hm²。有中度火灾，面积 3hm²。有轻度、中度、重度自然干扰，面积分别为 2514hm²、66hm²、52hm²。有轻度人为干扰，面积 22hm²。

旱柳人工林分布相当广泛，在定襄县、孝义市、临县和汾阳市等都有大量分布。

乔木多为旱柳纯林，少数与杨树混交。灌木有黄刺玫、绣线菊等灌木。草本一般有白草、艾蒿、风毛菊、铁杆蒿等。

乔木层平均树高 9.5m，灌木层平均高 2.3cm，草本层平均高 3.6cm，乔木平均胸径 13.4cm，乔木郁闭度 0.35，灌木盖度 0.25，草本盖度 0.44。

面积 740.2485hm²，蓄积量 26475.4512m³，生物量 35240.5513t，碳储量 17465.2172t。每公顷蓄积量 35.7656m³，每公顷生物量 47.6064t，每公顷碳储量 23.5937t。

多样性指数 0.2100，优势度指数 0.7900，均匀度指数 0.8800。斑块数 45 个，平均斑块面积 16.4499hm²，斑块破碎度 0.0608。

未见病害、虫害、火灾。有轻度和中度自然干扰，面积分别为 28hm²、1hm²。有轻度人为干扰，面积 242hm²。

（9）在陕西，旱柳人工林主要分布在旬阳县、商南县、丹凤县等地。

乔木为旱柳以及其他软阔类林混交。灌木中有刺槐、狼牙刺、秦岭箭竹、野蔷薇等。草本中偶见柴胡、蒿、龙须草、野麻等。

乔木层平均树高 8.7m 左右，灌木层平均高 16.4cm，草本层平均高 3.9cm，乔木平均胸径11cm，乔木郁闭度0.59，灌木盖度0.26，草本盖度0.21，植被总盖度0.76。

面积 6963.1747hm²，蓄积量 17407.9368m³，生物量 19160.9160t，碳储量 9580.4580t。每公顷蓄积量2.5000m³，每公顷生物量2.7518t，每公顷碳储量1.3759t。

多样性指数0.6000，优势度指数0.4000，均匀度指数0.2500。斑块数629个，平均斑块面积11.0702hm²，斑块破碎度0.0903。

未见病害、虫害、火灾。未见自然和人为干扰。

（10）在江苏，旱柳林在洪泽湖、骆马湖、高邮湖及长江下游滩地有分布。一般分布在低滩地。

乔木有垂柳、旱柳。灌木无。草本有芦苇、艾蒿、荻、蓼、水葱等。

乔木层平均树高9m，草本层平均高1m以下，乔木平均胸径15cm，乔木郁闭度约0.7，草本盖度约0.8。

面积2549.5000hm²，蓄积量124988.9494m³，生物量152186.5448t，碳储量76093.2724t。每公顷蓄积量49.0249m³，每公顷生物量59.6927t，每公顷碳储量29.8464t。

多样性指数0，优势度指数1，均匀度指数0。斑块数9个，平均斑块面积283.2780hm²，斑块破碎度0.0035。

病害无。虫害无。火灾轻。人为干扰类型为建设征占。无自然干扰。

（11）在云南，旱柳林主要分布于滇西北、滇中及滇东南山地。

乔木结构简单，通常形成以优势树种旱柳为主的纯林，少量见伴生树种核桃等。灌木发育较差，少见灌木植物。草本盖度低，植物种类较少，常见白茅、青蒿等，并常见藤本植物落葵薯等。

乔木层平均树高13.4m，灌木层平均高1.7m，草本层平均高0.4m以下，乔木平均胸径16.7cm，乔木郁闭度约0.6，草本盖度0.4。

面积377.1472hm²，蓄积量27267.7432m³，生物量30013.6049t，碳储量15006.8025t。每公顷蓄积量72.3000m³，每公顷生物量79.5806t，每公顷碳储量39.7903t。

多样性指数0.7529，优势度指数0.2471，均匀度指数0.6375。斑块数16个，平均斑块面积23.5717hm²，斑块破碎度0.0424。

森林植被健康中等。无自然干扰。人为干扰主要是抚育，面积44.2671hm²。

（12）在四川，旱柳林主要栽植在阿坝藏族羌族自治州，其中主要栽植于小金县、理县、九寨沟、阿坝、壤塘等地。

乔木结构简单，通常形成以优势树种旱柳为主的纯林，少量见伴生树种核桃等。灌木发育较差，少见灌木植物。草本盖度低，植物种类较少，常见禾本科草、蒿等，并常见藤本植物落葵薯等。

乔木层平均树高13.4m，灌木层平均高1.7m，草本层平均高0.4m以下，乔木平均胸径16.7cm，乔木郁闭度约0.6，草本盖度0.4。

面积 20513.5183hm²，蓄积量 634824.0108m³，生物量 698750.7887t，碳储量 349375.3944t。每公顷蓄积量30.9466m³，每公顷生物量34.0629t，每公顷碳储

量 17.0315t。

多样性指数 0.7351，优势度指数 0.2649，均匀度指数 0.6274。斑块数 397 个，平均斑块面积 51.6713hm²，斑块破碎度 0.0194。

森林植被健康状况较好，基本都无灾害。受到明显的人为干扰，主要为采伐、更新、抚育、征占等，其中采伐面积 16.16hm²，更新面积 37.35hm²，抚育面积 45.10hm²，征占面积 7.61hm²。所受自然干扰类型为病虫鼠害，受影响面积 0.84hm²。

（13）在内蒙古，旱柳天然林分布广泛，主要分布于河道的两侧，且为带状分布。

乔木较为单一，为旱柳。灌木不发达。草本不发达。

乔木层平均树高 7.31m，灌木层平均高 1m，草本层平均高 0.5m 以下，乔木平均胸径 35.6cm，乔木郁闭度 0.6，灌木盖度 0.05 以下，草本盖度 0.1 以下。

面积 5796.6238hm²，蓄积量 270287.6344m³，生物量 290658.2605t，碳储量 145329.1302t。每公顷蓄积量 46.6285m³，每公顷生物量 50.1427t，每公顷碳储量 25.0713t。

多样性指数 0，优势度指数 1，均匀度指数 0。斑块数 91 个，平均斑块面积 63.6991hm²，斑块破碎度 0.0157。

森林植被健康。无自然干扰。

（14）在天津，旱柳人工林多分布于道路两侧、河边。

乔木单一，林木通常规则排列，或是分布于河道两侧。灌木几乎不发育。草本几乎不发育。

乔木层平均树高 7.1m，灌木层平均高 1.1m，草本层平均高 0.5m，乔木平均胸径 10.2cm，乔木郁闭度 0.3，灌木盖度 0.06，草本盖度 0.18。

面积 340.1679hm²，蓄积量 13508.7257m³，生物量 15887.8347t，碳储量 7943.9173t。每公顷蓄积量 39.7119m³，每公顷生物量 46.7059t，每公顷碳储量 23.3529t。

多样性指数 0.3208，优势度指数 0.6792，均匀度指数 0.4482。斑块数 28 个，平均斑块面积 12.0795hm²，斑块破碎度 0.0823。

森林植被类型健康。无自然干扰。

（15）在广西，旱柳林主要分布于南宁、柳州、桂林、玉林等地区。

在广西，旱柳多为人工林纯林。林下灌木草本不发达。

乔木平均胸径 19.3cm，平均树高 10.8m，郁闭度 0.7。

面积 10283.0741hm²，蓄积量 1186627.3471m³，生物量 1306120.7209t，碳储量 653060.3605t。每公顷蓄积量 115.3962m³，每公顷生物量 127.0166t，每公顷碳储量 63.5083t。

多样性指数 0，优势度指数 1，均匀度指数 0。斑块数 31 个，平均斑块面积 331.7121hm²，斑块破碎度 0.0030。

旱柳林健康。无自然干扰。人为干扰主要是抚育管理。

（16）在上海，旱柳林分布广泛，但比较零星，在市辖区、嘉定区、金山区、闵行区、青浦区等均匀分布。

乔木平均胸径 13.2cm，平均树高 8.5m，郁闭度 0.7。

面积 909.9060hm²，蓄积量 42697.9760m³，生物量 46997.6622t，碳储量 23498.8311t。每公顷蓄积量 46.9257m³，每公顷生物量 51.6511t，每公顷碳储量 25.8256t。

多样性指数 0，优势度指数 1，均匀度指数 0。斑块数 141 个，平均斑块面积 6.4532hm²，斑块破碎度 0.1549。

健康状况良好。

（17）在西藏，旱柳林以人工林为主，主要分布在拉萨河、雅鲁藏布江等河流的两岸。

乔木组成单一，以纯林为主。灌木和草本不发达。

乔木平均胸径 13.8cm，平均树高 9.5m，郁闭度 0.75。

面积 6445.2100hm²，蓄积量 297124.1810m³，生物量 327044.5860t，碳储量 163522.2930t。每公顷蓄积量 46.1000m³，每公顷生物量 50.7423t，每公顷碳储量 25.3711t。

多样性指数 0，优势度指数 1，均匀度指数 0。斑块数 14 个，平均斑块面积 460.3720hm²，斑块破碎度 0.0021。

旱柳林健康。无自然干扰。人为干扰为抚育管理。

160. 榆树林（*Ulmus pumila* forest）

在甘肃、河南、黑龙江、吉林、辽宁、内蒙古、宁夏、青海、山东、山西、上海、四川、天津、西藏、新疆、云南 16 个省（自治区、直辖市）有分布，面积 954214.1868hm²，蓄积量 16732132.1101m³，生物量 25222964.3083t，碳储量 12526602.1808t。每公顷蓄积量 17.5350m³，每公顷生物量 26.4332t，每公顷碳储量 13.1277t。多样性指数 0.4653，优势度指数 0.3451，均匀度指数 0.5321。斑块数 8887 个，平均斑块面积 107.3719hm²，斑块破碎度 0.0093。

（1）在宁夏，榆树林主要分布于贺兰山地区的罗平县，人工林在贺兰山、六盘山、罗山、西华山以及西南部黄土丘陵沟壑地区。

乔木榆树单一树种。灌木有沙棘、胡枝子等。草本以冰草、沙蒿、羊须草为主。

乔木层平均树高 13.4m 左右，灌木层平均高 70cm，草本层平均高 2cm，乔木平均胸径 16.6cm，乔木郁闭度 0.24，灌木盖度 0.06，草本盖度 0.14。

面积 6416.8200hm²，蓄积量 58589.6915m³，生物量 174481.1403t，碳储量 87240.5701t。每公顷蓄积量 9.1306m³，每公顷生物量 27.1912t，每公顷碳储量 13.5956t。

多样性指数 0.4870，优势度指数 0.5130，均匀度指数 0.5940。斑块数 478 个，平均斑块面积 13.4243hm²，斑块破碎度 0.0745。

未见病害。虫害等级为 1 级和 2 级，其中 1 级的分布面积 5.64hm²，2 级的分布面积 445.97hm²。未见火灾。自然干扰严重。人为干扰严重。

（2）在黑龙江，榆树林分布于全省平原地区各地。

乔木伴生多种阔叶树。灌木主要有刺五加、花楷槭、忍冬、绣线菊、榛子。草本主要有蒿、羊草、莎草、羊胡子草、苔草。

乔木层平均树高 8.56m，灌木层平均高 0.64m，草本层平均高 0.33m，乔木平均胸径 14.3cm，乔木郁闭度 0.46，灌木盖度 0.1，草本盖度 0.4，植被总盖度 0.68。

面积 79131.7862hm²，蓄积量 2736739.8555m³，生物量 5891733.4049t，碳储量 2945866.7030t。每公顷蓄积量 34.5846m³，每公顷生物量 74.4547t，每公顷碳储量 37.2274t。

多样性指数 0.6324，优势度指数 0.3676，均匀度指数 0.1492。斑块数 555 个，平均斑块面积 142.5797hm²，斑块破碎度 0.0070。

森林植被健康。无人为干扰。有轻微虫害。

（3）在吉林，全省各地皆有榆树林分布，以中部居多。

乔木与阔叶树混交。灌木主要有刺五加、花楷槭、忍冬、绣线菊、榛子。草本主要有蒿、羊草、莎草、羊胡子草、苔草。

乔木层平均树高 13.3m，灌木层平均高 1.49m，草本层平均高 0.29m，乔木平均胸径 22.71cm，乔木郁闭度 0.51，灌木盖度 0.24，草本盖度 0.44。

面积 11565.3395hm²，蓄积量 1335280.1973m³，生物量 1469742.9132t，碳储量 734871.4566t。每公顷蓄积量 115.4553m³，每公顷生物量 127.0817t，每公顷碳储量 63.5408t。

多样性指数 0.5649，优势度指数 0.4350，均匀度指数 0.2138。斑块数 434 个，平均斑块面积 26.6482hm²，斑块破碎度 0.0375。

森林植被健康。无自然干扰。

（4）在辽宁，柳树林分布于辽河平原地区。

乔木主要有榆树、椴树、枫桦、白桦、杨树、胡桃楸、紫椴、蒙古栎、水曲柳等。灌木主要有刺五加、花楷槭、忍冬、绣线菊、榛子。草本主要有蒿、羊草、莎草、羊胡子草、苔草。

乔木层平均树高 14m，灌木层平均高 1.3m，草本层平均高 0.41m，乔木平均胸径 15.97cm，乔木郁闭度 0.4，灌木盖度 0.43，草本盖度 0.36，植被总盖度 0.79。

面积 17694.0136hm²，蓄积量 3499897.1264m³，生物量 3852336.7670t，碳储量 1926168.3835t。每公顷蓄积量 197.8012m³，每公顷生物量 217.7198t，每公顷碳储量 108.8599t。

多样性指数 0.3672，优势度指数 0.6327，均匀度指数 0.1753。斑块数 547 个，平均斑块面积 32.3473hm²，斑块破碎度 0.0309。

森林植被健康。无自然干扰。

（5）在甘肃，榆树林有天然林和人工林。

榆树天然林在天水市市辖区、西和县、古浪县、成县、华池县、合水县、武都县、崇信县有分布。

乔木常见与栎树、其他硬阔类、其他软阔类混交。灌木有蔷薇、青海云杉、花楸、忍冬、沙棘。草本中主要分布的有麦冬、猫儿刺和白茅。

乔木层平均树高 12.13m 左右，灌木层平均高 12.25cm，草本层平均高 3.5cm，乔木平均胸径 18cm，乔木郁闭度 0.51，灌木盖度 0.33，草本盖度 0.31，植被总盖度 0.6。

面积 1428.3979hm²，蓄积量 78406.3712m³，生物量 80988.2217t，碳储量 40137.7627t。每公顷蓄积量 54.8911m³，每公顷生物量 56.6986t，每公顷碳储量 28.0998t。

多样性指数 0.3100，优势度指数 0.7000，均匀度指数 0.6000。斑块数 47 个，平均斑块面积 30.3914hm²，斑块破碎度 0.0329。

未见病害、虫害、火灾。有轻度自然干扰，面积 174hm²。未见人为干扰。

榆树人工林则分布于陇西县、环县、古浪县、宕昌县、清水县、东乡族自治县、天水市市辖区、武山县各区。

乔木常见与榆树、杨树、栎树、油松、华山松混交。灌木中常见的有胡枝子、山柳、小檗。草本中主要是蒿。

乔木层平均树高 6.38m 左右，灌木层平均高 7.5cm，草本层平均高 3cm，乔木平均胸径 10cm，乔木郁闭度 0.28，灌木盖度 0.08，草本盖度 0.4，植被总盖度 0.41。

面积 12933.7170hm²，蓄积量 432026.1017m³，生物量 601200.9250t，碳储量 297955.1784t。每公顷蓄积量 33.4031m³，每公顷生物量 46.4832t，每公顷碳储量 23.0371t。

多样性指数 0.6500，优势度指数 0.3500，均匀度指数 0.6800。斑块数 643 个，平均斑块面积 20.1146hm²，斑块破碎度 0.0497。

有轻度病害，面积 28.42hm²。未见虫害。未见火灾。有轻度自然干扰，面积 1281hm²。有轻度人为干扰，面积 71hm²。

（6）在山西，榆树林有天然林和人工林。

榆树天然林在晋城市市辖区以及太谷县均有大量分布。

乔木主要与鹅耳枥、柏木、桦木以及一些硬阔类林混交。灌木中零星分布有虎榛子、黄刺玫、六道木、忍冬等。草本不发达，主要有白草、风毛菊、蒿、地丁草、羊胡子草等。

乔木层平均树高 5.3m，灌木层平均高 11.6cm，草本层平均高 3.3cm，乔木平均胸径 7.7cm，乔木郁闭度 0.3，灌木盖度 0.38，草本盖度 0.3。

面积 9842.6823hm²，蓄积量 82813.8683m³，生物量 144436.0528t，碳储量 69820.3879t。每公顷蓄积量 8.4137m³，每公顷生物量 14.6745t，每公顷碳储量 7.0936t。

多样性指数 0.6400，优势度指数 0.3600，均匀度指数 0.4700。斑块数 123 个，平均斑块面积 80.0218hm²，斑块破碎度 0.1250。

无病害。有轻度虫害，面积 30hm²。未见火灾。有轻度、中度自然干扰，面积分别为 253hm²、226hm²。未见人为干扰。

榆树人工林主要分布于和顺县和武乡县。

乔木主要与刺槐、杨树、柳树等混交。灌木不发达，主要有刺槐的小灌木。草本主要有白草、风毛菊、蒿、笔管草、地丁草、羊胡子草等。

乔木层平均树高 6m，灌木层平均高 50.6cm，草本层平均高 6.4cm，乔木平均胸径 8.6cm，乔木郁闭度 0.48，灌木盖度 0.11，草本盖度 0.48。

面积 3966.2105hm^2，蓄积量 57472.2795m^3，生物量 76432.4318t，碳储量 36947.4375t。每公顷蓄积量 14.4905m^3，每公顷生物量 19.2709t，每公顷碳储量 9.3156t。

多样性指数 0.4400，优势度指数 0.5600，均匀度指数 0.6400。斑块数 353 个，平均斑块面积 11.2357hm^2，斑块破碎度 0.0890。

未见病害、虫害、火灾。有轻度自然干扰，面积 196hm^2。未见人为干扰。

（7）在河南，榆树林主要分布在大别山、桐柏山、伏牛山、太行山山区及平原地区。

乔木伴生树种主要有苦楝、臭椿、槐树、刺槐、兰考泡桐、毛白杨、旱柳、大官杨、侧柏、桑树、构树、楸树、栾树、加杨、合欢、香椿、枣树、核桃、柿树、石榴、皂荚、白蜡等。灌木主要有女贞、紫荆、黄杨、酸枣、杠柳、紫穗槐、迎春、枸杞、黄荆等。草本主要有马唐、牛筋草、芦苇、白茅、藜、委陵菜、狗牙根、车前、王不留行、大蓟、加拿大蓬、阿尔泰紫菀、鬼针草等。

乔木层平均树高 9.1m，灌木层平均高 1.8m，草本层平均高 0.3m，乔木平均胸径 11.2cm，乔木郁闭度 0.5，灌木盖度 0.12，草本盖度 0.21，植被总盖度 0.72。

面积 88.5737hm^2，蓄积量 3226.9415m^3，生物量 3551.8945t，碳储量 1775.9473t。每公顷蓄积量 36.4323m^3，每公顷生物量 40.1010t，每公顷碳储量 20.0505t。

多样性指数 0.4930，优势度指数 0.5070，均匀度指数 0.1840。斑块数 6 个，平均斑块面积 14.7623hm^2，斑块破碎度 0.0677。

森林植被健康。无自然干扰。

（8）在新疆，榆树林主要分布在乌鲁木齐、昌吉、阜康、奇台、水垒、吐鲁番、呼图壁、玛纳斯、沙湾、伊宁、焉耆、尉犁、轮台。

乔木：草甸草白榆林在没有遭受到严重破坏的条件下，生长旺盛，十分茂密，林内有时混生少量的尖果沙枣与胡杨。草甸草-密叶杨-白榆林中密叶杨与白榆混生生长相当好，密叶杨虽也处于林冠上层，但因寿命比榆短，演替不了白榆，故其结构稳定。蒿-白榆疏林白榆林木生长较低矮，树干弯曲多叉。胡杨-白榆林在水分较好的河边，伴生有胡杨和少量尖果沙枣，其组成中白榆占 7~8 成，胡杨占 2~3 成。

灌木：草甸草白榆林林下灌木不显著，有稀少的铃铛刺、兔耳条、疏花蔷薇、黑果小果等。藤本植物常见的有东方铁线莲等。草甸草-密叶杨-白榆林林下的灌木繁多，主要有疏花蔷薇等。蒿-白榆疏林通常没有灌木，在空地上常出现荒漠的半灌木——心叶驼绒等。胡杨-白榆林灌木有蔷薇、小檗、驼绒藜。

草本：草甸草白榆林林下的草类十分丰富，生长茂盛，主要是河漫滩草甸植物，也有不少是山洪冲刷夹带下来的山地草甸种类成分，有白花车轴草、赖草、苦豆子、砧草、拂子茅、芳香车叶草等。草甸草-密叶杨-白榆林草类繁多，主要有小柴胡、白花三叶草、赖草、拂子茅、芳香车草、芨芨草及一些早春十字花科的短命植物。蒿–白榆疏林草层以蒿属为主，并有赖草、硬苔草以及一些早春十字花科的短命植物，如舟果荠、抱茎独行菜、球果群心菜、播娘蒿等。胡杨–白榆林草本植物主要有盐蒿、芦苇，短命类植物有庭荠、扁果荠、益母草等。

草甸草白榆林一般平均树高 10～15m，草甸草–密叶杨–白榆林平均树高在 14～17m 之间，胡杨–白榆林林分低矮。草甸草–密叶杨–白榆林榆树乔木平均胸径在 60～80cm 之间。

草甸草白榆林乔木林冠乔木郁闭度 0.5～0.6。草甸草–密叶杨–白榆林林况茂密，乔木郁闭度 0.5～0.7。蒿–白榆疏林林分较稀疏，乔木郁闭度在 0.3 左右。胡杨–白榆林林分比较稀疏，乔木郁闭度 0.3。灌木稀疏，盖度 0.15。草本植物较少，盖度 0.1。

面积 6024.4250hm²，蓄积量 438041.9897m³，生物量 482152.8180t，碳储量 241076.4090t。每公顷蓄积量 72.7110m³，每公顷生物量 80.0330t，每公顷碳储量 40.0165t。

多样性指数 0.1580，优势度指数 0.8420，均匀度指数 0.2830。斑块数 30 个，平均斑块面积 200.8142hm²，斑块破碎度 0.0050。

森林植被健康。无自然干扰。

（9）在云南，榆树林为人工栽培，数量较少，只有在迪庆州的维西县有少量栽培。

乔木由榆树组成的单层纯林。因人为影响，灌木、草本种类不稳定。

乔木层平均树高 12.1m，灌木层平均高 1.2m，草本层平均高 0.3m 以下，乔木平均胸径 16.9cm，乔木郁闭度约 0.6，草本盖度 0.35。

面积 4877.3547hm²，蓄积量 946816.4803m³，生物量 1181449.0135t，碳储量 512512.5821t。每公顷蓄积量 194.1250m³，每公顷生物量 242.2315t，每公顷碳储量 105.0800t。

多样性指数 0.5805，优势度指数 0.4195，均匀度指数 0.2153。斑块数 119 个，平均斑块面积 40.9861hm²，斑块破碎度 0.0244。

森林植被健康中等。无自然干扰。人为干扰为抚育，抚育面积 246.1064hm²。

（10）在四川，榆树林广泛分布于四川全省，以东南部较多。

乔木结构较为简单，树种单一。灌木发育较差，少见胡枝子、悬钩子等。草本主要有魔芋、车前草、风轮菜、老鹳草、荞麦、小飞蓬等。

乔木层平均树高 11.1m，灌木层平均高 1.5m，草本层平均高 0.4m 以下，乔木平均胸径 15.9cm，乔木郁闭度约 0.5，草本盖度 0.45。

面积 1493.6395hm²，蓄积量 123658.4182m³，生物量 146432.1030t，碳储量 73216.0515t。每公顷蓄积量 82.7900m³，每公顷生物量 98.0371t，每公顷碳储量 49.0186t。

多样性指数 0.3046，优势度指数 0.6954，均匀度指数 0.4395。斑块数 32 个，平均斑块面积 46.6762hm²，斑块破碎度 0.0214。

森林植被健康。受到的人为干扰主要为采伐、更新、抚育、征占等，其中采伐面积

10.30hm²，更新面积23.82hm²，抚育面积28.76hm²，征占面积4.85hm²。所受自然干扰类型为病虫鼠害，受影响面积为0.54hm²。

（11）在内蒙古，榆树天然林以疏林形式存在，且榆树疏林是内蒙古草原东部特有的群落，它分布在半固定、固定沙丘和沙垄上，着生土壤均为弱发育的沙土。

乔木以榆树为优势种。灌木有大果榆灌丛、山杏灌丛、东北木蓼灌丛。草本有冰草、糙隐子草等。

乔木层平均树高6.47m，灌木层平均高1m，草本层平均高0.5m以下，乔木平均胸径9.07cm，乔木郁闭度0.6，灌木盖度0.05，草本盖度0.05。

面积790209.1176hm²，蓄积量6578191.2923m³，生物量10687213.9365t，碳储量5343606.9683t。每公顷蓄积量8.3246m³，每公顷生物量13.5245t，每公顷碳储量6.7623t。

多样性指数0.3947，优势度指数0.6053，均匀度指数0.2203。斑块数5273个，平均斑块面积149.8594hm²，斑块破碎度0.0067。

森林植被健康。无自然干扰。

（12）在天津，榆树天然林主要分布于蓟县山地。

乔木通常为单优层，偶有伴生树种紫椴、花曲柳、色木槭、槲树、黑桦等。灌木主要有迎红杜鹃、榛子、刺蔷薇、绣线菊、溲疏、卫矛等。藤本植物有山葡萄和狗枣猕猴桃等。草本种类较为丰富，占优势的仍是喜光的耐旱植物，主要有羊胡子草、小红菊、女娄菜、大叶野豌豆、铃兰、山萝花、歪头菜、萹蒿、蕨菜等。

乔木层平均树高9.5m，灌木层平均高1.4m，草本层平均高0.5m。乔木平均胸径10.5cm，乔木郁闭度0.5，灌木盖度0.14，草本盖度0.13。

面积1236.7002hm²，蓄积量27611.3802m³，生物量42193.7610t，碳储量21096.8805t。每公顷蓄积量22.3267m³，每公顷生物量34.1180t，每公顷碳储量17.0590t。

多样性指数0.7751，优势度指数0.2249，均匀度指数0.3366。斑块数39个，平均斑块面积31.7102hm²，斑块破碎度0.0315。

森林植被健康。无自然干扰。

（13）在青海，榆树林以人工林为主，主要分布于湟源县，大通县、湟中县和互助县也有少量分布。

乔木常与波氏杨、青海云杉、旱柳等混交。灌木主要有怪柳、白刺、高山柳、锦鸡儿等。草本主要有蒿、冰草、针茅和珠芽蓼，还有少量蒲公英、车前、草莓和蕨等。

乔木层平均树高13.5m，灌木层平均高0.9m，草本层平均高0.3m，乔木平均胸径9.7cm，乔木郁闭度0.45，草本盖度0.16。

面积2618.4600hm²，蓄积量69476.3847m³，生物量76472.6567t，碳储量38236.3283t。每公顷蓄积量26.5333m³，每公顷生物量29.2052t，每公顷碳储量14.6026t。

多样性指数 0.8100，优势度指数 0.1900，均匀度指数 0.1700。斑块数 143 个，平均斑块面积 18.3109hm²，斑块破碎度 0.0546。

有轻度虫害，受灾面积 98.96hm²。未见病害、火灾、自然干扰。有轻度人为干扰，面积 8.84hm²。

（14）在山东，榆树林在全省各地都有生长，枣庄、垦利、菏泽、聊城、德州及泰安地区的肥城和东平等县栽植较多，且呈小片分布。垂直分布可到海拔 500m 的山沟边。

以天然林为主，乔木以榆树为主，伴生有杨树、麻栎等树种。灌木有荆条、多花胡枝子等。草本有野古草、黄背草、鹅观草、荻、荩草、结缕草、苦荬菜等。

乔木层平均树高 9.5m，平均胸径 16.5cm，郁闭度 0.8。灌木盖度 0.3，平均高 1.1m。草本盖度 0.3，平均高 0.2m。

面积 2852.1900hm²，蓄积量 188016.7983m³，生物量 228929.2536t，碳储量 114464.6268t。每公顷蓄积量 65.9202m³，每公顷生物量 80.2644t，每公顷碳储量 40.1322t。

多样性指数 0.3721，优势度指数 0.6279，均匀度指数 0.3487。斑块数 4 个，平均斑块面积 713.0490hm²，斑块破碎度 0.0014。

榆树林生长健康。无明显的自然和人为干扰。

（15）在上海，榆树林以人工林为主，分布零星而广泛，在市辖区、嘉定区、金山区、闵行区、青浦区等均匀分布。榆树林主要是人工栽培于森林公园、道路两旁、河流两岸等。

乔木组成单一，以纯林或与杨树林、柳树林混交。灌木、草本不发达。

乔木平均胸径 12.7cm，平均树高 6.8m，郁闭度 0.7。

面积 534.2790hm²，蓄积量 17121.1308m³，生物量 18555.5097t，碳储量 9277.7548t。每公顷蓄积量 32.0453m³，每公顷生物量 34.7300t，每公顷碳储量 17.3650t。

多样性指数 0.3317，优势度指数 0.6683，均匀度指数 0.3407。斑块数 60 个，平均斑块面积 8.9047hm²，斑块破碎度 0.1123。

（16）在西藏，榆树林主要分布在江河两岸、冲积扇等地区，以山南市、林芝市境内分布居多，大多呈零星分布，分布面积比较大的群落在贡觉县境内。

乔木组成单一，以纯林为主，伴生有杨树、柳树等树种。灌木、草本不发达。

乔木平均胸径 12.8cm，平均树高 9.6m，郁闭度 0.7。

面积 1300.4800hm²，蓄积量 58745.8028m³，生物量 64661.5051t，碳储量 32330.7526t。每公顷蓄积量 45.1724m³，每公顷生物量 49.7213t，每公顷碳储量 24.8606t。

多样性指数 0.1107，优势度指数 0.8893，均匀度指数 0.1326。斑块数 1 个，平均斑块面积 1300.4800hm²，斑块破碎度 0.0007。

榆树林生长健康。无自然和人为干扰。

161. 水青冈林（*Fagus longipetiolata* forest）

在四川、重庆、台湾 3 个省（直辖市）有水青冈林分布，面积 21983.6685hm²，蓄积量 1964284.4793m³，生物量 2721711.3008t，碳储量 1360855.6504t。每公顷蓄积量 89.3520m³，每公顷生物量 123.8061t，每公顷碳储量 61.9030t。多样性指数 0.3941，优势度指数 0.4665，均匀度指数 0.6059。斑块数 501 个，平均斑块面积 43.8795hm²，斑块破碎度 0.0228。

（1）在台湾，水青冈林是以台湾水青冈为主的落叶阔叶林，是台湾最典型的落叶阔叶林类型。主要分布于南北插天山一带，海拔 1500~1800m 范围，分布区土壤为黏板岩、砂岩、页岩发育成的沙壤土，年均气温 15.6℃，1 月平均气温 8℃，7 月平均气温 21.8℃，年降水量 3290mm。

乔木层平均树高 10m 左右，平均胸径 17~45cm，郁闭度 0.7~0.8。

小乔木及灌木主要有小叶荚蒾、白花八角、光叶新木姜子、日本灰木、马醉木、川上小檗、厚皮香等，盖度 0.8~0.95。

草本主要有台湾瘤足蕨、五叶黄连、台湾堇菜、锐叶胡麻花、台湾鳞毛蕨、多花鬼臼、台湾吻兰、玉山斑叶兰等。

面积 3060.6021hm²，蓄积量 573862.8938m³，生物量 861999.4528t，碳储量 430999.7264t。每公顷蓄积量 187.5000m³，每公顷生物量 281.6438t，每公顷碳储量 140.8219t。

斑块数 3 个，平均斑块面积 1096.9900hm²，斑块破碎度 0.0009。

病害无。虫害无。火灾轻。人为干扰类型为森林经营活动。未发现自然干扰。

（2）在重庆，水青冈林大多为人工林，广泛分布于重庆市各个区县。

乔木树种组成较为简单，或形成纯林，或与杉木、柏木、枫杨等混交。灌木主要有毛肋杜鹃、紫金牛、细尖栒子、十大功劳和宜昌荚蒾等。草本主要由蕨、莎草科、百合科植物组成，常见种类有鳞毛蕨、革叶耳蕨、贯众、苔草、鹿药、羊齿天门冬、麦门冬、落新妇、蟹甲草、淫羊藿等。

乔木层平均树高 10.5m，灌木层平均高约 1.5m，草本层平均高在 0.3m 以下，乔木平均胸径 11.4cm，乔木郁闭度约 0.7，灌木盖度约 0.3，草本盖度 0.6。

面积 5440.5046hm²，蓄积量 273391.3415m³，生物量 381806.0718t，碳储量 190903.0359t。每公顷蓄积量 50.2511m³，每公顷生物量 70.1784t，每公顷碳储量 35.0892t。

多样性指数 0.2969，优势度指数 0.7031，均匀度指数 0.2243。斑块数 359 个，平均斑块面积 15.1546hm²，斑块破碎度 0.0660。

森林健康。无自然和人为干扰。

（3）在四川，水青冈林分布于盆地边缘的南江、石柱、南川、合江、古蔺、筠连、雷波、马边、美姑、峨边、石棉、洪雅、荥经等地，海拔 1300~2500m。

乔木伴生树种主要有短柄枹栎、锐齿槲栎、华鹅耳枥、湖北花楸、樱桃、四照花、三桠乌药、五裂槭、疏花槭、红桦、紫茎、多脉青冈、细叶青冈、曼青冈、巴东栎、常绿卫矛、水青树、武当木兰等。灌木主要有箭竹、四川杜鹃、毛肋杜鹃、紫金牛、细尖栒子、十大功劳和宜昌荚蒾等。草本主要由蕨、莎草科、百合科植物组成，常见种类有鳞毛蕨、革叶耳蕨、贯众、苔草、鹿药、羊齿天门冬、麦门冬、落新妇、蟹甲草、淫羊藿等。

乔木层平均树高 6.3m，灌木层平均高约 1.1m，草本层平均高在 0.2m 以下，乔木平均胸径 16.1cm，乔木郁闭度约 0.5，草本盖度 0.6。

面积 13482.5618hm²，蓄积量 1117030.2440m³，生物量 1477905.7762t，碳储量 738952.8881t。每公顷蓄积量 82.8500m³，每公顷生物量 109.6161t，每公顷碳储量 54.8080t。

多样性指数 0.4913，优势度指数 0.5087，均匀度指数 0.7088。斑块数 139 个，平均斑块面积 96.9968hm²，斑块破碎度 0.0103。

森林健康。未受到明显的人为和自然干扰。

162. 蒙古栎林（*Quercus mongolica* forest）

在北京、河北、黑龙江、吉林、辽宁、内蒙古、宁夏、山东 8 个省（自治区、直辖市）有蒙古栎林分布，面积 6659820.0699hm²，蓄积量 376604713.8863m³，生物量 473018609.8020t，碳储量 236509254.9050t。每公顷蓄积量 56.5488m³，每公顷生物量 71.0257t，每公顷碳储量 35.5129t。多样性指数 0.4382，优势度指数 0.5612，均匀度指数 0.2789。斑块数 50813 个，平均斑块面积 131.0652hm²，斑块破碎度 0.0076。

（1）在黑龙江，蒙古栎林分布于大兴安岭、小兴安岭、完达山、张广才岭和三江平原三地，其北界约在呼玛、漠河一带，东到抚远的广阔山区；垂直分布多在海拔 350~600m 之间的低山带，最高达 800m，是黑龙江省地带性森林——大兴安岭的兴安落叶松林与小兴安岭—张广才岭的红松落叶混交林的主要伴生树种之一；同时又是黑龙江省原始林破坏后，形成次生林的主要树种，多成次生纯林或与其他旱生乔、灌木混生，在不同地段形成杜鹃蒙古栎林、胡枝子蒙古栎林、榛子蒙古栎林和胡枝子、落叶松蒙古栎林等，占据了黑龙江省广大山地。

乔木主要有兴安落叶松、黑桦、紫椴、色木槭、白桦、山杨、槲树、麻栎、辽东栎。灌木主要有毛榛、兴安杜鹃、胡枝子。草本主要有大油芒、铁杆蒿、土三七、东北牡蒿、桔梗、毛败酱。

乔木层平均树高 10.26m，灌木层平均高 1.05m，草本层平均高 0.27m，乔木平均胸径 13.7cm，乔木郁闭度 0.62，灌木盖度 0.19，草本盖度 0.34，植被总盖度 0.73。

面积 1207953.7541hm²，蓄积量 98446721.0161m³，生物量 117801346.3679t，碳储量 58900673.1800t。每公顷蓄积量 81.4987m³，每公顷生物量 97.5214t，每公顷碳储量 48.7607t。

多样性指数 0.5894，优势度指数 0.4105，均匀度指数 0.1212。斑块数 16614 个，平均斑块面积 72.7069hm²，斑块破碎度 0.0138。

森林植被亚健康。无自然干扰。

（2）在吉林，蒙古栎林主要分布于吉林东部山地，为东北山地分布较广泛的树种之一。

乔木除蒙古栎外，主要有黑桦、紫椴、色木槭、白桦、山杨、槲树、麻栎、辽东栎。灌木主要有杜鹃、胡枝子、花楷槭、忍冬、山梅花、珍珠梅、榛子。草本主要有蒿、蕨、木贼、莎草、羊胡子草、苔草、山茄子、问荆。

乔木层平均树高 13.7m，灌木层平均高 1.41m，草本层平均高 0.49m，乔木平均胸径 18.20cm，乔木郁闭度 0.76，灌木盖度 0.26，草本盖度 0.45。

面积 401080.3729hm²，蓄积量 76483924.0471m³，生物量 97882947.1500t，碳储量 48941473.5800t。每公顷蓄积量 190.6948m³，每公顷生物量 244.0482t，每公顷碳储量 122.0241t。

多样性指数 0.49253，优势度指数 0.5074，均匀度指数 0.2031。斑块数 5341 个，平均斑块面积 75.0946hm²，斑块破碎度 0.0133。

森林植被健康。无自然干扰。

（3）在辽宁，蒙古栎林主要分布于辽宁西部山地。

乔木主要有蒙古栎、黑桦、紫椴、色木槭、白桦、山杨、槲树、麻栎、辽东栎。灌木主要有杜鹃、胡枝子、花楷槭、忍冬、山梅花、珍珠梅、榛子。草本主要有蒿、蕨、木贼、莎草、羊胡子草、苔草、山茄子、问荆。

乔木层平均树高 11.48m，灌木层平均高 1.5m，草本层平均高 0.26m，乔木平均胸径 10.20cm，乔木郁闭度 0.7，灌木盖度 0.36，草本盖度 0.28，植被总盖度 0.88。

面积 1699444.3869hm²，蓄积量 76667929.0440m³，生物量 91740843.8941t，碳储量 45870421.9500t。每公顷蓄积量 45.1135m³，每公顷生物量 53.9828t，每公顷碳储量 26.9914t。

多样性指数 0.3806，优势度指数 0.6193，均匀度指数 0.1474。斑块数 16834 个，平均斑块面积 100.95309hm²，斑块破碎度 0.0099。

森林植被健康。无自然干扰。

（4）在宁夏，蒙古栎林主要为天然林，集中分布于六盘山山区，在西南部黄土丘陵沟壑也有少量分布。从行政区界上看，蒙古栎林主要集中分布于固原市的泾源县，在固原市的固原县也有较多分布。

乔木常与山杨、白桦、茶条槭以及少脉椴、鹅耳枥、漆树等混交。灌木主要有水栒子、甘肃山楂、柔毛绣线菊、杭子梢、刺蔷薇、胡枝子、栓翅卫矛、毛叶小檗、南方六道木、钓樟等。草本主要有华北苔草、贝加尔唐松草、淫羊藿、糙苏、蛛毛蟹甲草、东方草莓、紫花地丁、鹿蹄草、鬼灯檠、玉竹、华北鳞毛蕨以及蒿属的一些种类。

乔木层平均树高 9.8m 左右，灌木层平均高 18.1cm，草本层平均高 3.2cm，乔木平均胸径 10.8cm，乔木郁闭度 0.62，灌木盖度 0.5，草本盖度 0.22。

面积 9222.5000hm²，蓄积量 353913.4375m³，生物量 484164.5342t，碳储量 242082.2671t。每公顷蓄积量 38.3750m³，每公顷生物量 52.4982t，每公顷碳储量 26.2491t。

多样性指数 0.5700，优势度指数 0.4300，均匀度指数 0.5200。斑块数 326 个，平均

斑块面积 28.29hm^2，斑块破碎度 0.0353。

病害等级为 1 级，分布面积达到 38.18hm^2。虫害等级为 1 级，分布面积为 14.67hm^2。未见火灾。自然干扰严重。未见人为干扰。

（5）在北京，蒙古栎林多分布于海拔 500m 以上山地，为天然次生林。

乔木通常为单优群落，有时形成蒙古栎山杨混交林或蒙古栎桦木混交林，伴生树种有紫椴、花曲柳、色木槭、槲树、黑桦等种类。灌木主要有迎红杜鹃、榛子、刺蔷薇、绣线菊、溲疏、卫矛等。藤本植物有山葡萄和狗枣猕猴桃等。草本种类较为丰富，占优势的仍是喜光的耐旱植物，主要有羊胡子草、小红菊、女娄菜、大叶野豌豆、铃兰、山萝花、歪头菜、莪蒿、蕨等。

乔木层平均树高 8.0m，灌木层平均高 1m，草本层平均高 0.5m 以下，乔木平均胸径 11.1cm，乔木郁闭度约 0.6，灌木盖度约 0.3，草本盖度 0.2。

面积 72802.0608hm^2，蓄积量 3514200.0000m^3，生物量 4865900.0000t，碳储量 2432900.0000t。每公顷蓄积量 48.2706m^3，每公顷生物量 66.8374t，每公顷碳储量 33.4180t。

多样性指数 0.2832，优势度指数 0.7168，均匀度指数 0.1230。斑块数 797 个，平均斑块面积 91.3451hm^2，斑块破碎度 0.0109。

森林植被健康。无自然干扰。

（6）在内蒙古，蒙古栎林分布于大兴安岭南端。

乔木通常为单优群落，在大兴安岭可见到残留的兴安落叶松混生林，伴生树种还有红松、白桦、紫椴、水曲柳、色木槭、槲树、黑桦等种类。灌木以胡枝子占优势，还有榛子、刺蔷薇、绢毛绣线菊、乌苏里绣线菊、光萼溲疏、兴安杜鹃花、卫矛等。藤本植物有山葡萄和狗枣猕猴桃等。草本种类较为丰富，以羊胡子草、乌苏里羊胡子草为优势，其他有轮叶沙参、关苍术、单花鸢尾、小红菊、小玉竹、二苞黄精、大叶野豌豆、铃兰、山罗花、歪头菜、莪蒿等。

乔木层平均树高 9.70m，灌木层平均高 1m，草本层平均高 0.5m 以下，乔木平均胸径 8.72cm，乔木郁闭度 0.7，灌木盖度 0.2，草本盖度 0.1。

面积 2399814.7014hm^2，蓄积量 101799038.2444m^3，生物量 137102374.6986t，碳储量 68551187.3493t。每公顷蓄积量 42.4195m^3，每公顷生物量 57.1304t，每公顷碳储量 28.5652t。

多样性指数 0.2739，优势度指数 0.7261，均匀度指数 0.1068。斑块数 9933 个，平均斑块面积 241.6001hm^2，斑块破碎度 0.0041。

森林植被健康。无自然干扰。

（7）在河北，蒙古栎林多分布于海拔 500m 以上山地，为天然次生林。

乔木通常为单优群落，有时形成蒙古栎山杨混交林或蒙古栎桦木混交林，伴生树种有紫椴、花曲柳、色木槭、槲树、黑桦等种类。灌木主要有迎红杜鹃、榛子、刺蔷薇、绣线菊、溲疏、卫矛等。藤本植物有山葡萄和狗枣猕猴桃等。草本种类较为丰富，主要有羊胡子草、小红菊、女娄菜、大叶野豌豆、铃兰、山萝花、歪头菜、菴蒿、蕨等。

乔木层平均树高 7.5m，灌木层平均高 2.3m，草本层平均高 0.2m，乔木平均胸径 8.5cm，乔木郁闭度 0.8，灌木盖度 0.05，草本盖度 0.05。

面积 858906.7937hm²，蓄积量 19176517.4570m³，生物量 22946620.7891t，碳储量 11473310.3946t。每公顷蓄积量 22.3267m³，每公顷生物量 26.7161t，每公顷碳储量 13.3580t。

多样性指数 0.7083，优势度指数 0.2917，均匀度指数 0.6550。斑块数 957 个，平均斑块面积 897.4992hm²，斑块破碎度 0.0011。

森林植被健康。无自然干扰。

（8）在山东，蒙古栎主要分布于鲁中南海拔 100~1000m 的山区丘陵地带。

乔木组成单一，以蒙古栎为主，伴生树种有桦木、柳树等树种。灌木主要有刺蔷薇、绣线菊、溲疏、卫矛等。草本种类较为丰富，主要有羊胡子草小红菊、女娄菜、大叶野豌豆、铃兰、山萝花、歪头菜、菴蒿、蕨等。

乔木平均胸径 8.5cm，平均树高 6.5m，郁闭度 0.5。灌木盖度 0.4，平均高 1.4m。草本盖度 0.3，平均高 0.3m。

面积 10595.5000hm²，蓄积量 162470.6402m³，生物量 194412.3681t，碳储量 97206.1840t。每公顷蓄积量 15.3339m³，每公顷生物量 18.3486t，每公顷碳储量 9.1743t。

多样性指数 0.2083，优势度指数 0.7913，均匀度指数 0.3550。斑块数 11 个，平均斑块面积 963.223hm²，斑块破碎度 0.0010。

蒙古栎林生长健康。无自然和人为干扰。

163. 栓皮栎林（*Quercus variabilis* forest）

在安徽、甘肃、贵州、河南、湖南、江西、山西、陕西、天津、云南、浙江、江苏12 个省（自治区、直辖市）有栓皮林分布，面积 2679120.1001hm²，蓄积量 159791384.6660m³，生物量 239540674.5770t，碳储量 119940582.3550t。每公顷蓄积量 59.6432m³，每公顷生物量 89.4102t，每公顷碳储量 44.7686t。多样性指数 0.2777，优势度指数 0.7312，均匀度指数 0.2223。斑块数 94469 个，平均斑块面积 28.3534hm²，斑块破碎度 0.0353。

（1）在甘肃，栓皮栎林为天然林，集中分布在康县、徽县、文县、天水市市辖区。

乔木主要是栓皮栎与其他软阔类、栎树、其他硬阔类、云杉、冷杉混交。灌木中常见红砂和盐爪爪等。草本中分布较少，有冰草和蒿以及红砂。

乔木层平均树高 9.29m 左右，灌木层平均高 15.36cm，草本层平均高 3.45cm，乔木平均胸径 12cm，乔木郁闭度 0.59，灌木盖度 0.31，草本盖度 0.31，植被总盖度 0.76。

面积 3557.5618hm²，蓄积量 130206.7604m³，生物量 195583.5748t，碳储量 97791.7874t。每公顷蓄积量 36.6000m³，每公顷生物量 54.9769t，每公顷碳储量 27.4884t。

多样性指数 0.2900，优势度指数 0.7100，均匀度指数 0.3800。斑块数 65 个，平均斑

块面积 54.7317hm²，斑块破碎度 0.0183。

未见病害、虫害、火灾。未见自然和人为干扰。

（2）在山西，栓皮栎林有天然林和人工林。

在山西，栓皮栎林以天然林为主，分布较为广泛，主要分布在阳城县、垣曲县和陵川县。

乔木栓皮栎与榆树、油松、鹅耳枥、柏木以及其他栎树混交。灌木中有黄刺玫、胡枝子、杭子梢、荆条、连翘、绣线菊等。草本中常见节节草、蒿、麦冬、苔草等。

乔木层平均树高 8.7m，灌木层平均高 17.2cm，草本层平均高 3.7cm，乔木平均胸径 13.4cm，乔木郁闭度 0.61，灌木盖度 0.43，草本盖度 0.24。

面积 102377.6463hm²，蓄积量 2843466.4152m³，生物量 4131674.5417t，碳储量 2067489.9407t。每公顷蓄积量 27.7743m³，每公顷生物量 40.3572t，每公顷碳储量 20.1947t。

多样性指数 0.4800，优势度指数 0.5200，均匀度指数 0.6300。斑块数 822 个，平均斑块面积 124.5470hm²，斑块破碎度 0.008。

无病害。有轻度虫害，面积 14hm²。未见火灾、自然和人为干扰。

在山西，栓皮栎人工林主要分布在垣曲县、阳城县、夏县等地区。

乔木栓皮栎与刺槐、鹅耳枥、油松、杨树等混交。偶见杨树、连翘、柳树等小灌木。草本不发达，少见有蒿、薄荷等。

乔木层平均树高 11.7m，灌木层平均高 21cm，草本层平均高 3cm，乔木平均胸径 15.1cm，乔木郁闭度 0.6，灌木盖度 0.37，草本盖度 0.22。

面积 4679.8243hm²，蓄积量 114577.6986m³，生物量 171225.7005t，碳储量 85681.3405t。每公顷蓄积量 24.4833m³，每公顷生物量 36.5881t，每公顷碳储量 18.3087t。

多样性指数 0.6300，优势度指数 0.3700，均匀度指数 0.4800。斑块数 120 个，平均斑块面积 38.9985hm²，斑块破碎度 0.0256。

未发现虫害和病害。有轻度自然干扰，面积 21hm²。未见自然干扰。

（3）在陕西，栓皮栎林有天然林和人工林。

在陕西，栓皮栎林以天然林居多，集中在凤县。另外，在黄龙县、周至县也有少量分布。

乔木栓皮栎常与华山松、栎类、白桦、油松以及硬软阔类林混交。灌木中分布有少量的小叶女贞、绣线菊等。草本中少见珍珠梅、羊胡子草、苔藓以及一些蒿。

乔木层平均树高 7.1m 左右，灌木层平均高 15.2cm，草本层平均高 5.0cm，乔木平均胸径 10cm，乔木郁闭度 0.64，灌木盖度 0.3，草本盖度 0.17，植被总盖度 0.78。

面积 2163.9687hm²，蓄积量 58340.5962m³，生物量 85313.6004t，碳储量 42690.9909t。每公顷蓄积量 26.9600m³，每公顷生物量 39.4246t，每公顷碳储量 19.7281t。

多样性指数 0.3700，优势度指数 0.6300，均匀度指数 0.4200。斑块数 94 个，平均斑块面积 23.0209hm²，斑块破碎度 0.0434。

未见病害、虫害、火灾。未见自然和人为干扰。

在陕西，栓皮栎人工林主要集中分布在商南县，凤县、眉县等也有少量分布。

乔木人工林常与马尾松、杨树以及硬软阔类林混交。灌木中偶见葛藤、胡枝子、黄栌。草本中零星分布有蒿、白茅、竹叶草、苔草等。

乔木层平均树高 8.8m 左右，灌木层平均高 6.0cm，草本层平均高 5.5cm，乔木平均胸径 10cm，乔木郁闭度 0.6，灌木盖度 0.29，草本盖度 0.29，植被总盖度 0.78。

面积 586.0878hm²，蓄积量 4887.9723m³，生物量 10607.6617t，碳储量 5308.0800t。每公顷蓄积量 8.3400m³，每公顷生物量 18.0991t，每公顷碳储量 9.0568t。

多样性指数 0.6900，优势度指数 0.3100，均匀度指数 0.1000。斑块数 40 个，平均斑块面积 14.6521hm²，斑块破碎度 0.0682。

未见病害、虫害、火灾。未见自然和人为干扰。

（4）在浙江，栓皮栎林分布于湖州、长兴、安吉、德清、余杭、临安、富阳、萧山、绍兴、上虞、鄞州、舟山、淳安、桐庐、诸暨、嵊州、新昌、奉化、象山、宁海、东阳、兰溪、建德、开化、常山、金华、武义、缙云、仙居、临海、三门、椒江、台州、永嘉、乐清、青田、丽水、松阳、龙泉、庆元、云和、景宁、泰顺、文成、瑞安、平阳等县市。

乔木以栓皮栎为优势种，组成单一，伴生有枫香、化香等树种。灌木、草本不发达。

乔木层平均树高 16m，平均胸径 20cm，郁闭度 0.8。

面积 9875.330hm²。蓄积量 749100.0699m³，生物量 896482.4574t，碳储量 448241.2287t。每公顷蓄积量 75.8557m³，每公顷生物量 90.7800t，每公顷碳储量 45.3900t。

多样性指数 0.3344，优势度指数 0.6656，均匀度指数 0.2465。斑块数 19 个，平均斑块面积 519.754hm²，斑块破碎度 0.0019。

病害无。虫害无。火灾轻。人为干扰类型为建设征占。无自然干扰。

（5）在安徽，栓皮栎林分布甚广，从淮河以北的萧县石灰岩残丘到大别山区、江淮丘陵、皖南山地皆有分布，多生长于海拔 800~1000m 的阳坡、半阳坡，尤以山脊为多。

乔木有栓皮栎、稠李、枫香、槲栎、化香、马尾松、茅栗、青冈栎、野漆、合欢、黄檀、君迁子。灌木有油茶、米面翁、刺五加、圆叶菝葜、华中五味子、北京忍冬、三叶木通、山胡椒、刺楸、紫藤、黄檀、山橿、川榛、苦茶槭、白檀。草本有金星蕨、麦冬、苔草、堇菜、香青、蕙兰、箬叶竹、山马兰、禾叶麦冬、天南星、马蹄香、茜草、沿阶草、羊耳蒜、斑叶兰、兔儿伞、莐草、鱼腥草、蛇莓、爬山虎、山蚂蝗、高羊茅。

乔木层平均树高 8.0m，灌木层平均高 1.2m，草本层平均高 0.29m，乔木平均胸径 13cm，乔木郁闭度 0.80，灌木与草本盖度 0.35~0.4，植被总盖度 0.85~0.88。

面积 344870.0943hm²，蓄积量 10918445.842m³，生物量 16400597.4996t，碳储量 8200298.7498t。每公顷蓄积量 31.6596m³，每公顷生物量 47.5559t，每公顷碳储

量 23.7779t。

多样性指数 0.6997，优势度指数 0.3003，均匀度指数 0.6997。斑块数 975 个，平均斑块面积 353.7129hm²，斑块破碎度 0.0028。

森林植被类型健康。无自然干扰。

（6）在河南，全部山区均有栓皮栎林分布。

乔木主要有栓皮栎、槲栎、栾树化香、黄连木、山合欢等。灌木主要有荆条、胡枝子、榛子、西北枸子、黄蔷薇、柔毛绣线菊、黄栌、连翘、酸枣、野皂荚、扁担杆等。草本主要有野古草、长芒草、黄背草、白茅、白羊草。藤本植物有马兜铃、葛藤、野山菊、野葡萄等。

乔木层平均树高 9.3m，灌木层平均高 0.8m，草本层平均高 0.2m，乔木平均胸径 18.8cm，乔木郁闭度 0.6，灌木盖度 0.12，草本盖度 0.24，植被总盖度 0.82。

面积 2159986.0356hm²，蓄积量 142540612.5184m³，生物量 214110254.0638t，碳储量 107055127.0319t。每公顷蓄积量 65.9915m³，每公顷生物量 99.1258t，每公顷碳储量 49.5629t。

多样性指数 0.4340，优势度指数 0.5660，均匀度指数 0.2460。斑块数 91585 个，平均斑块面积 23.5845hm²，斑块破碎度 0.0424。

森林植被健康。无自然干扰。

（7）在湖南，栓皮栎林分布于丘陵、山地，以湘西、湘西南海拔 600m 以上的山地分布较多，沅陵县圣人山有近千亩栓皮栎林。湖南省分布区年均温 10~18℃，绝对最低温可耐-15℃，≥10℃积温 3200~5600℃，年降水量 1200~2000mm。其最适气候为年均温 12~14℃，≥10℃积温 4000℃左右，年降水量 1600mm 左右。土壤有红壤、黄壤、黄棕壤以及石灰性土。母岩有花岗岩、砂岩、板岩、石灰岩和第四纪红土等。土层一般较厚，在较瘠薄处亦能生长，pH 值 4.5~7.5 之间。

乔木以栓皮栎为多，还有短柄枹栎、锐齿槲栎、甜槠、银木荷、山拐枣、毛豹皮樟、石木姜子、灯台树、光皮桦等。灌木主要有柃木、乌饭、海金子、杜茎山等。草本有狗脊、金星蕨、苔草等。

乔木层平均树高 6~10m，灌木层平均高 1~2m，乔木平均胸径 10~50cm，乔木郁闭度 0.7，灌木盖度 0.3，草本盖度 0.1。处于先锋阶段、发展强化阶段和成熟稳定阶段的面积分别为 2837.7325hm²、5675.4649hm² 和 14188.6623hm²。自然度等级 1 级、2 级、3 级、4 级 和 5 级 面积 均 为 5675.4649hm²、11350.9299hm²、2837.7325hm²、2837.7325hm² 和 0hm²。

面积 19037.6138hm²，蓄积量 381667.0292m³，生物量 505367.3249t，碳储量 421139.4374t。每公顷蓄积量 20.0480m³，每公顷生物量 26.5457t，每公顷碳储量 22.1214t。

多样性指数 0.6929，优势度指数 0.3071，均匀度指数 0.5899。斑块数 543 个，平均斑块面积 35.0601hm²，斑块破碎度 0.0285。

森林植被健康。无人为与自然干扰。

（8）在江西，栓皮栎林主要分布在低山、丘陵地区，是江西北部分布较广的森林植被类型，也是江西主要阔叶林类型之一。江西北部的彭泽、九江、庐山、云山，东部的东乡，东北部的德兴、波阳、景德镇市以及西北部的万载等处山地和丘陵均有栓皮栎林分布。栓皮栎对环境要求不严，喜生于阳坡，多分布于海拔 150~600m 丘陵山地，上限与短柄枹栎林相接。在海拔 400m 的地段分布普遍，且多为中年林，在近山区、丘陵则多为幼林，在深山区多为成年林。林地土壤为片岩、砂岩等发育的山地黄壤和红黄壤，土层不厚。枯枝落叶层分解较好，厚度 46cm，盖度 0.8~0.9。

乔木以栓皮栎为优势建群种，还包括黄檀、枫香树、化香树、山合欢、短柄枹栎、青冈、樟树等。灌木主要有杜鹃花、樱花、山矾、山胡椒、檵木、满山红、六月雪、合轴荚蒾、野鸦椿、白檀、野茉莉、美丽胡枝子、中华绣线菊、刚竹、野山楂、茶树等。草本主要有疏花野青茅、鳞毛蕨、大油芒、芒、蕨、兔儿伞、野百合、桔梗、山马兰、泽兰、野菊花、地榆、堆莴苣、前胡、多花黄精及苔草一种等。

乔木层平均树高 10~12m，最高达 15m，乔木一般平均胸径 18~25cm，最大胸径 40cm，乔木郁闭度 0.80~0.90。灌木盖度 0.5，平均高 1.4m。草本盖度 0.3，平均高 0.2m。

面积 25142.0131hm²，蓄积量 1762189.7503m³，生物量 2646985.2239t，碳储量 1323492.6119t。每公顷蓄积量 70.0894m³，每公顷生物量 105.2814t，每公顷碳储量 52.6407t。

多样性指数 0.6520，优势度指数 0.3480，均匀度指数 0.5900。斑块数 73 个，平均斑块面积 344.4111hm²，斑块破碎度 0.0029。

森林植被健康。无自然和人为干扰。

（9）在云南，栓皮栎林分布较广，南起文山、蒙自、石屏、西双版纳，北起香格里拉、维西、丽江、昭通，西至泸水，东达贵州和广西边界，分布海拔在 1200~2600m 之间。

乔木以栓皮栎占优势，常见混交树种有麻栎、槲栎、锐齿槲栎、云南松、滇油杉、西南木荷、黄毛青冈、思茅松、旱冬瓜、西南桦等。灌木主要有火把果、滇榛、胡颓子、芒种花、珍珠花、余甘子、地檀香、滇假木荷等。草本主要有白茅、刺芒野古草、金发草、金茅、旱茅、斑茅、狭翅兔儿风、五节芒等。

乔木层平均树高 8.7m，灌木层平均高 1.5m，草本层平均高 0.6m 以下，乔木平均胸径 15.8cm，乔木郁闭度约 0.7，草本盖度 0.35。

面积 107.9439hm²，蓄积量 7332.9870m³，生物量 11014.8798t，碳储量 5507.4399t。每公顷蓄积量 67.9333m³，每公顷生物量 102.0427t，每公顷碳储量 51.0213t。

多样性指数 0.6802，优势度指数 0.3198，均匀度指数 0.7971。斑块数 9 个，平均斑块面积 11.9937hm²，斑块破碎度 0.0834。

森林植被健康中等。无自然干扰。人为干扰为抚育活动，抚育面积 1.9631hm²。

（10）在天津，栓皮栎林主要分布于蓟县山地，为天然次生林。

乔木树种以栓皮栎、槲栎、槲树以及其他壳斗科树种为主。灌木分布有荆条、杜鹃、绣线菊等种。草本不发达，主要有苔草、大叶野豌豆等。

乔木层平均树高 8.8m，灌木层平均高 0.9m，草本层平均高 0.5m，乔木平均胸径 10.5cm，乔木郁闭度 0.8，灌木盖度 0.07，草本盖度 0.21。

面积 4231.9842hm²，蓄积量 94486.0595m³，生物量 144386.9223t，碳储量 72193.4611t。每公顷蓄积量 22.3267m³，每公顷生物量 34.1180t，每公顷碳储量 17.0590t。

多样性指数 0.8286，优势度指数 0.1714，均匀度指数 0.4198。斑块数 61 个，平均斑块面积 69.3767hm²，斑块破碎度 0.0144。

森林植被健康。无自然干扰。

（11）在贵州，栓皮栎林主要分布在西部的威宁、盘县、毕节、大方，西南部的兴义、册亨、望谟等县。

栓皮栎林结构简单，乔木树种以栓皮栎占绝对优势，混生有其他针阔叶树种，如麻栎、白栎、槲栎、黄连木、光皮桦、灰背栎、云南松、华山松等。灌木常见杜鹃花、盐肤木、胡枝子等。草本有旱茅、白茅、香附子、沿阶草等。

乔木层平均树高 10.3m，平均胸径 15.3cm，郁闭度 0.7。灌木层平均高 1.1m，草本层平均高在 0.4m 以下。

面积 1649.2277hm²，蓄积量 72392.3742m³，生物量 127616.1965t，碳储量 63864.3292t。每公顷蓄积量 43.8947m³，每公顷生物量 77.3794t，每公顷碳储量 38.7238t。

多样性指数 0.4386，优势度指数 0.5614，均匀度指数 0.4141。斑块数 54 个，平均斑块面积 30.5412hm²，斑块破碎度 0.0327。

病虫害较少。栓皮栎林受人为活动影响，有砍伐或强度剥皮。

（12）在江苏，栓皮栎主要分布在长江两岸的太仓、吴中、吴江、武进、江阴、锡山、扬中、靖江、丹阳、仪征、丹徒、姜堰、句容、镇江等地。

乔木组成单一，以纯林为主。

乔木层平均树高约 4.5m，平均胸径约 8cm。

面积 2841.7200hm²，蓄积量 156624.5237m³，生物量 169733.9963t，碳储量 84866.9982t。每公顷蓄积量 55.1161m³，每公顷生物量 59.7293t，每公顷碳储量 29.8647t。

多样性指数 0，优势度指数 1，均匀度指数 0。斑块数 9 个，平均斑块面积 315.7470hm²，斑块破碎度 0.0031。

病害等级无。虫害等级无。火灾等级轻。人为干扰类型为建设征占。

164. 槲栎林（*Quercus aliena* forest）

在山西、天津有槲栎林分布，面积 11592.3992hm²，蓄积量 363199.5308m³，生物量 515056.1360t，碳储量 257732.1739t。每公顷蓄积量 31.3308m³，每公顷生物量 44.4305t，

每公顷碳储量 22.2329t。多样性指数 0.4621，优势度指数 0.5379，均匀度指数 0.4828。斑块数 236 个，平均斑块面积 49.1203hm²，斑块破碎度 0.0204。

（1）在山西，槲栎林以天然林为主，集中分布在晋城市市辖区，其他如绛县、夏县、垣曲县等也都有分布。

乔木主要为纯林，少部分与硬阔类林混交。灌木中零星分布有黄栌。草本中偶见鹅绒草。

乔木层平均树高 8.7m，灌木层平均高 17.2cm，草本层平均高 3.5cm，乔木平均胸径 13.4cm，乔木郁闭度 0.61，灌木盖度 0.43，草本盖度 0.24。

面积 11451.9681hm²，蓄积量 360064.1736m³，生物量 510264.9046t，碳储量 255336.5582t。每公顷蓄积量 31.4412m³，每公顷生物量 44.5570t，每公顷碳储量 22.2963t。

多样性指数 0.6900，优势度指数 0.3100，均匀度指数 0.5100。斑块数 230 个，平均斑块面积 49.7911hm²，斑块破碎度 0.0201。

未见病害、虫害、火灾。有轻度、重度自然干扰，面积分别为 4113hm²、62hm²。未见人工干扰。

（2）在天津，槲栎林主要分布于蓟县山地，为天然次生林。

乔木树种以栓皮栎、槲栎、槲树以及其他壳斗科树种为主。灌木分布有荆条、杜鹃、绣线菊等种。草本不发达，主要有苔草、大叶野豌豆等。

乔木层平均树高 8.8m，灌木层平均高 1.4m，草本层平均高 0.6m，乔木平均胸径 10.5cm，乔木郁闭度 0.8，灌木盖度 0.19，草本盖度 0.13。

面积 140.4311hm²，蓄积量 3135.3572m³，生物量 4791.2314t，碳储量 2395.6157t。每公顷蓄积量 22.3267m³，每公顷生物量 34.1180t，每公顷碳储量 17.0590t。

多样性指数 0.2342，优势度指数 0.7658，均匀度指数 0.4557。斑块数 6 个，平均斑块面积 23.40518hm²，斑块破碎度 0.0427。

森林植被健康。无自然干扰。

165. 锐齿槲栎林（*Quercus aliena* var. *acuteserrat* forest）

在湖北、江西、云南 3 个省有锐齿槲栎林分布，面积 855170.5402hm²，蓄积量 61698220.5888m³，生物量 92911183.2612t，碳储量 46455591.6306t。每公顷蓄积量 72.1473m³，每公顷生物量 108.6464t，每公顷碳储量 54.3232t。多样性指数 0.3514，优势度指数 0.6485，均匀度指数 0.3966。斑块数 2420 个，平均斑块面积 353.3762hm²，斑块破碎度 0.0028。

（1）在湖北，锐齿槲栎林主要分布于房县、竹山、竹溪、兴山、宜昌、恩施、鹤峰、利川、南漳、保康地区。集中分布于鄂西北及神农架林区，多系成片的天然纯林，恩施、鹤峰、利川、南漳、保康等县（市）则呈零星分散状况，海拔 1300~2000m。

乔木的锐齿槲栎林组成较单一，但在不同的立地条件下，也有不同的乔木树种混生，通常有米心水青冈、大穗鹅耳枥、光皮桦、香桦、栎木以及铁杉、华山松、巴山松、山杨、灯台树、漆树、椴树、短柄枹栎、曼青冈、栓皮栎、小叶青冈、多种槭树等。上述乔木树种不在同一林分内出现，出现的次数也不规律，但在同一林分内，锐齿槲栎林仍占绝对优势。灌木主要有箭竹、疏花箭竹、短柱柃、木姜子、青荚叶、多种杜鹃花、鄂西绣线菊、猫儿刺、三桠乌药、黄杨、川榛、美丽胡枝子、枇杷叶荚蒾等，还有长叶木姜子、美丽马醉木、六道木、直穗小檗、盐肤木、白檀等。草本主要有多种苔草、沿阶草、细辛、鬼灯檠、淫羊藿、狭叶重楼、堇菜、过路黄、蕨、白茅、湖北三毛草等。

锐齿槲栎林乔木郁闭度 0.6~0.7，灌木盖度 0.8 以上，草本盖度低于 0.3。乔木层平均树高 8.3m，乔木平均胸径 12.8cm，灌木层平均高 1.2m，草本层平均高 0.3m。

面积 25571.9373hm²，蓄积量 487317.0323m³，生物量 966285.0291t，碳储量 483142.5146t。每公顷蓄积量 19.0567m³，每公顷生物量 37.7869t，每公顷碳储量 18.8935t。

多样性指数 0.1640，优势度指数 0.8360，均匀度指数 0.2750。斑块数 24 个，平均斑块面积 1065.4974hm²，斑块破碎度 0.0009。

森林植被健康。无自然干扰。

（2）在江西，锐齿槲栎林主要分布在瑞昌、德安等县。

乔木包括锐齿槲栎、马尾松、化香树、黄檀、黄连木、冬青等，有的地方还有樟树、山合欢。灌木常见的下木有大叶胡枝子、野山楂、刚竹、盐肤木、大青、马棘、柘树，圆叶鼠李、小叶女贞、卫矛、扁担杆、山胡椒等，以大叶胡枝子为优势种。草本植物较多，主要有疏花野青茅、芒、山马兰、野菊花、披针苔、白茅、白花败酱、阔叶土麦冬、丹参、印度黄芩（挖耳草）、杏叶沙参、大蓟、天葵等，以疏花野青茅为多，为草本的优势种群。藤本植物也较多，常见的种类有菝葜、野葛、小果蔷薇、金樱子、软条七蔷薇、多花蔷薇、三叶木通、山莓、茅莓、山木通、白蔹、乌蔹莓、胡颓子、络石、鸡矢藤、忍冬等。有少量的大金发藓等。

乔木层平均树高一般 8~10m，最高 15m。灌木层平均高 0.5~1.5m。乔木最大胸径 26cm。乔木郁闭度 0.80。灌木盖度 0.2 左右。草本盖度 0.15~0.25。

面积 594.3362hm²，蓄积量 41656.6948m³，生物量 62572.5212t，碳储量 31286.2606t。每公顷蓄积量 70.0894m³，每公顷生物量 105.2814t，每公顷碳储量 52.6407t。

多样性指数 0.3810，优势度指数 0.6190，均匀度指数 0.2750。斑块数 7 个，平均斑块面积 84.9052hm²，斑块破碎度 0.0118。

森林植被健康。无自然和人为干扰。

（3）在云南，锐齿槲栎林在大部分地区都有分布，生于海拔 100~2700m 的山地杂木林中，或形成小片纯林。

乔木以锐齿槲栎占优势，主要伴生树种有槲栎、云南松、麻栎、栓皮栎、滇油杉等。灌木有箭竹，其他伴生植物有鄂西绣线菊、五尖槭、灰栒子、六道木等。草本有浆果苔草、大戟、云南苔草、落新妇等。

乔木层平均树高 12m，灌木层平均高 2m，草本层平均高 1.5m 以下，乔木平均胸径 17cm，乔木郁闭度约 0.8，草本盖度 0.5。

面积 829004.2667hm²，蓄积量 61169246.8614m³，生物量 91882325.7105t，碳储量 45941162.8552t。每公顷蓄积量 73.7864m³，每公顷生物量 110.8346t，每公顷碳储量 55.4173t。

多样性指数 0.5093，优势度指数 0.4907，均匀度指数 0.6399。斑块数 2389 个，平均斑块面积 347.0089hm²，斑块破碎度 0.0029。

森林植被健康中等。无自然干扰。人为干扰主要是抚育、更新和征占，抚育面积 1621.2800hm²，更新面积 48.6384hm²，征占面积 823.6hm²。

166. 短柄枹栎林（*Quercus glandulifera* forest）

在安徽、湖北、江西 3 个省有短柄枹栎林分布，面积 511207.4421hm²，蓄积量 23760215.8314m³，生物量 28468263.4496t，碳储量 14234131.7248t。每公顷蓄积量 46.4786m³，每公顷生物量 55.6883t，每公顷碳储量 27.8441t。多样性指数 0.4700，优势度指数 0.5299，均匀度指数 0.6071。斑块数 2260 个，平均斑块面积 226.1979hm²，斑块破碎度 0.0044。

（1）在安徽，短柄枹栎林分布甚为广泛，多位于山麓或山脊的两侧坡上。短柄枹栎林分布于片麻岩、花岗岩所形成的山地黄棕壤，pH5.6~6，地下水位低，枯枝落叶层厚。

乔木有短柄枹栎及茅栗、杜鹃花、暖木、白檀、鹅耳枥、山樱桃、化香、黄山松、马尾松、桦木、山矾、山胡椒、溲疏、枳木、栓皮栎、天目杜鹃、青榨槭、水榆花楸、椴树。灌木有杜鹃、菝葜、杜鹃花、川榛、荚蒾、马银花、珠光香青、绿叶胡枝子、树莓、山橿、泡花树、羊奶子、伞八仙、蜡瓣花、乌药、野鸦椿、鼠李、拟莉也胡颓子、盐肤木、楤木、青榨槭、黄檀、杜鹃花等。草本有箬竹、黄精、报春花、苔草、麦冬、金星蕨、南蛇藤、堇菜、巴东过路黄、珠光香青、冷水花、鹿蹄草、沿阶草、淫羊藿、鳞毛蕨、吉祥草、奇蒿、野蚊子草、三叶委陵菜、苡草。

乔木层平均树高 7.9m，灌木层平均高 0.93m，草本层平均高 0.22cm，乔木平均胸径 10.6cm，乔木郁闭度 0.80，灌木与草本盖度 0.5~0.55，植被总盖度 0.8~0.85。

面积 2781.1681hm²，蓄积量 89397.3024m³，生物量 136485.8230t，碳储量 68242.9115t。每公顷蓄积量 32.1438m³，每公顷生物量 49.0750t，每公顷碳储量 24.5375t。

多样性指数 0.6174，优势度指数 0.3826，均匀度指数 0.6475。斑块数 53 个，平均斑块面积 52.4749hm²，斑块破碎度 0.0191。

森林植被健康。无自然干扰。

（2）在湖北，短柄枹栎林主要分布在兴山、宜昌、保康、南漳、谷城、丹江口、房县、竹山、竹溪等地区。以神农架林区及部分县市为主，多形成大面积的天然纯林，通常见于海拔 1200~1700m 中山地带的山梁与山脊两侧坡面及弧形隆起的平缓山岭顶部。因受地形的影响，其分布的上下幅度常在 100m 左右变动。分布区的坡向以阳坡、半阳坡及半阴坡为主。坡度 30°~45°，但在平缓山脊，坡度也有小于 20°的。

短柄枹栎林在平缓山脊呈条状分布，多为纯林。若向山脊两侧继续延伸，则为短柄枹栎与巴山松、山杨、槭树、化香、鹅耳枥等组成的混交林。乔木以短柄枹栎占优势，混生的化香、山杨、槭树、大穗鹅耳枥等，不在同一林分内同时出现，此外，尚有光皮桦、椴树等散生于林内。灌木以美丽胡枝子和杜鹃花为主，其次有荚蒾、山胡椒、川榛、白檀、马桑、盐肤木、马醉木、猫儿刺、胡颓子、马棘、三颗针等，偶有成片的箭竹分布其中。草本主要种类有苔草，其次有蕨、显子草、珍珠梅、芒萁、淫羊藿及蒿等植物。

乔木层平均树高 10.7m，平均胸径 14.3cm，郁闭度 0.65。灌木层平均高 1~2.5m，灌木盖度 0.3~0.6。草本盖度 0.1~0.3，分布很不均匀。

面积 497906.0793hm²，蓄积量 22933463.9112m³，生物量 27224197.2553t，碳储量 13612098.6276t。每公顷蓄积量 46.0598m³，每公顷生物量 54.6774t，每公顷碳储量 27.3387t。

多样性指数 0.3357，优势度指数 0.6643，均匀度指数 0.4370。斑块数 2189 个，平均斑块面积 227.4582hm²，斑块破碎度 0.0044。

森林植被健康。无自然干扰。

（3）在江西，短柄枹栎林是其北部低、中山地较常见的森林植被类型，也是栎类林最大的一个类型，而且相对稳定，广泛分布于赣北的庐山，赣东北的大茅山、怀玉山，赣西北的黄岗山、五梅山、黄龙山、太平山等山地。

乔木主要立木除短柄枹栎外，还有山合欢、化香树、台湾松、石灰花楸、锥栗、小叶白辛、湖北马鞍树、多花泡花树、红枝柴、臭辣树、青榨槭、浙江柿、八角枫、茅栗、山鸡椒、白蜡树、樱花等，有时还有较矮的常绿阔叶树厚皮香和扁平叶型的针叶树三尖杉等。在海拔较低的地区，有白栎等树种入侵。灌木种类有半常绿的杜鹃花、满山红、山矾、山胡椒、红果钓樟、大叶胡枝子、美丽胡枝子、宜昌荚蒾、饭汤子、野珠兰、蜡瓣花、小叶石楠、中华石楠、野鸦椿、金丝桃、白檀、宜昌木兰、六月雪、湖北算盘子（有的成小乔木）、庐山忍冬、响铃子、楤木等，常绿树种有乌饭树、米饭花、微毛柃、檵木、油茶等，此外还有刚竹、粉绿竹等。草本比较发达，种类也较多，主要种类有大油芒、疏花野青茅、芒、披针苔、华东蹄盖蕨、泽兰、求米草、杏香兔儿风、藜芦、紫萼、卷丹、一枝黄花、苣等，其中以芒、大油芒为常见的优势种。层外植物亦较发达，主要藤本植物有粉背薯蓣、薯蓣、穿龙薯蓣、软条七蔷薇、山莓、鸡矢藤、双蝴蝶、蛇葡萄、羊乳和优势种菝葜等。苔藓地衣稀少。

乔木层平均树高一般 16~18m，最高可达 20m。乔木最大胸径 40cm，平均胸径一般 20~25cm。乔木郁闭度 0.8~0.9，草本盖度 0.1~0.2。

面积 10520.1948hm²，蓄积量 737354.6169m³，生物量 1107580.3700t，碳储量 553790.1850t。每公顷蓄积量 70.0894m³，每公顷生物量 105.2814t，每公顷碳储量 52.6407t。

多样性指数 0.4570，优势度指数 0.5430，均匀度指数 0.7370。斑块数 18 个，平均斑

块面积 584.4553hm²，斑块破碎度 0.0017。

森林植被健康。无自然和人为干扰。

167. 麻栎林（*Quercus acutissima* forest）

在安徽、山东、上海、云南 4 个省（直辖市）有麻栎林分布，面积 45903.1976hm²，蓄积量 4952042.0303m³，生物量 7406716.5761t，碳储量 3703358.2880t。每公顷蓄积量 107.8801m³，每公顷生物量 161.3551t，每公顷碳储量 80.6776t。多样性指数 0.4525，优势度指数 0.5474，均匀度指数 0.5665。斑块数 662 个，平均斑块面积 69.3401hm²，斑块破碎度 0.0144。

（1）在安徽，麻栎林主要分布在江淮丘陵地区，主要集中分布在铜陵、青阳等地区。

乔木有麻栎、枫香、黄连木、朴树、合欢、柘树、黄山栾、山胡椒、蒙桑、马尾松、青冈栎、杉木、短柄枹栎、杨树、响叶杨、茅栗、白栎、无患子、桂花、山胡椒、白檀。灌木有野蔷薇、青灰叶下珠、菝葜、朴树、小檗、卫矛、圆叶鼠李、紫藤、六月雪、沙枣、杜鹃花、大青、黄檀、绿叶胡枝子、牡荆、伞八仙、中华绣线菊。草本有麦冬、苔草、鸭跖草、荩草、茅莓、两型豆、芒、粟草、兔儿伞、大油芒、败酱、荸荠、珍珠菜、华泽兰、中华三叶委陵菜、野大豆。

乔木层平均树高 10.0m，灌木层平均高 1.14m，草本层平均高 0.32cm，乔木平均胸径 20cm，乔木郁闭度 0.85，灌木与草本盖度 0.5~0.65，植被总盖度 0.85~0.88。

面积 21491.9527hm²，蓄积量 3588091.5657m³，生物量 5389672.3408t，碳储量 2694836.1704t。每公顷蓄积量 166.9505m³，每公顷生物量 250.7763t，每公顷碳储量 125.3881t。

多样性指数 0.4689，优势度指数 0.5311，均匀度指数 0.7120。斑块数 107 个，平均斑块面积 200.8594hm²，斑块破碎度 0.0050。

森林植被健康。无自然干扰。

（2）在云南，麻栎林分布很广，除滇西北高寒山区外，几乎遍及全省。主要分布在滇中、滇东北、滇东南、滇西南的中山、低山、丘陵地区。分布海拔约在 800~2300m 之间。

乔木以麻栎占优势，常见混交树种有云南松、滇油杉、栓皮栎、槲栎、西南木荷、黄毛青冈、旱冬瓜、牛肋巴、滇合欢等。灌木发育中等，主要有马桑、火把果、乌鸦果、芒种花、珍珠花、水红木、牛奶子、厚皮香、云南含笑、矮杨梅、水锦树、余甘子等。草本不太发达，常见的有白茅、野拔子、杏叶防风、金发草、金茅、旱茅、棕叶芦等。

乔木层平均树高 9.5m，灌木层平均高 1.5m，草本层平均高 0.6m 以下，乔木平均胸径 18.9cm，乔木郁闭度约 0.6，草本盖度 0.35。

面积 22223.6748hm²，蓄积量 1260184.2216m³，生物量 1892922.7192t，碳储量 946461.3596t。每公顷蓄积量 56.7046m³，每公顷生物量 85.1760t，每公顷碳储量 42.5880t。

多样性指数 0.5278，优势度指数 0.4722，均匀度指数 0.7331。斑块数 443 个，平均斑块面积 50.1663hm²，斑块破碎度 0.0199。

森林植被健康中等。无自然干扰。人为干扰主要是抚育、更新活动，抚育面积958.1024hm²，更新面积28.7430hm²。

（3）在山东，麻栎林主要分布于鲁中南地区及胶东丘陵的岩浆岩山地。

乔木有麻栎、栓皮栎、槲栎、短柄枹栎、赤松、油松、黑松、黄连木、栾树等。

灌木有二色胡枝子、照山白、三桠乌药、山胡椒、盐肤木、白檀、山槐、锦带花、郁李、三桠绣线菊、连翘、多花野蔷薇、大花溲疏、荆条、酸枣、花木蓝、多花胡枝子、绒毛胡枝子、达乌里胡枝子等。草本有野古草、羊胡子草、大油芒、荻、野青茅、狼尾草、绶草、山丹、薄荷、香薷、大叶铁线莲、小唐松草、结缕草、鸦葱、苦荬菜、小花鬼针草、欧百里香、射干等。

乔木平均胸径9.8cm，平均树高7.5m，郁闭度0.6。灌木盖度0.4，平均高1.2m。草本盖度0.3，平均高0.2m。

面积 1027.2900hm²，蓄积量 15752.3915m³，生物量 18849.3117t，碳储量9424.6558t。每公顷蓄积量15.3339m³，每公顷生物量18.3486t，每公顷碳储量9.1743t。

多样性指数0.4778，优势度指数0.5222，均匀度指数0.4314。斑块数3个，平均斑块面积342.4300hm²，斑块破碎度0.0029。

麻栎林生长健康。无自然和人为干扰。

（4）在上海，麻栎林主要生长在公园、旅游景区，以佘山国家森林公园为主要分布区域。

乔木除麻栎外，还有鹅耳枥、灯台树等。灌木有山槐、锦带花、郁李、三桠绣线菊、胡枝子等。草本有野古草、羊胡子草、大油芒、大叶铁线莲、小唐松草等。

乔木平均胸径16.2cm，平均树高12.8m，郁闭度0.7。灌木盖度0.2，平均高1.1m。草本盖度0.3，平均高0.2m。

面积 1160.2800hm²，蓄积量 88013.8516m³，生物量 105272.2044t，碳储量52636.1022t。每公顷蓄积量 75.8557m³，每公顷生物量 90.7300t，每公顷碳储量45.3650t。

多样性指数0.3358，优势度指数0.6642，均匀度指数0.3897。斑块数109个，平均斑块面积10.6447hm²，斑块破碎度0.0939。

麻栎林生长健康。无自然干扰。人为干扰主要是抚育管理。

168. 小叶栎林（*Quercus chenii* forest）

在安徽，小叶栎林在皖南丘陵的北部，如广德、宣城、繁昌、东至等地，在村庄附近的残丘断岗上，常可见到林相很不完整的小片小叶栎林。

乔木伴生树种有白檀、稠李、灯台树、短柄枹栎、鹅耳枥、红果钓樟、建始槭、交让木、君迁子、茅栗、桐子、南京柯南树、青钱柳、青榨槭、山胡椒、水榆花楸、四照花、天目木姜子、小叶栎、香槐、小果白辛树、野茉莉、野漆、异色泡花树、玉铃花、枳椇、白蜡树、豹皮樟、大别山山核桃、大叶朴、巨紫荆、临安槭、山核桃、色木槭、白栎、枫香、化香、黄檀、青檀、山槐。灌木有刺五加、伞形绣球、华中五味子、细齿钻地风、北京忍冬、地锦、三叶木通、盘叶忍冬、金缕梅、结香、小叶石楠、荚蒾、菝葜、大果山胡椒、红枝柴、黄丹木姜子、武当菝葜、苦木、南蛇藤、胡颓子、山莓、胡枝子、乌饭树、六月雪、浙江柿。草本有悬铃苎麻、大叶唐松草、蕨、苔草、升麻、粗齿铁线莲、金线草、庐山楼梯草、太子参、茜草、粗齿冷水花、悬铃叶苎麻、麦冬、蛇莓、箬竹、淫羊藿、细叶麦冬、苔草、山马兰、白花前胡。

乔木层平均树高 9.2m，灌木层平均高 1.6m，草本层平均高 0.24cm，乔木平均胸径 16.4cm，乔木郁闭度 0.55，灌木与草本盖度 0.4~0.45，植被总盖度 0.7~0.8。

面积 280591.8010hm²，蓄积量 23127102.0746m³，生物量 34739220.0263t，碳储量 17369610.0131t。每公顷蓄积量 82.4226m³，每公顷生物量 123.8070t，每公顷碳储量 61.9035t。

多样性指数 0.8690，优势度指数 0.1310，均匀度指数 0.8834。斑块数 113 个，平均斑块面积 2483.1133hm²，斑块破碎度 0.0004。

森林植被健康。无自然干扰。

169. 黄山栎林（*Quercus stewardii* forest）

在安徽，黄山栎分布于海拔 1500m 以上的山脊和坡面上，如黄山狮子林和大别山的天柱峰，在低于海拔 1500m 的多枝尖、自马尖、多云尖等山峰上皆有，所在地土壤为山地棕壤或山地黄棕壤，pH5~5.5。

乔木有黄山栎、白檀、稠李、灯台树、华山矾、黄山花楸、毛漆树、茅栗、牛鼻栓、四照花、台湾松、天女花、锥栗、白栎、刺楸、黄丹木姜子、拟赤杨、暖木、千金榆、鹅耳枥、大柄冬青、青皮槭、山樱花、水榆花楸、皂柳、大叶栎、盐肤木。灌木有六道木、红果山胡椒、伞形绣球、宜昌荚蒾、杜鹃、白檀、三桠乌药、八仙花、南方六道木、野珠兰、华箬竹、长柄绣球、红果钓樟、川榛、水马桑、吴茱萸、蜡瓣花、小叶白辛、绿叶甘檀、紫珠、荚蒾、山檀、绢毛山梅花、安徽小檗、狗骨头、箬竹、鼠李、石斑木、接骨木。草本有野古草、香青、黄山风毛菊、毛华菊、牯岭凤仙花、长叶地榆、黄花菜、落新妇、珍珠菜、小升麻、冷水花、堇菜、狗脊、兰草、结缕草、苔草、麦冬、千里光、费菜、野芝麻、三七、三脉紫菀、东风菜、兔儿伞、三叶木通、斑叶兰、酢浆草、苔草、吉祥草、一年蓬。

乔木层平均树高 8.6m，灌木层平均高 1.7m，草本层平均高 0.23cm，乔木平均胸径 9.3cm，乔木郁闭度 0.85，灌木与草本盖度 0.4~0.45，植被总盖度 0.85~0.9。

面积 10845.5549hm²，蓄积量 381084.5289m³，生物量 552038.7424t，碳储量 276019.3712t。每公顷蓄积量 35.1374m³，每公顷生物量 50.9000t，每公顷碳储量 25.4500t。

多样性指数 0.8234，优势度指数 0.1766，均匀度指数 0.7625。斑块数 99 个，平均斑块面积 109.5511hm²，斑块破碎度 0.0091。

黄山栎林生长健康。无自然和人为干扰。

170. 白栎林（*Quercus fabri* forest）

在湖南，白栎林在各地均有分布。一般生于海拔 800m 以下低山和丘陵区，多为灌丛状，因樵采和火烧，常见者为萌芽矮林，纯林较少见。白栎为阳性树种，喜光，耐瘠薄，萌芽力强，所以多见于荒山的阳坡。白栎喜温暖气候，暖温带和亚热带海拔较高处少见。本省产区年平均气温 13~18℃，年降水量 1300~1800mm。母岩有花岗岩、砂岩、板页岩、石灰岩、紫色岩、第四纪红色黏土等，土壤有红壤、黄壤、紫色土等，土层较厚处生长良好，土层瘠薄亦能生长。

乔木以白栎为优势，混生有少量栓皮栎、小叶栎、臭辣树、冬青、黄檀、苦槠、青冈栎、短柄枹栎、多脉青冈、红枝柴、花香树、毛栗、石栎、泡桐、樟树、无患子、枫香、野柿、合欢、尾叶樱桃等。灌木以檵木为主，其他有黄栀子、小叶石楠、乌饭树、白马骨等。草本有苔草、沿阶草、山马兰、海金沙、石刀柏、变异鳞毛蕨等。

乔木层平均树高一般 8.5m，灌木层平均高 50~150cm，草本层平均高 0.2m，乔木平均胸径一般 10cm，乔木郁闭度 0.8 左右，灌木、草本盖度分别为 0.1、0.4。

面积 35588.5682hm²，蓄积量 768195.1037m³，生物量 987281.6332t，碳储量 493640.8166t。每公顷蓄积量 21.5854m³，每公顷生物量 27.7415t，每公顷碳储量 13.8708t。

白栎林先锋阶段面积为 121325.1880hm²，发展强化阶段面积为 39430.6861hm²，成熟稳定阶段面积为 66728.8534hm²。白栎林自然度等级 1 级、2 级、3 级、4 级和 5 级面积分别为 33364.4267hm²、21231.9079hm²、51563.2049hm²、9099.3891hm²和 112225.7989hm²。

多样性指数 0.8400，优势度指数 0.1600，均匀度指数 0.8278。斑块数 923 个，平均斑块面积 38.5575hm²，斑块破碎度 0.0259。

森林植被健康。无自然干扰。

171. 辽东栎林（*Quercus wutaishansea* forest）

在青海，辽东栎天然林集中分布于循化县。

乔木主要与白桦、柏木、山杨等混交。灌木有金露梅、锦鸡儿。草本有蒿、莎草、羌活、委陵菜等。

乔木层平均树高 10.3m，灌木层平均高 0.4m，草本层平均高 0.4m，乔木平均胸径 11.3cm，乔木郁闭度 0.6，灌木盖度 0.1，草本盖度 0.11。

面积 552.7100hm²，蓄积量 13691.4558m³，生物量 15689.3716t，碳储量 7850.9615t。每公顷蓄积量 24.7715m³，每公顷生物量 28.3863t，每公顷碳储量 14.2045t。

多样性指数 0.6100，优势度指数 0.3900，均匀度指数 0.5000。斑块数 10 个，平均斑块面积 55.271hm²，斑块破碎度 0.0181。

未见虫害、病害、火灾。未见自然和人为干扰。

十四、栗类林

172. 茅栗林（*Castanea seguinii* forest）

在安徽、湖北 2 个省有茅栗林分布，面积 615600.7758hm²，蓄积量 17907069.1990m³，

生物量 27159339.1089t，碳储量 13579669.5545t。每公顷蓄积量 29.7656m³，每公顷生物量 44.1184t，每公顷碳储量 22.0592t。多样性指数 0.7536，优势度指数 0.2464，均匀度指数 0.6123。斑块数 2003 个，平均斑块面积 307.3393hm²，斑块破碎度 0.0033。

（1）在安徽，茅栗林在淮河以南分布极为广泛，尤以江淮丘陵和大别山区为多，皖南较少。垂直分布在海拔 1000m 以上，在我省分布最高可达 1600m 的山坡上。

乔木有茅栗、暖木、椴树、短柄枹栎、化香、黄山松、灯台树、刨花树、野茉莉、山樱桃、四照花、槲栎、桦木、桤木、山胡椒、野漆、黄桃树、鹅耳枥、野鸦椿、领春木、野桐子、君迁子。灌木有山矾、伞八仙、野蔷薇、刚毛莱莲、狗骨头、菝葜、黄檀、茅栗、白檀、山橿、马尾松、马银花、杜鹃花、树莓、胡颓子。草本有荩草、鸭跖草、黄独、地黄、蚕茧草、苔草、山马兰、三叶委陵菜、林荫千里光、报春花、稀花蓼、野菊花、爵床、乌头、白莲蒿、南蛇藤、堇菜、麦冬、菝葜、珍珠菜、斑叶兰。

乔木层平均树高 9.7m，灌木层平均高 1.1m，草本层平均高 0.21cm，乔木平均胸径 11.8cm，乔木郁闭度 0.70，灌木与草本盖度 0.35~0.4，植被总盖度 0.75~0.8。

面积 1239.6133hm²，蓄积量 76218.3553m³，生物量 114487.5915t，碳储量 57243.7957t。每公顷蓄积量 61.4856m³，每公顷生物量 92.3575t，每公顷碳储量 46.1788t。

多样性指数 0.7362，优势度指数 0.2638，均匀度指数 0.7456。斑块数 11 个，平均斑块面积 112.6921hm²，斑块破碎度 0.0089。

森林植被健康。无自然干扰。

（2）在湖北，茅栗林主要分布在房县、竹山、竹溪、丹江口、保康、谷城、南漳、宜昌、兴山、巴东、建始、罗田、黄冈、咸宁、崇阳等地区。在海拔 300~1500m 的范围内均能生长。因受地形的限制，林分常分布于相对高差 150~300m 的山坡中部或山脊部，有时占据整个短坡面，坡向多为阳坡，坡度变动在 20°~40°之间。

乔木组成以茅栗占优势，且多纯林，也有茅栗占 6 成以上的混交林，其他伴生树种有亮叶桦、山杨、野核桃、四照花、漆树、槲栎及栓皮栎等。在居民点附近受到人为破坏的茅栗林，多为次生幼林。灌木以美丽胡枝子、山胡椒占优势，马桑、莱莲等分布数量很少。草本有不太明显的两层，第一层以荻草占优势，第二层以苔草占优势，此外，各层中还有少量的蒿属、野棉花、心叶凤毛菊、珍珠菜、显子草等散生或丛生。

乔木层平均树高一般在 10m 左右，最高可达 16m。灌木层平均高 1~1.5m。草本第一层高 0.8~1.0m，第二层高 0.3m 左右。乔木平均胸径 14cm 左右，最大可达 26cm。乔木郁闭度 0.7~0.8。灌木盖度 0.4~0.6。草本盖度 0.4~0.6，草本第一层盖度约 0.3，第二层盖度 0.2~0.3。

面积 614361.1626hm²，蓄积量 17830850.8437m³，生物量 27044851.5174t，碳储量 13522425.7587t。每公顷蓄积量 29.0234m³，每公顷生物量 44.0211t，每公顷碳储量 22.0105t。

多样性指数 0.7710，优势度指数 0.2290，均匀度指数 0.4790。斑块数 1992 个，平均

斑块面积 308.4142hm²，斑块破碎度 0.0032。

森林植被健康。无自然干扰。

173. 板栗林（*Castanea mollissima* forest）

板栗在我国分布十分广泛，其中以北京、福建、甘肃、广西、贵州、海南、河南、江苏、江西、山东、山西、陕西、四川、云南、浙江、重庆 16 个省（自治区、直辖市）分布为主。总面积达 928747.2931hm²。多样性指数 0.1504，优势度指数 0.8495，均匀度指数 0.1784。斑块数 22245 个，平均斑块面积 41.7508hm²，斑块破碎度 0.0240。

（1）在甘肃，板栗林仅集中分布于康县，既有天然林，也有人工林。

板栗天然林乔木常见与栎类、杨树混交。灌木不发达，主要有辽东栎和山柳。草本有沙米、莎草、鼠尾草。

乔木层平均树高 3m 左右，灌木层平均高 9cm，草本层平均高 2cm，乔木平均胸径 27cm，乔木郁闭度 0.58，灌木盖度 0.05，草本盖度 0.55，植被总盖度 0.74。

面积 8.7112hm²。

多样性指数 0，优势度指数 1，均匀度指数 0。斑块数 1 个，平均斑块面积 8.7112hm²，斑块破碎度 0.1148。

未见病害、虫害、火灾。未见自然和人为干扰。

板栗人工林乔木常见与栎类和杨树混交。灌木有山柳和六道木。草本有梭草、拟金茅。

乔木层平均树高 3.22m 左右，灌木层平均高 9.54cm，草本层平均高 2.23cm，乔木平均胸径 7cm，乔木郁闭度 0.58，灌木盖度 0.05，草本盖度 0.55，植被总盖度 0.71。

面积 69.4725hm²。

多样性指数 0.0600，优势度指数 0.9400，均匀度指数 0.3500。斑块数 4 个，平均斑块面积 17.3681hm²，斑块破碎度 0.0576。

未见病害、虫害、火灾。未见自然和人为干扰。

（2）在陕西，板栗林有天然林和人工林。

板栗天然林集中分布在留坝县，洛南县、西乡县、镇安县也有少量分布。

乔木常与桦木、栎类、马尾松、杉木等混交。灌木中零星分布有野蔷薇、栓皮栎、盐肤木、胡枝子等植物。草本中偶见羊胡子草、白茅以及少量的蕨。

乔木层平均树高 9.0m 左右，灌木层平均高 16.6cm，草本层平均高 4.1cm，乔木平均胸径 14cm，乔木郁闭度 0.55，灌木盖度 0.27，草本盖度 0.31，植被总盖度 0.78。

面积 14196.5469hm²。

多样性指数 0.5700，优势度指数 0.4300，均匀度指数 0.2300。斑块形状指数 1.73，斑块数 481 个，平均斑块面积 29.5146hm²，斑块破碎度 0.0339。

未见病害、虫害、火灾。有轻度人为干扰，面积 1939hm²。

板栗人工林集中分布在镇安县，柞水县、山阳县等地也有大量栽培。

乔木常与杉木、栓皮栎、桦木等混交。灌木中偶见葛藤、鬼刺、狼牙刺等植物。草本中偶见羊胡子草以及一些蒿。

乔木层平均树高 4.4m 左右，灌木层平均高 16.6cm，草本层平均高 4.9cm，乔木平均胸径 16cm，乔木郁闭度 0.3，灌木盖度 0.29，草本盖度 0.35，植被总盖度 0.72。

面积 67347.0477hm^2。

多样性指数 0.3700，优势度指数 0.6300，均匀度指数 0.5000。斑块数 5461 个，平均斑块面积 12.3323hm^2，斑块破碎度 0.0811。

未见病害。有重度虫害，面积 2hm^2。未见火灾。有轻度自然干扰，面积 15hm^2。有轻度人为干扰，面积 2874hm^2。

（3）在山东，板栗林主要分布于鲁中南山地及胶东丘陵，黄河以北及微山湖以西地区极罕见或不栽植。海拔最高的板栗林是泰山林场竹林分区，海拔 760m；海拔最低的板栗林是郯城县垱上、归义等公社，海拔不足 50m。

乔木是板栗纯林。灌木有兴安胡枝子、荆条、扁担杆、酸枣等。草本有黄背草、茵陈蒿、漏芦、白莲蒿、委陵菜、苣草等。

乔木层平均树高约 7.2m，灌木层平均高 0.5m，草本层平均高 0.4m，乔木平均胸径 35.3cm，乔木郁闭度 0.4，灌木盖度 0.1，草本盖度约 0.2。

面积 39217.4000hm^2。

多样性指数 0，优势度指数 1，均匀度指数 0。斑块数 56 个，平均斑块面积 700.3110hm^2，斑块破碎度 0.0014。

病害等级中。虫害等级中。火灾等级轻。人为干扰类型为森林经营活动。自然干扰类型为病虫害。

（4）在江苏，板栗林分布于宜兴、溧阳、吴县、南京、镇江、邳州、新沂、沭阳等县（直辖市）。除了里下河洼地和盐城市大部地区外，徐淮平原、长江下游平原、西南丘陵、太湖丘陵等地都有板栗的栽培分布。

乔木包括板栗、冬青、化香树、马尾松、山槐、榆树、糙叶树等。灌木不发达。草本有求米草、海金沙、何首乌、络石等。

乔木层平均树高 12m，草本层平均高 1m 以下，乔木平均胸径 16cm，乔木郁闭度 0.7，草本盖度约 0.9。

面积 4077.2100hm^2。

多样性指数 0，优势度指数 1，均匀度指数 0。斑块数 15 个，平均斑块面积 271.8140hm^2，斑块破碎度 0.0036。

病害轻。虫害无。火灾轻。人为干扰类型为森林经营活动。自然干扰类型为病虫害。

（5）在浙江，板栗林在全省分布大致可分为 3 个产区。浙西北产区包括长兴、安吉、淳安、桐庐、富阳等县，浙中产区包括上虞、诸暨、绍兴、萧山、金华、兰溪等县，浙南产区包括缙云、丽水、青田、云和、龙泉等县。

乔木主要由板栗组成。灌木、草本不发达。

乔木层平均树高 10m，灌木和草本基本没有，乔木平均胸径约 10cm，乔木郁闭度约 0.8。

面积 58759.9000hm²。

多样性指数 0，优势度指数 1，均匀度指数 0。斑块数 96 个，平均斑块面积 612.082hm²，斑块破碎度 0.0016。

病害轻。虫害无。火灾轻。人为干扰类型为森林经营活动。自然干扰类型为病虫害。

（6）在北京，板栗林系人工栽培的经济林，以产板栗为栽种目的，分布于怀柔南部山地、密云及昌平北部山地。

乔木以板栗为单一优势种。几乎无灌木、草本生长。

乔木层平均树高 9.6m，平均胸径 12.4cm，郁闭度约 0.4。几乎无灌木、草本。

面积 45638.8537hm²。

多样性指数 0，优势度指数 1，均匀度指数 0。斑块数 906 个，平均斑块面积 50.3740hm²，斑块破碎度 0.0199。

森林植被健康。无自然干扰。

（7）在河南，板栗林分布于大别山、桐柏山区。

乔木除板栗外，还有马尾松、杉木、枫香、麻栎等。灌木主要有杜鹃、野山楂、白鹃梅、黄荆等。草本主要有砂蒿、狗尾草、狼尾草、加拿大蓬、蒲公英、野菊花、白茅、木贼、黑三棱、芦苇等。

乔木层平均树高 11.3m，灌木层平均高 0.63m，草本层平均高 0.3m，乔木平均胸径 8.2cm，乔木郁闭度 0.61，灌木盖度 0.11，草本盖度 0.21，植被总盖度 0.8。

面积 89646.4979hm²。

多样性指数 0.4030，优势度指数 0.5970，均匀度指数 0.1260。斑块数 4531 个，平均斑块面积 19.7851hm²，斑块破碎度 0.0505。

森林植被健康。无自然干扰。

（8）在江西，板栗林面积大，分布广，全省大约 60 多个县（直辖市）有栽种，最北至德安，最南达全南。栽种比较集中的有龙南、全南、玉山、德兴、东乡、贵溪、铅山、崇仁、高安、宜丰、靖安、德安、修水、武宁、泰和、安福、南城、景德镇市、萍乡市、南昌市等。板栗的垂直分布，跨度也很大，从平原到海拔 2800m 的山地均有生长。一般多栽种在海拔 50~1100m 的地带，而绝大部分则在海拔 100~500m 的丘陵红壤地区。江西板栗林主要分布在丘陵红壤，其次是河流两岸平原及山地，大致可分为丘陵板栗林、平原和河滩板栗林、山地板栗林三大类。

乔木为板栗单一树种。灌木、草本不发达，主要有白茅、芒萁、野艾蒿、商陆、杠板归、半夏、算盘子、丁香蓼、芥蓼、叶下珠、珍珠菜、节节草、马齿苋等。

丘陵板栗林平均树高 4.2m，平均胸径 14.4cm，平均冠幅 5.5m；平原和河滩板栗林平均树高 9.5m，平均胸径 68cm，平均冠幅 13.7m；山地板栗林平均树高 7.5m，平均胸径 13.6cm，平均冠幅 5.13m。

面积 12414.5525hm²。

多样性指数 0，优势度指数 1，均匀度指数 0。斑块数 73 个，平均斑块面积 170.0624hm²，斑块破碎度 0.0058。

病害有白粉病和栗疫病等。虫害主要有栗瘿蜂、栗实象鼻虫、桃蛀螟、栗链蚧等 10 余种。

（9）在重庆，板栗林广泛分布，且大多为人工林。

乔木树种组成较为简单，大多形成纯林，或与杉木、马尾松等混交，少数林分内混有栎类、刺槐等其他阔叶树种。灌木、草本不发达。

乔木层平均树高 5.8m，灌木层平均高 1.7m，草本层平均高 0.3m 以下，乔木平均胸径 12.9cm，乔木郁闭度约 0.6，灌木盖度约 0.3，草本盖度 0.3。

面积 29834.3639hm²。

多样性指数 0.0889，优势度指数 0.9111，均匀度指数 0.1849。斑块数 2141 个，平均斑块面积 13.9347hm²，斑块破碎度 0.0718。

森林植被健康。无自然干扰。

（10）在贵州，板栗林在全省各地均有栽培，在兴义市、望谟县、罗甸县有较集中的分布。

乔木由板栗林单一树种组成。灌木不发达。草本可见铁芒萁、紫茎泽兰、莎草、鬼针草、清明草等。

乔木层平均树高 4.2m，平均胸径 12.5cm，郁闭度 0.65。草本盖度 0.4，平均高 0.3m。

面积 21258.4255hm²。

多样性指数 0，优势度指数 1，均匀度指数 0。斑块数 1565 个，平均斑块面积 13.5836hm²，斑块破碎度 0.0736。

板栗林森林植被健康。基本未受灾害。板栗林很少受到极端自然灾害和人为活动的影响。

（11）在云南，板栗林主要在曲靖、昆明、楚雄、昭通、大理、文山、保山、丽江等地区栽培。栽培海拔多在 1000~2800m。

乔木一般为板栗纯林。灌木主要有乌鸦果、云南杨梅、金丝桃、铁仔等。草本主要有青蒿、龙牙草等。

乔木层平均树高 9.3m，灌木层平均高 1.0m，草本层平均高 0.3m 以下，乔木平均胸径 14.3cm，乔木郁闭度约 0.6，草本盖度 0.3。

面积 211818.1011hm²。

多样性指数 0.6429，优势度指数 0.3571，均匀度指数 0.4275。斑块数 6106 个，平均斑块面积 34.6901hm²，斑块破碎度 0.0288。

森林植被健康中等。无自然干扰。人为干扰主要是抚育、更新和征占，抚育面积 586.5646hm²，更新面积 17.5969hm²，征占面积 57.69hm²。

（12）在四川，板栗林分布较为分散，主要种植的地区有万源、南江、通江、青县、古蔺、甘洛、石棉、泸定、德昌、宁南等。

乔木为板栗纯林。灌木、草本不发达，灌木和草本生长也不稳定。

乔木层平均树高 8.5m，平均胸径 15.5cm，郁闭度 0.68。

面积 9728.8213hm^2。

多样性指数 0，优势度指数 1，均匀度指数 0。斑块数 395 个，平均斑块面积 24.6299hm^2，斑块破碎度 0.0406。

以经济林为主，自然度低，有明显人为干扰。基本都无灾害，灾害等级为 0。受到明显的人为干扰，主要为采伐、更新、抚育、征占等，其中采伐面积为 68.89hm^2，更新面积为 159.24hm^2，抚育面积为 192.27hm^2，征占面积为 32.43hm^2。

（13）在山西，板栗林分布很少，集中分布在夏县和昔阳县，其余分布在左权县和阳泉市市辖区内。

乔木板栗常与椴树、鹅耳枥、漆树混交。灌木不发达，偶见有胡枝子、绣线菊、虎榛子等。草本不发达，偶见黄精、羊胡子草、糙苏等。

乔木层平均树高 1.6m，灌木层平均高 0.2cm，草本层平均高 1.5cm，乔木平均胸径 4.8cm，乔木郁闭度 0.66，灌木盖度 0.21，草本盖度 0.11。

面积 2998.4137hm^2。

多样性指数 0.0300，优势度指数 0.9700，均匀度指数 0.8800。斑块数 7 个，平均斑块面积 428.3448hm^2，斑块破碎度 0.0023。

未见病害、虫害、火灾。未见自然和人为干扰。

（14）在福建，板栗林主要分布地包括建瓯、顺昌、崇安、将乐、上杭、长汀、仙游、德化、大田、寿宁等 40 余县。

板栗林乔木组成相对简单，以板栗为主，伴生有枫香、麻栎等树种。灌木主要黄荆、绣线菊。草本主要有早熟禾、蒿、样胡子草、地榆等。

乔木平均胸径 15.8cm，平均树高 8.8m，郁闭度 0.66。灌木盖度 0.1，平均高 1m。草本盖度 0.2，平均高 0.2m。

面积 136359.0000hm^2。

多样性指数 0.5440，优势度指数 0.4560，均匀度指数 0.5140。斑块数 37 个，平均斑块面积 3685.38hm^2，斑块破碎度 0.0002。

板栗林生长健康。无自然干扰。人为干扰主要是抚育管理。

（15）在广西，板栗林主要分布于天峨县、扶绥县、田阳县、东兰县、百色市、河池市等地区。

乔木组成单一。灌木、草本不发达。

乔木平均胸径 10.8cm，平均树高 8.8m，郁闭度 0.62。

面积 184619.8812hm^2。

多样性指数 0，优势度指数 1，均匀度指数 0。斑块数 368 个，平均斑块面积 501.6845hm^2，斑块破碎度 0.0020。

板栗林生长良好。自然干扰主要是病虫害。人为干扰主要是抚育管理。

（16）在海南，板栗林主要分布于琼山市、海口市。

乔木组成简单，以板栗形成单一群落。灌木、草本不发达。

乔木平均胸径 12.2cm，平均树高 8.9m，郁闭度 0.68。

面积 754.0940hm²。

多样性指数 0，优势度指数 1，均匀度指数 0。斑块数 2 个，平均斑块面积 377.0470hm²，斑块破碎度 0.0026。

板栗林生长良好。自然十扰是病虫害。人为干扰是抚育管理。

十五、槐树林

槐树林在我国分布广泛，种类主要是国槐、刺槐，主要分布于安徽、北京、甘肃、河北、河南、辽宁、宁夏、山东、山西、陕西、四川、天津、重庆等省（自治区、直辖市），面积 2485478.3110hm²，蓄积量 106230276.9320m³，生物量 127494182.2870t，碳储量 63454752.6971t。每公顷蓄积量 42.7404m³，每公顷生物量 51.2956t，每公顷碳储量 25.5302t。多样性指数 0.5872，优势度指数 0.4128，均匀度指数 0.4263。斑块数 89385 个，平均斑块面积 27.8064hm²，斑块破碎度 0.0360。

174. 刺槐林（*Robinia pseudoacacia* forest）

安徽、北京、甘肃、河北、河南、辽宁、宁夏、山东、山西、陕西、四川、天津、重庆 13 个省（自治区、直辖市）有刺槐林分布，面积 2472527.7613hm²，蓄积量 105621399.0069m³，生物量 126810355.9368t，碳储量 63112847.8060t。每公顷蓄积量 42.7180m³，每公顷生物量 51.2877t，每公顷碳储量 25.5256t。多样性指数 0.3943，优势度指数 0.6056，均匀度指数 0.4326。斑块数 88743 个，平均斑块面积 27.8620hm²，斑块破碎度 0.0359。

（1）在甘肃，刺槐林有天然林和人工林。

在甘肃，刺槐天然林集中分布在礼县、徽县、镇原县、正宁县、文县、华池县、天水市市辖区、宁县。

乔木常见与榆树和杨树混交。灌木有水栒子、盐爪爪、银露梅、油松、杭子梢。草本中常见的有灰绿藜、灰菜、火绒草、苤苤菜。

乔木层平均树高 6.65m 左右，灌木层平均高 8.28cm，草本层平均高 3.6cm，乔木平均胸径 5cm，乔木郁闭度 0.29，灌木盖度 0.09，草本盖度 0.41，植被总盖度 0.55。

面积 3794.3438hm²，蓄积量 115613.4194m³，生物量 171082.4408t，碳储量 84788.4577t。每公顷蓄积量 30.4699m³，每公顷生物量 45.0888t，每公顷碳储量 22.3460t。

多样性指数 0.7400，优势度指数 0.2600，均匀度指数 0.5900。斑块数 252 个，平均斑块面积 15.0569hm²，斑块破碎度 0.0664。

有轻度病害，面积 20.79hm²。未见虫害、火灾。未见自然和人为干扰。

在甘肃，刺槐人工林分布于灵台县、宁县、泾川县、合水县、正宁县、静宁县、庆阳县、平凉市。

乔木常见与榆树和杨树以及椴树混交。灌木中常见的有花楸和其他灌木以及槭树。草本中主要有麦冬、猫儿刺、白茅。

乔木层平均树高 7.1m 左右，灌木层平均高 8.28cm，草本层平均高 3.93cm，乔木平均胸径 7cm，乔木郁闭度 0.3，灌木盖度 0.09，草本盖度 0.41，植被总盖度 0.48。

面积 532995.6772hm²，蓄积量 25873440.9727m³，生物量 28611713.7444t，碳储量 14179965.3317t。每公顷蓄积量 48.5431m³，每公顷生物量 53.6808t，每公顷碳储量 26.6042t。

多样性指数 0.8400，优势度指数 0.1600，均匀度指数 0.3300。斑块数 16040 个，平均斑块面积 33.2291hm²，斑块破碎度 0.0301。

有重度病害，面积 21735.82hm²。有重度虫害，面积 14688.167hm²。有中度火灾，面积 73.6hm²。有重度自然干扰，面积 97841hm²。有轻度人为干扰，面积 13524hm²。

（2）在宁夏，刺槐林主要为人工林，主要分布于六盘山和贺兰山山区，在泾源县、固原县分布较多，在隆德县、彭阳县、西吉县以及海原县等也有少量分布。

乔木以纯林为主。灌木不发达，偶见胡枝子、沙棘、绣线菊、忍冬等小灌木。草本有水杨梅、龙芽草、半夏、鸭跖草、丛枝蓼、求米草、牛繁缕等。阳坡林下草本植物有臭草、疏花野青茅、桔草、鹅观草、低矮苔草等。

乔木层平均树高 14.5m 左右，灌木层平均高 20cm，草本层平均高 3cm，乔木平均胸径 24cm，乔木郁闭度 0.35，灌木盖度 0.11，草本盖度 0.43。

面积 6641.4100hm²，蓄积量 41508.8125m³，生物量 86589.3753t，碳储量 43294.6877t。每公顷蓄积量 6.2500m³，每公顷生物量 13.0378t，每公顷碳储量 6.5189t。

多样性指数 0.3060，优势度指数 0.6940，均匀度指数 0.6350。斑块数 323 个，平均斑块面积 20.5616hm²，斑块破碎度 0.0486。

病害等级为 1 级，分布面积达到 1.15hm²。虫害等级为 1 级，分布面积为 239.48hm²。未见火灾。自然干扰严重。人为干扰严重。

（3）在山西，刺槐林有天然林和人工林

在山西，刺槐天然林主要分布在襄垣县。

乔木刺槐与油松等混交。灌木不发达，偶见胡枝子。草本不发达，有甘草、蒿。

乔木层平均树高 4.3m，灌木层平均高 11.5cm，草本层平均高 4.3cm，乔木平均胸径 5.7cm，乔木郁闭度 0.21，灌木盖度 0.32，草本盖度 0.72。

面积 561811.0531hm²，蓄积量 16872150.2267m³，生物量 25214348.5998t，碳储量 12496231.166t。每公顷蓄积量 30.0317m³，每公顷生物量 44.8805t，每公顷碳储量 22.2428t。

多样性指数 0.7200，优势度指数 0.2800，均匀度指数 0.4800。斑块数 18650 个，平均斑块面积 30.1239hm²，斑块破碎度 0.0332。

有轻度病害，面积 258hm²。有轻度虫害，面积 852hm²。有轻度火灾，面积 3hm²。有轻度、中度、重度自然干扰，面积分别为 67073hm²、13428hm²、1hm²。有轻度、中度、重度人为干扰，面积分别为 1662hm²、210hm²、19hm²。

在山西，刺槐人工林主要分布在榆社县、沁县、临县等。

乔木刺槐与鹅耳枥、杨树、柏木、油松、榆树等混交。灌木不发达，一般有柽柳、杭子梢、荆条、黄刺玫、酸枣等。草本有白草、蒿、铁杆蒿等。

乔木层平均树高 5.5m，灌木层平均高 6.3cm，草本层平均高 4.3cm，乔木平均胸径 6.7cm，乔木郁闭度 0.39，灌木盖度 0.1，草本盖度 0.51。

面积 62020.2530hm²，蓄积量 1722031.0862m³，生物量 2716684.1880t，碳储量 1346388.6836t。每公顷蓄积量 27.7656m³，每公顷生物量 43.8032t，每公顷碳储量 21.7089t。

多样性指数 0.1900，优势度指数 0.8100，均匀度指数 0.9100。斑块数 2449 个，平均斑块面积 25.32472hm²，斑块破碎度 0.0395。

未见病害、虫害、火灾。有轻度和中度自然干扰，面积分别为 2404hm²、1697hm²。未见人为干扰。

（4）在陕西，刺槐林有天然林和人工林。

在陕西，刺槐天然林主要集中分布在旬阳县，在延安市、宜君县等地也有少量分布。

乔木刺槐少数与榆树和硬阔类林混交。灌木有悬钩子、沙棘、秦岭箭竹等。草本有苔藓、蕨以及一些蒿。

乔木层平均树高 12m 左右，灌木层平均高 10.9cm，草本层平均高 4.6cm，乔木平均胸径 17cm，乔木郁闭度 0.28，灌木盖度 0.2，草本盖度 0.57，植被总盖度 0.69。

面积 2909.2074hm²，蓄积量 59318.7381m³，生物量 69045.0794t，碳储量 33376.3914t。每公顷蓄积量 20.3900m³，每公顷生物量 23.7333t，每公顷碳储量 11.4727t。

多样性指数 0.1700，优势度指数 0.8300，均匀度指数 0.7100。斑块数 692 个，平均斑块面积 4.2040hm²，斑块破碎度 0.2379。

未见病害、虫害、火灾。未见自然干扰。有轻度人为干扰，面积 185hm²。

在陕西，刺槐人工林广泛分布在子长县、延长县、延安市等市县，安塞县、延川县等也有大量分布。

乔木刺槐常与华山松、泡桐、柳树、榆树以及一些硬软阔类林混交。灌木常见的有酸枣、胡枝子、黄蔷薇、狼牙刺、沙棘等植物。草本常见的有白草、甘草、羊胡子草、禾本科草等植物。

乔木层平均树高 7.5m 左右，灌木层平均高 10.0cm，草本层平均高 4.6cm，乔木平均胸径 19cm，乔木郁闭度 0.42，灌木盖度 0.17，草本盖度 0.52，植被总盖度 0.77。

面积 109308.2828hm²，蓄积量 2116208.3557m³，生物量 2509084.6231t，碳储量 1212891.5068t。每公顷蓄积量 19.3600m³，每公顷生物量 22.954t，每公顷碳储

量 11. 0961t。

多样性指数 0.7400，优势度指数 0.2600，均匀度指数 0.1200。斑块数 27904 个，平均斑块面积 3.9172hm²，斑块破碎度 0.2553。

未见病害、虫害、火灾。有轻度、中度、重度自然干扰，面积分别为 96hm²、32hm²、4hm²。有轻度人为干扰，面积 24498hm²。

（5）在山东，刺槐林分布于济南、历城、长清、泰安、肥城、临朐、沂源、沂水、安丘、沂南、蒙阴。全部为人工林，个别地方是人工林被采伐后根萌生的次生林。刺槐原产北美东部的阿巴拉契亚山脉和奥萨克山脉一带，在河流两岸或肥沃的冲积平原上生长特别茂盛。1898 年首先从德国引入青岛，由于适应性强，生长迅速，逐渐从青岛沿胶济铁路向各处发展，并遍及全省。

乔木为刺槐单一树种。灌木有胡枝子、荆条、兴安胡枝子、酸枣、紫穗槐等。草本有野古草、野青茅、画眉草、唐松草、地榆、鹅观草、龙芽草、漏芦、羊胡子草、白羊草、荩草、隐子草、结缕草、长蕊石头花、青蒿、委陵菜、蓬子菜等。

乔木层平均树高 15m，灌木层平均高 3~5m，草本层平均高 1.5m 以下，乔木平均胸径约 15cm，乔木郁闭度约 0.9，灌木盖度约 0.5，草本盖度约 0.5。

面积 6035.8000hm²，蓄积量 191159.1342m³，生物量 214729.0554t，碳储量 107364.5277。每公顷蓄积量 31.6709m³，每公顷生物量 35.5759t，每公顷碳储量 17.7880t。

多样性指数 0，优势度指数 1，均匀度指数 0。斑块数 3 个，平均斑块面积 2011.930hm²，斑块破碎度 0.0005。

病害无。虫害无。火灾等级中。人为干扰类型为森林经营活动。自然干扰类型为自然火。

（6）在北京，刺槐林系人工栽培，分布于密云县密云水库周边、市区内各森林公园以及行道旁。

乔木通常只有刺槐一种，偶尔与其混生的种类多是当地的原生树种，如赤松、油松、麻栎、栓皮栎、榆树、山合欢、黄檀和臭椿等。灌木盖度很小，常见的种有荆条、酸枣、胡枝子、花木蓝、紫穗槐、岩鼠李等，也常有乔木的萌生幼株，如榆树、山桃等。草本的组成常因土壤条件不同而异，北京地区较干瘠，以耐旱种类占优势，如白羊草、结缕草、霞草、鬼针草等。

乔木层平均树高 10.0m，灌木层平均高 1m，草本层平均高 0.5m 以下，乔木平均胸径 15.1cm，乔木郁闭度约 0.6，灌木盖度约 0.2，草本盖度 0.15。

面积 14163.3791hm²，蓄积量 295500.0000m³，生物量 331935.1500t，碳储量 165967.5750t。每公顷蓄积量 20.8637m³，每公顷生物量 23.4362t，每公顷碳储量 11.7181t。

多样性指数 0.2462，优势度指数 0.7538，均匀度指数 0.1120。斑块数 612 个，平均斑块面积 23.1427hm²，斑块破碎度 0.0432。

森林植被健康。无自然干扰。

（7）在安徽，刺槐林分布于全省南北各地，都是人工林，多分布在低山丘陵海拔500m以下的山麓坡地，土壤为山地棕壤、黄棕壤，pH5.5~6.5。在山顶因风大、土层瘠薄生长较差。

乔木有刺槐、臭椿、黄连木、苦楝、朴树。灌木有野蔷薇、野花椒、野山楂、六月雪、棠梨、算盘子、茅莓、胡枝子、扁担杆。草本有播娘蒿、鸭跖草、求米草、狗尾草、光果田麻、牛膝、白茅、荩草、黄花蒿。

乔木层平均树高10m，灌木层平均高2.6m，草本层平均高0.17cm，乔木平均胸径19cm，乔木郁闭度0.75，灌木与草本盖度0.5~0.55，植被总盖度0.7~0.75。

面积467029.2697hm²，蓄积量42777094.9878m³，生物量48051510.7998t，碳储量24025755.3999t。每公顷蓄积量91.5940m³，每公顷生物量102.88769t，每公顷碳储量51.4438t。

多样性指数0.2013，优势度指数0.7987，均匀度指数0.3145。斑块数1216个，平均斑块面积384.0701hm²，斑块破碎度0.0026。

森林植被健康。无自然干扰。

（8）在河南，刺槐林分布于伏牛山、太行山山区及平原地区。

乔木主要有刺槐、油松、毛白杨、旱柳、栓皮栎、榆树、臭椿、侧柏、核桃等。灌木主要有酸枣、杠柳、紫穗槐、迎春、胡枝子、山楂、接骨木、棠梨、白蜡树、柽柳、枸杞、黄荆等。草本主要有白草、羊胡子草、马唐、蟋蟀草、黄背草、饭包草、大蓟、加拿大蓬、野艾、草木犀、沙蓬、野毛菜、竹叶草、野菊花等。

乔木层平均树高6.8m，灌木层平均高0.83m，草本层平均高0.22m，乔木平均胸径8.8cm，乔木郁闭度0.6，灌木盖度0.12，草本盖度0.24，植被总盖度0.82。

面积151283.3455hm²，蓄积量4211025.7804m³，生物量5970737.9924t，碳储量2985368.9962t。每公顷蓄积量27.8354m³，每公顷生物量39.4673t，每公顷碳储量19.7336t。

多样性指数0.3860，优势度指数0.6140，均匀度指数0.3260。斑块数7534个，平均斑块面积20.0801hm²，斑块破碎度0.0498。

森林植被健康。无自然干扰。

（9）在四川，刺槐林分布较为分散，主要在万源、苍溪、渠县、宣汉、茂县、理县、汶川、小金县、美姑、越西、布拖等地有栽植。

乔木主要以优势树种刺槐为主，少量伴生樟树，第二林层常见女贞、油桐等。灌木简单，以悬钩子最为常见，少量见蜡梅等。草本主要为鸭跖草、石海椒、冷水花、蒿、凹叶景天、接骨木、鸢尾等植物。

乔木层平均树高13.7m，灌木层平均高1.9m，草本层平均高0.2m以下，乔木平均胸径25.2cm，乔木郁闭度约0.5，草本盖度0.3。

面积25821.1456hm²，蓄积量668874.4588m³，生物量868905.2998t，碳储量

434452.6499t。每公顷蓄积量 25.9041m³，每公顷生物量 33.6509t，每公顷碳储量 16.8255t。

多样性指数 0.4628，优势度指数 0.5372，均匀度指数 0.8045。斑块数 585 个，平均斑块面积 44.1387hm²，斑块破碎度 0.0227。

森林植被健康。受到明显的人为干扰，主要为采伐、更新、抚育、征占等，其中采伐面积 181.77hm²，更新面积 420.19hm²，抚育面积 507.34hm²，征占面积 85.57hm²。

（10）在河北，刺槐林分布于西部太行山东麓，为人工造林所形成。

乔木单一，林木通常规则排列，或是分布于河道两侧。灌木几乎不发育。草本几乎不发育。

乔木层平均树高 11.5m，灌木层平均高 1.0m，草本层平均高 0.3m，乔木平均胸径 13.0cm，乔木郁闭度 0.5，灌木盖度 0.12，草本盖度 0.08。

面积 155159.7561hm²，蓄积量 1563389.7028m³，生物量 1756155.6532t，碳储量 878077.8266t。每公顷蓄积量 10.0760m³，每公顷生物量 11.3184t，每公顷碳储量 5.6592t。

多样性指数 0.1347，优势度指数 0.8653，均匀度指数 0.9418。斑块数 313 个，平均斑块面积 495.7180hm²，斑块破碎度 0.0020。

森林植被健康。无自然干扰。

（11）在天津，刺槐林多分布于道路两侧、河边，为人工造林所形成。

乔木单一，林木通常规则排列，或是分布于河道两侧。灌木几乎不发育。草本几乎不发育。

乔木层平均树高 12.6m，灌木层平均高 0.6m，草本层平均高 0.6m，乔木平均胸径 12.9cm，乔木郁闭度 0.5，灌木盖度 0.25，草本盖度 0.14。

面积 453.4184hm²，蓄积量 15902.0771m³，生物量 17720.7092t，碳储量 8860.3546t。每公顷蓄积量 35.0715m³，每公顷生物量 39.0825t，每公顷碳储量 19.5412t。

多样性指数 0.6722，优势度指数 0.3278，均匀度指数 0.4176。斑块数 38 个，平均斑块面积 11.9320hm²，斑块破碎度 0.0838。

森林植被健康。无自然干扰。

（12）在辽宁，刺槐林分布于辽宁南部广大地区。

乔木主要有刺槐、色木槭、杨树等。灌木主要有荆条、酸枣。草本主要有蒿、紫羊茅。

乔木层平均树高 6.74m，灌木层平均高 1.2m，草本层平均高 0.4m，乔木平均胸径 8.72cm，乔木郁闭度 0.49，灌木盖度 0.34，草本盖度 0.5，植被总盖度 0.86。

面积 345035.8134hm²，蓄积量 8140959.0013m³，生物量 9144739.2462t，碳储量 4572369.6231t。每公顷蓄积量 23.5945m³，每公顷生物量 26.5037t，每公顷碳储量 13.2519t。

多样性指数 0.2091，优势度指数 0.7908，均匀度指数 0.0991。斑块数 10090 个，平

均斑块面积 34.1958hm², 斑块破碎度 0.0292。

森林植被健康。无自然干扰。

(13) 在重庆, 刺槐广泛分布。

刺槐林乔木主要以优势树种刺槐为主, 少量伴生樟树, 第二林层常见女贞、油桐等。灌木简单, 以悬钩子最为常见, 少量见蜡梅等。草本主要为鸭跖草、石海椒、冷水花、蒿、凹叶景天、接骨木、鸢尾等植物。

面积 28096.5778hm², 蓄积量 958880.0076m³, 生物量 1077109.9125t, 碳储量 538554.9562t。每公顷蓄积量 34.1280m³, 每公顷生物量 38.3360t, 每公顷碳储量 19.1680t。

多样性指数 0.2910, 优势度指数 0.7090, 均匀度指数 0.1588。斑块数 2042, 平均斑块面积 13.7593hm², 斑块破碎度 0.0727。

刺槐林生长健康。无自然和人为干扰。

175. 国槐林 (*Sophora japonica* forest)

在山西, 国槐林以人工林为主, 以绛县分布居最, 运城市、河津县和夏县次之, 其他市县也有分布但数量不多。

人工林多数为纯林。灌木主要有水枸子、红瑞木、黄刺玫、狼牙刺等。草本较丰富, 主要有早熟禾、远志、玄参、菟丝子、唐松草。

乔木层平均树高 7.5m, 灌木层平均高 7.3cm, 草本层平均高 4.3cm, 乔木平均胸径 6.7cm, 乔木郁闭度 0.39, 灌木盖度 0.09, 草本盖度 0.51。

面积 12919.5781hm², 蓄积量 607220.1707m³, 生物量 682090.4177t, 碳储量 341044.5629t。每公顷蓄积量 47.0000m³, 每公顷生物量 52.7951t, 每公顷碳储量 26.3975t。

多样性指数 0.7800, 优势度指数 0.2200, 均匀度指数 0.4200。斑块数 642 个, 平均斑块面积 20.1239hm², 斑块破碎度 0.0497。

有轻度病害, 面积 31hm²。有轻度虫害, 面积 17hm²。未见火灾。有轻度和中度自然干扰, 面积分别为 171hm²、37hm²。有轻度人为干扰, 面积 70hm²。

十六、椿树林

椿树林主要有红椿林、香椿林和臭椿林, 主要分布在云南、北京、天津、重庆等省 (自治区、直辖市), 面积 20996.2204hm², 蓄积量 724962.7284m³, 生物量 1040709.6263t, 碳储量 520354.8131t。每公顷蓄积量 34.5282m³, 每公顷生物量 49.5665t, 每公顷碳储量 24.7833t。

多样性指数 0.2907, 优势度指数 0.7093, 均匀度指数 0.3307。斑块数 1746 个, 平均斑块面积 12.0253hm², 斑块破碎度 0.0832。

176. 红椿淋 (*Toona ciliate* forest)

在云南, 红椿林垂直分布于海拔 300~2260m。

乔木伴生树种有重阳木、枫杨、杯状栲、红麸杨、栓叶安息香。灌木及藤本主要有苎麻、葎叶蛇葡萄、蔓赤车、南一笼鸡等。草本主要有楼梯草、疏叶卷柏、金荞麦。

乔木层平均树高 13.5m，灌木层平均高 2m，草本层平均高 0.75m 以下，乔木平均胸径 19cm，乔木郁闭度 0.7，草本盖度 0.4。

面积 992.2889hm²，蓄积量 67409.4941m³，生物量 74197.6302t，碳储量 37098.8151t。每公顷蓄积量 67.9333m³，每公顷生物量 74.7742t，每公顷碳储量 37.3871t。

多样性指数 0.6352，优势度指数 0.3648，均匀度指数 0.5631。斑块数 13 个，平均斑块面积 76.3299hm²，斑块破碎度 0.0131。

森林植被健康中等。无自然干扰。人为干扰为抚育活动，抚育面积 259.9358hm²。

177. 臭椿林 (*Ailanthus altissima* forest)

在天津，臭椿林主要分布于蓟县山地，为天然次生林。

乔木树种为臭椿、榆属植物、蒙古栎等，也会混有山杨、桦木等。灌木主要有金露梅、胡枝子等。草本几乎不发育，偶见苔草等。

乔木层平均树高 13.1m，灌木层平均高 1.5m，草本层平均高 0.6m，乔木平均胸径 13.8cm，乔木郁闭度 0.5，灌木盖度 0.25，草本盖度 0.12。

面积 85.3312hm²，蓄积量 3685.2484m³，生物量 4132.8379t，碳储量 2066.4189t。每公顷蓄积量 43.1876m³，每公顷生物量 48.4329t，每公顷碳储量 24.2165t。

多样性指数 0.1985，优势度指数 0.8015，均匀度指数 0.1807。斑块数 10 个，平均斑块面积 8.4396hm²，斑块破碎度 0.1172。

森林植被健康。无自然干扰。

178. 香椿林 (*Toona sinensis* forest)

在北京、云南 2 个省（直辖市）有香椿林分布，面积 759.3180hm²。多样性指数 0.3078，优势度指数 0.6921，均匀度指数 0.2739。斑块数 142 个，平均斑块面积 5.3473hm²，斑块破碎度 0.1870。

（1）在云南，香椿林各地都有栽培，以滇中地区较多。

乔木多为单层纯林。因人为活动频繁，林下灌木、草本种类不稳定。

乔木层平均树高 5.6m，灌木层平均高 0.7m，草本层平均高 0.2m 以下，乔木平均胸径 16.8cm，乔木郁闭度约 0.6，草本盖度 0.3。

面积 705.4343hm²。

多样性指数 0.6157，优势度指数 0.3843，均匀度指数 0.5478。斑块数 136 个，平均斑块面积 5.18701hm²，斑块破碎度 0.1928。

森林植被健康中等。无自然干扰。人为干扰主要是抚育活动，抚育面积 211.6302hm²。

（2）在北京，香椿林分布于北部怀柔、密云、平谷、延庆、昌平等区县。

乔木以香椿为单一优势种，几乎无其他树种混生。林下几无灌木生长。林下几无草本生长。

乔木层平均树高 5.5m，平均胸径 15.5cm，郁闭度 0.6。

面积 53.8837hm^2。

多样性指数 0，优势度指数 1，均匀度指数 0。斑块数 6 个，平均斑块面积 8.9806hm^2，斑块破碎度 0.1114。

森林植被健康。无自然干扰。人为干扰主要是抚育管理与采摘。

179. 椿树林（*Ailanthus altissima* forest）

在重庆，椿树林广泛分布，以臭椿为主。

臭椿树林在阴坡乔木主要以优势树种臭椿和少量云杉组成，在阳坡乔木主要由柏木属组成稀疏的低矮森林。

面积 19159.2823hm^2，蓄积量 653867.9859m^3，生物量 962379.1582t，碳储量 481189.5791t。每公顷蓄积量 34.1280m^3，每公顷生物量 50.2304t，每公顷碳储量 25.1152t。

多样性指数 0.0212，优势度指数 0.9788，均匀度指数 0.305。斑块数 1581 个，平均斑块面积 12.1185hm^2，斑块破碎度 0.0825。

臭椿林生长健康。无自然和人为干扰。

十七、泡桐林类

泡桐林类主要有泡桐林、川泡桐林和白花泡桐林，主要分布在甘肃、贵州、河南、湖北、江苏、山东、陕西、云南、四川等省（自治区、直辖市），面积 1229325.5137hm^2，蓄积量 35627223.4901m^3，生物量 53909548.1197t，碳储量 26950328.8075t。每公顷蓄积量 28.9811m^3，每公顷生物量 43.8529t，每公顷碳储量 21.9229t。多样性指数 0.4036，优势度指数 0.5963，均匀度指数 0.5679。斑块数 11706 个，平均斑块面积 105.0167hm^2，斑块破碎度 0.0095。

180. 川泡桐林（*Paulownia fargesii* forest）

在四川，川泡桐林广泛分布于全省，生长于海拔 1200~3000m 的地区。

乔木简单，少见柳杉、慈竹、香椿等树种伴生。灌木种类较少，常见的有悬钩子、杜鹃等。草本盖度较低，常见植物为冷水花、一把伞南星、蕨、蓼、地丁草、风轮菜、马鞭草、求米草、紫堇等。

乔木层平均树高 13.8m，灌木层平均高 2.1m，草本层平均高 0.2m 以下，乔木平均胸径 17.2cm，乔木郁闭度约 0.5，草本盖度 0.45。

面积 30076.8782hm^2，蓄积量 1553130.1672m^3，生物量 1709530.3750t，碳储量 854765.1875t。每公顷蓄积量 51.6387m^3，每公顷生物量 56.8387t，每公顷碳储量 28.4193t。

多样性指数 0.4737，优势度指数 0.5263，均匀度指数 0.5893。斑块数 1098 个，平均

斑块面积 27.3924hm²，斑块破碎度 0.0365。

无灾害等级的面积为 29601.48hm²。受到明显的人为干扰，主要为采伐、更新、抚育、征占等，其中采伐面积 204.01hm²，更新面积 471.62hm²，抚育面积 569.43hm²，征占面积 96.05hm²。

181. 泡桐树林（*Paulowinia fortunei* forest）

在我国甘肃、贵州、河南、湖北、江苏、山东、陕西、云南 8 个省有泡桐林分布，面积 1199248.6355hm²，蓄积量 34074093.3229m²，生物量 52200017.7447t，碳储量 26095563.6200t。每公顷蓄积量 28.4129m³，每公顷生物量 43.5273t，每公顷碳储量 21.7599t。多样性指数 0.2905，均匀度指数 0.4712，优势度指数 0.7095。斑块数 10608 个，平均斑块面积 113.0513hm²，斑块破碎度 0.0888。

（1）在陕西，泡桐主要为人工栽培林，主要分布在凤翔县、渭南县、岐山县等。

乔木偶见与少量硬阔类林混交，绝大部分为纯林。灌木有葛藤、黑桦、栓皮栎等。草本偶见白扁豆、芦苇草、蛇莓等植物。

乔木层平均树高 8.6m 左右，灌木层平均高 12.5cm，草本层平均高 3.0cm，乔木平均胸径 17cm，乔木郁闭度 0.25，灌木盖度 0.3，草本盖度 0.5，植被总盖度 0.92。

面积 14073.5151hm²，蓄积量 450211.7483m³，生物量 644728.0774t，碳储量 319527.2351t。每公顷蓄积量 31.9900m³，每公顷生物量 45.8114t，每公顷碳储量 22.7042t。

多样性指数 0.1000，优势度指数 0.9000，均匀度指数 0.9200。斑块数 116 个，平均斑块面积 121.3234hm²，斑块破碎度 0.0082。

未见病害、虫害、火灾。未见自然和人为干扰。

（2）在山东，泡桐共有五个种，通称为泡桐，即楸叶泡桐、兰考泡桐、毛泡桐、光泡桐及白花泡桐。楸叶泡桐以昌邑、益都、临朐及烟台地区和青岛市为主要分布区，淄博、泰安、临沂等地区亦有分布，过去称为山东桐；兰考泡桐以单县、曹县、东明、菏泽等县市栽植较多，当地称为大桐，近年来全省都有栽植；白花泡桐原产长江流域诸省，泰安最早引进，生长良好，近来各地亦有少量引进；毛泡桐过去全省各地都广泛栽植，光泡桐和毛泡桐混生在一起。由于毛泡桐和光泡桐主干低矮，生长较慢，已被兰考泡桐所代替，日益稀少。近十余年来，山东省各地陆续营造小片速生丰产林，主要是兰考泡桐，以兖州县、东明县、菏泽市、泰安市、郯城县营造的片林最多；楸叶泡桐林以胶南县、招远县、兖州县和济宁县等地最多；白花泡桐片林较为少见。

乔木多以泡桐为单一纯林，常见林粮间作模式。灌木不发达。草本有小麦、棉花、甘薯等农作物。

乔木层平均树高 12m，平均胸径 21cm，郁闭度 0.9。草本盖度 0.1。

面积 686.3890hm²，蓄积量 33579.4369m³，生物量 36960.8862t，碳储量 18480.4431t。每公顷蓄积量 48.9219m³，每公顷生物量 53.8483t，每公顷碳储量 26.9242t。

多样性指数 0，优势度指数 1，均匀度指数 0。斑块数 3 个，平均斑块面积

228.796hm², 斑块破碎度 0.0043。

病害无。虫害无。火灾轻。人为干扰类型为建设征占。无自然干扰。

（3）在江苏，泡桐林大体分布在长江两岸的南京、镇江、常熟、苏州等地，并以南京分布较为集中。

乔木为泡桐纯林，或与杉木、竹类、茶树等混交。灌木、草本不发达。

乔木层平均树高 14.5m，平均胸径 30.6cm，郁闭度 0.55。

面 积 571.6000hm²，蓄 积 量 36659.0807m³，生 物 量 40350.6501t，碳 储 量 20175.3251t。每公顷蓄积量 64.1342m³，每公顷生物量 70.5925t，每公顷碳储量 35.2962t。

多样性指数 0.1475，优势度指数 0.8525，均匀度指数 0.1558。斑块数 3 个，平均斑块面积 190.5330hm²，斑块破碎度 0.0052。

病害无。虫害无。火灾轻。人为干扰类型为建设征占。无自然干扰。

（4）在河南，泡桐林分布于大别山、桐柏山、伏牛山、太行山的山区及平原地区。

乔木主要伴生树种有杉木、马尾松、刺槐、槐树、臭椿、榆树、旱柳、毛白杨、小叶杨、大官杨、加杨、侧柏、苦楝等。灌木主要有胡枝子、中华夜来香、白檀、山胡椒、多花蔷薇、榛、连翘、荆条、野山楂、湖北海棠、酸枣、杠柳、盐肤木、小构树、山合欢等。草本主要有白茅、白羊草、芒、狗尾草、马唐、羊胡子草、笔菅草、莎草、淡竹叶、野薄荷、野菊花、艾蒿、茵陈蒿、加拿大蓬、一年蓬、沙参、地榆、细叶苔、藜、刺儿菜、紫菀、紫花地丁、地锦、打碗花等。

乔木层平均树高 9.4m，灌木层平均高 0.8m，草本层平均高 0.2m，乔木平均胸径 13.82cm，乔木郁闭度 0.5，灌木盖度 0.11，草本盖度 0.13，植被总盖度 0.76。

面 积 41181.8120hm²，蓄 积 量 1829306.6190m³，生 物 量 2013517.7956t，碳 储 量 1006758.8978t。每公顷蓄积量 44.4203m³，每公顷生物量 48.8934t，每公顷碳储量 24.4467t。

多样性指数 0.5040，优势度指数 0.4960，均匀度指数 0.2460。斑块数 2096 个，平均斑块面积 19.6478hm²，斑块破碎度 0.0509。

森林植被健康。无自然干扰。

（6）在云南，泡桐林分布于低海拔的山坡、山谷及荒地，越向西南则分布越高，可达海拔 2000m。

乔木有柳杉、慈竹、香椿等树种伴生。灌木种类较少，常见的有栽秧泡、碎米花等。草本盖度较低，常见植物为冷水花、一把伞南星、蕨、地丁草、风轮菜、马鞭草、求米草、紫堇等。

乔木层平均树高 13.8m，灌木层平均高 2.1m，草本层平均高 0.2m 以下，乔木平均胸径 17.2cm，乔木郁闭度约 0.5，草本盖度 0.45。

面积 5.0958hm²，蓄积量 260.9053m³，生物量 287.1785t，碳储量 143.5893t。每公顷蓄积量 51.2000m³，每公顷生物量 56.3558t，每公顷碳储量 28.1779t。

多样性指数 0.4637，优势度指数 0.5363，均匀度指数 0.5993。斑块数 1 个，平均斑块面积 5.10hm²，斑块破碎度 0.1962。

森林植被健康中等。无自然干扰。人为干扰主要是抚育，抚育面积 1.5287hm²。

（7）在湖北，有多种泡桐林分布，各有不同的分布特点。白花泡桐多分布于长江以南或靠近长江的北岸附近，以咸宁地区最多；毛泡桐在湖北境内均有分布，以鄂西北的郧阳地区、襄樊市、十堰市和神农架林区最多；川泡桐仅分布在鄂西南山区的鄂西土家族自治州和宜昌地区；台湾泡桐仅见于鄂西土家族自治州数县及鄂南的通山、通城县和鄂东北的黄梅县；兰考泡桐除鄂西北外，各地均有分布，而以孝感、荆州、黄冈地区和武汉市郊最多；山明桐仅限于襄樊市中部的襄阳、宜城、南漳、枣阳和荆州地区的松滋县；泡桐仅见于宜昌市和宜昌县；建始泡桐仅见于建始县和恩施市；南方泡桐仅见于来凤县城关。

乔木的伴生树种有杉木、栎类、胡枝子、芒、小块雷竹。灌木、草本不发达。

乔木层平均树高 8.9m，平均胸径 13.7cm，郁闭度 0.66。

面积 1132786.2057hm²，蓄积量 31259028.6777m³，生物量 48854255.5075t，碳储量 24427127.7558t。每公顷蓄积量 27.5948m³，每公顷生物量 43.127t，每公顷碳储量 21.5638t。

多样性指数 0.3650，优势度指数 0.6350，均匀度指数 0.7970。斑块数 7735 个，平均斑块面积 146.4494hm²，斑块破碎度 0.0068。

森林植被健康。无自然干扰。

（8）在贵州，泡桐林主要分布在毕节市、水城县。

乔木除泡桐外，伴生树种有杉木、栎类等树种。灌木、草本不发达。

乔木平均胸径 15.3cm，平均树高 11.7m，郁闭度 0.67。

面积 5634.6501hm²，蓄积量 244407.2211m³，生物量 367059.6044t，碳储量 181921.3513t。每公顷蓄积量 43.3758m³，每公顷生物量 65.1433t，每公顷碳储量 32.2862t。

多样性指数 0.2715，优势度指数 0.7285，均匀度指数 0.3797。斑块数 313 个，平均斑块面积 18.0020hm²，斑块破碎度 0.0555。

泡桐林生长良好。自然干扰主要是虫害。人为干扰主要是抚育管理。

十八、桤木类林

桤木林主要有桤木林和旱冬瓜林两类，主要分布在四川、云南和重庆等省（自治区、直辖市），面积 1217941.7062hm²，蓄积量 127501310.5745m³，生物量 181047260.0334t，碳储量 87012385.8964t。每公顷蓄积量 104.6859m³，每公顷生物量 71.4422t，每公顷碳储量 71.4422t。多样性指数 0.5628，优势度指数 0.4372，均匀度指数 0.5405。斑块数 28303 个，平均斑块面积 43.0322hm²，斑块破碎度 0.0232。

182. 蒙自桤木林 (*Alnus nepalensis* forest)

在云南，蒙自桤木林的分布很广，除南部低海拔地区外，几乎遍及全省各地，其中以滇中、滇西各地较为集中。分布海拔 1000~3000m，但以 1400~2800m 较普遍。

乔木以旱冬瓜占优势，主要伴生树种有云南松、思茅松、滇油杉、锐齿槲栎、高山栲、麻栎、西南木荷、西南桦等。灌木种类主要有大白花杜鹃、水红木、珍珠花、盐肤木、山鸡椒、尖子木、芒种花、野牡丹、云南杨梅等。草本较发达，常见的有东方草莓、草玉梅、竹叶草、杏叶防风、野棉花、滇龙胆草、仙茅、火炭母、野拔子等。

乔木层平均树高 13.3m，灌木层平均高 2.6m，草本层平均高 0.3m 以下，乔木平均胸径 24.9cm，乔木郁闭度约 0.8，草本盖度 0.4。

面积 694198.5322hm²，蓄积量 43879124.3362m³，生物量 48297718.2993t，碳储量 20637615.0293t。每公顷蓄积量 63.2083m³，每公顷生物量 69.5734t，每公顷碳储量 29.7287t。

多样性指数 0.7525，优势度指数 0.2475，均匀度指数 0.7458。斑块数 17070 个，平均斑块面积 40.6677hm²，斑块破碎度 0.0246。

森林植被健康中等。无自然干扰。人为干扰主要是抚育、采伐、更新和征占，抚育面积 38159.5596hm²，采伐面积 254.3970hm²，更新面积 1144.7867hm²，征占面积 567hm²。

183. 桤木林（*Alnus cremastogyne* forest）

在四川、重庆 2 个省（直辖市）有桤木林分布，面积 523743.1740hm²，蓄积量 83622186.2383m³，生物量 132749541.734t，碳储量 66374770.8671t。每公顷蓄积量 159.6626m³，每公顷生物量 253.4630t，每公顷碳储量 126.7315t。多样性指数 0.3731，优势度指数 0.6269，均匀度指数 0.3363。斑块数 11233 个，平均斑块面积 46.6254hm²，斑块破碎度 0.0214。

（1）在重庆，桤木林大多为人工林，广泛分布于石柱县、秀山县、奉节县。在重庆其余各个区县均有少量分布。

乔木树种组成较为简单，大多形成纯林，或与杉木、马尾松等混交，少数林分内混有香樟、棕榈等其他阔叶树种。灌木主要有水麻、悬钩子等。草本常见蕨、苔草、求米草、禾本科草、冷水花等。

乔木层平均树高 8.5m，灌木层平均高 1.8m，草本层平均高 0.3m 以下，乔木平均胸径 9.6cm，乔木郁闭度约 0.6，灌木盖度约 0.2，草本盖度 0.6。

面积 12683.0732hm²，蓄积量 434818.8705m³，生物量 624450.7342t，碳储量 312225.3671t。每公顷蓄积量 34.2834m³，每公顷生物量 49.2350t，每公顷碳储量 24.6175t。

多样性指数 0.0825，优势度指数 0.9175，均匀度指数 0.0951。斑块数 979 个，平均斑块面积 12.9551hm²，斑块破碎度 0.0772。

森林植被健康。无自然干扰。

（2）在四川，桤木林主要分布在东半部的安岳、梓潼、苍溪、越西、美姑、昭觉、会理、雅安等部分县，北川、威远、资中、彭州、蓬安等地区也有分布。

乔木常与栎树、枇杷、鼠李伴生，结构较为简单。灌木以悬钩子为优势类型，盖度较低，少量见水麻、悬钩子等。草本常见蕨、苔草、求米草、禾本科草、冷水花等。

乔木层平均树高 13.3m，灌木层平均高 2.6m，草本层平均高 0.3m 以下，乔木平均胸径 24.9cm，乔木郁闭度约 0.8，草本盖度 0.4。

面积 511060.1008hm²，蓄积量 83187367.3678m³，生物量 132125090.9999t，碳储量 66062545.5000t。每公顷蓄积量 162.7741m³，每公顷生物量 258.5314t，每公顷碳储量 129.2657t。

多样性指数 0.6638，优势度指数 0.3362，均匀度指数 0.5756。斑块数 10254 个，平均斑块面积 49.8401hm²，斑块破碎度 0.0201。

森林植被健康。受到明显的人为干扰，主要为采伐、更新、抚育等，其中采伐面积为 3568.15hm²，更新面积为 8248.46hm²，抚育面积为 9959.16hm²。

十九、合欢树类林

合欢林主要有新银合欢林、金合欢林，主要分布在四川、云南等省。面积 9616.2864hm²，蓄积量 330515.9686m³，生物量 458019.5145t，碳储量 220292.7213t。每公顷蓄积量 34.3704m³，每公顷生物量 47.6296t，每公顷碳储量 22.9083t。多样性指数 0.5517，优势度指数 0.4483，均匀度指数 0.7527。斑块数 283 个，平均斑块面积 33.9798hm²，斑块破碎度 0.0294。

184. 新银合欢树林 (*Leucaena leucocephala* forest)

新银合欢林在云南分布很广，广泛分布于滇东南、滇南至滇西南山地。其分布的海拔范围为 450~2400m。

乔木优势种类为新银合欢，常见混交树种有云南松、栓皮栎、槲栎、西南木荷、黄毛青冈、旱冬瓜、牛肋巴等。灌木发育中等，主要有火把果、珍珠花、水红木、牛奶子、云南含笑、云南杨梅、水锦树、余甘子等。草本欠发达，常见的有蕨菜、野拔子、杏叶防风、金发草、金茅、旱茅、棕叶芦等。

乔木层平均树高 12.2m，灌木层平均高 1.0m，草本层平均高 0.55m 以下，乔木平均胸径 20.5cm，乔木郁闭度 0.7，灌木盖度 0.2，草本盖度 0.1。

面积 3492.9054hm²，蓄积量 158455.6523m³，生物量 234819.1644t，碳储量 111820.8861t。每公顷蓄积量 45.3650m³，每公顷生物量 67.2275t，每公顷碳储量 32.0137t。

多样性指数 0.8365，优势度指数 0.1635，均匀度指数 0.7102。斑块数 54 个，平均斑块面积 64.6834hm²，斑块破碎度 0.0155。

森林植被健康中等。无自然干扰。人为干扰为抚育、更新活动，抚育面积 1004.9116hm²，更新面积 30.14734hm²。

185. 金合欢林 (*Acacia farnesiana* forest)

在云南、四川 2 个省有金合欢林分布，面积 6007.7614hm²，蓄积量 166815.2376m³，

生物量 215427.5443t，碳储量 104770.4251t。每公顷蓄积量 27.7666m³，每公顷生物量
35.8582t，每公顷碳储量 17.4392t。多样性指数 0.5044，优势度指数 0.4955，均匀度指数
0.5715。斑块数 219 个，平均斑块面积 27.4327hm²，斑块破碎度 0.0365。

（1）在云南，金合欢林分布很广，广泛分布于滇东南、滇南至滇西南山地。其分布的
海拔范围为 500~2300m。

乔木以金合欢为主，常见混交树种有滇油杉、栓皮栎、云南松、槲栎、西南木荷、黄
毛青冈、旱冬瓜等。灌木发育中等，主要有马桑、火把果、乌鸦果、芒种花、珍珠花、水
红木、牛奶子、厚皮香、云南含笑、云南杨梅、水锦树、余甘子等。草本有蕨菜、白茅、
云南兔儿风、野拔子、杏叶防风、金发草、金茅、旱茅、棕叶芦等。

乔木层平均树高 11.3m，灌木层平均高 1.2m，草本层平均高 0.5m 以下，乔木平均胸
径 19.5cm，乔木郁闭度约 0.6，草本盖度 0.3。

面积 1839.5763hm²，蓄积量 83452.3769m³，生物量 123670.0436t，碳储量
58891.6748t。每公顷蓄积量 45.3650m³，每公顷生物量 67.2275t，每公顷碳储
量 32.0137t。

多样性指数 0.6328，优势度指数 0.3672，均匀度指数 0.3459。斑块数 44 个，平均斑
块面积 41.8085hm²，斑块破碎度 0.0239。

森林植被健康中等。无自然干扰。人为干扰为抚育活动，抚育面积 251.4715hm²。

（2）在四川，主要分布于西南部攀枝花市、凉山彝族自治州等地区。

乔木主要有金合欢。灌木主要有水麻等。草本主要由车轮菜及蕨等组成。

乔木层平均树高 12.3m，灌木层平均高约 1.5m，草本层平均高在 0.6m 以下。

面积 4168.1852hm²，蓄积量 83362.8606m³，生物量 91757.5007t，碳储量
45878.7503t。每公顷蓄积量 19.9998m³，每公顷生物量 22.0138t，每公顷碳储
量 11.0069t。

多样性指数 0.3761，优势度指数 0.6239，均匀度指数 0.7971。斑块数 175 个，平均
斑块面积 23.8182hm²，斑块破碎度 0.0420。

金合欢林健康状况较好，基本都无灾害。金合欢林受到明显的人为干扰，主要为更
新、抚育、征占等，其中更新面积为 215.37hm²，抚育面积为 197.74hm²，征占面积
为 22.48hm²。

186. 滇合欢林（*Albizia simeonis* forest）

滇合欢林在云南分布很广，广泛分布于滇东南、滇南至滇西南山地。其分布的海拔范
围为 500~2300m。

乔木以滇合欢为主，混交树种有云南松、滇油杉、栓皮栎、槲栎、西南木荷、黄毛青
冈、旱冬瓜、牛肋巴等。灌木发育中等，主要有马桑、火把果、乌鸦果、芒种花、珍珠
花、水红木、牛奶子、厚皮香、云南含笑、云南杨梅、水锦树、余甘子等。草本不太发
达，常见的有蕨菜、白茅、云南兔儿风、野拔子、杏叶防风、金发草、金茅、旱茅、棕叶
芦等。

乔木层平均树高 12.2m，灌木层平均高 1.0m，草本层平均高 0.5m 以下，乔木平均胸径 20.5cm，乔木郁闭度约 0.6，草本盖度 0.3。

面积 115.6195hm²，蓄积量 5245.0788m³，生物量 7772.8058t，碳储量 3701.4101t。每公顷蓄积量 45.3650m³，每公顷生物量 67.2275t，每公顷碳储量 32.0137t。

多样性指数 0.4329，优势度指数 0.5671，均匀度指数 0.8645。斑块数 10 个，平均斑块面积 11.5619hm²，斑块破碎度 0.0865。

森林植被健康中等。无自然干扰。人为干扰为抚育活动，抚育面积 34.6858hm²。

187. 山胡椒林（*Lindera glauca* forest）

山胡椒在四川分布广泛，主要分布在成都、金堂、双流、苍溪、宣汉、渠县、都江堰等海拔相对较低的地区。

四川山胡椒林乔木组成除山胡椒外，还有大叶朴、黄连木、枫树等物种。灌木、草本不发达。

乔木层平均树高 5.5m，平均胸径 7.3cm，郁闭度约 0.8。

面积 5735.8251hm²，蓄积量 68829.2988m³，生物量 52070.2162t，碳储量 26035.1081t。每公顷蓄积量 11.9999m³，每公顷生物量 9.0781t，每公顷碳储量 4.5390t。

多样性指数 0.5200，优势度指数 0.4800，均匀度指数 0.4700。斑块数 108 个，平均斑块面积 53.1095hm²，斑块破碎度 0.0188。

以经济林为主，自然度低，有明显人为干扰。山胡椒林健康状况较好，基本都无灾害。受到明显的人为干扰，主要为采伐、更新、抚育、征占等，其中采伐面积为 185.23hm²，更新面积为 513.36hm²，抚育面积为 498.87hm²，征占面积为 28.85hm²。

188. 山桐子林（*Idesia polycarpa* forest）

在四川，山桐子林主要分布于广元、青川、天全、万源、沐川地区。

人工纯林，除山桐子外，偶有香椿、光皮桦、三尖杉、臭椿等。

乔木层平均树高 12m，平均胸径 12.5cm，郁闭度约 0.6。无灌木、草本。

面积 80682.3826hm²，蓄积量 1613646.7513m³，生物量 1220570.74390t，碳储量 610285.3720t。每公顷蓄积量 20.000m³，每公顷生物量 15.1281t，每公顷碳储量 7.5640t。

多样性指数 0.1400，优势度指数 0.8600，均匀度指数 0.1800。斑块数 2737 个，平均斑块面积 29.4784hm²，斑块破碎度 0.0339。

以经济林为主，自然度低，有明显人为干扰。山桐子林健康状况较好，基本都无灾害。山桐子林生长健康。无自然干扰。受到明显的人为干扰，主要是更新、抚育等，其中更新面积为 285.12hm²，抚育面积为 214.32hm²。

189. 刺桐林（*Erythrina variegata* forest）

在重庆，刺桐林广泛分布。

乔木除刺桐外，还有苦楝、构树、刺槐、黄葛树等树种伴生。灌木主要有天竺桂、香樟等。草本有节骨草、求米草、龙葵等。

乔木平均胸径 14.6cm，平均树高 10.8m，郁闭度 0.75。灌木盖度 0.2，平均高 1.5m。草本盖度 0.2，平均高 0.2m。

面积 2851.351hm²，蓄积量 132861.0220m³，生物量 177660.0401t，碳储量 88830.0201t。每公顷蓄积量 46.5958m³，每公顷生物量 62.3073t，每公顷碳储量 31.1537t。

多样性指数 0.2765，优势度指数 0.7235，均匀度指数 0.2209。斑块数 263 个，平均斑块面积 10.8416hm²，斑块破碎度 0.0922。

刺桐林生长健康。无自然和人为干扰。

190. 黄檀林 (*Dalbergia hupeana* forest)

在安徽，黄檀林多见于江淮之间和沿江、江南的低山丘陵，分布在海拔 300m 以下的地区，土壤为砂岩或花岗岩上发育的黄棕壤。

乔木以黄檀为主，还有红果钓樟、灯台树、黄山松、短柄枹栎、茅栗、山樱桃、臭椿、构树、麻栎、蒙桑、栾木、油桐、山胡椒、黄连木、朴树、榆树。灌木有山莓、野蔷薇、菝葜、卫矛、川榛、杜鹃花、山姜、伞形绣球、黄荆、盐肤木、杭子梢、深裂八角枫、苦树皮、铜钱树、麻栎、野花椒、野柿。草本有蛇莓、婆婆针、堇菜、苔草、荩草、蓼子草、求米草、鸡矢藤、百部、益母草、野菊花、鹅观草、爵床、梓木草、牛尾菜、小飞蓬、天名精、茜草。

乔木层平均树高 6.0m，灌木层平均高 0.7m，草本层平均高 0.21m，乔木平均胸径 7.2cm，乔木郁闭度 0.85，灌木与草本盖度 0.6~0.65，植被总盖度 0.85~0.9。

面积 70558.7917hm²，蓄积量 1614836.5321m³，生物量 1846876.3725t，碳储量 923409.8858t。每公顷蓄积量 22.8864m³，每公顷生物量 26.1750t，每公顷碳储量 13.0871t。

多样性指数 0.7317，优势度指数 0.2683，均匀度指数 0.7029。斑块数 350 个，平均斑块面积 201.5965hm²，斑块破碎度 0.0050。

森林植被健康。无自然干扰。

191. 黄栌林 (*Cotinus coggygria* forest)

在重庆地区，黄栌林主要分布于大巴山区、武陵山区、大娄山区、巫山、七曜山区。

灌木植物种类有白夹竹、野蔷薇、盐肤木、木姜子等。草本有节骨草、求米草、龙葵、苎麻等。

乔木平均胸径 14.7cm，平均树高 11.1m，郁闭度 0.71。灌木盖度 0.3，平均高 1.2m。草本盖度 0.3，平均高 0.3m。

面积 43874.0993hm²，蓄积量 1497335.2598m³，生物量 2316524.46t，碳储量 1158262.2316t。每公顷蓄积量 34.1280m³，每公顷生物量 52.7994t，每公顷碳储量 26.3997t。

多样性指数 0.7243，优势度指数 0.2757，均匀度指数 0.4415。斑块数 1101 个，平均斑块面积 39.8493hm²，斑块破碎度 0.0251。

黄栌林无自然和人为干扰。

二十、檫木林

192. 檫木林（*Sassafras tzumu* forest）

檫木林在我国安徽、福建、贵州、海南、湖南、江西、云南、浙江、重庆9个省（自治区、直辖市）有分布，面积 28659.6868hm^2，蓄积量 3167462.1660m^3，生物量 3597764.3901t，碳储量 1798882.1981t。每公顷蓄积量 110.5198m^3，每公顷生物量 125.5340t，每公顷碳储量 62.7670t。多样性指数 0.3857，优势度指数 0.6155，均匀度指数 0.4920。斑块数 816 个，平均斑块面积 35.1221hm^2，斑块破碎度 0.0285。

（1）在安徽，檫木林在皖南山区海拔 1200m 以下有天然分布，大别山南部潜山县天柱山北坡海拔 900m 以上也有出现，多为散生，天然成林的也有，如东至县的东部有野生的檫木林。皖南休宁地区丘陵坡地上有 1964 年营造的人工檫木林。土壤为黄红壤，pH 值为 5。

乔木以檫木为主，还有白栎、枫香、黄檀、冬青、黄山花楸、水榆花楸、苦木、山胡椒、山槐、盐肤木、灯台树、五裂槭、鹅耳枥、短柄枹栎、大果山胡椒、槭树、合欢、茅栗、化香、麻栎、盐肤木、杉木。灌木有胡枝子、杜鹃、悬钩子、树莓、川榛、杜鹃花、荚蒾、君迁子、算盘子、马缨丹、檵木、冻绿、野鸦椿、山樋、四照花、伞形绣球、金缕梅。草本有苔草、白茅、紫花地丁、茜草、狗尾草、天名精、野菊花、莎草、麦冬、绣球、鼠尾草、地榆、延龄草、车前草、沼原草、黄山鳞毛蕨、黄花菜、茵陈蒿、狗脊、兔儿伞。

乔木层平均树高 8.9m，灌木层平均高 1.2m，草本层平均高 0.19cm，乔木平均胸径 15.9cm，乔木郁闭度 0.80，灌木与草本盖度 0.45~0.5，植被总盖度 0.85~0.9。

面积 1127.6448hm^2，蓄积量 17646.9942m^3，生物量 64839.5753t，碳储量 32419.7877t。每公顷蓄积量 15.6494m^3，每公顷生物量 57.5000t，每公顷碳储量 28.7500t。

多样性指数 0.6845，优势度指数 0.3155，均匀度指数 0.8338。斑块数 8 个，平均斑块面积 140.9556hm^2，斑块破碎度 0.0070。

森林植被健康。无自然干扰。

（2）在湖南，檫木人工林多栽植于海拔 800m 以下的低山丘陵。

乔木除檫木外，还有马尾松、杉木、毛竹、木荷、樟树、栲树等。灌木主要有苎麻、栀子、檵木、小叶女贞、岳麓连蕊茶、油茶等。草本主要有求米草、酢浆草、土牛膝、竹叶草等。

乔木层平均树高 16.26m，灌木层平均高 1.1m，草本层平均高 0.19m，乔木平均胸径 12.39cm，乔木郁闭度 0.6~0.7，草本盖度 0.1。

面积 511.5706hm^2，蓄积量 17275.4777m^3，生物量 22041.0511t，碳储量 11020.5256t。每公顷蓄积量 33.7695m^3，每公顷生物量 43.0851t，每公顷碳储量 21.5425t。

多样性指数 0.2490，优势度指数度 0.7510，均匀度指数 0.8670。斑块数 18 个，平均斑块面积 28.4206hm²，斑块破碎度 0.0352。

在土壤浅薄、板结、黏重、排水不良的地区生长不良，甚至早衰、死亡。无自然和人为干扰。

（3）在江西，天然檫树林主要分布于江西靖安县雷公尖垦殖场。

乔木除檫木外，还有马尾松、杉木、毛竹、木荷、樟树、栲树等。灌木主要包括贵州连蕊茶、青风藤、野鸦椿、秀丽锥、杜鹃、假死柴、金樱子等。草本主要包括海金沙、五节芒、鹿茸草、紫花堇菜、紫背堇菜、活血丹等。

乔木层平均树高 11.2m，乔木平均胸径 15.8cm，乔木郁闭度 0.80。灌木盖度 0.3，平均高 1.3m。草本盖度 0.2，平均高 0.2m。

面积 8842.3607hm²，蓄积量 619756.158m³，生物量 682165.6032t，碳储量 341082.8016t。每公顷蓄积量 70.0894m³，每公顷生物量 77.1475t，每公顷碳储量 38.5737t。

多样性指数 0.4710，优势度指数 0.5290，均匀度指数 0.7270。斑块数 57 个，平均斑块面积 155.1291hm²，斑块破碎度 0.0064。

森林植被自然干扰是虫害，主要是白轮蚧危害。

（4）在重庆，檫木林主要分布在城口以及巫山、巫溪一带。

乔木组成单一，以纯林为主。灌木、草本不发达。

乔木层平均树高 14.6m，平均胸径 25.8cm，郁闭度 0.8。

面积 181.8334hm²，蓄积量 41050.2808m³，生物量 51144.7896t，碳储量 25572.3948t。每公顷蓄积量 225.7576m³，每公顷生物量 281.2728t，每公顷碳储量 140.6364t。

多样性指数 0.0998，优势度指数 0.9112，均匀度指数 0.1849。斑块数 13 个，平均斑块面积 13.9872hm²，斑块破碎度 0.0715。

无自然和人为干扰。

（5）在云南，檫木林分布于海拔 150~1900m 之间的区域，主要分布在威信县、大关县、盐津县境内，维西傈僳族自治县境内也有少量分布。

乔木以檫木为优势，伴生树种有滇青冈、麻栎等。灌木种类较少，有杜鹃、铁仔、厚皮香、川梨等。草本有紫茎泽兰、香青、青蒿等。

乔木层平均树高 15.6m，灌木层平均高 0.9m，草本层平均高 0.3m 以下，乔木平均胸径 16.5cm，乔木郁闭度约 0.7，草本盖度 0.3。

面积 12397.7261hm²，蓄积量 2226530.4047m³，生物量 2450742.0165t，碳储量 1225371.0082t。每公顷蓄积量 179.5918m³，每公顷生物量 197.6767t，每公顷碳储量 98.8384t。

多样性指数 0.3610，优势度指数 0.6390，均匀度指数 0.3880。斑块数 674 个，平均斑块面积 18.3942hm²，斑块破碎度 0.0544。

檫木林健康中等。无自然干扰。人为干扰主要是抚育、采伐和更新，抚育面积3091.0983hm²，采伐面积20.6073hm²，更新面积92.7329hm²。

（6）在福建，建阳市书坊林场分布有天然更新的檫木林。

乔木伴生树种有栲树、拟赤杨、光皮桦、苦槠、南酸枣等。灌木有玉叶金花、苦竹、荚蒾等。草本有狗脊、乌毛蕨、芒萁等。

乔木平均胸径18.2cm，平均树高12.6m，郁闭度0.7。灌木盖度0.2，平均高1.3m。草本盖度0.3，平均高0.3m。

面积837.0850hm²，蓄积量101799.4873m³，生物量112050.6957t，碳储量56025.3478t。每公顷蓄积量121.6119m³，每公顷生物量133.8582t，每公顷碳储量66.9291t。

多样性指数0.4161，优势度指数0.5839，均匀度指数0.3997。斑块数1个，平均斑块面积837.0850hm²，斑块破碎度0.0011。

檫木林生长健康。无自然和人为干扰。

（7）在贵州，在水城县和镇宁县有分布。

乔木以檫木为优势，伴生树种有青冈、麻栎等。灌木种类较少，有杜鹃、铁仔、厚皮香、川梨等。草本有紫茎泽兰、蒿等。

乔木平均胸径11.7cm，平均树高10.1m，郁闭度0.63。灌木盖度0.3，平均高1.2m。草本盖度0.3，平均高0.2m。

面积552.3562hm²，蓄积量22855.1792m³，生物量25156.6957t，碳储量12578.3479t。每公顷蓄积量41.3776m³，每公顷生物量45.5443t，每公顷碳储量22.7722t。

多样性指数0.3732，优势度指数0.6268，均匀度指数0.3079。斑块数38个，平均斑块面积14.5356hm²，斑块破碎度0.0687。

檫木林生长健康。无自然和人为干扰。

（8）在海南，檫木林分布在乐东黎族自治县和白沙黎族自治县境内。

乔木伴生树种有栲树、拟赤杨等。灌木有玉叶金花、荚蒾等。草本有狗脊、乌毛蕨、芒萁、蕨、禾本科草等。

乔木平均胸径12.6cm，平均树高7.8m，郁闭度0.62。灌木盖度0.3，平均高1.3m。草本盖度0.5，平均高0.3m。

面积1663.6700hm²，蓄积量39262.6120m³，生物量100152.9340t，碳储量50076.4700t。每公顷蓄积量23.6000m³，每公顷生物量60.2000t，每公顷碳储量30.1000t。

多样性指数0.4427，优势度指数0.5573，均匀度指数0.4122。斑块数2个，平均斑块面积831.8370hm²，斑块破碎度0.0012。

檫木林生长健康。无自然和人为干扰。

（9）在浙江，檫树林除浙北平原、东部沿海及岛屿外，各县均有零星分布，主要集中分布在浙西天目山区的临安、安吉、余杭，浙东四明山与会稽山区的奉化、余姚、新昌、嵊县等县。

乔木除檫树外，还有杉木、马尾松、木荷、枫香、青冈、苦槠、石栎、板栗、野桐、迎春樱等多个树种。灌木有玉叶金花、苦竹、荚蒾等。草本有狗脊、乌毛蕨、芒萁以及毛鳞省藤等。

乔木平均胸径 13.3cm，平均树高 9.2m，郁闭度 0.65。灌木盖度 0.3，平均高 1.4m。草本盖度 0.3，平均高 0.3m。

面积 2545.4400hm^2，蓄积量 81285.5719m^3，生物量 89471.0290t，碳储量 44735.5145t。每公顷蓄积量 31.9338m^3，每公顷生物量 35.1495t，每公顷碳储量 17.5748t。

多样性指数 0.3742，优势度指数 0.6258，均匀度指数 0.3077。斑块数 5 个，平均斑块面积 509.087hm^2，斑块破碎度 0.0019。

檫木林生长健康。无自然和人为干扰。

193. 椴树林（*Tilia Tuan* forest）

在甘肃、黑龙江、吉林、辽宁、陕西、浙江 6 个省有椴树林分布，面积 37122.1501hm^2，蓄积量 5502123.8981m^3，生物量 6728999.7745t，碳储量 3343648.7584t。每公顷蓄积量 148.2167m^3，每公顷生物量 181.2664t，每公顷碳储量 90.0715t。多样性指数 0.4523，优势度指数 0.2171，均匀度指数 0.5476。斑块数 710 个，平均斑块面积 52.2847hm^2，斑块破碎度 0.0191。

（1）在黑龙江，椴树林分布于小兴安岭、完达山及张广才岭等山区。

乔木主要有糠椴、紫椴、色木槭，还少量存在胡桃楸、水曲柳、黄波罗、春榆、裂叶榆、红松及一些云杉和冷杉。灌木主要有白丁香、各种槭树、山梅花、接骨木、刺五加、溲疏、稠李、柳叶绣线菊、珍珠梅。草本主要有紫堇、荷青花、五福花、侧金盏花、银莲花属、菟葵、小顶冰花、蚊子草、狭叶荨麻、乌头。

乔木层平均树高 12.98m，灌木层平均高 1.13m，草本层平均高 0.28m，乔木平均胸径 15.92cm，乔木郁闭度 0.66，灌木盖度 0.19，草本盖度 0.31，植被总盖度 0.75。

面积 28286.3773hm^2，蓄积量 4372385.6298m^3，生物量 5323816.7428t，碳储量 2661908.3714t。每公顷蓄积量 154.5757m^3，每公顷生物量 188.2113t，每公顷碳储量 94.1057t。

多样性指数 0.7180，优势度指数 0.2818，均匀度指数 0.2106。斑块数 526 个，平均斑块面积 53.7763hm^2，斑块破碎度 0.0186。

森林植被健康中等。有轻微虫害。

（2）在吉林，椴树林分布于安图县、白山市、敦化市、抚松县、桦甸市、集安市、珲春市、辉南县、蛟河市、靖宇县、柳河县、通化市和汪清县等地，磐石市、永吉县也有零星分布。

椴树林乔木层伴生树种主要有红松、色木槭、蒙古栎、山槐、春榆、水曲柳、拧筋槭、白牛子、青楷槭、黄波罗、暴马丁香等。灌木层主要有山梅花、小花溲疏、黄花忍冬、瘤枝卫矛、刺五加、毛榛子、花楷槭、山梅花等。草本层主要有蕨、透骨草、苔草、山茄子、蚊子草、舞鹤草、七瓣莲、假繁缕、羊胡子苔草等。

乔木层平均树高 13.9m，灌木层平均高 1.39m，草本层平均高 0.26m，乔木平均胸径 21.88cm，乔木郁闭度 0.64，灌木盖度 0.27，草本盖度 0.38。

面积 547.2227hm^2，蓄积量 101351.97094m^3，生物量 123406.1598t，碳储量 61703.0799t。每公顷蓄积量 185.2115m^3，每公顷生物量 225.5136t，每公顷碳储量 112.7568t。

多样性指数 0.6441，优势度指数 0.3558，均匀度指数 0.2276。斑块数 20 个，平均斑块面积 27.3611hm^2，斑块破碎度 0.0365。

森林植被健康。无自然干扰。

（3）在辽宁，椴树林分布于本溪满族自治县、桓仁满族自治县、新宾满族自治县、西丰县、辽阳县和宽甸满族自治县，本溪市、丹东、抚顺县也有少量分布。

乔木主要有糠椴、色木槭，其他还少量存在胡桃楸、水曲柳、黄波罗、春榆、裂叶榆、红松及一些云杉和冷杉。灌木主要有忍冬、榛子。草本主要有蒿、莎草、羊胡子草、苔草。

乔木层平均树高 11.95m，灌木层平均高 1.7m，草本层平均高 0.3m，乔木平均胸径 14.06cm，乔木郁闭度 0.7，灌木盖度 0.36，草本盖度 0.27，植被总盖度 0.88。

面积 5881.9430hm^2，蓄积量 747023.42985m^3，生物量 909575.7281t，碳储量 454787.8641t。每公顷蓄积量 127.0028m^3，每公顷生物量 154.6387t，每公顷碳储量 77.3193t。

多样性指数 0.6645，优势度指数 0.3354，均匀度指数 0.2717。斑块数 143 个，平均斑块面积 41.1324hm^2，斑块破碎度 0.0243。

森林植被健康。无自然干扰。

（4）在甘肃，椴树林有天然林和人工林。

在甘肃，椴树天然林分布在张家川回族自治县、甘谷县、文县、西和县、华亭县、武山县、舟曲县。

乔木常见与桦木混交。灌木有胡枝子、山毛桃。草本中主要有短花针茅、二裂委陵菜、甘草。

乔木层平均树高 15m 左右，灌木层平均高 15cm，草本层平均高 3cm，乔木平均胸径 18cm，乔木郁闭度 0.75，灌木盖度 0.3，草本盖度 0.2，植被总盖度 0.79。

面积 152.0517hm^2，蓄积量 13253.2063m^3，生物量 16137.1040t，碳储量 8068.5520t。每公顷蓄积量 87.1625m^3，每公顷生物量 106.1291t，每公顷碳储量 53.0645t。

多样性指数 0，优势度指数 1，均匀度指数 0。斑块数 7 个，平均斑块面积 21.7216hm^2，斑块破碎度 0.046。

未见虫害。有轻度病害，面积 19.44hm^2。未见火灾。有轻度自然干扰，面积 58hm^2。

未见人为干扰。

在甘肃，椴树人工林集中分布在庄浪县和徽县。

乔木常见与桦木、栎类混交。灌木中常见的有蔷薇、青海云杉、忍冬、沙棘。草本不发达，主要有本氏针茅。

乔木层平均树高 15.98m 左右，灌木层平均高 15cm，草本层平均高 3.41cm，乔木平均胸径 6cm，乔木郁闭度 0.75，灌木盖度 0.3，草本盖度 0.2，植被总盖度 0.9。

面积 7.5104hm^2，蓄积量 52.5726m^3，生物量 102.1793t，碳储量 49.3935t。每公顷蓄积量 7.0000m^3，每公顷生物量 13.6051t，每公顷碳储量 6.5767t。

多样性指数 0.3900，优势度指数 0.6100，均匀度指数 0.0300。斑块数 1 个，平均斑块面积 7.5104hm^2，斑块破碎度 0.1331。

未见病害、虫害、火灾。未见自然干扰。有轻度人为干扰，面积 6hm^2。

（5）在陕西，椴树林以天然林为主，主要分布在宁陕县、华县、眉县等地。

乔木伴生树种有华山松、柳树、栓皮栎以及一些软硬阔类林树种。灌木中偶见黄栌。草本中零星分布有蒿、羊胡子草等植物。

乔木层平均树高 12.4m 左右，灌木层平均高 20.3cm，草本层平均高 5.3cm，乔木平均胸径 19cm，乔木郁闭度 0.71，灌木盖度 0.34，草本盖度 0.34，植被总盖度 0.82。

面积 1999.4140hm^2，蓄积量 257344.5716m^3，生物量 342918.2997t，碳储量 150609.7172t。每公顷蓄积量 128.7100m^3，每公顷生物量 171.5094t，每公顷碳储量 75.3269t。

多样性指数 0.3400，优势度指数 0.6600，均匀度指数 0.4600。斑块数 12 个，平均斑块面积 166.6178hm^2，斑块破碎度 0.006。

未见病害、虫害、火灾。未见自然和人为干扰。

（6）在浙江，椴树林分布于淳安县。

浙江椴树林组成相对简单，以椴树为优势树种，伴生树种有枫树、栎类等。灌木有蔷薇、黄栌等。草本主要有白茅、蒿等。

乔木平均胸径 15.3cm，平均树高 12.2m，郁闭度 0.7。

面积 247.6310hm^2，蓄积量 10712.5171m^3，生物量 13043.5608t，碳储量 6521.7804t。每公顷蓄积量 43.2600m^3，每公顷生物量 52.6734t，每公顷碳储量 26.3367t。

多样性指数 0.4100，优势度指数 0.5900，均匀度指数 0.3200。斑块数 1 个，平均斑块面积 247.6310hm^2，斑块破碎度 0.0040。

椴树林生长健康。无自然和人为干扰。

194. 胡桃楸林（*Juglans mandshurica* forest）

在我国，胡桃楸林主要分布于黑龙江、吉林、辽宁 3 个省。

面积 70258.535hm^2，蓄积量 8307218.1556m^3，蓄积量 10114868.8263t，碳储量 5057434.4131t。每公顷蓄积量 118.2378m^3，每公顷生物量 143.9664t，每公顷碳储量 71.9832t。多样性指数 0.6834，优势度指数 0.3166，均匀度指数 0.2498。斑块数 1798 个，

平均斑块面积 39.0759hm²，斑块破碎度 0.0256。

（1）在黑龙江，胡桃楸林主要分布在东部小兴安岭、完达山及张广才岭等山区，由南向北渐少，在小兴安岭北坡只有星散分布，垂直分布在海拔 500~800m 以下。

乔木伴生树种主要有红松、水曲柳、色木槭、山槐、蒙古栎、杨树。灌木主要有虎榛子、暴马丁香、北五味子、刺五加、卫矛。草本主要有忍冬、蚊子草、五福花、白桦、碎米荠、山茄子、藜芦、东北蹄盖蕨、绣线菊、鸡树条荚蒾。

乔木层平均树高 10.4m，灌木层平均高 1.8m，草本层平均高 0.4m，乔木平均胸径 11.97cm，乔木郁闭度 0.7，灌木盖度 0.13，草本盖度 0.36，植被总盖度 0.76。

面积 12831.2314hm²，蓄积量 1370604.3418m³，生物量 1668847.8466t，碳储量 834423.9233t。每公顷蓄积量 106.8178m³，每公顷生物量 130.0614t，每公顷碳储量 65.0307t。

多样性指数 0.6625，优势度指数 0.3374，均匀度指数 0.1926。斑块数 220 个，平均斑块面积 58.3237hm²，斑块破碎度 0.0171。

森林植被健康。无自然干扰。

（2）在吉林，胡桃楸林分布于东部山区各县。

胡桃楸林乔木层伴生树种主要有水曲柳、大果榆、春榆、色木槭、裂叶榆、白牛槭、红松等。灌木层主要有黄花忍冬、山楂叶悬钩子、卫矛、鼠李、毛榛子、刺五加、胡枝子等。草本层主要有三叶草、车前、宽叶荨麻、蒲公英、角蒿、小叶芹、小花猪殃殃、唐松草、白花碎米荠、龙常草、茜草等。

乔木层平均树高 12.4m，灌木层平均高 1.32m，草本层平均高 0.46m，乔木平均胸径 16.92cm，乔木郁闭度 0.65，灌木盖度 0.24，草本盖度 0.43。

面积 32316.6323hm²，蓄积量 4254346.2269m³，生物量 5180091.9659t，碳储量 2590045.9829t。每公顷蓄积量 131.6457m³，每公顷生物量 160.2918t，每公顷碳储量 80.1459t。

多样性指数 0.6954，优势度指数 0.3045，均匀度指数 0.2246。斑块数 506 个，平均斑块面积 63.8668hm²，斑块破碎度 0.0157。

森林植被健康。无自然干扰。

（3）在辽宁，胡桃楸林分布于其西部地区。

乔木主要有胡桃楸、红松、水曲柳、色木槭、山槐、蒙古栎、杨树。灌木主要有忍冬、榛子。草本主要有蒿、木贼、莎草、羊胡子草、苔草。

乔木层平均树高 11.48m，灌木层平均高 1.6m，草本层平均高 0.3m，乔木平均胸径 10.28cm，乔木郁闭度 0.55，灌木盖度 0.36，草本盖度 0.4，植被总盖度 0.87。

面积 25110.6721hm²，蓄积量 2682267.5869m³，生物量 3265929.0138t，碳储量 1632964.5069t。每公顷蓄积量 106.8178m³，每公顷生物量 130.0614t，每公顷碳储量 65.0307t。

多样性指数 0.6923，优势度指数 0.3076，均匀度指数 0.3324。斑块数 1072 个，平均

斑块面积 23.4241hm^2，斑块破碎度 0.0427。

森林植被健康。无自然干扰。

195. 黄波罗林（*Phellodendron amurense* forest）

在我国，黄波罗林主要分布于吉林、辽宁 2 个省，面积 3019.0478hm^2，蓄积量 336646.2662m^3，生物量 323358.4682t，碳储量 161679.2340t。每公顷蓄积量 111.5074m^3，每公顷生物量 107.1061t，每公顷碳储量 53.5531t。多样性指数 0.6181，优势度指数 0.3819，均匀度指数 0.1617。斑块数 58 个，平均斑块面积 52.0525hm^2，斑块破碎度 0.0192。

（1）在吉林，黄波罗林分布于敦化市、蛟河市、龙井市、通化市。

黄波罗林乔木层伴生树种有水曲柳、胡桃楸、春榆、裂叶榆、色木槭、红松、臭冷杉、紫椴、大青杨、白桦、山杨等。灌木层主要有山梅花、暴马丁香、鸡树条荚蒾、黄花忍冬、刺五加、珍珠梅、绣线菊等。草本层主要有苔草、山茄子、小叶芹、蕨、木贼、白花碎米荠、金腰子、荷青花、五福花、蚊子草、水顶冰花、荨麻、乌头等。

乔木层平均树高 6.3m，灌木层平均高 1.5m，草本层平均高 0.2m，乔木平均胸径 17.3cm，乔木郁闭度 0.70，灌木盖度 0.2，草本盖度 0.5。

面积 966.5697hm^2，蓄积量 6790.4624m^3，生物量 6278.6699t，碳储量 3139.3349t。每公顷蓄积量 7.0253m^3，每公顷生物量 6.4958t，每公顷碳储量 3.2479t。

多样性指数 0.4445，优势度指数 0.5555，均匀度指数 0.2764。斑块数 3 个，平均斑块面积 30.2053hm^2，斑块破碎度 0.0331。

森林植被健康。无自然干扰。

（2）在辽宁，黄波罗林分布于凌海市、义县、铁岭县、阜新蒙古族自治县、新宾满族自治县、北宁市等地区。

乔木主要有黄波罗、红松、落叶松、紫椴、糠椴、色木槭。灌木主要有榛子、刺五加、杜鹃、丁香、卫矛。草本主要有羊胡子草、铃兰、乌苏里苔草、木贼。

乔木层平均树高 6.74m，灌木层平均高 2.0m，草本层平均高 0.3m，乔木平均胸径 11.57cm，乔木郁闭度 0.5，灌木盖度 0.6，草本盖度 0.4，植被总盖度 0.9。

面积 2052.4781hm^2，蓄积量 329855.8038m^3，生物量 317079.7983t，碳储量 158539.8991t。每公顷蓄积量 160.7110m^3，每公顷生物量 154.4863t，每公顷碳储量 77.2432t。

多样性指数 0.7917，优势度指数 0.2082，均匀度指数 0.0471。斑块数 26 个，平均斑块面积 78.94140hm^2，斑块破碎度 0.0127。

森林植被健康。无自然干扰。

196. 水曲柳林（*Fraxinus mandshurica* forest）

在我国，水曲柳林主要分布于黑龙江、吉林、辽宁和甘肃 4 个省，面积 36606.6880hm^2，蓄积量 3335849.1342m^3，生物量 3852269.9824t，碳储量 1926137.9235t。每公顷蓄积量 91.1268m^3，每公顷生物量 105.2340t，每公顷碳储量 52.6171t。多样性指数

0.608，优势度指数 0.392，均匀度指数 0.3415。斑块数 719 个，平均斑块面积 50.9133hm²，斑块破碎度 0.0196。

（1）在黑龙江，水曲柳林分布于其东部山地，集中于小兴安岭、完达山、张广才岭山区，是原始红松阔叶混交林主要混交阔叶树种之一，大兴安岭有星散分布，垂直分布在海拔 500m 以下地带。

乔木伴生树种主要有春榆、胡桃楸、黄波罗、大青杨。灌木主要有暴马丁香、光叶山楂、毛榛、稠李。草本主要有毛缘苔草、蚊子草、狭叶荨麻、乌头、东北羊角芹、独活、碎米荠、侧金盏花、假扁果草、齿瓣延胡索。

乔木层平均树高 13.36m，灌木层平均高 2m，草本层平均高 0.37m，乔木平均胸径 18.12cm，乔木郁闭度 0.72，灌木盖度 0.28，草本盖度 0.49，植被总盖度 0.83。

面积 12214.5792hm²，蓄积量 445893.2138m³，生物量 542919.5771t，碳储量 271459.7886t。每公顷蓄积量 36.5050m³，每公顷生物量 44.4485t，每公顷碳储量 22.2242t。

多样性指数 0.6186，优势度指数 0.3814，均匀度指数 0.1626。斑块数 189 个，平均斑块面积 64.6274hm²，斑块破碎度 0.0155。

森林植被健康。无自然干扰。

（2）在吉林，水曲柳林分布于华甸市、白山市、抚松县、蛟河市、长白朝鲜族自治县、安图县、敦化市、公主岭市、和龙市、永吉县等地区。

水曲柳林乔木层伴生树种主要有春榆、朝鲜槐、胡桃楸、五角槭、黄波罗、蒙古栎、糠椴、山杨、紫椴、落叶松等。灌木层主要有金花忍冬、暴马丁香、稠李、卫矛、山楂叶悬钩子、毛榛子、鼠李、接骨木、胡枝子等。草本层主要有木贼、山茄子、狭叶荨麻、山芹、蹄盖蕨、光叶蚊子草、龙牙草、早熟禾、天门冬、山葡萄、五味子、唐松草、露珠草、裂瓜等。

乔木层平均树高 13.1m，灌木层平均高 1.34m，草本层平均高 0.31m，乔木平均胸径 17.07cm，乔木郁闭度 0.51，灌木盖度 0.25，草本盖度 0.46。

面积 16097.8149hm²，蓄积量 1887361.42309m³，生物量 2298051.2686t，碳储量 1149025.6343t。每公顷蓄积量 117.2433m³，每公顷生物量 142.7555t，每公顷碳储量 71.3777t。

多样性指数 0.6625，优势度指数 0.3374，均匀度指数 0.2335。斑块数 297 个，平均斑块面积 54.2013hm²，斑块破碎度 0.0184。

森林植被健康。无自然干扰。

（3）在辽宁，水曲柳林主要分布于阜新蒙古族自治县、葫芦岛市、凌海市、清原满族自治县、铁岭县、新宾满族自治县、北宁市、北票市、朝阳县、昌图县等地区。

乔木主要有水曲柳、春榆、核桃楸、黄波罗、大青杨。灌木主要有暴马丁香、光叶山楂、毛榛、稠李。草本主要有毛缘苔草、蚊子草、狭叶荨麻、乌头、东北羊角芹、独活、碎米荠、侧金盏花、假扁果草、齿瓣延胡索。

乔木层平均树高 11.25m，灌木层平均高 1.3m，草本层平均高 0.28m，乔木平均胸径 8.22cm，乔木郁闭度 0.6，灌木盖度 0.34，草本盖度 0.31，植被总盖度 0.81。

面积 8288.0440hm²，蓄积量 1002379.5019m³，生物量 1011008.806t，碳储量 505504.4031t。每公顷蓄积量 120.9428m³，每公顷生物量 121.9840t，每公顷碳储量 60.9920t。

多样性指数 0.4909，优势度指数 0.5090，均匀度指数 0.180。斑块数 232 个，平均斑块面积 35.7243hm²，斑块破碎度 0.0280。

森林植被健康。无自然干扰。

（4）在甘肃，水曲柳天然林主要集中分布在景泰县和平凉市。

乔木主要与栎类混交。灌木中常见的有山杏、白刺、胡枝子、酸枣。草本中常见的有灰绿藜、灰菜、火绒草、芨芨菜。

乔木层平均树高 11.52m 左右，灌木层平均高 18.36cm，草本层平均高 2.97cm，乔木平均胸径 7cm，乔木郁闭度 0.45，灌木盖度 0.41，草本盖度 0.47，植被总盖度 0.58。

面积 6.2499hm²，蓄积量 214.9955m³，生物量 290.3304t，碳储量 148.0975t。每公顷蓄积量 34.4000m³，每公顷生物量 46.4538t，每公顷碳储量 23.6961t。

多样性指数 0.6600，优势度指数 0.3400，均匀度指数 0.7900。斑块数 1 个，平均斑块面积 6.2499hm²，斑块破碎度 0.16。

未见病害、虫害、火灾。未见自然和人为干扰。

197. 槭树林（*Acer* forest）

在云南、上海、甘肃、四川 4 个省（直辖市）有槭树林分布，面积 108205.6664hm²，蓄积量 13685106.4013m³，生物量 18370491.1884t，碳储量 9185124.9871t。每公顷蓄积量 126.4731m³，每公顷生物量 169.7738t，每公顷碳储量 84.8858t。多样性指数 0.6079，优势度指数 0.3921，均匀度指数 0.3652。斑块数 1712 个，平均斑块面积 63.2042hm²，斑块破碎度 0.0158。

（1）在云南，五裂槭林多见于滇西北横断山区以北的山地。分布海拔在 2700~3500m 之间，生长在云、冷杉林下缘的箐沟、山凹。

乔木优势种为五裂槭，伴生树种有丽江槭、青榨槭、云南枫杨、白桦、西南樱桃、湖北花楸、吴荣萸叶五加等。灌木较发达，主要有箭竹、锈叶杜鹃、红棕杜鹃等。草本不发达，常见的有牛膝。

乔木层平均树高 8.9m，灌木层平均高 1m，草本层平均高 0.2m 以下，乔木平均胸径 24.5cm，乔木郁闭度约 0.6，灌木盖度 0.4，草本盖度 0.3。

面积 965.8039hm²，蓄积量 69827.6204m³，生物量 78166.8963t，碳储量 39083.4481t。每公顷蓄积量 72.3000m³，每公顷生物量 80.9345t，每公顷碳储量 40.4673t。

多样性指数 0.6903，优势度指数 0.3097，均匀度指数 0.7644。斑块数 54 个，平均斑块面积 17.8852hm²，斑块破碎度 0.0559。

森林植被健康中等。无自然干扰。人为干扰主要是抚育活动，抚育面积 148.196hm²。

（2）在上海，槭树林分布于辰山植物园境内。

乔木组成简单，属人林景观。林下灌木、草本不发达。

乔木平均胸径 12.8cm，平均树高 9.5m，郁闭度 0.6。

面积 34.7362hm²，蓄积量 990.6834m³，生物量 1206.3882t，碳储量 603.1941t。每公顷蓄积量 28.5202m³，每公顷生物量 34.7300t，每公顷碳储量 17.3650t。

多样性指数 0，优势度指数 1，均匀度指数 0。斑块数 2 个，平均斑块面积 17.3681hm²，斑块破碎度 0.0575。

槭树林生长健康，无自然干扰，人为干扰主要是抚育管理。

（3）在甘肃以天然林为主，广泛分布在合水县、舟曲县、宁县、华池县、西和县、武山县、成县和文县。

乔木常见与栎类、桦木混交。灌木有水枸子、盐爪爪、银露梅、油松、杭子梢。草本以蒿为主。

乔木层平均树高在 12.73m 左右，灌木层平均高 16.94cm，草本层平均高 2.48cm，乔木平均胸径 8cm，乔木郁闭度 0.52，灌木盖度 0.32，草本盖度 0.46，植被总盖度 0.64。

面积 534.2902hm²，蓄积量 23263.9795m³，生物量 27410.7925t，碳储量 13584.7888t。每公顷蓄积量 43.5418m³，每公顷生物量 51.3032t，每公顷碳储量 25.4259t。

多样性指数 0.8400，优势度指数 0.1600，均匀度指数 0.8100。斑块数 32 个，平均斑块面积 16.6965hm²，斑块破碎度 0.0599。

槭树林生长健康。无自然和人为干扰。

（4）在四川，槭树林分布于海拔 1900~2200m 的山地。

乔木单一，主要以槭树为主，少量伴生峨眉冷杉、异叶榕等树种。灌木主要以杜鹃、接骨木为主。草本不发达，少量草本植物以禾本科草等为主。

乔木层平均树高 8.9m，灌木层平均高约 1m，草本层平均高在 0.2m 以下。乔木平均胸径 24.5cm，灌木盖度 0.4，草本盖度 0.6。

面积 75804.1788hm²，蓄积量 9754792.1084m³，生物量 14073571.1858t，碳储量 7036785.5929t。每公顷蓄积量 128.6841m³，每公顷生物量 185.6569t，每公顷碳储量 92.8285t。

多样性指数 0.8472，优势度指数 0.1528，均匀度指数 0.4138。斑块数 1288 个，平均斑块面积 58.8542hm²，斑块破碎度 0.0170。

槭树林健康状况较好。基本都无灾害。未受到明显的人为干扰。存在较严重的病虫鼠害，受影响面积为 27.32hm²。

（5）在黑龙江，色木槭林主要分布于小兴安岭、完达山、张广才岭等山区。

乔木伴生树种主要有紫椴、糠椴、胡桃楸、水曲柳、黄波罗、春榆、裂叶榆、红松及一些云杉和冷杉。灌木主要有白丁香、各种槭树、山梅花、接骨木、刺五加、溲疏、稠李、柳叶绣线菊、珍珠梅。草本主要有紫堇、荷青花、五福花、侧金盏花、银莲花属、菟葵、小顶冰花、蚊子草、狭叶荨麻、乌头。

乔木层平均树高 10.33m，灌木层平均高 1.8m，草本层平均高 0.22m，乔木平均胸径 10.4cm，乔木郁闭度 0.73，灌木盖度 0.22，草本盖度 0.14，植被总盖度 0.73。

面积 25966.5418hm²，蓄积量 2963345.0280m³，生物量 3363786.3213t，碳储量 1681893.1610t。每公顷蓄积量 114.1217m³，每公顷生物量 129.5431t，每公顷碳储量 64.7716t。

多样性指数 0.5328，优势度指数 0.4672，均匀度指数 0.1442。斑块数 158 个，平均斑块面积 164.3452hm²，斑块破碎度 0.0061。

森林植被健康。无自然干扰。

（6）在辽宁，色木林主要分布于义县、新宾满族自治县、铁岭县、本溪满族自治县和北宁市。

乔木主要有色木槭、紫椴、糠椴、胡桃楸、水曲柳、黄波罗、春榆、裂叶榆、红松及一些云杉和冷杉。灌木主要有忍冬。草本主要有莎草、木贼、羊胡子草。

乔木层平均树高 13.5m，灌木层平均高 1.5m，草本层平均高 0.37m，乔木平均胸径 13.23cm，乔木郁闭度 0.57，灌木盖度 0.3，草本盖度 0.27，植被总盖度 0.88。

面积 4900.1155hm²，蓄积量 872886.9816m³，生物量 826349.6043t，碳储量 413174.8022t。每公顷蓄积量 178.1360m³，每公顷生物量 168.6388t，每公顷碳储量 84.3194t。

多样性指数 0.7371，优势度指数 0.2628，均匀度指数 0.0588。斑块数 178 个，平均斑块面积 27.5287hm²，斑块破碎度 0.0363。

森林植被健康。无自然干扰。

198. 沙枣林（*Elaeagnus angustifolia* forest）

在甘肃，沙枣林有天然林和人工林，面积 19948.3029hm²，蓄积量 409359.1276m³，生物量 475415.625t，碳储量 229815.9135t。每公顷蓄积量 20.5210m³，每公顷生物量 23.8324t，每公顷碳储量 11.5206t。多样性指数 0.6800，优势度指数 0.3200，均匀度指数 0.4650。斑块数 323 个，平均斑块面积 61.7594hm²，斑块破碎度 0.0162。

在甘肃，沙枣天然林集中分布在宕昌县。

乔木常见沙枣与其他硬阔类、其他软阔类混交。灌木中主要有山柳、六道木、落叶松。草本不发达，主要有本氏针茅。

乔木层平均树高 4.3m 左右，灌木层平均高 5.58cm，草本层平均高 2.88cm，乔木平均胸径 7cm，乔木郁闭度 0.21，灌木盖度 0.9，草本盖度 0.55，植被总盖度 0.58。

面积 6.6729hm²，蓄积量 154.1450m³，生物量 172.0494t，碳储量 83.1687t。每公顷蓄积量 23.1000m³，每公顷生物量 25.7831t，每公顷碳储量 12.4636t。

多样性指数 0.7700，优势度指数 0.2300，均匀度指数 0.2000。斑块数 1 个，平均斑块面积 6.67hm²，斑块破碎度 0.1499。

未见病害、虫害、火灾。未见自然和人为干扰。

在甘肃，沙枣人工林广泛分布于民勤县、张掖市、永昌县、临泽县、高台县、酒泉市、金塔县、玉门市。

乔木常见与其他硬阔类混交。灌木中常见的有胡枝子和山毛桃两种。草本中主要有刺蓬、达乌里胡枝子、大火草和大麦。

乔木层平均树高 4.72m 左右，灌木层平均高 5.7cm，草本层平均高 3.27cm，乔木平均胸径 7cm，乔木郁闭度 0.22，灌木盖度 0.1，草本盖度 0.56，植被总盖度 0.59。

面积 19941.6300hm^2，蓄积量 409204.9826m^3，生物量 475243.5763t，碳储量 229732.7448t。每公顷蓄积量 20.5201m^3，每公顷生物量 23.8317t，每公顷碳储量 11.5203t。

多样性指数 0.4100，优势度指数 0.5900，均匀度指数 0.7300。斑块数 322 个，平均斑块面积 61.9305hm^2，斑块破碎度 0.0161。

有轻度病害，面积 48.89hm^2。有轻度虫害，面积 424.522hm^2。未见火灾。有轻度自然干扰，面积 11926hm^2。有轻度人为干扰，面积 2161hm^2。

199. 楸树林（*Catalpa bungei* forest）

在河南，楸树林分布在大别山、桐柏山、伏牛山、太行山的山区及平原地区。

乔木伴生树种主要有毛白杨、小叶杨、泡桐、刺槐、臭椿、榆树、苦楝、侧柏等。灌木主要有酸枣、荆条等。草本主要有莎草、狗尾草、纤毛鹅观草、藜、马齿苋、牛筋草、野艾、铁杆蒿、水蓼、大马蓼、白茅、野菊花、一年蓬等。

乔木层平均树高 9.9m，灌木层平均高 0.7m，草本层平均高 0.2m，乔木平均胸径 12.8cm，乔木郁闭度 0.6，灌木盖度 0.2，草本盖度 0.3。

面积 300.7405hm^2，蓄积量 12956.5276m^3，生物量 14261.2500t，碳储量 7130.6250t。每公顷蓄积量 43.0821m^3，每公顷生物量 47.4205t，每公顷碳储量 23.7102t。

多样性指数 0.5530，优势度指数 0.4560，均匀度指数 0.1265。斑块数 18 个，平均斑块面积 16.7078hm^2，斑块破碎度 0.0599。

森林植被健康。无自然干扰。

200. 乌桕林（*Sapium sebiferum* forest）

在江西，乌桕是乡土树种，全省各地均有种植，但以赣中、赣西较多，地处滨湖地区的九江、星子、都昌、彭泽、湖口、永修、东乡、进贤、临川、余干、余江、波阳、万年、乐平、丰城、高安、清江、崇仁、南昌、新建等 20 个县栽植比较集中。从垂直分布来看，在海拔 600m 的低山有小片乌桕林，生长良好，结实正常。但多数种植在海拔 300m 以下地区。

乔木以乌桕为优势种。灌木有间种的茶树、紫穗槐、大青等。草本有间种的芝麻、红薯，冬季种蚕豆、油菜、红花草等。

乔木层平均树高 12.8m，平均胸径 18.8cm，郁闭度 0.7。灌木盖度 0.3，平均高 1.5m。草本盖度 0.3，平均高 0.2m。

面积 864.8927hm^2，蓄积量 60619.8512m^3，生物量 66724.2702t，碳储量 33362.1351t。每

公顷蓄积量 70.0894m³，每公顷生物量 77.1475t，每公顷碳储量 38.5737t。

多样性指数 0，优势度指数 1，均匀度指数 0。斑块数 9 个，平均斑块面积 96.0992hm²，斑块破碎度 0.0104。

以虫害为主，尚未发现严重病害。虫害主要有乌桕毒蛾、乌桕卷叶甲、乌桕卷叶蛾等 10 余种。

201. 化香林（*Platycarya strobilacea* forest）

在安徽，化香林主要分布于江淮之间和皖南海拔 1000m 以下山地，以丘陵坡地为多，土壤为酸性的黄红壤，pH5.5~6.5。

乔木伴生树种有灯台树、化香、大叶朴、漆树、君迁子、短柄枹栎、大果山胡椒、四照花、椴树、暖木、茅栗、槭树、刺楸、鹅耳枥、毛栗、南京椴、青榨槭、山核桃、尾叶樱桃等树种。灌木有菝葜、山樱桃、荚蒾、中华猕猴桃、青灰叶下珠、杜鹃、北京忍冬、南蛇藤、三叶木通、山莓、杜鹃花、五味子、黄山溲疏。草本有苔草、扇脉杓兰、堇菜、蕨、苔草、山马兰、珠光香青、庐山楼梯草、珍珠菜、乌头、林荫千里光。

乔木层平均树高 7.3m，灌木层平均高 1.2m，草本层平均高 0.18cm，乔木平均胸径 11.4cm，乔木郁闭度 0.60，灌木与草本盖度 0.45~0.5，植被总盖度 0.7。

面积 22570.3013hm²，蓄积量 802464.5433m³，生物量 883272.7228t，碳储量 441636.3614t。每公顷蓄积量 35.5540m³，每公顷生物量 39.1343t，每公顷碳储量 19.5671t。

多样性指数 0.7996，优势度指数 0.2004，均匀度指数 0.7638。斑块数 189 个，平均斑块面积 119.4196hm²，斑块破碎度 0.0084。

森林植被健康。无自然干扰。

202. 黄皮树林（*Phellodendron chinense* forest）

在贵州、云南、重庆 3 个省（直辖市）有黄皮树林分布，面积 2685.8116hm²，蓄积量 120600.9441m³，生物量 144427.2122t，碳储量 72213.6061t。每公顷蓄积量 44.9030m³，每公顷生物量 53.7741t，每公顷碳储量 26.8871t。多样性指数 0.4223，优势度指数 0.5776，均匀度指数 0.4500。斑块数 139 个，平均斑块面积 19.3223hm²，斑块破碎度 0.0518。

（1）在重庆，黄皮树林分布在江津市、武隆县和秀山土家族自治县境内。

黄皮树林乔木伴生有华木荷、润楠、川桂、山矾、巴东栎等树种。灌木主要有细枝枋、长蕊杜鹃等。草本主要有凤仙花科、荨麻科、秋海棠科、酢浆草科等物种。

乔木平均胸径 19.3cm，平均树高 12.8m，郁闭度 0.7。灌木盖度 0.3，平均高 1.3m。草本盖度 0.3，平均高 0.2m。

面积 276.7479hm²，蓄积量 20671.4907m³，生物量 22753.1098t，碳储量 11376.5549t。每公顷蓄积量 74.6943m³，每公顷生物量 82.2160t，每公顷碳储量 41.1080t。

多样性指数 0.5078，优势度指数 0.4922，均匀度指数 0.4879。斑块数 22 个，平均斑块面积 12.5794hm²，斑块破碎度 0.0795。

黄皮树林生长健康。无自然和人为干扰。

（2）在云南，黄皮树林分布于中部海拔 2000m 以下的地区。

乔木伴生树种以樟科、茶科植物为主。灌木种类较少，以山石榴、紫金牛、三桠苦为主。草本以蕨、毛果珍珠茅为多。

乔木层平均树高 10.2m，灌木层平均高 1.0m，草本层平均高 0.2m 以下，乔木平均胸径 20.9cm，乔木郁闭度约 0.6，草本盖度 0.3。

面积 1365.7913hm²，蓄积量 68972.4586m³，生物量 83980.8656t，碳储量 41990.4328t。每公顷蓄积量 50.5000m³，每公顷生物量 61.4888t，每公顷碳储量 30.7444t。

多样性指数 0.3213，优势度指数 0.67870，均匀度指数 0.43200。斑块数 30 个，平均斑块面积 45.5263hm²，斑块破碎度 0.0220。

森林植被健康中等。无自然干扰。人为干扰主要是抚育、更新，抚育面积 409.7373hm²，更新面积 12.2921hm²。

（3）在贵州，黄皮树林分布于绥阳县等地。

乔木除黄皮树外，还伴生有樟科、茶科植物。灌木种类较少，以山石榴、紫金牛、三桠苦为主。草本以蕨、毛果珍珠茅为多。

乔木平均胸径 12.8cm，平均树高 8.8m，郁闭度 0.6。灌木盖度 0.1，平均高 0.8m。草本盖度 0.4，平均高 0.3m。

面积 1043.2724hm²，蓄积量 30956.9948m³，生物量 37693.2369t，碳储量 18846.6184t。每公顷蓄积量 29.6730m³，每公顷生物量 36.1298t，每公顷碳储量 18.0649t。

多样性指数 0.4379，优势度指数 0.5621，均匀度指数 0.4302。斑块数 87 个，平均斑块面积 11.9916hm²，斑块破碎度 0.0833。

黄皮树林生长健康。无自然和人为干扰。

203. 厚朴林（*Magnolia officinalis* forest）

在四川、贵州、广西、浙江 4 个省（自治区）有厚朴林分布，面积 41362.1224hm²，蓄积量 1442900.1648m³，生物量 1588200.2114t，碳储量 794100.1057t。每公顷蓄积量 34.8846m³，每公顷生物量 38.3975t，每公顷碳储量 19.1987t。多样性指数 0.1638，优势度指数 0.8361，均匀度指数 0.2624。斑块数 561 个，平均斑块面积 73.7292hm²，斑块破碎度 0.0136。

（1）在贵州，厚朴林在习水县分布较多，黎平县、修文县也有分布。

乔木基本由厚朴单一树种组成。灌木可见刺梨等。草本可见蹄盖蕨、野芹菜、荩草、水黄麻等。

乔木层平均树高 10.9m，灌木层平均高 1.5m，草本层平均高 0.2m，乔木平均胸径 11.7cm，乔木郁闭度 0.7，灌木盖度 0.1，草本盖度 0.4。

面积 3923.7382hm²，蓄积量 181549.2431m³，生物量 199831.2519t，碳储量 99915.6259t。每公顷蓄积量 46.2695m³，每公顷生物量 50.9288t，每公顷碳储量 25.4644t。

多样性指数 0.0830，优势度指数 0.9170，均匀度指数 0.3220。斑块数 325 个，平均斑块面积 12.0730hm²，斑块破碎度 0.0828。

厚朴林森林植被健康。基本未受灾害。厚朴林很少受到极端自然灾害和人为活动的影响。

（2）在四川，厚朴林主要分布在都江堰、汶川、北川、平武等地，其次分布于南江、宣汉、渠县、古蔺、宝兴、天全等县。

乔木单一，少量伴生峨眉冷杉、异叶榕等树种。灌木主要以杜鹃为主。草本不发达，少量草本植物以禾本科草、接骨木等为主。

乔木层平均树高 8.9m，灌木层平均高 1m，草本层平均高 0.2m 以下，乔木平均胸径 24.5cm，乔木郁闭度约 0.6，草本盖度 0.6。

面积 9569.6041hm²，蓄积量 613315.9285m³，生物量 675076.8425t，碳储量 337538.4212t。每公顷蓄积量 64.0900m³，每公顷生物量 70.5439t，每公顷碳储量 35.2719t。

多样性指数 0.2868，优势度指数 0.7132，均匀度指数 0.4138。斑块数 185 个，平均斑块面积 51.7276hm²，斑块破碎度 0.0193。

灾害等级为 0 的面积达 8534.78hm²，灾害等级为 1 的面积约为其八分之一。受到明显的人为干扰，主要为采伐、更新、抚育等，其中采伐面积 67.23hm²，更新面积 155.40hm²，抚育面积 187.63hm²。

（3）在广西，分布在全州县、资源县、龙胜各族自治县、兴安县以及融水苗族自治县境内。

乔木基本由厚朴单一树种组成。灌木可见刺梨、杜鹃等。草本可见蹄盖蕨、野芹菜、荩草、水黄麻、接骨木等。

乔木平均胸径 10.8cm，平均树高 7.5m，郁闭度 0.67。灌木盖度 0.1，平均高 1.1m。草本盖度 0.4，平均高 0.3m。

面积 22640.6801hm²，蓄积量 470898.5931m³，生物量 518318.0814t，碳储量 259159.0407t。每公顷蓄积量 20.7988m³，每公顷生物量 22.8932t，每公顷碳储量 11.4466t。

多样性指数 0.1083，优势度指数 0.8917，均匀度指数 0.1202。斑块数 36 个，平均斑块面积 628.9078hm²，斑块破碎度 0.0016。

厚朴林生长健康。无自然和人为干扰。

（4）在浙江，厚朴为重要的引种地区，1977 年以前，局限于景宁县赤木山一处。1977 年以后，造林范围扩大至庆元、丽水、遂昌、开化、宁海、临海、仙居、临安、东阳、新昌等县。自 1979 年起，奉化、余姚、黄岩、永嘉等县也相继引种，目前，厚朴已成为浙江省高海拔山地造林重要树种之一。

乔木伴生树种有日本扁柏。灌木、草本不发达。

乔木平均胸径 10.7cm，平均树高 7.7m，郁闭度 0.7。

面积 5228.1000hm²，蓄积量 177136.4001m³，生物量 194974.0356t，碳储量

97487.0178t。每公顷蓄积量33.8816m³，每公顷生物量37.2935t，每公顷碳储量18.6467t。

多样性指数0.1772，优势度指数0.8228，均匀度指数0.2137。斑块数15个，平均斑块面积348.5400hm²，斑块破碎度0.0028。

厚朴林生长健康。无自然和人为干扰。

204. 苦楝林（*Melia azedarach* forest）

苦楝林在云南、海南、四川3个省有分布，面积25869.459hm²，蓄积量1351622.0074m³，生物量1496552.0721t，碳储量748276.0360t。每公顷蓄积量52.2478m³，每公顷生物量57.8501t，每公顷碳储量28.9251t。多样性指数0.3663，优势度指数0.6336，均匀度指数0.6300。斑块数384个，平均斑块面积67.3683hm²，斑块破碎度0.0148。

（1）在云南，苦楝林垂直分布在海拔100~1900m，而以700m以下较多。

乔木以苦楝为主，少量伴生樟树、桢楠、喜树等。灌木主要以小叶女贞为主，鲜见其他树种。草本主要是由石海椒、鸭跖草、土牛膝、冷水花、蕨等组成。

乔木层平均树高6.7m，灌木层平均高1.8m，草本层平均高0.3m以下，乔木平均胸径13.4cm，乔木郁闭度约0.7，草本盖度0.45。

面积16023.7991hm²，蓄积量1088550.0872m³，生物量1198167.0810t，碳储量599083.5405t。每公顷蓄积量67.9333m³，每公顷生物量74.7742t，每公顷碳储量37.3871t。

多样性指数0.4328，优势度指数0.56720，均匀度指数0.77670。斑块数272个，平均斑块面积58.9110hm²，斑块破碎度0.0170。

森林植被健康中等。无自然干扰。人为干扰主要是抚育、采伐、更新，抚育面积4711.5749hm²，采伐面积31.4104hm²，更新面积141.3472hm²。

（2）在四川，苦楝林分布较为普遍，位于东经101°50′~110°，北纬26°20′~32°30′。南从渡口起，北到广元止，东由万县起，西至灌县，除川西高原及高山地区外，均有分布。以川西平原较多，丘陵地区次之。垂直分布海拔100~1900m，而以700m以下较多。

在四川，苦楝林乔木层伴生树种有泡桐、构树、樟树等。灌木层主要有马桑、悬钩子等。草本层主要有禾本科草、蒿、车前等。

乔木层平均树高6.7m，灌木层平均高1.8m，草本层平均高0.3m以下，乔木平均胸径13.4cm，乔木郁闭度约0.7，草本盖度0.45。

面积2304.0507hm²，蓄积量85089.9242m³，生物量102480.208t，碳储量51240.1040t。每公顷蓄积量36.9306m³，每公顷生物量44.4783t，每公顷碳储量22.2391t。

多样性指数0.4331，优势度指数0.5669，均匀度指数0.7767。斑块数104个，平均斑块面积22.1543hm²，斑块破碎度0.0451。

受到明显的人为干扰，主要为采伐、更新、抚育、征占等，其中采伐面积16.98hm²，更新面积39.25hm²，抚育面积47.39hm²，征占面积7.99hm²。

（3）在海南，苦楝林主要分布在文昌、三亚、琼山等市县地区。

苦楝林乔木层伴生树种有构树、白茶、海南暗罗、粗毛野桐、榕树等。灌木层主要有棕榈、粗叶木、九节、长萼粗叶木、白叶瓜馥木、悬钩子、芭蕉等。草本层主要有单叶新月蕨、线羽凤尾蕨、淡竹叶、铁线蕨、蒿以及鸡血藤、买麻藤等。

乔木平均胸径 10.8cm，平均树高 8.8m，郁闭度 0.7。灌木盖度 0.2，平均高 1.3m。草本盖度 0.5，平均高 0.3m。

面积 7541.6100hm²，蓄积量 177981.9960m³，生物量 195904.7830t，碳储量 97952.3915t。每公顷蓄积量 23.6000m³，每公顷生物量 25.9765t，每公顷碳储量 12.9883t。

多样性指数 0.2331，优势度指数 0.7669，均匀度指数 0.3366。斑块数 8 个，平均斑块面积 942.701hm²，斑块破碎度 0.0010。

苦楝林生长健康。自然干扰主要是台风。无人为干扰。

205. 石榴林 （*Punica granatum* forest）

在海南、云南、四川 3 个省有较大面积的石榴林分布，面积 15558.4581hm²。多样性指数 0.2562，优势度指数 0.7438，均匀度指数 0.1597。斑块数 771 个，平均斑块面积 20.1795hm²，斑块破碎度 0.496。

（1）在云南，石榴林主要种植于海拔 300~1000m 的山上，以红河州蒙自县及其周边栽培最为广泛。

乔木多为石榴单层纯林。因人为活动频繁，林下灌木、草本种类不稳定。

乔木层平均树高 4.3m，灌木层平均高 0.5m，草本层平均高 0.2m 以下，乔木平均胸径 9.4cm，乔木郁闭度约 0.6，灌木盖度 0.1，草本盖度 0.5。

面积 1126.2242hm²。

多样性指数 0，优势度指数 1，均匀度指数 0。斑块数 420 个，平均斑块面积 2.6814hm²，斑块破碎度 0.3729。

森林植被健康中等。无自然干扰。人为干扰为抚育、采伐和更新，抚育面积 2493.4962hm²，采伐面积 16.6233hm²，更新面积 74.8048hm²。

（2）在海南分布在琼海市境内。

乔木组成单一，以纯林为主。灌木、草本不发达。

乔木平均胸径 8.5cm，平均树高 4.1m，乔木郁闭度 0.63。

面积 3396.6200hm²。

多样性指数 0，优势度指数 1，均匀度指数 0。斑块数 4 个，平均斑块面积 849.1560hm²，斑块破碎度 0.0011。

石榴林生长健康。自然干扰是台风。人为干扰是抚育管理。

（3）在四川，石榴林主要集中分布在大凉山会理县。

乔木层平均树高 4.8m，灌木层平均高约 1.7m，草本层平均高在 0.4m 以下，乔木平均胸径 8.0cm，乔木郁闭度约 0.5，草本盖度 0.5。

面积 11035.6139hm²。

多样性指数 0.5124，优势度指数 0.4876，均匀度指数 0.3195。斑块数 347 个，平均斑块面积 31.8029hm²，斑块破碎度 0.0314。

健康状况较好。基本都无灾害。受到明显的人为干扰，主要为采伐、更新、抚育等，其中采伐面积为 15.40hm²，更新面积为 197.77hm²，抚育面积为 147.88hm²。所受自然干扰类型为病虫鼠害，受影响面积为 0.80hm²。石榴林所受自然干扰类型为病虫鼠害，受影响面积为 1.46hm²。

206. 盐肤木林（*Rhus chinensis* forest）

在云南、重庆 2 个省（直辖市）有盐肤木林分布，面积 74236.3138hm²，蓄积量 1437046.4311m³，生物量 1586032.1662t，碳储量 793016.0831t。每公顷蓄积量 19.3577m³，每公顷生物量 21.3646t，每公顷碳储量 10.6823t。多样性指数 0.3890，优势度指数 0.6109，均匀度指数 0.6001。斑块数 3679 个，平均斑块面积 20.1783hm²，斑块破碎度 0.0496。

（1）在云南，盐肤木林广泛地分布在省内各地，海拔在 280~2800m。

乔木以盐肤木占优势，伴生树种有云南松、高山栲、云南樟、滇润楠、西南木荷等。灌木主要有大白花杜鹃、水红木、珍珠花、云南杨梅、野牡丹等。草本较发达，常见的有东方草莓、草玉梅、竹叶草、杏叶防风、野棉花、滇龙胆草、仙茅、火炭母、野拔子等。

乔木层平均树高 7.6m，灌木层平均高 0.5m，草本层平均高 0.2m 以下，乔木平均胸径 16.9cm，乔木郁闭度约 0.6，草本盖度 0.4。

面积 19418.3589hm²，蓄积量 1403947.3500m³，生物量 1545324.8482t，碳储量 772662.4241t。每公顷蓄积量 72.3000m³，每公顷生物量 79.5806t，每公顷碳储量 39.7903t。

多样性指数 0.1427，优势度指数 0.8573，均匀度指数 0.6577。斑块数 595 个，平均斑块面积 32.6358hm²，斑块破碎度 0.0306。

森林植被健康中等。无自然干扰。人为干扰主要是抚育活动，抚育面积 44.5076hm²。

（2）在重庆，盐肤木林生于海拔 300~2400m 的地区。

盐肤木林为落叶小乔木或灌木。常混生于巴山松、油杉、慈竹林中。灌木主要有大白花杜鹃、水红木、珍珠花、野牡丹等。草本较发达，常见的有东方草莓、草玉梅、竹叶草、杏叶防风、野棉花等。

乔木平均胸径 5.5cm，平均树高 2.5m，郁闭度 0.5。灌木盖度 0.5，平均高 1.2m。草本盖度 0.4，平均高 0.3m。

面积 54817.9549hm²，蓄积量 33099.0811m³，生物量 40707.3180t，碳储量 20353.6590t。每公顷蓄积量 0.6038m³，每公顷生物量 0.7426t，每公顷碳储量 0.3713t。

多样性指数 0.6354，优势度指数 0.3646，均匀度指数 0.5425。斑块数 3084 个，平均斑块面积 17.7750hm²，斑块破碎度 0.0563。

盐肤木林生长健康。无自然和人为干扰。

207. 柚木林（*Tectona grandis* forest）

在云南，柚木林广泛分布于滇南的西双版纳、普洱等地，海拔900m以下。

乔木以柚木占优势，伴生树种有团花、金合欢、铁刀木等。灌木有茶树、野桐、浦竹、对叶榕等。草本有山姜、西域鳞毛蕨、飞机草、拔毒散等。

乔木层平均树高12.8m，灌木层平均高0.3m，草本层平均高0.2m以下，乔木平均胸径17.8cm，乔木郁闭度约0.7，草本盖度0.45。

面积5174.1704hm²，蓄积量374092.5174m³，生物量411763.6339t，碳储量205881.8169t。每公顷蓄积量72.3000m³，每公顷生物量79.5806t，每公顷碳储量39.7903t。

多样性指数0.7350，优势度指数0.2650，均匀度指数0.5280。斑块数258个，平均斑块面积20.0549hm²，斑块破碎度0.0499。

森林植被健康中等。无自然干扰。人为干扰主要是抚育、采伐、更新，抚育面积1552.2511hm²，采伐面积10.3483hm²，更新面积46.5675hm²。

208. 皂荚林（*Gleditsia sinensis* forest）

在云南，皂荚林分布于昆明、嵩明、大姚、禄丰、宾川、漾濞、会泽、永胜、维西、贡山、文山、砚山、蒙自、建水、屏边、景东等地，海拔1200~1800m。

乔木为皂荚优势单层纯林。因人为活动频繁，灌木、草本种类不稳定。

乔木层平均树高16.4m，灌木层平均高1.2m，草本层平均高0.2m以下，乔木平均胸径16.1cm，乔木郁闭度约0.6，草本盖度0.45。

面积223.1861hm²，蓄积量16136.3521m³，生物量17761.2827t，碳储量8880.6414t。每公顷蓄积量72.3100m³，每公顷生物量79.6806t，每公顷碳储量39.8003t。

多样性指数0.5872，优势度指数0.4128，均匀度指数0.5088。斑块数24个，平均斑块面积9.2994hm²，斑块破碎度0.1075。

森林植被健康中等。无自然和人为干扰。

209. 刺楸林（*Kalopanax septemlobus* forest）

在四川，刺楸林主要分布于四川西部，以宝兴、峨边等县较为集中。垂直分布海拔自数十米至千余米。

乔木简单，主要以刺楸为主，伴生少量柳杉、杉木等乔木树种。灌木主要以水麻为主，灌木发育较差，灌木植物较少。草本主要由银莲花、冷水花、打碗花、糯米团、葎草、蒿以及蕨等组成。

乔木层平均树高8.0m，灌木层平均高1.2m，草本层平均高0.2m以下，乔木平均胸径7.5cm，乔木郁闭度约0.7，草本盖度0.35。

面积5114.4170hm²，蓄积量335100.0000m³，生物量336500.0000t，碳储量168250.0000t。每公顷蓄积量65.5207m³，每公顷生物量65.7944t，每公顷碳储量32.8972t。

多样性指数 0. 4760, 优势度指数 0. 5240, 均匀度指数 0. 8059。斑块数 87 个, 平均斑块面积 58. 78640hm², 斑块破碎度 0. 0170。

健康状况较好。基本无灾害。受到明显的人为干扰, 主要为采伐、征占等, 其中采伐面积 35. 63hm², 征占面积 16. 78hm²。所受自然干扰类型为其他自然因素, 受影响面积 33. 78hm²。

210. 鹅耳枥林 (*Carpinus turczaninowii* forest)

在山西, 鹅耳枥天然林主要分布在黎城县和陵川县, 其他市县也有分布, 但数量极少。

乔木伴生树种有栎类、油松以及一些软阔叶类树种。灌木有胡枝子、荆条、连翘、绣线菊等。草本有蒿、羊胡子草、苔草等。

乔木层平均树高 6. 4m, 灌木层平均高 20. 5cm, 草本层平均高 2. 8cm, 乔木平均胸径 10. 1cm, 乔木郁闭度 0. 51, 灌木盖度 0. 43, 草木盖度 0. 32。

面积 1054. 5818hm², 蓄积量 46711. 9317m³, 生物量 125186. 6278t, 碳储量 62042. 4927t。每公顷蓄积量 44. 2943m³, 每公顷生物量 118. 7074t, 每公顷碳储量 58. 8314t。

多样性指数 0. 6900, 优势度指数 0. 3100, 均匀度指数 0. 4000。斑块数 43 个, 平均斑块面积 24. 5251hm², 斑块破碎度 0. 0408。

无病害。有轻度虫害, 面积 7hm²。未见火灾。未见自然和人为干扰。

在山西, 鹅耳枥人工林主要分布在陵川县、平顺县、昔阳县等县。

乔木伴生树种有椴树、杨树、榆树以及一些硬阔类树种。灌木不发达, 偶见荆条、连翘、酸枣等。草本有蒿、苦苣菜、龙芽草等。

乔木层平均树高 5. 1m, 灌木层平均高 6. 5cm, 草本层平均高 3. 6cm, 乔木平均胸径 7. 7cm, 乔木郁闭度 0. 31, 灌木盖度 0. 13, 草本盖度 0. 31。

面积 12488. 0062hm², 蓄积量 487673. 0238m³, 生物量 1441464. 2768t, 碳储量 714389. 6956t。每公顷蓄积量 39. 0513m³, 每公顷生物量 115. 4279t, 每公顷碳储量 57. 2061t。

多样性指数 0. 7300, 优势度指数 0. 2300, 均匀度指数 0. 3900。斑块数 303 个, 平均斑块面积 41. 2145hm², 斑块破碎度 0. 0243。

未见病害。有轻度虫害, 面积 24hm²。未见火灾。有中度自然干扰, 面积 3hm²。

211. 枫香林 (*Liquidambar formosana* forest)

在我国安徽、福建、广西、贵州、湖北、湖南、江苏、江西、四川、云南、浙江、重庆 12 个省 (自治区、直辖市) 有枫香林分布, 面积 753597. 9439hm², 蓄积量 32150390. 881m³, 生物量 32310794. 7890t, 碳储量 16103600. 9099t。每公顷蓄积量 42. 6625m³, 每公顷生物量 42. 8754t, 每公顷碳储量 21. 3690t。多样性指数 0. 4120, 优势度指数 0. 5880, 均匀度指数 0. 4581。斑块数 12138 个, 平均斑块面积 62. 0858hm², 斑块破碎度 0. 0161。

(1) 在浙江, 枫香林主要分布在长兴、湖州、舟山群岛、宁波、慈溪、余杭、临安、富阳、桐庐、浦江、绍兴、宁海、临海、金华、仙居、江山、建德、开化、青田、景宁、龙泉、庆元、台州、永嘉、乐清等多个县市，尤以舟山、宁海、仙居、青田、景宁、龙泉、庆元等县市分布面积较大。

乔木有枫香、冬青、白栎、麻栎等。灌木有小竹、白马骨、胡颓子、小叶女贞、瑞香。草本有三脉紫菀、虎耳草、天门冬等。

乔木层平均树高 14.8m，平均胸径 22.1cm，郁闭度 0.7。灌木盖度 0.3，平均高 1.3m。草本盖度 0.4，平均高 0.3m。

面积 121462.0000hm^2，蓄积量 13943837.6000m^3，生物量 12425562.6000t，碳储量 6212781.3000t。每公顷蓄积量 114.8000m^3，每公顷生物量 102.3000t，每公顷碳储量 51.1500t。

多样性指数 0.5800，优势度指数 0.4200，均匀度指数 0.2500。斑块数 197 个，平均斑块面积 616.5590hm^2，斑块破碎度 0.0016。

病害无。虫害无。火灾轻。人为干扰类型为建设征占。自然干扰类型为其他。

（2）在重庆，枫香林分布广泛。

乔木树种组成较为简单，大多形成纯林，或与柏木、杨树、栎类等混交。灌木茂密，有胡颓子、小叶女贞等。草本有菝葜、紫菀、虎耳草、天门冬等。

乔木层平均树高 17.1m，灌木层平均高 1.2m，草本层平均高 0.3m 以下，乔木平均胸径 19.9cm，乔木郁闭度约 0.9，灌木盖度约 0.2，草本盖度 0.1。

面积 18477.3925hm^2，蓄积量 1206300.2667m^3，生物量 1468791.2048t，碳储量 734395.6024t。每公顷蓄积量 65.2852m^3，每公顷生物量 79.4913t，每公顷碳储量 39.7456t。

多样性指数 0.5424，优势度指数 0.4576，均匀度指数 0.4151。斑块数 1385 个，平均斑块面积 13.3410hm^2，斑块破碎度 0.0750。

森林植被健康。无自然和人为干扰。

（3）在贵州，枫香林分布普遍。

乔木组成种类较简单，除枫香外，常可见到响叶杨、光皮桦、马尾松、杉木、麻栎、云南樟等。灌木较为单纯，也很茂密，以大箭竹占绝对优势。草本不发达，仅有冷饭团、菝葜等。

乔木层平均树高 11.8m，灌木层平均高 1.5m。乔木层平均胸径 13.8cm，郁闭度 0.7。灌木盖度 0.5，草本盖度 0.1。

面积 60507.2499hm^2，蓄积量 2940306.0603m^3，生物量 3129726.4690t，碳储量 1513066.7489t。每公顷蓄积量 48.5943m^3，每公顷生物量 51.7248t，每公顷碳储量 25.0064t。

多样性指数 0.847，优势度指数 0.1530，均匀度指数 0.7660。斑块数 4117 个，平均斑块面积 14.6969hm^2，斑块破碎度 0.0680。

森林植被健康。基本未受灾害。很少受到极端自然灾害和人为活动的影响。

（4）在福建，枫香林广布全省，闽北、闽西北尤多。在闽江中游南平、顺昌、建瓯、建阳、邵武、将乐、沙县、尤溪等县（直辖市）山地，常出现林貌高耸的块状枫香纯林，或与马尾松及其他阔叶树的混交林。垂直分布从平原至海拔1000m。

乔木有枫香、赤杨叶、红楠、白栎、马尾松、毛竹等。灌木有圆锥绣球、细齿叶柃、老鼠刺、老鼠矢、盐肤木、毛叶石楠、乌药、天仙果、杨桐、荚蒾、楤木、白檀、檵木、水团花等。草本有五节芒、里白、芒萁、宽叶金粟兰、狗脊、珍珠菜、报春花、茜草等。

乔木层平均树高10~24m，灌木层平均高3~5m，草本层平均高1m以下，乔木平均胸径15cm，乔木郁闭度0.33~0.8，灌木盖度0.25~0.5，草本盖度0.1以下。

面积42441.3000hm^2，蓄积量2143285.6500m^3，生物量2172994.5600t，碳储量1086497.2800t。每公顷蓄积量50.5000m^3，每公顷生物量51.2000t，每公顷碳储量25.6000t。

多样性指数0.1800，优势度指数0.8200，均匀度指数0.1100。斑块数8个，平均斑块面积5305.1600hm^2，斑块破碎度0.0002。

病害无。虫害无。火灾轻。人为干扰类型为建设征占。无自然干扰。

（5）在安徽，枫香林分布于淮河以南，淮北仅有栽培，其中在江淮之间的北亚热带以散生为多，成林者多见于皖南，大多分布在海拔600m以下的山坡上，土壤为黄壤或山地黄红壤，pH5~6。

乔木有枫香、李子、灯台树、杉木、黄山松、茅栗、楤木、白檀、白玉兰、黄连木、色木槭、麻栎、山胡椒、马尾松、无患子。灌木有野山楂、宁波溲疏、菝葜、盐肤木、珍珠菜、山莓、尖叶长柄山蚂蝗、女贞、绣线菊、南蛇藤、桂花。草本有路边青、三叶委陵菜、苔草、败酱、牛膝、野大豆、地黄、香附子、问荆、荩草、鸭儿芹、蛇莓、吉祥草、珍珠菜、凤尾蕨、麦冬、金星蕨、海金沙、狗尾草、丹参、贯众。

乔木层平均树高8.4m，灌木层平均高1.3m，草本层平均高0.20cm，乔木平均胸径9.7cm，乔木郁闭度0.80，灌木与草本盖度0.5~0.55，植被总盖度0.8~0.85。

面积57184.8265hm^2，蓄积量2428642.5361m^3，生物量2673206.8395t，碳储量1336603.4197t。每公顷蓄积量42.4701m^3，每公顷生物量46.7468t，每公顷碳储量23.3734t。

多样性指数0.4832，优势度指数0.5168，均匀度指数0.5326。斑块数283个，平均斑块面积202.0665hm^2，斑块破碎度0.0049。

森林植被健康。无自然干扰。

（6）在湖北，枫香林主要分布在黄陂、武昌、建始、恩施、利川、咸丰、崇阳、应山、五峰、罗田、英山等地。集中于海拔300~1000m之间的山丘地，但以海拔400~700m处的枫香林生长较好。坡向以阳坡及半阳坡居多，坡度10°~35°。

乔木以枫香占优势，伴生树种有茅栗、短柄枹栎、白栎、黄檀、栓皮栎、野樱桃、化香、马尾松、山胡椒、盐肤木、白檀等。灌木有杜鹃花、荚蒾、美丽胡枝子、檵木、柃木、乌药、卫矛等。草本主要有苔草、鳞毛蕨、芒草、白茅、野青茅、蕙兰等。

乔木层平均树高 11.6m，平均胸径 13.8cm，郁闭度 0.68。灌木层平均高 1.6m，灌木盖度 0.5。草本盖度 0.4，平均高 0.3m。

面积 175.0728hm²，蓄积量 7202.9489m³，生物量 4979.1434t，碳储量 2489.5727t。每公顷蓄积量 41.1426m³，每公顷生物量 28.4404t，每公顷碳储量 14.2202t。

多样性指数 0.2010，优势度指数 0.7990，均匀度指数 0.8940。斑块数 13 个，斑块破碎度 0.0743，平均斑块面积 13.4671hm²。

森林植被健康。无自然干扰。

（7）在江西，枫香林分布广泛，尤其以赣北为普遍。主要分布在山地下部的红黄壤和红壤丘陵区。例如宜丰、修水、瑞昌、德安和庐山等。枫香林主要分布于海拔 100~800m 之间的红黄壤低山及红壤丘陵地区，以海拔 400~500m 以下分布较广。喜生于半阳或半阴坡沟谷两旁，坡度 20°~35°。土壤为花岗岩、砂岩、红砂岩及石灰岩发育形成的红黄壤和红壤，分布海拔较高的地段为黄壤。

乔木主要有枫香、黄连木、樟树、麻栎、光叶榉树、梧桐、小叶栎、黄檀、红枝柴、豆梨、吊皮锥、构树、玉兰、山胡椒等。灌木主要有青灰叶下珠、牡荆、檵木、长叶冻绿、马甲子、卫矛、美丽胡枝子、荚蒾、野茉莉、竹叶椒等。草本主要有贯众、山马兰、丹参、禾叶土麦冬、鹅观草、开口箭、凤尾蕨、多花黄精、野芝麻、紫堇、连钱草、疏花野青茅、天南星、蕨、苎麻和阔叶土麦冬等。藤本植物比较多，有五加、木半夏、三叶木通、野蔷薇、乌蔹、茜草、络石、爬山虎、常春藤、胡颓子、羊乳、紫藤等。苔藓地衣稀少。

乔木层平均树高 12.5m，最高达 36m，乔木平均胸径 18.2cm，最大达 200cm，郁闭度 0.70。灌木盖度 0.5，平均高 1.5m。草本盖度 0.4，平均高 0.3。

面积 3874.8664hm²，蓄积量 271587.2333m³，生物量 298936.0676t，碳储量 149468.0338t。每公顷蓄积量 70.0894m³，每公顷生物量 77.1475t，每公顷碳储量 38.5737t。

多样性指数 0.0190，优势度指数 0.9810，均匀度指数 0.0790。斑块数 11 个，平均斑块面积 352.2606hm²，斑块破碎度 0.0028。

森林植被健康。无自然和人为干扰。

（8）在云南，枫香林主要分布于滇东南的广南、砚山、文山、蒙自、马关、麻栗坡、西畴、富宁等地，海拔 1200~2000m 的丘陵或山地。

乔木以枫香树占优势，混交树种主要有糙叶树、楹树、木棉、柴桂、短柄苹婆、榕树等。灌木不发达，常见的有粗糠柴、黄皮、灰毛浆果楝、老人皮、大叶紫珠、毛果扁担杆、三桠苦等。草本不发达，常见的有淡竹叶、金发草、铁线蕨、乌毛蕨、卷柏、金毛狗脊等。

乔木层平均树高 20.4m，灌木层平均高 1.5m，草本层平均高 0.3m 以下，乔木平均胸径 25.6cm，乔木郁闭度约 0.6，草本盖度 0.45。

面积 1055.2295hm²，蓄积量 76293.0948m³，生物量 83975.8094t，碳储量 41987.9047t。每公顷蓄积量 72.3000m³，每公顷生物量 79.5806t，每公顷碳储

量 39.7903t。

多样性指数 0.61439，优势度指数 0.3857，均匀度指数 0.94025。斑块数 120 个，平均斑块面积 8.7935hm²，斑块破碎度 0.1137。

森林植被健康中等。无自然干扰。人为干扰主要是抚育活动，抚育面积 316.5688hm²。

（9）在湖南，枫香林以人工林为主，分布于全省各地，山区分布到海拔 1200m，丘陵区和低山区常见。

乔木只有枫香。灌木有四角枫、檵木、细叶短柱茶、山胡椒、野鸦椿、格药枫、六月雪、山姜、檵木等。草本有淡竹叶、渐尖毛蕨、狗脊、黑足鳞毛蕨、边缘蹄盖蕨等。

乔木层平均树高 20~30m，灌木层平均高 1.6m，草本层平均高 0.4m，乔木平均胸径 30~40cm，乔木郁闭度 0.7~0.8，灌木与草本盖度 0.2~0.3。

面积 382317.8102hm²，蓄积量 5394269.3342m³，生物量 5937472.2562t，碳储量 2968736.1281t。每公顷蓄积量 14.1094m³，每公顷生物量 15.5302t，每公顷碳储量 7.7651t。

多样性指数 0.5400，优势度指数 0.4600，均匀度指数 0.6780。斑块数 5699 个，平均斑块面积 67.0851hm²，斑块破碎度 0.0149。

8.3%的枫香林受灾面积小于 20%，处于亚健康状态；8.3%的枫香林受灾面积大于 20%小于 60%，处于中健康状态。无自然干扰。

（10）在广西，大多分布在桂西北丘陵山。

枫香林乔木除枫香树外，还有赤杨叶、马尾松、毛竹、麻栎、油桐、榕树、朴树等。灌木有枫木、老鼠刺、盐肤木、杨桐、荚蒾、水团花等。草本有五节芒、里白、芒萁、狗脊、珍珠菜、报春花、茜草、蕨等。

乔木平均胸径 17.8cm，平均树高 11.6m，郁闭度 0.7。灌木盖度 0.5，平均高 1.4m。草本盖度 0.4，平均高 0.2m。

面积 46737.5702hm²，蓄积量 3246631.9044m³，生物量 3573567.7372t，碳储量 1786783.8686t。每公顷蓄积量 69.4651m³，每公顷生物量 76.4603t，每公顷碳储量 38.2301t。

多样性指数 0.5339，优势度指数 0.4661，均匀度指数 0.4025。斑块数 77 个，平均斑块面积 606.9814hm²，斑块破碎度 0.0016。

枫香林生长健康。无自然和人为破坏。

（11）在江苏，分布在吴县市、吴江市、金坛市境内。

枫香林乔木除枫香外，还有马尾松、杉木、白栎、麻栎、短柄枹栎、木荷、石栎等伴生树种。灌木主要有牡荆、檵木、胡枝子、荚蒾等。草本主要有贯众、山马兰、丹参、禾叶土麦冬、鹅观草、开口箭、凤尾蕨、多花黄精、野芝麻、紫堇、连钱草、疏花野青茅、天南星、蕨等。

乔木平均胸径 14.2cm，平均树高 10.3m，郁闭度 0.64。灌木盖度 0.4，平均高 1.5m。

草本盖度 0.4，平均高 0.3m。

面 积 12361.8000hm²，蓄 积 量 351977.9023m³，生 物 量 387422.0770t，碳 储 量 193711.0385t。每 公 顷 蓄 积 量 28.4730m³，每 公 顷 生 物 量 31.3403t，每 公 顷 碳 储 量 15.6701t。

多样性指数 0.4032，优势度指数 0.5968，均匀度指数 0.4306。斑块数 11 个，平均斑块面积 1123.8hm²，斑块破碎度 0.0008。

枫香林生长健康。无自然和人为干扰。

（12）在四川，枫香林分布广泛，生于海拔 1500m 以下地区。

人工纯林，常植于道路、公园作景观树种，偶与其他树种混交。

乔木层平均树高 7.5m，平均胸径 7.8cm，郁闭度约 0.6。无灌木、草本。

面 积 7002.8260hm²，蓄 积 量 140056.3531m³，生 物 量 154160.0278t，碳 储 量 77080.0139t。每 公 顷 蓄 积 量 20.0000m³，每 公 顷 生 物 量 22.0140t，每 公 顷 碳 储 量 11.0070t。

多样性指数 0，优势度指数 1，均匀度指数 0。斑块数 217 个，平均斑块面积 32.2711hm²，斑块破碎度 0.0310。

以景观林为主，自然度低，有明显人为干扰。枫香林健康状况较好，基本都无灾害。受到明显的人为干扰，主要为采伐、更新、抚育、征占等，其中采伐面积为 62.17hm²，更新面积为 25.29hm²，抚育面积为 24.38hm²，征占面积为 5.63hm²。

212. 杜仲林（*Eucommia ulmoides* forest）

在我国的北京、福建、甘肃、贵州、湖南、江苏、陕西、四川、云南、浙江、重庆 11 个省（直辖市）有杜仲林分布，总面积 189055.9698hm²。多样性指数 0.2299，优势度指数 0.7701，均匀度指数 0.2513。斑块数 5421 个，平均斑块面积 34.8747hm²，斑块破碎度 0.0287。

（1）在甘肃，杜仲有天然林和人工林，以人工林为主。主要分布于武都县、康县、成县、天水市、徽县、两当县、西和县。

乔木常见与其他硬阔类、云杉、其他软阔类、栎类、华山松混交。灌木有山柳等。草本中主要有萝卜和骆驼蓬两大类。

乔木层平均树高 3.66m 左右，灌木层平均高 3.79cm，草本层平均高 4.69cm，乔木平均胸径 8cm，乔木郁闭度 0.25，灌木盖度 0.17，草本盖度 0.5，植被总盖度 0.63。

面积 259.7941hm²。

多样性指数 0.3400，优势度指数 0.6600，均匀度指数 0.5300。斑块数 18 个，平均斑块面积 14.4330hm²，斑块破碎度 0.0693。

未见虫害、病害、火灾。未见自然和人为干扰。

（2）在陕西，杜仲林为人工林，集中分布在略阳县，岚皋县、宁强县、山阳县也有大量分布。

乔木常与枫香、杨树、油松以及软阔叶树形成混交林。灌木常见黄檀、山桃等。草本常见白草、败酱等。

乔木层平均树高 6.1m 左右，灌木层平均高 12.0cm，草本层平均高 3.5cm，乔木平均胸径 18cm，乔木郁闭度 0.36，灌木盖度 0.14，草本盖度 0.48，植被总盖度 0.71。

面积 15531.7967hm²。

多样性指数 0.2900，优势度指数 0.7100，均匀度指数 0.5500。斑块数 1340 个，平均斑块面积 11.5908hm²，斑块破碎度 0.0863。

未见病害、虫害、火灾。未见自然和人为干扰。

（3）在湖南，杜仲林分布于湘西、湘北，产量较多的 10 个县，依次为安化、慈利、洞口、平江、古丈、桃源、双牌、宁远、龙山、新化。

乔木只有杜仲。林下无灌木。草本主要种类有黑麦草、丝茅、南艾蒿、黄鹌菜、茵陈蒿、烟管头草、蟋蟀草、鹅观草、泥胡菜等。

乔木层平均树高 8~12m，平均胸径 7~12cm，郁闭度 0.7~0.9。灌木与草本盖度 0.15。

面积 142551.6260hm²。

多样性指数 0.3390，优势度指数 0.6610，均匀度指数 0.3710。斑块数 2550 个，平均斑块面积 55.9026hm²，斑块破碎度 0.0179。

有 1/3 的杜仲林处于亚健康状态，有 1/3 的杜仲林处于中健康状态。无自然和人为干扰。

（4）在重庆，杜仲林大多为人工林，广泛分布于秀山县、开县、城口县、江津区等。在其他区县均有少量分布。

乔木树种组成较为简单，大多形成纯林，或与杉木、马尾松、柏木等混交，少数林分内混有栎类、刺槐、油桐等其他阔叶树种。灌木主要种类有野蔷薇、椤木等。草本主要种类有繁缕、紫背天葵、莎草等。

乔木层平均树高 9.5m，灌木层平均高 1.2m，草本层平均高 0.3m 以下，乔木平均胸径 10.4cm，乔木郁闭度约 0.3，灌木盖度约 0.1，草本盖度 0.6。

面积 4649.0069hm²。

多样性指数 0.1139，优势度指数 0.8861，均匀度指数 0.1371。斑块数 424 个，平均斑块面积 10.9599hm²，斑块破碎度 0.0912。

森林植被健康。无自然干扰。

（5）在贵州，杜仲林除册亨、望谟、罗甸、荔波四县外，其余各县市都有分布，主要集中在娄山山脉和苗岭山地各县，重点产区在遵义、江口、习水、正安、石阡、黔西、大方、织金、湄潭、桐梓、瓮安、黄平、开阳、关岭、镇宁等县。垂直分布在海拔 500~1300m 之间，西部上限更高。

乔木多为单优势种群落，群落组成种类不复杂，外貌比较单一，结构也较简单。灌木主要种类有佛顶珠、火棘、野蔷薇、椤木、粉枝莓等。草本主要种类有繁缕、紫背天葵、莎草等。

乔木层平均树高 10.6m，灌木层平均高 1.1m，草本层平均高 0.3m，乔木平均胸径
10.5cm，乔木郁闭度 0.6，灌木盖度 0.2，草本盖度 0.4。

面积 4863.9637hm²。

多样性指数 0.4300，优势度指数 0.5700，均匀度指数 0.4590。斑块数 410 个，平均
斑块面积 11.8609hm²，斑块破碎度 0.0843。

杜仲林森林植被健康。基本未受灾害。杜仲林中有抚育采伐等人为经营活动。

（6）在云南，杜仲林多生长于海拔 300~500m 的低山、谷地或低坡地区。

乔木以杜仲为优势，伴生树种有黄连木、滇青冈等。灌木主要有牛角瓜、余甘子、金
合欢等。草本主要有扭黄茅、双花草、卷柏等。

乔木层平均树高 14.7m，灌木层平均高 0.8m，草本层平均高 0.4m 以下，乔木平均胸
径 25.1cm，乔木郁闭度约 0.7，草本盖度 0.3。

面积 6442.1852hm²。

多样性指数 0.8077，优势度指数 0.1923，均匀度指数 0.5031。斑块数 422 个，平均
斑块面积 15.26584hm²，斑块破碎度 0.0655。

杜仲林健康中等。无自然干扰。人为干扰主要是抚育、采伐和更新活动，抚育面积
1932.6555hm²，采伐面积 12.8843hm²，更新面积 57.9796hm²。

（7）在四川，杜仲林为人工林，主要分布在苍溪、平武、青川、万源、宝兴、天全等
地区。

乔木仅有杜仲。灌木、草本不发达。

自然度为 1，普遍处于演替早期阶段。

面积 7957.6280hm²。

多样性指数 0，优势度指数 1，均匀度指数 0。斑块数 249 个，平均斑块面积
31.9583hm²，斑块破碎度 0.0313。

灾害等级为 0 的面积达 8146.12hm²。受到明显的人为干扰，主要为采伐、更新、抚
育、征占等，其中采伐面积 56.14hm²，更新面积 129.79hm²，抚育面积 156.70hm²，征占
面积 26.43hm²。存在较严重的病虫鼠害，受影响面积 53.23hm²。

（8）在北京，杜仲林分布于市内各公园。

乔木以杜仲为单一优势种，几乎无其他树种混生。灌木、草本不发达。

乔木平均胸径 12.6cm，平均树高 7.8m，郁闭度 0.61。

面积 76.9192hm²。

多样性指数 0，优势度指数 1，均匀度指数 0。斑块数 5 个，平均斑块面积
15.3838hm²，斑块破碎度 0.0650。

杜仲林健康。无自然干扰。

（9）在福建，主要分布在武夷山地区。

福建武夷山杜仲人工林套种有杉木、桂花等树种。林下灌木、草本不发达。

乔木平均胸径 10.5cm，平均树高 7.2m，郁闭度 0.68。

面积 5633.2800hm²。

多样性指数 0.2087，优势度指数 0.7913，均匀度指数 0.2143。斑块数 1 个，平均斑块面积 5633.2800hm²，斑块破碎度 0.0002。

杜仲林生长健康，无自然干扰，人为干扰主要是抚育管理。

（10）在江苏，杜仲在盐城市响水县七套乡有大量种植。

杜仲林乔木组成单一，由杜仲单一树种构成。灌木、草本不发达。

乔木平均胸径 11.8cm，平均树高 6.8m，郁闭度 0.67。

面积 225.6160hm²。

多样性指数 0，优势度指数 1，均匀度指数 0。斑块数 1 个，平均斑块面积 225.6160hm²，斑块破碎度 0.0044。

杜仲林生长健康。无自然干扰。人为干扰主要是抚育管理。

（11）在浙江，杜仲在丽水地区有栽培。

杜仲林为人工林，组成树种单一，以杜仲为单一组成乔木树种。灌木、草本不发达。

乔木平均胸径 10.3cm，平均树高 7.6m，郁闭度 0.65。

面积 866.1540hm²。

多样性指数 0，优势度指数 1，均匀度指数 0。斑块数 1 个，平均斑块面积 866.1540hm²，斑块破碎度 0.0012。

杜仲林生长健康。无自然干扰。人为干扰主要是抚育管理。

213. 黄连木林（*Pistacia chinensis* forest）

在河南、云南 2 个省有黄连木林分布，面积 1446.8876hm²，蓄积量 29042.2588m³，生物量 27356.0037t，碳储量 14515.5574t。每公顷蓄积量 20.0722m³，每公顷生物量 18.9068t，每公顷碳储量 10.0323t。多样性指数 0.4676，优势度指数 0.5323，均匀度指数 0.2948。斑块数 72 个，平均斑块面积 20.0956hm²，斑块破碎度 0.0498。

（1）在河南，黄连木林分布于大别山、桐柏山、伏牛山、太行山山区。

乔木伴生树种主要有马尾松、栓皮栎、侧柏等。灌木主要有连翘、杜鹃花、胡枝子等。草本主要有白茅、狗尾草、芦苇等禾本科草，还有苍耳、蒺藜、马齿苋、菟丝子、田旋花等。

乔木层平均树高 9.3m，灌木层平均高 0.8m，草本层平均高 0.2m，乔木平均胸径 11.8cm，乔木郁闭度 0.61，灌木盖度 0.11，草本盖度 0.22，植被总盖度 0.8。

面积 1365.8476hm²，蓄积量 23183.0668m³，生物量 20906.7910t，碳储量 11290.9511t。每公顷蓄积量 16.9734m³，每公顷生物量 15.3068t，每公顷碳储量 8.2666t。

多样性指数 0.4790，优势度指数 0.5210，均匀度指数 0.1666。斑块数 66 个，平均斑块面积 20.6947hm²，斑块破碎度 0.0483。

黄连木林健康。无自然干扰。

（2）在云南，黄连木林主要分布在云南潞西地区。

乔木以黄连木为优势，常见混交树种有滇青冈、皮哨子、滇朴等。灌木有毛叶柿、川梨、青刺尖等。草本有狗尾草、青蒿、野苏子、石松等。

乔木层平均树高 18.3m，灌木层平均高 1.5m，草本层平均高 0.5m 以下，乔木平均胸径 20.2cm，乔木郁闭度约 0.7，草本盖度 0.3。

面积 81.0400hm^2，蓄积量 5859.1920m^3，生物量 6449.2126t，碳储量 3224.6063t。每公顷蓄积量 72.3000m^3，每公顷生物量 79.5806t，每公顷碳储量 39.7903t。

多样性指数 0.4563，优势度指数 0.5437，均匀度指数 0.4231。斑块数 6 个，平均斑块面积 13.5066hm^2，斑块破碎度 0.0740。

黄连木林健康中等。无自然和人为干扰。

214. 漆树林（*Toxicodendron vernicifluum* forest）

在甘肃、广西、贵州、陕西、重庆有漆树林分布，面积 17887.7340hm^2，蓄积量 528243.6380m^3，生物量 691976.5394t，碳储量 337381.6682t。每公顷蓄积量 29.5311m^3，每公顷生物量 38.6844t，每公顷碳储量 18.8611t。多样性指数 0.6509，优势度指数 0.3491，均匀度指数 0.4758。斑块数 1085 个，平均斑块面积 16.4863hm^2，斑块破碎度 0.0607。

（1）在甘肃，漆树林有天然林和人工林。

在甘肃，漆树天然林分布于武都县和天水市市辖区及康县。

乔木主要与杨树混交。灌木主要有胡枝子和山柳以及小檗。草本中主要有狗娃草、蒿。

乔木层平均树高 10.25m 左右，灌木层平均高 24.75cm，草本层平均高 3.75cm，乔木平均胸径 16cm，乔木郁闭度 0.33，灌木盖度 0.56，草本盖度 0.2，植被总盖度 0.73。

面积 219.9916hm^2，蓄积量 8768.8669m^3，生物量 8460.9674t，碳储量 4090.0317t。每公顷蓄积量 39.8600m^3，每公顷生物量 38.4604t，每公顷碳储量 18.5918t。

多样性指数 0.5100，优势度指数 0.4900，均匀度指数 0.9500。斑块数 11 个，平均斑块面积 19.9992hm^2，斑块破碎度 0.050。

未见病害、虫害、火灾。未见自然和人为干扰。

在甘肃，漆树人工林分布于天水市、成县、华亭县。

乔木主要与杨树混交。灌木中常见的有铁杆蒿、卫矛、小檗和少量的小叶冬青。草本中主要有蒿、梭草、龙须草、苔草。

乔木层平均树高 10.62m 左右，灌木层平均高 25.3cm，草本层平均高 4.11cm，乔木平均胸径 7cm，乔木郁闭度 0.34，灌木盖度 0.56，草本盖度 0.2，植被总盖度 0.74。

面积 32.1836hm^2，蓄积量 385.8012m^3，生物量 559.2756t，碳储量 270.3538t。每公顷蓄积量 11.9875m^3，每公顷生物量 17.3776t，每公顷碳储量 8.4004t。

多样性指数 0.5800，优势度指数 0.4200，均匀度指数 0.5900。斑块数 2 个，平均斑块面积 16.0918hm^2，斑块破碎度 0.0621。

未见虫害、病害、火灾。未见自然和人为干扰。

（2）在陕西，漆树林有天然林和人工林。

在陕西，漆树天然林主要分布在宝鸡县、岐山县、长安县等地。

乔木常与椴树以及一些硬软阔类林混交。灌木几乎没有植物。草本中偶见蒿。

乔木层平均树高 12.2m 左右，灌木层平均高 17.7cm，草本平均高 4.3cm，乔木层平均胸径 19cm，乔木郁闭度 0.54，灌木盖度 0.32，草本盖度 0.31，植被总盖度 0.79。

面积 7226.3865hm^2，蓄积量 297654.8588m^3，生物量 362657.1157t，碳储量 175308.4497t。每公顷蓄积量 41.1900m^3，每公顷生物量 50.1851t，每公顷碳储量 24.2595t。

多样性指数 0.7400，优势度指数 0.2600，均匀度指数 0.1100。斑块数 583 个，平均斑块面积 12.3951hm^2，斑块破碎度 0.0807。

未见病害、虫害、火灾。未见自然和人为干扰。

在陕西，漆树人工林主要分布在镇巴县、平利县、岚皋县等地，商南县、凤县等地也有栽培。

乔木常与白桦、泡桐、马尾松以及一些硬软阔类林混交。灌木主要有栎类、青皮槭等。草本中偶见苔草、苔藓、野豆角。

乔木层平均树高 9.6m 左右，灌木层平均高 17.4cm，草本层平均高 7.1cm，乔木平均胸径 13cm，乔木郁闭度 0.39，灌木盖度 0.27，草本盖度 0.55，植被总盖度 0.81。

面积 3807.4334hm^2，蓄积量 63698.3608m^3，生物量 146802.4481t，碳储量 70964.4667t。每公顷蓄积量 16.7300m^3，每公顷生物量 38.5568t，每公顷碳储量 18.6384t。

多样性指数 0.4900，优势度指数 0.5100，均匀度指数 0.3300。斑块数 142 个，平均斑块面积 26.8129hm^2，斑块破碎度 0.0373。

未见病害、虫害、火灾。未见自然和人为干扰。

（3）在重庆，各个区县均有漆树林分布。

乔木树种组成较为复杂，多与杉木、桦木、水青冈、檫木、丝栗栲等混交。灌木有悬钩子、黄荆等。草本主要是白茅、蕨。

乔木层平均树高 9.6m，灌木层平均高 2.1m，草本层平均高 0.5m 以下，乔木平均胸径 10.5cm，乔木郁闭度约 0.5，灌木盖度约 0.2，草本盖度 0.2。

面积 3773.3220hm^2，蓄积量 2236.0706m^3，生物量 2338.2351t，碳储量 1169.1175t。每公顷蓄积量 0.5926m^3，每公顷生物量 0.6197t，每公顷碳储量 0.3098t。

多样性指数 0.9626，优势度指数 0.0374，均匀度指数 0.5739。斑块数 259 个，平均斑块面积 14.5723hm^2，斑块破碎度 0.0686。

漆树林病害较为严重，主要有漆树立枯病、漆树毛毡病、漆树炭疽病等。无人为干扰。

（4）在贵州，主要为毛漆树林，主要分布在西北部、北部和东北部，以大方、毕节、赫章、桐梓等县为多。

乔木树种组成较为复杂，多与杉木、桦木、水青冈、檫木、马尾松等混交。灌木有悬钩子、黄荆等。草本主要是白茅、蕨、蒿等。

乔木平均胸径14.7cm，平均树高10.5m，郁闭度0.64。灌木盖度0.1，平均高1.2m。草本盖度0.3，平均高0.2m。

面积2482.7510hm²，蓄积量130197.2021m³，生物量143308.0604t，碳储量71654.0302t。每公顷蓄积量52.4407m³，每公顷生物量57.7215t，每公顷碳储量28.8607t。

多样性指数0.5826，优势度指数0.4174，均匀度指数0.3744。斑块数87个，平均斑块面积28.5373hm²，斑块破碎度0.0350。

漆树生长健康。无自然干扰。人为干扰主要是抚育管理与采摘。

（5）在广西，主要为毛漆树林，分布在防城港市境内。

乔木树种组成较为复杂，多与杉木、桦木、水青冈、檫木、马尾松等混交。灌木有悬钩子、黄荆等。草本主要是禾本科草及蕨等。

乔木平均胸径18.2cm，平均树高12.7m，郁闭度0.8。灌木盖度0.2，平均高1.4m。草本盖度0.2，平均高0.3m。

面积345.6659hm²，蓄积量25302.4776m³，生物量27850.4371t，碳储量13925.2186t。每公顷蓄积量73.1992m³，每公顷生物量80.5704t，每公顷碳储量40.2852t。

多样性指数0.6931，优势度指数0.3069，均匀度指数0.4024。斑块数1个，平均斑块面积345.6659hm²，斑块破碎度0.0028。

漆树生长健康。无自然干扰。人为干扰主要是抚育管理与采摘。

215. 白蜡树林（*Fraxinus chinensis* forest）

在甘肃、山东、陕西、天津、重庆5个省（直辖市）有白蜡林分布，面积10926.3357hm²，蓄积量260221.4237m³，生物量367773.3626t，碳储量182732.5222t。每公顷蓄积量23.8160m³，每公顷生物量33.6594t，每公顷碳储量16.7240t。多样性指数0.3858，优势度指数0.6141，均匀度指数0.3011。斑块数301个，平均斑块面积36.3001hm²，斑块破碎度0.0275。

（1）在甘肃，白蜡树林以人工林为主，分布在金昌市、临洮县、民勤县、张掖市。

乔木多纯林，伴生树种有柳树、云杉。灌木不发达。草本中主要有小车前、小麦、盐爪爪。

乔木层平均树高6.8m左右，灌木层平均高8cm，草本层平均高4cm，乔木平均胸径7cm，乔木郁闭度0.8，灌木盖度0.1，草本盖度0.3，植被总盖度0.84。

面积17.9781hm²，蓄积量165.1420m³，生物量274.3170t，碳储量132.6049。每公顷蓄积量9.1857m³，每公顷生物量15.2584t，每公顷碳储量7.3759t。

自然度5级，占100%，处于演替的先锋阶段。多样性指数0.1000，优势度指数0.9000，均匀度指数0.6000。斑块数2个，平均斑块面积8.9890hm²，斑块破碎度0.1112。

未见病害、虫害、火灾。有轻度自然干扰，面积8hm²。未见人为干扰。

（2）在陕西，白蜡林为人工林，主要分布在镇巴县、紫阳县，城固县、略阳县也有少量分布。

乔木多为纯林，偶见与柳树混交。灌木少见有侧柏、臭椿、黄檀等。草本种类较多，但是数量不多，常见分布较多的有白芷、狗尾草等。

乔木层平均树高7.6m左右，灌木层平均高0.8m，草本层平均高0.02m，乔木平均胸径12cm，乔木郁闭度0.3，灌木盖度0.1，草本盖度0.3，植被总盖度0.55。

面积2012.9671hm²，蓄积量16103.7368m³，生物量69259.3538t，碳储量33480.0714t。每公顷蓄积量8.0000m³，每公顷生物量34.4066t，每公顷碳储量16.6322t。

人工林自然度5级，占100%，处于演替的初级阶段。多样性指数0，优势度指数1，均匀度指数0。斑块数124个，平均斑块面积16.2336hm²，斑块破碎度0.0616。

未见病害、虫害、火灾。未见自然干扰。

（3）在天津，白蜡树林多分布于河边、城市公园等，为人工造林所形成。

乔木单一。灌木几乎不发育。草本几乎不发育。

乔木层平均树高13.5m，灌木层平均高0.9m，草本层平均高0.3m，乔木平均胸径14.6cm，乔木郁闭度0.5，灌木盖度0.08，草本盖度0.22。

面积109.1549hm²，蓄积量3828.2277m³，生物量4266.0408t，碳储量2133.0204t。每公顷蓄积量35.0715m³，每公顷生物量39.0825t，每公顷碳储量19.5412t。

多样性指数0.5658，优势度指数0.4342，均匀度指数0.1807。斑块数9个，平均斑块面积12.1190hm²，斑块破碎度0.0825。

白蜡树林健康，无自然干扰。

（4）在山东，各地都有白蜡林分布，以鲁西及鲁北平原的黄河故道沙滩和鲁东大沽河沿岸，鲁南低山、丘陵、河道两岸以及土壤深厚的梯田边缘分布较多，多为"四旁"片段栽植，少有大片纯林。

草本有野古草、黄背草、小蓟、茵陈蒿、苦荬菜等。

乔木平均胸径12.7cm，平均树高8.2m，郁闭度0.7。草本盖度0.3，平均高0.1m。

面积5666.1000hm²，蓄积量195001.5399m³，生物量237433.8750t，碳储量118716.9375t。每公顷蓄积量34.4155m³，每公顷生物量41.9043t，每公顷碳储量20.9521t。

多样性指数0.5008，优势度指数0.4992，均匀度指数0.3807。斑块数9个，平均斑块面积629.567hm²，斑块破碎度0.0015。

白蜡林生长健康。无自然干扰和人为干扰。

（5）在重庆，白蜡林主要分布于重庆市大巴山区和大娄山区，生长于海拔400~1500m的山坡、疏林、沟旁。

乔木多为纯林，偶见与柳树、杨树混交。灌木少见有柏木、椿树等。草本种类较多，但是数量不多，常见分布较多的有蒿、狗尾草等。

面积 3120.1356hm²，蓄积量 45122.7773m³，生物量 56539.7760t，碳储量 28269.8880t。每公顷蓄积量 14.4618m³，每公顷生物量 18.1209t，每公顷碳储量 9.0605t。

多样性指数 0.7626，优势度指数 0.2374，均匀度指数 0.3445。斑块数为 157 个，平均斑块面积 19.8735hm²，斑块破碎度 0.0503。

白蜡林生长健康。无自然干扰。

216. 油桐林（*Vernicia fordii* forest）

在福建、广西、贵州、河南、江西、西藏、云南、重庆 8 个省（自治区、直辖市）有油桐分布，面积 279135.3687hm²。多样性指数 0.2525，优势度指数 0.7474，均匀度指数 0.2699。斑块数 3632 个，平均斑块面积 76.8544hm²，斑块破碎度 0.0130。

（1）在广西，油桐林主要分布在河池的天峨县、东兰县、凤山县和河池市金城江区，百色的那坡县、靖西县、西林县、田林县、乐业县、隆林各族自治县、凌云县和百色市右江区，柳州市融水县等地。

乔木以油桐为主，桐杉经营乔木以油桐和杉木为主，桐茶经营则以油桐和油茶为主。在桂中西部山原和石山地区，则有木棉、短穗鱼尾葵、香椿、青冈、朴树幼树等。灌木不发达，少见杜鹃、柃木、胡枝子、金樱子、榕树、盐肤木、山苍子等，草本常见的有白茅、扭黄茅、雀稗、狗尾草、龙须草、马唐等。

乔木层平均树高 5~8m，灌木层平均高 2m，草本层平均高 1m 以下，乔木平均胸径 15cm 左右，森林植被总盖度约 0.6，乔木郁闭度 0.5 左右，灌木盖度约 0.2，草本盖度 0.4。

面积 129375.8829hm²。

多样性指数 0，优势度指数 1，均匀度指数 0。斑块数 213 个，平均斑块面积 607.3985hm²，斑块破碎度 0.0016。

油桐林整体健康等级为 3，林木生长发育一般，树叶存在发黄、褪色或非正常脱落现象（发生率 10%~30%），结实和繁殖受到抑制，或受到中度灾害。所受病害等级为 1，该林中受病害的植株总数占该林中植株总数的 10% 以下。所受虫害等级为 2，受害面积占 20% 左右。没有发现火灾现象。所受干扰类型是自然因素，主要为病虫害。未受到森林火灾影响，气候灾害亦未对其造成影响。需要人工管理，砍除林下灌丛和草本植物。

（2）在河南，油桐林分布于大别山、桐柏山、伏牛山山区。

乔木伴生树种主要有马尾松、杉木、枫香、麻栎等少量乔木树种。灌木主要有荆条、酸枣、胡枝子、野蔷薇等。草本主要有白茅、黄蒿、笔管草等。

乔木层平均树高 7.0m，灌木层平均高 0.8m，草本层平均高 0.2m，乔木平均胸径 8.8cm，乔木郁闭度 0.4，灌木盖度 0.08，草本盖度 0.12，植被总盖度 0.82。

面积 5610.5112hm²。

多样性指数 0.4350，优势度指数 0.5650，均匀度指数 0.3250。斑块数 278 个，平均斑块面积 20.1817hm²，斑块破碎度 0.0495。

油桐林健康。无自然干扰。

（3）在江西，油桐林分布广泛，全省80多个县（直辖市）都有栽种，一般在海拔800m以下的丘陵地区生长良好，而在海拔1000m以上的山区，由于低温冻害，不能正常开花结实。

乔木多为林粮间作的纯林，间作作物有花生、黄豆、红薯、芝麻、瓜类、马铃薯、萝卜、油菜、黄花菜、麦类等。低丘油桐林灌木有栎类、黄檀、胡枝子等。

乔木层平均树高15m，平均胸径23cm，郁闭度0.66。灌木盖度0.1，平均高0.8m。草本盖度0.2，平均高0.2m。

面积58741.8566hm²。

多样性指数0.1030，优势度指数0.8970，均匀度指数0.1740。斑块数229个，平均斑块面积256.5147hm²，斑块破碎度0.0038。

60年代末以后油桐林衰败，病虫害也日益严重。病害主要有油桐枯萎病和油桐叶斑病，虫害主要有油桐刺蛾类、金龟子类、油桐天牛和油桐介壳虫等。

（4）在贵州，油桐林主要分布在东北部，以松桃、铜仁、沿河、岑巩、江口、道真、正安、务川等地分布面积较大，产量最多。西南部兴义、贞丰、罗甸、镇宁也有较大面积。垂直分布上限一般到达海拔1000m（东部和中部），西部分布上限提高到1200~1300m，东部以海拔300~800m为最适地区。

乔木多由油桐单一树种组成。灌木不发达。草本有紫茎泽兰、芨芨草、鬼针草、五节芒等。

乔木层平均树高8.7m，灌木层平均高3.6m，乔木平均胸径7.4cm，乔木郁闭度0.68，草本盖度0.4，平均高0.3m。

面积60532.3466hm²。

多样性指数0.2930，优势度指数0.7070，均匀度指数0.5850。斑块数1957个，平均斑块面积30.9311hm²，斑块破碎度0.0323。

油桐林森林植被健康。基本未受灾害。油桐林很少受到极端自然灾害和人为活动的影响。

（5）在云南，油桐林分布于海拔1000m以上的地区，在昆明、昭通、曲靖等地部分区县有种植。

乔木多为由油桐组成的单层纯林。因人为活动频繁，灌木、草本不稳定。

乔木层平均树高8.7m，灌木层平均高1.0m，草本层平均高0.3m以下，乔木平均胸径19.4cm，乔木郁闭度约0.7，草本盖度0.4。

面积13750.8260hm²。

多样性指数0.4060，优势度指数0.5940，均匀度指数0.2849。斑块数688个，平均斑块面积19.9866hm²，斑块破碎度0.0500。

油桐林健康。无自然干扰。人为干扰主要是抚育、采伐、更新等活动，抚育面积4091.3177hm²，采伐面积27.2754hm²，更新面积122.7395hm²。

（6）在福建，油桐主要分布在闽西地区

油桐林以人工林为主,组成单一,无其他伴生树种。灌木不发达。草本主要有紫茎泽兰、荩荩草、五节芒等。

乔木平均胸径18.8cm,平均树高7.6m,郁闭度0.7。草本盖度0.4,平均高0.15m。

面积3102.7700hm^2。

多样性指数0,优势度指数1,均匀度指数0。斑块数2个,平均斑块面积1551.38hm^2,斑块破碎度0.0006。

油桐林生长健康。无自然干扰。人为干扰主要是抚育管理与采摘桐果。

(7) 在西藏,油桐主要分布于察隅、墨脱等县。

油桐林为人工林,组成树种单一。灌木不发达。草本主要有白茅、蒿等。

乔木平均胸径18.2cm,平均树高12.3m。草本盖度0.4,平均高0.15m。

面积4929.3100hm^2。

多样性指数0.0997,优势度指数0.9002,均匀度指数0.2974。斑块数7个,平均斑块面积704.188hm^2,斑块破碎度0.0014。

油桐林生长健康。自然干扰主要是虫害。人为干扰主要是采摘桐子。

(8) 在重庆,油桐林主要分布于海拔800m以下的丘陵地区,集中于秀山县。

油桐是一种重要的工业用木本油料植物,多栽培经济林,以人工林为主,乔木组成树种单一。灌木不发达。草本主要有白茅、蒿等。

乔木平均胸径16.6cm,平均树高8.8m,郁闭度0.71。草本盖度0.4,平均高0.2m。

面积3091.8654hm^2。

多样性指数0.6840,优势度指数0.3160,均匀度指数0.4930。斑块数258,平均斑块面积11.9840hm^2,斑块破碎度0.0834。

油桐林生长良好。自然干扰主要是虫害。人为干扰主要是抚育管理与采摘。

217. 团花林(*Neolamarckia cadamba* forest)

在云南,团花林分布于其南部海拔500m以下地区。

乔木伴生树种有柚木、铁刀木等。灌木主要有茶树、浦竹、野桐、对叶榕等。草本有野姜、飞机草、西域鳞毛蕨、拔毒散、硬秆子草等。

乔木层平均树高16.2m,灌木层平均高1.4m,草本层平均高0.5m以下,乔木平均胸径18.9cm,乔木郁闭度约0.7,草本盖度0.3。

面积3504.3051hm^2,蓄积量877501.7871m^3,生物量965866.2170t,碳储量482933.1085t。每公顷蓄积量250.4068m^3,每公顷生物量275.6228t,每公顷碳储量137.8114t。

多样性指数0.6974,优势度指数0.3026,均匀度指数0.6521。斑块数154个,平均斑块面积22.7552hm^2,斑块破碎度0.0439。

团花林健康中等。无自然干扰。人为干扰主要是抚育、更新,抚育面积1051.2915hm^2,更新面积31.5387hm^2。

218. 喜树林（*Camptotheca acuminate* forest）

在四川、云南 2 个省有喜树林分布，面积 12971.0806hm²，蓄积量 1771679.4193m³，生物量 2010034.6768t，碳储量 1005017.3384t。每公顷蓄积量 136.5869m³，每公顷生物量 154.9628t，每公顷碳储量 77.4814t。多样性指数 0.5368，优势度指数 0.4631，均匀度指数 0.4459。斑块数 697 个，平均斑块面积 18.6098hm²，斑块破碎度 0.0537。

（1）在云南，喜树林分布于其中北部，大理、楚雄、昆明、红河等地均有种植。

乔木多为单层纯林。因人为活动频繁，灌木、草本种类不稳定。

乔木层平均树高 15.0m，灌木层平均高 1.2m，草本层平均高 0.3m 以下，乔木平均胸径 19.8cm，乔木郁闭度约 0.7，草本盖度 0.4。

面积 8696.5350hm²，蓄积量 1381879.4193m³，生物量 1521034.6768t，碳储量 760517.3384t。每公顷蓄积量 158.9000m³，每公顷生物量 174.9012t，每公顷碳储量 87.4506t。

多样性指数 0.4750，优势度指数 0.5250，均匀度指数 0.3469。斑块数 582 个，平均斑块面积 14.9425hm²，斑块破碎度 0.0669。

喜树林健康中等。无自然干扰。人为干扰主要是抚育、采伐、更新等活动，抚育面积 2592.6705hm²，采伐面积 17.2844hm²，更新面积 77.7801hm²。

（2）在四川，喜树林集中分布于西部成都平原，并在全省均有分布，常生于海拔 1000m 以下。

乔木结构简单，树种单一，除了优势树种喜树之外，常见少量朴树伴生。常见灌木树种悬钩子等。草本主要以薹草、鸭跖草、蕨、冷水花、土牛膝、荨麻为主。

乔木层平均树高 7.2m，灌木层平均高 1.7m，草本层平均高 0.2m 以下，乔木平均胸径 17.9cm，乔木郁闭度约 0.6，草本盖度 0.35。

面积 4274.5456hm²，蓄积量 389800.0032m³，生物量 489000.0040t，碳储量 244500.0020t。每公顷蓄积量 91.1910m³，每公顷生物量 114.3981t，每公顷碳储量 57.1991t。

多样性指数 0.5987，优势度指数 0.4013，均匀度指数 0.5450。斑块数 115 个，平均斑块面积 37.1652hm²，斑块破碎度 0.0269。

喜树林健康。无自然干扰。受到明显的人为干扰，主要为采伐、更新、抚育、征占等，其中采伐面积 32.42hm²，更新面积 74.94hm²，抚育面积 90.48hm²，征占面积 15.26hm²。

219. 橡胶林（*Hevea brasiliensis* forest）

橡胶林在广东、广西、海南、云南 4 个省（自治区）有分布，面积 2040273.7185hm²，蓄积量 234427176.6522m³，生物量 258033985.9676t，碳储量 129016992.9838t。每公顷蓄积量 114.8999m³，每公顷生物量 126.4703t，每公顷碳储量 63.2351t。多样性指数 0.0692，优势度指数 0.9307，均匀度指数 0.1400。斑块数 5992 个，平均斑块面积 340.4996hm²，斑块破碎度 0.0029。

（1）在云南，橡胶林栽培于南部西双版纳州的景洪、勐腊、勐海等地，临沧、普洱等地也有少量种植。

乔木为橡胶单层纯林。因人为活动频繁，灌木、草本种类不稳定。

乔木层平均树高 18.6m，灌木层平均高 0.6m，草本层平均高 0.2m 以下，乔木平均胸径 19.5cm，乔木郁闭度约 0.8，草本盖度 0.2。

面积 1417287.7589hm^2，蓄积量 186550501.2592m^3，生物量 205336136.7360t，碳储量 102668068.3680t。每公顷蓄积量 131.6250m^3，每公顷生物量 144.8796t，每公顷碳储量 72.4398t。

多样性指数 0.2770，优势度指数 0.7230，均匀度指数 0.5600。斑块数 5694 个，平均斑块面积 248.9089hm^2，斑块破碎度 0.0040。

橡胶林健康中等。无自然干扰。人为干扰为抚育、采伐、更新等活动，抚育面积 425186.3277hm^2，采伐面积 2834.5755hm^2，更新面积 12755.5898hm^2。

（2）在海南，橡胶林分布广泛，主要集中在三亚、屯昌、文昌、儋州、琼中、昌江、白沙等县市。一般分布在海拔 150m 以下、坡度 10° 以下较平缓区域。

乔木为单优纯林。灌木常见种为黑面神、银柴、簕欓、含羞草、牛筋果、桢桐、对叶榕、野牡丹、白饭树、三叉苦等。藤本和草本有锡叶藤、密花马钱、粪箕笃、蒌叶等。

乔木层平均树高 12m，灌木层平均高 1m，草本层平均高 1m 以下，乔木平均胸径 22cm 左右，乔木郁闭度 0.75，灌木盖度约 0.2，草本盖度 0.9。

面积 614457.0000hm^2，蓄积量 47411502.1200m^3，生物量 52185833.0100t，碳储量 26092916.5050t。每公顷蓄积量 77.1600m^3，每公顷生物量 84.9300t，每公顷碳储量 42.4650t。

多样性指数 0，优势度指数 1，均匀度指数 0。斑块数 284 个，平均斑块面积 2163.5800hm^2，斑块破碎度 0.0004。

整体健康等级为 2，林木生长发育较好，树叶偶见发黄、褪色，结实和繁殖受到一定程度的影响，有轻度受灾现象，主要受自然因素影响，所受自然灾害为当地发生的传统病害。所受病害等级为 1，该林中受病害的植株总数占该林中植株总数的 10% 以下。没发现明显虫害。没有发现火灾现象。

所受自然干扰，主要为气象灾害和病害。未受到森林火灾影响。人为干扰主要是砍除林下灌丛和草本植物。

（3）在广东，橡胶林主要分布在湛江。

组成单一，以纯林为主。灌木、草本不发达。

乔木平均胸径 24.7cm，平均树高 12.7m，郁闭度 0.9。

面积 153.2070hm^2，蓄积量 10304.9673m^3，生物量 11342.6775t，碳储量 5671.3387t。每公顷蓄积量 67.2617m^3，每公顷生物量 74.0350t，每公顷碳储量 37.0175t。

多样性指数 0，优势度指数 1，均匀度指数 0。斑块数 1 个，平均斑块面积 153.2070hm^2，斑块破碎度 0.0065。

橡胶林受自然干扰主要是台风。人为干扰主要是抚育管理和割胶。

（4）在广西，橡胶分布在东兴市境内。

组成单一，以纯林为主。灌木、草本不发达。

乔木平均胸径 18.2cm，平均树高 11.8m，郁闭度 0.85。

面积 8375.7526hm²，蓄积量 454868.3057m³，生物量 500673.5441t，碳储量 250336.7721t。每公顷蓄积量 54.3078m³，每公顷生物量 59.7765t，每公顷碳储量 29.8883t。

多样性指数 0，优势度指数 1，均匀度指数 0。斑块数 13 个，平均斑块面积 644.2887hm²，斑块破碎度 0.0016。

橡胶林受自然干扰主要是台风。人为干扰主要是抚育管理和割胶。

220. 灯台树林（*Bothrocaryum controversum* forest）

在四川，灯台树林分布广泛，主要以成都、都江堰、绵阳、内江、乐山、自贡、攀枝花等市集中分布，灯台树的自然群落多分布于海拔 400~1800m 的林缘或溪畔。

乔木常见与柳杉、栎树伴生，乔木结构简单。灌木主要由水麻、火棘、茶树等组成。草本较为发达，主要有龙葵、土牛膝、千里光、糯米团、酢浆草、地丁草、禾本科草、绞股蓝、小飞蓬、白英等。

乔木层平均树高 9.4m，灌木层平均高 1.5m，草本层平均高 0.2m 以下，乔木平均胸径 11.9cm，乔木郁闭度约 0.6，草本盖度 0.35。

面积 9283.6816hm²，蓄积量 403675.6514m³，生物量 537642.5014t，碳储量 268821.2507t。每公顷蓄积量 43.4823m³，每公顷生物量 57.9126t，每公顷碳储量 28.9563t。

多样性指数 0.6371，优势度指数 0.3629，均匀度指数 0.5967。斑块数 156 个，平均斑块面积 59.5108hm²，斑块破碎度 0.0168。

灯台树林健康。无自然干扰。受到明显的人为干扰，主要为采伐，采伐面积 65.17hm²。

221. 桃树林（*Amygdalus persica* forest）

在北京、福建、甘肃、广西、江苏、宁夏、山东、山西、四川、云南、浙江、重庆 12 个省（自治区、直辖市）有桃树林分布，面积 227812.0186hm²。多样性指数 0.1258，优势度指数 0.8741，均匀度指数 0.2749。斑块数 8116 个，平均斑块面积 28.0694hm²，斑块破碎度 0.0356。

（1）在甘肃，桃树林为人工林，主分布在秦安县、兰州市、皋兰县、靖远县、敦煌市、景泰县。在酒泉市、白银市平川区分部较少。

乔木常见与栎类、华山松、核桃、杨树和榆树混交。灌木有山柳，零星分布的有忍冬。草本中主要有禾本科草、水草和蒿。

乔木层平均树高 6.7m 左右，灌木层平均高 24.67cm，草本层平均高 4.33cm，乔木平均胸径 8cm，乔木郁闭度 0.53，灌木盖度 0.6，草本盖度 0.21，植被总盖度 0.76。

面积 1570.9307hm²。

自然度 5 级，占 50%，处于演替的先锋阶段。多样性指数 0.2900，优势度指数 0.7100，均匀度指数 0.7800。斑块数 91 个，平均斑块面积 17.2629hm²，斑块破碎度 0.0579。

有轻度病害，面积 42.25hm²。有重度虫害，面积 556.137hm²。未见火灾。有轻度自然干扰，面积 145hm²。有轻度人为干扰，面积 14hm²。

（2）在宁夏，桃树林集中分布在六盘山区，其他地区分布少。主要分布于银川、固原两市，吴忠市也有少量分布。固原县、彭阳县、青铜峡县、宁武县、永宁县集中分布，其他县区少见分布。

乔木为桃树纯林。灌木主要以柠条、绣线菊较为常见。草本常生长白草、蒿等。

乔木层平均树高 6.3m 左右，灌木层平均高 25cm，草本层平均高 4cm，乔木平均胸径 9.7cm，乔木郁闭度 0.65，灌木盖度 0.03，草本盖度 0.2。

面积 8768.6800hm²。

自然度为 5 级，全部属于先锋阶段的演替阶段。多样性指数 0.0920，优势度指数 0.9080，均匀度指数 0.8470。斑块数 494 个，平均斑块面积 17.75hm²，斑块破碎度 0.0563。

病害等级为 1 级，分布面积 2.67hm²。虫害等级为 1 级和 2 级，1 级虫害面积 17.74hm²，2 级虫害面积 22.28hm²。未见火灾。自然干扰严重。人为干扰严重。

（3）在北京，桃树林系人工栽培，为经济林，以产桃为栽种目的，主要分布于平谷和密云南部各镇平坦地区。

乔木为桃树纯林。几乎无灌木。几乎无草本植物。

乔木层平均树高 3.2m，平均地径 14.6cm，郁闭度约 0.5。

面积 32603.1257hm²。

多样性指数 0，优势度指数 1，均匀度指数 0。斑块数 1331 个，平均斑块面积 24.4952hm²，斑块破碎度 0.0408。

桃树林健康。无自然干扰。

（4）在云南，桃树广泛种植于各地。

乔木为单层纯林。因人为活动频繁，灌木、草本种类不稳定。

乔木层平均树高 3.0m，灌木层平均高 0.7m，草本层平均高 0.2m 以下，乔木平均胸径 13.8cm，乔木郁闭度约 0.6，草本盖度 0.35。

面积 20390.0000hm²。

多样性指数 0.2686，优势度指数 0.7314，均匀度指数 0.4613。斑块数 1126 个，平均斑块面积 18.1083hm²，斑块破碎度 0.0552。

桃树林健康中等。无自然干扰。人为干扰为征占，征占面积 20.39hm²。

（5）在四川，桃树林分布广泛，主要在成都、金堂、双流集中栽培，其次苍溪、宣汉、渠县、都江堰、泸定等地也有一定栽培。

乔木为桃树纯林。灌木、草本不发达。

自然度 5 级。乔木层平均树高 6.2m，乔木平均胸径 14.3cm，乔木郁闭度约 0.6。

面积 9001.7452hm²。

多样性指数 0，优势度指数 1，均匀度指数 0。斑块数 411 个，平均斑块面积 21.9021hm²，斑块破碎度 0.0457。

无自然干扰。受到明显的人为干扰，主要为采伐、更新、抚育等，其中采伐面积 68.21hm²，更新面积 157.69hm²，抚育面积 190.39hm²。所受自然干扰类型为其他自然因素，受影响面积 64.67hm²。

（6）在山西，桃树林分布较为广泛，但以人工栽培为主，夏县、新绛县和平陆县分布最多，其他地区也有少量分布。

乔木大部分为纯林，也有少数与杨树、泡桐等混交。灌木中偶见枣树。草本中偶见打碗花、狗尾草、蒿、白茅等。

乔木层平均树高 1.9m，灌木层平均高 0.2m，草本层平均高 1.5cm，乔木平均胸径 4.8cm，乔木郁闭度 0.48，灌木盖度 0.21，草本盖度 0.09。

面积 22900.4796hm²。

多样性指数 0.0100，优势度指数 0.9900，均匀度指数 0.9100。斑块数 3835 个，平均斑块面积 5.9714hm²，斑块破碎度 0.1675。

有轻度和中度病害，面积分别为 2hm²、17hm²。有轻度虫害，面积为 7hm²。未见火灾。有轻度、中度、重度自然干扰，面积分别为 79hm²、7hm²、9hm²。有轻度人为干扰，面积为 71hm²。

（7）在福建，闽北一带多种植以溶质水蜜类为主的品种，闽南地带多种植以不溶质的硬肉桃亚群为主的品种。

乔木组成单一，以纯林为主。灌木、草本不发达。

乔木平均胸径 10.9cm，平均树高 3.2m，郁闭度 0.65。

面积 4227.2200hm²。

多样性指数 0，优势度指数 1，均匀度指数 0。斑块数 4 个，平均斑块面积 1056.8000hm²，斑块破碎度 0.0009。

桃树生长良好。自然干扰为病虫害。人为干扰为抚育管理与采摘。

（8）在广西，核桃林主要分布在桂中、桂西地区，其中河池市是广西最适宜发展核桃产业的重要地区，在东兰县、金城江、都安县、大化县、巴马县等地均有种植。

乔木组成单一，以纯林为主。灌木、草本不发达。

乔木平均胸径 10.8cm，平均树高 3.3m，郁闭度 0.6。

面积 14787.6166hm²。

多样性指数 0，优势度指数 1，均匀度指数 0。斑块数 27 个，平均斑块面积 547.6895hm²，斑块破碎度 0.0018。

桃树生长良好。自然干扰为病虫害。人为干扰为抚育管理与采摘。

（9）在江苏，分布在铜山县。

乔木组成单一，以纯林为主。灌木、草本不发达。

乔木平均胸径 5.8cm，平均树高 2.8m，郁闭度 0.58。

面积 24461.2000hm²。

多样性指数 0，优势度指数 1，均匀度指数 0。斑块数 18 个，平均斑块面积 1358.95hm²，斑块破碎度 0.0007。

桃树生长良好。自然干扰为病虫害。人为干扰为抚育管理与采摘。

（10）在山东，分布在济南市、章丘市、枣庄市、莱芜市境内。

乔木组成单一，以纯林为主。灌木、草本不发达。

乔木平均胸径 12.7cm，平均树高 4.2m，郁闭度 0.8。

面积 64379.3000hm²。

多样性指数 0，优势度指数 1，均匀度指数 0。斑块数 68 个，平均斑块面积 946.754hm²，斑块破碎度 0.0010。

桃树生长良好。自然干扰为病虫害。人为干扰为抚育管理与采摘。

（11）在浙江，桃树林分布于富阳、杭州、丽水、宁波、绍兴、台州、金华、嘉兴、湖州、温州等地区。

乔木组成单一，以纯林为主。灌木、草本不发达。

乔木平均胸径 5.2cm，平均树高 3.9m，郁闭度 0.58。

面积 15810.1000hm²。

多样性指数 0，优势度指数 1，均匀度指数 0。斑块数 21 个，平均斑块面积 752.863hm²，斑块破碎度 0.0013。

桃树生长良好。自然干扰是病虫害。人为干扰是抚育管理与采摘。

（12）在重庆，桃树林广泛分布。

乔木组成单一，以纯林为主。灌木、草本不发达。

乔木平均胸径 10.8cm，平均树高 4.4m，郁闭度 0.65。

面积 8911.6209hm²。

多样性指数 0.8496，优势度指数 0.1504，均匀度指数 0.3013。斑块数 690 个，平均斑块面积 12.9154hm²，斑块破碎度 0.0774。

桃树生长良好。自然干扰是病虫害。人为干扰是抚育管理与采摘。

222. 李子树林（*Prunus salicina* forest）

在北京、福建、甘肃、广西、贵州、云南、浙江、重庆 8 个省（自治区、直辖市）有李子树林分布，面积 62931.4066hm²。多样性指数 0.1129，优势度指数 0.8870，均匀度指数 0.1541。斑块数 1503 个，平均斑块面积 41.8705hm²，斑块破碎度 0.0239。

（1）在云南，李子树林在各地均有分布。

乔木由李树组成的单层纯林。受人为影响较大，灌木、草本不稳定。

乔木层平均树高 6.2m，灌木层平均高 1.8m，草本层平均高 0.3m 以下，乔木平均胸径 17.1cm，乔木郁闭度约 0.7，草本盖度 0.45。

面积 14468.2669hm²。

多样性指数 0，优势度指数 1，均匀度指数 0。斑块数 416 个，平均斑块面积 34.7794hm²，斑块破碎度 0.0288。

李子树林健康中等。无自然干扰。人为干扰主要是抚育、采伐、更新活动，抚育面积 4340.48006hm²，采伐面积 28.9365hm²，更新面积 130.2144hm²。

（2）在北京，李子树林分布于北部怀柔、密云、平谷、延庆、昌平等区县。

乔木以李子树为单一优势种，几乎无其他树种混生。灌木、草本不发达。

乔木平均胸径 13.5cm，平均树高 4.8m，郁闭度 0.64。

面积 3523.9536hm²。

多样性指数 0，优势度指数 1，均匀度指数 0。斑块数 180 个，平均斑块面积 19.5775hm²，斑块破碎度 0.0511。

李子树林健康。无自然干扰。

（3）在甘肃，李子树林以人工林为主，广泛分布于张掖市、酒泉市、民乐县、靖远县、武威市市辖区、古浪县、山丹县。

乔木与栎类混交。灌木不发达。草本中主要有小车前和小麦以及盐爪爪等。

乔木层平均树高 1.5m 左右，灌木层平均高 24.69cm，草本层平均高 4.82cm，乔木平均胸径 8cm，乔木郁闭度 0.53，灌木盖度 0.6，草本盖度 0.22，植被总盖度 0.76。

面积 19.9474hm²。

多样性指数 0.7000，优势度指数 0.3000，均匀度指数 0.7200。斑块数 1 个，平均斑块面积 19.9474hm²，斑块破碎度 0.0501。

未见病害、虫害、火灾。有轻度自然干扰，面积 2hm²。未见人为干扰。

（4）在福建，全省几乎县县都有李子园。

乔木组成单一，以纯林为主。灌木、草本不发达。

乔木平均胸径 10.7cm，平均树高 4.1m，郁闭度 0.62。

面积 9539.7700hm²。

多样性指数 0，优势度指数 1，均匀度指数 0。斑块数 7 个，平均斑块面积 1362.82hm²，斑块破碎度 0.0007。

李子树生长良好。自然干扰为病虫害。人为干扰为抚育管理与采摘。

（5）在广西，主要分布在兴安县、柳江县、柳州市、天峨县、阳朔县、靖西县、贺州市、龙州县、全州县、德保县、上思县境内。

乔木组成单一，以纯林为主。灌木、草本不发达。

乔木平均胸径 9.8cm，平均树高 4.6m，郁闭度 0.62。

面积 20081.1722hm²。

多样性指数 0，优势度指数 1，均匀度指数 0。斑块数 43 个，平均斑块面积 467.004hm²，斑块破碎度 0.0021。

李子树生长良好。自然干扰是病虫害。人为干扰是抚育管理与采摘。

（6）在贵州，李子树林在贵阳市、贵定县等地有分布。

乔木伴生树种有樱桃，群落结构比较简单，种类成分较单纯。

乔木平均胸径9.9cm，平均树高4.2m，郁闭度0.58。

面积1972.3095hm²。

多样性指数0，优势度指数1，均匀度指数0。斑块数221个，平均斑块面积8.9244hm²，斑块破碎度0.1120。

李子树生长良好。自然干扰是病虫害。人为干扰是抚育管理与采摘。

（7）在浙江，分布在嵊州市、东阳市、建德市和浦江县。

乔木组成单一，以纯林为主。灌木、草本不发达。

乔木平均胸径9.8cm，平均树高3.9m，郁闭度0.59。

面积4609.9900hm²。

多样性指数0，优势度指数1，均匀度指数0。斑块数6个，平均斑块面积768.331hm²，斑块破碎度0.0013。

李子树生长良好。自然干扰是病虫害。人为干扰是抚育管理与采摘。

（8）在重庆，李子树林广泛分布。

乔木组成单一，以纯林为主。灌木、草本不发达。

乔木平均胸径10.1cm，平均树高4.5m，郁闭度0.62。

面积8715.9971hm²。

多样性指数0.2036，优势度指数0.7964，均匀度指数0.5130。斑块数629个，平均斑块面积13.8569hm²，斑块破碎度0.0722。

李子树生长良好。自然干扰是病虫害。人为干扰是抚育管理与采摘。

223. 杏树林（*Armeniaca vulgaris* forest）

在北京、甘肃、青海、山东、山西、西藏、云南7个省（自治区、直辖市）有杏树林分布，面积41578.0236hm²。多样性指数0.1859，优势度指数0.8140，均匀度指数0.2373。斑块数2526个，平均斑块面积16.46002hm²，斑块破碎度0.0608。

（1）在青海，杏树林以天然林为主，民和县有大量分布，广泛分布在互助县和贵德县。

乔木通常与白桦、糙皮桦、青海云杉混交，偶见油松。灌木不发达。草本偶见针茅、冰草。

乔木层平均树高5.2m，灌木层平均高0.5m，草本层平均高0.3m，乔木平均胸径7.3cm，乔木郁闭度0.6，灌木盖度0.1，草本盖度0.2。

面积6040.5800hm²。

多样性指数0.8400，优势度指数0.1600，均匀度指数0.2000。斑块数275个，平均斑块面积21.9657hm²，斑块破碎度0.0455。

轻度虫害，面积1.71hm²。未见病害、火灾。未见自然干扰。轻度人为干扰，面积 5.4hm²。

（2）在云南，杏树林分布于昆明、楚雄、大理等地。

乔木为杏树单层纯林。因人为活动频繁，灌木、草本种类不稳定。

乔木层平均树高 5.2m，灌木层平均高 1.0m，草本层平均高 0.3m 以下，乔木平均胸径 18.6cm，乔木郁闭度约 0.7，草本盖度 0.4。

面积 32.4407hm²。

多样性指数 0.3719，优势度指数 0.6281，均匀度指数 0.3215。斑块数 6 个，平均斑块面积 5.4067hm²，斑块破碎度 0.1850。

杏树林健康中等。无自然干扰。人为干扰为抚育活动，抚育面积 9.7321hm²。

（3）在北京，杏树林分布于北部怀柔、密云、平谷、延庆、昌平等区县。

乔木以杏树为单一优势种，几乎无其他树种混生。灌木、草本不发达。

乔木平均胸径 10.5cm，平均树高 4.5m，郁闭度 0.66。

面积 5613.8211hm²。

多样性指数 0，优势度指数 1，均匀度指数 0。斑块数 841 个，平均斑块面积 6.6751hm²，斑块破碎度 0.1498。

杏树林健康。无自然干扰。

（4）在甘肃，杏树林以人工林为主，在民乐县、敦煌市、静宁县、平凉市、榆中县、崇信县、酒泉市、会宁县都有分布。

乔木主要与核桃混交。灌木有铁杆蒿、卫矛、小檗、小叶冬青等。草本中主要有少量的短花针茅和二裂委陵菜、甘草。

乔木层平均树高 1.83m 左右，灌木层平均高 18.67cm，草本层平均高 2.33cm，乔木平均胸径 4cm，乔木郁闭度 0.2，灌木盖度 0.26，草本盖度 0.32，植被总盖度 0.46。

面积 4643.2271hm²。

多样性指数 0.0200，优势度指数 0.9800，均匀度指数 0.3000。斑块数 229 个，平均斑块面积 20.2761hm²，斑块破碎度 0.0493。

有重度病害，面积 1259.11hm²。有重度虫害，面积 1108.507hm²。未见火灾。有轻度自然干扰，面积 924hm²。有轻度人为干扰，面积 71hm²。

（5）在山西，杏树林分布相当广泛，以人工林为主，广泛分布在阳高县、兴县和大同县等，数量较多。

乔木通常与杨树、泡桐、鹅耳枥混交。灌木中偶见胡枝子、虎榛子、小叶鼠李等。草本偶见早熟禾、羊胡子草、铁杆蒿、狗尾草等。

乔木层平均树高 2.7m，灌木层平均高 1.3cm，草本层平均高 2.6cm，乔木平均胸径 3.7cm，乔木郁闭度 0.39，灌木盖度 0.22，草本盖度 0.41。

面积 13133.9237hm²。

多样性指数 0.0700，优势度指数 0.9300，均匀度指数 0.8400。斑块数 1163 个，平均斑块面积 11.2931hm²，斑块破碎度 0.0885。

未见病害、虫害、火灾。有轻度和中度自然干扰，面积分别为33hm²、27hm²。未见人为干扰。

（6）在山东，杏树栽培遍及全省各县、市、区，基本上形成了3个集中栽培区，即沿黄及黄泛区栽培区、鲁中南山地栽培区和胶东丘陵地栽培区。年产量在500t以上的有菏泽、郓城、泰安郊区、历程、山亭、青州、苍山、沂南、崂山、龙口、胶南等县（市、区）。

乔木组成单一，以纯林为主。灌木、草本不发达。

乔木平均胸径9.8cm，平均树高4.4m，郁闭度0.59。

面积11488.8000hm²。

多样性指数0，优势度指数1，均匀度指数0。斑块数10个，平均斑块面积1148.88hm²，斑块破碎度0.0008。

杏树林自然干扰为病虫害。人为干扰为抚育管理与采摘。

（7）在西藏，杏树林分布在左贡县和妥坝县境内。

乔木组成单一，以纯林为主。灌木、草本不发达。

乔木平均胸径9.5cm，平均树高4.2m，郁闭度0.55。

面积625.2310hm²。

多样性指数0，优势度指数1，均匀度指数0。斑块数2个，平均斑块面积312.6160hm²，斑块破碎度0.0031。

杏树林自然干扰为病虫害。人为干扰为抚育管理与采摘。

224. 山杏林（*Armeniaca sibirica* forest）

在北京、甘肃、宁夏3个省（自治区、直辖市）有山杏林分布，面积85322.8158hm²。多样性指数0.1293，优势度指数0.8706，均匀度指数0.5273。斑块数3116个，平均斑块面积27.3821hm²，斑块破碎度0.0365。

（1）在甘肃，山杏林有天然林和人工林，以人工林为主。主要广布于会宁县、通渭县、定西县、静宁县、景泰县、渭源县、永靖县、山丹各县。

乔木主要与栎类和柳树混交。灌木有盐爪爪、红砂、铁杆蒿。草本中主要有小麦、盐爪爪、羊胡子草。

乔木层平均树高2.2m左右，灌木层平均高6cm，草本层平均高4cm，乔木平均胸径8cm，乔木郁闭度0.3，灌木盖度0.16，草本盖度0.8，植被总盖度0.84。

面积51336.1196hm²。

多样性指数0.2600，优势度指数0.7400，均匀度指数0.7800。斑块数2353个，平均斑块面积21.8173hm²，斑块破碎度0.0458。

有重度病害，面积3091.37hm²。有重度虫害，面积876.188hm²。未见火灾。有中度自然干扰，面积41526hm²。有中度人为干扰，面积3693hm²。

（2）在宁夏，山杏天然林主要分布在六盘山。从行政区划上看，主要分布在固原市的彭阳县（比例为86.5%），其次是彭德县，另外在西吉县和固原县也有少量分布。

乔木山杏为人工林，其以纯林为主。灌木有柠条、小檗。草本主要有冰草和蒿。

乔木层平均树高 8.8m，灌木层平均高 15cm，草本层平均高 2cm，乔木平均胸径 9cm，乔木郁闭度 0.65，灌木盖度 0.03，草本盖度 0.45。

面积 21992.9300hm^2。

山杏林都处于先锋阶段。多样性指数 0.1280，优势度指数 0.8720，均匀度指数 0.8020。斑块数 749 个，平均斑块面积 29.3630hm^2，斑块破碎度 0.0341。

未见病害。虫害等级为 1 级，其分布面积 2.93hm^2。未见火灾。自然干扰严重。人为干扰严重。

（3）在北京，山杏林分布于北部怀柔、密云、平谷、延庆、昌平等区县。

乔木以山杏为单一优势种，几乎无其他树种混生。无灌木、草本生长。

乔木平均胸径 9.8cm，平均树高 5.8m，郁闭度 0.64。

面积 11993.7662hm^2。

多样性指数 0，优势度指数 1，均匀度指数 0。斑块数 14 个，平均斑块面积 856.6975hm^2，斑块破碎度 0.0012。

山杏林健康。无自然干扰。

225. 青枣林（*Ziziphus mauritiana* forest）

在云南，青枣林主要分布于云南中西部的楚雄、临沧、保山等地。

乔木为青枣单层纯林。因人为活动频繁，灌木、草本种类不稳定。

乔木层平均树高 5.3m，灌木层平均高 0.5m，草本层平均高 0.2m 以下，乔木平均胸径 12.4cm，乔木郁闭度约 0.6，草本盖度 0.3。

面积 621.1780hm^2。

多样性指数 0，优势度指数 1，均匀度指数 0。斑块数 56 个，平均斑块面积 11.0924hm^2，斑块破碎度 0.0902。

青枣林健康中等。无自然干扰。人为干扰主要是抚育活动，抚育面积 186.3534hm^2。

226. 枣树林（*Ziziphus jujuba* var. *inermis* forest）

在北京、甘肃、河南、江苏、宁夏、山东、山西、四川、新疆、云南、浙江 11 个省（自治区、直辖市）有枣树林分布，面积 316434.7119hm^2。多样性指数 0.1368，优势度指数 0.8631，均匀度指数 0.2507。斑块数 4893 个，平均斑块面积 64.6708hm^2，斑块破碎度 0.0155。

（1）在宁夏，枣树林主要分布在石嘴山市的陶乐县以及吴忠市的青铜峡市。在银川市的灵武市、银川市市辖、永宁县以及中卫市的中宁县、中卫县也有少量分布。吴忠市市辖、贺兰县分布极少。

乔木以枣树人工纯林为主。灌木有杭子梢、绣线菊等。草本有玉米以及冰草。

乔木层平均树高 8.2m，灌木层平均高 23cm，草本层平均高 1cm，乔木平均胸径 6.3cm，乔木郁闭度 0.3，灌木盖度 0.06，草本盖度 0.23。

面积 877.9000hm^2。

都处于先锋阶段。多样性指数 0.0980，优势度指数 0.9020，均匀度指数 0.7750。斑块数 37 个，平均斑块面积 23.73hm²，斑块破碎度 0.0421。

病害等级为 1 级，分布面积 3.93hm²。虫害等级为 1 级和 2 级，1 级虫害的分布面积 199.52hm²，2 级虫害的分布面积 4.96hm²。未见火灾。自然干扰严重。人为干扰严重。

（2）在山东，枣树是乡土树种，广泛分布于山地丘陵及平原。全省分三个枣产区：鲁北小枣产区，惠民、德州两地区，主要是乐陵、庆云、沾化、无棣、阳信等县；鲁西圆铃枣产区，聊城、惠民、德州及菏泽四个地区，主要是在茌平、聊城、冠县、武城、齐河、济阳、章丘、长清等县；鲁中南山地丘陵长枣产区，泰安、临沂、枣庄、昌潍及济宁等地区，主要是益都、泰安、宁阳、曲阜、邹县、藤县等。

乔木有枣树。灌木有荆条、酸枣、多花胡枝子、兴安胡枝子等。草本有黄背草、鹅观草、白羊草、漏芦、益母草等。

乔木层平均树高 5.1~6.2m，灌木层平均高 0.3~0.5m，草本层平均高 0.1~0.3m，乔木平均胸径 14.5~18cm，乔木郁闭度 0.5~0.6，灌木盖度 0.1，草本盖度约 0.2。

面积 36244.8000hm²。

多样性指数 0，优势度指数 1，均匀度指数 0。斑块数 16 个，平均斑块面积 2265.3hm²，斑块破碎度 0.0004。

病害轻。虫害无。火灾轻。人为干扰类型为森林经营活动。无自然干扰。

（3）在河南，枣树林分布于大别山、桐柏山、伏牛山、太行山山区。

乔木主要有梨、苹果、桃、杏、山楂、花椒等。少有灌木。草本主要有白茅、狗尾草、芦苇等禾本科草，还有苍耳、蒺藜、马齿苋、菟丝子、田旋花等。

乔木层平均树高 3.03m，草本层平均高 0.2m，乔木平均胸径 8.2cm，乔木郁闭度 0.65，草本盖度 0.4。

面积 9493.9282hm²。

多样性指数 0.1350，优势度指数 0.8650，均匀度指数 0.4680。斑块数 420 个，平均斑块面积 22.6046hm²，斑块破碎度 0.0442。

枣树林健康。无自然干扰。

（4）在四川，枣树林分布于宣汉、青川、渠县、古蔺、南江等地。

乔木为枣树纯林。

乔木层平均树高 10.3m，平均胸径 13.5cm，郁闭度约 0.6。无灌木、草本。

面积 245.0010hm²。

多样性指数 0，优势度指数 1，均匀度指数 0。斑块数 16 个，平均斑块面积 15.3126hm²，斑块破碎度 0.0653。

受到明显的人为干扰，主要为采伐、更新、抚育等，其中采伐面积 1.80hm²，更新面积 4.16hm²，抚育面积 5.03hm²。所受自然干扰类型为病虫鼠害，受影响面积 1.71hm²。

（5）在新疆，其独特的自然地理环境和水土光热条件，非常适宜红枣的生长发育，与国内其他产区相比，果品含糖高、肉质细嫩、质地脆硬、色泽艳丽，是生产优质红枣的理想区域。目前新疆红枣主产区在新疆的塔北区，包括巴音郭楞蒙古自治州和阿克苏地区，塔西区的喀什，塔南区的和田地区和东疆区哈密盆地。

乔木组成单一，以纯林为主。灌木、草本不发达。

乔木层平均树高 6~7m，郁闭度 0.5 左右，平均胸径 10.5cm。

面积 170034.6276hm^2。

多样性指数 0，优势度指数 1，均匀度指数 0。斑块数 80 个，平均斑块面积 2125.4328hm^2，斑块破碎度 0.0005。

枣树林健康。无自然干扰。

（6）在甘肃，枣树人工林则广泛分布于景泰县、靖远县、临泽县、白银市平川区、张掖市、兰州市、白银市、民勤县。

乔木常见与其他硬阔类、栎类、油松、杨树混交。灌木常见的有胡枝子、山柳、小檗。草本中主要有天南星、铁杆蒿、透骨草。

乔木层平均树高 0.96m 左右，灌木层平均高 13.78cm，草本层平均高 3.11cm，乔木平均胸径 2cm，乔木郁闭度 0.59，灌木盖度 0.29，草本盖度 0.21，植被总盖度 0.69。

面积 7318.7025hm^2。

多样性指数 0.7700，优势度指数 0.2300，均匀度指数 0.3000。斑块数 346 个，平均斑块面积 21.1523hm^2，斑块破碎度 0.0473。

有轻度病害，面积 211.87hm^2。有重度虫害，面积 2152.763hm^2。未见火灾。有轻度自然干扰，面积 1292hm^2。有轻度人为干扰，面积 1196hm^2。

（7）在山西，枣树林分布非常广泛，以人工林为主，大量分布在临县、柳林县、保德县和兴县等。

乔木通常与柏木、鹅耳枥、杨树等混交。灌木偶见酸枣以及核桃的小灌木。草本有铁杆蒿、白茅、芦苇、白草、蒿、灰菜等。

乔木层平均树高 4.5m，灌木层平均高 0.7cm，草本层平均高 0.9cm，乔木平均胸径 8cm，乔木郁闭度 0.35，灌木盖度 0.21，草本盖度 0.06。

面积 84689.5634hm^2。

多样性指数 0.0900，优势度指数 0.9100，均匀度指数 0.8300。斑块数 3615 个，平均斑块面积 23.4272hm^2，斑块破碎度 0.0427。

未见病害、虫害、火灾。有轻度自然干扰，面积 3hm^2。未见人为干扰。

（8）在云南，枣树主要分布于中西部的楚雄、临沧、保山等地。生长于海拔 1700m 以下的山区、丘陵或平原。

乔木为枣树单层纯林。因人为活动频繁，灌木、草本种类不稳定。

乔木层平均树高 5.3m，灌木层平均高 0.5m，草本层平均高 0.2m 以下，乔木平均胸径 12.4cm，乔木郁闭度约 0.6，草本盖度 0.3。

面积 783.6668hm^2。

多样性指数 0.4123，优势度指数 0.58770，均匀度指数 0.38552。斑块数 72 个，平均

斑块面积 10.8842hm²，斑块破碎度 0.0919。

枣树林健康中等。无自然干扰。人为干扰主要是抚育活动，抚育面积 186.3534hm²。

（9）在北京，枣树林分布于北部怀柔、密云、平谷、延庆、昌平等区县。

乔木以枣树为单一优势种，几乎无其他树种混生。灌木、草本不发达。

乔木平均胸径 8.8cm，平均树高 4.8m，郁闭度 0.6。

面积 5184.2894hm²。

多样性指数 0，优势度指数 1，均匀度指数 0。斑块数 286 个，平均斑块面积 18.1268hm²，斑块破碎度 0.0552。

枣树林健康。无自然干扰。

（10）在江苏，枣树林分布在常熟市。

乔木以枣树为单一优势种，几乎无其他树种混生。灌木、草本不发达。

乔木平均胸径 10.2cm，平均树高 5.2m，郁闭度 0.59。

面积 329.3330hm²。

多样性指数 0，优势度指数 1，均匀度指数 0。斑块数 1 个，平均斑块面积 329.3330hm²，斑块破碎度 0.0030。

枣树林健康中等。无自然干扰。人为干扰主要是抚育活动。

（11）在浙江，枣树林分布在淳安县、兰溪县、东阳市、景宁县。

乔木以枣树为单一优势种，几乎无其他树种混生。灌木、草本不发达。

乔木平均胸径 10.2cm，平均树高 5.5m，乔木郁闭度 0.6。

面积 1232.9000hm²。

多样性指数 0，优势度指数 1，均匀度指数 0。斑块数 4 个，平均斑块面积 308.225hm²，斑块破碎度 0.0032。

枣树林健康中等。无自然干扰。人为干扰主要是抚育活动。

227. 文冠果林（*Xanthoceras sorbifolium* forest）

在甘肃，文冠果人工林仅在靖远县有少量分布。

乔木主要和栎类混交。灌木有榆树、酸枣。草本中少量分布有刺蓬、达乌里胡枝子、大火草、大麦。

乔木层平均树高 3.04m 左右，灌木层平均高 0.54m，草本层平均高 3.35cm，乔木平均胸径 8cm，乔木郁闭度 0.66，灌木盖度 0.01，草本盖度 0.27，植被总盖度 0.72。

面积 199.6875hm²。

多样性指数 0.3100，优势度指数 0.6900，均匀度指数 0.3600。斑块数 10 个，平均斑块面积 19.9687hm²，斑块破碎度 0.0501。

未见病害、虫害、火灾。有轻度自然干扰，面积 198hm²。未见人为干扰。

228. 樱桃林（*Cerasus pseudocerasus* forest）

在北京、云南、浙江 3 个省（直辖市）有樱桃林分布，面积 7406.4104hm²。多样性指数 0.1059，优势度指数 0.8940，均匀度指数 0.1453。斑块数 326 个，平均斑块面积

22.7190hm^2，斑块破碎度 0.0440。

（1）在云南，樱桃林分布较广，从南部的西双版纳到北部海拔 4000m 的山区，都有野生樱属植物分布，以滇西北迪庆、雨江横断山一带种类最为丰富。其中，以滇东北地区，包括镇雄、彝良、威信、昭通、永善、大关等县和滇中地区，包括楚雄、富民、玉溪、晋宁、通海等地最为集中。

乔木伴生树种常见栎类。灌木有锈叶杜鹃、水红木、珍珠花、拔毒散、铁仔、野拔子、云南杨梅、绒毛野丁香等。草本有天南星、山珠半夏、杏叶防风、云南兔儿风、黄花堇菜、狗尾草、莎草等。

乔木层平均树高 6.2m，灌木层平均高 0.5m，草本层平均高 0.2m 以下，乔木平均胸径 17.5cm，乔木郁闭度约 0.6，草本盖度 0.5。

面积 5291.3898hm^2。

多样性指数 0.3179，优势度指数 0.6821，均匀度指数 0.4359。斑块数 216 个，平均斑块面积 24.4971hm^2，斑块破碎度 0.0408。

樱桃林健康中等。无自然干扰。人为干扰主要是抚育、采伐、更新，抚育面积 1587.4169hm^2，采伐面积 10.5827hm^2，更新面积 47.6225hm^2。

（2）在北京，樱桃林分布于北部怀柔、密云、平谷、延庆、昌平等区县。

乔木以樱桃为单一优势种，几乎无其他树种混生。灌木、草本不发达。

乔木平均胸径 12.7cm，平均树高 5.8m，郁闭度 0.6。

面积 2053.0486hm^2。

多样性指数 0，优势度指数 1，均匀度指数 0。斑块数 109 个，平均斑块面积 18.8353hm^2，斑块破碎度 0.0531。

樱桃林健康。无自然干扰。

（3）在浙江，樱桃林主要分布在浙江金华地区。

乔木以樱桃为单一优势种，几乎无其他树种混生。灌木、草本不发达。

乔木平均胸径 10.1cm，平均树高 4.8m，郁闭度 0.58。

面积 61.9720hm^2。

多样性指数 0，优势度指数 1，均匀度指数 0。斑块数 1 个，平均斑块面积 61.9720hm^2，斑块破碎度 0.0161。

樱桃林健康。无自然干扰。人为干扰主要是抚育管理与采摘。

229. 棠梨林（*Pyrus pashia* forest）

在云南，棠梨林分布于中部、东部、南部等海拔 500~1000m 的区域。

乔木为单层纯林。因人为活动频繁，灌木、草本不发达。

乔木层平均树高 3.0m，灌木层平均高 0.8m，草本层平均高 0.2m 以下，乔木平均胸径 14.3cm，乔木郁闭度约 0.6，草本盖度 0.4。

面积 2776.6043hm^2。

多样性指数 0.8368，优势度指数 0.1632，均匀度指数 0.6104。斑块数 148 个，平均

斑块面积 18.7608hm²，斑块破碎度 0.0533。

棠梨林健康中等。无自然干扰。人为干扰主要是抚育、更新活动，抚育面积 553.3208hm²，更新面积 16.5996hm²。

230. 梨树林（*Pyrus* spp. forest）

在北京、福建、甘肃、广西、贵州、湖南、江苏、青海、山东、山西、四川、新疆、云南、浙江、重庆 15 个省（自治区、直辖市）有梨树林分布，面积 225729.0305hm²。多样性指数 0.0778，优势度指数 0.9221，均匀度指数 0.2911。斑块数 9615 个，平均斑块面积 23.4767hm²，斑块破碎度 0.0426。

（1）在湖南，栽培梨树的历史悠久，且南北各地都有分布，以宜章县的甜香梨、彬县五盖山下的白梨（湖南）、衡山的沙梨等较为著名。尤其是宜章沙坪、上珠一带盛产甜香梨，素有"梨乡"之称，其种植历史可追溯到 300 年前，约在明朝后期就已发展。甜香梨的品种也很多，1949 年以前，光是上珠村的梨树品种就有 70 多个，其中以短把早、甜香梨品质最优。1949 年以后，梨树在湖南省各地发展较快。梨树对气候、土壤的适应性很强，几乎到处可栽，且产量高、寿命长、经济价值大。目前，梨树林主要集中在湘北的岳阳、湘西的怀化市和湘西自治州、湘东的株洲炎陵县。

乔木为单层纯林。灌木不发达。草本有一年蓬、黑麦草、黄鹌菜、鼠麴草、泥胡菜、鱼腥草、紫花地丁、益母草等。

乔木层平均树高 3.0m，平均胸径 11cm，郁闭度 0.4。灌木与草本平均盖度 0.14。

面积 12699.6195hm²。

多样性指数 0.0600，优势度指数 0.9400，均匀度指数 0.9700。斑块数 260 个，平均斑块面积 48.8447hm²，斑块破碎度 0.0205。

27.3%的梨树林处于亚健康状态，9.1%的梨树林处于不健康状态。

（2）在贵州，全省各地均有栽培，多数栽培于田边土角、房前屋后。垂直分布幅度很大，从东部地区的海拔 400m 到西部地区 2700m 均有分布，以 600~1800m 地带为集中栽培区。

乔木由梨树单一树种组成。灌木、草本不发达。

乔木层平均树高 4.8m，平均胸径 14.4cm，郁闭度 0.67。

面积 15305.8214hm²。

多样性指数 0，优势度指数 1，均匀度指数 0。斑块数 1495 个，平均斑块面积 10.2380hm²，斑块破碎度 0.0976。

梨树林健康。基本未受灾害。人为干扰主要是实施了综合抚育措施。

（3）在云南，梨树林在 17 个地、州（市）中的 127 个县（直辖市）都有分布。

乔木为梨树组成的单层纯林。受人为影响较大，灌木、草本不稳定。

乔木层平均树高 5.4m，灌木层平均高 0.8m，草本层平均高 0.3m 以下，乔木平均胸径 16.4cm，乔木郁闭度约 0.7，草本盖度 0.45。

面积 85179.8456hm²。

多样性指数 0, 优势度指数 1, 均匀度指数 0。斑块数 4050 个, 平均斑块面积 21.0320hm², 斑块破碎度 0.0475。

梨树林健康中等。无自然干扰。人为干扰主要是抚育、采伐、更新活动, 抚育面积 25553.95368hm², 采伐面积 170.3596hm², 更新面积 766.6186hm²。

（4）在四川, 梨树林主要集中分布在成都、金堂、苍溪等地, 其次渠县、宣汉、通江、南江、平昌、冕宁等地也有一定栽培。

乔木为梨树人工纯林。灌木、草本不发达。

普遍处于演替早期阶段, 自然度为 5。乔木层平均树高 7.8m, 乔木平均胸径 15.7cm, 乔木郁闭度约 0.6。

面积 17799.8156hm²。

多样性指数 0, 优势度指数 1, 均匀度指数 0。斑块数 640 个, 平均斑块面积 27.8122hm², 斑块破碎度 0.0360。

灾害等级为 0 的面积 18632.89hm²。受到明显的人为干扰, 主要为采伐、更新、抚育等, 其中采伐面积 128.42hm², 更新面积 296.86hm², 抚育面积 358.43hm²。所受自然干扰类型为病虫鼠害, 受影响面积 6.67hm²。

（5）在新疆, 其自然地理环境和水土光热条件非常适宜梨树的生长发育, 与国内其他产区相比, 果品含糖高、肉质细嫩、质地脆硬、色泽艳丽, 是生产优质香梨的理想区域。目前新疆香梨主产区在新疆的塔北区, 包括巴音郭楞蒙古自治州和阿克苏地区, 此外, 在塔西区的喀什、塔南区的和田地区也有少量分布。

梨树林以人工林为主, 组成树种单一。林下灌木和草本不发达、不稳定。

乔木层平均树高 3~4m, 郁闭度 0.5~0.7, 平均胸径 10~15cm。

面积 1456.4500hm²。

多样性指数 0, 优势度指数 1, 均匀度指数 0。斑块数 27 个, 平均斑块面积 53.9426hm², 斑块破碎度 0.0185。

梨树林健康。无自然干扰。

（6）在甘肃, 梨树林以人工林为主, 分布在民乐县、张掖市、景泰县、靖远县、酒泉市、永昌县、临夏县、皋兰县各县。

乔木常见与其他硬阔类、杨树、梨树、其他软阔叶树、栎树混交。灌木不发达。草本中主要有白菜、灰菜、甘蓝、灰绿藜、萝卜。

乔木层平均树高 0.84m 左右, 灌木层平均高 10.56cm, 草本层平均高 5.67cm, 乔木平均胸径 2cm, 乔木郁闭度 0.78, 灌木盖度 0.1, 草本盖度 0.46, 植被总盖度 0.88。

面积 6571.4634hm²。

多样性指数 0.4500, 优势度指数 0.5500, 均匀度指数 0.9500。斑块数 338 个, 平均斑块面积 19.4421hm², 斑块破碎度 0.0514。

有重度病害, 面积 544.27hm²。有重度虫害, 面积 2050.97hm²。未见火灾。有轻度自然干扰, 面积 1591hm²。有轻度人为干扰, 面积 52hm²。

（7）在青海，梨树林以人工林为主，大部分集中分布在贵德县和民和县，其他县市如化隆县、互助县等也有分布。

乔木为纯林。林中无灌木。草本有蒿。

乔木层平均树高 5.3m，灌木层平均高 0.4m，草本层平均高 0.2m，乔木平均胸径 10.7cm，乔木郁闭度 0.6，草本盖度 0.16。

面积 246.3100hm²。

多样性指数 0.0200，优势度指数 0.9800，均匀度指数 1。斑块数 16 个，平均斑块面积 15.3943hm²，斑块破碎度 0.0650。

未发现虫害、病害、火灾。未见自然干扰。

（8）在山西，梨树林以人工林为主，分布广泛，大部分集中分布在运城市和高平市，其他县市如祁县、长子县等也有分布。

乔木大部分为纯林，也有少数与杨树、榆树等混交。灌木少见华北胡枝子、杭子梢、酸枣等。草本有五月艾、茜草、苦菜、黄蒿等。

乔木层平均树高 3.5m，灌木层平均高 0.2m，草本层平均高 1.1cm，乔木平均胸径 8.2cm，乔木郁闭度 0.48，灌木盖度 0.19，草本盖度 0.08。

面积 20602.4322hm²。

多样性指数 0.0500，优势度指数 0.9500，均匀度指数 0.8600。斑块数 841 个，平均斑块面积 24.4975hm²，斑块破碎度 0.0408。

有中度和轻度病害，面积分别为 673hm²、37hm²。有轻度虫害，面积 229hm²。未见火灾。有轻度、重度自然干扰，面积分别为 2121hm²、179hm²、93hm²。有轻度人为干扰，面积 874hm²。

（9）在北京，梨树林分布于北部怀柔、密云、平谷、延庆、昌平等区县。

乔木以梨树为单一优势种，几乎无其他树种混生。灌木、草本不发达。

乔木平均胸径 14.5cm，平均树高 4.7m，郁闭度 0.7。

面积 13889.6994hm²。

多样性指数 0，优势度指数 1，均匀度指数 0。斑块数 702 个，平均斑块面积 19.7858hm²，斑块破碎度 0.0505。

梨树林健康。无自然干扰。

（10）在福建，梨树林分布在建宁县境内。

乔木以梨树为单一优势种，几乎无其他树种混生。灌木、草本不发达。

乔木平均胸径 11.5cm，平均树高 5.2m，郁闭度 0.6。

面积 929.0770hm²。

多样性指数 0，优势度指数 1，均匀度指数 0。斑块数 1 个，平均斑块面积 929.0770hm²，斑块破碎度 0.0010。

自然干扰主要是病害。人为干扰主要是抚育管理及采摘。

（11）在广西，梨树林分布在龙胜县、凭祥市、横县、南丹县、全州县、永福县、灵川县境内。

乔木以梨树为单一优势种，几乎无其他树种混生。灌木、草本不发达。

乔木平均胸径 12.5cm，平均树高 5.2m，郁闭度 0.7。

面积 6996.0550hm^2。

多样性指数 0，优势度指数 1，均匀度指数 0。斑块数 10 个，平均斑块面积 699.6055hm^2，斑块破碎度 0.0014。

自然干扰主要是病害。人为干扰主要是抚育管理及采摘。

（12）在江苏，梨树林分布在宜兴市、武进市、射阳县、溧水县、江阴县境内。

乔木以梨树为单一优势种，几乎无其他树种混生。灌木、草本不发达。

乔木平均胸径 11.4cm，平均树高 5.1m，郁闭度 0.55。

面积 17737.2000hm^2。

多样性指数 0，优势度指数 1，均匀度指数 0。斑块数 21 个，平均斑块面积 844.628hm^2，斑块破碎度 0.0011。

自然干扰主要是病害。人为干扰主要是抚育管理及采摘。

（13）在山东，梨树林分布以东营市为主。

乔木以梨树为单一优势种，几乎无其他树种混生。灌木、草本不发达。

乔木平均胸径 16.8cm，平均树高 5.8m，郁闭度 0.75。

面积 7655.3400hm^2。

多样性指数 0，优势度指数 1，均匀度指数 0。斑块数 10 个，平均斑块面积 765.5340hm^2，斑块破碎度 0.0013。

自然干扰主要是病害。人为干扰主要是抚育管理及采摘。

（14）在浙江，梨树林分布在安吉县、兰溪县、乐清县、临海市、松阳县、遂昌县、武义县、义乌市等境内。

乔木以梨树为单一优势种，几乎无其他树种混生。灌木、草本不发达。

乔木平均胸径 8.6cm，平均树高 3.8m，郁闭度 0.55。

面积 4190.7200hm^2。

多样性指数 0，优势度指数 1，均匀度指数 0。斑块数 13 个，平均斑块面积 322.3630hm^2，斑块破碎度 0.0031。

自然干扰主要是病害。人为干扰主要是抚育管理及采摘。

（15）在重庆，梨树林广泛分布。

乔木以梨树为单一优势种，几乎无其他树种混生。灌木、草本不发达。

乔木平均胸径 10.2cm，平均树高 4.1m，郁闭度 0.62。

面积 14469.1814hm^2。

多样性指数 0.5872，优势度指数 0.4128，均匀度指数 0.5871。斑块数 1191，平均斑块面积 12.1488hm^2，斑块破碎度 0.0823。

自然干扰主要是病害。人为干扰主要是抚育管理及采摘。

231. 苹果树林（*Malus pumila* forest）

在北京、甘肃、贵州、江苏、宁夏、青海、山东、山西、陕西、四川、西藏、新疆、云南13个省（自治区、直辖市）有苹果林分布，面积1165848.2614hm^2。多样性指数0.1274，优势度指数0.8725，均匀度指数0.1562。斑块数10783个，平均斑块面积108.1191hm^2，斑块破碎度0.0092。

（1）在云南，苹果树林分布于昆明、昭通、曲靖等地。

乔木为单层纯林。因人为活动频繁，灌木、草本种类不稳定。

乔木层平均树高3.8m，灌木层平均高0.3m，草本层平均高0.2m以下，乔木平均胸径13.7cm，乔木郁闭度约0.5，草本盖度0.3。

面积39195.4412hm^2。

多样性指数0，优势度指数1，均匀度指数0。斑块数1372个，平均斑块面积28.5681hm^2，斑块破碎度0.0350。

苹果树林健康中等。无自然干扰。人为干扰主要是抚育、采伐、更新活动，抚育面积11758.63237hm^2，采伐面积78.3908hm^2，更新面积352.7589hm^2。

（2）在新疆，自然地理环境和水土光热条件非常适宜苹果的生长发育，与国内其他产区相比，果品含糖高、肉质细嫩、质地脆硬、色泽艳丽，是生产优质苹果的理想区域。目前新疆苹果人工林主产区在阿克苏地区、伊犁河谷、喀什、和田地区。

乔木以苹果纯林为主。灌木、草本不发达。

乔木层平均树高3~4m，平均胸径8~12cm，郁闭度0.5~0.7。

面积685847.6807hm^2。

多样性指数0，优势度指数1，均匀度指数0。斑块数35个，平均斑块面积19595.6480hm^2，斑块破碎度0.0001。

苹果树林健康。无自然干扰。

（3）在甘肃，苹果树林以人工林为主，分布在秦安县、礼县、庄浪县、景泰县、清水县、静宁县、酒泉市、靖远县。

乔木多为苹果树纯林，常见与油松、杨树、柏木、栎类混交。灌木、草本不发达。草本主要有狗娃草、蒿。

乔木层平均树高4m左右，灌木层平均高19.69cm，草本层平均高1.11cm，乔木平均胸径8cm，乔木郁闭度0.42，灌木盖度0.38，草本盖度0.10，植被总盖度0.42。

面积32915.3389hm^2。

多样性指数0.7900，优势度指数0.2100，均匀度指数0.1100。斑块数1399个，平均斑块面积23.5277hm^2，斑块破碎度0.0425。

有重度病害，面积3617.1hm^2。有重度虫害，面积2269.996hm^2。未见火灾。有轻度自然干扰，面积1435hm^2。有轻度人为干扰，面积135hm^2。

（4）在宁夏，苹果树林主要分布于中北部地区，以贺兰山区分布较多。在石嘴山市、吴忠市、银川市分布较多，主要分布于惠农县、平罗县、青铜峡市、同心县、吴忠市市辖区、贺兰县、灵武市、永宁县等。

乔木为苹果纯林。灌木不发达，偶见柠条、杭子梢。草本以冰草、芦苇最为常见。

乔木层平均树高 6.4m 左右，灌木层平均高 24cm，草本层平均高 3cm，乔木平均胸径 7.9cm，乔木郁闭度 0.6，灌木盖度 0.05，草本盖度 0.24。

面积 20665.1000hm²。

多样性指数 0.1870，优势度指数 0.8130，均匀度指数 0.8410。斑块数 1032 个，平均斑块面积 20.02hm²，斑块破碎度 0.0499。

病害等于有 1 级和 2 级，其中 1 级病害面积 324.6hm²，2 级病害面积 45.83hm²。虫害等级为 1 级和 2 级，1 级虫害面积 6410.67hm²，2 级虫害面积 7.51hm²。未见火灾。自然干扰严重。人为干扰严重。

（5）在青海，苹果树林分布较为广泛，主要分布于贵德县、民和县，循化县和乐都县、贵南县也有少量分布。

乔木林大部分为纯林。无灌木。草本少见，常见有蒿。

乔木层平均树高 6.9m，灌木层平均高 0.4m，草本层平均高 0.3m，草本盖度 0.14，乔木平均胸径 9.1cm，乔木郁闭度 0.6。

面积 335.2300hm²。

多样性指数 0，优势度指数 1，均匀度指数 0。斑块数 27 个，平均斑块面积 12.4159hm²，斑块破碎度 0.0805。

未发现虫害、病害、火灾。人工林未见自然和人为干扰。

（6）在山西，苹果树林分布十分广泛，主要分布于山西地区临猗县、芮城县和万荣县，平陆县、榆次市等也有大量分布。

乔木大部分为纯林，也有少数与刺槐、泡桐等混交。灌木不发达，偶见有沙棘、酸枣、绣线菊等。草本常见有少量的狗尾草、野西瓜苗、小苦麦菜、白茅等。

乔木层平均树高 3.2m，灌木层平均高 0.5cm，草本层平均高 1cm，乔木平均胸径 8.7cm，乔木郁闭度 0.51，灌木盖度 0.2，草本盖度 0.09。

面积 147426.3412hm²。

多样性指数 0.0900，优势度指数 0.9100，均匀度指数 0.8300。斑块数 4762 个，平均斑块面积 30.9589hm²，斑块破碎度 0.0323。

未见病害、虫害、火灾。有轻度自然干扰，面积 99hm²。未见人为干扰。

（7）在陕西，苹果树林全部为人工林，集中分布在定边县，延安市、黄陵县、延长县等地也有广泛的栽培。

苹果树林多为纯林，偶见与杨树、油松混交，几乎都为纯林。灌木不发达，零星分布有酸枣。草本常见的有豆类、谷子、禾本科草以及一些蒿。

乔木层平均树高 5.3m 左右，灌木层平均高 22.9cm，草本层平均高 2.0cm，乔木平均胸径 10cm，乔木郁闭度 0.34，灌木盖度 0.49，草本盖度 0.14，植被总盖度 0.6。

面积 13999.0000hm²。

多样性指数 0.5900，优势度指数 0.4100，均匀度指数 0.2500。斑块数 928 个，平均斑块面积 15.0851hm^2，斑块破碎度 0.0663。

未见病害、虫害、火灾。未见自然干扰。有轻度人工干扰，面积 1329hm^2。

（8）在北京，苹果树林分布于北部怀柔、密云、平谷、延庆、昌平等区县。

乔木以苹果为单一优势种，几乎无其他树种混生。灌木、草本不发达。

乔木平均胸径 13.5cm，平均树高 4.8m，郁闭度 0.7。

面积 12869.5137hm^2。

多样性指数 0，优势度指数 1，均匀度指数 0。斑块数 786 个，平均斑块面积 16.3734hm^2，斑块破碎度 0.0611。

苹果树林健康。无自然干扰。人为干扰主要是抚育管理及采摘。

（9）在贵州，苹果林主要分布在威宁、贵阳、遵义、平坝等地。

乔木以苹果为单一优势种，几乎无其他树种混生。灌木、草本不发达。

乔木平均胸径 9.8cm，平均树高 3.5m，郁闭度 0.6。

面积 725.2383hm^2。

多样性指数 0，优势度指数 1，均匀度指数 0。斑块数 51 个，平均斑块面积 14.2203hm^2，斑块破碎度 0.0703。

苹果树林健康。无自然干扰。人为干扰主要是抚育管理及采摘。

（10）在江苏，苹果树林主要分布在苏北的徐州市。

乔木以苹果为单一优势种，几乎无其他树种混生。灌木、草本不发达。

乔木平均胸径 8.5cm，平均树高 3.5m，郁闭度 0.52。

面积 865.7400hm^2。

多样性指数 0，优势度指数 1，均匀度指数 0。斑块数 2 个，平均斑块面积 432.87hm^2，斑块破碎度 0.0023。

苹果树林健康。无自然干扰。人为干扰主要是抚育管理及采摘。

（11）在山东，苹果主要产地为鲁东半岛的烟台、威海和鲁中山区的临沂、淄博等市。

乔木以苹果为单一优势种，几乎无其他树种混生。灌木、草本不发达。

乔木平均胸径 12.8cm，平均树高 4.8m，郁闭度 0.65。

面积 196629.0000hm^2。

多样性指数 0，优势度指数 1，均匀度指数 0。斑块数 190 个，平均斑块面积 1034.89hm^2，斑块破碎度 0.0009。

苹果树林健康。无自然干扰。人为干扰主要是抚育管理及采摘。

（12）在四川，苹果作为经济树种分布较为集中，主要在阿坝州和凉山州，雅安、盐源、攀枝花、甘孜也有少量分布。

草本主要由莎草、车轮菜、鸢尾以及蕨等组成。

乔木郁闭度约 0.6，草本盖度 0.5。灌木不发达。

乔木平均胸径 11.9cm，平均树高 4.0m，郁闭度 0.63。

面积 4827.3773hm²。

多样性指数 0，优势度指数 1，均匀度指数 0。斑块数 185 个，平均斑块面积 26.0939hm²，斑块破碎度 0.0383。

以经济林为主，自然度低，有明显人为干扰。苹果林健康状况较好，基本都无灾害。受到明显的人为干扰，主要为更新、抚育、征占等，其中更新面积为 282.15hm²，抚育面积为 204.01hm²，征占面积为 22.95hm²。

（13）在西藏，苹果林分布在错那县、墨脱县、波密县、八宿县境内。

乔木以苹果为单一优势种，几乎无其他树种混生。灌木、草本不发达。

乔木平均胸径 14.8cm，平均树高 6.1m，郁闭度 0.6。

面积 9547.2600hm²。

多样性指数 0，优势度指数 1，均匀度指数 0。斑块数 14 个，平均斑块面积 681.948hm²，斑块破碎度 0.0014。

苹果树林健康。无自然干扰。人为干扰主要是抚育管理及采摘。

232. 山楂树林（*Crataegus pinnatifida* forest）

在北京、甘肃、广西、山东、山西 5 个省（自治区、直辖市）有山楂林分布，面积 99659.4819hm²。多样性指数 0.0440，均匀度指数 0.2380，优势度指数 0.956。斑块数 286 个，平均斑块面积 348.4597hm²，斑块破碎度 0.0029。

（1）在甘肃，山楂树林以人工林为主，分布在崇信县和徽县、张掖市以及兰州市。

乔木常见与核桃混交，大部分为纯林。灌木常见的有白刺、胡枝子、酸枣。草本中分布的有沙米、莎草、鼠尾草和水草。

乔木层平均树高 4.5m 左右，灌木层平均高 1.3m，草本层平均高 3cm，乔木平均胸径 17cm，乔木郁闭度 0.3，灌木盖度 0.1，草本盖度 0.65，植被总盖度 0.68。

面积 65.1825hm²。

多样性指数 0.2000，优势度指数 0.8000，均匀度指数 0.3000。斑块数 4 个，平均斑块面积 16.2956hm²，斑块破碎度 0.0614。

未见病害、虫害、火灾。未见自然和人为干扰。

（2）在山西，山楂树林以人工林为主，其中绛县分布最为广泛，其余各市县也有普遍分布但数量少。

乔木大部分为纯林。灌木不发达。草本偶见羊胡子草、蒿。

乔木层平均树高 2.3m，灌木层平均高 6.3cm，草本层平均高 0.5cm，乔木平均胸径 3.1cm，乔木郁闭度 0.62，灌木盖度 0.04，草本盖度 0.07。

面积 1505.7004hm²。

多样性指数 0.0200，优势度指数 0.9800，均匀度指数 0.8900。斑块数 110 个，平均斑块面积 13.6881hm²，斑块破碎度 0.0731。

有轻、中度病害，面积分别为 29hm²、36hm²。有轻度虫害，面积 7hm²。未见火灾。有轻度、中度、重度自然干扰，面积分别为 31hm²、53hm²、5hm²。有轻度、中度人为干扰，面积分别为 13hm^2、15hm^2。

（3）在北京，山楂分布于北京北部怀柔、密云、平谷、延庆、昌平等区县。

乔木以红果为单一优势种，几乎无其他树种混生。林下几无灌木生长。林下几无草本生长。

乔木平均胸径 11.1cm，平均树高 4.2m，郁闭度 0.66。

面积 6561.7739hm^2。

多样性指数 0，优势度指数 1，均匀度指数 0。斑块数 144 个，平均斑块面积 45.5678hm^2，斑块破碎度 0.0219。

山楂林生长健康。无自然干扰。人为干扰主要是抚育管理与采摘。

（4）在广西，山楂林主要分布于广西贺州、桂林、柳州、百色等地。

单优群落。灌木、草本不发达。

乔木平均胸径 10.3cm，平均树高 3.9m，郁闭度 0.59。

面积 8601.0251hm^2。

多样性指数 0，优势度指数 1，均匀度指数 0。斑块数 16 个，平均斑块面积 537.5641hm^2，斑块破碎度 0.0018。

山楂林生长健康。无自然干扰。人为干扰主要是抚育管理与采摘。

（5）在山东，山楂林分布在淄博市、莱芜市、临朐县、平邑县、青州市、日照市、商河县、泰安市境内。

乔木以红果为单一优势种，几乎无其他树种混生。林下几无灌木生长。林下几无草本生长。

乔木平均胸径 11.8cm，平均树高 4.4m，郁闭度 0.62。

面积 82925.8000hm^2。

多样性指数 0，优势度指数 1，均匀度指数 0。斑块数 12 个，平均斑块面积 6910.48hm^2，斑块破碎度 0.0001。

山楂林生长健康。无自然干扰。人为干扰主要是抚育管理与采摘。

233. 柿树林（*Diospyros kaki* forest）

在北京、福建、甘肃、广西、河南、山东、山西、陕西、云南、浙江 10 个省（自治区、直辖市）有柿树林分布，面积 92978.7837hm^2。多样性指数 0.0690，优势度指数 0.9310，均匀度指数 0.1380。斑块数 1818 个，平均斑块面积 51.1434hm^2，斑块破碎度 0.0196。

（1）在山东，柿树林主要分布在何泽县，在泰安、宁阳、益都、历城、海阳一带常见。柿树林的垂直分布不高，在山东省一般在 700m 以下（鲁中南山地）。

乔木主要是柿树纯林。灌木不发达。草本有画眉草、马唐、牛筋草、铁苋菜、刺儿菜、地黄等。

乔木层平均树高 7.5～10.8m，草本层平均高 0.15～0.25m，乔木平均胸径 29.2～56.3cm，乔木郁闭度 0.5，草本盖度不到 0.5。

面积 1418. 9200hm^2。

多样性指数 0，优势度指数 1，均匀度指数 0。斑块数 5 个，平均斑块面积 283. 785hm^2，斑块破碎度 0. 0035。

病害无。虫害无。火灾轻。人为干扰类型为森林经营活动。无自然干扰。

（2）在河南，柿树林分布于大别山、桐柏山、伏牛山、太行山低山区及平原地区。

乔木伴生树种主要有鹅耳枥。有胡枝子等少数灌木。草本主要有白茅、狗尾草、芦苇，还有苍耳、蒺藜、马齿苋、菟丝子、田旋花等。

乔木层平均树高 9. 2m，灌木层平均高 0. 8m，草本层平均高 0. 2m，乔木平均胸径 15. 8cm，乔木郁闭度 0. 6，灌木盖度 0. 1，草本盖度 0. 3。

面积 17119. 1478hm^2。

多样性指数 0. 3300，优势度指数 0. 6700，均匀度指数 0. 1280。斑块数 842 个，平均斑块面积 20. 3315hm^2，斑块破碎度 0. 0492。

柿树林健康。无自然干扰。

（3）在云南，柿树林多分布于思茅及西双版纳州，生于沟谷或山坡密林或路边，海拔 1000～1500m。

乔木为柿树单层纯林。因人为活动频繁，灌木、草本种类不稳定。

乔木层平均树高 3. 2m，灌木层平均高 0. 7m，草本层平均高 0. 2m 以下，乔木平均胸径 12. 2cm，乔木郁闭度约 0. 6，草本盖度 0. 4。

面积 8311. 6541hm^2。

多样性指数 0. 3600，优势度指数 0. 6400，均匀度指数 0. 0100。斑块数 116 个，平均斑块面积 71. 65219hm^2，斑块破碎度 0. 0140。

柿树林健康中等。无自然干扰。人为干扰主要是抚育、更新活动，抚育面积 420. 2920hm^2，更新面积 12. 6087hm^2。

（4）在北京，柿树林主要分布于北部怀柔、密云、平谷、延庆、昌平等区县。

乔木以柿树为单一优势种，几乎无其他树种混生。灌木、草本不发达。

面积 15177. 7356hm^2。

多样性指数 0，优势度指数 1，均匀度指数 0。斑块数 463 个，平均斑块面积 32. 7812hm^2，斑块破碎度 0. 0305。

柿树林健康。无自然干扰。

（5）在甘肃，柿树林以人工林为主，分布在正宁县、清水县、崇信县、徽县。

乔木通常与杨树混交。灌木有黄刺玫和黄冠梨以及黄栌。草本中分布有少量的梭草、龙须草。

乔木层平均树高 10m 左右，灌木层平均高 26cm，草本层平均高 4cm，乔木平均胸径 7cm，乔木郁闭度 0. 35，灌木盖度 0. 4，草本盖度 0. 3，植被总盖度 0. 57。

面积 36. 8371hm^2。

多样性指数 0，优势度指数 1，均匀度指数 0。斑块数 3 个，平均斑块面积

12.2790hm^2，斑块破碎度 0.0814。

未见病害、虫害、火灾。未见自然干扰。人为干扰主要为经营活动。

（6）在山西，柿树林全部为人工林，数量多且分布广泛，其中永济市柿树林数量最多，夏县、平陆县、万荣县分布也比较多。

乔木多为纯林，也有少数与杨树、鹅耳栎混交。灌木偶见酸枣。几乎无草本植物。

乔木层平均树高 4.2m，灌木层平均高 1.7cm，草本层平均高 1.2cm，乔木平均胸径 8.1cm，乔木郁闭度 0.3，灌木盖度 0.02，草本盖度 0.1。

面积 4100.20hm^2。

多样性指数 0，优势度指数 1，均匀度指数 0。斑块数 239 个，平均斑块面积 17.1556hm^2，斑块破碎度 0.0583。

有轻度病害，面积 31hm^2。有轻度虫害，面积 48hm^2。未见火灾。有轻度、中度自然干扰，面积分别为 383hm^2、2hm^2。未见人为干扰。

（7）在陕西，柿树林为人工林，仅在富平县、三原县有栽培，其中集中栽培在富平县。

乔木多为纯林，偶见与椴树混交。灌木植物不多，常见的有杜鹃、鬼刺、马尾松、花椒、水蜡等。草本偶见梭草、菊科草等植物。

乔木层平均树高 5.6m 左右，灌木层平均高 35.7cm，草本层平均高 5.0cm，乔木平均胸径 12cm，乔木郁闭度 0.3，灌木盖度 0.3，草本盖度 0.4，植被总盖度 0.6。

面积 6121.7877hm^2。

多样性指数 0，优势度指数 1，均匀度指数 0。斑块数 86 个，平均斑块面积 71.1835hm^2，斑块破碎度 0.0140。

未见病害、虫害、火灾。未见自然干扰。

（8）在福建，柿树林分布于永定县、诏安县。

乔木组成单一，以纯林为主。灌木、草本不发达。

乔木平均胸径 5.5cm，平均树高 3.2m，郁闭度 0.6。

面积 5470.8800hm^2。

多样性指数 0，优势度指数 1，均匀度指数 0。斑块数 4 个，平均斑块面积 1367.72hm^2，斑块破碎度 0.0007。

未见病害、虫害、火灾。未见自然干扰。人为干扰主要是抚育管理和采摘。

（9）在广西，柿树林分布于恭城县、平乐县、桂林市、靖西县、宁明县、阳朔县等地区。

乔木组成单一，以纯林为主。灌木、草本不发达。

乔木平均胸径 6.2cm，平均树高 3.2m，郁闭度 0.51。

面积 32438.6414hm^2。

多样性指数 0，优势度指数 1，均匀度指数 0。斑块数 54 个，平均斑块面积 600.7156hm^2，斑块破碎度 0.0016。

未见病害、虫害、火灾。未见自然干扰。人为干扰主要是抚育管理和采摘。

（10）在浙江，柿树林主要分布在金华、台州、杭州、宁波、丽水、温州6个市，其他5个市也有一些栽培。

乔木组成单一，以纯林为主。灌木、草本不发达。

乔木平均胸径5.2cm，平均树高3.2m，郁闭度0.52。

面积2782.9800hm²。

多样性指数0，优势度指数1，均匀度指数0。斑块数6个，平均斑块面积463.831hm²，斑块破碎度0.0021。

未见病害、虫害、火灾。未见自然干扰。人为干扰主要是抚育管理和采摘。

234. 酸木瓜林（*Chaenomeles sinensis* forest）

在云南，酸木瓜林主要分布在光照充足、耐旱、耐寒地区，可适应任何土壤。

乔木多为酸木瓜纯林。因人为活动频繁，灌木、草本不发达。

乔木层平均树高7m，灌木层平均高1.5m，草本层平均高1m以下，乔木平均胸径9cm，乔木郁闭度约0.6，草本盖度0.4。

面积5.5619hm²，蓄积量135.6563m³，生物量149.3168t，碳储量74.4120t。每公顷蓄积量24.3901m³，每公顷生物量26.8462t，每公顷碳储量13.3788t。

多样性指数0.6997，优势度指数0.3113，均匀度指数0.4307。斑块数1个，平均斑块面积5.56hm²，斑块破碎度0.1798。

酸木瓜林健康中等。无自然干扰。人为干扰主要是抚育活动，抚育面积1.6685hm²。

235. 栾树林（*Koelreuteria paniculata* forest）

在重庆，栾树林主要分布在大巴山区、武陵山区、大娄山区、巫山、七曜山区。

栾树林常与白蜡树、槭树混生。

面积19818.7868hm²，蓄积量679455.3954m³，生物量931346.2300t，碳储量465672.1240t。每公顷蓄积量34.2834m³，每公顷生物量46.9931t，每公顷碳储量23.4965t。

多样性指数0.6409，优势度指数0.3591，均匀度指数0.2654。斑块数1601个，平均斑块面积12.3790hm²，斑块破碎度0.0808。

栾树林生长健康。无自然和人为干扰。

第二节　落叶阔叶混交林

落叶阔叶混交林是以落叶阔叶树为优势树种组成的森林群落，是温带常见的森林类型。

共有落叶阔叶混交林类型68种，面积15923462.7365hm²，蓄积量1279501607.5671m³，生物量1485150687.5022t，碳储量744156049.7897t，分别占全国落叶阔叶林类型、面积、蓄积量、生物量、碳储量的 38.20%、27.64%、35.80%、35.79%、35.98%，平均每公顷蓄积量、生物量、碳储量、斑块数、平均斑块面积、斑块破碎度分别为 80.3532m³、93.2681t、46.7333t、216498 个、73.5501hm²、0.0136，是落叶阔叶林平均每公顷蓄积量、生物量、碳储量、斑块数、平均斑块面积、斑块破碎度的 129.51%、129.45%、130.14%、24.29%、113.78%、87.88%。

236. 大叶杨、刺槐落叶阔叶混交林（*Populus lasiocarpa*，*Robinia pseudoa-cacia* forest）

在河北，大叶杨、刺槐落叶阔叶混交林分布于西部太行山东麓，为人工造林所形成。

乔木单一，林木通常规则排列或是分布于河道两侧。灌木几乎不发育。草本几乎不发育

乔木层平均树高 12.2m，灌木层平均高 1.0m，草本层平均高 0.4m。乔木平均胸径 15.3cm，郁闭度 0.7。灌木盖度 0.1，草本盖度 0.1。

面积 5192.2332hm²，蓄积量 107826.5882m³，生物量 118684.7256t，碳储量 59342.3628t。每公顷蓄积量 20.7669m³，每公顷生物量 22.8581t，每公顷碳储量 11.4291t。

多样性指数 0.5154，优势度指数 0.4846，均匀度指数 0.4262。斑块数 3 个，平均斑块面积 1730.7444hm²，斑块破碎度 0.0006。

大叶杨、刺槐落叶阔叶混交林生长健康。无自然干扰。

237. 枫香、小叶栎落叶阔叶混交林（*Liquidambar formosana*，*Quercus chenii* forest）

在安徽，枫香、小叶栎落叶阔叶混交林分布于江南丘陵、皖南山地和大别山南坡的低海拔地区，在皖南山地常出现于海拔 400m 以上地区，土壤多数为山地黄壤，中性或微酸性。

乔木有灯台树、短柄枹栎、枫香、合欢、槲栎、黄檀、君迁子、马尾松、茅栗、小叶栎、毛栗、山合欢、杉木、青冈栎、栓皮栎、化香。灌木有油茶、米面翁、紫藤、刺五加、圆叶菝葜、华中五味子、北京忍冬、三叶木通、菝葜、山矾、扁担木、野鸦椿、盐肤木、爬山虎、菱蒾、六月雪。草本有蕙兰、箬叶竹、马兰、蕨、天南星、马蹄香、茜草、沿阶草、羊耳蒜、斑叶兰、苔草、马兜铃、南山堇、蛇莓、春兰、灯台莲、麦冬、马蹄莲、山药。

乔木层平均树高 8.6m，灌木层平均高 0.6m，草本层平均高 0.26cm。乔木平均胸径 13.5cm，郁闭度 0.61。灌木盖度 0.1，草本盖度 0.2，植被总盖度 0.8。

面积 3662.0185hm²，蓄积量 195274.3893m³，生物量 197382.7983t，碳储量 98691.3992t。每公顷蓄积量 53.3242m³，每公顷生物量 53.9000t，每公顷碳储量 26.9500t。

多样性指数 0.8425，优势度指数 0.1575，均匀度指数 0.8417。斑块数 14 个，平均斑块面积 261.5728hm²，斑块破碎度 0.0038。

枫香、小叶栎落叶阔叶混交林生长健康。未见自然和人为干扰。

238. 山杨、白桦落叶阔叶混交林（*Populus davidiana*，*Betula platyphylla* forest）

山杨、白桦落叶阔叶混交林以人工林为主，在民和县分布较多，循化县、化隆县、乐都县也有少量分布。

乔木常与山杨、杨树、旱柳、白桦、桦木等混交。灌木有丁香、高山柳、柠条、忍冬和沙棘等。草本有蒿、冰草、马莲和委陵菜等。

乔木层平均树高12.1m，灌木层平均高1.5m，草本层平均高0.3m，乔木平均胸径12.3cm，乔木郁闭度0.5，草本盖度0.1。

面积6078.4900hm^2，蓄积量161907.2675m^3，生物量101363.9971t，碳储量48999.3562t。每公顷蓄积量26.6361m^3，每公顷生物量16.6759t，每公顷碳储量8.0611t。

多样性指数0.7600，优势度指数0.2400，均匀度指数0.2500。斑块数181个，平均斑块面积33.5828hm^2，斑块破碎度0.0298。

未发现病虫害及火灾。人工林未见自然干扰。人工林受轻度人为干扰，面积为14.20hm^2。

239. 栓皮栎、桦木落叶阔叶混交林（*Quercus variabilis*，*Betula* forest）

在甘肃、陕西2个省有栓皮栎、桦木落叶阔叶混交林分布，面积21893.0800hm^2，蓄积量1496812.3049m^3，生物量2239516.9451t，碳储量1109904.5980t。每公顷蓄积量68.3692m^3，每公顷生物量102.2934t，每公顷碳储量50.6966t。多样性指数0.7800，优势度指数0.2200，均匀度指数0.4500。斑块数4570个，平均斑块面积4.7906hm^2，斑块破碎度0.2087。

（1）在甘肃，人工栓皮栎、桦木落叶阔叶混交林分布于康县、正宁县、临洮县、天水市市辖区、天水市、漳县、两当县、镇原县。

乔木多数为纯林，少量常见与栎树混交。灌木极少，偶见有白刺。草本中主要有冰草、小麦、玉米、蒿。

乔木层平均树高在12.51m左右，灌木层平均高16.35cm，草本层平均高2.35cm。乔木平均胸径19cm，郁闭度0.51。灌木盖度0.32，草本盖度0.45，植被总盖度0.63。

面积2230.9875hm^2，蓄积量75115.0488m^3，生物量103985.4968t，碳储量51535.2122t。每公顷蓄积量33.6690m^3，每公顷生物量46.6096t，每公顷碳储量23.0997t。

多样性指数0.6500，优势度指数0.3500，均匀度指数0.2600。斑块数153个，平均斑块面积14.5816hm^2，斑块破碎度0.0686。

有轻度虫害，面积为78.07hm^2。有轻度病害，面积为458.247hm^2。未见火灾。有轻度自然干扰，面积为177hm^2。有轻度人为干扰，面积为2hm^2。

（2）在陕西，栓皮栎、桦木落叶阔叶混交林有广泛的人工栽培，其中分布最多的是榆林市、靖边县、清涧县、西安市市辖区等地，天然林在紫阳县、安康市、延安市、镇巴县等有大量分布，在白河县、汉阴县、石泉县等也有分布。

少见与椴树以及硬软阔树混交，几乎都为纯林。草本偶见白草、山丹等植物。灌木偶见柠条。

乔木层平均树高在 8.4m 左右，灌木层平均高 13.0cm，草本层平均高 2.2cm。乔木平均胸径 17cm，郁闭度 0.7。灌木盖度 0.3，草本盖度 0.4，植被总盖度 0.8。

面积 19662.0925hm²，蓄积量 1421697.2560m³，生物量 2135531.4483t，碳储量 1058369.3858t。每公顷蓄积量 72.3065m³，每公顷生物量 108.6116t，每公顷碳储量 53.8279t。

多样性指数 0.9100，优势度指数 0.0900，均匀度指数 0.6400。斑块数 4417 个，平均斑块面积 4.4514hm²，斑块破碎度 0.2246。

该森林植被未见病虫害及火灾。未见自然干扰。人工林有轻度人为干扰，面积为 593hm²。

240. 栓皮栎、杨树落叶阔叶混交林（*Quercus variabilis*，*Populus* forest）

在甘肃，栎类、杨树落叶阔叶混交林分布于宁县、镇原县、环县、礼县、庆阳县、合水县、静宁县和西峰市，集中分布为人工林。

乔木常见与油松、柳树混交。灌木有水枸子、山杏、白刺、胡枝子、酸枣和虎榛子等。草本中主要有艾蒿、大籽蒿。

乔木层平均树高在 8.1m 左右，灌木层平均高 8.75cm，草本层平均高 3.61cm。乔木平均胸径 12cm，郁闭度 0.4。灌木盖度 0.2，草本盖度 0.5，植被总盖度 0.6。

面积 107536.7254hm²，蓄积量 5091329.9520m³，生物量 7647686.7209t，碳储量 3823843.3604t。每公顷蓄积量 47.3450m³，每公顷生物量 71.1170t，每公顷碳储量 35.5585t。

多样性指数 0.7600，优势度指数 0.2400，均匀度指数 0.4300。斑块数 11409 个，平均斑块面积 9.4256hm²，斑块破碎度 0.1061。

有重度病害，面积为 5173.06hm²。有重度虫害，面积为 4525.202hm²。未见火灾。有轻度自然干扰，面积为 18755hm²。有轻度人为干扰，面积为 2182hm²。

241. 蒙古栎、山杨落叶阔叶混交林（*Quercus mongolica*，*Populus davidiana* forest）

在北京、黑龙江、吉林、辽宁 4 个省（直辖市）有蒙古栎、山杨落叶阔叶混交林分布，面积 1519622.3836hm²，蓄积量 156989947.1510m³，生物量 178887922.3128t，碳储量 89443411.1581t。每公顷蓄积量 103.3085m³，每公顷生物量 117.7186t，每公顷碳储量 58.8589t。多样性指数 0.7019，优势度指数 0.2980，均匀度指数 0.5050。斑块数 16988 个，平均斑块面积 89.4526hm²，斑块破碎度 0.0111。

（1）在北京，蒙古栎、山杨落叶阔叶混交林多分布于海拔 500m 以上的山地，以天然次生林为主。

乔木除蒙古栎外，最主要的混交树种为山杨，有时混有白桦、黑桦、榆树、侧柏、油松等树种。灌木主要有迎红杜鹃、榛子、刺蔷薇、绣线菊、溲疏、卫矛等。藤本植物有山葡萄和狗枣猕猴桃等。草本种类较为丰富，占优势的仍是喜光的耐旱植物。主要有羊胡子草小红菊、女娄菜、大叶野豌豆、铃兰、山萝花、歪头菜、菴蒿、蕨菜等。

乔木层平均树高 7.7m，灌木层平均高 1m，草本层平均高 0.5m 以下，乔木平均胸径

11.5cm，乔木郁闭度约0.6，灌木盖度约0.3，草本盖度0.2。

面积 64036.7107hm²，蓄积量 3161200.0000m³，生物量 4320700.0000t，碳储量 2160300.0000t。每公顷蓄积量 49.3654m³，每公顷生物量 67.4722t，每公顷碳储量 33.7353t。

多样性指数 0.6830，优势度指数 0.3170，均匀度指数 0.5585。斑块数 876 个，平均斑块面积 73.1012hm²，斑块破碎度 0.0137。

蒙古栎、山杨落叶阔叶混交林生长健康。无自然干扰。

（2）在黑龙江，蒙古栎、山杨落叶阔叶混交林较集中分布于大、小兴安岭及完达山地区。

乔木主要有山杨、蒙椴、蒙古栎、紫椴、色木槭、落叶松、红松。灌木主要有胡枝子、兴安柳、谷柳、兴安杜鹃、东北赤杨、刺玫蔷薇、越桔、石生悬钩子、珍珠梅。草本主要有大叶章、地榆、铃兰、舞鹤草、银莲花、轮叶沙参、马莲、贝加尔野蚕豆、东方草莓、矮香豌豆、粗根老鹳草、红花鹿蹄草、曲尾藓、四花苔草、山茄子、大叶柴胡、卵叶风毛菊、鳞毛蕨属、掌叶铁线蕨、兴安鹿药、林木贼。

乔木层平均树高 15.22m，灌木层平均高 1.62m，草本层平均高 0.33m，乔木平均胸径 19.17cm，乔木郁闭度 0.71，灌木盖度 0.13，草本盖度 0.51，植被总盖度 0.81。

面积 1089277.5679hm²，蓄积量 97524545.6445m³，生物量 118745886.7767t，碳储量 59372943.3900t。每公顷蓄积量 89.5314m³，每公顷生物量 109.0134t，每公顷碳储量 54.5067t。

多样性指数 0.7066，优势度指数 0.2933，均匀度指数 0.1865。斑块数 11614 个，平均斑块面积 93.7900hm²，斑块破碎度 0.0107。

黑龙江蒙古栎、山杨落叶阔叶混交林生长健康。无自然干扰。

（3）在吉林，蒙古栎、山杨落叶阔叶混交林分布于东部及中部半山区各市、县。

乔木主要有山杨、蒙椴、蒙古栎、紫椴、色木槭、落叶松、红松。灌木主要有胡枝子、花楷槭、忍冬、绣线菊、珍珠梅、榛子。草本主要有蒿、蕨、木贼、莎草、羊胡子草、苔草、山茄子、小叶章。

乔木层平均树高 13.9m，灌木层平均高 1.50m，草本层平均高 0.60m，乔木平均胸径 15.28cm，乔木郁闭度 0.71，灌木盖度 0.29，草本盖度 0.46。

面积 354022.2457hm²，蓄积量 54300037.54410m³，生物量 53876129.5400t，碳储量 26938064.7700t。每公顷蓄积量 153.3803m³，每公顷生物量 152.1829t，每公顷碳储量 76.0914t。

多样性指数 0.7825，优势度指数 0.2174，均匀度指数 0.2444。斑块数 3997 个，平均斑块面积 88.5719hm²，斑块破碎度 0.0113。

吉林蒙古栎、山杨落叶阔叶混交林生长健康。无自然干扰。

（4）在辽宁，蒙古栎、山杨落叶阔叶混交林分布于其西部地区。

乔木主要有白桦、山杨、蒙椴、蒙古栎、紫椴、色木槭。灌木主要有胡枝子、花楷槭、忍冬、绣线菊、珍珠梅、榛子。草本主要有蒿、蕨、木贼、莎草、羊胡子草、苔草、山茄子、小叶章。

乔木层平均树高 12.44m，灌木层平均高 1.7m，草本层平均高 0.3m，乔木平均胸径 11.39cm，乔木郁闭度 0.75，灌木盖度 0.3，草本盖度 0.3，植被总盖度 0.85。

面积 12285.8593hm²，蓄积量 2004163.9624m³，生物量 1944205.9961t，碳储量 972102.9981t。每公顷蓄积量 163.1277m³，每公顷生物量 158.2475t，每公顷碳储量 79.1237t。

多样性指数 0.6736，优势度指数 0.3263，均匀度指数 0.3240。斑块数 501 个，平均斑块面积 24.5226hm²，斑块破碎度 0.0408。

辽宁蒙古栎、山杨落叶阔叶混交林生长健康。无自然干扰。

242. 黑桦、白桦、蒙古栎落叶阔叶混交林（*Betula davurica*，*Betula platyphylla*，*Quercus mongolica* forest）

在黑龙江，黑桦、白桦、蒙古栎落叶阔叶混交林集中分布于大、小兴安岭，在张广才岭及完达山有分布，但不多。

乔木主要有蒙古栎、椴树、白桦、山杨、兴安落叶松。灌木主要有榛、胡枝子、绢毛绣线菊、大叶蔷薇、欧亚绣线菊、东北山梅花。草本主要有苔草、欧百里香、黄芩、窄叶蓝盆花、贝加尔野豌豆、铁杆蒿、掌叶白头翁、毛百合、兴安藜芦、勿忘草、聚花风铃草、土三七、蓬子菜、砂地委陵菜、大叶章、地榆、柳兰、叉分蓼、野火球、菝葜草、窄叶野豌豆、芍药、岩败酱、单穗升麻、多裂叶荆芥、狼毒、桔梗、尾叶香茶菜、绿豆升麻、东风菜、假升麻。

乔木层平均树高 11.94m，灌木层平均高 1.04m，草本层平均高 0.28m，乔木平均胸径 16.76cm，乔木郁闭度 0.6，灌木盖度 0.3，草本盖度 0.31，植被总盖度 0.74。

面积 291860.9585hm²，蓄积量 27290215.77072m³，生物量 20491353.5937t，碳储量 10245676.8000t。每公顷蓄积量 93.5042m³，每公顷生物量 70.2093t，每公顷碳储量 35.1047t。

多样性指数 0.6517，优势度指数 0.3480，均匀度指数 0.1764。斑块数 5149 个，平均斑块面积 56.6830hm²，斑块破碎度 0.0176。

黑龙江黑桦、白桦、蒙古栎阔叶混交林生长健康。无自然干扰。

243. 白桦、黑桦落叶阔叶混交林（*Betula davurica*，*Betula platyphylla* forest）

在河北，白桦、黑桦混交林为天然林，分布于其西部太行山脉及北部燕山山脉地区，常分布于白桦林与黑桦林的过渡地带。

乔木以白桦、黑桦为主，常混生有山杨等先锋树种，还有红桦、蒙古栎等。灌木可见毛榛子、虎榛子、柳树、灰栒子、水栒子、绣线菊、刺五加、东北山梅花等。草本以各种苔草占优势，混生有红花鹿蹄草、铃兰、小叶章、藜芦、舞鹤草、东方草莓、大叶柴胡、林风毛菊以及鳞毛蕨和蹄盖蕨等。

乔木层平均树高 8.3m，灌木层平均高小于 1.0m，草本层平均高 0.2m，乔木平均胸径

13.8cm，乔木郁闭度0.6，灌木盖度小于0.05，草本盖度0.05。

面积16726.7762hm²，蓄积量429350.3681m³，生物量465286.9940t，碳储量232643.4970t。每公顷蓄积量25.6684m³，每公顷生物量27.8169t，每公顷碳储量13.9084t。

多样性指数0.5443，优势度指数0.4558，均匀度指数0.3364。斑块数14个，平均斑块面积1194.7697hm²，斑块破碎度0.0008。

河北白桦、黑桦混交林生长健康。无自然干扰。

244. 枫桦、山杨、椴树落叶阔叶混交林（*Betula costata*，*Populus davidiana*，*Tilia amurensis* forest）

在黑龙江、吉林2个省有枫桦、山杨、椴树落叶阔叶混交林分布，面积248489.2029hm²，蓄积量49168609.5071m³，生物量57006678.6086t，碳储量28503339.3043t。每公顷蓄积量197.8702m³，每公顷生物量229.4131t，每公顷碳储量114.7066t。多样性指数0.7389，优势度指数0.2611，均匀度指数0.2162。斑块数2274个，平均斑块面积109.2740hm²，斑块破碎度0.0092。

（1）在黑龙江，枫桦、山杨、椴树阔叶混交林分布于其东部小兴安岭、完达山和张广才岭山地，生于海拔较高的冷湿条件下。

乔木除枫桦外，还有山杨、色木槭、胡桃楸、紫椴、蒙古栎、水曲柳。灌木主要有暴马丁香、东北山梅花、刺五加、毛榛、稠李。草本主要有东陵苔草、短柄草、大油芒、羊胡子草、宽叶苔草、异叶败酱、龙牙草、黄背草。

乔木层平均树高15.2m，灌木层平均高1.9m，草本层平均高0.35m，乔木平均胸径15.05cm，乔木郁闭度0.75，灌木盖度0.27，草本盖度0.32，植被总盖度0.85。

面积180872.4731hm²，蓄积量37216320.0793m³，生物量45314591.3286t，碳储量22657295.6643t。每公顷蓄积量205.7600m³，每公顷生物量250.5334t，每公顷碳储量125.2667t。

多样性指数0.6870，优势度指数0.3125，均匀度指数0.1767。斑块数1782个，平均斑块面积101.4997hm²，斑块破碎度0.0099。

黑龙江枫桦、山杨、椴树阔叶混交林生长健康。无自然干扰。

（2）在吉林，枫桦、山杨、椴树阔叶混交林主要分布于长白山区各县。

乔木除枫桦外，还有山杨、色木槭、胡桃楸、紫椴、蒙古栎、水曲柳。灌木主要有刺五加、忍冬、花楷槭。草本主要有木贼、莎草、苔草。

乔木层平均树高14.0m，灌木层平均高1.56m，草本层平均高0.31m，乔木平均胸径19.53cm，乔木郁闭度0.66，灌木盖度0.26，草本盖度0.47。

面积67616.7297hm²，蓄积量11952289.4278m³，生物量11692087.2800t，碳储量5846043.6400t。每公顷蓄积量176.7653m³，每公顷生物量172.9171t，每公顷碳储量86.4585t。

多样性指数0.7908，优势度指数0.2091，均匀度指数0.2558。斑块数492个，平均

斑块面积 137.4323hm², 斑块破碎度 0.0073。

吉林枫桦、山杨、椴树阔叶混交林生长健康。无自然干扰。

245. 毛梾、亮叶桦落叶阔叶混交林（*Swida walteri*, *Betula luminifera* forest）

在湖北，毛梾、亮叶桦落叶阔叶混交林主要分布在鄂西神农架林区及房县、兴山、巴东等县（市）海拔 1400~1800m 的中山中部和下部宽谷斜坡面，在峡谷两侧的斜坡和开阔平缓的坡地以及比较庇荫的山洼处也可见到，其垂直分布的下限可至海拔 700m，上限可达海拔 2000m 左右。坡向多为阴坡，坡度 30°~40°。

乔木以毛梾、亮叶桦、漆树为主，其余为山杨、鹅耳枥、化香、色木槭、曼青冈、锐齿槲栎、四照花等。灌木种类有箭竹、荚蒾、鄂西绣线菊、忍冬、山梅花、枇杷叶荚蒾等，偶尔也有美丽胡枝子分布。草本常以苔草、毛蕨为主，前者呈丛状分布，后者仅限于林窗中，呈块状分布。此外，尚有少量的喜阴湿的植物如显子草、湖北泥胡菜等分布其间。

乔木层平均树高 8.5m，灌木层平均高 1.2m，草本层平均高 0.3m，乔木平均胸径 12.6cm，乔木郁闭度 0.7~0.8，草本盖度 0.4~0.5，灌木盖度 0.2。

面积 599.1361hm²，蓄积量 9497.6852m³，生物量 10454.1021t，碳储量 5227.0510t。每公顷蓄积量 15.8523m³，每公顷生物量 17.4486t，每公顷碳储量 8.7243t。

多样性指数 0.3020，优势度指数 0.6980，均匀度指数 0.8350。斑块数 11 个，平均斑块面积 54.4669hm²，斑块破碎度 0.0184。

湖北毛梾、亮叶桦阔叶混交林生长健康。无自然干扰。

246. 桦木、山杨落叶阔叶混交林（*Betula*, *Populus davidiana* forest）

在四川、新疆 2 个省（自治区）有桦木、山杨落叶阔叶混交林分布，面积 765902.8034hm²，蓄 积 量 38599623.8971m³，生 物 量 41834944.3205t，碳 储 量 20917472.1602t。每公顷蓄积量 50.3975m³，每公顷生物量 54.6217t，每公顷碳储量 27.3109t。多样性指数 0.4921，优势度指数 0.5078，均匀度指数 0.6358。斑块数 9673 个，平均斑块面积 79.1794hm²，斑块破碎度 0.0126。

（1）在新疆，桦木、山杨落叶阔叶混交林主要分布于天山北麓，在天山南麓山地、准噶尔西部山地南部、博乐谷地和准噶尔拉套山也有少量分布。在海拔 1400~1800m 的中山带中下部山坡、谷底、河滩的火烧迹地和皆伐迹地上，以片状或块状出现。

乔木伴生树种主要有天山花楸、稠李、山柳、红果山楂、阿尔泰山楂、准噶山橙、天山槭、新疆云杉、新疆落叶松、苦杨和欧洲山杨等。灌木主要有天山卫矛、黑果小檗、栒子、新疆圆柏、忍冬、毛叶水栒子、蔷薇、水柏枝、忍冬、欧荚蒾、天山卫矛、伊犁小檗、灌木柳、拉庞、悬钩子、金露梅、阿尔泰忍冬、大叶绣线菊等。草本主要有乳苣、水杨梅、一枝黄花、林地水苏、益母草、牛至、新疆鼠尾草、林地早熟禾、白癣、有短柄草、鹅观草、高山羊、香豌豆、高山羊角芹、兰花老鹳草、柳兰、六齿卷耳、水珠草、圆叶鹿蹄草、单侧花、独丽花、手掌参等。

乔木层平均树高 13m 左右，灌木层平均高 1.1m，草本层平均高 0.2m，乔木平均胸径

20.7cm，乔木郁闭度0.4左右，灌木盖度0.15~0.2，草本盖度0.4~0.6。

面积70.3475hm²，蓄积量10344.7837m³，生物量15742.5453t，碳储量7871.2726t。每公顷蓄积量147.0525m³，每公顷生物量223.7825t，每公顷碳储量111.8912t。

多样性指数0.5590，优势度指数0.4410，均匀度指数0.5570。斑块数2个，平均斑块面积35.1738hm²，斑块破碎度0.0284。

新疆桦木、山杨阔叶混交林健康。无自然和人为干扰。

（2）在四川，桦木、山杨落叶阔叶混交林遍及川西山区。北界为南坪、马尔康、壤塘（南部）、色达（南部）、甘孜、德格一线，南抵木里、乡城，西临白玉、巴塘、金沙江流域，东界为汶川、灌县、宝兴、石棉、九龙等地。垂直分布受地形影响，在南坪地区为海拔2000~2800m，大小金川地区为海拔2500~3100m，雅江地区为海拔2800~3500m，新龙何道孚地区为海拔3200~3700m，白玉为海拔3100~4000m。在西南部垂直分布海拔为3200~3500m。

桦木、山杨阔叶混交林多为复层林，冷杉混交在林分中且平均高超过白桦，更新层中也以冷杉占据优势。乔木通常还混生长山杨等。灌木种类以木帚枸子、灰枸子、菝葜、长叶溲疏、柳叶忍冬、四川忍冬、秀丽莓、峨眉蔷薇、紫枝柳等为主，较常见的还有扁刺蔷薇、刺红珠、平枝枸子、全缘藤山柳、柳树、插田泡等。草本种类较多，常见有野青茅、早熟禾、蹄盖蕨、草莓、多脉报春花、鳞毛蕨、拉拉藤、卵叶韭等。

乔木层平均树高12.3m，灌木层平均高约2.5m，草本层平均高在0.3m以下，乔木平均胸径15.3cm，乔木郁闭度约0.58，草本盖度0.65。

面积765832.4559hm²，蓄积量38589279.1134m³，生物量41819201.7752t，碳储量20909600.8876t。每公顷蓄积量50.3887m³，每公顷生物量54.6062t，每公顷碳储量27.3031t。

多样性指数0.4253，优势度指数0.5747，均匀度指数0.7146。斑块数9671个，平均斑块面积79.1885hm²，斑块破碎度0.0126。

桦木、山杨阔叶混交林重度灾害的面积为305.27hm²，轻度灾害的面积为610.54hm²，无灾害的面积达32053.58hm²。无自然干扰。

247. 盐肤木、山胡椒落叶阔叶混交林（*Rhus chinensis*，*Lindera glauca* forest）

在贵州，盐肤木、山胡椒（竹叶椒）落叶阔叶混交林在大部分地区均有分布。

乔木除这两个树种外，还有栎类、杉木等树种伴生其中。灌木有杜鹃、胡枝子、蔷薇、悬钩子等。草本主要有蒿、苔草、苎麻等。

乔木平均胸径8.8cm，平均树高6.2m，郁闭度0.65。灌木盖度0.3，平均高1.2m。草本盖度0.4，平均高0.2m。

面积83632.6041hm²，蓄积量1203891.3360m³，生物量1657832.3846t，碳储量828916.1923t。每公顷蓄积量14.3950m³，每公顷生物量19.8228t，每公顷碳储量9.9114t。

多样性指数0.5643，优势度指数0.4357，均匀度指数0.3603。斑块数3591个，平均斑块面积23.2895hm²，斑块破碎度0.0429。

盐肤木、山胡椒（竹叶椒）落叶阔叶混交林生长健康。无自然和人为干扰。

248. 赤杨、枫杨、胡桃楸阔叶混交林（*Alnus japonica*，*Pterocarya stenoptera*，*Juglans mandshurica* forest）

在黑龙江，赤杨、枫杨、胡桃楸阔叶混交林分布于宝清县、黑河市、嘉荫县、萝北县、饶河县、汤原县和伊春市境内。

乔木除赤杨外，主要有枫杨、胡桃楸、云杉、冷杉、落叶松、水曲柳。灌木主要有柳叶绣线菊、蓝靛果、刺玫蔷薇、黄花忍冬、榛、暴马丁香、稠李、崖椒、红瑞木。草本主要有分株紫萁、大叶章、小叶章、水金凤、兴安鹿药、蚊子草、狭叶荨麻、贝加尔唐松草、乌头、东北羊角芹、木贼、林木贼、舞鹤草、酢浆草、唢呐草。

乔木层平均树高 11m，灌木层平均高 0.2m，草本层平均高 0.1m，乔木平均胸径 10.7cm，乔木郁闭度 0.8，灌木盖度 0.4，草本盖度 0.4，植被总盖度 0.95。

面积 2507.2105hm²，蓄积量 174255.314m³，生物量 235297.4507t，碳储量 117648.7254t。每公顷蓄积量 69.5017m³，每公顷生物量 93.8483t，每公顷碳储量 46.9241t。

多样性指数 0.6527，优势度指数 0.3473，均匀度指数 0.2603。斑块数 113 个，平均斑块面积 22.1877hm²，斑块破碎度 0.0451。

赤杨、枫杨、胡桃楸阔叶混交林生长健康。无自然干扰。

249. 亮叶桦、响叶杨落叶阔叶混交林（*Betula luminifera*，*Populus adenopoda* forest）

在广西、贵州有亮叶桦、响叶杨落叶阔叶混交林分布，面积 31845.7769hm²，蓄积量 1242592.6937m³，生物量 1253818.8994t，碳储量 626909.4497t。每公顷蓄积量 39.0191m³，每公顷生物量 39.3716t，每公顷碳储量 19.6858t。多样性指数 0.7302，优势度指数 0.2698，均匀度指数 0.6503。斑块数 636 个，平均斑块面积 50.0719hm²，斑块破碎度 0.0200。

（1）在广西，亮叶桦、响叶杨阔叶混交林主要分布于我国中亚热带常绿阔叶林地带。广西是它分布的南缘，主产于桂北及桂东北，呈小片状分布于海拔 700～1300m 的范围，稀可上升到 1450m。向西分布到桂西北山原，仅在 1400m 以上的山地才可以见到。

亮叶桦、响叶杨阔叶混交林多为复层林，上层高可达 15m 以上，平均树高 12.5m，平均胸径 14.3cm，郁闭度 0.63。以落叶树光皮桦为主，小果冬青、拟赤杨、枫香、银木荷、贵州杜鹃、石壁杜鹃、贵州山柳等较为常见。

灌木层平均高一般在 2m 以下，覆盖度 0.4 左右，多为常绿乔木的幼树，真正的灌木以杜茎山、金花树、算盘子、柃木、毛桐、南烛等较常见。

草本层平均高在 1m 以下，覆盖度 0.5 左右，以狗脊占优势，镰叶瘤足蕨、锦香草、五节芒、三脉紫菀、艾纳香等也较常见。

面积 14171.2442hm²，蓄积量 537937.5972m³，生物量 583004.9882t，碳储量 291502.4941t。每公顷蓄积量 37.9598m³，每公顷生物量 41.1400t，每公顷碳储

量 20.5700t。

多样性指数 0.7346，优势度指数 0.2654，均匀度指数 0.6403。斑块数 24 个，平均斑块面积 590.4685hm^2，斑块破碎度 0.0017。

亮叶桦、响叶杨落叶阔叶混交林生长良好。无自然和人为干扰。

（2）在贵州，亮叶桦、响叶杨落叶阔叶混交林主要分布在遵义县、雷山县、丹寨县等。

在亮叶桦、响叶杨落叶阔叶混交林中，除亮叶桦、响叶杨外，还有华山松、灯台树、白栎、圆果化香等树种。灌木有川榛、西南红山茶、金丝桃、火棘、野鸦椿、柃木等。草本有芒萁、蕨、贯众、紫菀、苔草等。

乔木平均胸径 12.4cm，平均树高 9.8m，郁闭度 0.7。灌木盖度 0.3，平均高 1.4m。草本盖度 0.4，平均高 0.2m。

面积 17674.5327hm^2，蓄积量 704655.0965m^3，生物量 670813.9112t，碳储量 335406.9556t。每公顷蓄积量 39.8684m^3，每公顷生物量 37.9537t，每公顷碳储量 18.9769t。

多样性指数 0.7258，优势度指数 0.2742，均匀度指数 0.6603。斑块数 612 个，平均斑块面积 28.8799hm^2，斑块破碎度 0.0346。

亮叶桦、响叶杨落叶阔叶混交林生长良好，无自然和人为干扰。

250. 蒙古栎、杨树、桦木落叶阔叶混交林（*Quercus mongolica*，*Populus*，*Betula* forest）

在北京、内蒙古、黑龙江、吉林、辽宁 5 个省（自治区、直辖市）有杨树、桦木、栎类阔叶混交林分布，面积 3425063.6617hm^2，蓄积量 409612917.6394m^3，生物量 443944717.7616t，碳储量 221972358.8876t。每公顷蓄积量 119.5928m^3，每公顷生物量 129.6165t，每公顷碳储量 64.8082t。多样性指数 0.6460，优势度指数 0.3539，均匀度指数 0.3142。斑块数 45745 个，平均斑块面积 74.8730hm^2，斑块破碎度 0.0134。

（1）在黑龙江，蒙古栎、杨树、桦木落叶阔叶混交林分布于小兴安岭、完达山、张广才岭及老爷岭山地。

乔木伴生树种主要有色木槭、胡桃楸、樟子松、油松、紫椴、蒙古栎、水曲柳、山杨、黑桦等。灌木主要有稠李、胡枝子、大果榆、槭树、兴安杜鹃、毛榛、绣线菊。草本主要有大油芒、野古草、隐子草、羊草、铁杆蒿、土三七、桔梗、东北牡蒿、狗尾草、黄蒿。

乔木层平均树高 14.88m，灌木层平均高 1.62m，草本层平均高 0.29m，乔木平均胸径 17.38cm，乔木郁闭度 0.77，灌木盖度 0.38，草本盖度 0.5，植被总盖度 0.86。

面积 1977238.3161hm^2，蓄积量 216247579.3556m^3，生物量 238590264.9564t，碳储量 119295132.4796t。每公顷蓄积量 109.3685m^3，每公顷生物量 120.6684t，每公顷碳储量 60.3342t。

多样性指数 0.7065，优势度指数 0.2933，均匀度指数 0.1983。斑块数 23937 个，平

均斑块面积 82.6018hm^2，斑块破碎度 0.0121。

蒙古栎、杨树、桦木落叶阔叶混交林生长健康。无自然干扰。

（2）在吉林，蒙古栎、杨树、桦木落叶阔叶混交林分布于靖宇县、德惠市、敦化市、白山市、柳河县、蛟河市、长白朝鲜族自治县、榆树市、安图县等地，长春市、永吉县、汪清县、龙井市、九台市、辉南县、珲春市、桦甸市、和龙市、抚松县和扶余县境内也有大量分布。

乔木伴生树种主要有色木槭、胡桃楸、樟子松、油松、紫椴、蒙古栎、水曲柳、杨树、白桦。灌木主要有桂柳、刺五加、胡枝子、花楷槭、蔷薇、忍冬、珍珠梅、榛子、紫穗槐等。草本主要有大油芒、野古草、隐子草、羊草、狗尾草、莎草、小叶章、山茄子、问荆、黄蒿。

乔木层平均树高 13.7m，灌木层平均高 1.39m，草本层平均高 0.65m，乔木平均胸径 16.14cm，乔木郁闭度 0.73，灌木盖度 0.26，草本盖度 0.43。

面积 779410.6004hm^2，蓄积量 139724628.2065m^3，生物量 147652669.6900t，碳储量 73826334.8500t。每公顷蓄积量 179.26961m^3，每公顷生物量 189.4414t，每公顷碳储量 94.7207t。

多样性指数 0.7024.优势度指数 0.2975，均匀度指数 0.2342。斑块数 11748 个，平均斑块面积 66.3441hm^2，斑块破碎度 0.0151。

蒙古栎、杨树、桦木落叶阔叶混交林生长健康。无自然干扰。

（3）在辽宁，蒙古栎、杨树、桦木落叶阔叶混交林分布于西丰县、宽甸满族自治县、建平县境内，义县、新宾满族自治县、铁岭、沈阳市、清原满族自治县、桓仁满族自治县也有分布。

乔木主要有杨树、色木槭、胡桃楸、紫椴、蒙古栎、水曲柳、杨树、白桦、榆树、黄波罗、落叶松。灌木主要有桂柳、刺五加、胡枝子、花楷槭、蔷薇、忍冬、珍珠梅、榛子、紫穗槐、绣线菊、山梅花。草本主要有大油芒、野古草、隐子草、羊草、狗尾草、小叶章、宽叶苔草、木贼、黄蒿。

乔木层平均树高 9.3m，灌木层平均高 1.4m，草本层平均高 0.3m，乔木平均胸径 8.93cm，乔木郁闭度 0.52，灌木盖度 0.08，草本盖度 0.45，植被总盖度 0.82。

面积 324459.5126hm^2，蓄积量 1500242.7360m^3，生物量 17665037.4584t，碳储量 8832518.7296t。每公顷蓄积量 46.2315m^3，每公顷生物量 54.445t，每公顷碳储量 27.2223t。

多样性指数 0.6251，优势度指数 0.3747，均匀度指数 0.2961。斑块数 3354 个，平均斑块面积 96.7381hm^2，斑块破碎度 0.0103。

蒙古栎、杨树、桦木落叶阔叶混交林生长健康。无自然干扰。

（4）在北京，蒙古栎、杨树、桦木落叶阔叶混交林多是在原始林分遭破坏后形成的次生林。

乔木混交树种有黑桦、蒙古栎、山杨、红桦、辽东栎、紫锻、色木槭、油松、青杆、白杆、华北落叶松等。灌木可见毛榛子、虎榛子、柳树、灰栒子、水栒子、甘熟山楂、华西箭竹、绣线菊、刺五加、刺蔷薇、东北山梅花等。草本以各种苔草占优势，混生有红花鹿蹄草、铃兰、小叶章、藜芦、舞鹤草、东方草莓、大叶柴胡、林风毛菊以及鳞毛蕨和蹄盖蕨等。

乔木层平均树高 11.1m，灌木层平均高 1m，草本层平均高 0.5m 以下，乔木平均胸径 12.1cm，乔木郁闭度约 0.7，灌木盖度约 0.3，草本盖度 0.2。

面积 10346.2555hm²，蓄积量 799100.0000m³，生物量 1204000.0000t，碳储量 602000.0000t。每公顷蓄积量 77.2357m³，每公顷生物量 116.3706t，每公顷碳储量 58.1853t。

多样性指数 0.3528，优势度指数 0.6472，均匀度指数 0.6157。斑块数 114 个，平均斑块面积 90.7566hm²，斑块破碎度 0.0110。

蒙古栎、杨树、桦木落叶阔叶混交林生长健康。无自然干扰。

（5）在内蒙古，蒙古栎、杨树、桦木落叶阔叶混交林主要分布在内蒙古自治区鄂伦春旗等地的山地，为红松阔叶混交林严重破坏后的次生植被，位于海拔 200～600m 之间干燥开阔的向阳坡麓，坡度常在 10° 以下，与蒙古栎林和黑桦林相连接，通常在坡上和山脊为蒙古栎林，其下为黑桦林，两群落之间常有一个过渡带。蒙古栎及其伴生植物侵入黑桦林中，相反，黑桦林及其伴生植物又侵入蒙古栎林中，说明两个优势种生态习性非常接近，但黑桦抗寒及耐火性强于蒙古栎。土壤为暗棕壤。

乔木以蒙古栎为优势，伴有较多的黑桦、山杨，此外有白桦、山槐等混生其间。灌木以榛子、胡枝子为优势，其他混生有刺玫蔷薇、卫矛、绢毛绣线菊等。草本以中旱生和中生植物为优势，常见的有凸脉苔草、四花苔草、羊胡子草、白藓、万年蒿、东风菜、卡氏麻花头等。在林缘及林窗下可见藤本植物山葡萄和狗枣猕猴桃。

乔木层平均树高 9.29m，灌木层平均高 1m，草本层平均高 0.5m 以下，乔木平均胸径 8.34cm，乔木郁闭度 0.7，灌木盖度 0.1，草本盖度 0.1。

面积 333608.9769hm²，蓄积量 37841367.3412m³，生物量 38832745.6568t，碳储量 19416372.8284t。每公顷蓄积量 113.4303m³，每公顷生物量 116.4020t，每公顷碳储量 58.2010t。

多样性指数 0.6394，优势度指数 0.3607，均匀度指数 0.4364。斑块数 2443 个，平均斑块面积 136.6270hm²，斑块破碎度 0.0073。

蒙古栎、杨树、桦木落叶阔叶混交林生长健康。无自然干扰。

251. 蒙古栎、榆树落叶阔叶混交林（*Quercus mongolica*, *Ulmus pumila* forest）

在河北，天然蒙古栎、榆树落叶阔叶混交林分布于其西北部，多分布于海拔 500m 以下的低山地区。

乔木树种为蒙古栎和榆属植物，也会混有山杨、桦木等。灌木主要有金露梅、胡枝子等。草本几乎不发育，偶见苔草等。

乔木层平均树高 5.7m，灌木层平均高 1.7m，几无草本，乔木平均胸径 8.8cm，乔木郁闭度 0.5，灌木盖度 0.08。

面积 17160.6422hm²，蓄积量 180643.7999m³，生物量 216158.3709t，碳储量 108079.1855t。每公顷蓄积量 10.5268m³，每公顷生物量 12.5963t，每公顷碳储量 6.2982t。

多样性指数 0.5802，优势度指数 0.4199，均匀度指数 0.4534。斑块数 16 个，平均斑块面积 1072.5276hm²，斑块破碎度 0.0009。

蒙古栎、榆树落叶阔叶混交林健康。无自然干扰。

252. 刺槐、榔榆、乌桕落叶阔叶混交林（*Robinia pseudoacacia*，*Ulmus parvifolia*，*Sapium sebiferum* forest）

在江苏、上海 2 个省（直辖市）有刺槐、榔榆、乌桕落叶阔叶混交林分布，面积 1467.2710hm²，蓄积量 43428.1316m³，生物量 47449.2490t，碳储量 23724.6245t。每公顷蓄积量 29.5979m³，每公顷生物量 32.3384t，每公顷碳储量 16.1692t。多样性指数 0.6082，优势度指数 0.3918，均匀度指数 0.6021。斑块数 58 个，平均斑块面积 25.2977hm²，斑块破碎度 0.0395。

（1）在江苏，刺槐、榔榆、乌桕混交林在长江以北常见造林，从沿江北岸仪征、六合、江浦到盱眙和徐州地区的丘陵，普遍分布。长江南岸的紫金山北坡有大面积分布。沿海平原林场如射阳林场、大丰林场也有较大面积分布。

乔木有刺槐、榔榆、乌桕、黄檀、朴树、山槐等。灌木有扁担杆、牡荆、圆叶鼠李、六月雪等。草本有朝阳隐子草、矛叶荩草、苔草、牛膝、野菊花等。

乔木层平均树高 10.7m，灌木层平均高 1.2m，草本层平均高 0.2m，乔木层平均胸径 12.8cm，乔木郁闭度 0.75，灌木盖度 0.2，草本盖度 0.4。

面积 414.3010hm²，蓄积量 9685.3921m³，生物量 10879.6009t，碳储量 5439.8004t。每公顷蓄积量 23.3777m³，每公顷生物量 26.2601t，每公顷碳储量 13.1301t。

多样性指数 0.6832，优势度指数 0.3168，均匀度指数 0.7021。斑块数 3 个，平均斑块面积 138.1000hm²，斑块破碎度 0.0072。

病害无。虫害无。火灾无。人为干扰类型为森林经营活动。自然干扰类型为自然火。

（2）在上海，刺槐、榔榆、乌桕混交林主要分布在佘山国家森林公园、东平国家森林公园、共青国家森林公园境内。

乔木除刺槐、榔榆、乌桕外，还有山槐等。灌木有牡荆、圆叶鼠李、六月雪等。草本有朝阳隐子草、矛叶荩草、苔草、野菊花等。

乔木平均胸径 12.8cm，平均树高 10.1m，乔木郁闭度 0.55。灌木盖度 0.2，平均高 1.4m。草本盖度 0.3，平均高 0.1m。

面积 1052.9700hm²，蓄积量 33742.7395m³，生物量 36569.6481t，碳储量 18284.82414t。每公顷蓄积量 32.0453m³，每公顷生物量 34.7300t，每公顷碳储量 17.3650t。

多样性指数 0.5332，优势度指数 0.4668，均匀度指数 0.5021。斑块数 55 个，平均斑

块面积 19.1449hm²，斑块破碎度 0.0522。

刺槐、榔榆、乌桕混交林生长健康。无自然和人为干扰。

253. 刺槐、枫香、榆树阔叶混交林 （*Robinia pseudoacacia*，*Liquidambar formosana*，*Ulmus pumila* forest）

在北京，刺槐、枫香、榆树落叶阔叶混交林是在人工栽种的刺槐纯林上发育过渡而形成的，北京地区刺槐阔叶混交林分布于密云县密云水库周边。

乔木混生树种常有枫香、色木槭、榆树等。灌木盖度很小，常见的种有荆条、酸枣、胡枝子、花木蓝、紫穗槐、岩鼠李等，也常有乔木的萌生幼株，如榆树、山桃等。草本的组成常因土壤条件不同而异。北京地区较干瘠，以耐旱种类占优势，如白羊草、结缕草、霞草、鬼针草等。

乔木层平均树高 11.2m，灌木层平均高 1m，草本层平均高 0.5m 以下，乔木平均胸径 14.6cm，乔木郁闭度约 0.6，灌木盖度约 0.2，草本盖度 0.15。

面积 6403.9103hm²，蓄积量 133000.0000m³，生物量 124600.0000t，碳储量 62300.0000t。每公顷蓄积量 20.7686m³，每公顷生物量 19.4569t，每公顷碳储量 9.7284t。

多样性指数 0.5547，优势度指数 0.4453，均匀度指数 0.6303。斑块数 273 个，平均斑块面积 23.4575hm²，斑块破碎度 0.0426。

刺槐、枫香、榆树落叶阔叶混交林生长健康。无自然干扰。

254. 刺槐、鹅耳枥落叶阔叶混交林 （*Robinia pseudoacacia*，*Carpinus turczaninowii* forest）

在山西，刺槐、鹅耳枥落叶阔叶混交林主要分布于大同县、新绛县和太谷县。

乔木主要为刺槐、鹅耳枥以及一些其他的硬阔类林的混交林。灌木不发达，主要有刺槐、黄栌。草本只有零星分布的白草、蒿、狗尾草等。

乔木层平均树高 3.1m，灌木层平均高 5cm，草本层平均高 3.8cm，乔木平均胸径 4.6cm，乔木郁闭度 0.42，灌木盖度 0.2，草本盖度 0.39。

面积 7106.7645hm²，蓄积量 181588.4098m³，生物量 760308.3631t，碳储量 376808.8247t。每公顷蓄积量 25.5515m³，每公顷生物量 106.9838t，每公顷碳储量 53.0211t。

多样性指数 0.9400，优势度指数 0.0600，均匀度指数 0.2300。斑块数 468 个，平均斑块面积 15.1853hm²，斑块破碎度 0.0659。

未见病害、虫害、火灾。有轻度、中度、重度自然干扰，面积分别为 24hm²、32hm²、1388hm²。有轻度人为干扰，面积为 154hm²。

255. 杨树、辽东栎落叶阔叶混交林 （*Populus*，*Quercus wutaishansea* forest）

在甘肃，杨树、辽东栎落叶阔叶混交人工林广泛分布在天水市市辖区、山丹县和金昌市。

乔木常见与杨树混交。灌林较多，其中常见的有山杏、白刺和胡枝子以及酸枣。草本中主要有沙米、莎草和鼠尾草。

乔木层平均树高在 7.37m 左右，灌木层平均高在 8.9cm，草本层平均高为 5.52cm。乔木平均胸径为 8cm，灌木平均地径为 0.8cm，草本平均地径为 0.4cm。乔木郁闭度为 0.8，灌木盖度为 0.1，草本盖度为 0.3，植被总盖度为 0.9。

面积 46.9940hm^2，蓄积量 418.2466m^3，生物量 706.8960t，碳储量 341.7135t。每公顷蓄积量 8.9000m^3，每公顷生物量 15.0423t，每公顷碳储量 7.2714t。

多样性指数 0.7700，优势度指数 0.2300，均匀度指数 0.8500。斑块数 2 个，平均斑块面积 23.497hm^2，斑块破碎度 0.0426。

未见病虫害及火灾。未见自然和人为干扰。

256. 黄连木、槐树、榆树落叶阔叶混交林（*Pistacia chinensis*，*Sophora japonica*，*Ulmus pumila* forest）

在江苏，黄连木、槐树、榆树落叶阔叶混交林分布于石灰岩山丘区域，包括江苏长江以南各地石灰岩山丘，如句容宝华山、宜兴、溧阳的石灰岩山丘等。

乔木有黄连木、朴树、山槐、榉树、糙叶树、红果榆、黄檀、铜钱树、女贞、青冈、冬青等。灌木有雪柳、山胡椒、八角枫、老鸦柿、卫矛、六月雪、白檀等。草本有苎麻、矛叶荩草、白苏、阔叶麦冬等。

乔木平均胸径 18.4cm，平均树高 13.7m，乔木郁闭度 0.7。灌木盖度 0.3，平均高 1.4m。草本盖度 0.3，平均高 0.2m。

面积 95461.2000hm^2，蓄积量 7767307.1682m^3，生物量 8549475.0000t，碳储量 4274737.5000t。每公顷蓄积量 81.3661m^3，每公顷生物量 89.5597t，每公顷碳储量 44.7798t。

多样性指数 0.7128，优势度指数 0.2872，均匀度指数 0.7765。斑块数 231 个，平均斑块面积 413.252hm^2，斑块破碎度 0.0024。

黄连木、槐树、榆树落叶阔叶混交林生长健康。无自然和人为干扰。

257. 茅栗、白栎落叶阔叶混交林（*Castanea sequinii*，*Quercus fabri* forest）

在贵州，各县分布较多茅栗、白栎落叶阔叶混交林，在余庆县、施秉县等地有较集中的分布。

在乔木中，除茅栗、白栎外，还有鼠刺、女贞等树种。灌木有铁仔、火棘等。草本有苔草、大头艾纳香、蕨等植物。

乔木平均胸径 15.8cm，平均树高 12.3m，乔木郁闭度 0.65。灌木盖度 0.2，平均高 1.2m。草本盖度 0.4，平均高 0.2m。

面积 112603.3105hm^2，蓄积量 5294294.5520m^3，生物量 9287458.6191t，碳储量 5981909.0709t。每公顷蓄积量 47.0172m^3，每公顷生物量 82.4794t，每公顷碳储量 53.1237t。

多样性指数 0.7100，优势度指数 0.2900，均匀度指数 0.5500。斑块数 4348 个，平均斑块面积 25.8977，斑块破碎度 0.0386。

茅栗、白栎落叶阔叶混交林生长良好。无自然和人为破坏。

258. 杨树、柳树落叶阔叶混交林（*Populus*，*Salix* forest）

在贵州、上海 2 个省（直辖市）有杨树、柳树落叶阔叶混交林分布，面积 8972.1311hm²，蓄积量 460147.7808m³，生物量 565698.6774t，碳储量 511072.0933t。每公顷蓄积量 51.2863m³，每公顷生物量 63.0506t，每公顷碳储量 56.9622t。多样性指数 0.5817，优势度指数 0.4183，均匀度指数 0.5722。斑块数 623 个，平均斑块面积 14.4014hm²，斑块破碎度 0.0694。

（1）在贵州，杨树、柳树阔叶混交林主要分布在金沙县、沿河县、黔西县等地。

杨树、柳树阔叶混交林多为人工林的块状混交或株间混交。灌木、草本不发达。

乔木平均胸径 14.8cm，平均树高 10.3m，郁闭度 0.58。

面积 7424.2471hm²，蓄积量 353244.7202m³，生物量 480975.2467t，碳储量 468710.3779t。每公顷蓄积量 47.5799m³，每公顷生物量 64.7844t，每公顷碳储量 63.1324t。

多样性指数 0.5518，优势度指数 0.4482，均匀度指数 0.5472。斑块数 607 个，平均斑块面积 12.2310hm²，斑块破碎度 0.0817。

杨柳林生长良好。无自然和人为干扰。

（2）在上海，杨树、柳树阔叶混交林分布于各森林公园及景点，具体分布在奉贤县境内。

乔木层组成以杨树、柳树为主，以块状或株间混交。灌木、草本不发达。

乔木平均胸径 15.6cm，平均树高 11.1m，郁闭度 0.62。

面积 1547.8840hm²，蓄积量 106903.0606m³，生物量 84723.4307t，碳储量 42361.7154t。每公顷蓄积量 69.0640m³，每公顷生物量 54.7350t，每公顷碳储量 27.3675t。

多样性指数 0.6116，优势度指数 0.3884，均匀度指数 0.5972。斑块数 16 个，平均斑块面积 96.7427hm²，斑块破碎度 0.0103。

杨树、柳树落叶阔叶混交林生长良好。无自然干扰。人为干扰主要是抚育管理。

259. 栓皮栎、麻栎、白栎落叶阔叶混交林（*Quercus variabilis*，*Quercus acutissima*，*Quercus fabri* forest）

在江苏，栓皮栎、麻栎、白栎落叶阔叶混交林主要分布于茅山、宁镇山区，太湖沿岸丘陵及宜兴、溧阳山区亦偶有分布。此外，还见于长江北岸丘陵及盱眙丘陵台地。云台山也有零星小片分布。分布地以酸性山丘为主。

乔木有栓皮栎、麻栎、白栎、黄檀、枫香、短柄枹栎、冬青等。灌木有六月雪、白马骨、绿叶胡枝子、白檀、牛奶子、算盘子、圆叶鼠李等。草本有褐苔草、紫参、朝阳隐子草、矛叶荩草、黄背草、芒、轮叶排草、马兰等。

乔木层平均树高 13m，乔木平均胸径 17cm，乔木郁闭度约 0.7。灌木盖度 0.2，平均高 1.2m。草本盖度 0.4，平均高 0.2m。

面积 13195.0000hm^2，蓄积量 703029.6000m^3，生物量 1197842.1000t，碳储量 598921.0500t。每公顷蓄积量 53.2800m^3，每公顷生物量 90.7800t，每公顷碳储量 45.3900t。

多样性指数 0.8000，优势度指数 0.2000，均匀度指数 0.2700。斑块数 10 个，平均斑块面积 1319.5000hm^2，斑块破碎度 0.0007。

病害无。虫害无。火灾轻。人为干扰类型为森林经营活动。无自然干扰。

260. 栓皮栎、短柄枹栎落叶阔叶混交林（*Quercus variabilis*，*Quercus glandulifera* forest）

在湖北，栓皮栎、短柄枹栎阔叶混交林主要分布在远安、当阳、荆门等地区。多在沮漳河流域，其垂直分布范围为海拔 700~1100m，大多分布在山坡中上部或山脊。坡向以半阳坡、阳坡居多，坡度一般为 25°~35°。

乔木以栓皮栎、短柄枹栎为主，混有少量的马尾松。灌木主要有美丽胡枝子、山胡椒、杜鹃花、荚蒾、猫儿刺、胡颓子、荒花、牡荆、柃木、铁仔等。草本主要有苔草、芒草、白茅、野青茅、蕨、蒿、桔梗、苍术等。此外，林内还有桑寄生，寄生于栓皮栎的枝丫上。

乔木层平均树高 14.5m，乔木平均胸径 19.3cm，乔木郁闭度 0.7。灌木盖度 0.3，平均高 1.3m。草本盖度 0.4，平均高 0.2m。

面积 612082.5036hm^2，蓄积量 53940497.4257m^3，生物量 81024021.1832t，碳储量 40512010.5916t。每公顷蓄积量 88.1262m^3，每公顷生物量 132.3743t，每公顷碳储量 66.1872t。

多样性指数 0.2770，优势度指数 0.7230，均匀度指数 0.8500。斑块数 5564 个，平均斑块面积 110.0076hm^2，斑块破碎度 0.0091。

栓皮栎、短柄枹栎落叶阔叶混交林健康。无自然干扰。

261. 板栗、核桃落叶阔叶混交林（*Castanea mollissima*，*Juglans regia* forest）

在山西，板栗、核桃落叶阔叶混交林主要分布于绛县、阳城县和大同县。

乔木为板栗核桃混交林。灌木少见枸子、土庄绣线菊、美蔷薇、红瑞木等。草本偶见甘草、笔管草、灰菜等。

乔木层平均树高 3.2m，灌木层平均高 5cm，草本层平均高 3.8cm，乔木平均胸径 4.6cm，乔木郁闭度 0.42，灌木盖度 0.35，草本盖度 0.4。

面积 46.6800hm^2。

多样性指数 0.7700，优势度指数 0.2300，均匀度指数 0.4100。斑块数 12 个，平均斑块面积 3.89hm^2，斑块破碎度 0.2571。

有轻度病害，面积 8hm^2。未发现虫害。未见火灾。有中度自然干扰，面积 91hm^2。未见人为干扰。

262. 辽东栎、槲栎、檀子栎、杨树、桦木落叶阔叶混交林（*Quercus wutaishanica*，*Quercus aliena*，*Quercus baronii*，*Populus*，*Betula* forest）

在山西，辽东栎、槲栎、檀子栎、杨树、桦木落叶阔叶混交林有天然林和人工林。

辽东栎、槲栎、橿子栎、杨树、桦木落叶阔叶混交林天然林集中分布于沁水县，在宁武县也有少量分布。

乔木混生树种还有油松、杨树、鹅耳枥以及大量的硬软阔类。灌木有胡枝子、虎榛子、黄刺玫、丁香、黄栌。草本有羊胡子草、铁杆蒿、苔草、山豆根、白草等。

乔木层平均树高 7.8m，灌木层平均高 10.1cm，草本层平均高 2.6cm，乔木平均胸径 13.2cm，乔木郁闭度 0.57，灌木盖度 0.38，草本盖度 0.29。

面积 195.1058hm²，蓄积量 2018.9384m³，生物量 3979.9178t，碳储量 1991.5509t。每公顷蓄积量 10.3479m³，每公顷生物量 20.3988t，每公顷碳储量 10.2075t。

多样性指数 0.4800，优势度指数 0.5200，均匀度指数 0.7000。斑块数 17 个，平均斑块面积 11.4768hm²，斑块破碎度 0.0871。

未见病害、虫害、火灾。未见自然干扰。有轻度、中度人为干扰，面积分别为 20hm²、48hm²。

辽东栎、槲栎、橿子栎、杨树、桦木落叶阔叶混交林人工林分布在沁水县、阳城县、左权县。

乔木主要与落叶松、油松以及一些其他硬阔类林混交。灌木有胡枝子、虎榛子、黄刺玫。草本较少，有白草、细叶苔草、羊胡子草等。

乔木层平均树高 5.8m，灌木层平均高 18.7cm，草本层平均高 3.7cm，乔木平均胸径 9.2cm。乔木郁闭度 0.5，灌木盖度 0.38，草本盖度 0.32。

面积 13501.8033hm²，蓄积量 349225.8821m³，生物量 515372.3664t，碳储量 257892.3321t。每公顷蓄积量 25.8651m³，每公顷生物量 38.1706t，每公顷碳储量 19.1006t。

多样性指数 0.6100，优势度指数 0.3900，均匀度指数 0.5800。斑块数 254 个，平均斑块面积 53.1567hm²，斑块破碎度 0.0188。

未见病害、虫害、火灾。未见自然干扰。有轻度、中度人为干扰，面积分别为 102hm²、607hm²。

263. 锐齿槲栎、鹅耳枥、槭树落叶阔叶混交林（*Quercus aliena* var. *acut-eserrata*，*Carpinus turczaninowii*，*Acer* forest）

在甘肃，锐齿槲栎、鹅耳枥、槭树落叶阔叶混交林天然林和人工林。

在甘肃，锐齿槲栎、鹅耳枥、槭树落叶阔叶混交林天然林主要分布在康县、武都县、徽县、文县、两当县、合水县、天水市市辖区。

乔木常见锐齿槲栎、鹅耳枥、槭树以及其他软阔类、杨树、柏木、华山松等。灌木主要有水栒子、黄栌。主要分布多种草本，其中有蒿、禾本科草、蕨、羊胡子草、针矛、绵蓬。

乔木层平均树高 11.82m 左右，灌木层平均高 17.76cm，草本层平均高 3.32cm，乔木平均胸径 19cm，乔木郁闭度 0.61，灌木盖度 0.37，草本盖度 0.32，植被总盖度 0.81。

面积 286548.0500hm²，蓄积量 21199076.8059m³，生物量 26728514.8138t，碳储量

13374948. 8128t。每公顷蓄积量 73.9809m^3，每公顷生物量 93.2776t，每公顷碳储量 46.6761t。

多样性指数 0.3800，优势度指数 0.6200，均匀度指数 0.4900。斑块数 5266 个，平均斑块面积 54.4147hm^2，斑块破碎度 0.0184。

有重度病害，面积 1995.63hm^2。有重度虫害，面积 14488.975hm^2。未见火灾。有轻度自然干扰，面积 2655hm^2。未见人为干扰。

在甘肃，锐齿槲栎、鹅耳枥、槭树人工林集中分布在合水县和漳县。

乔木常见与杨树、油松、白桦、其他软阔类、其他硬阔类混交。灌木有水栒子、黄栌。草本中主要有狼尾草、莎草、蕨、草莓、冰草和骆驼刺。

乔木层平均树高在 6m 左右，灌木层平均高在 19cm，草本层平均高为 2cm，乔木平均胸径 13cm，乔木郁闭度 0.5，灌木盖度 0.36，草本盖度 0.08，植被总盖度 0.68。

面积 18.6542hm^2，蓄积量 487.8078m^3，生物量 718.1294t，碳储量 359.3520t。每公顷蓄积量 26.1500m^3，每公顷生物量 38.4969t，每公顷碳储量 19.2638t。

多样性指数 0.5900，优势度指数 0.4100，均匀度指数 0.9500。斑块数 1 个，平均斑块面积 18.6542hm^2，斑块破碎度 0.0536。

未见病害、虫害、火灾。未见自然和人为干扰。

264. 辽东栎、麻栎、槲栎、杨树、桦木落叶阔叶混交林（*Quercus wutaish-anica*，*Quercus acutissima*，*Quercus aliena*，*Populus*，*Betula* forest）

在陕西，辽东栎、麻栎、槲栎、杨树、桦木落叶阔叶混交林有天然林和人工林。

在陕西，辽东栎、麻栎、槲栎、杨树、桦木落叶阔叶混交林天然林主要集中在山阳县、略阳县、旬阳县等地，在宁强县、紫阳县等也有大量的分布。

乔木常与椴树、华山松、马尾松、栓皮栎以及一些硬软阔类林混交。灌木常见的有忍冬、黄栌等。草本常见羊胡子草、苔藓、莎草、蕨等植物。

乔木层平均树高 11.8m 左右，灌木层平均高 18.0cm，草本层平均高 3.5cm，乔木平均胸径 17cm，乔木郁闭度 0.68，灌木盖度 0.35，草本盖度 0.22，植被总盖度 0.82。

面积 587624.3463hm^2，蓄积量 60924892.2265m^3，生物量 74799880.6423t，碳储量 37429860.2734t。每公顷蓄积量 103.6800m^3，每公顷生物量 127.2920t，每公顷碳储量 63.6969t。

多样性指数 0.6800，优势度指数 0.3200，均匀度指数 0.1200。斑块数 41690 个，平均斑块面积 14.0950hm^2，斑块破碎度 0.0709。

未见病害。有重度虫害，面积 1hm^2。有中度火灾，面积 1hm^2。有轻度自然干扰，面积为 482hm^2。有轻度、中度、重度人为干扰，面积分别为 112370hm^2、12500hm^2、33340hm^2。

在陕西，辽东栎、麻栎、槲栎、杨树、桦木落叶阔叶混交林人工林以山阳县、略阳县、勉县等地分布数量较多，在勉县、镇巴县、洋县等地也有分布。

乔木偶见与马尾松混交，几乎都为纯林。灌木主要伴生有柠条、山桃等植物。草本有柴胡、石耳等。

乔木层平均树高 6.2m 左右，灌木层平均高 10.0cm，草本层平均高 3.0cm，乔木平均胸径 17cm，乔木郁闭度 0.85，灌木盖度 0.08，草本盖度 0.08，植被总盖度 0.92。

面积 43117.8140hm²，蓄积量 428591.0711m³，生物量 859406.2454t，碳储量 430046.8852t。每公顷蓄积量 9.9400m³，每公顷生物量 19.9316t，每公顷碳储量 9.9738t。

多样性指数 0.0100，优势度指数 0.9900，均匀度指数 1。斑块数 1592 个，平均斑块面积 27.08405hm²，斑块破碎度 0.0369。

未见病害、虫害、火灾。有轻度人为干扰，面积 3814hm²。

265. 栓皮栎、麻栎、槲栎、枫香、山槐落叶阔叶混交林（*Quercus variabilis*, *Quercus acutissima*, *Quercus aliena*, *Liquidambar formosana*, *Albizia kalkora* forest）

在广西，栓皮栎、麻栎、槲栎、枫香、山槐落叶阔叶混交林分布十分广泛，在全区各个县市均有分布。集中分布于桂西北山原，海拔 200~1800m 的范围都有分布。向东尚可断续出现在南丹、环江、都安、马山、平果等县。

乔木组成简单，有栓皮栎、麻栎、红荷木、槲栎、水锦树、余甘子、算盘子、大沙叶、枫香、山槐、杨梅等。灌木有南烛、山芝麻、深紫木蓝、华南毛柃等。草本有金发草、芒、白茅、扇叶铁线蕨、艳山姜、芒萁等。

乔木层平均树高 13~16m，灌木层平均高 1~1.5m，草本层平均高 2m 以下，乔木平均胸径 20~28cm，乔木郁闭度一般在 0.5~0.6 之间，灌木盖度一般 0.1，草本盖度一般 0.15，总盖度 0.7 以上。

面积 3240472.8167hm²，蓄积量 89995059.1611m³，生物量 135181578.3659t，碳储量 67590789.1829t。每公顷蓄积量 27.7722m³，每公顷生物量 41.7166t，每公顷碳储量 20.8583t。

多样性指数 0.8300，优势度指数 0.1700，均匀度指数 0.6500。斑块数 5877 个，平均斑块面积 551.3821hm²，斑块破碎度 0.0018。

所受病害等级为 1，该林中受病害的植株总数占该林中植株总数的 10% 以下。常见的人为干扰方式为砍伐和建设征占。受到的自然干扰类型常见的为旱灾以及暴风雨引起的滑坡、泥石流等地质灾害。

266. 栓皮栎、槲栎、短柄枹栎、栾树落叶阔叶混交林（*Quercus varibilis*, *Qurcus aliena*, *Quercus glandulifera*, *Koelreuteria paniculata* forest）

在山东，栓皮栎、槲栎、短柄枹栎、栾树落叶阔叶混交林分布于荣成、威海、文登、牟平、乳山、烟台、栖霞、海阳、诸城、五莲、莒县、日照、安丘、临朐、平邑、枣庄、泰安。

乔木有麻栎、栓皮栎、槲栎、短柄枹栎、赤松、油松、黑松、黄连木、栾树、山胡椒、白檀、山槐等。灌木有胡枝子、照山白、三桠乌药、盐肤木、锦带花、郁李、三裂绣线菊、连翘、野蔷薇、大花溲疏、荆条、酸枣、花木蓝、多花胡枝子、绒毛胡枝子、兴安胡枝子等。草本有野古草、羊胡子草、大油芒、荻、野青茅、狼尾草、绥草、山丹、薄荷、香薷、大叶铁线莲、唐松草、结缕草、鸦葱、苦荬菜、小花鬼针草、射干等。

乔木层平均树高 15m，灌木层平均高 3~5m，草本层平均高 1.5m 以下，乔木平均胸径约 15cm，乔木郁闭度约 0.9，灌木盖度约 0.5，草本盖度约 0.5。

面积 48839.3000hm²，蓄积量 748898.3377m³，生物量 1124920.1931t，碳储量 562460.0965t。每公顷蓄积量 15.3339m³，每公顷生物量 23.0331t，每公顷碳储量 11.5165t。

多样性指数 0.8300，优势度指数 0.1700，均匀度指数 0.2500。斑块数 50 个，平均斑块面积 976.786hm²，斑块破碎度 0.0010。

病害无。虫害无。火灾轻。人为干扰类型为建设征占。自然干扰类型为极端气候。

267. 栓皮栎、槭树、杨树、槐树落叶阔叶混交林（*Quercus variabilis*，*Acer*，*Populus*，*Sophora japonica* forest）

在上海，栓皮栎、槭树、杨树、槐树落叶阔叶混交林分布较为分散，斑块面积相对较小，分布在市辖区、奉贤区、嘉定区、金山区和青浦区。

上海的栓皮栎、槭树、杨树、槐树落叶阔叶混交林主要指栓皮栎、麻栎等与槭树、杨树、槐树等形成的落叶阔叶混交林。灌木、草本不发达。

乔木平均胸径 12.8cm，平均树高 9.8m，郁闭度 0.6。

面积 301.1630hm²，蓄积量 8363.9591m³，生物量 12563.4964t，碳储量 6281.7482t。每公顷蓄积量 27.7722m³，每公顷生物量 41.7166t，每公顷碳储量 20.8583t。

多样性指数 0.6600，优势度指数 0.3400，均匀度指数 0.7400。斑块数 8 个，平均斑块面积 37.6453hm²，斑块破碎度 0.0265。

栓皮栎、槭树、杨树、槐树落叶阔叶混交林生长健康。无自然干扰。人为干扰主要是抚育管理。

268. 短柄枹栎、刺楸落叶阔叶混交林（*Quercus glandulifera*，*Kalopanax septemlobus* forest）

在浙江，短柄枹栎、刺楸落叶阔叶混交林分布于安吉、临安、淳安、开化等县海拔 1000m 左右山脊两侧阳光充足的开阔山坡上。

乔木有短柄枹栎、茅栗、湖北海棠、雷公鹅耳枥、刺楸、苦枥木、小叶青冈、木荷等。灌木有大果山胡椒、髭脉桤叶树、马醉木等。草本有血见愁、东风菜、三脉紫菀、麦冬、鹿蹄草等。

乔木层平均树高 10m，乔木平均胸径 19cm，郁闭度 0.7。灌木盖度 0.3，平均高 1.3m。草本盖度 0.4，平均高 0.2m。

面积 836003.0000hm²，蓄积量 23217642.5166m³，生物量 34875220.8242t，碳储量 17437610.4121t。每公顷蓄积量 27.7722m³，每公顷生物量 41.7166t，每公顷碳储量 20.8583t。

多样性指数 0.7500，优势度指数 0.2500，均匀度指数 0.8100。斑块数 1435 个，平均斑块面积 582.580hm²，斑块破碎度 0.0017。

病害无。虫害无。火灾轻。人为干扰类型为森林经营活动。无自然干扰。

269. 槲栎、枫杨落叶阔叶混交林（*Quercus aliena*，*Pterocarya stenoptera* forest）

在重庆，槲栎、枫杨落叶阔叶林多为人工林，广泛分布于涪陵县、丰都县、南川县等海拔 2000m 以下的地区。

乔木树种组成较为简单，大多为槲栎与枫杨、柏木等组成混交林，少数形成小片纯林。

乔木层平均树高 9.6m，灌木层平均高约 1.9m，草本层平均高在 0.6m 以下，乔木平均胸径为 15.3cm。槲栎乔木郁闭度约 0.7，灌木盖度约 0.2，草本盖度 0.8。

面积 458557.2720hm^2，蓄积量 23043007.3327m^3，生物量 34612901.3144t，碳储量 17306450.6572t。每公顷蓄积量 50.2511m^3，每公顷生物量 75.4822t，每公顷碳储量 37.7411t。

多样性指数 0.4999，优势度指数 0.5001，均匀度指数 0.3287。斑块数 11844 个，平均斑块面积 38.7164hm^2，斑块破碎度 0.0258。

栎类林病害较严重，主要有栎实僵干病、槲栎白粉病等。部分有少量虫害，主要有栎粉舟蛾、栓皮栎波尺蛾等。

270. 榆树、桦木、蒙古栎阔叶混交林（*Ulmus pumila*，*Betula*，*Quercus mongolica* forest）

在黑龙江、吉林、辽宁 3 个省有榆树、桦木、栎类阔叶混交林分布，面积 233445.8180hm^2，蓄积量 21130031.0448m^3，生物量 26747512.9009t，碳储量 13373756.4503t。每公顷蓄积量 90.5136m^3，每公顷生物量 114.5770t，每公顷碳储量 57.2885t。多样性指数 0.7006，优势度指数 0.2994，均匀度指数 0.2582。斑块数 2824 个，平均斑块面积 82.6649hm^2，斑块破碎度 0.0121。

（1）在黑龙江，榆树、桦木、栎类阔叶混交林分布于省内平原地区各地。

乔木主要混生其他阔叶树种。灌木主要有刺五加、花楷槭、忍冬、绣线菊、榛子。草本主要有蒿、羊草、莎草、羊胡子草、苔草。

乔木层平均树高 13.65m，灌木层平均高 1.52m，草本层平均高 0.38m，乔木平均胸径 17.94cm，乔木郁闭度 0.62，灌木盖度 0.17，草本盖度 0.41，植被总盖度 0.77。

面积 158819.5683hm^2，蓄积量 10756452.3159m^3，生物量 15505665.6324t，碳储量 7752832.8160t。每公顷蓄积量 67.7275m^3，每公顷生物量 97.63070t，每公顷碳储量 48.8153t。

多样性指数 0.7166，优势度指数 0.2834，均匀度指数 0.1951。斑块数 1330 个，平均斑块面积 119.4132hm^2，斑块破碎度 0.0084。

榆树、桦木、栎类阔叶混交林生长健康。无自然干扰。

（2）在吉林，榆树、桦木、栎类阔叶混交林分布于全省各地，以中部居多。

乔木主要有榆树、椴树、枫桦、白桦、杨树、胡桃楸、紫椴、蒙古栎、水曲柳等。灌木主要有刺五加、花楷槭、忍冬、绣线菊、榛子。草本主要有蒿、羊草、莎草、羊胡子草、苔草。

乔木层平均树高 13.5m，灌木层平均高 1.36m，草本层平均高 0.39m，乔木平均胸径 19.45cm，乔木郁闭度 0.62，灌木盖度 0.25，草本盖度 0.44。

面积 69296.3342hm²，蓄积量 9885654.8239m³，生物量 10713084.1327t，碳储量 5356542.0663t。每公顷蓄积量 142.6577m³，每公顷生物量 154.5981t，每公顷碳储量 77.2991t。

多样性指数 0.7341，优势度指数 0.2658，均匀度指数 0.2436。斑块数 1249 个，平均斑块面积 55.4814hm²，斑块破碎度 0.0180。

榆树、桦木、栎类阔叶混交林健康。无自然干扰。

（3）在辽宁，榆树、桦木、栎类阔叶混交林主要分布于辽河平原地区。

乔木主要有榆树、椴树、枫桦、白桦、杨树、胡桃楸、紫椴、蒙古栎、水曲柳等。灌木主要有刺五加、花楷槭、忍冬、绣线菊、榛子。草本主要有蒿、羊草、莎草、羊胡子草、苔草。

乔木层平均树高 9.64m，灌木层平均高 1.4m，草本层平均高 0.33m，乔木平均胸径 11.37cm，乔木郁闭度 0.61，灌木盖度 0.34，草本盖度 0.37，植被总盖度 0.84。

面积 5329.9153hm²，蓄积量 487923.90497m³，生物量 528763.1358t，碳储量 264381.5679t。每公顷蓄积量 91.5444m³，每公顷生物量 99.2067t，每公顷碳储量 49.6033t。

多样性指数 0.6511，优势度指数 0.3488，均匀度指数 0.3359。斑块数 245 个，平均斑块面积 21.7547hm²，斑块破碎度 0.0460。

榆树、桦木、栎类阔叶混交林健康。无自然干扰。

271. 枫香、赤杨阔叶混交林 （*Liquidambar formosana*，*Alnus japonica* forest）

在上海，枫香、赤杨阔叶混交林分布在市辖区和崇明区。

枫香、赤杨阔叶混交林以人工林为主，其他伴生树种少。灌木、草本不发达。

乔木平均胸径 13.8cm，平均树高 9.7m，郁闭度 0.65。

面积 343.1247hm²，蓄积量 9769.7896m³，生物量 10587.4901t，碳储量 5293.7450t。每公顷蓄积量 28.4730m³，每公顷生物量 30.8561t，每公顷碳储量 15.4280t。

多样性指数 0.8900，优势度指数 0.1098，均匀度指数 0.7700。斑块数 3 个，平均斑块面积 114.3749hm²，斑块破碎度 0.0087。

枫香、赤杨阔叶混交林生长发育良好，枝干发达，树叶大小和色泽正常，能正常结实和繁殖，未受任何灾害。无人为和自然干扰。

272. 刺槐、色木槭、杨树落叶阔叶混交林 （*Robinia pseudoacacia*，*Acer mono*，*Populus* forest）

刺槐、色木槭、杨树落叶阔叶混交林分布于辽宁南部地区。

乔木主要有刺槐、色木槭、杨树。灌木主要有荆条、酸枣。草本主要有蒿、紫羊茅。

乔木层平均树高 6.7m，灌木层平均高 1.4m，草本层平均高 0.2m，乔木平均胸径 9.17cm，乔木郁闭度 0.44，灌木盖度 0.31，草本盖度 0.35，植被总盖度 0.8。

面积 6166.2551hm²，蓄积量 141177.0263m³，生物量 171897.1472t，碳储量 85948.5736t。每公顷蓄积量 22.8951m³，每公顷生物量 27.8771t，每公顷碳储量 13.9385t。

多样性指数 0.5427，优势度指数 0.4572，均匀度指数 0.2793。斑块数 340 个，平均斑块面积 18.1360hm²，斑块破碎度 0.0551。

刺槐、色木槭、杨树落叶阔叶混交林生长健康。无自然干扰。人为干扰主要是抚育管理。

273. 椴树、鹅耳枥落叶阔叶混交林（*Tiliaceae，Carpinus* forest）

在山西，椴树、鹅耳枥落叶阔叶混交林以人工混交林为主，分布在阳平县、壶关县和长治县。

乔木主要是椴树、鹅耳枥、榆树等的混交林。灌木有连翘、绣线菊。草本有蒿、蛇莓等。

乔木层平均树高 5.1m，灌木层平均高 6.5cm，草本层平均高 3.6cm，乔木平均胸径 7.7cm，乔木郁闭度 0.31，灌木盖度 0.13，草本盖度 0.31。

面积 72469.7918hm²，蓄积量 1018295.6358m³，生物量 2701919.7724t，碳储量 1339071.4392t。每公顷蓄积量 14.0513m³，每公顷生物量 37.2834t，每公顷碳储量 18.4776t。

多样性指数 0.6500，优势度指数 0.3500，均匀度指数 0.3900。斑块数 1101 个，平均斑块面积 65.8217hm²，斑块破碎度 0.0152。

有轻度和中度自然干扰，面积分别为 39hm²、30hm²。未见人为干扰。

274. 枫香、拟赤杨落叶阔叶混交林（*Liquidambar formosana，Alniphyllum fortunei* forest）

在广西，枫香、拟赤杨落叶阔叶混交林分布于和平、田心、翁源和英德等地，海拔分布320~850m，坡度 15°~35°。

乔木有枫香、罗浮锥、毛锥、木荷、拟赤杨等。灌木有广东润楠、尖萼毛柃、毛棉杜鹃花、木荷、鼠刺、树参等。草本有淡竹叶、狗脊、傅氏凤尾蕨、岭南瘤足蕨、乌毛蕨等。

乔木层平均树高 10.9m，乔木郁闭度在 0.75~0.95 之间，乔木平均胸径 13.2cm。灌木盖度 0.4，平均高 1.5m。草本盖度 0.4，平均高 0.3m。

面积 184784.6884hm²，蓄积量 5261374.4324m³，生物量 10208430.1099t，碳储量 5104215.0550t。每公顷蓄积量 28.4730m³，每公顷生物量 55.2450t，每公顷碳储量 27.6225t。

多样性指数 0.9600，优势度指数 0.0400，均匀度指数 0.8600。斑块数 355 个，平均斑块面积 520.5202hm²，斑块破碎度 0.0019。

健康等级为 1，林木生长发育良好，枝干发达，树叶大小和色泽正常，能正常结实和繁殖，未受任何灾害。病害等级为 0，该林中受害立木株数占 10% 以下或受害面积为零。没有发现火灾。处于基本原始状态、接近地带性顶级群落类型的森林类型。无自然与人为干扰。

275. 柳树、榆树落叶阔叶混交林（*Salix*，*Ulmus pumila* forest）

在山东，柳树、榆树落叶阔叶混交林为人工林，分布在荏平县、东平县、冠县、利津县、聊城市、宁阳县、平度市和齐河县。

乔木除柳树、榆树外，很少有其他树种。灌木、草木不发达。

乔木平均胸径 16.6cm，平均树高 12.5m，郁闭度 0.65。

面积 8447.5200hm²，蓄积量 472745.1828m³，生物量 575614.5346t，碳储量 287807.2673t。每公顷蓄积量 55.9626m³，每公顷生物量 68.1401t，每公顷碳储量 34.0700t。

多样性指数 0.6357，优势度指数 0.3643，均匀度指数 0.6532。斑块数 8 个，平均斑块面积 1055.94hm²，斑块破碎度 0.0009。

柳树、榆树落叶阔叶混交林生长健康。无自然和人为干扰。

276. 青檀、大叶榉落叶阔叶混交林（*Pteroceltis tatarinowii*，*Zelkova schn-eideriana* forest）

在安徽，青檀、大叶榉落叶阔叶混交林生长在江淮丘陵间的滁县琅琊山，该地海拔 100~200m，基岩为石灰岩，土壤为黄棕壤，pH 值 7.5~8。

乔木有大叶榉、枫香、华山矾、马尾松、朴树、青檀、山胡椒、山槐、盐肤木、柘树、黄连木、黄檀、鸡桑、苦楝、栾树、栓皮栎、色木槭、小叶朴。灌木有白檀、六月雪、郁李、青灰叶下珠、野桐、树莓、山檀、牡荆、小叶女贞、圆叶鼠李、杜鹃花、野山茶、山姜、荚蒾、伞形绣球、绣线菊、川榛。草本有荩草、天名精、蒲公英、紫花地丁、鹿蹄草、苔草、山蚂蝗、堇菜、牛筋草、金线草、黄独、地黄、蚕茧草、山马兰、野青茅、青绿苔草、狗牙根、大油芒、求米草、斑叶堇菜、狗尾草、芒、鸭跖草、兰草、沿阶草、兔耳草、冷水花、麦冬、黄精、一枝黄花、珍珠菜、龙须草、野菊花、淡竹叶。

乔木层平均树高 8.1m，灌木层平均高 1.6m，草本层平均高 0.17cm，乔木平均胸径 10cm，乔木郁闭度 0.75，灌木与草本盖度 0.4~0.45，植被总盖度 0.75~0.8。

面积 115857.0956hm²，蓄积量 661277.9390m³，生物量 1923227.7870t，碳储量 961613.8935t。每公顷蓄积量 5.7077m³，每公顷生物量 16.6000t，每公顷碳储量 8.3000t。

多样性指数 0.6858，优势度指数 0.3142，均匀度指数 0.6832。斑块数 240 个，平均斑块面积 482.7379hm²，斑块破碎度 0.0021。

青檀、大叶榉阔叶混交林生长健康。无自然干扰。

277. 山杨、山杏落叶阔叶混林（*Populus davidiana*，*Armeniaca sibirica* forest）

在青海，山杨、山杏落叶阔叶混交林以人工混交林为主，分布在民和县。

乔木主要有波氏杨、杨树、山杨、山杏等。灌木有柠条、枸子、小檗等。草本有蒿、帚菊、车前等。

乔木层平均树高 13.3m，灌木层平均高 0.3m，草本层平均高 0.3m，乔木平均胸径9.2cm，草本盖度 0.27。

面积 349.6700hm²，蓄积量 9878.1775m³，生物量 6269.8013t，碳储量 3107.3135t。每公顷蓄积量 28.2500m³，每公顷生物量 17.9306t，每公顷碳储量 8.8864t。

多样性指数 0.2100，优势度指数 0.7900，均匀度指数 0.8700。斑块数 2 个，平均斑块面积 174.835hm²，斑块破碎度 0.0057。

未发现虫害、病害、火灾。未见自然和人为干扰。

278. 柳树、色木槭、杨树落叶阔叶混交林（*Salix babylonica*，*Acer mono*，*Populus* forest）

在黑龙江、吉林、辽宁 3 个省有柳树、色木槭、杨树落叶阔叶混交林分布，面积36949.6089hm²，蓄积量 3674248.5805m³，生物量 3985023.0044t，碳储量 1992511.5022t。每公顷蓄积量 99.4394m³，每公顷生物量 107.8502t，每公顷碳储量 53.9251t。多样性指数0.6699，优势度指数 0.3301，均匀度指数 0.2444。斑块数 659 个，平均斑块面积56.0692hm²，斑块破碎度 0.0178。

（1）在黑龙江，柳树、色木槭、杨树落叶阔叶混交林分布于大兴安岭（漠河）、小兴安岭、完达山及张广才岭等山区。

乔木还有红松、落叶松。灌木主要有胡枝子、乌苏里绣线菊、丁香。草本主要有小蓟、水花生、羊蹄甲、一年蓬。

乔木层平均树高 10.67m，灌木层平均高 0.93m，草本层平均高 0.53m，乔木平均胸径22.57cm，乔木郁闭度 0.65，灌木盖度 0.2，草本盖度 0.43，植被总盖度 0.7。

面积 32202.5721hm²，蓄积量 3284054.078m³，生物量 3614758.3240t，碳储量1807379.1620t。每公顷蓄积量 101.9811m³，每公顷生物量 112.2506t，每公顷碳储量 56.1253t。

多样性指数 0.6838，优势度指数 0.3162，均匀度指数 0.1782。斑块数 549 个，平均斑块面积 58.6567hm²，斑块破碎度 0.0170。

柳树、色木槭、杨树落叶阔叶混交林生长健康。无自然干扰。

（2）在吉林，柳树、色木槭、杨树落叶阔叶混交林分布在珲春市、永吉县和白山市境内。

乔木还有红松、落叶松。灌木主要有胡枝子、乌苏里绣线菊、丁香。草本主要有小蓟、水花生、羊蹄甲、一年蓬。

乔木层平均树高 9.2m，灌木层平均高 1.25m，草本层平均高 0.34m，乔木平均胸径11.48cm，乔木郁闭度 0.69，灌木盖度 0.24，草本盖度 0.49。

面积 3846.0451hm²，蓄积量 278244.80849m³，生物量 269623.7261t，碳储量134811.8631t。每公顷蓄积量 72.3457m³，每公顷生物量 70.1042t，每公顷碳储量 35.0521t。

多样性指数 0.5741，优势度指数 0.4259，均匀度指数 0.1922。斑块数 72 个，平均斑块面积 53.4172hm²，斑块破碎度 0.0187。

柳树、色木槭、杨树落叶阔叶混交林生长健康。无自然干扰。

（3）在辽宁，柳树、色木槭、杨树落叶阔叶混交林分布在义县、新宾满族自治县、铁岭县、本溪满族自治县和北宁市。

乔木还有红松、落叶松。灌木主要有胡枝子、乌苏里绣线菊、丁香。草本主要有小蓟、水花生、羊蹄甲、一年蓬。

乔木层平均树高 9.44m，灌木层平均高 1.2m，草本层平均高 0.3m，乔木平均胸径 10.11cm，乔木郁闭度 0.65，灌木盖度 0.31，草本盖度 0.41，植被总盖度 0.92。

面积 900.9917hm²，蓄积量 111949.6936m³，生物量 100640.9543t，碳储量 50320.4771t。每公顷蓄积量 124.2516m³，每公顷生物量 111.7002t，每公顷碳储量 55.8501t。

多样性指数 0.7518，优势度指数 0.2481，均匀度指数 0.3629。斑块数 38 个，平均斑块面积 23.7103hm²，斑块破碎度 0.0422。

柳树、色木槭、杨树落叶阔叶混交林生长健康。无自然干扰。

279. 椴树、色木槭、水曲柳落叶阔叶混交林（*Tilia*，*Acer mono*，*Fraxinus mandschurica* forest）

在黑龙江、吉林、辽宁 3 个省有椴树、色木槭、水曲柳落叶阔叶混交林分布，面积 677397.5428hm²，蓄积量 108413118.7298m³，生物量 114908682.1396t，碳储量 57454341.0747t。每公顷蓄积量 160.0436m³，每公顷生物量 169.6326t，每公顷碳储量 84.8163t。多样性指数 0.7377，优势度指数 0.2622，均匀度指数 0.2524。斑块数 8055 个，平均斑块面积 84.0965hm²，斑块破碎度 0.0119。

（1）在黑龙江，椴树、色木槭、水曲柳落叶阔叶混交林分布于小兴安岭、完达山及张广才岭等山区。

乔木主要有糠椴、紫椴、色木槭，还少量存在胡桃楸、水曲柳、黄波罗、春榆、裂叶榆、红松及一些云杉和冷杉。灌木主要有白丁香、山梅花、接骨木、刺五加、溲疏、稠李、柳叶绣线菊、珍珠梅。草本主要有紫堇、荷青花、五福花、侧金盏花、银莲花属、菟葵、小顶冰花、蚊子草、狭叶荨麻、乌头。

乔木层平均树高 13.56m，灌木层平均高 1.53m，草本层平均高 0.3m，乔木平均胸径 16.03cm，乔木郁闭度 0.74，灌木盖度 0.1，草本盖度 0.32，植被总盖度 0.8。

面积 536378.7460hm²，蓄积量 81355425.0941m³，生物量 89547916.4011t，碳储量 44773958.2005t。每公顷蓄积量 151.6753m³，每公顷生物量 166.9490t，每公顷碳储量 83.4745t。

多样性指数 0.6598，优势度指数 0.3402，均匀度指数 0.1688。斑块数 5668 个，平均斑块面积 94.6328hm²，斑块破碎度 0.0106。

椴树、色木槭、水曲柳落叶阔叶混交林生长健康。无自然干扰。

（2）在吉林，椴树、色木槭、水曲柳落叶阔叶混交林分布于东部山区各县。

乔木除椴树外，还有色木槭、胡桃楸、水曲柳、黄波罗、春榆、裂叶榆、红松及一些云杉和冷杉。灌木主要有忍冬、榛子。草本主要有蒿、莎草、羊胡子草、苔草。

乔木层平均树高 14.3m，灌木层平均高 1.55m，草本层平均高 0.51m，乔木平均胸径 19.05cm，乔木郁闭度 0.70，灌木盖度 0.27，草本盖度 0.44。

面积 132707.6848hm^2，蓄积量 25585803.4589m^3，生物量 24114073.8900t，碳储量 12057036.9500t。每公顷蓄积量 192.7982m^3，每公顷生物量 181.7082t，每公顷碳储量 90.8541t。

多样性指数 0.8217，优势度指数 0.1782，均匀度指数 0.2612。斑块数 2037 个，平均斑块面积 65.1485hm^2，斑块破碎度 0.0153。

椴树、色木槭、水曲柳阔叶混交林生长健康。无自然干扰。

（3）在辽宁，椴树、色木槭、水曲柳落叶阔叶混交林分布于桓仁满族自治县、本溪满族自治县、海城市、铁岭县、北票市、朝阳县和阜新蒙古族自治县等地，辽阳县、西丰县、义县也有零散分布。

乔木主要有糠椴、色木槭，其他还少量存在胡桃楸、水曲柳、黄波罗、春榆、裂叶榆、红松及一些云杉和冷杉。灌木主要有忍冬、榛子。草本主要有蒿、莎草、羊胡子草、苔草。

乔木层平均树高 13.34m，灌木层平均高 2.0m，草本层平均高 0.2m，乔木平均胸径 12.04cm，乔木郁闭度 0.65，灌木盖度 0.3，草本盖度 0.2，植被总盖度 0.85。

面积 8311.1119hm^2，蓄积量 1471890.1767m^3，生物量 1246691.8485t，碳储量 623345.9242t。每公顷蓄积量 177.0991m^3，每公顷生物量 150.0030t，每公顷碳储量 75.0015t。

多样性指数 0.7317，优势度指数 0.2682，均匀度指数 0.3274。斑块数 350 个，平均斑块面积 23.7460hm^2，斑块破碎度 0.0421。

椴树、色木槭、水曲柳落叶阔叶混交林生长健康。无自然干扰。

280. 胡桃楸、水曲柳、蒙古栎落叶阔叶混交林（*Juglans mandshurica*，*Fraxinus mandschurica*，*Quercus mongolica* forest）

在黑龙江、吉林、辽宁 3 个省有胡桃楸、水曲柳、蒙古栎落叶阔叶混交林分布，面积 411572.6301hm^2，蓄积量 57080945.4685m^3，生物量 51787582.2433t，碳储量 25893791.1250t。每公顷蓄积量 138.6898m^3，每公顷生物量 125.8285t，每公顷碳储量 62.9143t。多样性指数 0.6793，优势度指数 0.3207，均匀度指数 0.2418。斑块数 4510 个，平均斑块面积 91.2577hm^2，斑块破碎度 0.0110。

（1）在黑龙江，胡桃楸、水曲柳、蒙古栎落叶阔叶混交林主要分布在东部小兴安岭、完达山及张广才岭等山区，由南向北渐少，在小兴安岭北坡只有星散分布，垂直分布在海拔 500~800m 以下。

乔木还有红松、色木槭、山槐、杨树。灌木主要有虎榛子、暴马丁香、北五味子、刺五加、卫矛。草本主要有忍冬、蚊子草、五福花、碎米荠、山茄子、藜芦、东北蹄盖蕨、绣线菊、鸡树条荚蒾。

乔木层平均树高 12.47m，灌木层平均高 1.63m，草本层平均高 0.37m，乔木平均胸径 13.63cm，乔木郁闭度 0.63，灌木盖度 0.09，草本盖度 0.29，植被总盖度 0.78。

面积 199418.7273hm²，蓄积量 24906069.5828m³，生物量 21042325.0939t，碳储量 10521162.5500t。每公顷蓄积量 124.8933m³，每公顷生物量 105.5183t，每公顷碳储量 52.7592t。

多样性指数 0.6492，优势度指数 0.3508，均匀度指数 0.1714。斑块数 1129 个，平均斑块面积 176.6330hm²，斑块破碎度 0.0057。

胡桃楸、水曲柳、蒙古栎落叶阔叶混交林生长健康。无自然干扰。

（2）在吉林，胡桃楸、水曲柳、蒙古栎阔叶混交林在东部山区各县皆有分布。

乔木还有红松、色木槭、山槐、杨树。灌木主要有忍冬、榛子。草本主要有蒿、木贼、莎草、羊胡子草、苔草。

乔木层平均树高 13.1m，灌木层平均高 1.33m，草本层平均高 0.51m，乔木平均胸径 17.87cm，乔木郁闭度 0.68，灌木盖度 0.25，草本盖度 0.43。

面积 177087.5510hm²，蓄积量 27502145.4102m³，生物量 26603395.9800t，碳储量 13301697.9900t。每公顷蓄积量 155.3025m³，每公顷生物量 150.2274t，每公顷碳储量 75.1137t

多样性指数 0.7447，优势度指数 0.2553，均匀度指数 0.2451。斑块数 2237 个，平均斑块面积 79.1629hm²，斑块破碎度 0.0126。

胡桃楸、水曲柳、蒙古栎落叶阔叶混交林生长健康。无自然干扰。

（3）在辽宁，胡桃楸、水曲柳、蒙古栎落叶阔叶混交林在其西部地区皆有分布。

乔木还有红松、色木槭、山槐、杨树。灌木主要有忍冬、榛子。草本主要有蒿、木贼、莎草、羊胡子草、苔草。

乔木层平均树高 11.14m，灌木层平均高 1.6m，草本层平均高 0.3m，乔木平均胸径 11.10cm，乔木郁闭度 0.64，灌木盖度 0.38，草本盖度 0.35，植被总盖度 0.85。

面积 35066.3518hm²，蓄积量 4672730.4755m³，生物量 4141861.1694t，碳储量 2070930.5850t。每公顷蓄积量 133.2540m³，每公顷生物量 118.1150t，每公顷碳储量 59.0575t。

多样性指数 0.644，优势度指数 0.3560，均匀度指数 0.3091。斑块数 1144 个，平均斑块面积 30.6524hm²，斑块破碎度 0.0326。

胡桃楸、水曲柳、蒙古栎落叶阔叶混交林生长健康。无自然干扰。

281. 黄波罗、椴树、色木槭落叶阔叶混交林（*Phellodendron amurense*，*Tilia*，*Acer mono* forest）

在黑龙江，黄波罗、椴树、色木槭落叶阔叶混交林分布于小兴安岭、完达山、张广才岭山地，大兴安岭有零星分布。

乔木除黄波罗外，还有红松、落叶松、紫椴、糠椴、色木槭。灌木主要有榛子、刺五加、杜鹃、丁香、卫矛。草本主要有羊胡子草、铃兰、乌苏里苔草、木贼。

乔木层平均树高 6.9m，灌木层平均高 2.5m，草本层平均高 0.4m，乔木平均胸径 8.8cm，乔木郁闭度 0.8，灌木盖度 0.3，草本盖度 0.6，植被总盖度 0.9。

面积 15782.6468hm²，蓄积量 1391661.1878m³，生物量 1310980.8233t，碳储量 655490.4117t。每公顷蓄积量 88.1767m³，每公顷生物量 83.0647t，每公顷碳储量 41.5324t。

多样性指数 0.4643，优势度指数 0.5357，均匀度指数 0.2015。斑块数 279 个，平均斑块面积 56.5686hm²，斑块破碎度 0.0177。

黄波罗、椴树、色木槭阔叶混交林生长健康。无自然干扰。

282. 水曲柳、黄波罗、大青杨落叶阔叶混交林（*Fraxinus mandschurica*，*Phellodendron amurense*，*Populus ussuriensis* forest）

在黑龙江、吉林、辽宁 3 个省有水曲柳、黄波罗、大青杨落叶阔叶混交林分布，面积 324669.6400hm²，蓄积量 42867697.2197m³，生物量 37521443.1188t，碳储量 18760721.5562t。每公顷蓄积量 132.034m³，每公顷生物量 115.5681t，每公顷碳储量 57.7840t。多样性指数 0.6816，优势度指数 0.3183，均匀度指数 0.2436。斑块数 2999 个，平均斑块面积 108.2592hm²，斑块破碎度 0.0092。

（1）在黑龙江，水曲柳、黄波罗、大青杨阔叶混交林分布于东部山地，集中于小兴安岭、完达山、张广才岭山区。

乔木还有春榆。灌木主要有暴马丁香、光叶山楂、毛榛、稠李。草本主要有毛缘苔草、蚊子草、狭叶荨麻、乌头、东北羊角芹、独活、石芥花、碎米荠、侧金盏花、假扁果草、齿瓣延胡索。

乔木层平均树高 14.55m，灌木层平均高 1.62m，草本层平均高 0.37m，乔木平均胸径 18.81cm，乔木郁闭度 0.73，灌木盖度 0.2，草本盖度 0.48，植被总盖度 0.82。

面积 271675.5835hm²，蓄积量 35025887.8015m³，生物量 29913790.9864t，碳储量 14956895.4900t。每公顷蓄积量 128.9254m³，每公顷生物量 110.1085t，每公顷碳储量 55.0542t。

多样性指数 0.7210，优势度指数 0.2789，均匀度指数 0.2035。斑块数 2044 个，平均斑块面积 132.9136hm²，斑块破碎度 0.0075。

水曲柳、黄波罗、大青杨阔叶混交林生长健康。无自然干扰。

（2）在吉林，水曲柳、黄波罗、大青杨落叶阔叶混交林分布在安图县、白山市、敦化市、抚松县、桦甸市、珲春市、辉南县、蛟河市、靖宇县、柳河县、磐石市和汪清县等地，和龙市、龙井市、通化市、长白朝鲜族自治县也有分布。

乔木还有春榆。灌木主要有暴马丁香、光叶山楂、毛榛、稠李。草本主要有毛缘苔草、蚊子草、狭叶荨麻、乌头、东北羊角芹、独活、石芥花、碎米荠、侧金盏花、假扁果草、齿瓣延胡索。

乔木层平均树高 14.4m，灌木层平均高 1.43m，草本层平均高 0.32m，乔木平均胸径 18.81cm，乔木郁闭度 0.66，灌木盖度 0.28，草本盖度 0.47。

面积 50741.5275hm²，蓄积量 7634910.9568m³，生物量 7423647.1680t，碳储量

3711823.5840t。每公顷蓄积量 150.4667m³，每公顷生物量 146.3032t，每公顷碳储量 73.1516t。

多样性指数 0.7477，优势度指数 0.2522，均匀度指数 0.2421。斑块数 843 个，平均斑块面积 60.1916hm²，斑块破碎度 0.0166。

水曲柳、黄波罗、大青杨落叶阔叶混交林生长健康。无自然干扰。

（3）在辽宁，水曲柳、黄波罗、大青杨阔叶混交林分布在本溪满族自治县、桓仁满族自治县、新宾满族自治县、本溪市、凤城市和宽甸满族自治县。

乔木还有春榆、核桃楸。灌木主要有暴马丁香、光叶山楂、毛榛、稠李。草本主要有毛缘苔草、蚊子草、狭叶荨麻、乌头、东北羊角芹、独活、石芥花、碎米荠、侧金盏花、假扁果草、齿瓣延胡索。

乔木层平均树高 10.46m，灌木层平均高 1.6m，草本层平均高 0.27m，乔木平均胸径 10.18cm，乔木郁闭度 0.71，灌木盖度 0.32，草本盖度 0.33，植被总盖度 0.91。

面积 2252.5289hm²，蓄积量 206898.4614m³，生物量 184004.9644t，碳储量 92002.4822t。每公顷蓄积量 91.8516m³，每公顷生物量 81.6882t，每公顷碳储量 40.8441t。

多样性指数 0.5762，优势度指数 0.4237，均匀度指数 0.2853。斑块数 112 个，平均斑块面积 20.1118hm²，斑块破碎度 0.0497。

水曲柳、黄波罗、大青杨落叶阔叶混交林生长健康。无自然干扰。

283. 色木槭、椴树、榆树落叶阔叶混交林（*Acer mono*，*Tilia*，*Ulmus pumila* forest）

在黑龙江、吉林、辽宁 3 个省有色木槭、椴树、榆树落叶阔叶混交林分布，面积 325635.0839hm²，蓄积量 56189751.3719m³，生物量 64571779.5365t，碳储量 32285889.7679t。每公顷蓄积量 172.5544m³，每公顷生物量 198.2949t，每公顷碳储量 99.1475t。多样性指数 0.7221，优势度指数 0.2778，均匀度指数 0.2729。斑块数 3350 个，平均斑块面积 97.2045hm²，斑块破碎度 0.0103。

（1）在黑龙江，色木槭、椴树、榆树落叶阔叶混交林分布于小兴安岭、完达山、张广才岭等山区。

乔木还有胡桃楸、水曲柳、黄波罗、红松及一些云杉和冷杉。灌木主要有白丁香、各种槭树、山梅花、接骨木、刺五加、溲疏、稠李、柳叶绣线菊、珍珠梅。草本主要有紫堇、荷青花、五福花、侧金盏花、银莲花属、菟葵、小顶冰花、蚊子草、狭叶荨麻、乌头。

乔木层平均树高 14.83m，灌木层平均高 1.48m，草本层平均高 0.34m，乔木平均胸径 20.68cm，乔木郁闭度 0.71，灌木盖度 0.15，草本盖度 0.4，植被总盖度 0.81。

面积 205314.0238hm²，蓄积量 37571354.2541m³，生物量 45746880.9398t，碳储量 22873440.4699t。每公顷蓄积量 182.9946m³，每公顷生物量 222.8142t，每公顷碳储量 111.4071t。

多样性指数 0.7105，优势度指数 0.2895，均匀度指数 0.1935。斑块数 2024 个，平均斑块面积 101.4397hm²，斑块破碎度 0.0099。

色木槭、椴树、榆树落叶阔叶混交林生长健康。无自然干扰。

（2）在吉林，色木槭、椴树、榆树落叶阔叶混林分布在安图县、白山市、敦化市、抚松县、桦甸市、集安市、珲春市、辉南县、蛟河市、靖宇县、柳河县、通化市和汪清县等地，磐石市、永吉县也有零星分布。

乔木还有胡桃楸、水曲柳、黄波罗、红松及一些云杉和冷杉。灌木主要有忍冬。草本主要有莎草、木贼、羊胡子草。

乔木层平均树高 13.5m，灌木层平均高 1.44m，草本层平均高 0.27m，乔木平均胸径 18.86cm，乔木郁闭度 0.68，灌木盖度 0.29，草本盖度 0.43。

面积 96303.7178hm^2，蓄积量 14668330.4925m^3，生物量 14987182.5300t，碳储量 7493591.2650t。每公顷蓄积量 152.3132m^3，每公顷生物量 155.6241t，每公顷碳储量 77.8121t。

多样性指数 0.7720，优势度指数 0.2279，均匀度指数 0.2498。斑块数 679 个，平均斑块面积 141.8316hm^2，斑块破碎度 0.0071。

色木槭、椴树、榆树落叶阔叶混交林生长健康。无自然干扰。

（3）在辽宁，色木槭、椴树、榆树落叶阔叶混交林分布在本溪满族自治县、桓仁满族自治县、新宾满族自治县、西丰县、辽阳县和宽甸满族自治县，本溪市、丹东、抚顺县也有少量分布。

乔木还有核桃楸、水曲柳、黄波罗、红松及一些云杉和冷杉。灌木主要有忍冬。草本主要有莎草、木贼、羊胡子草。

乔木层平均树高 13.52m，灌木层平均高 1.6m，草本层平均高 0.25m，乔木平均胸径 14.60cm，乔木郁闭度 0.68，灌木盖度 0.36，草本盖度 0.37，植被总盖度 0.89。

面积 24017.3422hm^2，蓄积量 3950066.6253m^3，生物量 3837716.0667t，碳储量 1918858.0330t。每公顷蓄积量 164.4673m^3，每公顷生物量 159.7894t，每公顷碳储量 79.8947t。

多样性指数 0.6839，优势度指数 0.3161，均匀度指数 0.3754。斑块数 647 个，平均斑块面积 37.1210hm^2，斑块破碎度 0.0269。

色木槭、椴树、榆树落叶阔叶混交林生长健康。无自然干扰。

284. 梨、桃落叶阔叶混交林（*Pyrus* spp., *Amygdalus persica* forest）

在江西、上海两省（直辖市）有梨、桃落叶阔叶混交林分布，总面积 260027.7917hm^2。多样性指数 0.003，优势度指数 0.997，均匀度指数 0.4985。斑块数 107 个，平均斑块面积 2430.1662hm^2，斑块破碎度 0.0004。

（1）在江西，梨、桃落叶阔叶混交林主要分布在婺源县、景德镇市、乐平市、德兴市、分宜县、遂川县、新余市、永丰县、高安市境内，吉安县、吉水县、上高县、泰和县、万安县、宜春市、宜丰县境内也有分布。

乔木组成除梨树、桃树外，几乎没有其他树种。灌木、草本不发达。

乔木层平均树高 3.0m，平均胸径 11cm，郁闭度 0.4。灌木与草本盖度 0.14。

面积 258602.7117hm^2。

多样性指数 0.0060，优势度指数 0.9940，均匀度指数 0.9970。斑块数 93 个，平均斑块面积 2780.6743hm²，斑块破碎度 0.0004。

梨、桃落叶阔叶混交林生长健康。无自然干扰。人为干扰主要是抚育管理与采摘。

（2）在上海，梨、桃落叶阔叶混交林分布于崇明区。

梨、桃落叶阔叶混交林主要为观赏林，乔木组成除梨树和桃树外，几乎没有其他树种。灌木、草本不发达。

乔木平均胸径 8.5cm，平均树高 4.6m，郁闭度 0.58。

面积 1425.0800hm²。

多样性指数 0，优势度指数 1，均匀度指数 0。斑块数 14 个，平均斑块面积 101.7910hm²，斑块破碎度 0.0098。

梨、桃落叶阔叶混交林生长健康。自然干扰主要是病虫害。人为干扰主要是抚育管理与采摘。

285. 梨、苹果落叶阔叶混交林（*Pyrus* spp.，*Malus domestica* forest）

在河北，有大量的零星分布的落叶类果树，包括桃、杏、梨、苹果等，大面积集中分布的不多，主要在一些大型水果种植基地内，以梨树林、苹果树林块状混交为主，在河北平原地区及山区土壤条件较好的区域均有分布。

乔木平均胸径 12.5cm，平均树高 5.4m，郁闭度 0.6。

面积 5486.0759hm²。

多样性指数 0.086，优势度指数 0.9140，均匀度指数 0.1670。斑块数 2 个，平均斑块面积 2743.0379hm²，斑块破碎度 0.0004。

桃、梨、苹果、核桃等经济林生长良好。自然干扰主要是病虫害。人为干扰主要是抚育管理。

286. 梨、桃、苹果落叶阔叶混交林（*Pyrus* spp.，*Amygdalus persica*，*Malus domestica* forest）

在天津，有板栗、核桃、苹果、梨、杏、山楂等果树分布，多为零星分布，大面积成片分布主要是在一些果树种植基地，以梨林、桃林、苹果林块状混交为主，在天津各区县均有分布。

乔木单一，林木通常规则排列。或是分布于河道两侧。灌木几乎不发育。草本几乎不发育。

乔木层平均树高 3.2m，灌木层平均高 1.2m，草本层平均高 0.4m。乔木平均胸径 18.7cm，郁闭度 0.3。灌木盖度 0.13，草本盖度 0.08。

面积 24148.7135hm²。

多样性指数 0.9672，优势度指数 0.0328，均匀度指数 0.4402。斑块数 1317 个，平均斑块面积 18.3361hm²，斑块破碎度 0.0545。

该类落叶阔叶林生长健康。无自然干扰。人为干扰主要是抚育管理及采摘。

287. 野苹果、野杏、野核桃落叶阔叶混交林（*Malus domestica*，*Armeniaca vulgaris*，*Juglans regia* forest）

在新疆，野苹果、野杏、野核桃落叶阔叶混交林分布于新疆维吾尔自治区的西部诸山系。其分布范围主要在伊犁谷地的南北两侧天山和塔城盆地的巴尔鲁克山。分布海拔800~1400m，主要分布于阳坡、半阳坡的地区。

乔木层以野苹果、野杏、野核桃为优势树种，在不同的区域，其混交方式有不同，有的区域是株间混交，有的区域是块状混交。灌木层由于受到人为干扰比较大，灌木较稀少，主要包括新疆忍冬、小檗、阿氏蔷薇、悬钩子、兔耳条、山里红、山柳、稠李、枸子、锦鸡儿等。草本层：主要有禾本科的大羊矛、水杨梅、龙牙草、芝麻、羊角芹、短距凤仙、节竹菜、新疆党参、当归等。

乔木层平均树高 8~20m，胸径 20~30cm，郁闭度 0.5~0.7。灌木层平均高 3~4m，盖度 0.3~0.4。草本层平均高 10~20cm，盖度 0.6~0.7。

面积 9739.6887hm²，蓄积量 783964.8265m³，生物量 2139020.7101t，碳储量1069510.3551t。每公顷蓄积量 80.4918m³，每公顷生物量 219.6190t，每公顷碳储量 109.8095t。

多样性指数 0.8040，优势度指数 0.1960，均匀度指数 0.7410。斑块数 63 个，平均斑块面积 154.5982hm²，斑块破碎度 0.0065。

野苹果、野杏、野核桃落叶阔叶混交林生长健康。无自然和人为干扰。

288. 榛、栗、苹果、山杏落叶阔叶混交林（*Corylus heterophylla*，*Castanea mollissima*，*Malus*，*Armeniaca sibirica* forest）

榛、栗、苹果、山杏落叶阔叶混交林在辽宁省各地均有分布，辽东山地区主要有平榛、平欧杂交榛子、丹东板栗等，辽中平原区主要有平欧杂交榛子、寒富苹果等，辽东半岛丘陵区主要有平榛、平欧杂交榛子、板栗、核桃、大枣、樱桃等，辽西北低丘平原区主要有平榛、平欧杂交榛子、沙棘等，辽西低山丘陵区主要有山杏、大扁杏、大枣、板栗、核桃、平欧杂交榛子、平榛、沙棘等。

乔木主要有平榛、丹东板栗、寒富苹果、樱桃、山杏等。灌木主要有胡枝子、荆条。草本主要有莎草、苔草。

乔木层平均树高 6.17m，灌木层平均高 1.7m，草本层平均高 0.4m，乔木平均胸径9.96cm，乔木郁闭度 0.7，灌木盖度 0.43，草本盖度 0.33，植被总盖度 0.84。

面积 289850.7564hm²。

多样性指数 0.4630，优势度指数 0.5365，均匀度指数 0.4216。斑块数 10274 个，平均斑块面积 28.2120hm²，斑块破碎度 0.0354。

榛、栗、苹果、山杏落叶阔叶混交林生长健康。自然干扰主要是病虫害。人为干扰主要是抚育管理及采摘。

第九章
常绿落叶阔叶混交林

常绿落叶阔叶混交林是指以常绿阔叶树和落叶阔叶树为优势树种组的森林群落。出现于亚热带和暖温带的过渡带或亚热带山地常绿阔叶林上界的森林植被类型。根据优势树种组的不同，又将常绿落叶阔叶混交林分为青冈落叶阔叶林和其他常绿落叶阔叶林。本次调查结果中，共有常绿落叶阔叶混交林类型 15 种，面积 1900705.0073hm²，蓄积量292975368.2305m³，生物量359190193.7643t，碳储量179593206.9178t，分别占全国阔叶林类型、面积、蓄积量、生物量、碳储量的 4.98%、1.85%、4.81%、4.65%、4.68%。平均每公顷蓄积量 154.1403m³，每公顷生物量 188.9773t，碳储量 94.4876t，斑块数 4669个，平均斑块面积 407.09hm²，斑块破碎度 0.0024，分别占阔叶林类型平均每公顷蓄积量、每公顷生物量、每公顷碳储量、斑块数、平均斑块面积、斑块破碎度的 260.40%、251.57%、253.08%、0.38%、481.40%、20.77%。

第一节　青冈常绿落叶阔叶混交林

青冈常绿落叶阔叶混交林是指青冈和其他落叶阔叶林为优势树种组的森林群落。本次调查结果中，共有青冈落叶阔叶林类型 10 种，面积 623910.8861hm²，蓄积量21844811.6070m³，生物量29037106.9511t，碳储量14517848.9116t，分别占全国常绿阔叶林类型、面积、蓄积量、生物量、碳储量的 66.66%、32.82%、7.45%、8.08%、8.08%。平均每公顷蓄积量、每公顷生物量、每公顷碳储量、斑块数、平均斑块面积、斑块破碎度分别为 35.0127m³、46.5405t、23.2691t、3905 个、159.7723hm²、0.0063，是常绿阔叶林平均每公顷蓄积量、每公顷生物量、每公顷碳储量、斑块数、平均斑块面积、斑块破碎度的 22.71%、24.62%、24.62%、83.63%、39.24%、254.79%。

289. 多脉青冈、水青冈常绿落叶阔叶混交林（*Cyclobalanopsis multinervis*，*Fagus longipetiolata* forest）

在广西、贵州、湖南 3 个省（自治区）有多脉青冈、水青冈常绿落叶阔叶混交林分布，面积 115463.8828hm²，蓄积量 5651099.4058m³，生物量 6791598.7517t，碳储量

3395799.0689t。每公顷蓄积量 48.9426m³，每公顷生物量 58.8201t，每公顷碳储量 29.4101t。多样性指数 0.6980，优势度指数 0.3020，均匀度指数 0.7730。斑块数 1853 个，平均斑块面积 62.3118hm²，斑块破碎度 0.0160。

（1）在广西，多脉青冈、水青冈常绿落叶阔叶混交林主要分布在广西北部的桂林和柳州等地，其中融水县分布较多，龙胜、兴安等县也有较多分布。

乔木层平均树高可达 20m 以上，乔木郁闭度 0.75~0.85。除了优势种亮叶水青冈外，多脉青冈、竹叶青冈、甜槠、木莲、石斑木、枫香、中华槭、石灰花楸等种类均较常见。

灌木层平均高约 2~5m，盖度变化较大，为 0.2~0.9，毛玉山竹、摆竹、细枝柃、总状山矾、山柳、东方古柯等种常见。

草本层平均高一般在 0.6m 以下，盖度 0.05~0.6，蕨状苔草、生芽蹄盖蕨、宜昌细辛、十字苔草、耳羽短肠蕨、华中瘤足蕨、异叶爬山虎、西南沿阶草、日本蛇根草、三叶爬山虎等种类较常见。

面积 21511.9348hm²，蓄积量 1416683.5224m³，生物量 2127999.3085t，碳储量 1063999.6543t。每公顷蓄积量 65.8557m³，每公顷生物量 98.9218t，每公顷碳储量 49.4609t。

多样性指数 0.7900，优势度指数 0.2100，均匀度指数 0.8200。斑块数 46 个，平均斑块面积 467.6508hm²，斑块破碎度 0.0021。

多脉青冈、水青冈常绿落叶阔叶混交林生长健康。无自然和人为干扰。

（2）在贵州，多脉青冈、水青冈常绿落叶阔叶混交林主要分布在绥阳县宽阔水林区山坡中部。

多脉青冈、水青冈常绿落叶阔叶混交林乔木分三个亚层，上层乔木主要树种有亮叶水青冈、多脉青冈、粗穗石栎、石灰花楸等。第二层乔木以常绿阔叶树为主，有多脉青冈、柃木、南烛、巴东荚蒾等。第三层乔木几乎全是常绿树种，与第二层大致相同。灌木种类较少，以大箭竹为主。草本种类较多，以喜阴的蕨较多，有狭基鳞毛蕨、毛枝蕨等。

第一层乔木平均树高 16~20m，平均胸径 20~30cm，郁闭度 0.8~0.9。第二层乔木平均树高 8~15m，平均胸径 10~20cm，郁闭度 0.3~0.4。第三层乔木平均树高 4~6m，平均胸径 5~10cm，郁闭度 0.1~0.2。灌木平均高在 2m 以下，盖度 0.5~0.6。草本盖度小于 0.1。

面积 6141.7176hm²，蓄积量 229900.4589m³，生物量 345333.4273t，碳储量 172666.4066t。每公顷蓄积量 37.4326m³，每公顷生物量 56.2275t，每公顷碳储量 28.1137t。

多样性指数 0.8060，优势度指数 0.1940，均匀度指数 0.7910。斑块数 145 个，平均斑块面积 42.3566hm²，斑块破碎度 0.0236。

多脉青冈、水青冈常绿落叶阔叶混交林生长健康，基本未受灾害。很少受到极端自然灾害和人为活动的影响。

（3）在湖南，多脉青冈、水青冈常绿落叶阔叶混交林在各地中山均有分布，以湘西北山地面积较大，海拔1000~1600m。林分中这两个建群种占的比重随地形而异，越向山上部至山脊、山顶则亮叶水青冈越多，而山势越低或向沟谷肥土则多脉青冈越多。此类型分布区气候温凉、潮湿，湖南产区年平均气温10~14℃，1月平均气温1~4℃左右，年降水量1800~2400mm，年相对湿度85%~90%，雨日多，雾气大，风力也较大，在当风山顶可成为矮林状，如衡山南岳藏经殿和上封寺后阔叶林则类似矮林。母岩为花岗岩、板岩、千枚岩、页岩、砂岩，土壤剖面呈棕黄色，质地较细，结构好，土层厚50cm以上，腐殖质厚10~15cm，枯枝落叶层厚3~5cm，pH值5.5~5.8。

乔木主要为多脉青冈、亮叶水青冈、千筋树、水青树、细齿稠李、天师栗、兴山榆、香桦、蓝果树、毛果槭、包石栎、香槐、暖木、色木槭，扇叶槭、石木姜子、莽草、交让木、长蕊杜鹃、尖叶山茶、吊钟花、山枇杷、腺缘山巩。灌木以箭竹为主，还有箬竹、帽蕊忍冬、喜马拉雅珊瑚、黄杨。草本极稀疏，有苔草、麦冬、三叉耳蕨、鳞短肠蕨、冷水花、狭叶楼梯草、宝铎草。

乔木层平均树高8~9m，灌木层平均高0.5~1m，草本层平均高0.1~0.2m，乔木层平均胸径15~20cm，乔木郁闭度0.7左右，灌木与草本盖度0.15~0.3。

面积87810.2304hm²，蓄积量4004515.4245m³，生物量4318266.0159t，碳储量2159133.0080t。每公顷蓄积量45.6042m³，每公顷生物量49.1773t，每公顷碳储量24.5886t。

多样性指数0.4980，优势度指数0.5020，均匀度指数0.7080。斑块数1662个，平均斑块面积52.8341hm²，斑块破碎度0.0189。

多脉青冈、水青冈常绿落叶阔叶混交林生长健康。无自然和人为干扰。

290. 青冈、鹅耳枥、化香常绿落叶阔叶混交林（*Quercus glauca*，*Carpinus pubescens*，*Platycarya strobilacea* forest）

在贵州，青冈、鹅耳枥、化香常绿落叶阔叶混交林主要分布在石灰岩山地阴坡，海拔1000~1300m的村落或庙后保护较好的地区，以中部、北部及安顺、黔西一带较多。

青冈栎、云贵鹅耳枥、化香树林第一层乔木有青冈、乌冈栎、天竺桂、云南樟等。灌木主要有南天竹、十大功劳、兴山绣球等。草本主要有相仿苔草、疏穗苔草、长柄苔草等。蕨主要有华中铁角蕨、石生铁角蕨、光石韦等。

第一层乔木平均树高达15m，灌木层平均高1m左右，灌木盖度0.2~0.3，草本层平均高30~40cm。

面积385.1453hm²，蓄积量15808.1666m³，生物量47289.2517t，碳储量23173.0016t。每公顷蓄积量41.0447m³，每公顷生物量122.7829t，每公顷碳储量60.1669t。

多样性指数0.8060，优势度指数0.1940，均匀度指数0.7910。斑块数23个，平均斑块面积16.7454hm²，斑块破碎度0.0597。

青冈、鹅耳枥、化香常绿落叶阔叶混交林生长健康。基本未受灾害。很少受到极端自然灾害和人为活动的影响。

291. 青冈、乌桕、青檀常绿落叶阔叶混交林（*Quercus glauca*，*Sapium sebiferum*，*Pteroceltis tatarinowii* forest）

在贵州，青冈、乌桕、青檀常绿落叶阔叶混交林主要分布在平塘县。

以青冈、乌桕树为主要组成树种，伴生有天竺桂、云南樟等树种。灌木主要有南天竹、十大功劳、兴山绣球等。草本主要有相仿苔草、疏穗苔草、长柄苔草等。蕨主要有华中铁角蕨、石生铁角蕨、光石韦等。

乔木平均胸径 13.8cm，平均树高 11.7m，郁闭度 0.5。灌木盖度 0.4，平均高 1.2m。草本盖度 0.3，平均高 0.3m。

面积 367.1185hm^2，蓄积量 13433.7230m^3，生物量 36817.3297t，碳储量 18041.4789t。每公顷蓄积量 36.5923m^3，每公顷生物量 100.2873t，每公顷碳储量 49.1435t。

多样性指数 0.8060，优势度指数 0.1940，均匀度指数 0.7900。斑块数 21 个，平均斑块面积 17.4818hm^2，斑块破碎度 0.0572。

青冈、乌桕、青檀常绿落叶阔叶混交林生长健康。基本未受灾害。很少受到极端自然灾害和人为活动的影响。

292. 青冈、黄连、朴树常绿落叶阔叶混交林（*Quercus glauca*，*Pistacia chinensis*，*Celtis sinensis* forest）

在贵州，青冈、黄连、朴树常绿落叶阔叶混交林主要分布在荔波县。

林分组成以青冈、黄连木为主，伴生有鹅耳枥、天竺桂等树种。灌木主要有南天竹、十大功劳、兴山绣球等。草本主要有相仿苔草、华中铁角蕨、石生铁角蕨、光石韦等。

乔木层平均树高 12.5m，平均胸径 14.05cm，郁闭度 0.6。灌木盖度 0.3，平均高 1.45m。草本盖度 0.4，平均高 0.3m。

面积 315.2856hm^2，蓄积量 11601.4478m^3，生物量 31795.6778t，碳储量 15580.7348t。每公顷蓄积量 36.7966m^3，每公顷生物量 100.8472t，每公顷碳储量 49.4178t。

多样性指数 0.8070，优势度指数 0.1930，均匀度指数 0.7950。斑块数 12 个，平均斑块面积 26.2738hm^2，斑块破碎度 0.0380。

青冈、黄连、朴树常绿落叶阔叶混交林生长健康。基本未受灾害。很少受到极端自然灾害和人为活动的影响。

293. 青冈、圆果化香常绿落叶阔叶混交林（*Quercus glauca*，*Platycarya longipes* forest）

在广西，青冈、圆果化香常绿落叶阔叶混交林见于隆林金钟山保护区。

乔木主要有滇青冈、圆果化香树、栓皮栎、栲树、密花树、南酸枣、假木荷、毛杨梅、南烛、罗浮槭、西施花、鼶葜锥、文山润楠、穗序鹅掌柴等。灌木有白花杜鹃、水锦树、杜茎山、中平树、草珊瑚、朱砂根、南烛、盐肤木、野牡丹等。草本以芒萁、五节芒为优势种，其他有肾蕨、浆果苔草、细叶石斛、羊耳菊、江南卷柏、狗脊、大叶仙茅、全缘网蕨、狭鳞鳞毛蕨、华南鳞盖蕨和荩草等。

乔木层平均树高 16m，灌木层平均高 0.2~1.2m，草本层平均高 0.2~1.0m，乔木平均胸径 10~35cm，乔木郁闭度 0.85，灌木盖度一般 0.2，草本盖度 0.5 左右，植被的总覆盖度 0.8 以上。

面积 88202.0739hm²，蓄积量 5808609.3182m³，生物量 8725107.9140t，碳储量 4362553.9570t。每公顷蓄积量 65.8557m³，每公顷生物量 98.9218t，每公顷碳储量 49.4609t。

多样性指数 0，优势度指数 1，均匀度指数 0。斑块数 151 个，平均斑块面积 584.1197hm²，斑块破碎度 0.0017。

整体健康等级为 2，林木生长发育较好，树叶偶见发黄、褪色，结实和繁殖受到一定程度的影响，有轻度受灾现象，主要受自然因素影响，所受自然灾害为当地发生的传统病害。所受病害等级为 1，该林中受病害的植株总数占该林中植株总数的 10% 以下。没发现明显虫害。没有发现火灾现象。常见的人为干扰方式为砍伐和建设征占。受到的自然干扰类型常见的为旱灾以及暴风雨引起的滑坡、泥石流等地质灾害。

294. 枫香、青冈栎常绿落叶阔叶混交林（*Liquidambar formosana*，*Cyclobalanopsis glauca* forest）

在安徽，枫香、青冈栎常绿落叶阔叶混交林分布于江南丘陵、皖南山地和大别山南坡的低海拔地区，在皖南山地常出现于海拔 400m 以上地区，土壤多数为山地黄壤，中性或微酸性。

乔木有灯台树、短柄枹栎、枫香、合欢、槲栎、黄檀、君迁子、马尾松、茅栗、青冈栎、山合欢、杉木、栓皮栎、化香。灌木有油茶、米面翁、紫藤、刺五加、圆叶菝葜、华中五味子、北京忍冬、三叶木通、菝葜、黄檀、山橿、扁担木、野鸦椿、爬山虎、荚蒾、六月雪。草本有蕙兰、箬叶竹、山马兰、蕨、天南星、马蹄香、茜草、沿阶草、羊耳蒜、斑叶兰、荩草、马兜铃、南山堇、蛇莓、春兰、灯台莲、麦冬、马蹄莲、山药。

乔木层平均树高 8.6m，灌木层平均高 0.6m，草本层平均高 0.26cm，乔木平均胸径 13.5cm，乔木郁闭度 0.75，灌木与草本盖度 0.5~0.6，植被总盖度 0.8~0.85。

面积 15723.4458hm²，蓄积量 921998.5773m³，生物量 1014843.8340t，碳储量 507421.9170t。每公顷蓄积量 58.6385m³，每公顷生物量 64.5433t，每公顷碳储量 32.2717t。

多样性指数 0.8425，优势度指数 0.1575，均匀度指数 0.8417。斑块数 201 个，平均斑块面积 78.2261hm²，斑块破碎度 0.0128。

枫香、青冈栎常绿落叶阔叶混交林健康。无自然干扰。

295. 青冈栎、黄连木、山槐常绿落叶阔叶混交林（*Cyclobalanopsis glauca*，*Pistacia chinensis*，*Albizia kalkora* forest）

在湖南、广东 2 个省有青冈栎、黄连木、山槐常绿落叶阔叶混交林分布，面积

178669.0018hm^2，蓄积量 5353427.1989m^3，生物量 5893926.3270t，碳储量 2946258.5996t。每公顷蓄积量 29.9628m^3，每公顷生物量 32.9880t，每公顷碳储量 16.4900t。多样性指数0.8389，优势度指数0.1610，均匀度指数0.8216。斑块数1361个，平均斑块面积131.2777hm^2，斑块破碎度0.0076。

（1）在湖南，青冈栎、黄连木、山槐常绿落叶阔叶混交林主要分布于湘中、湘东和湘南的部分地区，海拔500m以下的石灰岩低山丘陵。土壤为红色石灰土，土层厚薄不一，瘠薄，岩石露头程度中等，树木扎根于石缝生长，土壤呈微酸性，pH值6.5。

乔木以青冈栎和黄连木、山槐为主，其他还有粗糠柴、黄檀、青檀和香槐、光皮树、海桐、苦栎木、山牡荆、栓叶安息香、桂花、黑弹朴、蒙古栎、榔榆、刺叶冬青和山矾等。灌木有牡荆、小果蔷薇、大青、六月雪、圆叶鼠李、南天竺、红背山麻秆、竹叶花椒、柘树、球核荚蒾。湘南地区还出现铜钱树、毛果巴豆以及木防己。草本有麦冬、贯众、江南卷柏、鳞毛蕨、牛耳朵、百部等。层间植物见有络石和金樱2种，无攀缘现象。岩石表面附着多种苔藓植物。

乔木层平均树高10~20m，灌木层平均高0.5~2m，草本层平均高0.2~0.5m，乔木平均胸径15~30cm，乔木郁闭度0.7左右，灌木与草本盖度0.2~0.3。

面积 176626.4918hm^2，蓄积量 5228956.6395m^3，生物量 5755512.5731t，碳储量 2877756.2865t。每公顷蓄积量 29.6046m^3，每公顷生物量 32.5858t，每公顷碳储量 16.2929t。

多样性指数0.8867，优势度指数0.1133，均匀度指数0.8411。斑块数1360个，平均斑块面积129.8724hm^2，斑块破碎度0.0077。

（2）在广东，青冈栎、黄连木、山槐常绿落叶阔叶混交林主要分布于乳源县、连山县、阳山县、乐昌县、仁化县、南雄县等地。

乔木分两层，第一层乔木平均树高14~19m，最高达30m，第二层乔木平均树高8~13m，主要种类有青冈、黄连木、山槐、罗浮锥、木荷、大果山龙眼等。

灌木层平均高一般为1~3m，覆盖度0.25~0.40，以罗伞树、柏拉木、杜鹃花、柃木、冬青、粗叶木和草珊瑚等种类为主。

草本层平均高一般为20~30cm，覆盖度0.10左右，以狗脊、卷柏和山姜为主。

面积 2042.5100hm^2，蓄积量 124470.5594m^3，生物量 138413.7539t，碳储量 68502.3131t。每公顷蓄积量 60.9400m^3，每公顷生物量 67.7665t，每公顷碳储量 33.5383t。

多样性指数0.7912，优势度指数0.2088，均匀度指数0.8022。斑块数1个，平均斑块面积2042.5100hm^2，斑块破碎度0.0004。

青冈栎、黄连木、山槐常绿落叶阔叶混交林生长健康。无自然和人为干扰。

296. 青冈、翅荚香槐、桂花、圆叶乌桕常绿落叶阔叶混交林（*Quercus glauca*，*Cladrastis platycarpa*，*Osmanthus fragrans*，*Sapium rotundifolium* forest）

在湖南，青冈、翅荚香槐、桂花、圆叶乌桕常绿落叶阔叶混交林主要分布于湘南地区，宜章、宁远、江永、江华、道县、临武等有较大面积森林。分布于海拔 500m 以下的石灰岩丘陵。土壤为红色或黄色石灰土，坡脚土层较厚，群落多在坡脚呈不连续分布。

乔木以青冈栎、翅荚香槐和圆叶乌桕为主，还有南岭黄檀、黄连木、鸡子木、桂花、石楠、川桂、海桐、野柿、广西槭、枇杷等。灌木常见的有红背山麻杆、檵木、穿破石、竹叶花椒、六月雪等。草本层有麦冬、石油菜、牛耳朵、淡竹叶和槲蕨等。层外植物如龙须藤、广东云实、崖豆藤和葡萄科的蛇葡萄，数量很多，常有攀缘至树冠上层。地被植物以地钱和葫芦藓为常见。局部湿润生境或树干基部和岩石表面形成小块群聚，生长繁茂。

乔木层平均树高 10~20m，灌木层平均高 0.5~1.5m，草本层平均高 0.1~0.5m，乔木平均胸径 10~30cm，乔木郁闭度 0.8，灌木与草本盖度 0.1~0.15。

面积 41758.9138hm²，蓄积量 1057796.7884m³，生物量 1176780.5044t，碳储量 588390.2522t。每公顷蓄积量 25.3310m³，每公顷生物量 28.1803t，每公顷碳储量 14.0901t。

多样性指数 0.8874，优势度指数 0.1126，均匀度指数 0.8410。斑块数 1154 个，平均斑块面积 36.1862hm²，斑块破碎度 0.0276。

青冈、翅荚香槐、桂花、圆叶乌桕常绿落叶阔叶混交林生长健康。无自然和人为干扰。

297. 短柄枹栎、青冈常绿落叶阔叶混交林（*Quercus glandulifera*，*Quercus glauca* forest）

在安徽，短柄枹栎、青冈阔叶混交林主要分布于大别山的南部及江南低山丘陵的北部，但短柄枹（或锥栗）、青冈栎混交林也在垂直分布中出现于江南山地的常绿阔叶林带的上部，成为向山地落叶阔叶林类型过渡的群落类型。土壤主要为黄红壤、山地黄壤（以至山地黄棕壤）等，微酸性至中性。

乔木有稠李、短柄枹栎、格药柃、化香、黄山松、黄檀、雷公鹅耳枥、茅栗、牛鼻栓、漆树、青冈栎、青榨槭、山合欢、山胡椒、山樱花、栓皮栎。灌木有美丽胡枝子、牛鼻栓、山檀、化香、石楠。草本有苍术、求米草、兔儿伞。

乔木层平均树高 8.3m，灌木层平均高 0.8m，草本层平均高 0.17cm，乔木平均胸径 11.2cm，乔木郁闭度 0.75，灌木与草本盖度 0.35~0.4，植被总盖度 0.8~0.85。

面积 279072.4988hm²，蓄积量 8072674.1397m³，生物量 11532671.0148t，碳储量 5766335.5074t。每公顷蓄积量 28.9268m³，每公顷生物量 41.3250t，每公顷碳储量 20.6625t。

多样性指数 0.8351，优势度指数 0.1649，均匀度指数 0.8823。斑块数 423 个，平均斑块面积 659.7459hm²，斑块破碎度 0.0015。

短柄枹栎、青冈常绿落叶阔叶混交林生长健康。无自然干扰。

298. 青冈、白栎常绿落叶阔叶混交林（*Quercus glauca*，*Quercus fabri* forest）

在湖南，青冈、白栎常绿落叶阔叶混交林主要分布于湘北和湘西北地区的低山，桃源、大庸、慈利等地有小面积森林。分布于海拔 600m 以下。土壤为寒武纪石灰岩发育的棕黄色石灰土，或黄色石灰土。0~5cm 土层，棕黑色，轻壤土，pH 值 5.6；5~12cm 土层，淡黄色，壤土，pH 值 6.0；岩缝土层浅薄处，无剖面发育，黑色，pH 值 8.0。

乔木以青冈栎、白栎为共建种，还有黄檀、枫香、化香、樟树、黄连木、女贞、朴树、刺楸、光皮树、黑壳楠、鸡子木、川钓樟、毛豹皮樟、香叶树、榔榆、棕榈和野漆等。灌木有箬竹、竹叶花椒、山枇杷、石岩枫、海金子、勾儿茶、梗花雀梅藤、多花蓬莱葛等，真正灌木优势种不明显。草本有麦冬、苔草、鳞毛蕨、贯众和毛轴碎米蕨等。

乔木层平均树高 8~12m，灌木层平均高 0.5~1.2m，草本层平均高 0.01~0.25m，乔木平均胸径 10~15cm，乔木郁闭度 0.6，灌木盖度 0.3，草本盖度 0.2。

面积 20484.9520hm²，蓄积量 630305.5845m³，生物量 693777.3569t，碳储量 346888.6784t。每公顷蓄积量 30.7692m³，每公顷生物量 33.8677t，每公顷碳储量 16.9338t。

多样性指数 0.2940，优势度指数 0.7060，均匀度指数 0.8400。斑块数 615 个，平均斑块面积 33.3089hm²，斑块破碎度 0.0300。

青冈、白栎常绿落叶阔叶混交林生长健康。无自然和人为干扰。

第二节　其他常绿落叶阔叶混交林

其他常绿落叶阔叶混交林是指除青冈常绿落叶阔叶混交林之外的常绿落叶阔叶混交林。本次调查结果中，共有其他常绿落叶阔叶混交林类型 5 种，面积 1276794.1212hm²，蓄积量 271130556.6235m³，生物量 330153086.8132t，碳储量 165075358.0062，分别占全国常绿阔叶林类型、面积、蓄积量、生物量、碳储量的 33.33%、67.17%、92.54%、91.91%、91.91%。平均每公顷蓄积量、每公顷生物量、每公顷碳储量、斑块数、平均斑块面积、斑块破碎度分别为 212.3526m³、258.5797t、129.2889t、764 个、1671.1960hm²、0.0005，是常绿阔叶林平均每公顷蓄积量、每公顷生物量、每公顷碳储量、斑块数、平均斑块面积、斑块破碎度的 137.76%、136.83%、136.83%、16.36%、410.52%、24.35%。

299. 木棉、楹树常绿落叶阔叶混交林（*Bombax ceiba*, *Albizia chinensis* forest）

在广西，木棉、楹树常绿落叶阔叶混交林主要分布于十万大山西北面背风坡，即宁明、龙州、大新、崇左等地以及桂西受焚风影响的河谷地区，如南盘江、驮娘江、剥隘河、西洋江等河谷，红水河至得江以南的广大地区也有零星分布。

乔木有苦糠、楹树、山合欢、白头树。灌木有假木豆、灰毛浆果楝、盐肤木、扁担杆、羽叶楸、番石榴、余甘子、粗糠柴、土密树等。草本有类芦、飞机草、斑茅、刚竹、五节芒等。

乔木层平均树高 12~15m，灌木层平均高 1.5~2m，草本层平均高 1.2~2m，乔木平均胸径 15~20cm，乔木郁闭度一般不到 0.3，灌木盖度可达到 0.7，草本一般也较茂盛，覆盖度 0.5 左右，群落的总盖度一般在 0.8 左右。

面积 448.2314hm²，蓄积量 27370.8930m³，生物量 29663.9553t，碳储量 14831.9776t。每

公顷蓄积量 61.0642m³，每公顷生物量 66.1800t，每公顷碳储量 33.0900t。

多样性指数 0，优势度指数 1，均匀度指数 0。斑块数 2 个，平均斑块面积 224.1157hm²，斑块破碎度 0.0045。

木棉、楹树阔叶混交林整体健康等级为 2，林木生长发育较好，树叶偶见发黄、褪色，结实和繁殖受到一定程度的影响，有轻度受灾现象，主要受自然因素影响，所受自然灾害为当地发生的传统病害。所受病害等级为 1，该林中受病害的植株总数占该林中植株总数的 10%以下。没发现明显虫害。没有发现火灾现象。所受干扰类型是自然因素，主要为病害，未受到森林火灾影响，气候灾害亦未对其造成影响。所受的人为干扰为城镇用地、交通用地的征占，部分也受到人为砍伐的影响。所受自然干扰常见的为旱灾以及台风干扰、暴雨引起的滑坡、泥石流等地质灾害。

300. 鸡尖、厚皮树常绿落叶阔叶混交林（*Terminalia nigrovenulosa*，*Lannea coromandelica* forest）

在海南，鸡尖、厚皮树常绿落叶阔叶混交林主要分布于乐东县，分布于海拔 500m 以下的坡地和丘陵地带，坡度在 20°~40°。

乔木主要有木棉、厚皮树、鸡尖、白格、毛柿、龙眼等。灌木主要有叶被木、余甘子、翻白叶树、海南菜豆树、银柴、赤才、谷木和黑面神等。草本有玉叶金花、棕叶芦和艳山姜等。

乔木层平均树高 6m，灌木层平均高 1.20m，草本层平均高 0.4m。乔木平均胸径 5.8cm，乔木郁闭度 0.65 左右，植被总盖度 0.85，灌木稀疏，灌木盖度 0.45，草本盖度 0.7。处于群落演替的中后期阶段，自然度等级为 1 左右。

面积 236508.0000hm²，蓄积量 1747794.1200m³，生物量 4202747.1600t，碳储量 2100191.0400t。每公顷蓄积量 7.3900m³，每公顷生物量 17.7700t，每公顷碳储量 8.8800t。

多样性指数 0.8700，优势度指数 0.1300，均匀度指数 0.2000。斑块数 79 个，平均斑块面积 2993.7700hm²，斑块破碎度 0.0003。

鸡尖、厚皮树常绿落叶阔叶混交林整体健康等级为 2，林中树木整体生长发育较好，偶见树木存在树叶变黄、褪色现象，结实和繁殖受到一定程度的影响，有轻度受灾现象，受虫害影响。偶见树叶病斑现象。所受虫害等级为 1，林中受虫害的植株总数占林中植株总数的 10%以下。未见火灾影响。所受干扰类型是自然因素，主要为虫害，未受到森林火灾影响，气候灾害中偶见台风干扰迹象。分布范围低，周围村民多到森林中盗伐薪柴。

301. 牛鼻栓、紫楠常绿落叶阔叶混交林（*Fortunearia sinensis*，*Phoebe sheareri* forest）

在安徽，牛鼻栓、紫楠常绿落叶阔叶混交林主要分布在本省皖南山区和大别山南部山区，垂直分布较为集中，分布海拔常在 300~400m 至 600~700m 之间。

乔木有豹皮樟、枫香、黄檀、牛鼻栓、朴树、青冈栎、山槐、山樱桃、天竺桂、枳椇、紫楠、四照花、浙江柿。灌木有茶树、木莓、连蕊茶、紫株、胡颓子、荚蒾。草本有泽兰、黄精、大戟、黄山鳞毛蕨、兔儿伞、夏枯草、细辛、复叶耳蕨。

乔木层平均树高 10m，灌木层平均高 1.7m，草本层平均高 0.36cm，乔木平均胸径 17.2cm，乔木郁闭度 0.78，灌木与草本盖度 0.2~0.4，植被总盖度 0.8~0.85。

面积 127.1556hm^2，蓄积量 2448.9233m^3，生物量 3442.7389t，碳储量 1721.3694t。每公顷蓄积量 19.2593m^3，每公顷生物量 27.0750t，每公顷碳储量 13.5375t。

多样性指数 0.8100，优势度指数 0.1900，均匀度指数 0.8063。斑块数 2 个，平均斑块面积 63.5778hm^2，斑块破碎度 0.0157。

牛鼻栓、紫楠常绿落叶阔叶混交林生长健康。未受自然和人为干扰。

302. 毛竹、栎类常绿落叶阔叶混交林（*Phyllostachys heterocycla*, *Quercus* forest）

在甘肃，毛竹、栎类阔叶混交林以天然林为主，集中在康县。

乔木主要与栎类混交。常见有榆树、酸枣等灌木。草本中集中有梭草、龙须草分布。

乔木层平均树高在 9.15m 左右，灌木层平均高 15.35cm，草本层平均高 3.41cm，乔木平均胸径 8cm，乔木郁闭度 0.6，灌木盖度 0.4，草本盖度 0.4，植被总盖度 0.7。

面积 20.7342hm^2，生物量 172.3075t，碳储量 83.2935t。每公顷生物量 8.3103t，每公顷碳储量 4.0172t。

多样性指数 0.5400，优势度指数 0.4600，均匀度指数 0.9000。斑块数 2 个，平均斑块面积 10.3671hm^2，斑块破碎度 0.0965。

毛竹、栎类常绿落叶阔叶混交林生长健康。未见病虫害及火灾。未见自然和人为干扰。

303. 桤木、润楠常绿落叶阔叶混交林（*Alnus cremastogyne*, *Machilus pingii* forest）

在珠穆朗玛峰西侧的内切河谷地区，如樟木友谊桥附近，分布着西藏润楠、桤木阔叶混交林，分布海拔平均高约 1800~2000m 之间。

乔木：西藏润楠林除西藏润楠外，还有锡金黄肉楠、樟树、西藏钓樟、栎、飞蛾槭、含笑、榕及落叶乔木核桃、鹅耳栎、尼泊尔桤木等。常绿乔木种类占 70%~75%。乔木平均树高 20m，乔木平均胸径 60cm，郁闭度 0.5。

灌木：林下灌木主要有野扇花、裸实、水麻、胡颓子等，盖度 0.3，平均高 1.1m。

草本：草本以喜湿的荨麻科、爵床科、秋海棠科、天南星科、蕨及莎草科的苔草等组成，种类相对复杂，盖度 0.4，平均高 0.2m。

藤本及附生植物：有常春藤、野胡椒、五味子、五翅莓及兰科的一些种类。

面积 1039690.0000hm^2，蓄积量 269352942.6872m^3，生物量 325917060.6515t，碳储量 162958530.3257t。每公顷蓄积量 259.0704m^3，每公顷生物量 313.4752t，每公顷碳储量 156.7376t。

多样性指数 0.7318，优势度指数 0.2682，均匀度指数 0.8033。斑块数 679 个，平均斑块面积 1531.2000hm^2，斑块破碎度 0.0006。

桤木、润楠阔叶混交林生长健康。无自然和人为干扰。

第四篇
针阔混交林

针阔混交林是以针叶树和阔叶树为优势树种组的森林群落，在不同气候带的森林群落类型中都可能出现，而以寒温带针叶林和夏绿阔叶林间的过渡类型为主，通常由栎属、槭属、椴属等阔叶树种与云杉、冷杉、松属的一些种类混合组成。本次调查结果中，共有针阔混交林类型 81 种，面积 7502983.1069hm²，蓄积量 1032897282.3272m³，生物量 919401498.3769t，碳储量 457795724.4740t，分别占全国森林植被类型、面积、蓄积量、生物量、碳储量的 17.31%、3.58%、6.36%、6.01%、6.01%。每公顷蓄积量 137.6649m³，每公顷生物量 122.5381t，每公顷碳储量 61.0151t，斑块数 75017 个，平均斑块面积 100.017hm²，斑块破碎度为 0.0099，是全国森林植被类型平均每公顷蓄积量、每公顷生物量、每公顷碳储量、斑块数、平均斑块面积、斑块破碎度的 177.66%、167.90%、167.82%、3.19%、111.98%、89.29%。根据针阔混交林优势树种发育节律特征，可以分为常绿针阔混交林、落叶针阔混交林、常绿落叶针阔混交林。

中国**森林植被**
Forest Vegetation in **China**

第十章
常绿针阔混交林

常绿针阔混交林是常绿针叶树和常绿阔叶树为优势树种组的森林群落。根据优势树种或优势树种组，又将常绿针阔混交林分为常绿杉树常绿阔叶树针阔混交林和常绿松常绿阔叶树针阔混交林。本次调查结果中，共有常绿针阔混交林 6 种，面积 811374.7523hm^2，蓄积量 223406978.5286m^3，生物量 228239739.4143t，碳储量 112261680.7112t，分别占全国针阔混交林类型、面积、蓄积量、生物量、碳储量的 7.40%、10.81%、21.62%、24.82%、24.52%。平均每公顷蓄积量 275.3438hm^2，每公顷生物量 281.3000t，碳储量 138.3598t，斑块数 781 个，平均斑块面积 1038.8921hm^2，斑块破碎度 0.0010，分别占针阔混交林类型平均每公顷蓄积量、每公顷生物量、每公顷碳储量、斑块数、平均斑块面积、斑块破碎度的 200.01%、229.56%、226.76%、1.04%、1038.71%、9.62%。

第一节　常绿杉树常绿阔叶树针阔混交林

常绿杉树常绿阔叶树针阔混交林是以杉木、铁杉和常绿阔叶树为优势树种组的森林群落。在亚热带、热带地区有分布，如台湾、西藏、江苏等省（自治区）。本次调查结果中，有常绿杉树常绿阔叶树针阔混交林 2 种，面积 617062.1213hm^2，蓄积量 210903437.5666m^3，生物量 209592098.2785t，碳储量 102937860.1432t，分别占常绿针阔混交林类型、面积、蓄积量、生物量、碳储量的 33.33%、76.05%、94.40%、91.82%、91.69%。平均每公顷蓄积量 341.7864hm^2，生物量 339.6613t，每公顷碳储量 166.8193t，斑块数 580 个，平均斑块面积 1063.9002hm^2，斑块破碎度 0.0009，分别占常绿针阔混交林类型平均每公顷蓄积量、每公顷生物量、每公顷碳储量、斑块数、平均斑块面积、斑块破碎度的 124.13%、120.74%、120.56%、74.26%、102.40%、97.64%。

1. 铁杉、栎树针阔混交林（*Tsuga chinensis*，*Quercus* forest）

铁杉、栎树针阔混交林主要分布在我国的台湾省和西藏自治区。面积 593206.0400hm^2，蓄积量 209788165.7658m^3，生物量 208968661.3419t，碳储量 102626141.6749t。每公顷蓄积量 353.6514m^3，每公顷生物量 352.2699t，每公顷碳储量

173.0025t。多样性指数 0.7052，优势度指数 0.2947，均匀度指数 0.8408。斑块数 524 个，平均斑块面积 1132.0726hm²，斑块破碎度 0.0009。

（1）在台湾，铁杉、栎树针阔混交林主要分布于台湾中央山脉海拔 1700~2300m 山地，针叶树主要是台湾云杉、台湾铁杉，阔叶树主要油杏叶石栎、阿里山石栎、台湾水青冈、长果青冈、木荷、台湾含笑等。灌木主要有台湾高山杜鹃、光叶柃、疏果海桐、球核荚蒾、枇杷叶灰木、玉山榄、台湾毛药花、台湾华参等。草本主要有尾叶瘤足蕨、菲岛瘤足蕨、深山双盖蕨、玉山竹、芒等。

面积 230108.0400hm²，蓄积量 94298274.7920m³，生物量 76155286.7220t，碳储量 36219454.3650t。每公顷蓄积量 409.8000m³，每公顷生物量 330.9545t，每公顷碳储量 157.4020t。

斑块数 65 个，平均斑块面积 3540.1237hm²，斑块破碎度 0.0002。

铁杉、栎类针阔混交林生长健康。自然干扰主要是台风。无人为干扰。

（2）在西藏，铁杉、栎树针阔混交林发育在东喜马拉雅山南坡错那和中喜马拉雅山的内切河谷中，分布海拔大约在 2700~3200m，基岩一般为片麻岩或变质花岗岩，气候温凉湿润，年降水量 800~1000mm。

乔木除铁杉（云南铁杉）、高山栎外，还有麦吊云杉、长尾槭、五叶参、川滇花楸、树形杜鹃、桦木等。灌木有毛叶吊钟花、绣球、臭荚蒾、蔷薇、尖叶栒子、淡红忍冬、十大功劳、红叶甘姜、小檗、箭竹、茶藨子属的一些种。草本种类多，主要有宽叶兔儿风、间型沿阶草、唐松草、黄精、辐射凤仙花、高山露珠草、鳞毛蕨、柔毛水龙骨、珠子参。寄生植物有多蕊蛇菰。藤本植物有红花五味子、菝葜等。附生植物有悬藓、疣鳞苔、曲尾藓、绢藓、大木藓。

乔木平均胸径 30.5cm，平均树高 19.5m，郁闭度 0.8。灌木盖度 0.4，平均高 1.5m。草本盖度 0.4，平均高 0.3m。

面积 363098.0000hm²，蓄积量 115489890.9738m³，生物量 132813374.6199t，碳储量 66406687.3099t。每公顷蓄积量 318.0681m³，每公顷生物量 365.7783t，每公顷碳储量 182.8892t。

多样性指数 0.7052，优势度指数 0.2947，均匀度指数 0.8408。斑块数 459 个，平均斑块面积 791.0620hm²，斑块破碎度 0.0012。

云南铁杉、高山栎针阔混交林生长良好。无自然和人为干扰。

2. 杉木、冬青针阔混交林（*Cunninghamia lanceolata*，*Ilex chinensis* forest）

在江苏，杉木、冬青针阔混交林在宜兴、溧阳山区有分布，太湖沿岸丘陵及茅山、宁镇山区，长江北岸六合、江浦一带丘陵均有分布，淮河南岸的盱眙丘陵也有零星造林，苏北平原地区阜宁县灌溉总渠堤管所也有造林。

乔木有杉木、冬青、豺皮樟、短柄枹栎等。灌木有野柿、格药柃、马银花、米饭花、江南越桔、紫金牛、檵木、满山红、毛叶石楠、小叶石楠、野鸦椿等。草本有蕨、苔草、野古草、黄背草、矛叶荩草、大油芒、白莲蒿、白茅、疏花野青茅、芒、细柄草、一枝黄花、泽兰、马兰等。

乔木层平均树高 6m，平均胸径 10cm，郁闭度 0.65。灌木盖度 0.3，平均高 0.9m。草本盖度 0.4，平均高 0.2m。

面积 23856.0813hm²，蓄积量 1115271.8008m³，生物量 623436.9366t，碳储量 311718.4683t。每公顷蓄积量 46.7500m³，每公顷生物量 26.1332t，每公顷碳储量 13.0666t。

多样性指数 0.7800，优势度指数 0.2200，均匀度指数 0.3400。斑块数 56 个，平均斑块面积 426.0015hm²，斑块破碎度 0.0023。

病害无。虫害无。火灾轻。人为干扰类型为森林经营活动。无自然干扰。

第二节　常绿松树常绿阔叶树针阔混交林

常绿松树常绿阔叶树针阔混交林是以常绿松树和常绿阔叶树为优势树种组的森林群落。在我国的亚热带、热带的江苏、上海、海南等省（直辖市）有分布。本次调查结果中，有常绿松常绿阔叶树针阔混交林 4 种，面积 194312.6310hm²，蓄积量 12503540.9620m³，生物量 18647641.1358t，碳储量 9323820.5680t，分别占常绿针阔混交林类型、面积、蓄积量、生物量、碳储量的 66.66%、23.94%、5.59%、8.17%、8.30%。平均每公顷蓄积量 64.3475hm²，每公顷生物量 95.9672t，每公顷碳储量 47.9836t，斑块数 201 个，平均斑块面积 966.7295hm²，斑块破碎度 0.0010，分别占常绿针阔混交林类型平均每公顷蓄积量、每公顷生物量、每公顷碳储量、斑块数、平均斑块面积、斑块破碎度的 23.36%、34.11%、34.68%、25.73%、93.05%、107.46%。

3. 湿地松、香樟针阔混交林（*Pinus elliottii*，*Cinnamomum camphora* forest）

在江苏、上海 2 个省（直辖市）有湿地松、香樟针阔混交林分布，面积 3423.2930hm²，蓄积量 119630.4297m³，生物量 152908.8274t，碳储量 76454.4138t。每公顷蓄积量 34.9460m³，每公顷生物量 44.6672t，每公顷碳储量 22.3336t。多样性指数 0.7400，优势度指数 0.2600，均匀度指数 0.5050。斑块数 60 个，平均斑块面积 57.0549hm²，斑块破碎度 0.0175。

（1）在江苏，湿地松、香樟针阔混交林分布于全省各丘陵山地，适生范围以亚热带为宜。

乔木有湿地松、香樟、杉木、朴树等。灌木不发达。草本有苦竹、山马兰、春蓼、蕨、蛇葡萄等。

乔木层平均树高 14m，草本层平均高 1.1m 以下，乔木平均胸径 25cm，乔木郁闭度 0.7，草本盖度约 0.8。

面积 189.6830hm²，蓄积量 6807.8366m³，生物量 7493.3857t，碳储量 3746.6929t。每公顷蓄积量 35.8906m³，每公顷生物量 39.5048t，每公顷碳储量 19.7524t。

多样性指数 0.7600，优势度指数 0.2400，均匀度指数 0.3300。斑块数 1 个，平均斑

块面积 189.6830hm^2，斑块破碎度 0.0052。

病害无。虫害轻。火灾轻。人为干扰类型为森林经营活动。自然干扰类型为病虫害。

（2）在上海，湿地松、香樟针阔混交林分布于市区的环城林带，奉贤、嘉定、闵行分布较为零散。

乔木除湿地松、香樟外，还有朴树、榆树等树种。灌木不发达。草本有山马兰、春蓼、蕨、蛇葡萄、白茅等。

乔木平均胸径 14.6cm，平均树高 11.3m，郁闭度 0.55。草本盖度 0.3，平均高 0.2m。

面积 3233.6100hm^2，蓄积量 112822.5931m^3，生物量 145415.4417t，碳储量 72707.7209t。每公顷蓄积量 34.8906m^3，每公顷生物量 44.9700t，每公顷碳储量 22.4850t。

多样性指数 0.7200，优势度指数 0.2800，均匀度指数 0.6800。斑块数 59 个，平均斑块面积 54.8069hm^2，斑块破碎度 0.0182。

病害无。虫害轻。火灾轻。人为干扰类型为森林经营活动。自然干扰类型为病虫害。

4. 鸡毛松、陆均松、栲树、青冈针阔混交林（*Podocarpus imbricatus*，*Dacrydium pierre*，*Cyclobalanopsis*，*Castanopsis* forest）

在海南，鸡毛松、陆均松、栲树、青冈针阔混交林分布于乐东县、昌江县、五指山市、陵水县等地，分布海拔范围 500~1200m 的山地，坡位为中上坡。

乔木有陆均松、鸡毛松、红椎、红鳞蒲桃、红花荷、线枝蒲桃、黄叶树、五列木、竹叶青冈、碟斗青冈、栎子青冈、大果马蹄荷、厚皮香、海南蒲桃、大头茶、小时青冈、华润楠等。灌木主要有密花树、山黄皮、谷木、变叶榕、多香木、向日樟、树参、九节、紫毛野牡丹、拟密花树及蚊母树的小树。草本主要是山竹、假华箬竹、射毛悬竹等，另外姜科植物、菝葜科植物、百合科植物和兰科植物也较多。

乔木层平均树高 15m，灌木层平均高 1.5m，草本层平均高度约 0.2m，乔木平均胸径 10.67cm，乔木郁闭度 0.8，灌木盖度约 0.75，草本盖度约 0.5。较低海拔的鸡毛松、陆均松、壳斗林多数处于演替的中后期阶段，自然度等级为 2；而较高海拔鸡毛松、陆均松、栲树、青冈针阔混交林一般处于演替后期阶段，自然度等级为 1。

面积 126345.0000hm^2，蓄积量 9939561.1500m^3，生物量 16374312.0000t，碳储量 8187156.0000t。每公顷蓄积量 78.6700m^3，每公顷生物量 129.6000t，每公顷碳储量 64.8000t。

多样性指数 0.9500，优势度指数 0.0500，均匀度指数 0.2700。斑块数 30 个，平均斑块面积 4211.5100hm^2，斑块破碎度 0.0002。

整体健康等级为 3，林木生长发育一般，树木结实和繁殖受到一定抑制，有中度受灾现象，受到自然因素和人为因素的共同影响，所受自然灾害为虫害，部分林系亦受到一定程度的人为采伐的影响。偶见树叶发黄的病害。所受虫害等级为 2，整片森林受虫害立木株数约为 30%~59%。其中陆均松林系所受虫害等级为 1。未见明显的火灾影响。受到了自然因素和人为因素的双重干扰，所受人为干扰类型主要是采伐，陆均松林分布海拔较高，一般位于自然保护区内，受到人为干扰小，偶见当地村民采集兰花现象。所受自然干扰类型为台风和虫害。

5. 鸡毛松、坡垒针阔混交林（*Podocarpus imbricatus*，*Hopea hainanensis* forest）

在海南，鸡毛松、坡垒针阔混交林分布于海南沟谷雨林和山地雨林中，如尖峰岭、吊罗山和卡法岭以及猕猴岭、马域岭等地。

乔木除鸡毛松、坡垒外，还有大量的伴生树种，包括托盘椆、琼楠、高山榕、蝴蝶树、细子龙、第伦桃、山竹子、鱼骨木、白茶、大沙叶、算盘子等。灌木主要有棕榈科的穗花轴榈、山槟榔。草本丰富，主要有单叶新月蕨、异叶双唇蕨、卷柏、艳山姜、露兜草等。

乔木平均胸径 18.8cm，平均树高 15.9m，郁闭度 0.8。灌木盖度 0.4，平均高 1.5m。草本盖度 0.2，平均高 0.3m。

面积 848.9380hm^2，蓄积量 85861.5893m^3，生物量 80564.2162t，碳储量 40282.1081t。每公顷蓄积量 101.1400m^3，每公顷生物量 94.9000t，每公顷碳储量 47.4500t。

多样性指数 0.8800，优势度指数 0.1200，均匀度指数 0.7600。斑块数 1 个，平均斑块面积 848.9380hm^2，斑块破碎度 0.0011。

鸡毛松、坡垒针阔混交生长健康。自然干扰主要是台风。无人为干扰。

6. 马尾松、木荷针阔混交林（*Pinus massoniana*，*Schima superba* forest）

在江苏，马尾松、木荷针阔混交林仅见于吴中区光福镇附近铜井山、卧龙山一带面向太湖的山坞内。

乔木有木荷、马尾松、杨梅、四川山矾、刺柏、杉木等。灌木有江南越桔、格药柃、栀子、苏木蓝、算盘子等。草本有铁芒萁、蕨、芒、桔梗等。

乔木层平均树高 5~7m，灌木层平均高 0.3~0.4m，乔木平均胸径约 7~13cm，乔木郁闭度 0.7，灌木盖度 0.35。

面积 63695.4000hm^2，蓄积量 2358487.7930m^3，生物量 2039856.0922t，碳储量 1019928.0461t。每公顷蓄积量 37.0276m^3，每公顷生物量 32.0252t，每公顷碳储量 16.0126t。

多样性指数 0.8300，优势度指数 0.1700，均匀度指数 0.3000。斑块数 110 个，平均斑块面积 579.0490hm^2，斑块破碎度 0.0017。

病害中等。虫害无。火灾轻。人为干扰类型为森林经营活动。自然干扰类型为病虫害。

第十一章
落叶针阔混交林

落叶针阔混交林是以落叶针叶树和落叶阔叶树为优势树种组的森林群落，是典型的寒温带针叶林和夏绿阔叶林间的过渡类型，通常由栎属、槭属、椴属等阔叶树种与云杉、冷杉、松属的一些种类混合组成。最为典型的森林类型是以落叶松和系列落叶阔叶树为优势树种组的森林类型。本次调查结果中，共有落叶针阔混交林 15 种，面积 3996078.0668hm^2，蓄积量 479361283.5203m^3，生物量 402966048.7999t，碳储量 201483024.3992t，分别占全国针阔混交林类型、面积、蓄积量、生物量、碳储量的 18.51%、53.25%、46.41%、43.82%、44.01%。平均每公顷蓄积量 119.9579hm^2，每公顷生物量 100.8404t，每公顷碳储量 50.4202t，斑块数 22707 个，平均斑块面积 175.984hm^2，斑块破碎度 0.0057，分别占针阔混交林类型平均每公顷蓄积量、每公顷生物量、每公顷碳储量、斑块数、平均斑块面积、斑块破碎度的 87.13%、82.29%、82.63%、30.26%、175.95%、56.83%。

第一节　落叶松桦木针阔混交林

落叶松桦木针阔混交林是以落叶松和桦木（白桦、黑桦、枫桦等）为优势树种组的森林群落。主要分布在黑龙江、吉林、辽宁、内蒙古、河北等省（自治区）。本次调查结果中，共有落叶松桦木针阔混交林 4 种，面积 3398658.5561hm^2，蓄积量 397592309.9555m^3，生物量 328955880.3742t，碳储量 164477940.1858t，分别占落叶针阔混交林类型、面积、蓄积、生物量、碳储量的 26.66%、85.04%、82.94%、81.63%、81.63%。平均每公顷蓄积量 116.9851hm^2，每公顷生物量 96.7899t，每公顷碳储量 48.3950t，斑块数 13946 个，平均斑块面积 243.7013hm^2，斑块破碎度 0.0041，分别占落叶针阔混交林类型平均每公顷蓄积量、每公顷生物量、每公顷碳储量、斑块数、平均斑块面积、斑块破碎度的 97.52%、95.98%、95.98%、61.41%、138.47%、72.21%。

7. 兴安落叶松、白桦针阔混交林（*Larix gmelinii*，*Betula platyphylla* forest）

在黑龙江、吉林、辽宁、内蒙古 4 个省（自治区）有兴安落叶松、白桦针阔混交林分布，面积 3323675.7297hm²，蓄积量 387948617.3775m³，生物量 321732941.2548t，碳储量 160866470.6263t。每公顷蓄积量 116.7228m³，每公顷生物量 96.8003t，每公顷碳储量 48.4002t。多样性指数 0.5777，优势度指数 0.4222，均匀度指数 0.1928。斑块数 13070 个，平均斑块面积 254.2981hm²，斑块破碎度 0.0039。

（1）在黑龙江，兴安落叶松、白桦针阔混交林分布于大兴安岭山区、小兴安岭山区、牡丹江、宁安、海林等地。

乔木主要有兴安落叶松、白桦、樟子松、红松、红皮云杉、臭冷杉、蒙古栎、花楸、山杨、蒙椴、紫椴、色木槭。灌木主要有兴安杜鹃、胡枝子、柳叶绣线菊、北极悬钩子、狭叶杜香、越桔、笃斯越桔、兴安茶藨子、东北赤杨、刺玫蔷薇、绢毛绣线菊、柳叶蓝靛果、杜香、兴安柳、谷柳、石生悬钩子、珍珠梅。草本主要有裂叶蒿、兴安鹿药、红花鹿蹄草、地榆、兴安麻花头、大叶柴胡、舞鹤草、绒背老鹳草、东方草莓、七瓣莲、唢呐草、酢浆草、大叶章、铃兰、银莲花、轮叶沙参、马莲、贝加尔野豌豆、矮香豌豆、粗根老鹳草、曲尾藓、四花苔草、山茄子、大叶柴胡、卵叶风毛菊、鳞毛蕨属、掌叶铁线蕨、兴安鹿药、林木贼。

乔木层平均树高 16.66m，灌木层平均高 0.2m，草本层平均高 0.1m。乔木平均胸径 16.38cm，郁闭度 0.73。灌木盖度 0.52，草本盖度 0.39，植被总盖度 0.86。

面积 827217.4211hm²，蓄积量 167469891.1702m³，生物量 99297085.2221t，碳储量 49648542.6100t。每公顷蓄积量 202.4497m³，每公顷生物量 120.0375t，每公顷碳储量 60.0187t。

多样性指数 0.5209，优势度指数 0.4790，均匀度指数 0.1839。斑块数 9146 个，平均斑块面积 90.4458hm²，斑块破碎度 0.0111。

兴安落叶松、白桦针阔混交林健康。无自然干扰。

（2）在吉林，兴安落叶松、白桦针阔混交林主要分布于长白山地区。

乔木主要有兴安落叶松、白桦、樟子松、红松、红皮云杉、臭冷杉、蒙古栎、花楸、色木槭。灌木主要有刺五加、杜鹃、胡枝子、蔷薇、忍冬、绣线菊、珍珠梅、榛子、花楷槭。草本主要有蒿、蕨、木贼、莎草、山茄子、苔草、小叶章、羊胡子草。

乔木层平均树高 13.8m，灌木层平均高 1.32m，草本层平均高 0.32m，乔木平均胸径 14.07cm，乔木郁闭度 0.72，灌木盖度 0.24，草本盖度 0.46。

面积 118070.4058hm²，蓄积量 16294652.6077m³，生物量 12424144.6300t，碳储量 6212072.3150t。每公顷蓄积量 138.0079m³，每公顷生物量 105.2266t，每公顷碳储量 52.6133t。

多样性指数 0.7016，优势度指数 0.2983，均匀度指数 0.2086。斑块数 1957 个，平均斑块面积 60.3323hm²，斑块破碎度 0.0166。

兴安落叶松、白桦针阔混交林健康。无自然干扰。

（3）在辽宁，兴安落叶松、白桦针阔混交林主要分布于其西部地区。

乔木主要有兴安落叶松、白桦、樟子松、红松、红皮云杉、臭冷杉、蒙古栎、花楸、枫桦、落叶松。灌木主要有刺五加、杜鹃、蔷薇、忍冬、绣线菊、珍珠梅、榛子、胡枝子、花楷械。草本主要有蒿、蕨、木贼、莎草、羊胡子草、苔草、山茄子、小叶章。

乔木层平均树高 16.2m，灌木层平均高 2.2m，草本层平均高 0.25m，乔木平均胸径 12.64cm，乔木郁闭度 0.65，灌木盖度 0.18，草本盖度 0.18，植被总盖度 0.9。

面积 875.1687hm²，蓄积量 120780.2233m³，生物量 82665.7664t，碳储量 41332.8832t。每公顷蓄积量 138.0079m³，每公顷生物量 94.4570t，每公顷碳储量 47.2285t。

多样性指数 0.5107，优势度指数 0.4892，均匀度指数 0.18607。斑块数 67 个，平均斑块面积 13.0622hm²，斑块破碎度 0.0766。

兴安落叶松、白桦针阔混交林健康。无自然干扰。

（4）在内蒙古，兴安落叶松、白桦针阔混交天然林分布于呼伦贝尔市东部、大兴安岭地区。

乔木除兴安落叶松、白桦外，还有红松、春榆、色木槭、花楷械、毛榛、紫花忍冬等。灌木较发达，以狭叶杜香、越桔、笃斯越桔、兴安杜鹃花占优势，有时见欧亚绣线菊等。草本发育不良，种类也较贫乏，组成多为耐阴性较弱的植物，以各种苔草为主，混有矮山黧豆、齿叶风毛菊、贝加尔野豌豆等。

乔木层平均树高 13.72m，灌木层平均高 1m，草本层平均高 0.5m 以下，乔木平均胸径 10.42cm，乔木郁闭度 0.7，灌木盖度 0.25，草本盖度 0.2。

面积 2377512.7340hm²，蓄积量 204063293.3763m³，生物量 209929045.6363t，碳储量 104964522.8181t。每公顷蓄积量 85.8306m³，每公顷生物量 88.2978t，每公顷碳储量 44.1489t。

多样性指数 0.7804，优势度指数 0.2196，均匀度指数 0.2882。斑块数 1900 个，平均斑块面积 1251.3225hm²，斑块破碎度 0.0008。

兴安落叶松、白桦针阔混交天然林健康。无自然干扰。

8. 华北落叶松、白桦针阔混交林（*Larix gmelinii* var. *principis - rupprechtii*，*Betula platyphylla* forest）

在河北，华北落叶松、白桦针阔混交人工林分布于北部燕山缓坡山地，为人工造林所形成。

乔木主要由华北落叶松和白桦组成。灌木几乎不发育。草本几乎不发育。

乔木层平均树高 13.1m，灌木层平均高 1.5m，几无草本。乔木平均胸径 15.0cm，郁闭度 0.7。灌木盖度 0.05。

面积 22320.0112hm²，蓄积量 1230493.2889m³，生物量 841411.3109t，碳储量 420705.6555t。每公顷蓄积量 55.1296m³，每公顷生物量 37.6976t，每公顷碳储量 18.8488t。

多样性指数 0.5598，优势度指数 0.4402，均匀度指数 0.4550。斑块数 109 个，平均斑块面积 204.7707hm²，斑块破碎度 0.0049。

华北落叶松、白桦混交人工林健康。无自然干扰。

9. 落叶松、枫桦针阔混交林（*Larix*，*Betula costata* forest）

在黑龙江、吉林 2 个省有落叶松、枫桦针阔混交林分布，面积 15526.2476hm²，蓄积量 2957424.8758m³，生物量 2346960.8068t，碳储量 1173480.4030t。每公顷蓄积量 190.4790m³，每公顷生物量 151.1609t，每公顷碳储量 75.5804t。多样性指数 0.7815，优势度指数 0.2184，均匀度指数 0.3195。斑块数 195 个，平均斑块面积 79.6218hm²，斑块破碎度 0.0126。

（1）在黑龙江，落叶松、枫桦针阔混交林分布于大兴安岭山区、小兴安岭山区、牡丹江、宁安、海林等地。

乔木除落叶松、枫桦外，还有白桦、樟子松、红松、红皮云杉、臭冷杉、蒙古栎、花楸、山杨、色木槭、胡桃楸、紫椴、水曲柳。灌木有兴安杜鹃、胡枝子、柳叶绣线菊、北极悬钩子、狭叶杜香、越桔、笃斯越桔、兴安茶藨子、东北赤杨、刺玫蔷薇、绢毛绣线菊、柳叶蓝靛果、杜香、暴马丁香、东北山梅花、刺五加、毛榛、稠李。草本主要有裂叶蒿、兴安鹿药、红花鹿蹄草、地榆、兴安麻花头、大叶柴胡、舞鹤草、绒背老鹳草、东方草莓、七瓣莲、唢呐草、酢浆草、东陵苔草、短柄草、大油芒、羊胡子苔草、宽叶苔草、异叶败酱、龙牙草、黄背草。

乔木层平均树高 11.7m，灌木层平均高 2.5m，草本层平均高 0.4m，乔木平均胸径 11.1cm，郁闭度 0.8，灌木盖度 0.3，草本盖度 0.55，植被总盖度 0.95。

面积 13683.2868hm²，蓄积量 2669905.7392m³，生物量 2130726.2849t，碳储量 1065363.1420t。每公顷蓄积量 195.1217m³，每公顷生物量 155.7174t，每公顷碳储量 77.8587t。

多样性指数 0.7858，优势度指数 0.2141，均匀度指数 0.4007。斑块数 139 个，平均斑块面积 98.4409hm²，斑块破碎度 0.0102。

落叶松、枫桦针阔混交林健康。无自然干扰。

（2）在吉林，落叶松、枫桦针阔混交林主要分布于长白山地区。

乔木主要有落叶松、枫桦、白桦、樟子松、红松、红皮云杉、臭冷杉、蒙古栎、花楸、山杨、色木槭、胡桃楸、水曲柳。灌木主要有刺五加、杜鹃、胡枝子、蔷薇、忍冬、绣线菊、珍珠梅、榛子、花楷槭。草本主要有蒿、蕨、木贼、莎草、山茄子、苔草、小叶章、羊胡子草。

乔木层平均树高 15.6m，灌木层平均高 2.01m，草本层平均高 0.3m，乔木平均胸径 16.65cm，乔木郁闭度 0.80，灌木盖度 0.24，草本盖度 0.43。

面积 1842.9606hm²，蓄积量 287519.1366m³，生物量 216234.5219t，碳储量 108117.2610t。每公顷蓄积量 156.0094m³，每公顷生物量 117.3300t，每公顷碳储量 58.6650t。

多样性指数 0.7773，优势度指数 0.2226，均匀度指数 0.2384。斑块数 56 个，平均斑块面积 32.9100hm²，斑块破碎度 0.0304。

落叶松、枫桦针阔混交林健康。无自然干扰。

10. 落叶松、黑桦针阔混交林（*Larix*，*Betula davurica* forest）

在黑龙江，落叶松、黑桦针阔混交林分布于大兴安岭山区、小兴安岭山区、牡丹江、宁安、海林等地。

乔木除落叶松、黑桦外，还有白桦、樟子松、红松、红皮云杉、臭冷杉、蒙古栎、花楸。灌木主要有兴安杜鹃、胡枝子、柳叶绣线菊、北极悬钩子、狭叶杜香、越桔、笃斯越桔、兴安茶藨子、东北赤杨、刺玫蔷薇、绢毛绣线菊、柳叶蓝靛果、杜香、榛、胡枝子、绢毛绣线菊、大叶蔷薇、欧亚绣线菊、东北山梅花。草本主要有裂叶蒿、兴安鹿药、红花鹿蹄草、地榆、兴安麻花头、大叶柴胡、舞鹤草、绒背老鹳草、东方草莓、七瓣莲、唢呐草、酢浆草、苔草、欧百里香、黄芩、窄叶蓝盆花、贝加尔野豌豆、铁杆蒿、掌叶白头翁、毛百合、兴安藜芦、勿忘草、聚花风铃草、土三七、蓬子菜、砂地委陵菜、大叶章、柳兰、叉分蓼、野火球、芨芨草、窄叶野豌豆、芍药、岩败酱、单穗升麻、多裂叶荆芥、狼毒、桔梗、尾叶香茶菜、绿豆升麻、东风菜、假升麻。

乔木层平均树高 10.5m，灌木层平均高 1.1m，草本层平均高 0.2m，乔木平均胸径 8.6cm，乔木郁闭度 0.8，灌木盖度 0.3，草本盖度 0.3，植被总盖度 0.8。

面积 37136.5676hm²，蓄积量 5455774.413m³，生物量 4034567.0017t，碳储量 2017283.5010t。每公顷蓄积量 146.9111m³，每公顷生物量 108.6414t，每公顷碳储量 54.3207t。

多样性指数 0.5254，优势度指数 0.4745，均匀度指数 0.1828。斑块数 572 个，平均斑块面积 64.9241hm²，斑块破碎度 0.0154。

落叶松、黑桦针阔混交林健康。无自然干扰。

第二节　落叶松色、椴针阔混交林

落叶松色、椴针阔混交林是以落叶松和色木槭或椴树为优势树种组的森林群落。主要分布在黑龙江、吉林等省。本次调查结果中，共有落叶松色椴针阔混交林 2 种，面积 44634.5222hm²，蓄积量 7689819.3698m³，生物量 6439211.8765t，碳储量 3219605.9379t，分别占落叶针阔混交林类型、面积、蓄积量、生物量、碳储量的 13.33%、1.11%、1.60%、1.59%、1.59%。平均每公顷蓄积量 172.2841hm²，每公顷生物量 144.2653t，每公顷碳储量 72.1326t，斑块数 593 个，平均斑块面积 75.2690hm²，斑块破碎度 0.0132，分别占落叶针阔混交林类型平均每公顷蓄积量、每公顷生物量、每公顷碳储量、斑块数、平均斑块面积、斑块破碎度的 143.62%、143.06%、143.06%、2.611%、42.77%、233.80%。

11. 落叶松、椴树针阔混交林（*Larix*，*Tilia tuan* forest）

在黑龙江、吉林 2 个省有落叶松、椴树针阔混交林分布，面积 39831.9833hm²，蓄积量 6855781.4917m³，生物量 5803439.5337t，碳储量 2901719.7665t。每公顷蓄积量 172.1175m³，每公顷生物量 145.6980t，每公顷碳储量 72.8490t。多样性指数 0.7552，优势度指数 0.2448，均匀度指数 0.2910。斑块数 528 个，平均斑块面积 75.4394hm²，斑块破碎度 0.0133。

（1）在黑龙江，落叶松、椴树针阔混交林分布于大兴安岭山区、小兴安岭山区、牡丹江、宁安、海林等地。

乔木除落叶松、椴树外，还有白桦、樟子松、红松、红皮云杉、臭冷杉、蒙古栎、花楸、糠椴、紫椴、色木槭形成混交林，其他还少量存在胡桃楸、水曲柳、黄波罗、春榆、裂叶榆、红松及一些云杉和冷杉。灌木主要有兴安杜鹃、胡枝子、柳叶绣线菊、北极悬钩子、狭叶杜香、越桔、笃斯越桔、兴安茶藨子、东北赤杨、刺玫蔷薇、绢毛绣线菊、柳叶蓝靛果、杜香、白丁香、山梅花、接骨木、刺五加、溲疏、稠李、珍珠梅。草本主要有裂叶蒿、兴安鹿药、红花鹿蹄草、地榆、兴安麻花头、大叶柴胡、舞鹤草、绒背老鹳草、东方草莓、七瓣莲、唢呐草、酢浆草、紫堇、尚青花、五福花、侧金盏花、银莲花属、菟葵、小顶冰花、蚊子草、狭叶荨麻、乌头。

乔木层平均树高 11.9m，灌木层平均高 1.1m，草本层平均高 0.2m，乔木平均胸径 15.2cm，乔木郁闭度 0.7，灌木盖度 0.08，草本盖度 0.25，植被总盖度 0.7。

面积 34176.9136hm²，蓄积量 6086623.5166m³，生物量 5271575.9348t，碳储量 2635787.9670t。每公顷蓄积量 178.0917m³，每公顷生物量 154.2438t，每公顷碳储量 77.1219t。

多样性指数 0.7634，优势度指数 0.2365，均匀度指数 0.3448。斑块数 349 个，平均斑块面积 97.9281hm²，斑块破碎度 0.0102。

落叶松、椴树针阔混交林健康。无自然干扰。

（2）在吉林，落叶松、椴树针阔混交林主要分布于长白山地区。

乔木除落叶松、椴树外，还有落叶松、白桦、樟子松、红松、红皮云杉、臭冷杉、蒙古栎、花楸、水曲柳、黄波罗、春榆、裂叶榆。灌木主要有刺五加、杜鹃、胡枝子、蔷薇、忍冬、绣线菊、珍珠梅、榛子。草本主要有蒿、蕨、木贼、莎草、山茄子、苔草、小叶章、羊胡子草。

乔木层平均树高 13.0m，灌木层平均高 1.29m，草本层平均高 0.31m，乔木平均胸径 15.21cm，乔木郁闭度 0.69，灌木盖度 0.24，草本盖度 0.44。

面积 5655.0695hm²，蓄积量 769157.9751m³，生物量 531863.5989t，碳储量 265931.7995t。每公顷蓄积量 136.0121m³，每公顷生物量 94.0508t，每公顷碳储量 47.0254t。

多样性指数 0.7470，优势度指数 0.2529，均匀度指数 0.2373。斑块数 179 个，平均斑块面积 31.5926hm²，斑块破碎度 0.0317。

落叶松、椴树针阔混交林健康。无自然干扰。

12. 落叶松、色木槭针阔混交林（*Larix*，*Acer mono* forest）

在吉林，落叶松、色木槭针阔混交林主要分布于长白山地区。

乔木主要有落叶松、色木槭、白桦、樟子松、红松、红皮云杉、臭冷杉、蒙古栎、花楸、紫椴、糠椴、胡桃楸、水曲柳、黄波罗、春榆、裂叶榆。灌木主要有刺五加、杜鹃、胡枝子、蔷薇、忍冬、绣线菊、珍珠梅、榛子。草本主要有蒿、蕨、木贼、莎草、山茄子、苔草、小叶章、羊胡子草。

乔木层平均树高 13.6m，灌木层平均高 1.3m，草本层平均高 0.42m，乔木平均胸径 16.6cm，乔木郁闭度 0.82，灌木盖度 0.16，草本盖度 0.43。

面积 4802.5389hm^2，蓄积量 834037.8781m^3，生物量 635772.3428t，碳储量 317886.1714t。每公顷蓄积量 173.6660m^3，每公顷生物量 132.3825t，每公顷碳储量 66.1913t。

多样性指数 0.7745，优势度指数 0.2254，均匀度指数 0.2443。斑块数 65 个，平均斑块面积 73.8852hm^2，斑块破碎度 0.0135。

落叶松、色木槭针阔混交林健康。无自然干扰。

第三节　落叶松水、胡、黄针阔混交林

落叶松水、胡、黄针阔混交林是以落叶松和水曲柳、胡桃楸、黄波罗为优势树种组的森林群落。主要分布在黑龙江、吉林、辽宁等省。本次调查结果中，共有落叶松水、胡、黄针阔混交林 3 种，面积 111660.9678hm^2，蓄积量 18062979.4855m^3，生物量 16615171.7497t，碳储量 8307585.8752t，分别占落叶针阔混交林类型、面积、蓄积量、生物量、碳储量的 20.00%、2.79%、3.76%、4.12%、4.12%。平均每公顷蓄积量 161.7663hm^2，每公顷生物量 148.8002t，每公顷碳储量 74.4001t，斑块数 1552 个，平均斑块面积 71.9465hm^2，斑块破碎度 0.0139，分别占落叶针阔混交林类型平均每公顷蓄积量、每公顷生物量、每公顷碳储量、斑块数、平均斑块面积、斑块破碎度的 134.85%、147.56%、147.56%、6.83%、40.88%、244.60%。

13. 落叶松、胡桃楸针阔混交林（*Larix*，*Juglans mandshurica* forest）

在黑龙江、吉林、辽宁 3 个省有落叶松、胡桃楸针阔混交林分布，面积 80504.0229hm^2，蓄积量 13752611.7498m^3，生物量 12767387.1985t，碳储量 6383693.5996t。每公顷蓄积量 170.8314m^3，每公顷生物量 158.5932t，每公顷碳储量 79.2966t。多样性指数 0.7831，优势度指数 0.2169，均匀度指数 0.3139。斑块数 1073 个，平均斑块面积 75.0270hm^2，斑块破碎度 0.0133。

（1）在黑龙江，落叶松、胡桃楸针阔混交林分布于大兴安岭山区、小兴安岭山区、牡丹江、宁安、海林等地。

乔木除落叶松、胡桃楸外，还有白桦、樟子松、红松、红皮云杉、臭冷杉、蒙古栎、花楸、水曲柳、色木槭、山槐、蒙古栎、杨树。灌木主要有兴安杜鹃、胡枝子、柳叶绣线菊、北极悬钩子、狭叶杜香、越桔、笃斯越桔、兴安茶藨子、东北赤杨、刺玫蔷薇、绢毛绣线菊、柳叶蓝靛果、杜香、虎榛子、暴马丁香、北五味子、刺五加、卫矛。草本主要有裂叶蒿、兴安鹿药、红花鹿蹄草、地榆、兴安麻花头、大叶柴胡、舞鹤草、绒背老鹳草、东方草莓、七瓣莲、唢呐草、酢浆草、忍冬、蚊子草、五福花、碎米荠、山茄子、藜芦、东北蹄盖蕨、绣线菊、鸡树条荚蒾。

乔木层平均树高 14.75m，灌木层平均高 0.8m，草本层平均高 0.19m，乔木平均胸径 22.2cm，乔木郁闭度 0.65，灌木盖度 0.07，草本盖度 0.3，植被总盖度 0.77。

面积 30286.4036hm²，蓄积量 5257113.9473m³，生物量 4795618.19942t，碳储量 2397809.1000t。每公顷蓄积量 173.5800m³，每公顷生物量 158.3423t，每公顷碳储量 79.1711t

多样性指数 0.7926，优势度指数 0.2073，均匀度指数 0.4136。斑块数 147 个，平均斑块面积 206.0300hm²，斑块破碎度 0.0049。

落叶松、胡桃楸针阔混交林健康。无自然干扰。

（2）在吉林，落叶松、胡桃楸针阔混交林主要分布于长白山地区。

乔木主要有落叶松、白桦、樟子松、红松、红皮云杉、臭冷杉、蒙古栎、花楸、胡桃楸、水曲柳、色木槭、山槐、蒙古栎、杨树。灌木主要有刺五加、杜鹃、胡枝子、蔷薇、忍冬、绣线菊、珍珠梅、榛子。草本主要有蒿、蕨、木贼、莎草、山茄子、苔草、小叶章、羊胡子草。

乔木层平均树高 13m，灌木层平均高 1.16m，草本层平均高 0.3m，乔木平均胸径 13.98cm，乔木郁闭度 0.77，灌木盖度 0.23，草本盖度 0.43。

面积 47083.8010hm²，蓄积量 8148679.0207m³，生物量 7746949.1450t，碳储量 3873474.5725t。每公顷蓄积量 173.0676m³，每公顷生物量 164.5353t，每公顷碳储量 82.2677t。

多样性指数 0.7852，优势度指数 0.2147，均匀度指数 0.2447。斑块数 719 个，平均斑块面积 65.4851hm²，斑块破碎度 0.0153。

落叶松、胡桃楸针阔混交林健康。无自然干扰。

（3）在辽宁，落叶松、胡桃楸针阔混交林主要分布于其西部地区。

乔木主要有落叶松、胡桃楸、白桦、樟子松、红松、红皮云杉、臭冷杉、蒙古栎、花楸、水曲柳、色木槭、山槐、杨。灌木主要有忍冬、榛子、刺五加、杜鹃、丁香、卫矛、胡枝子、蔷薇、忍冬、绣线菊、珍珠梅、榛子。草本主要有木贼、莎草、羊胡子草、苔草、蒿、蕨、山茄子、小叶章。

乔木层平均树高 10.17m，灌木层平均高 1.6m，草本层平均高 0.26m，乔木平均胸径 10.45cm，乔木郁闭度 0.53，灌木盖度 0.47，草本盖度 0.35，植被总盖度 0.88。

面积 3133.8181hm²，蓄积量 346818.7818m³，生物量 224819.8541t，碳储量 112409.9271t。每公顷蓄积量 110.6697m³，每公顷生物量 71.7399t，每公顷碳储量 35.8700t。

多样性指数 0.7715，优势度指数 0.2284，均匀度指数 0.2835。斑块数 207 个，平均斑块面积 15.1392hm²，斑块破碎度 0.0661。

落叶松、胡桃楸针阔混交林健康。无自然干扰。

14. 落叶松、水曲柳针阔混交林（*Larix*，*Fraxinus mandshurica* forest）

在黑龙江、吉林、辽宁 3 个省有落叶松、水曲柳针阔混交林分布，面积30450.5264hm²，蓄积量4236533.2286m³，生物量3787467.2135t，碳储量1893733.6068t。每公顷蓄积量139.1284m³，每公顷生物量124.3810t，每公顷碳储量62.1905t。多样性指数0.8109，优势度指数0.1890，均匀度指数0.3443。斑块数469个，平均斑块面积64.9265hm²，斑块破碎度0.0154。

（1）在黑龙江，落叶松、水曲柳针阔混交林分布于大兴安岭山区、小兴安岭山区、牡丹江、宁安、海林等地。

乔木主要有落叶松、水曲柳、白桦、樟子松、红松、红皮云杉、臭冷杉、蒙古栎、花楸、春榆、胡桃楸、黄波罗、大青杨。灌木主要有兴安杜鹃、胡枝子、柳叶绣线菊、北极悬钩子、狭叶杜香、越桔、笃斯越桔、兴安茶藨子、东北赤杨、刺玫蔷薇、绢毛绣线菊、柳叶蓝靛果、杜香、暴马丁香、光叶山楂、毛榛、稠李。草本主要有裂叶蒿、兴安鹿药、红花鹿蹄草、地榆、兴安麻花头、大叶柴胡、舞鹤草、绒背老鹳草、东方草莓、七瓣莲、唢呐草、酢浆草、毛缘苔草、蚊子草、狭叶荨麻、乌头、东北羊角芹、独活、石芥花、碎米荠、侧金盏花、假扁果草、齿瓣延胡索。

乔木层平均树高16.4m，灌木层平均高1.1m，草本层平均高0.3m，乔木平均胸径20.2cm，乔木郁闭度0.8，灌木盖度0.1，草本盖度0.4，植被总盖度0.8。

面积13410.5066hm²，蓄积量1819641.8498m³，生物量2006020.4859t，碳储量1003010.2430t。每公顷蓄积量135.6878m³，每公顷生物量149.5857t，每公顷碳储量74.7929t。

多样性指数0.8152，优势度指数0.1847，均匀度指数0.4234。斑块数295个，平均斑块面积45.4593hm²，斑块破碎度0.0220。

落叶松、水曲柳针阔混交林健康。无自然干扰。

（2）在吉林，落叶松、水曲柳针阔混交林主要分布于长白山地区。

乔木主要有水曲柳、落叶松、白桦、樟子松、红松、红皮云杉、臭冷杉、蒙古栎、花楸、春榆、胡桃楸、黄波罗、大青杨。灌木主要有刺五加、杜鹃、胡枝子、蔷薇、忍冬、绣线菊、珍珠梅、榛子。暴马丁香、光叶山楂、稠李。草本主要有蒿、蕨、木贼、莎草、山茄子、苔草、小叶章、羊胡子草、毛缘苔草、蚊子草、狭叶荨麻、乌头、东北羊角芹、独活、石芥花、碎米荠、侧金盏花、假扁果草、齿瓣延胡索。

乔木层平均树高12.3m，灌木层平均高1.48m，草本层平均高0.29m，乔木平均胸径14.06cm，乔木郁闭度0.73，灌木盖度0.29，草本盖度0.4。

面积15791.0627hm²，蓄积量2286351.0286m³，生物量1680596.2310t，碳储量840298.1155t。每公顷蓄积量144.7877m³，每公顷生物量106.4271t，每公顷碳储量53.2135t。

多样性指数0.8202，优势度指数0.1797，均匀度指数0.2458。斑块数140个，平均

斑块面积 112.7933hm²，斑块破碎度 0.0089。

落叶松、水曲柳针阔混交林健康。无自然干扰。

（3）在辽宁，落叶松、水曲柳针阔混交林主要分布于辽东部分地区，如本溪满族自治县、宽甸满族自治县境内，凤城市、新宾满族自治县境内有零星分布。

乔木主要有落叶松、水曲柳、樟子松、红松、红皮云杉、臭冷杉、蒙古栎、花楸、春榆、核桃楸、黄波罗、大青杨。灌木主要暴马丁香、光叶山楂、毛榛、稠李、刺五加、杜鹃、胡枝子、蔷薇、忍冬、绣线菊、珍珠梅、榛子。草本主要有毛缘苔草、蚊子草、狭叶荨麻、乌头、东北羊角芹、独活、石芥花、碎米荠、侧金盏花、假扁果草、齿瓣延胡索、蒿、蕨、木贼、莎草、山茄子、苔草、小叶章、羊胡子草。

乔木层平均树高 12.9m，灌木层平均高 1.7m，草本层平均高 0.26m，乔木平均胸径 10.42cm，乔木郁闭度 0.64，灌木盖度 0.45，草本盖度 0.32，植被总盖度 0.9。

面积 1248.9568hm²，蓄积量 130540.3502m³，生物量 100850.4966t，碳储量 50425.2483t。每公顷蓄积量 104.5195m³，每公顷生物量 80.7478t，每公顷碳储量 40.3739t。

多样性指数 0.7974，优势度指数 0.2025，均匀度指数 0.3639。斑块数 34 个，平均斑块面积 36.7340hm²，斑块破碎度 0.0272。

落叶松、水曲柳针阔混交林健康。无自然干扰。

15. 落叶松、黄波罗针阔混交林（*Larix*，*Phellodendron amurense* forest）

在辽宁，落叶松、黄波罗针阔混交林主要分布于其西部地区。

乔木主要有落叶松、黄波罗、白桦、樟子松、红松、红皮云杉、臭冷杉、蒙古栎、花楸、紫椴、糠椴、色木槭。灌木主要有刺五加、杜鹃、胡枝子、蔷薇、忍冬、绣线菊、珍珠梅、榛子、丁香、卫矛。草本主要有羊胡子苔草、铃兰、乌苏里苔草、木贼蒿、蕨、木贼、莎草、山茄子、苔草、小叶章、羊胡子草。

乔木层平均树高 8.65m，灌木层平均高 2.1m，草本层平均高 0.25m，乔木平均胸径 8.66cm，郁闭度 0.69，灌木盖度 0.5，草本盖度 0.25，植被总盖度 0.91。

面积 706.4184hm²，蓄积量 73834.5071m³，生物量 60317.3376t，碳储量 30158.6688t。每公顷蓄积量 104.5195m³，每公顷生物量 85.3847t，每公顷碳储量 42.6924t。

多样性指数 0.6858，优势度指数 0.3141，均匀度指数 0.5689。斑块数 10 个，平均斑块面积 70.6419hm²，斑块破碎度 0.0142。

落叶松、黄波罗针阔混交林健康。无自然干扰。

第四节　落叶松杨、榆、槐针阔混交林

落叶松杨、榆、槐针阔混交林是以落叶松和杨树、榆树、槐树为优势树种组的森林群落。主要分布在黑龙江、吉林、辽宁等省。本次调查结果中，共有落叶松水、胡、黄针阔混交林 3 种，面积 115526.0219hm²，蓄积量 22913583.5358m³，生物量 17428545.2721t，碳储量 8714272.6365t，分别占落叶针阔混交林类型、面积、蓄积量、生物量、碳储量的 20.00%、2.89%、4.78%、4.32%、4.32%。平均每公顷蓄积量 198.3413hm²，每公顷生物量 150.8625t，每公顷碳储量 75.4313t，斑块数 2135 个，平均斑块面积 54.1105hm²，斑块破碎度 0.0185，分别占落叶针阔混交林类型平均每公顷蓄积量、每公顷生物量、每公顷碳储量、斑块数、平均斑块面积、斑块破碎度的 165.34%、149.60%、149.60%、9.40%、30.74%、325.23%。

16. 落叶松、杨树针阔混交林（*Larix*，*Populus* forest）

在黑龙江、吉林、辽宁 3 个省有落叶松、杨树针阔混交林分布，面积 91905.9735hm²，蓄积量 20280225.8537m³，生物量 14931627.3248t，碳储量 7465813.6629t。每公顷蓄积量 220.6628m³，每公顷生物量 162.46635t，每公顷碳储量 81.2332t。多样性指数 0.6488，优势度指数 0.3511，均匀度指数 0.2774。斑块数 1628 个，平均斑块面积 56.4533hm²，斑块破碎度 0.0177。

（1）在黑龙江，落叶松、杨树针阔混交林分布于大兴安岭山区、小兴安岭山区、牡丹江、宁安、海林等地。

乔木除落叶松、杨树外，还有白桦、樟子松、红松、红皮云杉、臭冷杉、蒙古栎、花楸、油松、色木槭、胡桃楸、紫椴、蒙古栎、水曲柳。灌木主要有兴安杜鹃、胡枝子、柳叶绣线菊、北极悬钩子、狭叶杜香、越桔、笃斯越桔、兴安茶藨子、东北赤杨、刺玫蔷薇、绢毛绣线菊、柳叶蓝靛果、杜香、稠李、大果榆、槭树。草本主要有裂叶蒿、兴安鹿药、红花鹿蹄草、地榆、兴安麻花头、大叶柴胡、舞鹤草、绒背老鹳草、东方草莓、七瓣莲、唢呐草、酢浆草、大油芒、野古草、隐子草、羊草、狗尾草、黄蒿。

乔木层平均树高 19.5m，灌木层平均高 0.2m，草本层平均高 0.1m，乔木平均胸径 20.45cm，乔木郁闭度 0.75，灌木盖度 0.5，草本盖度 0.35，植被总盖度 0.85。

面积 57393.7084hm²，蓄积量 15726577.6070m³，生物量 11562179.8567t，碳储量 5781089.9283t。每公顷蓄积量 274.0122m³，每公顷生物量 201.4538t，每公顷碳储量 100.7269t。

多样性指数 0.6406，优势度指数 0.3593，均匀度指数 0.2605。斑块数 890 个，平均斑块面积 64.4873hm²，斑块破碎度 0.0155。

落叶松、杨树针阔混交林健康。无自然干扰。

（2）在吉林，落叶松、杨树针阔混交林主要分布于长白山地区。

乔木除落叶松、杨树外，还有白桦、樟子松、红松、红皮云杉、臭冷杉、蒙古栎、花楸、油松、色木槭、胡桃楸、紫椴、蒙古栎、水曲柳。灌木主要有桂柳、刺五加、杜鹃、胡枝子、蔷薇、忍冬、绣线菊、珍珠梅、榛子、紫穗槐、花楷槭。草本主要有蒿、蕨、木贼、莎草、山茄子、苔草、小叶章、羊胡子草、大油芒、野古草、隐子草、羊草、狗尾草、黄蒿。

乔木层平均树高 11.5m，灌木层平均高 1.24m，草本层平均高 1.09m，乔木平均胸径

14.12cm，乔木郁闭度 0.75，灌木盖度 0.25，草本盖度 0.47。

面积 33827.1642hm²，蓄积量 4515004.3768m³，生物量 3341036.4950t，碳储量 1670518.2480t。每公顷蓄积量 133.4727m³，每公顷生物量 98.7679t，每公顷碳储量 49.3839t。

多样性指数 0.5454，优势度指数 0.4545，均匀度指数 0.1774。斑块数 705 个，平均斑块面积 47.9818hm²，斑块破碎度 0.0208。

落叶松、杨树针阔混交林健康。无自然干扰。

（3）在辽宁，落叶松、杨树针阔混交林分布在西部地区。

乔木主要有落叶松、杨树、白桦、樟子松、红松、红皮云杉、臭冷杉、蒙古栎、花楸、油松、色木槭、胡桃楸、紫椴、水曲柳。灌木主要有刺五加、杜鹃、胡枝子、蔷薇、忍冬、绣线菊、珍珠梅、榛子、柽柳、刺五加、胡枝子、花楷槭、紫穗槐。草本主要有大油芒、野古草、隐子草、羊草、狗尾草、黄蒿、蒿、蕨、木贼、莎草、山茄子、苔草、小叶章、羊胡子草。

乔木层平均树高 11.9m，灌木层平均高 2.2m，草本层平均高 0.24m，乔木平均胸径 10.84cm，郁闭度 0.64，灌木盖度 0.6，草本盖度 0.29，植被总盖度 0.91。

面积 685.1007hm²，蓄积量 38643.8699m³，生物量 28410.9732t，碳储量 14205.4866t。每公顷蓄积量 56.4061m³，每公顷生物量 41.4698t，每公顷碳储量 20.7349t。

多样性指数 0.7606，优势度指数 0.2393，均匀度指数 0.6943。斑块数 33 个，平均斑块面积 20.7606hm²，斑块破碎度 0.0482。

落叶松、杨树针阔混交林健康。无自然干扰。

17. 落叶松、榆树针阔混交林（*Larix*，*Ulmus pumila* forest）

在黑龙江、吉林、上海 3 个省（直辖市）有落叶松、榆树针阔混交林分布，面积 22000.7194hm²，蓄积量 2552703.2299m³，生物量 2424328.9402t，碳储量 1212164.4701t。每公顷蓄积量 116.0282m³，每公顷生物量 110.1932t，每公顷碳储量 55.0966t。多样性指数 0.6124，优势度指数 0.3875，均匀度指数 0.3991。斑块数 412 个，平均斑块面积 53.3998hm²，斑块破碎度 0.0187。

（1）在黑龙江，落叶松、榆树针阔混交林分布于大兴安岭山区、小兴安岭山区、牡丹江、宁安、海林等地。

乔木除落叶松、榆树外，还有白桦、樟子松、红松、红皮云杉、臭冷杉、蒙古栎、花楸。灌木主要有兴安杜鹃、胡枝子、柳叶绣线菊、北极悬钩子、狭叶杜香、越桔、笃斯越桔、兴安茶藨子、东北赤杨、刺玫蔷薇、绢毛绣线菊、柳叶蓝靛果、杜香、刺五加、花楷槭、忍冬、绣线菊、榛子。草本主要有裂叶蒿、兴安鹿药、红花鹿蹄草、地榆、兴安麻花头、大叶柴胡、舞鹤草、绒背老鹳草、东方草莓、七瓣莲、唢呐草、酢浆草、羊草、莎草、羊胡子草、苔草。

乔木层平均树高 13.23m，灌木层平均高 0.3m，草本层平均高 0.34m，乔木平均胸径 18.23cm，乔木郁闭度 0.55，灌木盖度 0.05，草本盖度 0.27，植被总盖度 0.55。

面积 12042.5252hm²，蓄积量 1167286.5325m³，生物量 1109739.3064t，碳储量 554869.6532t。每公顷蓄积量 96.9304m³，每公顷生物量 92.1517t，每公顷碳储量 46.0759t。

多样性指数 0.6990，优势度指数 0.3009，均匀度指数 0.3672。斑块数 220 个，平均斑块面积 54.7387hm²，斑块破碎度 0.0183。

落叶松、榆树针阔混交林健康。无自然干扰。

（2）在吉林，落叶松、榆树针阔混交林主要分布于长白山地区。

乔木主要有落叶松、榆树、白桦、樟子松、红松、红皮云杉、臭冷杉、蒙古栎、花楸。灌木主要有刺五加、杜鹃、胡枝子、蔷薇、忍冬、绣线菊、珍珠梅、榛子。草本有蒿、蕨、木贼、莎草、山茄子、苔草、小叶章、羊胡子草。

乔木层平均树高 13.7m，灌木层平均高 1.12m，草本层平均高 0.27m，乔木平均胸径 14.61cm，乔木郁闭度 0.75，灌木盖度 0.23，草本盖度 0.43。

面积 9825.7968hm²，蓄积量 1375948.78931m³，生物量 1308114.5140t，碳储量 654057.2570t。每公顷蓄积量 140.0343m³，每公顷生物量 133.1306t，每公顷碳储量 66.5653t。

多样性指数 0.6384，优势度指数 0.3615，均匀度指数 0.3501。斑块数 190 个，平均斑块面积 51.7147hm²，斑块破碎度 0.0193。

落叶松、榆树针阔混交林健康。无自然干扰。

（3）在上海，落叶松、榆树针阔混交林分布在市区和闵行区环城交界处，有少量分布。

落叶松、榆树林主要是人工林，组成树种单一。林下灌木、草本不发达。

平均胸径 18.9cm，平均树高 13.8m，郁闭度 0.62。

面积 132.4020hm²，蓄积量 9467.9081m³，生物量 6475.1198t，碳储量 3237.5599t。每公顷蓄积量 71.5088m³，每公顷生物量 48.9050t，每公顷碳储量 24.4525t。

多样性指数 0.5000，优势度指数 0.5000，均匀度指数 0.4800。斑块数 2 个，平均斑块面积 66.2009hm²，斑块破碎度 0.0151。

落叶松、榆树针阔混交林生长健康。无自然干扰。人为干扰主要是抚育管理。

18. 落叶松、槐树针阔混交林（*Larix*，*Robinia pseudoacacia* forest）

在辽宁，落叶松、槐树针阔混交林分布于辽南、辽西地区。

乔木主要有落叶松、刺槐、白桦、樟子松、红松、红皮云杉、臭冷杉、蒙古栎、花楸。灌木主要有刺五加、杜鹃、胡枝子、蔷薇、忍冬、绣线菊、珍珠梅、榛子、荆条、酸枣。草本主要有蒿、紫羊茅、蕨、木贼、莎草、山茄子、苔草、小叶章、羊胡子草。

乔木层平均树高 8.2m，灌木层平均高 1.2m，草本层平均高 0.2m，乔木平均胸径 10.12cm，乔木郁闭度 0.67，灌木盖度 0.28，草本盖度 0.28，植被总盖度 0.88。

面积 1619.3289hm²，蓄积量 80654.4521m³，生物量 72589.0070t，碳储量 36294.5035t。每公顷蓄积量 49.8073m³，每公顷生物量 44.8266t，每公顷碳储量 22.4133t。

多样性指数 0.2698，优势度指数 0.7301，均匀度指数 0.1255。斑块数 95 个，平均斑块面积 17.0456hm²，斑块破碎度 0.0587。

落叶松、槐树针阔混交林健康。无自然干扰。

第五节　落叶松栎树针阔混交林

落叶松栎树针阔混交林是以落叶松和蒙古栎为优势树种组的森林群落。主要分布在黑龙江、吉林、辽宁等省。本次调查结果中，共有落叶松栎类针阔混交林 3 种，面积 325597.9988hm²，蓄积量 33102591.1737m³，生物量 33527239.5274t，碳储量 16763619.7638t，分别占落叶针阔混交林类型、面积、蓄积量、生物量、碳储量的 20.00%、8.14%、6.90%、8.32%、8.32%。平均每公顷蓄积量 101.6671hm²，每公顷生物量 102.9713t，每公顷碳储量 51.4856t，斑块数 4481 个，平均斑块面积 72.6619hm²，斑块破碎度 0.0138，分别占落叶针阔混交林类型平均每公顷蓄积量、每公顷生物量、每公顷碳储量、斑块数、平均斑块面积、斑块破碎度的 84.75%、102.11%、102.11%、19.73%、41.28%、242.19%。

19. 落叶松、蒙古栎针阔混交林（*Larix*，*Quercus mongolica* forest）

在黑龙江、吉林、辽宁 3 个省有落叶松、蒙古栎针阔混交林分布，面积 209418.1014hm²，蓄积量 22825571.8299m³，生物量 24866940.0032t，碳储量 12433470.0019t。每公顷蓄积量 108.9952m³，每公顷生物量 118.7430t，每公顷碳储量 59.3715t。多样性指数 0.6701，优势度指数 0.3298，均匀度指数 0.2432。斑块数 3745 个，平均斑块面积 55.9194hm²，斑块破碎度 0.0179。

（1）在黑龙江，落叶松、蒙古栎针阔混交林分布于大兴安岭山区、小兴安岭山区、牡丹江、宁安、海林等地。

乔木主要有兴安落叶松、蒙古栎、白桦、樟子松、红松、红皮云杉、臭冷杉、花楸、黑桦、紫椴、色木槭、山杨、槲树、麻栎、辽东栎。灌木主要有兴安杜鹃、胡枝子、柳叶绣线菊、北极悬钩子、狭叶杜香、越桔、笃斯越桔、兴安茶藨子、东北赤杨、刺玫蔷薇、绢毛绣线菊、柳叶蓝靛果、杜香、榛毛榛。草本主要有裂叶蒿、兴安鹿药、红花鹿蹄草、地榆、兴安麻花头、大叶柴胡、舞鹤草、绒背老鹳草、东方草莓、七瓣莲、唢呐草、酢浆草、大油芒、铁杆蒿、土三七、东北牡蒿、桔梗。

乔木层平均树高 8.9m，灌木层平均高 1m，草本层平均高 0.17m，乔木平均胸径 15.4cm，乔木郁闭度 0.5，灌木盖度 0.21，草本盖度 0.3，植被总盖度 0.76。

面积 115795.1707hm²，蓄积量 10236872.0743m³，生物量 14740594.1803t，碳储量 7370297.0900t。每公顷蓄积量 88.4050m³，每公顷生物量 127.2989t，每公顷碳储量 63.6494t。

多样性指数 0.6391，优势度指数 0.3608，均匀度指数 0.2760。斑块数 2108 个，平均斑块面积 54.9313hm²，斑块破碎度 0.0182。

落叶松、蒙古栎针阔混交林健康。无自然干扰。

（2）在吉林，落叶松、蒙古栎针阔混交林主要分布于长白山地区。

乔木主要有落叶松、蒙古栎、白桦、樟子松、红松、红皮云杉、臭冷杉、花楸、黑桦、紫椴、色木槭、山杨、槭树、麻栎、辽东栎。灌木主要有刺五加、杜鹃、胡枝子、蔷薇、忍冬、绣线菊、珍珠梅、榛子、花楷槭、山梅花。草本有蒿、蕨、木贼、莎草、山茄子、苔草、小叶章、羊胡子草、问荆。

乔木层平均树高 12.6m，灌木层平均高 1.39m，草本层平均高 0.43m，乔木平均胸径 14.61cm，乔木郁闭度 0.73，灌木盖度 0.28，草本盖度 0.48。

面积 77195.3902hm²，蓄积量 11662086.1115m³，生物量 9369001.0610t，碳储量 4684500.5310t。每公顷蓄积量 151.0723m³，每公顷生物量 121.3674t，每公顷碳储量 60.6837t。

多样性指数 0.7215，优势度指数 0.2784，均匀度指数 0.2329。斑块数 1072 个，平均斑块面积 72.0106hm²，斑块破碎度 0.0139。

落叶松、蒙古栎针阔混交林健康。无自然干扰。

（3）在辽宁，落叶松、蒙古栎针阔混交林主要分布于西部地区。

乔木主要有落叶松、蒙古栎、白桦、樟子松、红皮云杉、黑桦、紫椴、色木槭、白桦、山杨、槭树、麻栎、辽东栎。灌木主要有刺五加、杜鹃、胡枝子、蔷薇、忍冬、绣线菊、珍珠梅、榛子、杜鹃、花楷槭、山梅花。草本主要有蒿、蕨、木贼、莎草、羊胡子草、苔草、小叶章、山茄子、问荆。

乔木层平均树高 8.53m，灌木层平均高 2.2m，草本层平均高 0.24m，乔木平均胸径 8.36cm，乔木郁闭度 0.64，灌木盖度 0.6，草本盖度 0.29，植被总盖度 0.91。

面积 16427.5402hm²，蓄积量 926613.6441m³，生物量 757344.7619t，碳储量 378672.3809t。每公顷蓄积量 56.4061m³，每公顷生物量 46.1021t，每公顷碳储量 23.0511t。

多样性指数 0.6499，优势度指数 0.3500，均匀度指数 0.2208。斑块数 565 个，平均斑块面积 29.0753hm²，斑块破碎度 0.0344。

落叶松、蒙古栎针阔混交林健康。无自然干扰。

20. 落叶松、蒙古栎、花楸针阔混交林（*Larix*，*Quercus mongolica*，*Sorbus pohuashanensis* forest）

在黑龙江、吉林、辽宁 3 个省有落叶松、蒙古栎、花楸针阔混交林分布，面积 40747.9543hm²，蓄积量 4821479.4942m³，生物量 3752937.1825t，碳储量 1876468.590t。每公顷蓄积量 118.3245m³，每公顷生物量 92.1012t，每公顷碳储量 46.0506t。多样性指数 0.7088，优势度指数 0.2911，均匀度指数 0.3031。斑块数 446 个，平均斑块面积 91.3631hm²，斑块破碎度 0.0109。

（1）在黑龙江，落叶松、蒙古栎、花楸针阔混交林分布于大兴安岭山区、小兴安岭山区、牡丹江、宁安、海林等地。

乔木主要有落叶松、白桦、樟子松、红松、红皮云杉、臭冷杉、蒙古栎、花楸。灌木主要有兴安杜鹃、胡枝子、柳叶绣线菊、北极悬钩子、狭叶杜香、越桔、笃斯越桔、兴安茶藨子、东北赤杨、刺玫蔷薇、绢毛绣线菊、柳叶蓝靛果、杜香、忍冬、珍珠梅、榛子。草本主要有裂叶蒿、兴安鹿药、红花鹿蹄草、地榆、兴安麻花头、大叶柴胡、舞鹤草、绒背老鹳草、东方草莓、七瓣莲、唢呐草、酢浆草、蒿、宽叶苔草、莎草、小叶章、羊草。

乔木层平均树高 12m，灌木层平均高 1.3m，草本层平均高 0.18m，乔木平均胸径 19.7cm，乔木郁闭度 0.5，灌木盖度 0.2，草本盖度 0.1，植被总盖度 0.5。

面积 26215.6297hm^2，蓄积量 3106552.1307m^3，生物量 2471513.8507t，碳储量 1235756.9250t。每公顷蓄积量 118.5000m^3，每公顷生物量 94.2763t，每公顷碳储量 47.1382t。

多样性指数 0.5345，优势度指数 0.4654，均匀度指数 0.2377。斑块数 223 个，平均斑块面积 117.5589hm^2，斑块破碎度 0.0085。

落叶松、蒙古栎、花楸针阔混交林健康。无自然干扰。

（2）在吉林、落叶松、蒙古栎、花楸针阔混交林分布于长白山地区。

乔木主要有落叶松、白桦、樟子松、红松、红皮云杉、臭冷杉、蒙古栎、花楸。灌木主要有刺五加、杜鹃、胡枝子、蔷薇、忍冬、绣线菊、珍珠梅、榛子。草本主要有蒿、蕨、木贼、莎草、山茄子、苔草、小叶章、羊胡子草、宽叶苔草、羊草。

乔木层平均树高 10.2m，灌木层平均高 1.42m，草本层平均高 0.39m，乔木平均胸径 12.45cm，乔木郁闭度 0.73，灌木盖度 0.27，草本盖度 0.53。

面积 12944.1493hm^2，蓄积量 1534893.8896m^3，生物量 1161628.7390t，碳储量 580814.3695t。每公顷蓄积量 118.5782m^3，每公顷生物量 89.7416t，每公顷碳储量 44.8708t。

多样性指数 0.7233，优势度指数 0.2766，均匀度指数 0.2123。斑块数 174 个，平均斑块面积 74.3917hm^2，斑块破碎度 0.0134。

落叶松、蒙古栎、花楸针阔混交林健康。无自然干扰。

（3）在辽宁，落叶松、蒙古栎、花楸针阔混交林分布于抚顺县、凤城市境内，其他地区如清原满族自治县、辽阳县等区域也有零散分布。

乔木主要有落叶松、白桦、蒙古栎、花楸等杂木。灌木主要有刺五加、杜鹃、胡枝子、蔷薇、忍冬、绣线菊、珍珠梅、榛子。草本主要有蒿、宽叶苔草、莎草、苔草、小叶章、羊草、蕨、木贼、山茄子、羊胡子草。

乔木层平均树高 7.6m，灌木层平均高 1.8m，草本层平均高 0.25m，乔木平均胸径 9.54cm，乔木郁闭度 0.64，灌木盖度 0.45，草本盖度 0.33，植被总盖度 0.9。

面积 1588.1751hm^2，蓄积量 180033.47388m^3，生物量 119794.5928t，碳储量 59897.2964t。每公顷蓄积量 113.3587m^3，每公顷生物量 75.4291t，每公顷碳储量 37.7145t。

多样性指数 0.8688，优势度指数 0.1311，均匀度指数 0.4594。斑块数 49 个，平均斑

块面积 32.4117hm², 斑块破碎度 0.0309。

落叶松、蒙古栎、花楸针阔混交林健康。无自然干扰。

21. 落叶松、蒙古栎、桦木针阔混交林（*Larix*, *Quercus mongolica*, *Betula* forest）

在辽宁, 落叶松、蒙古栎、桦木针阔混交林在东部和西部均有广泛分布。

乔木主要有蒙古栎、枫桦、杨树、水曲柳、榆树、白桦、黄波罗、落叶松、云杉、樟子松。灌木主要有忍冬、绣线菊、珍珠梅、榛子。草木主要有蒿、宽叶苔草、莎草、苔草、小叶章、羊草。

乔木层平均树高 7.8m, 灌木层平均高 1.5m, 草本层平均高 0.36m, 乔木平均胸径 7.99cm, 乔木郁闭度 0.5, 灌木盖度 0.26, 草本盖度 0.37, 植被总盖度 0.86。

面积 75431.9431hm², 蓄积量 5455539.8496m³, 生物量 4907362.3417t, 碳储量 2453681.1710t。每公顷蓄积量 72.3240m³, 每公顷生物量 65.0568t, 每公顷碳储量 32.5284t。

多样性指数 0.1534, 优势指数 0.8460, 均匀度指数 0.0709。斑块数 290 个, 平均斑块面积 260.1101hm², 斑块破碎度 0.0038。

落叶松、蒙古栎、桦木针阔混交林生长健康。无自然和人为干扰。

第十二章
常绿落叶针阔混交林

常绿落叶针阔混交林是以常绿针叶树、落叶阔叶树为优势树种组的森林群落，是典型的寒温带针叶林和夏绿阔叶林间的过渡类型为主，通常由栎属、槭属、椴属等阔叶树种与云杉、冷杉、松属的一些种类混合组成。本次调查结果中，共有常绿落叶针阔混交林 60 种，面积 2695530.2878hm²，蓄积量 330129020.2783m³，生物量 288195710.1627t，碳储量 144051019.3636t，分别占全国针阔混交林类型、面积、蓄积量、生物量、碳储量的 74.07%、35.92%、31.96%、31.46%、31.46%。平均每公顷蓄积量 122.4728hm²，每公顷生物量 106.9161t，每公顷碳储量 53.4406t，斑块数 51529 个，平均斑块面积 52.3109hm²，斑块破碎度 0.0191，分别占针阔混交林类型平均每公顷蓄积量、每公顷生物量、每公顷碳储量、斑块数、平均斑块面积、斑块破碎度的 88.96%、87.25%、87.58%、68.68%、52.30%、191.19%。

第一节 常绿松树落叶阔叶树针阔混交林

常绿松树落叶阔叶树针阔混交林是以常绿松树、落叶阔叶树为优势树种组的森林群落。主要分布在黑龙江、吉林、辽宁以及甘肃、山西、四川等省。本次调查结果中，共有常绿松树落叶阔叶树针阔混交林 33 种，面积 1406932.7467hm²，蓄积量 139996381.0718m³，生物量 138298836.9618t，碳储量 69125117.0152t，分别占常绿针叶落叶阔叶针阔混交林类型、面积、蓄积量、生物量、碳储量的 55.00%、52.19%、42.40%、47.98%、47.98%。平均每公顷蓄积量 99.5047hm²，每公顷生物量 98.2981t，每公顷碳储量 49.1318t，斑块数 30722 个，平均斑块面积 45.7956hm²，斑块破碎度 0.0218，分别占常绿针叶落叶阔叶针阔混交林类型平均每公顷蓄积量、每公顷生物量、每公顷碳储量、斑块数、平均斑块面积、斑块破碎度的 81.24%、91.93%、91.93%、59.62%、87.54%、114.22%。

22. 赤松、蒙古栎针阔混交林（*Pinus densiflorac*，*Quercus mongolica* forest）

在黑龙江，赤松、蒙古栎针阔混交林分布于宁安（镜泊湖）至东宁一带。

乔木主要有赤松、蒙古栎、胡桃楸、大叶朴、黑桦、紫椴、色木槭、白桦、山杨、槲树、麻栎、辽东栎。灌木主要有荆条、酸枣、山兰、胡枝子、连翘、榛、东北绣线梅、毛叶锦带花、崖椒、毛榛、兴安杜鹃。草本主要有黄背草、白羊草、马唐、野香茅、白茅。

乔木层平均树高 7.15m，灌木层平均高 1.25m，草本层平均高 0.25m，乔木平均胸径 14.65cm，乔木郁闭度 0.55，灌木盖度 0.15，草本盖度 0.4，植被总盖度 0.55。

面积 4979.0430hm²，蓄积量 1072407.0408m³，生物量 796924.9754t，碳储量 398462.4877t。每公顷蓄积量 215.3842m³，每公顷生物量 160.0558t，每公顷碳储量 80.0279t。

多样性指数 0.6242，优势度指数 0.3757，均匀度指数 0.3086。斑块数 94 个，平均斑块面积 52.9685hm²，斑块破碎度 0.0189。

赤松、蒙古栎针阔混交林健康。无自然干扰。

23. 黑松、赤松、麻栎针阔混交林（*Pinus thunbergii*，*Pinus densiflora*，*Quercus acutissima* forest）

在山东、上海 2 个省（直辖市）有黑松、赤松、麻栎针阔混交林分布，面积 22320.6339hm²，蓄积量 664448.9277m³，生物量 584431.0284t，碳储量 292215.5496t。每公顷蓄积量 29.7684m³，每公顷生物量 26.1834t，每公顷碳储量 13.0917t。多样性指数 0.5950，优势度指数 0.4050，均匀度指数 0.3800。斑块数 14 个，平均斑块面积 1594.3310hm²，斑块破碎度 0.0006。

（1）在山东，黑松、赤松、麻栎针阔混交林主要种植于山东半岛低山丘陵和沿海沙滩以及鲁中南的低山丘陵上。包括蓬莱、牟平、威海、荣成、乳山、海阳、日照地区。

乔木有黑松、赤松、麻栎、栓皮栎、水榆花楸、紫椴等。灌木有胡枝子、荆条、酸枣、花木蓝等。草本有隐子草、羊胡子台草、野古草、长蕊石头花、野艾蒿等。

乔木层平均树高 5~8m，灌木层平均高 0.4~0.5m，草本层平均高 0.2m 以下，乔木平均胸径 13cm，乔木郁闭度 0.5~0.8，灌木盖度 0.1~0.2，草本盖度 0.5~0.7。

面积 22302.4000hm²，蓄积量 662608.8555m³，生物量 583382.9233t，碳储量 291691.4617t。每公顷蓄积量 29.7102m³，每公顷生物量 26.1579t，每公顷碳储量 13.0789t。

多样性指数 0.6900，优势度指数 0.3100，均匀度指数 0.2700。斑块数 11 个，平均斑块面积 2027.49hm²，斑块破碎度 0.0004。

病害无。虫害轻。火灾轻。人为干扰类型为森林经营活动。自然干扰类型为病虫害。

（2）在上海，黑松、赤松、麻栎针阔混交林分布于佘山国家森林公园、共青国家森林公园、东平国家森林公园等地区。

黑松、赤松、麻栎林为人工栽培林，林下灌木、草本不发达。

乔木平均胸径 18.9cm，平均树高 15.3m，郁闭度 0.7。

面积 18.2339hm²，蓄积量 1840.0722m³，生物量 1048.1051t，碳储量 524.0879t。每公顷蓄积量 100.9149m³，每公顷生物量 57.4811t，每公顷碳储量 28.7425t。

多样性指数 0.5000，优势度指数 0.5000，均匀度指数 0.4900。斑块数 3 个，平均斑块面积 6.0780hm²，斑块破碎度 0.1645。

病害无。虫害轻。火灾轻。人为干扰类型为森林经营活动。自然干扰类型为病虫害。

24. 赤松、野柿、化香针阔混交林（*Pinus densiflora*，*Diospyros kaki* var. *silvestris*，*Platycarya strobilacea* forest）

在江苏，赤松、野柿、化香针阔混交林分布于连云港市。连云港市云台山主峰大桅尖海拔 625m，除花果山、黄窝及柳河等局部地方尚残存阔叶林外，几乎为赤松、野柿、化香针阔混交林覆盖。

乔木有赤松、野柿、化香树、黄檀、木梨、榔榆、黄连木、短柄枹栎、枫香树、野茉莉等。灌木有绿叶胡枝子、算盘子、牡荆、细梗胡枝子、狭叶山胡椒、荚蒾、白檀、茅莓、山莓、扁担杆、圆叶鼠李、野花椒等。草本有黄背草、桔草、委陵菜、牡蒿、蕨、苔草、野菊花、野古草、白茅、结缕草、狗尾草、白莲蒿等。

乔木层平均树高 8.6m，灌木层平均高 0.9m，草本层平均高 0.2m，乔木平均胸径 11.2cm，乔木郁闭度 0.4~0.75，灌木盖度 0.5，草本盖度 0.45。

面积 5870.7300hm²，蓄积量 282802.2224m³，生物量 161084.1459t，碳储量 80542.0730t。每公顷蓄积量 48.1716m³，每公顷生物量 27.4385t，每公顷碳储量 13.7193t。

多样性指数 0.8500，优势度指数 0.1500，均匀度指数 0.2500。斑块数 14 个，平均斑块面积 419.3380hm²，斑块破碎度 0.0023。

病害无。虫害轻。火灾轻。人为干扰类型为森林经营活动。自然干扰类型为自然火。

25. 黑松、黄檀、栓皮栎针阔混交林（*Pinus thunbergii*，*Dalbergia hupeana*，*Quercus variabilis* forest）

在江苏，黑松、黄檀、栓皮栎针阔混交林分布于南京市。南京紫金山南坡分布着全省保存最好、树龄最大、面积也最大的一片黑松黄檀栓皮栎针阔混交林。

乔木有黑松、黄檀、栓皮栎、麻栎、黄连木等。灌木有白檀、算盘子、芫花、白马骨、山胡椒、狭叶山胡椒、细梗胡枝子、茅莓、扁担杆等。草本有隐子草、黄背草、牡蒿、白莲蒿、马兰、野菊花、桔草、杏叶沙参、珍珠菜、地榆、桔梗、朝天委陵菜等。

乔木层平均树高 8m，郁闭度 0.6~0.8，平均胸径 11.6cm。灌木层平均高 1.0m，草本层平均高 0.2m。灌木盖度 0.2，草本盖度 0.3。

面积 14001.8000hm²，蓄积量 708758.2904m³，生物量 583024.5696t，碳储量 291512.2848t。每公顷蓄积量 50.6191m³，每公顷生物量 41.6393t，每公顷碳储量 20.8196t。

多样性指数 0.7900，优势度指数 0.2100，均匀度指数 0.3100。斑块数 25 个，平均斑块面积 560.0710hm²，斑块破碎度 0.0017。

病害无。虫害无。火灾轻。人为干扰类型为森林经营活动。自然干扰类型为病虫害。

26. 黑松、蒙古栎针阔混交林（*Pinus thunbergii*，*Quercus mongolica* forest）

在辽宁，黑松、蒙古栎针阔混交林分布于辽西地区的锦州市、朝阳市、凌源市等地区。

乔木主要有黑松、蒙古栎、枫香、白栎、麻栎、黄檀。灌木主要有紫穗槐、单叶蔓荆、胡枝子、野蔷薇、杜鹃、胡枝子、花楸槭、忍冬、山梅花、珍珠梅、榛子。草本主要有羊胡子台草、马齿苋、肾叶打碗花、毛鸭嘴草、茵陈蒿、鸭跖草、龙葵、蒿、蕨、木贼、莎草、羊胡子草、苔草、山茄子、问荆。

乔木层平均树高 7.0m，灌木层平均高 1.5m，草本层平均高 0.24m，乔木平均胸径 9.62cm，乔木郁闭度 0.68，灌木盖度 0.46，草本盖度 0.29，植被总盖度 0.89。

面积 1308.4598hm²，蓄积量 134734.3762m³，生物量 173972.4344t，碳储量 86986.2172t。每公顷蓄积量 102.9717m³，每公顷生物量 132.9597t，每公顷碳储量 66.4798t。

多样性指数 0.7132，优势度指数 0.2867，均匀度指数 0.2215。斑块数 56 个，平均斑块面积 23.3654hm²，斑块破碎度 0.0428。

黑松、蒙古栎针阔混交林健康。无自然干扰。

27. 马尾松、短柄枹栎针阔混交林（*Pinus massoniana*，*Quercus glandulifera* var. *brevipetiolata* forest）

在江苏，马尾松、短柄枹栎针阔混交林分布于境内长江以南各地丘陵、低山，长江以北丘陵有零星分布。海拔 1000m 以下的丘陵、低山普遍分布，生长正常。

乔木有马尾松、短柄枹栎、山槐、黄檀、野柿、木蜡树、冬青、杨梅、苦槠、青冈、柯等。灌木有白马骨、江南越桔、白檀、羊踯躅、芫花、野鸦椿、小果蔷薇、四川山矾、格药柃、檵木、马银花、栀子、油茶、连蕊茶等。草本有锈鳞苔草、芒、一枝黄花、翻白草、星宿菜、朝阳隐子草、白花败酱、沿阶草、黄背草、桔草、细柄草、疏花野青茅、淡竹叶、单头紫菀等。

乔木层平均树高 10.5m，平均胸径 15cm，郁闭度 0.6~0.7。灌木层平均高 0.8m，草本层平均高 0.2m。灌木盖度 0.2，草本盖度 0.3。

面积 41367.7000hm²，蓄积量 1531747.6541m³，生物量 1324808.5461t，碳储量 662404.2730t。每公顷蓄积量 37.0276m³，每公顷生物量 32.0252t，每公顷碳储量 16.0126t。

多样性指数 0.8200，优势度指数 0.1800，均匀度指数 0.2400。斑块数 60 个，平均斑块面积 689.4610hm²，斑块破碎度 0.0014。

病害无。虫害中等。火灾轻。人为干扰类型为森林经营活动。自然干扰类型为病虫害。

28. 油松、蒙古栎针阔混交林（*Pinus tabulaeformis*，*Quercus mongolica* forest）

在辽宁，油松、蒙古栎针阔混交林分布其西部山地。

乔木主要有油松、蒙古栎、云杉、红松、椴树、枫桦、白桦、杨树、榆树、黑桦、紫椴、色木槭。灌木主要有蔷薇、绣线菊、胡枝子、忍冬、卫矛、紫穗槐、杜鹃、胡枝子、花楷槭、忍冬、山梅花、珍珠梅、榛子。草本主要有蕨、木贼、莎草、苔草、蒿、羊胡子草、山茄子、问荆。

乔木层平均树高 6.7m，灌木层平均高 1.6m，草本层平均高 0.26m，乔木平均胸径 10.81cm，乔木郁闭度 0.65，灌木盖度 0.37，草本盖度 0.33，植被总盖度 0.89。

面积 13113.9864hm²，蓄积量 348123.8844m³，生物量 335039.4044t，碳储量 167519.7022t。每公顷蓄积量 26.5460m³，每公顷生物量 25.5482t，每公顷碳储量 12.7741t。

多样性指数 0.4958，优势度指数 0.5041，均匀度指数 0.1970。斑块数 639 个，平均斑块面积 20.5227hm²，斑块破碎度 0.0487。

油松、蒙古栎针阔混交林健康。无自然干扰。

29. 红松、白桦针阔混交林（*Pinus koraiensis*，*Betula platyphylla* forest）

在黑龙江、吉林 2 个省有红松、白桦针阔混交林分布，面积 15612.2477hm²，蓄积量 3445047.5231m³，生物量 2325763.1082t，碳储量 1162881.5541t。每公顷蓄积量 220.6631m³，每公顷生物量 148.9704t，每公顷碳储量 74.4852t。多样性指数 0.7703，优势度指数 0.2297，均匀度指数 0.3088。斑块数 247 个，平均斑块面积 63.2075hm²，斑块破碎度 0.0158。

（1）在黑龙江，红松、白桦针阔混交林分布于小兴安岭、完达山、张广才岭及老爷岭等山区。

乔木除红松、白桦外，还有山槐、紫椴、蒙古栎、鱼鳞云杉、色木槭、水曲柳、其他混生山杨、蒙椴。灌木主要有兴安杜鹃、胡枝子、瘤枝卫矛、乌苏里绣线菊、兴安柳、谷柳、东北赤杨、刺玫蔷薇、越桔、石生悬钩子、珍珠梅。草本主要有光萼溲疏、小花溲疏、马氏茶藨子、小檗、刺五加、早花忍冬、乌苏里苔草、羊胡子苔草、单花鸢尾、关苍术、宽叶山蒿、铁杆蒿、土三七、紫花野菊花、乌苏里黄芩、舞鹤草、银莲花、轮叶沙参、马莲、贝加尔野豌豆、东方草莓、矮香豌豆、四花苔草、山茄子、大叶柴胡、卵叶风毛菊、鳞毛蕨属、掌叶铁线蕨、兴安鹿药、林木贼。

乔木层平均树高 15.63m，灌木层平均高 1.15m，草本层平均高 0.35m，乔木平均胸径 22.0cm，乔木郁闭度 0.63，灌木盖度 0.29，草本盖度 0.37，植被总盖度 0.81。

面积 10749.0177hm²，蓄积量 2371555.7675m³，生物量 1591506.0160t，碳储量 795753.0080t。每公顷蓄积量 220.6300m³，每公顷生物量 148.0606t，每公顷碳储量 74.0303t。

多样性指数 0.7899，优势度指数 0.2101，均匀度指数 0.3859。斑块数 150 个，平均斑块面积 71.6601hm²，斑块破碎度 0.0140。

红松、白桦针阔混交林健康。无自然干扰。

（2）在吉林，红松、白桦针阔混交林主要分布于东部长白山地区。

乔木主要有红松、白桦、椴树、色木槭、冷杉、胡桃楸、蒙古栎、枫桦、杨树、水曲柳、榆树、黄波罗、落叶松、云杉、樟子松、紫椴。灌木主要有榛子、忍冬、刺五加、胡枝子、花楷槭、绣线菊、珍珠梅。草本主要有蒿、蕨、木贼、莎草、羊胡子草、苔草、山茄子、小叶章。

乔木层平均树高 13.7m，灌木层平均高 1.83m，草本层平均高 0.27m，乔木平均胸径 17.23cm，乔木郁闭度 0.77，灌木盖度 0.28，草本盖度 0.46。

面积 4863.2299hm²，蓄积量 1073491.7556m³，生物量 734257.0922t，碳储量 367128.5461t。每公顷蓄积量 220.7364m³，每公顷生物量 150.9814t，每公顷碳储量 75.4907t。

多样性指数 0.7507，优势度指数 0.2492，均匀度指数 0.2317。斑块数 97 个，平均斑块面积 50.1364hm²，斑块破碎度 0.0199。

红松、白桦针阔混交林健康。无自然干扰。

30. 红松、椴树针阔混交林（*Pinus koraiensis*，*Tilia* forest）

在黑龙江、吉林 2 个省有红松、椴树针阔混交林分布，面积 69680.4307hm²，蓄积量 12813734.4583m³，生物量 11853995.8290t，碳储量 5926997.9145t。每公顷蓄积量 183.8929m³，每公顷生物量 170.1194t，每公顷碳储量 85.0597t。多样性指数 0.7311，优势度指数 0.2689，均匀度指数 0.2888。斑块数 837 个，平均斑块面积 83.2502hm²，斑块破碎度 0.0120。

（1）在黑龙江，红松、椴树针阔混交林分布于小兴安岭、完达山、张广才岭及老爷岭等山区。

乔木有红松、山槐、糠椴、紫椴、蒙古栎、鱼鳞云杉、色木槭、水曲柳，还有少量胡桃楸、黄波罗、春榆、裂叶榆。灌木主要有兴安杜鹃、胡枝子、瘤枝卫矛、乌苏里绣线菊、白丁香、山梅花、接骨木、刺五加、溲疏、稠李、柳叶绣线菊、珍珠梅。草本主要有光萼溲疏、小花溲疏、马氏茶藨子、小檗、刺五加、早花忍冬、乌苏里苔草、单花鸢尾、关苍术、宽叶山蒿、铁杆蒿、土三七、紫花野菊花、大叶柴胡、乌苏里黄芩、紫堇、荷青花、五福花、侧金盏花、银莲花、苋葵、小顶冰花、蚊子草、狭叶荨麻、乌头。

乔木层平均树高 11.83m，灌木层平均高 1.38m，草本层平均高 0.28m，乔木平均胸径 12.8cm，乔木郁闭度 0.73，灌木盖度 0.14，草本盖度 0.25，植被总盖度 0.75。

面积 58040.4474hm²，蓄积量 10126244.3113m³，生物量 10025721.0840t，碳储量 5012860.5420t。每公顷蓄积量 174.4688m³，每公顷生物量 172.7368t，每公顷碳储量 86.3684t。

多样性指数 0.7237，优势度指数 0.2762，均匀度指数 0.3444。斑块数 582 个，平均斑块面积 99.7259hm²，斑块破碎度 0.0100。

红松、椴树针阔混交林健康。无自然干扰。

（2）在吉林，红松、椴树针阔混交林主要分布于东部长白山地区。

乔木主要有红松、椴树、色木槭、冷杉、胡桃楸、蒙古栎、枫桦、杨树、水曲柳、榆树、白桦、黄波罗、落叶松、云杉、樟子松。灌木主要有榛子、忍冬、花楷槭、刺五加。草本主要有蒿、蕨、木贼、莎草、羊胡子草、苔草、山茄子、小叶章。

乔木层平均树高 16.2m，灌木层平均高 1.46m，草本层平均高 0.29m，乔木平均胸径 19.73cm，乔木郁闭度 0.64，灌木盖度 0.3，草本盖度 0.43。

面积 11639.9833hm^2，蓄积量 2687490.1470m^3，生物量 1828274.7450t，碳储量 914137.3725t。每公顷蓄积量 230.8844m^3，每公顷生物量 157.0685t，每公顷碳储量 78.5343t。

多样性指数 0.7385，优势度指数 0.2614，均匀度指数 0.2332。斑块数 255 个，平均斑块面积 45.6470hm^2，斑块破碎度 0.0219。

红松、椴树针阔混交林健康。无自然干扰。

31. 红松、枫桦针阔混交林 (*Pinus koraiensis*, *Betula costata* forest)

在黑龙江、吉林 2 个省有红松、枫桦针阔混交林分布，面积 25014.6459hm^2，蓄积量 7174344.4947m^3，生物量 4559962.9170t，碳储量 2279981.4589t。每公顷蓄积量 286.8058m^3，每公顷生物量 182.2917t，每公顷碳储量 91.1459t。多样性指数 0.7452，优势度指数 0.2547，均匀度指数 0.2698。斑块数 480 个，平均斑块面积 52.1138hm^2，斑块破碎度 0.0192。

(1) 在黑龙江，红松、枫桦针阔混交林分布于小兴安岭、完达山、张广才岭及老爷岭等山区。

乔木除红松、枫桦外，还有山槐、紫椴、蒙古栎、鱼鳞云杉、色木槭、水曲柳、山杨、胡桃楸。灌木主要有兴安杜鹃、胡枝子、瘤枝卫矛、乌苏里绣线菊、暴马丁香、东北山梅花、刺五加、毛榛、稠李。草本主要有光萼溲疏、小花溲疏、马氏茶藨子、小檗、刺五加、早花忍冬、乌苏里苔草、羊胡子苔草、单花鸢尾、关苍术、宽叶山蒿、铁杆蒿、土三七、紫花野菊花、大叶柴胡、乌苏里黄芩、东陵苔草、短柄草、大油芒、宽叶苔草、异叶败酱、龙牙草、黄背草。

乔木层平均树高 13.92m，灌木层平均高 1.14m，草本层平均高 0.32m，乔木平均胸径 20.26cm，乔木郁闭度 0.66，灌木盖度 0.13，草本盖度 0.33，植被总盖度 0.7。

面积 22602.2069hm^2，蓄积量 6544770.3866m^3，生物量 4134076.2072t，碳储量 2067038.1040t。每公顷蓄积量 289.5633m^3，每公顷生物量 182.9059t，每公顷碳储量 91.4529t。

多样性指数 0.7398，优势度指数 0.2601，均匀度指数 0.2993。斑块数 443 个，平均斑块面积 51.0208hm^2，斑块破碎度 0.0196。

红松、枫桦针阔混交林健康。无自然干扰。

(2) 在吉林，红松、枫桦针阔混交林主要分布于东部长白山地区。

乔木主要有红松、枫桦、椴树、色木槭、冷杉、胡桃楸、蒙古栎、枫桦、杨树、水曲柳、榆树、白桦、黄波罗、落叶松、云杉、樟子松。灌木主要有榛子、忍冬、花楷槭、刺五加。草本主要有蒿、蕨、木贼、莎草、羊胡子草、苔草、山茄子、小叶章。

乔木层平均树高 15.7m，灌木层平均高 1.38m，草本层平均高 0.35m，乔木平均胸径 20.3cm，乔木郁闭度 0.63，灌木盖度 0.22，草本盖度 0.42。

面积 2412.4389hm²，蓄积量 629574.1081m³，生物量 425886.7098t，碳储量 212943.3549t。每公顷蓄积量 260.9700m³，每公顷生物量 176.5378t，每公顷碳储量 88.2689t。

多样性指数 0.7507，优势度指数 0.2492，均匀度指数 0.2404。斑块数 37 个，平均斑块面积 65.2011hm²，斑块破碎度 0.0153。

红松、枫桦针阔混交林健康。无自然干扰。

32. 红松、黑桦针阔混交林（*Pinus koraiensis*，*Betula davurica* forest）

在黑龙江，红松、黑桦针阔混交林分布于小兴安岭、完达山、张广才岭及老爷岭等山区。

乔木除红松、黑桦外，还有山槐、紫椴、蒙古栎、鱼鳞云杉、色木槭、水曲柳、山杨。灌木主要有兴安杜鹃、胡枝子、瘤枝卫矛、乌苏里绣线菊、榛、胡枝子、绢毛绣线菊、大叶蔷薇、欧亚绣线菊、东北山梅花。草本主要有光萼溲疏、小花溲疏、马氏茶藨子、小檗、刺五加、早花忍冬、乌苏里苔草、羊胡子苔草、单花鸢尾、关苍术、铁杆蒿、土三七、紫花野菊花、大叶柴胡、苔草、欧百里香、黄芩、窄叶蓝盆花、贝加尔野蚕豆、勿忘草、聚花风铃草、土三七、蓬子菜、叉分蓼、野火球、芨芨草、窄叶野豌豆、芍药、单穗升麻、多裂叶荆芥、狼毒、桔梗、尾叶香茶菜、东风菜、假升麻。

乔木层平均树高 11.15m，灌木层平均高 1.35m，草本层平均高 0.35m，乔木平均胸径 13.1cm，乔木郁闭度 0.7，灌木盖度 0.2，草本盖度 0.55，植被总盖度 0.9。

面积 7231.2736hm²，蓄积量 520024.9897m³，生物量 881655.5677t，碳储量 440827.7839t。每公顷蓄积量 71.9133m³，每公顷生物量 121.9226t，每公顷碳储量 60.9613t。

多样性指数 0.8305，优势度指数 0.1694，均匀度指数 0.4610。斑块数 67 个，平均斑块面积 107.9295hm²，斑块破碎度 0.0093。

红松、黑桦针阔混交林健康。无自然干扰。

33. 红松、胡桃楸针阔混交林（*Pinus koraiensis*，*Juglans mandshurica* forest）

在黑龙江、吉林 2 个省有红松、胡桃楸针阔混交林分布，面积 8031.7299hm²，蓄积量 1395545.1185m³，生物量 1246205.3633t，碳储量 623102.6817t。每公顷蓄积量 173.7540m³，每公顷生物量 155.1603t，每公顷碳储量 77.5801t。多样性指数 0.7386，优势度指数 0.2614，均匀度指数 0.2132。斑块数 233 个，平均斑块面积 34.4709hm²，斑块破碎度 0.0290。

（1）在黑龙江，红松、胡桃楸针阔混交林分布于小兴安岭、完达山、张广才岭及老爷岭等山区。

乔木除红松、胡桃楸外，还有山槐、紫椴、蒙古栎、鱼鳞云杉、色木槭、水曲柳、杨树。灌木主要有兴安杜鹃、胡枝子、瘤枝卫矛、乌苏里绣线菊、虎榛子、暴马丁香、北五味子、刺五加、卫矛。草本主要有光萼溲疏、小花溲疏、马氏茶藨子、小檗、刺五加、早花忍冬、乌苏里苔草、羊胡子苔草、单花鸢尾、土三七、紫花野菊花、大叶柴胡、乌苏里黄芩、忍冬、蚊子草、五福花、碎米荠、山茄子、藜芦、东北蹄盖蕨、绣线菊、鸡树条荚蒾。

乔木层平均树高 14.15m，灌木层平均高 0.55m，草本层平均高 0.15m，乔木平均胸径 16.8cm，乔木郁闭度 0.6，灌木盖度 0.04，草本盖度 0.1，植被总盖度 0.72。

面积 3980.1563hm²，蓄积量 673177.1121m³，生物量 756574.3318t，碳储量 378287.1659t。每公顷蓄积量 169.1333m³，每公顷生物量 190.0866t，每公顷碳储量 95.0433t。

多样性指数 0.6530，优势度指数 0.3466，均匀度指数 0.1653。斑块数 129 个，平均斑块面积 30.8539hm²，斑块破碎度 0.0324。

红松、胡桃楸针阔混交林健康。无自然干扰。

（2）在吉林，红松、胡桃楸针阔混交林主要分布于东部长白山地区。

乔木主要有红松、椴树、色木槭、冷杉、胡桃楸、蒙古栎、枫桦、杨树、水曲柳、榆树、白桦、黄波罗、落叶松、云杉、樟子松、山槐。灌木主要有榛子、忍冬、花楷槭、刺五加。草本主要有蒿、蕨、木贼、莎草、羊胡子草、苔草、山茄子、小叶章。

乔木层平均树高 13.1m，灌木层平均高 1.14m，草本层平均高 0.29m，乔木平均胸径 17.06cm，乔木郁闭度 0.70，灌木盖度 0.27，草本盖度 0.5。

面积 4051.57355hm²，蓄积量 722368.0064m³，生物量 489631.0315t，碳储量 244815.5158t。每公顷蓄积量 178.2932m³，每公顷生物量 120.8496t，每公顷碳储量 60.4248t。

多样性指数 0.8242，优势度指数 0.1757，均匀度指数 0.2611。斑块数 104 个，平均斑块面积 38.9574hm²，斑块破碎度 0.0257。

红松、胡桃楸针阔混交林健康。无自然干扰。

34. 红松、色木槭针阔混交林（*Pinus koraiensis*，*Acer mono* forest）

在黑龙江、吉林 2 个省有红松、色木槭针阔混交林分布，面积 40415.8204hm²，蓄积量 8021769.6154m³，生物量 5987059.2277t，碳储量 2993529.6139t。每公顷蓄积量 198.4809m³，每公顷生物量 148.1365t，每公顷碳储量 74.0683t。多样性指数 0.7537，优势度指数 0.2462，均匀度指数 0.3220。斑块数 351 个，平均斑块面积 115.1448hm²，斑块破碎度 0.0087。

（1）在黑龙江，红松、色木槭针阔混交林分布于小兴安岭、完达山、张广才岭及老爷岭等山区。

乔木除红松、色木槭外，还有山槐、紫椴、糠椴、蒙古栎、鱼鳞云杉、色木槭、水曲柳胡桃楸、黄波罗、春榆、裂叶榆及一些云杉和冷杉。灌木主要有兴安杜鹃、胡枝子、瘤枝卫矛、乌苏里绣线菊、白丁香、各种槭树、山梅花、接骨木、刺五加、溲疏、稠李、柳叶绣线菊、珍珠梅。草本主要有光萼溲疏、小花溲疏、马氏茶藨子、小檗、刺五加、早花忍冬、乌苏里苔草、羊胡子苔草、单花鸢尾、关苍术、宽叶山蒿、铁杆蒿、土三七、紫花野菊花、大叶柴胡、乌苏里黄芩、紫堇、荷青花、五福花、侧金盏花、银莲花属、小顶冰花、蚊子草、狭叶荨麻、乌头。

乔木层平均树高 13.6m，灌木层平均高 1m，草本层平均高 0.3m，乔木平均胸径 18.25cm，乔木郁闭度 0.7，灌木盖度 0.16，草本盖度 0.39，植被总盖度 0.7。

面积 36980.4927hm²，蓄积量 7366908.6064m³，生物量 5500347.6059t，碳储量 2750173.8030t。每公顷蓄积量 199.2107m³，每公顷生物量 148.7365t，每公顷碳储量 74.3682t。

多样性指数 0.7771，优势度指数 0.2228，均匀度指数 0.4027。斑块数 277 个，平均斑块面积 133.5036hm²，斑块破碎度 0.0075。

红松、色木械针阔混交林健康。无自然干扰。

（2）在吉林，红松、色木械针阔混交林主要分布于东部长白山地区。

乔木主要有红松、椴树、色木械、冷杉、胡桃楸、蒙古栎、枫桦、杨树、水曲柳、榆树、白桦、黄波罗、落叶松、云杉、樟子松。灌木主要有榛子、忍冬、花楷械、刺五加。草本主要有蒿、蕨、木贼、莎草、羊胡子草、苔草、山茄子、小叶章。

乔木层平均树高 14.0m，灌木层平均高 1.38m，草本层平均高 0.28m，乔木平均胸径 22.7cm，乔木郁闭度 0.74，灌木盖度 0.23，草本盖度 0.37。

面积 3435.3277hm²，蓄积量 654861.0089m³，生物量 486711.6218t，碳储量 243355.8109t。每公顷蓄积量 190.6255m³，每公顷生物量 141.6784t，每公顷碳储量 70.8392t。

多样性指数 0.7304，优势度指数 0.2695，均匀度指数 0.2414。斑块数 74 个，平均斑块面积 46.4233hm²，斑块破碎度 0.0215。

红松、色木械针阔混交林健康。无自然干扰。

35. 红松、水曲柳针阔混交林（*Pinus koraiensis，Fraxinus mandshurica forest*）

在黑龙江、吉林 2 个省有红松、水曲柳针阔混交林分布，面积 19422.8005hm²，蓄积量 4355867.1389m³，生物量 2817411.5729t，碳储量 1408705.7869t。每公顷蓄积量 224.2657m³，每公顷生物量 145.0569t，每公顷碳储量 72.5285t。多样性指数 0.8048，优势度指数 0.1952，均匀度指数 0.3349。斑块数 291 个，平均斑块面积 66.7450hm²，斑块破碎度 0.0150。

（1）在黑龙江，红松、水曲柳针阔混交林分布于小兴安岭、完达山、张广才岭及老爷岭等山区。

乔木除红松、水曲柳外，还有山槐、紫椴、蒙古栎、鱼鳞云杉、春榆、胡桃楸、黄波罗、大青杨、色木械、水曲柳。灌木主要有有兴安杜鹃、胡枝子、瘤枝卫矛、乌苏里绣线菊、暴马丁香、光叶山楂、毛榛、稠李。草本主要有光萼溲疏、小花溲疏、马氏茶藨子、小檗、刺五加、早花忍冬、乌苏里苔草、羊胡子苔草、单花鸢尾、关苍术、宽叶山蒿、铁杆蒿、土三七、紫花野菊花、大叶柴胡、乌苏里黄芩、毛缘苔草、蚊子草、狭叶荨麻、乌头、东北羊角芹、独活、石芥花、碎米荠、侧金盏花、假扁果草、齿瓣延胡索。

乔木层平均树高 14.4m，灌木层平均高 1.1m，草本层平均高 0.4m，乔木平均胸径 24cm，乔木郁闭度 0.7，灌木盖度 0.08，草本盖度 0.3，植被总盖度 0.7。

面积 15487.9104hm²，蓄积量 3552126.4497m³，生物量 2272668.2631t，碳储量 1136334.1320t。每公顷蓄积量 229.3483m³，每公顷生物量 146.7382t，每公顷碳储量 73.3691t。

多样性指数 0.7923，优势度指数 0.2076，均匀度指数 0.4048。斑块数 203 个，平均斑块面积 76.2951hm²，斑块破碎度 0.0131。

红松、水曲柳针阔混交林健康。无自然干扰。

（2）在吉林，红松、水曲柳针阔混交林主要分布于东部长白山地区。

乔木主要有红松、椴树、色木槭、冷杉、胡桃楸、蒙古栎、枫桦、杨树、水曲柳、榆树、白桦、黄波罗、落叶松、云杉、樟子松。灌木主要有榛子、忍冬、花楷槭、刺五加、暴马丁香、光叶山楂、毛榛、稠李。草本主要有蒿、蕨、木贼、莎草、羊胡子草、苔草、山茄子、小叶章。

乔木层平均树高 13.9m，灌木层平均高 0.9m，草本层平均高度 0.2m，乔木平均胸径 19.28cm，乔木郁闭度 0.72，灌木盖度 0.25，草本盖度 0.42。

面积 3934.8899hm²，蓄积量 803740.6892m³，生物量 544743.3098t，碳储量 272371.6549t。每公顷蓄积量 204.2600m³，每公顷生物量 138.4393t，每公顷碳储量 69.2196t。

多样性指数 0.8173，优势度指数 0.1826，均匀度指数 0.2650。斑块数 88 个，平均斑块面积 44.7147hm²，斑块破碎度 0.0224。

红松、水曲柳针阔混交林健康。无自然干扰。

36. 红松、杨树针阔混交林（*Pinus koraiensis*，*Populus* forest）

在黑龙江、吉林 2 个省有红松、杨树针阔混交林分布，面积 21449.0394hm²，蓄积量 3750658.5702m³，生物量 2753331.0519t，碳储量 1376665.5263t。每公顷蓄积量 174.8637m³，每公顷生物量 128.3662t，每公顷碳储量 64.1831t。多样性指数 0.8325，优势度指数 0.1675，均匀度指数 0.3631。斑块数 511 个，平均斑块面积 41.9746hm²，斑块破碎度 0.0238。

（1）在黑龙江，红松、杨树针阔混交林分布于小兴安岭、完达山、张广才岭及老爷岭等山区。

乔木除红松、杨树外，还有山槐、紫椴、蒙古栎、鱼鳞云杉、色木槭、胡桃楸、水曲柳。灌木主要有兴安杜鹃、胡枝子、瘤枝卫矛、乌苏里绣线菊、稠李、大果榆、槭树。草本主要有光萼溲疏、小花溲疏、马氏茶藨子、小檗、刺五加、早花忍冬、乌苏里苔草、羊胡子苔草、单花鸢尾、关苍术、宽叶山蒿、铁杆蒿、土三七、紫花野菊花、大叶柴胡、乌苏里黄芩、大油芒、野古草、隐子草、羊草、狗尾草、黄蒿。

乔木层平均树高 13.6m，灌木层平均高 1.1m，草本层平均高 0.4m，乔木平均胸径 13.2cm，乔木郁闭度 0.6，灌木盖度 0.13，草本盖度 0.2，植被总盖度 0.7。

面积 17211.3525hm²，蓄积量 2961643.4950m³，生物量 2201742.0454t，碳储量 1100871.0230t。每公顷蓄积量 172.0750m³，每公顷生物量 127.9238t，每公顷碳储量 63.9619t。

多样性指数 0.8447，优势度指数 0.1552，均匀度指数 0.4750。斑块数 417 个，平均斑块面积 41.2742hm²，斑块破碎度 0.0242。

红松、杨树针阔混交林健康。无自然干扰。

（2）在吉林，红松、杨树针阔混交林主要分布于东部长白山地区。

乔木主要有红松、杨树、椴树、色木槭、冷杉、胡桃楸、蒙古栎、枫桦、水曲柳、榆树、白桦、黄波罗、落叶松、云杉、樟子松、油松。灌木主要有桦柳、刺五加、胡枝子、花楷槭、蔷薇、忍冬、珍珠梅、榛子、紫穗槐。草本主要有蒿、蕨、木贼、莎草、羊胡子草、苔草、山茄子、小叶章。

乔木层平均树高 7.3m，灌木层平均高 1.2m，草本层平均高 0.19m，乔木平均胸径 15.49cm，乔木郁闭度 0.68，灌木盖度 0.27，草本盖度 0.3。

面积 4237.6867hm²，蓄积量 789015.0752m³，生物量 551589.0065t，碳储量 275794.5033t。每公顷蓄积量 186.1900m³，每公顷生物量 130.1628t，每公顷碳储量 65.0814t。

多样性指数 0.8203，优势度指数 0.1796，均匀度指数 0.2513。斑块数 94 个，平均斑块面积 45.0818hm²，斑块破碎度 0.0222。

红松、杨树针阔混交林健康。无自然干扰。

37. 红松、榆树针阔混交林（*Pinus koraiensis*，*Ulmus pumila* forest）

在黑龙江、吉林 2 个省有红松、榆树针阔混交林分布，面积 13148.7962hm²，蓄积量 2679193.1044m³，生物量 1698941.1739t，碳储量 849470.5869t。每公顷蓄积量 203.7596m³，每公顷生物量 129.20898t，每公顷碳储量 64.6044t。多样性指数 0.8012，优势度指数 0.1988，均匀度指数 0.3424。斑块数 371 个，平均斑块面积 35.4415hm²，斑块破碎度 0.0282。

（1）在黑龙江，红松、榆树针阔混交林分布于小兴安岭、完达山、张广才岭及老爷岭等山区。

乔木除红松、榆树外，还有山槐、紫椴、蒙古栎、鱼鳞云杉、色木槭、水曲柳。灌木主要有兴安杜鹃、胡枝子、瘤枝卫矛、乌苏里绣线菊、刺五加、花楷槭、忍冬、绣线菊、榛子。草本主要有光萼溲疏、小花溲疏、马氏茶藨子、小檗、刺五加、早花忍冬、单花鸢尾、关苍术、宽叶山蒿、铁杆蒿、土三七、紫花野菊花、大叶柴胡、乌苏里黄芩、羊草、莎草、羊胡子草、苔草。

乔木层平均树高 10.9m，灌木层平均高 1.3m，草本层平均高 0.23m，乔木平均胸径 20.6cm，乔木郁闭度 0.6，灌木盖度 0.2，草本盖度 0.4，植被总盖度 0.6。

面积 11762.4050hm²，蓄积量 2401654.3924m³，生物量 1519596.3821t，碳储量 759798.1910t。每公顷蓄积量 204.1806m³，每公顷生物量 129.1910t，每公顷碳储

量 64.5955t。

多样性指数 0.8307，优势度指数 0.1692，均匀度指数 0.4365。斑块数 337 个，平均斑块面积 34.9033hm²，斑块破碎度 0.0287。

红松、榆树针阔混交林健康。无自然干扰。

（2）在吉林，红松、榆树针阔混交林主要分布于中部地区。

乔木主要有红松、椴树、色木槭、冷杉、胡桃楸、蒙古栎、枫桦、杨树、水曲柳、榆树、白桦、黄波罗、落叶松、云杉、樟子松。灌木主要有刺五加、花楷槭、忍冬、绣线菊、榛子。草本主要有蒿、蕨、木贼、莎草、羊胡子草、苔草、山茄子、小叶章。

乔木层平均树高 16.1m，灌木层平均高 1.53m，草本层平均高 0.24m，乔木平均胸径 19.69cm，乔木郁闭度 0.71，灌木盖度 0.24，草本盖度 0.4。

面积 1386.3912hm²，蓄积量 277538.7120m³，生物量 179344.7918t，碳储量 89672.3959t。每公顷蓄积量 200.1879m³，每公顷生物量 129.3609t，每公顷碳储量 64.6804t。

多样性指数 0.7717，优势度指数 0.2282，均匀度指数 0.2482。斑块数 34 个，平均斑块面积 40.7762hm²，斑块破碎度 0.0245。

红松、榆树针阔混交林健康。无自然干扰。

38. 红松、蒙古栎针阔混交林 (*Pinus koraiensis*, *Quercus mongolica* forest)

在黑龙江、吉林、辽宁 3 个省有红松、蒙古栎针阔混交林分布，面积 59843.5739hm²，蓄积量 21699200.2273m³，生物量 13334534.5433t，碳储量 6667267.2716t。每公顷蓄积量 362.5987m³，每公顷生物量 222.8232t，每公顷碳储量 111.4116t。多样性指数 0.6697，优势度指数 0.3302，均匀度指数 0.3618。斑块数 668 个，平均斑块面积 89.5862hm²，斑块破碎度 0.0112。

（1）在黑龙江，红松、蒙古栎针阔混交林分布于小兴安岭、完达山、张广才岭及老爷岭等山区。

乔木除红松、蒙古栎外，还有山槐、紫椴、白桦、山杨、槲树、麻栎、辽东栎、鱼鳞云杉、色木槭、水曲柳。灌木主要有兴安杜鹃、胡枝子、瘤枝卫矛、乌苏里绣线菊、榛毛榛。草本主要有光萼溲疏、小花溲疏、马氏茶藨子、小檗、刺五加、早花忍冬、乌苏里苔草、羊胡子苔草、单花鸢尾、关苍术、宽叶山蒿、铁杆蒿、土三七、紫花野菊花、大叶柴胡、乌苏里黄芩、大油芒、东北牡蒿、桔梗。

乔木层平均树高 13.6m，灌木层平均高 1.1m，草本层平均高 0.24m，乔木平均胸径 22.2cm，乔木郁闭度 0.8，灌木盖度 0.25，草本盖度 0.25，植被总盖度 0.8。

面积 47986.3558hm²，蓄积量 18724036.1220m³，生物量 11074218.8201t，碳储量 5537109.4100t。每公顷蓄积量 390.1950m³，每公顷生物量 230.7785t，每公顷碳储量 115.3892t。

多样性指数 0.6227，优势度指数 0.3773，均匀度指数 0.2072。斑块数 487 个，平均斑块面积 98.5346hm²，斑块破碎度 0.0101。

红松、蒙古栎针阔混交林健康。无自然干扰。

（2）在吉林，红松、蒙古栎针阔混交林主要分布于东部长白山地区。

乔木主要有红松、蒙古栎、椴树、色木槭、冷杉、胡桃楸、枫桦、杨树、水曲柳、榆树、白桦、黄波罗、落叶松、云杉、樟子松、槲树、黑桦。灌木主要有刺五加、杜鹃、胡枝子、花楷槭、忍冬、山梅花、珍珠梅、榛子。草本主要有蒿、蕨、木贼、莎草、羊胡子草、苔草、山茄子、小叶章。

乔木层平均树高 13.8m，灌木层平均高 1.55m，草本层平均高 0.29m，乔木平均胸径 19.52cm，乔木郁闭度 0.72，灌木盖度 0.33，草本盖度 0.41。

面积 11228.6375hm²，蓄积量 2817443.2955m³，生物量 2176739.8540t，碳储量 1088369.9270t。每公顷蓄积量 250.9159m³，每公顷生物量 193.8561t，每公顷碳储量 96.9280t。

多样性指数 0.8034，优势度指数 0.1965，均匀度指数 0.2560。斑块数 141 个，平均斑块面积 79.6357hm²，斑块破碎度 0.0126。

红松、蒙古栎针阔混交林健康。无自然干扰。

（3）在辽宁，红松、蒙古栎针阔混交林分布于辽东山区的清原县为主，属长白山系的余脉龙岗之脉区域，多为低山丘陵地带。

乔木主要有红松、蒙古栎、椴树、色木槭、臭松、胡桃楸、蒙古栎、枫桦、杨树、水曲柳、榆树、白桦、黄波罗、落叶松、云杉、樟子松、黑桦、紫椴、山杨、槲树、麻栎、辽东栎。灌木主要榛子、忍冬、刺五加、杜鹃、胡枝子、花楷槭、忍冬、山梅花、珍珠梅、榛子。草本主要有蒿、蕨、木贼、莎草、羊胡子草、苔草、山茄子、问荆。

乔木层平均树高 10.0m，灌木层平均高 1.8m，草本层平均高 0.2m，乔木平均胸径 10.88cm，乔木郁闭度 0.6，灌木盖度 0.34，草本盖度 0.32，植被总盖度 0.87。

面积 628.5804hm²，蓄积量 157720.8097m³，生物量 83575.8692t，碳储量 41787.9346t。每公顷蓄积量 250.9158m³，每公顷生物量 132.9597t，每公顷碳储量 66.4798t。

多样性指数 0.5831，优势度指数 0.4168，均匀度指数 0.6222。斑块数 40 个，平均斑块面积 15.7145hm²，斑块破碎度 0.0636。

红松、蒙古栎针阔混交林健康。无自然干扰。

39. 红松、山槐、蒙古栎针阔混交林（*Pinus koraiensis*，*Maackia amurensis*，*Quercus mongolica* forest）

在黑龙江，红松、山槐、蒙古栎针阔混交林分布于大兴安岭的伊春林区和张广才岭牡丹江林区。

乔木主要有红松、山槐、紫椴、蒙古栎、鱼鳞云杉、色木槭、水曲柳。灌木主要有兴安杜鹃、胡枝子、瘤枝卫矛、乌苏里绣线菊、忍冬、绣线菊、珍珠梅、榛子。草本主要有光萼溲疏、小花溲疏、马氏茶藨子、小檗、刺五加、早花忍冬、乌苏里苔草、单花鸢尾、关苍术、土三七、紫花野菊花、大叶柴胡、乌苏里黄芩、蒿、宽叶苔草、莎草、苔草、小叶章、羊草。

乔木层平均树高 13.43m，灌木层平均高 1.13m，草本层平均高 0.33m，乔木平均胸径 13.83cm，乔木郁闭度 0.7，灌木盖度 0.15，草本盖度 0.39，植被总盖度 0.7。

面积 1235.5913hm²，蓄积量 164070.0547m³，生物量 185552.0751t，碳储量 92776.0375t。每公顷蓄积量 132.7867m³，每公顷生物量 150.1727t，每公顷碳储量 75.0863t。

多样性指数 0.5262，优势度指数 0.4737，均匀度指数 0.2159。斑块数 35 个，平均斑块面积 35.3026hm²，斑块破碎度 0.0283。

红松、山槐、蒙古栎针阔混交林健康。无自然干扰。

40. 樟子松、白桦针阔混交林（*Pinus sylvestris* var. *mongolica*，*Betula platyphylla* forest）

在黑龙江、吉林 2 个省有樟子松、白桦针阔混交林分布，面积 523031.6060hm²，蓄积量 41360463.2670m³，生物量 44623147.6843t，碳储量 22311573.8422t。每公顷蓄积量 79.0783m³，每公顷生物量 85.3164t，每公顷碳储量 42.6582t。多样性指数 0.5763，优势度指数 0.4237，均匀度指数 0.2458。斑块数 4201 个，平均斑块面积 124.5017hm²，斑块破碎度 0.0080。

（1）在黑龙江，樟子松、白桦针阔混交林分布于大兴安岭山区、小兴安岭北部的瑷珲、嘉荫、汤旺河等地。

乔木主要有樟子松、白桦，还有少量兴安落叶松。灌木主要有兴安杜鹃、狭叶杜香、越桔、绢毛绣线菊、刺玫蔷薇、胡枝子、兴安柳、谷柳、东北赤杨、石生悬钩子、珍珠梅。草本植物发育良好，有耐旱大叶章、林木贼、地榆、东方草莓、柳兰、铃兰、拂子茅、耧斗菜、兴安柴胡、山野豌豆、矮香豌豆、兴安白头翁、舞鹤草、红花鹿蹄草等、银莲花、轮叶沙参、马莲、贝加尔野蚕豆、粗根老鹳草、曲尾藓、四花苔草、山茄子、卵叶风毛菊、掌叶铁线蕨、兴安鹿药。

乔木层平均树高 10.7m，灌木层平均高 0.4m，草本层平均高 0.1m，乔木平均胸径 10.2cm，乔木郁闭度 0.8，灌木盖度 0.8，草本盖度 0.4，植被总盖度 0.95。

面积 517441.3356hm²，蓄积量 40667870.5735m³，生物量 44071771.3405t，碳储量 22035885.6703t。每公顷蓄积量 78.5942m³，每公顷生物量 85.1725t，每公顷碳储量 42.5862t。

多样性指数 0.6392，优势度指数 0.3607，均匀度指数 0.3259。斑块数 4072 个，平均斑块面积 127.0730hm²，斑块破碎度 0.0079。

樟子松、白桦针阔混交林健康。无自然干扰。

（2）在吉林，樟子松、白桦针阔混交林分布在柳河县、白山市、抚松县境内，龙井市、蛟河市、和龙市以及通化县境内分布较为分散。

乔木主要有樟子松、椴树、冷杉、胡桃楸、蒙古栎、枫桦、杨树、水曲柳、榆树、白桦、落叶松、云杉、红松、山杨、蒙椴、紫椴、色木槭。灌木主要有刺五加、杜鹃、胡枝子、花楷槭、蔷薇、忍冬、榛子、绣线菊、珍珠梅。草本主要有蒿、蕨、木贼、莎草、羊胡子草、苔草、山茄子、羊草、小叶章。

乔木层平均树高 7.5m，灌木层平均高 0.875m，草本层平均高 0.2m，乔木平均胸径 11.45cm，乔木郁闭度 0.85，灌木盖度 0.19，草本盖度 0.35。

面积 5590.2703hm²，蓄积量 692592.6935m³，生物量 551376.3438t，碳储量 275688.1719t。每公顷蓄积量 123.8925m³，每公顷生物量 98.6314t，每公顷碳储量 49.3157t。

多样性指数 0.5134，优势度指数 0.4865，均匀度指数 0.1657。斑块数 129 个，平均斑块面积 43.3354hm²，斑块破碎度 0.0231。

樟子松、白桦针阔混交林健康。无自然干扰。

41. 樟子松、黑桦针阔混交林 (*Pinus sylvestris* var. *mongolica*，*Betula davurica* forest)

在黑龙江，樟子松、黑桦针阔混交林分布于大兴安岭山区、小兴安岭北部的瑷珲、嘉荫、汤旺河等地。

乔木主要有樟子松、黑桦、兴安落叶松、蒙古栎、白桦、山杨。灌木主要有兴安杜鹃、狭叶杜香、越桔、绢毛绣线菊、刺玫蔷薇、胡枝子、榛、胡枝子、绢毛绣线菊、大叶蔷薇、欧亚绣线菊、东北山梅花。草本植物发育良好，有耐旱大叶章、林木贼、地榆、东方草莓、柳兰、铃兰、拂子茅、耧斗菜、兴安柴胡、山野豌豆、兴安白头翁、苔草、欧百里香、黄芩、窄叶蓝盆花、贝加尔野蚕豆、铁杆蒿、掌叶白头翁、毛百合、兴安藜芦、勿忘草、聚花风铃草、土三七、蓬子菜、砂地委陵菜、叉分蓼、野火球、芨芨草、芍药、单穗升麻、多裂叶荆芥、狼毒、桔梗、尾叶香茶菜、绿豆升麻、东风菜、假升麻。

乔木层平均树高 12.6m，灌木层平均高 1.8m，草本层平均高 0.3m，乔木平均胸径 22.1cm，乔木郁闭度 0.8，灌木盖度 0.2，草本盖度 0.45，植被总盖度 0.8。

面积 19937.7453hm²，蓄积量 2929076.3278m³，生物量 2282330.4164t，碳储量 1141165.2080t。每公顷蓄积量 146.9111m³，每公顷生物量 114.4728t，每公顷碳储量 57.2364t。

多样性指数 0.6694，优势度指数 0.3305，均匀度指数 0.3512。斑块数 194 个，平均斑块面积 102.7719hm²，斑块破碎度 0.0097。

樟子松、黑桦针阔混交林健康。无自然干扰。

42. 樟子松、胡桃楸针阔混交林 (*Pinus sylvestris* var. *mongolica*，*Juglans mandshurica* forest)

在吉林，樟子松、胡桃楸针阔混交林分布在集安市、抚松县和通化市境内，白山市、桦甸市、蛟河市也有分布且较为分散。

乔木主要有樟子松、椴树、冷杉、胡桃楸、蒙古栎、枫桦、杨树、榆树、白桦、落叶松、云杉、胡桃楸、红松、水曲柳、色木槭、山槐。灌木主要有刺五加、杜鹃、胡枝子、花楷槭、蔷薇、忍冬、榛子。草本主要有蒿、木贼、莎草、羊胡子草、苔草、山茄子、羊草。

乔木层平均树高 7.1m，灌木层平均高 0.5m，草本层平均高 0.3m，乔木平均胸径 7.73cm，乔木郁闭度 0.90，灌木盖度 0.06，草本盖度 0.13。

面积 20505.1951hm^2，蓄积量 892234.9597m^3，生物量 715970.9328t，碳储量 357985.4664t。每公顷蓄积量 43.5126m^3，每公顷生物量 34.9166t，每公顷碳储量 17.4583t。

多样性指数 0.5061，优势度指数 0.4938，均匀度指数 0.1567。斑块数 106 个，平均斑块面积 193.4452hm^2，斑块破碎度 0.0052。

樟子松、胡桃楸针阔混交林健康。无自然干扰。

43. 樟子松、椴树针阔混交林（*Pinus sylvestris* var. *mongolica*，*Tilia* forest）

在黑龙江，樟子松、椴树针阔混交林分布于大兴安岭山区、小兴安岭北部的瑷珲、嘉荫、汤旺河等地。

乔木主要有樟子松、糠椴、紫椴、色木槭，还有少量胡桃楸、水曲柳、黄波罗、春榆、裂叶榆。灌木主要有兴安杜鹃、狭叶杜香、越桔、绢毛绣线菊、刺玫蔷薇、胡枝子、白丁香、各种槭树、山梅花、接骨木、刺五加、溲疏、稠李、柳叶绣线菊、珍珠梅。草本植物发育良好，有耐旱大叶章、林木贼、地榆、东方草莓、柳兰、铃兰、拂子茅、耧斗菜、兴安柴胡、山野豌豆、矮香豌豆、兴安白头翁、舞鹤草、红花鹿蹄草、紫堇、荷青花、五福花、侧金盏花、银莲花属、菟葵、小顶冰花、蚊子草、狭叶荨麻、乌头。

乔木层平均树高 13.3m，灌木层平均高 0.9m，草本层平均高 0.3m，乔木平均胸径 15.1cm，乔木郁闭度 0.5，灌木盖度 0.1，草本盖度 0.28，植被总盖度 0.7。

面积 2244.1197hm^2，蓄积量 399659.0259m^3，生物量 292852.1495t，碳储量 146426.0748t。每公顷蓄积量 178.0917m^3，每公顷生物量 130.4976t，每公顷碳储量 65.2488t。

多样性指数 0.7517，优势度指数 0.2482，均匀度指数 0.39608。斑块数 31 个，平均斑块面积 72.3910hm^2，斑块破碎度 0.0138。

樟子松、椴树针阔混交林健康。无自然干扰。

44. 樟子松、柳树针阔混交林（*Pinus sylvestris* var. *mongolica*，*Salix babylonica* forest）

在黑龙江，樟子松、柳树针阔混交林分布于大兴安岭山区、小兴安岭北部的瑷珲、嘉荫、汤旺河等地。

乔木主要是樟子松、柳树、红松、落叶松。灌木主要有兴安杜鹃、狭叶杜香、越桔、绢毛绣线菊、刺玫蔷薇、胡枝子、乌苏里绣线菊、丁香。草本植物发育良好，有耐旱大叶章、林木贼、地榆、东方草莓、柳兰、铃兰、拂子茅、耧斗菜、兴安柴胡、山野豌豆、矮香豌豆、兴安白头翁、舞鹤草、红花鹿蹄草、小蓟、水花生、羊蹄甲、一年蓬。

乔木层平均树高 13m，灌木层平均高 1.4m，草本层平均高 0.8m，乔木平均胸径28.2cm，乔木郁闭度 0.2，灌木盖度 0.1，草本盖度 0.9，植被总盖度 0.9。

面积 4816.7089hm²，蓄积量 544258.0084m³，生物量 712104.4568t，碳储量356052.2284t。每公顷蓄积量 112.9937m³，每公顷生物量 147.8405t，每公顷碳储量 73.9202t。

多样性指数 0.5859，优势度指数 0.4140，均匀度指数 0.3271。斑块数 82 个，平均斑块面积 58.7404hm²，斑块破碎度 0.0170。

樟子松、柳树针阔混交林健康。无自然干扰。

45. 樟子松、水曲柳针阔混交林（*Pinus sylvestris* var. *mongolica*，*Fraxinus mandshurica* forest）

在黑龙江，樟子松、水曲柳针阔混交林分布于大兴安岭山区、小兴安岭北部的瑷珲、嘉荫、汤旺河等地。

乔木主要有樟子松、水曲柳、春榆、胡桃楸、黄波罗、大青杨。灌木主要有暴马丁香、光叶山楂、毛榛、稠李。草本植物发育良好，有耐旱大叶章、林木贼、地榆、东方草莓、柳兰、铃兰、拂子茅、耧斗菜、兴安柴胡、山野豌豆、矮香豌豆、兴安白头翁、舞鹤草、红花鹿蹄草、毛缘苔草、蚊子草、狭叶荨麻、乌头、东北羊角芹、独活、石芥花、碎米荠、侧金盏花、假扁果草、齿瓣延胡索。

乔木层平均树高 14.5m，灌木层平均高 2.35m，草本层平均高 0.4m，乔木平均胸径22.7cm，乔木郁闭度 0.75，灌木盖度 0.32，草本盖度 0.57，植被总盖度 0.87。

面积 901.5129hm²，蓄积量 122324.2891m³，生物量 114455.1676t，碳储量57227.5838t。每公顷蓄积量 135.6878m³，每公顷生物量 126.9590t，每公顷碳储量 63.4795t。

多样性指数 0.8154，优势度指数 0.1845，均匀度指数 0.4027。斑块数 17 个，平均斑块面积 53.0302hm²，斑块破碎度 0.0189。

樟子松、水曲柳针阔混交林健康。无自然干扰。

46. 樟子松、杨树针阔混交林（*Pinus sylvestris* var. *mongolica*，*Populus* forest）

在黑龙江、吉林 2 个省有樟子松、杨树针阔混交林分布，面积 59190.8393hm²，蓄积量 6492935.2821m³，生物量 5948160.7134t，碳储量 2974080.3568t。每公顷蓄积量109.6949m³，每公顷生物量 100.4912t，每公顷碳储量 50.2456t。多样性指数 0.683，优势度指数 0.3170，均匀度指数 0.2799。斑块数 916 个，平均斑块面积 64.6188hm²，斑块破碎度 0.0155。

（1）在黑龙江，樟子松、杨树针阔混交林分布于大兴安岭山区、小兴安岭北部的瑷珲、嘉荫、汤旺河等地。

乔木主要有樟子松、杨树、油松、色木槭、胡桃楸、紫椴、蒙古栎、水曲柳。灌木主要有兴安杜鹃、狭叶杜香、越桔、绢毛绣线菊、刺玫蔷薇、胡枝子、稠李、大果榆、槭树。草本植物发育良好，有耐旱大叶章、林木贼、地榆、东方草莓、柳兰、铃兰、拂子茅、楼斗菜、兴安柴胡、山野豌豆、矮香豌豆、兴安白头翁、舞鹤草、红花鹿蹄草、大油芒、野古草、隐子草、羊草、狗尾草、黄蒿。

乔木层平均树高 9.33m，灌木层平均高 0.03m，草本层平均高 0.17m，乔木平均胸径 13.55cm，乔木郁闭度 0.52，灌木盖度 0.1，草本盖度 0.48，植被总盖度 0.86。

面积 53153.1952hm²，蓄积量 6005978.8565m³，生物量 5566431.2939t，碳储量 2783215.6470t。每公顷蓄积量 112.9937m³，每公顷生物量 104.7243t，每公顷碳储量 52.3622t。

多样性指数 0.5576，优势度指数 0.4423，均匀度指数 0.3126。斑块数 756 个，平均斑块面积 70.3085hm²，斑块破碎度 0.0142。

樟子松、杨树针阔混交林健康。无自然干扰。

（2）在吉林，樟子松、杨树针阔混交林分布较为广泛，相对分散，以白山市和蛟河市为主，图们市、抚松县、蛟河市、靖宇县、珲春市、柳河县都有所分布。

乔木主要有樟子松、椴树、冷杉、胡桃楸、蒙古栎、枫桦、杨树、水曲柳、榆树、白桦、落叶松、云杉、油松、色木槭。灌木主要有刺五加、杜鹃、胡枝子、花楷槭、蔷薇、忍冬、榛子、怪柳、紫穗槐。草本主要有蒿、木贼、莎草、羊胡子草、苔草、山茄子、羊草、大油芒、野古草、隐子草、狗尾草、黄蒿。

乔木层平均树高 8.3m，灌木层平均高 1.16m，草本层平均高 0.26m，乔木平均胸径 10.26cm，乔木郁闭度 0.64，灌木盖度 0.24，草本盖度 0.32。

面积 6037.6440hm²，蓄积量 486956.4256m³，生物量 381729.4195t，碳储量 190864.7098t。每公顷蓄积量 80.6534m³，每公顷生物量 63.2249t，每公顷碳储量 31.6124t。

多样性指数 0.8084，优势度指数 0.1915，均匀度指数 0.2472。斑块数 160 个，平均斑块面积 37.7353hm²，斑块破碎度 0.0265。

樟子松、杨树针阔混交林健康。无自然干扰。

47. 樟子松、蒙古栎针阔混交林（*Pinus sylvestris* var. *mongolica*，*Quercus mongolica* forest）

在黑龙江、吉林 2 个省有樟子松、蒙古栎针阔混交林分布，面积 32593.2807hm²，蓄积量 2619504.9569m³，生物量 3165962.9888t，碳储量 1582981.4946t。每公顷蓄积量 80.3695m³，每公顷生物量 97.1355t，每公顷碳储量 48.5677t。多样性指数 0.6946，优势度指数 0.3054，均匀度指数 0.2634。斑块数 713 个，平均斑块面积 45.7129hm²，斑块破碎度 0.0219。

（1）在黑龙江，樟子松、蒙古栎针阔混交林分布于大兴安岭山区、小兴安岭北部的瑷珲、嘉荫、汤旺河等地。

乔木主要有樟子松、蒙古栎、兴安落叶松、黑桦、紫椴、色木槭、白桦、山杨、槲树、麻栎、辽东栎。灌木主要有兴安杜鹃、狭叶杜香、越桔、绢毛绣线菊、刺玫蔷薇、胡枝子、榛毛榛。草本发育良好，有耐旱大叶章、林木贼、地榆、东方草莓、柳兰、铃兰、拂子茅、耧斗菜、兴安柴胡、山野豌豆、矮香豌豆、兴安白头翁、舞鹤草、红花鹿蹄草、大油芒、铁杆蒿、土三七、东北牡蒿、桔梗。

乔木层平均树高 10.9m，灌木层平均高 1.35m，草本层平均高 0.3m，乔木平均胸径 10.8cm，乔木郁闭度 0.55，灌木盖度 0.07，草本盖度 0.35，植被总盖度 0.55。

面积 19698.3422hm²，蓄积量 1507251.4867m³，生物量 2209356.3597t，碳储量 1104678.180t。每公顷蓄积量 76.5167m³，每公顷生物量 112.1595t，每公顷碳储量 56.0798t。

多样性指数 0.6760，优势度指数 0.3239，均匀度指数 0.3053。斑块数 473 个，平均斑块面积 41.6455hm²，斑块破碎度 0.0240。

樟子松、蒙古栎针阔混交林健康。无自然干扰。

（2）在吉林，樟子松、蒙古栎针阔混交林主要分布在柳河县、白山市、抚松县境内，龙井市、蛟河市、和龙市以及通化县境内分布较为分散。

乔木主要有樟子松、椴树、冷杉、胡桃楸、蒙古栎、枫桦、杨树、水曲柳、榆树、白桦、落叶松、云杉。灌木主要有刺五加、杜鹃、胡枝子、花楷槭、蔷薇、忍冬、榛子、杜鹃、山梅花、珍珠梅。草本主要有蒿、蕨、木贼、莎草、羊胡子草、苔草、山茄子、问荆。

乔木层平均树高 3.1m，灌木层平均高 0.5m，草本层平均高 0.3m，乔木平均胸径 8.48cm，乔木郁闭度 0.65，灌木盖度 0.06，草本盖度 0.13。

面积 12894.9385hm²，蓄积量 1112253.4702m³，生物量 956606.6291t，碳储量 478303.3146t。每公顷蓄积量 86.2550m³，每公顷生物量 74.1847t，每公顷碳储量 37.0923t。

多样性指数 0.7132，优势度指数 0.2867，均匀度指数 0.2215。斑块数 240 个，平均斑块面积 53.7289hm²，斑块破碎度 0.0186。

樟子松、蒙古栎针阔混交林健康。无自然干扰。

48. 油松、槐树针阔混交林（*Pinus tabulaeformis*，*Robinia pseudoacacia* forest）

在辽宁，油松、槐树针阔混交林分布于西部山地。

乔木主要有油松、刺槐、云杉、红松、椴树、枫桦、白桦、杨树、榆树。灌木主要有蔷薇、绣线菊、胡枝子、忍冬、卫矛、紫穗槐、荆条、酸枣。草本主要有蕨、木贼、莎草、苔草、蒿、紫羊茅。

乔木层平均树高 6.95m，灌木层平均高 1.1m，草本层平均高 0.27m，乔木平均胸径 11.16cm，乔木郁闭度 0.59，灌木盖度 0.38，草本盖度 0.37，植被总盖度 0.88。

面积 6750.0496hm²，蓄积量 336800.4749m³，生物量 270565.9440t，碳储量 135282.9720t。每公顷蓄积量 49.8960m³，每公顷生物量 40.0835t，每公顷碳储量 20.0418t。

多样性指数 0.5148，优势度指数 0.4851，均匀度指数 0.1622。斑块数 267 个，平均

斑块面积 25.2811hm²，斑块破碎度 0.0396。

油松、槐树针阔混交林健康。无自然干扰。

49. 油松、色木槭针阔混交林（*Pinus tabulaeformis*，*Acer mono* forest）

在辽宁，油松、色木槭针阔混交林分布于西部山地。

乔木主要有油松、色木槭、云杉、红松、椴树、枫桦、白桦、杨树、榆树、紫椴、糠椴、胡桃楸、水曲柳、黄波罗、春榆、裂叶榆及一些云杉和冷杉。灌木主要有蔷薇、绣线菊、胡枝子、忍冬、卫矛、紫穗槐。草本主要有蕨、木贼、苔草、莎草、木贼、羊胡子草。

乔木层平均树高 19.6m，灌木层平均高 1.9m，草本层平均高 0.25m，乔木平均胸径 14.72cm，乔木郁闭度 0.64，灌木盖度 0.41，草本盖度 0.38，植被总盖度 0.9。

面积 908.1917hm²，蓄积量 26370.0570m³，生物量 30795.7746t，碳储量 15397.8873t。每公顷蓄积量 29.0358m³，每公顷生物量 33.9089t，每公顷碳储量 16.9544t。

多样性指数 0.4412，优势度指数 0.5587，均匀度指数 0.6302。斑块数 9 个，平均斑块面积 100.9102hm²，斑块破碎度 0.0099。

油松、色木针阔混交林健康。无自然干扰。

50. 油松、杨树针阔混交林（*Pinus tabulaeformis*，*Populus* forest）

在辽宁，油松、杨树针阔混交林分布于西部山地。

乔木主要有油松、杨树、云杉、红松、椴树、枫桦、白桦、榆树、樟子松、色木槭、胡桃楸、紫椴、蒙古栎、水曲柳。灌木主要有蔷薇、绣线菊、胡枝子、忍冬、卫矛、紫穗槐、柽柳、刺五加、胡枝子、花楷槭、珍珠梅、榛子。草本主要有蕨、木贼、莎草、苔草、大油芒、野古草、隐子草、羊草、狗尾草、黄蒿。

乔木层平均树高 6.7m，灌木层平均高 1.4m，草本层平均高 0.24m，乔木平均胸径 13.00cm，乔木郁闭度 0.59，灌木盖度 0.26，草本盖度 0.49，植被总盖度 0.89。

面积 1040.3975hm²，蓄积量 27618.3933m³，生物量 27779.3053t，碳储量 13889.6527t。每公顷蓄积量 26.5460m³，每公顷生物量 26.7007t，每公顷碳储量 13.3503t。

多样性指数 0.5589，优势度指数 0.4410，均匀度指数 0.1542。斑块数 53 个，平均斑块面积 19.6301hm²，斑块破碎度 0.0509。

51. 油松、榆树针阔混交林（*Pinus tabulaeformis*，*Ulmus pumila* forest）

在辽宁，油松、榆树针阔混交林分布于辽西山区和辽河平原地区。

乔木主要有油松、云杉、红松、椴树、枫桦、白桦、杨树、榆树。灌木主要有蔷薇、绣线菊、胡枝子、忍冬、卫矛、紫穗槐、刺五加、花楷槭、忍冬、榛子。草本主要有蕨、木贼、莎草、苔草、蒿、羊草、羊胡子草。

乔木层平均树高 10.3m，灌木层平均高 1.5m，草本层平均高 0.24m，乔木平均胸径 8.77cm，乔木郁闭度 0.60，灌木盖度 0.31，草本盖度 0.33，植被总盖度 0.89。

面积 962.8509hm²，蓄积量 6753.4365m³，生物量 6782.2671t，碳储量 3391.1336t。

每公顷蓄积量 7.0140m³，每公顷生物量 7.0439t，每公顷碳储量 3.5220t。

多样性指数 0.6044，优势度指数 0.3955，均匀度指数 0.3658。斑块数 33 个，平均斑块面积 29.1773hm²，斑块破碎度 0.0343。

油松、榆树针阔混交林健康。无自然干扰。

52. 栎树、华山松针阔混交林（*Quercus*，*Pinus armandii* forest）

在甘肃，栎树、华山松人工林分布于环县、华池县、镇原县、庆阳县、合水县、和政县、西峰市、宁县。

乔木常见与其他硬阔类、柳树、油松、其他软阔类、榆树混交。灌木有胡枝子和山毛桃。草本中主要有蒿、冰草和隐子草。

乔木层平均高 4.14m 左右，灌木层平均高 4.59cm，草本层平均高 2.76cm，乔木平均胸径 7cm，乔木郁闭度 0.21，灌木盖度 0.09，草本盖度 0.54，植被总盖度 0.74。

面积 140968.1320hm²，蓄积量 2543047.1925m³，生物量 5523068.7662t，碳储量 2737232.8805t。每公顷蓄积量 18.0399m³，每公顷生物量 39.1796t，每公顷碳储量 19.4174t。

多样性指数 0.6000，优势度指数 0.4000，均匀度指数 0.2000。斑块多度 0.97，斑块数 8787 个，平均斑块面积 16.0428hm²，斑块破碎度 0.0623。

有重度病害，面积 2016.18hm²。未见虫害。未见火灾。有轻度自然干扰，面积 755hm²。有轻度人为干扰，面积 1086hm²。

53. 栎树、油松针阔混交林（*Quercus*，*Pinus tabuliformis* forest）

在陕西，栎树、油松针阔混交林分布广泛，人工林主要分布在南镇县、旬阳县、略阳县等地，天然林主要分布在紫阳县、镇巴县、甘泉县等地。

乔木偶见与杉木、柿树混交。灌木常见的植物有黄连木、冬青、沙棘、盐肤木等。草本偶见龙须草、白茅、水蒿、苔藓等植物。

乔木层平均树高 9.5m 左右，灌木层平均高 18.2cm，草本层平均高 6.4cm，乔木平均胸径 15cm，乔木郁闭度 0.43，灌木盖度 0.3，草本盖度 0.57，植被总盖度 0.86。

面积 177005.4166hm²，蓄积量 8370586.1522m³，生物量 20926465.3805t，碳储量 10463232.6903t。每公顷蓄积量 47.2900m³，每公顷生物量 118.2250t，每公顷碳储量 59.1125t。

多样性指数 0.7400，优势度指数 0.2600，均匀度指数 0.9200。斑块数 9581 个，平均斑块面积 18.4746hm²，斑块破碎度 0.0541。

未见病害。未见虫害。未见火灾。有轻度、中度自然干扰，面积分别为 54hm²、511hm²。有轻度人为干扰，面积 478hm²。

54. 云南松、桤木、栎树针阔混交林（*Pinus yunnanensis*，*Alnus cremasto-gyne*，*Quercus forest*）

云南松、桤木、栎树针阔混交林分布于川西北的岷山北坡和岷江上游，在海拔 1700~2800m 地带常与云南松、桤木、栎类等树种组成针阔混交林。灌木组成种类较多，常见的有峨眉蔷薇、悬钩子等。草本以蕨为主，主要有铁线蕨、槲蕨等。

乔木层平均树高 21.2m，灌木层平均高约 2.3m，草本层平均高在 0.6m 以下，乔木平均胸径 26.7cm，乔木郁闭度约 0.5，草本盖度 0.3%。

面积 32028.3972hm²，蓄积量 2562271.5573m³，生物量 2054697.4802t，碳储量 1027348.7401t。每公顷蓄积量 80.0000m³，每公顷生物量 64.1524t，每公顷碳储量 32.0762t。

多样性指数 0.7035，优势度指数 0.2965，均匀度指数为 0.3268。斑块数 739 个，平均斑块面积 43.3402hm²，斑块破碎度 0.0231。

云南松、桤木、栎树针阔混交林健康状况较好。基本都无灾害。所受自然干扰类型为其他自然因素，受影响面积 85.36hm²。

第二节　常绿杉树落叶阔叶树针阔混交林

常绿杉树落叶阔叶树针阔混交林是以常绿杉树、落叶阔叶树为优势树种组的森林群落。主要分布在黑龙江、吉林、辽宁以及四川等省。本次调查结果中，共有常绿杉树落叶阔叶树针阔混交林 27 种，面积 1288597.5411hm²，蓄积量 190132639.2065m³，生物量 149896873.2009t，碳储量 74925902.3484t，分别占常绿针叶落叶阔叶针阔混交林类型、面积、蓄积量、生物量、碳储量的 45.00%、47.80%、57.59%、52.01%、52.01%。平均每公顷蓄积量 147.5501hm²，每公顷生物量 116.3256t，每公顷碳储量 58.14530t，斑块数 20807 个，平均斑块面积 61.9309hm²，斑块破碎度 0.0161，分别占落叶针阔混交林类型平均每公顷蓄积量、每公顷生物量、每公顷碳储量、斑块数、平均斑块面积、斑块破碎度的 120.48%、108.80%、108.80%、40.38%、118.39%、84.47%。

55. 冷杉、椴树针阔混交林（*Abies nephrolepis*，*Tilia* forest）

在黑龙江、吉林 2 个省有冷杉、椴树针阔混交林分布，面积 67231.8811hm²，蓄积量 14389683.0330m³，生物量 9566425.7740t，碳储量 4783212.8870t。每公顷蓄积量 214.0306m³，每公顷生物量 142.2900t，每公顷碳储量 71.1450t。多样性指数 0.8111，优势度指数 0.3583，均匀度指数为 0.1889。斑块数 694 个，平均斑块面积 96.8759hm²，斑块破碎度 0.0103。

（1）在黑龙江，冷杉、椴树针阔混交林分布于小兴安岭、完达山、张广才岭、老爷岭等山区。

乔木主要有冷杉、红皮云杉、枫桦、落叶松、白桦、糠椴、紫椴、色木槭，还少量存在胡桃楸、水曲柳、黄波罗、春榆、裂叶榆、红松及一些云杉和冷杉。灌木主要有花楸、蓝靛果、珍珠梅、毛赤杨、红瑞木、白丁香、各种槭树、山梅花、接骨木、刺五加、溲疏、稠李、柳叶绣线菊。草本主要有拟垂枝藓、塔藓、小白齿藓、毛梳藓、单侧花、肾叶鹿蹄草、七瓣莲、宽叶舞鹤草、唢呐草、酢浆草、光露珠草、小斑叶兰、紫堇、荷青花、五福花、侧金盏花、银莲花属、菟葵、小顶冰花、蚊子草、狭叶荨麻、乌头。

乔木层平均树高 15.1m，灌木层平均高 1.2m，草本层平均高 0.3m，乔木平均胸径 27cm，乔木郁闭度 0.6，灌木盖度 0.13，草本盖度 0.17，植被总盖度 0.65。

面积 45161.0597hm²，蓄积量 10639719.8790m³，生物量 6961526.1580t，碳储量 3480763.0790t。每公顷蓄积量 235.5950m³，每公顷生物量 154.1489t，每公顷碳储量 77.0744t。

多样性指数 0.8463，优势度指数 0.1536，均匀度指数 0.4566。斑块数 485 个，平均斑块面积 93.1156hm²，斑块破碎度 0.0107。

冷杉、椴树针阔混交林健康。无自然干扰。

（2）在吉林，冷杉、椴树针阔混交林分布于东部及南部山区各县。

乔木主要有冷杉、云杉、红松、椴树、枫桦、白桦、杨树、榆树、色木槭、黄波罗、胡桃楸。灌木主要有榛子、忍冬、花楷槭、刺五加。草本主要有蒿、蕨、木贼、莎草、羊胡子草、苔草。

乔木层平均树高 14.7m，灌木层平均高 1.55m，草本层平均高 0.29m，乔木平均胸径 17.78cm，乔木郁闭度 0.75，灌木盖度 0.27，草本盖度 0.46。

面积 22070.8212hm²，蓄积量 3749963.1539m³，生物量 2604899.6160t，碳储量 1302449.8080t。每公顷蓄积量 169.9059m³，每公顷生物量 118.0246t，每公顷碳储量 59.0123t。

多样性指数 0.7759，优势度指数 0.2240，均匀度指数 0.2601。斑块数 209 个，平均斑块面积 105.6020hm²，斑块破碎度 0.0095。

冷杉、椴树针阔混交林健康。无自然干扰。

56. 冷杉、枫桦针阔混交林（*Abies nephrolepis*，*Betula costata* forest）

在黑龙江、吉林 2 个省有冷杉、枫桦针阔混交林分布，面积 119103.7293hm²，蓄积量 24211569.8998m³，生物量 21276499.4110t，碳储量 10638249.7055t。每公顷蓄积量 203.2814m³，每公顷生物量 178.6384t，每公顷碳储量 89.3192t。多样性指数 0.8259，优势度指数 0.1740，均匀度指数 0.3828。斑块数 1391 个，平均斑块面积 85.6245hm²，斑块破碎度 0.0117。

（1）在黑龙江，冷杉、枫桦针阔混交林分布于小兴安岭、完达山、张广才岭、老爷岭等山区。

乔木主要有冷杉、红皮云杉、枫桦、落叶松、白桦、山杨、色木槭、胡桃楸、紫椴、蒙古栎、水曲柳。灌木主要有花楸、蓝靛果、珍珠梅、毛赤杨、红瑞木、暴马丁香、东北山梅花、刺五加、毛榛、稠李。草本主要有拟垂枝藓、塔藓、小白齿藓、毛梳藓、单侧花、肾叶鹿蹄草、七瓣莲、宽叶舞鹤草、唢呐草、酢浆草、光露珠草、小斑叶兰、东陵苔草、短柄草、大油芒、羊胡子苔草、宽叶苔草、异叶败酱、龙牙草、黄背草。

乔木层平均树高 15.9m，灌木层平均高 2.6m，草本层平均高 0.4m，乔木平均胸径 22.4cm，乔木郁闭度 0.8，灌木盖度 0.3，草本盖度 0.55，植被总盖度 0.9。

面积 108734.9053hm²，蓄积量 22442884.4597m³，生物量 19992054.1480t，碳储量 9996027.0740t。每公顷蓄积量 206.4000m³，每公顷生物量 183.8605t，每公顷碳储量 91.9303t。

多样性指数 0.8732，优势度指数 0.1267，均匀度指数 0.5232。斑块数 1272 个，平均斑块面积 85.4834hm²，斑块破碎度 0.0117。

冷杉、枫桦针阔混交林健康。无自然干扰。

（2）在吉林，冷杉、枫桦针阔混交林分布于东部及南部山区各县。

乔木主要有冷杉、云杉、红松、椴树、枫桦、白桦、杨树、榆树、胡桃楸、水曲柳、蒙古栎。灌木主要有榛子、忍冬、花楷槭、刺五加。草本主要有蕨、木贼、莎草、苔草。

乔木层平均树高 13.9m，灌木层平均高 1.4m，草本层平均高 0.33m，乔木平均胸径 20.06cm，乔木郁闭度 0.72，灌木盖度 0.25，草本盖度 0.4。

面积 10368.8239hm²，蓄积量 1768685.4401m³，生物量 1284445.2630t，碳储量 642222.6315t。每公顷蓄积量 170.5772m³，每公顷生物量 123.8757t，每公顷碳储量 61.9378t。

多样性指数 0.7787，优势度指数 0.2212，均匀度指数 0.2425。斑块数 119 个，平均斑块面积 87.1330hm²，斑块破碎度 0.0115。

冷杉、枫桦针阔混交林健康。无自然干扰。

57. 冷杉、柳树针阔混交林（*Abies nephrolepis*，*Salix* forest）

在黑龙江，冷杉、柳树针阔混交林分布于小兴安岭、完达山、张广才岭、老爷岭等山区。

乔木除冷杉、柳树外，还有红皮云杉、枫桦、落叶松、白桦，红松，落叶松等树种。灌木主要有花楸、蓝靛果、珍珠梅、毛赤杨、红瑞木、胡枝子、乌苏里绣线菊、丁香。草本主要有拟垂枝藓、塔藓、小白齿藓、毛梳藓、单侧花、肾叶鹿蹄草、七瓣莲、宽叶舞鹤草、唢呐草、酢浆草、光露珠草、小斑叶兰、小蓟、水花生、羊蹄甲、一年蓬。

乔木层平均树高 14.9m，灌木层平均高 1.2m，草本层平均高 0.3m，乔木平均胸径 17.1cm，乔木郁闭度 0.6，灌木盖度 0.13，草本盖度 0.2，植被总盖度 0.65。

面积 8649.8920hm²，蓄积量 1921458.1809m³，生物量 1575119.1867t，碳储量 787559.5934t。每公顷蓄积量 222.1367m³，每公顷生物量 182.0970t，每公顷碳储量 91.0485t。

多样性指数 0.8455，优势度指数 0.1544，均匀度指数 0.5021。斑块数 83 个，平均斑块面积 104.2156hm²，斑块破碎度 0.0096。

冷杉、柳树针阔混交林健康。无自然干扰。

58. 冷杉、色木槭针阔混交林（*Abies nephrolepis*，*Acer mono* forest）

在黑龙江、吉林 2 个省有冷杉、色木槭针阔混交林分布，面积 7451.9669hm²，蓄积量 1777434.2068m³，生物量 1417805.0279t，碳储量 708902.5140t。每公顷蓄积量 238.5188m³，每公顷生物量 190.2592t，每公顷碳储量 95.1296t。多样性指数 0.8116，优势度指数 0.1884，均匀度指数 0.3402。斑块数 235 个，平均斑块面积 31.7105hm²，斑块破碎度 0.0315。

（1）在黑龙江，冷杉、色木槭针阔混交林分布于小兴安岭、完达山、张广才岭、老爷岭等山区。

乔木除冷杉、色木槭外，还有红皮云杉、枫桦、落叶松、白桦、紫椴、糠椴、胡桃楸、水曲柳、黄波罗、春榆、裂叶榆、红松。灌木主要有花楸、蓝靛果、珍珠梅、毛赤杨、红瑞木、白丁香、各种槭树、山梅花、接骨木、刺五加、溲疏、稠李、柳叶绣线菊。草本主要有拟垂枝藓、塔藓、小白齿藓、毛梳藓、单侧花、肾叶鹿蹄草、七瓣莲、宽叶舞鹤草、唢呐草、酢浆草、光露珠草、小斑叶兰、紫堇、荷青花、五福花、侧金盏花、银莲花属、菟葵、小顶冰花、蚊子草、狭叶荨麻、乌头。

乔木层平均树高 14.33m，灌木层平均高 1.05m，草本层平均高 0.3m，乔木平均胸径 21.83cm，乔木郁闭度 0.65，灌木盖度 0.11，草本盖度 0.19，植被总盖度 0.7。

面积 6603.8975hm²，蓄积量 1643668.8313m³，生物量 1314935.0650t，碳储量 657467.5325t。每公顷蓄积量 248.8937m³，每公顷生物量 199.1150t，每公顷碳储量 99.5575t。

多样性指数 0.8193，优势度指数 0.1806，均匀度指数 0.4335。斑块数 213 个，平均斑块面积 31.0042hm²，斑块破碎度 0.0323。

冷杉、色木槭针阔混交林健康。无自然干扰。

（2）在吉林，冷杉、色木槭针阔混交林分布于东部及南部山区各县。

乔木主要有色木槭、冷杉、云杉、红松、椴树、枫桦、白桦、杨树、榆树、黄波罗。灌木主要有榛子、忍冬、花楷槭、刺五加。草本主要有蕨、莎草、木贼、羊胡子草、苔草。

乔木层平均树高 12.6m，灌木层平均高 1.36m，草本层平均高 0.25m，乔木平均胸径 18.96cm，乔木郁闭度 0.68，灌木盖度 0.29，草本盖度 0.47。

面积 848.0693hm²，蓄积量 133765.3755m³，生物量 102869.9629t，碳储量 51434.9815t。每公顷蓄积量 157.7293m³，每公顷生物量 121.2990t，每公顷碳储量 60.6495t。

多样性指数 0.8039，优势度指数 0.1960，均匀度指数 0.2470。斑块数 22 个，平均斑块面积 38.5486hm²，斑块破碎度 0.0259。

冷杉、色木槭针阔混交林健康。无自然干扰。

59. 冷杉、水曲柳针阔混交林（*Abies nephrolepis*，*Fraxinus mandshurica* forest）

在黑龙江，冷杉、水曲柳针阔混交林分布于小兴安岭、完达山、张广才岭、老爷岭等山区。

乔木除冷杉、水曲柳外，还有红皮云杉、枫桦、落叶松、白桦、春榆、胡桃楸、黄波罗、大青杨。灌木主要有花楸、蓝靛果、珍珠梅、毛赤杨、红瑞木、暴马丁香、光叶山楂、毛榛、稠李。草本主要有拟垂枝藓、塔藓、小白齿藓、毛梳藓、单侧花、肾叶鹿蹄草、七瓣莲、宽叶舞鹤草、唢呐草、酢浆草、光露珠草、小斑叶兰、毛缘苔草、蚊子草、狭叶荨麻、乌头、东北羊角芹、独活、石芥花、碎米荠、侧金盏花、假扁果草、齿瓣延胡索。

乔木层平均树高 14.55m，灌木层平均高 1.1m，草本层平均高 0.4m，乔木平均胸径 20.95cm，乔木郁闭度 0.7，灌木盖度 0.1，草本盖度 0.21，植被总盖度 0.72。

面积 34294.4491hm²，蓄积量 7561211.5616m³，生物量 5659438.3133t，碳储量 2829719.1570t。每公顷蓄积量 220.4792m³，每公顷生物量 165.0249t，每公顷碳储量 82.5125t。

多样性指数 0.8017，优势度指数 0.1982，均匀度指数 0.4393。斑块数 335 个，平均斑块面积 102.3715hm²，斑块破碎度 0.0098。

冷杉、水曲柳针阔混交林健康。无自然干扰。

60. 冷杉、杨树针阔混交林（*Abies nephrolepis*，*Populus* forest）

在黑龙江、吉林 2 个省有冷杉、杨树针阔混交林分布，面积 24762.9697hm²，蓄积量 5217690.0441m³，生物量 4951724.1605t，碳储量 2475862.0801t。每公顷蓄积量 210.7053m³，每公顷生物量 199.9649t，每公顷碳储量 99.9824t。多样性指数 0.8177，优势度指数 0.1822，均匀度指数 0.3574。斑块数 358 个，平均斑块面积 69.1703hm²，斑块破碎度 0.0145。

（1）在黑龙江，冷杉、杨树针阔混交林分布于小兴安岭、完达山、张广才岭、老爷岭等山区。

乔木除冷杉、杨树外，还有红皮云杉、枫桦、落叶松、白桦、樟子松、油松、色木槭、胡桃楸、紫椴、蒙古栎、水曲柳。灌木主要有花楸、蓝靛果、珍珠梅、毛赤杨、红瑞木、稠李、胡枝子、大果榆。草本主要有拟垂枝藓、塔藓、小白齿藓、毛梳藓、单侧花、肾叶鹿蹄草、七瓣莲、宽叶舞鹤草、唢呐草、酢浆草、光露珠草、小斑叶兰、大油芒、野古草、隐子草、羊草、狗尾草、黄蒿。

乔木层平均树高 13.3m，灌木层平均高 1.15m，草本层平均高 0.3m，乔木平均胸径 16.15cm，乔木郁闭度 0.7，灌木盖度 0.1，草本盖度 0.24，植被总盖度 0.72。

面积 20915.7392hm²，蓄积量 4406946.2702m³，生物量 4372232.7544t，碳储量 2186116.3770t。每公顷蓄积量 210.7000m³，每公顷生物量 209.0403t，每公顷碳储量 104.5202t。

多样性指数 0.8255，优势度指数 0.1744，均匀度指数 0.4670。斑块数 328 个，平均斑块面积 63.7675hm²，斑块破碎度 0.0157。

冷杉、杨树针阔混交林健康。无自然干扰。

（2）在吉林，冷杉、杨树针阔混交林分布于东部及南部山区各县。

乔木主要有冷杉、云杉、红松、椴树、枫桦、白桦、杨树、榆树、樟子松、油松、水曲柳、蒙古栎。灌木主要有桎柳、刺五加、胡枝子、花楷槭、蔷薇、忍冬、珍珠梅、榛子、紫穗槐。草本主要有蕨、木贼、莎草、苔草、大油芒、野古草、隐子草、羊草、狗尾草、黄蒿。

乔木层平均树高 16.8m，灌木层平均高 1.5m，草本层平均高 0.28m，乔木平均胸径 17.17cm，乔木郁闭度 0.75，灌木盖度 0.25，草本盖度 0.57。

面积 3847.2304hm²，蓄积量 810743.7739m³，生物量 579491.4061t，碳储量 289745.7031t。每公顷蓄积量 210.7344m³，每公顷生物量 150.6256t，每公顷碳储量 75.3128t。

多样性指数 0.8100，优势度指数 0.1899，均匀度指数 0.2479。斑块数 30 个，平均斑块面积 128.2410hm²，斑块破碎度 0.0078。

冷杉、杨树针阔混交林健康。无自然干扰。

61. 冷杉、榆树针阔混交林（*Abies nephrolepis*，*Ulmus pumila* forest）

在黑龙江、吉林 2 个省有冷杉、榆树针阔混交林分布，面积 7233.1555hm²，蓄积量 1264257.6122m³，生物量 958565.7605t，碳储量 479282.8803t。每公顷蓄积量 174.7865m³，每公顷生物量 132.5239t，每公顷碳储量 66.2619t。多样性指数 0.6836，优势度指数 0.3163，均匀度指数 0.3447。斑块数 92 个，平均斑块面积 78.6213hm²，斑块破碎度 0.0127。

（1）在黑龙江，冷杉、榆树针阔混交林分布于小兴安岭、完达山、张广才岭、老爷岭等山区。

乔木除冷杉、榆树外，还有红皮云杉、枫桦、落叶松、白桦。灌木主要有花楸、蓝靛果、珍珠梅、毛赤杨、红瑞木、刺五加、花楷槭、忍冬、绣线菊、榛子。草本主要有拟垂枝藓、塔藓、小白齿藓、毛梳藓、单侧花、肾叶鹿蹄草、七瓣莲、宽叶舞鹤草、唢呐草、酢浆草、光露珠草、小斑叶兰、蒿、羊草、莎草、羊胡子草、苔草。

乔木层平均树高 15.3m，灌木层平均高 1.2m，草本层平均高 0.3m，乔木平均胸径 28.5cm，乔木郁闭度 0.7，灌木盖度 0.2，草本盖度 0.2，植被总盖度 0.6。

面积 4132.3437hm²，蓄积量 917945.0594m³，生物量 715294.0004t，碳储量 357647.0002t。每公顷蓄积量 222.1367m³，每公顷生物量 173.0964t，每公顷碳储量 86.5482t。

多样性指数 0.8305，优势度指数 0.1694，均匀度指数 0.4687。斑块数 47 个，平均斑块面积 87.9222hm²，斑块破碎度 0.0114。

冷杉、榆树针阔混交林健康。无自然干扰。

（2）在吉林，冷杉、榆树针阔混交林分布于中部地区。

乔木主要有冷杉、云杉、红松、椴树、枫桦、白桦、杨树、榆树。灌木主要有刺五加、花楷槭、忍冬、绣线菊、榛子。草本主要有蕨、木贼、蒿、羊草、莎草、羊胡子草、苔草。

乔木层平均树高 15m，灌木层平均高 4.96m，草本层平均高 0.26m，乔木平均胸径 22.66cm，乔木郁闭度 0.62，灌木盖度 0.32，草本盖度 0.43。

面积 3100.8118hm²，蓄积量 346312.5528m³，生物量 243271.7601t，碳储量 121635.8801t。每公顷蓄积量 111.6845m³，每公顷生物量 78.4542t，每公顷碳储量 39.2271t。

多样性指数 0.5368，优势度指数 0.4631，均匀度指数 0.2208。斑块数 45 个，平均斑块面积 68.9069hm²，斑块破碎度 0.0145。

冷杉、榆树针阔混交林健康。无自然干扰。

62. 冷杉、蒙古栎针阔混交林（*Abies nephrolepis*，*Quercus mongolica* forest）

在黑龙江，冷杉、蒙古栎针阔混交林分布于小兴安岭、完达山、张广才岭、老爷岭等山区。

乔木除冷杉、蒙古栎外，还有红皮云杉、枫桦、落叶松、白桦、兴安落叶松、黑桦、紫椴、色木槭、白桦、山杨、槲树、麻栎、辽东栎。灌木主要有花楸、蓝靛果、珍珠梅、毛赤杨、红瑞木、榛毛榛、兴安杜鹃、胡枝子。草本主要有拟垂枝藓、塔藓、小白齿藓、毛梳藓、单侧花、肾叶鹿蹄草、七瓣莲、宽叶舞鹤草、唢呐草、酢浆草、光露珠草、小斑叶兰、大油芒、铁杆蒿、土三七、东北牡蒿、桔梗。

乔木层平均树高 15.4m，灌木层平均高 1.2m，草本层平均高 0.3m，乔木平均胸径 27.5cm，乔木郁闭度 0.6，灌木盖度 0.2，草本盖度 0.4，植被总盖度 0.9。

面积 593.2274hm²，蓄积量 129723.0299m³，生物量 104358.2858t，碳储量 52179.1429t。每公顷蓄积量 218.6733m³，每公顷生物量 175.9161t，每公顷碳储量 87.9581t。

多样性指数 0.8564，优势度指数 0.1435，均匀度指数 0.4659。斑块数 19 个，平均斑块面积 31.2225hm²，斑块破碎度 0.0320。

冷杉、蒙古栎针阔混交林健康。无自然干扰。

63. 冷杉、枫桦、白桦针阔混交林（*Abies nephrolepis*，*Betula costata*，*Betula platyphylla* forest）

在黑龙江，冷杉、枫桦、白桦针阔混交林分布于小兴安岭、完达山、张广才岭、老爷岭等山区。

乔木除冷杉外，还有红皮云杉、枫桦、落叶松、白桦。灌木主要有花楸、蓝靛果、珍珠梅、毛赤杨、红瑞木、忍冬、绣线菊、榛子。草本主要有拟垂枝藓、塔藓、小白齿藓、毛梳藓、单侧花、肾叶鹿蹄草、七瓣莲、宽叶舞鹤草、唢呐草、酢浆草、光露珠草、小斑叶兰、蒿、莎草、苔草、小叶章、羊草。

乔木层平均树高 13.7m，灌木层平均高 1.2m，草本层平均高 0.4m，乔木平均胸径 28.3cm，乔木郁闭度 0.6，灌木盖度 0.13，草本盖度 0.18，植被总盖度 0.65。

面积 53315.3671hm²，蓄积量 15787879.8083m³，生物量 13103940.2409t，碳储量 6551970.1204t。每公顷蓄积量 296.1225m³，每公顷生物量 245.7817t，每公顷碳储量 122.8908t。

多样性指数 0.8687，优势度指数 0.1312，均匀度指数 0.5326。斑块数 411 个，平均斑块面积 129.7211hm²，斑块破碎度 0.0077。

冷杉、枫桦、白桦针阔混交林健康。无自然干扰。

64. 云杉、白桦针阔混交林（*Picea asperata*，*Betula platyphylla* forest）

在黑龙江、吉林 2 个省有云杉、白桦针阔混交林分，面积 58593.9872hm²，蓄积量 9393709.0989m³，生物量 8184108.0598t，碳储量 4092054.0295t。每公顷蓄积量 160.3187m³，每公顷生物量 139.6749t，每公顷碳储量 69.8374t。多样性指数 0.5959，优势度指数 0.4040，均匀度指数 0.1855。斑块数 851 个，平均斑块面积 68.8531hm²，斑块破碎度 0.0145。

（1）在黑龙江，云杉、白桦针阔混交林分布于大兴安岭、小兴安岭、完达山及张广才岭等山区。

乔木主要有兴安落叶松、白桦、山杨、鱼鳞云杉、红松、臭冷杉、其他混生山杨、蒙椴、蒙古栎、紫椴、色木槭。灌木主要有红瑞木、毛赤杨、珍珠梅、金露梅、偃茶藨子、山刺玫、柴桦、胡枝子、兴安柳、谷柳、兴安杜鹃、东北赤杨、刺玫蔷薇、越桔、石生悬钩子。草本主要有大叶章、林木贼、红花鹿蹄草、舞鹤草、蚊子草、蕨菜、树藓、塔藓、沼羽藓、万年藓、提灯藓、粗叶泥炭藓、地榆、铃兰、银莲花、轮叶沙参、马莲、贝加尔野蚕豆、东方草莓、矮香豌豆、山茄子、大叶柴胡、卵叶风毛菊、鳞毛蕨属、掌叶铁线蕨、兴安鹿药。

乔木层平均树高 11m，灌木层平均高 1.55m，草本层平均高 0.4m，乔木平均胸径 11.85cm，乔木郁闭度 0.85，灌木盖度 0.3，草本盖度 0.4，植被总盖度 0.85。

面积 48705.6498hm²，蓄积量 7584281.4384m³，生物量 6848226.9248t，碳储量 3424113.4620t。每公顷蓄积量 155.7167m³，每公顷生物量 140.6044t，每公顷碳储量 70.3022t。

多样性指数 0.5321，优势度指数 0.4678，均匀度指数 0.1699。斑块数 650 个，平均斑块面积 74.9318hm²，斑块破碎度 0.0133。

云杉、白桦针阔混交林健康。无自然干扰。

（2）在吉林，云杉、白桦针阔混交林分布于东部长白山各县。

乔木主要有色木槭、冷杉、胡桃楸、蒙古栎、枫桦、杨树、水曲柳、榆树、白桦、黄波罗、落叶松、云杉、樟子松、红松、山杨、蒙椴、紫椴。灌木主要有榛子、忍冬、花楷槭、刺五加、蔷薇、绣线菊、珍珠梅、胡枝子。草本主要有蒿、蕨、木贼、莎草、羊胡子草、苔草、山茄子、小叶章。

乔木层平均树高 12.6m，灌木层平均高 1.28m，草本层平均高 0.29m，乔木平均胸径 15.28cm，乔木郁闭度 0.71，灌木盖度 0.24，草本盖度 0.44。

面积 9888.3373hm²，蓄积量 1809427.6605m³，生物量 1335881.1350t，碳储量 667940.5675t。每公顷蓄积量 182.9860m³，每公顷生物量 135.0966t，每公顷碳储量 67.5483t。

多样性指数 0.6598，优势度指数 0.34011，均匀度指数 0.2012。斑块数 201 个，平均斑块面积 49.1957hm²，斑块破碎度 0.0203。

云杉、白桦针阔混交林健康。无自然干扰。

65. 云杉、椴树针阔混交林（*Picea*，*Tilia* forest）

在黑龙江、吉林 2 个省有云杉、椴树针阔混交林分布，面积 22814.8115hm²，蓄积量 5391760.5122m³，生物量 3908193.6732t，碳储量 1954096.8366t。每公顷蓄积量 236.3272m³，每公顷生物量 171.3007t，每公顷碳储量 85.6504t。多样性指数 0.8343，优势度指数 0.1656，均匀度指数 0.3844。斑块数 287 个，平均斑块面积 79.4941hm²，斑块破碎度 0.0126。

（1）在黑龙江，云杉、椴树针阔混交林分布于大兴安岭、小兴安岭、完达山及张广才岭等山区。

乔木主要有兴安落叶松、白桦、山杨、鱼鳞云杉、红松、臭冷杉、糠椴、紫椴、色木槭，其他还少量存在胡桃楸、水曲柳、黄波罗、春榆、裂叶榆、红松及一些云杉和冷杉。灌木主要有红瑞木、毛赤杨、珍珠梅、金露梅、偃茶藨子、山刺玫、柴桦、越桔、白丁香、各种槭树、山梅花、接骨木、刺五加、溲疏、稠李、柳叶绣线菊。草本主要有大叶章、林木贼、红花鹿蹄草、舞鹤草、蚊子草、蕨菜、树藓、塔藓、万年藓、提灯藓、皱叶曲尾藓、粗叶泥炭藓、紫堇、荷青花、五福花、侧金盏花、银莲花属、菟葵、小顶冰花、狭叶荨麻、乌头。

乔木层平均树高 13m，灌木层平均高 1.1m，草本层平均高 0.3m，乔木平均胸径 17.7cm，乔木郁闭度 0.7，灌木盖度 0.08，草本盖度 0.2，植被总盖度 0.75。

面积 8872.2952hm²，蓄积量 1688797.0310m³，生物量 1292600.1812t，碳储量 646300.0906t。每公顷蓄积量 190.3450m³，每公顷生物量 145.6895t，每公顷碳储量 72.8447t。

多样性指数 0.8954，优势度指数 0.1045，均匀度指数 0.5182。斑块数 83 个，平均斑块面积 106.8951hm²，斑块破碎度 0.0094。

云杉、椴树针阔混交林健康。无自然干扰。

（2）在吉林，云杉、椴树针阔混交林分布于东部长白山各县。

乔木主要有云杉、椴树、色木槭、冷杉、胡桃楸、蒙古栎、枫桦、杨树、水曲柳、榆树、白桦、黄波罗、落叶松、红松、樟子松。灌木主要有榛子、忍冬、花楷槭、刺五加、蔷薇。草本主要有蒿、蕨、木贼、莎草、羊胡子草、苔草。

乔木层平均树高15.5m，灌木层平均高1.48m，草本层平均高0.99m，乔木平均胸径21.09cm，乔木郁闭度0.72，灌木盖度0.27，草本盖度0.49。

面积13942.5163hm²，蓄积量3702963.4812m³，生物量2615593.4920t，碳储量1307796.7460t。每公顷蓄积量265.5879m³，每公顷生物量187.5984t，每公顷碳储量93.7992t。

多样性指数0.7733，优势度指数0.2266，均匀度指数0.2507。斑块数204个，平均斑块面积68.3457hm²，斑块破碎度0.0146。

云杉、椴树针阔混交林健康。无自然干扰。

66. 云杉、枫桦针阔混交林（*Picea*，*Betula costata* forest）

在黑龙江、吉林两省有云杉、枫桦针阔混交林分布，面积71423.8410hm²，蓄积量13931926.9034m³，生物量11059133.3660t，碳储量5529566.6840t。每公顷蓄积量195.0599m³，每公顷生物量154.8381t，每公顷碳储量77.4191t。多样性指数0.8065，优势度指数0.1935，均匀度指数0.3752。斑块数725个，平均斑块面积98.5156hm²，斑块破碎度0.0102。

（1）在黑龙江，云杉、枫桦针阔混交林分布于大兴安岭、小兴安岭、完达山及张广才岭等山区。

乔木主要有枫桦、鱼鳞云杉、兴安落叶松、白桦、山杨、红松、臭冷杉、山杨、色木槭、胡桃楸、紫椴、蒙古栎、水曲柳。灌木主要有红瑞木、毛赤杨、珍珠梅、金露梅、偃茶藨子、山刺玫、柴桦、越桔、暴马丁香、东北山梅花、刺五加、毛榛、稠李。草本主要有大叶章、林木贼、红花鹿蹄草、舞鹤草、蚊子草、蕨菜、树藓、塔藓、密叶皱蒴藓、沼羽藓、万年藓、提灯藓、皱叶曲尾藓、粗叶泥炭藓、东陵苔草、短柄草、大油芒、羊胡子苔草、宽叶苔草、异叶败酱、龙牙草、黄背草。

乔木层平均树高13.53m，灌木层平均高1.17m，草本层平均高0.33m，乔木平均胸径14.07cm，乔木郁闭度0.67，灌木盖度0.17，草本盖度0.37，植被总盖度0.7。

面积50839.3828hm²，蓄积量9916221.6197m³，生物量8212327.1750t，碳储量4106163.5880t。每公顷蓄积量195.0500m³，每公顷生物量161.5348t，每公顷碳储量80.7674t。

多样性指数0.8007，优势度指数0.1992，均匀度指数0.5340。斑块数530个，平均斑块面积95.9234hm²，斑块破碎度0.0104。

云杉、枫桦针阔混交林健康。无自然干扰。

（2）在吉林，云杉、枫桦针阔混交林分布于东部长白山各县。

乔木主要有椴树、鱼鳞云杉、色木槭、冷杉、胡桃楸、蒙古栎、枫桦、杨树、水曲柳、榆树、白桦、黄波罗、落叶松、云杉、樟子松。灌木主要有榛子、忍冬、花楷槭、刺五加、蔷薇。草本主要有蒿、蕨、木贼、莎草、羊胡子草、苔草、山茄子。

乔木层平均树高14.3m，灌木层平均高1.25m，草本层平均高0.39m，乔木平均胸径20.51cm，乔木郁闭度0.65，灌木盖度0.25，草本盖度0.39。

面积 20584.4581hm²，蓄积量 4015705.2837m³，生物量 2846806.1910t，碳储量 1423403.0960t。每公顷蓄积量 195.0843m³，每公顷生物量 138.2988t，每公顷碳储量 69.1494t。

多样性指数 0.8123，优势度指数 0.1876，均匀度指数 0.2164。斑块数 195 个，平均斑块面积 105.5613hm²，斑块破碎度 0.0095。

云杉、枫桦针阔混交林健康。无自然干扰。

67. 云杉、胡桃楸针阔混交林（*Picea*，*Juglans mandshurica* forest）

在吉林，云杉、胡桃楸针阔混交林分布于东部长白山各县。

乔木主要有椴树、色木槭、冷杉、胡桃楸、蒙古栎、枫桦、杨树、水曲柳、榆树、油松、白桦、黄波罗、落叶松、云杉、樟子松。灌木主要有榛子、忍冬、花楷槭、刺五加、蔷薇。草本主要有蒿、蕨、木贼、莎草、羊胡子草、苔草、山茄子。

乔木层平均树高 16m，灌木层平均高 1.43m，草本层平均高 0.37m，乔木平均胸径 17.62cm，乔木郁闭度 0.77，灌木盖度 0.27，草本盖度 0.31。

面积 1727.0576hm²，蓄积量 340907.9435m³，生物量 242874.1096t，碳储量 121437.0548t。每公顷蓄积量 197.39233m³，每公顷生物量 140.6288t，每公顷碳储量 70.3144t。

多样性指数 0.7964，优势度指数 0.2035，均匀度指数 0.2452。斑块数 61 个，平均斑块面积 28.3124hm²，斑块破碎度 0.0353。

云杉、胡桃楸针阔混交林健康。无自然干扰。

68. 云杉、黑桦针阔混交林（*Picea*，*Betula davurica* forest）

在黑龙江，云杉、黑桦针阔混交林分布于大兴安岭、小兴安岭、完达山及张广才岭等山区。

乔木主要有黑桦、兴安落叶松、白桦、山杨、鱼鳞云杉、红松、臭冷杉、蒙古栎。灌木主要有红瑞木、毛赤杨、珍珠梅、金露梅、偃茶藨子、山刺玫、柴桦、越桔、榛、胡枝子、绢毛绣线菊、大叶蔷薇、欧亚绣线菊、东北山梅花。草本主要有大叶章、林木贼、红花鹿蹄草、舞鹤草、蚊子草、蕨菜、树藓、塔藓、欧百里香、黄芩、窄叶蓝盆花、贝加尔野豌豆、铁杆蒿、掌叶白头翁、毛百合、兴安藜芦、勿忘草、聚花风铃草、单穗升麻、多裂叶荆芥、狼毒、桔梗、尾叶香茶菜、东风菜、假升麻。

乔木层平均树高 10.5m，灌木层平均高 1.1m，草本层平均高 0.1m，乔木平均胸径 12.2cm，乔木郁闭度 0.7，灌木盖度 0.3，草本盖度 0.3，植被总盖度 0.7。

面积 753.5374hm²，蓄积量 155530.1349m³，生物量 124424.1079t，碳储量 62212.0540t。每公顷蓄积量 206.4000m³，每公顷生物量 165.1200t，每公顷碳储量 82.5600t。

多样性指数 0.7073，优势度指数 0.2926，均匀度指数 0.2683。斑块数 7 个，平均斑块面积 107.6482hm²，斑块破碎度 0.0093。

云杉、黑桦针阔混交林健康。无自然干扰。

69. 云杉、色木槭针阔混交林 （*Picea，Acer mono* forest）

在黑龙江、吉林 2 个省有云杉、色木槭针阔混交林分布，面积 1931.9870hm²，蓄积量 415238.3675m³，生物量 337639.8542t，碳储量 168819.9271t。每公顷蓄积量 214.9281m³，每公顷生物量 174.7630t，每公顷碳储量 87.3815t。多样性指数 0.7959，优势度指数 02040，均匀度指数 0.3465。斑块数 56 个，平均斑块面积 34.4998hm²，斑块破碎度 0.0290。

（1）在黑龙江，云杉、色木槭针阔混交林分布于大兴安岭、小兴安岭、完达山及张广才岭等山区。

乔木主要有色木槭、兴安落叶松、白桦、山杨、鱼鳞云杉、红松、臭冷杉、紫椴、糠椴、胡桃楸、水曲柳、黄波罗、春榆、裂叶榆、红松。灌木主要有红瑞木、毛赤杨、珍珠梅、金露梅、偃茶藨子、山刺玫、柴桦、越桔、白丁香、各种槭树、山梅花、接骨木、刺五加、溲疏、稠李、柳叶绣线菊。草本主要有大叶章、林木贼、红花鹿蹄草、舞鹤草、蚊子草、蕨菜、树藓、塔藓、密叶皱蒴藓、沼羽藓、万年藓、提灯藓、皱叶曲尾藓、粗叶泥炭藓、紫堇、荷青花、五福花、侧金盏花、银莲花属、菟葵、小顶冰花、狭叶荨麻、乌头。

乔木层平均树高 13.8m，灌木层平均高 0.8m，草本层平均高 0.3m，乔木平均胸径 17.7cm，乔木郁闭度 0.7，灌木盖度 0.08，草本盖度 0.18，植被总盖度 0.7。

面积 800.7965hm²，蓄积量 153263.5687m³，生物量 148227.1746t，碳储量 74113.5873t。每公顷蓄积量 191.3889m³，每公顷生物量 185.0997t，每公顷碳储量 92.5498t。

多样性指数 0.7888，优势度指数 0.2111，均匀度指数 0.4345。斑块数 28 个，平均斑块面积 28.5999hm²，斑块破碎度 0.0350。

云杉、色木槭针阔混交林健康。无自然干扰。

（2）在吉林，云杉、色木槭针阔混交林分布于东部长白山各县。

乔木主要有椴树、色木槭、冷杉、春榆、裂叶榆、胡桃楸、蒙古栎、枫桦、杨树、水曲柳、白桦、黄波罗、落叶松、云杉、樟子松。灌木主要有榛子、忍冬、花楷槭、刺五加、蔷薇。草本主要有蒿、蕨、木贼、莎草、羊胡子草、苔草、山茄子。

乔木层平均树高 18.8m，灌木层平均高 1.66m，草本层平均高 0.27m，乔木平均胸径 22.33cm，乔木郁闭度 0.72，灌木盖度 0.29，草本盖度 0.38。

面积 1131.1903hm²，蓄积量 261974.7988m³，生物量 189412.6796t，碳储量 94706.3398t。每公顷蓄积量 231.5921m³，每公顷生物量 167.4454t，每公顷碳储量 83.7227t。

多样性指数 0.8031，优势度指数 0.1968，均匀度指数 0.2586。斑块数 28 个，平均斑块面积 40.3997hm²，斑块破碎度 0.0248。

云杉、色木槭针阔混交林健康。无自然干扰。

70. 云杉、水曲柳针阔混交林（*Picea*，*Fraxinus mandschurica* forest）

在吉林，云杉、水曲柳针阔混交林分布于东部长白山各县。

乔木主要有云杉、椴树、色木槭、冷杉、胡桃楸、蒙古栎、枫桦、杨树、水曲柳、榆树、白桦、黄波罗、落叶松、樟子松、大青杨。灌木主要有暴马丁香、光叶山楂、毛榛、稠李、榛子、忍冬、花楷槭、刺五加、蔷薇。草本主要有蒿、蕨、木贼、莎草、羊胡子草、苔草、山茄子、毛缘苔草、蚊子草、狭叶荨麻、乌头、东北羊角芹、独活、石芥花、碎米荠、侧金盏花、假扁果草、齿瓣延胡索。

乔木层平均树高 14m，灌木层平均高 1.17m，草本平均高 0.31m，乔木平均胸径21.33cm，乔木郁闭度 0.73，灌木盖度 0.17，草本盖度 0.54。

面积 9013.3444hm²，蓄积量 1752866.4131m³，生物量 1274474.1890t，碳储量637237.0945t。每公顷蓄积量 194.4746m³，每公顷生物量 141.3986t，每公顷碳储量 70.6993t。

多样性指数 0.7039，优势度指数 0.2960，均匀度指数 0.2259。斑块数 159 个，平均斑块面积 56.6877hm²，斑块破碎度 0.0176。

云杉、水曲柳针阔混交林健康。无自然干扰。

71. 云杉、杨树针阔混交林（*Picea*，*Populus* forest）

在黑龙江、吉林 2 个省有云杉、杨树针阔混交林分布，面积 23166.1203hm²，蓄积量5856790.1534m³，生物量 3854561.3159t，碳储量 1927280.6581t。每公顷蓄积量252.8170m³，每公顷生物量 166.3879t，每公顷碳储量 83.1939t。多样性指数 0.7778，优势度指数 0.2221，均匀度指数 0.3326。斑块数 373 个，平均斑块面积 62.1076hm²，斑块破碎度 0.0161。

（1）在黑龙江，云杉、杨树针阔混交林分布于大兴安岭、小兴安岭、完达山及张广才岭等山区。

乔木主要有云杉、兴安落叶松、白桦、山杨、鱼鳞云杉、红松、臭冷杉、樟子松、油松、色木槭、胡桃楸、紫椴、蒙古栎、水曲柳。灌木主要有红瑞木、毛赤杨、珍珠梅、金露梅、偃茶藨子、山刺玫、柴桦、越桔、稠李、胡枝子、大果榆、槭树。草本主要有大叶章、林木贼、红花鹿蹄草、舞鹤草、蕨菜、树藓、塔藓、大油芒、野古草、隐子草、羊草、狗尾草、黄蒿。

乔木层平均树高 13.6m，灌木层平均高 1.1m，草本层平均高 0.4m，乔木平均胸径13.2cm，乔木郁闭度 0.6，灌木盖度 0.13，草本盖度 0.2，植被总盖度 0.7。

面积 18124.3333hm²，蓄积量 4897225.0686m³，生物量 3178044.4138t，碳储量1589022.2070t。每公顷蓄积量 270.2017m³，每公顷生物量 175.3468t，每公顷碳储量 87.6734t。

多样性指数 0.7621，优势度指数 0.2378，均匀度指数 0.4171。斑块数 222 个，平均斑块面积 81.6411hm²，斑块破碎度 0.0122。

云杉、杨树针阔混交林健康。无自然干扰。

（2）在吉林，云杉、杨树针阔混交林分布于东部长白山各县。

乔木主要有椴树、色木槭、冷杉、胡桃楸、蒙古栎、枫桦、杨树、水曲柳、榆树、白桦、黄波罗、蒙古栎、落叶松、云杉、樟子松、油松。灌木主要有桎柳、刺五加、胡枝子、花楷槭、蔷薇、忍冬、珍珠梅、榛子、紫穗槐。草本主要有蒿、蕨、木贼、莎草、羊胡子草、苔草、山茄子、大油芒、野古草、隐子草、羊草、狗尾草、黄蒿。

乔木层平均树高 13.5m，灌木层平均高 1.17m，草本层平均高 0.29m，乔木平均胸径 15.23cm，乔木郁闭度 0.72，灌木盖度 0.31，草本盖度 0.34。

面积 5041.7869hm²，蓄积量 959565.0848m³，生物量 676516.9021t，碳储量 338258.4511t。每公顷蓄积量 190.3224m³，每公顷生物量 134.1820t，每公顷碳储量 67.0910t。

多样性指数 0.7936，优势度指数 0.2063，均匀度指数 0.2482。斑块数 151 个，平均斑块面积 33.3893hm²，斑块破碎度 0.0299。

云杉、杨树针阔混交林健康。无自然干扰。

72. 云杉、榆树针阔混交林（*Picea*，*Ulmus pumila* forest）

在黑龙江、吉林 2 个省有云杉、榆树针阔混交林分布，面积 6573.0184hm²，蓄积量 1104097.3120m³，生物量 890373.0517t，碳储量 445186.5259t。每公顷蓄积量 167.9742m³，每公顷生物量 135.4588t，每公顷碳储量 67.7294t。多样性指数 0.8019，优势度指数 0.1980，均匀度指数 0.4049。斑块数 106 个，平均斑块面积 62.0096hm²，斑块破碎度 0.0161。

（1）在黑龙江，云杉、榆树针阔混交林分布于大兴安岭、小兴安岭、完达山及张广才岭等山区。

乔木主要有榆树、兴安落叶松、白桦、山杨、鱼鳞云杉、红松、臭冷杉。灌木主要有红瑞木、毛赤杨、珍珠梅、金露梅、偃茶藨子、山刺玫、柴桦、越桔、刺五加、花楷槭、忍冬、绣线菊、榛子。草本主要有大叶章、林木贼、红花鹿蹄草、舞鹤草、蚊子草、蕨菜、树藓、塔藓、密叶皱蒴藓、沼羽藓、万年藓、提灯藓、皱叶曲尾藓、粗叶泥炭藓、蒿、羊草、莎草、羊胡子草、苔草。

乔木层平均树高 13.33m，灌木层平均高 1.2m，草本层平均高 0.33m，乔木平均胸径 13.4cm，乔木郁闭度 0.67，灌木盖度 0.18，草本盖度 0.34，植被总盖度 0.71。

面积 2073.3100hm²，蓄积量 237076.0984m³，生物量 271789.4919t，碳储量 135894.7460t。每公顷蓄积量 114.3467m³，每公顷生物量 131.0896t，每公顷碳储量 65.5448t。

多样性指数 0.8662，优势度指数 0.1337，均匀度指数 0.5735。斑块数 41 个，平均斑块面积 50.5685hm²，斑块破碎度 0.0198。

云杉、榆树针阔混交林健康。无自然干扰。

（2）在吉林，云杉、榆树针阔混交林分布于东部长白山各县。

乔木主要有椴树、色木槭、冷杉、胡桃楸、蒙古栎、枫桦、杨树、水曲柳、榆树、白桦、黄波罗、落叶松、云杉、樟子松。灌木主要有榛子、忍冬、花楷槭、刺五加、蔷薇、绣线菊。草本主要有蒿、蕨、木贼、莎草、羊胡子草、苔草、山茄子。

乔木层平均树高 17.5m，灌木层平均高 1.4m，草本层平均高 0.3m，乔木平均胸径 23.19cm，乔木郁闭度 0.61，灌木盖度 0.32，草本盖度 0.43。

面积 4499.7083hm²，蓄积量 867021.2136m³，生物量 618583.5598t，碳储量 309291.7799t。每公顷蓄积量 192.6839m³，每公顷生物量 137.4719t，每公顷碳储量 68.7360t。

多样性指数 0.7377，优势度指数 0.2622，均匀度指数 0.2363。斑块数 65 个，平均斑块面积 69.2263hm²，斑块破碎度 0.0144。

云杉、榆树针阔混交林健康。无自然干扰。

73. 云杉、蒙古栎针阔混交林（*Picea*，*Quercus mongolica* forest）

在黑龙江、吉林 2 个省有云杉蒙古栎针阔混交林分布，面积 8997.9564hm²，蓄积量 2257858.4865m³，生物量 1870304.6107t，碳储量 935152.3054t。每公顷蓄积量 250.9301m³，每公顷生物量 207.8588t，每公顷碳储量 103.9294t。多样性指数 0.7268，优势度指数 0.2731，均匀度指数 0.2611。斑块数 117 个，平均斑块面积 76.9056hm²，斑块破碎度 0.030。

（1）在黑龙江，云杉、蒙古栎针阔混交林分布于大兴安岭、小兴安岭、完达山及张广才岭等山区。

乔木除云杉、蒙古栎外，还有兴安落叶松、白桦、山杨、鱼鳞云杉、红松、臭冷杉、黑桦、紫椴、色木槭、榆树、麻栎、辽东栎。灌木主要有红瑞木、毛赤杨、珍珠梅、金露梅、偃茶藨子、山刺玫、柴桦、越桔、榛毛榛、兴安杜鹃、胡枝子。草本主要有大叶章、林木贼、红花鹿蹄草、舞鹤草、蚊子草、蕨菜、树藓、塔藓、提灯藓、皱叶曲尾藓、粗叶泥炭藓、大油芒、铁杆蒿、土三七、东北牡蒿、桔梗。

乔木层平均树高 10.5m，灌木层平均高 1.1m，草本层平均高 0.1m，乔木平均胸径 12.2cm，乔木郁闭度 0.7，灌木盖度 0.3，草本盖度 0.3，植被总盖度 0.7。

面积 6137.6160hm²，蓄积量 1342132.9697m³，生物量 1112562.6016t，碳储量 556281.3008t。每公顷蓄积量 218.6733m³，每公顷生物量 181.2695t，每公顷碳储量 90.6348t。

多样性指数 0.7046，优势度指数 0.2953，均匀度指数 0.2864。斑块数 59 个，平均斑块面积 104.0274hm²，斑块破碎度 0.0096。

云杉、蒙古栎针阔混交林健康。无自然干扰。

（2）在吉林，云杉、蒙古栎针阔混交林分布于东部长白山各县。

乔木主要有椴树、色木槭、冷杉、胡桃楸、蒙古栎、枫桦、杨树、水曲柳、榆树、黄波罗、落叶松、云杉、樟子松、黑桦、紫椴、白桦、榆树、麻栎、辽东栎。灌木主要有杜鹃、胡枝子、花楷槭、忍冬、山梅花、珍珠梅、榛子、刺五加、蔷薇。草本主要有蒿、蕨、木贼、莎草、羊胡子草、苔草、山茄子、问荆。

乔木层平均树高 14.7m, 灌木层平均高 1.11m, 草本层平均高 0.28m, 乔木平均胸径 21.08cm, 乔木郁闭度 0.64, 灌木盖度 0.26, 草本盖度 0.41。

面积 2860.3403hm², 蓄积量 915725.5168m³, 生物量 757742.0091t, 碳储量 378871.0046t。每公顷蓄积量 320.1457m³, 每公顷生物量 264.9132t, 每公顷碳储量 132.4566t。

多样性指数 0.7491, 优势度指数 0.2508, 均匀度指数 0.2358。斑块数 58 个, 平均斑块面积 49.3162hm², 斑块破碎度 0.0203。

云杉、蒙古栎针阔混交林健康。无自然干扰。

74. 云杉、桦木、杨树针阔混交林（*Picea*, *Betula*, *Populus* forest）

在黑龙江、吉林 2 个省有云杉、桦木、杨树针阔混交林分布, 面积 15804.2373hm², 蓄积量 3245899.0729m³, 生物量 2503095.4882t, 碳储量 1251547.7441t。每公顷蓄积量 205.3816m³, 每公顷生物量 158.3813t, 每公顷碳储量 79.1906t。多样性指数 0.7250, 优势度指数 0.2749, 均匀度指数 0.3612。斑块数 189 个, 平均斑块面积 83.6203hm², 斑块破碎度 0.0120。

（1）在黑龙江, 云杉、桦木、杨树针阔混交林主要分布在海林市、方正县和伊春市境内, 宁安市、铁力市也有分布。

乔木主要有兴安落叶松、白桦、山杨、鱼鳞云杉、红松、臭冷杉。灌木主要有红瑞木、毛赤杨、珍珠梅、金露梅、偃茶藨子、山刺玫、柴桦、越桔、忍冬、绣线菊、榛子。草本主要有大叶章、林木贼、红花鹿蹄草、舞鹤草、蚊子草、蕨菜、树藓、塔藓、密叶皱蒴藓、沼羽藓、万年藓、提灯藓、皱叶曲尾藓、粗叶泥炭藓、蒿、莎草、苔草、小叶章、羊草。

乔木层平均树高 13.85m, 灌木层平均高 1.15m, 草本层平均高 0.3m, 乔木平均胸径 15.2cm, 乔木郁闭度 0.7, 灌木盖度 0.19, 草本盖度 0.43, 植被总盖度 0.72。

面积 12244.6663hm², 蓄积量 2514442.2265m³, 生物量 1955210.1598t, 碳储量 977605.0799t。每公顷蓄积量 205.3500m³, 每公顷生物量 159.6785t, 每公顷碳储量 79.8393t。

多样性指数 0.8609, 优势度指数 0.1390, 均匀度指数 0.5229。斑块数 160 个, 平均斑块面积 76.5292hm², 斑块破碎度 0.0131。

云杉、桦木、杨树针阔混交林健康。无自然干扰。

（2）在吉林, 云杉、桦木、杨树针阔混交林分布在珲春市境内。

乔木主要有椴树、色木槭、冷杉、胡桃楸、蒙古栎、枫桦、杨树、水曲柳、榆树、白桦、黄波罗、落叶松、云杉、樟子松。灌木主要有榛子、忍冬、花楷槭、刺五加、蔷薇、绣线菊、珍珠梅。草本主要有蒿、蕨、木贼、莎草、羊胡子草、苔草、山茄子、小叶章、宽叶苔草。

乔木层平均树高 12.8m, 灌木层平均高 1.67m, 草本层平均高 0.53m, 乔木平均胸径 15.4cm, 乔木郁闭度 0.67, 灌木盖度 0.2, 草本盖度 0.26。

面积 3559.5710hm²，蓄积量 731456.8463m³，生物量 547885.3284t，碳储量 273942.6642t。每公顷蓄积量 205.4902m³，每公顷生物量 153.9189t，每公顷碳储量 76.9595t。

多样性指数 0.5892，优势度指数 0.4107，均匀度指数 0.1996。斑块数 29 个，平均斑块面积 122.7438hm²，斑块破碎度 0.0081。

云杉、桦木、杨树针阔混交林健康。无自然干扰。

75. 云杉、桦木针阔混交林（*Picea*，*Betula* forest）

在甘肃，云杉、桦木针阔混交林分布于甘肃祁连山地区。

乔木除云杉、桦木外，还有祁连圆柏等树种。灌木主要有杜鹃、金露梅、锦鸡儿、吉拉柳、冰川茶藨子等。草本主要有蒿、苔草等。

乔木平均胸径25.3cm，平均树高 14.8m，郁闭度0.75。灌木盖度0.2，平均高1.2m。草本盖度0.2，平均高0.1m。

面积163.4787hm²，蓄积量 21850.8956m³，生物量 8882.9804t，碳储量 4471.6923t。每公顷蓄积量 133.6621m³，每公顷生物量 54.3372t，每公顷碳储量 27.3534t。

多样性指数 0.6300，优势度指数 0.3700，均匀度指数 0.9500。斑块数 14 个，平均斑块面积 11.6771hm²，斑块破碎度 0.0856。

云杉、桦木针阔混交林生长处于亚健康。自然干扰主要是病虫害。人为干扰主要是抚育管理。

76. 冷杉、桦木、槭树针阔混交林（*Abies*，*Betula*，*Acer mono* forest）

在四川省分布广泛，但较分散，几乎遍及西部山区。以大小金川为中心，西界达于阿坝、襄塘、色达、炉霍、道孚、巴塘，东界至汶川、宝兴，向南过九龙沿雅砻江而达冕宁，向北分布至松潘、南坪、平武而进入甘肃南部白龙江流域。在四川省 18 个县有分布，其中以小金、金川、马尔康、九龙森林资源最为丰富。垂直分布因地而异，在雅砻江主要为海拔 3900~4200m，大小金川为海拔 3400~4000m，岷江中上游及白龙江流域为 2500~3800m。表明从南向北分布高度递减，垂直分布变宽。红杉林最高分布可达海拔 4300m，单株最低达于海拔 2300m。冷杉、桦木、槭树针阔混交林乔木树种组成较为简单，以红杉为单优势，常混生有较多的云杉和少量的冷杉。灌木以杜鹃为主，种类有亮叶杜鹃、陇蜀杜鹃、毛叶杜鹃、西南花楸、四川忍冬、长序茶藨子。地被物种草本占绝对优势，其中以苔草为主，其次有四川蒿草、糙野青茅、羊茅、红景天、钉柱委陵菜、虎耳草等。苔藓常见种类有塔藓、毛梳藓、羽藓等。

乔木层平均树高 17.8m，灌木层平均高约 2.1m，草本层平均高在 0.4m 以下，乔木平均胸径 19.9cm，乔木郁闭度约 0.6，草本盖度 0.55。

面积 29363.4205hm²，蓄积量 1406871.2857m³，生物量 690770.7355t，碳储量 345385.3678t。每公顷蓄积量 47.9124m³，每公顷生物量 23.5249t，每公顷碳储量 11.7624t。

多样性指数 0.8828，优势度指数 0.1172，均匀度指数为 0.2274。斑块数 456 个，平均斑块面积 64.3934hm²，斑块破碎度 0.0155。

冷杉、桦木、槭树针阔混交林健康状况较好。基本都无灾害。未受到明显的人为干扰。

77. 冷杉、白桦针阔混交林（*Abies nephrolepis*，*Betula platyphylla* forest）

在黑龙江、吉林、辽宁 3 个省有冷杉、白桦针阔混交林分布，面积 152372.6589hm²，蓄积量 30161098.6715m³，生物量 24433310.0690t，碳储量 12216655.0366t。每公顷蓄积量 197.9430m³，每公顷生物量 160.3523t，每公顷碳储量 80.1762t。多样性指数 0.7739，优势度指数 0.2260，均匀度指数为 0.3733。斑块数 858 个，平均斑块面积 177.5905hm²，斑块破碎度 0.0055。

（1）在黑龙江，冷杉、白桦针阔混交林分布于小兴安岭、达兴山、张广才岭、老爷岭等山区。

乔木除冷杉、白桦外，还有红皮云杉、枫桦、落叶松、山杨、蒙椴、蒙古栎、紫椴、色木槭。灌木主要有花楸、蓝靛果、珍珠梅、毛赤杨、红瑞木、落叶松、胡枝子、兴安柳、谷柳、兴安杜鹃、东北赤杨、刺玫蔷薇、越桔、石生悬钩子。草本主要有拟垂枝藓、塔藓、小白齿藓、毛梳藓、单侧花、肾叶鹿蹄草、七瓣莲、宽叶舞鹤草、唢呐草、酢浆草、光露珠草、小斑叶兰、大叶章、地榆、铃兰、舞鹤草、银莲花、轮叶沙参、马莲、贝加尔野豌豆、东方草莓、矮香豌豆、粗根老鹳草、红花鹿蹄草、曲尾藓、四花苔草、山茄子、大叶柴胡、卵叶风毛菊、鳞毛蕨属、掌叶铁线蕨、兴安鹿药、林木贼。

乔木层平均树高 14.4m，灌木层平均高 1m，草本层平均高 0.4m，乔木平均胸径 14.3cm，乔木郁闭度 0.7，灌木盖度 0.08，草本盖度 0.22，植被总盖度 0.75。

面积 143587.7690hm²，蓄积量 28467950.3983m³，生物量 23205251.2158t，碳储量 11602625.6100t。每公顷蓄积量 198.2617m³，每公顷生物量 161.6102t，每公顷碳储量 80.8051t。

多样性指数 0.8091，优势度指数 0.1908，均匀度指数 0.4371。斑块数 753 个，平均斑块面积 190.6876hm²，斑块破碎度 0.0052。

冷杉、白桦针阔混交林健康。无自然干扰。

（2）在吉林，冷杉、白桦针阔混交林分布于东部及南部山区各县。

乔木主要有冷杉、云杉、红松、椴树、枫桦、白桦、杨树、榆树、色木槭、蒙古栎。灌木主要有榛子、忍冬、刺五加、胡枝子、花楷槭、绣线菊、珍珠梅。草本主要有蒿、蕨、木贼、莎草、羊胡子草、苔草、山茄子、小叶章。

乔木层平均树高 13.1m，灌木层平均高 1.63m，草本层平均高 0.29m，乔木平均胸径 16.21cm，乔木郁闭度 0.75，灌木盖度 0.32，草本盖度 0.48。

面积 8271.0119hm²，蓄积量 1682693.6976m³，生物量 1212316.2330t，碳储量 606158.1165t。每公顷蓄积量 203.4447m³，每公顷生物量 146.5741t，每公顷碳储量 73.2871t。

多样性指数 0.8554，优势度指数 0.1445，均匀度指数 0.2639。斑块数 95 个，平均斑

块面积 87.0633hm²，斑块破碎度 0.0115。

冷杉、白桦针阔混交林健康。无自然干扰。

（3）在辽宁，冷杉、白桦针阔混交林分布于辽东地区，以新宾县、恒仁县、清原县等为主要分布区。

乔木主要有冷杉、红皮云杉、枫桦、落叶松、白桦。灌木主要有花楸、蓝靛果、珍珠梅、毛赤杨、红瑞木、胡枝子、花楷槭、忍冬、绣线菊、珍珠梅、榛子。草本主要有拟垂枝藓、塔藓、小白齿藓、毛梳藓、单侧花、肾叶鹿蹄草、七瓣莲、宽叶舞鹤草、唢呐草、酢浆草、光露珠草、小斑叶兰、蒿、蕨、木贼、莎草、羊胡子草、苔草、山茄子、小叶章。

乔木层平均树高 25.2m，灌木层平均高 1.3m，草本层平均高 0.2m，乔木平均胸径 18.63cm，乔木郁闭度 0.75，灌木盖度 0.3，草本盖度 0.3，植被总盖度 0.9。

面积 513.8779hm²，蓄积量 10454.5755m³，生物量 15742.6202t，碳储量 7871.3101t。每公顷蓄积量 20.3445m³，每公顷生物量 30.6349t，每公顷碳储量 15.3175t。

多样性指数 0.6574，优势度指数 0.3425，均匀度指数 0.4191。斑块数 10 个，平均斑块面积 51.3877hm²，斑块破碎度 0.0194。

冷杉、白桦针阔混交林健康。无自然干扰。

78. 栎树、云杉针阔混交林（*Quercus*，*Picea* forest）

在甘肃，栎树、云杉人工林分布于合水县、天水市市辖区、徽县、正宁县、迭布县、宁县、天水市、清水各县。

乔木常见与落叶松、栎树、其他软阔类、云杉、其他硬阔类混交。灌木中常见的有小檗、锦鸡儿、金露梅、忍冬。草本中主要有蒿、梭草、龙须草、苔草多种。

乔木层平均树高 7.98m 左右，灌木层平均高 15.16cm，草本层平均高 3.25cm，乔木平均胸径 11cm，乔木郁闭度 0.53，灌木盖度 0.35，草本盖度 0.38，植被总盖度 0.61。

面积 80113.7954hm²，蓄积量 4741985.4449m³，生物量 10256571.4239t，碳储量 51057212548t。每公顷蓄积量 59.1906m³，每公顷生物量 128.0250t，每公顷碳储量 63.7309t。

多样性指数 0.7200，优势度指数 0.2800，均匀度指数 0.3800。斑块数 10607 个，平均斑块面积 7.5529hm²，斑块破碎度 0.1324。

有重度病害，面积 5052.35hm²。有重度虫害，面积 999.715hm²。未见火灾。有轻度自然干扰，面积 4686hm²。有轻度人为干扰，面积 1203hm²。

79. 铁杉、桦木、槭树针阔混交林（*Tsuga chinensis*，*Betulaceae*，*Acer mono* forest）

在四川，铁杉、桦木、槭树针阔混交林分布在西南山地亚高山地区，为山地阔叶林带向山地针叶林带过渡的森林植被。

乔木多为复林层结构，常见铁杉、桦木、槭树，并伴生少量野樱桃、箭竹等。灌木树种较为简单，主要以木姜子、杜鹃等为主。草本植物常见有凤仙花、接骨草、蕨、禾本科草、蓼、天南星、菝葜、一把伞南星等。

乔木层平均树高 14.3m，灌木层平均高 1m，草本层平均高 0.2m 以下，乔木平均胸径 27.9cm，乔木郁闭度 0.8，草本盖度 0.3。

面积 32415.0252hm^2，蓄积量 1417343.0441m^3，生物量 1370834.4846t，碳储量 685417.2423t。每公顷蓄积量 43.7249m^3，每公顷生物量 42.2901t，每公顷碳储量 21.1450t。

多样性指数 0.2985，优势度指数 0.7015，均匀度指数 0.8007。斑块指数 795 个，平均斑块面积 40.7736hm^2，斑块破碎度 0.0245。

无灾害的面积为 30433.30hm^2，轻度和中度灾害的面积分别为 1690.74hm^2 和 845.37hm^2。受到明显的人为干扰，主要为抚育、征占等，其中抚育面积为 634.22hm^2，征占面积为 106.97hm^2。

80. 落叶松、冷杉、色木槭针阔混交林（*Larix*，*Abies nephrolepis*，*Acer mono* forest）

在黑龙江，落叶松、冷杉、色木槭针阔混交林分布在小兴安岭、完达山及张广才岭等山区。

乔木主要有落叶松、冷杉、色木槭。灌木主要有忍冬、绣线菊、珍珠梅、榛子。草本主要有蒿、宽叶苔草、莎草、苔草、小叶章、羊草。

乔木层平均树高 7.6m，灌木层平均高 0.48m，草本层平均高 0.38m，乔木平均胸径 8.92cm，乔木郁闭度 0.44，灌木盖度 0.18，草本盖度 0.52，植被总盖度 0.72。

面积 181452.6254hm^2，蓄积量 21783079.2098m^3，生物量 12283127.0087t，碳储量 6141563.5040t。每公顷蓄积量 120.0483m^3，每公顷生物量 67.6933t，每公顷碳储量 33.8467t。

多样性指数 0.5934，优势度指数 0.4063，均匀度指数 0.1675。斑块数 1446 个，平均斑块面积 125.4859hm^2，斑块破碎度 0.0080。

落叶松、冷杉、色木槭针阔混交林健康。无自然干扰。

81. 长苞铁杉、红豆杉、枫桦针阔混交林（*Tsuga longibracteata*，*Taxus*，*Betula costata* forest）

在广东，分布有除杉木林外的其他杉类林，以长苞铁杉林、红豆杉林为主，有枫香、含笑以及壳斗科树种分布其中。在广东省广泛分布，多集中于山区，以乐昌、高州、信宜、怀集等县分布面积较大，土壤为山地红壤或山地黄壤。灌木有杜鹃、鼠刺等物种。草本主要有求米草、狗脊等。

乔木平均胸径 9.4cm，乔木层平均树高 8.8m，乔木郁闭度 0.7~0.75。灌木盖度 0.2，高度 0.8m。草本盖度 0.4，高度 0.3m。

面积 269280.0000hm^2，蓄积量 14492918.8800m^3，生物量 7990318.5120t，碳储量

3995159. 2560t。每公顷蓄积量 53. 8210m³，每公顷生物量 29. 6729t，每公顷碳储量 14. 8365t。

多样性指数 0. 2538，优势度指数 0. 7462，均匀度指数 0. 5966。斑块数 82 个，平均斑块面积 3283. 9hm²，斑块破碎度 0. 0003。

长苞铁杉、红豆杉、枫桦针阔混交林生长健康。无自然干扰。

第五篇
中国森林植被图及信息系统

　　专题图（又称专题地图或特种地图）是在地理底图上按照地图主题的要求，突出并完善地表示与主题相关的一种或几种要素，使地图内容专题化、表达形式各异、用途专门化的地图。专题图的内容由两部分构成：①专题内容。图上突出表示的自然或社会经济现象及其有关特征。②地理基础。用以标明专题要素空间位置与地理背景的普通地图内容，主要有经纬网、水系、境界、居民地等。森林植被图是专题图的一种，直观、清晰地反映森林植被的空间分布格局，有利于人们对森林植被快速、准确地了解和认识。

　　信息系统是由计算机硬件、网络和通信设备、计算机软件、信息资源、信息用户和规章制度组成的以处理信息流为目的的人机一体化系统。主要有五个基本功能，即对信息的输入、存储、处理、输出和控制。通过信息系统最大限度地利用现代计算机及网络通讯技术，加强信息管理，为广大信息用户提供及时、准确的信息资源，促进经济社会发展和人类文明进步。森林植被信息系统是一种专门的信息系统，将为广大森林植被信息用户提供及时、准确、快捷的信息服务。

　　本篇介绍了中国森林植被图制作及中国森林植被信息系统开发有关内容。

第十三章
中国森林植被图

中国森林植被图是中国森林植被调查的重要成果之一。通过森林植被图直观地表达出森林植被类型及空间分布状况，为人们认识森林植被、了解森林植被、利用森林植被资源提供了方便、快捷的信息支持。

本章介绍了森林植被图制作的意义、森林植被图类型及特点、森林植被制图发展以及中国森林植被图制作的基本图编制、中国森林植被类型分布图编制等内容。

第一节　森林植被图的意义

森林是以乔木植物为主体的生物群落，是集中的乔木与其他植物、动物、微生物和土壤之间相互依存相互制约，并与环境相互影响，从而形成的一个生态系统的总体。它具有丰富的物种、复杂的结构、多种多样的功能。森林被誉为"地球之肺"。森林植被是自然植被的重要组成部分，是一定地区中森林群落的总体。它是在过去和现在的环境因素以及人为因素影响下，经过长期历史发展演化的结果。森林植被既是重要的自然地理要素和自然条件，又是重要的自然资源，也是重要的战略资源。森林植被（类型）图是森林植被分类单位在地域上的分布，反映了森林植被类型的实际分布情况和分布规律性。森林植被图在经济发展、生态建设、社会文明等诸多方面具有重要意义。

（1）揭示森林植被分布随自然环境的变化规律；

（2）揭示森林植被生产力随自然环境的变化规律；

（3）森林植被图是研究森林资源的分布和储量的重要基础资料；

（4）森林植被图是人类保护和利用种质资源的基础资料；

（5）森林植被图是生态环境保护、恢复和发展的基础资料；

（6）森林植被图是土地及地下资源开发的重要基础资料；

（7）森林植被图是地区经济发展规划决策的重要基础资料；

（8）森林植被图也是提高军事作战能力的重要基础资料。

第二节　森林植被图类型及特点

森林植被图是指森林群落的各级分类单位在地理空间上的分布图，主要有两种，一种是森林植被区划图，另一种是森林植被类型图。森林植被区划图表示森林植被分类单位组合的区域分布情况和分布规律。它的制图单位即森林植被区划单位在图上是完整而连续的；森林植被类型图的制图单位即森林植被分类单位在图上是分散的、不连续的，它是森林植被类型的实际分布情况和分布规律性。森林植被图是森林植被研究成果简明生动的表示方式。它所能表示的森林植被分类单位的级别、详细程度和分布规律，主要取决于比例尺。一般说来，比例尺越小，表示的森林植被分类单位的级别越高，内容越粗略，反映的森林植被分布规律越概括，反之亦然。由于各地区森林植被特点的差异和不同作者森林植被分类标准的不一致，相同比例尺的森林植被图所表示的森林植被分类单位的级别往往不完全相同，至今未形成完全统一的标准。

长期以来，由于森林植被制图中的森林植被分类受不同学派的影响，以及制图目的和工作方法的不同，形成的森林植被图类型多种多样，可以归纳为以下几类。

（1）现实森林植被图（又称现状森林植被图）。是表示在制图期间制图区内现实存在的森林植被（包括天然森林植被和人工森林植被）及其分布规律的森林植被图。现实森林植被图上的森林植被分类单位通常是依据森林群落外貌（即建群或优势树种的生活型）和森林群落结构划分的。如针叶林、阔叶林、针阔混交林等。它的图斑界线来源于实际调查资料，或根据能反映实际情况的其他资料绘制。体现了制图工作者对森林植被及其分布的科学的规律性的认识。现实森林植被图是自然资源基本图件之一，是环境研究和农业区划、国土整治、大自然保护、森林资源利用等不可缺少的科学依据之一，也是高等院校教学和军事部门的参考资料，这是世界各国普遍编制的一类森林植被图。

（2）复原森林植被图（又称根本森林植被图或原始森林植被图）。是反映未受人类经济活动破坏以前的原始森林植被分布状况的森林植被图。它不表示人类影响下的次生森林植被和人工森林植被。在复原过去森林植被分布时，需要以现实森林植被图为基础，其森林植被类型是根据科学理论制订的。它的斑块界线是根据代表森林种、残存的小块原始森林植被、土壤、地形、个别地名（地名有时能说明过去的森林植被）、档案和过去的历史资料确定的。复原森林植被图是制订改造自然规划的重要科学依据之一。

（3）潜在森林植被图。表示制图区森林植被的潜在发展趋势。即在现实自然条件下，假设停止人为干扰，将来可能出现的森林植被。由于潜在森林植被图表示森林植被的自然发展趋势，因而便于直接反映出森林植被的潜在资源，同时也指出了改造森林植被与自然环境的方向。

（4）动态森林植被图。它反映森林群落所处的演替阶段和演替条件，并表明人类对森林植被的影响程度。所谓演替阶段，就是森林群落在时间发展进程中所处的位置，因此动态森林植被图反映着处在变动阶段的森林植被客体，它所反映的森林植被时间特性是动态的。

动态森林植被图与潜在森林植被图的根本区别在于，动态森林植被图属于现实性质的森林植被图范畴，而潜在森林植被图所表示的是将来可能出现的森林植被。

除此之外，在土地利用图、土地覆盖图等图中，也表示出一定的森林植被类型。在这些专题图中表示的森林植被类型往往比较粗放，如林地、非林地，有林地、疏林地，针叶林、阔叶林，乔木林、灌木林，用材林、防护林，商品林、公益林等。

第三节 森林植被制图发展

森林植被图是伴随植被图的产生发展来的，专门针对森林的图件是近几十年发展起来的，我国自 1958 年以来，先后编制了全国、省、市、县、林场等不同尺度的森林分布图、林相图（陈文娟等，1980）。制图方法也不断变化，早期以地形图为基础，进行调查和手工转绘编制；逐渐发展到以遥感影像为基础，进行调查和计算机辅助制图（全志杰等，1989）。林相图是基于森林资源规划设计调查（二类调查）成果绘制而成的图件，反应林业经营单位内小班的林种、树种、年龄等分布情况。森林分布图一是以林相图为基础缩绘而成，二是基于一类调查成果绘制而成。尽管森林分布图和林相图都考虑图斑内的优势树种，但我国森林资源一类、二类调查技术规范中明确需要调查记录的树种非常有限（100种左右），其余都被归并到一些大类，比如针叶混、阔叶混、针阔混树种组，或其他软阔类、其他硬阔类等。明确的森林植被类型更少，仅有寒温性针叶林、温性针叶林等 16 种类型。专门以森林植被命名的图件国内外都很少，比如利用遥感技术编制印度 Kanha 国家公园森林植被类型图（C. B. S. Dutt et al.，1992）。但包含森林植被类型的植被图的发展已有几百年的历史。

一、国外森林植被图

森林植被在图上表达出来，要追溯到 15 世纪中叶，在 1478 年意大利波罗格纳市（Bologna）出版的《托勒米（Ptolemy）地理志》第二版时，图案表示了法国境内的森林。随着时间的推移和技术的进步，森林植被在图上表达的类型越来越多，越来越细。16 世纪末，德国波希米亚地图用符号表示了栎林、山毛榉林、柳林和榛灌丛。第一张具有森林植被图真正含义的是德国植物学家 O·Sendtner 于 1854 年发表的《苏巴因斯（Sabbayerns）植被图》，它用封闭曲线表示了各类植被的分布界线，它的植被分类标准为植物组成和景观特点。德国植物学家 A. F. W. Sehimper 于 1898 年发表了世界植被图，这是第一张具有森林植被现代意义的植被图，它的许多植被名称沿用至今，如热带雨林、热带季雨林、亚热带雨林、夏绿阔叶林、针叶林、硬叶疏林、萨旺纳疏林等。

进入 20 世纪，各种比例尺的植被图编制出版，其中最著名的有 1∶250 万的《苏联欧洲部分植被图》（CeMeHOBa-TяH -ШaHCKaя，1948），1∶400 万的《苏联植被图》（ЛaBpeHK0，E. M.，идP.，1954），1∶316.8 万的《美国潜在自然植被图》（Kochler，1964）。

二、中国森林植被图

中国从 20 世纪 50 年代开始编制植被图，经历了从粗到细、从局部到全国的植被制图发展过程。

1957 年吴征镒和陈昌笃在《中华人民共和国地图集》中发表了 1：1800 万的中国植被图。

1959 年中国科学院植物研究所植物生态学与地植物学研究室在总结和运用当时全国植被考察资料的基础上编制了 1：800 万的《中国植被图》。

1965 年侯学煜、胡式之等在《中华人民共和国自然地图集》中发表了 1：1000 万的《中国植被图》。

1972 年侯学煜、孙世洲等开始编制 1：400 万的《中华人民共和国植被图》，于 1980 年出版。

1999 年出版的《中国国家自然地图集》中，刊有孙世洲、侯学煜等所编 1：1000 万《中国植被图》。

2001 年出版 1：100 万《中国植被图集》（侯学煜，2001）。

2007 年出版 1：100 万《中华人民共和国植被图》（张新时等，2007），本图全面反映出我国 11 个植被类型组，55 个植被型的 900 多个群系和亚群系（包括自然植被和栽培植被）以及约 2000 多个群落优势种、主要农作物和经济植物的地理分布。

第四节　中国森林植被图制作的基本图

基本图编制，其图式应符合《国家基本比例尺地图图式》（GB/T-20257.1-2007）和《林业地图图式》（LY/T 1821-2009）等的规定。

一、基本图底图

基本图底图采用的是最新的 1：25 万地形图。

二、图斑转绘

将遥感影像（TM 或 TM 级）上的森林植被类型图斑界转绘到 1：25 万地形图，转绘误差不超过 0.5mm。

三、基本图要素

基本图是编制不同尺度森林植被类型分布图的基础，其要素应满足不同比例尺森林植被类型分布编制的要求。因此，为了满足比例尺不大于 1：25 万森林植被类型分布图编制的要求，本基本图要素包括各种境界线［行政区域界-国界、省（自治区、直辖市）界、县（旗、市区）界和森林植被类型图斑界］、县级及以上居民点、高速、国道、省道、五级及以上河流湖泊等。

四、基本图图斑注记

$$\frac{森林植被类型号}{图斑面积}（中等线体 22）$$

第五节　中国森林植被类型分布图编制

为了满足不同层次的用户对森林植被类型信息的需求，本项目设计了四种不同比例尺的森林植被类型图。

一、小比例尺森林植被类型分布图

本文定义的小比例尺森林植被类型分布图是指成图比例尺小于等于 1∶100 万的森林植被类型分布图，又包括以下三种。

（一）全国森林植被类型分布图

为了便于整体了解全国森林植被分布状况，将在各省 1∶25 万森林植被图的基础上，整合缩编成一张全国森林植被图。幅面 4 开，比例尺为 1∶1000 万。图面最小图斑面积 4mm^2，实际面积大于 400km^2。图面要素包括省级及以上界线、省级及以上居民点、高速、国道、一级河流湖泊等。图斑注记森林植被类型——林目、林纲组、林纲。详见图 13-1。

（二）各省森林植被类型分布图

为了便于整体了解各省森林植被分布状况，在各省 1∶25 万森林植被图的基础上，整合缩编为一张全省（自治区、直辖市）森林植被图。全国有省（自治区、直辖市、特别行政区）34 个，根据本次调查结果，香港、澳门因森林植被类型分布图斑面积小，单个图斑面积不超过 4 公顷，因此，在香港、澳门的图上没有显示出森林植被类型图斑。幅面 4 开，图面最小图斑面积 4mm^2，由于各省的实际分布面积差异较大，在幅面大小相同的情况下，各省（自治区、直辖市）的比例尺不尽相同，其中最小为 1∶380 万（内蒙古），最大不超过 1∶30 万（天津）。图斑最小面积对应的实际面积最小超过 0.36km^2。图面要素包括县级及以上界线、县级及以上居民点、高速、国道、省道、二级及以上河流湖泊等。图斑注记森林植被类型——林目、林纲组、林纲、林系组。详见图 13-2。

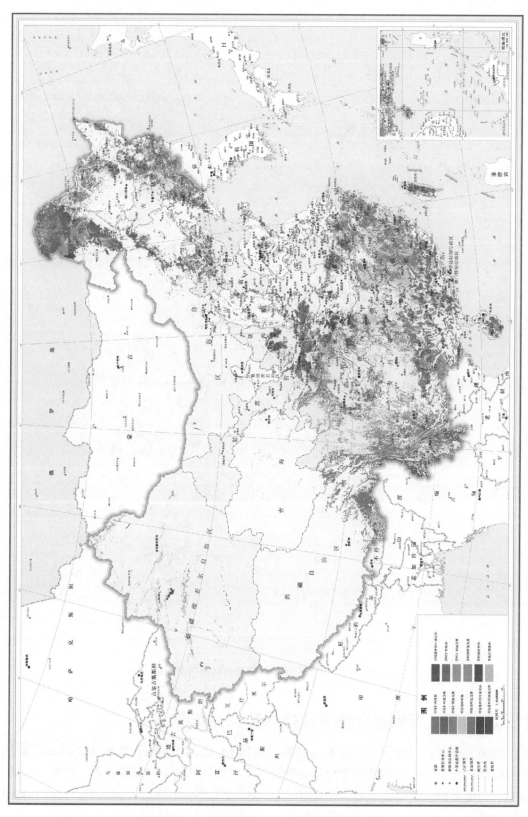

图 13-1（文后彩版）　全国森林植被类型图

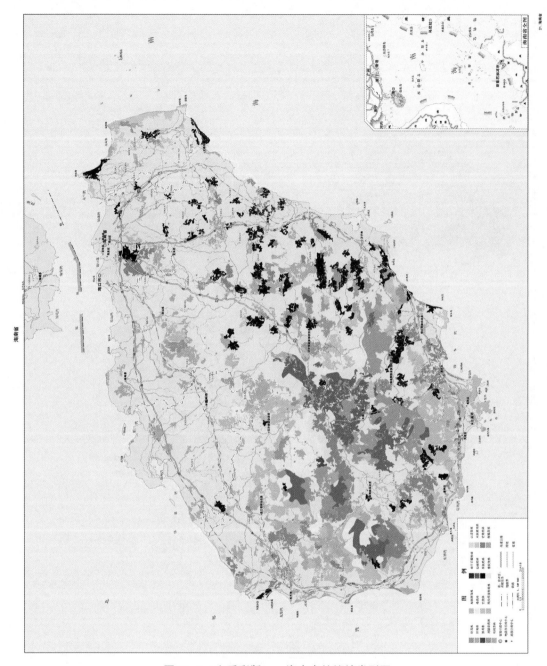

图 13-2（文后彩版）　海南森林植被类型图

（三）1：100 万标准分幅森林植被类型分布图

　　幅面为全国 1：100 万比例尺标准分幅，全国 64 幅。图面最小图斑面积 4mm²，对应的实际面积大于 4km²。图面要素包括县级及以上界线、县级及以上居民点、高速、国道、省道、三级及以上河流湖泊等。图斑注记森林植被类型——林目、林纲组、林纲、林系组。详见图 13-3。

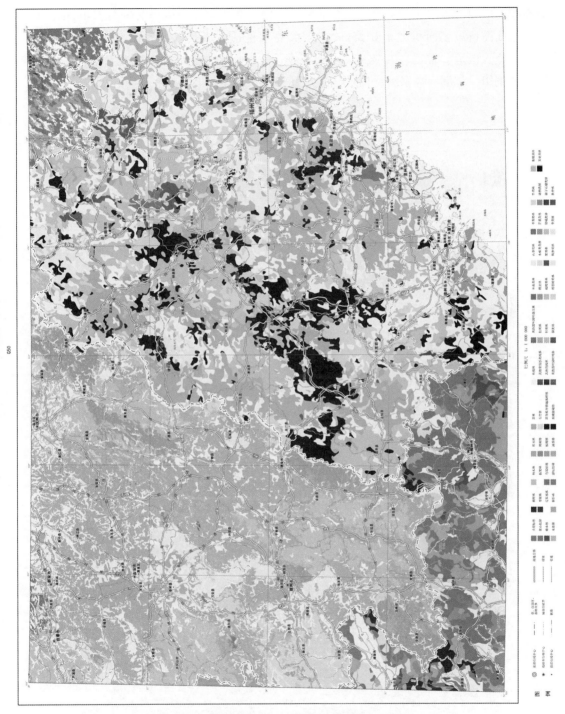

图 13-3（文后彩版）　　1：100 万森林植被分布图

二、中比例尺森林植被类型分布图

本文定义的中比例尺森林植被类型分布图为比例尺大于等于 1：25 万的森林植被类型

分布图。图幅为 1：25 万比例尺标准分幅，全国 772 幅。图面最小图斑面积 4mm²，对应实际地面图斑最小面积大于 0.25km²。图面要素包括县级及以上界线、县级及以上居民点、高速、国道、省道、五级及以上河流湖泊等。图斑注记包括林目组、林目亚组、林目、林纲组、林纲、林系组、林系。详见图 13-4。

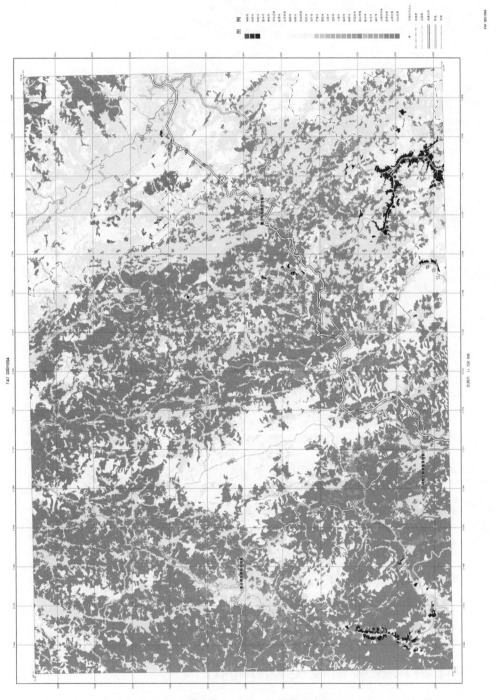

图 13-4（文后彩版） 1：25 万森林植被分布图

第十四章
中国森林植被信息系统

　　中国森林植被信息系统是基于互联网平台开发的森林植被信息输入、存储、处理、输出和控制的专业信息系统。用户通过网络终端，查询到各区域、各种森林植被类型的属性信息和空间信息，相关经营管理者、生产者、科教人员及社会公众可方便、快捷地获取所需的森林植被信息。

　　本章介绍了中国森林植被信息系统的系统设计要求与指标、总体方案设计、系统功能模块划分及描述、系统使用等内容。

第一节　系统设计要求与指标

一、数据类型要求

　　支持存储、显示多种分辨率的卫星影像数据，包括 GeoTiff；

　　支持存储、显示矢量数据，格式为 shp。

二、系统性能指标

　　支持栅格数据、shp 数据；

　　支持以森林植被信息展示服务平台为基础的空间数据的查询；

　　综合数据单次查询平均响应时间不大于 5s；

　　客户端空间数据应用显示窗口刷新平均时间不大于 5s。

三、系统配置指标

　　（1）硬件平台

　　CPU：8 核以上。

　　内存：8GB 以上。

　　硬盘：100GB 以上。

　　（2）软件平台

　　操作系统：windows server 2000 以上。

　　地图服务：supermap 9.0 以上版本。

浏览器：Chrome 56+。

Web 服务器：Tomcat，IIS。

第二节　总体方案设计

系统采用三层 MVC 架构进行程序设计。需要 3 台服务器，分别是 web 应用服务器、切片服务器、数据库服务器。其中切片服务器、数据库服务器和客户机采用物理隔离方式。系统总体方案设计如图 14-1。

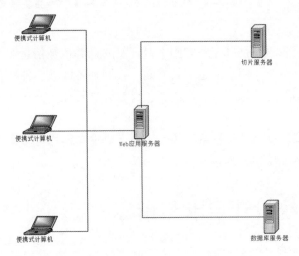

图 14-1　森林植被信息系统总体方案设计图

第三节　系统功能模块划分及描述

一、系统功能模块结构图

通过需求调研分析，结合信息系统平台支持条件，本系统功能由 7 个模块构成，具体见图 14-2。

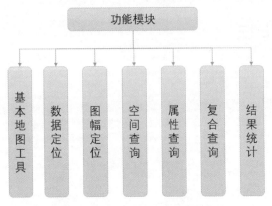

图 14-2　系统功能模块结构图

二、系统功能模块描述

能够进行漫游、放大、缩小、全图等浏览操作。

能够通过图层方式对行政区划、影像底图和森林植被调查分析数据进行控制与管理。支持影像底图、行政区划、森林植被数据进行叠加显示。

显示必要辅助信息，包括当前地图显示的比例尺、鼠标当前位置的坐标等。

支持查看森林植被类型特征详细信息。

支持数据定位功能，可快速定位浏览指定的经纬度或行政区划内。

支持图幅定位功能，可通过森林植被数据图层管理器进行专题数据的快速定位显示。

支持空间查询功能，支持按空间范围查询空间数据，提供相应的查询界面，允许用户输入或选择查询条件。查询结果中列出选中数据。

支持属性查询功能，可通过输入植被种类关键词进行查询，查询结果中列出所有含此关键词属性的数据。

支持复合查询功能，可结合空间数据属性信息和空间范围进行数据查询。如查询"北京市范围内的云杉林"：

A）通过查询获取的结果需要以突出醒目的方式渲染在地图的最上层；

B）支持用户从查询结果列表中选择某一条目，查看其详细信息；

C）支持用户从地图上选择某一查询结果，查看其详细信息。

支持某种类型查询结果的统计信息，比如面积、蓄积量、生物量等。

第四节 系统使用

一、系统部署

（一）支持环境

表 14-1 系统实际部署环境配置

硬件环境	内存：16G 及以上
	CPU：8 核及以上
	硬盘：100G 及以上
软件环境	操作系统：Windows Server 2008 R2 64 位
	GIS 地图服务：SuperMap Iserver 9D 9.0.1 及以上
	NodeJS 10.0 Win 64 位及以上
	Chrome 浏览器大版本号 75 及以上

（二）部署操作

（1）将 SL 文件夹复制到 D 盘根目录下，如：D:\SL。

（2）在 D：\SL 中，分别在 MAP2D．zip 和 tool．zip 上右键，解压到当前文件夹（建议用 WinRAR 解压，其他软件速度很慢），由于数据文件很大，耐心等待解压结束。

（3）在 D：\SL\tool 文件夹中，双击 node-v10．16．3-x64．msi，安装。

（4）在 D：\SL 中，找到 IP 配置．js 文件，右键 打开方式，选择 记事本 打开（不可双击打开），将第一行的 IP 更改为当前服务器/电脑的 IPv4 地址，不要丢了前后单引号，然后确认保存（如果不改，其他客户端机器无法访问）。

（5）按照 许可维护．docx 文档的操作步骤，申请或更新 SuperMap Iserver 服务许可（如果已存在可用的 Iserver，此步可跳过）。

（6）启动超图 iserver 服务：双击执行 超图服务启动．bat 文件，出现如下图红色框中的时间为完成（启动的 dos 窗口不要关闭，Dos 中出现的业务组建 xxxxxx 创建失败请忽略）。

图 14-3 启动超图服务

（7）启动森林植被系统服务：双击执行 森林植被系统启动．bat 文件，启动 dos 窗口（此窗口不要关闭），如下图，待进度条达到 100% 后。并消失 即表示启动完成。

图 14-4 启动森林植被信息系统

（8）客户端访问：打开 Chrome 谷歌浏览器（版本 75 及以上）（如果未安装，在 tool 文件夹中双击安装 Chrome．exe），输入网址：http：//xxx．xx．xx．xx：8000（其中

xxx.xx.xx.xx 为步骤 2 设置的 ip 地址），用户名：admin，密码：mapkun，点击回车登录系统即可。

（9）关闭服务：点击两个 dos 窗口右上角关闭即可（iserver 服务的关闭，需要点击 2 次，第一次关闭，几秒钟后服务将会自动重启，需要再关闭一次）。

其他情况：

（1）服务器重启/电脑重启（前提服务已关闭，IP 未改变）：按步骤 6、7、8 操作，重启服务。

（2）服务器/电脑 ip 改变：按步骤 9 关闭服务，按步骤 4、6、7、8 操作，修改 ip，重启服务。

（3）服务异常或服务挂机，按步骤 9 关闭服务，按照 6、7、8 操作，重启服务。

（4）如果重启后还存在异常，选中 Chrome 谷歌浏览器，按住 Ctrl+Shift+Del，选择缓存的图片和文件，清除数据。

二、系统运行操作

（一）用户登陆界面

打开 google chrome 浏览器，输入地址：http：//xx.xx.xx.xx：8000，其中 xx.xx.xx.xx 为服务器 IP 地址。访问 IP 需要为同一网段。

获取服务器 ip 地址的方法：使用网络状态查看 IP 地址。

（1）第一步：进入"网络和共享中心"（在控制面板可以进入，右单击左下角那个网络图标也可以进入），然后再点击已链接的网络。

（2）第二步：完成第一步后，就进入了"网络连接状态"窗口，点击"详细信息"。

（3）第三步：在详细列表里我们就可以看到网络的详细 IP 配置信息。

（4）输入账户：admin，密码：mapkun。点击登陆，进入系统主页。

操作见图 14-5。

第一步

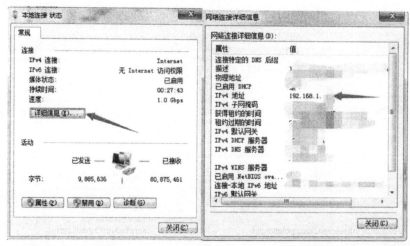

第二步 第三步

图 14-5 用户登录

（二）主页

完成初始化后，进入主页面。见图 14-6。

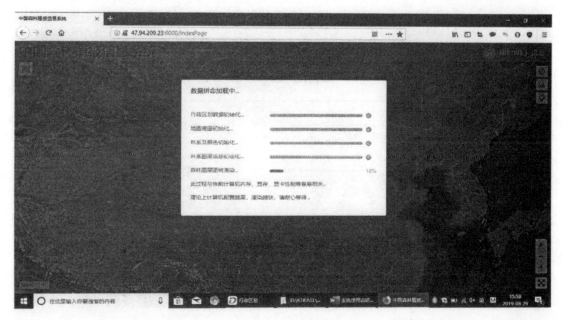

图 14-6　主页面

初始页面，可以浏览全国林系分布。点击页面右下角的地图工具图标，可实现地图的放大、缩小及全屏模式。键盘输入 esc 键可退出全屏。见图 14-7。

图 14-7　浏览林系类型

图查属性：林系图斑颜色均采用林系图例颜色渲染。查询林系图斑的详细信息，用鼠标点击图斑后，该图斑的全部信息将以气泡方式展示给用户。见图 14-8。

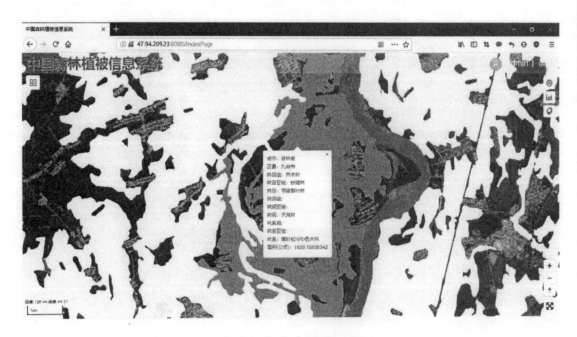

图 14-8　林系图斑信息查询

（三）系统功能实现

a）条件查询

可输入的查询条件为：行政区划、林纲组、林纲亚组、林纲、林目组、林目亚组、林目、林系组、林系亚组、林系。其中，林系支持多选，其余林系属支持单选。

主页左上角的图标 ▦ 为条件查下菜单。点击后，条件查询窗口展开。见图 14-9。

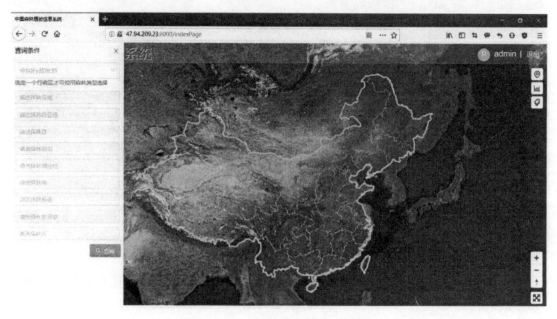

图 14-9　按行政区域查森林植被类型

选择查下条件后，查下结果会以地图方式展示。见图 14-10。

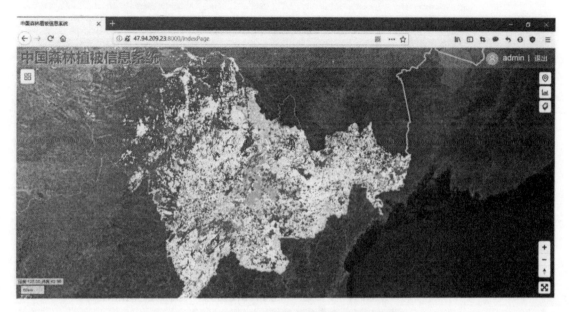

图 14-10　按行政区域查询森林植被类型结果

b）经纬度查询

输入经度纬度，分两种格式，度分秒和十进制。点击查询，地图缩放至目标位置。见图 14-11。

图 14-11　按经纬度查询位置结果

c）图表统计

以表格及柱状图方式，显示查询结果的面积、生物量、碳储量、蓄积量等统计信息。切换查询条件，统计结果同步更新。见图 14-12。

图 14-12　查询各森林植被类型的特征统计

当鼠标停留在柱状图区中的柱上时，浮动显示该林系的面积、生物量、蓄积量、碳储量等数据信息。见图 14-13。

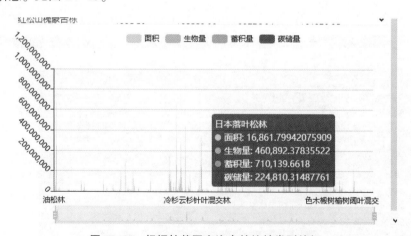

图 14-13　根据柱状图查询森林植被类型特征

拖拉柱状图下方的范围条时，或者滚动鼠标滚轮（放大或缩小），实现柱状图的横轴刻度及取值范围的改变。

d）林系示例图标展示

点击林系图例图片图标 [图标]，系统将弹出"森林植被林系类型图例"面板。见图 14-14。

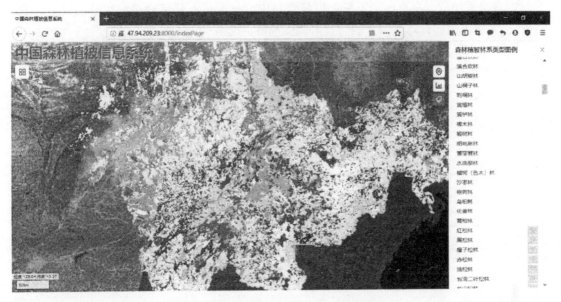

图 14-14　显示区域森林植被类型图例

　　图例面板内容包含林系名称及林系颜色信息。点击颜色框中的图片图标，将在页面的底部弹出该林系的示例图片及各省面积分布柱状图，图片视图区若包含多张示例图片时滚动播放。见图 14-15。

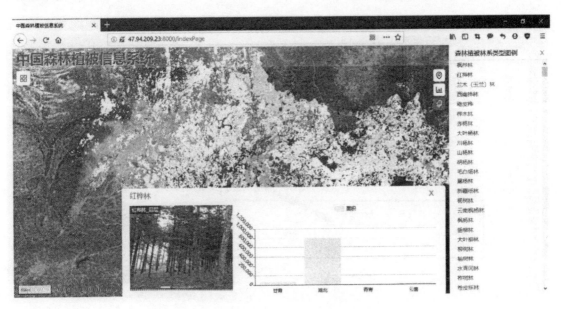

图 14-15　根据图例查询森林植被类型特征

三、系统维护

　　1. 登录网址：http：//www. supermapol. com/web/pricing/triallicense。

　　2. 输入用户名：senlinzhibei@ 126. com，密码：senlinzhibei@ 123。

3. 登录成功后，在页面中下部，申请资料中，在产品系列选择对应产品（9D，全选即可），并输入当前计算机名，然后点击提交按钮，见图 14-16。

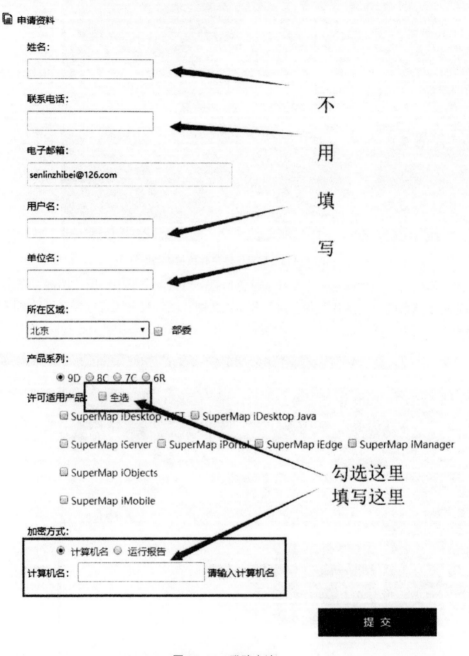

图 14-16　登陆申请

4. 打开网址：https：//mail.126.com/，选择 密码登录。

5. 输入用户名：senlinzhibei，密码：senlinzhibei@ 123，见图 14-17。

6. 登录后，找到未读邮件，下载（计算机名-日期.lic9d）许可到本地即可。见图 14-18。

图 14-17　密码登陆

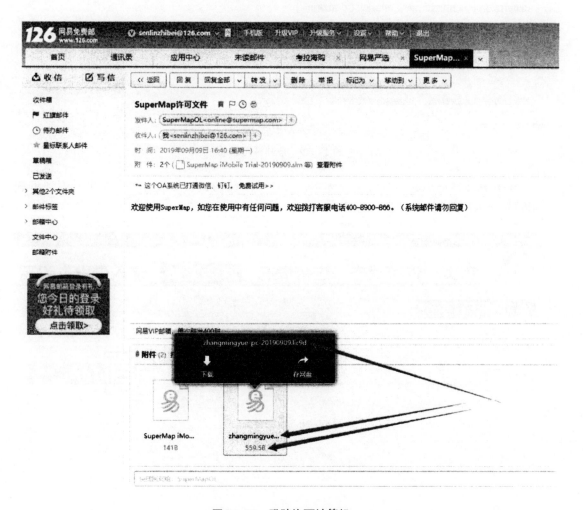

图 14-18　登陆许可计算机

7. 打开 D：\SL\tool\SuperMap_ LicenseCenter \ SuperMap. LicenseCenter. exe，首次打开需要安装许可驱动，选择安装即可。打开后见图 14-19。

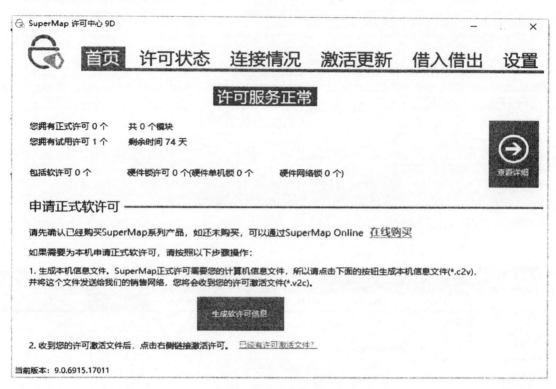

图 14-19 登陆许可驱动

8. 切换至激活更新，点击文件标识，去许可下载的目录加载许可。如果看不到下载的许可，切换下文件后缀名，见图 14-20。

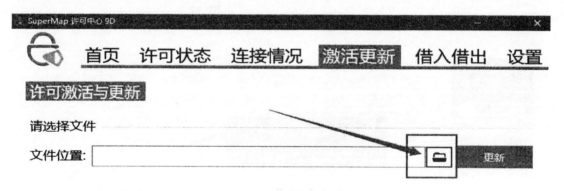

图 14-20 激活更新位置

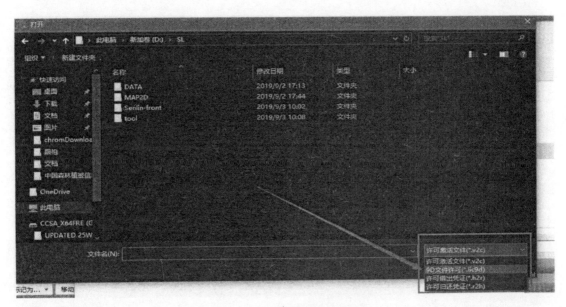

图 14-21　系统激活更新文件

9. 选择成功后，如下图页面，然后点击更新，稍等弹出 更新成功 即可。见图 14-22。

图 14-22　系统更新激活成功

参考文献

■ REFERENCES

安徽植被协作组. 安徽植被. 合肥：安徽科学技术出版社, 1983.

安徽植物志协作组. 安徽植物志. 合肥：安徽科学技术出版社, 1986.

陈汉斌. 山东植物志（上）. 青岛：青岛出版社, 1992.

陈焕镛. 海南植物志. 北京：科学出版社, 1964.

丁宝章，等. 河南植物志第一卷. 郑州：河南人民出版社, 1981.

丁一汇. 中国气候. 北京：科学出版社, 2013.

董厚德. 辽宁植被与植被区划. 沈阳：辽宁大学出版社, 2011.

福建森林编委会. 福建森林. 北京：中国林业出版社, 1993.

福建植物志编写组. 福建植物志. 福州：福建科技出版社, 1982.

傅书遐. 湖北植物志. 武汉：湖北科学技术出版社, 2002.

甘肃省森林编纂委员会. 甘肃森林. 兰州：甘肃林业厅, 1998.

甘肃植物志编辑委员会. 甘肃植物志第二卷. 兰州：甘肃科学技术出版社, 1986.

广东省植物研究所. 广东植被. 北京：科学出版社, 1976.

广西森林编辑委员会. 广西森林. 北京：中国林业出版社, 2001.

广西植物研究所. 广西植物志第一卷. 南宁：广西科学技术出版社, 1991.

贵州植物志编委会. 贵州植物志第一卷. 贵阳：贵州人民出版社, 1982.

河北森林编辑委员会. 河北森林. 北京：中国林业出版社, 1988.

河北植被编辑委员会. 河北植被. 北京：科学出版社, 1996.

河北植物志编辑委员会. 河北植物志第一卷. 石家庄：河北科学技术出版社, 1986.

河南森林编辑委员会. 河南森林. 北京：中国林业出版社, 2000.

河南植被协作组. 河南植被. 河南植被协作组, 1984.

黑龙江森林编辑委员会. 黑龙江森林. 北京：中国林业出版社, 1993.

湖北森林编辑委员会. 湖北森林. 北京：中国林业出版社, 1991.

湖南森林编辑委员会. 湖南森林. 北京：中国林业出版社, 1991.

黄宝龙. 江苏森林. 南京：江苏科学技术出版社, 1998.

黄大燊. 甘肃植被. 兰州：甘肃科学技术出版社, 1997.

黄威廉. 贵州植被. 贵阳：贵州人民出版社, 1988.

黄威廉. 台湾植被. 北京：中国环境科学出版社, 1993.

吉林森林编辑委员会. 吉林森林. 长春：吉林科学技术出版社, 1988.

江西森林编委会. 江西森林. 北京：中国林业出版社，1986.

江西植物志编委会. 江西植物志. 南昌：江西科学技术出版社，1993.

蒋有绪. 中国森林群落分类及其群落学特征. 北京：科学出版社，1998.

雷明德，等. 陕西植被. 北京：科学出版社，1999.

李建东. 吉林植被. 长春：吉林科学技术出版社，2001.

李书心. 辽宁植物志第一卷. 沈阳：辽宁科学技术出版社，1988.

辽宁森林编辑委员会. 辽宁森林. 北京：中国林业出版社，1990.

林鹏. 福建植被. 福州：福建科技出版社，1990.

林英. 江西植被与植物资源分布概况. 南昌：江西大学生物系，1962.

马德滋，刘惠兰. 宁夏植物志. 银川：宁夏人民出版社，1986.

马子清. 山西植被. 北京：中国科学技术出版社，2001.

内蒙古森林编辑委员会. 内蒙古森林. 北京：中国林业出版社，1989.

内蒙古植物志编辑委员会. 内蒙古植物志. 呼和浩特：内蒙古人民出版社，1985.

宁夏农业勘查设计院. 宁夏植被. 银川：宁夏人民出版社，1988.

宁夏森林编辑委员会. 宁夏森林. 北京：中国林业出版社，1990.

祁承经. 湖南植被. 长沙：湖南科学技术出版社，1990.

青海森林编辑委员会. 青海森林. 北京：中国林业出版社，1993.

山东森林编辑委员会. 山东森林. 北京：中国林业出版社，1986.

山西植物志编辑委员会. 山西植物志. 北京：中国科学技术出版社，1992.

陕西森林编辑委员会. 陕西森林. 西安：陕西科学技术出版社，1989.

四川植被协作组. 四川植被. 成都：四川人民出版社，1980.

四川植物志编辑委员会. 四川植物志第一卷. 成都：四川人民出版社，1981.

苏宗明，李先琨. 广西植被. 北京：中国林业出版社，2014.

王国祥. 山西森林. 北京：中国林业出版社，1992.

王仁卿，周光裕. 山东植被. 济南：山东科学技术出版社，2000.

吴征镒. 中国植被. 北京：科学出版社，1980.

新疆森林编辑委员会. 新疆森林. 北京：中国林业出版社，1989.

新疆植物志编辑委员会. 新疆植物志. 乌鲁木齐：新疆科技卫生出版社，1993.

徐燕千. 广东森林. 北京：中国林业出版社，1990.

尤联元，杨景春. 中国地貌. 北京：科学出版社，2013.

云南植被编写协作组. 云南植被. 昆明：云南植被编写协作组，1977.

张新时. 中国植被及其地理格局. 北京：地质出版社，2007.

张曾詿. 安徽森林. 合肥：安徽科学技术出版社，1990.

浙江森林编辑委员会. 浙江森林. 北京：中国林业出版社，1993.

浙江植物志编辑委员会. 浙江植物志第一卷. 杭州：浙江科学技术出版社，1993.

中国科学院华南植物园. 广东植物志. 广州：广东科技出版社，1987.

中国科学院昆明植物研究所. 云南植物志第一卷. 北京：科学出版社，2006.

中国科学院内蒙古宁夏综合考察队. 内蒙古植被. 北京：科学出版社，1985.

中国科学院青藏高原综合科学考察队. 西藏植物志第一卷. 北京：科学出版社，1983.

中国科学院西北高原生物研究所. 青海植物志. 西宁：青海省人民出版社，1997.

中国科学院新疆综合考察队, 中国科学院植物研究所. 新疆植被及其利用. 北京: 科学出版社, 1978.

中国科学院植物研究所, 中国科学院长春地理研究所. 西藏植被. 北京: 科学出版社, 1988.

中国科学院中国植物志编委会. 中国植物志. 北京: 科学出版社, 2004.

中国森林编辑委员会. 中国森林. 北京: 中国林业出版社, 1997.

周兴民, 等. 青海植被. 西宁: 青海人民出版社, 1986.

周以良, 等. 黑龙江植物志第一卷. 哈尔滨: 东北林业大学出版社, 1985.

附录 A

（规范性附录）

主要调查因子及调查记载说明

调查因子	调查记载说明
样地号	总体内布设的各类样地统一编号，顺序编号为 5 位阿拉伯数字，如 1 号样地：10001，不允许出现重号或空号，各页中记载的样地号应相同
小样方号	在样地号后增加 1 位序号，序号从西北角样方桉顺时针方向编号 1~4，比如 100011
微样方号	在小样方号后增加 1 位序号，序号从西北角微样方按顺时针方向编号 1~4，比如 1000111
行政单位	记载样地中心点所在的省（自治区、直辖市）、县（旗、局）名称
地理位置	测定样地中心点的经纬度坐标，用度、分、秒记载
气候带	按气候带划分标准，用代码记载
演替阶段	按森林群落演替阶段划分标准，用代码记载
幼树优势种（组）	根据样地内各小样方调查的各树种幼树株数比例，按优势树种划分标准，记载幼树优势种名称
幼树盖度	根据样地内各小样方调查的幼树盖度，取算术平均值，记载到小数点后二位
幼树平均高	根据样地内各小样方调查的幼树高取算术平均值，以厘米（cm）为单位，记载到小数后一位
灌木优势种（组）	根据样地内各小样方调查的灌木优势种（组）的样方比例确定灌木优势种（组），记载灌木优势种（组）名称
灌木盖度	根据样地内各小样方调查的灌木盖度取算术平均值，记载到小数点后二位
灌木平均高	根据样地内各小样方调查的灌木平均高取算术平均值，以厘米为单位，记载到小数点后一位
藤本优势种（组）	根据样地内各小样方调查的藤本优势种的样方比例，确定藤本优势种（组），记载藤本优势种（组）名称
藤本盖度	根据样地内各小样方调查的藤本盖度取算术平均值，记载到小数点后二位
藤本平均长度	根据样地内各小样方调查的藤本平均长度取算术平均值，以米为单位，记载到小数点后一位
草本优势种（组）	根据样地内各微样方调查的草本优势种（组）的样方比例，确定草本优势种（组），记载草本优势种（组）的名称
草本盖度	根据样地内各微样方调查的草本盖度取算术平均值，记载到小数点后二位
草本平均高	根据样地内各微样方调查的草本平均高取算术平均值，以厘米为单位，记载到小数点后一位
苔藓优势种（组）	根据样地内各微样方调查的苔藓优势种（组）的样方比例，确定苔藓优势种（组），记载苔藓优势种（组）名称

（续）

调查因子	调查记载说明
苔藓总盖度	根据样地内各微样方调查的苔藓盖度取算术平均值，记载到小数点后二位
苔藓平均高	根据样地内各微样方调查的苔藓平均高取算术平均值，以厘米为单位，记载到小数点后一位
地衣优势种（组）	根据样地内各微样方调查的地衣优势种（组）的样方比例，确定地衣优势种（组），记载地衣优势种（组）的名称
地衣盖度	根据样地内各微样方调查的地衣盖度取算术平均值，记载到小数点后二位
地衣平均高	根据样地内各微样方调查的地衣平均高取算术平均值，以厘米为单位，记载到小数点后一位
林相照片	在调查样地附近，选择视野开阔，能清晰观测树冠的地方进行摄影。照片号＝样地号+照片类型代码+序号
林内照片	在样地一角，沿对角线水平摄影。照片号＝样地号+照片类型代码+序号
林下照片	在样地一角，沿对角线方向斜下摄影。照片号＝样地号+照片类型代码+序号

乔木（竹）起源、优势树种（组）、林层、郁闭度、年龄、龄组、胸径、平均胸径、树高、平均树高、自然度、乔木株数、森林植被总盖度、群落结构类型、幼树株数、灾害类型、灾害等级、健康等级、土壤类型、土壤厚度、枯落物厚度、土壤腐殖质厚度等按 GB/T 30363-2013 的规定执行。

坡向、坡位、坡度等记载按 GB/T 26424-2010 执行。

乔木（含竹）、灌木、藤本、草本、苔藓、地衣的名称记载到种，参照 LY/T 1439-1999 执行。

附录 B

（规范性附录）

森林植被类型颜色式样与色值

序号	标准代码	标准类型	符号图例	符号样式	备注
林纲组					
1	10XXXXXXXXXXXXXX	亚寒带林		C80Y100	
2	11XXXXXXXXXXXXXX	高原亚寒带林		C75Y100	
3	20XXXXXXXXXXXXXX	温带林		C70Y100	
4	21XXXXXXXXXXXXXX	寒温带林		C65Y100	
5	22XXXXXXXXXXXXXX	中温带林		C60Y100	
6	23XXXXXXXXXXXXXX	暖温带林		C55Y100	
7	24XXXXXXXXXXXXXX	高原温带林		C50Y100	
8	30XXXXXXXXXXXXXX	亚热带林		C40Y100	
9	31XXXXXXXXXXXXXX	北亚热带林		C35Y100	
10	32XXXXXXXXXXXXXX	中亚热带林		C30Y100	
11	33XXXXXXXXXXXXXX	南亚热带林		C25Y100	
12	34XXXXXXXXXXXXXX	高原亚热带林		C20Y100	
13	40XXXXXXXXXXXXXX	热带林		M40Y100	
14	41XXXXXXXXXXXXXX	边缘热带林		M50Y100	
15	42XXXXXXXXXXXXXX	中热带林		M60Y100	
16	43XXXXXXXXXXXXXX	赤道热带林		M70Y100	
林纲亚组					
17	XX100XXXXXXXXXXXX	平原与台地林		M100Y50	
18	XX110XXXXXXXXXXXX	平原林		M90Y50	
19	XX111XXXXXXXXXXXX	低海拔平原林		M80Y50	
20	XX112XXXXXXXXXXXX	中海拔平原林		M70Y50	
21	XX113XXXXXXXXXXXX	高海拔平原林		M60Y50	
22	XX120XXXXXXXXXXXX	台地林		M50Y50	
23	XX121XXXXXXXXXXXX	低海拔台地林		M40Y50	
	XX122XXXXXXXXXXXX	中海拔台地林		M30Y50	
	XX123XXXXXXXXXXXX	高海拔台地林		M20Y50	
	XX200XXXXXXXXXXXX	丘陵与山地林		C50M50	
	XX210XXXXXXXXXXXX	丘陵林		C50M45	
	XX211XXXXXXXXXXXX	低海拔丘陵林		C50M40	

（续）

序号	标准代码	标准类型	符号图例	符号样式	备注
	XX212XXXXXXXXXXXXX	中海拔丘陵林		C50M35	
	XX213XXXXXXXXXXXXX	高海拔丘陵林		C50M30	
	XX220XXXXXXXXXXXXX	山地林		C50M25	
	XX221XXXXXXXXXXXXX	低海拔山地林		C50M20	
	XX222XXXXXXXXXXXXX	中海拔山地林		C50M15	
	XX100XXXXXXXXXXXXX	高海拔山地林		C50M10	
林纲					
	XXXXX1XXXXXXXXXXX	天然林		C85M55Y100	
	XXXXX2XXXXXXXXXXX	人工林		C45M30Y60	
林目组					
	XXXXXX1XXXXXXXXXX	乔木林		C30Y45	
	XXXXXX2XXXXXXXXXX	灌木林		C20M25	
林目亚组					
	XXXXXXX1XXXXXXXXX	针叶林		C80Y90	
	XXXXXXX2XXXXXXXXX	阔叶林		M100Y95	
	XXXXXXX3XXXXXXXXX	针阔林		C90M30Y20	
林目					
	XXXXXXXX1XXXXXXXX	常绿林		C55Y100	
	XXXXXXXX2XXXXXXXX	落叶林		C50M10Y60	
	XXXXXXXX3XXXXXXXX	常绿落叶林		C70Y80	
林系组					
	XXXXXXXXX1XXXXXXX	纯林		C85M10Y100	
	XXXXXXXXX1XXXXXXX	混交林		C50M10Y100	
林系亚组					
	XXXXXXXXXX101XXX	松类林		C60Y60	
	XXXXXXXXXX102XXX	杉类林		C45Y75	
	XXXXXXXXXX103XXX	柏类林		C30Y80	
	XXXXXXXXXX104XXX	樟类林		M100Y70	
	XXXXXXXXXX105XXX	楠类林		M90Y70	
	XXXXXXXXXX106XXX	木荷类林		M80Y70	
	XXXXXXXXXX107XXX	青冈类林		M70Y70	
	XXXXXXXXXX108XXX	栲类林		M60Y70	
	XXXXXXXXXX109XXX	龙脑香类林		M50Y70	
	XXXXXXXXXX110XXX	桉树类林		M40Y70	

（续）

序号	标准代码	标准类型	符号图例	符号样式	备注
	XXXXXXXXXXX111XXX	相思树类林		M30Y70	
	XXXXXXXXXXX112XXX	合欢类林		M20Y70	
	XXXXXXXXXXX113XXX	橡胶树类林		M10Y70	
	XXXXXXXXXXX114XXX	山茶类林		M10Y100	
	XXXXXXXXXXX115XXX	木麻黄类林		M20Y100	
	XXXXXXXXXXX116XXX	棕榈类林		M30Y100	
	XXXXXXXXXXX117XXX	栎类林		M100	
	XXXXXXXXXXX118XXX	栗类林		M90	
	XXXXXXXXXXX119XXX	水青冈类林		M80	
	XXXXXXXXXXX120XXX	榆树类林		M70	
	XXXXXXXXXXX121XXX	木兰类林		M60	
	XXXXXXXXXXX122XXX	胡桃类林		M50	
	XXXXXXXXXXX123XXX	杨柳类林		M40	
	XXXXXXXXXXX124XXX	枫香类林		M30	
	XXXXXXXXXXX125XXX	漆树类林		M20	
	XXXXXXXXXXX126XXX	黄波罗类林		M10	
	XXXXXXXXXXX127XXX	椴树类林		M100K50Y80	
	XXXXXXXXXXX128XXX	桦木类林		M100K40Y80	
	XXXXXXXXXXX129XXX	桤木类林		M100K30Y80	
	XXXXXXXXXXX130XXX	槭树类林		M100K20Y80	
	XXXXXXXXXXX131XXX	槐树类林		M100K10Y80	
	XXXXXXXXXXX132XXX	苹果类林		M80Y80	
	XXXXXXXXXXX133XXX	杜果类林		M60Y80	
	XXXXXXXXXXX134XXX	柑橘类林		M40Y80	
	XXXXXXXXXXX135XXX	李类林		M20Y80	
	XXXXXXXXXXX136XXX	桑类林		M5Y80	
	XXXXXXXXXXX137XXX	红树类林		C25M45	
	XXXXXXXXXXX138XXX	竹类林		M30Y60	
	XXXXXXXXXXX139XXX	其他类林		M100Y30Y80K40	
		林系			
	XXXXXXXXXXXXXX101	红松林		Y100C100	
	XXXXXXXXXXXXXX102	黑松林		Y100C99	
	XXXXXXXXXXXXXX103	樟子松林		Y100C98	
	XXXXXXXXXXXXXX104	赤松林		Y100C97	

（续）

序号	标准代码	标准类型	符号图例	符号样式	备注
	XXXXXXXXXXXXX105	油松林		Y100C96	
	XXXXXXXXXXXXX106	雪松林		Y100C95	
	XXXXXXXXXXXXX107	华山松林		Y100C94	
	XXXXXXXXXXXXX108	马尾松林		Y100C93	
	XXXXXXXXXXXXX109	巴山松林		Y100C92	
	XXXXXXXXXXXXX110	火炬松林		Y100C91	
	XXXXXXXXXXXXX111	黄山松林		Y100C90	
	XXXXXXXXXXXXX112	湿地松林		Y100C89	
	XXXXXXXXXXXXX113	白皮松林		Y100C88	
	XXXXXXXXXXXXX114	南亚松林		Y100C87	
	XXXXXXXXXXXXX115	华南五针松林		Y100C86	
	XXXXXXXXXXXXX116	加勒比松林		Y100C85	
	XXXXXXXXXXXXX117	云南松林		Y100C84	
	XXXXXXXXXXXXX118	思茅松林		Y100C83	
	XXXXXXXXXXXXX119	高山松林		Y100C82	
	XXXXXXXXXXXXX120	乔松林		Y100C81	
	XXXXXXXXXXXXX121	长叶松林		Y100C80	
	XXXXXXXXXXXXX122	巴山冷杉林		Y100C79	
	XXXXXXXXXXXXX123	长苞冷杉林		Y100C78	
	XXXXXXXXXXXXX124	苍山冷杉林		Y100C77	
	XXXXXXXXXXXXX125	峨眉冷杉林		Y100C76	
	XXXXXXXXXXXXX126	岷江冷杉林		Y100C75	
	XXXXXXXXXXXXX127	鳞皮冷杉林		Y100C74	
	XXXXXXXXXXXXX128	黄果冷杉林		Y100C73	
	XXXXXXXXXXXXX129	墨脱冷杉林		Y100C72	
	XXXXXXXXXXXXX130	亚东冷杉林		Y100C71	
	XXXXXXXXXXXXX131	喜马拉雅冷杉林		Y100C70	
	XXXXXXXXXXXXX132	冷杉林		Y100C69	
	XXXXXXXXXXXXX133	青海云杉林		Y100C68	
	XXXXXXXXXXXXX134	丽江云杉林		Y100C67	
	XXXXXXXXXXXXX135	麦吊云杉林		Y100C66	
	XXXXXXXXXXXXX136	川西云杉林		Y100C65	
	XXXXXXXXXXXXX137	林芝云杉林		Y100C64	
	XXXXXXXXXXXXX138	西藏云杉林		Y100C63	
	XXXXXXXXXXXXX139	长叶云杉林		Y100C62	
	XXXXXXXXXXXXX140	云杉林		Y100C61	

（续）

序号	标准代码	标准类型	符号图例	符号样式	备注
	XXXXXXXXXXXXX141	云南铁杉林		Y100C60	
	XXXXXXXXXXXXX142	铁杉林		Y100C59	
	XXXXXXXXXXXXX143	云南红豆杉林		Y100C58	
	XXXXXXXXXXXXX144	红豆杉林		Y100C57	
	XXXXXXXXXXXXX145	油杉林		Y100C56	
	XXXXXXXXXXXXX146	杉木林		Y100C55	
	XXXXXXXXXXXXX147	柳杉林		Y100C54	
	XXXXXXXXXXXXX148	秃杉林		Y100C53	
	XXXXXXXXXXXXX149	黄杉林		Y100C52	
	XXXXXXXXXXXXX150	三尖杉林		Y100C51	
	XXXXXXXXXXXXX151	密枝圆柏林		Y100C50	
	XXXXXXXXXXXXX152	大果圆柏林		Y100C49	
	XXXXXXXXXXXXX153	圆柏林		Y100C48	
	XXXXXXXXXXXXX154	祁连圆柏林		Y100C47	
	XXXXXXXXXXXXX155	方枝柏林		Y100C46	
	XXXXXXXXXXXXX156	侧柏林		Y100C45	
	XXXXXXXXXXXXX157	干香柏林		Y100C44	
	XXXXXXXXXXXXX158	台湾扁柏林		Y100C43	
	XXXXXXXXXXXXX159	巨柏林		Y100C42	
	XXXXXXXXXXXXX160	西藏柏木林		Y100C41	
	XXXXXXXXXXXXX161	垂枝柏林		Y100C40	
	XXXXXXXXXXXXX162	柏木林		Y100C39	
	XXXXXXXXXXXXX163	樟子松臭松林		Y100C38	
	XXXXXXXXXXXXX164	赤松黑松林		Y100C37	
	XXXXXXXXXXXXX165	红松冷杉云杉林		Y100C36	
	XXXXXXXXXXXXX166	铁杉油杉林		Y100C35	
	XXXXXXXXXXXXX167	油松云杉林		Y100C34	
	XXXXXXXXXXXXX168	樟子松冷杉林		Y100C33	
	XXXXXXXXXXXXX169	华山松油松林		Y100C32	
	XXXXXXXXXXXXX170	马尾松杉木林		Y100C31	
	XXXXXXXXXXXXX171	云杉冷杉林		Y100C30	
	XXXXXXXXXXXXX172	油松侧柏林		Y100C29	
	XXXXXXXXXXXXX173	云杉侧柏林		Y100C28	
	XXXXXXXXXXXXX174	日本落叶松林		Y100C27	
	XXXXXXXXXXXXX175	华北落叶松林		Y100C26	
	XXXXXXXXXXXXX176	兴安落叶松林		Y100C25	

（续）

序号	标准代码	标准类型	符号图例	符号样式	备注
	XXXXXXXXXXXXX177	落叶松林		Y100C24	
	XXXXXXXXXXXXX178	金钱松林		Y100C23	
	XXXXXXXXXXXXX179	大果红杉林		Y100C22	
	XXXXXXXXXXXXX180	怒江红杉林		Y100C21	
	XXXXXXXXXXXXX181	四川红杉林		Y100C20	
	XXXXXXXXXXXXX182	红杉林		Y100C19	
	XXXXXXXXXXXXX183	水杉林		Y100C18	
	XXXXXXXXXXXXX184	樟子松兴安落叶松林		Y100C17	
	XXXXXXXXXXXXX185	红松落叶松林		Y100C16	
	XXXXXXXXXXXXX186	樟子松落叶松林		Y100C15	
	XXXXXXXXXXXXX187	落叶松云杉冷杉林		Y100C14	
	XXXXXXXXXXXXX188	落叶松云杉林		Y100C13	
	XXXXXXXXXXXXX189	西伯利亚落叶松云杉林		Y100C12	
	XXXXXXXXXXXXX190	落叶松柞树桦木林		Y90C10	
	XXXXXXXXXXXXX191	云南松桤木栎类林		Y90C9	
	XXXXXXXXXXXXX192	苦竹红豆杉野桐林		Y90C8	
	XXXXXXXXXXXXX193	栎类华山松林		Y90C7	
	XXXXXXXXXXXXX194	栎类云杉林		Y90C6	
	XXXXXXXXXXXXX195	栎类油松林		Y90C5	
	XXXXXXXXXXXXX196	柞树枫桦落叶松云杉林		Y90C4	
	XXXXXXXXXXXXX197	落叶松冷杉色木槭林		Y90C3	
	XXXXXXXXXXXXX198	油松桦木林		Y90C2	
	XXXXXXXXXXXXX199	冷杉桦木槭树林		Y90C1	
	XXXXXXXXXXXXX200	甜槠苦槠杉木林		Y100C11	
	XXXXXXXXXXXXX201	海南松林		Y100C10	
	XXXXXXXXXXXXX202	臭冷杉林		Y100C9	
	XXXXXXXXXXXXX203	台湾二叶松林		Y100C8	
	XXXXXXXXXXXXX204	广东松林		Y100C7	
	XXXXXXXXXXXXX205	油松云杉红松林		Y100C6	
	XXXXXXXXXXXXX206	云杉柏木林		Y100C5	
	XXXXXXXXXXXXX207	天山云杉林		Y100C4	
	XXXXXXXXXXXXX208	西伯利亚红松落叶松林		Y100C3	
	XXXXXXXXXXXXX209	西伯利亚落叶松林		Y100C2	
	XXXXXXXXXXXXX210	香榧林		Y100C1	
	XXXXXXXXXXXXX211	木姜子林		M100	
	XXXXXXXXXXXXX212	云南樟（香樟）林		M99	

（续）

序号	标准代码	标准类型	符号图例	符号样式	备注
	XXXXXXXXXXXXX213	樟木（树）林		M98	
	XXXXXXXXXXXXX214	闽楠林		M97	
	XXXXXXXXXXXXX215	紫楠林		M96	
	XXXXXXXXXXXXX216	桢楠林		M95	
	XXXXXXXXXXXXX217	西藏润楠林		M94	
	XXXXXXXXXXXXX218	楠木（树）林		M93	
	XXXXXXXXXXXXX219	天竺桂林		M92	
	XXXXXXXXXXXXX220	香桂林		M91	
	XXXXXXXXXXXXX221	滇青冈林		M90	
	XXXXXXXXXXXXX222	曼青冈林		M89	
	XXXXXXXXXXXXX223	环带青冈林		M88	
	XXXXXXXXXXXXX224	青冈（栎）林		M87	
	XXXXXXXXXXXXX225	苦槠林		M86	
	XXXXXXXXXXXXX226	甜槠林		M85	
	XXXXXXXXXXXXX227	石栎林		M84	
	XXXXXXXXXXXXX228	川滇高山栎林		M83	
	XXXXXXXXXXXXX229	高山栎林		M82	
	XXXXXXXXXXXXX230	俅江栎林		M81	
	XXXXXXXXXXXXX231	锥栗林		M80	
	XXXXXXXXXXXXX232	白栲林		M79	
	XXXXXXXXXXXXX233	丝栗栲林		M78	
	XXXXXXXXXXXXX234	高山栲林		M76	
	XXXXXXXXXXXXX235	杯状栲林		M75	
	XXXXXXXXXXXXX236	元江栲林		M74	
	XXXXXXXXXXXXX237	刺栲林		M73	
	XXXXXXXXXXXXX238	栲树林		M72	
	XXXXXXXXXXXXX239	大叶桉林		M71	
	XXXXXXXXXXXXX240	尾叶桉林		M70	
	XXXXXXXXXXXXX241	直杆桉林		M69	
	XXXXXXXXXXXXX242	赤桉林		M68	
	XXXXXXXXXXXXX243	巨尾桉林		M67	
	XXXXXXXXXXXXX244	蓝桉林		M66	
	XXXXXXXXXXXXX245	巨叶桉林		M65	
	XXXXXXXXXXXXX246	桉树林		M64	
	XXXXXXXXXXXXX247	马占相思树林		M63	
	XXXXXXXXXXXXX248	台湾相思树林		M62	

（续）

序号	标准代码	标准类型	符号图例	符号样式	备注
	XXXXXXXXXXXXX249	相思树林		M61	
	XXXXXXXXXXXXX250	木榄林		M60	
	XXXXXXXXXXXXX251	银木林		M59	
	XXXXXXXXXXXXX252	肉桂林		M58	
	XXXXXXXXXXXXX253	角果木林		M57	
	XXXXXXXXXXXXX254	包石栎林		M56	
	XXXXXXXXXXXXX255	龙眼林		M55	
	XXXXXXXXXXXXX256	华木荷林		M54	
	XXXXXXXXXXXXX257	木荷林		M53	
	XXXXXXXXXXXXX258	银木荷林		M52	
	XXXXXXXXXXXXX259	红木荷林		M51	
	XXXXXXXXXXXXX260	柑橘林		M50	
	XXXXXXXXXXXXX261	柚子林		M49	
	XXXXXXXXXXXXX262	枇杷林		48	
	XXXXXXXXXXXXX263	梅子林		M47	
	XXXXXXXXXXXXX264	杨梅林		M46	
	XXXXXXXXXXXXX265	荔枝林		M45	
	XXXXXXXXXXXXX266	杧果林		M44	
	XXXXXXXXXXXXX267	油橄榄林		M43	
	XXXXXXXXXXXXX268	油茶林		M42	
	XXXXXXXXXXXXX269	茶（园）林		M41	
	XXXXXXXXXXXXX270	八角林		M40	
	XXXXXXXXXXXXX271	咖啡林		M39	
	XXXXXXXXXXXXX272	澳洲坚果林		M38	
	XXXXXXXXXXXXX273	毛竹林		M37	
	XXXXXXXXXXXXX274	寿竹林		M36	
	XXXXXXXXXXXXX275	淡竹林		M35	
	XXXXXXXXXXXXX276	箭竹林		M34	
	XXXXXXXXXXXXX277	水竹林		M33	
	XXXXXXXXXXXXX278	桂竹林		M32	
	XXXXXXXXXXXXX279	斑竹林		M31	
	XXXXXXXXXXXXX280	慈竹林		M30	
	XXXXXXXXXXXXX281	方竹林		M29	
	XXXXXXXXXXXXX282	楠竹林		M28	
	XXXXXXXXXXXXX283	金竹林		M27	
	XXXXXXXXXXXXX284	灌竹林		M26	

（续）

序号	标准代码	标准类型	符号图例	符号样式	备注
	XXXXXXXXXXXXXX285	扫把竹林		M25	
	XXXXXXXXXXXXXX286	黄竹林		M24	
	XXXXXXXXXXXXXX287	绵竹林		M23	
	XXXXXXXXXXXXXX288	龙竹林		M22	
	XXXXXXXXXXXXXX289	刺竹林		M21	
	XXXXXXXXXXXXXX290	牡竹林		M20	
	XXXXXXXXXXXXXX291	白夹竹林		M19	
	XXXXXXXXXXXXXX292	苦竹林		M18	
	XXXXXXXXXXXXXX293	麻竹林		M17	
	XXXXXXXXXXXXXX294	刚竹林		M16	
	XXXXXXXXXXXXXX295	撑绿竹林		M15	
	XXXXXXXXXXXXXX296	雷竹林		M14	
	XXXXXXXXXXXXXX297	哺鸡竹林		M13	
	XXXXXXXXXXXXXX298	绿竹林		M12	
	XXXXXXXXXXXXXX299	斑竹麻竹车筒竹林		M11	
	XXXXXXXXXXXXXX300	慈竹水竹淡竹方竹林		M10	
	XXXXXXXXXXXXXX301	圣诞树林		M9	
	XXXXXXXXXXXXXX302	铁刀木林		M8	
	XXXXXXXXXXXXXX303	大黄栀子林		M7	
	XXXXXXXXXXXXXX304	厚皮香林		M6	
	XXXXXXXXXXXXXX305	木麻黄林		M5	
	XXXXXXXXXXXXXX306	棕榈林		M4	
	XXXXXXXXXXXXXX307	冬青林		M3	
	XXXXXXXXXXXXXX308	榕树林		M2	
	XXXXXXXXXXXXXX309	紫楠檫木林		M1	
	XXXXXXXXXXXXXX310	红楠肉桂林		C80M100	
	XXXXXXXXXXXXXX311	厚壳桂华栲越南栲林		C79M100	
	XXXXXXXXXXXXXX312	毛锥罗浮锥红楠林		C78M100	
	XXXXXXXXXXXXXX313	栲树木荷苦槠林		C77M100	
	XXXXXXXXXXXXXX314	小红栲石栎林		C76M100	
	XXXXXXXXXXXXXX315	栲树米槠甜槠林		C75M100	
	XXXXXXXXXXXXXX316	青钩栲米槠栲树林		C74M100	
	XXXXXXXXXXXXXX317	青钩栲米槠木荷林		C73M100	
	XXXXXXXXXXXXXX318	南岭栲罗浮栲红楠林		C72M100	
	XXXXXXXXXXXXXX319	罗浮栲米槠甜槠林		C71M100	
	XXXXXXXXXXXXXX320	鹅蒴栲木荷栲树林		C70M100	

（续）

序号	标准代码	标准类型	符号图例	符号样式	备注
	XXXXXXXXXXXXX321	罗浮锥鳃蒴栲红栲林		C69M100	
	XXXXXXXXXXXXX322	红栲黄杞含笑蕈树林		C68M100	
	XXXXXXXXXXXXX323	苦槠毛竹林		C67M100	
	XXXXXXXXXXXXX324	苦槠白栎林		C66M100	
	XXXXXXXXXXXXX325	苦槠青冈林		C65M100	
	XXXXXXXXXXXXX326	苦槠甜槠林		C64M100	
	XXXXXXXXXXXXX327	甜槠木荷林		C63M100	
	XXXXXXXXXXXXX328	米槠甜槠林		C62M100	
	XXXXXXXXXXXXX329	米槠罗浮栲林		C61M100	
	XXXXXXXXXXXXX330	甜槠丝栗栲林		C60M100	
	XXXXXXXXXXXXX331	青冈木荷林		C59M100	
	XXXXXXXXXXXXX332	青冈小叶青冈林		C58M100	
	XXXXXXXXXXXXX333	多脉青冈亮叶青冈林		C57M100	
	XXXXXXXXXXXXX334	薄片青冈西藏石栎林		C56M100	
	XXXXXXXXXXXXX335	苦槠石栎林		C55M100	
	XXXXXXXXXXXXX336	木荷栲树林		C54M100	
	XXXXXXXXXXXXX337	枫香木荷林		C53M100	
	XXXXXXXXXXXXX338	青梅坡垒蝴蝶树林		C52M100	
	XXXXXXXXXXXXX339	羯布罗香林		C51M100	
	XXXXXXXXXXXXX340	麻忆木田细子龙林		C50M100	
	XXXXXXXXXXXXX341	巨尾桉马占相思林		C49M100	
	XXXXXXXXXXXXX342	栎类常绿阔叶混交林		C48M100	
	XXXXXXXXXXXXX343	金丝李蚬木林		C47M100	
	XXXXXXXXXXXXX344	无忧花葱臭木梭子果林		C46M100	
	XXXXXXXXXXXXX345	千果榄仁番龙眼林		C45M100	
	XXXXXXXXXXXXX346	葱臭木麻楝千果榄仁小果紫薇林		C44M100	
	XXXXXXXXXXXXX347	海南榄仁布渣叶林		C43M100	
	XXXXXXXXXXXXX348	红海榄桐花白骨壤林		C42M100	
	XXXXXXXXXXXXX349	海莲木榄林		C41M100	
	XXXXXXXXXXXXX350	红海榄木榄林		C30M100	
	XXXXXXXXXXXXX351	白骨壤林		C25M100	
	XXXXXXXXXXXXX352	桐花树林		C20M100	
	XXXXXXXXXXXXX353	秋茄林		C15M100	
	XXXXXXXXXXXXX354	红海榄林		C10M100	
	XXXXXXXXXXXXX355	白桦林		Y100	
	XXXXXXXXXXXXX356	黑桦林		Y99	

（续）

序号	标准代码	标准类型	符号图例	符号样式	备注
	XXXXXXXXXXXXXX357	枫桦林		Y98	
	XXXXXXXXXXXXXX358	红桦林		Y97	
	XXXXXXXXXXXXXX359	亮叶桦林		Y96	
	XXXXXXXXXXXXXX360	西南桦林		Y95	
	XXXXXXXXXXXXXX361	糙皮桦林		Y94	
	XXXXXXXXXXXXXX362	桦木林		Y93	
	XXXXXXXXXXXXXX363	赤杨林		Y92	
	XXXXXXXXXXXXXX364	大叶杨林		Y91	
	XXXXXXXXXXXXXX365	川杨林		Y90	
	XXXXXXXXXXXXXX366	山杨林		Y89	
	XXXXXXXXXXXXXX367	胡杨林		Y88	
	XXXXXXXXXXXXXX368	毛白杨林		Y87	
	XXXXXXXXXXXXXX369	黑杨林		Y86	
	XXXXXXXXXXXXXX370	新疆杨林		Y85	
	XXXXXXXXXXXXXX371	杨树林		Y84	
	XXXXXXXXXXXXXX372	云南枫杨林		Y83	
	XXXXXXXXXXXXXX373	枫杨林		Y82	
	XXXXXXXXXXXXXX374	垂柳林		Y81	
	XXXXXXXXXXXXXX375	大叶柳林		Y80	
	XXXXXXXXXXXXXX376	柳树林		Y79	
	XXXXXXXXXXXXXX377	玉兰林		Y78	
	XXXXXXXXXXXXXX378	榆树林		Y77	
	XXXXXXXXXXXXXX379	蒙古栎林		Y76	
	XXXXXXXXXXXXXX380	栓皮栎林		Y75	
	XXXXXXXXXXXXXX381	槲栎林		Y74	
	XXXXXXXXXXXXXX382	锐齿槲栎林		Y73	
	XXXXXXXXXXXXXX383	短柄枹栎林		Y72	
	XXXXXXXXXXXXXX384	麻栎林		Y71	
	XXXXXXXXXXXXXX385	小叶栎林		Y70	
	XXXXXXXXXXXXXX386	黄山栎林		Y69	
	XXXXXXXXXXXXXX387	白栎林		Y68	
	XXXXXXXXXXXXXX388	辽东栎林		Y67	
	XXXXXXXXXXXXXX389	茅栗林		Y66	
	XXXXXXXXXXXXXX390	板栗林		Y65	
	XXXXXXXXXXXXXX391	刺槐林		Y64	
	XXXXXXXXXXXXXX392	国槐林		Y63	

（续）

序号	标准代码	标准类型	符号图例	符号样式	备注
	XXXXXXXXXXXXX393	红椿林		Y62	
	XXXXXXXXXXXXX394	臭椿林		Y61	
	XXXXXXXXXXXXX395	香椿林		Y60	
	XXXXXXXXXXXXX396	椿树林		Y59	
	XXXXXXXXXXXXX397	白花泡桐林		Y58	
	XXXXXXXXXXXXX398	川泡桐林		Y57	
	XXXXXXXXXXXXX399	泡桐林		Y56	
	XXXXXXXXXXXXX400	江南桤木林		Y55	
	XXXXXXXXXXXXX401	蒙自桤木林		Y54	
	XXXXXXXXXXXXX402	桤木林		Y53	
	XXXXXXXXXXXXX403	新银合欢林		Y52	
	XXXXXXXXXXXXX404	金合欢林		Y51	
	XXXXXXXXXXXXX405	滇合欢林		Y50	
	XXXXXXXXXXXXX406	水青冈		Y49	
	XXXXXXXXXXXXX407	五裂槭树林		Y48	
	XXXXXXXXXXXXX408	台湾水青冈林		Y47	
	XXXXXXXXXXXXX409	黄檀林		Y46	
	XXXXXXXXXXXXX410	鹅掌楸林		Y45	
	XXXXXXXXXXXXX411	檫木林		Y44	
	XXXXXXXXXXXXX412	椴树林		Y43	
	XXXXXXXXXXXXX413	胡桃楸林		Y42	
	XXXXXXXXXXXXX414	黄波罗林		Y41	
	XXXXXXXXXXXXX415	水曲柳林		Y40	
	XXXXXXXXXXXXX416	色木槭林		Y39	
	XXXXXXXXXXXXX417	沙枣林		Y38	
	XXXXXXXXXXXXX418	楸树林		Y37	
	XXXXXXXXXXXXX419	乌桕林		Y36	
	XXXXXXXXXXXXX420	化香林		Y35	
	XXXXXXXXXXXXX421	黄（柏）皮树林		Y34	
	XXXXXXXXXXXXX422	厚朴林		Y33	
	XXXXXXXXXXXXX423	苦楝林		Y32	
	XXXXXXXXXXXXX424	石榴林		Y31	
	XXXXXXXXXXXXX425	盐肤木林		Y30	
	XXXXXXXXXXXXX426	柚木林		Y29	
	XXXXXXXXXXXXX427	皂荚林		Y28	
	XXXXXXXXXXXXX428	刺楸林		Y27	

序号	标准代码	标准类型	符号图例	符号样式	备注
	XXXXXXXXXXXXXX429	鹅耳枥林		Y26	
	XXXXXXXXXXXXXX430	枫香林		Y25	
	XXXXXXXXXXXXXX431	杜仲林		Y24	
	XXXXXXXXXXXXXX432	黄连木林		Y23	
	XXXXXXXXXXXXXX433	漆树林		Y22	
	XXXXXXXXXXXXXX434	白蜡林		Y21	
	XXXXXXXXXXXXXX435	油桐林		Y20	
	XXXXXXXXXXXXXX436	团花林		Y19	
	XXXXXXXXXXXXXX437	喜树林		Y18	
	XXXXXXXXXXXXXX438	橡胶树林		Y17	
	XXXXXXXXXXXXXX439	灯台树林		Y16	
	XXXXXXXXXXXXXX440	桃树林		Y15	
	XXXXXXXXXXXXXX441	李树林		Y14	
	XXXXXXXXXXXXXX442	杏树林		K90	
	XXXXXXXXXXXXXX443	山杏林		K89	
	XXXXXXXXXXXXXX444	青枣林		K88	
	XXXXXXXXXXXXXX445	枣树林		K87	
	XXXXXXXXXXXXXX446	文冠果林		K86	
	XXXXXXXXXXXXXX447	樱桃林		K85	
	XXXXXXXXXXXXXX448	棠梨林		K84	
	XXXXXXXXXXXXXX449	梨树林		K83	
	XXXXXXXXXXXXXX450	苹果林		K82	
	XXXXXXXXXXXXXX451	山楂林		K81	
	XXXXXXXXXXXXXX452	柿树林		K80	
	XXXXXXXXXXXXXX453	酸木瓜林		K79	
	XXXXXXXXXXXXXX454	核桃林		K78	
	XXXXXXXXXXXXXX455	薄壳山核桃林		K77	
	XXXXXXXXXXXXXX456	野核桃林		K76	
	XXXXXXXXXXXXXX457	花椒林		K75	
	XXXXXXXXXXXXXX458	银杏林		K74	
	XXXXXXXXXXXXXX459	桑树林		K73	
	XXXXXXXXXXXXXX460	白桦山杨蒙古栎林		K72	
	XXXXXXXXXXXXXX461	黑桦白桦蒙古栎林		K71	
	XXXXXXXXXXXXXX462	白桦黑桦林		K70	
	XXXXXXXXXXXXXX463	枫桦山杨椴树林		K69	
	XXXXXXXXXXXXXX464	毛梾亮叶桦林		K68	

（续）

序号	标准代码	标准类型	符号图例	符号样式	备注
	XXXXXXXXXXXXXX465	桦木山杨林		K67	
	XXXXXXXXXXXXXX466	椴树色木槭胡桃楸林		K66	
	XXXXXXXXXXXXXX467	赤杨枫杨胡桃楸林		K65	
	XXXXXXXXXXXXXX468	白杨刺槐林		K64	
	XXXXXXXXXXXXXX469	杨树桦木栎类林		K63	
	XXXXXXXXXXXXXX470	蒙古栎黑桦山杨林		K62	
	XXXXXXXXXXXXXX471	蒙古栎榆树林		K61	
	XXXXXXXXXXXXXX472	蒙古栎山杨林		K60	
	XXXXXXXXXXXXXX473	刺槐椰榆乌桕林		K59	
	XXXXXXXXXXXXXX474	刺槐枫香榆树林		K58	
	XXXXXXXXXXXXXX475	刺槐鹅耳枥林		K57	
	XXXXXXXXXXXXXX476	短柄枹栎茅栗林		K56	
	XXXXXXXXXXXXXX477	麻栎栓皮栎槲栎林		K55	
	XXXXXXXXXXXXXX478	栓皮栎麻栎黄连木林		K54	
	XXXXXXXXXXXXXX479	短柄枹栎麻栎林		K53	
	XXXXXXXXXXXXXX480	栓皮栎麻栎白栎林		K52	
	XXXXXXXXXXXXXX481	栓皮栎短柄枹林		K51	
	XXXXXXXXXXXXXX482	板栗核桃林		K50	
	XXXXXXXXXXXXXX483	栎类落叶阔叶林		K49	
	XXXXXXXXXXXXXX484	小叶朴白榆黄连木林		K48	
	XXXXXXXXXXXXXX485	榆树桦木栎类林		K47	
	XXXXXXXXXXXXXX486	枫香黄连木林		K46	
	XXXXXXXXXXXXXX487	枫香赤杨林		K45	
	XXXXXXXXXXXXXX488	枫香小叶青冈林		K44	
	XXXXXXXXXXXXXX489	椴树鹅耳枥林		K43	
	XXXXXXXXXXXXXX490	黄檀构树棠梨林		K42	
	XXXXXXXXXXXXXX491	黄檀山槐黄连木林		K41	
	XXXXXXXXXXXXXX492	大叶榉青檀林		K40	
	XXXXXXXXXXXXXX493	山杨山杏林		K39	
	XXXXXXXXXXXXXX494	柳树色木槭杨树林		K38	
	XXXXXXXXXXXXXX495	椴树色木槭水曲柳林		K37	
	XXXXXXXXXXXXXX496	胡桃楸蒙古栎水曲柳林		K36	
	XXXXXXXXXXXXXX497	黄波罗椴树色木槭林		K35	
	XXXXXXXXXXXXXX498	水曲柳黄波罗大青杨林		K34	
	XXXXXXXXXXXXXX499	色木槭椴树榆树林		K33	
	XXXXXXXXXXXXXX500	槭树枫杨林		K32	

（续）

序号	标准代码	标准类型	符号图例	符号样式	备注
	XXXXXXXXXXXXX501	梨桃林		K31	
	XXXXXXXXXXXXX502	青冈圆果化香林		K30	
	XXXXXXXXXXXXX503	枫香青冈林		K29	
	XXXXXXXXXXXXX504	青冈黄连木山槐林		K28	
	XXXXXXXXXXXXX505	青冈翅荚香槐桂花圆叶乌桕林		K27	
	XXXXXXXXXXXXX306	短柄枹青冈林		K26	
	XXXXXXXXXXXXX507	青冈白栎林		K25	
	XXXXXXXXXXXXX508	木棉楹树林		K24	
	XXXXXXXXXXXXX509	鸡尖厚皮树林		K23	
	XXXXXXXXXXXXX510	美丽菜豆林		K22	
	XXXXXXXXXXXXX511	牛鼻栓紫楠林		K21	
	XXXXXXXXXXXXX512	枫香木荷罗浮栲拟赤杨林		K20	
	XXXXXXXXXXXXX513	茅栗白栎林		K19	
	XXXXXXXXXXXXX514	山胡椒林		K18	
	XXXXXXXXXXXXX515	桂花林		K50M80	
	XXXXXXXXXXXXX516	杜英林		K50M79	
	XXXXXXXXXXXXX517	黄栌林		K50M78	
	XXXXXXXXXXXXX518	栾树林		K50M77	
	XXXXXXXXXXXXX519	山桐子		K50M76	
	XXXXXXXXXXXXX520	刺桐林		K50M75	
	XXXXXXXXXXXXX521	杨柳林		K50M74	
	XXXXXXXXXXXXX522	光叶高山栎灰背栎林		K50M73	
	XXXXXXXXXXXXX523	曼青冈细叶青冈林		K50M72	
	XXXXXXXXXXXXX524	多脉青冈水青冈林		K50M71	
	XXXXXXXXXXXXX525	青冈鹅耳枥化香林		K50M70	
	XXXXXXXXXXXXX526	青冈乌桕青檀林		K50M69	
	XXXXXXXXXXXXX527	青冈黄连朴树林		K50M68	
	XXXXXXXXXXXXX528	盐肤木山胡椒林		K50M67	
	XXXXXXXXXXXXX529	亮叶桦响叶杨林		K50M66	
	XXXXXXXXXXXXX530	木兰林		K50M65	
	XXXXXXXXXXXXX531	锥类木荷青冈林（青冈栲树林）		K50M64	
	XXXXXXXXXXXXX532	榛栗苹果山杏林		K50M63	
	XXXXXXXXXXXXX533	龙眼杨梅枇杷林		K50M62	
	XXXXXXXXXXXXX534	栲树木荷青冈林		K50M61	
	XXXXXXXXXXXXX535	栎类木荷林		K50M60	
	XXXXXXXXXXXXX536	红花天料木林		K50M59	

（续）

序号	标准代码	标准类型	符号图例	符号样式	备注
	XXXXXXXXXXXXX537	槟榔林		K50M58	
	XXXXXXXXXXXXX538	波罗蜜林		K50M57	
	XXXXXXXXXXXXX539	高山榕麻楝林		K50M56	
	XXXXXXXXXXXXX540	楠槠林		K50M55	
	XXXXXXXXXXXXX541	榕楠林		K50M54	
	XXXXXXXXXXXXX542	木瓜林		K50M53	
	XXXXXXXXXXXXX543	沙棘（西藏沙棘）林		K50M52	
	XXXXXXXXXXXXX544	桤木润楠阔叶混交林		K50M51	
	XXXXXXXXXXXXX545	苹果茶树林		K50M50	
	XXXXXXXXXXXXX546	灰杨林		K50M49	
	XXXXXXXXXXXXX547	栎类杨树桦木林		K50M48	
	XXXXXXXXXXXXX548	枫香小叶栎林		K50M47	
	XXXXXXXXXXXXX549	山杨白桦林		K50M46	
	XXXXXXXXXXXXX550	栎类桦木林		K50M45	
	XXXXXXXXXXXXX551	栎类杨树林		K50M44	
	XXXXXXXXXXXXX552	杨树辽东栎林		K50M43	
	XXXXXXXXXXXXX553	扇叶槭野樱水青树林		K50M42	
	XXXXXXXXXXXXX554	山杨光皮桦林		K50M41	
	XXXXXXXXXXXXX555	旱冬瓜光皮桦林（832）		K50M40	
	XXXXXXXXXXXXX556	青冈小红栲旱冬瓜林		K50M39	
	XXXXXXXXXXXXX557	毛竹栎类林		K50M38	
	XXXXXXXXXXXXX558	黄连木槐榆林		K50M37	
	XXXXXXXXXXXXX559	柞树杨树桦木林		K50M36	
	XXXXXXXXXXXXX560	大叶杨刺槐林		K50M35	
	XXXXXXXXXXXXX561	歪叶榕林		K50M34	
	XXXXXXXXXXXXX562	杨树野苹果桦木林		K50M33	
	XXXXXXXXXXXXX563	刺槐色木槭杨树林		K50M32	
	XXXXXXXXXXXXX564	杨桃林		K50M31	
	XXXXXXXXXXXXX565	椰子林		K50M30	
	XXXXXXXXXXXXX566	青梅荔枝林		K50M29	
	XXXXXXXXXXXXX567	红毛丹林		K50M28	
	XXXXXXXXXXXXX568	莲雾林		K50M27	
	XXXXXXXXXXXXX569	丝栗栲甜槠林		K50M26	
	XXXXXXXXXXXXX570	油棕林		K50M25	
	XXXXXXXXXXXXX571	杉木冬青林		C100	
	XXXXXXXXXXXXX572	湿地松香樟林		C99	

（续）

序号	标准代码	标准类型	符号图例	符号样式	备注
	XXXXXXXXXXXXX573	马尾松木荷林		C98	
	XXXXXXXXXXXXX574	马尾松甜槠石栎林		C97	
	XXXXXXXXXXXXX575	马尾松栎类林		C96	
	XXXXXXXXXXXXX576	鸡毛松陆均松栲类青冈林		C95	
	XXXXXXXXXXXXX577	马尾松湿地松木荷杉木林		C94	
	XXXXXXXXXXXXX578	杉木山杜英木荷马尾松林		C93	
	XXXXXXXXXXXXX579	落叶松白桦林		C92	
	XXXXXXXXXXXXX580	兴安落叶松白桦林		C91	
	XXXXXXXXXXXXX581	华北落叶松白桦林		C90	
	XXXXXXXXXXXXX582	落叶松椴树林		C89	
	XXXXXXXXXXXXX583	落叶松枫桦林		C88	
	XXXXXXXXXXXXX584	落叶松黑桦林		C87	
	XXXXXXXXXXXXX585	落叶松胡桃楸林		C86	
	XXXXXXXXXXXXX586	落叶松水曲柳林		C85	
	XXXXXXXXXXXXX587	落叶松黄波罗林		C84	
	XXXXXXXXXXXXX588	落叶松色木槭林		C83	
	XXXXXXXXXXXXX589	落叶松杨树林		C82	
	XXXXXXXXXXXXX590	落叶松榆树林		C81	
	XXXXXXXXXXXXX591	落叶松柞树林		C80	
	XXXXXXXXXXXXX592	落叶松槐树林		C79	
	XXXXXXXXXXXXX593	落叶松蒙古栎花楸林		C78	
	XXXXXXXXXXXXX594	铁杉桦木槭树林		C77	
	XXXXXXXXXXXXX595	赤松柞树林		C76	
	XXXXXXXXXXXXX596	黑松赤松麻栎林		C75	
	XXXXXXXXXXXXX597	赤松野柿化香林		C74	
	XXXXXXXXXXXXX598	黑松黄檀栓皮栎林		C73	
	XXXXXXXXXXXXX599	黑松柞树林		C72	
	XXXXXXXXXXXXX600	马尾松短柄枹栎林		C71	
	XXXXXXXXXXXXX601	马尾松落叶栎林		C70	
	XXXXXXXXXXXXX602	红松白桦林		C69	
	XXXXXXXXXXXXX603	红松椴树林		C68	
	XXXXXXXXXXXXX604	红松枫桦林		C67	
	XXXXXXXXXXXXX605	红松黑桦林		C66	
	XXXXXXXXXXXXX606	红松胡桃楸林		C65	
	XXXXXXXXXXXXX607	红松色木槭林		C64	
	XXXXXXXXXXXXX608	红松水曲柳林		C63	

（续）

序号	标准代码	标准类型	符号图例	符号样式	备注
	XXXXXXXXXXXXXX609	红松杨树林		C62	
	XXXXXXXXXXXXXX610	红松榆树林		C61	
	XXXXXXXXXXXXXX611	红松柞树林		C60	
	XXXXXXXXXXXXXX612	红松山槐蒙古栎林		C59	
	XXXXXXXXXXXXXX613	樟子松白桦林		C58	
	XXXXXXXXXXXXXX614	樟子松黑桦林		C57	
	XXXXXXXXXXXXXX615	樟子松胡桃楸林		C56	
	XXXXXXXXXXXXXX616	樟子松椴树林		C55	
	XXXXXXXXXXXXXX617	樟子松柳树林		C54	
	XXXXXXXXXXXXXX618	樟子松水曲柳林		C53	
	XXXXXXXXXXXXXX619	樟子松杨树林		C52	
	XXXXXXXXXXXXXX620	樟子松柞树林		C51	
	XXXXXXXXXXXXXX621	油松槐树林		C50	
	XXXXXXXXXXXXXX622	油松色木槭林		C49	
	XXXXXXXXXXXXXX623	油松杨树林		C48	
	XXXXXXXXXXXXXX624	油松榆树林		C47	
	XXXXXXXXXXXXXX625	油松柞树林		C46	
	XXXXXXXXXXXXXX626	冷杉白桦林		C45	
	XXXXXXXXXXXXXX627	冷杉椴树林		C44	
	XXXXXXXXXXXXXX628	冷杉枫桦林		C43	
	XXXXXXXXXXXXXX629	冷杉柳树林		C42	
	XXXXXXXXXXXXXX630	冷杉色木槭林		C41	
	XXXXXXXXXXXXXX631	冷杉水曲柳林		C40	
	XXXXXXXXXXXXXX632	冷杉杨树林		C39	
	XXXXXXXXXXXXXX633	冷杉榆树林		C38	
	XXXXXXXXXXXXXX634	冷杉柞树林		C37	
	XXXXXXXXXXXXXX635	冷杉枫桦白桦林		C36	
	XXXXXXXXXXXXXX636	云杉白桦林		C35	
	XXXXXXXXXXXXXX637	云杉椴树林		C34	
	XXXXXXXXXXXXXX638	云杉枫桦林		C33	
	XXXXXXXXXXXXXX639	云杉胡桃楸林		C32	
	XXXXXXXXXXXXXX640	云杉黑桦林		C31	
	XXXXXXXXXXXXXX641	云杉色木槭林		C30	
	XXXXXXXXXXXXXX642	云杉水曲柳林		C29	
	XXXXXXXXXXXXXX643	云杉杨树林		C28	
	XXXXXXXXXXXXXX644	云杉榆树林		C27	

（续）

序号	标准代码	标准类型	符号图例	符号样式	备注
	XXXXXXXXXXXXX645	云杉柞树林		C26	
	XXXXXXXXXXXXX646	云杉桦木杨树林		C25	
	XXXXXXXXXXXXX647	云南铁杉高山栎林		C24	
	XXXXXXXXXXXXX648	云杉桦木林		C23	
	XXXXXXXXXXXXX649	栎类铁杉林		C22	
	XXXXXXXXXXXXX650	鸡毛松坡垒赤点红淡林		C21	
	XXXXXXXXXXXXX700	其他松林		C90K30M40Y100	
	XXXXXXXXXXXXX710	其他杉林		C70K30M40Y100	
	XXXXXXXXXXXXX720	其他柏林		C40K30M40Y100	
	XXXXXXXXXXXXX730	其他竹林		C20K10M100Y60	
	XXXXXXXXXXXXX740	其他红树林		C30K10M100Y20	
	XXXXXXXXXXXXX750	其他阔叶林		C10K10M100Y100	
	XXXXXXXXXXXXX760	其他针叶林		C100K50M40Y100	
	XXXXXXXXXXXXX770	灌木林		C100K10M40Y20	
	XXXXXXXXXXXXX770	其他针阔混交林		C50K10M60Y20	

附录 C

（规范性附录）

中国森林植被调查表

表 C-1 样地因子调查记录

样地号				藤本优势种	
地理位置	经度坐标（° ′ ″）			藤本平均长度（cm）	
	纬度坐标（° ′ ″）			草本优势种	
行政单位	省（区、市）			草本平均高度（cm）	
	县（旗）			草本盖度	
气候	气候带			苔藓优势种	
地形	海拔（m）			苔藓平均高度（cm）	
	坡度（°）			苔藓盖度	
	坡向			地衣优势种	
	坡位			地衣平均高度（cm）	
地貌	地貌类型			地衣盖度	
森林群落特征	森林植被类型			群落结构类型	
	起源			森林植被类型总盖度	
	乔木优势种（组）		健康状况	健康等级	
	林层		人为与自然干扰	灾害类型	
	乔木郁闭度			灾害等级	
	乔木龄组			采伐类型	
	乔木平均胸径（cm）			采伐强度（%）	
	乔木平均高（m）			抚育类型	
	乔木株数（株）			更新类型	
	自然度			更新等级	
	演替阶段		土壤与枯落物	土壤类型	
	幼树优势种			土壤厚度（cm）	
	幼树盖度			枯落物厚度（cm）	
	幼树平均高（cm）			土壤腐殖质厚度（cm）	
	幼树株数（株）		摄影	林相	
	灌木优势种			林内	
	灌木平均高度（cm）			林下	
	灌木（丛）盖度				
调查日期	年　　月　　日				
调查人					

表 C-2　每木检尺及平均木树高调查记录

样地号：

序号	树种名	胸径（cm）	平均木树高（m）	序号	树种名	胸径（cm）	平均木树高（m）
1							
2							
3							
…							

表 C-3　幼树调查记录

小样方号	盖度	序号	树种名称	胸（地）径（cm）	树高（cm）
		1			
		2			
		3			
…		…			

表 C-4　灌木调查记录

小样方号	灌木名称	灌木优势种名称	盖度	平均高度（cm）	株（丛）数
1					
2					
3					
…					

表 C-5　藤本调查记录

小样方号	藤本名称	藤本优势种名称	盖度	平均长度（cm）	株数
1					
2					
3					
…					

表 C-6　草本调查记录

微样方号	各草本名称	优势种名称	平均高（cm）	盖度
1				
2				
3				
4				
…				

表 C-7 苔藓地衣调查记录

微样方号	苔藓				地衣			
	名称	优势种名称	平均高（cm）	盖度	名称	优势种名称	平均高（cm）	盖度
1								
2								
3								
4								
...								

附录 D

（规范性附录）

森林植被调查统计表

表 D-1　各森林植被类型面积、蓄积量、生物量、碳储量统计表

统计单位	森林植被类型	面积（hm²）	蓄积量（m³）	生物量（t）	碳储量（t）

表 D-2　森林植被类型多样性统计表

统计单位	森林植被类型	多样性指数		丰富度指数		均匀度指数
		Shannon	Simpson	Patrick	Magalef	Pielou

表 D-3　森林植被自然与人为干扰程度统计表

统计单位	森林植被类型	自然灾害		人为干扰	
		类型	面积（hm²）	类型	面积（hm²）

表 D-4　森林植被健康状况统计表　　　　　　　　　单位：hm²

统计单位	森林植被类型	健康	亚健康	中健康	不健康

表 D-5　森林植被灾害统计表　　　　　　　　　单位：hm²

统计单位	森林植被类型	无	轻	中	重

表 D-6　森林植被自然度统计表　　　　　　　　　单位：hm²

统计单位	森林植被类型	I	II	III	IV	V

表 D-7　森林植被更新统计表　　　　　　　　　单位：hm²

统计单位	森林植被类型	良好	中等	不良

表 D-8　森林植被演替阶段统计表　　　　　　　　　单位：hm²

统计单位	森林植被类型	先锋阶段	发展强化阶段	成熟稳定阶段

附件二：植物中文名-拉丁名对照表

阿尔泰大黄菊 *Hypochaeris ciliata*

阿尔泰方枝柏 *Sabina pseudo-sabina*

阿尔泰狗娃花（阿尔泰紫菀）*Heteropappus altaicus*

阿尔泰牡丹草 *Gymnospermium altaicum*

阿尔泰忍冬 *Lonicera caerulea* var. *altaica*

阿尔泰山楂 *Crataegus altaica*

阿里山石栎 *Lithocarpus kawakamii*

阿里山蹄盖蕨 *Athyrium arisanense*

矮高山栎 *Quercus monimotricha*

矮山黧豆（矮香豌豆）*Lathyrus humilis*

矮生枸子 *Cotoneaster dammerii*

矮杨梅（云南杨梅）*Myrica nana*

艾（艾蒿，艾草）*Artemisia argyi*

艾胶算盘子 *Clochidion lanceolarium*

艾纳香 *Blumea balsamifera*

安徽小檗 *Berberis anhweiensis*

桉树 *Eucalyptus robusta*

菴蒿 *Artemisia keiskeana*

暗红枸子 *Cotoneaster obscurus*

凹脉柃 *Eurya impressinervis*

凹野瑞香 *Daphne retusa*

凹叶景天 *Sedum emarginatum*

澳洲坚果 *Macadamia ternifolia*

八角枫（华瓜木）*Alangium chinense*

八角金盘 *Fatsia japonica*

八角莲 *Dysosma versipellis*

八仙花 *Hydrangea pubinervis*

八月瓜 *Holboellia angustifolia*

巴东过路黄 *Lysimachia patungensis*

巴东荚蒾 *Viburnum henryi*

巴东栎 *Quercus engleriana*

巴山冷杉 *Abies fargesii*

巴山松 *Pinus henryi*

巴塘景天 *Sedum heckelii*

芭茅（五节芒）*Miscanthus floridulus*

拔毒散 *Sida szechuensis*

菝葜 *Smilax china*

白背槭 *Acerde candrum*

白背算盘子 *Glochidion wrightii*

白背桐（白楸）*Mallotus paniculatus*

白背叶 *Mallotus apelta*

白背紫菀 *Aster hypoleucus*

白扁豆 *Dolicho Lablab*

白菜 *Brassica pekinensis*

白草 *Pennisetum flaccidum*

白草莓 *Fragaria nilgerrensis*

白齿藓 *Leucodon sciuroides*

白刺 *Nitraria tangutorum*

白刺花（狼牙刺）*Sophora davidii*

白丁香 *Syringa oblata* var. *alba*

白杜 *Euonymus maackii*

白饭树 *Fluggea virosa*

白花八角 *Illicium philippinense*

白花车轴草（白花三叶草）*Trifolium repens*

白花酢浆草 *Oxalis acetosella*

白花杜鹃 *Rhododendron mucronatum*

白花含笑 *Michelia mediocris*

白花苦灯 *Tarenna mollissima*

白花龙（响铃子）*Styrax faberi*

白花泡桐 *Paulownia fortunei*

白花蛇舌草 *Hedyotis diffusa*

白花碎米荠 *Cardamine leucantha*

白花银背藤（葛藤）*Argyreia seguinii*

白桦 *Betula platyphylla*

白夹竹 *Phyllostachys bissetii*

白鹃梅 *Exochorda racemosa*

白蜡 *Fraxinus chinensis*

白兰 *Michelia alba*

白栎 *Quercus fabri*

白蔹 *Ampelopsis japonica*

白马骨 *Serissa serissoides*

白毛杜鹃 *Rhododendron vellereum*

白毛金露梅 *Potentilla fruticosa* var. *albicans*

白茅 *Imperata cylindrica*

白茅属 *Imperata*

白木通 *Akebia trifoliata* subsp. *australis*

白皮松 *Pinus bungeana*

白杄 *Picea meyeri*

白青藓 *Brachythecium albicans*

白绒球 *Mammillaria prolifera*

白乳木 *Sapium japonicum*

白瑞香 *Daphne papyracea*

白砂蒿 *Artemisia sphaerocephala*

白檀（灰木）*Symplocos paniculata*

白藤 *Calamus tetradactylus*

白头树 *Garuga forrestii*

白头翁 *Pulsatilla chinensis*

白藓 *Dictamnus albus*

白颜树 *Gironniera subaequalis*

白羊草 *Bothriochloa ischaemum*

白英 *Solanum lyratum*

白芷 *Angelica dahurica*

百部 *Stemona japonica*

百合 *Lilium brownie* var. *viridulum*

百合科 *Liliaceae*

百里香 *Thymus mongolicus*

百两金 *Ardisia crispa*

百脉根 *Lotus corniculatus*

柏拉木 *Blastus cochinchinensis*

柏木 *Cupressus funebris*

摆竹 *Indosasa shibataeoides*

败酱属 *Patrinia*

斑鸠菊 *Vernonia esculenta*

斑茅 *Saccharum arundinaceum*

斑叶堇菜 *Viola variegata*

斑叶兰 *Goodyera schlechtendaliana*

斑叶细鳞苔 *Lejeunea punctiformis*

斑竹（桂竹）*Phyllostachys bambusoides*

板栗（毛栗）*Castanea mollissima*

半边旗 *Pteris semipinnata*

半枫荷 *Semiliquidambar cathayensis*

半夏 *Pinellia ternata*

棒柄花 *Cleidion brevipetiolatum*

棒头草 *Polypogon fugax*

包石栎 *Lithocarpus cleistocarpus*

宝铎草 *Disporum sessile*

宝兴冷蕨 *Cystopteris moupinensis*

报春花 *Primula malacoides*

抱茎独行菜 *Lepidium perfoliatum*

豹皮樟 *Litsea coreana* var. *sinensis*

豹子花 *Nomocharis pardanthina*

暴马丁香 *Syringa reticulata* var. *mandshurica*

爆杖花 *Rhododendron spinuliferum*

杯腺柳 *Salix cupularis*

杯状栲 *Castanopsis calathiformis*

北柴胡 *Bupleurum chinensis*

北方卷柏 *Selaginella borealis*

北方雪层杜鹃 *Rhododendron nivale*

北极果 *Arctous alpinus*

北极悬钩子 *Rubus arcbicus*

北京忍冬 *Lonicera elisae*

北京隐子草 *Cleistogenes hancei*

北五味子 *Schizandra baillon*

贝加尔唐松草 *Thalictrum baicalense*

贝加尔野蚕豆 *Vicia baicalensis*

贝加尔野豌豆 *Vicia ramuliflora*

荸荠 *Heleocharis dulcis*

笔管草（台湾木贼）*Equisetum ramosissimum* subsp. *debile*

笔罗子 *Meliosma rigida*

闭花木 *Cleistanthus sumatranus*

篦齿蹄盖蕨 *Athyrium pectinatum*

篦齿悬钩子 *Rubus formosensis*

萹蓄 *Polygonum aviculare*

鞭打绣球 *Hemiphragma heterophyllum*

鞭苔 *Bazzania* sp.

鞭叶铁线蕨 *Adiantum caudatum*

扁刺栲 *Castanopsis platyacantha*

扁刺蔷薇 *Rosa sweginzowii*

扁担杆 *Grewia biloba*

扁担藤 *Tetrastigma planicaule*

扁基荸荠 *Heleocharis fennica*

扁枝列藓 *Lescuraea patens*

扁枝越桔 *Vaccinium japonicum* var. *sinicum*

变叶榕 *Ficus variolosa*

变叶树参 *Dendropanax proteus*

变叶新木姜 *Neolitsea variabillima*

变异鳞毛蕨 *Dryopteris varia*

藨草 *Scirpus triqueter*

表面星蕨 *Microsorium superficiale*

滨盐肤木 *Rhus chinensis* var. *roxburghii*

冰草 *Agropyron cristatum*

冰川茶藨子 *Ribes glaciale*

柄花天胡荽 *Hydrocotyle podantha*

波氏米饭花 *Lyonia popovi*

波氏杨 *Populus purdomii*

波叶山蚂蝗 *Desmodium sequax*

菠萝蜜 *Artocarpus heterophyllus*

播娘蒿 *Descurainia sophia*

博落回 *Macleaya cordata*

薄唇蕨 *Leptochilus axillaris*

薄荷（野薄荷）*Mentha haplocalyx*

薄壳山核桃 *Carya illinoinensis*

薄皮木 *Leptodermis oblonga*

薄片青冈 *Cyclobalanopsis lamellosa*

薄叶润楠 *Machilus leptophylla*

薄叶山矾 *Symplocos anomala*

薄叶水龙骨 *Polypodiodes microrhizoma*

簸箕柳 *Salix suchowensis*

布渣叶 *Strophanthus divaricatus*

菜蕨 *Diplazium esculentum*

参三七 *Panax psqudo-ginseng*

蚕豆 *Vicia faba*

蚕茧草 *Polygonum japonicum*

苍耳 *Xanthium sibiricum*

苍山冷杉 *Abies delavayi*

苍术 *Atractylodes lancea*

苍叶红豆 *Ormosia semicastrata* var. *pallida*

藏北蒿草 *Kobresia littledalei*

藏边栒子 *Cotoneaster affinis*

藏布杜鹃 *Rhododendron charitopes* var. *tsangpoense*

藏刺榛 *Corylus ferox* var. *thibetica*

藏东瑞香 *Daphne bholua*

藏东苔草 *Carex cardiolepis*

藏瓜 *Indofeviliea khasiana*

藏南绿南星 *Arisaema jacquemontii*

藏南绣线菊 *Spiraea bella*

糙花箭竹 *Fargesia scabrida*

糙喙苔草 *Carex scabrirostris*

糙皮华 *Betula utilis*

糙苏 *Phlomis umbrosa*

糙野青茅（小糙野青茅）*Deyeuxia scabrescens*

糙叶树 *Aphananthe aspera*

糙隐子草 *Cleistogenes squarrosa*

草莓 *Fragaria xananassa*

草木犀 *Melilotus officinalis*

草木樨状黄芪 *Astragalus melilotoides*

草珊瑚 *Sarcandra glabra*

草问荆 *Equisetum pratense*

草鞋木 *Macaranga henryi*

草玉梅 *Anemone rivularis*

侧柏 *Platycladus orientalis*

侧金盏花 *Adonis amurensis*

侧枝匍灯藓 *Plagiomnium maximovicgii*

侧枝提灯藓 *Mnium maximoviczii*

叉分蓼 *Polygonum divaricatum*

叉钱苔 *Riccia fluitus*

叉苔属 *Metzgeria*

插田泡 *Rubus coreanus*

茶藨子属 *Ribes*

茶科（山茶科）*Theaceae*

茶色苔草 *Carex fulvo-rubescens*

茶树 *Camellia sinensis*

茶藤 *Melodinus magnificus*

茶藤子科 *Crossulariaceae*

茶条槭（苦茶槭）*Acer ginnala*

茶叶山矾 *Symplocos sheafolia*

察隅小檗 *Berberis zayulana*

檫木 *Sassafras tzumu*

檫木属 *Sassafras*

柴桂 *Cinnamomum tamala*

柴胡属 *Bupleurum*

柴桦 *Betula fruticosa*

豺皮樟 *Litsea rotundifolia* var. *oblongifolia*

潺槁木姜 *Litsea glutinosa*

长白落叶松 *Larix olgensis*

长瓣瑞香 *Daphne longilobata*

长苞冷杉 *Abies georgei*

长苞铁杉 *Tsuga longibracteata*

长柄冬青 *Ilex dolichopoda*

长柄槭 *Acer longipes*

长柄苔草 *Carex longipes*

长柄唐松草 *Thalictrum aquilegifolium* var. *sibiricum*

长柄蹄盖蕨 *Athyrium longius*

长柄绣球 *Hydrangea longipes*

长冬草 *Clematis hexapetala* var. *tchefouensis*

长盖铁线蕨 *Adiantum smithianum*

长梗黄精 *Polygonatum filipes*

长梗润楠 *Machilus longipedicellata*

长花厚壳树 *Ehretia longiflora*

长鳞苔草 *Carex filicina* var. *meiogyna*

长芒草 *Stipa bungeana*

长毛楠 *Phoebe forrestii*

长蕊杜鹃 *Rhododendron stamineum*

长蕊石头花 *Gypsophila oldhamiana*

长蒴苣苔 *Didymocarpus aromaticus*

长松萝 *Usnea longissima*

长穗高山栎 *Quercus longispica*

长穗姜花 *Hedychium spicatum*

长穗兔儿风 *Ainsliaea henryi*

长蹄盖蕨 *Athyrium longipes*

长尾槭 *Acer caudatum*

长序茶藨子 *Ribes longiracemosum*

长叶地榆 *Sanguisorba officinalis* var. *longifolia*

长叶冻绿（长叶鼠李）*Rhamnus crenata*

长叶合叶苔 *Scapania oblongifolia*

长叶火绒草 *Leontopodium longifolium*

长叶木姜子 *Litsea acuminata*

长叶实蕨 *Bolbitis heteroclita*

长叶溲疏 *Deutzia longifolia*

长叶悬钩子 *Rubus dolichophyllus*

长叶云杉 *Picea smithiana*

长叶柞木 *Xylosma longifolium*

长柱鹿药 *Smilacina oleracea*

常绿荚蒾 *Viburnum sempervirens*

巢蕨 *Neottopteris*

朝天委陵菜 *Potentilla supina*

朝阳隐子草（宽叶隐子草）*Cleistogenes hackeli*

车轮菜 *Plantago asiatica*

车轮梅（石斑木）*Rhapniolepis indica*

车前草 *Plantago depressa*

车桑子 *Dodonaea viscosa*

车筒竹 *Bambusa sinospinosa*

车轴草属 *Trifolium*

沉水樟 *Cinnamomum micranthum*

柽柳 *Tamarix chinensis*

橙花开口箭 *Tupistra aurantiaca*

秤星树 *Ilex asprella*

匙叶龙胆 *Gentiana spathulifolia*

齿瓣延胡索 *Corydalis remota*

齿荚胡芦巴 *Trigonella emodi*

齿叶风毛菊 *Saussurea amurensis*

赤才 *Erioglossum rubiginosum*

赤车 *Pellionia radicans*

赤茎藓 *Pleurozium schreberi*

赤楠（鱼鳞木）*Syzygium buxifolium*

赤皮青冈 *Cyclobalanopsis gilva*

赤松 *Pinus densiflora*

赤杨叶属 *Alniphyllum*

翅柄蓼 *Polygonum sinomontanum*

翅柄橐吾 *Ligularia alatipes*

翅荚香槐 *Cladrastis platycarpa*

翅柃 *Eurya alata*

翅子树 *Pterospermum acerifolium*

冲天柏（干香柏）*Cupressus duclouxiana*

稠李 *Padus racemosa*

臭常山 *Orixa japonica*

臭椿 *Ailanthus altissima*

臭根子草 *Bothriochloa bladhii*

臭黄荆 *Premna ligustroides*

臭荚蒾 *Viburnum foetidum*

臭节草 *Boenninghausenia albiflora*

臭辣树 *Evodia fargesii*

臭冷杉（臭松）*Abies nephrolepis*

臭灵丹 *Laggera pterodonta*

臭茉莉 *Clerodendrum philippinum* var. *simplex*

臭牡丹 *Clerodendrum bungei*

川滇高山栎 *Quercus aquifolioides*

川滇槲蕨 *Drynaria angustifolia*

川滇花楸 *Sorbus vilmorinii*

川滇冷杉 *Abics forrestii*

川滇蔷薇 *Rosa soulieana*

川滇苔草 *Carex schneideri*

川滇蹄盖蕨 *Athyrium mackinnonii*

川滇绣线菊 *Spiraea schneideriana*

川钓樟 *Lindera pulcherrima* var. *hemsleyana*

川鄂箭竹 *Sinarundinaria wilsonii*

川鄂小檗 *Berberis henryana*

川桂 *Cinnamomum wilsonii*

川康野樱 *Prunus latidentata*

川梨 *Pyrus pashia*

川楝 *Melia toosendan*

川泡桐 *Paulownia fargesii*

川上小檗 *Berberis kawakamii*

川西锦鸡儿 *Caragana erinacea*

川西云杉 *Picea likiangensis* var. *balfouriana*

川杨 *Populus szechuanica*

川榛 *Corylus heterophylla* var. *sutchuenensis*

穿龙薯蓣（穿山龙）*Dioscorea nipponica*

穿破石 *Cudrania cochin chinensis*

垂大果木莲 *Manglietia grandis*

垂柳 *Salix babylonica*

垂叶榕 *Ficus benjamina*

垂枝柏 *Sabina recurva*

垂枝泡花树 *Meliosma flexuosa*

垂枝藓 *Rhytidium rugosum*

春花胡枝子 *Lespedeza dunnii*

春兰 *Cymbidium goeringii*

春蓼 *Polygonum persicaria*

春榆 *Ulmus davidiana* var. *japonica*

唇形科 *Labiaceae*

慈竹 *Neosinocalamus affinis*

刺柏 *Juniperus formosana*

刺参 *Morina nepalensis*

刺儿菜（小蓟）*Cirsium setosum*

刺果拉拉藤 *Galium spuricum* var. *echinospermum*

刺果藤 *Byttneria aspera*

刺红珠 *Berberis dictyophylla*

刺花椒 *zanthoxylum acanthopodium*

刺槐 *Robinia pseudoacacia*

刺茎楤木 *Aralia echinocaulis*

刺梨 *Rosa roxbunghii*

刺龙芽（辽东楤木）*Aralia elata*

刺芒小檗 *Berberis aristata*

刺芒野古草 *Arundinella setosa*

刺毛杜鹃 *Rhododendron championae*

刺玫蔷薇 *Rosa davurica*

刺梅 *Euphorbia milii* var. *splendens*

刺蓬 *Salsola ruthenica*

刺楸 *Kalopanax septemlobus*

刺桑 *Taxotrophis ilicifolius*

刺五加 *Acanthopanax senticosus*

刺苋 *Amaranthus spinosus*

刺悬钩子属 *Rubus*

刺叶冬青 *Ilex bioritsensis*

刺叶高山栎（刺叶栎）*Quercus spinosa*

刺叶野樱 *prunus phaeosticta maxim.*

刺榛 *Corylus ferox*

刺子莞 *Rhynchospora rubra*

葱 *Allium ascalonicum*

葱臭木 *Dysoxylum excelsum*

葱皮忍冬 *Lonicera ferdinandii*

楤木 *Aralia chinensis*

丛花厚壳桂 *Cryptocarya densiflora*

丛花山矾 *Symplocos poilanei*

丛茎滇紫草 *Onosma waddelli*

丛生隐子草 *Cleistogenes caespitosa*

丛枝蓼 *Polygonum posumbu*

粗糙独活 *Haracleum scabridum*

粗齿冷水花 *Pilea sinofasciata*

粗齿铁线莲 *Clematis argentilucida*

粗榧 *Cephalotaxus sinensis*

粗根老鹳草 *Geranim dahuricum*

粗糠柴 *Mallotus philippensis*

粗糠树 *Ehretia macrophylla*

粗裂复叶耳蕨 *Arachniodes pseudc-aristata*

粗蔓藓 *Meteoriopsis squarrosa*

粗毛冬青 *Ilex dasyphylla*

粗毛牛膝 *Galinsoga quadriradiata*

粗毛石笔木 *Tutcheria hirta*

粗穗石栎 *Lithocarpus spicata*

粗叶木 *Lasianthus chinensis*

粗叶泥炭藓 *Sphagnum squarrosum*

粗叶榕 *Ficus hirta*

粗叶悬钩子 *Rubus alceaefolius*

粗叶珠蕨 *Cryptogramma brunnoniana*

粗枝蔓藓 *Meteorium helminthocladum*

粗壮润楠 *Machilus robusta*

酢浆草 *Oxalis corniculata*

翠雀 *Delphinium grandiflorum*

翠云草 *Selaginella uncinata*

达仑木（乌口树）*Syzygium hainanense*

打破碗花花 *Anemone hupehensis*

打铁树 *Rapanea linearis*

打碗花 *Calystegia hederacea*

大八角 *Illicium majus*

大白花杜鹃 *Rhododendron decorum*

大百合 *Lilium giganteum*

大苞鸭跖草 *Commelina paludosa*

大扁杏 *Prunus armeniaca*

大别山山核桃 *Carya dabieshanensis*

大刺茶藨子 *Ribes alpestre* var. *giganteum*

大丁草 *Gerbera anandria*

大豆（黄豆）*Glycine max*

大萼苔 *Cephalozia bicuspidata*

大官杨 *Populus dakuanensis*

大果冬青（大柄冬青）*Ilex macrocarpa*

大果红花油茶（南山茶）*Camellia semiserrata*

大果红杉 *Larix potaninii* var. *macrocarpa*

大果假密网蕨 *Phymatopsis griffithiana*

大果蜡瓣花 *Corylopsis multiflora*

大果马蹄荷 *Exbucklandia tonkinensis*

大果山胡椒 *Lindera praecox*

大果山龙眼 *Helieia erratica*

大果省沽油 *Staphylea holocarpa*

大果野茉莉 *Styrax grandiflora*

大果榆 *Ulmus macrocarpa*

大果圆柏 *Sabina tibetica*

大花罗布麻 *Poacynum hendersonii*

大花溲疏 *Deutzia grandiflora*

大花五味子 *Schisandra grandiflora*

大花绣球藤 *Clematis monzana* var. *grandiflora*

大花淫羊藿 *Epimedium grandiflorum*

大黄扼子 *Gardenia sootepensis*

大灰藓 *Hyptturn plumaeforme*

大火草（野棉花）*Anemone tomentosa*

大戟 *Euphorbia pekinensis*

大蓟 *Cirsium japonicum*

大箭竹 *Sinarundinaria chungii*

大节竹 *Indosasa crassiflora*

大绢藓 *Pseudoscleropodium purum*

大麦 *Hordeum vulgare*

大木藓 *Macrothamnium macrocarpum*

大青 *Clerodendron cyrtophyllum*

大青杨 *Populus ussuriensis*

大沙叶 *Pavetta arenosa*

大沙枣 *Eiaeagnus moorcrohii*

大穗鹅耳枥 *Carpinus fargesii*

大头茶 *Polyspora axillaris*

大瓦苇 *Lepisorus macrospha*

大王杜鹃 *Rhododendron rex*

大型四照花 *Dendrobenthamia gigantea*

大羊茅属 *Festuca*

大叶白纸扇 *Mussaenda esquirolii*

大叶柴胡 *Bupleurum longiradiatum*

大叶杜鹃 *Rhododendron faberi* subsp. *prattii*

大叶凤仙花 *Impatiens siculifer* var. *porphyrea*

大叶贯众 *Cyrtomium macrophyllum*

大叶桂 *Cinnamomum iners*

大叶含笑 *Michelia fallax*

大叶红光树 *Knema linifolia*

大叶胡枝子 *Lespedeza davidii*

大叶假卫矛 *Microtropis macrophylla*

大叶金粟兰 *Clcranihus oldhamci*

大叶榉 *Zelkova schneideriana*

大叶栎 *Quercus griffithii*

大叶蓼 *Polygonum macrophyllum*

大叶朴 *Celtis koraiensis*

大叶千斤拔 *Flemingia macrophylla*

大叶蔷薇 *Rosa macrophylla*

大叶榕 *Ficus altissima*

大叶石栎 *Lithocarpus megalophyllus*

大叶唐松草 *Thalictrum faberi*

大叶藤黄 *Garcinia xanthochymus*

大叶铁线莲 *Clematis heracleifolia*

大叶仙茅 *Curculigo capitulata*

大叶藓 *Rhodobryum roseum*

大叶相思 *Acacia auriculiformis*

大叶绣线菊 *Spiraea fritschiana* var. *angulata*

大叶野豌豆 *Vicia pseudorobus*

大叶章 *Deyeuxia langsdorffii*

大叶紫珠 *Callicarpa macrophylla*

大油芒 *Spodiopogon sibiricus*

大羽鳞毛蕨 *Dryopteris wallichiana*

大羽藓 *Thuidium cymbifolium*

大针茅 *Stipa grandis*

大籽蒿 *Artemisia sieversiana*

丹参 *Salvia miltiorrhiza*

丹东板栗 *Castanea dandonensis*

单侧花 *Orthilia secunda*

单果石栎 *Lithocarpus gagnepainianus*

单花鸢尾 *Iris uniflora*

单毛桤叶树 *Clethra bodinieri*

单毛羽藓 *Thuidium minutulum*

单行节肢蕨 *Arthromeris wallichiana*

单叶蔓荆 *Vitex trifolia* var. *simplicifolia*

单叶铁线莲 *Clematis henryi*

单穗升麻 *Cimicifuga simplex*

淡红荚蒾 *Viburnum erubescens*

淡红忍冬 *Lonicern acuminata*

淡竹 *Phyllostachys glauca*

淡竹叶 *Lophatherum gracile*

刀叶树平藓 *Homaliodendron scalpellifolium*

倒吊笔 *Wrightia pubescens*

倒挂树萝卜 *Agapetes pensilis*

倒挂铁角蕨（倒挂草）*Asplenium normale*

倒叶瘤足蕨 *Plagiogyria dunnii*

德钦高山耳蕨 *Polystichum atuntzeease*

灯架 *Alstonia scholaris*

灯笼花 *Agapetes lacei*

灯台莲 *Arisaema sikokianum* var. *serratum*

灯台树 *Bothrocaryum controversum*

低矮苔草 *Carex humilis*

滴水珠 *Pinellia cordata*

荻 *Triarrhena sacchariflora*

地胆草 *Elephantopus scaber*

地地藕 *Commelina maculata*

地丁草（苦地丁）*Corydalis bungeana*

地耳草 *Hypericum japonicum*

地瓜 *Pachyrhizus erosus*

地果（地石榴）*Ficus tikoua*

地黄 *Rehmannia glutinosa*

地椒 *Thymus quinquecostatus*

地锦 *Euphorbia humifusa*

地卷 *Peltigera aphthosa*

地菍 *Melastoma dodecandrum*

地钱 *Marchantia polymorpha*

地檀香 *Gaultheria forrestii*

地桃花 *Urena lobata*

地衣门 *lichens*

地榆 *Sanguisorba officinalis*

第伦桃 *Dillenia indica*

棣棠 *Kerria japonica*

滇藏方枝柏 *Sabina wallichiana*

滇钩吻 *Polygonatum punctatum*

滇合欢 *Albizia simeonis*

滇黄精 *Polygonatum kingianum*

滇假木荷 *Craibiodendron yunnanense*

滇金丝桃 *Hypericum forrestii*

滇蕨柳叶菜 *Epilobium wallichianum*

滇龙胆草 *Gentiana rigescens*

滇牛栓藤 *Connarus yunnanensis*

滇朴（四蕊朴）*Celtis tetrandra*

滇青冈 *Cyclobalanopsis glaucoides*

滇琼楠 *Beilschmiedia yunnanensis*

滇润楠 *Machilus yunnanensis*

滇山茶 *Camellia reticulata*

滇石栎 *Lithocarpus dealbatus*

滇西瘤足蕨 *Plagiogyria communis*

滇须芒草 *Andropogon yunnaensis*

滇榛 *Corylus yunnanensis*

点地梅 *Androsace umbellata*

垫状卷柏 *Selaginella pulvinata*

吊钟花 *Enkianthus quinqueflorus*

钓樟（山橿）*Lindera reflexa*

调羹树 *Heliciopsis lobate*

碟斗青冈 *Cyclobalanopsis disciformis*

丁香（紫丁香）*Syringa oblata*

丁香蓼 *Ludwigia prostrata*

丁子香 *Syzygium aromaticum*

丁座草 *Boschniakia himalaica*

钉柱委陵菜 *Potentilla saundersiana*

顶果肋毛蕨 *Ctenitis apiciflora*

东北白桦 *Betula platyphylla* var. *mandshurica*

东北赤杨 *Alnus mandshurica*

东北红豆杉 *Taxus cuspidata*

东北牡蒿 *Artemisia manshurica* var. *mandshurica*

东北木蓼 *Atraphaxis manshurica*

东北山梅花 *Philadelphus schrenkii*

东北蹄盖蕨 *Athyrium brevifrons*

东北绣线梅 *Neillia uekii*

东北羊角芹 *Aegopodium alpestre*

东方草莓 *Fragaria orientalis*

东方古柯 *Erythroxylum sinense*

东方铁线莲 *Clematis orientalis*

东风菜 *Doellingeria scaber*

东京白克木 *Bucklandia tonkinensis*

东陵苔草 *Carex tangiana*

东陵绣球 *Hydrangea bretschneideri*

东亚小金发藓 *Pogonatum inflexum*

冬青 *Ilex chinensis*

冬青属 *Ilex*

董棕 *Caryota urens*

冻绿 *Rhamnus utilis*

兜被兰 *Neottianthe pseudodiphylax*

斗斛草 *Carlemannia tetragona*

豆腐柴 *Premna microphylla*

豆梨 *Pyrus calleryana*

毒芹 (野芹菜) *Cicuta virosa*

独丽花 *Moneses uniflora*

笃斯越桔 *Vaccinium uliginosum*

杜茎山 *Maesa japonica*

杜鹃 (杜鹃花, 映山红) *Rhododendron simsii*

杜鹃花科 *Ericaceae*

杜鹃属 *Rhododendron*

杜梨 *Pyrus betulifolia*

杜松 *Juniperus rigida*

杜香 *Ledum palustre*

杜英 *Elaeocarpus decipiens*

杜仲 *Eucommia ulmoides*

短柄草 *Brachypodium sylvaticum*

短柄垂子买麻藤 *Gnetum f. intermedium*

短柄鹅观草 *Roegneria brevipes*

短柄枹栎 *Quercus glandulifera*

短柄苹婆 *Sterculia brevissima*

短柄小檗 (毛叶小檗) *Berberis brachypoda*

短柄重楼 *Paris polyphylla* var. *appendiculata*

短刺栲 *Castanopsis echidnocarpa*

短萼齿溲疏 *Deutzia straminea*

短萼黄连 *Coptis chinensis* var. *brevisepala*

短梗胡枝子 *Lespedeza cyrtobotrya*

短梗乌饭 *Vaccinium brevipedicellatum*

短花针茅 *Stipa breviflora*

短矩凤仙 *Impatiens microcentra*

短穗胡椒 *Piper brachystachyum*

短穗鱼尾葵 *Caryota mitis*

短探春 *Jasminum humile*

短尾越桔 *Vaccinium carlesii*

短序野木瓜 *Stauntonia brachybotrya*

短序越桔 *Vaccinium brachybotrys*

短叶金茅 *Eulalia brevifolia*

短叶瘤足蕨 *Plagiogyria decrescens*

短柱杜鹃 *Rhododendron heliolepis*

短柱柃 *Eurya brevistyla*

椴树 *Tilia tuan*

椴树属 *Tilia*

堆莴苣 *Lactuca sororia*

对马耳蕨 *Polystichum tsus-simense*

对叶榕 *Ficus hispida*

对叶藓 *Distichium capillaceum*

盾蕨 *Neolepisorus ovatus*

钝齿冬青 (波缘冬青) *Ilex crenata*

钝齿鱼尾葵 *Caryota obtusa*

钝叶楼梯草 *Elatostema obtusum*

钝叶蔷薇 *Rosa sertata*

钝叶栒子 *Cotoneaster hebephyllus*

多变石栎 *Lithocarpus variolosus*

多刺绿绒蒿 *Meconopsis horridula*

多果鸡爪草 *Calathodes polycarpa*

多花白头树 *Garuga floribunda* var. *gamblei*

多花地杨梅 *Luzula multiflora*

多花杜鹃 *Rhododendron cavaleriei*

多花胡枝子 *Lespedeza floribunda*

多花黄精 *Polygonatum cyrtonema*

多花黄芪 *Astragalus floridus*

多花泡花（多花泡花树）*Meliosma myriantha*

多花蓬莱葛 *Cflrdenia multiflora*

多花蔷薇（野蔷薇）*Rosa multiflora*

多茎景天 *Sedum multicaule*

多茎委陵菜 *Potentilla multicaulis*

多裂叶荆芥 *Schizonepeta multifida*

多脉报春花 *Primula polyneura*

多脉青冈 *Cyclobalanopsis multinervis*

多毛茜草树 *Aidia pycnantha*

多毛藓属 *Lescuraea*

多蕊金丝桃 *Hypericum hookerianum*

多蕊蛇菰 *Balanophora polyandra*

多蒴曲尾藓 *Dicranum majus*

多穗石栎 *Lithocarpus polystachyus*

多香木 *Polyosma cambodiana*

多叶椒 *Zanthoxylum multijugum*

多叶碎米荠 *Cardamine macrophylla* var. *polyphylla*

多叶唐松草 *Thalictrum foliolosum*

多枝柽柳 *Tamarix ramosissima*

峨眉冷杉（冷杉）*Abies fabri*

峨眉莲座蕨 *Angiopteris omeiensis*

峨眉千里光 *Senecio faberi*

峨眉蔷薇 *Rosa omeiensis*

峨眉桃叶珊瑚 *Aucuba chinensis* subsp. *omeiensis*

峨眉玉山竹 *Yushania chungii*

鹅肠菜 *Myosoton aquaticum*

鹅耳枥（鹅耳栎）*Carpinus turczaninowii*

鹅耳枥属 *Carpinus*

鹅观草 *Roegneria kamoji*

鹅掌楸 *Liriodendron chinense*

饿蚂蝗 *Desmodium multiflorum*

鄂椴 *Tilia oliveri*

鄂西绣线菊 *Spiraea veitchii*

耳叶苔属 *Frullania*

耳羽短肠蕨 *Allantodia wichurae*

二白杨 *Populus gansuensis*

二苞黄精 *Polygonatum involucratum*

二裂委陵菜 *Potentilla bifurca*

二色藁本 *Ligusticum discolor*

二色锦鸡儿 *Caragana bicolor*

发叶鳞毛蕨 *Dryopteris carthusiana*

番石榴 *Psidium guajava*

番薯（红薯）*Ipomoea batatas*

翻白草 *Potentilla discolor*

翻白委陵菜 *Poientilla siboaldia*

翻白叶树 *Pterospermum heterophyllum*

繁缕 *Stellaria media*

饭包草 *Commelina bengalensis*

饭汤子（刚毛荚蒾，茶荚蒾）*Viburnum setigerum*

梵天花 *Urena procumbens*

方羽苔 *Plagiochila acanthophylla*

方枝柏 *Sabina saltuaria*

方枝蒲桃 *Syzygium tephrodes*

方枝圆柏 *Sabina pyramidalis*

方竹 *Chimonobambusa quadrangularis*

芳香车叶草 *Asperula aparine*

防风 *Saposhnikovia divaricata*

防己叶菝葜 *Smilax menispermoides*

飞蛾槭 *Acer oblongum*

飞机草 *Eupatorium odoratum*

飞龙掌血 *Toddalia asiatica*

非洲鳞毛蕨 *Dryopteridaceae africa*

肥牛树 *Cephalomappa sinensis*

费菜（土三七）*Sedum aizoon*

分株紫萁 *Osmundastrum cinnamomeum*

粉背杜鹃 *Rhododendron pingianum*

粉背瘤足蕨 *Plagiogyria media*

619

粉背薯蓣 *Dioscorea collettii*

粉红杜鹃花 *Rhododendron oreodoxa* var. *fargesii*

粉绿竹 *Phyllostachys viridiglaucescens*

粉叶小檗 *Berberis pruinosa*

粉叶野桐 *Mallotus garrettii*

粉枝莓 *Rubus biflorus*

粪箕笃 *Stephania longa*

丰花草 *Borreria stricta*

丰实箭竹 *Fargesia ferax*

风车草 *Clinopodium urticifolium*

风车藤 *Illigera grandiflora*

风吹箫 *Leycesteria formosa*

风轮菜 *Cilnopodium chinense*

风毛菊 *Saussurea japonica*

枫香 *Liquidambar formosana*

枫香属 *Liquidambar*

枫杨 *Pterocarya stenoptera*

蜂斗草 *Sonerila cantonensis*

凤凰竹 *Bambusa multiplex*

凤尾蕨 *Pteris cretica* var. *nervosa*

凤仙花 *Impatiens balsamina*

伏毛金露梅 *Potentilla fruticosa* var. *arbuscula*

拂子茅 *Calamagrostis epigeios*

枹栎（枹树）*Quercus serrata*

枹苞黄鹌菜 *Youngia paleacea*

福建柏 *Fokienia hodginsii*

福建观音座莲 *Angiopteris fokiensis*

福建青冈 *Cyclobalanopsis chungii*

辐射凤仙花 *Impatient radiata*

复叶耳蕨 *Arachniodes exilis*

傅氏凤尾蕨 *Pteris fauriei*

腹毛柳 *Salix delavayana*

盖裂木 *Talauma hodgsonii*

甘草 *Glycyrrhiza uralensis*

甘蓝 *Brassica oleracea*

甘薯 *Dioscorea esculenta*

甘松 *Nardostachys jatamansi*

甘肃荚蒾 *Viburnum kansuense*

甘肃瑞香 *Daphne tangutica*

甘肃山楂 *Crataegus kansuensis*

甘遂 *Euphorbia kansui*

柑橘（柑桔）*Citrus reticulata*

刚毛忍冬 *Lonicera hispida*

刚莠竹 *Microstegium ciliatum*

刚竹属 *Phyllostachys*

岗松 *Baeckea frutescens*

杠板归 *Polygonum perfoliatum*

杠柳 *Periploca sepium*

高丛珍珠梅 *Sorbaria arborea*

高冬青 *Ilex excelsa*

高良姜 *Alpinia officinarum*

高粱泡 *Rubus lambertianus*

高山柏 *Sabina squamata*

高山大戟 *Euphorbia stracheyi*

高山淡色苔草 *Carex infuscata* var. *gracilenta*

高山杜鹃 *Rhododendron lapponicum*

高山金发藓 *Pogonatum alpinum*

高山栲（高山锥）*Castanopsis delavayi*

高山栎 *Quercus semecarpifolia*

高山柳 *Salix taiwanalpina*

高山柳叶菜 *Epelobium hirsutum*

高山龙胆 *Gentiana algida*

高山露珠草 *Circaca alpina*

高山七筋姑 *Clintonia alpina*

高山松 *Pinus densata*

高山唐松草 *Thalictrum alpinum*

高山条蕨 *Oleandra wallichii*

高山通泉草 *Mazus alpinus*

高山绣线菊 *Spiraca alpina*

高山羊茅 *Festuca arioides*

高山紫苑 *Aster alpinus*

高乌头 *Aconitum sinomontanum*

高羊茅 *Festuca elata*

高原犁头尖 *Typhonium diversifolium*

高原唐松草 *Thalictrum cultratum*

割舌树 *Walsura robusta*

革叶耳蕨 *Polystichum neolobatum*

革叶荛花 *Wikstroemia scytophylla*

格药柃 *Eurya muricata*

葛缕子 *Carum carvi*

梗花雀梅藤 *Sagentia henryi*

工布乌头 *Aconitum kongboense*

勾儿茶 *Berchemia sinica*

沟稃草 *Aulacolepis treutleri*

钩栲（钩锥）*Castanopsis tibetana*

钩毛叉苔 *Metzgeria hamaia*

钩毛紫珠 *Callicarpa peichieniana*

钩藤 *Uncaria rhynchophylla*

钩吻（野葛）*Gelsemium elegans*

钩枝镰刀藓 *Drepanocladus uncinatus*

钩柱唐松草 *Thalictrum uneatum*

钩状蒿草 *Kobresia uncinoides*

狗骨柴 *Diplospora dubia*

狗骨头 *Ardisia aberrans*

狗脊蕨（狗脊）*Woodwardia japonica*

狗娃草 *Heteropappus tataricus*

狗娃花 *Heteropappus hispidus*

狗尾草 *Setaria viridis*

狗尾草属 *Setaria*

狗尾藓属 *Rhaphidostichum*

狗牙根 *Cynodon dactylon*

狗牙花 *Ervatamia divaricata*

狗枣猕猴桃 *Actinidia kolomikta*

枸骨 *Ilex cornuta*

枸杞 *Lycium chinense*

构树（构树）*Broussonetia papyrifera*

谷柳 *Salix livida*

谷木 *Memecylon ligustrifolium*

谷木叶冬青 *Ilex memecylifolia*

谷子 *Setaria italica*

牯岭凤仙花 *Impatiens davidi*

瓜馥木 *Fissistigma oldhamii*

拐棍竹 *Fargesia robusta*

拐枣（枳椇）*Hovenia acerba*

关苍术 *Atractylodes japonica*

观光木 *Tsoongiodendron odorum*

管花杜鹃 *Rhododendron keysii*

管花木犀 *Osmanthus delavayi*

贯众 *Cyrtomium fortunei*

灌木柳 *Salix saposhnikovii*

光萼溲疏 *Deutzia glabrata*

光萼苔 *Porella nitens*

光高粱 *Sorghum nitidum*

光果甘草 *Radix glycyrrhizae*

光果黄花木 *Piptanthus leiocarpus*

光果田麻 *Corchoropsis psilocarpa*

光脚金星蕨 *Parathelypteris japonica*

光里白 *Hicrio pteris laevissima*

光亮杜鹃 *Rhododendron nitidulum*

光露珠草 *Circaea caulescens* var. *glabra*

光泡桐 *Paulownia tomentosa* var. *tsinlingensis*

光皮桦（亮叶桦）*Betula luminifera*

光石韦 *Pyrrosia clavata*

光秃柃 *Eurya glaberrima*

光叶菝葜 *Smilax glabra*

光叶高山栎 *Quercus rehderiana*

光叶海桐 *Pittosporum glabratum*

光叶榉树 *Zelkova serrata*

光叶柃木（细齿叶柃）*Eurya nitida*

光叶山楂 *Crataegus dahurica*

光叶石栎 *Lithocarpus mairei*

光叶石楠 *Photinia glabra*

光叶兔儿风 *Ainsliaea glabra*

光叶绣线菊 *Spiraea japonica* var. *fortunei*

桄榔 *Arenga pinnata*

广布野豌豆 *Vicia cracca*

广东杜鹃 *Rhododendron kwangtungense*

广东润楠 *Machilus kwangtungensis*

广东山胡椒 *Lindera kwangtungensis*

广东蛇葡萄 （粤蛇葡萄） *Ampelopsis cantoniensis*

广东松 （华南五针松） *Pinus kwangtungensis*

广防风 *Epimeredi indica*

广舌扁萼苔 *Radula platyglossa*

广西澄广花 *Orophea anceps*

广西杜鹃 *Rhododendron kwangsiense*

广西密花树 *Rapanea kwangsiensis*

广西牡荆 *Vitex kwangsiensia*

广西槭 *Acer tonkinense*

广西越桔 *Vaccinium sinicum*

广州蛇根草 *Ophiorrhiza cantoniensis*

鬼刺 *Bidens tripartita*

鬼灯檠 *Rodgersia aesculifolia*

鬼箭锦鸡儿 *Caragana jubata*

鬼针草 *Bidens pilosa*

贵定桤叶树 （贵定山柳） *Clethra cavaleriei*

贵州杜鹃 *Rhododendron guizhouense*

贵州连蕊茶 *Camellia costei*

贵州桤叶树 *Clethra kaipoensis*

桂花 （木犀，佛顶珠） *Osmanthus fragrans*

桂南木莲 （南方木莲） *Manglietia chingii*

桂皮紫萁 *Osmunda cinnamomea* var. *asiatica*

过江龙 *Entada phaseoloides*

过路黄 *Lysimachia christinae*

海金沙 *Lygodium japonicum*

海金子 *Pittosporum illicioides*

海榄雌 （白骨壤） *Avicennia marina*

海莲 *Bruguiera sexangula*

海南菜豆树 *Radermachera hainanensis*

海南椴 *Hainania trichosperma*

海南罗伞树 *Ardisia quinquegona* var. *hainanensis*

海漆 *Excoecaria agallocha*

海棠 *Malus prunifolia*

海桐 *Pittosporum tobira*

海芋 *Alocasia macrorrhiza*

海州常山 *Clerodendrum trichotomum*

含笑 *Michelia*

含羞草 *Mimosa pudica*

寒莓 *Rubus buergeri*

韩信草 *Scutellaria indica*

汉防己 *Aristolochia obliqua*

旱柳 *Salix matsudana*

旱毛栎 *Castanopsis kerrii*

旱茅 *Eremopogon delavayi*

旱生苔草 *Carex aridula*

杭子梢 *Campylotropis macrocarpa*

蒿属 （艾属） *Artemisia*

豪猪刺 *Berberia julianae*

禾本科 *Gramineae*

禾串树 *Antidesma fordii*

禾叶毛兰 *Erta graminifolia*

禾叶土麦冬 *Liriope graminifolia*

合欢 *Albizia julibrissin*

合蕊五味子 *Sehisandra propinqua*

合头藜 *Sympegma regelii*

合叶苔 *Scopania nemorosa*

合轴荚蒾 *Viburnum sympodiale*

何首乌 *Fallopia multiflora*

和尚菜 *Adenocaulon himalaicum*

核桃 （胡桃） *Juglans regia*

核桃楸 （胡桃楸） *Juglans mandshurica*

荷青花 *Hylomecon japonica*

褐毛柳 *Salix fulvopubescens*

褐穗莎草 *Cyperus fuscus*

褐叶青冈 （黔槠） *Cyclobalanopsis stewardiana*

黑弹树 （小叶朴） *Celtis bungeana*

黑风藤 *Fissistigma polyanthum*

黑果茶藨子 *Ribes nigrum*

黑果枸杞 *Lycium ruthenicum*

黑果小檗 *Berberis atrocarpa*

黑果栒子 *Cotoneaster melanocarpus*

黑汉条 （烟管荚蒾） *Viburnum utile*

黑桦 *Betula dahurica*

黑壳楠 *Lindera megaphylla*

黑鳞假瘤蕨 *Phymatopsis ebenipes*

黑麦草 *Lolium perenne*

黑面神 *Breynia fruticosa*

黑三棱 *Sparganium stoloniferum*

黑沙草 *Gahnia tristis*

黑松 *Pinus thunbergii*

黑穗画眉草 *Eragrostis nigra*

黑腺珍珠草 *Hemianthus micranthemoides*

黑紫藜芦 *Veratrum japonicum*

黑足鳞毛蕨 *Dryopteris fuscipes*

红背桂 *Excoecaria cochinchinensis*

红背山麻杆 *Alchornea trewioides*

红柴枝（南京柯南树）*Meliosma beaniana*

红车 *Syzygium rehderianum*

红椿 *Toona ciliata*

红淡 *Cleyera japonica*

红豆杉（中国红豆杉）*Taxus chinensis*

红豆杉属 *Taxus*

红麸杨 *Rhus punjabensis* var. *sinica*

红果钓樟（红果山胡椒）*Lindera erythrocarpa*

红果越桔 *Vaccinium hirtum*

红海榄 *Rhizophora stylosa*

红河鹅掌柴 *Shefflera hoi*

红虎耳草 *Saxifraga sanguinea*

红花草（紫云英）*Astragalus sinicus*

红花荷 *Rhodoleia championii*

红花鹿蹄草 *Pyrola incarnata*

红花木莲 *Manglietia insignis*

红花五味子 *Schisandra rubriflora*

红花月见草 *Oenothera speciosa*

红桦 *Betula albosinensis*

红茴香 *Illicium henryi*

红桧 *Chamaecyparis formosensis*

红景天 *Rhodiola rosea*

红蓼 *Polygonum orientale*

红鳞蒲桃 *Syzygium hancei*

红柳 *Salix microstachya*

红脉钓樟 *Lindera rubronervia*

红毛杜鹃 *Rhododendron rubropilosum*

红帽金发藓 *Pogonatum submicrostomum*

红皮柳 *Salix sinopurpurea*

红皮木姜 *Litsea peduneulata*

红皮云杉 *Picea koraiensis*

红瑞木 *Swida alba*

红润楠（红楠）*Machilus thunbergii*

红砂 *Reaumuria songarica*

红杉 *Larix potaninii*

红树 *Rhizophora apiculata*

红松 *Pinus koraiensis*

红檀（岭南山茉莉，小花山茉莉，红铁木豆）*Swartizia* spp.

红叶甘姜 *Lindera cercidifolia*

红叶木姜子 *Litsea rubescens*

红锥（红椎，刺栲，椎栗）*Castanopsis hystrix*

红棕杜鹃 *Rhododendron rubiginosum*

红嘴苔草 *Carex haematostoma*

虹鳞肋毛蕨 *Ctenitis rhodolepis*

猴欢喜 *Sloanea sinensis*

猴头杜鹃 *Rhododendron simiarum*

猴樟 *Cinnamomum bodinieri*

篌竹 *Phyllostachys nidularia*

厚斗柯 *Lithocarpus elizabethae*

厚果鸡血藤 *Millettia pachycarpa*

厚壳桂 *Cryptocarya chinensis*

厚壳树 *Ehretia thyrsiflora*

厚皮栲 *Castanopsis chunii*

厚皮树 *Lannea coromandelica*

厚皮香 *Ternstroemia gymnanthera*

厚朴 *Magnolia officinalis*

厚叶红淡 *Cleyera pachyphyllai*

厚叶柃木 *Eurya crassilimba*

厚叶石栎 *Lithocarpus pachyphyllus*

厚叶碎米蕨 *Cheilosoria insignis*

胡椒 *Piper nigrum*

胡枝子（二色胡枝子）*Lespedeza bicolor*

湖北海棠 *Malus hupehensis*

湖北花楸 *Sorbus hupehensis*

湖北马鞍树 *Maackia hupehensis*

湖北三毛草 *Tristum henryi*

湖北山楂 *Crataegus hupehensis*

湖北算盘子 *Glochidion wilsonii*

湖北野青茅 *Deyeuxia hupehensis*

槲蕨 *Drynaria roosii*

槲栎 *Quercus aliena*

槲树 *Quercus dentata*

蝴蝶花 *Iris japonic*

蝴蝶荚蒾 *Viburnum plicatum* var. *tomentosum*

虎刺 *Damnacanthus indicus*

虎耳草 *Saxifraga stolonifera*

虎皮楠 *Daphniphyllum oldhami*

虎舌红 *Ardisia mamillata*

虎杖 *Reynoutria japonica*

虎榛子 *Ostryopsis davidiana*

护蒴苔 *Calypogeia fissa*

花点草 *Nanoclide pilosa*

花花柴 *Karelinia caspia*

花椒 *Zanthoxylum bungeanum*

花楷械 *Acer ukurunduense*

花榈木 *Ormosia henryi*

花锚 *Halenia corniculata*

花木蓝 *Indigofera kirilowii*

花苜蓿 *Trigonella ruthenica*

花楸 *Sorbus pohuashanensis*

花曲柳 *Fraxinus rhynchophylla*

花生（落花生）*Arachis hypogaea*

花水藓（绿松尾）*Mayaca fluviatilis*

华北鳞毛蕨 *Dryopteris goeringiana*

华北落叶松 *Larix principis-rupprechtii*

华北苔草 *Carex hancockiana*

华北绣线菊 *Spiraea fritschiana*

华东瘤足蕨 *Plagiogyria japonica*

华东啼盖蕨 *Athyrium nipponicum*

华东野核桃 *Juglans cathayensis* var. *formosana*

华椴 *Tilia chinensis*

华鹅耳枥 *Carpinus cordata* var. *chinensis*

华木荷 *Schima sinensis*

华南桂 *Cinnamomum austrosinense*

华南鳞盖蕨 *Microlepia hancei*

华南毛柃 *Eurya ciliata*

华南桤叶树 *Clethra faberi*

华南石栎 *Lithocarpus fenestratus*

华南云实 *Caesalpinia crista*

华南紫萁 *Osmunda vachellii*

华润楠 *Machilus chinensis*

华箬竹 *Sasamorpha nakai*

华三芒草 *Aristida chinensis*

华山矾 *Symplocos chinensis*

华山姜 *Alpinia chinensis*

华山松 *Pinus armandii*

华西枫杨 *Pterocarya insignis*

华西箭竹 *Fargesia nitida*

华西小檗 *Berberis silva-taroucana*

华西小石积 *Osteomeles schwerinae*

华纤维鳞毛蕨 *Dryopteris sinofibrillosa*

华泽兰 *Eupatorium chinense*

华榛 *Corylus chinensis*

华中冬青 *Ilex centrochinensis*

华中瘤足蕨 *Plagiogyria euphlebia*

华中铁角蕨 *Asplenium savalii*

华中五味子 *Schisandra sphenanthera*

华紫珠 *Callicarpa cathayana*

化香树（化香）*Platycarya strobilacea*

画眉草 *Eragrostis pilosa*

桦木属 *Betula*

桦叶荚蒾 *Viburnum betulifolium*

槐（国槐）*Sophora japonica*

环带青冈 *Quercus annulata*

黄鹌菜 *Youngia japonica*

黄苞南星 *Arisaema jlavum*

黄杯杜鹃 *Rhododendron wardii*

黄背草 *Themeda japonica*

黄背栎（污毛山栎）*Quercus pannosa*

黄背越桔 *Vaccinium iteophyllum*

黄檗（黄菠萝）*Phellodendron amurense*

黄刺玫（黄刺梅）*Rosa xanthina*

黄丹木姜子（石木姜子）*Litsea elongata*

黄豆树（白格）*Albizia procera*

黄独 *Dioscorea bulbifera*

黄冠梨 *Pyrus bretschneideri*

黄果 *Citrus sinensis*

黄果厚壳桂 *Cryptocarya concinna*

黄果冷杉 *Abies ernestii*

黄蒿 *Artemisia scoparia*

黄花败酱 *Patrinia scabiosaefolia*

黄花菜 *Hemerocallis citrina*

黄花蒿 *Artemisia annua*

黄花堇菜 *Viola orientalis*

黄花韭 *Allium ehrysanthum*

黄花柳 *Salix caprea*

黄花忍冬 *onicera chrysarnha*

黄花稔 *Sida acuta*

黄鸡脚 *Damnacanthus indicus* var. *giganteus*

黄尖大金发藓 *Polytrichum xanthopilum*

黄姜花 *Hedychium flavum*

黄金凤 *Impatiens siculifer*

黄荆 *Vitex negundo*

黄精 *Polygonatum sibiricum*

黄精属 *Polygonatum*

黄梨木 *Boniodendron minus*

黄连木 *Pistacia chinensis*

黄芦木 *Berberis amurensis*

黄栌 *Cotinus coggygria*

黄栌叶荚蒾 *Viburnum cosinifolum*

黄毛青冈 *Cyclobalanopsis delavayi*

黄毛榕 *Ficus esquiroliana*

黄毛润楠 *Machilus chrysotricha*

黄茅（扭黄茅）*Heteropogon contortus*

黄牛木 *Cratoxylum cochinchinense*

黄牛奶树 *Symplocos laurina*

黄泡 *Rubus pectinellus*

黄皮 *Clausena lansium*

黄芪 *Astragalus propinquus*

黄杞 *Engelhardtia roxburghiana*

黄蔷薇 *Rosa hugonis*

黄芩 *Scutellaria baicalensis*

黄绒润楠 *Machilus grijsii*

黄山风毛菊 *Saussurea hwangshanensis*

黄山花楸 *Sorbus amabilis*

黄山栎 *Quercus stewardii*

黄山鳞毛蕨 *Dryopteris huangshanensis*

黄山栾 *Koelreuteria bipinnata* var. *integrifoliola*

黄山松（台湾松）*Pinus taiwanensis*

黄山溲疏 *Deutzia glauca*

黄水枝 *Tiarella polyphylla*

黄檀 *Dalbergia hupeana*

黄藤 *Daemonorops margaritae*

黄腺香青 *Anaphalis aureopunctata*

黄杨 *Buxus sinica*

黄杨叶栒子 *Cotoneaster buxifolius*

黄叶树 *Xanthophyllum hainanensis*

黄樟 *Cinnamomum porrectum*

黄帚橐吾 *Ligularia virgaurea*

灰白荛花 *Wikstroemia canescens*

灰苞蒿 *Artemisia roxburgiana*

灰背杜鹃 *Rhododendron hippophaeoides*

灰背栎 *Quercus senescens*

灰菜（灰藜）*Chenopodium album*

灰枸子 *Lycium barbarum*

灰蒿 *Artemisia conaensis*

灰莉 *Fagraea ceilanica*

灰绿黎 *Chenopodium glaucum*

灰毛浆果楝 Cipadessa cinerascens

灰毛泡 Rubus irenaens

灰帽苔草 Carex mitrata

灰气藓 Aerobryopsis horrida

灰藓 Hypnum cupressiforme

灰栒子 Cotoneaster acutifolius

灰杨 Populus pruinosa

灰叶香青 Anaphalis spodiophyllus

灰叶野桐 Mallotus thorelii

桧叶大金发藓 Polytrichum junperinum

蕙兰 Cymbidium faberi

活血丹（连钱草）Glechoma longituba

火把果（火棘）Pyracantha fortuneana

火把花 Colquhounia coccinea var. mollis

火力楠 Michelia macclurei

火绒草 Leontopodium leontopodioides

火绳树 Eriolaena spectabilis

火炭母草（火炭母）Polygonum chinense

火筒树 Leea indica

藿香蓟（胜红蓟）Ageratum conyzoides

芨芨草 Achnatherum splendens

鸡翅木 Millettia laurentii

鸡尖 Terminalia nigrovenulosa

鸡毛松 Podocarpus imbricatus

鸡桑 Morus australis

鸡矢藤（鸡屎藤）Paederia scandens

鸡屎树 Lasianthus cyanocarpus

鸡树条荚蒾 Viburnum sargentii

鸡窝草 Plumbagella micrantha

鸡血藤 Kadsurae caulis

鸡眼草 Kummerowia striata

鸡爪茶 Rubus henryi

鸡爪槭 Acer palmatum

基脉润楠 Machilus decursinervis

吉祥草 Reineckea carnea

极简榕 Ficus simplicissima

急尖长苞冷杉 Abies georgei var. smithii

疾藜栲 Castanopsis tribuloides

棘豆属 Oxytropis

蒺藜 Tribulus terrestris

蕺菜（鱼腥草）Houttuynia cordata

戟叶火绒草 Leontopodium dedekensii

戟叶蓼 Polygonum thunbergii

鲫鱼草 Eragrostis tenella

檵木 Loropetalum chinense

加杨 Populus×canadensis

加杨（欧美杨）Populus × canadensis

加羽藓 Thuidium kanedae

荚蒾 Viburnum dilatatum

甲豌豆 Orobus luteus

假败酱 Stachytarpheta jamaicensis

假报春 Cortusa matthioli

假鞭叶铁线蕨 Adiantum malesianum

假扁果草 Enemion raddeanum

假臭草 Praxelis clematidea

假丛灰藓 Pseudossereodon procerrimum

假杜鹃 Barleria cristata

假桂乌口树 Tarenna attenuata

假海桐 Pittosporopsis kerrii

假华箬竹 Indocalamus pseudosinicus

假剑叶山矾 Symplocos sumuntia

假连翘 Duranta repens

假木豆 Dendrolobium triangulare

假木荷（金叶子）Craibiodendron stellatum

假苹婆 Sterculia lanceolata

假升麻 Aruncus sylvester

假水生龙胆 Gentiana pseudoaquatica

假丝灰藓 Pseudostereodon procerrimus

假苇拂子茅 Calamagrostis pseudophragmites

假稀羽鳞毛蕨 Dryopteris pseudosparsa

尖齿拟水龙骨 Polypodiastrum argutum

尖齿蹄盖蕨 Pseudocystopteris spinulosa

尖萼毛柃 Eurya acutisepala

尖果沙枣 Elaeagnus oxycarpa

尖连蕊茶 *Camellia cuspidata*

尖榕 *Ficus tinctoria*

尖舌扁萼苔 *Radula acuminata*

尖叶薄鳞苔 *Lepiolejeunca elliptica*

尖叶茶藨子 *Ribes maximowiczianum*

尖叶长柄山蚂蝗 *Podocarpium podocarpum*

尖叶桂樱 *Laurocerasus undulata*

尖叶桂樱 *Prunus undulate*

尖叶龙胆 *Gentiana aristata*

尖叶山茶 *Camellia chekiagoleora*

尖叶提灯藓 *Mnium cuspidayum*

尖叶栒子 *Cotoneaster acuminatus*

尖叶杨桐 *Adinandra bockiana* var. *acutifolia*

尖子木 *Oxyspora paniculata*

坚硬苔草 *Carex chungii* var. *rigida*

间型沿阶草 *Ophiopogon intermedius*

菅属 *Themeda*

剪股颖 *Agrostis matsumurae*

剪叶苔属 *Herberta*

简冠花 *Siphocranion macranthum*

碱蓬 *Suaeda glauca*

见血青 *Liparis nervosa*

建兰 *Cymbidium ensifolium*

建始械 *Acer henryi*

剑叶凤尾蕨 *Pteris ensiformis*

剑叶山矾（光叶山矾）*Symplocos lancifolia*

剑叶铁角蕨 *Asplenium ensiforme*

渐尖毛蕨 *Cyclosorus acuminatus*

箭叶淫羊藿 *Epimedium sagittatum*

箭竹 *Fargesia spathacea*

江南短肠蕨 *Allantodia metteniana*

江南卷柏 *Selaginella moellenmorfii*

江南桤木 *Alnus trabeculosa*

江南星蕨 *Microsorium fortunei*

江南油杉 *Keteleeria cyclolepis*

江南越桔 *Vaccinium mandarinorum*

江浙山胡椒 *Lindera chienii*

姜 *Zingiber officinale*

姜花 *Hedychium coronarium*

姜科 *Zingiberaceae*

浆果苔草 *Carex baccans*

橿子栎 *Quercus baronii*

交让木 *Daphniphyllum macropodum*

茭蒿 *Artemisia giraldii*

角果木 *Ceriops tagal*

角蒿属 *Incarvillea*

绞股蓝 *Gynostemma pentaphyllum*

薤头 *Allium chinense*

接骨草 *Sambucus chinensis*

接骨木 *Sambucus williamsii*

节节草 *Equisetum ramosissimum*

节竹菜（竹节草）*Chrysopogon aciculatus*

结香 *Edgeworthia chrysantha*

睫毛苔 *Blepharosrtoma minus*

睫毛岩须 *Cassiope dendrotricha*

截果石栎 *Lithocarpus truncatus*

截叶铁扫帚 *Lespedeza cuneata*

槲蕨 *Drynaria baronii*

介蕨 *Dryoathyrium boryanum*

金背杜鹃 *Rhododendron clementinae* subsp. *aureodorsale*

金发草 *Pogonatherum paniceum*

金发藓 *Polytrichum commune*

金粉蕨 *Onychium japonicum*

金果鳞盖蕨 *Microlepia chrysocarpa*

金果小檗 *Berberis tsarongensis*

金合欢 *Acacia farnesiana*

金花树 *Blastus dunnianus*

金花小檗 *Berberis wilsonae*

金江械 *Acer paxii*

金莲花 *Trollius chinensis*

金露梅 *Potentilla fruticosa*

金毛狗 *Cibotium barometz*

金茅 *Eulalia speciosa*

金钱松 *Pseudolarix amabilis*

金荞麦 *Fagopyrum dibotrys*

金山荚速 *Viburnum chinshanense*

金山荚迷 *Viburnum cinnamomifolium*

金丝李 *Garcinia paucinervis*

金丝梅 *Hypericum patulum*

金丝桃 *Hypericum monogynum*

金粟兰 *Chloranthus spicatus*

金挖耳 *Carpesium divaricatum*

金线草 *Antenoron filiforme*

金星蕨 *Parathelypteris glanduligera*

金叶含笑 *Michelia foveolata*

金翼黄耆 *Astragalus chrysopterus*

金银木 *Lonicera maackii*

金樱子（金樱）*Rosa laevigata*

金竹 *Phyllostachys sulphurea*

堇菜 *Viola verecunda*

堇菜属 *Viola*

锦带花 *Weigela florida*

锦鸡儿 *Caragana sinica*

锦葵 *Malva sinensis*

锦香草 *Phyllagathis cavaleriei*

劲直菝葜 *Smilax rigida*

荩草 *Arthraxon hispidus*

荆条 *Vitex negundo* var. *heterophylla*

井栏凤尾蕨 *Pteris multifida*

景东瘤足蕨 *Plagiogyria coerulescens*

九节 *Psychotria rubra*

九里香 *Murraya exotica*

九龙箭竹 *Fargesia jiulongensis*

九头狮子草 *Peristrophe japonica*

酒饼叶 *Desmos chinensis*

苴 *Viola vaginata*

桔草 *Cymbopogon goeringii*

桔梗 *Platycodon grandiflorus*

菊科 *Asteraceae*

矩叶鼠刺（牛皮桐）*Itea oblonga*

榉树属 *Zelkova*

巨柏 *Cupressus gigantea*

巨紫荆 *Cercis gigantea*

距花万寿竹 *Disporum calcaratum*

距药姜 *Cautleya gracilis*

锯叶竹节树 *Carallia diplopetala*

聚花风铃草 *Campanula glomerata*

聚穗苔草 *Carex dolichostachya*

卷柏 *Selaginella tamariscina*

卷柏属 *Selaginella*

卷丹 *Lilium lancefolium*

卷丝苣苔 *Corallodiscus kingianus*

卷叶黄精 *Polygonatum eirhifolium*

卷叶苔 *Anastrepta orendensis*

绢毛苣 *Soroseris glomerata*

绢毛木姜子 *Litsea sericca*

绢毛蔷薇 *Rosa sericea*

绢毛山梅花 *Philadelphus sericanthus*

绢毛绣线菊 *Spiraea sericea*

绢藓 *Entodon cladorrhizans*

蕨（蕨属）*Pteridium*

蕨菜 *Pteridium aquilinum* var. *latiusculum*

蕨属 *Pteridium*

蕨状苔草 *Carex filicina*

爵床 *Rostellularia procumbens*

爵床科 *Acanthaceae*

君迁子 *Diospyros lotus*

喀西木荷 *Schima khasiana*

卡氏麻花头 *Serratula komarovi*

开口箭 *Tupistra chinesis*

康藏花楸 *Sorbus thibetica*

康定樱桃 *Cerasus tatsienensis*

糠椴 *Tilia mandschurica*

栲属（锥栗属）*Castanopsis*

壳斗科 *Fagaceae*

空心莲子草（喜旱莲子草，水花生）*Alternan-thera philoxeroides*

苦菜 *Ixeris denticulata*

苦参 *Sophora flavescens*

苦豆子 *Sophora alopecuroides*

苦苣菜 *Sonchus oleraceus*

苦苣苔（苦苦菜）*Conandron ramondioides*

苦枥木 *Fraxinus insularis*

苦楝 *Melia azedarach*

苦荬菜 *Ixeris polycephala*

苦麦菜 *Cichorium endivia*

苦树（苦木）*Picrasma quassioides*

苦糖果 *Lonicera fragrantissima*

苦杨 *Populus laurifolia*

苦槠 *Castanopsis sclerophylla*

苦竹 *Pleioblastus amarus*

宽萼玉凤花 *Habenaria latilabris*

宽叶繁缕 *Stellaria latifolia*

宽叶鹤舞草 *Maianthemum bifolium* var. *dilatatum*

宽叶金粟兰 *Chloranthus henryi*

宽叶楼梯草 *Elatostema platyphyllum*

宽叶山蒿 *Artemisia stolonifera*

宽叶石防风 *Peucedanum terebinthaceum*

宽叶苔草 *Carex siderosticta*

宽叶兔儿风 *Ainsliaea latifolia*

宽叶沿阶草 *Ophiopogon platyphyllus*

款冬 *Tussilago farfara*

昆明鸡血藤 *Millettia reticulata*

阔瓣含笑 *Michelia platypetala*

阔鳞鳞毛蕨 *Dryopteris championii*

阔叶箬竹 *Indocalamus latifolius*

阔叶十大功劳 *Mahonia bealei*

阔叶土麦冬 *Liriope platyphylla*

拉拉藤 *Galium aparine* var. *echinospermum*

拉拉秧 *madder root*

拉庞 *Salix lapponum*

刺蔷薇 *Rosa acicularis*

蜡瓣花 *Corylopsis sinensis*

蜡莲绣球 *Hydrangea strigosa*

蜡梅 *Chimonanthus praecox*

来江藤 *Brandisia hancei*

梾木 *Swida macrophylla*

赖草 *Leymus secalinus*

兰草 *Eupatorium fortunei*

兰花参 *Wahlenbergia marginata*

兰花老鹳草 *Geranium tsingtauense*

兰考泡桐 *Paulownia elongata*

兰香草 *Caryopteris incana*

蓝桉 *Eucalyptus globulus*

蓝靛果 *Lonicera caerulea* var. *edulis*

蓝果忍冬 *Lonicera caerulea*

蓝果蛇葡萄 *Ampelopsis bodinieri*

蓝花棘豆 *Oxytropis caerulea*

蓝花韭 *Allium beesianum*

蓝树 *Wrightia laevis*

郎伞树 *Ardisia elegans*

狼毒 *Stellera chamaejasme*

狼尾草 *Pennisetum alopecuroides*

狼针茅 *Stipa baicalensis*

榔榆 *Ulmus parvifolia*

老鹳草 *Geranium sibiricum*

老虎刺 *Pterolobium punctatum*

老人皮 *Polyalthia cerasoides*

老鼠矢 *Symplocos stellaris*

老挝天料木 *Homalium ceylanicum* var. *laoticum*

老鸦糊 *Callicarpa giraldii*

老鸦泡 *Vaccinium fragile spiciferum*

乐东拟单性木兰 *Parakmeria lotungensis*

簕欓 *Zanthoxylum avicennae*

雷公鹅耳枥 *Carpinus viminea*

雷公橘 *Capparis membranifolia*

雷公青冈 *Cyclobalanopsis hui*

雷竹 *Phyllostachys praecox*

类芦 *Neyraudia reynaudiana*

类头状花序藨草 *Scirpus subcapitatus*

类叶升麻 *Actaea asiatica*

棱枝山矾 *Symplocos tetragona*

冷地早熟禾 *Poa crymophila*

冷饭团 *Kadsura coccinea*

冷箭竹 *Bashania fangiana*

冷蕨 *Cystopteris frogilis*

冷杉属 *Abies*

冷水花 *Pilea notata*

梨果榕 *Ficus pyriformis*

梨叶悬钩子 *Rubus pirifolius*

梨属 *Pyrus*

离子草 *Chorispora tenella*

黎竹 *Acidosasa venusta*

黎芦 *Veratrum nigrum*

藜属 *Chenopodium*

李叶绣线菊 *Spiraea prunifolia*

李属 *Prunus*

李子 *Prunus salicina*

里白 *Hicriopteris glauca*

丽江桧 *Eurya handel-mazzettii*

丽江鹿药 *Smilacina lichiangensis*

丽江槭 *Acer forrestii*

丽江铁杉 *Tsuga forrestii*

丽江绣线菊 *Spiraea lichiangensis*

丽江云杉 *Picea likiangensis*

利川楠 *Machilus lichuanensis*

栎属 *Quercus*

栎子青冈 *Cyclobalanopsis blakei*

荔枝 *Litchi chinensis*

栗属 *Castanea*

溧阳复叶耳蕨 *Arachniodes liyangensis*

綟木（南烛）*Lyonia ovalifolia*

连翘 *Forsythia suspensa*

连香树 *Cercidiphyllum japonicum*

镰叶瘤足蕨 *Plagiogyria distinctissima*

链珠藤 *Alyxia sinensis*

凉喉茶 *Hedyotis scandens*

梁王茶属 *Nothopanax*

两栖蓼 *Polygonum amphibium*

两色杜鹃 *Rhododendron dichroanthum*

两色鳞毛蕨 *Dryopteris setosa*

两型豆 *Amphicarpaea edgeworthii*

亮叶杜鹃 *Rhododendron vernicosum*

亮叶杜英 *Elaeocarpus nitentifolius*

亮叶绢藓 *Entodon aeruginosus*

亮叶槭 *Acer lucidum*

亮叶青冈 *Cyclobalanopsis phanera*

亮叶水青冈 *Fagus lucida*

辽东茋草 *Achnatherum extremiorientale*

辽东栎 *Quercus wutaishanica*

寥子朴 *Inula salsalaides*

蓼 *Polygonum*

蓼子草 *Polygonum criopolitanum*

了哥王 *Wikstroemia indica*

烈香杜鹃 *Rhododen dronsimsii*

裂稃草 *Schizachyrium brevifolium*

裂叶蒿 *Artemisia laciniata*

裂叶榆 *Ulmus laciniata*

林地水苏 *Stachyss ylvatica*

林地早熟禾 *Poa nemoralis*

林风毛菊 *Saussurea sinuata*

林木贼 *Equisetum sylvaticum*

林奈草 *Linnaea borealis*

林荫千里光 *Senecio nemorensis*

林芝云杉 *Picea likiangensis* var. *linzhiensis*

临安槭 *Acer linganense*

鳞短肠蕨 *Alhntodia squamigera*

鳞毛蕨科 *Dryopteridaceae*

鳞毛蕨属 *Dryopteris*

鳞皮冷杉 *Abies squamata*

鳞叶龙胆 *Gentiana squarrosa*

岭南柯（短尾柯，岭南石栎）*Lithocarpus brevi-caudatus*

岭南瘤足蕨 *Plagiogyria subadnata*

岭南槭 *Acer tutcheri*

岭南山竹子 *Garcinia oblongifolia*

岭南柿 *Diospyros tutcheri*

柃木 *Eurya japonica*

柃木属 *Eurya*

铃铛刺 *Halimodendron halodendron*

铃兰 *Convallaria keiskei*

菱叶独丽花 *Moneses rhombifoia*

菱叶海桐 *Pittosporum truncatum*

领春木 *Euptelea pleiosperma*

流苏子 *Thysanospermum diffusum*

瘤枝卫矛 *Euonymus verrucosus*

瘤足蕨 *Plagiogyria adnata*

柳兰 *Epilobium angustifolium*

柳杉 *Cryptomeria fortunei*

柳叶风毛菊 *Saussurea salicifolia*

柳叶剑蕨 *Loxogramme salicifolia*

柳叶蓝靛果 *Lonicera caeurulea* var. *salicifolia*

柳叶忍冬 *Lonicera lanceolata*

柳叶箬 *Isachne globosa*

柳叶亚菊 *Ajania salicifolia*

柳叶紫金牛 *Ardisia hypargyrea*

柳属 *Salix*

六齿卷耳 *Cerastium cerastoides*

六道木 *Abelia biflora*

六月雪 *Serissa japonica*

龙胆 *Gentiana regescens*

龙骨书带蕨 *Vittaria caricina*

龙葵 *Solanum nigrum*

龙须（龙须草，灯心草）*Juncus effusus*

龙须藤 *Bauhinia championii*

龙芽草 *Agrimonia pilosa*

龙眼 *Dimocarpus longan*

龙州细子龙 *Amesiodendron integrifoliolatum*

陇蜀杜鹃 *Rhododendron przewalskii*

蒌叶 *Piper betle*

楼梯草 *Elatostema involucratum*

耧斗菜 *Aquilegia viridiflora*

漏芦 *Stemmacantha uniflora*

露兜树 *Pandanus tectorius*

露珠草 *Circaea cordata*

庐山楼梯草 *Elatostema stewardii*

庐山忍冬 *Lonicera modesta* var. *lushanensis*

庐山石韦 *Pyrrosia sheareri*

芦苇 *Phragmites communis*

陆均松 *Dacydium pierrei*

鹿藿 *Rhynchosia volubilis*

鹿角草 *Glossogyne tenuifolia*

鹿角杜鹃 *Rhododendron latoucheae*

鹿角栲（鹿角锥，红钩栲）*Castanopsis lamontii*

鹿茸草 *Monochasma sheareri*

鹿蹄草 *Pyrola rotundifolia* subs. *chinensis*

鹿药 *Smilacina japonica*

路边青 *Geum aleppicum*

驴蹄草 *Caltha palustris*

绿豆升麻 *Actaea acuminata*

绿色耳蕨 *Polystichum virescens*

绿叶甘橿 *Lindera fruticosa* var. *fruticosa*

绿叶胡枝子 *Lespedeza buergeri*

绿樟 *Meliosma squimulata*

葎草 *Humulus scandens*

葎叶蛇葡萄 *Ampelopsis humulifolia*

峦大花楸 *Sorbus randaiensis*

栾木 *Koelreuteria paniculata*

栾树 *Koelreuteria paniculata*

卵心叶虎耳草 *Saxifraga aculeata*

卵叶贝母兰 *Coelogyne occultata*

卵叶风毛菊 *Saussurea grandifolia*

卵叶韭 *Allium ovalifolium*

轮叶黄精 *Polygonatum vertioillatum*

轮叶木姜子 *Litsea verticillata*

轮叶排草 *Lysimachia klattiana*

轮叶沙参 *Adenophora tetraphylla*

罗布麻 *Apocynum venetum*

罗浮冬青 *Ilex tutcheri*

罗浮栲（罗浮锥）Castanopsis faberi

罗浮槭 Acer fabri

罗浮柿 Diospyros morrisiana

罗汉松 Podocarpus macrophyllus

罗伞树 Ardisia quinquegona

萝卜 Raphanus sativus

萝卜秦艽 Phlomis medicinalis

椤木石楠 Photinia davidsoniae

裸实属 Gymnosporia

络石 Trachelospermum jasminoides

骆驼蓬 Peganum harmala

落葵薯 Anredera cordifolia

落新妇 Astilbe chinensis

落羽杉 Taxodium distichum

麻栎 Quercus acutissima

麻楝 Chukrasia tabularis

麻叶绣线菊 Spiraea cantoniensis

麻竹 Dendrocalamus latiflorus

马鞭草 Verbena officinalis

马齿苋（马齿菜）Portulaca oleracea

马蛋果 Gynocardia odorata

马兜铃 Aristolochia debilis

马棘 Indigofera pseudotinctoria

马甲子 Paliurus ramosissimus

马兰 Kalimeris indica

马兰花（马莲、马蔺）Iris lactea var. chinensis

马蓝 Strobilanthes cusia

马铃薯 Solanum tuberosum

马桑 Coriaria   sinica

马氏茶藨子 Rbies maximowiczianum

马唐 Digitaria sanguinalis

马蹄荷 Exbucklandia populnea

马蹄莲 Zantedeschia aethiopica

马蹄香 Saruma henryi

马尾松 Pinus massoniana

马尾松（山松）Pinus massoniana

马先蒿 Pedicularis resupinata

马银花 Rhododendron ovatum

马缨丹 Lantana camara

马缨花 Rhododendron delavayi

马醉木 pieris japonica

蚂蚱腿子 Myripnois dioica

麦吊云杉 Picea brachytyla

麦冬（麦门冬）Ophiopogon japonicus

脉耳草 Hedyotis costata

满山红 Rhododendron mariesii

满天星花（霞草）Gypsophila paniculata

曼青冈（曼椆）Cyclobalanopsis oxyodon

蔓赤车 Pellionia scabra

蔓茎点地梅 Androsace sarmcntosa

蔓茎葫芦茶 Tadehagi pseudotriquetrum

芒 Miscanthus sinensis

芒刺杜鹃 Rhododendron strigillosum

芒果 Mangifera indica

芒萁 Dicranopteris dichotoma

芒种花 Hypericum henryi

芒属 Miscanthus

莽草 Illicium lanceolatum

猫儿草 Ranunculus ternatus

猫儿刺 Ilex pernyi

毛八角枫 Alangium kurzii

毛白杨 Populus tomentosa

毛百合 Lilium dauricum

毛败酱 Patrinia villosa var. hispida

毛豹皮樟 Lifsea coreana var. lanwginosa

毛叉苔 Metzgeria pubescens

毛茶 Antirhea chinensis

毛赤杨 Alnus hirsuta

毛唇独蒜兰 Pleione hookeriana

毛地钱（毛地片）Dumortiera hirsuta

毛冬青 Ilex pubescens

毛杜鹃 Rhododendron pulchrum

毛萼忍冬 Lonicera trichosepala

毛茛 Ranunculus japonicus

毛桂 *Cinnamomum appelianm*

毛果巴豆 *Croton lachnocarpus*

毛果扁担杆 *Grewia eriocarpa*

毛果杜鹃 *Rhododendron seniavinii*

毛果堇菜 *Viola collina*

毛果柃 *Eurya trichocarpa*

毛果槭 *Acer nikoense*

毛果算盘子 *Glochidion eriocarpum*

毛果珍珠花 *Lyonia ovalifolia* var. *hebecarpa*

毛果珍珠茅 *Scleria herbecarpa*

毛过山龙 *Rhaphidophora bookeri*

毛杭子梢 *Campylotropis hirtella*

毛喉杜鹃 *Rhododendron cephalanthum*

毛华菊 *Dendranthema vestitum*

毛黄栌 *Cotinus coggygria* var. *pubescens*

毛鸡屎藤 *Paederia cavaleriei*

毛尖藓 *Cirriphyllum piliferum*

毛尖羽苔 *Thuidium philibertii*

毛卷耳 *Cerastium furcatum*

毛蕨 *Cyclosorus interruptus*

毛梾 *Swida walteri*

毛肋杜鹃 *Rhododendron augustinii*

毛棉杜鹃花 *Rhododendron moulmainense*

毛木荷 *Schima villosa*

毛泡桐 *Paulownia tomentosa*

毛漆树 *Toxicodendron trichocarpum*

毛瑞香 *Daphne odora* var. *atrocaulis*

毛柿 *Diospyros strigosa*

毛梳藓 *Ptilium crista-castrensis*

毛宿苞豆 *Shuteria involucrata* var. *villosa*

毛桐 *Mallotus barbatus*

毛相思子 *Abrus mollis*

毛香火绒草 *Leontopodium stracheyi*

毛鸭嘴草 *Ischaemum anthephoroides*

毛杨梅 *Myrica esculenta*

毛叶吊钟花 *Enkianthus deflexus*

毛叶杜鹃 *Rhododendron radendum*

毛叶高丛珍珠莓 *Sorbaria arborea* var. *subtomentosa*

毛叶槲蕨 *Drynaria mollis*

毛叶黄耆 *Astragalus lasiophyllus*

毛叶黄杞 *Engelhardia colebrookiana*

毛叶锦带花 *Weigela praecox*

毛叶黎芦 *Veratrum grandiflorum*

毛叶木瓜 *Chaenomeles cathayensis*

毛叶木姜子 *Litsea mollis*

毛叶南烛 *Lyonia villosa*

毛叶青冈 *Cyclobalanopsis kerrii*

毛叶石楠 *Photinia villosa*

毛叶柿 *Diospyros mollifolia*

毛叶水枸子 *Cotoneaster submultiflorus*

毛叶藤仲 *Chonemorpha valvata*

毛叶绣球 *Hydrangea heteromalla*

毛叶玉兰 *Magnilia globosa*

毛银柴 *Aporusa villosa*

毛樱桃（山樱桃）*Cerasus tomentosa*

毛玉山竹 *Yushania basihirsuta*

毛缘苔草 *Carex campylorhina*

毛榛（毛榛子）*Corylus mandshurica*

毛枝蕨 *Leptorumohra miquiliana*

毛枝南蛇藤 *Celastrus hookeri*

毛枝山居柳 *Salix oritrepha*

毛轴碎米蕨 *Cheilanthes chusana*

毛轴铁角蕨 *Asplenium crinicaule*

毛竹（楠竹）*Phyllostachys heterocycla* cv. *pubescens*

毛嘴杜鹃 *Rhododendron trichostomum*

矛叶荩草 *Arthraxon lanceolatus*

茅膏菜 *Drosera peltata*

茅栗 *Castanea sequinii*

茅莓 *Rubus parvifolius*

茅枝莠竹 *Microstegium vimineum*

帽蕊忍冬 *Lonicara pileata*

莓叶委陵菜 *Potentilla fragarioides*

美花兔尾草 *Lagurus ovatus*

美丽大灰藓 *Hypnum callichroum*

美丽复叶耳蕨 *Arachniodes amoena*

美丽胡枝子 *Lespedeza formosa*

美丽马醉木 *Pieris formosa*

美丽猕猴桃 *Actinidia melliana*

美丽水柏枝 *Myricaria platyhylla*

美丽新木姜 *Neolitsea pulchella*

美蔷薇 *Rosa bella*

美容杜鹃 *Rhododendron calophytum*

美叶柯 *Lithocarpus calophyllus*

蒙椴 *Tilia mongolica*

蒙古栎（柞树）*Quercus mongolica*

蒙桑 *Morus mongolica*

蒙自合欢 *Albizia bracteata*

猕猴桃（中华猕猴桃）*Actinidia chinensis*

米草属 *Spartina*

米饭花 *Vaccinium sprengellii*

米口袋 *Gueldenstaedtia multiflora*

米林凤仙草 *Impatiens nyimana*

米林黄芪 *Astragalus milingensis*

米面翁 *Buckleya henryi*

米团花 *Leucosceptrum canum*

米心水青冈 *Fagus engleriana*

米扬噎 *Streblus tonkinensis*

米槠（小红栲）*Castanopsis carlesii*

密花马钱 *Strychnos ovata*

密花石斛 *Dendrobium densiflorum*

密花树 *Rapanea neriifolia*

密鳞鳞毛蕨 *Dryopteris pycnopteroides*

密脉蒲桃 *Syzygium chunianum*

密叶苔草 *Carex maubertiana*

密枝圆柏 *Sabina convallium*

蜜茱萸 *Melicope patulinervia*

绵柯（绵槠，灰柯）*Lithocarpus henryi*

绵蓬 *Corispermum patelliforme*

绵枣儿 *Scilla scilloides*

棉毛疣鳞苔 *Cololejeunea floccosa*

棉丝藓 *Actinothuidium hookeri*

棉属 *Gossypium*

岷江冷杉 *Abies faxoniana*

闽楠 *Phoebe bournei*

闽粤栲（鳖蒴锥）*Castanopsis fissa*

明亮苔草 *Carex laeta*

膜蕨 *Hymenophyllum barbatum*

魔芋 *Amorphopha lluskonjac*

墨脱菝葜 *Smilax griffithii*

墨脱冷杉 *Abies delavayi* var. *motuoensis*

墨脱小董棕 *Wallichia disticha*

墨脱沿阶草 *Ophiopogon motmensis*

牡蒿 *Artemisia japonica*

牡荆 *Vitex negundo* var. *cannabifolia*

木半夏 *Elaeagnus multiflora*

木本香薷 *Elsholtzia fruticosa*

木防己 *Cocculus orbiculatus*

木芙蓉 *Hibiscus mutabilis*

木瓜红 *Rehderodendron macrocarpum*

木荷 *Schima superba*

木蝴蝶（千张纸）*Oroxylum indicum*

木荚红豆 *Ormosia xylocarpa*

木姜子 *Litsea pungens*

木蜡树 *Toxicodendron sylvestre*

木兰 *Magnolia liliflora*

木兰科 *Magnoliaceae*

木蓝 *Indigofera tinctoria*

木榄 *Bruguiera gymnorrhiza*

木梨（木瓜）*Chaenomeles sinensis*

木里苔草 *Carex muliensis*

木莲 *Manglietia fordiana*

木麻黄 *Casuarina equisetifolia*

木莓 *Rubus swinhoei*

木棉 *Bombax malabaricum*

木奶果 *Baccaurea ramiflora*

木通 *Akebia quinata*

木香薷 Elsholtzia stauntoni

木贼 Equisetum hyemale

木帚枸子 Cotoneaster dielsianus

木竹子（多花山竹子）Garcinia multiflora

苜蓿属 Medicago

穆坪茶藨子（细枝茶藨子）Ribes tenue

南艾蒿 Artemisia verlotorum

南赤飑 Thladiantha nudiflora

南方糙苏 Phlomis umbrosa var. australis

南方红豆杉 Taxus chinensis var. mairei

南方碱蓬 Suaeda australis

南方六道木 Abelia dielsii

南方泡桐 Paulownia australis

南方山荷叶 Diphylleia sinensis

南京椴 Tilia miqueliana

南岭黄檀 Dalbergia balansae

南岭箭竹 Sinarundinaria basihursuta

南岭栲（毛锥）Castanopsis fordii

南山花 Prismatomeris connata

南山堇 Viola chaerophylloides

南蛇藤 Celastrus articulatus

南酸枣 Choerospondias axillaris

南天竹（南天竺）Nandina domestica

南一笼鸡 Paragutzlaffia henryi

楠木（桢楠）Phoebe zhennan

闹羊花 Flos rhododendri

尼泊尔大丁草 Lribnitzia nepalensis

尼泊尔地卷 Marchantia nepalensis

尼泊尔耳叶苔 Frullania nepalensis

尼泊尔花楸 Sorbus wallichii

尼泊尔黄花木 Piptanthus nepalensis

尼泊尔马桑 Coriaria nepalensis

尼泊尔毛菜 Salsola nepalensis

尼泊尔桤木（旱冬瓜）Alnus nepalensis

尼泊尔鼠尾草 Salvia campanulata var. nepalensis

尼泊尔野桐 Mallotus nepalensis

尼泊尔鸢尾 Iris decora

尼泊尔紫萼藓 Grimmia nepalensis

泥胡菜 Hemistepta lyrata

倪藤（小叶买麻藤）Gnetum parvifolium

拟赤杨 Alniphyllum fortunei

拟垂枝藓 Rhytidiadelphus triquetrus

拟金茅（龙须草、蓑草）Eulaliopsis binata

拟密花树 Rapanea affinis

拟棉毛疣鳞苔 Cololejeunea pseudofloccosa

拟扭叶藓 Trachypodopsis serrulata var. crispatula

拟平藓 Neckeropsis lepineana

拟扇叶提灯藓 Mnium pseudo-punctatum

拟西藏石栎 Lithocarpus pesudoxizangensis

逆毛藓 antitrichia californica

鸟薦 Rubustephrodess var. ainpliflorus

宁波溲疏 Deutzia ningpoensis

柠檬桉 Eucalyptus citriodora

柠条 Caragana korshinskii

牛蒡 Arctium lappa

牛鼻栓 Fortunearia sinensis

牛耳朵 Chirita eburnea

牛耳枫 Daphniphyllum calycinum

牛繁缕 Malachium aquaticum

牛角瓜 Calotropis gigantea

牛筋草（蟋蟀草）Eleusine indica

牛筋果 Harrisonia perforata

牛肋巴 Dalbergia obtusifolia

牛毛毡 Eleocharis yocoscensis

牛奶子 Elaeagnus umbellata

牛皮消 Cynanchum auriculatum

牛尾菜 Smilax riparia

牛膝 Achyranthes bidentata

牛至 Origanum vulgare

扭瓦韦 Lepisorus contortus

扭叶藓 Trachypus humilis

女娄菜 Silene aprica

女贞 Ligusticum lucidum

暖木 Meliosma veitchiorum

糯米团 *Gonostegia hirta*

欧百里香 *Thymus serpyllum*

欧荚蒾 *Viburnum opulus*

欧亚绣线菊 *Spiraea media*

欧洲金发藓 *Pogonatum aloides*

欧洲蕨 *Pteridium aquilinum*

欧洲山杨 *Populus tremula*

爬山虎 *Parthenocissus tricuspidata*

爬树龙 *Rhaphidophora decursiva*

爬岩红 *Veronicastrum axillare*

攀倒甑 （白花败酱）*Patrinia villosa*

盘叶忍冬 *Lonicera tragophylla*

刨花润楠 （刨花树）*Machilus pauhoi*

泡花树 （泡花）*Meliosma cuneifolia*

泡桐 *Paulowinia fortunei*

泡桐属 *Paulownia*

蓬子菜 *Galium verum*

膨大短肠蕨 *Allantodia dilatata*

披碱草 *Elymus dahuricus*

披针芒毛苣苔 *Aeschynanthus lancilimbus*

披针叶黄华 *Thermopsis lanceolata*

披针叶苔草 （大叶针苔草，凸脉苔草）*Carex lanceolata*

皮哨子 *Sapindus delavayi*

枇杷 *Eriobotrya japonica*

枇杷叶荚蒾 *Viburnum rbytidophyllum*

枇杷叶山龙眼 *Helicia obovatifolia* var. *mixta*

片叶苔 *Riccardia aiminuia*

偏蒴藓 *Ectropothecium intorquatum*

偏叶百齿藓 *Leucodon secundus*

平枝枸子 *Cotoneaster horizontalis*

苹果 *Malus domestica*

苹婆 *Sterculia nobilis*

坡垒 *Hopea hainanensis*

坡柳 *Salix myrtillacea*

婆婆针 *Bidens bipinnata*

破布叶 *Microcos paniculata*

铺地蜈蚣 *Palhinhaea cernua*

铺散毛茛 *Ranunculus diffusus*

匍匐枸子 *Cotoneaster adpressus*

匍枝委陵菜 （蔓委陵菜）*Potentilla flagellaris*

葡蟠 *Broussonetia kaempferi*

葡桃 *Syzygium formosum* var. *ternifolium*

蒲公英 *Taraxacum mongolicum*

朴树 *Celtis sinensis*

浦竹 *Indosasa hispida*

七瓣莲 *Trientalis europaea*

七星莲 *Viola diffusa*

七叶一枝花 *Paris polyphylla*

桤木 *Alnus cremastogyne*

槭树属 *Acer*

漆光镰刀藓 *Drepanocladus vernicosus*

漆树 *Toxicodendron vernicifluum*

奇蒿 *Artemisia anomala*

麒麟尾 *Epipremnum pinnatum*

荠菜 （芨芨菜）*Capsella bursa-pastoris*

荠宁 *Mosla grosseserrata*

千果榄仁 *Terminalia myriocarpa*

千金榆 *Carpinus cordata*

千里光 *Senecio scandens*

千年桐 *Vernicia montana*

前胡 *Peucedanum praeruptorum*

荨麻 *Urtica fissa*

荨麻科 *Urticaceae*

芡实 *Euryale ferox*

茜草 *Rubia cordifolia*

茜树 *Aidia cochinchinensis*

羌活 *Notopterygium incisum*

蔷薇科 *Rosaceae*

蔷薇属 *Rosa*

乔木状紫金牛 *Ardisia arborescens*

乔松 *Pinus griffithii*

荞麦 *Fagopyrum esculentum*

鞘柄菝葜 *Smilax stans*

窃衣 *Torilis scabra*

窃衣叶前胡 *Peucedanum torilifolium*

秦艽 *Gentiana macrophylla*

秦岭白蜡 *Faxinus paxina*

秦岭箭竹 *Fargesia qinlingensis*

青川箭竹 *Fargesia rufa*

青刺尖 *Prinsepia utilis*

青风藤 *Caulis sinomenii*

青冈（青冈栎）*Cyclobalanopsis glauca*

青冈属 *Cyclobalanopsis*

青海固沙草 *Orinus kokonorica*

青海云杉 *Picea crassifolia*

青蒿 *Artemisia carvifolia*

青花菜 *Brassica oleracea* var. *italica*

青花椒（崖椒）*Zanthoxylum schinifolium*

青灰叶下珠 *Phyllanthus glaucus*

青夹叶 *Helwingia japonica*

青篱柴 *Tirpitzia sinensis*

青绿苔草 *Carex breviculmis*

青毛藓 *Dicranodontium capillifolium*

青梅 *Vatica astrotricha*

青皮木 *Schoepfia jasminodora*

青皮槭 *Acer cappadocicum*

青杆 *Picea wilsonii*

青钱柳 *Cyclocarya paliurus*

青檀 *Pteroceltis tatarinowii*

青藓 *Brachyihecium reflexum*

青杨 *Populus cathayana*

青榨槭 *Acer davidii*

清风藤 *Sabia* sp.

清香木 *Pistacia weinmannifolia*

苘麻叶扁担杆 *Grewia abutilifolia*

琼楠 *Beilschmiedia intermedia*

丘陵唐松草 *Thalictrum tenue*

秋海棠 *Begonia grandis*

秋海棠科 *Begoniaceae*

秋牡丹 *Anemone hupehensis* var. *japonica*

秋茄 *Kandelia candel*

楸树 *Catalpa bungei*

楸叶泡桐 *Paulownia catalpifolia*

求米草（缩箬）*Oplismenus undulatifolius*

俅江鹅耳枥 *Carpinus viminea* var. *chiukiangensis*

俅江栎 *Quercus kiukiangensis*

球果群心菜 *Cardaria chalepensis*

球核荚蒾 *Viburnum propinquum*

球兰 *Hoya carnosa*

球穗胡椒 *Piper mullesua*

曲柄藓 *Campylopus flexuosus*

曲尾藓 *Oicranum scoperium*

曲序南星 *Arisaema tortuosum*

全缘凤尾蕨 *Pteris insignis*

全缘火棘 *Pyracantha atalantioides*

全缘藤山柳 *Clematoclethra actinidioides* var. *integrifolia*

全缘网蕨 *Dictyodroma formosanum*

拳参 *Polygonum bistorta*

缺苞箭竹 *Fargesia denudata*

雀稗 *Paspalum thunbergii*

雀梅藤 *Sageretia theezans*

鹊肾树 *Streblus asper*

人参 *Panax ginseng*

忍冬（金银花，）*Lonicera japonica*

日本扁柏 *Chamaecyparis obtusa*

日本杜英 *Elaeocarpus japonicus*

日本金星蕨 *Parathelypteris nipponica*

日本瘤足蕨 *Plagiogyria matsumureana*

日本落叶松 *Larix kaempferi*

日本木防己 *Cocculus trilobus*

日本薯蓣 *Dioscorea japonica*

日本双盖蕨 *Diplazium japonicum*

绒背老鹳草 *Geranium vlassovianum*

绒毛番龙眼 *Pometia tomentosa*

绒毛胡枝子（山豆花）*Lespedeza tomentosa*

绒毛漆 *Toxicodendron wallichii*

绒毛润楠 *Machilus velutina*

绒毛石楠 *Photinia schneideriana*

绒毛野丁香 *Leptodermis potanini* var. *tamentosa*

绒舌马先蒿 *Pedicularis lachnoglossa*

绒苔 *Trichocolea tomentella*

绒叶含笑 *Michelia velutina*

茸毛木蓝 *Indigofera stachyodes*

榕树（细叶榕）*Ficus microcarpa*

榕叶冬青 *Ilex ficoidea*

榕属 *Ficus*

柔毛凤仙草 *Impatiens puberula*

柔毛水龙骨 *Polypodiodes amoena* var. *pilosa*

柔毛绣球 *Hydrangea villosa*

柔毛绣线菊 *Spiraea velutina*

柔软石苇 *Pyrrosia mollis*

柔枝莠竹 *Mirostegium vimineum*

肉桂 *Cinnamomum cassia*

肉果草 *Lancea tibetica*

肉花卫矛 *Euonymus carnosus*

乳浆大戟 *Euphorbia esula*

乳苣 *Mulgedium tataricum*

乳突杜鹃 *Rhododendron papillatum*

软条七蔷薇 *Rosa hearyi*

锐齿槲栎 *Quercus aliena* var. *acuteserrata*

瑞香 *Daphne odora*

润楠 *Machilus pingii*

箬叶竹 *Indocalamus longiauritus*

箬竹 *Indocalamus tessellatus*

赛山梅 *Styrax confusus*

三白草 *Saururus chinensis*

三叉耳蕨 *Polystichum tripteron*

三刺草 *Aristida triseta*

三花冬青 *Ilex triflora*

三花杜鹃 *Rhododendron triflorum*

三尖杉 *Cephalotaxus fortunei*

三角枫 *Acer buergerianum*

三角梅 *Bougainvillea glabra*

三角叶假冷蕨 *Pseudocystopteris subtrangularis*

三裂绣线菊 *Spiraea trilobata*

三脉黄精 *Polygonatum griffithii*

三脉紫菀 *Aster ageratoides*

三七 *Panax notoginseng*

三穗苔草 *Carex tristachya*

三峡槭 *Acer wilsonii*

三桠苦（三叉苦）*Evodia lepta*

三桠乌药 *Lindera obtusiloba*

三叶木通 *Akebia trifoliata*

三叶爬山虎 *Parthenocissus semicordata*

三叶沙参 *Adenophora triphylla*

三叶委陵菜 *Potentilla freyniana*

三叶五加 *Acanthopanax trifoliatus*

三叶悬钩子 *Rubus delavayi*

伞八仙 *Hydrangea chinensis*

伞房花耳草 *Hedyotis corymbosa*

伞房花溲疏 *Deutzia corymbosa*

伞形绣球 *Hydrangea umbellata*

伞形绣球（狭瓣绣球）*Hydrangea angustipetala*

伞序五叶参 *Pentapanax leschenaultia* var. *umbellatus*

散斑肖万寿竹 *Disporopsis aspera*

散生栒子 *Cotoneaster divaricatus*

桑（桑树）*Morus alba*

色木槭（地锦槭）*Acer mono*

沙参 *Adenophora stricta*

沙蒿 *Artemisia desertorum*

沙米（沙蓬）*Agriophyllum squarrosum*

沙枣（桂香柳）*Elaeagnus angustifolia*

沙针 *Osyris wightiana*

砂地委陵菜（菊叶委陵菜）*Potentilla tanacetifolia*

莎草（香附子）*Cyperus rotundus*

莎草科 *Cyperaceae*

莎草属 *Cyperus*

山苍子（山鸡椒）*Litsea cubeba*

山茶 *Camellia japonica*

山茶属 *Camellia*

山刺玫 *Rosa davidii*

山酢浆草 *Oxalis griffithii*

山丹（细叶百合）*Lilium pumilum*

山地糙苏 *Phlomis oreophila*

山丁子 *Malus baccata*

山豆根 *Euchresta japonica*

山杜英 *Elaeocarpus sylvestris*

山矾 *Symplocos caudata*

山矾属 *Symplocos*

山拐枣 *Poliothyrsis sinensis*

山桂花 *Paramichelia baillonii*

山合欢（山槐）*Albizia kalkora*

山核桃 *Carya cathayensis*

山胡椒 *Lindera glauca*

山菅 *Dianella ensifolia*

山姜 *Alpinia japonica*

山菊花 *Zinnia peruviana*

山兰 *Indigofera macrostachys*

山榄叶柿 *Diospyros siderophylla*

山里红 *Crataegus pinnatifida* var. *major*

山柳 *Salix pseudotangii*

山龙眼 *Helicia formosana*

山罗花 *Melampyrum roseum*

山麻杆 *Alchornea davidii*

山马兰 *Kalimeris lautureana*

山蚂蟥 *Desmodium racemosum*

山麦冬（土麦冬）*Liriope spicata*

山毛桃 *prunus davidiana*

山梅花 *Philadelphus incanus*

山牡荆 *Vitex quinata*

山木通 *Clematis firetiana*

山枇杷 *Ilex franchetiana*

山葡萄 *Vitis amurensis*

山茄子 *Scopolia acutangula*

山芹 *Osterium sieboldii*

山曲背藓 *Oncaphorus wahlenbeckii*

山石榴 *Catunaregam spinosa*

山柿子 *Lindera longipedunculata*

山棠花 *Malus spectabilis*

山桃 *Amygdalus davidiana*

山桐子（桐子）*Idesia polycarpa*

山莴苣 *Lactuca indaca*

山乌柏 *Sapium discolor*

山香圆 *Turpinia montana* var. *montana*

山杏 *Armeniaca sibirica*

山杨 *Populus davidiana*

山药 *Dioscorea oppositifolia*

山野豌豆 *Vicia amoena*

山樱花 *Cerasus serrulata*

山羽藓 *Abietinella abietina*

山育杜鹃 *Rhododendron oreotrephes*

山楂 *Crataegus pinnatifida*

山芝麻 *Helicteres lanceolata*

山茱萸 *Cornus officinalis*

山珠半夏 *Arisaema yunnanense*

山竹（山竹子）*Garcinia mangostana*

杉蔓石松 *Lycopodium annotimum*

杉木 *Cunninghamia lanceolata*

陕甘花楸 *Sorbus koehneana*

陕西荚蒾 *Viburnum schensianum*

陕西假瘤蕨 *Phymatopsis shensiensis*

扇脉杓兰 *Cypripedium japonicum*

扇叶槭 *Acer flabellatum*

扇叶提灯藓 *Mnium puncctatum*

扇叶铁钱蕨 *Adiantum fiabellulatum*

商陆 *Phytolacca acinosa*

芍药 *Paeonia lactiflora*

少齿花楸 *Sorbus oligodonta*

少花柏拉木 *Blastus pauciflorus*

少花箭竹 *Fargesia pauciflora*

少脉椴 *Tilia paucicostata*

少叶黄杞 *Engelhardtia fenzlii*

蛇根草（日本蛇根草）*Ophiorrhiza japonica*

蛇根木 *Rauvolfia serpentina*

蛇菰 *Balanophora japonica*

蛇莓 *Duchesnea indica*

蛇葡萄 *Ampelopsis sinica*

射干 *Belamcanda chinensis*

射毛悬竹 *Ampelocalamus actinotrichus*

深灰槭 *Acer caesium*

深裂八角枫 *Alangium chinense* subsp. *triangulare*

深绿卷柏 *Selaginella doederleinii*

深山含笑 *Michelia maudiae*

深紫木蓝 *Indigofera atropurpurea*

肾蕨 *Nephrolepis auriculata*

肾叶打碗花 *Conolvulus soldanellus*

肾叶鹿蹄草 *Pyrola reniflia*

升麻 *Cimicifuga foetida*

升麻属 *Cimicifuga*

省沽油 *Staphylea bumalda*

湿地松 *pinus elliottii*

十大功劳 *Mahonia fortunei*

十字苔草 *Carex cruciata*

石笔木 *Tutcheria championi*

石菖蒲 *Acorus gramineus*

石刀柏 *Asparagus officinalis*

石豆兰属 *Bulbophyllum*

石耳 *Umbilicaria esculenta*

石柑（石柑子）*Pothos chinensis*

石海椒 *Reinwardtia indica*

石斛 *Dendrobium aduncum*

石灰花楸 *Sorbus flogneri*

石芥花 *Dentaria tenuifolia*

石栎（柯）*Lithocarpus glaber*

石栎属 *Lithocarpus*

石榴 *Punica granatum*

石芒草 *Arundinella nepalensis*

石楠 *Photinia serrulata*

石蕊 *Clandonia hoerkena*

石山巴豆 *Croton euryphyllus*

石山棕 *Guihaia argyrata*

石生楼梯草 *Elatostema macintyrei*

石生铁角蕨 *Asplenium saxicola*

石生悬钩子 *Rubus saxatilis*

石松 *Lycopodium japonicum*

石苇属 *Pyrrosia*

石香薷 *Orthodon chinensis*

石岩枫 *Mallotus repandus*

石油菜 *Pilea cavaleriei*

石竹 *Dianthus chinensis*

柿树 *Diospyros kaki*

手掌参 *Gymnadenia conopsea*

绶草 *Spiranthes sinensis*

梳藓 *Ctenidium molluscum*

疏花箭竹 *Sinarundinaria sparsiflora*

疏花槭 *Acer laxiflorum*

疏花蔷薇 *Rosa laxa*

疏花野青茅 *Deyeuxia arundinacea* var. *laxiflora*

疏花早熟禾 *Poa polycolea*

疏毛楼梯草 *Elatostema albopilosum*

疏穗苔草 *Carex remotiuscula*

疏叶卷柏 *Selaginella remotifolia*

疏叶骆驼刺 *Aihagci sparsifolia*

黍 *Panicum miliaceum*

鼠刺（华鼠刺，老鼠刺）*Itea chinensis*

鼠李 *Rhamnus davurica*

鼠麴草（清明草）*Gnaphalium affine*

鼠尾草 *Salvia japonica*

薯豆 *Elacocarpus japonicus*

薯蓣 *Dioscorea opposita*

树参 *Dendropanax chevalieri*

树参属 *Dendropanax*

树萝卜 *Agapetes neriifolia*

树平藓 *Homaliodendeon flabellatum*

树生越桔 *Vaccinium dendrocharis*

树藓 *Pleuroziops isruthenica*

树形杜鹃 *Rhododendron arboreum*

栓翅卫矛 *Euonymus phellomanes*

栓皮栎 *Quercus variabilis*

栓叶安息香 *Styrax suberifolius*

双瓣木犀 *Osmanthus didymopetalus*

双参 *Triplostegia grandiflora*

双齿山茉莉 *Huodendron biaristatum*

双盾木 *Dipelta floribunda*

双蝴蝶 *Tripterospermum chinense*

双花草 *Dichanthium annulatum*

双花堇菜 *Viola biflora*

双叶细辛 *Asarum caulescens*

水柏枝 *Myricaria bracteata*

水草 *Fimbristylis milliacea*

水葱 *Scirpus validus*

水冬瓜 *Adina racemosa*

水蒿 *Artemisia selengensis*

水红木 *Viburnum cylindricum*

水黄麻 *Ludwigia octovalvis*

水金凤 *Impatiens noli-tangere*

水锦树 *Wendlandia uvariifolia*

水晶兰 *Monotropa uniflora*

水蜡 *Ligustrum obtusifolium*

水蓼 *Polygonum hydropiper*

水龙骨 *Polypodiodes snipponica*

水麻 *Boehmeria penduliflora*

水马桑 *Weigela japonica*

水青冈 *Fagus longipetiolata*

水青树 *Tetracentron sinense*

水曲柳 *Fraxinus mandschurica*

水杉 *Metasequoia glyptostroboides*

水松 *Glyptostrobus pensilis*

水团花 *Adina pilulifera*

水仙石栎 *Lithocarpus naiadarum*

水枸子（枸子木，多花枸子）*Cotoneaster multi-florus*

水杨梅 *Adina rubella*

水榆花楸 *Sorbus alnifolia*

水蔗草 *Apluda mutica*

水珠草 *Circaea lutetiana*

水竹 *Phyllostachys heteroclada*

硕桦（枫桦，风桦）*Betula costata*

丝栗栲 *Castanopsis fargesii*

丝茅 *Imperata koenigii*

思茅水锦树 *Wendlandia augustinii*

思茅松 *Pinus kesiya* var. *langbianensis*

斯里兰卡天料木 *Homalium zeylanicum*

四川大木藓 *Macrothamnium setschwanium*

四川丁香 *Syringa sweginzowii*

四川杜鹃 *Rhododendron sutchuenense*

四川嵩草 *Kobresiase tchwanensis*

四川忍冬 *Lonicera szechuanica*

四川山矾 *Symplocos setchuanensis*

四川溲疏 *Deutzia setchuenensis*

四方蒿 *Elsholtzia blanda*

四花苔草 *Carex quadriflora*

四角柃 *Eurya tetragonoclada*

四棱穗莎草 *Cyperus zollingeri*

四脉金茅 *Eulalia quadrinervis*

四叶葎 *Galium bungei*

四照花 *Dendrobenthamia japonica* var. *chinensis*

四照花属 *Demlrobentharnia*

松萝 *Usnea diffracta*

松萝藓 *Papillaria fuscescens*

溲疏 *Deutzia scabra*

苏木蓝 *Indigofera carlesii*

素馨 *jasminum grandiflorum*

宿苞豆 *Shuteria involucrata*

粟草 *Milium effusum*

酸刺（沙棘、黑刺）*Hippophae rhamnoides*

酸模 *Rumex acetosa*

酸模叶蓼 *Polygonum lapathifolium*

酸藤子（信筒子）*Embelia laeta*

算盘子 *Glochidion puberum*

碎米花（碎米花杜鹃）*Rhododendron spiciferum*

碎米荠 *Cardamine hirsuta*

碎米荠属 *Cardamine*

穗花兔儿风 *Ainsliaea spicata*

穗序鹅掌柴 *Schefflera delavayi*

穗序野古草 *Arundinella chenii*

桫椤（树蕨）*Alsophila spinulosa*

梭草 *purple nutsedge*

梭果黄芪 *Astragalus ernestii*

梭梭 *Haloxylon ammodendron*

梭子果 *Eberhardtia tonkinensis*

唢呐草 *Mitella nuda*

塔吉克羊角芹 *Aegopodium tadshikorum*

塔克拉玛干柽柳 *Tamarix takalarnakanenesis*

塔藓 *Hylocomium splendens*

塔枝圆柏 *Juniperus komarovii*

台东荚蒾 *Viburnum taitoense*

台湾扁柏 *Chamaecyparis obtusa* var. *formosana*

台湾沟酸浆 *Mimulus tenellus*

台湾果松 *Pinus armandii* var. *mastersiana*

台湾堇菜 *Viola formosana*

台湾藜芦 *Veratrum*

台湾鳞毛蕨 *Dryopteris formosana*

台湾瘤足蕨 *Plagiogyria formosana*

台湾泡桐 *Paulownia kawakamii*

台湾榕 *Ficus formosana*

台湾石笔木 *Tutcheria taiwanica*

台湾石楠 *Photinia lucida*

台湾水青冈 *Fagus hayatae*

台湾溲疏 *Deutzia taiwanensis*

台湾吻兰 *Collabium formosanum*

台湾五针松 *Pinus morrisonicola*

台湾相思 *Acacia confusa*

台湾油点草 *Tricyrtis formosana*

台湾泽兰 *Eupa torium adenophorum*

台中荚蒾（台湾荚蒾）*Viburnum formosanum*

苔草属 *Carex*

苔藓门 *Bryophyta*

太白韭 *Allium prattii*

太子参 *Pseudostellaria heterophylla*

唐古特青兰 *Dracocephalum tangutieum*

唐古特忍冬（陇塞忍冬）*Lonicera tangutica*

唐松草 *Thalictrum aquilegifolium*

唐松草属 *Thalictrum*

棠梨 *Pyrus xerophila*

糖芥 *Erysimum bungei*

桃（桃树，黄桃）*Amygdalus persica*

桃儿七 *Sinopodophyllum hexandrum*

桃金娘 *Rhodomyrtus tomentosa*

桃金娘属 *Rhodomyrtus*

桃叶珊瑚 *Aucuba chinensis*

藤黄檀 *Dalbergia hancei*

藤麻 *Procris laevigata*

藤竹 *Panicum incomtum*

提灯藓 *Mnium hornum*

提灯藓属 *Mnium*

蹄盖蕨 *Athyrium filix-foemina*

蹄叶橐吾 *Ligularia fischeri*

天胡荽 *Hydrocotyle sibthorpioides*

天葵 *Semiaquilegia adoxoides*

天栌 *Arctous sruber*

天门冬 *Asparagus cochinchinensis*

天名精 *Carpesium abrotanoides*

天目地黄 *Rehmannia chingii*

天目杜鹃（云锦杜鹃）*Rhododendron fortunei*

天目木姜子 *Litsea auriculata*

天南星 *Arisaema heterophyllum*

天南星科 *Araceae*

天南星属 *Arisaema*

天女花 *Magnolia sieboldii*

天山花楸 *Sorbus tianschanica*

天山械 *Acer semenovii*

天山卫矛 *Euonymus semenovii*

天师栗 *Aesculus wilsonii*

天仙果 *Ficuserecta* var. *beecheyana*

天竺桂 *Cinnamomum japonicum*

田林细子龙 *Amesiodendron tienlinensis*

田旋花 *Convolvulus arvensis*

甜茅 *Glyceria acutiflora*

甜槠 *Castanopsis eyrei*

条叶毛苣苔 *Aeschynanthus linearifolius*

铁刀木 *Cassia siamea*

铁杆蒿 *Artemisia gmelinii*

铁角蕨 *Asplenium planicaule*

铁马鞭 *Lespedeza pilosa*

铁芒萁 *Dicranopteris linearis*

铁扫帚 *nddigofera bungeana*

铁杉 *Tsuga chinensis*

铁苋菜 *Acalypha australis*

铁线蕨 *Adiantum capillus–veneris*

铁线莲 *Clematis florida*

铁线莲属 *Clematis*

铁仔 *Myrsine africana*

庭荠 *Alyssum desertorum*

同叶藓属 *Lsopterygium*

桐花树 *Aegiceras corniculatum*

铜锤玉带 *Pratia nummularia*

铜钱树 *Paliurus hemsleyanus*

头花杜鹃 *Rhododendron capitatum*

头花蓼 *Polygonum capitatum*

头花龙胆 *Gentiana cephalantha*

头状四照花 *Dendrobenthamia capitata*

透骨草 *Phryma leptostachya*

凸尖杜鹃 *Rhododendron sinogrande*

凸脉冬青 *Ilex kobuskiana*

凸脉毬兰 *Hoya nervosa*

秃瓣杜英 *Elaeocarpus glabripetalus*

突脉金丝桃 *Hypericum przewalskii*

土连翘 *Hymenodictyon flaccidum*

土栾儿 *Apios fortunei*

土蜜树 *Bridelia tomentosa*

土牛膝 *Achyranthes aspera*

土庄绣线菊 *Spiraea pubescens*

兔儿伞 *Syneilesis aconitifolia*

兔耳草 *Lagotis glauca*

兔耳兰 *Cymbidium lancifolium*

兔耳苔 *Nthelia julacea*

兔耳条 *Spiraea hypericifolia*

菟葵 *Eranthis stellata*

菟丝子 *Cuscuta chinensis*

团花 *Neolamarckia cadamba*

团香果 *Lindera latifolia*

团叶鳞始蕨 *Lindsaea orbiculata*

驼绒黎 *Ceratoides latens*

橐吾属 *Ligularia*

椭圆悬钩子 *Rubus ellipticus*

娃儿藤 *Tylophora ovata*

瓦山栲 *Castanopsis ceratacantha*

瓦松 *Orostachys fimbriatus*

歪头菜 *Vicia unijuga*

弯蒴杜鹃 *Rhododendron henryi*

万年蒿（白莲蒿）*Artemisia sacrorum*

万年藓 *Climacium dendroides*

万寿竹 *Disporum cantoniense*

汪湖苔草 *Carex yanheurskii*

王不留行 *Vaccaria segetalis*

网脉山龙眼 *Helicia reticulata*

网脉崖爬藤 *Tetrastigma retinervium*

网眼瓦苇 *Lepisorus clathratus*

威灵仙 *Clematis chinensis*

微毛柃 *Eurya hebeclados*

微毛山矾 *Symplocos wikstroemiifolia*

围涎树 *Pithecellobium clypearia*

维氏假瘤蕨 *Phymatopsis veitchii*

伪泥胡菜 *Serratula coronataL.*

尾头假瘤蕨 *Phymatopsis stewartii*

尾叶桉 *Eucalyptus urophylla*

尾叶白珠 *Gaultheria griffithiana*

尾叶鹅掌柴 *Schefflera producta*

尾叶山茶（长尾毛蕊茶）*Camellia caudata*

尾叶香茶菜 *Rabdosia excisa*

尾叶樱桃 *Cerasus dielsiana*

委陵菜 *Potentilla chinensis*

委陵菜属 *Potentilla*

卫矛 *Euonymus alatus*

文山润楠 *Machilus wenshanensis*

蚊母树 *Distylium racemosum*

蚊子草 *Filipendula palmata*

问荆 *Equisetum arvense*

乌藨 *Viola moupinensis*

乌饭树（南烛，乌饭）*Vaccinium bracteatum*

乌饭树属 *Vaccinium*

乌冈栎 *Quercus phillyraeoides*

乌桕 *Sapium sebiferum*

乌蕨 *Stenoloma chusanum*

乌蔹莓 *Cayratia japonica*

乌毛蕨 *Blechnum orientale*

乌墨（海南蒲桃）*Syzygium cumini*

乌泡子 *Rubus parkeri*

乌柿 *Diospyros cathayensis*

乌苏里黄芩 *Scutellaria ussuriensis*

乌苏里苔草 *Carex ussuriensis*

乌苏里绣线菊 *Spiraea chamedryfolia*

乌头 *Aconitum carmichaelii*

乌头叶蛇葡萄 *Ampelopsis aconitifolia*

乌鸦果 *Vaccinium fragile*

乌药 *Lindera aggregata*

无盖鳞毛蕨 *Dryopteris scottii*

无患子（鬼见愁）*Sapindus mukurossi*

无乳突杜鹃 *Rhododendron epapillatum*

无心菜（蚤缀）*Arenaria serpyllifolia*

无忧花 *Saraca dives*

吴茱萸 *Tetradium ruticarpum*

吴茱萸叶五加 *Acanthopanax evodiaefolius*

梧桐 *Firmiana platanifolia*

蜈蚣草 *Pteris vittata*

五翅莓 *Agapetes serpens*

五福花 *Adoxa moschatellina*

五加 *Acanthopanax gracilistylus*

五尖槭 *Acer maximowiczii*

五棱秆飘拂草 *Fimbristylis quinquangularis*

五列木 *Pentaphylax euryoides*

五裂槭 *Acer oliverianum*

五裂蟹甲草 *Cacalia pentaloba*

五味子 *Schisandra chinensis*

五叶参 *Pentapanax leschenaultii*

五叶黄连 *Coptis quinquefolia*

五月艾 *Artemisia indica*

五月茶 *Antidesma bunius*

武当菝葜 *Smilax outanscianensis*

武当木兰 *Magnolia sprengeri*

舞鹤草 *Maianthemum bifolium*

勿忘草 *Myosotis silvatica*

西北栒子 *Cotoneaster zabelii*

西伯利亚接骨木 *Sambucus sibirica*

西伯利亚橐吾 *Ligularia sibirica*

西伯利亚远志 *Polygala sibirica*

西藏菝葜 *Smilax glaucophylla*

西藏草莓 *Fragaria nubicola*

西藏常春木 *Mcrrilliopanax tibetanus*

西藏钓樟 *Lindera pulcherrima*

西藏凤仙草 *Impatiens cristata*

西藏红豆杉 *Taxus wallichiana*

西藏红杉 *Larix griffithiana*

西藏花椒 *Zanthoxylum tibetanum*

西藏姜味草 *Micromeria wardii*

西藏锦叶藓 *Dicranoloma tibetica*

西藏栲 *Quercus xizangensis*

西藏狼牙刺 *Sophora moorcroftiana*

西藏冷杉 *Abies spectabilis*

西藏猫乳 *Rhamnella giligitica*

西藏润楠 *Machilus yunnanensis* var. *tibetana*

西藏山茉莉 *Huodendron tibeticum*

西藏苔草 *Carex thibetica*

西藏铁线莲 *Clematis tenuifolia*

西藏网藤蕨 *Lomagrmma tibetica*

西康花楸 *Sorbus Prattii*

西康堇菜 *Viola pratii*

西南粗叶木 *Lasianthus henryi*

西南花楸 *Sorbus rehderiana*

西南桦 *Betula alnoides*

西南冷水花 *Pilea platanifolia*

西南鹿药 *Smilacina fusca*

西南木荷（红木荷）*Schima wallichii*

西南栒子 *Cotoneaster franchetii*

西南沿阶草 *Ophiopogon mairei*

西南樱桃 *Cerasus pilosiuscula*

西南鸢尾 *Iris bulleyana*

西山委陵菜 *Potentilla sishanensis*

西施花 *Rhododendron ellipticum*

西域鳞毛蕨 *Dryopteris blanfordii*

稀花蓼 *Polygonum dissitiflorum*

稀羽鳞毛蕨 *Dryopteris sparsa*

溪边青藓 *Brachythecium rivulare*

锡金报春 *Primula sikkimensis*

锡金黄肉楠 *Actinodaphne sikkimensis*

锡金小檗 *Berberis sikkimensis*

锡金悬钩子 *Rubus sikkimensis*

锡叶藤 *Tetracera asiatica*

豨莶 *Siegesbeckia orientalis*

喜斑鸠菊 *Vernonia blanda*

喜马拉雅茶藨子 *Ribes emodense*

喜马拉雅节枝蕨 *Arthromeris himalayensis*

喜马拉雅冷杉 *Abies spectabilis*

喜马拉雅珊瑚 *Aucuba himalaica*

喜马拉雅书带蕨 *Vittaria himalayensis*

喜马拉雅双扇蕨 *Dipteris wallichii*

喜马拉雅星塔藓 *Hylocomium himalaynum*

喜马木犀榄 *Olea gamblei*

喜树 *Camptotheca acuminata*

喜阴悬钩子 *Rubus mesogaeus*

细柄草 *Capillipedium parviflorum*

细柄蕈树 *Altingia gracilipes*

细齿稠李 *Padus obtusata*

细梗胡枝子 *Lespedeza virgata*

细梗蔷薇 *Rosa graciliflora*

细梗吴茱萸五加 *Acanthopanax evodiaefolius* var. *gracilis*

细梗栒子 *Cotoneaster tenuipes*

细果苔草 *Carex stenocarpa*

细尖栒子 *Cotoneaster apiculatus*

细裂复叶耳蕨 *Arachniodes coniifolia*

细毛鸭嘴草 *Ischaemum indicum*

细弱落芒草 *Oryzopsis lateralis*

细湿藓 *Camphlium hispidulum*

细辛（宜昌细辛）*Asarum sieboldii*

细序鹅掌柴 *Schefflera tenuis*

细叶短柱茶 *Camellia microphylla*

细叶麦冬 *Liriope japonicus*

细叶青冈 *Cyclobalanopsis gracilis*

细叶石斛 *Dendrobium hancockii*

细叶苔草（羊胡子草）*Carex rigescens*

细叶小羽藓 *Haplocladium microphyllum*

细叶沼柳 *Salix rosmarinifolia*

细圆齿火棘 *Pyracantha crenulata*

细枝柃 *Eurya loquaiana*

细枝绣线菊 *Spiraea myrtilloides*

细枝栒子 *Cotoneaster tenuipes*

狭翅兔儿风 *Ainsliaea apteroides*

狭萼风吹箫 *Leycesteria formosa* var. *stenosepala*

狭果茶藨子 *Ribes stenocarpum*

狭距紫堇 *Corydalis kokiana*

狭鳞鳞毛蕨 *Dryopteris stenolepis*

狭穗苔草 *Carex ischnostachya*

狭序唐松草 *Thalictrum atriplex*

狭叶杜香 *Ledum palustre* var. *angustum*

狭叶杜英 *Elaeocarpus lanceaefolius*

狭叶锦鸡儿 *Caragana stenophylla*

狭叶楼梯草 *Elatostema lineolatum* var. *majus*

狭叶荨麻 *Urtica angustifolia*

狭叶球核荚蒾 *Viburnum propinquum* var. *mairei*

狭叶山胡椒 *Lindera angustifolia*

狭叶重楼 *Paris polyphylla* var. *stenophylla*

下田菊 *Adenostemma lavenia*

夏枯草 *Prunella vulgaris*

夏须草 *Theropogon pallidus*

仙茅 *Curculigo orchioides*

纤柄脆蒴报春 *Primula gracilipes*

纤根鳞毛蕨 *Dryopteris panda*

纤梗腺萼木 *Mycetia gracilis*

纤鳞苔属 *Microlejeunea*

纤毛鹅观草 *Roegneria ciliaris*

纤维鳞毛蕨 *Dryopteris fibrillosa*

鲜黄小檗 *Berberis diaphana*

暹罗九节 *Psychotria siamica*

显子草 *Phaenosperma globosa*

蚬木 *Excentrodendron hsienmu*

藓生马先蒿 *Pedicularis muscicola*

线尾榕 *Ficus filicauda*

线叶蒿草 *Kobresia eapillifolia*

线枝蒲桃 *Syzygium araiocladum*

腺点小舌紫菀 *Aster albescens* var. *glandulosus*

腺萼马银花（石壁杜鹃）*Rhododendron bachii*

腺花香茶菜 *Rabdosia adenantha*

腺药珍珠菜 *Lysimachia stenosepala*

腺叶桂樱 *Laurocerasus phaeosticta*

腺叶绢毛蔷薇 *Rosa sericea* form. *pteracantha*

腺叶山矾 *Symplocos adenophylla*

腺缘山巩 *Symplocos glandulifera*

相仿苔草 *Carex simulans*

香茶菜 *Rabdosia amethystoides*

香椿 *Toona sinensis*

香椿属 *Toona*

香榧 *Torreya grandis*

香果树 *Emmenopterys henryi*

香花崖豆藤 *Millettia dielsiana*

香桦 *Betula insignis*

香槐 *Cladrastis wilsonii*

香楠 *Aidia canthioides*

香皮树 *Meliosma fordii*

香蒲 *Typha orientalis*

香青 *Anaphalis sinica*

香薷（野荆芥）*Elsholtzia ciliata*

香豌豆 *Lathyrus odoratus*

香叶树 *Lindera communis*

湘楠 *Phoebe hunanensis*

响叶杨 *Populus adenopoda*

向日樟 *Cinnamomum liangii*

象牙参 *Roscoea purpurea*

小（叶）楼梯草 *Elatostema parvum*

小白齿藓 *Leucuden pendulus*

小斑叶兰 *Goodyera repens*

小檗 *Berberis thunbergii*

小柴胡 *Bupleurum tenue*

小车前 *Plantago minuta*

小齿钻地风 *Schizophragma integrifolium*

小地卷 *Peltigera spuria*

小顶冰花 *Gagea hiensis*

小飞蓬（加拿大蓬）*Conyza canadensis*

小功劳 *Psychotria prainii*

小构树 *Broussonetia kazinoki*

小果冬青 *Ilex micrococca*

小果猴欢喜 *Sloanea leptobarpa*

小果南烛 *Lyonia ovalifolia* var. *elliptica*

小果蔷薇 *Rosa cymosa*

小果油茶 *Camellia meiocarpa*

小果珍珠花 *Lyonia thunbergii* var. *elliptica*

小果紫薇 *Lagerstroemia minuticarpa*

小黑桫椤 *Alsophila metteniana*

小红菊 *Dendranthema chanetii*

小花扁担杆 Grewia biloba var. parviflora

小花鬼针草 Bidens parviflora

小花火烧兰 Epipactis helleborine

小花棘豆 Oxypis glabra

小花溲疏 Deutzia parviflora

小槐花 Desmodium caudatum

小黄构 Wikstroemia micrantha

小喙唐松草 Thalictrum rostellatum

小箭竹 Sinarundinaria falcuta

小角柱花 Ceratostigma minus

小卷柏 Selaginella helvetica

小蜡树 Fraxinus mariesii

小丽茅 Deyeuxia pulchella

小连翘 Hypericum erectum

小麦 Triticum aestivum

小蔓藓 Meteoriella soluta

小米空木 Stephanandra incisa

小膜盖蕨 Araiostegia delavayi

小升麻 Cimicifuga acerina

小叶白蜡 Fraxinus bungeana

小叶白辛 Pterostyrax corymbosus

小叶赤楠 Syzygium grijsii

小叶刺果卫矛 Euonymus echinatus

小叶冬青 Ilex ficoidea var. parvifilia

小叶黄杨 Buxus sinica var. parvifolia

小叶荚蒾 Viburnum parvifolium

小叶荩草 Arthraxon lancifolius

小叶九节 Psychotria tutcheri

小叶冷水花 Pilea microphylla

小叶栎 Quercus chenii

小叶女贞 Ligustrum quihoui

小叶瓶尔小草 Ophioglossum nudicaule

小叶忍冬 Lonicera microphylla

小叶石楠 Photinia parvifolia

小叶鼠李 Rhamnus parvifolia

小叶香茶菜 Rabdosia parvifolia

小叶栒子 Cotoneaster microphyllus

小叶杨 Populus simonii

小叶章 Deyeuxia angustifolia

小颖鹅观草 Roegneria parvigluma

小玉竹 Polygonatum humile

楔叶豆梨 Pyrus calleryana var. koehnei

楔叶委陵菜 Potentilla cuneata

楔叶绣线菊 Spiraea canescens

蝎子草 Girardinia suborbiculata

蟹甲草 Parasenecio forrestii

心叶风毛菊 Saussurea cordifolia

心叶荚蒾 Viburnum nervosum

心叶毛蕊茶 Camellia cordifolia

心叶兔儿风 Ainsliaea bonatii

新疆落叶松 Larix sibirica

新疆忍冬 Lonicera tatarica

新疆鼠尾草 Salvia deserta

新疆圆柏（叉子圆柏）Sabina vulgaris

新疆云杉 Picea obovata

新木姜子 Neolitsea aurata

新月蕨 Pronephrium gymnopteridifrons

兴安白头翁 Pulsatilla dahurica

兴安茶藨子 Ribes pauciflorum

兴安柴胡 Bupleurum sibiricum

兴安杜鹃 Rhododendron dauricum

兴安胡枝子（达吾里胡枝子）Lespedeza daurica

兴安老鹳草 Geranium maximowiczii

兴安藜芦 Veratrum dahuricum

兴安柳 Salix hsinganica

兴安鹿药 Smilacina dahurica

兴安落叶松（落叶松）Larix gmelinii

兴安麻花头 Serratula hsinganensis

兴山榆 Ulmus bergmanniana

星毛繁缕 Stellaria vestita

星宿菜 Lysimachia fortunei

星塔藓 Hylocomiastrum pyrenaicum

形灰藓 Hypnum plumaeforme

杏 Armeniaca vulgaris

杏香兔儿风 *Ainsliaea fragrans*

杏叶防风 *Pimpinella candolleana*

杏叶沙参 *Adenophora hunanensis*

秀丽莓 *Rubus amabilis*

秀丽锥 *Castanopsis jucunda*

秀雅杜鹃 *Rhododendron concinuum*

绣球 *Hydrangea macrophylla*

绣球藤 *Clematis montana*

绣线菊（柳叶绣线菊）*Spiraea salicifolis*

绣线梅 *Neillia thyrsiflora*

锈毛忍冬 *Lonicera ferruginea*

锈毛山龙眼 *Helicia vestita*

锈叶杜鹃 *Rhododendron siderophyllum*

锈叶新木姜子 *Neolitsea cambodiana*

须芒草 *Andropogon tristis*

萱草 *Hemerocallis fulva*

玄参 *Scrophularia ningpoensis*

悬钩子（树莓，山莓，吊杆泡）*Rubus corchorifolius*

悬铃叶苎麻 *Boehmeria tricuspis*

悬藓属 *Barbella*

雪草 *Centella asiatica*

雪里见 *Arisaema rhizomatum*

雪山杜鹃 *Rhododendron aganniphum*

雪下红 *Ardisa villosa*

血见愁 *Teucrium viscidum*

血胶树 *Eberhardtia aurata*

血桐 *Hernandia sonora*

栒子属 *cotoneaster*

蕈树（阿丁枫）*Altingia chinensis*

鸦葱 *Scorzonera austriaca*

鸭儿芹 *Cryptotaenia japonica*

鸭公树 *Neolitsea chui*

鸭脚茶 *Bredia sinensis*

鸭脚木（鹅掌柴）*Schefflera octophylla*

鸭茅 *Dactylis glomerata*

鸭跖草 *Commelina communis*

鸭嘴草 *Ischaemum crassipes*

崖豆藤属 *Millettia*

崖花海桐 *Pittosporum sahnianum*

亚东冷杉 *Abies densa*

亚高山冷水花 *Pilea racemosa*

亚谷柳 *Salix taraikensis*

烟管头草 *Carpesium cernuum*

延龄草 *Trillium tschonoskii*

芫花 *Daphne genkwa*

岩败酱 *Patrinia rupestris*

岩黄耆属 *Hedysarum*

岩桑 *Morus cathayana*

岩柿 *Diospyros dumetorum*

沿阶草 *Ophiopogon bodinieri*

盐地鼠尾粟 *Sporobolus virginicus*

盐肤木 *Rhus chinensis*

盐蒿 *Artemisia halodendron*

盐穗木 *Halostachy scaspica*

盐爪爪 *Kalidium foliatum*

兖州卷柏 *Selaginella involvens*

偃茶藨子 *Ribes procumbens*

偃麦草 *Eiytrigia repens*

艳山姜 *Alpinia zerumbet*

燕尾山槟榔 *Pinanga sinii*

燕尾藓 *Bryhnia novae-angliae*

羊草 *Leymus chinensis*

羊齿天门冬 *Asparagus filicinus*

羊耳菊 *Inula cappa*

羊耳蒜 *Liparis japonica*

羊胡子草 *Eriophorum scheuchzeri*

羊角芹属 *Aegopodium*

羊茅 *Festuca ovina*

羊奶子（胡颓子）*Elaeagnus pungens*

羊乳 *Codonopsis lanceolata*

羊蹄甲 *Bauhinia*

羊须草 *Carex callitrichos*

羊踯躅 *Rhododendron molle*

杨梅 *Myrica rubra*

杨桐 *Adinandra millettii*

杨属 *Populus*

药鼠李 *Rhamnus cathartica*

药用当归 *Angelica sinensis*

药用狗牙花 *Ervatamia officinalis*

野艾蒿（野艾）*Artemisia lavandulaefolia*

野芭蕉 *Musa wilsonii*

野坝子（野拔子）*Elsholtzia rugulosa*

野百合 *Lilium brownii*

野草莓 *Fragaria vesca*

野刺玫 *Rosa maximowicziana*

野大豆 *Glycine soja*

野杜英 *Elaeocarpus dubius*

野古草 *Arundinella anomala*

野海棠 *Bredia hirsuta* var. *scandens*

野核桃 *Juglans cathayensis*

野胡椒 *Piper arboricola*

野胡萝卜 *Daucus carota*

野胡麻 *Dodartia orientalis*

野花椒 *Zanthoxylum simulans*

野火球 *Trifolium lupinaster*

野姜 *Zingiber striolatum*

野菊花 *Dendranthema indicum*

野麻 *Boehmeria gracilis*

野棉花 *Anemone vitifolia*

野茉莉 *Styrax japonica*

野牡丹 *Melastoma candidum*

野木瓜 *Stauntonia chinensis*

野苜蓿 *Medicago falcata*

野苹果 *Malus sieversii*

野葡萄 *Ampelopsis brevipedunculata*

野漆 *Toxicodendron succedaneum*

野荞麦 *Fagopyrum cymosum*

野青茅 *Deyeuxia arundinacea*

野色蕉 *Musa balbisiana*

野山茶（西南红山茶）*Camellia pitardii*

野山楂 *Crataegus cuneata*

野扇花 *Sarcococca ruscifolia*

野芍药 *Paeonia anamala*

野柿（油柿）*Diospyros kaki* var. *silvestris*

野苏子 *Pedicularis grandiflora*

野茼蒿 *Crassocephalum crepidioides*

野桐 *Mallotus japonicus* var. *floccosus*

野豌豆 *Vicia sepium*

野蚊子草 *Silene fortunei*

野西瓜苗 *Hibiscus trionum*

野苋 *Amaranthus lividus*

野香茅 *Cymbopogon tortilis*

野鸦椿 *Euscaphis japonica*

野燕麦 *Avena fatua*

野樱桃 *Cerasus duclouxii*

野芋 *Colocasia antiquorum*

野皂荚 *Gleditsia microphylla*

野芝麻 *Lamium barbatum*

野珠兰（华空木）*Stephanandra chinensis*

野苎麻 *Boehmeria siamensis*

叶被木 *Streblus taxoides*

叶生针鳞苔 *Rhaphidolejeunea foliicola*

叶苔 *Jungermannia allenii*

叶下珠 *Phyllanthus urinaria*

夜来香 *Telosma cordata*

腋花扭柄花 *Strepiopus simplex*

一把伞南星 *Arisaema erubescens*

一点血秋海棠 *Begonia wilsonii*

一年蓬 *Erigeron annuus*

一枝黄花 *Solidago decurrens*

伊犁小檗 *Berberis iliensis*

宜昌荚蒾 *Viburnum erosum*

异色泡花树 *Meliosma myriantha* var. *discolor*

异燕麦 *Helictotrichon schellianum*

异叶败酱 *Patrinia heterophylla*

异叶花椒 *Zanthoxylum ovalifolium*

异叶茴芹 *Pimpinella diversifolia*

异叶梁王茶 *Nothopanax davidii*

异叶爬山虎 *Parthenocissus dalzielii*

异叶榕 *Ficus heteromorpha*

异叶蛇葡萄 *Ampelopsis heterophylla*

异叶树平藓 *Homaliodendron heterophyllum*

益母草 *Leonurus artemisia*

意杨 *Populus euramevicana*

阴地蕨 *Botrychium ternatum*

阴地冷水花 *Pilea umbrosa*

阴山胡枝子 *Lespedeza inschanica*

阴香 *Cinnamomum burmanni*

阴行草 *Siphonostegia chinensis*

茵陈蒿 *Artemisia capillaries*

茵竽 *Skimmia reevesiana*

淫羊藿 *Epimedium brevicornu*

银白杨 *Populus alba*

银背风毛菊 *Saussurea nivea*

银背柳 *Salix ernesti*

银柴 *Aporusa dioica*

银粉背蕨 *Aleuritopteris argentea*

银合欢 *Leucaena leucocephala*

银莲花 *Anemone cathayensis*

银莲花属 *Anemone*

银露梅 *Potentilla glabra*

银毛野杜丹 *Tibouchina aspera*

银木荷 *Schima argentea*

银鹊树 *Tapiscia sinensis*

银杏 *Ginkgo biloba*

银叶杜鹃 *Rhododendron argyrophyllum*

银钟花 *Halesia macgregorii*

隐子草属 *Cleistogenes*

印度黄芩 *Utricularia bifida*

印度栲 *Castanopsis indica*

印度三毛草 *Triaetum stearn*

樱桃 *Cerasus pseudocerasus*

樱属 *Cerasus*

迎春 *Jasminum nudiflorum*

迎红杜鹃 *Rhododendron mucronulatum*

楹树 *Albizia chinensis*

蝇子草 *Silene gallica*

硬秆子草 *Capillipedium assimile*

硬壳柯 *Lithocarpus hancei*

硬头黄 *Bambusa rigida*

硬叶木蓝 *Indigofera rigioclada*

硬叶拟白发藓 *Paraleucobryum enerve*

硬枝点地梅 *Androsace rigida*

油菜 *Brassica napus*

油茶 *Camellia oleifera*

油点草 *Tricyrtis macropoda*

油橄榄 *Olea europaea*

油麦吊杉 *Picea brachytyla* var. *complanata*

油芒 *Eccoilopus cotulifer*

油楠 *Sindora glabra*

油杉 *Keteleeria fortunei*

油松 *Pinus tabuliformis*

油桐 *Vernicia fordii*

油樟 *Cinnamomum longipaniculatum*

柚木 *Tectona grandis*

疣鳞苔 *Cololejeunea* sp.

疣悬藓 *Barbella pendula*

疣叶草藓 *Pseudolesken filamentosa*

友水龙骨 *Polypodiodes amoena*

余甘子 *Phyllanthus emblica*

鱼骨木 *Canthium dicoccum*

鱼鳞云杉 *Picea jezoensis* var. *microsperma*

鱼腥草属 *Houttuynia*

榆树 （白榆） *Ulmus pumila*

榆属 *Ulmus*

羽复叶耳蕨 *Arachniodes simplicior*

羽裂垂头菊 *Cremanthodium pinnatifidum*

羽苔属 *Plagiochila*

羽藓属 *Thuidium*

羽叶鬼灯檠 *Rodgersia pinnata*

羽叶楸 *Stereospermum colais*

羽叶三七（疙瘩七）*Panax japonicus* var. *bipinnatifidus*

羽衣草 *Alchemilla japonica*

羽枝青藓 *Brachythecium plumossum*

玉兰（白玉兰）*Magnolia denudata*

玉铃花 *Styrax obassia*

玉米 *Zea mays*

玉山草莓 *Fragaria* × *ananassa*

玉山红果树 *Stranvaesia davidiana*

玉山桧 *Sabina aquamata* var. *morrisonicola*

玉山金丝桃 *Hypericum nagasawai*

玉山鹿蹄草（台湾鹿蹄草）*Pyrola morrisonensis*

玉山蔷薇 *Rosa morrisonensis*

玉山忍冬 *Lonicera kawakamii*

玉山绣线菊 *Spiraea formosana*

玉山悬钩子 *Rubus calycinoides*

玉山野蔷薇 *Rosa multiflora* var. *formosana*

玉山竹 *Yushania niitakayamensis*

玉叶金花 *Mussaenda pubescens*

玉竹 *Polygonatum odoratum*

郁李 *Cerasus japonica*

鸢尾 *Iris tectorum*

元江栲 *Castanopsis orthacantha*

圆柏 *Juniperus chinensis*

圆齿鸦跖花 *Oxygraphis polypetala*

圆果化香树 *Platycarya longipes*

圆菱叶山蚂蟥 *Desmodiu moblongum*

圆穗蓼 *Polygonum macrophyllum*

圆叶菝葜 *Smilax bauhinioides*

圆叶杜鹃 *Rhododendron williamsianum*

圆叶桦 *Betula rotundifolia*

圆叶鹿蹄草 *Pyrola rotundifolia*

圆叶鼠李 *Rhamnus globosa*

圆叶乌桕 *Sapium rotundifolium*

圆叶线蕨 *Colysis elliptica*

圆锥山蚂蟥 *Desmodium elegans*

圆锥绣球 *Hydrangea paniculata*

远志 *Polygala tenuifolia*

月见草 *Oenothera biennis*

岳麓连蕊茶 *Camellia handelii*

越桔（越橘）*Vaccinium vitis-idaea*

越桔忍冬 *Lonicera myrtillus*

越南栲 *Castanopsis annamensis*

云贵鹅耳枥 *Carpinus pubescens*

云南凹脉柃 *Eurya cavinervis*

云南波罗栎 *Quercus yunnanensis*

云南冬青 *Ilex yunnanensis*

云南杜鹃 *Rhododendron yunnanense*

云南耳蕨 *Polystichum yunnanense*

云南方竹 *Chimonobambusa yunnanensis*

云南枫杨 *Pterocarya delavayi*

云南含笑 *Michelia yunnanensis*

云南红豆杉 *Taxus yunnanensis*

云南黄果冷杉 *Abies ernestii* var. *saloucnensis*

云南黄杞 *Engelhardia spicata*

云南龙胆 *Gentiana yunnanensis*

云南马先蒿 *Pedicularis yunnanensis*

云南木犀榄 *Olea yuennanensis*

云南泡花树 *Meliosma yunnanensis*

云南秋海棠 *Begonia yunnanensis*

云南莎草 *Cyperus duclouxii*

云南山梅花 *Philadelphus delavayi*

云南石梓 *Gmelina arborea*

云南柿 *Diospyros yunnanensis*

云南松 *Pinus yunnanensis*

云南苔草 *Carex yunnanensis*

云南铁杉 *Tsuga dumosa*

云南兔儿风 *Ainsliaea yunnanensis*

云南兔耳草 *Lagotis yunnanensis*

云南香青 *Anaphalis yunnanensis*

云南羊蹄甲 *Bauhinia yunnanensis*

云南野古草 *Arundinella yunnanensis*

云南银柴 *Aporusa yunnanensis*

云南油杉（滇油杉）*Keteleeria evelyniana*

云南越桔 *Vaccinium duclouxii*

云南樟 *Cinnamomum glanduliferum*

云南紫薇 *Lagerstroemia intermedia*

云山青冈 *Cyclobalanopsis sessilifolia*

云杉（粗枝云杉）*Picea asperata*

云实 *Caesalpinia decapetala*

云香草 *Cymbopogon distans*

栽秧泡 *Rubus ellipticus* var. *obcordatus*

早花忍冬 *Lonicera praeflorens*

早熟禾 *Poa annua*

枣树（枣）*Ziziphus jujuba*

皂荚 *Gleditsia sinensis*

皂柳 *Salix wallichiana*

泽兰 *Eupatorium japonicum*

泽苔草 *Caldesia parnassifolia*

窄花凤仙草 *Impatiens stenantha*

窄基红褐枔 *Eurya rubiginosa* var. *attenuata*

窄叶败酱 *Partrinia angustifolium*

窄叶火棘 *Pyracantha angustifolia*

窄叶蓝盆花 *Scabiosa comosa*

窄叶石栎 *Lithocarpus confinis*

窄叶鲜卑花 *Sibiraea angustata*

窄叶野豌豆 *Vicia tenuifolia*

展毛野牡丹 *Melastoma normale*

展毛银莲花 *Anemone demissa*

獐茅 *Aeluropus sinensis*

獐牙菜 *Swerlia bimaculata*

樟（樟树，香樟）*Cinnamomum camphora*

樟科 *Lauraceae*

樟科润楠属 *Machilus*

樟叶槭 *Acer cinnamomifolium*

樟子松 *Pinus sylvestris* var. *mongolica*

掌裂蟹甲草 *Parasenecio palmatisectus*

掌叶白头翁 *Pulsatilla patens*

掌叶报春花 *Primula palmata*

掌叶大黄 *Rheum palniatum*

掌叶梁王茶 *Nothopanax delavayi*

掌叶铁线蕨 *Adiantum pedatum*

胀果甘草 *Glycyrrhiza inflataBata*

沼藓 *Philotis revoluta*

沼羽藓 *Helodium lanatum*

沼原草 *Moliniahui*

照山白 *Rhododendron micranthum*

褶叶镰刀藓 *Drepanocladus lycopodioides* var. *abbreviatus*

褶叶藓 *Palamocladium sciurcus*

柘树（柘）*Cudrania tricuspidata*

浙江柿 *Diospyros glaucifolia*

鹧鸪草 *Eriachne pallescens*

鹧鸪花 *Trichilia connaroides*

针齿铁仔 *Myrsine semiserrata*

针茅（本氏针茅）*Stipa capillata*

珍珠菜 *Lysimachia clethroides*

珍珠花 *Spiraea thunbergii*

珍珠茅 *Scleria levis*

珍珠梅 *Sorbaria sorbifolia*

桢桐 *Clerodendrum japonicum*

砧草 *Galium boreale*

榛（榛子，平榛）*Corylus heterophylla*

芝麻 *Sesamum indicum*

枝南蛇藤 *Celastrus orbiculatus*

知风草 *Eragrostis ferruginea*

栀子（黄栀）*Gardenia jasminoides*

直角荚蒾 *Viburnum foetidum* var. *rectangulatum*

直立悬钩子 *Rubus stans*

直穗小檗 *Berberis dasystachya*

指叶苔 *Lepidozia fauriana*

中甸冷杉 *Abies ferreana*

中国繁缕 *Stellaria chinensis*

中国旌节花 *Stachyurus chinensis*

中国蕨 *Sinopteris grevilleoides*

中华杜英（华杜英）*Elaeocarpus chinensis*

中华短肠蕨 *Allantodia chinensis*

中华卷柏 *Selaginella sinensis*

中华里白 *Dicranopteris chinensis*

中华鳞毛蕨 *Dryopteris chinensis*

中华槭 *Acer sinense*

中华青荚叶 *Helwingia chinensis*

中华三叶委陵菜 *Potentilla freyniana* var. *sinica*

中华石楠 *Photinia beauverdiana*

中华绣线菊 *Spiraea chinensis*

中平树 *Macaranga denticulata*

柊叶 *Phrynium capitatum*

钟花杜鹃 *Rhododendron campanulatum*

钟花樱桃 *Cerasus campanulata*

重齿毛当归（独活）*Angelica biserrata*

重齿泡花 *Meliosma dilleniifolia*

重齿泡花树 *Mchiosma dilleniifolia*

重楼属 *Paris*

重阳木 *Bischofia polycarpa*

舟柄茶 *Hartia sinensis*

舟果荠 *Tauscheria lasiocarpa*

周毛悬钩子 *Rubus amphidasys*

帚菊属 *Pertya*

皱萼苔 *Ptychanthus striatus*

皱皮木瓜（寒梅）*Chaenomeles speciosa*

皱叶狗尾草 *Setaria plicata*

皱叶曲尾藓 *Dicranum undulatum*

皱叶纤枝香青 *Anaphalis gracilis* var. *ulophylla*

朱砂根 *Ardisia crenata*

珠光香青 *Anaphalis margaritacea*

珠芽蓼 *Polygoum viviparum*

珠芽蓼 *Polygonum viviparum*

珠仔树 *Symplocos racemosa*

珠子参 *Panax japonicus* var. *mojor*

猪毛菜 *Salsola collina*

猪殃殃 *Galium aparine* var. *tenerum*

猪秧秧 *Galium apitata*

蛛毛蟹甲草 *Parasenecio roborowskii*

竹叶草 *Oplismenus compositus*

竹叶花椒（竹叶椒）*Zanthoxylum armatum*

竹叶吉祥草 *Spatholirion longifolium*

竹叶木姜子 *Litsea pseudoelongata*

竹叶青冈 *Cyclobalanopsis bambusaefolia*

苎麻 *Boehmeria nivea*

柱脉茶藨子 *Ribes orientale*

爪哇白发藓 *Leucobryum javense*

锥（桂林栲）*Castanopsis chinensis*

锥果葶苈 *Draba lanceolata*

锥花小檗 *Berberis aggreata*

锥栗 *Castanea henryi*

锥连栎 *Quercus franchetii*

锥属（栲属）*Castanopsis*

啄果皂帽花 *Dasymaschalon rostratum*

髭脉桤叶树 *Clethra barbinervis*

梓木草 *Lithospermum zollingeri*

紫斑杜鹃 *Rhododendron principis*

紫背堇菜 *Viola violacea*

紫背天葵 *Begonia fimbristipula*

紫参 *Rubia yunnanensis*

紫弹树 *Celtis biondii*

紫椴 *Tilia amurensis*

紫萼 *Hosta ventricosa*

紫桂 *Cinnampmum tamala*

紫果冷杉 *Abies recurvata*

紫果云杉 *Picea purpurea*

紫花地丁 *Viola philippica*

紫花冬青 *Ilex purpurea*

紫花杜鹃 *Rhododendron amesiae*

紫花堇菜 *Viola grypoceras*

紫花鹿药 *Smilacina purpurea*

紫花忍冬 *Lonicera maximowiczii*

紫花碎米荠 *Cardamine tangutorum*

紫花野菊 *Dendranthema zawadskii*

紫金牛（木状紫金牛）*Ardisia japonica*

紫堇 *Corydalis edulis*

紫茎 *Stewartia sinensis*

紫茎泽兰 *Eupatorium adenophora*

紫荆 *Cercis chinensis*

紫荆木 *Madhuca pasquieri*

紫麻 *Oreocnide frutescenes*

紫毛野牡丹 *Melastoma penicillatum*

紫楠 *Phoebe sheareri*

紫萁 *Osmunda japonica*

紫树（蓝果树）*Nyssa sinensis*

紫穗槐 *Amorpha fruticosa*

紫藤 *Wisteria sinensis*

紫菀 *Aster tataricus*

紫菀木 *Asterothamnus alyssoides*

紫薇 *Lagerstroemia indica*

紫羊茅 *Festuca rubra*

紫叶黄芩 *Scutellaria indica* var. *elliptia*

紫枝柳 *Salix heterochroma*

紫珠 *Callicarpa bodinieri*

棕榈 *Trachycarpus fortunei*

棕脉花楸 *Sorbus dunnii*

棕叶狗尾草 *Setaria palmifolia*

棕叶芦（棕叶芦）*Thysanolaena maxima*

总状花序山蚂蝗 *Desmodium spicatum*

总状山矾 *Symplocos botryantha*

醉鱼草 *Buddleja lindleyana*

柞木 *Xylosma racemosum*

常春藤（中华常春藤）*Hedera nepalensis* var. *sinensis*

吊皮锥（格氏栲，赤枝栲，青钩栲）*Castanopsis kawakamii*

高山白珠树 *Gaultheria leucocarpa* var. *cumingiana*

梗花粗叶木（云贵粗叶木）*Lasianthus biermannii*

连蕊茶（毛花莲蕊茶，毛柄连蕊茶）*Camellia fraterna*

密叶皱蒴藓 *Aulacomnium plaustre* var. *imbricatum*

牛筋条（假死柴，山胡椒）*Dichotomanthes tristaniicarpa*

小叶青冈（青稠、红稠木）*Cyclobalanopsis myrsinifolia*

窄竹叶柴胡 *Bupleurum marginatum* var. *stenophllum*

附件三：部分森林植被调查工作照

总项目专家进行理论培训

总项目专家现场培训

黑龙江森林植被调查

吉林森林植被调查

辽宁森林植被调查

内蒙古森林植被调查

河北森林植被调查

宁夏森林植被调查

青海森林植被调查

新疆森林植被调查

西藏森林植被调查

贵州森林植被调查

河南森林植被调查

浙江森林植被调查

海南森林植被调查

广西野森林植被调查

广西野森林植被调查

附件四：主要森林植被类型照片

桉树林－林冠－重庆

桉树林－林内－重庆

澳洲坚果林－林冠－云南

澳洲坚果林－林下－云南

澳洲坚果林－林内－云南

澳洲坚果林－林冠－云南

八角林－林内－云南

八角林－林下－云南

八角林－林冠－云南

巴山松林－林冠－陕西

巴山松林－林内－陕西

巴山冷杉林－林冠－湖北

巴山冷杉林－林内－湖北

巴山冷杉林－林下－湖北

白桦山杨蒙古栎林－林内－黑龙江

白桦山杨蒙古栎林－林下－黑龙江

白桦黑桦林－林冠－河北

白桦黑桦林－林内－河北

白桦林－林内－四川

白桦林－林内－云南

白桦林－林下－四川

白桦林－林下－云南

白桦林－林冠－云南

白夹竹林－林冠－四川

白夹竹林－林内－四川

白夹竹林－林下－四川

白栲林－林内－重庆

白栲林－林下－重庆

白栎林－林冠－贵州

白栎林－林内－贵州

白栎林－林下－贵州

柏木林－林冠－四川

柏木林－林内－四川

柏木林－林下－云南

柏木林－林冠－云南

柏木林－林下－四川

斑竹林－林内－重庆　　　　　　　　　　斑竹林－林下－重庆

板栗林－林内－四川　　　　　　　　　　板栗林－林下－四川

板栗林－林冠－四川

板栗核桃林－林冠－山西　　　　　　　　糙皮桦林－林内－四川

苍山冷杉林－林冠－云南

侧柏林－林内－河北

侧柏林－林冠－河北

侧柏林－林下层－河北

茶树林-林冠-贵州

茶树林-林下-贵州

檫树林-林内-云南

檫树林-林冠-云南

檫树林-林下-云南

檫树林-林内-湖南

赤桉林－林内－云南

赤桉林－林下－云南

赤桉林－林冠－云南

赤松林 －林内－辽宁

赤松林－林内－黑龙江

赤松林－林下－黑龙江

冲天柏林－林下－云南

冲天柏林－林冠－云南

赤杨枫杨胡桃楸林－林内－黑龙江

赤杨枫杨胡桃楸林－林下－黑龙江

赤杨林－林内－黑龙江

赤杨林－林下－黑龙江

臭冷杉林－林内－青海

臭冷杉林－林冠－青海

川滇高山栎林－林冠－四川

川滇高山栎林－林内－四川

川泡桐林－林冠－四川

川泡桐林－林内－四川

川泡桐林－林下－四川

川西云杉林－林冠－四川

川西云杉林－林内－四川

川杨林－林下－四川

川杨林－林内－四川

椎栗林－林下－江西

椎栗麻栎林－林冠－湖北

椎栗麻栎林－林内－湖北

慈竹林－林内－重庆

慈竹林－林下－重庆

刺槐鹅耳枥林－林内－山西

刺槐林－林冠－河北

刺槐林－林内－河北

刺槐色木杨树林－林下－黑龙江

刺槐色木杨树林－林内－黑龙江

刺楸林－林内－四川

刺楸林－林下－四川

刺竹林－林内－云南

刺竹林－林冠－云南

刺竹林－林下－云南

樱桃林－林内－四川

大叶柳林－林冠－云南

大叶榉青檀林－林内－安徽

大叶榉青檀林－林下－安徽

大叶杨林－林内－云南

大叶杨林－林下－云南

大叶杨林－林冠－云南

灯台树林－林冠－四川

灯台树林－林内－四川

滇合欢林－林内－云南

滇合欢林－林冠－云南

滇青冈林－林内－四川

滇青冈林－林内－云南

滇青冈林－林冠－云南

滇石栎林－林内－云南

滇石栎林－林下－云南

滇石栎林－林冠－云南

滇油杉林-林冠-云南

冬青林-林下-四川

冬青林-林冠-四川

冬青林-林内-福建

冬青林-林内-四川

杜仲林－林冠－湖南

杜仲林－林内－湖南

短柄枹栎林－林内－湖北

椴树鹅耳枥林－林冠－山西

椴树林－林内－陕西

椴树色木水曲柳林－林内－黑龙江

椴树色木水曲柳林－林下－黑龙江

峨眉冷杉林－林冠－四川

峨眉冷杉林－林下－四川

鹅耳枥林－林内－山西

枫桦山杨椴树林－林内－黑龙江

鹅耳枥椴树林－林冠－贵州

鹅耳枥椴树林－林内－贵州

枫桦山杨椴树林－林下－黑龙江

方竹林－林冠－重庆

方竹林－林内－云南

方竹林－林内－重庆

方竹林－林内－云南

方竹林－林下－重庆

方竹林－林冠－云南

枫香林－林冠－贵州

枫香林－林内－贵州

枫香青冈栎林－林下－安徽

枫香青冈栎林－林内－安徽

枫杨林－林冠－安徽

枫杨林－林内－安徽

枫杨林－林下－安徽

枫杨林－林冠－四川

枫杨林－林内－四川

柑橘林－林冠－陕西

柑橘林－林冠－四川

柑橘林－林内－陕西

柑橘林－林内－四川

干香柏林－林冠－云南

高山栲林－林内－云南

高山栲林－林下－云南

高山栲林－林冠－云南

高山栎林－林冠－西藏　　　　　　高山栎林－林内－西藏

高山松林－林冠－西藏　　　　　　高山松林－林内－西藏

高山松林－林下－西藏　　　　　　高山松林－林内－云南

高山松林－林下－云南

桂竹林－林冠－湖南

桂竹林－林内－湖南

桂竹林－林下－湖南

旱冬瓜林－林内－云南

旱冬瓜林－林下－云南

旱冬瓜林－林冠－云南

国槐林－林内－山西

核桃林－林冠－新疆

核桃林－林内－河南

核桃林－林内－新疆

核桃林－林内－云南

核桃林－林下－新疆

核桃林－林下－云南

核桃林－林冠－云南

黑桦白桦蒙古栎林－林内－黑龙江

黑桦白桦蒙古栎林－林下－黑龙江

黑桦林－林冠－河北

黑桦林－林内－河北

黑桦林－林下－宁夏

黑桦林－林下－黑龙江

黑桦林－林内－黑龙江

黑桦林－林内－宁夏

黑松林－林内－黑龙江

黑松林－林下－黑龙江

黑松林－林内－安徽

黑松林－林下－安徽

黑松蒙古栎林－林内－黑龙江

黑松蒙古栎林－林下－黑龙江

黑杨林－林冠－河北

黑杨林－林内－河北

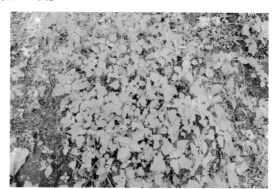

黑杨林－林下－河北

红豆杉林－林内－云南

红豆杉林－林冠－云南

红桦林－林冠－云南

红桦林－林内－云南

红桦林－林内－甘肃

红桦林－林下－云南

红桦林－林冠－甘肃

红桦林－林冠－湖北

红桦林－林内－湖北

红桦林－林下－甘肃

红木荷林－林冠－云南

红木荷林－林内－云南

红松白桦林－林下－黑龙江

红松白桦林－林内－黑龙江

红松胡桃楸林－林内－黑龙江

红松胡桃楸林－林下－黑龙江

红松椴树林－林内－黑龙江

红松椴树林－林下－黑龙江

红松黑桦林－林内－黑龙江

红松黑桦林－林下－黑龙江

红松枫桦林－林内－黑龙江

红松枫桦林－林下－黑龙江

红松林－林下－辽宁

红松林－林内－辽宁

红松色木林－林内－黑龙江

红松色木林－林下－黑龙江

红松山槐蒙古栎林－林内－黑龙江

红松山槐蒙古栎林－林下－黑龙江

红松水曲柳林－林内－黑龙江

红松水曲柳林－林下－黑龙江

红松杨树林－林内－黑龙江

红松杨树林－林下－黑龙江

红松榆树林－林内－黑龙江

红松榆树林－林下－黑龙江

红松云杉冷杉林－林内－黑龙江

红松云杉冷杉林－林下－黑龙江

红松蒙古栎林－林内－黑龙江

红松蒙古栎林－林下－黑龙江

胡桃楸水曲柳蒙古栎林－林内－黑龙江

胡桃楸林－林内－辽宁

胡桃楸水曲柳蒙古栎林－林下－黑龙江

胡杨林－林冠－甘肃

胡杨林－林冠－内蒙古

胡杨林－林内－内蒙古

胡杨林－林下－内蒙古

槲栎林－林冠－重庆

槲栎林－林内－重庆

槲栎林－林下－重庆

华北落叶松白桦林－林冠－河北

华北落叶松白桦林－林内－河北

华北落叶松林－林冠－河北

华北落叶松林－林内－河北

华南五针松林－林冠－广西

华南五针松林－林内－广西

华山松林－林冠－贵州

华山松林－林内－贵州

华山松林－林冠－青海

华山松林－林内－青海

华山松林－林内－云南

华山松林－林下－贵州

华山松林－林下－青海

华山松林－林冠－云南

华山松林－林下－云南

华山松油松林－林冠－陕西

化香林－林冠－湖北

化香林－林内－湖北

化香林－林下－湖北

黄连木林－林冠－云南

黄连木林－林内－河南

桦木林－林内－新疆

桦木山杨林－林冠－新疆

桦木山杨林－林内－新疆

桦木山杨林－林下层－新疆

桦木林－林冠－新疆

黄菠萝椴树色木林－林内－黑龙江

黄菠萝林－林内－辽宁

黄菠萝椴树色木林－林下－黑龙江

黄毛青冈林－林内－云南

黄毛青冈林－林下－云南

黄毛青冈林－林冠－云南

黄木荷林－林内－云南

黄木荷林－林冠－云南

黄木荷林－林下－云南

黄山栎林－林内－安徽

黄山栎林－林下－安徽

黄山松林－林冠－安徽

黄山松林－林内－安徽

黄檀林－林内－安徽

黄檀林－林下－安徽

黄杉林－林内－云南　　　　　　　　黄杉林－林下－云南

黄杉林－林冠－云南

火炬松林-林冠-河南

火炬松林-林内-河南

火炬松林-林下-河南

鸡毛松陆均松壳斗类林-林内-海南

鸡毛松陆均松壳斗类林-林冠-海南

箭竹林-林冠-四川

箭竹林-林内-四川

箭竹林-林下-四川

江南桤木林-林内-安徽

金钱松林-林内-安徽

江南桤木林-林下-安徽

金竹林－林冠－云南

巨柏林－林内－西藏

巨柏林－林冠－西藏

栲树林－林冠－江西

栲树林－林内－江西

栲树林－林内－四川

苦槠林－林内－安徽

苦竹林－林内－四川　　　　　　　　苦竹林－林冠－四川

蓝桉林－林冠－云南

蓝桉林－林下－云南　　　　　　　　蓝桉林－林内－云南

冷杉白桦林－林内－黑龙江

冷杉白桦林－林下－黑龙江

冷杉椴树林－林内－黑龙江

冷杉椴树林－林下－黑龙江

冷杉林－林冠－陕西

冷杉林－林内－陕西

冷杉林－林下－陕西

冷杉色木林－林内－黑龙江

冷杉色木林－林下－黑龙江

冷杉水曲柳林－林内－黑龙江　　　　　　冷杉水曲柳林－林下－黑龙江

冷杉杨树林－林内－黑龙江　　　　　　　冷杉杨树林－林下－黑龙江

冷杉蒙古栎林－林内－黑龙江

冷杉蒙古栎林－林下－黑龙江

李树林－林冠－甘肃

李树林－林冠－贵州

李树林－林内－贵州

李树林－林内－甘肃

梨树林－林冠－四川

梨树林－林内－四川

丽江云杉林－林冠－云南

栎类华山松林－林冠－甘肃

栎类桦木林－林冠－陕西

栎类林－林冠－陕西

栎类林－林内－陕西

栎类杨树林－林内－甘肃

栎类油松林－林冠－陕西

栎类云杉林－林内－甘肃

荔枝林－林冠－广东

荔枝林－林内－广东

荔枝林－林下－云南

荔枝林－林内－云南

荔枝林－林冠－云南

楝树林－林内－四川

楝树林－林下－四川

柳杉林－林冠－贵州

柳杉林－林内－贵州

柳杉林－林下－贵州

柳树林－林冠－河南

柳树林－林下－黑龙江

柳树林－林冠－四川

柳树林－林内－四川

柳树林－林下－黑龙江

柳树色木杨树林－林内－黑龙江

柳树色木杨树林－林下－黑龙江

龙眼林－林冠－云南

龙眼林－林下－云南

龙眼林－林内－云南

龙竹林－林下－云南

龙竹林－林冠－云南

龙竹林－林内－云南

落叶松白桦林－林内－黑龙江

落叶松白桦林－林下－黑龙江

落叶松椴树林－林内－黑龙江

落叶松椴树林－林下－黑龙江

落叶松黑桦林－林内－黑龙江

落叶松黑桦林－林下－黑龙江

落叶松槐树林－林内－黑龙江

落叶松槐树林－林下－黑龙江

落叶松黄菠萝林－林内－黑龙江

落叶松黄菠萝林－林下－黑龙江

落叶松冷杉色木林－林内－黑龙江

落叶松冷杉色木林－林下－黑龙江

落叶松枫桦林－林内－黑龙江

落叶松枫桦林－林下－黑龙江

落叶松胡桃楸林－林下－黑龙江

落叶松林－林下－新疆

落叶松林－林内－新疆

落叶松林－林冠－新疆

落叶松蒙古栎花楸林－林内－黑龙江

落叶松蒙古栎花楸林－林下－黑龙江

落叶松色木林－林内－黑龙江

落叶松色木林－林下－黑龙江

落叶松水曲柳林－林内－黑龙江

落叶松水曲柳林－林下－黑龙江

落叶松杨树林－林内－黑龙江

落叶松杨树林－林下－黑龙江

落叶松云杉冷杉林－林内－黑龙江　　　　落叶松云杉冷杉林－林下－黑龙江

落叶松蒙古栎桦木林－林内－黑龙江　　　　落叶松蒙古栎桦木林－林下－黑龙江

落叶松蒙古栎林－林内－黑龙江

落叶松蒙古栎林－林下－黑龙江

落叶松榆树林－林内－黑龙江

落叶松榆树林－林下－黑龙江

麻栎林－林内－贵州

麻栎林－林内－云南

麻栎林－林冠－云南

麻栎林－林下－云南

麻栎林－林冠－贵州

马桑林－林冠－云南

马尾松林－林冠－陕西

马尾松林－林冠－四川

马尾松林－林内－陕西

马尾松林－林内－四川

马尾松林－林下－四川

马占相思林－林内－广东

芒果林－林冠－云南

芒果林－林内－云南

芒果林－林下－云南

毛椆亮叶桦林－林内－湖北

毛椆亮叶桦林－林下－湖北

毛白杨林－林冠－河南

毛白杨林－林内－河南

毛白杨林－林下－河南

毛白杨林－林冠－宁夏

毛竹栎类林－林冠－甘肃

毛竹林－林冠－甘肃

毛竹林－林冠－江西

毛竹林－林内－江西

毛竹林－林下－甘肃

毛竹林－林下－江西

茅栗林－林冠－湖北

茅栗林－林下－湖北

茅栗林－林内－湖北

梅子林－林下－云南

梅子林－林冠－云南

梅子林－林内－云南

蒙古栎林－林冠－河北

蒙古栎黑桦山杨林－林内－内蒙古

蒙古栎林－林内－河北

蒙古栎榆林－林冠－河北

蒙古栎榆林－林内－河北

绵竹林－林内－云南

绵竹林－林下－云南

绵竹林－林冠－云南

岷江冷杉林－林冠－四川

岷江冷杉林－林内－四川

牡竹林－林内－云南

牡竹林－林冠－云南

牡竹林－林下－云南

木瓜林－林冠－云南

木瓜林－林下－云南

木荷林－林冠－湖南

木荷林－林内－湖南

木姜子林－林下－云南

木姜子林－林内－云南

木姜子林－林冠－云南

南亚松林－林内－海南

南亚松林－林下－海南

泡桐林－林冠－甘肃

泡桐林－林内－甘肃

楠木林－林内－江西

楠竹林－林下－重庆

楠竹林－林内－重庆

楠竹林－林冠－重庆

牛鼻栓紫楠林－林内－安徽

牛鼻栓紫楠林－林下－安徽

苹果林－林冠－河北

苹果林－林内－河北

苹果林－林冠－新疆

苹果林－林内－新疆

苹果林－林内－云南

苹果林－林下－云南

苹果林－林冠－云南

桤木林－林冠－重庆

桤木林－林下－重庆

桤木林－林内－重庆

漆树林－林下－陕西

漆树林－林内－陕西

槭树林-林冠-甘肃

槭树林-林冠-四川

槭树林-林内-甘肃

槭树林-林内-四川

千果榄仁番龙眼林-林下-云南

千果榄仁番龙眼林-林内-云南

千果榄仁番龙眼林-林冠-云南

青冈栎短柄枹林－林内－安徽

青冈栎短柄枹林－林下－安徽

青冈栎林－林内－安徽

青冈林－林下－云南

青冈林－林内－云南　　　　　　　　　青冈林－林冠－云南

青冈黄连木林－林冠－湖南　　　　　　青冈黄连木林－林内－湖南

青冈圆叶乌桕林－林内－湖南　　　　　青冈圆叶乌桕林－林下－湖南

青冈圆叶乌桕林－林冠－湖南

青海云杉林－林冠－内蒙古

青海云杉林－林内－内蒙古

青海云杉林－林下－内蒙古

青枣林－林内－云南

青枣林－林下－云南

青枣林－林冠－云南

楸树林－林冠－河南

楸树林－林内－河南

日本落叶松林－林内－湖北

日本落叶松林－林下－湖北

锐齿槲栎林－林冠－湖北

锐齿槲栎林－林内－湖北

色木椴树榆树林－林内－黑龙江

色木椴树榆树林－林下－黑龙江

色木林－林内－辽宁

色木林－林下－辽宁

沙枣榆树杨树林－林冠－新疆

沙枣林－林冠－甘肃

沙枣榆树杨树林－林内－新疆

沙枣林－林内－甘肃

山杏林－林冠－甘肃　　　　　　　　　　山杏林－林冠－宁夏

山杏林－林内－甘肃　　　　　　　　　　山杏林－林内－宁夏

山杨白桦林－林冠－青海　　　　　　　　山杨白桦林－林内－青海

山杨林－林内－河北　　　　　　　　　　山杨林－林下－河北

山杨桦木林－林内－西藏

山杨桦木林－林下－西藏

山杨山杏林－林冠－青海

山杨山杏林－林内－青海

山楂树林－林冠－山西

山楂树林－林内－山西

杉木林－林冠－贵州

杉木林－林冠－陕西

杉木林－林内－贵州

杉木林－林内－陕西

杉木马尾松林－林内－安徽

杉木马尾松林－林下－安徽

杉木闽楠木荷林－林冠－福建

杉木闽楠木荷林－林内－福建

圣诞树林－林冠－云南

圣诞树－林下－云南

圣诞树林－林内－云南

湿地松林 －林下－湖南

湿地松林－林内－湖南

湿地松林－林冠－湖南

石栎林－林内－湖北

石栎林－林内－四川

石栎林－林下－湖北

石栎林－林下－四川

柿树林－林内－河南

柿树林－林冠－河南

柿树林－林下－河南

栓皮栎短柄枹栎林－林内－湖北

栓皮栎短柄枹栎林－林下－湖北

栓皮栎林－林冠－湖南

栓皮栎林－林内－湖南

水曲柳黄菠萝大青杨林－林内－黑龙江

水曲柳黄菠萝大青杨林－林下－黑龙江

水曲柳林－林内－黑龙江

水曲柳林－林下－黑龙江

水曲柳林－林冠－甘肃

水曲柳林－林内－甘肃

水曲柳林－林下－甘肃

水杉林－林冠－江苏

水杉林－林内－江苏

水青冈林－林内－四川

水杉林－林冠－陕西

水杉林－林内－陕西

水竹林－林内－湖南

丝栗栲甜槠林－林冠－湖北

丝栗栲甜槠林－林内－湖北

丝栗栲甜槠林－林下－湖北

思茅松林－林冠－云南

思茅松林－林内－云南

四川红杉林－林冠－四川

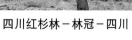

四川红杉林－林内－四川

台湾扁柏林－林冠－四川

台湾扁柏林－林内－四川

台湾松林－林冠－湖南

台湾松林－林内－湖南

桃林－林冠－四川

桃林－林内－四川

尾叶桉林－林内－广东

文冠果林－林冠－甘肃

天竺桂林－林内

天竺桂林－林下－安徽

甜槠林－林内－安徽

甜槠林－林下－安徽

铁刀木林－林内－云南

铁杉桦木槭树林－林内－四川

铁杉林－林冠－甘肃

铁杉林－林内－陕西

团花林－林内－云南

团花林－林冠－云南

喜树林－林内－四川

西伯利亚红松落叶松林－林内－新疆

西伯利亚红松落叶松林－林下－新疆

西伯利亚红松落叶松林－林冠－新疆

西南桦林－林冠－贵州

西南桦林－林内－贵州

橡胶林－林内－云南

小叶栎林－林内－湖北

新疆杨林－林内－宁夏

新木姜子林－林内－福建

兴安落叶松白桦林－林内－内蒙古

兴安落叶松林－林内－内蒙古

杏树林－林冠－山西

杏树林－林内－山西

杏树林－林内－青海

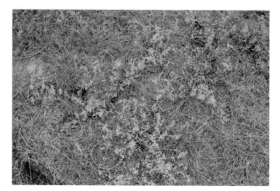

杏树林－林下－山西

杨梅林－林冠－贵州

杨梅林－林内－贵州

杨树林－林冠－河南

杨树林－林内－河南

杨树林－林下－河南

杨树榆树柳树林－林下－新疆

杨树榆树柳树林－林内－新疆

杨树辽东栎林－林冠－甘肃

樱桃林－林内－江西

樱桃林－林下－江西

油茶林－林冠－陕西

油茶林－林内－江西

油橄榄林－林冠－甘肃

油松林－林内－河北

油松林－林冠－河北

油松林－林内－黑龙江

油松林－林下－黑龙江

油松色木林－林内－黑龙江

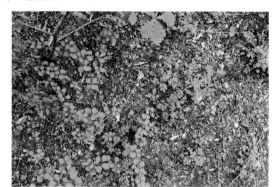

油松色木林－林下－黑龙江

油松杨树林－林内－黑龙江

油松杨树林－林下－黑龙江

油松槐树林－林内－黑龙江

油松槐树林－林下－黑龙江

油松榆树林－林冠－黑龙江

油松榆树林－林下－黑龙江

油桐林－林内－西藏

油桐林－林下－西藏

柚木林－林内－云南

圆柏林-林冠-西藏

圆柏林-林冠-青海

圆柏林-林冠-甘肃

圆柏林-林内-西藏

圆柏林-林内-青海

榆树林－林冠－黑龙江　　　　　　　　榆树林－林内－黑龙江

榆树林－林冠－内蒙古

榆树林－林下－内蒙古　　　　　　　　榆树林－林内－内蒙古

榆树桦木栎类林－林内－黑龙江　　　　　榆树桦木栎类林－林下－黑龙江

云南松林－林冠－云南

云南松林－林下－云南

云南松林－林内－云南

云南铁杉林－林下－云南

云南铁杉林－林内－云南

云南铁杉林－林冠－云南

云南油杉林－林冠－云南

云南樟林－林冠－云南

云杉白桦林－林内－黑龙江

云杉白桦林－林下－黑龙江

云杉椴树林－林内－黑龙江

云杉椴树林－林下－黑龙江

云杉枫桦林－林内－黑龙江

云杉枫桦林－林下－黑龙江

云杉林－林冠－宁夏

云杉林－林内－宁夏

云杉黑桦林－林内－黑龙江

云杉黑桦林－林下－黑龙江

云杉胡桃楸林－林内－黑龙江

云杉胡桃楸林－林下－黑龙江

云杉桦木杨树林－林内－黑龙江

云杉桦木杨树林－林下－黑龙江

云杉桦木林-林冠-甘肃

云杉冷杉林-林内-黑龙江

云杉冷杉林-林下-黑龙江

云杉冷杉落叶松林－林内－黑龙江　　　　　云杉冷杉落叶松林－林下－黑龙江

云杉色木林－林内－黑龙江　　　　　　　云杉色木林－林下－黑龙江

云杉林－林内－黑龙江

云杉林－林下－黑龙江

云杉落叶松冷杉林－林内－新疆

云杉落叶松冷杉林－林冠－新疆

云杉落叶松冷杉林－林下－新疆

云杉落叶松林－林冠－新疆

云杉落叶松林－林内－新疆

云杉水曲柳林－林内－黑龙江

云杉水曲柳林－林下－黑龙江

云杉蒙古栎林－林内－黑龙江

云杉蒙古栎林－林下－黑龙江

云杉杨树林－林内－黑龙江

云杉杨树林－林下－黑龙江

云杉榆树林－林内－黑龙江

云杉榆树林－林下－黑龙江

枣树林－林冠－四川　　　　　　　枣树林－林内－四川

樟树林－林冠－西藏

樟树林－林内－西藏　　　　　　　樟树林－林下－西藏

樟子松白桦林－林内－黑龙江

樟子松白桦林－林下－黑龙江

樟子松椴树林－林内－黑龙江

樟子松椴树林－林下－黑龙江

樟子松黑桦林－林下－黑龙江

樟子松黑桦林－林内－黑龙江

樟子松林－林内－内蒙古

樟子松林－林下－内蒙古

樟子松林－林内－黑龙江

樟子松林－林下－黑龙江

樟子松胡桃楸林－林内－黑龙江　　　　　　樟子松胡桃楸林－林下－黑龙江

樟子松柳树林－林内－黑龙江　　　　　　　樟子松柳树林－林下－黑龙江

樟子松落叶松林－林内－黑龙江

樟子松落叶松林－林下－黑龙江

樟子松水曲柳林－林内－黑龙江

樟子松水曲柳林－林下－黑龙江

樟子松杨树林－林内－黑龙江

樟子松杨树林－林下－黑龙江

樟子松蒙古栎林－林内－黑龙江

樟子松蒙古栎林－林下－黑龙江

长苞冷杉林－林内－云南

长苞冷杉林－林下－云南

板栗苹果山杏林－林内－黑龙江

榛栗苹果山杏林－林下－黑龙江

直干桉林－林下－云南

直干桉林－林内－云南

直干桉林－林冠－云南

锥栗林－林内－江西

紫楠林－林冠－安徽

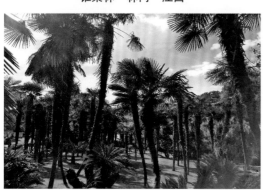

棕榈林－林内－云南

紫楠林－林内－安徽

棕榈林－林下－云南

棕榈林－林冠－云南

全国森林植被类型图

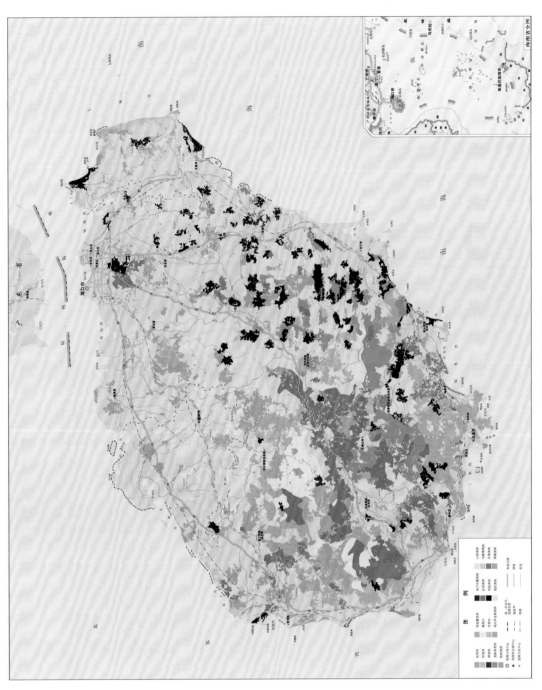

海南森林植被类型图

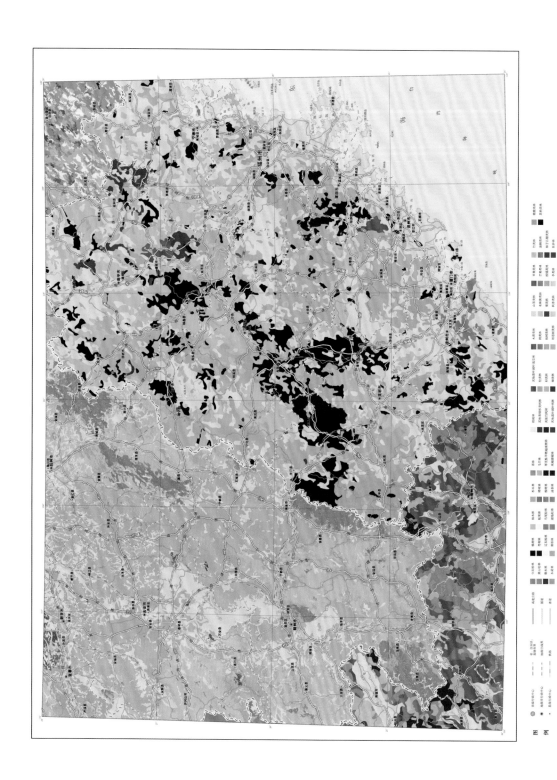

1:100万森林植被分布图

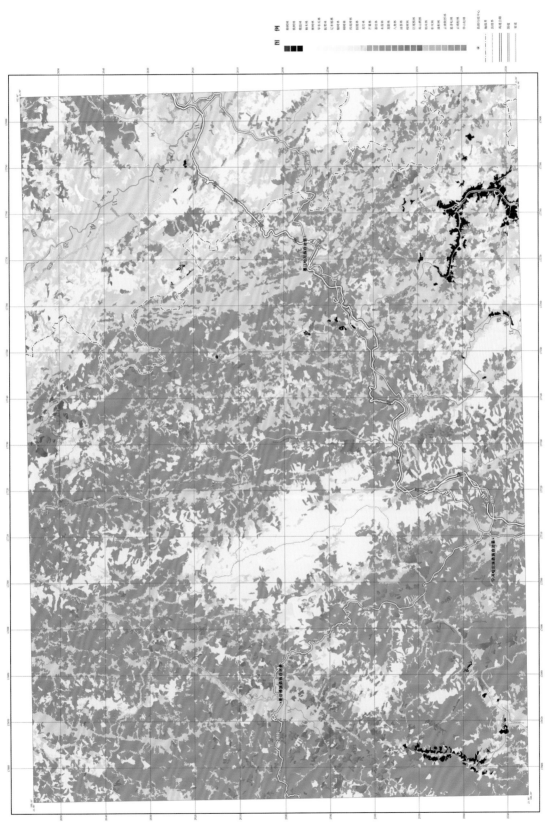

1：25 万森林植被分布图